"十三五"国家重点图书出版规划项目

中国种子植物
多样性名录与保护利用

Seed Plants of China: Checklist, Uses and Conservation Status

覃海宁　主编

Editor-in-chief:QIN Haining

河北出版传媒集团
河北科学技术出版社
·石家庄·

目 录

木通科 LARDIZABALACEAE ······ 1265
樟科 LAURACEAE ······ 1267
玉蕊科 LECYTHIDACEAE ······ 1299
狸藻科 LENTIBULARIACEAE ······ 1299
百合科 LILIACEAE ······ 1302
亚麻科 LINACEAE ······ 1315
母草科 LINDERNIACEAE ······ 1316
马钱科 LOGANIACEAE ······ 1319
桑寄生科 LORANTHACEAE ······ 1321
兰花蕉科 LOWIACEAE ······ 1325
千屈菜科 LYTHRACEAE ······ 1325
木兰科 MAGNOLIACEAE ······ 1330
金虎尾科 MALPIGHIACEAE ······ 1339
锦葵科 MALVACEAE ······ 1341
竹芋科 MARANTACEAE ······ 1362
角胡麻科 MARTYNIACEAE ······ 1363
藜芦科 MELANTHIACEAE ······ 1364
野牡丹科 MELASTOMATACEAE ······ 1368
楝科 MELIACEAE ······ 1376
防己科 MENISPERMACEAE ······ 1380
睡菜科 MENYANTHACEAE ······ 1386
帽蕊草科 MITRASTEMONACEAE ······ 1386
粟米草科 MOLLUGINACEAE ······ 1387
桑科 MORACEAE ······ 1387
辣木科 MORINGACEAE ······ 1400
芭蕉科 MUSACEAE ······ 1400
杨梅科 MYRICACEAE ······ 1402
肉豆蔻科 MYRISTICACEAE ······ 1402
桃金娘科 MYRTACEAE ······ 1403
肺筋草科 NARTHECIACEAE ······ 1412
莲科 NELUMBONACEAE ······ 1413
猪笼草科 NEPENTHACEAE ······ 1413
白刺科 NITRARIACEAE ······ 1413

紫茉莉科 NYCTAGINACEAE ······ 1414
睡莲科 NYMPHAEACEAE ······ 1415
金莲木科 OCHNACEAE ······ 1416
铁青树科 OLACACEAE ······ 1417
木樨科 OLEACEAE ······ 1417
柳叶菜科 ONAGRACEAE ······ 1430
山柚子科 OPILIACEAE ······ 1436
兰科 ORCHIDACEAE ······ 1437
列当科 OROBANCHACEAE ······ 1554
酢浆草科 OXALIDACEAE ······ 1591
芍药科 PAEONIACEAE ······ 1593
小盘木科（攀打科）PANDACEAE ······ 1595
露兜树科 PANDANACEAE ······ 1595
罂粟科 PAPAVERACEAE ······ 1595
西番莲科 PASSIFLORACEAE ······ 1627
泡桐科 PAULOWNIACEAE ······ 1628
胡麻科 PEDALIACEAE ······ 1629
五膜草科 PENTAPHRAGMATACEAE ······ 1629
五列木科 PENTAPHYLACACEAE ······ 1629
扯根菜科 PENTHORACEAE ······ 1639
无叶莲科 PETROSAVIACEAE ······ 1639
田葱科 PHILYDRACEAE ······ 1639
透骨草科 PHRYMACEAE ······ 1640
叶下珠科 PHYLLANTHACEAE ······ 1642
商陆科 PHYTOLACCACEAE ······ 1652
胡椒科 PIPERACEAE ······ 1653
海桐花科 PITTOSPORACEAE ······ 1657
车前科 PLANTAGINACEAE ······ 1662
悬铃木科 PLATANACEAE ······ 1676
白花丹科 PLUMBAGINACEAE ······ 1677
禾本科 POACEAE ······ 1680
川苔草科 PODOSTEMACEAE ······ 1825
花荵科 POLEMONIACEAE ······ 1826

远志科 POLYGALACEAE ……… 1826	马齿苋科 PORTULACACEAE ……… 1852
蓼科 POLYGONACEAE ……… 1831	波喜荡科 POSIDONIACEAE ……… 1853
雨久花科 PONTEDERIACEAE ……… 1852	眼子菜科 POTAMOGETONACEAE ……… 1853

木通科 LARDIZABALACEAE

(8属:40种)

木通属 Akebia Decne.

清水山木通
Akebia chingshuiensis T. Shimizu
 习 性：木质藤本
 海 拔：1500~2400 m
 分 布：台湾

长序木通
Akebia longeracemosa Matsum.
 习 性：常绿木质藤本
 海 拔：300~1600 m
 分 布：福建、广东、湖南、台湾
 濒危等级：DD

木通
Akebia quinata(Houtt.)Decne.
 习 性：木质藤本
 海 拔：300~1500 m
 国内分布：安徽、福建、河南、湖北、湖南、江苏、江西、山东、四川、浙江
 国外分布：朝鲜半岛、日本
 濒危等级：LC
 资源利用：药用（中草药）；原料（工业用油）；食品（水果）；环境利用（观赏）

三叶木通
Akebia trifoliata(Thunb.)Koidz.

三叶木通（原亚种）
Akebia trifoliata subsp. **trifoliata**
 习 性：木质藤本
 国内分布：甘肃、河南、湖北、山东、山西、陕西、四川
 国外分布：日本
 濒危等级：LC
 资源利用：环境利用（观赏）；药用（中草药）；食品（水果）

白木通
Akebia trifoliata subsp. **australis**(Diels)T. Shimizu
 习 性：木质藤本
 海 拔：300~2100 m
 分 布：安徽、福建、广东、广西、贵州、河南、湖北、湖南、江苏、江西、陕西、四川、台湾、云南、浙江
 濒危等级：LC
 资源利用：药用（中草药）；食品（水果）

长萼三叶木通
Akebia trifoliata subsp. **longisepala** H. N. Qin
 习 性：木质藤本
 海 拔：600~800 m
 分 布：甘肃
 濒危等级：NT C1

长萼木通属 Archakebia C. Y. Wu et T. C. Chen et H. N. Qin

长萼木通
Archakebia apetala(Q. Xia, J. Z. Sun et Z. X. Peng)C. Y. Wu
 习 性：木质藤本
 海 拔：500~1000 m
 分 布：甘肃、陕西、四川
 濒危等级：VU C2a（i）

猫儿屎属 Decaisnea Hook. f. et Thomson

猫儿屎
Decaisnea insignis(Griff.)Hook. f. et Thomson
 习 性：灌木
 海 拔：900~3600 m
 国内分布：安徽、甘肃、广西、贵州、湖北、湖南、江西、陕西、四川、西藏、云南、浙江
 国外分布：不丹、缅甸、尼泊尔、印度
 濒危等级：LC
 资源利用：药用（中草药）；食品（水果）

八月瓜属 Holboellia Wall.

五月瓜藤
Holboellia angustifolia Wall.

五月瓜藤（原亚种）
Holboellia angustifolia subsp. **angustifolia**
 习 性：常绿木质藤本
 国内分布：安徽、广东、广西、贵州、湖北、陕西、四川、云南
 国外分布：不丹、缅甸、尼泊尔、印度
 濒危等级：LC
 资源利用：药用（中草药）；原料（工业用油）；食品（水果）

线叶八月瓜
Holboellia angustifolia subsp. **linearifolia** T. Chen et H. N. Qin
 习 性：常绿木质藤本
 海 拔：1300~2700 m
 分 布：贵州、湖北、四川、云南
 濒危等级：NT C2a（i）

钝叶五风藤
Holboellia angustifolia subsp. **obtusa**(Gagnep.)H. N. Qin
 习 性：常绿木质藤本
 分 布：四川、西藏、云南
 濒危等级：LC

三叶五风藤
Holboellia angustifolia subsp. **trifoliata** H. N. Qin
 习 性：常绿木质藤本
 海 拔：1000~1900 m
 分 布：湖北、四川
 濒危等级：DD

短蕊八月瓜
Holboellia brachyandra H. N. Qin
 习 性：缠绕藤本
 海 拔：1500~1600 m

分　　布：云南
濒危等级：VU A2c

沙坝八月瓜
Holboellia chapaensis Gagnep.
　　习　　性：常绿木质藤本
　　海　　拔：1000～2200 m
　　国内分布：广西、云南
　　国外分布：越南
　　濒危等级：VU D1+2

鹰爪枫
Holboellia coriacea Diels
　　习　　性：常绿木质藤本
　　海　　拔：500～2000 m
　　分　　布：安徽、贵州、湖北、湖南、江苏、江西、陕西、四川、浙江
　　濒危等级：LC
　　资源利用：药用（中草药）；食品（水果）；环境利用（观赏）

牛姆瓜
Holboellia grandiflora Réaub.
　　习　　性：常绿木质藤本
　　海　　拔：1100～3000 m
　　分　　布：陕西、四川、云南
　　濒危等级：LC
　　资源利用：环境利用（观赏）

八月瓜
Holboellia latifolia Wall.

八月瓜（原亚种）
Holboellia latifolia subsp. **latifolia**
　　习　　性：常绿木质藤本
　　海　　拔：600～2600 m
　　国内分布：贵州、四川、西藏、云南
　　国外分布：不丹、尼泊尔、印度
　　濒危等级：LC

纸叶八月瓜
Holboellia latifolia subsp. **chartacea** C. Y. Wu et S. H. Huang ex H. N. Qin
　　习　　性：常绿木质藤本
　　海　　拔：1800～3000 m
　　国内分布：西藏、云南
　　国外分布：不丹、印度
　　濒危等级：LC

墨脱八月瓜
Holboellia medogensis H. N. Qin
　　习　　性：落叶藤本
　　海　　拔：800～900 m
　　分　　布：西藏
　　濒危等级：NT

小花鹰爪枫
Holboellia parviflora(Hemsl.) Gagnep.
　　习　　性：常绿木质藤本
　　海　　拔：1800～1900 m
　　分　　布：广西、贵州、湖南、云南
　　濒危等级：LC

棱茎八月瓜
Holboellia pterocaulis T. Chen et Q. H. Chen
　　习　　性：木质藤本
　　海　　拔：800～1500 m
　　分　　布：贵州、四川
　　濒危等级：VU D2

牛藤果属 Parvatia Decne.

三叶野木瓜
Parvatia brunoniana(Wall. ex Hemsl.) Decne.

三叶野木瓜（原亚种）
Parvatia brunoniana subsp. **brunoniana**
　　习　　性：木质藤本
　　国内分布：四川、云南
　　国外分布：缅甸、尼泊尔、泰国、印度、越南
　　濒危等级：DD

牛藤果
Parvatia brunoniana subsp. **elliptica**(Hemsl.) H. N. Qin
　　习　　性：木质藤本
　　海　　拔：300～1200 m
　　国内分布：广东、广西、贵州、湖北、湖南、江西、四川、云南
　　国外分布：印度
　　濒危等级：LC

翅野木瓜
Parvatia decora Dunn
　　习　　性：木质藤本
　　海　　拔：700～1300 m
　　分　　布：广东、广西、云南
　　濒危等级：VU D1

大血藤属 Sargentodoxa Rehder et E. H. Wilson

大血藤
Sargentodoxa cuneata(Oliv.) Rehd. et E. H. Wilson
　　习　　性：落叶藤本
　　海　　拔：400～2000 m
　　国内分布：安徽、福建、广东、广西、贵州、海南、河南、湖北、湖南、江苏、江西、陕西、四川、云南、浙江
　　国外分布：老挝、越南
　　濒危等级：NT
　　资源利用：药用（中草药）；原料（纤维）；环境利用（观赏）

串果藤属 Sinofranchetia Hemsl.

串果藤
Sinofranchetia chinensis(Franch.) Hemsl.
　　习　　性：落叶藤本
　　海　　拔：900～2450 m
　　分　　布：甘肃、广东、湖北、湖南、陕西、四川、云南
　　濒危等级：LC
　　资源利用：食品（水果）

野木瓜属 Stauntonia DC.

西南野木瓜
Stauntonia cavalerieana Gagnep.

习　　性：攀援藤本
海　　拔：500~1500 m
分　　布：广西、贵州、湖北、四川
濒危等级：LC

野木瓜
Stauntonia chinensis DC.
习　　性：攀援藤本
海　　拔：500~1300 m
国内分布：福建、广东、广西、海南、香港、云南
国外分布：老挝、越南
濒危等级：VU A2C
资源利用：药用（中草药）

腺脉野木瓜
Stauntonia conspicua R. H. Chang
习　　性：攀援藤本
海　　拔：1300~1600 m
分　　布：浙江
濒危等级：VU D2

羊瓜藤
Stauntonia duclouxii Gagnep.
习　　性：攀援藤本
海　　拔：700~1500 m
分　　布：甘肃、贵州、湖北、湖南、陕西、四川、云南
濒危等级：LC

离丝野木瓜
Stauntonia libera H. N. Qin
习　　性：木质藤本
海　　拔：1600~1900 m
国内分布：西藏、云南
国外分布：缅甸
濒危等级：VU D2

斑叶野木瓜
Stauntonia maculata Merr.
习　　性：木质藤本
海　　拔：600~1000 m
分　　布：福建、广东
濒危等级：VU D2

倒心叶野木瓜
Stauntonia obcordatilimba C. Y. Wu et S. H. Huang
习　　性：木质藤本
海　　拔：约1000 m
分　　布：云南
濒危等级：EX

钝药野木瓜
Stauntonia obovata Hemsl.
习　　性：攀援藤本
海　　拔：300~800 m
分　　布：安徽、福建、广东、广西、贵州、海南、湖南、江西、四川、台湾、香港、云南、浙江
濒危等级：LC

石月
Stauntonia obovatifoliola Hayata

石月（原亚种）
Stauntonia obovatifoliola subsp. **obovatifoliola**
习　　性：攀援藤本
分　　布：台湾
濒危等级：LC

尾叶那藤
Stauntonia obovatifoliola subsp. **urophylla**(Hand.-Mazz.)H. N. Qin
习　　性：攀援藤本
海　　拔：300~1500 m
分　　布：安徽、福建、广东、广西、贵州、湖北、湖南、江西、浙江
濒危等级：DD

少叶野木瓜
Stauntonia oligophylla Merr. et Chun
习　　性：木质藤本
海　　拔：500~800 m
分　　布：海南
濒危等级：EN D2

紫花野木瓜
Stauntonia purpurea Y. C. Liu et F. Y. Lu
习　　性：木质藤本
海　　拔：1000~1600 m
分　　布：台湾
濒危等级：LC

三脉野木瓜
Stauntonia trinervia Merr.
习　　性：攀援藤本
海　　拔：400~1500 m
分　　布：广东
濒危等级：VU D2

瑶山野木瓜
Stauntonia yaoshanensis F. N. Wei et S. L. Mo
习　　性：常绿木质藤本
分　　布：广西
濒危等级：DD

樟科 LAURACEAE
（24属：493种）

黄肉楠属 Actinodaphne Nees

南投黄肉楠
Actinodaphne acuminata(Blume)Meisn.
习　　性：乔木
国内分布：台湾
国外分布：日本
濒危等级：LC
资源利用：原料（木材）

红果黄肉楠
Actinodaphne cupularis(Hemsl.)Gamble
习　　性：灌木或小乔木
海　　拔：300~1300 m

分　　布：广西、贵州、湖北、湖南、四川、云南
濒危等级：LC
资源利用：原料（香料，工业用油）

毛尖树
Actinodaphne forrestii(C. K. Allen) Kosterm.
习　　性：乔木
海　　拔：1000~2700 m
分　　布：广西、贵州、云南
濒危等级：LC

白背黄肉楠
Actinodaphne glaucina C. K. Allen
习　　性：乔木
海　　拔：约1200 m
分　　布：海南
濒危等级：VU A2c

思茅黄肉楠
Actinodaphne henryi Gamble
习　　性：乔木
海　　拔：600~1300 m
国内分布：云南
国外分布：泰国
濒危等级：LC
资源利用：原料（木材）

广东黄肉楠
Actinodaphne koshepangii Chun ex H. T. Chang
习　　性：小乔木
分　　布：广东、湖南
濒危等级：LC

黔桂黄肉楠
Actinodaphne kweichowensis Yen C. Yang et P. H. Huang
习　　性：灌木或小乔木
海　　拔：1000~1300 m
分　　布：广西、贵州
濒危等级：NT B2ab（ii，iii）

柳叶黄肉楠
Actinodaphne lecomtei C. K. Allen
习　　性：乔木
海　　拔：600~1800 m
分　　布：广东、贵州、四川
濒危等级：LC
资源利用：原料（木材，工业用油，精油）

勐海黄肉楠
Actinodaphne menghaiensis J. Li
习　　性：乔木
海　　拔：约1500 m
分　　布：云南
濒危等级：LC

雾社黄肉楠
Actinodaphne mushaensis(Hayata) Hayata
习　　性：乔木
海　　拔：1300~2300 m
分　　布：台湾
濒危等级：LC

资源利用：原料（木材）

倒卵叶黄肉楠
Actinodaphne obovata(Nees) Blume
习　　性：乔木
海　　拔：1000~2700 m
国内分布：西藏、云南
国外分布：不丹、尼泊尔、印度
濒危等级：LC
资源利用：药用（中草药）；原料（工业用油）

隐脉黄肉楠
Actinodaphne obscurinervia Yen C. Yang et P. H. Huang
习　　性：小乔木
海　　拔：约1200 m
分　　布：四川
濒危等级：EN A2c

峨眉黄肉楠
Actinodaphne omeiensis(H. Liu) C. K. Allen
习　　性：灌木或小乔木
海　　拔：500~1700 m
分　　布：贵州、四川
濒危等级：LC

保亭黄肉楠
Actinodaphne paotingensis Yen C. Yang et P. H. Huang
习　　性：灌木或小乔木
分　　布：海南
濒危等级：NT D2

毛黄肉楠
Actinodaphne pilosa(Lour.) Merr.
习　　性：灌木或小乔木
海　　拔：约500 m
国内分布：广东、广西、海南
国外分布：老挝、越南
濒危等级：LC
资源利用：药用（中草药）；原料（木材）

毛果黄肉楠
Actinodaphne trichocarpa C. K. Allen
习　　性：灌木或小乔木
海　　拔：1000~2600 m
分　　布：贵州、四川、云南
濒危等级：LC
资源利用：原料（木材，工业用油，精油）

马关黄肉楠
Actinodaphne tsaii Hu
习　　性：乔木
海　　拔：1300~2000 m
分　　布：云南

油丹属 Alseodaphne Nees

毛叶油丹
Alseodaphne andersonii(King ex Hook. f.) Kosterm.
习　　性：乔木
海　　拔：1000~1900 m
国内分布：西藏、云南

国外分布：老挝、缅甸、泰国、印度、越南
濒危等级：LC

细梗油丹
Alseodaphne gracilis Kosterm.
习　　性：乔木
分　　布：云南
濒危等级：EN A3c；B1ab（i，iii，v）

油丹
Alseodaphne hainanensis Merr.
习　　性：乔木
海　　拔：1400~1700 m
国内分布：海南
国外分布：越南
濒危等级：VU A2c；B1ab（i，iii，v）
国家保护：Ⅱ级
资源利用：原料（木材）

河口油丹
Alseodaphne hokouensis H. W. Li
习　　性：乔木
海　　拔：约700 m
分　　布：云南
濒危等级：CR A2ac+3c；B1ab（i）

黄连山油丹
Alseodaphne huanglianshanensis H. W. Li et Y. M. Shui
习　　性：常绿乔木
海　　拔：800~1300 m
分　　布：云南
濒危等级：LC

麻栗坡油丹
Alseodaphne marlipoensis（H. W. Li）H. W. Li
习　　性：乔木
海　　拔：1400 m以下
分　　布：云南
濒危等级：CR A2ac+3c

长柄油丹
Alseodaphne petiolaris（Meisn.）Hook. f.
习　　性：乔木
海　　拔：600~900 m
国内分布：云南
国外分布：缅甸、印度
濒危等级：LC

皱皮油丹
Alseodaphne rugosa Merr. et Chun
习　　性：乔木
海　　拔：1200~1300 m
分　　布：海南
濒危等级：EN B1ab（iii）；C1
国家保护：Ⅱ级

西畴油丹
Alseodaphne sichourensis H. W. Li
习　　性：常绿乔木
海　　拔：1300~1500 m
分　　布：云南
濒危等级：EN A2ac+3c

云南油丹
Alseodaphne yunnanensis Kosterm.
习　　性：小乔木
海　　拔：约800 m
分　　布：云南
濒危等级：EN A2cd；B1ab（i，iii）

琼楠属 Beilschmiedia Nees

山潺
Beilschmiedia appendiculata（C. K. Allen）S. K. Lee et Y. T. Wei
习　　性：乔木
分　　布：海南
濒危等级：LC

保亭琼楠
Beilschmiedia baotingensis S. K. Lee et Y. T. Wei
习　　性：乔木
分　　布：海南
濒危等级：NT B1ab（i，iii，v）

勐仑琼楠
Beilschmiedia brachythyrsa H. W. Li
习　　性：乔木
海　　拔：600~2100 m
分　　布：云南
濒危等级：NT D

短叶琼楠
Beilschmiedia brevifolia Y. T. Wei
习　　性：乔木
分　　布：海南
濒危等级：LC

短序琼楠
Beilschmiedia brevipaniculata C. K. Allen
习　　性：乔木
海　　拔：800~900 m
分　　布：广东、广西、海南
濒危等级：LC

柱果琼楠
Beilschmiedia cylindrica S. K. Lee et Y. T. Wei
习　　性：灌木至小乔木
海　　拔：700~1600 m
分　　布：云南
濒危等级：CR B1ab（ii，v）；C2a（ii）

台琼楠
Beilschmiedia erythrophloia Hayata
习　　性：乔木
海　　拔：200~2000 m
国内分布：台湾
国外分布：日本
濒危等级：LC

白柴果
Beilschmiedia fasciata H. W. Li
习　　性：乔木

海　　拔：1100~1600 m
分　　布：云南
濒危等级：VU A2ac

广东琼楠
Beilschmiedia fordii Dunn
　　习　　性：乔木
　　海　　拔：200~800 m
　　国内分布：广东、广西、湖南、江西、四川、香港
　　国外分布：越南
　　濒危等级：LC

糠秕琼楠
Beilschmiedia furfuracea Chun ex H. T. Chang
　　习　　性：乔木
　　海　　拔：400~550 m
　　分　　布：广东、广西
　　濒危等级：EN A2c；B1ab（i，iii）

香港琼楠
Beilschmiedia glandulosa N. H. Xia, F. N. Wei et Y. F. Deng
　　习　　性：乔木
　　海　　拔：100 m 以下
　　分　　布：香港
　　濒危等级：LC

粉背琼楠
Beilschmiedia glauca S. K. Lee et L. F. Lau

粉背琼楠（原变种）
Beilschmiedia glauca var. **glauca**
　　习　　性：乔木
　　海　　拔：约1300 m
　　国内分布：海南
　　国外分布：马来西亚、文莱、印度尼西亚
　　濒危等级：NT A1c；D

顶序琼楠
Beilschmiedia glauca var. **glaucoides** H. W. Li
　　习　　性：乔木
　　海　　拔：约1300 m
　　国内分布：云南
　　国外分布：泰国、越南
　　濒危等级：LC

横县琼楠
Beilschmiedia henghsienensis S. K. Lee et Y. T. Wei
　　习　　性：乔木
　　分　　布：广西
　　濒危等级：EN B1ab（i，iii，v）

琼楠
Beilschmiedia intermedia C. K. Allen
　　习　　性：乔木
　　海　　拔：400~1300 m
　　分　　布：广西、海南
　　濒危等级：LC
　　资源利用：原料（木材）

贵州琼楠
Beilschmiedia kweichowensis W. C. Cheng
　　习　　性：乔木
　　海　　拔：600~1700 m
　　分　　布：重庆、广西、贵州、四川
　　濒危等级：LC

红枝琼楠
Beilschmiedia laevis C. K. Allen
　　习　　性：乔木
　　海　　拔：500~900 m
　　国内分布：广西、海南
　　国外分布：越南
　　濒危等级：LC
　　资源利用：原料（木材）

李榄琼楠
Beilschmiedia linocieroides H. W. Li
　　习　　性：乔木
　　海　　拔：600~1400 m
　　分　　布：云南
　　濒危等级：NT D

长柄琼楠
Beilschmiedia longepetiolata C. K. Allen
　　习　　性：乔木
　　分　　布：海南
　　濒危等级：NT D

肉柄琼楠
Beilschmiedia macropoda C. K. Allen
　　习　　性：乔木
　　分　　布：海南
　　濒危等级：NT D

瘤果琼楠
Beilschmiedia muricata H. T. Chang
　　习　　性：灌木或小乔木
　　分　　布：广西
　　濒危等级：NT A2c；B1ab（i，iii，v）

宁明琼楠
Beilschmiedia ningmingensis S. K. Lee et Y. T. Wei
　　习　　性：乔木
　　海　　拔：约1200 m
　　分　　布：广西
　　濒危等级：DD

锈叶琼楠
Beilschmiedia obconica C. K. Allen
　　习　　性：乔木
　　分　　布：海南
　　濒危等级：NT D

隐脉琼楠
Beilschmiedia obscurinervia H. T. Chang
　　习　　性：乔木
　　海　　拔：约900 m
　　分　　布：广西、云南
　　濒危等级：CR D1 + D2

卵果琼楠
Beilschmiedia ovoidea F. N. Wei

习　　性：乔木
海　　拔：约 700 m
分　　布：广西
濒危等级：NT A2c；B1ab（i, iii, v）

少花琼楠
Beilschmiedia pauciflora H. W. Li
习　　性：乔木
海　　拔：500~1000 m
分　　布：云南
濒危等级：NT D

厚叶琼楠
Beilschmiedia percoriacea C. K. Allen

厚叶琼楠（原变种）
Beilschmiedia percoriacea var. **percoriacea**
习　　性：乔木
海　　拔：约 1000 m
分　　布：广西、海南、云南
濒危等级：LC

缘毛琼楠
Beilschmiedia percoriacea var. **ciliata** H. W. Li
习　　性：乔木
海　　拔：约 1000 m
分　　布：云南
濒危等级：NT D

纸叶琼楠
Beilschmiedia pergamentacea C. K. Allen
习　　性：乔木
海　　拔：约 1400 m
分　　布：广西、海南、云南
濒危等级：LC

点叶琼楠
Beilschmiedia punctilimba H. W. Li
习　　性：乔木
海　　拔：1000~1500 m
分　　布：云南
濒危等级：LC

紫叶琼楠
Beilschmiedia purpurascens H. W. Li
习　　性：乔木
海　　拔：700~1100 m
分　　布：云南
濒危等级：NT D

粗壮琼楠
Beilschmiedia robusta C. K. Allen
习　　性：乔木
海　　拔：1000~2400 m
分　　布：广西、贵州、西藏、云南
濒危等级：LC

桐琼楠
Beilschmiedia roxburghiana Nees
习　　性：乔木
海　　拔：1000~1800 m
国内分布：西藏
国外分布：不丹、缅甸、尼泊尔、泰国、印度
濒危等级：LC

红毛琼楠
Beilschmiedia rufohirtella H. W. Li
习　　性：乔木
海　　拔：1100~1700 m
分　　布：广西、云南
濒危等级：NT D

上思琼楠
Beilschmiedia shangsiensis Y. T. Wei
习　　性：乔木
分　　布：广西
濒危等级：DD

西畴琼楠
Beilschmiedia sichourensis H. W. Li
习　　性：乔木
海　　拔：300~1500 m
分　　布：云南
濒危等级：VU D

网脉琼楠
Beilschmiedia tsangii Merr.
习　　性：乔木
海　　拔：1200~1300 m
国内分布：广东、广西、海南、台湾、云南
国外分布：越南
濒危等级：LC

东方琼楠
Beilschmiedia tungfangensis S. K. Lee et L. F. Lau
习　　性：乔木
海　　拔：800~850 m
分　　布：海南
濒危等级：CR B1ab（ii, v）；C2a（ii）

陀螺果琼楠
Beilschmiedia turbinata Bing Liu et Y. Yang
习　　性：乔木
国内分布：云南
国外分布：越南
濒危等级：LC

海南琼楠
Beilschmiedia wangii C. K. Allen
习　　性：乔木
海　　拔：600~1400 m
国内分布：广西、海南、云南
国外分布：越南
濒危等级：LC

美脉琼楠
Beilschmiedia yaanica(N. Chao) N. Chao
习　　性：乔木
海　　拔：500~1500 m
分　　布：重庆、广东、广西、贵州、湖北、湖南、四川、云南
濒危等级：LC

滇琼楠
Beilschmiedia yunnanensis Hu
习　　性：乔木
海　　拔：800～1900 m
分　　布：广东、广西、海南、云南
濒危等级：LC

檬果樟属 Caryodaphnopsis Airy Shaw

小花檬果樟
Caryodaphnopsis henryi Airy Shaw
习　　性：乔木
海　　拔：约2100 m
分　　布：云南
濒危等级：LC

老挝檬果樟
Caryodaphnopsis laotica Airy Shaw
习　　性：乔木
海　　拔：300～1200 m
国内分布：云南
国外分布：老挝、越南
濒危等级：LC

宽叶檬果樟
Caryodaphnopsis latifolia W. T. Wang
习　　性：乔木
海　　拔：800 m
分　　布：云南
濒危等级：LC

麻栗坡檬果樟
Caryodaphnopsis malipoensis Bing Liu et Y. Yang
习　　性：乔木
国内分布：云南
国外分布：越南
濒危等级：LC

檬果樟
Caryodaphnopsis tonkinensis (Lecomte) Airy Shaw
习　　性：乔木
海　　拔：100～1200 m
国内分布：云南
国外分布：菲律宾、马来西亚、越南
濒危等级：LC

无根藤属 Cassytha L.

无根藤
Cassytha filiformis L.
习　　性：寄生缠绕草本
海　　拔：海平面至1600 m
国内分布：福建、广东、广西、贵州、海南、湖南、江西、台湾、云南、浙江
国外分布：热带亚洲、非洲和澳大利亚
濒危等级：LC
资源利用：药用（中草药）

樟属 Cinnamomum Schaeff.

毛桂
Cinnamomum appelianum Schewe
习　　性：乔木
海　　拔：300～1400 m
分　　布：广东、广西、贵州、湖南、江西、四川、云南
濒危等级：LC
资源利用：药用（中草药）；原料（木材）

华南桂
Cinnamomum austrosinense H. T. Chang
习　　性：乔木
海　　拔：600～700 m
分　　布：福建、广东、广西、贵州、江西、浙江
濒危等级：LC
资源利用：药用（中草药）；原料（化工）

滇南桂
Cinnamomum austroyunnanense H. W. Li
习　　性：乔木
海　　拔：200～600 m
分　　布：云南
濒危等级：NT D

钝叶桂
Cinnamomum bejolghota (Buch. -Ham.) Sweet
习　　性：乔木
海　　拔：600～1800 m
国内分布：广东、海南、云南
国外分布：不丹、老挝、孟加拉国、缅甸、尼泊尔、泰国、印度、越南
濒危等级：LC
资源利用：原料（木材，精油）

猴樟
Cinnamomum bodinieri H. Lév.

猴樟（原变种）
Cinnamomum bodinieri var. **bodinieri**
习　　性：乔木
海　　拔：700～1500 m
分　　布：贵州、湖北、湖南、四川、云南
濒危等级：LC
资源利用：原料（精油，纤维）

光叶猴樟
Cinnamomum bodinieri var. **glabrum** C. F. Ji
习　　性：乔木
分　　布：陕西
濒危等级：LC

短序樟
Cinnamomum brachythyrsum J. Li
习　　性：乔木
分　　布：云南
濒危等级：LC

樟
Cinnamomum camphora (L.) J. Presl
习　　性：常绿乔木
海　　拔：100～1500 m
国内分布：台湾及长江以南省区
国外分布：朝鲜、日本、越南
濒危等级：LC

资源利用：药用（中草药）；原料（香料，木材，纤维，单宁，树脂）

茶果樟
Cinnamomum chago B. S. Sun et H. L. Zhao
习　　性：常绿乔木
海　　拔：约2300 m
分　　布：云南
濒危等级：CR D1
国家保护：Ⅱ级
资源利用：食品（果实）；环境利用（观赏）

坚叶樟
Cinnamomum chartophyllum H. W. Li
习　　性：乔木
海　　拔：300~600 m
分　　布：云南
濒危等级：EN B2ab（ii, iii）

聚花桂
Cinnamomum contractum H. W. Li
习　　性：乔木
海　　拔：1800~2800 m
分　　布：西藏、云南
濒危等级：LC

圆头叶桂
Cinnamomum daphnoides Siebold et Zucc.
习　　性：常绿小乔木
国内分布：浙江
国外分布：日本
濒危等级：LC

尾叶樟
Cinnamomum foveolatum（Merr.）H. W. Li et J. Li
习　　性：小乔木
海　　拔：800~1500 m
国内分布：贵州、云南
国外分布：越南
濒危等级：LC

云南樟
Cinnamomum glanduliferum（Wall.）Meisn.
习　　性：常绿乔木
海　　拔：1500~3000 m
国内分布：贵州、四川、西藏、云南
国外分布：不丹、马来西亚、缅甸、尼泊尔、印度
濒危等级：LC
资源利用：药用（中草药）；原料（木材，纤维）

狭叶桂
Cinnamomum heyneanum Nees
习　　性：小乔木
海　　拔：100~500 m
国内分布：广西、贵州、湖北、四川、云南
国外分布：印度
濒危等级：LC

八角樟
Cinnamomum ilicioides A. Chev.
习　　性：乔木
海　　拔：约800 m
国内分布：广西、海南
国外分布：泰国、越南
濒危等级：LC

大叶桂
Cinnamomum iners Reinw. ex Blume
习　　性：乔木
海　　拔：100~1000 m
国内分布：广西、西藏、云南
国外分布：柬埔寨、老挝、马来西亚、缅甸、斯里兰卡、泰国、印度、印度尼西亚、越南
濒危等级：LC

天竺桂
Cinnamomum japonicum Siebold
习　　性：常绿乔木
海　　拔：300~1000 m
国内分布：安徽、福建、江苏、江西、台湾、浙江
国外分布：朝鲜、日本
濒危等级：VU A2c
国家保护：Ⅱ级
资源利用：原料（染料，木材，工业用油，精油）；药用（中草药）

爪哇肉桂
Cinnamomum javanicum Blume
习　　性：常绿乔木
海　　拔：约1400 m
国内分布：云南
国外分布：马来西亚、印度尼西亚、越南
濒危等级：LC

野黄桂
Cinnamomum jensenianum Hand.-Mazz.
习　　性：乔木
海　　拔：500~1600 m
分　　布：福建、广东、湖北、湖南、江西、四川
濒危等级：LC
资源利用：药用（中草药）；食品添加剂（调味剂）

兰屿肉桂
Cinnamomum kotoense Kaneh. et Sasaki
习　　性：常绿乔木
分　　布：台湾
濒危等级：LC

红辣槁树
Cinnamomum kwangtungense Merr.
习　　性：乔木
海　　拔：约990 m
分　　布：广东
濒危等级：EN A2c；B1ab（i, iii, v）

软皮桂
Cinnamomum liangii C. K. Allen
习　　性：乔木
海　　拔：400~900 m
国内分布：广东、广西、海南
国外分布：越南

濒危等级：LC

油樟
Cinnamomum longepaniculatum (Gamble) N. Chao ex H. W. Li
习　　性：乔木
海　　拔：600~2000 m
分　　布：四川
濒危等级：NT B2ab（iii）
国家保护：Ⅱ级
资源利用：原料（香料，工业用油，精油）

长柄樟
Cinnamomum longipetiolatum H. W. Li
习　　性：乔木
海　　拔：1700~2100 m
分　　布：云南
濒危等级：NT D

银叶桂
Cinnamomum mairei H. Lév.
习　　性：乔木
海　　拔：700~1800 m
分　　布：四川、云南
濒危等级：LC
资源利用：原料（精油）；食品添加剂（调味剂）

沉水樟
Cinnamomum micranthum (Hayata) Hayata
习　　性：乔木
海　　拔：300~1800 m
国内分布：福建、广东、广西、贵州、海南、江西、台湾
国外分布：越南
濒危等级：VU A2c；B1ab（i, iii）
资源利用：原料（纤维）

米槁
Cinnamomum migao H. W. Li
习　　性：常绿乔木
海　　拔：约500 m
分　　布：广西、云南
濒危等级：LC

毛叶樟
Cinnamomum mollifolium H. W. Li
习　　性：乔木
海　　拔：1100~1300 m
分　　布：云南
濒危等级：EN A2c
资源利用：原料（精油）

土肉桂
Cinnamomum osmophloeum Kaneh.
习　　性：乔木
海　　拔：400~1500 m
分　　布：台湾
濒危等级：LC

少花桂
Cinnamomum pauciflorum Nees
习　　性：乔木
海　　拔：400~2200 m

国内分布：广东、广西、贵州、湖北、湖南、江西、四川、云南
国外分布：尼泊尔、印度
濒危等级：LC
资源利用：药用（中草药）；原料（香料，精油）

菲律宾樟树
Cinnamomum philippinense (Merr.) C. E. Chang
习　　性：乔木
海　　拔：1000 m以下
国内分布：台湾
国外分布：菲律宾
濒危等级：LC

屏边桂
Cinnamomum pingbienense H. W. Li
习　　性：乔木
海　　拔：500~1100 m
分　　布：广西、贵州、云南
濒危等级：LC

刀把木
Cinnamomum pittosporoides Hand.-Mazz.
习　　性：乔木
海　　拔：1800~2500 m
分　　布：四川、云南
濒危等级：NT D

阔叶樟
Cinnamomum platyphyllum (Diels) C. K. Allen
习　　性：乔木
海　　拔：约200 m
分　　布：重庆、四川
濒危等级：VU A2cd；B1ab（i, iii, v）

紫樟
Cinnamomum purpureum H. G. Ye et F. G. Wang
习　　性：灌木或小乔木
海　　拔：300~800 m
分　　布：广东
濒危等级：LC

网脉桂
Cinnamomum reticulatum Hayata
习　　性：乔木
分　　布：台湾
濒危等级：NT

卵叶桂
Cinnamomum rigidissimum H. T. Chang
习　　性：乔木
海　　拔：1700 m以下
分　　布：广东、广西、海南、台湾、云南
濒危等级：NT A2c + 3c
国家保护：Ⅱ级

绒毛樟
Cinnamomum rufotomentosum K. M. Lan
习　　性：乔木
分　　布：贵州
濒危等级：VU A2c + 3c；D2

岩樟
Cinnamomum saxatile H. W. Li
习　　性：乔木
海　　拔：600~1500 m
分　　布：广西、贵州、云南
濒危等级：LC

银木
Cinnamomum septentrionale Hand. -Mazz.
习　　性：乔木
海　　拔：600~1000 m
分　　布：甘肃、陕西、四川
濒危等级：LC
资源利用：原料（木材）

香桂
Cinnamomum subavenium Miq.
习　　性：乔木
海　　拔：400~2500 m
国内分布：安徽、福建、广东、广西、贵州、湖北、江西、四川、台湾、云南、浙江
国外分布：柬埔寨、老挝、马来西亚、缅甸、泰国、印度、印度尼西亚、越南
濒危等级：LC
资源利用：药用（中草药）；原料（香料）；食品添加剂（糖和非糖甜味剂）

细毛樟
Cinnamomum tenuipile Kosterm.
习　　性：灌木
海　　拔：500~2100 m
分　　布：云南
濒危等级：LC

假桂皮树
Cinnamomum tonkinense(Lecomte) A. Chev.
习　　性：乔木
海　　拔：1000~1800 m
国内分布：云南
国外分布：越南
濒危等级：LC

辣汁树
Cinnamomum tsangii Merr.
习　　性：乔木
海　　拔：约720 m
分　　布：福建、广东、海南、江西
濒危等级：LC

平托桂
Cinnamomum tsoi C. K. Allen
习　　性：乔木
海　　拔：2400 m 以下
分　　布：广西、海南
濒危等级：NT B1ab (i , iii)
资源利用：原料（木材）

粗脉桂
Cinnamomum validinerve Hance
习　　性：乔木
海　　拔：约500 m
分　　布：广东、广西
濒危等级：LC

锡兰肉桂
Cinnamomum verum Presl
习　　性：常绿小乔木
国内分布：广东、台湾栽培
国外分布：原产斯里兰卡
资源利用：药用（中草药）；原料（精油）

川桂
Cinnamomum wilsonii Gamble
习　　性：乔木
海　　拔：海平面至800（2400）m
分　　布：广东、广西、湖北、湖南、江西、陕西、四川
濒危等级：LC
资源利用：药用（中草药）；原料（精油）；食品添加剂（糖和非糖甜味剂）

厚壳桂属 Cryptocarya R. Br.

尖叶厚壳桂
Cryptocarya acutifolia H. W. Li
习　　性：乔木
海　　拔：500~700 m
分　　布：云南
濒危等级：LC

杏仁厚壳桂
Cryptocarya amygdalina Nees
习　　性：乔木
海　　拔：约1100 m
国内分布：西藏
国外分布：不丹、尼泊尔、印度
濒危等级：LC

短序厚壳桂
Cryptocarya brachythyrsa H. W. Li
习　　性：乔木
海　　拔：1000~1800 m
分　　布：云南
濒危等级：VU A2c +3c；D1 +2

岩生厚壳桂
Cryptocarya calcicola H. W. Li
习　　性：乔木
海　　拔：500~1000 m
分　　布：广西、贵州、云南
濒危等级：LC

厚壳桂
Cryptocarya chinensis(Hance)Hemsl.
习　　性：乔木
海　　拔：300~1100 m
分　　布：福建、广东、广西、海南、四川、台湾
濒危等级：LC
资源利用：原料（木材）

硬壳桂
Cryptocarya chingii W. C. Cheng

习　　性：乔木
海　　拔：300~750 m
国内分布：福建、广东、广西、海南、江西、浙江
国外分布：越南
濒危等级：LC
资源利用：原料（木材）

黄果厚壳桂
Cryptocarya concinna Hance
习　　性：乔木
海　　拔：600 m 以下
国内分布：广东、广西、贵州、海南、江西、台湾
国外分布：越南
濒危等级：LC
资源利用：原料（木材）

丛花厚壳桂
Cryptocarya densiflora Blume
习　　性：乔木
海　　拔：600~1600 m
国内分布：福建、广东、广西、海南、云南
国外分布：菲律宾、老挝、马来西亚、印度尼西亚、越南
濒危等级：LC
资源利用：原料（木材）

贫花厚壳桂
Cryptocarya depauperata H. W. Li
习　　性：乔木
海　　拔：1300~1400 m
分　　布：云南
濒危等级：NT B1ab（i，iii，v）

菲岛厚壳桂
Cryptocarya elliptifolia Merr.
习　　性：乔木
海　　拔：100 m 以下
国内分布：台湾
国外分布：菲律宾
濒危等级：CR B1ab（iii）+2ab（iii）；C2a（i）

海南厚壳桂
Cryptocarya hainanensis Merr.
习　　性：乔木
海　　拔：500~700 m
国内分布：广西、海南、云南
国外分布：越南
濒危等级：LC

钝叶厚壳桂
Cryptocarya impressinervia H. W. Li
习　　性：乔木
海　　拔：200~1100 m
分　　布：海南
濒危等级：LC
资源利用：原料（木材）

广东厚壳桂
Cryptocarya kwangtungensis H. T. Chang
习　　性：乔木
分　　布：广东
濒危等级：LC

鸡卵槁
Cryptocarya leiana C. K. Allen
习　　性：乔木
海　　拔：800 m
分　　布：海南
濒危等级：VU A2c+3c；D2

南烛厚壳桂
Cryptocarya lyoniifolia S. K. Lee et F. N. Wei
习　　性：乔木
分　　布：广西
濒危等级：VU B1ab（i，iii，v）；D2

白背厚壳桂
Cryptocarya maclurei Merr.
习　　性：乔木
海　　拔：600~1000 m
分　　布：广东、广西、海南
濒危等级：LC
资源利用：原料（单宁，树脂）

斑果厚壳桂
Cryptocarya maculata H. W. Li
习　　性：乔木
海　　拔：约1000 m
分　　布：广西、云南
濒危等级：VU D2

长序厚壳桂
Cryptocarya metcalfiana C. K. Allen
习　　性：乔木
海　　拔：900 m 以下
分　　布：海南
濒危等级：LC
资源利用：原料（木材）

红柄厚壳桂
Cryptocarya tsangii Nakai
习　　性：乔木
分　　布：海南
濒危等级：LC

云南厚壳桂
Cryptocarya yunnanensis H. W. Li
习　　性：乔木
海　　拔：500~1100 m
分　　布：云南
濒危等级：NT

莲桂属 Dehaasia Blume

莲桂
Dehaasia hainanensis Kosterm.
习　　性：灌木或小乔木
分　　布：海南
濒危等级：LC

腰果楠
Dehaasia incrassata(Jack)Kosterm.

习　　性：乔木
国内分布：台湾
国外分布：菲律宾、马来西亚、泰国、印度尼西亚
濒危等级：CR D

广东莲桂
Dehaasia kwangtungensis Kosterm.
习　　性：乔木
分　　布：广东
濒危等级：NT B1ab（i, iii, v）; C2a（ii）

单花木姜子属 Dodecadenia Nees

单花木姜子
Dodecadenia grandiflora Nees

单花木姜子（原变种）
Dodecadenia grandiflora var. **grandiflora**
习　　性：常绿乔木
海　　拔：2000~2600 m
国内分布：四川、西藏、云南
国外分布：不丹、缅甸、尼泊尔、印度
濒危等级：LC

无毛单花木姜子
Dodecadenia grandiflora var. **griffithii**（Hook. f.）D. G. Long
习　　性：常绿乔木
海　　拔：2000~2600 m
国内分布：云南
国外分布：不丹、印度
濒危等级：LC

土楠属 Endiandra R. Br.

革叶土楠
Endiandra coriacea Merr.
习　　性：乔木
国内分布：台湾
国外分布：菲律宾
濒危等级：CR C2a（i）

长果土楠
Endiandra dolichocarpa S. K. Lee et Y. T. Wei
习　　性：乔木
海　　拔：约500 m
分　　布：广西、云南
濒危等级：EN A2c; B1ab（i, iii, v）; C1+2a（i）

土楠
Endiandra hainanensis Merr. et F. P. Metcalf ex C. K. Allen
习　　性：乔木
海　　拔：约400 m
分　　布：海南
濒危等级：NT D

香面叶属 Iteadaphne Blume

香面叶
Iteadaphne caudata（Nees）H. W. Li
习　　性：灌木或小乔木
海　　拔：700~2300 m
国内分布：广西、云南
国外分布：老挝、缅甸、泰国、印度、越南
濒危等级：LC
资源利用：原料（香料，工业用油，精油）

月桂属 Laurus L.

月桂
Laurus nobilis L.
习　　性：常绿小乔木或灌木
国内分布：福建、江苏、四川、台湾、云南、浙江栽培
国外分布：原产地中海地区
资源利用：原料（香料，工业用油，精油）；食品添加剂（调味剂）；环境利用（观赏）

山胡椒属 Lindera Thunb.

乌药
Lindera aggregata（Sims）Kosterm.

乌药（原变种）
Lindera aggregata var. **aggregata**
习　　性：常绿灌木或小乔木
海　　拔：200~1000 m
国内分布：安徽、福建、广东、广西、贵州、海南、湖南、江西、台湾、浙江
国外分布：菲律宾、越南
濒危等级：LC
资源利用：药用（中草药）；原料（精油）

小叶乌药
Lindera aggregata var. **playfairii**（Hemsl.）H. P. Tsui
习　　性：常绿灌木或小乔木
海　　拔：200~1000 m
分　　布：广东、广西、海南
濒危等级：LC
资源利用：药用（中草药）

台湾香叶树
Lindera akoensis Hayata

台湾香叶树（原变种）
Lindera akoensis var. **akoensis**
习　　性：常绿灌木或小乔木
分　　布：台湾
濒危等级：LC

竹头角香叶树
Lindera akoensis var. **chitouchiaoensis** Liao
习　　性：常绿灌木或小乔木
分　　布：台湾
濒危等级：LC

狭叶山胡椒
Lindera angustifolia W. C. Cheng
习　　性：落叶灌木或小乔木
海　　拔：200~1200 m
国内分布：安徽、福建、广东、广西、河南、湖北、江苏、江西、山东、陕西、浙江
国外分布：朝鲜
濒危等级：LC

资源利用：原料（香料，工业用油，精油）；环境利用（观赏）；药用（中草药）

江浙山胡椒
Lindera chienii W. C. Cheng
习　　性：灌木或小乔木
海　　拔：500～1600 m
分　　布：安徽、河南、江苏、浙江
濒危等级：LC

鼎湖钓樟
Lindera chunii Merr.
习　　性：灌木或小乔木
分　　布：广东、广西、海南
濒危等级：LC
资源利用：药用（中草药）；食品（淀粉）

香叶树
Lindera communis Hemsl
习　　性：常绿灌木或乔木
海　　拔：100～2400 m
国内分布：福建、甘肃、广东、广西、贵州、湖北、湖南、江西、陕西、四川、台湾、云南、浙江
国外分布：老挝、缅甸、泰国、印度、越南
濒危等级：LC
资源利用：药用（中草药）；原料（香料，工业用油，精油）；食品（种子）

贡山山胡椒
Lindera doniana C. K. Allen
习　　性：乔木
海　　拔：约2300 m
国内分布：云南
国外分布：印度
濒危等级：LC

红果山胡椒
Lindera erythrocarpa Makino
习　　性：灌木或乔木
海　　拔：1000 m 以下
国内分布：安徽、广东、广西、河南、湖北、湖南、江苏、江西、山东、陕西、四川、台湾
国外分布：朝鲜、日本
濒危等级：LC
资源利用：环境利用（观赏）

绒毛钓樟
Lindera floribunda (C. K. Allen) H. P. Tsui
习　　性：常绿乔木
海　　拔：300～1300 m
分　　布：甘肃、广东、贵州、湖北、湖南、陕西、四川
濒危等级：LC

蜂房叶山胡椒
Lindera foveolata H. W. Li
习　　性：常绿乔木
海　　拔：1400～2100 m
分　　布：云南
濒危等级：LC

香叶子
Lindera fragrans Oliv.
习　　性：常绿小乔木
海　　拔：700～2100 m
分　　布：广西、贵州、湖北、陕西、四川
濒危等级：LC
资源利用：环境利用（观赏）

纤梗山胡椒
Lindera gracilipes H. W. Li
习　　性：常绿灌木或乔木
海　　拔：600～1900 m
国内分布：西藏、云南
国外分布：越南

广西钓樟
Lindera guangxiensis H. P. Tsui
习　　性：常绿乔木
海　　拔：约1300 m
分　　布：广西
濒危等级：VU A2c+3c；D1+2

更里山胡椒
Lindera kariensis W. W. Sm.
习　　性：落叶灌木或小乔木
海　　拔：2700～3700 m
分　　布：云南
濒危等级：LC

广东山胡椒
Lindera kwangtungensis (H. Liu) C. K. Allen
习　　性：常绿乔木
海　　拔：1300 m 以下
分　　布：福建、广东、广西、贵州、海南、江西、四川
濒危等级：LC

团香果
Lindera latifolia Hook. f.
习　　性：常绿乔木
海　　拔：1500～2900 m
国内分布：西藏、云南
国外分布：孟加拉国、印度、越南
濒危等级：LC
资源利用：原料（香料，工业用油，精油）

卵叶钓樟
Lindera limprichtii H. Winkl.
习　　性：常绿乔木
海　　拔：1000～2200 m
分　　布：甘肃、陕西、四川
濒危等级：LC

山柿子果
Lindera longipedunculata C. K. Allen
习　　性：常绿乔木
海　　拔：2100～2900 m
分　　布：西藏、云南
濒危等级：LC
资源利用：原料（香料，工业用油）

龙胜钓樟
Lindera lungshengensis S. K. Lee
习　　性：常绿灌木或乔木
海　　拔：1000～1700 m
分　　布：广西
濒危等级：VU A2c+3c；D1+2

勐海山胡椒
Lindera menghaiensis H. W. Li
习　　性：乔木
海　　拔：约1300 m
分　　布：云南
濒危等级：VU A2c+3c；C2a（i）；D1+2

滇粤山胡椒
Lindera metcalfiana C. K. Allen

滇粤山胡椒（原变种）
Lindera metcalfiana var. **metcalfiana**
习　　性：灌木或乔木
海　　拔：1200～2000 m
分　　布：福建、广东、广西、海南、云南
濒危等级：LC

网叶山胡椒
Lindera metcalfiana var. **dictyophylla**（C. K. Allen）H. P. Tsui
习　　性：灌木或乔木
海　　拔：500～2000 m
国内分布：福建、广西、云南
国外分布：越南
濒危等级：LC

西藏山胡椒
Lindera motuoensis H. P. Tsui
习　　性：常绿乔木
海　　拔：1500～2000 m
分　　布：西藏
濒危等级：LC

绒毛山胡椒
Lindera nacusua（D. Don）Merr.

绒毛山胡椒（原变种）
Lindera nacusua var. **nacusua**
习　　性：常绿灌木或乔木
海　　拔：700～2500 m
国内分布：福建、广东、广西、海南、江西、四川、西藏、云南
国外分布：不丹、缅甸、尼泊尔、印度、越南
濒危等级：LC

勐仑山胡椒
Lindera nacusua var. **menglungensis** H. P. Tsui
习　　性：常绿灌木或乔木
海　　拔：约600 m
分　　布：云南
濒危等级：NT D

绿叶甘橿
Lindera neesiana（Wall. ex Nees）Kurz.
习　　性：落叶灌木或小乔木
海　　拔：2500 m以下
国内分布：安徽、贵州、河南、湖北、湖南、江西、陕西、四川、西藏、云南、浙江
国外分布：不丹、缅甸、尼泊尔、印度
濒危等级：LC

三桠乌药
Lindera obtusiloba Blume

三桠乌药（原变种）
Lindera obtusiloba var. **obtusiloba**
习　　性：落叶乔木
海　　拔：海平面至3000 m
国内分布：安徽、福建、甘肃、河南、湖北、湖南、江苏、江西、辽宁、山东、陕西、四川、西藏、云南、浙江
国外分布：韩国、日本
濒危等级：LC
资源利用：药用（中草药）；原料（木材）

滇藏钓樟
Lindera obtusiloba var. **heterophylla**（Meisn.）H. P. Tsui
习　　性：落叶乔木
海　　拔：2100～3300 m
国内分布：西藏、云南
国外分布：不丹、尼泊尔、印度
濒危等级：LC

大果山胡椒
Lindera praecox（Siebold et Zucc.）Blume
习　　性：落叶灌木
海　　拔：300～1400 m
国内分布：安徽、湖北、浙江
国外分布：日本
濒危等级：LC

峨眉钓樟
Lindera prattii Gamble
习　　性：常绿乔木或小乔木
海　　拔：2200 m以下
分　　布：贵州、四川
濒危等级：LC

西藏钓樟
Lindera pulcherrima（Nees）Hook. f.

西藏钓樟（原变种）
Lindera pulcherrima var. **pulcherrima**
习　　性：常绿乔木
海　　拔：2200～3700 m
国内分布：西藏
国外分布：不丹、尼泊尔、印度
濒危等级：LC

香粉叶
Lindera pulcherrima var. **attenuata** C. K. Allen
习　　性：常绿乔木
海　　拔：100～1600 m

分　　布：广东、广西、贵州、湖北、湖南、四川、云南
濒危等级：LC
资源利用：药用（中草药）；原料（精油）；动物饲料（饲料）；食品添加剂（调味剂）

川钓樟
Lindera pulcherrima var. **hemsleyana**（Diels）H. P. Tsui
习　　性：常绿乔木
海　　拔：约 2000 m
分　　布：广西、贵州、湖北、湖南、陕西、四川、云南
濒危等级：LC

山橿
Lindera reflexa Hemsl.
习　　性：灌木或乔木
海　　拔：1000 m 以下
分　　布：安徽、福建、广东、广西、贵州、河南、湖北、湖南、江苏、江西、云南、浙江
濒危等级：LC
资源利用：药用（中草药）

海南山胡椒
Lindera robusta（C. K. Allen）H. P. Tsui
习　　性：常绿乔木
海　　拔：约 3000 m
分　　布：海南
濒危等级：LC

红脉钓樟
Lindera rubronervia Gamble
习　　性：落叶灌木或小乔木
海　　拔：1400 m 以下
分　　布：安徽、河南、江苏、江西、浙江
濒危等级：LC
资源利用：原料（精油）；环境利用（观赏）

四川山胡椒
Lindera setchuenensis Gamble
习　　性：常绿灌木
海　　拔：约 1500 m
分　　布：贵州、四川
濒危等级：LC

菱叶钓樟
Lindera supracostata Lecomte
习　　性：常绿灌木或乔木
海　　拔：2400 ~ 2800 m
分　　布：贵州、四川、云南
濒危等级：LC

三股筋香
Lindera thomsonii C. K. Allen

三股筋香（原变种）
Lindera thomsonii var. **thomsonii**
习　　性：常绿乔木
海　　拔：1100 ~ 3000 m
国内分布：广西、贵州、云南
国外分布：缅甸、印度、越南
濒危等级：LC
资源利用：原料（香料，工业用油，精油）

长尾钓樟
Lindera thomsonii var. **velutina**（Forrest）L. C. Wang
习　　性：常绿乔木
海　　拔：1500 ~ 3000 m
国内分布：云南
国外分布：缅甸
濒危等级：LC

天全钓樟
Lindera tienchuanensis W. P. Fang et H. S. Kung
习　　性：常绿灌木或乔木
海　　拔：1700 ~ 3000 m
分　　布：四川、西藏
濒危等级：LC

假桂钓樟
Lindera tonkinensis Lecomte

假桂钓樟（原变种）
Lindera tonkinensis var. **tonkinensis**
习　　性：常绿乔木
海　　拔：100 ~ 800 m
国内分布：广东、广西、海南、云南
国外分布：老挝、越南
濒危等级：LC
资源利用：原料（香料，工业用油）

无梗钓樟
Lindera tonkinensis var. **subsessilis** H. W. Li
习　　性：常绿乔木
海　　拔：1100 ~ 2300 m
分　　布：广西、云南
濒危等级：LC

毛柄钓樟
Lindera villipes H. P. Tsui
习　　性：常绿小乔木
海　　拔：2400 ~ 3200 m
分　　布：西藏、云南
濒危等级：NT D

木姜子属 Litsea Lam.

尖叶木姜子
Litsea acutivena Hayata
习　　性：常绿乔木
海　　拔：500 ~ 2500 m
国内分布：福建、广东、广西、贵州、海南、江西、台湾
国外分布：柬埔寨、老挝、越南
濒危等级：LC

屏东木姜子
Litsea akoensis Hayata

屏东木姜子（原变种）
Litsea akoensis var. **akoensis**
习　　性：常绿小乔木

海　　拔：500 m 以下
分　　布：台湾
濒危等级：LC

浸水营木姜子
Litsea akoensis var. **sasakii**(Kamik.)J. C. Liao
习　　性：常绿小乔木
分　　布：台湾
濒危等级：LC

白叶木姜子
Litsea albescens(Hook. f.)D. G. Long
习　　性：常绿灌木或小乔木
海　　拔：1500~2000 m
国内分布：西藏
国外分布：不丹、印度
濒危等级：LC

天目木姜子
Litsea auriculata S. S. Chien et W. C. Cheng
习　　性：落叶乔木
海　　拔：500~1000 m
分　　布：安徽、浙江
濒危等级：LC
资源利用：原料（木材）

假辣子
Litsea balansae Lecomte
习　　性：常绿灌木或小乔木
海　　拔：200~1200 m
国内分布：云南
国外分布：越南
濒危等级：LC

大萼木姜子
Litsea baviensis Lecomte
习　　性：常绿乔木
海　　拔：400~2000 m
国内分布：广西、海南、云南
国外分布：泰国、越南
濒危等级：LC
资源利用：原料（木材）

琼楠叶木姜子
Litsea beilschmiediifolia H. W. Li
习　　性：常绿乔木
海　　拔：1700~1900 m
分　　布：云南
濒危等级：VU A2ac；B1ab（i，ii，iii，v）

少花木姜子
Litsea biflora H. P. Tsui
习　　性：常绿乔木
海　　拔：1900~2300 m
分　　布：西藏
濒危等级：DD

沧源木姜子
Litsea cangyuanensis J. Li et H. W. Li
习　　性：乔木
海　　拔：1000~1300 m
分　　布：云南
濒危等级：NT A2ac+3c

树志木姜子
Litsea chengshuzhii H. P. Tsui
习　　性：常绿乔木
海　　拔：约 1000 m
分　　布：西藏
濒危等级：DD

金平木姜子
Litsea chinpingensis Yen C. Yang et P. H. Huang
习　　性：常绿乔木
海　　拔：1500~2100 m
分　　布：云南
濒危等级：NT A2ac+3c；B1ab（i，ii，iii，v）

高山木姜子
Litsea chunii W. C. Cheng

高山木姜子（原变种）
Litsea chunii var. **chunii**
习　　性：落叶灌木
海　　拔：1500~3400 m
分　　布：甘肃、四川、云南
濒危等级：LC
资源利用：原料（精油）

丽江木姜子
Litsea chunii var. **likiangensis** Yen C. Yang et P. H. Huang
习　　性：落叶灌木
海　　拔：2700~3400 m
分　　布：云南
濒危等级：LC

蓝叶木姜子
Litsea coelestis H. P. Tsui
习　　性：常绿乔木
海　　拔：800~2100 m
分　　布：西藏
濒危等级：DD

朝鲜木姜子
Litsea coreana H. Lév.

朝鲜木姜子（原变种）
Litsea coreana var. **coreana**
习　　性：常绿乔木
海　　拔：300~2300 m
国内分布：台湾
国外分布：朝鲜、日本
濒危等级：LC
资源利用：原料（木材）

毛豹皮樟
Litsea coreana var. **lanuginosa**(Migo)Yen C. Yang et P. H. Huang
习　　性：常绿乔木
海　　拔：300~2300 m

分　　布：安徽、福建、广东、广西、贵州、河南、湖北、湖南、江苏、江西、四川、云南、浙江
濒危等级：LC

豹皮樟
Litsea coreana var. **sinensis**(C. K. Allen)Yen C. Yang et P. H. Huang
习　　性：常绿乔木
海　　拔：900 m 以下
分　　布：安徽、福建、河南、湖北、江苏、江西、浙江
濒危等级：LC

山鸡椒
Litsea cubeba(Lour.)Pers.

山鸡椒（原变种）
Litsea cubeba var. **cubeba**
习　　性：落叶灌木或小乔木
海　　拔：300～1800 m
国内分布：安徽、福建、广东、广西、贵州、海南、湖北、湖南、江苏、江西、四川、台湾、西藏、云南、浙江
国外分布：东南亚
濒危等级：LC
资源利用：药用（中草药）；原料（木材）

毛山鸡椒
Litsea cubeba var. **formosana**(Nakai)Yen C. Yang et P. H. Huang
习　　性：落叶灌木或小乔木
分　　布：福建、广东、江西、台湾、浙江
濒危等级：LC

扁果木姜子
Litsea depressa H. P. Tsu
习　　性：常绿乔木
海　　拔：约 900 m
分　　布：西藏
濒危等级：DD

五桠果叶木姜子
Litsea dilleniifolia P. Y. Pai et P. H. Huang
习　　性：常绿乔木
海　　拔：约 500 m
分　　布：云南
濒危等级：VU A2acd+3cd

拟黄丹木姜子
Litsea dorsalicana M. Q. Han et Y. S. Huang
习　　性：常绿灌木
海　　拔：约 650 m
分　　布：广西
濒危等级：LC

出蕊木姜子
Litsea dunniana H. Lév.
习　　性：乔木
分　　布：贵州
濒危等级：DD

黄丹木姜子
Litsea elongata(Wall. ex Ness)Benth. et Hook. f.

黄丹木姜子（原变种）
Litsea elongata var. **elongata**
习　　性：常绿灌木或乔木
海　　拔：500～2000 m
国内分布：安徽、福建、广东、广西、贵州、海南、湖北、湖南、江苏、江西、西藏、云南、浙江
国外分布：尼泊尔、印度
濒危等级：LC
资源利用：原料（木材，工业用油）

石木姜子
Litsea elongata var. **faberi**(Hemsl.)Yen C. Yang et P. H. Huang
习　　性：常绿灌木或乔木
海　　拔：1500～2300 m
分　　布：贵州、四川、云南
濒危等级：LC
资源利用：原料（精油）

近轮叶木姜子
Litsea elongata var. **subverticillata**(Yen C. Yang)Yen C. Yang et P. H. Huang
习　　性：常绿灌木或乔木
海　　拔：1200～1900 m
分　　布：广西、贵州、湖北、湖南、四川、云南
濒危等级：LC

蜂窝木姜子
Litsea foveola Kosterm.
习　　性：常绿灌木或小乔木
海　　拔：300～700 m
分　　布：广西
濒危等级：NT D

兰屿木姜子
Litsea garciae Vidal
习　　性：常绿乔木
国内分布：台湾
国外分布：菲律宾
濒危等级：CR B2ab（iii,v）

潺槁木姜子
Litsea glutinosa(Lour.)C. B. Rob.

潺槁木姜子（原变种）
Litsea glutinosa var. **glutinosa**
习　　性：乔木
海　　拔：500～1900 m
国内分布：福建、广东、广西、云南
国外分布：不丹、菲律宾、尼泊尔、印度、越南
濒危等级：LC
资源利用：药用（中草药）；原料（木材，工业用油）

白野槁树
Litsea glutinosa var. **brideliifolia**(Hayata)Merr.
习　　性：乔木
海　　拔：500～1400 m
国内分布：广东、广西、海南
国外分布：缅甸、泰国
濒危等级：LC

贡山木姜子
Litsea gongshanensis H. W. Li
- 习　　性：常绿灌木或小乔木
- 海　　拔：1300～1400 m
- 分　　布：西藏、云南
- 濒危等级：LC

华南木姜子
Litsea greenmaniana C. K. Allen
- 习　　性：常绿小乔木
- 海　　拔：1200 m 以下
- 分　　布：福建、广东、广西、江西
- 濒危等级：LC

台湾木姜子
Litsea hayatae Kaneh.
- 习　　性：常绿小乔木
- 海　　拔：1500～2500 m
- 分　　布：台湾
- 濒危等级：LC

红河木姜子
Litsea honghoensis H. Liu
- 习　　性：常绿乔木
- 海　　拔：1300～2200 m
- 分　　布：云南
- 濒危等级：LC

湖南木姜子
Litsea hunanensis Yen C. Yang et P. H. Huang
- 习　　性：常绿小乔木
- 海　　拔：800～2000 m
- 分　　布：湖南
- 濒危等级：EN A2c；B2ab（ii，iii）

湖北木姜子
Litsea hupehana Hemsl.
- 习　　性：常绿乔木或小乔木
- 海　　拔：800～1400 m
- 分　　布：湖北、四川
- 濒危等级：LC

黄肉树
Litsea hypophaea Hayata
- 习　　性：乔木
- 分　　布：台湾
- 濒危等级：LC

宜昌木姜子
Litsea ichangensis Gamble
- 习　　性：落叶灌木或小乔木
- 海　　拔：300～2200 m
- 分　　布：湖北、湖南、四川
- 濒危等级：LC

秃净木姜子
Litsea kingii Hook. f.
- 习　　性：落叶灌木或小乔木
- 海　　拔：1000～3200 m
- 国内分布：福建、广西、贵州、湖南、江西、四川、西藏、云南
- 国外分布：不丹、缅甸、尼泊尔、印度
- 濒危等级：LC

安顺木姜子
Litsea kobuskiana C. K. Allen
- 习　　性：常绿小乔木
- 海　　拔：800～1800 m
- 分　　布：广西、贵州
- 濒危等级：LC

红楠刨
Litsea kwangsiensis Yen C. Yang et P. H. Huang
- 习　　性：常绿乔木
- 海　　拔：300～1200 m
- 分　　布：广西
- 濒危等级：EN B1ab（i，iii，v）
- 资源利用：原料（木材）

广东木姜子
Litsea kwangtungensis H. T. Chang
- 习　　性：常绿灌木
- 海　　拔：100 m 以下
- 分　　布：广东
- 濒危等级：EN B1ab（i，ii，iii）

剑叶木姜子
Litsea lancifolia(Roxb. ex Nees)Fern. -Vill.

剑叶木姜子（原变种）
Litsea lancifolia var. **lancifolia**
- 习　　性：常绿灌木
- 海　　拔：1000 m 以下
- 国内分布：广西、海南、云南
- 国外分布：不丹、菲律宾、印度、越南
- 濒危等级：LC

椭圆果木姜子
Litsea lancifolia var. **ellipsoidea** Yen C. Yang et P. H. Huang
- 习　　性：常绿灌木
- 海　　拔：1200～2000 m
- 分　　布：云南
- 濒危等级：LC

有梗木姜子
Litsea lancifolia var. **pedicellata** Hook. f.
- 习　　性：常绿灌木
- 海　　拔：100～1700 m
- 国内分布：云南
- 国外分布：印度
- 濒危等级：LC

大果木姜子
Litsea lancilimba Merr.
- 习　　性：常绿乔木
- 海　　拔：900～2500 m
- 国内分布：福建、广东、广西、海南、湖南、云南
- 国外分布：老挝、越南

濒危等级：LC
资源利用：原料（木材，工业用油）

勃生木姜子
Litsea liboshengii H. P. Tsui
习　　性：常绿乔木
海　　拔：约 2100 m
分　　布：西藏
濒危等级：DD

海南木姜子
Litsea litseifolia（C. K. Allen）Yen C. Yang et P. H. Huang
习　　性：常绿灌木或小乔木
海　　拔：1400 ~ ? m
分　　布：海南
濒危等级：EN A2c

圆锥木姜子
Litsea liyuyingii H. Liu
习　　性：常绿乔木
分　　布：云南
濒危等级：LC

长蕊木姜子
Litsea longistaminata（H. Liu）Kosterm.
习　　性：常绿乔木
海　　拔：800 ~ 2000 m
国内分布：西藏、云南
国外分布：越南
濒危等级：LC

润楠叶木姜子
Litsea machiloides Yen C. Yang et P. H. Huang
习　　性：常绿乔木
海　　拔：约 500 m
分　　布：广东
濒危等级：LC

滇南木姜子
Litsea martabanica（Kurz.）Hook. f.
习　　性：常绿乔木
海　　拔：500 ~ 2500 m
国内分布：云南
国外分布：缅甸、泰国
濒危等级：LC

毛叶木姜子
Litsea mollis Hemsl.
习　　性：落叶灌木或小乔木
海　　拔：600 ~ 2800 m
国内分布：广东、广西、贵州、湖北、湖南、四川、西藏、云南
国外分布：泰国
濒危等级：LC
资源利用：药用（中草药）；原料（工业用油，精油）

假柿木姜子
Litsea monopetala（Roxb.）Pers.
习　　性：常绿乔木

海　　拔：200 ~ 1500 m
国内分布：广东、广西、贵州、海南、云南
国外分布：巴基斯坦、不丹、柬埔寨、老挝、马来西亚、缅甸、尼泊尔、泰国、印度、越南
濒危等级：LC
资源利用：原料（木材）

玉山木姜子
Litsea morrisonensis Hayata
习　　性：小乔木
海　　拔：1000 ~ 2800 m
分　　布：台湾
濒危等级：LC

宝兴木姜子
Litsea moupinensis Lecomte

宝兴木姜子（原变种）
Litsea moupinensis var. **moupinensis**
习　　性：落叶乔木
海　　拔：700 ~ 2300 m
分　　布：四川
濒危等级：LC
资源利用：原料（香料，工业用油，精油）；食品添加剂（调味剂）

四川木姜子
Litsea moupinensis var. **szechuanica**（C. K. Allen）Yen C. Yang et P. H. Huang
习　　性：落叶乔木
海　　拔：500 ~ 2100 m
分　　布：四川
濒危等级：LC
资源利用：药用（中草药）

沐川木姜子
Litsea muchuanensis Z. Y. Zhu
习　　性：乔木或灌木
分　　布：四川
濒危等级：LC

少脉木姜子
Litsea oligophlebia H. T. Chang
习　　性：常绿乔木
海　　拔：200 ~ 300 m
分　　布：广西
濒危等级：DD

红皮木姜子
Litsea pedunculata（Diels）Yen C. Yang et P. H. Huang

红皮木姜子（原变种）
Litsea pedunculata var. **pedunculata**
习　　性：常绿灌木或小乔木
海　　拔：1300 ~ 2300 m
分　　布：广西、贵州、湖北、湖南、江西、四川、云南
濒危等级：LC

毛红皮木姜子
Litsea pedunculata var. **pubescens** Yen C. Yang et P. H. Huang

习　　性：常绿灌木或小乔木
分　　布：云南
濒危等级：DD

海桐叶木姜子
Litsea pittosporifolia Yen C. Yang et P. H. Huang
习　　性：常绿灌木
海　　拔：800～900 m
分　　布：广东
濒危等级：VU D1+2

杨叶木姜子
Litsea populifolia(Hemsl.)Gamble
习　　性：落叶小乔木
海　　拔：700～2000 m
分　　布：四川、西藏、云南
濒危等级：LC
资源利用：原料（精油）；动物饲料（饲料）

竹叶木姜子
Litsea pseudoelongata H. Liu
习　　性：常绿小乔木
海　　拔：600～2400 m
分　　布：广东、广西、海南、台湾
濒危等级：LC

木姜子
Litsea pungens Hemsl.
习　　性：落叶小乔木
海　　拔：800～2300 m
分　　布：甘肃、广东、广西、贵州、河南、湖北、湖南、山西、陕西、四川、西藏、云南、浙江
濒危等级：LC
资源利用：原料（香料，工业用油，精油）；食品添加剂（调味剂）；药用（中草药）

圆叶豺皮樟
Litsea rotundifolia Nees

圆叶豺皮樟（原变种）
Litsea rotundifolia var. **rotundifolia**
习　　性：常绿灌木或小乔木
海　　拔：0～800 m
分　　布：广东、广西
濒危等级：LC

豺皮樟
Litsea rotundifolia var. **oblongifolia**(Nees)C. K. Allen
习　　性：常绿灌木或小乔木
海　　拔：800 m 以下
国内分布：福建、广东、广西、海南、湖南、江西、台湾、浙江
国外分布：越南
濒危等级：LC
资源利用：药用（中草药）；原料（精油）

卵叶豺皮樟
Litsea rotundifolia var. **ovatifolia** Yen C. Yang et P. H. Huang
习　　性：常绿灌木或小乔木

分　　布：广东
濒危等级：LC

红叶木姜子
Litsea rubescens Lecomte

红叶木姜子（原变种）
Litsea rubescens var. **rubescens**
习　　性：落叶灌木或小乔木
海　　拔：700～3800 m
分　　布：重庆、贵州、湖北、湖南、陕西、四川、西藏、云南
濒危等级：LC

滇木姜子
Litsea rubescens var. **yunnanensis** Lecomte
习　　性：落叶灌木或小乔木
海　　拔：2300～3400 m
分　　布：贵州、云南
濒危等级：LC

玉兰叶木姜子
Litsea semecarpifolia(Wall. ex Nees)Hook. f.
习　　性：常绿乔木
海　　拔：600～1400 m
国内分布：云南
国外分布：孟加拉国、缅甸、泰国
濒危等级：LC

绢毛木姜子
Litsea sericea(Wall. ex Nees)Hook. f.
习　　性：落叶灌木或小乔木
海　　拔：400～3400 m
国内分布：贵州、四川、西藏、云南
国外分布：尼泊尔、印度
濒危等级：LC

圆果木姜子
Litsea sinoglobosa J. Li et H. W. Li
习　　性：常绿灌木或小乔木
海　　拔：100～600 m
分　　布：广东、湖南
濒危等级：LC

桂北木姜子
Litsea subcoriacea Yen C. Yang et P. H. Huang
习　　性：常绿乔木
海　　拔：400～2000 m
分　　布：广东、广西、贵州、湖南、浙江
濒危等级：LC

栓皮木姜子
Litsea suberosa Yen C. Yang et P. H. Huang
习　　性：常绿小乔木
海　　拔：800～1500 m
分　　布：广东、湖北、湖南、四川
濒危等级：LC

思茅木姜子
Litsea szemois(H. Liu)J. Li et H. W. Li

习　　性：常绿乔木
海　　拔：800~1500 m
分　　布：云南
濒危等级：CR A2acd；B1ab（i, iii, v）；C1+2a（i）

独龙木姜子
Litsea taronensis H. W. Li
习　　性：落叶乔木
海　　拔：约2200 m
分　　布：云南
濒危等级：LC

西藏木姜子
Litsea tibetana Yen C. Yang et P. H. Huang
习　　性：常绿灌木
海　　拔：约1300 m
分　　布：西藏
濒危等级：EN B1ab（ii, v）+2ab（ii, v）

秦岭木姜子
Litsea tsinlingensis Yen C. Yang et P. H. Huang
习　　性：落叶灌木或小乔木
海　　拔：1000~2400 m
分　　布：甘肃、河南、山西、陕西
濒危等级：LC
资源利用：原料（香料，工业用油，精油）

伞花木姜子
Litsea umbellata（Lour.）Merr.
习　　性：常绿灌木或小乔木
海　　拔：300~1000 m
国内分布：广西、云南
国外分布：柬埔寨、老挝、马来西亚、泰国、印度尼西亚、越南
濒危等级：LC

薄托木姜子
Litsea vang Lecomte
习　　性：乔木
国内分布：云南
国外分布：柬埔寨、老挝、越南
濒危等级：LC

沧源薄托木姜子
Litsea vang var. **lobata** Lecomte
习　　性：乔木
海　　拔：约800 m
国内分布：云南
国外分布：柬埔寨
濒危等级：LC

黄椿木姜子
Litsea variabilis Hemsl.

黄椿木姜子（原变种）
Litsea variabilis var. **variabilis**
习　　性：常绿灌木或乔木
海　　拔：300~1700 m
国内分布：广东、广西、海南、云南

国外分布：老挝、越南
濒危等级：LC
资源利用：原料（木材）

毛黄椿木姜子
Litsea variabilis var. **oblonga** Lecomte
习　　性：常绿灌木或乔木
海　　拔：600~900 m
国内分布：广西、云南
国外分布：越南
濒危等级：LC

钝叶木姜子
Litsea veitchiana Gamble

钝叶木姜子（原变种）
Litsea veitchiana var. **veitchiana**
习　　性：落叶灌木或小乔木
海　　拔：400~3800 m
分　　布：贵州、湖北、四川、云南
濒危等级：LC

毛果木姜子
Litsea veitchiana var. **trichocarpa**（Yen C. Yang）H. S. Kung
习　　性：落叶灌木或小乔木
海　　拔：2200~2500 m
分　　布：四川
濒危等级：LC

琼南木姜子
Litsea verticillifolia Yen C. Yang et P. H. Huang, Acta
习　　性：常绿灌木
分　　布：海南
濒危等级：LC

干香柴
Litsea viridis H. Liu
习　　性：常绿小乔木
海　　拔：400~1100 m
国内分布：云南
国外分布：越南
濒危等级：LC

绒叶木姜子
Litsea wilsonii Gamble
习　　性：常绿乔木
海　　拔：300~1800 m
分　　布：贵州、四川
濒危等级：LC

香料树
Litsea xiangliaoshu Z. Y. Zhu
习　　性：乔木或灌木
分　　布：四川
濒危等级：VU D2

瑶山木姜子
Litsea yaoshanensis Yen C. Yang et P. H. Huang
习　　性：常绿灌木
海　　拔：约200 m

分　　布：广西
濒危等级：NT A2c

云南木姜子
Litsea yunnanensis Yen C. Yang et P. H. Huang
习　　性：常绿乔木
海　　拔：800~1900 m
国内分布：广西、云南
国外分布：越南
濒危等级：LC

润楠属 Machilus Rumphius ex Nees

狭基润楠
Machilus attenuata F. N. Wei et S. C. Tang
习　　性：灌木或乔木
分　　布：广西
濒危等级：DD

黔南润楠
Machilus austroguizhouensis S. K. Lee et F. N. Wei
习　　性：乔木
分　　布：广西、贵州
濒危等级：EN B1ab（i, iii, v）；C1

枇杷叶润楠
Machilus bonii Lecomte
习　　性：乔木
海　　拔：800~1200 m
国内分布：广西、贵州、云南
国外分布：越南
濒危等级：NT B2ab（iii）

短序润楠
Machilus breviflora(Benth.)Hemsl.
习　　性：乔木
分　　布：广东、广西、海南
濒危等级：LC

灰岩润楠
Machilus calcicola C. J. Qi
习　　性：小乔木
海　　拔：200~300 m
分　　布：广东、广西、湖南
濒危等级：LC

安顺润楠
Machilus cavaleriei H. Lév.
习　　性：灌木或小乔木
海　　拔：约1300 m
分　　布：广西、贵州
濒危等级：LC

察隅润楠
Machilus chayuensis S. K. Lee
习　　性：乔木
海　　拔：约2000 m
分　　布：西藏
濒危等级：VU A2c+3c；B1ab（i, iii, v）；D1

浙江润楠
Machilus chekiangensis S. K. Lee
习　　性：乔木
海　　拔：约100 m
分　　布：福建、广东、江西、香港、浙江
濒危等级：LC

黔桂润楠
Machilus chienkweiensis S. K. Lee
习　　性：乔木
海　　拔：800~1200 m
分　　布：广西、贵州
濒危等级：LC

华润楠
Machilus chinensis(Champ. ex Benth.)Hemsl.
习　　性：乔木
海　　拔：800~1500 m
国内分布：广东、广西、海南
国外分布：越南
濒危等级：LC
资源利用：原料（木材）

黄毛润楠
Machilus chrysotricha H. W. Li
习　　性：乔木
海　　拔：约1900 m
分　　布：云南
濒危等级：NT

川黔润楠
Machilus chuanchienensis S. K. Lee
习　　性：乔木
海　　拔：1800~2200 m
分　　布：贵州、四川
濒危等级：NT C2a（i）；D1

刻节润楠
Machilus cicatricosa S. K. Lee
习　　性：乔木
国内分布：海南
国外分布：越南
濒危等级：DD

道真润楠
Machilus daozhenensis Y. K. Li
习　　性：乔木
海　　拔：约780 m
分　　布：贵州
濒危等级：NT C2a（i）；D1

基脉润楠
Machilus decursinervis Chun
习　　性：乔木
海　　拔：500~1950 m
国内分布：广西、贵州、湖南、云南
国外分布：越南
濒危等级：LC

定安润楠
Machilus dinganensis S. K. Lee et F. N. Wei
习　　性：乔木
分　　布：广东、海南
濒危等级：NT C2a（i）；D1

灌丛润楠
Machilus dumicola（W. W. Sm.）H. W. Li
习　　性：乔木
海　　拔：约 2400 m
分　　布：云南
濒危等级：EN B1ab（i，iii，v）；C1

长梗润楠
Machilus duthiei King ex Hook. f.
习　　性：乔木
海　　拔：2000～2800 m
国内分布：四川、西藏、云南
国外分布：不丹、克什米尔地区、尼泊尔、印度
濒危等级：LC

竹叶楠
Machilus faberi Hemsl.
习　　性：乔木
海　　拔：800～1500 m
分　　布：贵州、湖北、陕西、四川、云南
濒危等级：LC

簇序润楠
Machilus fasciculata H. W. Li
习　　性：灌木或小乔木
海　　拔：约 1000 m
分　　布：广西、云南
濒危等级：LC

琼桂润楠
Machilus foonchewii S. K. Lee
习　　性：乔木
分　　布：广西、海南
濒危等级：NT

长毛润楠
Machilus forrestii（W. W. Smith）L. Li et al.
习　　性：乔木
海　　拔：1700～2500 m
分　　布：西藏、云南
濒危等级：LC

闽润楠
Machilus fukienensis H. T. Chang et S. K. Lee
习　　性：乔木
分　　布：福建
濒危等级：LC

黄心树
Machilus gamblei King ex Hook. f.
习　　性：乔木
国内分布：广东、广西、贵州、海南、西藏、云南
国外分布：不丹、柬埔寨、老挝、缅甸、尼泊尔、泰国、印度、越南
濒危等级：LC

光叶润楠
Machilus glabrophylla J. F. Zuo
习　　性：乔木
分　　布：广东、广西
濒危等级：LC

粉叶润楠
Machilus glaucifolia S. K. Lee et F. N. Wei
习　　性：乔木
分　　布：广西、贵州
濒危等级：LC

贡山润楠
Machilus gongshanensis H. W. Li
习　　性：乔木
海　　拔：1600～2300 m
分　　布：云南
濒危等级：VU A2c+3c；B1ab（i，iii，v）；D1

柔弱润楠
Machilus gracillima Chun
习　　性：乔木
海　　拔：约 2500 m
分　　布：广西
濒危等级：CR D

大苞润楠
Machilus grandibracteata S. K. Lee et F. N. Wei
习　　性：乔木
国内分布：广西
国外分布：越南
濒危等级：LC

黄绒润楠
Machilus grijsii Hance
习　　性：乔木
海　　拔：200～800 m
分　　布：福建、广东、海南、江西、浙江
濒危等级：LC

宜昌润楠
Machilus ichangensis Rehder et E. H. Wilson

宜昌润楠（原变种）
Machilus ichangensis var. **ichangensis**
习　　性：乔木
海　　拔：600～1400 m
分　　布：甘肃、湖北、陕西、四川
濒危等级：LC

滑叶润楠
Machilus ichangensis var. **leiophylla** Hand.-Mazz.
习　　性：乔木
海　　拔：800～1000 m
分　　布：广西、贵州、湖南
濒危等级：LC

长叶润楠
Machilus japonica Siebold et Zucc.

长叶润楠（原变种）
Machilus japonica var. **japonica**
- 习　　性：常绿乔木
- 海　　拔：700~2300 m
- 国内分布：台湾
- 国外分布：韩国、日本
- 濒危等级：LC

大叶润楠
Machilus japonica var. **kusanoi**(Hayata) J. C. Liao
- 习　　性：常绿乔木
- 海　　拔：0~1100 m
- 分　　布：台湾
- 濒危等级：LC

台湾润楠
Machilus konishii Hayata
- 习　　性：乔木
- 分　　布：台湾
- 濒危等级：LC

秃枝润楠
Machilus kurzii King ex Hook. f.
- 习　　性：乔木
- 海　　拔：1500~2000 m
- 国内分布：云南
- 国外分布：缅甸
- 濒危等级：LC

广东润楠
Machilus kwangtungensis Yen C. Yang
- 习　　性：乔木
- 海　　拔：约900 m
- 分　　布：广东、广西、贵州、湖南
- 濒危等级：LC

疣序润楠
Machilus lenticellata S. K. Lee et F. N. Wei
- 习　　性：乔木
- 分　　布：广西
- 濒危等级：DD

薄叶润楠
Machilus leptophylla Hand.-Mazz.
- 习　　性：乔木
- 海　　拔：400~1200 m
- 分　　布：福建、广东、广西、贵州、湖南、江苏、浙江
- 濒危等级：LC
- 资源利用：原料（树脂，工业用油）

利川润楠
Machilus lichuanensis W. C. Cheng ex S. K. Lee
- 习　　性：乔木
- 海　　拔：约800 m
- 分　　布：广东、贵州、湖北、湖南、四川
- 濒危等级：LC

木姜润楠
Machilus litseifolia S. K. Lee
- 习　　性：乔木
- 海　　拔：800~1500 m
- 分　　布：广东、广西、贵州、浙江
- 濒危等级：LC

乐会润楠
Machilus lohuiensis S. K. Lee
- 习　　性：乔木
- 国内分布：海南
- 国外分布：越南
- 濒危等级：NT C2a (i); D1

东莞润楠
Machilus longipes H. T. Chang
- 习　　性：灌木
- 分　　布：广东
- 濒危等级：CR D

茫荡山润楠
Machilus mangdangshanensis Q. F. Zheng
- 习　　性：灌木或小乔木
- 海　　拔：约400 m
- 分　　布：福建
- 濒危等级：EN A2c+3c; D1

暗叶润楠
Machilus melanophylla H. W. Li
- 习　　性：乔木
- 海　　拔：约800 m
- 分　　布：云南
- 濒危等级：VU D1+2

苗山润楠
Machilus miaoshanensis F. N. Wei et C. Q. Lin
- 习　　性：乔木
- 分　　布：广西
- 濒危等级：NT C2a (i); D1

小果润楠
Machilus microcarpa Hemsl.

小果润楠（原变种）
Machilus microcarpa var. **microcarpa**
- 习　　性：乔木
- 海　　拔：约1500 m
- 分　　布：贵州、湖北、四川
- 濒危等级：LC

峨眉润楠
Machilus microcarpa var. **omeiensis** S. K. Lee
- 习　　性：乔木
- 海　　拔：约1500 m
- 分　　布：四川
- 濒危等级：VU C2a (ii); D1

小叶润楠
Machilus microphylla(H. W. Li) L. Li et al.
- 习　　性：乔木

海　　拔：400~1800 m
分　　布：云南
濒危等级：NT

闽桂润楠
Machilus minkweiensis S. K. Lee
　　习　　性：乔木
　　海　　拔：约 300 m
　　国内分布：福建、广东、广西
　　国外分布：越南
　　濒危等级：LC

小花润楠
Machilus minutiflora(H. W. Li)L. Li et al.
　　习　　性：乔木
　　海　　拔：500~1500 m
　　分　　布：云南
　　濒危等级：VU A2c

雁荡润楠
Machilus minutiloba S. K. Lee
　　习　　性：乔木
　　海　　拔：300 m
　　分　　布：浙江
　　濒危等级：EN B1ab (i, iii, v); C1

山润楠
Machilus montana L. Li et al.
　　习　　性：乔木
　　海　　拔：约 1500 m
　　分　　布：甘肃、贵州、湖北、陕西、四川、西藏、云南
　　濒危等级：LC

尖峰润楠
Machilus monticola S. K. Lee
　　习　　性：乔木
　　分　　布：海南
　　濒危等级：LC

多脉润楠
Machilus multinervia H. Liu
　　习　　性：乔木
　　海　　拔：700~1000 m
　　分　　布：广西、贵州
　　濒危等级：VU D1+2

纳槁润楠
Machilus nakao S. K. Lee
　　习　　性：乔木
　　国内分布：广西、海南
　　国外分布：越南
　　濒危等级：LC

南川润楠
Machilus nanchuanensis N. Chao ex S. K. Lee et al.
　　习　　性：乔木
　　海　　拔：约 960 m
　　分　　布：重庆
　　濒危等级：VU A2c+3c; D1+2

润楠
Machilus nanmu(Oliv.)Hemsl.
　　习　　性：乔木
　　海　　拔：1000 m 以下
　　分　　布：四川、云南
　　濒危等级：EN B1ab (i, iii); C1
　　国家保护：Ⅱ级
　　资源利用：原料（木材）

倒卵叶润楠
Machilus obovatifolia(Hayata)Kaneh. et Sasaki
　　习　　性：乔木
　　分　　布：台湾
　　濒危等级：LC

隐脉润楠
Machilus obscurinervis S. K. Lee
　　习　　性：乔木
　　海　　拔：约 2000 m
　　分　　布：西藏
　　濒危等级：LC

龙眼润楠
Machilus oculodracontis Chun
　　习　　性：乔木
　　海　　拔：650 m
　　分　　布：广东、江西
　　濒危等级：EN B1ab (i, iii, v); C1+2a (i)

建润楠
Machilus oreophila Hance
　　习　　性：灌木或小乔木
　　海　　拔：约 360 m
　　分　　布：福建、广东、广西、贵州、湖南
　　濒危等级：LC

糙枝润楠
Machilus ovatiloba S. K. Lee
　　习　　性：乔木
　　海　　拔：约 1100 m
　　分　　布：西藏
　　濒危等级：NT D

赛短花润楠
Machilus parabreviflora H. T. Chang
　　习　　性：灌木
　　分　　布：广西
　　濒危等级：VU B2ab (ii, iv)

拟刨花润楠
Machilus parapauhoi F. N. Wei et al.
　　习　　性：乔木
　　分　　布：广西
　　濒危等级：DD

刨花润楠
Machilus pauhoi Kaneh.
　　习　　性：乔木
　　海　　拔：300~600 m

分　　布：福建、广东、广西、湖南、江西、香港、浙江
濒危等级：LC
资源利用：原料（木材，工业用油）

凤凰润楠
Machilus phoenicis Dunn
　　习　　性：乔木
　　海　　拔：300~1200 m
　　分　　布：福建、广东、湖南、江西、浙江
　　濒危等级：LC

扁果润楠
Machilus platycarpa Chun
　　习　　性：乔木
　　国内分布：广东、广西
　　国外分布：越南
　　濒危等级：LC

梨润楠
Machilus pomifera(Kosterm.)S. K. Lee
　　习　　性：乔木
　　分　　布：海南
　　濒危等级：NT C2a（i）；D1

塔序润楠
Machilus pyramidalis H. W. Li
　　习　　性：灌木或小乔木
　　海　　拔：1400~1500 m
　　分　　布：云南
　　濒危等级：EN A2c+3c；D1

狭叶润楠
Machilus rehderi C. K. Allen
　　习　　性：小乔木
　　海　　拔：约1000 m
　　分　　布：广西、贵州、湖南
　　濒危等级：LC

粗壮润楠
Machilus robusta W. W. Sm.
　　习　　性：乔木
　　海　　拔：600~2100 m
　　国内分布：广东、广西、贵州、海南、西藏、云南
　　国外分布：缅甸
　　濒危等级：LC

红梗润楠
Machilus rufipes H. W. Li
　　习　　性：乔木
　　海　　拔：1500~2000 m
　　分　　布：西藏、云南
　　濒危等级：LC

柳叶润楠
Machilus salicina Hance
　　习　　性：灌木
　　海　　拔：300~2300 m
　　国内分布：广东、广西、贵州、海南、云南
　　国外分布：柬埔寨、老挝、越南
　　濒危等级：LC

华蓥润楠
Machilus salicoides S. K. Lee
　　习　　性：乔木
　　海　　拔：约800 m
　　分　　布：重庆、四川
　　濒危等级：EX

十万大山润楠
Machilus shiwandashanica H. T. Chang
　　习　　性：灌木
　　分　　布：广西
　　濒危等级：NT D

瑞丽润楠
Machilus shweliensis W. W. Sm.
　　习　　性：灌木或乔木
　　海　　拔：1900~2400 m
　　分　　布：云南
　　濒危等级：LC

西畴润楠
Machilus sichourensis H. W. Li
　　习　　性：乔木
　　海　　拔：800~1350 m
　　分　　布：云南
　　濒危等级：NT D

四川润楠
Machilus sichuanensis N. Chao
　　习　　性：乔木
　　海　　拔：约700 m
　　分　　布：四川
　　濒危等级：LC

册亨润楠
Machilus submultinervia Y. K. Li
　　习　　性：乔木
　　海　　拔：600~800 m
　　分　　布：广西、贵州
　　濒危等级：LC

细毛润楠
Machilus tenuipilis H. W. Li
　　习　　性：乔木
　　海　　拔：1400~2400 m
　　分　　布：云南
　　濒危等级：LC

红楠
Machilus thunbergii Siebold et Zucc.
　　习　　性：常绿乔木
　　海　　拔：800 m以下
　　国内分布：安徽、福建、广东、广西、湖南、江苏、江西、山东、台湾、浙江
　　国外分布：朝鲜、日本
　　濒危等级：LC
　　资源利用：药用（中草药）；原料（木材，工业用油，精油）

汀州润楠
Machilus tingzhourensis M. M. Lin et al.
习　　性：乔木
海　　拔：约 600 m
分　　布：福建
濒危等级：LC

绒毛润楠
Machilus velutina Champ. ex Benth.
习　　性：乔木
海　　拔：100~900 m
国内分布：福建、广东、广西、贵州、海南、江西、浙江
国外分布：柬埔寨、老挝、越南
濒危等级：LC
资源利用：原料（木材）；药用（中草药）

东兴润楠
Machilus velutinoides S. K. Lee et F. N. Wei
习　　性：灌木
分　　布：广西
濒危等级：EN B1ab（i, iii, v）

疣枝润楠
Machilus verruculosa H. W. Li
习　　性：乔木
海　　拔：1400~1800 m
国内分布：云南
国外分布：越南
濒危等级：VU B2ab（ii）

黄枝润楠
Machilus versicolora S. K. Lee et F. N. Wei
习　　性：乔木
分　　布：福建、广东、广西、湖南、江西
濒危等级：LC

柔毛润楠
Machilus villosa（Roxb.）Hook. f.
习　　性：乔木
海　　拔：500 m
国内分布：云南
国外分布：不丹、孟加拉国、缅甸、尼泊尔、印度
濒危等级：LC

绿叶润楠
Machilus viridis Hand.-Mazz.
习　　性：乔木
海　　拔：2500~3000 m
分　　布：四川、云南
濒危等级：LC

信宜润楠
Machilus wangchiana Chun
习　　性：乔木
分　　布：广东、广西、贵州、香港
濒危等级：LC

文山润楠
Machilus wenshanensis H. W. Li
习　　性：乔木
海　　拔：约 1800 m
分　　布：广西、贵州、云南
濒危等级：LC

滇润楠
Machilus yunnanensis Lecomte

滇润楠（原变种）
Machilus yunnanensis var. **yunnanensis**
习　　性：乔木
海　　拔：1500~2000 m
分　　布：广西、四川、云南
濒危等级：LC
资源利用：原料（木材）

西藏润楠
Machilus yunnanensis var. **tibetana** S. K. Lee
习　　性：乔木
海　　拔：1800~2100 m
分　　布：西藏
濒危等级：NT C2a（i）；D1

香润楠
Machilus zuihoensis Hayata

香润楠（原变种）
Machilus zuihoensis var. **zuihoensis**
习　　性：乔木
海　　拔：100~1400 m
分　　布：台湾
濒危等级：LC

青叶润楠
Machilus zuihoensis var. **mushaensis**（F. Y. Lu）Y. C. Liu
习　　性：乔木
分　　布：台湾
濒危等级：LC

新樟属 Neocinnamomum H. Liou

滇新樟
Neocinnamomum caudatum（Nees）Merr.
习　　性：乔木
海　　拔：500~1800 m
国内分布：广西、贵州、云南
国外分布：不丹、缅甸、尼泊尔、泰国、印度、越南
濒危等级：LC

新樟
Neocinnamomum delavayi（Lecomte）H. Liu
习　　性：灌木或小乔木
海　　拔：1100~2300 m
分　　布：四川、西藏、云南
濒危等级：LC
资源利用：药用（中草药）；原料（香料，精油）

川鄂新樟
Neocinnamomum fargesii（Lecomte）Kosterm.
习　　性：灌木或小乔木

海　　拔：600~1300 m
分　　布：湖北、四川
濒危等级：LC

海南新樟
Neocinnamomum lecomtei H. Liu
习　　性：灌木
海　　拔：400~500 m
国内分布：广西、贵州、海南、云南
国外分布：越南
濒危等级：LC

沧江新樟
Neocinnamomum mekongense(Hand.-Mazz.)Koste-rm.
习　　性：灌木或小乔木
海　　拔：1400~2700 m
分　　布：西藏、云南
濒危等级：LC

新木姜子属 Neolitsea(Benth. et Hook.)Merr.

台湾新木姜子
Neolitsea aciculata(Blume)Koidz.
习　　性：乔木
海　　拔：1300~2000 m
国内分布：台湾
国外分布：日本
濒危等级：LC

尖叶新木姜子
Neolitsea acuminatissima(Hayata)Kaneh. et Sasaki
习　　性：乔木
海　　拔：1700~? m
分　　布：台湾
濒危等级：LC

下龙新木姜子
Neolitsea alongensis Lecomte
习　　性：乔木
海　　拔：1100~1400 m
国内分布：广西、云南
国外分布：越南
濒危等级：LC

新木姜子
Neolitsea aurata(Hayata)Koidz.

新木姜子（原变种）
Neolitsea aurata var. **aurata**
习　　性：乔木
海　　拔：500~1700 m
国内分布：福建、广东、广西、贵州、湖北、湖南、江苏、江西、四川、台湾、云南
国外分布：日本
濒危等级：LC
资源利用：药用（中草药）

浙江新木姜子
Neolitsea aurata var. **chekiangensis**(Nakai)
Yen C. Yang et P. H. Huang
习　　性：乔木
海　　拔：500~1300 m
分　　布：安徽、福建、江苏、江西、浙江
濒危等级：LC
资源利用：原料（香料，工业用油，精油）

粉叶新木姜子
Neolitsea aurata var. **glauca** Yen C. Yang
习　　性：乔木
海　　拔：800~900 m
分　　布：四川
濒危等级：LC

云和新木姜子
Neolitsea aurata var. **paraciculata**(Nakai)Yen C. Yang et P. H. Huang
习　　性：乔木
海　　拔：500~1900 m
分　　布：广东、广西、湖南、江西、浙江
濒危等级：LC

浙闽新木姜子
Neolitsea aurata var. **undulatula** Yen C. Yang et P. H. Huang
习　　性：乔木
分　　布：福建、浙江
濒危等级：LC

坝王新木姜子
Neolitsea bawangensis R. H. Miao
习　　性：乔木
分　　布：海南
濒危等级：DD

短梗新木姜子
Neolitsea brevipes H. W. Li
习　　性：乔木
海　　拔：1300~1700 m
国内分布：福建、广东、广西、贵州、湖南、云南
国外分布：尼泊尔、印度
濒危等级：LC

武威山新木姜子
Neolitsea buisanensis Yamam. et S. Kamikoti
习　　性：灌木或小乔木
海　　拔：约1000 m
分　　布：广西、海南、台湾
濒危等级：LC

锈叶新木姜子
Neolitsea cambodiana Lecomte

锈叶新木姜子（原变种）
Neolitsea cambodiana var. **cambodiana**
习　　性：乔木
海　　拔：1000 m以下
国内分布：福建、广东、广西、湖南、江西
国外分布：柬埔寨、老挝
濒危等级：LC
资源利用：药用（中草药）

香港新木姜子
Neolitsea cambodiana var. **glabra** C. K. Allen
 习 性：乔木
 海 拔：1000 m 以下
 分 布：福建、广东、广西
 濒危等级：LC

金毛新木姜子
Neolitsea chrysotricha H. W. Li
 习 性：乔木
 海 拔：2500～3000 m
 分 布：云南
 濒危等级：LC

簇叶新木姜子
Neolitsea confertifolia（Hemsl.）
 习 性：乔木
 海 拔：400～2000 m
 分 布：广东、广西、贵州、河南、湖北、湖南、江西、陕西、四川
 濒危等级：LC
 资源利用：原料（木材，工业用油）

大武山新木姜子
Neolitsea daibuensis Kamik.
 习 性：乔木
 分 布：台湾
 濒危等级：NT

香果新木姜子
Neolitsea ellipsoidea C. K. Allen
 习 性：乔木
 海 拔：700～1000 m
 分 布：广东
 濒危等级：LC
 资源利用：原料（木材）

海南新木姜子
Neolitsea hainanensis Yen C. Yang et P. H. Huang
 习 性：乔木
 海 拔：700～? m
 分 布：海南
 濒危等级：NT A1c

南仁山新木姜子
Neolitsea hiiranensis Tang S. Liu et J. C. Liao
 习 性：乔木
 分 布：台湾
 濒危等级：VU D1

团花新木姜子
Neolitsea homilantha C. K. Allen
 习 性：灌木或小乔木
 海 拔：1200～2000 m
 分 布：西藏、云南
 濒危等级：LC
 资源利用：原料（精油）

保亭新木姜子
Neolitsea howii C. K. Allen
 习 性：灌木或小乔木
 海 拔：约 2100 m
 分 布：海南
 濒危等级：CR B1ab（ii，iii）

湘桂新木姜子
Neolitsea hsiangkweiensis Yen C. Yang et P. H. Huang
 习 性：乔木
 海 拔：800～1000 m
 分 布：广西、湖南
 濒危等级：NT D

凹脉新木姜子
Neolitsea impressa Yen C. Yang
 习 性：灌木或小乔木
 海 拔：约 800 m
 分 布：四川
 濒危等级：VU D2

五掌楠
Neolitsea konishii（Hayata）Kaneh. et Sasaki
 习 性：乔木
 海 拔：约 1500 m
 国内分布：台湾
 国外分布：日本
 濒危等级：LC
 资源利用：原料（木材）

广西木姜子
Neolitsea kwangsiensis H. Liu
 习 性：灌木或小乔木
 海 拔：500～1100 m
 分 布：福建、广东、广西
 濒危等级：LC

大叶新木姜子
Neolitsea levinei Merr.

大叶新木姜子（原变种）
Neolitsea levinei var. **levinei**
 习 性：乔木
 海 拔：300～1300 m
 分 布：福建、广东、广西、贵州、湖北、湖南、江西、四川、云南
 濒危等级：LC
 资源利用：药用（中草药）

西藏新木姜子
Neolitsea levinei var. **tibetica** H. P. Tsui
 习 性：乔木
 海 拔：800～1400 m
 分 布：西藏
 濒危等级：DD

长梗新木姜子
Neolitsea longipedicellata Yen C. Yang et P. H. Huang
 习 性：乔木
 海 拔：约 1500 m
 分 布：广西
 濒危等级：LC

龙陵新木姜子
Neolitsea lunglingensis H. W. Li
习　　性：乔木
海　　拔：1700~2000 m
分　　布：云南
濒危等级：VU A2c+3c；D1

勐腊新木姜子
Neolitsea menglaensis Yen C. Yang et P. H. Huang
习　　性：乔木
海　　拔：约620 m
分　　布：云南
濒危等级：VU A2c+3c；D1

长圆叶新木姜子
Neolitsea oblongifolia Merr. et Chun
习　　性：乔木
海　　拔：300~900 m
分　　布：广西、海南
濒危等级：LC
资源利用：原料（木材）

钝叶新木姜子
Neolitsea obtusifolia Merr.
习　　性：乔木
海　　拔：约600 m
分　　布：海南
濒危等级：LC
资源利用：原料（木材，精油）

卵叶新木姜子
Neolitsea ovatifolia Yen C. Yang et P. H. Huang
习　　性：落叶灌木
海　　拔：约1250 m
分　　布：广东、广西、海南、云南
濒危等级：LC

灰白新木姜子
Neolitsea pallens(D. Don)Momiy. et H. Hara
习　　性：乔木
海　　拔：2100~2400 m
国内分布：西藏
国外分布：巴基斯坦、尼泊尔、印度
濒危等级：LC

小芽新木姜子
Neolitsea parvigemma(Hayata)Kaneh. et Sasaki
习　　性：乔木
分　　布：台湾
濒危等级：LC

屏边新木姜子
Neolitsea pingbienensis Yen C. Yang et P. H. Huang
习　　性：灌木
海　　拔：1800~1900 m
分　　布：云南
濒危等级：NT C2a（i）

羽脉新木姜子
Neolitsea pinninervis Yen C. Yang et P. H. Huang
习　　性：灌木或小乔木
海　　拔：700~1700 m
分　　布：广东、广西、贵州、湖南
濒危等级：LC

多果新木姜子
Neolitsea polycarpa H. Liu
习　　性：乔木
海　　拔：1200~2400 m
国内分布：云南
国外分布：越南
濒危等级：LC
资源利用：原料（香料，工业用油）

美丽新木姜子
Neolitsea pulchella(Meisn.)Merr.
习　　性：乔木
海　　拔：900~1500 m
分　　布：福建、广东、广西、海南
濒危等级：LC

紫新木姜子
Neolitsea purpurascens Yen C. Yang
习　　性：乔木
海　　拔：1500~2000 m
分　　布：四川
濒危等级：LC

舟山新木姜子
Neolitsea sericea(Blume)Koidz.
习　　性：乔木
海　　拔：约340 m
国内分布：台湾、浙江
国外分布：朝鲜、日本
濒危等级：EN A3c；B1ab（i，iii，v）；D
国家保护：Ⅱ级

新宁新木姜子
Neolitsea shingningensis Yen C. Yang et P. H. Huang
习　　性：灌木或小乔木
海　　拔：1200~1500 m
分　　布：贵州、湖南
濒危等级：VU A2c+3c；D1

四川新木姜子
Neolitsea sutchuanensis Yen C. Yang
习　　性：小乔木
海　　拔：1200~1800 m
分　　布：贵州、湖南、四川、云南
濒危等级：LC

绒毛新木姜子
Neolitsea tomentosa H. W. Li
习　　性：乔木
海　　拔：1400~1700 m
分　　布：云南
濒危等级：EN A2c

波叶新木姜子
Neolitsea undulatifolia(H. Lév.)C. K. Allen
习　　性：灌木或小乔木
海　　拔：1400~2000 m

分　　布：广西、贵州、云南
濒危等级：LC

变叶新木姜子
Neolitsea variabillima(Hayata) Kaneh. et Sasaki
　　习　　性：乔木
　　海　　拔：600~2300 m
　　分　　布：台湾
　　濒危等级：LC

毛叶新木姜子
Neolitsea velutina W. T. Wang
　　习　　性：乔木
　　海　　拔：600~1400 m
　　分　　布：广东、广西、云南
　　濒危等级：LC

兰屿新木姜子
Neolitsea villosa(Blume) Merr.
　　习　　性：乔木
　　分　　布：台湾
　　濒危等级：LC

巫山新木姜子
Neolitsea wushanica(Chun) Merr.

巫山新木姜子（原变种）
Neolitsea wushanica var. **wushanica**
　　习　　性：小乔木
　　海　　拔：400~1500 m
　　分　　布：福建、广东、贵州、湖北、陕西、四川、云南
　　濒危等级：LC

紫云山新木姜子
Neolitsea wushanica var. **pubens** Yen C. Yang et P. H. Huang
　　习　　性：小乔木
　　海　　拔：约1200 m
　　分　　布：湖南
　　濒危等级：LC

南亚新木姜子
Neolitsea zeylanica(Nees et T. Nees) Merr.
　　习　　性：乔木
　　海　　拔：700~1000 m
　　国内分布：广西
　　国外分布：澳大利亚、马来西亚、斯里兰卡、泰国、印度、印度尼西亚、越南
　　濒危等级：LC

拟檫木属 Parasassafras D. G. Long

拟檫木
Parasassafras confertiflora(Meisn.) D. G. Long
　　习　　性：灌木或小乔木
　　国内分布：云南
　　国外分布：不丹、缅甸、印度
　　濒危等级：LC

鳄梨属 Persea Mill.

鳄梨
Persea americana Mill.
　　习　　性：常绿乔木
　　国内分布：福建、广东、海南、四川、台湾、云南栽培
　　国外分布：原产热带美洲
　　资源利用：药用（中草药）；原料（工业用油）；食品（水果）

楠属 Phoebe Nees

沼楠
Phoebe angustifolia Meisn.
　　习　　性：灌木
　　海　　拔：约300 m
　　国内分布：云南
　　国外分布：缅甸、印度、越南
　　濒危等级：LC

闽楠
Phoebe bournei(Hemsl.) Yen C. Yang
　　习　　性：乔木
　　海　　拔：400~1700 m
　　分　　布：福建、广东、广西、贵州、海南、湖北、江西
　　濒危等级：VU A2c
　　国家保护：Ⅱ级
　　资源利用：原料（木材）

短序楠
Phoebe brachythyrsa H. W. Li
　　习　　性：灌木
　　海　　拔：500 m
　　分　　布：云南
　　濒危等级：CR A2d；B1ab（i，iii）

石山楠
Phoebe calcarea S. K. Lee et F. N. Wei
　　习　　性：乔木
　　海　　拔：约900 m
　　分　　布：广西、贵州
　　濒危等级：LC

赛楠
Phoebe cavaleriei(H. Lév.) Y. Yang et Bing Liu
　　习　　性：乔木
　　海　　拔：900~1700 m
　　分　　布：贵州、四川、云南
　　濒危等级：LC

浙江楠
Phoebe chekiangensis P. T. Li
　　习　　性：乔木
　　海　　拔：100~700 m
　　分　　布：福建、江西、浙江
　　濒危等级：VU A2c
　　国家保护：Ⅱ级
　　资源利用：原料（木材）；环境利用（绿化）

粗柄楠
Phoebe crassipedicella S. K. Lee et F. N. Wei
　　习　　性：乔木
　　海　　拔：约900 m
　　分　　布：广西、贵州
　　濒危等级：NT A2+3c；B1ab（i，iii）

台楠
Phoebe formosana (Matsum. et Hayata) Hayata
习　　性：乔木
海　　拔：100~2000 m
分　　布：安徽、台湾
濒危等级：LC
资源利用：原料（木材）

白背楠
Phoebe glaucifolia S. K. Lee et F. N. Wei
习　　性：乔木
分　　布：西藏、云南
濒危等级：LC

粉叶楠
Phoebe glaucophylla H. W. Li
习　　性：乔木
海　　拔：900~1200 m
分　　布：云南
濒危等级：CR B1ab（ii）

茶槁楠
Phoebe hainanensis Merr.
习　　性：乔木
海　　拔：600~1500 m
分　　布：海南
濒危等级：CR A3cd；B1ab（ii）
资源利用：原料（木材）

细叶楠
Phoebe hui W. C. Cheng ex Yen C. Yang
习　　性：乔木
海　　拔：1500 m 以下
分　　布：陕西、四川、云南
濒危等级：VU A2ab（iii）；B1ab（iii）
国家保护：II级
资源利用：原料（木材）

湘楠
Phoebe hunanensis Hand. -Mazz.
习　　性：灌木或小乔木
海　　拔：200~1000 m
分　　布：安徽、甘肃、贵州、湖北、湖南、江苏、江西、陕西
濒危等级：LC

红毛山楠
Phoebe hungmoensis S. K. Lee
习　　性：乔木
国内分布：广西、海南
国外分布：越南
濒危等级：LC
资源利用：原料（木材）

桂楠
Phoebe kwangsiensis H. Liu
习　　性：乔木
海　　拔：700~1000 m
分　　布：广西、贵州
濒危等级：EN A2cd；B1ab（i, iii）

披针叶楠
Phoebe lanceolata (Nees) Nees
习　　性：乔木
海　　拔：1500 m 以下
国内分布：云南
国外分布：不丹、马来西亚、尼泊尔、泰国、印度、印度尼西亚
濒危等级：LC
资源利用：原料（木材）

雅砻江楠
Phoebe legendrei Lecomte
习　　性：乔木
海　　拔：2000~2600 m
分　　布：四川、云南
濒危等级：LC

利川楠
Phoebe lichuanensis S. K. Lee
习　　性：乔木
海　　拔：约700 m
分　　布：湖北
濒危等级：CR D

大果楠
Phoebe macrocarpa C. Y. Wu
习　　性：乔木
海　　拔：1200~1800 m
国内分布：云南
国外分布：越南
濒危等级：LC
资源利用：原料（木材）

大萼楠
Phoebe megacalyx H. W. Li
习　　性：乔木
海　　拔：约480 m
国内分布：云南
国外分布：越南
濒危等级：NT A2acd；B1ab（i, iii）

墨脱楠
Phoebe motuonan S. K. Lee et F. N. Wei
习　　性：乔木
海　　拔：约1700 m
分　　布：西藏
濒危等级：CR D

白楠
Phoebe neurantha (Hemsl.) Gamble

白楠（原变种）
Phoebe neurantha var. **neurantha**
习　　性：大灌木或乔木
分　　布：甘肃、广西、贵州、湖北、湖南、江西、四川、云南
濒危等级：LC
资源利用：原料（木材）

短叶白楠
Phoebe neurantha var. **brevifolia** H. W. Li

习　　性：大灌木或乔木
海　　拔：1200～1500 m
分　　布：云南
濒危等级：LC

兴义白楠
Phoebe neurantha var. cavaleriei H. Liu
习　　性：大灌木或乔木
分　　布：贵州
濒危等级：NT A2 + 3c；D2

光枝楠
Phoebe neuranthoides S. K. Lee et F. N. Wei
习　　性：灌木或小乔木
海　　拔：600～2000 m
分　　布：广西、贵州、湖北、湖南、陕西、四川
濒危等级：LC
资源利用：原料（木材）

黑叶楠
Phoebe nigrifolia S. K. Lee et F. N. Wei
习　　性：灌木或小乔木
分　　布：广西
濒危等级：EN A2d；B1ab（i，iii）

普文楠
Phoebe puwenensis W. C. Cheng
习　　性：乔木
海　　拔：800～1500 m
分　　布：云南
濒危等级：LC
资源利用：原料（木材）

红梗楠
Phoebe rufescens H. W. Li
习　　性：乔木
海　　拔：1800～2000 m
分　　布：云南
濒危等级：VU A3cd
资源利用：原料（木材）

紫楠
Phoebe sheareri (Hemsl.) Gamble

紫楠（原变种）
Phoebe sheareri var. sheareri
习　　性：大灌木或小乔木
海　　拔：约1000 m
国内分布：安徽、福建、广东、广西、贵州、湖北、湖南、江苏、江西、云南、浙江
国外分布：越南
濒危等级：LC
资源利用：原料（木材）；药用（中草药）

峨眉楠
Phoebe sheareri var. omeiensis (Yen C. Yang) N. Chao
习　　性：大灌木或小乔木
分　　布：贵州、四川
濒危等级：LC

乌心楠
Phoebe tavoyana (Meisn.) Hook. f.
习　　性：乔木
海　　拔：约1200 m
国内分布：广东、广西、海南、云南
国外分布：柬埔寨、老挝、马来西亚、缅甸、泰国、印度尼西亚、越南
濒危等级：LC
资源利用：原料（木材）

崖楠
Phoebe yaiensis S. K. Lee
习　　性：乔木
国内分布：广西、海南
国外分布：越南
濒危等级：EN A3c；B1ab（i，iii）

景东楠
Phoebe yunnanensis H. W. Li
习　　性：乔木
海　　拔：约2000 m
分　　布：云南
濒危等级：NT D

楠木
Phoebe zhennan S. K. Lee et F. N. Wei
习　　性：乔木
海　　拔：1500 m 以下
分　　布：重庆、贵州、湖北、四川
濒危等级：EN A2abcd + 3abcd
国家保护：II级
资源利用：原料（木材）；环境利用（绿化）

檫木属 Sassafras J. Presl

台湾檫木
Sassafras randaiense (Hayata) Rehder
习　　性：落叶灌木
海　　拔：900～2400 m
分　　布：台湾
濒危等级：NT

檫木
Sassafras tzumu (Hemsl.) Hemsl.
习　　性：落叶乔木
海　　拔：100～1900 m
分　　布：安徽、福建、广东、广西、贵州、湖北、湖南、江苏、四川、云南、浙江
濒危等级：LC
资源利用：药用（中草药）；原料（木材，精油）

孔药楠属 Sinopora J. Li，N. H. Xia et H. W. Li

孔药楠
Sinopora hongkongensis (N. H. Xia et al.) J. Li et al.
习　　性：乔木
海　　拔：400～500 m
分　　布：香港
濒危等级：CR A2c

国家保护：Ⅱ级

华檫木属 Sinosassafras H. W. Li

华檫木
Sinosassafras flavinervium(C. K. Allen) H. W. Li
习　　性：乔木
海　　拔：1200～2600 m
分　　布：西藏、云南
濒危等级：LC

油果樟属 Syndiclis Hook. f.

安龙油果樟
Syndiclis anlungensis H. W. Li
习　　性：乔木
海　　拔：约1300 m
分　　布：贵州
濒危等级：CR D

油果樟
Syndiclis chinensis C. K. Allen
习　　性：乔木
海　　拔：约500 m
分　　布：海南
濒危等级：CR D

富宁油果樟
Syndiclis fooningensis H. W. Li
习　　性：乔木
海　　拔：800～1000 m
分　　布：广西、云南
濒危等级：CR B1ab（i, iii, v）；C1

鳞秕油果樟
Syndiclis furfuracea H. W. Li
习　　性：乔木
海　　拔：约1200 m
分　　布：云南
濒危等级：CR B1ab（i, iii, v）；D1+2

广西油果樟
Syndiclis kwangsiensis(Kosterm.) H. W. Li
习　　性：乔木
海　　拔：300～700 m
分　　布：广西
濒危等级：EN A2c+3c；D1+2

乐东油果樟
Syndiclis lotungensis S. K. Lee
习　　性：乔木
海　　拔：400～900 m
分　　布：海南
濒危等级：CR A2c+3c；D1+2
资源利用：原料（木材，工业用油）

麻栗坡油果樟
Syndiclis marlipoensis H. W. Li
习　　性：灌木
海　　拔：1300～1600 m
分　　布：云南
濒危等级：CR A2c

屏边油果樟
Syndiclis pingbienensis H. W. Li
习　　性：乔木
海　　拔：1500～1800 m
分　　布：云南
濒危等级：VU A2c；D1

西畴油果樟
Syndiclis sichourensis H. W. Li
习　　性：乔木
海　　拔：1300～1800 m
分　　布：云南
濒危等级：CR A2c；D1

玉蕊科 LECYTHIDACEAE
（1属：3种）

玉蕊属 Barringtonia J. R. Forst. et G. Forst.

滨玉蕊
Barringtonia asiatica(L.) Kurz.
习　　性：常绿乔木
国内分布：台湾
国外分布：菲律宾、日本
濒危等级：VU D1

梭果玉蕊
Barringtonia fusicarpa H. H. Hu
习　　性：常绿乔木
海　　拔：100～800 m
分　　布：云南
濒危等级：VU D1

玉蕊
Barringtonia racemosa(L.) Spreng.
习　　性：灌木或乔木
海　　拔：海平面至600 m
国内分布：海南、台湾
国外分布：澳大利亚、日本；旧世界热带地区
濒危等级：VU A1a；D1
资源利用：原料（纤维，木材）

狸藻科 LENTIBULARIACEAE
（2属：27种）

捕虫堇属 Pinguicula L.

高山捕虫堇
Pinguicula alpina L.
习　　性：多年生草本
海　　拔：1800～4500 m
国内分布：贵州、湖北、陕西、四川、西藏、云南

国外分布：不丹、俄罗斯、克什米尔地区、蒙古、缅甸、尼泊尔、印度
濒危等级：LC

北捕虫堇
Pinguicula villosa L.
习　　性：多年生草本
国内分布：内蒙古
国外分布：俄罗斯、日本
濒危等级：LC

狸藻属 Utricularia L.

黄花狸藻
Utricularia aurea Lour.
习　　性：多年生草本
海　　拔：海平面至2700 m
国内分布：安徽、江苏、浙江
国外分布：澳大利亚、巴布亚新几内亚、巴基斯坦、朝鲜、菲律宾、柬埔寨、克什米尔地区、马来西亚、尼泊尔、日本、斯里兰卡、泰国、印度、印度尼西亚、越南
濒危等级：LC

南方狸藻
Utricularia australis R. Br.
习　　性：多年生草本
海　　拔：海平面至2500 m
国内分布：安徽、重庆、福建、广东、广西、贵州、海南、湖北、湖南、江苏、江西、陕西、四川、台湾、西藏、云南、浙江
国外分布：阿富汗、澳大利亚、巴布亚新几内亚、巴基斯坦、不丹、朝鲜、俄罗斯、菲律宾、克什米尔地区、蒙古、缅甸、尼泊尔、日本、斯里兰卡、印度、印度尼西亚
濒危等级：LC

肾叶挖耳草
Utricularia brachiata Oliv.
习　　性：多年生草本
海　　拔：2600～4200 m
国内分布：四川、西藏、云南
国外分布：不丹、尼泊尔、印度
濒危等级：LC

长距挖耳草
Utricularia forrestii P. Taylor
习　　性：多年生草本
海　　拔：2100～3000 m
国内分布：云南
国外分布：缅甸
濒危等级：DD

海南挖耳草
Utricularia foveolata Edgew.
习　　性：一年生草本
国内分布：广东、海南
国外分布：菲律宾、马来西亚、印度、印度尼西亚
濒危等级：LC

环翅狸藻
Utricularia gibba L.
习　　性：一年生或多年生草本
海　　拔：海平面至900 m
国内分布：安徽、福建、广东、广西、湖北、湖南、江苏、四川、台湾、浙江
国外分布：澳大利亚、菲律宾、马来西亚、孟加拉国、葡萄牙、日本、斯里兰卡、印度、印度尼西亚
濒危等级：LC

禾叶挖耳草
Utricularia graminifolia Vahl
习　　性：多年生草本
海　　拔：100～2100 m
国内分布：福建、广东、广西、海南、湖北、云南
国外分布：缅甸、斯里兰卡、泰国、印度
濒危等级：LC

毛挖耳草
Utricularia hirta Klein ex Link
习　　性：多年生草本
国内分布：广西
国外分布：柬埔寨、老挝、马来西亚、孟加拉国、斯里兰卡、泰国、印度、越南
濒危等级：LC

异枝狸藻
Utricularia intermedia Hayne
习　　性：多年生草本
海　　拔：300～4000 m
国内分布：黑龙江、吉林、内蒙古、四川、西藏
国外分布：朝鲜、俄罗斯、蒙古、日本
濒危等级：LC

毛籽挖耳草
Utricularia kumaonensis Oliv.
习　　性：一年生草本
海　　拔：2600～2700 m
国内分布：云南
国外分布：不丹、缅甸、尼泊尔、印度
濒危等级：DD

长梗狸藻
Utricularia limosa R. Br.
习　　性：多年生草本
国内分布：广东、广西、海南
国外分布：澳大利亚、老挝、马来西亚、泰国、印度尼西亚、越南
濒危等级：LC

莽山挖耳草
Utricularia mangshanensis G. W. Hu
习　　性：一年生草本
海　　拔：700～800 m
分　　布：湖南

细叶狸藻
Utricularia minor L.
习　　性：多年生草本

海　　拔：3100～3700 m
国内分布：黑龙江、吉林、内蒙古、山西、四川、西藏、新疆、云南
国外分布：阿富汗、巴布亚新几内亚、巴基斯坦、不丹、俄罗斯、吉尔吉斯斯坦、克什米尔地区、蒙古、缅甸、尼泊尔、日本、乌兹别克斯坦、印度
濒危等级：LC

斜果挖耳草
Utricularia minutissima Vahl
习　　性：一年生草本
国内分布：福建、广东、广西、江苏、江西
国外分布：澳大利亚、巴布亚新几内亚、菲律宾、柬埔寨、老挝、马来西亚、缅甸、日本南部、斯里兰卡、泰国、印度、印度尼西亚、越南
濒危等级：LC

多序挖耳草
Utricularia multicaulis Oliv.
习　　性：一年生草本
海　　拔：2800～3900 m
国内分布：西藏、云南
国外分布：不丹、缅甸、印度
濒危等级：LC

合苞挖耳草
Utricularia peranomala P. Taylor
习　　性：一年生草本
分　　布：广西
濒危等级：VU D1

盾鳞狸藻
Utricularia punctata Wall. ex A. DC.
习　　性：多年生草本
国内分布：福建、广西
国外分布：马来西亚、缅甸、泰国、印度尼西亚、越南
濒危等级：LC
国家保护：Ⅱ级

怒江挖耳草
Utricularia salwinensis Hand.-Mazz.
习　　性：多年生草本
海　　拔：3200～4000 m
分　　布：西藏、云南
濒危等级：LC

缠绕挖耳草
Utricularia scandens Benj.

缠绕挖耳草（原亚种）
Utricularia scandens subsp. scandens
习　　性：一年生草本
海　　拔：1300～2900 m
国内分布：贵州、云南
国外分布：澳大利亚、巴布亚新几内亚、老挝、马达加斯加、马来西亚、孟加拉国、缅甸、尼泊尔、斯里兰卡、泰国、印度、印度尼西亚、越南
濒危等级：LC

尖萼挖耳草
Utricularia scandens subsp. firmula (Oliv.) Z. Yu. Li
习　　性：一年生草本
海　　拔：1300～2900 m
国内分布：广东、广西、贵州、云南
国外分布：不丹、缅甸、尼泊尔、印度
濒危等级：LC

圆叶挖耳草
Utricularia striatula Sm.
习　　性：多年生草本
海　　拔：400～3600 m
国内分布：安徽、重庆、福建、广东、广西、贵州、海南、湖北、湖南、江西、四川、台湾、西藏、云南、浙江
国外分布：巴布亚新几内亚、不丹、菲律宾、马来西亚、缅甸、尼泊尔、斯里兰卡、泰国、印度、印度尼西亚、越南
濒危等级：LC

齿萼挖耳草
Utricularia uliginosa Vahl
习　　性：一年生草本
海　　拔：海平面至400 m
国内分布：广东、广西、海南、台湾
国外分布：澳大利亚、朝鲜、马来西亚、缅甸、日本、斯里兰卡、泰国、印度、印度尼西亚、越南
濒危等级：LC

狸藻
Utricularia vulgaris L.

狸藻（原亚种）
Utricularia vulgaris subsp. vulgaris
习　　性：多年生草本
海　　拔：2900～3700 m
国内分布：甘肃、河北、河南、黑龙江、吉林、辽宁、内蒙古、青海、山东、山西、陕西、四川、新疆
国外分布：北半球温带地区
濒危等级：LC

弯距狸藻
Utricularia vulgaris subsp. macrorhiza (Leconte) R. T. Clausen
习　　性：多年生草本
海　　拔：海平面至3500 m
国内分布：甘肃、河北、黑龙江、吉林、辽宁、内蒙古、宁夏、青海、山东、山西、陕西、四川、新疆
国外分布：俄罗斯、蒙古
濒危等级：LC

钩突挖耳草
Utricularia warburgii K. I. Goebel
习　　性：一年生草本
海　　拔：800～2000 m
分　　布：安徽、福建、湖南、江苏、江西、四川、浙江
濒危等级：LC

百合科 LILIACEAE

（13 属：188 种）

老鸦瓣属 Amana Honda

老鸦瓣
Amana edulis (Miq.) Honda
- 习　　性：多年生草本
- 海　　拔：0~1700 m
- 国内分布：安徽、湖北、湖南、江苏、江西、辽宁、山东、陕西、浙江
- 国外分布：朝鲜半岛、日本
- 濒危等级：LC
- 资源利用：药用（中草药）；食品（淀粉）

阔叶老鸦瓣
Amana erythronioides (Baker) D. Y. Tan et D. Y. Hong
- 习　　性：多年生草本
- 国内分布：安徽、浙江
- 国外分布：日本
- 濒危等级：LC

括苍山老鸦瓣
Amana kuocangshanica D. Y. Tan et D. Y. Hong
- 习　　性：多年生草本
- 海　　拔：600~1100 m
- 分　　布：安徽
- 濒危等级：LC

大百合属 Cardiocrinum (Endl.) Lindl.

荞麦叶大百合
Cardiocrinum cathayanum (E. H. Wilson) Stearn
- 习　　性：多年生草本
- 海　　拔：600~2200 m
- 分　　布：安徽、福建、河南、湖北、湖南、江苏、江西、浙江
- 濒危等级：VU B1ab（i, iii, v）
- 国家保护：Ⅱ级
- 资源利用：药用（中草药）；环境利用（观赏）

大百合
Cardiocrinum giganteum (Wall.) Makino

大百合（原变种）
Cardiocrinum giganteum var. *giganteum*
- 习　　性：多年生草本
- 海　　拔：2300~2900 m
- 国内分布：西藏
- 国外分布：不丹、缅甸、尼泊尔、印度
- 濒危等级：LC
- 资源利用：药用（中草药）；环境利用（观赏）

云南大百合
Cardiocrinum giganteum var. *yunnanense* (Leichtlin ex Elwes) Stearn
- 习　　性：多年生草本
- 海　　拔：1200~3600 m
- 分　　布：福建、甘肃、广西、贵州、河南、湖北、湖南、江西、陕西、四川、云南
- 濒危等级：NT B1ab（iii）
- 资源利用：观赏；药用；食用

七筋菇属 Clintonia Raf.

七筋菇
Clintonia udensis Trautv. et C. A. Mey.
- 习　　性：多年生草本
- 海　　拔：1600~4000 m
- 国内分布：甘肃、河北、河南、黑龙江、湖北、吉林、辽宁、山西、陕西、四川、西藏、云南
- 国外分布：不丹、朝鲜半岛、俄罗斯、缅甸、日本、印度
- 濒危等级：LC

猪牙花属 Erythronium L.

猪牙花
Erythronium japonicum Decne.
- 习　　性：多年生草本
- 海　　拔：200~1300 m
- 国内分布：吉林、辽宁
- 国外分布：朝鲜半岛、日本
- 濒危等级：VU A2c+3c
- 资源利用：食品（淀粉）

新疆猪牙花
Erythronium sibiricum (Fisch. et C. A. Mey.) Krylov
- 习　　性：多年生草本
- 海　　拔：1100~2500 m
- 国内分布：新疆
- 国外分布：俄罗斯、哈萨克斯坦
- 濒危等级：LC

贝母属 Fritillaria L.

安徽贝母
Fritillaria anhuiensis S. C. Chen et S. F. Yin
- 习　　性：多年生草本
- 海　　拔：600~900 m
- 分　　布：安徽、河南
- 濒危等级：VU B2ab（ii）
- 国家保护：Ⅱ级

川贝母
Fritillaria cirrhosa D. Don
- 习　　性：多年生草本
- 海　　拔：3200~4600 m
- 国内分布：甘肃、青海、四川、西藏、云南
- 国外分布：不丹、尼泊尔、印度
- 濒危等级：NT B1ab（iii）
- 国家保护：Ⅱ级
- 资源利用：药用（中草药）；环境利用（观赏）

粗茎贝母
Fritillaria crassicaulis S. C. Chen
- 习　　性：多年生草本
- 海　　拔：2500~3400 m
- 分　　布：四川、云南
- 濒危等级：VU B1ab（iii）

国家保护：Ⅱ级

大金贝母
Fritillaria dajinensis S. C. Chen
- 习　　性：多年生草本
- 海　　拔：3600～4400 m
- 分　　布：四川
- 濒危等级：EN A2c；B1ab（i，iii，v）
- 国家保护：Ⅱ级

米贝母
Fritillaria davidii Franch.
- 习　　性：多年生草本
- 海　　拔：1600～2600 m
- 分　　布：四川
- 濒危等级：EN A2b；B1ab（i，iii）
- 国家保护：Ⅱ级

梭砂贝母
Fritillaria delavayi Franch.
- 习　　性：多年生草本
- 海　　拔：3400～5600 m
- 国内分布：青海、四川、西藏、云南
- 国外分布：不丹、印度
- 濒危等级：VU B1ab（i，iii，v）
- 国家保护：Ⅱ级
- 资源利用：药用（中草药）

高山贝母
Fritillaria fusca Turrill
- 习　　性：多年生草本
- 海　　拔：5000～5100 m
- 分　　布：西藏
- 濒危等级：EN B1ab（iii）
- 国家保护：Ⅱ级

砂贝母
Fritillaria karelinii (Fisch. ex D. Don) Baker
- 习　　性：多年生草本
- 海　　拔：400～800 m
- 国内分布：新疆
- 国外分布：阿富汗、巴基斯坦、哈萨克斯坦、塔吉克斯坦、土库曼斯坦、乌兹别克斯坦
- 濒危等级：NT
- 国家保护：Ⅱ级
- 资源利用：药用（中草药）

轮叶贝母
Fritillaria maximowiczii Freyn
- 习　　性：多年生草本
- 海　　拔：1400～1500 m
- 国内分布：河北、黑龙江、吉林、辽宁
- 国外分布：俄罗斯
- 濒危等级：EN B1ab（i，iii，v）
- 国家保护：Ⅱ级

阿尔泰贝母
Fritillaria meleagris L.
- 习　　性：多年生草本
- 国内分布：新疆
- 国外分布：欧洲、亚洲西南部
- 濒危等级：VU A2acd+3cd；B1ab（iii）
- 国家保护：Ⅱ级

额敏贝母
Fritillaria meleagroides Patrin ex Schult. f.
- 习　　性：多年生草本
- 海　　拔：900～2400 m
- 国内分布：新疆
- 国外分布：俄罗斯、哈萨克斯坦
- 濒危等级：VU B1ab（i，iii，v）
- 国家保护：Ⅱ级

天目贝母
Fritillaria monantha Migo
- 习　　性：多年生草本
- 海　　拔：100～1600 m
- 分　　布：安徽、河南、湖北、江西、四川、浙江
- 濒危等级：EN A2c
- 国家保护：Ⅱ级

伊贝母
Fritillaria pallidiflora Schrenk ex Fisch. et C. A. Mey.
- 习　　性：多年生草本
- 海　　拔：1300～2500 m
- 国内分布：新疆
- 国外分布：哈萨克斯坦
- 濒危等级：VU B1ab（iii，v）
- 国家保护：Ⅱ级
- 资源利用：药用（中草药）；环境利用（观赏）

甘肃贝母
Fritillaria przewalskii Maxim.
- 习　　性：多年生草本
- 海　　拔：2800～4400 m
- 分　　布：甘肃、青海、四川
- 濒危等级：VU B1ab（iii）
- 国家保护：Ⅱ级
- 资源利用：药用（中草药）

华西贝母
Fritillaria sichuanica S. C. Chen
- 习　　性：多年生草本
- 海　　拔：2000～4000 m
- 分　　布：甘肃、青海、四川
- 濒危等级：VU B1ab（i，iii）
- 国家保护：Ⅱ级

中华贝母
Fritillaria sinica S. C. Chen
- 习　　性：多年生草本
- 海　　拔：3400～3600 m
- 分　　布：四川
- 濒危等级：VU B1ab（i，iii）
- 国家保护：Ⅱ级

太白贝母
Fritillaria taipaiensis P. Y. Li
- 习　　性：多年生草本
- 海　　拔：2000～3200 m

分　　布：甘肃、湖北、陕西、四川
濒危等级：EN B1ab（i，iii）
国家保护：Ⅱ级
资源利用：药用（中草药）

浙贝母
Fritillaria thunbergii Miq.
国家保护：Ⅱ级

浙贝母（原变种）
Fritillaria thunbergii var. **thunbergii**
习　　性：多年生草本
海　　拔：海平面至600 m
国内分布：安徽、江苏、浙江
国外分布：日本
濒危等级：EN A2cd；B1ab（iii）
资源利用：药用（中草药）；环境利用（观赏）

东阳贝母
Fritillaria thunbergii var. **chekiangensis** P. K. Hsiao et K. C. Hsia
习　　性：多年生草本
分　　布：浙江
濒危等级：VU A2c；B1ab（iii）
资源利用：药用（中草药）

托里贝母
Fritillaria tortifolia X. Z. Duan et X. J. Zheng
习　　性：多年生草本
海　　拔：1500~2100 m
分　　布：新疆
濒危等级：VU A2c；B2ab（iii）
国家保护：Ⅱ级

暗紫贝母
Fritillaria unibracteata P. K. Hsiao et K. C. Hsia
国家保护：Ⅱ级

暗紫贝母（原变种）
Fritillaria unibracteata var. **unibracteata**
习　　性：多年生草本
海　　拔：3200~4500 m
分　　布：甘肃、青海、四川
濒危等级：EN A2c；B1ab（i，iii）
国家保护：Ⅱ级
资源利用：药用（中草药）

长腺贝母
Fritillaria unibracteata var. **longinectarea** S. Y. Tang et C. H. Yueh
习　　性：多年生草本
海　　拔：3200~4700 m
分　　布：四川
濒危等级：CR B1ab（i）
国家保护：Ⅱ级

平贝母
Fritillaria ussuriensis Maxim.
习　　性：多年生草本
海　　拔：海平面至500 m
国内分布：黑龙江、吉林、辽宁
国外分布：朝鲜半岛、俄罗斯
濒危等级：VU B1ab（i，iii）

国家保护：Ⅱ级
资源利用：药用（中草药）；环境利用（观赏）

黄花贝母
Fritillaria verticillata Willd.
习　　性：多年生草本
海　　拔：1300~2000 m
国内分布：新疆
国外分布：俄罗斯、哈萨克斯坦
濒危等级：NT C1
国家保护：Ⅱ级

新疆贝母
Fritillaria walujewii Regel
习　　性：多年生草本
海　　拔：1300~2000 m
国内分布：新疆
国外分布：哈萨克斯坦
濒危等级：EN A2c；B1ab（iii）
国家保护：Ⅱ级

裕民贝母
Fritillaria yuminensis X. Z. Duan
习　　性：多年生草本
海　　拔：1700~2800 m
分　　布：新疆
濒危等级：VU A2c；D2
国家保护：Ⅱ级

榆中贝母
Fritillaria yuzhongensis G. D. Yu et Y. S. Zhou
习　　性：多年生草本
海　　拔：1800~3500 m
分　　布：甘肃、河南、宁夏、山西、陕西
濒危等级：EN B1b（i）c（iii）
国家保护：Ⅱ级

顶冰花属 **Gagea** Salisb.

贺兰山顶冰花
Gagea alashanica Y. Z. Zhao et L. Q. Zhao
习　　性：多年生草本
海　　拔：约3500 m
分　　布：内蒙古
濒危等级：LC

毛梗顶冰花
Gagea albertii Regel
习　　性：多年生草本
海　　拔：400~1100 m
国内分布：新疆
国外分布：哈萨克斯坦
濒危等级：LC

阿尔泰顶冰花
Gagea altaica Schischk. et Sumn.
习　　性：多年生草本
国内分布：新疆
国外分布：俄罗斯、哈萨克斯坦
濒危等级：LC

百合科 LILIACEAE

安吉拉顶冰花
Gagea angelae Levichev et Schnittler
习　　性：多年生草本
海　　拔：约 2000 m
分　　布：新疆
濒危等级：LC

腋球顶冰花
Gagea bulbifera(Pall.)Salisb.
习　　性：多年生草本
海　　拔：600 ~ 1200 m
国内分布：新疆
国外分布：俄罗斯、哈萨克斯坦、印度
濒危等级：LC

中国顶冰花
Gagea chinensis Y. Z. Zhao et L. Q. Zhao
习　　性：多年生草本
分　　布：内蒙古
濒危等级：LC

大青山顶冰花
Gagea daqingshanensis L. Q. Zhao et Jie Yang
习　　性：多年生草本
分　　布：内蒙古
濒危等级：LC

叉梗顶冰花
Gagea divaricata Regel
习　　性：多年生草本
海　　拔：海平面至 1000 m
国内分布：新疆
国外分布：哈萨克斯坦、乌兹别克斯坦
濒危等级：NT C1

镰叶顶冰花
Gagea fedtschenkoana Pascher
习　　性：多年生草本
海　　拔：海平面至 2500 m
国内分布：新疆
国外分布：俄罗斯、哈萨克斯坦、蒙古
濒危等级：LC

林生顶冰花
Gagea filiformis(Ledeb.)Kar. et Kir.
习　　性：多年生草本
海　　拔：海平面至 2300 m
国内分布：新疆
国外分布：阿富汗、巴基斯坦、俄罗斯、哈萨克斯坦、蒙古
濒危等级：LC

钝瓣顶冰花
Gagea fragifera(Vill.)E. Bayer et G. López
习　　性：多年生草本
海　　拔：1600 ~ 2300 m
国内分布：新疆
国外分布：俄罗斯、哈萨克斯坦、蒙古
濒危等级：LC

粒鳞顶冰花
Gagea granulosa Turcz.
习　　性：多年生草本
海　　拔：1300 ~ 2000 m
国内分布：新疆
国外分布：俄罗斯、哈萨克斯坦、蒙古
濒危等级：LC

霍城顶冰花
Gagea huochengensis Levichev
习　　性：多年生草本
海　　拔：约 2100 m
分　　布：新疆
濒危等级：LC

高山顶冰花
Gagea jaeschkei Pascher
习　　性：多年生草本
海　　拔：4100 ~ 4600 m
国内分布：新疆
国外分布：阿富汗、巴基斯坦、哈萨克斯坦
濒危等级：LC

詹氏顶冰花
Gagea jensii Levichev et Schnittler
习　　性：多年生草本
海　　拔：约 1000 m
分　　布：新疆
濒危等级：LC

顶冰花
Gagea lutea(L.)Ker Gawl.
习　　性：多年生草本
海　　拔：800 m 以下
国内分布：黑龙江、吉林、辽宁
国外分布：巴基斯坦、朝鲜半岛、俄罗斯、尼泊尔、日本、印度
濒危等级：LC

新疆顶冰花
Gagea neopopovii Golosk.
习　　性：多年生草本
国内分布：新疆
国外分布：哈萨克斯坦
濒危等级：LC

多球顶冰花
Gagea ova Stapf
习　　性：多年生草本
海　　拔：海平面至 1200（2000）m
国内分布：新疆
国外分布：阿富汗、哈萨克斯坦、塔吉克斯坦
濒危等级：LC

少花顶冰花
Gagea pauciflora(Turcz. ex Trautv.)Ledeb.
习　　性：多年生草本
海　　拔：400 ~ 4100 m
国内分布：甘肃、河北、黑龙江、内蒙古、青海、陕西、西藏
国外分布：俄罗斯、蒙古
濒危等级：LC

草原顶冰花
Gagea stepposa L. Z. Shue
- 习　　性：多年生草本
- 海　　拔：1100~2300 m
- 分　　布：新疆
- 濒危等级：LC

小顶冰花
Gagea terraccianoana Pascher
- 习　　性：多年生草本
- 海　　拔：海平面至2300 m
- 国内分布：甘肃、河北、黑龙江、吉林、辽宁、青海、山西、陕西
- 国外分布：朝鲜半岛、俄罗斯、蒙古
- 濒危等级：LC

百合属 Lilium L.

秀丽百合
Lilium amabile Palib.
- 习　　性：多年生草本
- 海　　拔：100~700 m
- 国内分布：辽宁
- 国外分布：朝鲜半岛
- 濒危等级：EN A2c；B1b（i, ii, v）c（iv）
- 国家保护：Ⅱ级
- 资源利用：环境利用（观赏）

玫红百合
Lilium amoenum E. H. Wilson ex Sealy
- 习　　性：多年生草本
- 海　　拔：1800~3000 m
- 分　　布：云南
- 濒危等级：VU A2c；B1ab（i, iii, v）

安徽百合
Lilium anhuiense D. C. Zhang et J. Z. Shao
- 习　　性：多年生草本
- 海　　拔：约800 m
- 分　　布：安徽
- 濒危等级：EN B1ab（iii）

滇百合
Lilium bakerianum Collett et Hemsl.

滇百合（原变种）
Lilium bakerianum var. **bakerianum**
- 习　　性：多年生草本
- 海　　拔：约2800 m
- 分　　布：四川、云南
- 濒危等级：LC
- 资源利用：环境利用（观赏）

金黄花滇百合
Lilium bakerianum var. **aureum** Grove et Cotton
- 习　　性：多年生草本
- 海　　拔：2000~2500 m
- 分　　布：四川、云南
- 濒危等级：NT B1b（i, iii）c（i）

黄绿花滇百合
Lilium bakerianum var. **delavayi**（Franch.）E. H. Wilson
- 习　　性：多年生草本
- 海　　拔：2500~3800 m
- 国内分布：贵州、四川、云南
- 国外分布：缅甸
- 濒危等级：LC

紫红花滇百合
Lilium bakerianum var. **rubrum** Stearn
- 习　　性：多年生草本
- 海　　拔：1500~2000 m
- 分　　布：贵州、云南
- 濒危等级：LC

无斑滇百合
Lilium bakerianum var. **yunnanense**（Franch.）Sealy ex Woodcock et Stearn
- 习　　性：多年生草本
- 海　　拔：2000~2800 m
- 分　　布：四川、云南
- 濒危等级：LC

短柱小百合
Lilium brevistylum（S. Yun Liang）S. Yun Liang
- 习　　性：多年生草本
- 海　　拔：约4300 m
- 分　　布：西藏
- 濒危等级：DD

野百合
Lilium brownii F. E. Br. ex Miellez

野百合（原变种）
Lilium brownii var. **brownii**
- 习　　性：多年生草本
- 海　　拔：100~2200 m
- 分　　布：安徽、福建、广东、广西、贵州、湖北、湖南、江西、陕西、四川、云南、浙江
- 濒危等级：LC
- 资源利用：药用（中草药）；食品（淀粉，蔬菜）；环境利用（观赏）

大野百合
Lilium brownii var. **gigataeum** G. Y. Li et Z. H. Chen
- 习　　性：多年生草本
- 分　　布：浙江
- 濒危等级：LC

百合
Lilium brownii var. **viridulum** Baker
- 习　　性：多年生草本
- 海　　拔：300~1000 m
- 分　　布：安徽、福建、甘肃、广西、河北、河南、湖北、湖南、江苏、江西、山西、陕西、四川、云南、浙江
- 濒危等级：LC
- 资源利用：药用（中草药）；原料（香料，精油）；食品（淀粉，蔬菜）

条叶百合
Lilium callosum Siebold et Zucc.
- 习　　性：多年生草本
- 海　　拔：100～900 m
- 国内分布：安徽、广东、广西、河南、吉林、江苏、辽宁、内蒙古、台湾、浙江
- 国外分布：朝鲜半岛、俄罗斯、日本
- 濒危等级：LC
- 资源利用：环境利用（观赏）

垂花百合
Lilium cernuum Kom.
- 习　　性：多年生草本
- 海　　拔：100～900 m
- 国内分布：吉林、辽宁
- 国外分布：朝鲜半岛、俄罗斯
- 濒危等级：VU A2c；B1ab（i，iii，v）

渥丹
Lilium concolor Salisb.

渥丹（原变种）
Lilium concolor var. **concolor**
- 习　　性：多年生草本
- 海　　拔：300～2000 m
- 分　　布：河北、河南、湖北、山东、山西、陕西
- 濒危等级：LC
- 资源利用：药用（中草药）；原料（香料，精油）；食品（淀粉，蔬菜）；环境利用（观赏）

大花百合
Lilium concolor var. **megalanthum** F. T. Wang et Tang
- 习　　性：多年生草本
- 海　　拔：约500 m
- 分　　布：吉林
- 濒危等级：LC

有斑百合
Lilium concolor var. **pulchellum**（Fisch.）Regel
- 习　　性：多年生草本
- 海　　拔：600～2200 m
- 国内分布：河北、黑龙江、吉林、辽宁、内蒙古、山东、山西
- 国外分布：朝鲜半岛、俄罗斯、蒙古、日本
- 濒危等级：LC

毛百合
Lilium dauricum Ker Gawl.
- 习　　性：多年生草本
- 海　　拔：400～1500 m
- 国内分布：河北、黑龙江、吉林、辽宁、内蒙古
- 国外分布：朝鲜半岛、俄罗斯、蒙古、日本
- 濒危等级：LC
- 资源利用：药用（中草药）；食品（淀粉，蔬菜）；环境利用（观赏）

川百合
Lilium davidii Duch. ex Elwes

川百合（原变种）
Lilium davidii var. **davidii**
- 习　　性：多年生草本
- 海　　拔：1600～3200 m
- 分　　布：贵州、四川、云南
- 濒危等级：LC
- 资源利用：基因源（高产）；食品（淀粉，蔬菜）

兰州百合
Lilium davidii var. **willmottiae**（E. H. Wilson）Raffill
- 习　　性：多年生草本
- 分　　布：湖北、陕西、四川、云南
- 濒危等级：DD

东北百合
Lilium distichum Nakai ex Kamibayashi
- 习　　性：多年生草本
- 海　　拔：200～1800 m
- 国内分布：黑龙江、吉林、辽宁
- 国外分布：朝鲜半岛、俄罗斯
- 濒危等级：LC
- 资源利用：食品（蔬菜）

宝兴百合
Lilium duchartrei Franch.
- 习　　性：多年生草本
- 海　　拔：1500～3800 m
- 分　　布：甘肃、陕西、四川
- 濒危等级：LC
- 资源利用：环境利用（观赏）

绿花百合
Lilium fargesii Franch.
- 习　　性：多年生草本
- 海　　拔：1400～2300 m
- 分　　布：湖北、陕西、四川、云南
- 濒危等级：NT A1a
- 国家保护：Ⅱ级
- 资源利用：环境利用（观赏）

凤凰百合
Lilium floridum J. L. Ma et Y. J. Li
- 习　　性：多年生草本
- 海　　拔：200～400 m
- 分　　布：辽宁
- 濒危等级：LC

台湾百合
Lilium formosanum Wallace

台湾百合（原变种）
Lilium formosanum var. **formosanum**
- 习　　性：多年生草本
- 海　　拔：海平面至3500 m
- 分　　布：台湾
- 濒危等级：LC
- 资源利用：环境利用（观赏）

小叶百合
Lilium formosanum var. **microphyllum** T. S. Liu et S. S. Ying
- 习　　性：多年生草本

分　　布：台湾
濒危等级：LC

哈巴百合
Lilium habaense F. T. Wang et Tang
　　习　　性：多年生草本
　　海　　拔：2800 m 以下
　　分　　布：云南
　　濒危等级：VU C1

竹叶百合
Lilium hansonii Leichtlin ex D. D. T. Moore
　　习　　性：多年生草本
　　国内分布：吉林
　　国外分布：朝鲜半岛
　　濒危等级：DD
　　资源利用：环境利用（观赏）

墨江百合
Lilium henrici Franch.

墨江百合（原变种）
Lilium henrici var. **henrici**
　　习　　性：多年生草本
　　海　　拔：约 2800 m
　　分　　布：四川、云南
　　濒危等级：VU B1ac（iii）

斑块百合
Lilium henrici var. **maculatum**（W. E. Evans）Woodcock et Stearn
　　习　　性：多年生草本
　　分　　布：云南
　　濒危等级：DD

湖北百合
Lilium henryi Baker
　　习　　性：多年生草本
　　海　　拔：700～1000 m
　　分　　布：贵州、湖北、江西
　　濒危等级：NT B1b（i，iii）c（i）
　　资源利用：环境利用（观赏）

会东百合
Lilium huidongense J. M. Xu
　　习　　性：多年生草本
　　海　　拔：3200 m
　　分　　布：四川
　　濒危等级：DD

金佛山百合
Lilium jinfushanense L. J. Peng et B. N. Wang
　　习　　性：多年生草本
　　海　　拔：1800～2200 m
　　分　　布：四川
　　濒危等级：DD

卷丹
Lilium lancifolium Ker Gawl.
　　习　　性：多年生草本
　　海　　拔：400～2500 m
　　国内分布：安徽、甘肃、广西、河北、河南、湖北、湖南、吉林、江苏、江西、青海、山东、山西、陕西、四川、西藏、浙江
　　国外分布：朝鲜半岛、日本
　　濒危等级：LC
　　资源利用：药用（中草药）；原料（香料，精油）；食品（淀粉，蔬菜）；环境利用（观赏）

葡茎百合
Lilium lankongense Franch.
　　习　　性：多年生草本
　　海　　拔：1800～3200 m
　　分　　布：西藏、云南
　　濒危等级：LC

大花卷丹
Lilium leichtlinii（Regel）Baker
　　习　　性：多年生草本
　　海　　拔：海平面至 1300 m
　　国内分布：河北、吉林、辽宁、陕西
　　国外分布：朝鲜半岛、俄罗斯、日本
　　濒危等级：VU B1ab（i，iii）

宜昌百合
Lilium leucanthum（Baker）Baker

宜昌百合（原变种）
Lilium leucanthum var. **leucanthum**
　　习　　性：多年生草本
　　海　　拔：400～1500 m
　　分　　布：湖北、四川
　　濒危等级：LC

紫脊百合
Lilium leucanthum var. **centifolium**（Stapf ex Elwes）Stearn
　　习　　性：多年生草本
　　海　　拔：约 2500 m
　　分　　布：甘肃
　　濒危等级：LC

丽江百合
Lilium lijiangense L. J. Peng
　　习　　性：多年生草本
　　海　　拔：3300～3400 m
　　分　　布：四川、云南
　　濒危等级：VU D1

糙茎百合
Lilium longiflorum Masam.
　　习　　性：多年生草本
　　海　　拔：海平面至 500 m
　　分　　布：台湾
　　濒危等级：LC

尖被百合
Lilium lophophorum（Bureau et Franch.）Franch.

尖被百合（原变种）
Lilium lophophorum var. **lophophorum**
　　习　　性：多年生草本
　　海　　拔：2500～4500 m
　　分　　布：四川、西藏、云南

濒危等级：LC

线叶百合
Lilium lophophorum var. **linearifolium** (Sealy) S. Yun Liang
- 习　　性：多年生草本
- 海　　拔：3500~4000 m
- 分　　布：云南
- 濒危等级：LC

新疆百合
Lilium martagon Freyn
- 习　　性：多年生草本
- 海　　拔：200~2500 m
- 国内分布：新疆
- 国外分布：俄罗斯、蒙古
- 濒危等级：NT B1ac (iii)
- 资源利用：食品（蔬菜）

马塘百合
Lilium matangense J. M. Xu
- 习　　性：多年生草本
- 海　　拔：3200~3300 m
- 分　　布：四川
- 濒危等级：CR D

浙江百合
Lilium medeoloides A. Gray
- 习　　性：多年生草本
- 国内分布：浙江
- 国外分布：朝鲜半岛、俄罗斯、日本
- 濒危等级：EN B1ab (iii)

墨脱百合
Lilium medogense S. Yun Liang
- 习　　性：多年生草本
- 分　　布：西藏
- 濒危等级：CR D

黄斑百合
Lilium nanum (Rendle) Sealy
- 习　　性：多年生草本
- 海　　拔：3800~4300 m
- 国内分布：西藏、云南
- 国外分布：缅甸、印度
- 濒危等级：LC

紫斑百合
Lilium nepalense D. Don
- 习　　性：多年生草本
- 海　　拔：2100~2900 m
- 国内分布：西藏、云南
- 国外分布：不丹、缅甸、尼泊尔、印度
- 濒危等级：LC

乳头百合
Lilium papilliferum Franch.
- 习　　性：多年生草本
- 海　　拔：1000~1300 m
- 分　　布：陕西、四川、云南
- 濒危等级：NT B1ac (iii)
- 国家保护：II级

藏百合
Lilium paradoxum Stearn
- 习　　性：多年生草本
- 海　　拔：3200~3900 m
- 分　　布：西藏
- 濒危等级：CR A2c
- 资源利用：环境利用（观赏）

松叶百合
Lilium pinifolium L. J. Peng
- 习　　性：多年生草本
- 海　　拔：3300~3400 m
- 分　　布：云南
- 濒危等级：VU B1ab (ii)

报春百合
Lilium primulinum Baker

报春百合（原变种）
Lilium primulinum var. **primulinum**
- 习　　性：多年生草本
- 海　　拔：1100~3100 m
- 国内分布：贵州、四川、云南
- 国外分布：缅甸、泰国
- 濒危等级：NT B1b (i) c (iii)

紫喉百合
Lilium primulinum var. **burmanicum** (W. W. Sm.) Stearn
- 习　　性：多年生草本
- 海　　拔：1200~2700 m
- 国内分布：云南
- 国外分布：缅甸、泰国
- 濒危等级：LC

川滇百合
Lilium primulinum var. **ochraceum** (Franch.) Stearn
- 习　　性：多年生草本
- 海　　拔：1100~3100 m
- 分　　布：重庆、贵州、四川、云南
- 濒危等级：VU A2acd+3acd; B1b (i, iii, v)
- 资源利用：药用（中草药）

普洱百合
Lilium puerense Y. Y. Qian
- 习　　性：多年生草本
- 分　　布：云南
- 濒危等级：LC

山丹
Lilium pumilum Redouté
- 习　　性：多年生草本
- 海　　拔：400~2600 m
- 国内分布：甘肃、河北、河南、黑龙江、吉林、辽宁、内蒙古、宁夏、青海、山东、山西、陕西
- 国外分布：朝鲜半岛、俄罗斯、蒙古
- 濒危等级：LC
- 资源利用：药用（中草药）；原料（香料，精油）；环境利用（观赏）；食品（淀粉，蔬菜）

毕氏百合
Lilium pyi H. Lév.

习　　性：多年生草本
分　　布：云南
濒危等级：DD

岷江百合
Lilium regale E. H. Wilson
习　　性：多年生草本
海　　拔：800~2500 m
分　　布：四川
濒危等级：LC
资源利用：环境利用（观赏）

洛克百合
Lilium rockii R. H. Miao
习　　性：多年生草本
分　　布：云南
濒危等级：DD

南川百合
Lilium rosthornii Diels
习　　性：多年生草本
海　　拔：300~900 m
分　　布：贵州、湖北、四川
濒危等级：LC
资源利用：药用（中草药）；食品（蔬菜）

囊被百合
Lilium saccatum S. Yun Liang
习　　性：多年生草本
海　　拔：约 3900 m
分　　布：西藏
濒危等级：LC

泸定百合
Lilium sargentiae E. H. Wilson
习　　性：多年生草本
海　　拔：500~2000 m
分　　布：四川、云南
濒危等级：LC
资源利用：环境利用（观赏）

蒜头百合
Lilium sempervivoideum H. Lév.
习　　性：多年生草本
海　　拔：2400~2600 m
分　　布：四川、云南
濒危等级：VU A1a

紫花百合
Lilium souliei (Franch.) Sealy
习　　性：多年生草本
海　　拔：1200~1400 m
分　　布：四川、西藏、云南
濒危等级：LC

药百合
Lilium speciosum Baker
习　　性：多年生草本
海　　拔：600~900 m
分　　布：安徽、广西、湖南、江西、台湾、浙江
濒危等级：LC
资源利用：药用（中草药）；环境利用（观赏）；食品（蔬菜）

单花百合
Lilium stewartianum Balf. f. et W. W. Sm.
习　　性：多年生草本
海　　拔：3600~4300 m
分　　布：云南
濒危等级：NT

淡黄花百合
Lilium sulphureum Baker ex Hook. f.
习　　性：多年生草本
海　　拔：100~1900 m
国内分布：广西、贵州、四川、云南
国外分布：缅甸
濒危等级：LC
资源利用：药用（中草药）

大理百合
Lilium taliense Franch.
习　　性：多年生草本
海　　拔：2600~3600 m
分　　布：四川、西藏、云南
濒危等级：LC
资源利用：环境利用（观赏）

天山百合
Lilium tianschanicum N. A. Ivanova ex Grubov
习　　性：多年生草本
分　　布：新疆
濒危等级：VU A2acd；B1ab（iii）
国家保护：Ⅱ级

青岛百合
Lilium tsingtauense Gilg
习　　性：多年生草本
海　　拔：100~400 m
国内分布：安徽、山东
国外分布：朝鲜半岛
濒危等级：EN B1ab（i，iii）
国家保护：Ⅱ级
资源利用：环境利用（观赏）

卓巴百合
Lilium wardii Stapf ex Stern
习　　性：多年生草本
海　　拔：2000~3400 m
分　　布：贵州、四川、西藏
濒危等级：LC
资源利用：环境利用（观赏）

文山百合
Lilium wenshanense L. J. Peng et F. X. Li
习　　性：多年生草本
海　　拔：1000~2000 m
分　　布：云南
濒危等级：NT

乡城百合
Lilium xanthellum F. T. Wang et Tang

乡城百合（原变种）
Lilium xanthellum var. **xanthellum**
习　　性：多年生草本
海　　拔：约 3200 m
分　　布：四川
濒危等级：EN A2c

黄花百合
Lilium xanthellum var. **luteum** S. Yun Liang
习　　性：多年生草本
海　　拔：约 3600 m
分　　布：四川
濒危等级：DD

亚坪百合
Lilium yapingense Y. D. Gao et X. J. He
习　　性：多年生草本
分　　布：云南
濒危等级：LC

洼瓣花属 Lloydia Reichb.

黄洼瓣花
Lloydia delavayi Franch.
习　　性：多年生草本
海　　拔：2700~3900 m
国内分布：云南
国外分布：缅甸
濒危等级：EN B1ab（i，iii，v）

平滑洼瓣花
Lloydia flavonutans H. Hara
习　　性：多年生草本
海　　拔：4000~5000 m
国内分布：西藏
国外分布：不丹、尼泊尔、印度
濒危等级：LC

紫斑洼瓣花
Lloydia ixiolirioides Baker ex Oliv.
习　　性：多年生草本
海　　拔：3000~4300 m
分　　布：四川、西藏、云南
濒危等级：LC

矮洼瓣花
Lloydia nana R. Li et H. Li
习　　性：多年生草本
海　　拔：约 4200 m
分　　布：西藏

尖果洼瓣花
Lloydia oxycarpa Franch.
习　　性：多年生草本
海　　拔：2800~4800 m
分　　布：甘肃、四川、西藏、云南
濒危等级：LC

洼瓣花
Lloydia serotina（L.）Salisb. ex Rchb.

洼瓣花（原变种）
Lloydia serotina var. **serotina**
习　　性：多年生草本
海　　拔：2400~4000 m
国内分布：甘肃、河北、黑龙江、吉林、辽宁、内蒙古、宁夏、青海、陕西
国外分布：巴基斯坦、不丹、朝鲜半岛、俄罗斯、哈萨克斯坦、蒙古、尼泊尔、日本、印度
濒危等级：LC

矮小洼瓣花
Lloydia serotina var. **parva**（C. Marquand et Airy Shaw）H. Hara
习　　性：多年生草本
海　　拔：3700~5000 m
国内分布：四川、新疆
国外分布：不丹、尼泊尔、印度
濒危等级：LC

西藏洼瓣花
Lloydia tibetica Baker ex Oliv.
习　　性：多年生草本
海　　拔：2300~4100 m
国内分布：甘肃、河北、湖北、山西、陕西、四川、西藏
国外分布：尼泊尔
濒危等级：LC
资源利用：药用（中草药）

三花洼瓣花
Lloydia triflora（Ledeb.）Baker
习　　性：多年生草本
国内分布：河北、黑龙江、吉林、辽宁、山西
国外分布：朝鲜半岛、俄罗斯、日本
濒危等级：LC

云南洼瓣花
Lloydia yunnanensis Franch.
习　　性：多年生草本
海　　拔：2300~4100 m
国内分布：四川、云南
国外分布：印度
濒危等级：LC

豹子花属 Nomocharis Franch.

开瓣豹子花
Nomocharis aperta（Franch.）E. H. Wilson
习　　性：多年生草本
海　　拔：3000~3900 m
国内分布：四川、西藏、云南
国外分布：缅甸
濒危等级：LC

美丽豹子花
Nomocharis basilissa Farrer ex W. E. Evans
习　　性：多年生草本
海　　拔：3900~4300 m
国内分布：云南
国外分布：缅甸
濒危等级：LC

滇西豹子花
Nomocharis farreri (W. E. Evans) Hatus.
　　习　　性：多年生草本
　　海　　拔：2700~3400 m
　　国内分布：云南
　　国外分布：缅甸
　　濒危等级：EN B1ab (i, iii)

贡山豹子花
Nomocharis gongshanensis Y. D. Gao et X. J. He
　　习　　性：多年生草本
　　海　　拔：约3200 m
　　分　　布：云南
　　濒危等级：LC

多斑豹子花
Nomocharis meleagrina Franch.
　　习　　性：多年生草本
　　海　　拔：2800~4000 m
　　分　　布：四川、西藏、云南
　　濒危等级：LC

豹子花
Nomocharis pardanthina Franch.
　　习　　性：多年生草本
　　海　　拔：2700~4100 m
　　分　　布：四川、云南
　　濒危等级：EN A2a; D

云南豹子花
Nomocharis saluenensis Balf. f.
　　习　　性：多年生草本
　　海　　拔：2800~4500 m
　　国内分布：四川、西藏、云南
　　国外分布：缅甸
　　濒危等级：DD

假百合属 Notholirion Wall. ex Boiss.

假百合（太白米）
Notholirion bulbuliferum (Lingelsh. ex H. Limpr.) Stearn
　　习　　性：多年生草本
　　海　　拔：3000~4500 m
　　国内分布：甘肃、陕西、四川、西藏、云南
　　国外分布：不丹、尼泊尔、印度
　　濒危等级：EN A2acd + 3acd

钟花假百合
Notholirion campanulatum Cotton et Stearn
　　习　　性：多年生草本
　　海　　拔：2800~4500 m
　　国内分布：四川、云南
　　国外分布：不丹、缅甸
　　濒危等级：LC

大叶假百合
Notholirion macrophyllum (D. Don) Boiss.
　　习　　性：多年生草本
　　海　　拔：2800~3400 m
　　国内分布：四川、西藏、云南
　　国外分布：不丹、尼泊尔、印度
　　濒危等级：EN B1ab (i, iii)
　　资源利用：药用（中草药）

扭柄花属 Streptopus Michx.

丝梗扭柄花
Streptopus koreanus (Kom.) Ohwi
　　习　　性：多年生草本
　　海　　拔：800~2000 m
　　国内分布：黑龙江、吉林、辽宁
　　国外分布：朝鲜半岛
　　濒危等级：LC

扭柄花
Streptopus obtusatus Fassett
　　习　　性：多年生草本
　　海　　拔：2000~3600 m
　　分　　布：甘肃、湖北、陕西、四川、云南
　　濒危等级：LC

卵叶扭柄花
Streptopus ovalis (Ohwi) F. T. Wang et Y. C. Tang
　　习　　性：多年生草本
　　海　　拔：1000 m 以下
　　国内分布：辽宁
　　国外分布：朝鲜半岛
　　濒危等级：LC

小花扭柄花
Streptopus parviflorus Franch.
　　习　　性：多年生草本
　　海　　拔：2000~3500 m
　　分　　布：四川、云南
　　濒危等级：LC

腋花扭柄花
Streptopus simplex D. Don
　　习　　性：多年生草本
　　海　　拔：1700~4000 m
　　国内分布：西藏、云南
　　国外分布：不丹、缅甸、尼泊尔、印度
　　濒危等级：LC

油点草属 Tricyrtis Wall.

台湾油点草
Tricyrtis formosana Baker

台湾油点草（原变种）
Tricyrtis formosana var. **formosana**
　　习　　性：多年生草本
　　海　　拔：海平面至3000 m
　　分　　布：台湾
　　濒危等级：LC

小型油点草
Tricyrtis formosana var. **glandosa** (Simizu) T. S. Liu et S. S. Ying
　　习　　性：多年生草本
　　海　　拔：800~1400 m
　　分　　布：台湾

濒危等级：LC

大花油点草
Tricyrtis formosana var. **grandiflora** S. S. Ying
- 习　　性：多年生草本
- 海　　拔：约 1500 m
- 分　　布：台湾
- 濒危等级：LC

毛果油点草
Tricyrtis lasiocarpa Matsum.
- 习　　性：多年生草本
- 海　　拔：海平面至 1600 m
- 分　　布：台湾
- 濒危等级：LC

宽叶油点草
Tricyrtis latifolia Maxim.
- 习　　性：多年生草本
- 海　　拔：350 ~ 1800 m
- 国内分布：河北、河南、湖北、陕西、四川
- 国外分布：日本
- 濒危等级：LC

油点草
Tricyrtis macropoda Miq.
- 习　　性：多年生草本
- 海　　拔：800 ~ 2400 m
- 国内分布：安徽、福建、广东、广西、贵州、湖北、湖南、江苏、江西、陕西、浙江
- 国外分布：日本
- 濒危等级：LC
- 资源利用：药用（中草药）

卵叶油点草
Tricyrtis ovatifolia S. S. Ying
- 习　　性：多年生草本
- 海　　拔：800 ~ 1000 m
- 分　　布：台湾
- 濒危等级：LC

黄花油点草
Tricyrtis pilosa Wall.
- 习　　性：多年生草本
- 海　　拔：300 ~ 2300 m
- 国内分布：甘肃、广西、贵州、河北、河南、湖北、湖南、陕西、四川、云南
- 国外分布：不丹、尼泊尔、印度
- 濒危等级：LC
- 资源利用：药用（中草药）

拟阔叶油点草
Tricyrtis pseudolatifolia Hir. Takah. bis et H. Koyama
- 习　　性：多年生草本
- 海　　拔：约 1750 m
- 分　　布：湖北
- 濒危等级：LC

高山油点草
Tricyrtis ravenii C. I Peng et C. L. Tiang
- 习　　性：多年生草本
- 海　　拔：约 2800 m
- 分　　布：台湾
- 濒危等级：LC

山油点草
Tricyrtis stolonifera Matsum.
- 习　　性：多年生草本
- 海　　拔：约 1600 m
- 分　　布：台湾
- 濒危等级：LC

侧花油点草
Tricyrtis suzukii Masam.
- 习　　性：多年生草本
- 海　　拔：800 ~ 1600 m
- 分　　布：台湾
- 濒危等级：VU D1 + 2

绿花油点草
Tricyrtis viridula Hir.
- 习　　性：多年生草本
- 海　　拔：1000 ~ 1800 m
- 分　　布：广西、贵州、江西、云南、浙江
- 濒危等级：VU B1b（i）c（iii）

仙居油点草
Tricyrtis xianjuensis G. Y. Li, Z. H. Chen et D. D. Ma
- 习　　性：多年生草本
- 海　　拔：约 700 m
- 分　　布：浙江
- 濒危等级：LC

郁金香属 Tulipa L.

阿尔泰郁金香
Tulipa altaica Pall. ex Spreng.
- 习　　性：多年生草本
- 海　　拔：1300 ~ 2600 m
- 国内分布：新疆
- 国外分布：俄罗斯、哈萨克斯坦
- 濒危等级：LC
- 国家保护：Ⅱ级

皖郁金香
Tulipa anhuiensis X. S. Sheng
- 习　　性：多年生草本
- 海　　拔：1000 ~ 1200 m
- 分　　布：安徽
- 濒危等级：NT
- 国家保护：Ⅱ级

柔毛郁金香
Tulipa biflora Pall.
- 习　　性：多年生草本
- 海　　拔：1400 ~ 2000 m
- 国内分布：新疆
- 国外分布：阿富汗、巴基斯坦、俄罗斯、哈萨克斯坦、土库曼斯坦、乌兹别克斯坦
- 濒危等级：VU A2abc；B1ab（iii）
- 国家保护：Ⅱ级

毛蕊郁金香
Tulipa dasystemon (Regel) Regel
- 习　　性：多年生草本
- 海　　拔：1800~3200 m
- 国内分布：新疆
- 国外分布：哈萨克斯坦、吉尔吉斯斯坦、塔吉克斯坦、乌兹别克斯坦
- 濒危等级：NT
- 国家保护：Ⅱ级

郁金香
Tulipa gesneriana L.
- 习　　性：多年生草本
- 国内分布：我国引种栽培
- 国外分布：原产欧洲
- 资源利用：环境利用（观赏）

异瓣郁金香
Tulipa heteropetala Ledeb.
- 习　　性：多年生草本
- 海　　拔：1200~2400 m
- 国内分布：新疆
- 国外分布：俄罗斯、哈萨克斯坦
- 濒危等级：LC
- 国家保护：Ⅱ级

异叶郁金香
Tulipa heterophylla (Regel) Baker
- 习　　性：多年生草本
- 海　　拔：2100~3100 m
- 国内分布：新疆
- 国外分布：哈萨克斯坦、吉尔吉斯斯坦
- 濒危等级：LC
- 国家保护：Ⅱ级

伊犁郁金香
Tulipa iliensis Regel
- 习　　性：多年生草本
- 海　　拔：400~1400 m
- 国内分布：新疆
- 国外分布：哈萨克斯坦
- 濒危等级：LC
- 国家保护：Ⅱ级
- 资源利用：食品（蔬菜）

迟花郁金香
Tulipa kolpakovskiana Regel
- 习　　性：多年生草本
- 海　　拔：800~1500 m
- 国内分布：新疆
- 国外分布：哈萨克斯坦、吉尔吉斯斯坦
- 濒危等级：VU B1ab (iii)
- 国家保护：Ⅱ级

内蒙郁金香
Tulipa mongolica Y. Z. Zhao
- 习　　性：多年生草本
- 分　　布：内蒙古
- 濒危等级：LC
- 国家保护：Ⅱ级

垂蕾郁金香
Tulipa patens C. Agardh ex Schult. et Schult. f.
- 习　　性：多年生草本
- 海　　拔：1400~2000 m
- 国内分布：新疆
- 国外分布：俄罗斯、哈萨克斯坦
- 濒危等级：LC
- 国家保护：Ⅱ级

新疆郁金香
Tulipa sinkiangensis Z. M. Mao
- 习　　性：多年生草本
- 海　　拔：1000~1300 m
- 分　　布：新疆
- 濒危等级：EN A2c
- 国家保护：Ⅱ级

塔城郁金香
Tulipa tarbagataica D. Y. Tan et X. Wei
- 习　　性：多年生草本
- 海　　拔：1200~1600 m
- 分　　布：新疆
- 濒危等级：DD
- 国家保护：Ⅱ级

四叶郁金香
Tulipa tetraphylla Regel
- 习　　性：多年生草本
- 国内分布：新疆
- 国外分布：哈萨克斯坦、吉尔吉斯斯坦
- 濒危等级：NT
- 国家保护：Ⅱ级

天山郁金香
Tulipa thianschanica Regel
- 国家保护：Ⅱ级

天山郁金香（原变种）
Tulipa thianschanica var. **thianschanica**
- 习　　性：多年生草本
- 海　　拔：1000~1800 m
- 国内分布：新疆
- 国外分布：哈萨克斯坦
- 濒危等级：LC
- 国家保护：Ⅱ级

赛里木湖郁金香
Tulipa thianschanica var. **sailimuensis** X. Wei et D. Y. Tan
- 习　　性：多年生草本
- 海　　拔：约2100 m
- 分　　布：新疆
- 濒危等级：VU B1ab (iii)
- 国家保护：Ⅱ级

单花郁金香
Tulipa uniflora (L.) Bess. ex Baker
- 习　　性：多年生草本
- 海　　拔：1200~2400 m
- 国内分布：内蒙古、新疆
- 国外分布：俄罗斯、哈萨克斯坦、蒙古

濒危等级：VU A1a
国家保护：Ⅱ级

亚麻科 LINACEAE
(4属：14种)

异腺草属 Anisadenia Wall. ex Meisn.

异腺草
Anisadenia pubescens Griff.
- 习　　性：多年生草本
- 海　　拔：1200~3200 m
- 国内分布：西藏、云南
- 国外分布：不丹、印度
- 濒危等级：NT B1ab (i, iii)

石异腺草
Anisadenia saxatilis Wall. ex C. F. W. Meissn.
- 习　　性：多年生草本
- 海　　拔：1800~2500 m
- 国内分布：云南
- 国外分布：不丹、缅甸、尼泊尔、泰国、印度
- 濒危等级：LC

亚麻属 Linum L.

阿尔泰亚麻
Linum altaicum Ledeb. ex Juz.
- 习　　性：多年生草本
- 海　　拔：600~4000 m
- 国内分布：新疆
- 国外分布：俄罗斯、哈萨克斯坦、吉尔吉斯斯坦、蒙古、塔吉克斯坦
- 濒危等级：LC

黑水亚麻
Linum amurense Alef.
- 习　　性：多年生草本
- 海　　拔：600~4000 m
- 国内分布：甘肃、黑龙江、吉林、内蒙古、宁夏、陕西
- 国外分布：俄罗斯
- 濒危等级：LC
- 资源利用：原料（纤维）

长萼亚麻
Linum corymbulosum Rchb.
- 习　　性：一年生草本
- 海　　拔：900~2500 m
- 国内分布：新疆
- 国外分布：阿富汗、巴基斯坦、俄罗斯、哈萨克斯坦
- 濒危等级：LC

异萼亚麻
Linum heterosepalum Regel
- 习　　性：多年生草本
- 海　　拔：1800~2500 m
- 国内分布：新疆
- 国外分布：哈萨克斯坦、吉尔吉斯斯坦
- 濒危等级：NT
- 资源利用：环境利用（观赏）

垂果亚麻
Linum nutans Maxim.
- 习　　性：多年生草本
- 海　　拔：600~4000 m
- 国内分布：甘肃、黑龙江、吉林、内蒙古、宁夏、陕西、西藏
- 国外分布：俄罗斯、蒙古、印度
- 濒危等级：LC

短柱亚麻
Linum pallescens Bunge
- 习　　性：多年生草本
- 海　　拔：500~1200 m
- 国内分布：甘肃、青海、陕西、西藏、新疆
- 国外分布：俄罗斯、哈萨克斯坦、吉尔吉斯斯坦、蒙古、塔吉克斯坦
- 濒危等级：LC

宿根亚麻
Linum perenne L.
- 习　　性：多年生草本
- 海　　拔：4100 m 以下
- 国内分布：甘肃、河北、内蒙古、宁夏、青海、山西、陕西、四川、西藏、新疆、云南
- 国外分布：俄罗斯、蒙古
- 濒危等级：LC
- 资源利用：环境利用（观赏）

野亚麻
Linum stelleroides Planch.
- 习　　性：一年生或二年生草本
- 海　　拔：600~2800 m
- 国内分布：甘肃、广东、广西、贵州、河北、河南、黑龙江、湖北、吉林、江苏、辽宁、内蒙古、宁夏、山东、山西、陕西、四川
- 国外分布：俄罗斯、韩国、吉尔吉斯斯坦、日本、塔吉克斯坦、土库曼斯坦、乌兹别克斯坦
- 濒危等级：LC
- 资源利用：原料（纤维）

亚麻
Linum usitatissimum L.
- 习　　性：一年生草本
- 国内分布：除海南、台湾外，全国各地广泛栽培
- 国外分布：原产地中海地区、西亚、西欧
- 资源利用：药用（中草药）；原料（纤维）；食品（种子）

石海椒属 Reinwardtia Dumort.

石海椒
Reinwardtia indica Dumort.
- 习　　性：灌木
- 海　　拔：500~2300 m
- 国内分布：福建、广东、广西、贵州、湖北、湖南、四川、云南
- 国外分布：巴基斯坦、不丹、克什米尔地区、老挝、缅甸、尼泊尔、泰国、印度、越南

濒危等级：LC
资源利用：药用（中草药）；环境利用（观赏）

青篱柴属 Tirpitzia Hallier f.

米念芭
Tirpitzia ovoidea Chun et F. C. How ex W. L. Sha
习　　性：灌木
海　　拔：300~2000 m
国内分布：广西
国外分布：越南
濒危等级：LC

青篱柴
Tirpitzia sinensis(Hemsl.)Hallier f.
习　　性：灌木或乔木
海　　拔：300~2000 m
国内分布：广西、贵州、云南
国外分布：越南
濒危等级：LC

母草科 LINDERNIACEAE
（4属：42种）

三翅萼属 Legazpia Blanco

三翅萼
Legazpia polygonoides(Benth.)T. Yamaz.
习　　性：草本
国内分布：广东、广西
国外分布：菲律宾、马来西亚、缅甸、印度尼西亚
濒危等级：LC

母草属 Lindernia All.

长蒴母草
Lindernia anagallis(Burm. f.)Pennell
习　　性：一年生草本
海　　拔：约1500 m
国内分布：澳门、福建、广东、广西、贵州、湖南、江西、四川、台湾、云南
国外分布：澳大利亚、不丹、菲律宾、柬埔寨、老挝、马来西亚、缅甸、日本、泰国、印度、越南
濒危等级：LC
资源利用：药用（中草药）

泥花母草
Lindernia antipoda(L.)Alston
习　　性：一年生草本
海　　拔：1700 m以下
国内分布：安徽、澳门、福建、广东、广西、湖北、湖南、江苏、江西、四川、台湾、云南、浙江
国外分布：澳大利亚、不丹、菲律宾、柬埔寨、老挝、马来西亚、缅甸、尼泊尔、日本、斯里兰卡、泰国、印度、越南
濒危等级：LC
资源利用：药用（中草药）

短梗母草
Lindernia brevipedunculata Migo
习　　性：草本
分　　布：浙江
濒危等级：DD

刺齿泥花草
Lindernia ciliata(Colsm.)Pennell
习　　性：一年生草本
海　　拔：约1300 m
国内分布：福建、广东、广西、海南、台湾、西藏、云南
国外分布：澳大利亚、菲律宾、柬埔寨、老挝、马来西亚、缅甸、日本、印度、越南
濒危等级：LC
资源利用：药用（中草药）

母草
Lindernia crustacea(L.)F. Muell.
习　　性：一年生草本
海　　拔：1300 m以下
国内分布：安徽、澳门、福建、广东、广西、贵州、海南、河南、湖北、湖南、江苏、江西、四川、台湾、西藏、香港、云南、浙江
国外分布：日本
濒危等级：LC
资源利用：药用（中草药）

曲毛母草
Lindernia cyrtotricha Tsoong et T. C. Ku
习　　性：草本
海　　拔：约400 m
分　　布：海南
濒危等级：LC

柔弱母草
Lindernia delicatula Tsoong et T. C. Ku
习　　性：一年生草本
海　　拔：约700 m
分　　布：广西
濒危等级：LC

网萼母草
Lindernia dictyophora Tsoong
习　　性：一年生草本
海　　拔：约1400 m
国内分布：云南
国外分布：泰国
濒危等级：NT

北美母草
Lindernia dubia(L.)Pennell
习　　性：一年生草本
国内分布：广东、台湾
国外分布：原产北美洲

荨麻母草
Lindernia elata(Benth.)Wettst.
习　　性：一年生草本
海　　拔：600~800 m
国内分布：福建、广东、广西、云南

国外分布：柬埔寨、马来西亚、泰国、印度尼西亚、越南
濒危等级：LC

尖果母草
Lindernia hyssopoides (L.) Haines
习　　性：草本
海　　拔：约1200 m
国内分布：广西、海南、香港、云南
国外分布：斯里兰卡、印度、印度尼西亚、越南
濒危等级：LC

九华山母草
Lindernia jiuhuanica X. H. Guo et X. L. Liu
习　　性：一年生草本
海　　拔：约700 m
分　　布：安徽
濒危等级：LC

江西母草
Lindernia kiangsiensis Tsoong
习　　性：一年生草本
海　　拔：约600 m
分　　布：江西
濒危等级：LC

长序母草
Lindernia macrobotrys Tsoong
习　　性：多年生草本
分　　布：广东
濒危等级：LC

大叶母草
Lindernia megaphylla Tsoong
习　　性：一年生草本
分　　布：广东、广西、海南
濒危等级：LC

狭叶母草
Lindernia micrantha D. Don
习　　性：一年生草本
海　　拔：约1500 m
国内分布：安徽、福建、广东、广西、贵州、河南、湖北、湖南、江苏、江西、香港、云南
国外分布：朝鲜、柬埔寨、老挝、缅甸、尼泊尔、日本、斯里兰卡、泰国、印度、印度尼西亚、越南
濒危等级：LC

红骨母草
Lindernia mollis (Benth.) Wettst.
习　　性：一年生草本
海　　拔：900~1400 m
国内分布：福建、广东、广西、江西、云南
国外分布：巴基斯坦、柬埔寨、老挝、马来西亚、缅甸、印度、印度尼西亚、越南
濒危等级：LC

宽叶母草
Lindernia nummulariifolia (D. Don) Wettst.
习　　性：一年生草本
海　　拔：1800 m以下
国内分布：甘肃、广西、贵州、湖北、湖南、江西、陕西、四川、西藏、云南、浙江
国外分布：克什米尔地区、缅甸、尼泊尔、泰国、印度、越南
濒危等级：LC

棱萼母草
Lindernia oblonga (Benth.) Merr. et Chun
习　　性：多年生草本
国内分布：广东、海南、香港
国外分布：柬埔寨、老挝、越南
濒危等级：LC

陌上菜
Lindernia procumbens (Krock.) Borbás
习　　性：草本
海　　拔：1200 m以下
国内分布：安徽、广东、广西、贵州、天津、香港
国外分布：阿富汗、巴基斯坦、俄罗斯、哈萨克斯坦、克什米尔地区、老挝、尼泊尔、日本、塔吉克斯坦、泰国、印度、印度尼西亚、越南

细茎母草
Lindernia pusilla (Willd.) Bold.
习　　性：一年生草本
海　　拔：800~1600 m
国内分布：广西、海南、台湾、香港、云南
国外分布：巴布亚新几内亚、菲律宾、柬埔寨、老挝、马来西亚、缅甸、尼泊尔、斯里兰卡、泰国、印度、印度尼西亚、越南
濒危等级：LC

圆叶母草
Lindernia rotundifolia (L.) Alston
习　　性：草本
国内分布：北京、广东、台湾、香港归化
国外分布：原产马达加斯加、斯里兰卡、印度

旱田草
Lindernia ruellioides (Colsm.) Pennell
习　　性：一年生草本
海　　拔：1500 m以下
国内分布：福建、广东、广西、贵州、湖北、湖南、江西、四川、台湾、香港、云南、浙江
国外分布：巴布亚新几内亚、菲律宾、柬埔寨、马来西亚、缅甸、日本、印度、印度尼西亚、越南
濒危等级：LC
资源利用：药用（中草药）

黄芩母草
Lindernia scutellariiformis T. Yamaz.
习　　性：草本
分　　布：台湾
濒危等级：LC

刺毛母草
Lindernia setulosa (Maxim.) Tuyama ex H. Hara
习　　性：一年生草本
海　　拔：1100 m以下
国内分布：福建、广东、广西、贵州、江西、四川、浙江
国外分布：日本
濒危等级：LC

坚挺母草
Lindernia stricta Tsoong et T. C. Ku
- 习　　性：草本
- 分　　布：广西
- 濒危等级：DD

泰山母草
Lindernia taishanensis F. Z. Li
- 习　　性：一年生草本
- 分　　布：山东
- 濒危等级：DD

细叶母草
Lindernia tenuifolia (Colsm.) Alston
- 习　　性：一年生草本
- 国内分布：广东、广西、台湾
- 国外分布：巴布亚新几内亚、菲律宾、柬埔寨、老挝、马来西亚、缅甸、印度、印度尼西亚、越南
- 濒危等级：LC

黏毛母草
Lindernia viscosa (Hornem.) Bold.
- 习　　性：一年生草本
- 海　　拔：900~1300 m
- 国内分布：广东、广西、江西、台湾、云南
- 国外分布：巴布亚新几内亚、菲律宾、柬埔寨、老挝、缅甸、泰国、印度、印度尼西亚、越南
- 濒危等级：LC
- 资源利用：药用（中草药）

瑶山母草
Lindernia yaoshanensis Tsoong
- 习　　性：草本
- 分　　布：广西、贵州
- 濒危等级：DD

苦玄参属 Picria Lour.

苦玄参
Picria felterrae Lour.
- 习　　性：匍匐草本
- 海　　拔：700~1400 m
- 国内分布：广东、广西、贵州、香港、云南
- 国外分布：菲律宾、老挝、马来西亚、缅甸、泰国、印度、印度尼西亚、越南
- 濒危等级：LC

蝴蝶草属 Torenia L.

光叶蝴蝶草
Torenia asiatica L.
- 习　　性：一年生草本
- 海　　拔：1700 m 以下
- 国内分布：福建、广东、广西、贵州、海南、湖北、湖南、江西、四川、西藏、香港、云南、浙江
- 国外分布：日本、越南
- 濒危等级：LC

毛叶蝴蝶草
Torenia benthamiana Hance
- 习　　性：草本
- 分　　布：福建、广东、广西、海南、台湾、香港
- 濒危等级：LC

二花蝴蝶草
Torenia biniflora T. L. Chin et D. Y. Hong
- 习　　性：一年生草本
- 海　　拔：1000 m 以下
- 分　　布：广东、广西、海南、香港
- 濒危等级：LC

单色蝴蝶草
Torenia concolor Lindl.
- 习　　性：匍匐草本
- 海　　拔：1500~2500 m
- 国内分布：广东、广西、贵州、海南、台湾、香港、云南
- 国外分布：老挝、日本、越南
- 濒危等级：LC

西南蝴蝶草
Torenia cordifolia Roxb.
- 习　　性：一年生草本
- 海　　拔：600~1700 m
- 国内分布：贵州、湖北、四川、云南
- 国外分布：不丹、柬埔寨、印度、越南
- 濒危等级：LC

黄花蝴蝶草
Torenia flava Buch.-Ham. ex Benth.
- 习　　性：草本
- 海　　拔：1000 m 以下
- 国内分布：广东、广西、海南、台湾、云南
- 国外分布：柬埔寨、老挝、马来西亚、缅甸、泰国、印度、印度尼西亚、越南
- 濒危等级：LC

紫斑蝴蝶草
Torenia fordii Hook. f.
- 习　　性：草本
- 海　　拔：约500 m
- 分　　布：福建、广东、湖南、江西、香港
- 濒危等级：LC

蓝猪耳
Torenia fournieri Linden ex E. Fourn.
- 习　　性：草本
- 国内分布：澳门、福建、广东、广西、台湾、香港、云南、浙江栽培或逸生
- 国外分布：原产柬埔寨、老挝、泰国、越南

小花蝴蝶草
Torenia parviflora Buch.-Ham. ex Benth.
- 习　　性：草本
- 国内分布：广西
- 国外分布：印度、印度尼西亚
- 濒危等级：LC

紫萼蝴蝶草
Torenia violacea (Azaola ex Blanco) Pennell
- 习　　性：草本
- 海　　拔：200~2000 m

国内分布：广东、广西、贵州、湖北、江西、四川、台湾、云南、浙江
国外分布：不丹、菲律宾、柬埔寨、老挝、马来西亚、泰国、印度、印度尼西亚、越南
濒危等级：LC

马钱科 LOGANIACEAE
（5属：31种）

蓬莱葛属 Gardneria Wall.

狭叶蓬莱葛
Gardneria angustifolia Wall.
- 习　　性：攀援灌木
- 海　　拔：500~2000 m
- 国内分布：云南
- 国外分布：不丹、尼泊尔、印度
- 濒危等级：LC
- 资源利用：药用（中草药）

柳叶蓬莱葛
Gardneria lanceolata Rehder et E. H. Wilson
- 习　　性：攀援灌木
- 海　　拔：1000~3000 m
- 分　　布：安徽、广东、广西、贵州、湖北、湖南、江苏、江西、四川、云南、浙江
- 濒危等级：LC

蓬莱葛
Gardneria multiflora Makino
- 习　　性：藤本或匍匐灌木
- 海　　拔：300~2100 m
- 国内分布：安徽、福建、广东、广西、贵州、河北、河南、湖北、湖南、江苏、江西、陕西、四川、台湾、云南、浙江
- 国外分布：日本
- 濒危等级：LC
- 资源利用：药用（中草药）

线叶蓬莱葛
Gardneria nutans Siebold et Zucc.
- 习　　性：藤本或匍匐灌木
- 海　　拔：500~2000 m
- 国内分布：台湾
- 国外分布：日本
- 濒危等级：EN D

卵叶蓬莱葛
Gardneria ovata Wall.
- 习　　性：攀援灌木
- 海　　拔：600~2000 m
- 国内分布：广西、西藏、云南
- 国外分布：马来西亚、斯里兰卡、泰国、印度、印度尼西亚
- 濒危等级：LC

髯管花属 Geniostoma J. R. Forst. et G. Forst.

髯管花
Geniostoma rupestre J. R. Forst. et G. Forst.
- 习　　性：灌木或小乔木
- 海　　拔：约300 m
- 国内分布：台湾
- 国外分布：澳大利亚、菲律宾、马来西亚、印度尼西亚
- 濒危等级：LC

尖帽花属 Mitrasacme Labill.

尖帽花
Mitrasacme indica Wight
- 习　　性：一年生草本
- 海　　拔：0~500 m
- 国内分布：澳门、福建、广东、海南、江苏、江西、山东、台湾、香港
- 国外分布：澳大利亚、朝鲜、菲律宾、马来西亚、缅甸、日本、斯里兰卡、泰国、印度、印度尼西亚、越南
- 濒危等级：LC

水田白
Mitrasacme pygmaea R. Br.

水田白（原变种）
Mitrasacme pygmaea var. **pygmaea**
- 习　　性：一年生或多年生草本
- 海　　拔：200~600 m
- 国内分布：安徽、福建、广东、广西、贵州、海南、湖南、江苏、江西、台湾、香港、云南、浙江
- 国外分布：澳大利亚、朝鲜、菲律宾、柬埔寨、马来西亚、缅甸、尼泊尔、日本、泰国、印度、印度尼西亚、越南
- 濒危等级：LC
- 资源利用：药用（中草药）

密叶水田白
Mitrasacme pygmaea var. **confertifolia** Tirel
- 习　　性：一年生或多年生草本
- 海　　拔：200~600 m
- 国内分布：广东、广西
- 国外分布：柬埔寨、越南
- 濒危等级：LC

大花水田白
Mitrasacme pygmaea var. **grandiflora**(Hemsl.) Leenh.
- 习　　性：一年生或多年生草本
- 海　　拔：200~600 m
- 国内分布：广西
- 国外分布：泰国、越南
- 濒危等级：LC

度量草属 Mitreola L.

长叶度量草
Mitreola macrophylla D. Fang et D. H. Qin
- 习　　性：多年生草本
- 分　　布：广西
- 濒危等级：LC

大叶度量草
Mitreola pedicellata Benth.
- 习　　性：多年生草本

海　　拔：400～2100 m
国内分布：广东、广西、贵州、湖北、四川、云南
国外分布：不丹、印度
濒危等级：LC

度量草
Mitreola petiolata (Walter ex J. F. Gmel.) Torr. et A. Gray
习　　性：一年生草本
海　　拔：0～900 m
国内分布：广西、贵州、云南
国外分布：澳大利亚、巴布亚新几内亚、菲律宾、柬埔寨、老挝、马来西亚、缅甸、泰国、印度、印度尼西亚、越南
濒危等级：LC

小叶度量草
Mitreola petiolatoides P. T. Li
习　　性：一年生草本
海　　拔：约1600 m
分　　布：云南
濒危等级：NT B1ab (i, iii)

凤山度量草
Mitreola pingtaoi D. Fang et D. H. Qin
习　　性：多年生草本
分　　布：广西
濒危等级：LC

紫脉度量草
Mitreola purpureonervia D. Fang et Xiao H. Lu
习　　性：多年生草本
分　　布：广西
濒危等级：LC

网子度量草
Mitreola reticulata Tirel
习　　性：多年生草本
国内分布：广西
国外分布：越南
濒危等级：NT B1ab (i, iii)

匙叶度量草
Mitreola spathulifolia D. Fang et L. S. Zhou
习　　性：多年生草本
分　　布：广西
濒危等级：LC

阳春度量草
Mitreola yangchunensis Q. X. Ma, H. G. Ye et F. W. Xing
习　　性：多年生草本
海　　拔：约20 m
分　　布：广东
濒危等级：EN B1ab (i, iii)

马钱子属 Strychnos L.

牛眼马钱
Strychnos angustiflora Benth.
习　　性：木质藤本
海　　拔：300～800 m
国内分布：澳门、福建、广东、广西、海南、云南
国外分布：菲律宾、泰国、越南
濒危等级：LC
资源利用：药用（中草药，兽药）

腋花马钱
Strychnos axillaris Colebr.
习　　性：木质藤本
海　　拔：500～800 m
国内分布：云南
国外分布：澳大利亚、柬埔寨、老挝、马来西亚、泰国、印度、印度尼西亚、越南
濒危等级：LC

华马钱
Strychnos cathayensis Merr.

华马钱（原变种）
Strychnos cathayensis var. **cathayensis**
习　　性：木质藤本
海　　拔：300～800 m
国内分布：广东、广西、海南、台湾、香港、云南
国外分布：越南
濒危等级：NT B1ab (i, iii)
资源利用：药用（中草药）；农药

刺马钱
Strychnos cathayensis var. **spinata** P. T. Li
习　　性：木质藤本
海　　拔：300～500 m
分　　布：广东
濒危等级：DD

吕宋果
Strychnos ignatii P. J. Bergius
习　　性：木质藤本
海　　拔：400～800 m
国内分布：广东、广西、海南、云南
国外分布：菲律宾、马来西亚、泰国、印度尼西亚、越南
濒危等级：VU B1ab (i, iii)
资源利用：药用（中草药）

腺叶马钱
Strychnos lucida R. Br.
习　　性：乔木
国内分布：海南栽培
国外分布：原产澳大利亚、泰国、印度尼西亚

毛柱马钱
Strychnos nitida G. Don
习　　性：木质藤本
海　　拔：200～1800 m
国内分布：广西、云南
国外分布：老挝、孟加拉国、缅甸、泰国、印度、越南
濒危等级：DD
资源利用：药用（中草药）

山马钱
Strychnos nux-blanda A. W. Hill
习　　性：乔木
国内分布：广东栽培
国外分布：原产柬埔寨、老挝、缅甸、泰国、印度、越南

马钱子
Strychnos nux-vomica L.
- 习　　性：乔木
- 国内分布：福建、广东、广西、海南、台湾、云南栽培
- 国外分布：原产印度；热带亚洲广泛栽培
- 资源利用：药用（中草药）；原料（木材）

密花马钱
Strychnos ovata A. W. Hill
- 习　　性：木质藤本
- 海　　拔：200~600 m
- 国内分布：广东、海南
- 国外分布：菲律宾、马来西亚、印度尼西亚
- 濒危等级：DD
- 资源利用：药用（中草药）

伞花马钱
Strychnos umbellata(Lour.)Merr.
- 习　　性：木质藤本
- 海　　拔：200~500 m
- 国内分布：澳门、广东、广西、海南
- 国外分布：越南
- 濒危等级：DD
- 资源利用：药用（中草药）

长籽马钱
Strychnos wallichiana Steud. ex A. DC.
- 习　　性：木质藤本
- 海　　拔：200~600 m
- 国内分布：云南
- 国外分布：孟加拉国、斯里兰卡、印度、印度尼西亚、越南
- 濒危等级：DD
- 资源利用：药用（中草药）

桑寄生科 LORANTHACEAE
（8属：59种）

五蕊寄生属 Dendrophthoe Mart.

五蕊寄生
Dendrophthoe pentandra(L.)Miq.
- 习　　性：灌木
- 海　　拔：100~1600 m
- 国内分布：广东、广西、云南
- 国外分布：菲律宾、柬埔寨、老挝、马来西亚、孟加拉国、缅甸、泰国、印度、印度尼西亚、越南
- 濒危等级：LC

大苞鞘花属 Elytranthe(Blume)Blume

大苞鞘花
Elytranthe albida(Blume)Blume
- 习　　性：灌木
- 海　　拔：800~2300 m
- 国内分布：云南
- 国外分布：老挝、马来西亚、缅甸、泰国、印度、印度尼西亚、越南
- 濒危等级：LC

墨脱大苞鞘花
Elytranthe parasitica(L.)Danser
- 习　　性：灌木
- 海　　拔：1500~1600 m
- 国内分布：西藏
- 国外分布：斯里兰卡、印度
- 濒危等级：LC

离瓣寄生属 Helixanthera Lour.

景洪离瓣寄生
Helixanthera coccinea(Jack)Danser
- 习　　性：灌木
- 海　　拔：约500 m
- 国内分布：云南
- 国外分布：马来西亚、缅甸、印度、印度尼西亚；中南半岛
- 濒危等级：VU A2c；B1ab（i, ii）

广西离瓣寄生
Helixanthera guangxiensis H. S. Kiu
- 习　　性：灌木
- 海　　拔：300~1000 m
- 分　　布：广西、海南
- 濒危等级：LC

离瓣寄生
Helixanthera parasitica Lour.
- 习　　性：灌木
- 海　　拔：100~1800 m
- 国内分布：福建、广东、广西、贵州、海南、西藏、云南
- 国外分布：菲律宾、柬埔寨、老挝、马来西亚、缅甸、尼泊尔、泰国、印度、印度尼西亚、越南
- 濒危等级：LC
- 资源利用：药用（中草药）

密花离瓣寄生
Helixanthera pulchra(DC.)Danser
- 习　　性：灌木
- 海　　拔：800~1500 m
- 国内分布：云南
- 国外分布：柬埔寨、马来西亚、泰国、印度尼西亚
- 濒危等级：LC

油茶离瓣寄生
Helixanthera sampsonii(Hance)Danser
- 习　　性：灌木
- 海　　拔：100~1100 m
- 国内分布：福建、广东、广西、海南、云南
- 国外分布：越南
- 濒危等级：LC

滇西离瓣寄生
Helixanthera scoriarum(W. W. Sm.)Danser
- 习　　性：灌木
- 海　　拔：1600~2100 m
- 分　　布：云南

濒危等级：VU A2c；B1ab（i，iii）

林地离瓣寄生
Helixanthera terrestris(Hook. f.) Danser
习　　性：灌木
海　　拔：900～1800 m
国内分布：西藏
国外分布：印度
濒危等级：LC

桑寄生属 **Loranthus** Jacq.

周树桑寄生
Loranthus delavayi Tiegh.
习　　性：灌木
海　　拔：200～3000 m
国内分布：福建、甘肃、广东、广西、贵州、湖北、湖南、江西、陕西、四川、台湾、西藏、云南、浙江
国外分布：缅甸、越南
濒危等级：LC

南桑寄生
Loranthus guizhouensis H. S. Kiu
习　　性：落叶灌木
海　　拔：100～1400 m
分　　布：广东、广西、贵州、湖南、云南
濒危等级：LC

台中桑寄生
Loranthus kaoi(J. M. Chao) H. S. Kiu
习　　性：灌木
海　　拔：800～2300 m
分　　布：台湾
濒危等级：LC

吉隆桑寄生
Loranthus lambertianus Schult. f.
习　　性：落叶灌木
海　　拔：1600～2800 m
国内分布：西藏
国外分布：尼泊尔
濒危等级：LC

华中桑寄生
Loranthus pseudo-odoratus Lingelsh.
习　　性：灌木
海　　拔：1600～1900 m
分　　布：湖北、四川、浙江
濒危等级：DD

北桑寄生
Loranthus tanakae Franch. et Sav.
习　　性：落叶灌木
海　　拔：900～2600 m
国内分布：甘肃、河北、内蒙古、山东、山西、陕西、四川
国外分布：朝鲜、日本
濒危等级：LC
资源利用：药用（中草药）

鞘花属 **Macrosolen** Blume

双花鞘花
Macrosolen bibracteolatus(Hance) Danser
习　　性：灌木
海　　拔：300～1800 m
国内分布：广东、广西、贵州、海南、云南
国外分布：马来西亚、缅甸、越南
濒危等级：LC

鞘花
Macrosolen cochinchinensis(Lour.) Tiegh.
习　　性：灌木
海　　拔：100？～1600 m
国内分布：福建、广东、广西、贵州、海南、湖南、四川、西藏、香港、云南
国外分布：巴布亚新几内亚、不丹、柬埔寨、马来西亚、缅甸、尼泊尔、泰国、印度、印度尼西亚、越南
濒危等级：LC
资源利用：药用（中草药）

勐腊鞘花
Macrosolen geminatus(Merr.) Danser
习　　性：灌木
海　　拔：700～800 m
国内分布：云南
国外分布：巴布亚新几内亚、菲律宾、印度尼西亚
濒危等级：LC

短序鞘花
Macrosolen robinsonii(Gamble) Danser
习　　性：灌木
海　　拔：1000～2500 m
国内分布：云南
国外分布：马来西亚、越南
濒危等级：LC

三色鞘花
Macrosolen tricolor(Lecomte) Danser
习　　性：灌木
海　　拔：100 m 以下
国内分布：广东、广西、海南
国外分布：老挝、越南
濒危等级：LC

梨果寄生属 **Scurrula** L.

梨果寄生
Scurrula atropurpurea(Blume) Danser
习　　性：灌木
海　　拔：1000～2900 m
国内分布：广西、贵州、云南
国外分布：菲律宾、马来西亚、泰国、印度尼西亚、越南
濒危等级：LC

滇藏梨果寄生
Scurrula buddleioides(Desr.) G. Don

滇藏梨果寄生（原变种）
Scurrula buddleioides var. **buddleioides**

习　　性：灌木
海　　拔：1300~1800 m
国内分布：四川、西藏、云南
国外分布：印度
濒危等级：LC

藏南梨果寄生
Scurrula buddleioides var. **heynei**（DC.）H. S. Kiu
习　　性：灌木
国内分布：西藏
国外分布：印度
濒危等级：LC

卵叶梨果寄生
Scurrula chingii（W. C. Cheng）H. S. Kiu

卵叶梨果寄生（原变种）
Scurrula chingii var. **chingii**
习　　性：灌木
海　　拔：100~1300 m
国内分布：广西、云南
国外分布：越南
濒危等级：LC

短柄梨果寄生
Scurrula chingii var. **yunnanensis** H. S. Kiu
习　　性：灌木
海　　拔：500~1300 m
分　　布：云南
濒危等级：LC

高山寄生
Scurrula elata（Edgew.）Danser
习　　性：灌木
海　　拔：2000~2800 m
国内分布：西藏
国外分布：不丹、尼泊尔、印度
濒危等级：DD

锈毛梨果寄生
Scurrula ferruginea（Jack）Danser
习　　性：灌木
海　　拔：900~1800 m
国内分布：云南
国外分布：菲律宾、柬埔寨、老挝、马来西亚、缅甸、泰国、印度尼西亚、越南
濒危等级：LC

贡山梨果寄生
Scurrula gongshanensis H. S. Kiu
习　　性：灌木
海　　拔：1900~2000 m
分　　布：云南
濒危等级：LC

小叶梨果寄生
Scurrula notothixoides（Hance）Danser
习　　性：灌木
海　　拔：100~300 m
国内分布：广东、海南
国外分布：越南
濒危等级：LC

红花寄生
Scurrula parasitica L.

红花寄生（原变种）
Scurrula parasitica var. **parasitica**
习　　性：灌木
海　　拔：100~2800 m
国内分布：福建、广东、广西、贵州、海南、湖南、江西、四川、台湾、西藏、云南
国外分布：不丹、菲律宾、马来西亚、孟加拉国、缅甸、尼泊尔、泰国、印度、印度尼西亚、越南
濒危等级：LC
资源利用：药用（中草药）

小红花寄生
Scurrula parasitica var. **graciliflora**（Roxb. ex Schult. et Schult. f.）H. S. Kiu
习　　性：灌木
海　　拔：100~2100 m
国内分布：广东、广西、贵州、海南、四川、西藏、云南
国外分布：不丹、孟加拉国、缅甸、尼泊尔、泰国、印度
濒危等级：LC

楠树梨果寄生
Scurrula phoebe-formosanae（Hayata）Danser
习　　性：灌木
海　　拔：800~1200 m
分　　布：台湾
濒危等级：LC

白花梨果寄生
Scurrula pulverulenta（Wall.）G. Don
习　　性：灌木
海　　拔：300~1800 m
国内分布：云南
国外分布：巴基斯坦、不丹、缅甸、尼泊尔、泰国、印度
濒危等级：LC

钝果寄生属 Taxillus Tiegh.

栗毛钝果寄生
Taxillus balansae（Lecomte）Danser
习　　性：灌木
海　　拔：400~1200 m
国内分布：广西、云南
国外分布：越南
濒危等级：LC

松柏钝果寄生
Taxillus caloreas（Diels）Danser

松柏钝果寄生（原变种）
Taxillus caloreas var. **caloreas**
习　　性：灌木
海　　拔：900~3100 m
国内分布：重庆、福建、广东、广西、贵州、湖北、四川、台湾、西藏、云南
国外分布：不丹
濒危等级：LC

资源利用：药用（中草药）

显脉钝果寄生
Taxillus caloreas var. **fargesii** (Lecomte) H. S. Kiu
- 习　　性：寄生灌木
- 海　　拔：1000~1200 m
- 分　　布：重庆
- 濒危等级：NT B1ab (i, iii)

广寄生
Taxillus chinensis (DC.) Danser
- 习　　性：灌木
- 海　　拔：100~400 m
- 国内分布：澳门、福建、广东、广西、海南、香港
- 国外分布：菲律宾、柬埔寨、老挝、马来西亚、泰国、印度尼西亚、越南
- 濒危等级：LC
- 资源利用：药用（中草药）

柳树寄生
Taxillus delavayi (Tiegh.) Danser
- 习　　性：灌木
- 海　　拔：1500~3500 m
- 国内分布：广西、贵州、四川、西藏、云南
- 国外分布：缅甸、越南
- 濒危等级：LC
- 资源利用：药用（中草药）

小叶钝果寄生
Taxillus kaempferi (DC.) Danser

小叶钝果寄生（原变种）
Taxillus kaempferi var. **kaempferi**
- 习　　性：寄生灌木
- 海　　拔：900~2800 m
- 国内分布：安徽、福建、江西、浙江
- 国外分布：不丹、日本
- 濒危等级：LC

黄杉钝果寄生
Taxillus kaempferi var. **grandiflorus** H. S. Kiu
- 习　　性：寄生灌木
- 海　　拔：1000~2800 m
- 分　　布：湖北、四川
- 濒危等级：LC

锈毛钝果寄生
Taxillus levinei (Merr.) H. S. Kiu
- 习　　性：寄生灌木
- 海　　拔：200~1200 m
- 分　　布：安徽、福建、广东、广西、贵州、湖北、湖南、江西、云南、浙江
- 濒危等级：LC
- 资源利用：药用（中草药）

木兰寄生
Taxillus limprichtii (Grüning) H. S. Kiu

木兰寄生（原变种）
Taxillus limprichtii var. **limprichtii**
- 习　　性：寄生灌木
- 海　　拔：200~2200 m
- 国内分布：福建、广东、广西、贵州、湖南、江西、四川、台湾、云南
- 国外分布：泰国、越南
- 濒危等级：LC

亮叶木兰寄生
Taxillus limprichtii var. **longiflorus** (Lecomte) H. S. Kiu
- 习　　性：寄生灌木
- 海　　拔：1700~2200 m
- 国内分布：云南
- 国外分布：泰国、越南
- 濒危等级：LC

枫香钝果寄生
Taxillus liquidambaricola (Hayata) Hosokawa

枫香钝果寄生（原变种）
Taxillus liquidambaricola var. **liquidambaricola**
- 习　　性：寄生灌木
- 海　　拔：500~700 m
- 分　　布：台湾
- 濒危等级：LC

狭叶钝果寄生
Taxillus liquidambaricola var. **neriifolius** H. S. Kiu
- 习　　性：寄生灌木
- 分　　布：福建、广东、广西、海南、云南
- 濒危等级：LC

毛叶钝果寄生
Taxillus nigrans (Hance) Danser
- 习　　性：灌木
- 海　　拔：300~1300 m
- 分　　布：福建、广西、贵州、湖北、湖南、江西、陕西、四川、台湾、云南
- 濒危等级：LC
- 资源利用：药用（中草药）

高雄钝果寄生
Taxillus pseudochinensis (Yamam.) Danser
- 习　　性：灌木
- 海　　拔：300~800 m
- 分　　布：台湾
- 濒危等级：LC

油杉钝果寄生
Taxillus renii H. S. Kiu
- 习　　性：寄生灌木
- 海　　拔：1000~3000 m
- 分　　布：四川、云南
- 濒危等级：LC

龙陵钝果寄生
Taxillus sericus Danser
- 习　　性：灌木
- 海　　拔：1500~2700 m
- 国内分布：西藏、云南
- 国外分布：印度
- 濒危等级：LC

桑寄生
Taxillus sutchuenensis(Lecomte)Danser

桑寄生（原变种）
Taxillus sutchuenensis var. **sutchuenensis**
- 习　　性：寄生灌木
- 海　　拔：500～1900 m
- 分　　布：福建、甘肃、广东、广西、贵州、河南、湖北、湖南、江西、山西、陕西、四川、台湾、云南、浙江
- 濒危等级：LC
- 资源利用：药用（中草药）

灰毛桑寄生
Taxillus sutchuenensis var. **duclouxii**(Lecomte)H. S. Kiu
- 习　　性：灌木
- 海　　拔：600～1600 m
- 分　　布：贵州、湖北、湖南、四川、云南
- 濒危等级：LC

台湾钝果寄生
Taxillus theifer(Hayata)H. S. Kiu
- 习　　性：灌木
- 海　　拔：500～800 m
- 分　　布：台湾
- 濒危等级：LC

滇藏钝果寄生
Taxillus thibetensis(Lecomte)Danser
- 习　　性：灌木
- 海　　拔：1700～3000 m
- 分　　布：贵州、四川、西藏、云南
- 濒危等级：LC

莲华池寄生
Taxillus tsaii S. T. Chiu
- 习　　性：寄生灌木
- 分　　布：台湾
- 濒危等级：LC

伞花钝果寄生
Taxillus umbellifer(Schult. f.)Danser
- 习　　性：寄生灌木
- 海　　拔：1500～1800 m
- 国内分布：西藏
- 国外分布：不丹、缅甸、尼泊尔、印度
- 濒危等级：LC

短梗钝果寄生
Taxillus vestitus(Wall.)Danser
- 习　　性：灌木
- 海　　拔：1800～3000 m
- 国内分布：西藏、云南
- 国外分布：巴基斯坦、尼泊尔、印度
- 濒危等级：LC

大苞寄生属 Tolypanthus(Bl.)Bl.

黔桂大苞寄生
Tolypanthus esquirolii(H. Lév.)Lauener
- 习　　性：灌木
- 海　　拔：1100～1200 m
- 分　　布：广西、贵州、云南
- 濒危等级：LC

大苞寄生
Tolypanthus maclurei(Merr.)Danser
- 习　　性：灌木
- 海　　拔：100～1200 m
- 分　　布：福建、广东、广西、贵州、湖南、江西
- 濒危等级：LC

兰花蕉科 LOWIACEAE
（1属：3种）

兰花蕉属 Orchidantha N. E. Br.

兰花蕉
Orchidantha chinensis T. L. Wu

兰花蕉（原变种）
Orchidantha chinensis var. **chinensis**
- 习　　性：多年生草本
- 海　　拔：约200 m
- 分　　布：广东
- 濒危等级：VU A2c+3c；B1ab（ii，iii，v）；C1

长萼兰花蕉
Orchidantha chinensis var. **longisepala**(D. Fang)T. L. Wu
- 习　　性：多年生草本
- 海　　拔：约400 m
- 分　　布：广西
- 濒危等级：VU B1ab（ii）

海南兰花蕉
Orchidantha insularis T. L. Wu
- 习　　性：多年生草本
- 海　　拔：约100 m
- 分　　布：海南
- 濒危等级：EN A2c+3c；B1ab（ii，iii，v）
- 国家保护：II级

千屈菜科 LYTHRACEAE
（13属：56种）

水苋菜属 Ammannia L.

耳基水苋
Ammannia auriculata Willd.
- 习　　性：一年生草本
- 国内分布：安徽、福建、甘肃、广东、河北、河南、湖北、江苏、山西、云南、浙江
- 国外分布：泛热带地区
- 濒危等级：LC

水苋
Ammannia baccifera L.

习　　性：一年生草本
海　　拔：300~2200 m
国内分布：安徽、福建、广东、广西、河北、湖北、湖南、江苏、江西、山西、台湾、云南、浙江
国外分布：阿富汗、澳大利亚、不丹、菲律宾、加勒比海诸岛、柬埔寨、老挝、马来西亚、尼泊尔、泰国、印度、越南
濒危等级：LC

长叶水苋
Ammannia coccinea Rott.
习　　性：一年生草本
国内分布：台湾
国外分布：原产北美洲
濒危等级：LC

多花水苋
Ammannia multiflora Roxb.
习　　性：一年生草本
海　　拔：约1500 m
国内分布：中国南部（包括台湾）
国外分布：亚洲、非洲和澳大利亚的热带及亚热带地区
濒危等级：LC

塞内加尔水苋
Ammannia senegalensis DC.
习　　性：一年生草本
国内分布：安徽、北京、福建、甘肃、广东、海南、河北、河南、湖北、江苏、山东、陕西、香港、云南、浙江
国外分布：阿富汗、埃及、几内亚、美国、纳米比亚、尼日利亚、塞内加尔、坦桑尼亚、印度
濒危等级：LC

萼距花属 Cuphea P. Br.

香膏萼距花
Cuphea carthagenensis(Jacq.) J. F. Macbr.
习　　性：一年生草本
国内分布：广东、台湾栽培
国外分布：原产巴西
资源利用：环境利用（观赏）

萼距花
Cuphea hookeriana Walp.
习　　性：灌木或亚灌木
国内分布：北京栽培
国外分布：原产厄瓜多尔、秘鲁、墨西哥、纳米比亚、沙特阿拉伯
资源利用：环境利用（观赏）

细叶萼距花
Cuphea hyssopifolia Kunth
习　　性：小灌木
国内分布：北京、福建、广东、广西、湖南、上海、台湾栽培
国外分布：原产墨西哥、危地马拉
资源利用：环境利用（观赏）

小瓣萼距花
Cuphea micropetala Kunth
习　　性：灌木
国内分布：广东栽培
国外分布：原产墨西哥
资源利用：环境利用（观赏）

黏毛萼距花
Cuphea petiolata(L.) Koehne
习　　性：一年生草本
国内分布：全国各地广泛栽培
国外分布：原产美国
资源利用：环境利用（观赏）

火红萼距花
Cuphea platycentra Lem.
习　　性：亚灌木
国内分布：北京栽培
国外分布：原产墨西哥
资源利用：环境利用（观赏）

八宝树属 Duabanga Buch.-Ham.

八宝树
Duabanga grandiflora(Roxb. ex DC.) Walp.
习　　性：乔木
海　　拔：900~1500 m
国内分布：云南
国外分布：柬埔寨、老挝、马来西亚、缅甸、泰国、印度、越南
濒危等级：LC

细花八宝树
Duabanga taylorii Jayaw.
习　　性：乔木
海　　拔：海平面至1500 m
国内分布：海南
国外分布：印度尼西亚
濒危等级：LC
资源利用：原料（木材）

紫薇属 Lagerstroemia L.

安徽紫薇
Lagerstroemia anhuiensis X. H. Fuo et S. B. Zhou
习　　性：灌木或小乔木
分　　布：安徽
濒危等级：DD

毛萼紫薇
Lagerstroemia balansae Koehne
习　　性：灌木或小乔木
海　　拔：海平面至100 m
国内分布：海南
国外分布：老挝、泰国、越南
濒危等级：EN B1ab（i, iii）
资源利用：原料（木材）；环境利用（观赏）

尾叶紫薇
Lagerstroemia caudata Chun et F. C. How ex S. K. Lee et L. F. Lau

习　　性：乔木
海　　拔：600～940 m
分　　布：广东、广西、江西
濒危等级：NT B1ab（i, iii）+2ab（i, iii）
资源利用：原料（木材）；环境利用（庇荫，绿化，观赏）

川黔紫薇
Lagerstroemia excelsa(Dode)Chun ex S. Lee et L. F. Lau
习　　性：乔木
海　　拔：1200～2000 m
分　　布：重庆、贵州、湖北、四川
濒危等级：VU A2acd+3acd
资源利用：环境利用（观赏）

广东紫薇
Lagerstroemia fordii Oliv. et Koehne
习　　性：灌木或乔木
分　　布：福建、香港
濒危等级：NT B1ab（i, iii）

光紫薇
Lagerstroemia glabra(Koehne)Koehne
习　　性：乔木
分　　布：广东、广西、湖北
濒危等级：NT B1ab（i, iii）

桂林紫薇
Lagerstroemia guilinensis S. K. Lee et L. F. Lau
习　　性：灌木
海　　拔：100～187 m
分　　布：广西
濒危等级：EN B1ab（i, iii）

紫薇
Lagerstroemia indica L.
习　　性：灌木或小乔木
国内分布：安徽、福建、广东、广西、贵州、海南、河北、河南、湖北、湖南、吉林、江西、辽宁、山东、陕西、四川、台湾、云南、浙江野生或栽培
国外分布：南亚和东南亚各国；全球温带广泛栽培
濒危等级：LC
资源利用：原料（木材）；环境利用（观赏）；药用（中草药）

云南紫薇
Lagerstroemia intermedia Koehne
习　　性：乔木
海　　拔：800～1500 m
国内分布：云南
国外分布：缅甸
濒危等级：VU B1ab（i, iii）

福建紫薇
Lagerstroemia limii Merr.
习　　性：灌木或小乔木
分　　布：福建、湖北、浙江
濒危等级：NT B2ac（ii, iii）
资源利用：环境利用（观赏）

小果紫薇
Lagerstroemia minuticarpa Debb. ex P. C. Kanjilal
习　　性：灌木或小乔木
分　　布：西藏、云南
濒危等级：VU D1
国家保护：Ⅱ级
资源利用：环境利用（观赏）

南洋紫薇
Lagerstroemia siamica Gagnep.
习　　性：乔木
国内分布：台湾
国外分布：马来西亚、缅甸、泰国
濒危等级：LC

大花紫薇
Lagerstroemia speciosa(L.)Pers.
习　　性：乔木
国内分布：福建、广东、广西
国外分布：菲律宾、马来西亚、斯里兰卡、印度、越南
濒危等级：LC
资源利用：药用（中草药）；原料（单宁，木材）；环境利用（观赏）

南紫薇
Lagerstroemia subcostata Koehne
习　　性：灌木或小乔木
海　　拔：300～1000 m
国内分布：安徽、重庆、福建、广东、广西、湖北、湖南、江苏、江西、青海、四川、台湾、浙江
国外分布：菲律宾、日本
濒危等级：NT
资源利用：药用（中草药）；原料（木材）；环境利用（观赏）

网脉紫薇
Lagerstroemia suprareticulata S. K. Lee et L. F. Lau
习　　性：灌木或小乔木
海　　拔：400 m
分　　布：广西
濒危等级：EN B1ab（i, iii）

绒毛紫薇
Lagerstroemia tomentosa C. Presl
习　　性：乔木
海　　拔：600～1200 m
国内分布：云南
国外分布：老挝、缅甸、泰国、越南
濒危等级：LC
资源利用：环境利用（观赏）

西双紫薇
Lagerstroemia venusta Wall. ex C. B. Clarke
习　　性：乔木
海　　拔：500～800 m
国内分布：云南
国外分布：柬埔寨、老挝、缅甸、泰国、越南
濒危等级：LC

毛紫薇
Lagerstroemia villosa Wall. ex Kurz.
习　　性：乔木
海　　拔：700～1000 m
国内分布：云南
国外分布：缅甸、斯里兰卡、泰国

濒危等级：VU A2c；B1ab（i, iii）
国家保护：Ⅱ级

散沫花属 Lawsonia L.

散沫花
Lawsonia inermis L.
习　　性：灌木
国内分布：福建、广东、广西、江苏、云南、浙江
国外分布：东非、东南亚
濒危等级：LC
资源利用：原料（染料）；环境利用（观赏）

千屈菜属 Lythrum L.

千屈菜
Lythrum salicaria L.
习　　性：多年生草本
海　　拔：200~3400 m
国内分布：遍布全国
国外分布：阿富汗、朝鲜、俄罗斯、蒙古、日本、印度
濒危等级：LC
资源利用：药用（中草药）；环境利用（观赏）

帚枝千屈菜
Lythrum virgatum L.
习　　性：多年生草本
海　　拔：1000~2400 m
国内分布：河北、新疆
国外分布：朝鲜、日本
濒危等级：LC

水芫花属 Pemphis J. R. Forst. et G. Forst.

水芫花
Pemphis acidula J. R. Forst. et G. Forst.
习　　性：灌木
国内分布：海南、台湾
国外分布：东半球热带海岸
濒危等级：LC
国家保护：Ⅱ级
资源利用：原料（木材）

荸艾属 Peplis L.

荸艾
Peplis alternifolia M. Bieb.
习　　性：一年生草本
国内分布：新疆
国外分布：欧洲、亚洲中部
濒危等级：LC

石榴属 Punica L.

石榴
Punica granatum L.
习　　性：灌木或小乔木
国内分布：广泛栽培；西北地区归化
国外分布：世界温带和热带地区广泛栽培

资源利用：药用（中草药）；食品（水果，鲜花）；环境利用（观赏）

节节菜属 Rotala L.

异叶节节菜
Rotala cordata Koehne
习　　性：一年生草本
国内分布：广西、海南
国外分布：老挝、泰国、印度、越南
濒危等级：LC

密花节节菜
Rotala densiflora(Roth)Koehne
习　　性：一年生草本
国内分布：广东、江苏
国外分布：澳大利亚、巴基斯坦、尼泊尔、斯里兰卡、印度、印度尼西亚
濒危等级：LC

六蕊节节菜
Rotala hexandra Wall. ex Koeh.
习　　性：一年生草本
国内分布：海南
国外分布：菲律宾、缅甸、印度尼西亚
濒危等级：LC

节节菜
Rotala indica(Willd.)Koehne
习　　性：一年生草本
海　　拔：400~2500 m
国内分布：安徽、福建、广东、广西、贵州、湖北、湖南、江苏、江西、山西、四川、台湾、云南、浙江
国外分布：不丹、朝鲜、菲律宾、柬埔寨、老挝、马来西亚、缅甸、尼泊尔、日本、泰国、印度、印度尼西亚、越南
濒危等级：LC
资源利用：食品（蔬菜）

轮叶节节菜
Rotala mexicana Cham. ex Schltdl.
习　　性：一年生草本
海　　拔：约700 m
国内分布：河南、湖北、江苏、山东、陕西、台湾、浙江
国外分布：世界热带和暖温带广布
濒危等级：LC

美洲节节菜
Rotala ramosior(L.)Koehne
习　　性：一年生草本
国内分布：台湾归化
国外分布：原产北美洲

五蕊节节菜
Rotala rosea(Poir.)C. D. K. Cook ex H. Hara
习　　性：一年生草本
国内分布：福建、广西、贵州、海南、江苏、云南；台湾归化
国外分布：菲律宾、马来西亚、孟加拉国、缅甸、泰国、印

度尼西亚、越南

圆叶节节菜
Rotala rotundifolia (Buch. -Ham. ex Roxb.) Koehne
- 习　　性：一年生或多年生草本
- 海　　拔：2700 m 以下
- 国内分布：福建、广东、广西、贵州、海南、湖北、湖南、江西、山东、四川、台湾、云南、浙江
- 国外分布：不丹、老挝、孟加拉国、缅甸、尼泊尔、日本、泰国、印度、越南
- 濒危等级：LC
- 资源利用：动物饲料（饲料）；药用（中草药）

台湾节节菜
Rotala taiwaniana Y. C. Liu et F. Y. Lu
- 习　　性：一年生草本
- 分　　布：台湾
- 濒危等级：LC

瓦氏节节菜
Rotala wallichii (J. D. Hook.) Koehne
- 习　　性：多年生草本
- 国内分布：广东、台湾
- 国外分布：马来西亚、缅甸、泰国、印度、印度尼西亚、越南
- 濒危等级：NT B1ab (i, iii)

海桑属 Sonneratia L. f.

拟海桑
Sonneratia × gulngai N. C. Duke et B. R. Jackes
- 习　　性：常绿乔木
- 国内分布：海南
- 国外分布：澳大利亚、马来西亚、印度尼西亚

海南海桑
Sonneratia × hainanensis W. C. Ko et al.
- 习　　性：常绿乔木
- 分　　布：海南

杯萼海桑
Sonneratia alba Sm.
- 习　　性：灌木或乔木
- 海　　拔：海平面至 1600 m
- 国内分布：海南
- 国外分布：澳大利亚、巴布亚新几内亚、马来西亚、缅甸、斯里兰卡、泰国、印度、越南
- 濒危等级：LC
- 资源利用：原料（单宁，木材）；食品（水果）

无瓣海桑
Sonneratia apetala Buch. -Ham.
- 习　　性：乔木
- 国内分布：广东、海南
- 国外分布：孟加拉国、缅甸、斯里兰卡、印度
- 濒危等级：LC

海桑
Sonneratia caseolaris (L.) Engler
- 习　　性：乔木
- 国内分布：海南
- 国外分布：澳大利亚、巴布亚新几内亚、柬埔寨、马来西亚、斯里兰卡、泰国、印度、印度尼西亚、越南
- 濒危等级：LC
- 资源利用：食品（蔬菜）

卵叶海桑
Sonneratia ovata Backer
- 习　　性：乔木
- 国内分布：海南
- 国外分布：巴布亚新几内亚、缅甸、泰国、印度尼西亚、越南
- 濒危等级：NT

菱属 Trapa L.

细果野菱
Trapa incisa Siebold et Zucc.
- 习　　性：一年生水生草本
- 海　　拔：2000 ~ 2700 m
- 国内分布：福建、广东、贵州、海南、河北、河南、黑龙江、湖北、湖南、吉林、江苏、江西、辽宁、陕西、四川、台湾、云南、浙江
- 国外分布：朝鲜、俄罗斯、老挝、马来西亚、日本、泰国、印度、印度尼西亚、越南
- 濒危等级：DD
- 国家保护：Ⅱ级
- 资源利用：食品（淀粉）

欧菱
Trapa natans L.
- 习　　性：一年生水生草本
- 海　　拔：海平面至 2700 m
- 国内分布：安徽、福建、广东、广西、贵州、海南、河北、河南、黑龙江、湖北、湖南、吉林、江苏、江西、辽宁、内蒙古、山东、陕西、四川、台湾、西藏、新疆、云南、浙江
- 国外分布：巴基斯坦、朝鲜、俄罗斯、菲律宾、老挝、马来西亚、日本、泰国、印度、印度尼西亚、越南、西南亚、欧洲、非洲。热带和亚热带地区广泛栽培；澳大利亚、北美洲归化
- 濒危等级：LC
- 资源利用：食品（淀粉）

虾子花属 Woodfordia Salisb.

虾子花
Woodfordia fruticosa (L.) Kurz
- 习　　性：灌木
- 海　　拔：海平面至 2000 m
- 国内分布：广东、广西、云南
- 国外分布：巴基斯坦、不丹、老挝、缅甸、尼泊尔、泰国、印度、印度尼西亚
- 濒危等级：LC
- 资源利用：原料（单宁，树脂）；环境利用（观赏）

木兰科 MAGNOLIACEAE
（13 属：136 种）

长蕊木兰属 Alcimandra Dandy

长蕊木兰
Alcimandra cathcartii(Hook. f. et Thomson) Dandy
- 习　　性：乔木
- 海　　拔：1800~2700 m
- 国内分布：西藏、云南
- 国外分布：不丹、缅甸、印度、越南
- 濒危等级：VU A2c
- 国家保护：Ⅱ级

厚朴属 Houpoea N. H. Xia et C. Y. Wu

日本厚朴
Houpoea obovata(Thunb.) N. H. Xia et C. Y. Wu
- 习　　性：乔木
- 国内分布：东北及青岛、北京、广州有栽培
- 国外分布：原产日本
- 资源利用：药用（中草药）；原料（木材）；环境利用（观赏）

厚朴
Houpoea officinalis(Rehder et E. H. Wilson) N. H. Xia et C. Y. Wu
- 习　　性：乔木
- 海　　拔：300~1500 m
- 分　　布：安徽、福建、甘肃、广东、广西、贵州、河南、湖北、湖南、江西、陕西、四川、浙江
- 濒危等级：LC
- 国家保护：Ⅱ级
- 资源利用：药用（中草药）；原料（木材，工业用油）；环境利用（观赏，绿化）

长喙厚朴
Houpoea rostrata(W. W. Sm.) N. H. Xia et C. Y. Wu
- 习　　性：乔木
- 海　　拔：2100~3000 m
- 国内分布：西藏、云南
- 国外分布：缅甸
- 濒危等级：VU A2c
- 国家保护：Ⅱ级
- 资源利用：药用（中草药）；原料（木材，精油）；环境利用（观赏，绿化）

长喙木兰属 Lirianthe Spach

绢毛木兰
Lirianthe albosericea(Chun et C. H. Tsoong) N. H. Xia et C. Y. Wu
- 习　　性：乔木
- 海　　拔：500~800 m
- 分　　布：海南
- 濒危等级：EN B1ab (i, iii)
- 资源利用：环境利用（观赏）

香港木兰
Lirianthe championii(Benth.) N. H. Xia et C. Y. Wu
- 习　　性：灌木或小乔木
- 海　　拔：海平面至 1000 m
- 国内分布：广东、广西、贵州、海南
- 国外分布：越南
- 濒危等级：EN D

夜香木兰
Lirianthe coco(Lour.) N. H. Xia et C. Y. Wu
- 习　　性：灌木或小乔木
- 海　　拔：600~900 m
- 国内分布：福建、广东、广西、台湾、云南、浙江
- 国外分布：越南
- 濒危等级：EN B1ab (i, iii)
- 资源利用：药用（中草药）；环境利用（观赏）

山玉兰
Lirianthe delavayi(Franch.) N. H. Xia et C. Y. Wu
- 习　　性：乔木
- 海　　拔：1500~2800 m
- 分　　布：贵州、四川、云南
- 濒危等级：LC

显脉木兰
Lirianthe fistulosa(Finet et Gagnep.) N. H. Xia et C. Y. Wu
- 习　　性：灌木或小乔木
- 海　　拔：500~700 m
- 分　　布：云南
- 濒危等级：EN D1

福建木兰
Lirianthe fujianensis N. H. Xia et C. Y. Wu
- 习　　性：乔木
- 海　　拔：300~500 m
- 分　　布：福建
- 濒危等级：DD

大叶木兰
Lirianthe henryi(Dunn) N. H. Xia et C. Y. Wu
- 习　　性：乔木
- 海　　拔：500~1500 m
- 国内分布：云南
- 国外分布：缅甸、泰国
- 濒危等级：EN D
- 国家保护：Ⅱ级

木论木兰
Lirianthe mulunica(Y. W. Law et Q. W. Zeng) N. H. Xia et C. Y. Wu
- 习　　性：常绿乔木或灌木
- 分　　布：广西
- 濒危等级：DD

馨香玉兰
Lirianthe odoratissima(Y. W. Law et R. Z. Zhou) N. H. Xia et C. Y. Wu
- 习　　性：乔木
- 海　　拔：约 1100 m
- 分　　布：云南
- 濒危等级：EN C1 +2a (i, ii)
- 国家保护：Ⅱ级

鹅掌楸属 Liriodendron L.

鹅掌楸
Liriodendron chinense (Hemsl.) Sarg.
- 习　　性：乔木
- 海　　拔：900~1000 m
- 国内分布：安徽、重庆、福建、广西、贵州、湖北、湖南、江西、陕西、四川、云南、浙江
- 国外分布：越南
- 濒危等级：LC
- 国家保护：Ⅱ级
- 资源利用：药用（中草药）；原料（木材，纤维）；环境利用（观赏）

北美鹅掌楸
Liriodendron tulipifera L.
- 习　　性：乔木
- 国内分布：广东、江苏、江西、山东、云南栽培
- 国外分布：原产北美洲
- 资源利用：原料（木材，纤维）；环境利用（观赏）

木兰属 Magnolia L.

荷花木兰
Magnolia grandiflora L.
- 习　　性：常绿乔木
- 国内分布：长江流域各省栽培
- 国外分布：原产北美洲
- 资源利用：药用（中草药）；原料（木材，工业用油，精油）；环境利用（观赏，绿化）

木莲属 Manglietia Blume

香木莲
Manglietia aromatica Dandy
- 习　　性：乔木
- 海　　拔：900~1600 m
- 国内分布：广西、贵州、云南
- 国外分布：越南
- 濒危等级：CR D
- 国家保护：Ⅱ级

石山木莲
Manglietia calcarea X. H. Song
- 习　　性：乔木
- 海　　拔：600~800 m
- 分　　布：贵州
- 濒危等级：VU D2

西藏木莲
Manglietia caveana Hook. f. et Thomson
- 习　　性：乔木
- 海　　拔：约2000 m
- 国内分布：西藏、云南
- 国外分布：缅甸、印度
- 濒危等级：LC

睦南木莲
Manglietia chevalieri Dandy
- 习　　性：乔木
- 海　　拔：1500 m
- 国内分布：云南；广东有栽培
- 国外分布：老挝北部、越南
- 濒危等级：DD
- 资源利用：环境利用（绿化）

桂南木莲
Manglietia conifera Dandy
- 习　　性：乔木
- 海　　拔：700~1300 m
- 国内分布：广东、广西、贵州、湖南、云南
- 国外分布：越南
- 濒危等级：LC
- 资源利用：环境利用（观赏）

粗梗木莲
Manglietia crassipes Y. W. Law
- 习　　性：灌木或小乔木
- 海　　拔：约1300 m
- 分　　布：广西
- 濒危等级：CR B2ab (i, ii, iii, v); C2a (i)

大叶木莲
Manglietia dandyi (Gagnep.) Dandy
- 习　　性：乔木
- 海　　拔：400~1500 m
- 国内分布：广西、贵州、云南
- 国外分布：老挝、越南
- 濒危等级：EN A2c
- 国家保护：Ⅱ级
- 资源利用：原料（木材）

落叶木莲
Manglietia decidua Q. Y. Zheng
- 习　　性：乔木
- 海　　拔：400~700 m
- 分　　布：江西
- 濒危等级：VU B1ab (i, iii, iv, v); C2a (i); D
- 国家保护：Ⅱ级

川滇木莲
Manglietia duclouxii Finet et Gagnep.
- 习　　性：乔木
- 海　　拔：1300~2000 m
- 国内分布：广西、四川、云南
- 国外分布：越南
- 濒危等级：NT D1

木莲
Manglietia fordiana Oliv.

木莲（原变种）
Manglietia fordiana var. **fordiana**
- 习　　性：乔木
- 海　　拔：300~1200 m
- 国内分布：安徽、福建、广东、广西、贵州、湖南、江西、香港、云南、浙江
- 国外分布：越南
- 濒危等级：LC

资源利用：药用（中草药）；原料（木材）

海南木莲
Manglietia fordiana var. hainanensis (Dandy) N. H. Xia
- 习　　性：乔木
- 海　　拔：300~1200 m
- 分　　布：海南
- 濒危等级：NT B1ab (i, iii, v)
- 资源利用：原料（木材）

滇桂木莲
Manglietia forrestii W. W. Sm. ex Dandy
- 习　　性：乔木
- 海　　拔：1100~2900 m
- 分　　布：广西、云南
- 濒危等级：VU A2acd
- 资源利用：原料（木材）

泰国木莲
Manglietia garrettii Craib
- 习　　性：乔木
- 海　　拔：1300~1900 m
- 国内分布：云南
- 国外分布：泰国、越南
- 濒危等级：LC

苍背木莲
Manglietia glaucifolia Y. W. Law et Y. F. Wu
- 习　　性：乔木
- 海　　拔：1500~1600 m
- 分　　布：贵州
- 濒危等级：CR D

大果木莲
Manglietia grandis Hu et W. C. Cheng
- 习　　性：乔木
- 海　　拔：800~1500 m
- 分　　布：广西、云南
- 濒危等级：EN A2acd
- 国家保护：Ⅱ级
- 资源利用：原料（木材）

广南木莲
Manglietia guangnanica D. X. Li et R. Z. Zhou
- 习　　性：乔木
- 国内分布：广西、贵州、云南
- 国外分布：越南
- 濒危等级：EN B1ab (iii, v); C1
- 资源利用：观赏；药用（中草药）；原料（木材）

广州木莲
Manglietia guangzhouensis A. Q. Dong, Q. W. Zeng et F. W. Xing
- 习　　性：乔木
- 海　　拔：约 750 m
- 分　　布：广东
- 濒危等级：LC

红河木莲
Manglietia hongheensis Y. M. Shui et W. H. Chen
- 习　　性：乔木
- 海　　拔：1900~2600 m
- 国内分布：云南
- 国外分布：越南
- 濒危等级：VU A2c; C1

中缅木莲
Manglietia hookeri Cubitt et W. W. Sm.
- 习　　性：乔木
- 海　　拔：1400~3000 m
- 国内分布：贵州、云南
- 国外分布：缅甸、泰国
- 濒危等级：LC
- 资源利用：环境利用（观赏）

红花木莲
Manglietia insignis (Wall.) Blume
- 习　　性：常绿乔木
- 海　　拔：900~1200 m
- 国内分布：广西、贵州、湖南、四川、西藏、云南
- 国外分布：缅甸、尼泊尔、泰国、印度
- 濒危等级：NT A2acd
- 资源利用：原料（木材）；环境利用（观赏）

开甫木莲
Manglietia kaifui Q. W. Zeng et X. M. Hu
- 习　　性：乔木
- 分　　布：云南
- 濒危等级：DD
- 资源利用：观赏；药用（中草药）；原料（木材）

毛桃木莲
Manglietia kwangtungensis (Merr.) Dandy
- 习　　性：乔木
- 海　　拔：400~1200 m
- 分　　布：广东、广西、湖南
- 濒危等级：VU D1
- 资源利用：原料（木材）

长梗木莲
Manglietia longipedunculata Q. W. Zeng et Y. W. Law
- 习　　性：乔木
- 海　　拔：700~800 m
- 分　　布：广东
- 濒危等级：CR D1

亮叶木莲
Manglietia lucida B. L. Chen et S. C. Yang
- 习　　性：乔木
- 海　　拔：500~700 m
- 分　　布：云南
- 濒危等级：EN A2c; B2ab (ii, iii, v); D

马关木莲
Manglietia maguanica H. T. Chang et B. L. Chen
- 习　　性：乔木
- 分　　布：云南
- 濒危等级：LC

金毛木莲
Manglietia oblonga Y. W. Law, R. Z. Zhou et X. S. Qin
- 习　　性：乔木
- 海　　拔：800~1200 m

分　　布：广东
濒危等级：DD

倒卵叶木莲
Manglietia obovalifolia C. Y. Wu et Y. W. Law
　　习　　性：乔木
　　海　　拔：1400~1500 m
　　分　　布：贵州、云南
　　濒危等级：EN B1ab（ii, iv）

卵果木莲
Manglietia ovoidea H. T. Chang et B. L. Chen
　　习　　性：乔木
　　海　　拔：1700~2000 m
　　分　　布：云南
　　濒危等级：EN B2ab（ii, iii, v）

厚叶木莲
Manglietia pachyphylla H. T. Chang
　　习　　性：乔木
　　海　　拔：800~1500 m
　　分　　布：广东
　　濒危等级：CR D
　　国家保护：Ⅱ级
　　资源利用：原料（木材）；环境利用（观赏，绿化）

巴东木莲
Manglietia patungensis H. H. Hu
　　习　　性：乔木
　　海　　拔：600~1000 m
　　分　　布：重庆、湖北、湖南、四川
　　濒危等级：VU A2c
　　资源利用：药用（中草药）

毛瓣木莲
Manglietia rufibarbata Dandy
　　习　　性：乔木
　　海　　拔：约1500 m
　　国内分布：云南
　　国外分布：越南
　　濒危等级：DD

那坡木莲
Manglietia sinoconifera F. N. Wei
　　习　　性：乔木
　　分　　布：广西
　　濒危等级：DD

四川木莲
Manglietia szechuanica H. H. Hu
　　习　　性：常绿乔木
　　海　　拔：1300~2000 m
　　分　　布：四川、云南
　　濒危等级：VU A2c
　　资源利用：环境利用（观赏）

毛果木莲
Manglietia ventii Tiep
　　习　　性：乔木
　　海　　拔：800~1200 m
　　国内分布：云南
　　国外分布：越南
　　濒危等级：EN D1
　　国家保护：Ⅱ级

乳源木莲
Manglietia yuyuanensis Y. W. Law
　　习　　性：乔木
　　海　　拔：700~1200 m
　　分　　布：安徽、福建、广东、湖南、江西、浙江
　　濒危等级：LC

锈毛木莲
Manglietia zhengyiana N. H. Xia
　　习　　性：乔木
　　海　　拔：1300~1600 m
　　分　　布：云南
　　濒危等级：EN C1+2a（i, ii）

含笑属 Michelia L.

白兰
Michelia × alba DC.
　　习　　性：常绿乔木或灌木
　　国内分布：福建、广东、广西、海南、云南栽培
　　国外分布：原产印度尼西亚
　　资源利用：药用（中草药）；环境利用（观赏）

狭叶含笑
Michelia angustioblonga Y. W. Law
　　习　　性：乔木
　　海　　拔：约1000 m
　　分　　布：贵州
　　濒危等级：EN D1

合果木
Michelia baillonii（Pierre）Finet et Gagnep.
　　习　　性：乔木
　　海　　拔：500~1500 m
　　国内分布：云南
　　国外分布：柬埔寨、缅甸、泰国、印度、越南
　　濒危等级：EN A2c
　　国家保护：Ⅱ级
　　资源利用：原料（木材）；基因源（抗虫蚀）

苦梓含笑
Michelia balansae（Aug. DC.）Dandy
　　习　　性：乔木
　　海　　拔：300~1000 m
　　国内分布：福建、广东、广西、贵州、海南、云南
　　国外分布：越南
　　濒危等级：LC
　　资源利用：原料（木材）

平伐含笑
Michelia cavaleriei Finet et Gagnep.

平伐含笑（原变种）
Michelia cavaleriei var. **cavaleriei**
　　习　　性：乔木
　　海　　拔：800~2400 m
　　分　　布：福建、广东、广西、贵州、湖北、湖南、四川、云南
　　濒危等级：EN A2c

阔瓣含笑
Michelia cavaleriei var. **platypetala**(Hand.-Mazz.)N. H. Xia
习　　性：乔木
海　　拔：1200~1500 m
分　　布：广东、广西、贵州、湖北、湖南
濒危等级：LC

黄兰含笑
Michelia champaca L.

黄兰含笑（原变种）
Michelia champaca var. **champaca**
习　　性：常绿乔木
海　　拔：200~1600 m
国内分布：福建、广东、广西、海南、台湾、西藏、云南 栽培
国外分布：可能原产印度
资源利用：药用（中草药）；原料（香料，木材，精油）；环境利用（观赏）

毛叶脉黄兰
Michelia champaca var. **pubinervia**(Blume)Miq.
习　　性：常绿乔木
海　　拔：200~1500 m
国内分布：西藏、云南
国外分布：马来西亚、缅甸、尼泊尔、泰国、印度、印度尼西亚、越南
濒危等级：VU A2c

乐昌含笑
Michelia chapensis Dandy
习　　性：乔木
海　　拔：500~1700 m
国内分布：广东、广西、贵州、湖南、江西、云南
国外分布：越南
濒危等级：NT B1ab（i, iii）

台湾含笑
Michelia compressa(Maxim.)Sarg.
习　　性：常绿乔木
海　　拔：200~2600 m
国内分布：台湾
国外分布：菲律宾、日本南部
濒危等级：LC
资源利用：原料（木材）

合蕊木兰
Michelia concinna H. Jiang et E. D. Liu
习　　性：常绿乔木或灌木
分　　布：云南
濒危等级：LC

西畴含笑
Michelia coriacea H. T. Chang et B. L. Chen
习　　性：乔木
海　　拔：1200~1700 m
分　　布：云南
濒危等级：VU A2acd；B1ab（i, iii, v）

紫花含笑
Michelia crassipes Y. W. Law
习　　性：灌木或小乔木
海　　拔：300~1000 m
分　　布：广东、广西、湖南
濒危等级：EN D

南亚含笑
Michelia doltsopa Buch.-Ham. ex DC.
习　　性：乔木
海　　拔：1500~2400 m
国内分布：西藏、云南
国外分布：不丹、缅甸、尼泊尔、印度
濒危等级：LC

雅致含笑
Michelia elegans Y. W. Law et Y. F. Wu
习　　性：乔木
分　　布：浙江
濒危等级：EN D

含笑花
Michelia figo(Lour.)Spreng.
习　　性：常绿灌木
分　　布：中国大部分省区；栽培起源
资源利用：药用（中草药）；原料（精油）；环境利用（观赏）

素黄含笑
Michelia flaviflora Y. W. Law et Y. F. Wu
习　　性：乔木
海　　拔：1400~1500 m
国内分布：云南
国外分布：越南
濒危等级：EN A2c；B1ab（i, iii, v）

多花含笑
Michelia floribunda Finet et Gagnep.
习　　性：乔木
海　　拔：1300~2700 m
国内分布：重庆、湖北、湖南、四川、西藏、云南
国外分布：老挝、缅甸、泰国、越南
濒危等级：LC
资源利用：环境利用（观赏）

金叶含笑
Michelia foveolata Merr. ex Dandy
习　　性：乔木
海　　拔：500~1800 m
国内分布：福建、广东、广西、贵州、海南、湖北、湖南、江西、云南
国外分布：越南
濒危等级：LC
资源利用：环境利用（观赏）

福建含笑
Michelia fujianensis Q. F. Zheng
习　　性：常绿乔木
海　　拔：300~700 m
分　　布：福建、江西

濒危等级：VU A2c；B1ab（i, iii, v）

棕毛含笑
Michelia fulva Chang et B. L. Chen
- 习　　性：乔木
- 海　　拔：600~1700 m
- 分　　布：广西、云南
- 濒危等级：EN A2c；D

香子含笑
Michelia gioii（A. Chev.）Sima et H. Yu
- 习　　性：常绿乔木或灌木
- 海　　拔：300~800 m
- 国内分布：广西、海南、云南
- 国外分布：越南
- 濒危等级：EN A2c
- 国家保护：Ⅱ级

广东含笑
Michelia guangdongensis Y. H. Yan, Q. W. Zeng et F. W. Xing
- 习　　性：灌木或小乔木
- 海　　拔：1200~1400 m
- 分　　布：广东
- 濒危等级：EN C2a（i）；D
- 国家保护：Ⅱ级

广西含笑
Michelia guangxiensis Y. W. Law et R. Z. Zhou
- 习　　性：乔木
- 海　　拔：2100~2200 m
- 分　　布：广西
- 濒危等级：EN A2c；D

鼠刺含笑
Michelia iteophylla C. Y. Wu ex Y. W. Law et Y. F. Wu
- 习　　性：乔木
- 海　　拔：1600~1700 m
- 分　　布：云南
- 濒危等级：EN B1ab（i, iii）

尖峰岭含笑
Michelia jianfenglingensis G. A. Fu et Kun Pan
- 习　　性：常绿乔木或灌木
- 海　　拔：约800 m
- 分　　布：海南
- 濒危等级：NT

西藏含笑
Michelia kisopa Buch.-Ham. ex DC.
- 习　　性：乔木
- 海　　拔：1600~2400 m
- 国内分布：西藏
- 国外分布：不丹、尼泊尔、印度
- 濒危等级：EN B1ab（ii）

壮丽含笑
Michelia lacei W. W. Sm.
- 习　　性：常绿乔木
- 海　　拔：约1500 m
- 国内分布：云南
- 国外分布：缅甸、泰国、越南
- 濒危等级：EN B1ab（i, iii）；D

长柄含笑
Michelia leveilleana Dandy
- 习　　性：乔木
- 海　　拔：1000~1500 m
- 分　　布：贵州、湖北、湖南、云南
- 濒危等级：LC

醉香含笑
Michelia macclurei Dandy
- 习　　性：乔木
- 海　　拔：200~1500 m
- 国内分布：广东、广西、海南、云南
- 国外分布：越南
- 濒危等级：LC
- 资源利用：原料（木材，精油）

黄心含笑
Michelia martini（H. Lév.）H. Lév.
- 习　　性：乔木
- 海　　拔：1000~2000 m
- 国内分布：广东、广西、贵州、河南、湖北、湖南、四川、云南
- 国外分布：越南
- 濒危等级：NT B1ab（i, iii）

屏边含笑
Michelia masticata Dandy
- 习　　性：乔木
- 海　　拔：1100~1300 m
- 国内分布：云南
- 国外分布：老挝、越南
- 濒危等级：VU B2ab（iii）；D

深山含笑
Michelia maudiae Dunn
- 习　　性：乔木
- 海　　拔：600~1500 m
- 分　　布：福建、广东、广西、贵州、湖南、浙江
- 濒危等级：LC
- 资源利用：药用（中草药）；原料（木材，精油）；环境利用（观赏）

白花含笑
Michelia mediocris Dandy
- 习　　性：常绿乔木
- 海　　拔：400~1000 m
- 国内分布：广东、广西、海南、湖南
- 国外分布：柬埔寨、越南
- 濒危等级：LC

小毛含笑
Michelia microtricha Hand.-Mazz.
- 习　　性：常绿乔木或灌木
- 海　　拔：2500~2800 m
- 分　　布：云南
- 濒危等级：NT

观光木
Michelia odora (Chun) Noot. et B. L. Chen
- 习　　性：乔木
- 海　　拔：300~1100 m
- 国内分布：福建、广东、广西、海南、湖南、江西、云南
- 国外分布：越南
- 濒危等级：VU A2c；B1ab（i，iii）；C1
- 资源利用：原料（香料，工业用油，精油）；环境利用（观赏）

马关含笑
Michelia opipara H. T. Chang et B. L. Chen
- 习　　性：乔木
- 海　　拔：1600~1900 m
- 分　　布：云南
- 濒危等级：EN A2c；D

石碌含笑
Michelia shiluensis Chun et Y. F. Wu
- 习　　性：乔木
- 海　　拔：200~1500 m
- 分　　布：海南
- 濒危等级：EN A2c；D
- 国家保护：Ⅱ级

野含笑
Michelia skinneriana Dunn
- 习　　性：乔木
- 海　　拔：1200 m 以下
- 分　　布：福建、广东、广西、湖南、江西、浙江
- 濒危等级：LC
- 资源利用：环境利用（观赏）

球花含笑
Michelia sphaerantha C. Y. Wu ex Y. W. Law et Y. F. Wu
- 习　　性：乔木
- 海　　拔：1800~2000 m
- 分　　布：云南
- 濒危等级：VU D1

绒毛含笑
Michelia velutina DC.
- 习　　性：常绿乔木
- 海　　拔：1500~2400 m
- 国内分布：西藏、云南
- 国外分布：不丹、尼泊尔、印度
- 濒危等级：LC

绿瓣含笑
Michelia viridipetala Y. W. Law, R. Z. Zhou et Q. F. Yi
- 习　　性：常绿乔木或灌木
- 分　　布：云南
- 濒危等级：LC

峨眉含笑
Michelia wilsonii Finet et Gagnep.
- 国家保护：Ⅱ级

峨眉含笑（原亚种）
Michelia wilsonii subsp. **wilsonii**
- 习　　性：乔木
- 海　　拔：600~2000 m
- 分　　布：重庆、贵州、湖北、湖南、江西、四川、云南
- 濒危等级：VU A2c；B1ab（iii）

川含笑
Michelia wilsonii subsp. **szechuanica** (Dandy) J. Li
- 习　　性：乔木
- 海　　拔：800~1600 m
- 分　　布：重庆、贵州、湖北、湖南、四川、云南
- 濒危等级：VU B1ab（iii）

五指山含笑
Michelia wuzhishangensis G. A. Fu et Kun Pan
- 习　　性：常绿乔木或灌木
- 海　　拔：约1300 m
- 分　　布：海南
- 濒危等级：LC

黄花含笑
Michelia xanthantha C. Y. Wu ex Y. W. Law et Y. F. Wu
- 习　　性：乔木
- 海　　拔：1300~1400 m
- 分　　布：云南
- 濒危等级：VU A2c；D2

云南含笑
Michelia yunnanensis Franch. ex Finet et Gagnep.
- 习　　性：灌木
- 海　　拔：1100~2300 m
- 分　　布：贵州、四川、西藏、云南
- 濒危等级：LC
- 资源利用：环境利用（观赏）

天女花属 Oyama (Nakai) N. H. Xia et C. Y. Wu

毛叶天女花
Oyama globosa (Hook. f. et Thomson) N. H. Xia et C. Y. Wu
- 习　　性：乔木
- 海　　拔：1900~3300 m
- 国内分布：四川、西藏、云南
- 国外分布：不丹、缅甸、印度
- 濒危等级：VU B1ab（iii）

天女花
Oyama sieboldii (K. Koch) N. H. Xia et C. Y. Wu
- 习　　性：乔木
- 海　　拔：1600~2000 m
- 国内分布：安徽、福建、广西、贵州、河北、湖北、湖南、吉林、江西、辽宁、浙江
- 国外分布：朝鲜、日本
- 濒危等级：NT B2ab（iii）

圆叶天女花
Oyama sinensis (Rehder et E. H. Wilson) N. H. Xia et C. Y. Wu
- 习　　性：灌木
- 海　　拔：约2600 m
- 分　　布：四川
- 濒危等级：VU B1ab（i，iii）

国家保护：Ⅱ级

西康天女花
Oyama wilsonii (Finet et Gagnep.) N. H. Xia et C. Y. Wu
- 习　　性：灌木或小乔木
- 海　　拔：1900~3000 m
- 分　　布：贵州、四川、云南
- 濒危等级：VU B1ab (iii)
- 国家保护：Ⅱ级

厚壁木属 Pachylarnax Dandy

华盖木
Pachylarnax sinica (Law) N. H Xia et C. Y. Wu
- 习　　性：乔木
- 海　　拔：1300~1600 m
- 分　　布：云南
- 濒危等级：CR D1
- 国家保护：Ⅰ级

拟单性木兰属 Parakmeria Hu et W. C. Cheng

恒春拟单性木兰
Parakmeria kachirachirai (Kaneh. et Yamam.) Y. W. Law
- 习　　性：常绿乔木
- 海　　拔：500~1300 m
- 分　　布：台湾
- 濒危等级：LC
- 资源利用：原料（木材）

乐东拟单性木兰
Parakmeria lotungensis (Chun et C. H. Tsoong) Y. W. Law
- 习　　性：常绿乔木
- 海　　拔：700~1400 m
- 分　　布：福建、广东、广西、贵州、海南、湖南、江西、浙江
- 濒危等级：VU A2c

光叶拟单性木兰
Parakmeria nitida (W. W. Sm.) Y. W. Law
- 习　　性：常绿乔木
- 海　　拔：1800~2500 m
- 国内分布：西藏、云南
- 国外分布：缅甸
- 濒危等级：VU A2c; B1ab (i, iii)

峨眉拟单性木兰
Parakmeria omeiensis W. C. Cheng
- 习　　性：常绿乔木
- 海　　拔：1200~1300 m
- 分　　布：四川
- 濒危等级：CR B1ab (i, iii, v); D
- 国家保护：Ⅰ级

云南拟单性木兰
Parakmeria yunnanensis H. H. Hu
- 习　　性：常绿乔木
- 海　　拔：1200~1500 m
- 国内分布：西藏、云南
- 国外分布：缅甸
- 濒危等级：VU A2c; B1ab (i, iii, v)
- 国家保护：Ⅱ级

盖裂木属 Talauma Juss.

盖裂木
Talauma hodgsonii Hook. f. et Thoms.
- 习　　性：乔木
- 海　　拔：800~1500 m
- 国内分布：西藏、云南
- 国外分布：不丹、马来西亚、缅甸、尼泊尔、泰国、印度
- 濒危等级：EN A2c; B1ab (iii); C1
- CITES 附录：Ⅲ

焕镛木属 Woonyoungia Y. W. Law

焕镛木
Woonyoungia septentrionalis (Dandy) Y. W. Law
- 习　　性：乔木
- 海　　拔：300~600 m
- 分　　布：广西、贵州、云南
- 濒危等级：VU A2ac; B1ab (ii, v) +2ab (ii, v)
- 国家保护：Ⅰ级

玉兰属 Yulania Spach

天目玉兰
Yulania amoena (W. C. Cheng) D. L. Fu
- 习　　性：乔木
- 海　　拔：700~1000 m
- 分　　布：安徽、福建、湖北、江苏、江西、浙江
- 濒危等级：VU A2c

望春玉兰
Yulania biondii (Pamp.) D. L. Fu
- 习　　性：乔木
- 海　　拔：600~2100 m
- 分　　布：重庆、甘肃、河南、湖北、湖南、陕西、四川
- 濒危等级：LC
- 资源利用：药用（中草药）；环境利用（砧木，绿化）

滇藏玉兰
Yulania campbellii (Hook. f. et Thomson) D. L. Fu
- 习　　性：乔木
- 海　　拔：2500~3500 m
- 国内分布：西藏、云南
- 国外分布：不丹、缅甸、尼泊尔、印度
- 濒危等级：VU A2c
- 资源利用：环境利用（观赏）

北川玉兰
Yulania carnosa D. L. Fu et D. L. Zhang
- 习　　性：落叶乔木
- 分　　布：湖北
- 濒危等级：NT

锲叶玉兰
Yulania cuneatifolia T. B. Chao, Zhi X. Chen et D. L. Fu

习　　性：落叶乔木
分　　布：湖北
濒危等级：LC

黄山玉兰
Yulania cylindrica(E. H. Wilson) D. L. Fu
习　　性：乔木
海　　拔：700~1600 m
分　　布：安徽、福建、河南、湖北、江西、浙江
濒危等级：LC

光叶玉兰
Yulania dawsoniana(Rehder et E. H. Wilson) D. L. Fu
习　　性：乔木
海　　拔：1400~2500 m
分　　布：湖南、四川
濒危等级：EN D

玉兰
Yulania denudata(Desr.) D. L. Fu
习　　性：乔木
海　　拔：500~1000 m
分　　布：安徽、重庆、广东、贵州、湖北、湖南、江西、陕西、云南、浙江
濒危等级：LC
资源利用：药用（中草药）；原料（木材，工业用油，精油）；环境利用（观赏）；食品（蔬菜）

椭蕾玉兰
Yulania elliptigemmata(C. L. Guo et L. L. Huang) N. H. Xia
习　　性：乔木
海　　拔：约700 m
分　　布：湖北
濒危等级：DD

鸡公山玉兰
Yulania jigongshanensis(T. B. Chao, D. L. Fu, W. B. Sun) D. L. Fu
习　　性：乔木
分　　布：河南
濒危等级：LC

日本辛夷
Yulania kobus(DC.) Spach
习　　性：落叶乔木
国内分布：山东
国外分布：日本
濒危等级：DD

紫玉兰
Yulania liliiflora(Desr.) D. C. Fu
习　　性：灌木
海　　拔：300~1600 m
分　　布：重庆、福建、湖北、陕西、四川、云南
濒危等级：VU A2c
资源利用：药用（中草药）；原料（精油）；环境利用（砧木）

奇叶玉兰
Yulania mirifolia D. L. Fu, T. B. Zhao et Zhi X. Chen
习　　性：乔木

海　　拔：约600 m
分　　布：河南
濒危等级：DD

多花玉兰
Yulania multiflora(M. C. Wang et C. L. Min) D. L. Fu
习　　性：乔木
海　　拔：1600~1700 m
分　　布：陕西
濒危等级：DD

罗田玉兰
Yulania pilocarpa(Z. Z. Zhao et Z. W. Xie) D. L. Fu
习　　性：乔木
海　　拔：约500 m
分　　布：湖北
濒危等级：EN B1ab (iii, v); C1
资源利用：药用（中草药）

凹叶玉兰
Yulania sargentiana(Rehder et E. H. Wilson) D. L. Fu
习　　性：乔木
海　　拔：1400~3000 m
分　　布：四川、云南
濒危等级：VU A2c

时珍玉兰
Yulania shizhenii D. L. Fu et F. W. Li
习　　性：落叶乔木
分　　布：四川
濒危等级：LC

景宁玉兰
Yulania sinostellata(P. L. Chiu et Z. H. Chen) D. L. Fu
习　　性：落叶乔木
海　　拔：约1000 m
分　　布：浙江
濒危等级：CR B1ab (i, iii)

二乔木兰
Yulania soulangeana(Soul.-Bod.) D. L. Fu
习　　性：落叶乔木
分　　布：大部分地区栽培

武当玉兰
Yulania sprengeri(Pamp.) D. L. Fu
习　　性：乔木
海　　拔：1300~2400 m
分　　布：重庆、甘肃、贵州、河南、湖北、湖南、江西、陕西、四川、云南
濒危等级：LC

星花玉兰
Yulania stellata(Siebold et Zucc.) N. H. Xia
习　　性：灌木
国内分布：浙江（栽培）
国外分布：原产日本

湖北玉兰
Yulania verrucata D. L. Fu, T. B. Chao et S. S. Chen

习　　性：落叶乔木
分　　布：湖北
濒危等级：LC

青皮玉兰
Yulania viridula D. L. Fu et al.
　　习　　性：乔木
　　海　　拔：约 700 m
　　分　　布：陕西
　　濒危等级：EN D

舞钢玉兰
Yulania wugangensis(T. B. Chao, W. B. Sun et Zhi X. Chen) D. L. Fu
　　习　　性：落叶乔木
　　分　　布：河南
　　濒危等级：LC

宝华玉兰
Yulania zenii(W. C. Cheng) D. L. Fu
　　习　　性：乔木
　　海　　拔：约 200 m
　　分　　布：江苏
　　濒危等级：CR D1
　　国家保护：Ⅱ级
　　资源利用：环境利用（观赏）

金虎尾科 MALPIGHIACEAE
（6 属：28 种）

盾翅藤属 Aspidopterys A. Juss.

贵州盾翅藤
Aspidopterys cavaleriei H. Lév.
　　习　　性：攀援藤本
　　海　　拔：200 ~ 800 m
　　分　　布：广东、广西、贵州、云南
　　濒危等级：LC

广西盾翅藤
Aspidopterys concava(Wall.) A. Juss.
　　习　　性：木质藤本
　　海　　拔：300 ~ 600 m
　　国内分布：广西
　　国外分布：菲律宾、柬埔寨、老挝、马来西亚、泰国、印度尼西亚、越南
　　濒危等级：LC

花江盾翅藤
Aspidopterys esquirolii H. Lév.
　　习　　性：木质藤本
　　海　　拔：400 ~ 800 m
　　分　　布：广西、贵州、四川
　　濒危等级：VU B2ac（i, ii, iii）

多花盾翅藤
Aspidopterys floribunda Hutch.
　　习　　性：藤状灌木

海　　拔：1400 ~ 1700 m
分　　布：云南
濒危等级：LC

盾翅藤
Aspidopterys glabriuscula A. Juss.
　　习　　性：藤状灌木
　　海　　拔：1500 ~ 2000 m
　　国内分布：广东、广西、海南、云南
　　国外分布：不丹、菲律宾、印度、越南
　　濒危等级：LC

蒙自盾翅藤
Aspidopterys henryi Hutch.
　　习　　性：木质藤本
　　海　　拔：1100 ~ 1700 m
　　分　　布：云南
　　濒危等级：LC

小果盾翅藤
Aspidopterys microcarpa H. W. Li ex S. K. Chen
　　习　　性：木质藤本
　　国内分布：广西
　　国外分布：越南
　　濒危等级：LC

毛叶盾翅藤
Aspidopterys nutans(Roxb. ex DC.) A. Juss.
　　习　　性：攀援藤本
　　海　　拔：200 ~ 700 m
　　国内分布：云南
　　国外分布：柬埔寨、老挝、缅甸、尼泊尔、泰国、印度、越南
　　濒危等级：LC

倒心盾翅藤
Aspidopterys obcordata Hemsl.

倒心盾翅藤（原变种）
Aspidopterys obcordata var. **obcordata**
　　习　　性：木质藤本
　　海　　拔：600 ~ 1600 m
　　分　　布：云南
　　濒危等级：LC

海南盾翅藤
Aspidopterys obcordata var. **hainanensis** Arènes
　　习　　性：木质藤本
　　分　　布：海南
　　濒危等级：LC

风筝果属 Hiptage Gaertn.

尖叶风筝果
Hiptage acuminata Wall. ex A. Juss.
　　习　　性：攀援灌木
　　海　　拔：约 1400 m
　　国内分布：云南
　　国外分布：孟加拉国、缅甸、印度
　　濒危等级：LC

风筝果
Hiptage benghalensis(L.)Kurz.

风筝果（原变种）
Hiptage benghalensis var. **benghalensis**
- 习　　性：灌木或藤本
- 海　　拔：100~1900 m
- 国内分布：福建、广东、广西、贵州、海南、台湾、云南
- 国外分布：不丹、菲律宾、柬埔寨、老挝、马来西亚、孟加拉国、尼泊尔、泰国、印度、印度尼西亚、越南
- 濒危等级：LC

越南风筝果
Hiptage benghalensis var. **tonkinensis**(Dop)S. K. Chen
- 习　　性：灌木或藤本
- 海　　拔：500~1400 m
- 国内分布：云南
- 国外分布：老挝、越南
- 濒危等级：LC

白花风筝果
Hiptage candicans Hook. f.

白花风筝果（原变种）
Hiptage candicans var. **candicans**
- 习　　性：灌木
- 海　　拔：500~1300 m
- 国内分布：云南
- 国外分布：缅甸、泰国、印度
- 濒危等级：LC

越南白花风筝果
Hiptage candicans var. **harmandiana**(Pierre)Dop
- 习　　性：灌木
- 海　　拔：1640 m
- 国内分布：云南
- 国外分布：老挝
- 濒危等级：LC

白蜡风筝果
Hiptage fraxinifolia F. N. Wei
- 习　　性：藤状灌木
- 海　　拔：约400 m
- 分　　布：广西
- 濒危等级：DD

披针叶风筝果
Hiptage lanceolata Arènes
- 习　　性：藤状灌木
- 分　　布：贵州
- 濒危等级：DD

薄叶风筝果
Hiptage leptophylla Hayata
- 习　　性：木质藤本
- 分　　布：台湾
- 濒危等级：LC

罗甸风筝果
Hiptage luodianensis S. K. Chen
- 习　　性：灌木
- 海　　拔：约500 m
- 分　　布：贵州
- 濒危等级：DD

小花风筝果
Hiptage minor Dunn
- 习　　性：灌木
- 海　　拔：200~1400 m
- 分　　布：贵州、云南
- 濒危等级：LC

多花风筝果
Hiptage multiflora F. N. Wei
- 习　　性：藤状灌木
- 海　　拔：约600 m
- 分　　布：广西
- 濒危等级：DD

绢毛风筝果
Hiptage sericea(Wall.)Hook. f.
- 习　　性：灌木
- 国内分布：广东、台湾
- 国外分布：马来西亚、泰国
- 濒危等级：DD

田阳风筝果
Hiptage tianyangensis F. N. Wei
- 习　　性：藤状灌木
- 海　　拔：约400 m
- 分　　布：广西、贵州
- 濒危等级：DD

云南风筝果
Hiptage yunnanensis C. C. Huang ex S. K. Chen
- 习　　性：乔木
- 海　　拔：700~800 m
- 分　　布：云南
- 濒危等级：LC

金虎尾属 **Malpighia** L.

金虎尾
Malpighia coccigera L.
- 习　　性：灌木
- 国内分布：广东、海南
- 国外分布：原产热带美洲

翅实藤属 **Ryssopterys** Blume ex A. Juss.

翅实藤
Ryssopterys timoriensis(DC.)Blume ex A. Juss.
- 习　　性：木质藤本
- 国内分布：台湾
- 国外分布：澳大利亚、马来西亚、印度尼西亚
- 濒危等级：DD

金英属 **Thryallis** Mart.

金英
Thryallis gracilis(Bartl.)Kuntze

习　　性：灌木
国内分布：广东、云南
国外分布：原产美洲热带地区

三星果属 Tristellateia Thouars

三星果
Tristellateia australasiae A. Rich.
习　　性：木质藤本
国内分布：台湾
国外分布：马来西亚、热带澳大利亚、泰国、越南
濒危等级：EN D

锦葵科 MALVACEAE
（54 属：305 种）

秋葵属 Abelmoschus Medik.

长毛黄葵
Abelmoschus crinitus Wall.
习　　性：多年生草本
海　　拔：300～1300 m
国内分布：广西、贵州、海南、云南
国外分布：老挝、缅甸、尼泊尔、泰国、印度、越南
濒危等级：LC

咖啡黄葵（秋葵）
Abelmoschus esculentus (L.) Moench
习　　性：一年生草本
国内分布：广东、海南、河北、湖北、湖南、江苏、山东、云南、浙江栽培
国外分布：原产印度
资源利用：食品（蔬菜）；环境利用（观赏）

黄蜀葵
Abelmoschus manihot (L.) Medik.

黄蜀葵（原变种）
Abelmoschus manihot var. **manihot**
习　　性：一年生或多年生草本
海　　拔：1000～2100 m
国内分布：福建、广东、广西、贵州、河北、河南、湖北、湖南、山东、陕西、四川、云南
国外分布：澳大利亚、柬埔寨、老挝、马来西亚、缅甸、尼泊尔、泰国、印度、越南
濒危等级：LC
资源利用：药用（中草药）；环境利用（观赏）

刚毛黄蜀葵
Abelmoschus manihot var. **pungens** (Roxb.) Hochr.
习　　性：一年生或多年生草本
海　　拔：1000～2100 m
国内分布：广东、广西、贵州、湖北、四川、台湾、云南
国外分布：菲律宾、尼泊尔、泰国、印度
濒危等级：LC

黄葵
Abelmoschus moschatus Medik.
习　　性：一年生或多年生草本
海　　拔：100～1200 m
国内分布：广东、广西、湖南、江西、台湾、云南
国外分布：柬埔寨、老挝、泰国、印度、越南
濒危等级：LC
资源利用：药用（中草药）；原料（香料，精油，纤维）；环境利用（观赏）

木里秋葵
Abelmoschus muliensis K. M. Feng
习　　性：草本
海　　拔：1200～2100 m
分　　布：四川
濒危等级：EN A3cde; B1ab (i, iii)
资源利用：药用（中草药）

箭叶秋葵
Abelmoschus sagittifolius (Kurz.) Merr.
习　　性：多年生草本
海　　拔：900～1600 m
国内分布：广东、广西、贵州、海南、云南
国外分布：澳大利亚、柬埔寨、老挝、马来西亚、缅甸、泰国、印度、越南
濒危等级：LC
资源利用：药用（中草药）

苘麻属 Abutilon Tourn. ex Adans.

滇西苘麻
Abutilon gebauerianum Hand.-Mazz.
习　　性：灌木
海　　拔：700～2500 m
分　　布：云南
濒危等级：NT A3bd

几内亚磨盘草
Abutilon guineense (Schumach.) Baker f. et Exell

几内亚磨盘草（原变种）
Abutilon guineense var. **guineense**
习　　性：草本
国内分布：海南、台湾
国外分布：澳大利亚、马来西亚、新几内亚岛、印度尼西亚
濒危等级：LC

小花磨盘草
Abutilon guineense var. **forrestii** (S. Y. Hu) Y. Tang
习　　性：草本
海　　拔：1000～1500 m
分　　布：四川、云南
濒危等级：DD

恶味苘麻
Abutilon hirtum (Lam.) Sweet

恶味苘麻（原变种）
Abutilon hirtum var. **hirtum**
习　　性：亚灌木状草本
海　　拔：300～1300 m
国内分布：云南
国外分布：巴基斯坦、斯里兰卡、泰国、印度、印度尼西

亚、越南
濒危等级：LC

元谋恶味苘麻
Abutilon hirtum var. **yuanmouense** K. M. Feng
习　　性：亚灌木状草本
海　　拔：1200～1300 m
分　　布：云南
濒危等级：NT A3b

磨盘草
Abutilon indicum（L.）Sweet
习　　性：一年生或多年生直立的亚灌木状草本
海　　拔：800～1500 m
国内分布：福建、广东、广西、贵州、海南、四川、台湾、云南
国外分布：不丹、柬埔寨、老挝、缅甸、尼泊尔、斯里兰卡、泰国、印度、印度尼西亚、越南
濒危等级：LC
资源利用：药用（中草药）；原料（纤维）

圆锥苘麻
Abutilon paniculatum Hand.-Mazz.
习　　性：灌木
海　　拔：2300～3000 m
分　　布：四川、云南
濒危等级：VU A3c；B1ab（i, iii）

金铃花
Abutilon pictum（Gillies ex Hook. et Arn.）Walp.
习　　性：常绿灌木
国内分布：北京、福建、湖北、江苏、辽宁、云南、浙江
国外分布：原产巴西、乌拉圭；世界各地广泛栽培
资源利用：环境利用（观赏）

红花苘麻
Abutilon roseum Hand.-Mazz.
习　　性：一年生草本
海　　拔：约2200 m
分　　布：四川、云南
濒危等级：NT A3bd

华苘麻
Abutilon sinense Oliv.

华苘麻（原变种）
Abutilon sinense var. **sinense**
习　　性：灌木
海　　拔：300～2000 m
国内分布：广东、广西、贵州、湖北、四川、云南
国外分布：泰国
濒危等级：LC

无齿华苘麻
Abutilon sinense var. **edentatum** K. M. Feng
习　　性：灌木
海　　拔：约1200 m
分　　布：云南
濒危等级：NT A3bd

苘麻
Abutilon theophrasti Medikus
习　　性：一年生亚灌木状草本
海　　拔：100～1700 m
国内分布：安徽、福建、甘肃、广东、广西、河北、河南、黑龙江、湖北、湖南、吉林、江苏、江西、辽宁、内蒙古、宁夏、山东、陕西、上海、四川、台湾、新疆、云南
国外分布：澳大利亚、巴基斯坦、朝鲜、俄罗斯、哈萨克斯坦、吉尔吉斯斯坦、蒙古、日本、塔吉克斯坦、泰国、土库曼斯坦、乌兹别克斯坦、印度、越南
濒危等级：LC
资源利用：药用（中草药）；原料（纤维，木材，工业用油）

---蜀葵属 Alcea L.---

裸花蜀葵
Alcea nudiflora（Lindl.）Boiss.
习　　性：二年生草本
海　　拔：1000 m
国内分布：新疆
国外分布：俄罗斯、哈萨克斯坦、吉尔吉斯斯坦、塔吉克斯坦、乌兹别克斯坦
濒危等级：EN A3c；B1ab（i, iii）

蜀葵
Alcea rosea L.
习　　性：二年生草本
国内分布：全国各地栽培
国外分布：全世界温带地区广泛栽培
资源利用：药用（中草药）；原料（纤维）

---药葵属 Althaea L.---

药葵
Althaea officinalis L.
习　　性：多年生草本
海　　拔：100～1500 m
国内分布：台湾；澳门、重庆、福建、广东、广西、海南、江西、四川、香港、云南、浙江栽培
国外分布：阿富汗、巴基斯坦、俄罗斯、哈萨克斯坦、吉尔吉斯斯坦、塔吉克斯坦、土库曼斯坦、乌兹别克斯坦
资源利用：药用（中草药）

---昂天莲属 Ambroma L. f.---

昂天莲
Ambroma augustum（L.）L. f.
习　　性：灌木
海　　拔：200～1200 m
国内分布：广东、广西、贵州、云南
国外分布：菲律宾、马来西亚、泰国、印度、印度尼西亚、越南
濒危等级：LC
资源利用：原料（纤维）；动物饲料（饲料）；食品（水果）

六翅木属 Berrya Roxb.

六翅木
Berrya cordifolia (Willd.) Burret
　习　　性：乔木
　国内分布：台湾
　国外分布：菲律宾、柬埔寨、老挝、马来西亚、缅甸、斯里兰卡、泰国、印度、印度尼西亚、越南
　濒危等级：LC

木棉属 Bombax L.

澜沧木棉
Bombax cambodiense Pierre
　习　　性：落叶乔木
　海　　拔：约 1400 m
　国内分布：云南
　国外分布：柬埔寨、缅甸、泰国
　濒危等级：VU A2c

木棉
Bombax ceiba L.
　习　　性：落叶乔木
　海　　拔：1400 m 以下
　国内分布：福建、广东、广西、贵州、海南、江西、四川、台湾、云南
　国外分布：澳大利亚、巴布亚新几内亚、不丹、菲律宾、老挝、马来西亚、孟加拉国、缅甸、尼泊尔、斯里兰卡、印度、印度尼西亚
　濒危等级：LC
　资源利用：药用（中草药）；原料（木材，工业用油）；环境利用（观赏）；食品（蔬菜）

长果木棉
Bombax insigne (Dunn) A. Robyns
　习　　性：落叶乔木
　海　　拔：500 ~ 1000 m
　分　　布：云南
　濒危等级：LC

柄翅果属 Burretiodendron Rehder

柄翅果
Burretiodendron esquirolii (H. Lév.) Rehder
　习　　性：落叶乔木
　海　　拔：100 ~ 700 m
　国内分布：广西、贵州、云南
　国外分布：缅甸、泰国
　濒危等级：NT
　国家保护：Ⅱ级

元江柄翅果
Burretiodendron kydiifolium Y. C. Hsu et R. Zhuge
　习　　性：落叶乔木
　海　　拔：400 ~ 900 m
　分　　布：云南
　濒危等级：NT A3b

刺果藤属 Byttneria Loefl.

刺果藤
Byttneria grandifolia DC.
　习　　性：木质藤本
　海　　拔：200 ~ 300 m
　国内分布：广东、广西、海南、云南
　国外分布：不丹、柬埔寨、老挝、孟加拉国、尼泊尔、泰国、印度、越南
　濒危等级：LC
　资源利用：原料（纤维）

全缘刺果藤
Byttneria integrifolia Lace
　习　　性：木质藤本
　海　　拔：800 ~ 1600 m
　国内分布：云南
　国外分布：缅甸、泰国
　濒危等级：NT

粗毛刺果藤
Byttneria pilosa Roxb.
　习　　性：攀援藤本
　海　　拔：500 ~ 1000 m
　国内分布：云南
　国外分布：老挝、马来西亚、孟加拉国、缅甸、泰国、印度、印度尼西亚、越南
　濒危等级：LC

吉贝属 Ceiba Mill.

吉贝
Ceiba pentandra (L.) Gaertn.
　习　　性：落叶乔木
　国内分布：广东、广西、云南
　国外分布：原产热带美洲和可能西非；泛热带地区分布
　资源利用：原料（木材，工业用油，纤维）

大萼葵属 Cenocentrum Gagnep.

大萼葵
Cenocentrum tonkinense Gagnep.
　习　　性：落叶灌木
　海　　拔：700 ~ 1600 m
　国内分布：云南
　国外分布：老挝、泰国、越南
　濒危等级：LC
　资源利用：环境利用（观赏）

一担柴属 Colona Cav.

一担柴
Colona floribunda (Wall. ex Kurz.) Craib
　习　　性：乔木
　海　　拔：300 ~ 2000 m
　国内分布：云南
　国外分布：老挝、缅甸、泰国、印度、越南
　濒危等级：LC

资源利用：原料（纤维）

狭叶一担柴
Colona thorelii(Gagnep.)Burret
习　　性：乔木
海　　拔：200~800 m
国内分布：云南
国外分布：老挝、马来西亚、缅甸、泰国
濒危等级：LC

山麻树属 Commersonia J. R. Forst. et G. Forst.

山麻树
Commersonia bartramia(L.)Merr.
习　　性：乔木
海　　拔：100~400 m
国内分布：广东、广西、海南、云南
国外分布：澳大利亚、菲律宾、马来西亚、印度、印度尼西亚、越南
濒危等级：LC
资源利用：原料（纤维）

田麻属 Corchoropsis Sieb. et Zucc.

田麻
Corchoropsis crenata Siebold et Zucc.

田麻（原变种）
Corchoropsis crenata var. **crenata**
习　　性：一年生草本
国内分布：安徽、福建、甘肃、广东、广西、贵州、河北、河南、湖北、湖南、江苏、江西、辽宁、山东、山西、陕西、四川、浙江
国外分布：朝鲜、日本
濒危等级：LC
资源利用：原料（纤维）

光果田麻
Corchoropsis crenata var. **hupehensis** Pamp.
习　　性：一年生草本
国内分布：安徽、甘肃、河北、河南、湖北、江苏、辽宁、山东
国外分布：朝鲜
濒危等级：LC

黄麻属 Corchorus L.

甜麻
Corchorus aestuans L.

甜麻（原变种）
Corchorus aestuans var. **aestuans**
习　　性：一年生草本
海　　拔：100~1200 m
国内分布：安徽、福建、广东、广西、贵州、湖北、湖南、江苏、江西、四川、台湾、云南、浙江
国外分布：澳大利亚、巴基斯坦、不丹、菲律宾、马来西亚、孟加拉国、缅甸、尼泊尔、斯里兰卡、泰国、印度、印度尼西亚、越南
濒危等级：LC

资源利用：药用（中草药）；原料（纤维）；食品（蔬菜）

短茎甜麻
Corchorus aestuans var. **brevicaulis**(Hosok.)T. S. Liu et H. C. Lo
习　　性：一年生草本
分　　布：台湾
濒危等级：LC

黄麻
Corchorus capsularis L.
习　　性：木质草本
海　　拔：400~1000 m
国内分布：安徽、福建、广东、广西、贵州、海南、湖北、湖南、江苏、江西、陕西、四川、台湾、云南、浙江
国外分布：巴基斯坦、菲律宾、马来西亚、孟加拉国、缅甸、日本、斯里兰卡、印度、印度尼西亚
濒危等级：LC
资源利用：原料（纤维）；食品（蔬菜）；药用（中草药）

长蒴黄麻
Corchorus olitorius L.
习　　性：木质草本
海　　拔：400~1600 m
国内分布：安徽、福建、广东、广西、海南、湖南、江西、四川、云南
国外分布：热带地区
濒危等级：LC
资源利用：原料（纤维）

三室黄麻
Corchorus trilocularis L.
习　　性：一年生或多年生草本
海　　拔：1500 m
国内分布：云南
国外分布：阿富汗、澳大利亚、巴基斯坦、不丹、斯里兰卡、印度、印度尼西亚
濒危等级：LC

滇桐属 Craigia W. W. Sm. et W. E. Evans

桂滇桐
Craigia kwangsiensis Hsue
习　　性：落叶乔木
海　　拔：约1400 m
分　　布：广西
濒危等级：EX

滇桐
Craigia yunnanensis W. W. Sm. et W. E. Evans
习　　性：乔木
海　　拔：500~1600 m
国内分布：广西、贵州、西藏、云南
国外分布：越南
濒危等级：EN C2a；D
国家保护：Ⅱ级

十裂葵属 Decaschistia Wight et Arn.

中越十裂葵
Decaschistia mouretii Gagnep.

中越十裂葵(原变种)
Decaschistia mouretii var. **mouretii**
  习　　性：灌木或亚灌木
  国内分布：广东
  国外分布：越南
  濒危等级：NT A3b

十裂葵
Decaschistia mouretii var. **nervifolia** (Masam.) H. S. Kiu
  习　　性：灌木或亚灌木
  分　　布：海南
  濒危等级：LC

海南椴属 Diplodiscus Turcz.

海南椴
Diplodiscus trichosperma (Merr.) Y. Tang, M. G. Gilbert et Dorr
  习　　性：乔木
  海　　拔：200~300 m
  分　　布：广西、海南
  濒危等级：VU B2ab (ii)
  国家保护：Ⅱ级

火绳树属 Eriolaena DC.

南火绳
Eriolaena candollei Wall.
  习　　性：乔木
  海　　拔：800~1400 m
  国内分布：广西、四川、云南
  国外分布：不丹、老挝、缅甸、泰国、印度、越南
  濒危等级：LC

光叶火绳
Eriolaena glabrescens Hu
  习　　性：乔木
  海　　拔：800~1300 m
  国内分布：云南
  国外分布：泰国、越南
  濒危等级：NT

桂火绳
Eriolaena kwangsiensis Hand.-Mazz.
  习　　性：灌木或小乔木
  海　　拔：800~1200 m
  分　　布：广西、云南
  濒危等级：EN B1ab (i, ii, iii); C1
  资源利用：原料（纤维）

五室火绳
Eriolaena quinquelocularis (Wight et Arn.) Wight
  习　　性：乔木
  海　　拔：800~1700 m
  国内分布：云南
  国外分布：印度
  濒危等级：LC

火绳树
Eriolaena spectabilis (DC.) Planch. ex Mast.
  习　　性：落叶灌木或小乔木
  海　　拔：500~1300 m
  国内分布：广西、贵州、云南
  国外分布：不丹、尼泊尔、印度
  资源利用：原料（纤维）

泡火绳
Eriolaena wallichii DC.
  习　　性：乔木
  海　　拔：1300~1400 m
  国内分布：云南
  国外分布：尼泊尔、印度
  濒危等级：DD

蚬木属 Excentrodendron H. T. Chang et R. H. Miao

长萼蚬木
Excentrodendron obconicum (Chun et F. C. How) H. T. Chang et R. H. Miao
  习　　性：常绿乔木
  海　　拔：400 m
  分　　布：广西
  濒危等级：EN A3bc; B1ab (i, iii)

蚬木
Excentrodendron tonkinense (A. Chev.) H. T. Chang et R. H. Miao
  习　　性：常绿乔木
  海　　拔：700~900 m
  国内分布：广西、云南
  国外分布：越南
  濒危等级：VU A3b
  国家保护：Ⅱ级

梧桐属 Firmiana Marsili

石山梧桐
Firmiana calcarea C. F. Liang et S. L. Mo ex Y. S. Huang
  习　　性：落叶灌木
  海　　拔：300~500 m
  分　　布：广西
  濒危等级：CR D1
  国家保护：Ⅱ级

丹霞梧桐
Firmiana danxiaensis H. H. Hsue et H. S. Kiu
  习　　性：乔木
  海　　拔：200~300 m
  分　　布：广东
  濒危等级：NT
  国家保护：Ⅱ级

海南梧桐
Firmiana hainanensis Kosterm.
  习　　性：乔木
  海　　拔：400~900 m
  分　　布：海南
  濒危等级：VU A2c
  国家保护：Ⅱ级

广西火桐（美丽梧桐）
Firmiana kwangsiensis H. H. Hsue

习　　性：落叶乔木
海　　拔：900～1000 m
分　　布：广西
濒危等级：EN B1ab（i，iii，v）
国家保护：Ⅰ级
资源利用：原料（材用）；环境利用（观赏）

云南梧桐
Firmiana major（W. W. Sm.）Hand. -Mazz.
习　　性：落叶乔木
海　　拔：1600～3000 m
分　　布：四川、云南
濒危等级：EN C1
国家保护：Ⅱ级
资源利用：原料（木材，工业用油）

美丽火桐
Firmiana pulcherrima H. H. Hsue
习　　性：落叶乔木
海　　拔：1000 m
国内分布：海南、云南
国外分布：不丹、马来西亚、缅甸、尼泊尔、斯里兰卡、泰国、印度、印度尼西亚、越南
濒危等级：EN B1ab（i，iii，v）
国家保护：Ⅱ级

梧桐
Firmiana simplex（L.）W. Wight
习　　性：落叶乔木
国内分布：安徽、福建、广东、广西、贵州、海南、湖北、湖南、江苏、江西、山东、山西、陕西、四川、台湾、云南、浙江
国外分布：日本；欧洲、北美洲栽培
濒危等级：LC
资源利用：药用（中草药）；原料（纤维，木材，工业用油）；环境利用（观赏）；食品（油脂）

棉属 Gossypium L.

树棉
Gossypium arboreum L.

树棉（原变种）
Gossypium arboreum var. **arboreum**
习　　性：亚灌木或灌木
国内分布：长江流域和黄河流域广泛栽培
国外分布：印度；广泛栽培于旧世界热带、亚热带地区
资源利用：原料（纤维，工业用油）

钝叶树棉
Gossypium arboreum var. **obtusifolium**（Roxb.）Roberty
习　　性：亚灌木或灌木
国内分布：广东、广西、四川、台湾、云南
国外分布：印度、斯里兰卡

海岛棉
Gossypium barbadense L.

海岛棉（原变种）
Gossypium barbadense var. **barbadense**
习　　性：亚灌木或灌木
海　　拔：800 m以下
国内分布：广东、广西、海南、云南栽培
国外分布：印度
资源利用：原料（纤维）

巴西海岛棉
Gossypium barbadense var. **acuminatum**（Roxb. ex G. Don）Triana et Planchon
习　　性：亚灌木或灌木
海　　拔：1500 m以下
国内分布：广东、海南、云南
国外分布：美洲热带地区
资源利用：原料（纤维）

草棉
Gossypium herbaceum L.
习　　性：草本或亚灌木
国内分布：甘肃、广东、四川、新疆、云南栽培
国外分布：西南亚；印度栽培
资源利用：原料（纤维）；药用（中草药）

陆地棉
Gossypium hirsutum L.
习　　性：一年生草本
国内分布：各地栽培
国外分布：原产墨西哥；全世界暖温带地区广泛栽培
资源利用：原料（纤维）

扁担杆属 Grewia L.

苘麻叶扁担杆
Grewia abutilifolia W. Vent ex Juss.
习　　性：灌木或小乔木
海　　拔：100～1800 m
国内分布：广东、广西、贵州、海南、台湾、云南
国外分布：柬埔寨、老挝、马来西亚、缅甸、泰国、印度、印度尼西亚、越南
濒危等级：LC
资源利用：原料（纤维）

密齿扁担杆
Grewia acuminata Juss.
习　　性：攀援灌木
海　　拔：800～900 m
国内分布：云南
国外分布：柬埔寨、老挝、马来西亚、缅甸、泰国、印度、印度尼西亚、越南
濒危等级：LC

狭萼扁担杆
Grewia angustisepala H. T. Chang
习　　性：灌木
海　　拔：800～1200 m
分　　布：云南
濒危等级：LC

扁担杆
Grewia biloba G. Don

锦葵科 MALVACEAE

扁担杆（原变种）
Grewia biloba var. **biloba**
- 习　　性：灌木或小乔木
- 海　　拔：300~2500 m
- 国内分布：安徽、广东、广西、贵州、河北、河南、湖北、湖南、江苏、江西、山东、山西、陕西、四川、台湾、云南、浙江
- 国外分布：朝鲜
- 濒危等级：LC
- 资源利用：环境利用（观赏）；原料（纤维）；药用（中草药）

小叶扁担杆
Grewia biloba var. **microphylla**（Maxim.）Hand.-Mazz.
- 习　　性：灌木或小乔木
- 分　　布：福建、海南、四川、台湾、云南
- 濒危等级：LC

小花扁担杆
Grewia biloba var. **parviflora**（Bunge）Hand.-Mazz.
- 习　　性：灌木或小乔木
- 海　　拔：1200~1700 m
- 国内分布：安徽、广东、广西、贵州、河北、河南、湖北、湖南、江苏、江西、山东、山西、陕西、四川、云南、浙江
- 濒危等级：LC

短柄扁担杆
Grewia brachypoda C. Y. Wu
- 习　　性：灌木
- 海　　拔：700~1400 m
- 分　　布：四川、云南
- 濒危等级：LC

朴叶扁担杆
Grewia celtidifolia Juss.
- 习　　性：灌木
- 海　　拔：100~1800 m
- 国内分布：广东、广西、贵州、台湾、云南
- 国外分布：柬埔寨、老挝、马来西亚、缅甸、泰国、印度尼西亚、越南
- 濒危等级：LC

崖县扁担杆
Grewia chuniana Burret
- 习　　性：灌木
- 分　　布：海南
- 濒危等级：LC

同色扁担杆
Grewia concolor Merr.
- 习　　性：攀援灌木
- 分　　布：福建、海南
- 濒危等级：NT B1

复齿扁担杆
Grewia cuspidato-serrata Burret
- 习　　性：灌木
- 海　　拔：约1500 m
- 分　　布：云南
- 濒危等级：NT A3b

毛果扁担杆
Grewia eriocarpa Juss.
- 习　　性：灌木或小乔木
- 海　　拔：400~1500 m
- 国内分布：广东、广西、贵州、台湾、云南
- 国外分布：不丹、菲律宾、柬埔寨、老挝、马来西亚、缅甸、尼泊尔、斯里兰卡、泰国、印度、印度尼西亚、越南
- 濒危等级：LC
- 资源利用：原料（纤维）

镰叶扁担杆
Grewia falcata C. Y. Wu
- 习　　性：灌木或小乔木
- 海　　拔：800~1700 m
- 国内分布：广西、云南
- 国外分布：柬埔寨、老挝、马来西亚、缅甸、泰国、越南
- 濒危等级：LC
- 资源利用：药用（中草药）

黄麻叶扁担杆
Grewia henryi Burret
- 习　　性：灌木或小乔木
- 海　　拔：300~1600 m
- 分　　布：福建、广东、广西、贵州、江西、云南
- 濒危等级：LC
- 资源利用：原料（纤维）

粗毛扁担杆
Grewia hirsuta Vahl.
- 习　　性：灌木或小乔木
- 海　　拔：500~1700 m
- 国内分布：广东、广西
- 国外分布：柬埔寨、老挝、马来西亚、孟加拉国、缅甸、尼泊尔、斯里兰卡、泰国、印度、越南
- 濒危等级：LC

矮生扁担杆
Grewia humilis Wall.
- 习　　性：乔木或灌木
- 国内分布：云南
- 国外分布：印度
- 濒危等级：LC

广东扁担杆
Grewia kwangtungensis H. T. Chang
- 习　　性：蔓性灌木
- 海　　拔：800~900 m
- 分　　布：广东
- 濒危等级：LC

细齿扁担杆
Grewia lacei Drumm. et Craib
- 习　　性：乔木
- 海　　拔：500~700 m
- 国内分布：云南
- 国外分布：老挝、缅甸、泰国

濒危等级：LC

阔腺扁担杆
Grewia latiglandulosa Z. Y. Huang et S. Y. Liu
习　　性：灌木
分　　布：广西
濒危等级：LC

长瓣扁担杆
Grewia macropetala Burret
习　　性：灌木
海　　拔：700 m
分　　布：广东、广西、云南
濒危等级：LC

光叶扁担杆
Grewia multiflora Juss.
习　　性：灌木或小乔木
海　　拔：600~1500 m
国内分布：云南
国外分布：澳大利亚、巴基斯坦、马来西亚、缅甸、尼泊尔、印度、印度尼西亚
濒危等级：LC

寡蕊扁担杆
Grewia oligandra Pierre
习　　性：灌木
国内分布：广东、广西、海南
国外分布：柬埔寨、老挝、马来西亚、缅甸、泰国、越南
濒危等级：LC

大叶扁担杆
Grewia permagna C. Y. Wu ex H. T. Chang
习　　性：灌木或小乔木
海　　拔：约1200 m
分　　布：云南
濒危等级：LC

钝叶扁担杆
Grewia retusifolia Pierre
习　　性：灌木或小乔木
国内分布：广西
国外分布：澳大利亚、印度尼西亚、越南
濒危等级：LC

菱叶扁担杆
Grewia rhombifolia Kaneh. et Sasaki
习　　性：灌木
分　　布：台湾
濒危等级：LC

无柄扁担杆
Grewia sessiliflora Gagnep.
习　　性：灌木
国内分布：广东、广西
国外分布：老挝、泰国、越南
濒危等级：LC

椴叶扁担杆
Grewia tiliaefolia Vahl
习　　性：乔木
海　　拔：800~1600 m
国内分布：广西、云南
国外分布：柬埔寨、老挝、马来西亚、缅甸、泰国、印度、越南
濒危等级：LC

稔叶扁担杆
Grewia urenifolia (Pierre) Gagnep.
习　　性：灌木
国内分布：广西、海南、云南
国外分布：柬埔寨、老挝、马来西亚、缅甸、泰国、越南
濒危等级：LC

盈江扁担杆
Grewia yinkiangensis Y. C. Hsu et R. Zhuge
习　　性：灌木
海　　拔：约1000 m
分　　布：云南
濒危等级：LC

山芝麻属 Helicteres L.

山芝麻
Helicteres angustifolia L.
习　　性：灌木
海　　拔：100~800 m
国内分布：福建、广东、广西、海南、湖南、江西、台湾、云南
国外分布：澳大利亚、菲律宾、柬埔寨、马来西亚、缅甸、日本、泰国、印度、印度尼西亚、越南
濒危等级：LC
资源利用：药用（中草药）；原料（纤维）

长序山芝麻
Helicteres elongata Wall. ex Mast.
习　　性：灌木
海　　拔：200~1600 m
国内分布：广西、云南
国外分布：不丹、孟加拉国、缅甸、泰国、印度
濒危等级：LC
资源利用：药用（中草药）；原料（纤维）

细齿山芝麻
Helicteres glabriuscula Wall. ex Mast.
习　　性：灌木
国内分布：广西、贵州、云南
国外分布：缅甸
濒危等级：LC

雁婆麻
Helicteres hirsuta Lour.
习　　性：灌木
国内分布：广东、广西、海南
国外分布：菲律宾、柬埔寨、老挝、马来西亚、泰国、印度、越南
濒危等级：LC
资源利用：原料（纤维）

火索麻
Helicteres isora L.
- 习　　性：灌木或小乔木
- 海　　拔：100~600 m
- 国内分布：海南、云南
- 国外分布：澳大利亚、不丹、柬埔寨、马来西亚、尼泊尔、斯里兰卡、泰国、印度、印度尼西亚、越南
- 濒危等级：LC
- 资源利用：药用（中草药）；原料（纤维）

剑叶山芝麻
Helicteres lanceolata DC.
- 习　　性：灌木
- 海　　拔：约600 m
- 国内分布：广东、广西、海南、云南
- 国外分布：柬埔寨、老挝、缅甸、泰国、印度尼西亚、越南
- 濒危等级：LC
- 资源利用：原料（纤维）

钝叶山芝麻
Helicteres obtusa Wall. ex Masters
- 习　　性：灌木或亚灌木
- 海　　拔：约600 m
- 国内分布：云南
- 国外分布：缅甸、泰国、印度
- 濒危等级：LC

矮山芝麻
Helicteres plebeja Kurz.
- 习　　性：灌木
- 国内分布：云南
- 国外分布：老挝、缅甸、泰国、印度、越南
- 濒危等级：LC

平卧山芝麻
Helicteres prostrata S. Y. Liu
- 习　　性：亚灌木
- 分　　布：广西
- 濒危等级：LC

黏毛山芝麻
Helicteres viscida Blume
- 习　　性：灌木
- 海　　拔：300~900 m
- 国内分布：海南、云南
- 国外分布：老挝、马来西亚、缅甸、泰国、印度尼西亚、越南
- 濒危等级：LC
- 资源利用：原料（纤维）

泡果苘属 Herissantia Medicus

泡果苘
Herissantia crispa (L.) Brizicky
- 习　　性：多年生草本
- 国内分布：海南、台湾
- 国外分布：原产热带美洲；现为泛热带地区杂草
- 濒危等级：LC

银叶树属 Heritiera Aiton

长柄银叶树
Heritiera angustata Pierre
- 习　　性：常绿乔木
- 海　　拔：200~1500 m
- 国内分布：海南、云南
- 国外分布：柬埔寨
- 濒危等级：EN A2c；B1ab（iii）；D
- 资源利用：原料（木材）

银叶树
Heritiera littoralis Dryand.
- 习　　性：常绿乔木
- 海　　拔：约50 m
- 国内分布：广东、广西、海南、台湾
- 国外分布：澳大利亚、菲律宾、柬埔寨、马来西亚、斯里兰卡、印度、印度尼西亚、越南
- 濒危等级：VU A2c
- 资源利用：原料（纤维，木材）

蝴蝶树
Heritiera parvifolia Merr.
- 习　　性：常绿乔木
- 海　　拔：300~500 m
- 国内分布：海南
- 国外分布：缅甸、泰国、印度
- 濒危等级：VU A2cd；C1
- 国家保护：II级

木槿属 Hibiscus L.

旱地木槿
Hibiscus aridicola J. Anthony
- 习　　性：落叶灌木
- 海　　拔：1300~2100 m
- 分　　布：四川、云南
- 濒危等级：NT

滇南芙蓉
Hibiscus austroyunnanensis C. Y. Wu et K. M. Feng
- 习　　性：攀援灌木
- 海　　拔：500~1300 m
- 分　　布：云南
- 濒危等级：EN B2ab（ii）

大麻槿
Hibiscus cannabinus L.
- 习　　性：一年生或多年生草本
- 国内分布：广东、河北、黑龙江、江苏、辽宁、云南、浙江
- 国外分布：原产印度
- 资源利用：原料（纤维）

红秋葵
Hibiscus coccineus Walter
- 习　　性：多年生草本
- 国内分布：北京、江苏、上海
- 国外分布：原产北美洲

资源利用：环境利用（观赏）

高红槿
Hibiscus elatus Sw.
习　　性：常绿乔木
国内分布：福建
国外分布：原产印度

香芙蓉
Hibiscus fragrans Roxb.
习　　性：攀援灌木
海　　拔：1400 m 以下
国内分布：云南
国外分布：孟加拉国、缅甸、印度
濒危等级：DD

樟叶槿
Hibiscus grewiifolius Hassk.
习　　性：常绿乔木
海　　拔：约 2000 m
国内分布：海南
国外分布：老挝、缅甸、泰国、印度尼西亚、越南
濒危等级：NT

海滨木槿
Hibiscus hamabo Sieb. et Zucc.
习　　性：灌木或小乔木
国内分布：浙江
国外分布：朝鲜、日本；印度和太平洋诸岛栽培
濒危等级：LC

思茅芙蓉
Hibiscus hispidissimus Griff.
习　　性：草本
海　　拔：1500 m
国内分布：云南
国外分布：孟加拉国、缅甸、斯里兰卡、泰国
濒危等级：NT

美丽芙蓉
Hibiscus indicus(Burm. f.) Hochr.

美丽芙蓉（原变种）
Hibiscus indicus var. **indicus**
习　　性：落叶灌木
海　　拔：700~2000 m
分　　布：广东、广西、海南、四川、云南
濒危等级：LC
资源利用：原料（纤维）；环境利用（观赏）

全缘叶美丽芙蓉
Hibiscus indicus var. **integrilobus**(S. Y. Hu) K. M. Feng
习　　性：落叶灌木
分　　布：台湾
濒危等级：LC

贵州芙蓉
Hibiscus labordei H. Lév.
习　　性：落叶灌木
海　　拔：约 1300 m
分　　布：广西、贵州
濒危等级：LC

光籽木槿
Hibiscus leviseminus M. G. Gilbert, Y. Tang et Dorr
习　　性：灌木
海　　拔：600~1300 m
分　　布：甘肃、广西、贵州、湖南、江西、陕西
濒危等级：VU B2ab（ii，iv）

草木槿
Hibiscus lobatus(Murray) Kuntze
习　　性：一年生草本
国内分布：海南
国外分布：巴基斯坦、不丹、马达加斯加、马来西亚、缅甸、尼泊尔、斯里兰卡、印度
濒危等级：NT

大叶木槿
Hibiscus macrophyllus Roxb. ex Hornem.
习　　性：乔木
海　　拔：400~1000 m
国内分布：云南
国外分布：巴基斯坦、柬埔寨、马来西亚、缅甸、泰国、印度、印度尼西亚、越南
资源利用：LC

芙蓉葵
Hibiscus moscheutos L.
习　　性：多年生草本
国内分布：北京、江苏、山东、上海、云南、浙江
国外分布：原产北美洲
资源利用：环境利用（观赏）

木芙蓉
Hibiscus mutabilis L.
习　　性：灌木或小乔木
海　　拔：300~670 m
国内分布：福建、广东、湖南、台湾、云南；有栽培
国外分布：有栽培或归化
濒危等级：LC
资源利用：药用（中草药）；环境利用（观赏）

庐山芙蓉
Hibiscus paramutabilis L. H. Bailey.

庐山芙蓉（原变种）
Hibiscus paramutabilis var. **paramutabilis**
习　　性：落叶灌木或小乔木
海　　拔：500~1100 m
分　　布：广西、湖南、江西
濒危等级：VU A2c
资源利用：原料（木材）；环境利用（观赏）

长梗庐山芙蓉
Hibiscus paramutabilis var. **longipedicellatus** K. M. Feng
习　　性：落叶灌木或小乔木
海　　拔：约 500 m
分　　布：广西

濒危等级：LC

辐射刺芙蓉
Hibiscus radiatus Cav.
- 习　　性：多年生草本
- 国内分布：福建
- 国外分布：原产缅甸
- 资源利用：药用（中草药）

朱槿
Hibiscus rosa-sinensis L.

朱槿（原变种）
Hibiscus rosa-sinensis var. **rosa-sinensis**
- 习　　性：常绿灌木
- 国内分布：福建、广东、广西、海南、四川、台湾、云南；广泛栽培
- 国外分布：广泛栽培
- 濒危等级：LC
- 资源利用：环境利用（观赏）

重瓣朱槿
Hibiscus rosa-sinensis var. **rubro-plenus** Sweet
- 习　　性：常绿灌木
- 分　　布：北京、广东、广西、海南、四川、云南
- 资源利用：环境利用（观赏）

玫瑰茄
Hibiscus sabdariffa L.
- 习　　性：一年生草本
- 国内分布：福建、广东、海南、台湾、云南栽培
- 国外分布：可能原产非洲；世界热带地区广泛栽培
- 资源利用：环境利用（观赏）；原料（精油）

吊灯芙桑
Hibiscus schizopetalus (Dyer) Hook. f.
- 习　　性：常绿灌木
- 国内分布：福建、广东、广西、海南、台湾、云南
- 国外分布：原产非洲；广泛栽培
- 资源利用：环境利用（观赏）

华木槿
Hibiscus sinosyriacus L. H. Bailey
- 习　　性：落叶灌木
- 海　　拔：500～1000 m
- 分　　布：广西、贵州、湖南、江西
- 濒危等级：NT A2c
- 濒危等级：LC
- 资源利用：环境利用（观赏）

刺芙蓉
Hibiscus surattensis L.
- 习　　性：一年生草本
- 海　　拔：300～1200 m
- 国内分布：海南、香港、云南
- 国外分布：澳大利亚、不丹、菲律宾、柬埔寨、老挝、缅甸、斯里兰卡、泰国、印度、越南
- 濒危等级：LC

木槿
Hibiscus syriacus L.

木槿（原变种）
Hibiscus syriacus var. **syriacus**
- 习　　性：落叶灌木
- 海　　拔：1200 m 以下
- 国内分布：原产安徽、广东、广西、江苏、四川、台湾、云南、浙江
- 国外分布：世界热带、亚热带和温带地区广泛栽培
- 濒危等级：LC
- 资源利用：药用（中草药）；原料（纤维，木材）；环境利用（观赏）

粉紫重瓣木槿
Hibiscus syriacus var. **amplissimus** L. F. Gagnep.
- 习　　性：落叶灌木
- 分　　布：山东
- 濒危等级：LC

短苞木槿
Hibiscus syriacus var. **brevibracteatus** S. Y. Hu
- 习　　性：落叶灌木
- 分　　布：福建、广东、山东
- 濒危等级：LC

雅致木槿
Hibiscus syriacus var. **elegantissimus** L. F. Gagnep.
- 习　　性：落叶灌木
- 分　　布：河北、湖南、江西
- 濒危等级：LC

大花木槿
Hibiscus syriacus var. **grandiflorus** Hort. ex Rehder
- 习　　性：落叶灌木
- 分　　布：福建、广西、江苏、江西
- 濒危等级：LC

长苞木槿
Hibiscus syriacus var. **longibracteatus** S. Y. Hu
- 习　　性：落叶灌木
- 分　　布：贵州、四川、台湾、云南
- 濒危等级：LC

牡丹木槿
Hibiscus syriacus var. **paeoniflorus** L. F. Gagnep.
- 习　　性：落叶灌木
- 分　　布：贵州、江西、陕西、浙江
- 濒危等级：LC

白花牡丹木槿
Hibiscus syriacus var. **toto-albus** T. Moore
- 习　　性：落叶灌木
- 分　　布：安徽、福建、广东、贵州、江西、陕西、四川、台湾、云南
- 濒危等级：LC

紫花重瓣木槿
Hibiscus syriacus var. **violaceus** L. F. Gagnep.
- 习　　性：落叶灌木
- 分　　布：贵州、四川、西藏、云南
- 濒危等级：LC

台湾芙蓉
Hibiscus taiwanensis S. Y. Hu
- 习　　性：灌木或小乔木
- 分　　布：台湾
- 濒危等级：LC
- 资源利用：环境利用（观赏）

黄槿
Hibiscus tiliaceus L.
　　习　　性：常绿灌木或乔木
　　海　　拔：海平面至 300 m
　　国内分布：福建、广东、海南、台湾
　　国外分布：菲律宾、柬埔寨、老挝、马来西亚、缅甸、泰国、印度、印度尼西亚、越南；泛热带地区分布
　　濒危等级：LC
　　资源利用：原料（纤维，木材）；食品（蔬菜）；环境利用（观赏）

野西瓜苗
Hibiscus trionum L.
　　习　　性：一年生草本
　　国内分布：全国广泛分布
　　国外分布：哈萨克斯坦、吉尔吉斯斯坦、蒙古、塔吉克斯坦、土库曼斯坦、乌兹别克斯坦；泛热带地区分布
　　濒危等级：LC
　　资源利用：药用（中草药）

云南芙蓉
Hibiscus yunnanensis S. Y. Hu
　　习　　性：多年生草本
　　海　　拔：500 ~ 600 m
　　分　　布：云南
　　濒危等级：EN A2c；B1ab（ii）

鹧鸪麻属 Kleinhovia L.

鹧鸪麻
Kleinhovia hospita L.
　　习　　性：乔木
　　国内分布：海南、台湾
　　国外分布：澳大利亚、菲律宾、马来西亚、斯里兰卡、泰国、印度、越南
　　濒危等级：LC
　　资源利用：原料（纤维，木材）

翅果麻属 Kydia Roxb.

翅果麻
Kydia calycina Roxb.
　　习　　性：乔木
　　海　　拔：500 ~ 1600 m
　　国内分布：云南
　　国外分布：巴基斯坦、不丹、缅甸、尼泊尔、泰国、印度、越南
　　濒危等级：LC
　　资源利用：原料（纤维）

光叶翅果麻
Kydia glabrescens Mast.

光叶翅果麻（原变种）
Kydia glabrescens var. **glabrescens**
　　习　　性：乔木
　　海　　拔：500 ~ 1100 m
　　国内分布：云南
　　国外分布：不丹、印度、越南
　　濒危等级：LC

毛叶翅果麻
Kydia glabrescens var. **intermedia** S. Y. Hu
　　习　　性：乔木
　　海　　拔：700 ~ 1100 m
　　分　　布：云南
　　濒危等级：LC

花葵属 Lavatera L.

花葵
Lavatera arborea L.
　　习　　性：二年生草本
　　国内分布：北京栽培
　　国外分布：原产欧洲
　　资源利用：环境利用（观赏）

新疆花葵
Lavatera cashemiriana Cambess.
　　习　　性：多年生草本
　　海　　拔：500 ~ 2200 m
　　国内分布：新疆
　　国外分布：阿尔泰山、克什米尔地区
　　濒危等级：LC
　　资源利用：环境利用（观赏）

三月花葵
Lavatera trimestris L.
　　习　　性：一年生草本
　　国内分布：北京栽培
　　国外分布：原产欧洲

锦葵属 Malva L.

锦葵
Malva cathayensis M. G. Gilbert, Y. Tang et Dorr
　　习　　性：二年生或多年生草本
　　国内分布：安徽、北京、福建、广东、广西、贵州、河北、河南、湖北、湖南、江苏、江西、辽宁、内蒙古、山东、山西、陕西、四川、台湾、天津、西藏、新疆、云南、浙江
　　国外分布：原产印度
　　资源利用：药用（中草药）；环境利用（观赏）

圆叶锦葵
Malva pusilla Sm.
　　习　　性：多年生草本
　　国内分布：安徽、甘肃、贵州、河北、河南、江苏、山东、山西、陕西、四川、台湾、西藏、新疆、云南
　　国外分布：哈萨克斯坦、吉尔吉斯斯坦、蒙古、土库曼斯坦、乌兹别克斯坦；亚洲、欧洲
　　濒危等级：LC

野葵
Malva verticillata L.

野葵（原变种）
Malva verticillata var. **verticillata**
　　习　　性：二年生草本
　　海　　拔：500 ~ 4500 m
　　国内分布：安徽、北京、福建、甘肃、广东、广西、贵州、

河北、河南、黑龙江、湖北、湖南、吉林、江苏、江西、辽宁、内蒙古、宁夏、青海、山东、山西、陕西、四川、西藏、香港、新疆、云南、浙江
- 国外分布：埃塞俄比亚、巴基斯坦、不丹、朝鲜、俄罗斯、蒙古、缅甸、印度
- 濒危等级：LC
- 资源利用：药用（中草药）；食品（蔬菜）；环境利用（观赏）

冬葵

Malva verticillata var. **crispa** L.
- 习　　性：二年生草本
- 国内分布：甘肃、贵州、湖南、江西、四川、云南
- 国外分布：巴基斯坦、印度
- 濒危等级：LC
- 资源利用：环境利用（观赏）；食品（蔬菜）

中华野葵

Malva verticillata var. **rafiqii** Abedin.
- 习　　性：二年生草本
- 海　　拔：1900～3500 m
- 国内分布：安徽、甘肃、广东、贵州、河北、湖北、湖南、江苏、江西、山东、山西、陕西、四川、新疆、云南、浙江
- 国外分布：巴基斯坦、朝鲜、印度
- 濒危等级：LC

赛葵属 Malvastrum A. Gray

穗花赛葵

Malvastrum americanum (L.) Torr.
- 习　　性：多年生草本或亚灌木
- 国内分布：福建、台湾归化
- 国外分布：澳大利亚、菲律宾、印度、印度尼西亚；北美洲和南美洲

赛葵

Malvastrum coromandelianum (L.) Garcke
- 习　　性：亚灌木
- 海　　拔：海平面至500 m
- 国内分布：福建、广东、广西、台湾、云南归化
- 国外分布：巴基斯坦、缅甸、日本、斯里兰卡、印度、越南
- 资源利用：药用（中草药）

悬铃花属 Malvaviscus Fabr.

小悬铃花

Malvaviscus arboreus Cav.
- 习　　性：灌木
- 国内分布：福建、广东、云南栽培
- 国外分布：原产中美洲和美国东南部；热带和暖温带广泛种植，时有归化
- 资源利用：环境利用（观赏）

垂花悬铃花

Malvaviscus penduliflorus DC.
- 习　　性：灌木
- 国内分布：广东、台湾、云南栽培
- 国外分布：巴基斯坦、不丹、菲律宾、缅甸、尼泊尔、斯里兰卡栽培、泰国、印度、印度尼西亚；非洲、美洲、太平洋岛屿有栽培；可能原产墨西哥
- 资源利用：环境利用（观赏）

梅蓝属 Melhania Forssk.

梅蓝

Melhania hamiltoniana Wall.
- 习　　性：灌木
- 海　　拔：400～500 m
- 国内分布：云南
- 国外分布：缅甸、印度
- 濒危等级：EN B1ab（i, iii）

马松子属 Melochia L.

马松子

Melochia corchorifolia L.
- 习　　性：草本或亚灌木
- 海　　拔：100～1300 m
- 国内分布：长江以南广泛分布，杂草
- 国外分布：日本；泛热带地区分布
- 濒危等级：LC
- 资源利用：原料（纤维）

破布叶属 Microcos L.

海南破布叶

Microcos chungii (Merr.) Chun
- 习　　性：乔木
- 海　　拔：海平面至2000 m
- 国内分布：海南、云南
- 国外分布：越南
- 濒危等级：VU A2c；B1ab（iii）

破布叶

Microcos paniculata L.
- 习　　性：灌木或小乔木
- 国内分布：广东、广西、海南、云南
- 国外分布：柬埔寨、老挝、马来西亚、缅甸、斯里兰卡、泰国、印度、印度尼西亚、越南
- 濒危等级：LC
- 资源利用：药用（中草药）

毛破布叶

Microcos stauntoniana G. Don
- 习　　性：乔木
- 国内分布：海南
- 国外分布：柬埔寨、老挝、马来西亚、缅甸、泰国、印度尼西亚、越南
- 濒危等级：DD

枣叶槿属 Nayariophyton T. K. Paul

枣叶槿

Nayariophyton zizyphifolium (Griff.) D. G. Long et A. G. Miller
- 习　　性：乔木
- 海　　拔：约1600 m
- 国内分布：云南
- 国外分布：不丹、泰国、印度
- 濒危等级：VU A2c；B1ab（i, ii, iii）

轻木属 Ochroma Sw.

轻木
Ochroma lagopus Sw.
习　　性：乔木
国内分布：台湾、云南栽培
国外分布：玻利维亚、秘鲁、墨西哥、印度
资源利用：原料（木材）

瓜栗属 Pachira Aublet

瓜栗
Pachira aquatica Aublet
习　　性：乔木
国内分布：广东、台湾、云南
国外分布：原产热带美洲；栽培并归化于世界热带地区
资源利用：食品（水果）

平当树属 Paradombeya Stapf

平当树
Paradombeya sinensis Dunn
习　　性：灌木或小乔木
海　　拔：300～1500 m
分　　布：四川、云南
濒危等级：EN B1b（i，iii）
国家保护：Ⅱ级

午时花属 Pentapetes L.

午时花
Pentapetes phoenicea L.
习　　性：一年生草本
国内分布：广东、广西、四川、云南
国外分布：菲律宾、马来西亚、孟加拉国、缅甸、尼泊尔、日本、斯里兰卡、泰国、印度、印度尼西亚、越南
濒危等级：LC
资源利用：环境利用（观赏）

翅子树属 Pterospermum Schreb.

翻白叶树
Pterospermum heterophyllum Hance
习　　性：乔木
海　　拔：300～1100 m
国内分布：福建、广东、广西、海南、云南
国外分布：不丹、老挝、马来西亚、孟加拉国、缅甸、尼泊尔、泰国、印度
濒危等级：NT B1b（i，iii）
资源利用：药用（中草药）；环境利用（观赏）

景东翅子树
Pterospermum kingtungense C. Y. Wu ex H. H. Hsue
习　　性：乔木
海　　拔：1400～1500 m
分　　布：云南
濒危等级：EN D
国家保护：Ⅱ级

窄叶半枫荷
Pterospermum lanceagfolium Roxb.
习　　性：乔木
海　　拔：800～900 m
国内分布：广东、广西、海南、云南
国外分布：马来西亚、缅甸、印度、越南
濒危等级：LC

勐仑翅子树
Pterospermum menglunense Hsue
习　　性：乔木
海　　拔：500～800 m
分　　布：云南
濒危等级：EN B1ab（i，ii，iii，v）
国家保护：Ⅱ级

台湾翅子树
Pterospermum niveum Vidal
习　　性：乔木
海　　拔：海平面至350 m
国内分布：台湾
国外分布：菲律宾
濒危等级：VU D1

变叶翅子树
Pterospermum proteus Burkill
习　　性：灌木或小乔木
海　　拔：900～1700 m
分　　布：云南
濒危等级：DD

截裂翅子树
Pterospermum truncatolobatum Gagnep.
习　　性：乔木
海　　拔：300～500 m
国内分布：广西、云南
国外分布：越南
濒危等级：LC

云南翅子树
Pterospermum yunnanense Hsue
习　　性：乔木
海　　拔：1400～1600 m
分　　布：云南
濒危等级：EN A2c

翅苹婆属 Pterygota Schott et Endl.

翅苹婆
Pterygota alata（Roxb.）R. Br.
习　　性：乔木
国内分布：海南、云南
国外分布：不丹、菲律宾、马来西亚、孟加拉国、缅甸、泰国、印度、越南
濒危等级：LC

梭罗树属 Reevesia Lindl.

保亭梭罗
Reevesia botingensis H. H. Hsue

习　　性：乔木
海　　拔：海平面至 1800 m
分　　布：海南
濒危等级：EN D

台湾梭罗
Reevesia formosana Sprague
习　　性：乔木
分　　布：台湾
濒危等级：NT

瑶山梭罗
Reevesia glaucophylla H. H. Hsue
习　　性：乔木
海　　拔：500~700 m
分　　布：广东、广西、贵州、湖南
濒危等级：LC

剑叶梭罗
Reevesia lancifolia H. L. Li
习　　性：乔木
海　　拔：约 1167 m
分　　布：海南
濒危等级：CR B1ab (ii, v); C1

罗浮梭罗
Reevesia lofouensis Chun et H. H. Hsue
习　　性：乔木
海　　拔：海平面至 3000 m
分　　布：广东、海南
濒危等级：CR B1ab (ii, v); C1

长柄梭罗
Reevesia longipetiolata Merr. et Chun
习　　性：乔木
分　　布：海南
濒危等级：LC
资源利用：原料（纤维）

隆林梭罗
Reevesia lumlingensis H. H. Hsue ex S. J. Xu
习　　性：灌木或小乔木
分　　布：广西
濒危等级：LC

圆叶梭罗
Reevesia orbicularifolia H. H. Hsue
习　　性：乔木
海　　拔：约 1500 m
分　　布：云南
濒危等级：LC

梭罗树
Reevesia pubescens Mast.

梭罗树（原变种）
Reevesia pubescens var. **pubescens**
习　　性：乔木
海　　拔：500~2500 m
国内分布：广西、贵州、四川、云南
国外分布：不丹、老挝、缅甸、泰国、印度
濒危等级：LC

资源利用：原料（纤维）

广西梭罗
Reevesia pubescens var. **kwangsiensis** H. H. Hsue
习　　性：乔木
分　　布：广西
濒危等级：LC

泰梭罗
Reevesia pubescens var. **siamensis** (Craib) J. Anthony
习　　性：乔木
海　　拔：1000~1600 m
国内分布：云南
国外分布：缅甸、泰国
濒危等级：LC

雪峰山梭罗
Reevesia pubescens var. **xuefengensis** C. J. Qi
习　　性：乔木
分　　布：湖南
濒危等级：CR A2c

密花梭罗
Reevesia pycnantha Ling
习　　性：乔木
海　　拔：100~300 m
分　　布：福建、江西
濒危等级：VU A2c; B1ab (ii, v)

粗齿梭罗
Reevesia rotundifolia Chun
习　　性：乔木
海　　拔：约 1000 m
分　　布：广东、广西
濒危等级：EN A2c; D
国家保护：Ⅱ级

红脉梭罗
Reevesia rubronervia H. H. Hsue
习　　性：乔木
海　　拔：约 1000 m
分　　布：云南
濒危等级：NT

上思梭罗
Reevesia shangszeensis H. H. Hsue
习　　性：乔木
分　　布：广西
濒危等级：VU B1ab (i, iii, v)

绒果梭罗
Reevesia tomentosa H. L. Li
习　　性：乔木
海　　拔：约 500 m
国内分布：福建、广东、广西
国外分布：缅甸
濒危等级：NT D1

胖大海属 Scaphium Schott et Endl.

红胖大海
Scaphium hychnophorum Schott et Endl.

习　　性：落叶乔木
国内分布：广东、广西、海南栽培
国外分布：原产东南亚

胖大海
Scaphium wallichii (Wall. ex G. Don) Schott et Endl.
习　　性：落叶乔木
国内分布：广东、广西、海南栽培
国外分布：原产东南亚
资源利用：药用（中草药）

黄花稔属 Sida L.

黄花稔
Sida acuta Burm. f.
习　　性：半灌木状草本
海　　拔：200~2000 m
国内分布：福建、广东、广西、海南、台湾、云南
国外分布：不丹、柬埔寨、老挝、尼泊尔、泰国、印度、越南
濒危等级：LC
资源利用：药用（中草药）；原料（纤维）

桤叶黄花稔
Sida alnifolia L.

桤叶黄花稔（原变种）
Sida alnifolia var. **alnifolia**
习　　性：亚灌木
海　　拔：200~1500 m
国内分布：福建、广东、广西、海南、江西、台湾、云南
国外分布：泰国、印度、越南
濒危等级：LC

小叶黄花稔
Sida alnifolia var. **microphylla** (Cav.) S. Y. Hu
习　　性：亚灌木或灌木
海　　拔：900~1100 m
国内分布：福建、广东、广西、海南、云南
国外分布：印度
濒危等级：LC

倒卵叶黄花稔
Sida alnifolia var. **obovata** (Wall. ex Mast.) S. Y. Hu
习　　性：亚灌木或灌木
海　　拔：500~1100 m
国内分布：广东、广西、海南、云南
国外分布：印度
濒危等级：LC

圆叶黄花稔
Sida alnifolia var. **orbiculata** S. Y. Hu
习　　性：亚灌木或灌木
分　　布：广东
濒危等级：LC

中华黄花稔
Sida chinensis Retz.
习　　性：灌木
海　　拔：400~2000 m
分　　布：海南、台湾、云南
濒危等级：LC

长梗黄花稔
Sida cordata (Burm. f.) Borss. Waalk.
习　　性：匍匐亚灌木
海　　拔：400~1400 m
国内分布：福建、广东、广西、海南、台湾、云南
国外分布：菲律宾、斯里兰卡、泰国、印度
濒危等级：LC

心叶黄花稔
Sida cordifolia L.
习　　性：亚灌木
海　　拔：200~1400 m
国内分布：福建、广东、广西、海南、四川、台湾、云南
国外分布：巴基斯坦、不丹、菲律宾、尼泊尔、斯里兰卡、泰国、印度、印度尼西亚
濒危等级：LC
资源利用：原料（纤维）

湖南黄花稔
Sida cordifolioides K. M. Feng
习　　性：亚灌木状草本
分　　布：湖南
濒危等级：LC

爪哇黄花稔
Sida javensis Cav.
习　　性：匍匐草本
国内分布：台湾
国外分布：菲律宾、马来西亚、印度尼西亚
濒危等级：DD

黏毛黄花稔
Sida mysorensis Wight et Arn.
习　　性：草本或亚灌木
海　　拔：200~1300 m
国内分布：广东、广西、海南、台湾、云南
国外分布：菲律宾、柬埔寨、老挝、泰国、印度、印度尼西亚、越南
濒危等级：LC

东方黄花稔
Sida orientalis Cav.
习　　性：亚灌木
海　　拔：1000~2300 m
国内分布：台湾、云南
国外分布：印度
濒危等级：LC

五爿黄花稔
Sida quinquevalvacea J. L. Liu
习　　性：灌木
海　　拔：1100~1600 m
分　　布：四川
濒危等级：LC

白背黄花稔
Sida rhombifolia L.

白背黄花稔（原变种）
Sida rhombifolia var. **rhombifolia**
习　　性：亚灌木

国内分布：福建、广东、广西、贵州、海南、湖北、四川、台湾、云南
国外分布：不丹、柬埔寨、老挝、尼泊尔、泰国、印度、越南
濒危等级：LC

棒果黄花稔
Sida rhombifolia var. **corynocarpa** S. Y. Hu
习　　性：亚灌木
国内分布：海南
国外分布：印度
濒危等级：LC

刺黄花稔
Sida spinosa L.
习　　性：草本
国内分布：安徽、江苏、上海、浙江
国外分布：日本
濒危等级：LC

榛叶黄花稔
Sida subcordata Span.
习　　性：亚灌木
海　　拔：500~1400 m
国内分布：广东、广西、海南、云南
国外分布：老挝、缅甸、泰国、印度、印度尼西亚、越南
濒危等级：LC
资源利用：药用（中草药）

拔毒散
Sida szechuensis Matsuda
习　　性：亚灌木
海　　拔：300~1800 m
国内分布：福建、广东、广西、贵州、海南、湖北、四川、台湾、云南
国外分布：不丹、柬埔寨、老挝、尼泊尔、泰国、印度、越南
濒危等级：LC
资源利用：药用（中草药）；原料（纤维）

云南黄花稔
Sida yunnanensis S. Y. Hu
习　　性：亚灌木
海　　拔：300~1650 m
分　　布：广东、广西、贵州、四川、云南
濒危等级：LC

苹婆属 Sterculia L.

短柄苹婆
Sterculia brevissima H. H. Hsue ex Y. Tang, M. G. Gilbert et Dorr
习　　性：灌木或小乔木
海　　拔：500~1300 m
分　　布：云南
濒危等级：EN A2c

台湾苹婆
Sterculia ceramica R. Br.
习　　性：乔木
海　　拔：海平面至300 m
国内分布：台湾
国外分布：菲律宾、马达加斯加、马来西亚
濒危等级：LC

樟叶苹婆
Sterculia cinnamomifolia Tsai et Mao
习　　性：灌木
海　　拔：约900 m
分　　布：云南
濒危等级：EN D

粉苹婆
Sterculia euosma W. W. Sm.
习　　性：乔木
海　　拔：约2000 m
分　　布：广西、贵州、西藏、云南
濒危等级：LC

绿花苹婆
Sterculia gengmaensis H. H. Hsue ex Y. Tang, M. G. Gilbert et Dorr
习　　性：灌木
海　　拔：1600~1700 m
分　　布：云南
濒危等级：NT

广西苹婆
Sterculia guangxiensis S. J. Xu et P. T. Li
习　　性：乔木
分　　布：广西
濒危等级：DD

海南苹婆
Sterculia hainanensis Merr. et Chun
习　　性：灌木或小乔木
分　　布：广西、海南
濒危等级：LC

蒙自苹婆
Sterculia henryi Hemsl.

蒙自苹婆（原变种）
Sterculia henryi var. **henryi**
习　　性：灌木或小乔木
海　　拔：800~1500 m
国内分布：云南
国外分布：越南
濒危等级：EN D

大围山苹婆
Sterculia henryi var. **cuneata** Chun et H. H. Hsue
习　　性：灌木或小乔木
海　　拔：800~1000 m
分　　布：云南
濒危等级：LC

膜萼苹婆
Sterculia hymenocalyx K. Schum.
习　　性：灌木
海　　拔：100~300 m
国内分布：云南
国外分布：越南
濒危等级：LC

凹脉苹婆
Sterculia impressinervis Hsue
- 习　　性：灌木或小乔木
- 海　　拔：约 1002 m
- 分　　布：云南
- 濒危等级：EN D

大叶苹婆
Sterculia kingtungensis H. H. Hsue ex Y. Tang, M. G. Gilbert et Dorr
- 习　　性：乔木
- 海　　拔：约 1600 m
- 分　　布：云南
- 濒危等级：EN D

西蜀苹婆
Sterculia lanceifolia Roxb.
- 习　　性：灌木或小乔木
- 海　　拔：800 ~ 2000 m
- 国内分布：贵州、四川、云南
- 国外分布：孟加拉国、印度
- 濒危等级：LC

假苹婆
Sterculia lanceolata Cav.
- 习　　性：乔木
- 海　　拔：400 ~ 600 m
- 国内分布：广东、广西、贵州、四川、云南
- 国外分布：老挝、缅甸、泰国、越南
- 濒危等级：LC
- 资源利用：原料（纤维，工业用油）；食品（种子）

小花苹婆
Sterculia micrantha Chun et H. H. Hsue
- 习　　性：乔木
- 海　　拔：约 1400 m
- 分　　布：云南
- 濒危等级：EN D

苹婆
Sterculia monosperma Vent.

苹婆（原变种）
Sterculia monosperma var. **monosperma**
- 习　　性：乔木
- 国内分布：福建、广东、广西、海南、台湾、云南
- 国外分布：马来西亚、泰国、印度、印度尼西亚、越南
- 资源利用：食品（粮食，种子）
- 濒危等级：LC

野生苹婆
Sterculia monosperma var. **subspontanea**(H. H. Hsue et S. J. Xu) Y. Tang, M. G. Gilbert et Dorr
- 习　　性：乔木
- 分　　布：广西
- 濒危等级：LC

家麻树
Sterculia pexa Pierre
- 习　　性：乔木
- 国内分布：广东、广西、云南栽培
- 国外分布：原产印度；热带亚洲、非洲及热带美洲栽培
- 资源利用：原料（纤维，木材）；食品（种子）

屏边苹婆
Sterculia pinbienensis Tsai et Mao
- 习　　性：灌木
- 海　　拔：1000 ~ 2000 m
- 分　　布：广西、云南
- 濒危等级：NT A2bcd；D1

基苹婆
Sterculia principis Gagnep.
- 习　　性：灌木
- 海　　拔：1600 ~ 1700 m
- 国内分布：云南
- 国外分布：老挝、缅甸、泰国
- 濒危等级：LC

河口苹婆
Sterculia scandens Hemsl.
- 习　　性：灌木
- 海　　拔：约 120 m
- 国内分布：云南
- 国外分布：越南
- 濒危等级：LC

思茅苹婆
Sterculia simaoensis Y. Y. Qian
- 习　　性：灌木
- 海　　拔：约 1400 m
- 分　　布：云南
- 濒危等级：LC

罗浮苹婆
Sterculia subnobilis H. H. Hsue
- 习　　性：乔木
- 海　　拔：1000 ~ 1100 m
- 分　　布：广东、广西
- 濒危等级：LC

信宜苹婆
Sterculia subracemosa Chun et H. H. Hsue
- 习　　性：灌木
- 海　　拔：500 ~ 600 m
- 分　　布：广东、广西
- 濒危等级：VU B1ab（ii，v）

北越苹婆
Sterculia tonkinensis Aug. DC.
- 习　　性：灌木或小乔木
- 海　　拔：约 140 m
- 国内分布：云南
- 国外分布：越南
- 濒危等级：EN D

绒毛苹婆
Sterculia villosa Roxb.
- 习　　性：乔木
- 海　　拔：500 ~ 1500 m
- 国内分布：云南
- 国外分布：不丹、柬埔寨、缅甸、尼泊尔、泰国、印度
- 濒危等级：NT

资源利用：药用（中草药）；原料（纤维，树胶）

元江苹婆
Sterculia yuanjiangensis H. H. Hsue et S. J. Xu
- 习　　性：乔木
- 分　　布：云南
- 濒危等级：DD

可可属 Theobroma L.

可可
Theobroma cacao L.
- 习　　性：常绿乔木
- 国内分布：海南、云南栽培
- 国外分布：原产墨西哥东南部到亚马孙盆地；世界热带地区广泛栽培
- 资源利用：环境利用（观赏）；食用（饮料原料）

桐棉属 Thespesia Sol. ex Corrêa

白脚桐棉
Thespesia lampas（Cav.）Dalzell et A. Gibson
- 习　　性：常绿灌木
- 海　　拔：700～800 m
- 国内分布：广东、广西、海南、云南
- 国外分布：菲律宾、老挝、尼泊尔、泰国、印度、印度尼西亚、越南
- 濒危等级：LC
- 资源利用：原料（纤维）；食品（蔬菜）

桐棉
Thespesia populnea（Linn.）Solander ex Corrêa
- 习　　性：灌木或小乔木
- 国内分布：广东、海南、台湾
- 国外分布：菲律宾、柬埔寨、日本、斯里兰卡、泰国、印度、越南及非洲；广泛分布于热带地区
- 濒危等级：LC

椴树属 Tilia L.

紫椴
Tilia amurensis Rupr.
- 国家保护：Ⅱ级

紫椴（原变种）
Tilia amurensis var. **amurensis**
- 习　　性：乔木
- 海　　拔：1300～1400 m
- 国内分布：黑龙江、吉林、辽宁
- 国外分布：朝鲜、俄罗斯
- 濒危等级：VU A3bcd
- 资源利用：蜜源植物；环境利用（观赏）

毛紫椴
Tilia amurensis var. **araneosa** C. Wang et S. D. Zhao
- 习　　性：乔木
- 海　　拔：1300～1400 m
- 分　　布：吉林
- 濒危等级：LC

小叶紫椴
Tilia amurensis var. **taquetii**（C. K. Schneid.）Liou et Li
- 习　　性：乔木
- 国内分布：黑龙江、吉林、辽宁
- 国外分布：朝鲜、俄罗斯
- 濒危等级：LC

美齿椴
Tilia callidonta H. T. Chang
- 习　　性：乔木
- 海　　拔：2500～2800 m
- 分　　布：云南
- 濒危等级：VU A3cd

华椴
Tilia chinensis Maxim.

华椴（原变种）
Tilia chinensis var. **chinensis**
- 习　　性：乔木
- 海　　拔：1800～3900 m
- 分　　布：甘肃、河南、湖北、陕西、四川、西藏、云南
- 濒危等级：LC
- 资源利用：环境利用（观赏）；原料（纤维）

多毛椴
Tilia chinensis var. **intonsa**（E. H. Wilson）Y. C. Hsu et R. Zhuge
- 习　　性：乔木
- 分　　布：四川
- 濒危等级：LC

秃华椴
Tilia chinensis var. **investita**（V. Engl.）Rehder
- 习　　性：乔木
- 海　　拔：约3800 m
- 分　　布：湖北、陕西、四川、西藏、云南
- 濒危等级：LC

短毛椴
Tilia chingiana Hu et W. C. Cheng
- 习　　性：乔木
- 分　　布：安徽、江苏、江西、浙江
- 濒危等级：LC

白毛椴
Tilia endochrysea Hand.-Mazz.
- 习　　性：乔木
- 海　　拔：600～1200 m
- 分　　布：安徽、福建、广东、广西、湖南、江西、浙江
- 濒危等级：LC
- 资源利用：环境利用（观赏）

毛糯米椴
Tilia henryana Szyszyl.

毛糯米椴（原变种）
Tilia henryana var. **henryana**
- 习　　性：乔木
- 海　　拔：600～1300 m
- 分　　布：安徽、河南、湖北、湖南、江苏、江西、陕西、

浙江
习　　性：乔木
濒危等级：LC
国内分布：吉林
资源利用：环境利用（观赏）
国外分布：日本
濒危等级：LC

糯米椴
Tilia henryana var. **subglabra** V. Engl.
习　　性：乔木
分　　布：安徽、江苏、江西、浙江
濒危等级：LC

瘤果糠椴
Tilia mandshurica var. **tuberculata** Liou et Li
习　　性：乔木
分　　布：辽宁
濒危等级：LC

华东椴
Tilia japonica(Miq.)Simonk.
习　　性：乔木
海　　拔：1100~1700 m
国内分布：安徽、江苏、山东、浙江
国外分布：日本
濒危等级：LC
资源利用：环境利用（观赏）

膜叶椴
Tilia membranacea H. T. Chang
习　　性：乔木
海　　拔：1300~1400 m
分　　布：湖南、江西
濒危等级：LC

胶东椴
Tilia jiaodongensis S. B. Liang
习　　性：乔木
海　　拔：约600 m
分　　布：山东
濒危等级：NT A3d

南京椴
Tilia miqueliana Maxim.
习　　性：乔木
海　　拔：约1100 m
国内分布：安徽、广东、江苏、江西、浙江
国外分布：日本
濒危等级：VU A2c
资源利用：环境利用（观赏）；原料（纤维）

黔椴
Tilia kueichouensis Hu
习　　性：乔木
分　　布：贵州、四川、云南
濒危等级：LC

帽峰椴
Tilia mofungensis Chun et H. D. Wong
习　　性：乔木
海　　拔：800~1000 m
分　　布：广东、江西
濒危等级：LC

丽江椴
Tilia likiangensis H. T. Chang
习　　性：乔木
海　　拔：约2300 m
分　　布：云南
濒危等级：LC

蒙椴
Tilia mongolica Maxim.
习　　性：乔木
海　　拔：约800 m
分　　布：河北、河南、辽宁、内蒙古、山西
濒危等级：LC
资源利用：环境利用（观赏）；原料（纤维）

糠椴
Tilia mandshurica Rupr. et Maxim.

糠椴（原变种）
Tilia mandshurica var. **mandshurica**
习　　性：乔木
海　　拔：约800 m
国内分布：河北、黑龙江、吉林、江苏、辽宁、内蒙古、山东
国外分布：朝鲜、俄罗斯、日本
濒危等级：LC
资源利用：环境利用（观赏）；原料（纤维）

大叶椴
Tilia nobilis Rehder et E. H. Wilson
习　　性：乔木
海　　拔：1800~2500 m
分　　布：河南、四川、云南
濒危等级：LC

鄂椴
Tilia oliveri Szyszyl.

鄂椴（原变种）
Tilia oliveri var. **oliveri**
习　　性：乔木
海　　拔：1300~2300 m
分　　布：甘肃、湖北、湖南、陕西、四川
濒危等级：LC
资源利用：环境利用（观赏）

棱果辽椴
Tilia mandshurica var. **megaphylla**(Nakai)Liou et Li
习　　性：乔木
国内分布：黑龙江
国外分布：朝鲜
濒危等级：LC

卵果糠椴
Tilia mandshurica var. **ovalis**(Nakai)Liou et Li

灰背椴
Tilia oliveri var. **cinerascens** Rehder et E. H. Wilson
- 习　　性：乔木
- 海　　拔：1600~2300 m
- 分　　布：湖北、湖南、四川
- 濒危等级：LC

少脉椴
Tilia paucicostata Maxim.
- 习　　性：乔木
- 海　　拔：1300~2400 m
- 分　　布：甘肃、河北、河南、湖北、湖南、陕西、四川、云南
- 濒危等级：LC
- 资源利用：环境利用（观赏）

红皮椴
Tilia paucicostata var. **dictyoneura**(V. Engl. ex C. K. Schneid.) H. T. Chang et E. W. Miao
- 习　　性：乔木
- 分　　布：甘肃、河北、河南、湖南、陕西
- 濒危等级：LC

毛少脉椴
Tilia paucicostata var. **yunnanensis** Diels
- 习　　性：乔木
- 海　　拔：2000~2400 m
- 分　　布：甘肃、四川、云南
- 濒危等级：LC

泰山椴
Tilia taishanensis S. B. Liang
- 习　　性：乔木
- 海　　拔：约 600 m
- 分　　布：山东
- 濒危等级：LC

椴树
Tilia tuan Szyszyl.
- 习　　性：乔木
- 海　　拔：1200~2400 m
- 国内分布：安徽、广西、贵州、湖北、湖南、江苏、江西、四川、云南、浙江
- 国外分布：越南
- 濒危等级：LC
- 资源利用：原料（纤维）；药用（中草药）

长苞椴
Tilia tuan var. **chenmoui**(W. C. Cheng) Y. Tang
- 习　　性：乔木
- 海　　拔：2100~2400 m
- 分　　布：云南
- 濒危等级：VU A3c

毛芽椴
Tilia tuan var. **chinensis**(Szyszyl.) Rehder et E. H. Wilson
- 习　　性：乔木
- 海　　拔：2200~2700 m
- 分　　布：贵州、湖北、湖南、江苏、四川、浙江
- 濒危等级：LC

刺蒴麻属 Triumfetta L.

单毛刺蒴麻
Triumfetta annua L.
- 习　　性：一年生草本或亚灌木
- 海　　拔：400~2800 m
- 国内分布：广东、广西、贵州、湖北、湖南、江西、四川、云南、浙江
- 国外分布：巴基斯坦、不丹、马来西亚、尼泊尔、印度
- 濒危等级：LC
- 资源利用：原料（纤维）

毛刺蒴麻
Triumfetta cana Blume
- 习　　性：草本或亚灌木
- 海　　拔：100~2600 m
- 国内分布：福建、广东、广西、贵州、海南、四川、西藏、云南
- 国外分布：澳大利亚、巴布亚新几内亚、不丹、柬埔寨、老挝、马来西亚、缅甸、尼泊尔、斯里兰卡、泰国、印度、印度尼西亚、越南
- 濒危等级：LC

粗齿刺蒴麻
Triumfetta grandidens Hance

粗齿刺蒴麻（原变种）
Triumfetta grandidens var. **grandidens**
- 习　　性：木质草本
- 国内分布：广东、海南
- 国外分布：柬埔寨、马来西亚、泰国、越南
- 濒危等级：LC

秃刺蒴麻
Triumfetta grandidens var. **glabra** R. H. Miao ex H. T. Chang
- 习　　性：木质草本
- 海　　拔：100~2100 m
- 分　　布：海南
- 濒危等级：DD

铺地刺蒴麻
Triumfetta procumbens G. Forst.
- 习　　性：木质草本
- 国内分布：南海群岛
- 国外分布：澳大利亚、马来西亚、日本
- 濒危等级：LC

刺蒴麻
Triumfetta rhomboidea Jacquem.
- 习　　性：亚灌木
- 海　　拔：100~1500 m
- 国内分布：福建、广东、广西、台湾、云南
- 国外分布：遍布热带地区
- 濒危等级：LC
- 资源利用：药用（中草药）

菲岛刺蒴麻
Triumfetta semitriloba Jacquin
- 习　　性：灌木或多年生草本

国内分布：台湾
国外分布：菲律宾
濒危等级：LC

梵天花属 Urena L.

地桃花
Urena lobata L.

地桃花（原变种）
Urena lobata var. **lobata**
习　　性：亚灌木状草本
海　　拔：500～2200 m
国内分布：安徽、福建、广东、广西、贵州、海南、湖北、湖南、江苏、江西、四川、台湾、西藏、云南、浙江
国外分布：不丹、柬埔寨、老挝、孟加拉国、缅甸、尼泊尔、日本、泰国、印度、印度尼西亚、越南
濒危等级：LC
资源利用：药用（中草药）；原料（纤维）

中华地桃花
Urena lobata var. **chinensis** (Osbeck) S. Y. Hu
习　　性：亚灌木状草本
海　　拔：600～2500 m
分　　布：安徽、福建、广东、湖南、江西、四川、云南
濒危等级：LC

粗叶地桃花
Urena lobata var. **glauca** (Blume) Borss. Waalk.
习　　性：亚灌木状草本
海　　拔：500～1500 m
国内分布：福建、广东、贵州、四川、云南
国外分布：马来西亚、孟加拉国、缅甸、印度、印度尼西亚
濒危等级：LC

湖北地桃花
Urena lobata var. **henryi** S. Y. Hu
习　　性：亚灌木状草本
分　　布：湖北
濒危等级：DD

云南地桃花
Urena lobata var. **yunnanensis** S. Y. Hu
习　　性：亚灌木状草本
海　　拔：1300～2200 m
分　　布：广西、贵州、四川、云南
濒危等级：LC
资源利用：原料（纤维）

梵天花
Urena procumbens L.

梵天花（原变种）
Urena procumbens var. **procumbens**
习　　性：亚灌木
海　　拔：约 500 m
分　　布：福建、广东、广西、海南、湖南、江西、台湾、浙江
濒危等级：LC
资源利用：药用（中草药）

小叶梵天花
Urena procumbens var. **microphylla** K. M. Feng
习　　性：亚灌木
海　　拔：约 500 m
分　　布：浙江
濒危等级：LC

波叶梵天花
Urena repanda Roxb. ex Sm.
习　　性：多年生草本
海　　拔：300～1600 m
国内分布：广西、贵州、云南
国外分布：柬埔寨、老挝、泰国、印度、越南
濒危等级：LC
资源利用：原料（纤维）

蛇婆子属 Waltheria L.

蛇婆子
Waltheria indica L.
习　　性：直立或匍匐状半灌木
海　　拔：600～1000 m
国内分布：福建、广东、广西、海南、台湾、云南
国外分布：全世界热带地区
濒危等级：LC
资源利用：原料（纤维）；基因源（耐旱）

隔蒴苘属 Wissadula Medik.

隔蒴苘
Wissadula periplocifolia (L.) C. Presl. ex Thwaites
习　　性：亚灌木
国内分布：海南
国外分布：柬埔寨、老挝、斯里兰卡、泰国、印度、印度尼西亚
濒危等级：LC

竹芋科 MARANTACEAE

（5属：12种）

肖竹芋属 Calathea G. Mey.

肖竹芋
Calathea ornata (Lindl.) Körn.
习　　性：多年生草本
国内分布：台湾栽培

国外分布：原产南美洲
资源利用：环境利用（观赏）

绒叶肖竹芋
Calathea zebrina (Sims) Lindl.
习　　性：草本
国内分布：广东、台湾栽培
国外分布：原产南美洲
资源利用：环境利用（观赏）

竹叶蕉属 Donax Lour.

竹叶蕉
Donax canniformis (G. Forst.) K. Schum.
习　　性：草本
海　　拔：约 580 m
国内分布：台湾
国外分布：菲律宾、柬埔寨、马来西亚、泰国、印度、印度尼西亚、越南
濒危等级：VU D1

竹芋属 Maranta L.

竹芋
Maranta arundinacea L.
习　　性：草本
国内分布：广东、广西、台湾、云南栽培
国外分布：原产热带美洲
资源利用：药用（中草药）；食品（淀粉，蔬菜）；环境利用（观赏）

花叶竹芋
Maranta bicolor Ker Gawl.
习　　性：匍匐状分枝草本植物
国内分布：广东、广西栽培
国外分布：原产南美洲
资源利用：环境利用（观赏）

柊叶属 Phrynium Willd.

海南柊叶
Phrynium hainanense T. L. Wu et S. J. Chen
习　　性：多年生草本
海　　拔：约 1600 m
分　　布：广东、海南
濒危等级：LC
资源利用：原料（纤维）

少花柊叶
Phrynium oliganthum Merr.
习　　性：多年生草本
海　　拔：500~600 m
国内分布：福建、广东、海南
国外分布：越南
濒危等级：LC

资源利用：环境利用（观赏）

具柄柊叶
Phrynium pedunculiferum D. Fang
习　　性：多年生草本
海　　拔：约 1300 m
分　　布：广西
濒危等级：LC

尖苞柊叶
Phrynium placentarium (Lour.) Merr.
习　　性：多年生草本
海　　拔：海平面至 1500 m
国内分布：广东、广西、贵州、海南、西藏、云南
国外分布：不丹、菲律宾、缅甸、泰国、印度、印度尼西亚、越南
濒危等级：LC

柊叶
Phrynium rheedei Suresh et Nicolson
习　　性：多年生草本
海　　拔：100~1400 m
国内分布：福建、广东、广西、云南
国外分布：印度、越南
濒危等级：LC
资源利用：原料（包裹）

云南柊叶
Phrynium tonkinense Gagnep.
习　　性：多年生草本
海　　拔：1350 m 以下
国内分布：云南
国外分布：越南
濒危等级：LC

穗花柊叶属 Stachyphrynium K. Schum.

穗花柊叶
Stachyphrynium sinense H. Li
习　　性：草本
海　　拔：700~1100 m
分　　布：云南
濒危等级：VU A3c；B1ab（ii, iv）

角胡麻科 MARTYNIACEAE
（1 属：1 种）

角胡麻属 Martynia L.

角胡麻
Martynia annua L.
习　　性：草本
海　　拔：500~1500 m

国内分布：云南归化

国外分布：巴基斯坦、柬埔寨、老挝、缅甸、尼泊尔、斯里兰卡、印度、越南；原产中美洲；各地引种或归化

藜芦科 MELANTHIACEAE

(7 属：51 种)

白丝草属 Chionographis Maxim.

白丝草
Chionographis chinensis K. Krause
- 习　性：多年生草本
- 海　拔：海平面至 700 m
- 分　布：福建、广东、广西、湖南
- 濒危等级：LC

十万大山白丝草
Chionographis shiwandashanensis Y. F. Huang et R. H. Jiang
- 习　性：多年生草本
- 海　拔：约 800 m
- 分　布：广西

胡麻花属 Heloniopsis A. Gray

胡麻花
Heloniopsis umbellata Baker
- 习　性：多年生草本
- 海　拔：700 ~ 2500 m
- 分　布：台湾
- 濒危等级：LC

重楼属 Paris L.

巴山重楼
Paris bashanensis F. T. Wang et Tang
- 习　性：多年生草本
- 海　拔：1400 ~ 2750 m
- 分　布：重庆、湖北、四川
- 濒危等级：VU A4cd
- 国家保护：Ⅱ级
- 资源利用：药用（中草药）

高平重楼
Paris caobangensis Y. H. Ji, H. Li et Z. K. Zhou
- 习　性：多年生草本
- 海　拔：300 ~ 2900 m
- 国内分布：广西、贵州、湖北、湖南
- 国外分布：泰国、越南
- 濒危等级：VU A4cd
- 国家保护：Ⅱ级
- 资源利用：药用（中草药）

七叶一枝花
Paris chinensis Franch.
- 习　性：多年生草本
- 海　拔：150 ~ 2800 m
- 国内分布：安徽、重庆、福建、广东、广西、贵州、河南、湖北、湖南、江苏、江西、山西、陕西、四川、台湾、云南、浙江
- 国外分布：泰国、越南
- 濒危等级：VU A4cd
- 国家保护：Ⅱ级
- 资源利用：药用（中草药）

凌云重楼
Paris cronquistii (Takht.) H. Li
- 习　性：多年生草本
- 海　拔：200 ~ 1950 m
- 国内分布：重庆、广西、贵州、四川、云南
- 国外分布：越南
- 濒危等级：VU A4cd
- 国家保护：Ⅱ级
- 资源利用：药用（中草药）

金线重楼
Paris delavayi Franch.
- 习　性：多年生草本
- 海　拔：700 ~ 2900 m
- 分　布：重庆、广西、贵州、湖北、湖南、江西、四川、云南
- 濒危等级：VU A4cd
- 国家保护：Ⅱ级
- 资源利用：药用（中草药）

海南重楼
Paris dunniana H. Lév.
- 习　性：多年生草本
- 海　拔：4000 ~ 1100 m
- 分　布：广西、贵州、海南
- 濒危等级：EN A4cd
- 国家保护：Ⅱ级
- 资源利用：药用（中草药）

球药隔重楼
Paris fargesii Franch.
- 习　性：多年生草本
- 海　拔：500 ~ 2100 m
- 国内分布：重庆、广东、广西、贵州、湖北、湖南、四川、台湾、云南
- 国外分布：越南
- 濒危等级：VU A4cd
- 国家保护：Ⅱ级
- 资源利用：药用（中草药）

长柱重楼
Paris forrestii (Takht.) H. Li

习　　性：多年生草本
海　　拔：600～3200 m
国内分布：四川、西藏、云南
国外分布：尼泊尔、印度
濒危等级：VU A4cd
国家保护：Ⅱ级
资源利用：药用（中草药）

狭叶重楼
Paris lancifolia Hayata
习　　性：多年生草本
海　　拔：1100～2300 m
分　　布：安徽、重庆、福建、甘肃、广西、贵州、河南、湖北、湖南、江苏、江西、山西、陕西、四川、台湾、云南、浙江
濒危等级：VU A4cd
国家保护：Ⅱ级
资源利用：药用（中草药）

李氏重楼
Paris liiana Y. H. Ji
习　　性：多年生草本
海　　拔：1200～2200 m
分　　布：广西、贵州、云南
濒危等级：VU A4cd
国家保护：Ⅱ级
资源利用：药用（中草药）

禄劝花叶重楼
Paris luquanensis H. Li
习　　性：多年生草本
海　　拔：2300～2800 m
分　　布：四川、云南
濒危等级：CR A4cd
国家保护：Ⅱ级
资源利用：药用（中草药）

毛重楼
Paris mairei H. Lév.
习　　性：多年生草本
海　　拔：1800～3500 m
分　　布：贵州、四川、云南
濒危等级：EN A4cd
国家保护：Ⅱ级
资源利用：药用（中草药）

花叶重楼
Paris marmorata Stearn
习　　性：多年生草本
海　　拔：1500～3100 m
国内分布：四川、西藏、云南
国外分布：尼泊尔
濒危等级：VU A4cd
国家保护：Ⅱ级
资源利用：药用（中草药）

多叶重楼
Paris polyphylla Smith
习　　性：多年生草本
海　　拔：1100～2800 m
国内分布：甘肃、贵州、青海、陕西、四川、西藏、云南
国外分布：尼泊尔、印度
濒危等级：VU A4cd
国家保护：Ⅱ级
资源利用：药用（中草药）

启良重楼
Paris qiliangiana H. Li, J. Yang et Y. H. Wang
习　　性：多年生草本
海　　拔：720～1140 m
分　　布：重庆、湖北、陕西、四川
濒危等级：VU A4cd
国家保护：Ⅱ级
资源利用：药用（中草药）

黑籽重楼
Paris thibetica Franch.
习　　性：多年生草本
海　　拔：1600～3600 m
国内分布：青海、四川、云南
国外分布：尼泊尔
濒危等级：VU A4cd
国家保护：Ⅱ级
资源利用：药用（中草药）

平伐重楼
Paris vaniotii H. Lév.
习　　性：多年生草本
海　　拔：700～3000 m
分　　布：重庆、贵州、湖北、湖南、四川、云南
濒危等级：VU A4cd
国家保护：Ⅱ级
资源利用：药用（中草药）

北重楼
Paris verticillata M. Bieb.
习　　性：多年生草本
海　　拔：600～3600 m
国内分布：北京、重庆、甘肃、河北、黑龙江、河南、吉林、辽宁、内蒙古、宁夏、陕西、山西
国外分布：朝鲜半岛、俄罗斯、哈萨克斯坦、蒙古、日本
濒危等级：LC
资源利用：药用（中草药）

南重楼
Paris vietnamensis (Takht.) H. Li
习　　性：多年生草本

海　　拔：600~2000 m
国内分布：广西、云南
国外分布：老挝、越南
濒危等级：VU A4cd
国家保护：Ⅱ级
资源利用：药用（中草药）

西畴重楼
Paris xichouensis (H. Li) Y. H. Ji, H. Li et Z. K. Zhou
习　　性：多年生草本
海　　拔：1200~1500 m
国内分布：云南
国外分布：越南
濒危等级：CR A4cd
国家保护：Ⅱ级
资源利用：药用（中草药）

云龙重楼
Paris yanchii H. Li, L. G. Lei et Y. M. Yang
习　　性：多年生草本
海　　拔：2300~2800 m
分　　布：四川（?）、云南
濒危等级：CR A4cd
国家保护：Ⅱ级
资源利用：药用（中草药）

滇重楼
Paris yunnanensis Franch.
习　　性：多年生草本
海　　拔：1000~3200 m
国内分布：重庆、广西、贵州、四川、西藏、云南
国外分布：缅甸
濒危等级：VU A4cd
国家保护：Ⅱ级
资源利用：药用（中草药）

延龄草属 Trillium L.

西藏延龄草
Trillium govanianum Wall. ex Royle
习　　性：多年生草本
海　　拔：约3200 m
国内分布：西藏
国外分布：不丹、尼泊尔、印度
濒危等级：NT D

台湾延龄草
Trillium taiwanense S. S. Ying
习　　性：多年生草本
海　　拔：1600~1700 m
分　　布：台湾
濒危等级：CR B1ab（ii）+2ab（ii）

延龄草
Trillium tschonoskii Maxim.
习　　性：多年生草本
海　　拔：1000~3200 m

国内分布：安徽、福建、甘肃、湖北、陕西、四川、台湾、西藏、云南、浙江
国外分布：不丹、朝鲜、缅甸、日本、印度
濒危等级：LC
资源利用：环境利用（观赏）；药用（中草药）

藜芦属 Veratrum L.

兴安藜芦
Veratrum dahuricum (Turcz.) Loes.
习　　性：多年生草本
海　　拔：海平面至500 m
国内分布：黑龙江、吉林、辽宁、内蒙古
国外分布：朝鲜、俄罗斯
濒危等级：LC

台湾藜芦
Veratrum formosanum Loes.
习　　性：多年生草本
分　　布：台湾
濒危等级：LC

贡山藜芦
Veratrum gongshanense S. Z. Chen et G. J. Xu
习　　性：多年生草本
分　　布：云南
濒危等级：LC

毛叶藜芦
Veratrum grandiflorum (Maxim. ex Baker) Loes.
习　　性：多年生草本
海　　拔：2600~4000 m
分　　布：湖北、湖南、江西、四川、云南、浙江
濒危等级：LC

阿尔泰藜芦
Veratrum lobelianum Bernh.
习　　性：多年生草本
海　　拔：1500~2000 m
国内分布：新疆
国外分布：俄罗斯、哈萨克斯坦、蒙古
濒危等级：LC

毛穗藜芦
Veratrum maackii Regel
习　　性：多年生草本
海　　拔：400~1700 m
国内分布：河北、黑龙江、吉林、辽宁、内蒙古、山东
国外分布：朝鲜、俄罗斯、日本
濒危等级：LC

蒙自藜芦
Veratrum mengtzeanum Loes.
习　　性：多年生草本
海　　拔：1200~3300 m
分　　布：贵州、云南
濒危等级：NT A3c；B1ab（i, ii, v）

资源利用：药用（中草药）；环境利用（观赏）

小花藜芦
Veratrum micranthum F. T. Wang et Tang
- 习　　性：多年生草本
- 海　　拔：约 2300 m
- 分　　布：四川、云南
- 濒危等级：LC

南川藜芦
Veratrum nanchuanense S. Z. Chen et G. J. Xu
- 习　　性：多年生草本
- 分　　布：四川
- 濒危等级：NT B1ac（i）

藜芦
Veratrum nigrum L.
- 习　　性：多年生草本
- 海　　拔：1200 ~ 3300 m
- 国内分布：甘肃、贵州、河北、河南、黑龙江、湖北、吉林、辽宁、内蒙古、山东、山西、陕西、四川
- 国外分布：俄罗斯、哈萨克斯坦、蒙古
- 濒危等级：LC
- 资源利用：药用（中草药）

长梗藜芦
Veratrum oblongum Loes.
- 习　　性：多年生草本
- 海　　拔：1000 ~ 2100 m
- 分　　布：湖北、江西、四川
- 濒危等级：LC

尖被藜芦
Veratrum oxysepalum Turcz.
- 习　　性：多年生草本
- 海　　拔：海平面至 2200 m
- 国内分布：黑龙江、吉林、辽宁
- 国外分布：朝鲜、俄罗斯、日本
- 濒危等级：LC

牯岭藜芦
Veratrum schindleri Loes.
- 习　　性：多年生草本
- 海　　拔：700 ~ 1400 m
- 分　　布：安徽、福建、广东、广西、河南、湖北、湖南、江苏、江西、浙江
- 濒危等级：LC

狭叶藜芦
Veratrum stenophyllum Diels

狭叶藜芦（原变种）
Veratrum stenophyllum var. **stenophyllum**
- 习　　性：多年生草本
- 海　　拔：2000 ~ 4000 m
- 分　　布：四川、云南
- 濒危等级：LC
- 资源利用：药用（中草药）

滇北藜芦
Veratrum stenophyllum var. **taronense** F. T. Wang et Z. H. Tsi
- 习　　性：多年生草本
- 海　　拔：2900 ~ 3800 m
- 分　　布：云南
- 濒危等级：LC

大理藜芦
Veratrum taliense Loes.
- 习　　性：多年生草本
- 海　　拔：约 2400 m
- 分　　布：四川、云南
- 濒危等级：NT A1c；D
- 资源利用：药用（中草药）

丫蕊花属 Ypsilandra Franch.

高山丫蕊花
Ypsilandra alpina F. T. Wang et Tang
- 习　　性：多年生草本
- 海　　拔：2000 ~ 4300 m
- 国内分布：西藏、云南
- 国外分布：缅甸
- 濒危等级：LC

小果丫蕊花
Ypsilandra cavaleriei H. Lév. et Vaniot
- 习　　性：多年生草本
- 海　　拔：1000 ~ 1400 m
- 分　　布：广东、广西、贵州、湖南
- 濒危等级：LC

金平丫蕊花
Ypsilandra jinpingensis W. H. Chen et Y. M. Shui
- 习　　性：多年生草本
- 海　　拔：约 2700 m
- 分　　布：云南
- 濒危等级：DD

甘肃丫蕊花
Ypsilandra kansuensis R. N. Zhao et Z. X. Peng
- 习　　性：多年生草本
- 海　　拔：2000 ~ 2100 m
- 分　　布：甘肃
- 濒危等级：LC

丫蕊花
Ypsilandra thibetica Franch.
- 习　　性：多年生草本
- 海　　拔：1300 ~ 2900 m
- 分　　布：广西、湖南、四川
- 濒危等级：LC

云南丫蕊花
Ypsilandra yunnanensis W. W. Sm. et Jeffrey
- 习　　性：多年生草本

海　　拔：2700～4300 m
国内分布：西藏、云南
国外分布：不丹、缅甸、尼泊尔
濒危等级：LC

棋盘花属 Zigadenus Michx.

棋盘花
Zigadenus sibiricus (L.) A. Gray
习　　性：多年生草本
海　　拔：海平面至2600 m
国内分布：河北、黑龙江、湖北、吉林、辽宁、内蒙古、山西、四川
国外分布：朝鲜、俄罗斯、蒙古、日本
濒危等级：LC

野牡丹科 MELASTOMATACEAE
（21 属：129 种）

异形木属 Allomorphia Blume

异形木
Allomorphia balansae Cogn.
习　　性：灌木
海　　拔：400～1500 m
国内分布：广西、海南、云南
国外分布：泰国、越南
濒危等级：LC
资源利用：药用（中草药）

刺毛异形木
Allomorphia baviensis Guillaumin
习　　性：灌木
海　　拔：500～2000 m
国内分布：广西、云南
国外分布：泰国、越南
濒危等级：LC

翅茎异形木
Allomorphia curtisii (King) Ridl.
习　　性：灌木
海　　拔：200～1200 m
国内分布：云南
国外分布：老挝、马来西亚、泰国、越南
濒危等级：LC

腾冲异形木
Allomorphia howellii (Jeffrey et W. W. Sm.) Diels
习　　性：灌木
海　　拔：1300～1500 m
分　　布：云南

尾叶异形木
Allomorphia urophylla Diels
习　　性：灌木

海　　拔：500～2000 m
分　　布：广东、广西、云南
濒危等级：LC

褐鳞木属 Astronia Bl.

褐鳞木
Astronia ferruginea Elmer
习　　性：灌木或小乔木
海　　拔：200～500 m
国内分布：台湾
国外分布：菲律宾
濒危等级：DD

棱果花属 Barthea Hook. f.

棱果花
Barthea barthei (Hance ex Benth.) Krasser

棱果花（原变种）
Barthea barthei var. **barthei**
习　　性：灌木
海　　拔：400～2800 m
分　　布：福建、广东、广西、海南、台湾
濒危等级：LC

宽翅棱果花
Barthea barthei var. **valdealata** C. Hansen
习　　性：灌木
海　　拔：500～2500 m
分　　布：广西
濒危等级：EN A2c；B1ab (i, iii)

柏拉木属 Blastus Lour.

耳基柏拉木
Blastus auriculatus Y. C. Huang ex C. Chen
习　　性：灌木
海　　拔：200～300 m
分　　布：云南
濒危等级：CR B1ab (i, iii)

南亚柏拉木
Blastus borneensis Cogn. ex Boerl.
习　　性：灌木
海　　拔：100～1300 m
国内分布：海南
国外分布：马来西亚、泰国、印度尼西亚、越南
濒危等级：LC

短柄柏拉木
Blastus brevissimus C. Chen
习　　性：灌木
海　　拔：约400 m
分　　布：广西
濒危等级：DD

柏拉木
Blastus cochinchinensis Lour.
- 习　　性：灌木
- 海　　拔：200～1300 m
- 国内分布：福建、广东、广西、贵州、海南、湖南、台湾、云南
- 国外分布：柬埔寨、老挝、缅甸、印度、越南
- 濒危等级：LC

密毛柏拉木
Blastus mollissimus H. L. Li
- 习　　性：灌木
- 分　　布：广西
- 濒危等级：LC

少花柏拉木
Blastus pauciflorus(Benth.)Guillaumin
- 习　　性：灌木
- 海　　拔：100～1600 m
- 分　　布：福建、广东、广西、贵州、海南、湖南、江西、云南
- 濒危等级：LC

刺毛柏拉木
Blastus setulosus Diels
- 习　　性：灌木
- 海　　拔：200～900 m
- 分　　布：广东、广西
- 濒危等级：LC

薄叶柏拉木
Blastus tenuifolius Diels
- 习　　性：灌木
- 海　　拔：600～1400 m
- 分　　布：广西
- 濒危等级：NT B1ab（i，iii）

云南柏拉木
Blastus tsaii H. L. Li
- 习　　性：灌木
- 海　　拔：800～1300 m
- 分　　布：云南
- 濒危等级：NT B1ab（i，iii）

野海棠属 Bredia Blume

双腺野海棠
Bredia biglandularis C. Chen
- 习　　性：灌木
- 分　　布：广西
- 濒危等级：NT B1ab（i，iii）

都兰山金石榴
Bredia dulanica C. L. Yeh, S. W. Chung et T. C. Hsu
- 习　　性：灌木
- 海　　拔：1000～1200 m
- 分　　布：台湾
- 濒危等级：LC

赤水野海棠
Bredia esquirolii(H. Lév.)Lauener
- 习　　性：灌木
- 海　　拔：600～800 m
- 分　　布：贵州、四川
- 濒危等级：LC

叶底红
Bredia fordii(Hance)Diels
- 习　　性：灌木
- 海　　拔：100～1400 m
- 分　　布：福建、广东、广西、贵州、湖南、江西、四川、云南、浙江
- 濒危等级：LC
- 资源利用：药用（中草药）

野海棠
Bredia hirsuta Ito et Matsum.
- 习　　性：灌木
- 海　　拔：500～2000 m
- 分　　布：台湾
- 濒危等级：LC

屏东过路惊
Bredia laisherana C. L. Yeh et C. R. Yeh
- 习　　性：灌木
- 海　　拔：1600～1800 m
- 分　　布：台湾

长萼野海棠
Bredia longiloba(Hand.-Mazz.)Diels
- 习　　性：灌木
- 海　　拔：600～900 m
- 分　　布：广东、湖南、江西、云南
- 濒危等级：LC

小叶野海棠
Bredia microphylla H. L. Li
- 习　　性：草本或亚灌木
- 海　　拔：500～1200 m
- 分　　布：广东、广西、江西
- 濒危等级：LC

金石榴
Bredia oldhamii Hook. f.
- 习　　性：小灌木
- 海　　拔：100～2500 m
- 分　　布：台湾
- 濒危等级：LC

过路惊
Bredia quadrangularis Cogn.
- 习　　性：灌木
- 海　　拔：300～1500 m
- 分　　布：安徽、福建、广东、广西、湖南、江西、浙江
- 濒危等级：LC
- 资源利用：药用（中草药）

短柄野海棠
Bredia sessilifolia H. L. Li

习　　性：灌木
海　　拔：800~1200 m
分　　布：广东、广西、贵州
濒危等级：LC

鸭脚茶
Bredia sinensis(Diels) H. L. Li
习　　性：灌木
海　　拔：400~1400 m
分　　布：福建、广东、湖南、江西、浙江
濒危等级：LC
资源利用：药用（中草药）；环境利用（观赏）

云南野海棠
Bredia yunnanensis(H. Lév.) Diels
习　　性：草本或亚灌木
海　　拔：600~700 m
分　　布：四川、云南
濒危等级：LC

药囊花属 Cyphotheca Diels

药囊花
Cyphotheca montana Diels
习　　性：灌木
海　　拔：1000~2400 m
分　　布：云南
濒危等级：NT B1ab（i, iii）

藤牡丹属 Diplectria(Bl.) Reichb.

藤牡丹
Diplectria barbata(Wall. ex C. B. Clarke) Franken et M. C. Roos
习　　性：攀援灌木或藤本
海　　拔：约400 m
国内分布：海南
国外分布：马来西亚、印度、越南
濒危等级：LC

异药花属 Fordiophyton Stapf

短茎异药花
Fordiophyton brevicaule C. Chen
习　　性：草本
分　　布：香港
濒危等级：VU A2c

短葶无距花
Fordiophyton breviscapum(C. Chen) Y. F. Deng et T. L. Wu
习　　性：草本
海　　拔：800~1500 m
分　　布：广东、湖南
濒危等级：LC

心叶异药花
Fordiophyton cordifolium C. Y. Wu ex C. Chen
习　　性：草本
分　　布：广东
濒危等级：VU A3c；B1ab（i, iii）

大明山异药花
Fordiophyton damingshanense S. Y. Liu et X. Q. Ning
习　　性：草本或亚灌木
分　　布：广西
濒危等级：LC

败蕊无距花
Fordiophyton degeneratum(C. Chen) Y. F. Deng et T. L. Wu
习　　性：草本
海　　拔：200~300 m
分　　布：广东、广西
濒危等级：LC

异药花
Fordiophyton faberi Stapf
习　　性：草本或亚灌木
海　　拔：500~1800 m
分　　布：福建、广东、广西、贵州、湖南、江西、四川、云南、浙江
濒危等级：LC
资源利用：动物饲料（饲料）

长柄异药花
Fordiophyton longipes Y. C. Huang ex C. Chen
习　　性：草本
海　　拔：500~1200 m
分　　布：云南
濒危等级：LC

无距花
Fordiophyton peperomiifolium(Oliv.) C. Hansen
习　　性：肉质草本
分　　布：广东
濒危等级：LC

匍匐异药花
Fordiophyton repens Y. C. Huang ex C. Chen
习　　性：草本
海　　拔：1000~1600 m
分　　布：云南
濒危等级：VU A2c+3c

劲枝异药花
Fordiophyton strictum Diels
习　　性：草本或亚灌木
海　　拔：900~2200 m
国内分布：广西、云南
国外分布：越南
濒危等级：LC

酸脚杆属 Medinilla Gaudich.

附生美丁花
Medinilla arboricola F. C. How
习　　性：攀援灌木或乔木

分　　布：海南
濒危等级：NT D1

顶花酸脚杆
Medinilla assamica (C. B. Clarke) C. Chen
　　习　　性：灌木
　　海　　拔：200~1300 m
　　国内分布：广东、广西、海南、西藏、云南
　　国外分布：老挝、缅甸、泰国、印度、越南
　　濒危等级：LC

西畴酸脚杆
Medinilla fengii (S. Y. Hu) C. Y. Wu et C. Chen
　　习　　性：灌木
　　海　　拔：600~1800 m
　　分　　布：台湾、云南
　　濒危等级：LC

台湾酸脚杆
Medinilla formosana Hayata
　　习　　性：灌木
　　海　　拔：100~1000 m
　　分　　布：台湾
　　濒危等级：LC

糠秕酸脚杆
Medinilla hayatana H. Keng
　　习　　性：攀援灌木
　　海　　拔：400~500 m
　　分　　布：台湾
　　濒危等级：EN B2ab (iv)

锥序酸脚杆
Medinilla himalayana Hook. f. ex Triana
　　习　　性：灌木
　　海　　拔：1900~2100 m
　　国内分布：西藏、云南
　　国外分布：不丹、印度
　　濒危等级：LC

酸脚杆
Medinilla lanceata (M. P. Nayar) C. Chen
　　习　　性：灌木或乔木
　　海　　拔：400~1000 m
　　分　　布：海南、云南
　　濒危等级：LC
　　资源利用：食品（水果）

矮酸脚杆
Medinilla nana S. Y. Hu
　　习　　性：小灌木
　　海　　拔：1100~2000 m
　　国内分布：西藏、云南
　　国外分布：越南
　　濒危等级：LC

沙巴酸脚杆
Medinilla petelotii Merr.
　　习　　性：灌木
　　海　　拔：800~1400 m
　　国内分布：云南
　　国外分布：越南
　　濒危等级：LC

红花酸脚杆
Medinilla rubicunda (Jack) Blume
　　习　　性：灌木
　　海　　拔：800~1800 m
　　国内分布：广西、海南、西藏、云南
　　国外分布：不丹、马来西亚、缅甸、尼泊尔、泰国、印度
　　濒危等级：LC

北酸脚杆
Medinilla septentrionalis (W. W. Sm.) H. L. Li
　　习　　性：灌木或小乔木
　　海　　拔：200~1800 m
　　国内分布：广东、广西、云南
　　国外分布：缅甸、泰国、越南
　　濒危等级：LC
　　资源利用：食品（水果）

野牡丹属 Melastoma L.

地菍
Melastoma dodecandrum Lour.
　　习　　性：灌木
　　海　　拔：1300 m 以下
　　国内分布：安徽、福建、广东、广西、贵州、湖南、江西、浙江
　　国外分布：越南
　　濒危等级：LC
　　资源利用：药用（中草药）；食品（水果）；环境利用（观赏）；原料（单宁，树脂）

大野牡丹
Melastoma imbricatum Wall. ex Triana
　　习　　性：灌木或乔木
　　海　　拔：100~1500 m
　　国内分布：广西、西藏、云南
　　国外分布：柬埔寨、老挝、马来西亚、缅甸、泰国、印度、越南
　　濒危等级：LC
　　资源利用：食品（水果）

细叶野牡丹
Melastoma intermedium Dunn
　　习　　性：灌木
　　海　　拔：100~2700 m
　　分　　布：福建、广东、广西、贵州、海南、台湾
　　濒危等级：LC

野牡丹
Melastoma malabathricum L.
　　习　　性：灌木
　　海　　拔：100~2800 m
　　国内分布：福建、广东、广西、贵州、海南、湖南、江西、四川、台湾、西藏、云南、浙江
　　国外分布：菲律宾、柬埔寨、老挝、马来西亚、缅甸、尼泊

尔、日本、泰国、印度、越南
濒危等级：LC
资源利用：药用（中草药）；环境利用（观赏）

毛菍
Melastoma sanguineum Sims

毛菍（原变种）
Melastoma sanguineum var. **sanguineum**
习　　性：灌木
海　　拔：400 m 以下
国内分布：福建、广东、广西、海南
国外分布：马来西亚、印度、印度尼西亚
濒危等级：LC
资源利用：药用（中草药）；原料（单宁）；食品（水果）；环境利用（观赏）

宽萼毛菍
Melastoma sanguineum var. **latisepalum** C. Chen
习　　性：灌木
海　　拔：100~500 m
分　　布：海南、香港
濒危等级：NT D1

谷木属 Memecylon L.

天蓝谷木
Memecylon caeruleum Jack
习　　性：灌木或乔木
海　　拔：900~1200 m
国内分布：海南、西藏、云南
国外分布：柬埔寨、印度尼西亚、越南
濒危等级：LC

蛇藤谷木
Memecylon celastrinum Kurz
习　　性：乔木
海　　拔：500?~1800 m
国内分布：西藏
国外分布：缅甸、泰国、新加坡
濒危等级：LC

海南谷木
Memecylon hainanense Merr. et Chun
习　　性：灌木或乔木
海　　拔：约1000 m
分　　布：海南、云南
濒危等级：LC

狭叶谷木
Memecylon lanceolatum Blanco
习　　性：灌木或小乔木
海　　拔：300~500 m
国内分布：台湾
国外分布：菲律宾、印度尼西亚
濒危等级：VU C2a（i）

谷木
Memecylon ligustrifolium Champ. ex Benth.

谷木（原变种）
Memecylon ligustrifolium var. **ligustrifolium**
习　　性：灌木或乔木
海　　拔：100~1600 m
分　　布：福建、广东、广西、海南、云南
濒危等级：LC

单果谷木
Memecylon ligustrifolium var. **monocarpum** C. Chen
习　　性：灌木或乔木
海　　拔：800~900 m
分　　布：云南
濒危等级：LC

禄春谷木
Memecylon luchuenense C. Chen
习　　性：灌木
海　　拔：400~500 m
分　　布：云南
濒危等级：LC

黑叶谷木
Memecylon nigrescens Hook. et Arn
习　　性：灌木或乔木
海　　拔：400~1700 m
国内分布：广东、海南
国外分布：越南
濒危等级：LC

棱果谷木
Memecylon octocostatum Merr. et Chun
习　　性：灌木
分　　布：广东、海南
濒危等级：LC

少花谷木
Memecylon pauciflorum Blume
习　　性：灌木或乔木
国内分布：广东、海南
国外分布：澳大利亚、老挝、马来西亚、缅甸、泰国、印度、印度尼西亚、越南

垂枝羊角扭
Memecylon pendulum Chih-C. Wang, Y. H. Tseng, Y. T. Chen et K. C. Chang
习　　性：灌木或小乔木
分　　布：台湾
濒危等级：LC

滇谷木
Memecylon polyanthum H. L. Li
习　　性：灌木或乔木
海　　拔：600~1000 m
分　　布：云南
濒危等级：LC

细叶谷木
Memecylon scutellatum(Lour.) Hook. et Arn.
习　　性：灌木

海　　拔：约 300 m
国内分布：广东、广西、海南
国外分布：柬埔寨、老挝、马来西亚、缅甸、泰国、越南
濒危等级：LC

金锦香属 Osbeckia L.

头序金锦香
Osbeckia capitata Benth. ex Walp.
习　　性：草本或亚灌木
海　　拔：1500 ~ 2500 m
国内分布：云南
国外分布：不丹、印度
濒危等级：LC

金锦香
Osbeckia chinensis L.

金锦香（原变种）
Osbeckia chinensis var. **chinensis**
习　　性：草本或灌木
海　　拔：海平面至 1500 m
国内分布：安徽、福建、广东、广西、贵州、海南、湖北、湖南、吉林、江苏、江西、四川、台湾、云南、浙江
国外分布：澳大利亚、菲律宾、柬埔寨、老挝、马来西亚、缅甸、尼泊尔、日本、泰国、印度、印度尼西亚、越南
濒危等级：LC
资源利用：药用（中草药）

宽叶金锦香
Osbeckia chinensis var. **angustifolia**（D. Don）C. Y. Wu et C. Chen
习　　性：草本或灌木
海　　拔：500 ~ 2800 m
国内分布：海南、四川、云南
国外分布：柬埔寨、老挝、缅甸、尼泊尔、泰国、印度、越南
濒危等级：LC

蚂蚁花
Osbeckia nepalensis Hook. f.

蚂蚁花（原变种）
Osbeckia nepalensis var. **nepalensis**
习　　性：灌木
海　　拔：500 ~ 1900 m
国内分布：广西、西藏、云南
国外分布：不丹、老挝、缅甸、尼泊尔、泰国、印度、越南
濒危等级：LC

白蚂蚁花
Osbeckia nepalensis var. **albiflora** Lindl.
习　　性：灌木
海　　拔：700 ~ 1600 m
国内分布：西藏、云南
国外分布：尼泊尔
濒危等级：LC

花头金锦香
Osbeckia nutans Wall. ex C. B. Clarke
习　　性：灌木
海　　拔：2000 ~ 3000 m
国内分布：西藏
国外分布：不丹、尼泊尔、印度
濒危等级：LC

星毛金锦香
Osbeckia stellata Buch. -Ham. ex Ker Gawl.
习　　性：草本或亚灌木
海　　拔：200 ~ 2300 m
国内分布：广东、广西、贵州、海南、湖北、湖南、江西、四川、台湾、西藏、云南、浙江
国外分布：不丹、柬埔寨、老挝、缅甸、尼泊尔、泰国、印度、越南
濒危等级：LC

尖子木属 Oxyspora DC.

墨脱尖子木
Oxyspora cernua（Roxb.）Hook. f. et Thomson ex Triana
习　　性：灌木
海　　拔：600 ~ 1200 m
国内分布：西藏
国外分布：不丹、印度
濒危等级：LC

柑叶尖子木
Oxyspora curtisii King
习　　性：灌木
国内分布：云南
国外分布：老挝、马来西亚、泰国、越南
濒危等级：LC

尖子木
Oxyspora paniculata（D. Don）DC.
习　　性：灌木
海　　拔：500 ~ 2000 m
国内分布：广西、贵州、西藏、云南
国外分布：不丹、柬埔寨、老挝、缅甸、尼泊尔、印度、越南
濒危等级：LC

翅茎尖子木
Oxyspora teretipetiolata（C. Y. Wu et C. Chen）W. H. Chen et Y. M. Shui
习　　性：灌木
分　　布：云南
濒危等级：LC

刚毛尖子木
Oxyspora vagans（Roxb.）Wall.
习　　性：灌木
海　　拔：700 ~ 1000 m
国内分布：广西、西藏、云南
国外分布：缅甸、泰国、印度
濒危等级：LC

滇尖子木
Oxyspora yunnanensis H. L. Li
习　　性：灌木

海　　拔：1300~2800 m
分　　布：贵州、云南
濒危等级：LC

锦香草属 Phyllagathis Blume

细辛锦香草
Phyllagathis asarifolia C. Chen
　　习　　性：草本
　　分　　布：广西
　　濒危等级：DD

锦香草
Phyllagathis cavaleriei(H. Lév. et Vaniot)Guillaumin
　　习　　性：草本
　　海　　拔：300~3100 m
　　分　　布：福建、广东、广西、贵州、湖南、江西、四川、云南、浙江
　　濒危等级：LC
　　资源利用：动物饲料（饲料）

聚伞锦香草
Phyllagathis cymigera C. Chen
　　习　　性：灌木
　　海　　拔：1300~1400 m
　　分　　布：云南
　　濒危等级：LC

三角齿锦香草
Phyllagathis deltoidea C. Chen
　　习　　性：灌木
　　海　　拔：约1300 m
　　分　　布：广西
　　濒危等级：LC

红敷地发
Phyllagathis elattandra Diels
　　习　　性：多年生草本
　　海　　拔：200~2000 m
　　分　　布：广东、广西、云南
　　濒危等级：LC
　　资源利用：药用（中草药）

直立锦香草
Phyllagathis erecta(S. Y. Hu)C. Y. Wu ex C. Chen
　　习　　性：草本或灌木
　　海　　拔：1000~1500 m
　　分　　布：广西、云南
　　濒危等级：LC

刚毛锦香草
Phyllagathis fengii C. Hansen
　　习　　性：灌木
　　海　　拔：1000~1600 m
　　分　　布：云南
　　濒危等级：LC

细梗锦香草
Phyllagathis gracilis(Hand.-Mazz.)C. Chen
　　习　　性：灌木
　　海　　拔：1100~1300 m
　　分　　布：湖南
　　濒危等级：LC

桂东锦香草
Phyllagathis guidongensis K. M. Liu et J. Tian
　　习　　性：亚灌木
　　分　　布：湖南
　　濒危等级：LC

海南锦香草
Phyllagathis hainanensis(Merr. et Chun)C. Chen
　　习　　性：灌木
　　海　　拔：600~800 m
　　分　　布：海南
　　濒危等级：LC

密毛锦香草
Phyllagathis hispidissima(C. Chen)C. Chen
　　习　　性：灌木
　　海　　拔：100~1900 m
　　国内分布：广东、云南
　　国外分布：越南
　　濒危等级：LC

宽萼锦香草
Phyllagathis latisepala C. Chen
　　习　　性：草本或亚灌木
　　海　　拔：300~400 m
　　分　　布：湖北
　　濒危等级：LC

长芒锦香草
Phyllagathis longearistata C. Chen
　　习　　性：亚灌木
　　海　　拔：约500 m
　　分　　布：广西
　　濒危等级：LC

大叶熊巴掌
Phyllagathis longiradiosa C. Chen

大叶熊巴掌（原变种）
Phyllagathis longiradiosa var. **longiradiosa**
　　习　　性：草本或灌木
　　海　　拔：300~2200 m
　　分　　布：广西、贵州、云南
　　濒危等级：LC

丽萼熊巴掌
Phyllagathis longiradiosa var. **pulchella** C. Chen
　　习　　性：草本或灌木
　　分　　布：广西
　　濒危等级：VU B1ab（i，iii）

毛锦香草
Phyllagathis melastomatoides(Merr. et Chun)W. C. Ko

毛锦香草（原变种）
Phyllagathis melastomatoides var. **melastomatoides**
　　习　　性：灌木
　　分　　布：海南
　　濒危等级：LC

短柄毛锦香草
Phyllagathis melastomatoides var. **brevipes** W. C. Ko
- 习　　性：灌木
- 海　　拔：300~400 m
- 分　　布：海南
- 濒危等级：LC

毛柄锦香草
Phyllagathis oligotricha Merr.
- 习　　性：灌木
- 海　　拔：500~2300 m
- 分　　布：广东、广西、湖南、江西
- 濒危等级：LC

卵叶锦香草
Phyllagathis ovalifolia H. L. Li
- 习　　性：草本或灌木
- 海　　拔：800~1200 m
- 国内分布：广西、云南
- 国外分布：越南
- 濒危等级：LC

偏斜锦香草
Phyllagathis plagiopetala C. Chen
- 习　　性：灌木
- 海　　拔：800~1200 m
- 分　　布：广西、湖南
- 濒危等级：LC

斑叶锦香草
Phyllagathis scorpiothyrsoides C. Chen
- 习　　性：草本
- 海　　拔：500 m
- 国内分布：广西
- 国外分布：越南
- 濒危等级：LC

刺蕊锦香草
Phyllagathis setotheca H. L. Li
- 习　　性：灌木
- 国内分布：广东、广西
- 国外分布：越南
- 濒危等级：LC

窄叶锦香草
Phyllagathis stenophylla(Merr. et Chun) H. L. Li
- 习　　性：灌木
- 海　　拔：500~1000 m
- 分　　布：海南
- 濒危等级：NT B1ab（i, iii）
- 资源利用：原料（单宁，树脂）

须花锦香草
Phyllagathis tentaculifera C. Hansen
- 习　　性：灌木
- 分　　布：云南
- 濒危等级：DD

三瓣锦香草
Phyllagathis ternata C. Chen
- 习　　性：灌木或多年生草本
- 分　　布：广东
- 濒危等级：LC

四蕊熊巴掌
Phyllagathis tetrandra Diels
- 习　　性：草本
- 海　　拔：1000~2000 m
- 国内分布：海南、云南
- 国外分布：越南
- 濒危等级：NT A2；D1

腺毛锦香草
Phyllagathis velutina(Diels) C. Chen
- 习　　性：草本或灌木
- 海　　拔：1000~2300 m
- 分　　布：福建、云南
- 濒危等级：LC

偏瓣花属 Plagiopetalum Rehder

偏瓣花
Plagiopetalum esquirolii(H. Lév.) Rehder
- 习　　性：灌木
- 海　　拔：500~3500 m
- 国内分布：广西、贵州、四川、云南
- 国外分布：缅甸、越南
- 濒危等级：LC

四棱偏瓣花
Plagiopetalum tenuicaule(C. Chen) C. Hansen
- 习　　性：草本
- 海　　拔：约1700 m
- 分　　布：广西
- 濒危等级：LC

肉穗草属 Sarcopyramis Wall.

肉穗草
Sarcopyramis bodinieri H. Lév. et Vaniot
- 习　　性：草本
- 海　　拔：300~2800 m
- 国内分布：福建、广西、贵州、四川、台湾、西藏、云南
- 国外分布：菲律宾
- 濒危等级：LC

楮头红
Sarcopyramis napalensis Wall.
- 习　　性：草本
- 海　　拔：1000~3200 m
- 国内分布：福建、广东、广西、贵州、湖北、湖南、江西、四川、西藏、云南、浙江
- 国外分布：不丹、菲律宾、马来西亚、缅甸、尼泊尔、泰国、印度、印度尼西亚
- 濒危等级：LC
- 资源利用：药用（中草药）

卷花丹属 Scorpiothyrsus H. L. Li

红毛卷花丹
Scorpiothyrsus erythrotrichus(Merr. et Chun) H. L. Li

习　　性：灌木
海　　拔：600~1400 m
分　　布：海南
濒危等级：CR B1ab（ii）

上思卷花丹
Scorpiothyrsus shangszeensis C. Chen
习　　性：灌木
海　　拔：600~900 m
分　　布：广西
濒危等级：LC

卷花丹
Scorpiothyrsus xanthostictus（Merr. et Chun）H. L. Li
习　　性：灌木
海　　拔：约 500 m
分　　布：海南
濒危等级：VU D2

蜂斗草属 Sonerila Roxb.

蜂斗草
Sonerila cantonensis Stapf
习　　性：草本或亚灌木
海　　拔：500~1500 m
国内分布：广东、广西、海南、云南
国外分布：越南
濒危等级：LC
资源利用：药用（中草药）

直立蜂斗草
Sonerila erecta Jack
习　　性：草本
海　　拔：500~1800 m
国内分布：广东、广西、贵州、湖南、江西、云南
国外分布：菲律宾、老挝、马来西亚、缅甸、泰国、印度、越南
濒危等级：LC

海南桑叶草
Sonerila hainanensis Merr.
习　　性：草本或亚灌木
分　　布：海南
濒危等级：LC

溪边桑勒草
Sonerila maculata Roxb.
习　　性：草本或亚灌木
海　　拔：100~1300 m
国内分布：福建、广东、广西、西藏、云南
国外分布：不丹、柬埔寨、老挝、马来西亚、缅甸、尼泊尔、泰国、印度、印度尼西亚、越南
濒危等级：LC

海棠叶蜂斗草
Sonerila plagiocardia Diels
习　　性：攀援草本
海　　拔：600~2500 m
国内分布：广东、广西、江西、云南
国外分布：柬埔寨、老挝、马来西亚、泰国、越南
濒危等级：LC

报春蜂斗草
Sonerila primuloides C. Y. Wu ex C. Chen
习　　性：草本
海　　拔：1400~1500 m
分　　布：云南
濒危等级：NT B1ab（i, iii）

八蕊花属 Sporoxeia W. W. Sm.

棒距八蕊花
Sporoxeia clavicalcarata C. Chen
习　　性：灌木
海　　拔：1100~1300 m
分　　布：云南
濒危等级：LC

八蕊花
Sporoxeia sciadophila W. W. Sm.
习　　性：灌木
海　　拔：1400~2800 m
国内分布：云南
国外分布：缅甸
濒危等级：LC

长穗花属 Styrophyton S. Y. Hu

长穗花
Styrophyton caudatum（Diels）S. Y. Hu
习　　性：灌木
海　　拔：400~1500 m
分　　布：广西、云南
濒危等级：LC
资源利用：药用（中草药）

虎颜花属 Tigridiopalma C. Chen

虎颜花
Tigridiopalma magnifica C. Chen
习　　性：草本
海　　拔：约 400 m
分　　布：广东
濒危等级：EN B1ab（i, iii）；C1
国家保护：Ⅱ级

楝科 MELIACEAE
（17 属：43 种）

米仔兰属 Aglaia Lour.

山椤
Aglaia elaeagnoidea（A. Juss.）Benth.
习　　性：乔木
海　　拔：海平面至 1500 m
国内分布：广东、广西、贵州、海南、台湾、云南
国外分布：澳大利亚、巴布亚新几内亚、菲律宾、柬埔寨、老挝、马来西亚、斯里兰卡、泰国、印度、印

度尼西亚、越南；太平洋岛屿
濒危等级：NT B1ab（i，iii）
资源利用：原料（木材）

望谟崖摩
Aglaia lawii（Wight）C. J. Saldanha et Ramamorthy
习　　性：灌木或小乔木
海　　拔：海平面至1600 m
国内分布：广东、广西、贵州、海南、台湾、西藏、云南
国外分布：巴布亚新几内亚、不丹、菲律宾、老挝、马来西亚、缅甸、泰国、印度、印度尼西亚、越南
濒危等级：VU A2c；B1ab（ii，iii）
国家保护：Ⅱ级

米仔兰
Aglaia odorata Lour.
习　　性：灌木或小乔木
国内分布：广东、广西、海南
国外分布：柬埔寨、老挝、泰国、越南
濒危等级：LC
资源利用：环境利用（观赏）；药用（中草药）

碧绿米仔兰
Aglaia perviridis Hiern
习　　性：乔木
海　　拔：100～1400 m
国内分布：云南
国外分布：不丹、老挝、马来西亚、孟加拉国、泰国、印度
濒危等级：LC

椭圆叶米仔兰
Aglaia rimosa（Blanco）Merr.
习　　性：灌木或小乔木
国内分布：台湾
国外分布：巴布亚新几内亚、菲律宾、印度尼西亚
濒危等级：LC

曲梗崖摩
Aglaia spectabilis（Miq.）S. S. Jain et Bennet
习　　性：乔木
海　　拔：900～1800 m
国内分布：海南、云南
国外分布：澳大利亚、巴布亚新几内亚、不丹、菲律宾、柬埔寨、老挝、马来西亚、缅甸、泰国、印度、印度尼西亚、越南
濒危等级：NT

马肾果
Aglaia testicularis C. Y. Wu
习　　性：乔木
海　　拔：1200～1800 m
分　　布：云南
濒危等级：LC

星毛崖摩
Aglaia teysmanniana（Miq.）Miq.
习　　性：乔木
海　　拔：300～500 m
国内分布：云南
国外分布：巴布亚新几内亚、菲律宾、马来西亚、泰国、印度尼西亚
濒危等级：LC

山楝属 Aphanamixis Blume

山楝
Aphanamixis polystachya（Wall.）R. Parker
习　　性：灌木或小乔木
海　　拔：100～600 m
国内分布：福建、广东、广西、海南、台湾、云南
国外分布：巴布亚新几内亚、不丹、菲律宾、老挝、马来西亚、斯里兰卡、泰国、印度、印度尼西亚、越南；中南半岛
濒危等级：LC
资源利用：原料（木材，工业用油）

洋椿属 Cedrela P. Browne

洋椿
Cedrela odorata L.
习　　性：乔木
国内分布：广东
国外分布：原产热带美洲

溪桫属 Chisocheton Blume

溪桫
Chisocheton cumingianus（C. DC.）Mabb.
习　　性：乔木
国内分布：广东、广西、云南
国外分布：不丹、老挝、缅甸、泰国、印度、越南
濒危等级：DD

麻楝属 Chukrasia A. Juss.

麻楝
Chukrasia tabularis A. Juss.
习　　性：乔木
海　　拔：300～1600 m
国内分布：福建、广东、广西、贵州、海南、西藏、云南、浙江
国外分布：不丹、老挝、马来西亚、尼泊尔、斯里兰卡、泰国、印度、印度尼西亚、越南
濒危等级：LC
资源利用：原料（木材）

浆果楝属 Cipadessa Blume

浆果楝
Cipadessa baccifera（Roth）Miq.
习　　性：灌木或乔木
海　　拔：200～2100 m
国内分布：广西、贵州、四川、云南
国外分布：不丹、菲律宾、老挝、马来西亚、尼泊尔、斯里兰卡、泰国、印度、印度尼西亚、越南
濒危等级：LC

樫木属 Dysoxylum Blume

兰屿樫木
Dysoxylum arborescens（Blume）Miq.

习　　性：乔木
国内分布：台湾
国外分布：澳大利亚、巴布亚新几内亚、菲律宾、马来西亚、印度尼西亚
濒危等级：VU D1+2

肯氏樫木
Dysoxylum cumingianum C. DC.
习　　性：乔木
海　　拔：海平面至 400 m
国内分布：台湾
国外分布：菲律宾、马来西亚、印度尼西亚
濒危等级：NT

密花樫木
Dysoxylum densiflorum (Blume) Miq.
习　　性：常绿乔木
海　　拔：500~800 m
国内分布：云南
国外分布：马来西亚、缅甸、泰国、印度尼西亚
濒危等级：LC

樫木
Dysoxylum excelsum Blume
习　　性：乔木
海　　拔：100~1000 m
国内分布：广西、西藏、云南
国外分布：巴布亚新几内亚、不丹、菲律宾、老挝、斯里兰卡、泰国、印度尼西亚、越南
濒危等级：DD

红果樫木
Dysoxylum gotadhora (Buch.-Ham.) Mabberley
习　　性：乔木
海　　拔：500~1700 m
国内分布：海南、云南
国外分布：不丹、老挝、尼泊尔、斯里兰卡、泰国、印度、越南；中南半岛
濒危等级：NT B1ab (i, iii)
资源利用：原料（木材）

多脉樫木
Dysoxylum grande Hiern
习　　性：乔木
国内分布：广东、广西、海南、云南
国外分布：不丹、马来西亚、泰国、印度、印度尼西亚、越南
濒危等级：LC

香港樫木
Dysoxylum hongkongense (Tutcher) Merr.
习　　性：乔木
国内分布：广东、广西、海南、台湾、云南
国外分布：印度尼西亚
濒危等级：LC

总序樫木
Dysoxylum laxiracemosum C. Y. Wu et H. Li
习　　性：乔木
海　　拔：600~900 m
分　　布：云南
濒危等级：DD

皮孔樫木
Dysoxylum lenticellatum C. Y. Wu et H. Li
习　　性：乔木
海　　拔：900~1400 m
国内分布：云南
国外分布：缅甸、泰国
濒危等级：LC

墨脱樫木
Dysoxylum medogense C. Y. Wu et H. Li
习　　性：乔木
海　　拔：800~900 m
分　　布：西藏
濒危等级：DD

海南樫木
Dysoxylum mollissimum Blume
习　　性：乔木
海　　拔：1000~1630 m
国内分布：广东、广西、海南、云南
国外分布：不丹、菲律宾、马来西亚、缅甸、印度、印度尼西亚
濒危等级：LC

少花樫木
Dysoxylum oliganthum C. Y. Wu
习　　性：乔木
海　　拔：1200~1400 m
分　　布：云南
濒危等级：VU A2c

大花樫木
Dysoxylum parasiticum (Osbeck) Kosterm.
习　　性：乔木
国内分布：台湾
国外分布：澳大利亚、巴布亚新几内亚、菲律宾、马来西亚、印度尼西亚
濒危等级：LC

鹧鸪花属 Heynea Roxb.

鹧鸪花
Heynea trijuga Roxb.
习　　性：乔木
海　　拔：200~1300 m
国内分布：广东、广西、贵州、海南、云南
国外分布：不丹、菲律宾、老挝、尼泊尔、泰国、印度、印度尼西亚、越南
濒危等级：LC

茸果鹧鸪花
Heynea velutina F. C. How et T. C. Chen
习　　性：灌木

国内分布：广东、广西、贵州、海南、云南
国外分布：越南
濒危等级：LC

非洲楝属 Khaya A. Juss.

非洲楝
Khaya senegalensis (Desr.) A. Juss.
习　　性：乔木
国内分布：福建、广东、广西、海南、台湾栽培
国外分布：原产热带非洲
资源利用：药用（中草药）；原料（木材）；动物饲料（饲料）

楝属 Melia L.

楝
Melia azedarach L.
习　　性：乔木
海　　拔：500~2100 m
国内分布：安徽、福建、甘肃、广东、广西、贵州、海南、河北、河南、湖北、湖南、江苏、江西、山东、山西、陕西、四川、台湾、西藏、云南、浙江
国外分布：澳大利亚、巴布亚新几内亚、不丹、菲律宾、老挝、尼泊尔、斯里兰卡、泰国、印度、印度尼西亚、越南
濒危等级：LC
资源利用：药用（中草药）；原料（木材，纤维，单宁，树脂）；农药；环境利用（观赏）

地黄连属 Munronia Wight

羽状地黄连
Munronia pinnata (Wall.) W. Theobald
习　　性：灌木
海　　拔：200~1800 m
国内分布：重庆、广东、广西、贵州、海南
国外分布：不丹、马来西亚、缅甸、尼泊尔、斯里兰卡、泰国、印度、印度尼西亚、越南
濒危等级：VU A2c；B1ab（i，iii）

单叶地黄连
Munronia unifoliolata Oliv.
习　　性：灌木
海　　拔：200~600 m
国内分布：广东、贵州、海南、湖北、湖南、四川、云南
国外分布：越南
濒危等级：NT B1ab（i，iii）

鹦哥岭地黄连
Munronia yinggelingensis R. J. Zhang, Y. S. Ye et F. W. Xing
习　　性：灌木
分　　布：海南
濒危等级：LC

雷楝属 Reinwardtiodendron Koord.

雷楝
Reinwardtiodendron humile (Hassk.) Mabb.
习　　性：灌木或乔木
国内分布：海南
国外分布：菲律宾、柬埔寨、老挝、马来西亚、泰国、印度尼西亚、越南
濒危等级：LC

桃花心木属 Swietenia Jacq.

桃花心木
Swietenia mahagoni (L.) Jacq.
习　　性：常绿乔木
国内分布：福建、广东、广西、海南、台湾、云南栽培
国外分布：原产热带美洲
资源利用：基因源（抗虫蚀）

香椿属 Toona (Endl.) M. Roem.

红椿
Toona ciliata M. Roem.
习　　性：乔木
海　　拔：350~2800 m
国内分布：广东、广西、贵州、海南、湖北、湖南、江西、四川、云南
国外分布：澳大利亚、巴布亚新几内亚、巴基斯坦、不丹、菲律宾、柬埔寨、老挝、马来西亚、孟加拉国、缅甸、尼泊尔、斯里兰卡、泰国、印度、印度尼西亚、越南
濒危等级：NT
国家保护：Ⅱ级
资源利用：原料（单宁，木材）

红花香椿
Toona fargesii A. Chev.
习　　性：乔木
海　　拔：300~1900 m
分　　布：福建、广东、广西、湖北、四川、云南
濒危等级：VU B1ab（i，iii）

香椿
Toona sinensis (Juss.) Roem.
习　　性：乔木
海　　拔：100~2900 m
国内分布：安徽、福建、甘肃、广东、广西、贵州、河北、河南、湖北、湖南、江苏、江西、陕西、四川、西藏、云南、浙江
国外分布：不丹、老挝、马来西亚、缅甸、尼泊尔、泰国、印度、印度尼西亚
濒危等级：LC
资源利用：药用（中草药）；原料（木材，纤维）；食品（蔬菜）

紫椿
Toona sureni(Blume)Merrill
- 习　　性：乔木
- 海　　拔：700~1600 m
- 国内分布：贵州、海南、四川、云南
- 国外分布：巴布亚新几内亚、不丹、老挝、马来西亚、缅甸、泰国、印度、印度尼西亚
- 濒危等级：LC
- 资源利用：原料（单宁，树脂）

杜楝属 Turraea L.

杜楝
Turraea pubescens Hell.
- 习　　性：灌木
- 国内分布：广东、广西、海南
- 国外分布：澳大利亚、巴布亚新几内亚、菲律宾、老挝、泰国、印度、印度尼西亚、越南
- 濒危等级：LC

割舌树属 Walsura Roxb.

越南割舌树
Walsura pinnata Hassk.
- 习　　性：灌木或小乔木
- 海　　拔：900~1000 m
- 国内分布：广东、广西、海南、云南
- 国外分布：菲律宾、柬埔寨、老挝、马来西亚、缅甸、泰国、印度尼西亚、越南
- 濒危等级：LC

割舌树
Walsura robusta Roxb.
- 习　　性：乔木
- 国内分布：广西、海南、云南
- 国外分布：不丹、老挝、马来西亚、孟加拉国、缅甸、泰国、印度、越南
- 濒危等级：LC

木果楝属 Xylocarpus Koen.

木果楝
Xylocarpus granatum J. Koenig
- 习　　性：灌木或小乔木
- 国内分布：海南
- 国外分布：巴布亚新几内亚、菲律宾、马来西亚、斯里兰卡、泰国、印度、印度尼西亚、越南
- 濒危等级：VU B2ab（iii）
- 国家保护：Ⅱ级
- 资源利用：原料（单宁，木材，树脂）

防己科 MENISPERMACEAE
（19属：85种）

崖藤属 Albertisia Becc.

崖藤
Albertisia laurifolia Yamam.
- 习　　性：木质藤本
- 海　　拔：200~1000 m
- 国内分布：广西、海南、云南
- 国外分布：越南
- 濒危等级：NT A2c

古山龙属 Arcangelisia Becc.

古山龙
Arcangelisia gusanlung H. S. Lo
- 习　　性：木质藤本
- 分　　布：海南
- 濒危等级：VU A2acd；B1ab（i, iii, v）
- 国家保护：Ⅱ级

球果藤属 Aspidocarya Hook. f. et Thomson

球果藤
Aspidocarya uvifera Hook. f. et Thomson
- 习　　性：藤本
- 海　　拔：600~1950 m
- 国内分布：云南
- 国外分布：缅甸、泰国、印度
- 濒危等级：LC

锡生藤属 Cissampelos L.

锡生藤
Cissampelos pareira(Buch. ex DC.)Forman
- 习　　性：木质藤本
- 海　　拔：200~2000 m
- 国内分布：广西、贵州、云南
- 国外分布：泛热带地区
- 濒危等级：NT

木防己属 Cocculus DC.

樟叶木防己
Cocculus laurifolius DC.
- 习　　性：灌木
- 海　　拔：200~2800 m
- 国内分布：贵州、湖南、台湾、西藏
- 国外分布：老挝、马来西亚、缅甸、尼泊尔、日本、泰国、印度、印度尼西亚
- 濒危等级：LC

木防己
Cocculus orbiculatus(L.)DC.

木防己（原变种）
Cocculus orbiculatus var. **orbiculatus**
- 习　　性：木质藤本
- 海　　拔：海平面至1200 m
- 国内分布：安徽、福建、广东、广西、贵州、海南、河南、湖北、湖南、江苏、江西、山东、陕西、四川、台湾、云南、浙江
- 国外分布：菲律宾、老挝、马来西亚、尼泊尔、日本、印度、印度尼西亚
- 濒危等级：LC
- 资源利用：药用（中草药）

毛木防己
Cocculus orbiculatus var. **mollis**（Wall. ex Hook. f. et Thomson）H. Hara
  习 性：木质藤本
  国内分布：广西、贵州、四川、云南
  国外分布：尼泊尔、印度
  濒危等级：LC

轮环藤属 Cyclea Arn. et Wight

毛叶轮环藤
Cyclea barbata Miers
  习 性：草质藤本
  国内分布：广东、海南
  国外分布：老挝、缅甸、泰国、印度、印度尼西亚、越南
  濒危等级：LC
  资源利用：药用（中草药）

纤花轮环藤
Cyclea debiliflora Miers
  习 性：藤本
  国内分布：云南
  国外分布：印度
  濒危等级：LC

纤细轮环藤
Cyclea gracillima Diels
  习 性：草质藤本
  分 布：海南、台湾
  濒危等级：LC

粉叶轮环藤
Cyclea hypoglauca（Schauer）Diels
  习 性：木质藤本
  海 拔：200～4800 m
  国内分布：福建、广东、广西、贵州、海南、湖南、江西、云南
  国外分布：越南
  濒危等级：LC
  资源利用：药用（中草药）

海岛轮环藤
Cyclea insularis（Makino）Hatsus.

海岛轮环藤（原亚种）
Cyclea insularis subsp. **insularis**
  习 性：藤本
  国内分布：台湾
  国外分布：日本
  濒危等级：LC

黔贵轮环藤
Cyclea insularis subsp. **guangxiensis** H. S. Lo
  习 性：藤本
  分 布：广西、贵州
  濒危等级：LC

弄岗轮环藤
Cyclea longgangensis J. Y. Luo
  习 性：缠绕木质藤本
  分 布：广西
  濒危等级：LC

云南轮环藤
Cyclea meeboldii Diels
  习 性：攀援灌木
  海 拔：700～800 m
  国内分布：云南
  国外分布：印度
  濒危等级：LC

台湾轮环藤
Cyclea ochiaiana（Yamam.）S. F. Huang et T. C. Huang
  习 性：藤本
  分 布：台湾
  濒危等级：LC

铁藤
Cyclea polypetala Dunn
  习 性：木质藤本
  海 拔：700～1500 m
  国内分布：广西、海南、云南
  国外分布：泰国
  濒危等级：LC

轮环藤
Cyclea racemosa Oliv.
  习 性：木质藤本
  海 拔：200～2000 m
  分 布：福建、广东、贵州、湖北、湖南、江西、山西、四川、浙江
  濒危等级：LC
  资源利用：药用（中草药）

四川轮环藤
Cyclea sutchuenensis Gagnep.
  习 性：草质藤本
  海 拔：200～2800 m
  分 布：广东、广西、贵州、湖北、湖南、四川、云南
  濒危等级：LC

南轮环藤
Cyclea tonkinensis Gagnep.
  习 性：草质藤本
  海 拔：1000～2200 m
  国内分布：广西、云南
  国外分布：老挝、越南
  濒危等级：LC

西南轮环藤
Cyclea wattii Diels
  习 性：木质藤本
  海 拔：600～2800 m
  国内分布：贵州、四川、云南
  国外分布：印度
  濒危等级：LC

秤钩风属 Diploclisia Miers

秤钩风
Diploclisia affinis（Oliv.）Diels
  习 性：木质藤本

海　　拔：约 400 m
分　　布：安徽、福建、广东、广西、贵州、湖北、湖南、江西、四川、云南、浙江
濒危等级：LC

苍白秤钩风
Diploclisia glaucescens (Blume) Diels
习　　性：木质藤本
海　　拔：540~1200 m
国内分布：广东、广西、海南、云南
国外分布：巴布亚新几内亚、菲律宾、缅甸、斯里兰卡、泰国、印度、印度尼西亚
濒危等级：LC
资源利用：药用（中草药）

藤枣属 Eleutharrhena Forman

藤枣
Eleutharrhena macrocarpa (Diels) Forman
习　　性：木质藤本
海　　拔：800~1500 m
国内分布：云南
国外分布：印度
濒危等级：VU D1
国家保护：Ⅱ级

天仙藤属 Fibraurea Lour.

天仙藤
Fibraurea recisa Pierre
习　　性：木质藤本
海　　拔：100~700 m
国内分布：广东、广西、云南
国外分布：柬埔寨、老挝、越南
濒危等级：NT
资源利用：药用（中草药）

夜花藤属 Hypserpa Miers

夜花藤
Hypserpa nitida Miers
习　　性：木质藤本
海　　拔：540~1300 m
国内分布：福建、广东、广西、海南、云南
国外分布：菲律宾、老挝、马来西亚、孟加拉国、缅甸、斯里兰卡、泰国、印度、印度尼西亚
濒危等级：LC
资源利用：药用（中草药）

蝙蝠葛属 Menispermum L.

蝙蝠葛
Menispermum dauricum DC.
习　　性：草质藤本
海　　拔：800 m 以下
国内分布：安徽、甘肃、贵州、河北、黑龙江、湖北、湖南、吉林、江苏、江西、辽宁、内蒙古、宁夏、山东、山西、陕西、浙江
国外分布：朝鲜半岛、俄罗斯、日本
濒危等级：LC
资源利用：原料（纤维）；药用（中草药）

粉绿藤属 Pachygone Miers

粉绿藤
Pachygone sinica Diels
习　　性：木质藤本
分　　布：广东、广西
濒危等级：LC

肾子藤
Pachygone valida Diels
习　　性：木质藤本
海　　拔：400~1800 m
分　　布：广西、贵州、云南
濒危等级：LC

滇粉绿藤
Pachygone yunnanensis H. S. Lo
习　　性：木质藤本
分　　布：云南
濒危等级：LC

连蕊藤属 Parabaena Miers

连蕊藤
Parabaena sagittata Miers
习　　性：草质藤本
海　　拔：500~1500 m
国内分布：广西、贵州、西藏、云南
国外分布：不丹、老挝、孟加拉国、缅甸、尼泊尔、泰国、印度、越南
濒危等级：LC

细圆藤属 Pericampylus Miers

细圆藤
Pericampylus glaucus (Lam.) Merr.
习　　性：木质藤本
海　　拔：海平面至 1500 m
国内分布：福建、广东、广西、贵州、海南、湖南、江西、四川、台湾、浙江
国外分布：菲律宾、老挝、马来西亚、缅甸、泰国、印度、印度尼西亚、越南
濒危等级：LC

密花藤属 Pycnarrhena Miers ex Hook. f. et Thomson

密花藤
Pycnarrhena lucida (Teijsm. et Binn.) Miq.
习　　性：木质藤本
国内分布：海南
国外分布：柬埔寨、老挝、马来西亚、泰国、印度、印度尼西亚
濒危等级：LC

硬骨藤
Pycnarrhena poilanei (Gagnep.) Forman
习　　性：木质藤本

海　　拔：约 600 m
国内分布：海南、云南
国外分布：泰国、越南
濒危等级：LC

风龙属 Sinomenium Diels

风龙
Sinomenium acutum (Thunb.) Rehder et E. H. Wilson
习　　性：木质藤本
海　　拔：400~2700 m
国内分布：安徽、广东、广西、贵州、河南、湖北、江西、山西、四川、云南、浙江
国外分布：尼泊尔、日本、泰国、印度
濒危等级：LC
资源利用：原料（纤维）；药用（中草药）

千金藤属 Stephania Lour.

白线薯
Stephania brachyandra Diels
习　　性：草质藤本
海　　拔：约 1000 m
国内分布：云南
国外分布：缅甸
濒危等级：LC

短梗地不容
Stephania brevipedunculata C. Y. Wu et D. D. Tao
习　　性：草质藤本
海　　拔：2000~2400 m
分　　布：西藏
濒危等级：CR D

金线吊乌龟
Stephania cephalantha Hayata
习　　性：草质藤本
分　　布：安徽、福建、广东、广西、贵州、湖北、湖南、江苏、江西、山西、陕西、四川、台湾、浙江
濒危等级：LC
资源利用：环境利用（观赏）

景东千金藤
Stephania chingtungensis H. S. Lo
习　　性：草质藤本
海　　拔：1200~3200 m
分　　布：云南
濒危等级：NT

一文钱
Stephania delavayi Diels
习　　性：草质藤本
海　　拔：200~2900 m
分　　布：贵州、四川、云南
濒危等级：VU A2c

齿叶地不容
Stephania dentifolia H. S. Lo et M. Yang
习　　性：草质藤本
海　　拔：约 150 m
分　　布：云南
濒危等级：CR D

荷包地不容
Stephania dicentrinifera H. S. Lo et M. Yang
习　　性：草质藤本
海　　拔：1000~2550 m
分　　布：云南
濒危等级：VU D2

血散薯
Stephania dielsiana Y. C. Wu
习　　性：草质藤本
海　　拔：400~1000 m
分　　布：广东、广西、贵州、湖南
濒危等级：VU B1ab（iii）
资源利用：药用（中草药）

大叶地不容
Stephania dolichopoda Diels
习　　性：草质藤本
海　　拔：900~1100 m
国内分布：广西、云南
国外分布：印度
濒危等级：LC

川南地不容
Stephania ebracteata S. Y. Zhao et H. S. Lo
习　　性：草质藤本
海　　拔：约 2500 m
分　　布：四川
濒危等级：NT B1ab（i, iii, v）；C2a（i）；D

雅丽千金藤
Stephania elegans Hook. f. et Thomson
习　　性：草质藤本
海　　拔：1200~1500 m
国内分布：云南
国外分布：尼泊尔、印度
濒危等级：VU B1ab（iii）

地不容
Stephania epigaea H. S. Lo
习　　性：草质藤本
海　　拔：1200~2700 m
分　　布：贵州、四川、云南
濒危等级：LC
资源利用：药用（中草药，兽药）

江南地不容
Stephania excentrica H. S. Lo
习　　性：草质藤本
海　　拔：600~2000 m
分　　布：福建、广西、贵州、湖北、湖南、江西、四川
濒危等级：LC

西藏地不容
Stephania glabra (Roxb.) Miers
习　　性：草质藤本
海　　拔：1700~2400 m
国内分布：西藏

国外分布：孟加拉国、缅甸、尼泊尔、泰国、印度
濒危等级：LC

纤细千金藤
Stephania gracilenta Miers
  习 性：草质藤本
  海 拔：1700～2400 m
  国内分布：西藏
  国外分布：尼泊尔
  濒危等级：EN D

海南地不容
Stephania hainanensis H. S. Lo et Y. Tsoong
  习 性：草质藤本
  海 拔：海平面至800 m
  分 布：海南
  濒危等级：EN B2ab（ii）
  资源利用：药用（中草药）

草质千金藤
Stephania herbacea Gagnep.
  习 性：草质藤本
  海 拔：500～2300 m
  分 布：贵州、湖北、湖南、四川
  濒危等级：LC

河谷地不容
Stephania intermedia H. S. Lo
  习 性：草质藤本
  海 拔：约1400 m
  分 布：云南
  濒危等级：CR D

千金藤
Stephania japonica(Thunb.)Miers

千金藤（原变种）
Stephania japonica var. **japonica**
  习 性：草质藤本
  国内分布：安徽、福建、广西、贵州、海南、河南、湖北、湖南、江苏、江西、四川、云南、浙江
  国外分布：澳大利亚、朝鲜半岛、老挝、马来西亚、孟加拉国、缅甸、尼泊尔、日本、斯里兰卡、泰国、印度、印度尼西亚、越南
  濒危等级：LC
  资源利用：药用（中草药）；环境利用（观赏）；食品（淀粉）

光叶千金藤
Stephania japonica var. **timoriensis**(DC.)Forman
  习 性：草质藤本
  国内分布：广西、云南
  国外分布：澳大利亚、孟加拉国、印度尼西亚
  濒危等级：LC

桂南地不容
Stephania kuinanensis H. S. Lo et M. Yang
  习 性：草质藤本
  海 拔：200 m
  分 布：广西
  濒危等级：EN D

广西地不容
Stephania kwangsiensis H. S. Lo
  习 性：草质藤本
  海 拔：约480 m
  分 布：广西、云南
  濒危等级：EN A2c

临沧地不容
Stephania lincangensis H. S. Lo et M. Yang
  习 性：草质藤本
  分 布：云南
  濒危等级：CR D

粪箕笃
Stephania longa Lour.
  习 性：草质藤本
  海 拔：约1500 m
  国内分布：福建、广东、广西、海南、台湾、云南
  国外分布：老挝
  濒危等级：LC
  资源利用：药用（中草药）

长柄地不容
Stephania longipes H. S. Lo
  习 性：草质藤本
  海 拔：1500～2200 m
  分 布：云南
  濒危等级：NT

大花地不容
Stephania macrantha H. S. Lo et M. Yang
  习 性：草质藤本
  海 拔：约1400 m
  分 布：云南
  濒危等级：CR D

马山地不容
Stephania mashanica H. S. Lo et B. N. Chang
  习 性：草质藤本
  海 拔：约550 m
  分 布：广西
  濒危等级：VU A2c

米氏千金藤
Stephania merrillii Diels
  习 性：木质藤本
  海 拔：约150 m
  分 布：台湾
  濒危等级：VU D2

小花地不容
Stephania micrantha H. S. Lo et M. Yang
  习 性：草质藤本
  分 布：广西
  濒危等级：EN A2c

米易地不容
Stephania miyiensis S. Y. Zhao et H. S. Lo

习　　性：草质藤本
分　　布：四川
濒危等级：NT B1ab（i，iii，v）；C2a（ii）

九药千金藤
Stephania novenanthera Heng C. Wang
习　　性：藤本
海　　拔：400~650 m
分　　布：广西
濒危等级：DD

药用地不容
Stephania officinarum H. S. Lo et M. Yang
习　　性：草质藤本
分　　布：云南
濒危等级：CR D

台湾千金藤
Stephania sasakii Hayata ex Yamam.
习　　性：木质藤本
海　　拔：约150 m
分　　布：台湾
濒危等级：VU D2

汝兰
Stephania sinica Diels
习　　性：草质藤本
海　　拔：300~2500 m
分　　布：贵州、湖北、湖南、四川、云南
濒危等级：LC

西南千金藤
Stephania subpeltata H. S. Lo
习　　性：草质缠绕藤本
海　　拔：1700~2700 m
分　　布：广西、四川、云南
濒危等级：LC

小叶地不容
Stephania succifera H. S. Lo et Y. Tsoong
习　　性：草质藤本
海　　拔：约1000 m
分　　布：海南
濒危等级：CR B1ab（i，iii，v）
资源利用：药用（中草药）

四川千金藤
Stephania sutchuenensis H. S. Lo
习　　性：草质藤本
海　　拔：1000~1500 m
分　　布：四川
濒危等级：EN D
资源利用：药用（中草药）

粉防己
Stephania tetrandra S. Moore
习　　性：草质藤本
海　　拔：400~1300 m
分　　布：安徽、福建、广东、广西、海南、湖北、湖南、江西、台湾、浙江
濒危等级：LC
资源利用：药用（中草药）；食品（淀粉）

黄叶地不容
Stephania viridiflavens H. S. Lo et M. Yang
习　　性：草质藤本
海　　拔：700~1200 m
分　　布：广西、贵州、云南
濒危等级：LC

云南地不容
Stephania yunnanensis H. S. Lo

云南地不容（原变种）
Stephania yunnanensis var. **yunnanensis**
习　　性：草质藤本
海　　拔：约2200 m
分　　布：云南
濒危等级：EN B1ab（i，iii，v）；D

毛萼地不容
Stephania yunnanensis var. **trichocalyx** H. S. Lo et M. Yang
习　　性：草质藤本
分　　布：云南
濒危等级：LC

大叶藤属 Tinomiscium Miers

大叶藤
Tinomiscium petiolare Hook. f. et Thomson
习　　性：木质藤本
海　　拔：200~2700 m
国内分布：广西、云南
国外分布：巴布亚新几内亚、马来西亚、泰国、印度尼西亚、越南
濒危等级：LC

青牛胆属 Tinospora Miers

波叶青牛胆
Tinospora crispa（L.）Hook. f. et Thomson
习　　性：藤本
海　　拔：200~900 m
国内分布：云南
国外分布：菲律宾、柬埔寨、老挝、马来西亚、缅甸、泰国、印度、印度尼西亚
濒危等级：LC

台湾青牛胆
Tinospora dentata Diels
习　　性：木质藤本
分　　布：台湾
濒危等级：CR B1ab（ii）

广西青牛胆
Tinospora guangxiensis H. S. Lo
习　　性：藤本
分　　布：广西
濒危等级：VU A3cd；B1ab（i，iii）+2ab（ii，v）

海南青牛胆
Tinospora hainanensis H. S. Lo et Z. X. Li

习　　性：藤本
分　　布：海南
濒危等级：LC

青牛胆
Tinospora sagittata(Oliv.)Gagnep.

青牛胆（原变种）
Tinospora sagittata var. **sagittata**
习　　性：草质藤本
国内分布：福建、广东、广西、贵州、海南、湖北、湖南、江西、山西、陕西、四川、西藏、云南
国外分布：越南
濒危等级：EN A2acd+3acd
资源利用：药用（中草药）

峨眉青牛胆
Tinospora sagittata var. **craveniana**(S. Y. Hu)H. S. Lo
习　　性：草质藤本
分　　布：四川
濒危等级：NT
资源利用：药用（中草药）

云南青牛胆
Tinospora sagittata var. **yunnanensis**(S. Y. Hu)H. S. Lo
习　　性：草质藤本
分　　布：广西、云南
濒危等级：NT
资源利用：药用（中草药）

中华青牛胆
Tinospora sinensis(Lour.)Merr.
习　　性：藤本
海　　拔：500~1000 m
国内分布：广东、广西、云南
国外分布：柬埔寨、尼泊尔、斯里兰卡、泰国、印度、越南
濒危等级：VU A2acd+3acd
资源利用：药用（中草药）

睡菜科 MENYANTHACEAE
（2属：7种）

睡菜属 Menyanthes L.

睡菜
Menyanthes trifoliata L.
习　　性：多年生沼生草本
海　　拔：400~3600 m
国内分布：贵州、河北、黑龙江、吉林、辽宁、四川、西藏、云南、浙江
国外分布：俄罗斯、克什米尔地区、蒙古、尼泊尔、日本
濒危等级：LC
资源利用：药用（中草药）

荇菜属 Nymphoides Ség.

水金莲花
Nymphoides aurantiaca(Dalzell)Kuntze
习　　性：多年生水生草本
国内分布：台湾
国外分布：斯里兰卡、印度
濒危等级：CR D

小荇菜
Nymphoides coreana(H. Lév.)H. Hara
习　　性：多年生水生草本
国内分布：辽宁、台湾
国外分布：朝鲜半岛、俄罗斯、日本
濒危等级：NT A1a

水皮莲
Nymphoides cristata(Roxb.)Kuntze
习　　性：多年生水生草本
国内分布：福建、广东、海南、湖北、湖南、江苏、四川、台湾
国外分布：印度
濒危等级：LC

刺种荇菜
Nymphoides hydrophylla(Lour.)Kuntze
习　　性：多年生水生草本
国内分布：广东、广西、海南
国外分布：老挝、泰国、印度、越南
濒危等级：LC

金银莲花
Nymphoides indica(L.)Kuntze
习　　性：多年生水生草本
海　　拔：100~1600 m
国内分布：福建、广东、广西、贵州、海南、河南、黑龙江、湖南、吉林、江苏、江西、辽宁、台湾、云南、浙江
国外分布：澳大利亚、朝鲜半岛、柬埔寨、马来西亚、缅甸、尼泊尔、日本、斯里兰卡、印度、印度尼西亚、越南
濒危等级：LC

荇菜
Nymphoides peltata(S. G. Gmel.)Kuntze
习　　性：多年生水生草本
海　　拔：100~1800 m
国内分布：除海南、青海、西藏外，各省均有分布
国外分布：朝鲜半岛、俄罗斯、蒙古、日本
濒危等级：LC

帽蕊草科 MITRASTEMONACEAE
（1属：1种）

帽蕊草属 Mitrastemon Makino

帽蕊草
Mitrastemon yamamotoi(Yamam.)Makino
习　　性：寄生草本
海　　拔：约1200 m
分　　布：台湾
濒危等级：NT

粟米草科 MOLLUGINACEAE
（2 属：6 种）

星粟草属 Glinus L.

星粟草
Glinus lotoides L.
- 习　　性：一年生草本
- 海　　拔：海平面至 500 m
- 国内分布：海南、台湾、云南
- 国外分布：菲律宾、马来西亚、斯里兰卡、印度尼西亚
- 濒危等级：LC

长梗星粟草
Glinus oppositifolius（L.）Aug. DC.
- 习　　性：一年生草本
- 国内分布：海南、台湾
- 国外分布：澳大利亚

粟米草属 Mollugo L.

线叶粟米草
Mollugo cerviana（L.）Ser.
- 习　　性：一年生草本
- 海　　拔：400~1200 m
- 国内分布：河北、内蒙古、新疆
- 国外分布：澳大利亚、哈萨克斯坦、蒙古、缅甸、斯里兰卡、印度
- 濒危等级：LC
- 资源利用：药用（中草药）

无茎粟米草
Mollugo nudicaulis Lam.
- 习　　性：一年生草本
- 国内分布：广东、海南
- 国外分布：阿富汗、巴基斯坦、印度
- 濒危等级：LC

粟米草
Mollugo stricta L.
- 习　　性：一年生草本
- 海　　拔：100~1800 m
- 国内分布：安徽、福建、广东、广西、贵州、海南、河南、湖北、湖南、江苏、江西、山东、陕西、四川、台湾、西藏、新疆、云南、浙江
- 国外分布：热带和亚热带亚洲
- 濒危等级：LC
- 资源利用：药用（中草药）

种棱粟米草
Mollugo verticillata L.
- 习　　性：一年生草本
- 国内分布：福建、广东、广西、海南、山东、台湾
- 国外分布：日本
- 濒危等级：LC

桑科 MORACEAE
（9 属：174 种）

见血封喉属 Antiaris Lesch.

见血封喉
Antiaris toxicaria Lesch.
- 习　　性：乔木
- 海　　拔：1500 m 以下
- 国内分布：广东、广西、海南、云南
- 国外分布：马来西亚、缅甸、斯里兰卡、泰国、印度、印度尼西亚、越南
- 濒危等级：LC
- 资源利用：药用（兽药）；原料（纤维）

波罗蜜属 Artocarpus J. R. Forst. et G. Forst.

面包树
Artocarpus altilis（Parkinson）Fosberg
- 习　　性：乔木
- 国内分布：海南、台湾栽培
- 国外分布：菲律宾、印度；太平洋群岛及热带地区广泛栽培

野树波罗
Artocarpus chama Buch.-Ham.
- 习　　性：乔木
- 海　　拔：100~650 m
- 国内分布：云南
- 国外分布：不丹、老挝、马来西亚、孟加拉国、缅甸、泰国、印度
- 濒危等级：LC

贡山波罗蜜
Artocarpus gongshanensis S. K. Wu ex C. Y. Wu et S. S. Chang
- 习　　性：乔木
- 海　　拔：1300~1400 m
- 分　　布：云南
- 濒危等级：CR B1ab (i, iii)

波罗蜜
Artocarpus heterophyllus Lam.
- 习　　性：常绿乔木
- 国内分布：广东、广西、海南、云南有栽培
- 国外分布：原产印度；热带地区广泛栽培
- 资源利用：原料（木材，精油）；食品（淀粉，水果）；环境利用（观赏）

白桂木
Artocarpus hypargyreus Hance
- 习　　性：乔木
- 海　　拔：100~1700 m
- 分　　布：福建、广东、海南、湖南、江西、云南
- 濒危等级：EN A2ac+3c
- 资源利用：原料（木材，精油）

野波罗蜜
Artocarpus lakoocha Wall. ex Roxb.

习　　性：乔木
海　　拔：100～1800 m
国内分布：云南
国外分布：老挝、缅甸、尼泊尔、印度、印度尼西亚、越南
濒危等级：VU A2c+3c

南川木波罗
Artocarpus nanchuanensis S. S. Chang, S. H. Tan et Z. Y. Liu
习　　性：乔木
海　　拔：500～600 m
分　　布：重庆
濒危等级：CR B1ab (i, iii, v)
国家保护：Ⅱ级

牛李
Artocarpus nigrifolius C. Y. Wu
习　　性：乔木
海　　拔：约1000 m
分　　布：云南
濒危等级：CR B1ab (ii, v)

光叶桂木
Artocarpus nitidus Trécul

光叶桂木（原亚种）
Artocarpus nitidus subsp. **nitidus**
习　　性：乔木
海　　拔：约200 m
国内分布：广东、广西、海南、湖南、云南
国外分布：菲律宾、柬埔寨、老挝、马来西亚、泰国、印度尼西亚、越南
濒危等级：LC
资源利用：药用（中草药）；原料（木材，精油）；食品（水果）

披针叶桂木
Artocarpus nitidus subsp. **griffithii** (King) F. M. Jarrett
习　　性：乔木
海　　拔：200～300 m
国内分布：云南
国外分布：柬埔寨、老挝、马来西亚、泰国、印度尼西亚、越南
濒危等级：LC
资源利用：食品（水果）

桂木
Artocarpus nitidus subsp. **lingnanensis** (Merr.) F. M. Jarrett
习　　性：乔木
国内分布：广东、广西、海南、湖南、云南
国外分布：柬埔寨、泰国、越南
濒危等级：LC
资源利用：药用（中草药）；原料（木材，精油）；食品（水果）

短绢毛波罗蜜
Artocarpus petelotii Gagnep.
习　　性：乔木
海　　拔：约1900 m
国内分布：云南
国外分布：越南
濒危等级：LC

猴子瘿袋
Artocarpus pithecogallus C. Y. Wu
习　　性：乔木
海　　拔：1400～1700 m
分　　布：云南
濒危等级：EN B1ab (i, iii)

二色波罗蜜
Artocarpus styracifolius Pierre
习　　性：乔木
海　　拔：200～1500 m
国内分布：广东、广西、海南、湖南、云南
国外分布：老挝、越南
濒危等级：LC
资源利用：原料（木材）；环境利用（观赏）

胭脂
Artocarpus tonkinensis A. Chev. ex Gagnep.
习　　性：乔木
海　　拔：约800 m
国内分布：福建、广东、广西、贵州、海南、云南
国外分布：柬埔寨、越南
濒危等级：LC
资源利用：原料（木材）；食品（水果）

黄果波罗蜜
Artocarpus xanthocarpus Merr.
习　　性：乔木
国内分布：台湾
国外分布：菲律宾、印度尼西亚
濒危等级：VU D1+2

构属 Broussonetia L. Heritier ex Vent.

藤构
Broussonetia kaempferi T. Suzuki
习　　性：灌木
海　　拔：300～1000 m
分　　布：安徽、福建、广东、广西、贵州、湖北、湖南、江西、四川、台湾、云南、浙江
濒危等级：LC

楮
Broussonetia kazinoki Siebold et Zucc.
习　　性：灌木
海　　拔：200～2000 m
国内分布：安徽、福建、广东、广西、贵州、海南、河南、湖北、湖南、江苏、江西、四川、台湾、云南、浙江
国外分布：朝鲜、日本
濒危等级：LC
资源利用：原料（纤维）；药用（中草药）

落叶花桑
Broussonetia kurzii (Hook. f.) Corner
习　　性：攀援灌木
海　　拔：200～600 m
国内分布：云南

国外分布：不丹、老挝、缅甸、泰国、印度、越南
濒危等级：LC

构树
Broussonetia papyrifera (L.) L'Hér. ex Vent.
习　　性：乔木
海　　拔：200~2800 m
国内分布：除东北、西北外，全国多省区分布
国外分布：朝鲜、柬埔寨、老挝、马来西亚、缅甸、日本、泰国、印度、越南；太平洋岛屿
濒危等级：LC
资源利用：药用（中草药）；原料（纤维，木材）

水蛇麻属 Fatoua Gaudich.

细齿水蛇麻
Fatoua pilosa Gaudich.
习　　性：多年生草本
海　　拔：400~1100 m
国内分布：台湾
国外分布：澳大利亚、巴布亚新几内亚、菲律宾、马来西亚、法属新喀里多尼亚、印度尼西亚
濒危等级：LC

水蛇麻
Fatoua villosa (Thunb.) Nakai
习　　性：一年生草本
海　　拔：海平面至1500 m
国内分布：安徽、福建、广东、广西、海南、河北、河南、湖北、江苏、江西、台湾、云南、浙江
国外分布：澳大利亚、巴布亚新几内亚、朝鲜、菲律宾、马来西亚、日本、印度尼西亚
濒危等级：LC

榕属 Ficus L.

石榕树
Ficus abelii Miq.
习　　性：灌木
海　　拔：200~2000 m
国内分布：福建、广东、广西、贵州、海南、湖南、江西、四川、云南
国外分布：孟加拉国、缅甸、尼泊尔、印度、越南
濒危等级：LC

高山榕
Ficus altissima Blume
习　　性：乔木
海　　拔：100~2000 m
国内分布：广东、广西、海南、云南
国外分布：不丹、菲律宾、马来西亚、缅甸、尼泊尔、泰国、印度、印度尼西亚、越南
濒危等级：LC

菲律宾榕
Ficus ampelos Burm. f.
习　　性：小乔木
海　　拔：约600 m
国内分布：台湾
国外分布：菲律宾、日本、印度尼西亚

濒危等级：LC

环纹榕
Ficus annulata Blume
习　　性：乔木
海　　拔：500~1300 m
国内分布：云南
国外分布：菲律宾、马来西亚、缅甸、泰国、印度尼西亚、越南
濒危等级：LC

橙黄榕
Ficus aurantiaca Griff.
习　　性：攀援灌木
国内分布：台湾
国外分布：菲律宾、缅甸、泰国、印度尼西亚、越南
濒危等级：LC

大果榕
Ficus auriculata Lour.
习　　性：乔木
海　　拔：100~2100 m
国内分布：广西、贵州、海南、四川、云南
国外分布：巴基斯坦、不丹、缅甸、尼泊尔、泰国、印度、越南
濒危等级：LC
资源利用：食品（水果）

北碚榕
Ficus beipeiensis S. S. Chang
习　　性：乔木
海　　拔：300~500 m
分　　布：重庆
濒危等级：CR D1

黄果榕
Ficus benguetensis Merr.
习　　性：乔木
国内分布：台湾
国外分布：菲律宾、日本
濒危等级：LC

垂叶榕
Ficus benjamina L.

垂叶榕（原变种）
Ficus benjamina var. **benjamina**
习　　性：乔木
海　　拔：500~800 m
国内分布：广东、广西、贵州、海南、台湾、云南
国外分布：巴布亚新几内亚、不丹、菲律宾、柬埔寨、老挝、马来西亚、缅甸、尼泊尔、泰国、印度、越南；太平洋岛屿
濒危等级：LC

毛垂叶榕
Ficus benjamina var. **nuda** (Miq.) Barrett
习　　性：乔木
海　　拔：400~5000 m
国内分布：云南
国外分布：巴布亚新几内亚、不丹、菲律宾、缅甸、尼泊尔、

泰国、印度、越南
濒危等级：LC

硬皮榕
Ficus callosa Willd.
习　　性：乔木
海　　拔：600~800 m
国内分布：广东、云南
国外分布：菲律宾、马来西亚、缅甸、斯里兰卡、泰国、印度、印度尼西亚、越南
濒危等级：LC
资源利用：原料（木材）；食用（嫩叶）

龙州榕
Ficus cardiophylla Merr.
习　　性：灌木或小乔木
海　　拔：约 300 m
国内分布：广西
国外分布：越南
濒危等级：EN C2a（i）

无花果
Ficus carica L.
习　　性：落叶灌木
国内分布：我国南北均有栽培
国外分布：原产土耳其至阿富汗
资源利用：药用（中草药）；食品（水果）；环境利用（观赏）

大叶赤榕
Ficus caulocarpa(Miq.)Miq.
习　　性：乔木
国内分布：台湾
国外分布：巴布亚新几内亚、菲律宾、马来西亚、缅甸、日本、斯里兰卡、泰国、印度尼西亚
濒危等级：LC

沙坝榕
Ficus chapaensis Gagnep.
习　　性：灌木或小乔木
海　　拔：1700~2100 m
国内分布：四川、云南
国外分布：缅甸、越南
濒危等级：LC

纸叶榕
Ficus chartacea(Kurz)King

纸叶榕（原变种）
Ficus chartacea var. **chartacea**
习　　性：灌木
海　　拔：1400~2100 m
国内分布：云南
国外分布：马来西亚、缅甸、泰国、印度尼西亚、越南
濒危等级：VU D1

无柄纸叶榕
Ficus chartacea var. **torulosa** King
习　　性：灌木
海　　拔：1400~2100 m
国内分布：云南
国外分布：马来西亚、泰国、越南
濒危等级：VU D1

雅榕
Ficus concinna(Miq.)Miq.
习　　性：乔木
海　　拔：900~2400 m
国内分布：福建、广东、广西、贵州、江西、西藏、云南、浙江
国外分布：不丹、菲律宾、老挝、马来西亚、缅甸、泰国、印度、越南
濒危等级：LC

版纳榕
Ficus cornelisiana Chantaras. et Y. Q. Peng
习　　性：小乔木
分　　布：云南
濒危等级：LC

糙毛榕
Ficus cumingii Miq.
习　　性：灌木或小乔木
国内分布：台湾
国外分布：菲律宾、加里曼丹岛、新几内亚岛、印度尼西亚
濒危等级：LC

钝叶榕
Ficus curtipes Corner
习　　性：乔木
海　　拔：500~1400 m
国内分布：贵州、云南
国外分布：不丹、马来西亚、孟加拉国、缅甸、尼泊尔、泰国、印度、印度尼西亚、越南
濒危等级：LC
资源利用：环境利用（观赏）

歪叶榕
Ficus cyrtophylla(Wall. ex Miq.)Miq.
习　　性：灌木或乔木
海　　拔：500~1300 m
国内分布：广西、贵州、西藏、云南
国外分布：不丹、缅甸、泰国、印度、越南
濒危等级：LC

大明山榕
Ficus daimingshanensis S. S. Chang
习　　性：灌木
海　　拔：约2200 m
分　　布：广西、湖南
濒危等级：LC

定安榕
Ficus dinganensis S. S. Chang
习　　性：灌木
分　　布：海南
濒危等级：VU B1ab（iii）

枕果榕
Ficus drupacea Thunb.

枕果榕（原变种）
Ficus drupacea var. **drupacea**

习　　性：乔木
海　　拔：100~1500 m
国内分布：广东、海南
国外分布：澳大利亚、巴布亚新几内亚、菲律宾、老挝、马来西亚、孟加拉国、缅甸、尼泊尔、斯里兰卡、泰国、印度、印度尼西亚、越南
濒危等级：LC

毛枕果榕
Ficus drupacea var. **pubescens** (Roem. et Schult.) Corner
习　　性：乔木
海　　拔：100~1500 m
国内分布：云南
国外分布：不丹、老挝、孟加拉国、缅甸、尼泊尔、斯里兰卡、印度、越南
濒危等级：NT B2ab (iii); D

印度榕
Ficus elastica Roxb. ex Hornem.
习　　性：乔木
海　　拔：800~1500 m
国内分布：云南
国外分布：不丹、马来西亚、缅甸、尼泊尔、印度、印度尼西亚
濒危等级：LC
资源利用：原料（橡胶）；环境利用（观赏）

矮小天仙果
Ficus erecta Thunb.
习　　性：灌木或小乔木
海　　拔：300~1600 m
国内分布：安徽、福建、广东、广西、贵州、湖北、湖南、江苏、江西、台湾、云南、浙江
国外分布：朝鲜、日本、越南
濒危等级：LC

黄毛榕
Ficus esquiroliana H. Lév.
习　　性：灌木或小乔木
海　　拔：500~2100 m
国内分布：广东、广西、贵州、海南、四川、台湾、西藏、云南
国外分布：老挝、缅甸、泰国、印度尼西亚、越南
濒危等级：LC

线尾榕
Ficus filicauda Hand.-Mazz.

线尾榕（原变种）
Ficus filicauda var. **filicauda**
习　　性：乔木
海　　拔：2000~2700 m
国内分布：西藏、云南
国外分布：缅甸、印度
濒危等级：LC

长柄线尾榕
Ficus filicauda var. **longipes** S. S. Chang
习　　性：乔木
海　　拔：1900~2000 m
分　　布：西藏
濒危等级：VU D2

水同木
Ficus fistulosa Reinw. ex Blume
习　　性：常绿小乔木
海　　拔：200~600 m
国内分布：福建、广东、广西、海南、香港、云南
国外分布：菲律宾、马来西亚、孟加拉国、缅甸、泰国、印度、印度尼西亚、越南；加里曼丹岛
濒危等级：LC

金毛榕
Ficus fulva Reinw. ex Blume
习　　性：小乔木
海　　拔：200~1300 m
国内分布：广东、广西、海南、云南
国外分布：马来西亚、缅甸、泰国、文莱、印度、印度尼西亚、越南
濒危等级：LC

扶绥榕
Ficus fusuiensis S. S. Chang
习　　性：灌木
海　　拔：约300 m
分　　布：广西
濒危等级：EN A2c; B1ab (i, iii)

冠毛榕
Ficus gasparriniana Miq.

冠毛榕（原变种）
Ficus gasparriniana var. **gasparriniana**
习　　性：灌木
海　　拔：500~2000 m
国内分布：福建、广东、广西、贵州、湖北、湖南、江西、云南
国外分布：老挝、缅甸、泰国、印度、越南
濒危等级：LC

长叶冠毛榕
Ficus gasparriniana var. **esquirolii** (H. Lév. et Vaniot) Corner
习　　性：灌木
海　　拔：500~2000 m
分　　布：广东、广西、贵州、湖南、江西、四川、云南
濒危等级：LC

菱叶冠毛榕
Ficus gasparriniana var. **laceratifolia** (H. Lév. et Vaniot) Corner
习　　性：灌木
海　　拔：600~1300 m
分　　布：福建、广西、贵州、湖北、四川、云南
濒危等级：LC

曲枝榕
Ficus geniculata Kurz
习　　性：常绿乔木
国内分布：海南、四川、云南
国外分布：柬埔寨、老挝、缅甸、尼泊尔、泰国、印度、越南
濒危等级：NT D

大叶水榕
Ficus glaberrima Blume
  习 性：乔木
  海 拔：500~2800 m
  国内分布：广东、广西、贵州、海南、西藏、云南
  国外分布：不丹、缅甸、尼泊尔、泰国、印度、印度尼西亚、越南
  濒危等级：LC

广西榕
Ficus guangxiensis S. S. Chang
  习 性：攀援灌木或藤本
  海 拔：400~500 m
  分 布：广西
  濒危等级：LC

贵州榕
Ficus guizhouensis S. S. Chang
  习 性：灌木
  海 拔：500~650 m
  分 布：广西、贵州、云南
  濒危等级：VU B1ab (i, iii)

藤榕
Ficus hederacea Roxb.
  习 性：灌木
  海 拔：500~1500 m
  国内分布：广东、广西、贵州、海南、云南
  国外分布：不丹、老挝、缅甸、尼泊尔、泰国、印度
  濒危等级：LC

尖叶榕
Ficus henryi Warb.
  习 性：乔木
  海 拔：600~1600 m
  国内分布：甘肃、广西、贵州、湖北、湖南、四川、西藏、云南
  国外分布：越南
  濒危等级：LC
  资源利用：食品（水果）

异叶榕
Ficus heteromorpha Hemsl.
  习 性：灌木或乔木
  海 拔：200~1500 m
  国内分布：安徽、福建、甘肃、广东、广西、贵州、河南、湖北、湖南、江苏、江西、山西、陕西、四川、云南、浙江
  国外分布：缅甸
  濒危等级：LC
  资源利用：原料（纤维）；动物饲料（饲料）；食品（水果）

山榕
Ficus heterophylla L. f.
  习 性：灌木
  海 拔：400~800 m
  国内分布：广东、海南、云南
  国外分布：柬埔寨、老挝、马来西亚、缅甸、斯里兰卡、泰国、印度、印度尼西亚、越南
  濒危等级：LC

尾叶榕
Ficus heteropleura Blume
  习 性：灌木
  海 拔：100~400 m
  国内分布：海南、台湾
  国外分布：不丹、菲律宾、柬埔寨、马来西亚、孟加拉国、缅甸、泰国、印度、印度尼西亚、越南
  濒危等级：LC

粗叶榕
Ficus hirta Vahl
  习 性：灌木或小乔木
  海 拔：100~1400 m
  国内分布：福建、广东、广西、贵州、海南、湖南、江西、云南
  国外分布：不丹、老挝、马来西亚、缅甸、尼泊尔、泰国、印度、印度尼西亚、越南
  濒危等级：LC

对叶榕
Ficus hispida L. f.
  习 性：灌木或小乔木
  海 拔：700~1500 m
  国内分布：广东、广西、贵州、海南、云南
  国外分布：澳大利亚、巴布亚新几内亚、不丹、柬埔寨、老挝、马来西亚、缅甸、尼泊尔、斯里兰卡、泰国、印度、印度尼西亚、越南
  濒危等级：LC
  资源利用：原料（纤维）；药用（中草药）

大青树
Ficus hookeriana Corner
  习 性：乔木
  海 拔：500~2000 m
  国内分布：广西、贵州、云南
  国外分布：不丹、尼泊尔、印度
  濒危等级：CR C2a (i)

糙叶榕
Ficus irisana Elmer
  习 性：常绿乔木
  国内分布：台湾
  国外分布：菲律宾、日本、印度尼西亚
  濒危等级：LC

壶托榕
Ficus ischnopoda Miq.
  习 性：灌木状小乔木
  海 拔：100~2200 m
  国内分布：贵州、云南
  国外分布：不丹、马来西亚、孟加拉国、缅甸、泰国、印度、越南
  濒危等级：LC

滇顷榕
Ficus kurzii King
  习 性：乔木
  海 拔：500~700 m
  国内分布：云南
  国外分布：马来西亚、缅甸、泰国、印度尼西亚、越南

濒危等级：EN D

光叶榕
Ficus laevis Blume
- 习　　性：灌木
- 海　　拔：800~1900 m
- 国内分布：广西、贵州、云南
- 国外分布：马来西亚、缅甸、斯里兰卡、泰国、印度、印度尼西亚、越南
- 濒危等级：VU B1ab（iii）

青藤公
Ficus langkokensis Drake
- 习　　性：乔木
- 海　　拔：100~2000 m
- 国内分布：福建、广东、广西、海南、湖南、四川、云南
- 国外分布：老挝、印度、越南
- 濒危等级：LC

瘤枝榕
Ficus maclellandii King
- 习　　性：乔木
- 海　　拔：400~1200 m
- 国内分布：云南
- 国外分布：不丹、马来西亚、孟加拉国、缅甸、泰国、印度、越南
- 濒危等级：LC

榕树
Ficus microcarpa L. f.
- 习　　性：乔木
- 海　　拔：1900 m 以下
- 国内分布：福建、广西、海南、台湾、香港、浙江
- 国外分布：澳大利亚、巴布亚新几内亚、不丹、菲律宾、马来西亚、缅甸、尼泊尔、日本、斯里兰卡、泰国、印度、越南
- 濒危等级：LC
- 资源利用：环境利用（观赏）；药用（中草药）

那坡榕
Ficus napoensis S. S. Chang
- 习　　性：灌木
- 海　　拔：1000~1100 m
- 分　　布：广西
- 濒危等级：EN D

森林榕
Ficus neriifolia Sm.
- 习　　性：乔木
- 海　　拔：1700~2900 m
- 国内分布：西藏、云南
- 国外分布：不丹、缅甸、尼泊尔、印度
- 濒危等级：LC

九丁榕
Ficus nervosa B. Heyne ex Roth
- 习　　性：乔木
- 海　　拔：400~1600 m
- 国内分布：福建、广东、广西、贵州、海南、四川、台湾、云南
- 国外分布：不丹、缅甸、尼泊尔、斯里兰卡、泰国、印度、越南
- 濒危等级：LC

苹果榕
Ficus oligodon Miq.
- 习　　性：乔木
- 海　　拔：200~2100 m
- 国内分布：广西、贵州、海南、西藏、云南
- 国外分布：不丹、马来西亚、缅甸、尼泊尔、泰国、印度、越南
- 濒危等级：LC
- 资源利用：食品（水果）

直脉榕
Ficus orthoneura H. Lév. et Vaniot
- 习　　性：乔木
- 海　　拔：200~1700 m
- 国内分布：广西、贵州、云南
- 国外分布：缅甸、泰国、越南
- 濒危等级：LC

卵叶榕
Ficus ovatifolia S. S. Chang
- 习　　性：灌木或乔木
- 海　　拔：1300~2100 m
- 分　　布：云南
- 濒危等级：DD

琴叶榕
Ficus pandurata Hance
- 习　　性：灌木
- 海　　拔：300~1600 m
- 国内分布：安徽、福建、广东、广西、贵州、海南、河南、湖北、湖南、江西、四川、云南、浙江
- 国外分布：泰国、越南
- 濒危等级：LC
- 资源利用：原料（纤维）；药用（中草药）

蔓榕
Ficus pedunculosa Miq.
- 习　　性：灌木
- 国内分布：台湾
- 国外分布：巴布亚新几内亚、菲律宾、印度尼西亚
- 濒危等级：LC

翅托榕
Ficus periptera D. Fang et D. H. Qin

翅托榕（原变种）
Ficus periptera var. **periptera**
- 习　　性：乔木
- 分　　布：广西
- 濒危等级：DD

毛翅托榕
Ficus periptera var. **hirsutula** D. Fang et D. H. Qin
- 习　　性：乔木
- 海　　拔：约 1200 m
- 分　　布：广西
- 濒危等级：DD

豆果榕
Ficus pisocarpa Blume
习　　性：乔木
海　　拔：500~2800 m
国内分布：广西、贵州、云南
国外分布：马来西亚、泰国、文莱、印度尼西亚
濒危等级：LC

多脉榕
Ficus polynervis S. S. Chang
习　　性：灌木
海　　拔：1300~1500 m
分　　布：云南
濒危等级：NT B1ab（iii）

钩毛榕
Ficus praetermissa Corner
习　　性：灌木
海　　拔：350~1200 m
国内分布：云南
国外分布：老挝、缅甸、泰国、印度、越南
濒危等级：NT D

平枝榕
Ficus prostrata（Wall. ex Miq.）Miq.
习　　性：乔木
海　　拔：1200~1500 m
国内分布：云南
国外分布：孟加拉国、印度、越南
濒危等级：LC

褐叶榕
Ficus pubigera（Wall. ex Miq.）Kurz

褐叶榕（原变种）
Ficus pubigera var. **pubigera**
习　　性：灌木
海　　拔：400~800 m
国内分布：广东、广西、云南
国外分布：马来西亚、缅甸、尼泊尔、泰国、印度、越南
濒危等级：LC

鳞果褐叶榕
Ficus pubigera var. **anserina** Corner
习　　性：灌木
海　　拔：700~800 m
国内分布：云南
国外分布：老挝
濒危等级：LC

大果褐叶榕
Ficus pubigera var. **maliformis**（King）Corner
习　　性：攀援灌木
海　　拔：500~1530 m
国内分布：广西、贵州、西藏、云南
国外分布：不丹、缅甸、印度
濒危等级：LC

网果褐叶榕
Ficus pubigera var. **reticulata** S. S. Chang
习　　性：攀援灌木
海　　拔：1300~1400 m
分　　布：云南
濒危等级：LC

球果山榕
Ficus pubilimba Merr.
习　　性：乔木
海　　拔：海平面至900 m
国内分布：福建、广东、海南
国外分布：马来西亚、缅甸、斯里兰卡、泰国、越南
濒危等级：EN D

绿岛榕
Ficus pubinervis Blume
习　　性：灌木
国内分布：台湾
国外分布：菲律宾、印度、印度尼西亚
濒危等级：NT

薜荔
Ficus pumila L.

薜荔（原变种）
Ficus pumila var. **pumila**
习　　性：灌木
国内分布：安徽、福建、广东、广西、贵州、河南、湖北、湖南、江苏、江西、陕西、四川、台湾、云南、浙江
国外分布：日本、越南
濒危等级：LC
资源利用：药用（中草药）；食用（水果）

爱玉子
Ficus pumila var. **awkeotsang**（Makino）Corner
习　　性：灌木
分　　布：福建、台湾、浙江
濒危等级：LC
资源利用：食品（水果）

小果薜荔
Ficus pumila var. **microcarpa** G. Y. Li et Z. H. Chen
习　　性：攀援灌木
分　　布：浙江

船梨榕
Ficus pyriformis Hook. et Arn.
习　　性：灌木
海　　拔：海平面至200 m
国内分布：福建、广东、广西
国外分布：马来西亚、缅甸、越南
濒危等级：LC

聚果榕
Ficus racemosa L.

聚果榕（原变种）
Ficus racemosa var. **racemosa**
习　　性：乔木
海　　拔：100~1700 m
国内分布：广西、贵州、云南
国外分布：澳大利亚、巴布亚新几内亚、巴基斯坦、缅甸、

尼泊尔、斯里兰卡、泰国、印度、印度尼西亚、越南
濒危等级：LC
资源利用：食品（水果）

柔毛聚果榕
Ficus racemosa var. **miquelli** (King) Corner
习　　性：乔木
海　　拔：100~1700 m
国内分布：云南
国外分布：缅甸、印度、越南
濒危等级：LC

菩提树
Ficus religiosa L.
习　　性：乔木
海　　拔：400~700 m
国内分布：广东、广西、云南
国外分布：巴基斯坦、不丹、马来西亚、尼泊尔、日本、泰国、印度、越南；世界广泛栽培

红茎榕
Ficus ruficaulis Merr.
习　　性：落叶小乔木
国内分布：台湾
国外分布：菲律宾、马来西亚
濒危等级：LC

心叶榕
Ficus rumphii Blume
习　　性：乔木
海　　拔：600~700 m
国内分布：云南
国外分布：不丹、马来西亚、缅甸、尼泊尔、泰国、印度、印度尼西亚、越南
濒危等级：LC

乳源榕
Ficus ruyuanensis S. S. Chang
习　　性：灌木或乔木
海　　拔：500~700 m
分　　布：广东、广西、贵州
濒危等级：VU A2c；D2

羊乳榕
Ficus sagittata Vahl
习　　性：乔木
海　　拔：100~400 m
国内分布：广东、广西、海南、云南
国外分布：不丹、菲律宾、缅甸、泰国、印度、印度尼西亚、越南
濒危等级：LC

葡茎榕
Ficus sarmentosa Buch.-Ham. ex Sm.

葡茎榕（原变种）
Ficus sarmentosa var. **sarmentosa**
习　　性：灌木或木质藤本
海　　拔：1800~2500 m
国内分布：西藏
国外分布：不丹、缅甸、尼泊尔、印度
濒危等级：LC

大果爬藤榕
Ficus sarmentosa var. **duclouxii** (H. Lév. et Vaniot) Corner
习　　性：灌木或木质藤本
海　　拔：1800~3500 m
分　　布：四川、云南
濒危等级：LC

珍珠莲
Ficus sarmentosa var. **henryi** (King ex Oliv.) Corner
习　　性：灌木或木质藤本
海　　拔：900~2500 m
分　　布：福建、甘肃、广东、广西、贵州、湖北、湖南、江西、陕西、四川、台湾、云南、浙江
濒危等级：LC

爬藤榕
Ficus sarmentosa var. **impressa** (Champ. ex Benth.) Corner
习　　性：灌木或木质藤本
海　　拔：1000~1500 m
分　　布：安徽、福建、甘肃、广东、贵州、海南、河南、湖北、湖南、江苏、江西、陕西、四川、云南、浙江
濒危等级：LC

尾尖爬藤榕
Ficus sarmentosa var. **lacrymans** (H. Lév.) Corner
习　　性：灌木或木质藤本
海　　拔：400~1400 m
国内分布：福建、广东、广西、贵州、湖北、湖南、江西、四川、云南
国外分布：越南
濒危等级：LC

长柄爬藤榕
Ficus sarmentosa var. **luducca** (Roxb.) Corner
习　　性：灌木或木质藤本
国内分布：广东、广西、贵州、湖北、陕西、西藏、云南
国外分布：巴基斯坦、克什米尔地区、尼泊尔、印度
濒危等级：LC

白背爬藤榕
Ficus sarmentosa var. **nipponica** (Franch. et Sav.) Corner
习　　性：灌木或木质藤本
海　　拔：600~1200 m
国内分布：福建、广东、广西、贵州、湖北、江西、四川、台湾、西藏、云南、浙江
国外分布：朝鲜、日本
濒危等级：LC

少脉爬藤榕
Ficus sarmentosa var. **thunbergii** (Maxim.) Corner
习　　性：灌木或木质藤本
国内分布：浙江
国外分布：朝鲜、日本
濒危等级：LC

鸡嗉子榕
Ficus semicordata Buch.-Ham. ex Sm.

习　　性：乔木
海　　拔：600～2800 m
国内分布：广西、贵州、西藏、云南
国外分布：不丹、马来西亚、缅甸、尼泊尔、泰国、印度、越南
濒危等级：LC
资源利用：环境利用（庇荫）

棱果榕
Ficus septica Burm. f.
习　　性：乔木或灌木
国内分布：台湾
国外分布：澳大利亚、巴布亚新几内亚、日本、印度尼西亚
濒危等级：LC

极简榕
Ficus simplicissima Lour.
习　　性：灌木状
海　　拔：约 2100 m
国内分布：海南
国外分布：柬埔寨、越南
濒危等级：VU D1
资源利用：药用（中草药）

缘毛榕
Ficus sinociliata Z. K. Zhou et M. G. Gilbert
习　　性：灌木
分　　布：广东
濒危等级：DD

肉托榕
Ficus squamosa Roxb.
习　　性：灌木
海　　拔：700～1100 m
国内分布：云南
国外分布：不丹、缅甸、尼泊尔、泰国、印度
濒危等级：LC

竹叶榕
Ficus stenophylla Hemsl.
习　　性：灌木
海　　拔：100～2000 m
国内分布：福建、广东、广西、贵州、海南、湖北、湖南、江西、台湾、云南、浙江
国外分布：老挝、泰国、越南
濒危等级：LC
资源利用：药用（中草药）

劲直榕
Ficus stricta (Miq.) Miq.
习　　性：乔木
海　　拔：300～1800 m
国内分布：云南
国外分布：马来西亚、印度、印度尼西亚、越南
濒危等级：LC

棒果榕
Ficus subincisa Buch.-Ham. ex Sm.
习　　性：灌木或小乔木
海　　拔：400～2400 m
国内分布：广西、西藏、云南
国外分布：不丹、克什米尔地区、老挝、缅甸、尼泊尔、泰国、印度、越南
濒危等级：LC
资源利用：食品（水果）

笔管榕
Ficus subpisocarpa Gagnep.
习　　性：乔木
海　　拔：100～1400 m
国内分布：福建、广东、广西、海南、台湾、云南、浙江
国外分布：马来西亚、缅甸、日本、泰国
濒危等级：LC
资源利用：原料（木材）；环境利用（庇荫）

假斜叶榕
Ficus subulata Blume
习　　性：灌木
海　　拔：800～1600 m
国内分布：广东、广西、贵州、海南、西藏、云南
国外分布：巴布亚新几内亚、不丹、马来西亚、尼泊尔、泰国、印度、印度尼西亚
濒危等级：LC

滨榕
Ficus tannoensis Hayata
习　　性：灌木
分　　布：台湾
濒危等级：LC

地果
Ficus tikoua Bureau
习　　性：木质藤本
海　　拔：800～1400 m
国内分布：甘肃、广西、贵州、湖北、湖南、陕西、四川、西藏、云南
国外分布：老挝、印度、越南
濒危等级：LC
资源利用：环境利用（水土保持）；食品（水果）；药用（中草药）

粱料榕
Ficus tinctoria G. Forst.

粱料榕（原亚种）
Ficus tinctoria subsp. **tinctoria**
习　　性：乔木
国内分布：海南、台湾
国外分布：澳大利亚、巴布亚新几内亚、菲律宾、印度尼西亚
濒危等级：LC

斜叶榕
Ficus tinctoria subsp. **gibbosa** (Blume) Corner
习　　性：乔木
海　　拔：200～600 m
国内分布：福建、广西、贵州、海南、台湾、西藏、云南
国外分布：不丹、马来西亚、缅甸、尼泊尔、斯里兰卡、泰国、印度、印度尼西亚、越南
濒危等级：LC

菲匐斜叶榕
Ficus tinctoria subsp. **swinhoei** (King) Corner
- 习　性：乔木
- 国内分布：台湾
- 国外分布：菲律宾
- 濒危等级：LC

钝叶毛果榕
Ficus trichocarpa (Hassk.) Corner
- 习　性：灌木
- 国内分布：台湾
- 国外分布：菲律宾、印度尼西亚
- 濒危等级：NT

楔叶榕
Ficus trivia

楔叶榕（原变种）
Ficus trivia var. **trivia**
- 习　性：灌木或乔木
- 海　拔：约1200 m
- 国内分布：广东、广西、贵州、云南
- 国外分布：越南
- 濒危等级：VU B1ab（v）

光叶楔叶榕
Ficus trivia var. **laevigata** S. S. Chang
- 习　性：灌木或乔木
- 分　布：广西、贵州
- 濒危等级：LC

岩木瓜
Ficus tsiangii Merr. ex Corner
- 习　性：灌木或乔木
- 海　拔：200~2400 m
- 分　布：广西、贵州、湖北、湖南、四川、云南
- 濒危等级：LC

平塘榕
Ficus tuphapensis Drake
- 习　性：灌木
- 海　拔：1000~1500 m
- 国内分布：广西、贵州、海南、云南
- 国外分布：越南
- 濒危等级：NT B1ab（iii）

波缘榕
Ficus undulata S. S. Chang
- 习　性：灌木
- 海　拔：600~800 m
- 分　布：广东
- 濒危等级：EN A2c

越橘榕
Ficus vaccinioides Hemsl. ex King
- 习　性：常绿灌木
- 分　布：台湾
- 濒危等级：LC

杂色榕
Ficus variegata Blume
- 习　性：乔木
- 国内分布：福建、广东、广西、海南、台湾、云南
- 国外分布：澳大利亚、菲律宾、马来西亚、缅甸、日本、泰国、印度、印度尼西亚、越南
- 濒危等级：LC

变叶榕
Ficus variolosa Lindl. ex Benth.
- 习　性：灌木或乔木
- 海　拔：200~1800 m
- 国内分布：福建、广东、广西、贵州、海南、湖南、江西、云南、浙江
- 国外分布：老挝、马来西亚、越南
- 濒危等级：LC
- 资源利用：药用（中草药）；原料（纤维）

白肉榕
Ficus vasculosa Wall. ex Miq.
- 习　性：乔木
- 海　拔：800 m以下
- 国内分布：广东、广西、贵州、海南、云南
- 国外分布：马来西亚、缅甸、泰国、越南
- 濒危等级：LC

黄葛树
Ficus virens Aiton
- 习　性：乔木
- 海　拔：300~2700 m
- 国内分布：福建、广东、广西、海南、陕西、台湾、云南、浙江
- 国外分布：澳大利亚、巴布亚新几内亚、不丹、菲律宾、马来西亚、缅甸、斯里兰卡、泰国、印度、印度尼西亚、越南
- 濒危等级：LC
- 资源利用：环境利用（观赏）；食用（嫩茎叶）；药用

岛榕
Ficus virgata Reinw. ex Blume
- 习　性：常绿乔木
- 国内分布：台湾
- 国外分布：澳大利亚、巴布亚新几内亚、菲律宾、日本、印度尼西亚
- 濒危等级：LC

云南榕
Ficus yunnanensis S. S. Chang
- 习　性：乔木
- 海　拔：1800~2400 m
- 分　布：云南
- 濒危等级：EN C2a（i）

柘属 Maclura Nutt.

景东柘
Maclura amboinensis Blume
- 习　性：攀援灌木
- 海　拔：1400~1600 m
- 国内分布：西藏、云南
- 国外分布：巴布亚新几内亚、马来西亚、泰国、印度尼西亚
- 濒危等级：LC

构棘
Maclura cochinchinensis (Lour.) Corner
习　　性：灌木
国内分布：安徽、福建、广东、广西、贵州、海南
国外分布：不丹、菲律宾、马来西亚、缅甸、尼泊尔、日本、斯里兰卡、泰国、印度、越南
濒危等级：LC

柘藤
Maclura fruticosa (Roxb.) Corner
习　　性：木质藤本
海　　拔：1000~1700 m
国内分布：云南
国外分布：孟加拉国、缅甸、泰国、印度、越南
濒危等级：LC

橙桑
Maclura pomifera (Raf.) C. K. Schneid.
习　　性：落叶乔木
国内分布：河北栽培
国外分布：原产北美洲
资源利用：基因源（耐寒）

毛柘藤
Maclura pubescens (Trécul) Z. K. Zhou et M. G. Gilbert
习　　性：木质藤本
海　　拔：500~1100 m
国内分布：广东、广西、贵州、云南
国外分布：马来西亚、缅甸、印度尼西亚
濒危等级：LC

柘
Maclura tricuspidata Carrière
习　　性：灌木或小乔木
海　　拔：500~2200 m
国内分布：安徽、福建、甘肃、广东、广西、贵州、河北、河南、湖北、湖南、江苏、江西、山东、山西、陕西、四川、云南、浙江
国外分布：朝鲜、日本
濒危等级：LC

牛筋藤属 Malaisia Blanco

牛筋藤
Malaisia scandens (Lour.) Planch.
习　　性：攀援灌木
海　　拔：100~300 m
国内分布：广东、广西、海南、台湾、云南
国外分布：澳大利亚、菲律宾、马来西亚、缅甸、泰国、印度尼西亚、越南
濒危等级：LC

桑属 Morus L.

桑
Morus alba L.

桑（原变种）
Morus alba var. **alba**
习　　性：灌木或乔木
国内分布：全国广泛栽培
国外分布：世界各地
资源利用：药用（中草药）；原料（纤维，木材）；农药；动物饲料（饲料）

鲁桑
Morus alba var. **multicaulis** (Perr.) Loudon
习　　性：灌木或乔木
分　　布：江苏、陕西、四川、浙江
濒危等级：LC
资源利用：动物饲料（饲料）

鸡桑
Morus australis Poir.
习　　性：灌木或小乔木
海　　拔：500~2000 m
国内分布：安徽、福建、甘肃、广东、河北、河南、湖北、湖南、江苏、江西、辽宁、山东、陕西、台湾、浙江
国外分布：不丹、朝鲜、缅甸、尼泊尔、日本、斯里兰卡、印度
濒危等级：LC
资源利用：原料（纤维）

华桑
Morus cathayana Hemsl.

华桑（原变种）
Morus cathayana var. **cathayana**
习　　性：灌木或小乔木
海　　拔：900~1300 m
国内分布：安徽、福建、广东、河北、河南、湖北、湖南、江苏、山东、陕西、四川、浙江
国外分布：韩国、日本
濒危等级：LC

贡山桑
Morus cathayana var. **gongshanensis** (Z. Y. Cao) Z. Y. Cao
习　　性：灌木或小乔木
海　　拔：约2200 m
分　　布：云南
濒危等级：LC

荔波桑
Morus liboensis S. S. Chang
习　　性：乔木
海　　拔：约700 m
分　　布：贵州
濒危等级：DD

奶桑
Morus macroura Miq.
习　　性：乔木
海　　拔：300~2200 m
国内分布：西藏、云南
国外分布：不丹、马来西亚、缅甸、泰国、印度、印度尼西亚、越南
濒危等级：NT
国家保护：Ⅱ级
资源利用：原料（木材）

蒙桑
Morus mongolica (Bur.) Schneid.

蒙桑（原变种）
Morus mongolica var. **mongolica**
- 习　　性：灌木或小乔木
- 海　　拔：500~3500 m
- 国内分布：安徽、广西、贵州、河北、河南、黑龙江、湖北、湖南、吉林、江苏、辽宁、内蒙古、青海、山东、山西、陕西、四川、西藏、新疆、云南
- 国外分布：朝鲜、蒙古、日本
- 濒危等级：LC
- 资源利用：药用（中草药）；原料（纤维）

毛蒙桑
Morus mongolica var. **pubescens** S. C. Li et X. M. Liu
- 习　　性：灌木或小乔木
- 分　　布：河北、山西
- 濒危等级：LC

黑桑
Morus nigra L.
- 习　　性：乔木
- 国内分布：河北、山东、新疆栽培
- 国外分布：原产伊朗；亚洲西部及其他地区有栽培
- 资源利用：动物饲料（饲料）；食品（水果）

川桑
Morus notabilis C. K. Schneid.
- 习　　性：乔木
- 海　　拔：1300~2800 m
- 分　　布：四川、云南
- 濒危等级：NT
- 国家保护：Ⅱ级

吉隆桑
Morus serrata Roxb.
- 习　　性：乔木
- 海　　拔：约2300 m
- 国内分布：西藏
- 国外分布：尼泊尔、印度
- 濒危等级：LC

裂叶桑
Morus trilobata (S. S. Chang) Z. Y. Cao
- 习　　性：乔木
- 海　　拔：约800 m
- 分　　布：贵州
- 濒危等级：LC

长穗桑
Morus wittiorum Hand.-Mazz.
- 习　　性：灌木或小乔木
- 海　　拔：900~1400 m
- 分　　布：广东、广西、贵州、湖北、湖南
- 濒危等级：LC
- 国家保护：Ⅱ级
- 资源利用：动物饲料（饲料）

鹊肾树属 Streblus Lour.

鹊肾树
Streblus asper Lour.
- 习　　性：灌木或小乔木
- 海　　拔：200~1000 m
- 国内分布：广东、广西、湖南、云南
- 国外分布：不丹、菲律宾、马来西亚、尼泊尔、斯里兰卡、泰国、印度、印度尼西亚、越南
- 濒危等级：LC

刺桑
Streblus ilicifolius (Vidal) Corner
- 习　　性：灌木或小乔木
- 海　　拔：100~500 m
- 国内分布：广西、海南、云南
- 国外分布：菲律宾、马来西亚、孟加拉国、缅甸、泰国、印度、印度尼西亚、越南
- 濒危等级：LC

假鹊肾树
Streblus indicus (Bureau) Corner
- 习　　性：乔木
- 海　　拔：600~1400 m
- 国内分布：广东、广西、海南、云南
- 国外分布：泰国、印度
- 濒危等级：LC

双果桑
Streblus macrophyllus Blume
- 习　　性：灌木
- 海　　拔：100~300 m
- 国内分布：广西、云南
- 国外分布：菲律宾、马来西亚、孟加拉国、缅甸、印度、印度尼西亚、越南
- 濒危等级：LC

叶被木
Streblus taxoides (Roth) Kurz
- 习　　性：灌木
- 国内分布：海南
- 国外分布：菲律宾、马来西亚、斯里兰卡、泰国、印度、印度尼西亚、越南
- 濒危等级：LC

米扬噎
Streblus tonkinensis (Dubard et Eberh.) Corner
- 习　　性：常绿乔木或小乔木
- 海　　拔：约500 m
- 国内分布：广西、海南、云南
- 国外分布：越南
- 濒危等级：LC
- 资源利用：原料（橡胶）

尾叶刺桑
Streblus zeylanicus (Thwaites) Kurz
- 习　　性：灌木
- 海　　拔：200~500 m

国内分布：海南、云南
国外分布：缅甸、斯里兰卡、印度、越南
濒危等级：LC

辣木科 MORINGACEAE
（1属：1种）

辣木属 Moringa Adans.

辣木
Moringa oleifera Lam.
习　　性：乔木
国内分布：广东、台湾、云南栽培
国外分布：原产印度
资源利用：原料（香料，工业用油）；环境利用（观赏）；食用（蔬菜）

芭蕉科 MUSACEAE
（3属：28种）

象腿蕉属 Ensete Horan.

象腿蕉
Ensete glaucum (Roxb.) Cheesman
习　　性：草本
海　　拔：800~1100 m
国内分布：云南
国外分布：巴布亚新几内亚、菲律宾、缅甸、尼泊尔、泰国、印度、印度尼西亚
濒危等级：LC
资源利用：动物饲料（饲料）；食用（蔬菜）

象头蕉
Ensete wilsonii (Tutcher) Cheesman
习　　性：一年生草本
海　　拔：海平面至2700 m
分　　布：云南
濒危等级：LC

芭蕉属 Musa L.

大蕉
Musa × paradisiaca L.
习　　性：多年生草本
国内分布：福建、广东、广西、海南、台湾、云南栽培
国外分布：原产热带亚洲；广泛栽培于热带地区

小果野蕉
Musa acuminata Colla

小果野蕉（原变种）
Musa acuminata var. **acuminata**
习　　性：多年生草本
海　　拔：海平面至1200 m
国内分布：广西、云南；福建、广东、广西、台湾、云南栽培
国外分布：菲律宾、马来西亚、缅甸、泰国、印度、印度尼西亚、越南
濒危等级：LC
资源利用：动物饲料（饲料）；食用（野菜）

中华小果野蕉
Musa acuminata var. **chinenesis** Häkkinen et H. Wang
习　　性：多年生草本
分　　布：云南
濒危等级：LC

野蕉
Musa balbisiana Colla
习　　性：多年生草本
海　　拔：约1100 m
国内分布：广东、广西、海南、西藏、云南
国外分布：巴布亚新几内亚、菲律宾、马来西亚、缅甸、尼泊尔、斯里兰卡、泰国、印度、印度尼西亚
濒危等级：LC
资源利用：动物饲料（饲料）

芭蕉
Musa basjoo Sieb. et Zucc. ex Iinuma
习　　性：多年生草本
国内分布：福建、广东、广西、贵州、湖北、湖南、江苏、江西、四川、云南、浙江栽培
国外分布：原产朝鲜、日本
资源利用：环境利用（观赏）；原料（纤维）；药用（中草药）

陈氏芭蕉
Musa chunii Häkkinen
习　　性：多年生草本
海　　拔：约1200 m
分　　布：云南
濒危等级：LC

红蕉
Musa coccinea Andrews
习　　性：多年生草本
海　　拔：海平面至600 m
国内分布：广东、广西、云南
国外分布：越南
濒危等级：LC

兰屿芭蕉
Musa insularimontana Hayata
习　　性：多年生草本
海　　拔：海平面至100 m
分　　布：台湾
濒危等级：DD

阿宽蕉
Musa itinerans Cheesman

阿宽蕉（原变种）
Musa itinerans var. **itinerans**
习　　性：多年生草本
海　　拔：1000~1300 m

国内分布：云南
国外分布：缅甸、泰国、印度
濒危等级：DD

中国芭蕉
Musa itinerans var. **chinensis** Häkkinen
习　　性：多年生草本
分　　布：广东、台湾
濒危等级：LC

泰雅芭蕉
Musa itinerans var. **chiumei** H. L. Chiu, C. T. Shii et T. Y. A. Yang
习　　性：多年生草本
分　　布：台湾
濒危等级：CR D

台湾芭蕉
Musa itinerans var. **formosana** (Warb. ex Schum.) Häkkinen et C. L. Yeh
习　　性：多年生草本
海　　拔：海平面至1000 m
分　　布：台湾
濒危等级：LC

广东阿宽蕉
Musa itinerans var. **guangdongensis** Häkkinen
习　　性：多年生草本
分　　布：广东
濒危等级：LC

海南阿宽蕉
Musa itinerans var. **hainanensis** Häkkinen et X. J. Ge
习　　性：多年生草本
海　　拔：约200 m
分　　布：海南
濒危等级：LC

葛玛兰芭蕉
Musa itinerans var. **kavalanensis** H. L. Chiu, C. T. Shii et T. Y. A. Yang
习　　性：多年生草本
分　　布：台湾
濒危等级：CR D

乐昌阿宽蕉
Musa itinerans var. **lechangensis** Häkkinen
习　　性：多年生草本
分　　布：广东
濒危等级：LC

王洪芭蕉
Musa nagensium Häkkinen
习　　性：多年生草本
海　　拔：约800 m
分　　布：云南
濒危等级：LC

阿西蕉
Musa rubra Wall. ex Kurz
习　　性：多年生草本

海　　拔：1000~1300 m
国内分布：云南
国外分布：缅甸、泰国
濒危等级：LC

瑞丽芭蕉
Musa ruiliensis W. N. Chen
习　　性：多年生草本
海　　拔：1000~1500 m
分　　布：云南
濒危等级：LC

血红蕉
Musa sanguinea Hook. f.
习　　性：多年生草本
海　　拔：约1000 m
国内分布：西藏
国外分布：印度、印度尼西亚
濒危等级：LC

蕉麻
Musa textilis Née
习　　性：多年生草本
国内分布：广东、广西、云南栽培
国外分布：原产菲律宾、印度尼西亚
资源利用：原料（纤维）

雅美芭蕉
Musa yamiensis C. L. Yeh et J. H. Chen
习　　性：多年生草本
分　　布：台湾
濒危等级：VU B1ab (iv, v) +2ab (iv, v); C2a (i, ii); D

云南芭蕉
Musa yunnanensis Häkkinen et H. Wang
习　　性：多年生草本
分　　布：云南
濒危等级：LC

再富芭蕉
Musa zaifui Häkkinen et H. Wang
习　　性：多年生草本
分　　布：云南
濒危等级：NT B1ab (iii, v) +2ab (iii, v); C2a (i); D

地涌金莲属 Musella (Franch.) H. W. Li

地涌金莲
Musella lasiocarpa (Franch.) C. Y. Wu ex H. W. Li

地涌金莲（原变种）
Musella lasiocarpa var. **lasiocarpa**
习　　性：多年生草本
海　　拔：1500~2500 m
分　　布：贵州、云南
濒危等级：DD
资源利用：药用（中草药）；动物饲料（饲料）；食用（蔬菜）

红苞地涌金莲
Musella lasiocarpa var. **rubribracteata** Zheng H. Li et H. Ma

习　　性：多年生草本
分　　布：四川
濒危等级：LC

杨梅科 MYRICACEAE
（1属：4种）

杨梅属 Morella Lour.

青杨梅
Morella adenophora(Hance) J. Herb.
习　　性：灌木或乔木
分　　布：广东、广西、海南、台湾
濒危等级：VU B1ab (iii)

毛杨梅
Morella esculenta(Buch.-Ham. ex D. Don) I. M. Turner
习　　性：常绿乔木
海　　拔：300～2500 m
国内分布：广东、广西、贵州、四川、云南
国外分布：不丹、缅甸、泰国、印度、越南
濒危等级：LC

云南杨梅
Morella nana(A. Chev.) J. Herb.
习　　性：常绿灌木
海　　拔：1900～3000 m
分　　布：贵州、云南
濒危等级：LC

杨梅
Morella rubra Lour.
习　　性：常绿乔木
海　　拔：100～1500 m
国内分布：福建、广东、广西、贵州、海南、湖南、江苏、江西、四川、台湾、云南、浙江
国外分布：朝鲜、菲律宾、日本
濒危等级：LC

肉豆蔻科 MYRISTICACEAE
（3属：13种）

风吹楠属 Horsfieldia Willd.

风吹楠
Horsfieldia amygdalina(Wall. ex Hook. f. et Thomson) Warb.
习　　性：乔木
海　　拔：100～1200 m
国内分布：广西、海南、云南
国外分布：老挝、孟加拉国、缅甸、泰国、印度、越南
濒危等级：NT A2ace+3ce; B1ab (i, iii, v)
国家保护：Ⅱ级
资源利用：工业用油

海南风吹楠
Horsfieldia hainanensis Merr.
习　　性：乔木
海　　拔：400～4500 m
分　　布：海南
濒危等级：EN B1ab (i, ii, iii, v); C1
国家保护：Ⅱ级

大叶风吹楠
Horsfieldia kingii(Hook. f.) Warb.
习　　性：乔木
海　　拔：800～1200 m
国内分布：云南
国外分布：泰国、印度
濒危等级：EN A2ace+3ce; B1ab (i, iii, v)
国家保护：Ⅱ级

琴叶风吹楠
Horsfieldia prainii(King) Warb.
习　　性：乔木
海　　拔：500～1100 m
国内分布：云南
国外分布：巴布亚新几内亚、菲律宾、泰国、印度、印度尼西亚
濒危等级：NT A2c; B1ab (iii)
国家保护：Ⅱ级

滇南风吹楠
Horsfieldia tetratepala C. Y. Wu et W. T. Wang
习　　性：乔木
海　　拔：300～650 m
分　　布：云南、广西
濒危等级：VU B1ab (i, ii, iii, v); C1
国家保护：Ⅱ级
资源利用：原料（材用）；工业用油

红光树属 Knema Lour.

假广子
Knema elegans Warb.
习　　性：乔木
海　　拔：500～1700 m
国内分布：云南
国外分布：柬埔寨、缅甸、泰国、越南
濒危等级：LC

小叶红光树
Knema globularia(Lam.) Warb.
习　　性：乔木
海　　拔：200～1000 m
国内分布：云南
国外分布：柬埔寨、老挝、马来西亚、缅甸、泰国、印度尼西亚、越南
濒危等级：LC

狭叶红光树
Knema lenta Warb.
习　　性：乔木
海　　拔：500～1200 m
国内分布：云南
国外分布：孟加拉国、缅甸、泰国、印度、越南
濒危等级：LC

大叶红光树
knema linifolia Roxb.
- 习　　性：乔木
- 海　　拔：800~900 m
- 国内分布：云南
- 国外分布：孟加拉国、缅甸、印度
- 濒危等级：LC

红光树
Knema tenuinervia W. J. de Wilde
- 习　　性：乔木
- 海　　拔：500~1000 m
- 国内分布：云南
- 国外分布：老挝、尼泊尔、泰国、印度
- 濒危等级：LC
- 资源利用：原料（纤维，木材）

密花红光树
Knema tonkinensis(Warb.)W. J. de Wilde
- 习　　性：乔木
- 海　　拔：1100~1200 m
- 国内分布：云南
- 国外分布：老挝、越南
- 濒危等级：LC

肉豆蔻属 Myristica Gronov.

肉豆蔻
Myristica fragrans Houtt.
- 习　　性：乔木
- 国内分布：广东、台湾、云南栽培
- 国外分布：原产印度尼西亚；广泛栽培于热带地区
- 资源利用：药用（中草药）；食品添加剂（调味剂）

云南肉豆蔻
Myristica yunnanensis Y. H. Li
- 习　　性：乔木
- 海　　拔：500~600 m
- 国内分布：云南
- 国外分布：泰国
- 濒危等级：EN A2c+3c；B1ab（i，iii，v）
- 国家保护：Ⅱ级

桃金娘科 MYRTACEAE
（12属：139种）

岗松属 Baeckea L.

岗松
Baeckea frutescens L.
- 习　　性：灌木
- 海　　拔：约1000 m
- 国内分布：福建、广东、广西、海南、江西、浙江
- 国外分布：澳大利亚、巴布亚新几内亚、菲律宾、柬埔寨、马来西亚、缅甸、泰国、印度、印度尼西亚、越南
- 濒危等级：LC
- 资源利用：药用（中草药）

红千层属 Callistemon R. Br.

红千层
Callistemon rigidus R. Br.
- 习　　性：小乔木
- 国内分布：福建、广东、广西、海南、台湾、云南栽培
- 国外分布：原产澳大利亚
- 资源利用：环境利用（观赏）

柳叶红千层
Callistemon salignus(Sm.)Sweet
- 习　　性：灌木或小乔木
- 国内分布：广东、云南栽培
- 国外分布：原产澳大利亚
- 资源利用：环境利用（观赏）

子楝树属 Decaspermum J. R. Forst. et G. Forst.

白毛子楝树
Decaspermum albociliatum Merr. et L. M. Perry
- 习　　性：灌木
- 海　　拔：200~400 m
- 分　　布：海南
- 濒危等级：VU A2c+3c

琼南子楝树
Decaspermum austrohainanicum H. T. Chang et R. H. Miao
- 习　　性：灌木
- 分　　布：海南
- 濒危等级：CR B1ab（i，iii）

秃子楝树
Decaspermum glabrum H. T. Chang et R. H. Miao
- 习　　性：灌木
- 分　　布：广东
- 濒危等级：DD

子楝树
Decaspermum gracilentum(Hance)Merr. et L. M. Perry
- 习　　性：灌木或乔木
- 国内分布：广东、广西、贵州、湖南、台湾
- 国外分布：越南
- 濒危等级：LC

海南子楝树
Decaspermum hainanense(Merr.)Merr.
- 习　　性：乔木
- 海　　拔：400~2500 m
- 分　　布：海南
- 濒危等级：LC

柬埔寨子楝树
Decaspermum montanum Ridl.
- 习　　性：乔木
- 国内分布：海南
- 国外分布：柬埔寨、马来西亚、泰国、越南
- 濒危等级：LC

五瓣子楝树
Decaspermum parviflorum (Lam.) A. J. Scott
- 习　　性：灌木或乔木
- 海　　拔：2000 m 以下
- 国内分布：广东、广西、贵州、海南、西藏、云南
- 国外分布：菲律宾、柬埔寨、马来西亚、缅甸、泰国、印度、印度尼西亚、越南
- 濒危等级：LC

圆枝子楝树
Decaspermum teretis Craven
- 习　　性：乔木
- 分　　布：海南
- 濒危等级：LC

桉属 Eucalyptus L'Hér.

白桉
Eucalyptus alba Reinw. ex Blume
- 习　　性：乔木
- 国内分布：广西栽培
- 国外分布：原产澳大利亚、巴布亚新几内亚、东帝汶、印度尼西亚
- 资源利用：原料（纤维，木材）

广叶桉
Eucalyptus amplifolia Naudin
- 习　　性：乔木
- 国内分布：福建、广东、广西、湖北、湖南、江西、四川栽培
- 国外分布：原产澳大利亚
- 资源利用：原料（纤维，木材）

布氏桉
Eucalyptus blakelyi Maiden
- 习　　性：乔木
- 国内分布：江西、云南栽培
- 国外分布：原产澳大利亚
- 资源利用：原料（纤维，木材）

葡萄桉
Eucalyptus botryoides Sm.
- 习　　性：乔木
- 国内分布：广东、广西、江西、四川、台湾栽培
- 国外分布：原产澳大利亚
- 资源利用：原料（纤维，木材）

赤桉
Eucalyptus camaldulensis Dehnh.

赤桉（原变种）
Eucalyptus camaldulensis var. **camaldulensis**
- 习　　性：乔木
- 国内分布：安徽、福建、广东、广西、贵州、湖南、江西、四川、台湾、云南、浙江栽培
- 国外分布：原产澳大利亚
- 资源利用：原料（纤维）

渐尖赤桉
Eucalyptus camaldulensis var. **acuminata** (Hook.) Blak.
- 习　　性：乔木
- 国内分布：广东、广西、云南栽培
- 国外分布：原产澳大利亚
- 资源利用：原料（纤维，木材）

短喙赤桉
Eucalyptus camaldulensis var. **brevirostris** (F. Muell. ex Miq.) Blakely
- 习　　性：乔木
- 国内分布：广东、广西栽培
- 国外分布：原产澳大利亚
- 资源利用：原料（纤维，木材）

钝盖赤桉
Eucalyptus camaldulensis var. **obtuse** Blakely
- 习　　性：乔木
- 国内分布：广东、广西栽培
- 国外分布：原产澳大利亚
- 资源利用：原料（纤维，木材）

垂枝赤桉
Eucalyptus camaldulensis var. **pendula** Blakely et Jacobs
- 习　　性：乔木
- 国内分布：广东栽培
- 国外分布：原产澳大利亚
- 资源利用：原料（纤维，木材）

柠檬桉
Eucalyptus citriodora Hook.
- 习　　性：乔木
- 国内分布：福建、广东、广西、贵州、湖南、江西、四川、云南、浙江栽培
- 国外分布：原产澳大利亚
- 资源利用：原料（纤维）

常桉
Eucalyptus crebra F. Muell.
- 习　　性：乔木
- 国内分布：广东栽培
- 国外分布：原产澳大利亚
- 资源利用：原料（木材）；基因源（耐寒）

窿缘桉
Eucalyptus exserta F. Muell.
- 习　　性：乔木
- 国内分布：福建、广东、广西、贵州、海南、湖南、江西、四川、浙江栽培
- 国外分布：原产澳大利亚
- 资源利用：原料（纤维，木材）

蓝桉
Eucalyptus globulus Labill.

蓝桉（原亚种）
Eucalyptus globulus subsp. **globulus**
- 习　　性：乔木
- 国内分布：福建、广西、贵州、江西、四川、台湾、云南、浙江栽培
- 国外分布：原产澳大利亚、塔斯马尼亚
- 资源利用：药用（中草药）；原料（木材）；基因源（耐寒，抗腐）；蜜源植物；环境利用（观赏）

直杆蓝桉
Eucalyptus globulus subsp. **maidenii** (F. Muell.) Kirkpatrick
习　　性：乔木
国内分布：广西、江西、四川、云南栽培
国外分布：原产澳大利亚
资源利用：原料（纤维，木材）

大桉
Eucalyptus grandis W. Hill ex Maiden
习　　性：乔木
国内分布：广东、广西、台湾栽培
国外分布：原产澳大利亚
资源利用：原料（木材）

斜脉胶桉
Eucalyptus kirtoniana F. Muell.
习　　性：乔木
国内分布：广东、广西、贵州栽培
国外分布：原产澳大利亚
资源利用：原料（纤维，木材）

二色桉
Eucalyptus largiflorens F. Muell.
习　　性：乔木
国内分布：广东、广西栽培
国外分布：原产澳大利亚
资源利用：原料（木材）

纤脉桉
Eucalyptus leptophleba F. Muell.
习　　性：乔木
国内分布：广东、广西、江西栽培
国外分布：原产澳大利亚
资源利用：原料（纤维，木材）

斑皮桉
Eucalyptus maculata Hook.
习　　性：乔木
国内分布：广东、广西、江西、四川、台湾栽培
国外分布：原产澳大利亚
资源利用：原料（纤维，木材）

蜜味桉
Eucalyptus melliodora A. Cunn. ex Schauer
习　　性：乔木
国内分布：广东、广西、云南栽培
国外分布：原产澳大利亚
资源利用：原料（纤维，木材）

小帽桉
Eucalyptus microcorys F. Muell.
习　　性：乔木
国内分布：广东、广西、台湾栽培
国外分布：原产澳大利亚
资源利用：原料（纤维，木材）

圆锥花桉
Eucalyptus paniculata Sm.
习　　性：乔木
国内分布：广东、广西、江西栽培
国外分布：原产澳大利亚
资源利用：原料（纤维，木材）

粗皮桉
Eucalyptus pellita F. Muell.
习　　性：乔木
国内分布：广东、广西、云南栽培
国外分布：原产澳大利亚
资源利用：原料（纤维，木材）

阔叶桉
Eucalyptus platyphylla F. Muell.
习　　性：乔木
国内分布：广东栽培
国外分布：原产澳大利亚
资源利用：原料（纤维，木材）

多花桉
Eucalyptus polyanthemos Schauer
习　　性：乔木
国内分布：江西、云南栽培
国外分布：原产澳大利亚
资源利用：环境利用（观赏）

斑叶桉
Eucalyptus punctata DC.
习　　性：乔木
国内分布：福建、广东、广西、江西、四川栽培
国外分布：原产澳大利亚
资源利用：原料（木材）

桉
Eucalyptus robusta Sm.
习　　性：乔木
国内分布：安徽、福建、广东、广西、贵州、海南、湖南、江西、四川、台湾、云南、浙江栽培
国外分布：原产澳大利亚
资源利用：药用（中草药）；原料（木材，纤维，单宁，树脂）

野桉
Eucalyptus rudis Endl.
习　　性：乔木
国内分布：福建、广东、广西、江西、浙江栽培
国外分布：原产澳大利亚
资源利用：原料（纤维，木材）

柳叶桉
Eucalyptus saligna Sm.
习　　性：乔木
国内分布：福建、广东、广西、江西、台湾栽培
国外分布：原产澳大利亚
资源利用：原料（木材）

细叶桉
Eucalyptus tereticornis Sm.
习　　性：乔木
国内分布：安徽、福建、广东、广西、贵州、江西、四川、云南、浙江栽培

国外分布：原产澳大利亚
资源利用：原料（纤维）

毛叶桉
Eucalyptus torelliana F. Muell.
习　　性：乔木
国内分布：福建、广东、广西、江西、台湾栽培
国外分布：原产澳大利亚
资源利用：原料（纤维、木材）

番樱桃属 Eugenia L.

吕宋番樱桃
Eugenia aherniana C. B. Rob.
习　　性：灌木或小乔木
国内分布：南方栽培
国外分布：原产菲律宾

红果仔
Eugenia uniflora L.
习　　性：灌木或乔木
国内分布：福建、四川、台湾、云南栽培
国外分布：南美洲

红胶木属 Lophostemon Schott

红胶木
Lophostemon confertus(R. Br.)Peter G. Wilson et J. T. Waterh.
习　　性：乔木
国内分布：广东、广西、海南、台湾、云南栽培
国外分布：原产澳大利亚

白千层属 Melaleuca L.

白千层
Melaleuca cajuputi(Turcz.)Barlow
习　　性：乔木
国内分布：福建、广东、广西、四川、台湾、云南
国外分布：马来西亚、缅甸、泰国、印度尼西亚、越南
濒危等级：LC

细花白千层
Melaleuca parviflora Lindl.
习　　性：乔木
国内分布：福建、广东栽培
国外分布：原产澳大利亚
资源利用：环境利用（观赏）

香桃木属 Myrtus L.

香桃木
Myrtus communis L.
习　　性：常绿灌木
国内分布：南方栽培
国外分布：原产地中海地区

番石榴属 Psidium L.

草莓番石榴
Psidium cattleyanum Sabine
习　　性：灌木或乔木
国内分布：广东、海南、台湾、云南栽培
国外分布：原产巴西

番石榴
Psidium guajava L.
习　　性：乔木
海　　拔：110~2200 m
国内分布：广东、广西、贵州、海南、四川、台湾、云南栽培和逸生
国外分布：原产热带美洲
资源利用：食品（水果）；环境利用（观赏）；药用（中草药）；原料（单宁，树脂）

玫瑰木属 Rhodamnia Jack

玫瑰木
Rhodamnia dumetorum(DC.)Merr. et L. M. Perry

玫瑰木（原变种）
Rhodamnia dumetorum var. **dumetorum**
习　　性：乔木
海　　拔：0~600 m
国内分布：海南
国外分布：柬埔寨、老挝、马来西亚、泰国、越南
濒危等级：LC

海南玫瑰木
Rhodamnia dumetorum var. **hainanensis** Merr. et L. M. Perry
习　　性：乔木
海　　拔：约600 m
分　　布：海南
濒危等级：LC

桃金娘属 Rhodomyrtus(DC.)Rchb.

桃金娘
Rhodomyrtus tomentosa(Aiton)Hassk.
习　　性：灌木
海　　拔：海平面至900 m
国内分布：福建、广东、广西、贵州、湖南、江西、台湾、云南、浙江
国外分布：菲律宾、柬埔寨、老挝、马来西亚、缅甸、日本、斯里兰卡、印度、印度尼西亚、越南
濒危等级：LC
资源利用：食品（水果）；原料（单宁）；环境利用（观赏）；药用（中草药）

蒲桃属 Syzygium Gaertn.

肖蒲桃
Syzygium acuminatissimum(Blume)DC.
习　　性：乔木
海　　拔：100~600 m
国内分布：广东、广西、海南、台湾
国外分布：菲律宾、马来西亚、缅甸、泰国、新几内亚岛、印度、印度尼西亚
濒危等级：LC

白果蒲桃
Syzygium album Q. F. Zheng
习　　性：乔木
分　　布：福建
濒危等级：DD

线枝蒲桃
Syzygium araiocladum Merr. et L. M. Perry
习　　性：乔木
海　　拔：300~1100 m
国内分布：广西、海南
国外分布：越南
濒危等级：LC

华南蒲桃
Syzygium austrosinense(Merr. et L. M. Perry) H. T. Chang et R. H. Miao
习　　性：灌木或乔木
海　　拔：200~2300 m
分　　布：福建、广东、广西、贵州、海南、湖北、湖南、江西、四川、浙江
濒危等级：LC

滇南蒲桃
Syzygium austroyunnanense H. T. Chang et R. H. Miao
习　　性：乔木
海　　拔：1400~1700 m
分　　布：广西、云南
濒危等级：EN B1ab（i, iii）

香胶蒲桃
Syzygium balsameum(Wight)Wall. ex Walp.
习　　性：灌木或乔木
海　　拔：500~1300 m
国内分布：西藏、云南
国外分布：缅甸、泰国、印度、越南
濒危等级：LC

短棒蒲桃
Syzygium baviense(Gagnep.)Merr. et L. M. Perry
习　　性：灌木或小乔木
海　　拔：200~600 m
国内分布：云南
国外分布：越南
濒危等级：LC

无柄蒲桃
Syzygium boisianum(Gagnep.)Merr. et L. M. Perry
习　　性：灌木
海　　拔：100~200 m
国内分布：海南
国外分布：泰国、越南
濒危等级：LC

短序蒲桃
Syzygium brachythyrsum Merr. et L. M. Perry
习　　性：乔木
海　　拔：1800~2000 m
分　　布：云南
濒危等级：EN B1ab（i, iii）

补崩蒲桃
Syzygium bubengense C. Chen
习　　性：乔木
海　　拔：约800 m
分　　布：云南
濒危等级：LC

黑嘴蒲桃
Syzygium bullockii(Hance)Merr. et L. M. Perry
习　　性：灌木或乔木
海　　拔：100~400 m
国内分布：广东、广西、海南
国外分布：老挝、越南
濒危等级：LC

假赤楠
Syzygium buxifolioideum H. T. Chang et R. H. Miao
习　　性：灌木或乔木
分　　布：海南
濒危等级：LC

赤楠
Syzygium buxifolium Hook. et Arn.

赤楠（原变种）
Syzygium buxifolium var. **buxifolium**
习　　性：灌木或小乔木
海　　拔：200~1200 m
国内分布：安徽、福建、广东、广西、贵州、海南、湖北、湖南、江西、四川、台湾、浙江
国外分布：日本、越南
濒危等级：LC
资源利用：药用（中草药）

轮叶赤楠
Syzygium buxifolium var. **verticillatum** C. Chen
习　　性：灌木或小乔木
海　　拔：200~1200 m
分　　布：安徽、福建、广东、广西、贵州、湖南、江西
濒危等级：LC

华夏蒲桃
Syzygium cathayense Merrill et L. M. Perry
习　　性：乔木
海　　拔：500~1600 m
分　　布：广西、云南
濒危等级：DD

子凌蒲桃
Syzygium championii(Benth.)Merr. et L. M. Perry
习　　性：灌木或小乔木
海　　拔：100~700 m
国内分布：广东、广西、海南
国外分布：越南
濒危等级：LC

密脉蒲桃
Syzygium chunianum Merr. et L. M. Perry

习　　性：乔木
海　　拔：300~1100 m
分　　布：广西、海南
濒危等级：LC

钝叶蒲桃
Syzygium cinereum(Kurz.) Merr. et L. M. Perry
习　　性：乔木
国内分布：广西
国外分布：马来西亚、泰国、越南
濒危等级：LC

棒花蒲桃
Syzygium claviflorum(Roxb.) Wall. ex Steudel
习　　性：灌木或乔木
海　　拔：100~1300 m
国内分布：海南、云南
国外分布：澳大利亚、不丹、马来西亚、缅甸、泰国、新几内亚岛、印度、印度尼西亚、越南
濒危等级：LC

团花蒲桃
Syzygium congestiflorum H. T. Chang et R. H. Miao
习　　性：灌木
海　　拔：400~1000 m
分　　布：云南
濒危等级：LC

散点蒲桃
Syzygium conspersipunctatum(Merr. et L. M. Perry) Craven et Biffin
习　　性：乔木
分　　布：海南
濒危等级：DD

乌墨
Syzygium cumini(L.) Skeels

乌墨（原变种）
Syzygium cumini var. **cumini**
习　　性：乔木
海　　拔：100~1200 m
国内分布：福建、广东、广西、海南、云南
国外分布：澳大利亚、不丹、老挝、马来西亚、斯里兰卡、泰国、印度、印度尼西亚、越南
濒危等级：LC
资源利用：药用（中草药）

长萼乌墨
Syzygium cumini var. **tsoi**(Merr. et Chun)H. T. Chang et R. H. Miao
习　　性：乔木
分　　布：广西、海南
濒危等级：LC

岛生蒲桃
Syzygium densinervium C. E. Chang
习　　性：乔木
分　　布：台湾
濒危等级：NT

卫矛叶蒲桃
Syzygium euonymifolium(F. P. Metcalf) Merr. et L. M. Perry
习　　性：乔木
海　　拔：100~500 m
分　　布：福建、广东、广西
濒危等级：LC

细叶蒲桃
Syzygium euphlebium(Hayata) Mori
习　　性：灌木或乔木
海　　拔：400~700 m
分　　布：台湾
濒危等级：DD

水竹蒲桃
Syzygium fluviatile(Hemsl.) Merr. et L. M. Perry
习　　性：灌木
海　　拔：100~1000 m
分　　布：广西、贵州、海南
濒危等级：LC

台湾蒲桃
Syzygium formosanum(Hayata) Mori
习　　性：灌木或乔木
海　　拔：400~800 m
分　　布：台湾
濒危等级：LC

滇边蒲桃
Syzygium forrestii Merr. et L. M. Perry
习　　性：乔木
海　　拔：2100~2400 m
分　　布：云南
濒危等级：LC

簇花蒲桃
Syzygium fruticosum Roxb. ex DC.
习　　性：乔木
海　　拔：500~1700 m
国内分布：广西、贵州、云南
国外分布：孟加拉国、缅甸、泰国、印度
濒危等级：LC

短药蒲桃
Syzygium globiflorum(Craib) Chantar. et J. Parnell
习　　性：灌木或乔木
海　　拔：200~2400 m
国内分布：广西、海南、云南
国外分布：泰国
濒危等级：LC

贡山蒲桃
Syzygium gongshanense P. Y. Bai
习　　性：乔木
海　　拔：约1600 m
分　　布：云南
濒危等级：LC

轮叶蒲桃
Syzygium grijsii(Hance) Merr. et L. M. Perry
习　　性：灌木
海　　拔：100~900 m
分　　布：安徽、福建、广东、广西、贵州、湖北、湖南、

江西、浙江
濒危等级：LC

广西蒲桃
Syzygium guangxiense H. T. Chang et R. H. Miao
习　　性：灌木
海　　拔：约 500 m
分　　布：广西
濒危等级：DD

海南蒲桃
Syzygium hainanense H. T. Chang et R. H. Miao
习　　性：乔木
分　　布：海南
濒危等级：LC

红鳞蒲桃
Syzygium hancei Merr. et L. M. Perry
习　　性：灌木或乔木
海　　拔：100~1200 m
分　　布：福建、广东、广西、海南
濒危等级：LC

贵州蒲桃
Syzygium handelii Merr. et L. M. Perry
习　　性：灌木
海　　拔：500~1000 m
分　　布：广东、广西、贵州、湖北、湖南
濒危等级：LC

万宁蒲桃
Syzygium howii Merr. et L. M. Perry
习　　性：灌木或小乔木
海　　拔：400~2900 m
分　　布：海南
濒危等级：CR B1ab（ii）

桂南蒲桃
Syzygium imitans Merr. et L. M. Perry
习　　性：乔木
海　　拔：约 1500 m
国内分布：广西
国外分布：越南
濒危等级：LC

凹脉赤楠
Syzygium impressum N. H. Xia, Y. F. Deng et K. L. Yip
习　　性：灌木
分　　布：香港

褐背蒲桃
Syzygium infra-rubiginosum H. T. Chang et R. H. Miao
习　　性：乔木
分　　布：海南
濒危等级：LC

蒲桃
Syzygium jambos（L.）Alston

蒲桃（原变种）
Syzygium jambos var. **jambos**
习　　性：乔木

海　　拔：100~1500 m
国内分布：福建、广东、广西、贵州、海南、四川、云南
国外分布：菲律宾、马来西亚
濒危等级：DD
资源利用：环境利用（观赏）

线叶蒲桃
Syzygium jambos var. **linearilimbum** H. T. Chang et R. H. Miao
习　　性：乔木
海　　拔：400~500 m
分　　布：云南
濒危等级：LC

大花赤楠
Syzygium jambos var. **tripinnatum**（Blanco）C. Chen
习　　性：乔木
海　　拔：100~300 m
国内分布：台湾
国外分布：菲律宾
濒危等级：LC

尖峰蒲桃
Syzygium jienfunicum H. T. Chang et R. H. Miao
习　　性：乔木
分　　布：海南
濒危等级：CR B1ab（i, iii）

恒春蒲桃
Syzygium kusukusense（Hayata）Mori
习　　性：乔木
海　　拔：500~800 m
分　　布：台湾
濒危等级：NT

广东蒲桃
Syzygium kwangtungense（Merr.）Merr. et L. M. Perry
习　　性：乔木
海　　拔：100~600 m
分　　布：广东、广西
濒危等级：LC

少花老挝蒲桃
Syzygium laosense（Gagnep.）H. T. Chang et R. H. Miao
习　　性：乔木
国内分布：云南
国外分布：柬埔寨、越南
濒危等级：LC

粗叶木蒲桃
Syzygium lasianthifolium H. T. Chang et R. H. Miao
习　　性：灌木
分　　布：广东
濒危等级：LC

山蒲桃
Syzygium levinei（Merr.）Merr. et L. M. Perry
习　　性：常绿乔木
海　　拔：100~200 m
国内分布：广东、广西、海南
国外分布：越南
濒危等级：LC

长花蒲桃
Syzygium lineatum (DC.) Merr. et L. M. Perry
  习 性：乔木
  国内分布：广西
  国外分布：马来西亚、缅甸、泰国、印度尼西亚、越南
  濒危等级：LC

马六甲蒲桃
Syzygium malaccense (L.) Merr. et L. M. Perry
  习 性：乔木
  海 拔：100~600 m
  国内分布：台湾、云南
  国外分布：马来西亚
  濒危等级：LC

阔叶蒲桃
Syzygium megacarpum Rathakr. et N. C. Nair
  习 性：乔木
  海 拔：300~1200 m
  国内分布：广西、海南、云南
  国外分布：孟加拉国、缅甸、泰国、越南
  濒危等级：LC

黑长叶蒲桃
Syzygium melanophyllum H. T. Chang et R. H. Miao
  习 性：乔木
  海 拔：约1400 m
  分 布：云南
  濒危等级：NT A2c

竹叶蒲桃
Syzygium myrsinifolium (Hance) Merr. et L. M. Perry

竹叶蒲桃（原变种）
Syzygium myrsinifolium var. **myrsinifolium**
  习 性：灌木或乔木
  海 拔：约500 m
  分 布：海南、云南
  濒危等级：LC

大花竹叶蒲桃
Syzygium myrsinifolium var. **grandiflorum** H. T. Chang et R. H. Miao
  习 性：灌木或乔木
  分 布：海南
  濒危等级：DD

南屏蒲桃
Syzygium nanpingense Y. Y. Qian
  习 性：乔木
  海 拔：约1400 m
  分 布：云南
  濒危等级：LC

水翁蒲桃
Syzygium nervosum DC.
  习 性：乔木
  海 拔：200~600 m
  国内分布：广东、广西、海南、西藏、云南
  国外分布：澳大利亚、马来西亚、缅甸、斯里兰卡、泰国、印度、印度尼西亚、越南
  濒危等级：LC

倒披针叶蒲桃
Syzygium oblancilimbum H. T. Chang et R. H. Miao
  习 性：灌木
  海 拔：700~800 m
  分 布：云南
  濒危等级：EN A2c

高檐蒲桃
Syzygium oblatum (Roxb.) Wall. ex Steud.
  习 性：乔木
  海 拔：500~1000 m
  国内分布：西藏、云南
  国外分布：柬埔寨、马来西亚、孟加拉国、泰国、印度、印度尼西亚、越南
  濒危等级：LC

香蒲桃
Syzygium odoratum (Lour.) DC.
  习 性：常绿乔木
  海 拔：100~400 m
  国内分布：广东、广西、海南
  国外分布：越南
  濒危等级：LC

圆顶蒲桃
Syzygium paucivenium (C. B. Rob.) Merr.
  习 性：乔木
  海 拔：200~400 m
  国内分布：台湾
  国外分布：菲律宾
  濒危等级：VU D1+2

假多瓣蒲桃
Syzygium polypetaloideum Merr. et L. M. Perry
  习 性：灌木
  海 拔：200~1000 m
  分 布：广西、云南
  濒危等级：LC

红枝蒲桃
Syzygium rehderianum Merr. et L. M. Perry
  习 性：灌木或乔木
  海 拔：100~1000 m
  分 布：福建、广东、广西、湖南
  濒危等级：LC

滇西蒲桃
Syzygium rockii Merr. et L. M. Perry
  习 性：乔木
  海 拔：1000~1300 m
  分 布：云南
  濒危等级：NT B1ab (i, iii)

皱萼蒲桃
Syzygium rysopodum Merr. et L. M. Perry
  习 性：乔木
  海 拔：1500~1800 m
  分 布：海南
  濒危等级：NT B1ab (i, iii)

怒江蒲桃
Syzygium salwinense Merr. et L. M. Perry

习　　性：乔木
海　　拔：800~2400 m
分　　布：广西、云南
濒危等级：LC

洋蒲桃
Syzygium samarangense(Blume)Merr. et L. M. Perry
习　　性：乔木
国内分布：福建、广东、广西、海南、四川、台湾、云南
国外分布：马来西亚、泰国、印度尼西亚；新几内亚岛
濒危等级：LC

石生蒲桃
Syzygium saxatile H. T. Chang et R. H. Miao
习　　性：灌木
分　　布：云南
濒危等级：NT B1ab（i,iii）

四川蒲桃
Syzygium sichuanense H. T. Chang et R. H. Miao
习　　性：乔木
分　　布：四川
濒危等级：NT B1ab（i,iii）

兰屿赤楠
Syzygium simile(Merr.)Merr.
习　　性：乔木
海　　拔：100~400 m
国内分布：台湾
国外分布：菲律宾
濒危等级：NT

纤枝蒲桃
Syzygium stenocladum Merr. et L. M. Perry
习　　性：乔木
海　　拔：约600 m
分　　布：海南
濒危等级：NT A3c；B1ab（i,iii）

硬叶蒲桃
Syzygium sterrophyllum Merr. et L. M. Perry
习　　性：灌木或乔木
海　　拔：100~1200 m
国内分布：广西、海南、云南
国外分布：越南
濒危等级：LC

思茅蒲桃
Syzygium szemaoense Merr. et L. M. Perry
习　　性：灌木或乔木
海　　拔：500~1600 m
国内分布：广西、云南
国外分布：越南
濒危等级：NT A2c

台湾棒花蒲桃
Syzygium taiwanicum H. T. Chang et R. H. Miao
习　　性：乔木
海　　拔：100~400 m
分　　布：台湾
濒危等级：LC

细轴蒲桃
Syzygium tenuirhachis H. T. Chang et R. H. Miao
习　　性：乔木
海　　拔：1100~1200 m
分　　布：广西
濒危等级：DD

方枝蒲桃
Syzygium tephrodes(Hance)Merr. et L. M. Perry
习　　性：灌木或乔木
海　　拔：300~2000 m
分　　布：海南
濒危等级：LC

四角蒲桃
Syzygium tetragonum(Wight)Wall. ex Walp.
习　　性：乔木
海　　拔：800~2000 m
国内分布：广西、海南、西藏、云南
国外分布：不丹、缅甸、尼泊尔、泰国、印度
濒危等级：LC

黑叶蒲桃
Syzygium thumra(Roxb.)Merr. et L. M. Perry
习　　性：乔木
海　　拔：600~1200 m
国内分布：云南
国外分布：老挝、马来西亚、缅甸、泰国
濒危等级：LC

假乌墨
Syzygium toddalioides(Wight)Walp.
习　　性：乔木
海　　拔：1400~2300 m
国内分布：云南
国外分布：缅甸、泰国、印度、越南
濒危等级：LC

狭叶蒲桃
Syzygium tsoongii(Merr.)Merr. et L. M. Perry
习　　性：灌木或乔木
海　　拔：400~600 m
国内分布：广西、海南、湖南
国外分布：越南
濒危等级：LC

毛脉蒲桃
Syzygium vestitum Merr. et L. M. Perry
习　　性：乔木
海　　拔：800~1500 m
国内分布：云南
国外分布：越南
濒危等级：LC

文山蒲桃
Syzygium wenshanense H. T. Chang et R. H. Miao
习　　性：乔木
分　　布：云南
濒危等级：NT A2c

西藏蒲桃
Syzygium xizangense H. T. Chang et R. H. Miao

习　　性：乔木
海　　拔：800～1000 m
分　　布：西藏
濒危等级：NT B1ab（i, iii）

云南蒲桃
Syzygium yunnanense Merr. et L. M. Perry
习　　性：乔木
海　　拔：600～1300 m
分　　布：云南
濒危等级：NT A2c

锡兰蒲桃
Syzygium zeylanicum(L.) DC.
习　　性：乔木
国内分布：广东、广西
国外分布：柬埔寨、老挝、马来西亚、缅甸、斯里兰卡、泰国、印度、印度尼西亚、越南
濒危等级：LC

肺筋草科 NARTHECIACEAE
（1属：17种）

粉条儿菜属 Aletris L.

高山粉条儿菜
Aletris alpestris Diels
习　　性：多年生草本
海　　拔：800～3900 m
分　　布：贵州、陕西、四川、云南
濒危等级：LC

头花粉条儿菜
Aletris capitata F. T. Wang et Tang
习　　性：多年生草本
海　　拔：2400～3500 m
分　　布：四川
濒危等级：LC

灰鞘粉条儿菜
Aletris cinerascens F. T. Wang et Tang
习　　性：多年生草本
海　　拔：2700～3100 m
分　　布：广西、云南
濒危等级：NT

无毛粉条儿菜
Aletris glabra Bureau et Franch.
习　　性：多年生草本
海　　拔：1200～4000 m
国内分布：福建、甘肃、贵州、湖北、江西、陕西、四川、台湾、西藏、云南
国外分布：不丹、印度
濒危等级：LC

腺毛粉条儿菜
Aletris glandulifera Bureau et Franch.
习　　性：多年生草本
海　　拔：3300～4300 m
分　　布：甘肃、陕西、四川
濒危等级：LC

星花粉条儿菜
Aletris gracilis Rendle
习　　性：多年生草本
海　　拔：2500～3900 m
国内分布：西藏、云南
国外分布：不丹、缅甸、印度
濒危等级：LC

疏花粉条儿菜
Aletris laxiflora Bureau et Franch.
习　　性：多年生草本
海　　拔：1100～2900 m
分　　布：贵州、四川、西藏
濒危等级：LC

大花粉条儿菜
Aletris megalantha F. T. Wang et C. L. Tang
习　　性：多年生草本
海　　拔：2800～3400 m
分　　布：云南
濒危等级：NT D

短粉条儿菜
Aletris nana S. C. Chen
习　　性：多年生草本
海　　拔：3200～4600 m
国内分布：西藏、云南
国外分布：尼泊尔
濒危等级：DD

少花粉条儿菜
Aletris pauciflora(Klotzsch) Hand.-Mazz.

少花粉条儿菜（原变种）
Aletris pauciflora var. **pauciflora**
习　　性：多年生草本
海　　拔：1500～4900 m
国内分布：四川、西藏、云南
国外分布：不丹、克什米尔地区、缅甸、尼泊尔、印度
濒危等级：LC

穗花粉条儿菜
Aletris pauciflora var. **khasiana** F. T. Wang et Tang
习　　性：多年生草本
海　　拔：1500～4900 m
国内分布：四川、西藏、云南
国外分布：印度
濒危等级：LC

长柄粉条儿菜
Aletris pedicellata F. T. Wang et Tang
习　　性：多年生草本
海　　拔：约800 m
分　　布：四川
濒危等级：LC

短柄粉条儿菜
Aletris scopulorum Dunn
- 习　　性：多年生草本
- 海　　拔：海平面至 400 m
- 国内分布：福建、广东、湖南、江西、浙江
- 国外分布：日本
- 濒危等级：LC

单花粉条儿菜
Aletris simpliciflora R. Li et S. D. Zhang
- 习　　性：多年生草本
- 分　　布：西藏
- 濒危等级：LC

粉条儿菜
Aletris spicata（Thunb.）Franch.
- 习　　性：多年生草本
- 海　　拔：100~2900 m
- 国内分布：安徽、福建、甘肃、广东、广西、贵州、河北、河南、湖北、湖南、江苏、江西、山西、陕西、四川、台湾、云南、浙江
- 国外分布：菲律宾、马来西亚、日本
- 濒危等级：LC
- 资源利用：药用（中草药）

狭瓣粉条儿菜
Aletris stenoloba Franch.
- 习　　性：多年生草本
- 海　　拔：300~3300 m
- 分　　布：甘肃、广东、广西、贵州、湖北、陕西、四川、云南
- 濒危等级：LC

雅安粉条儿菜
Aletris yaanica G. H. Yang
- 习　　性：多年生草本
- 海　　拔：约 800 m
- 分　　布：四川
- 濒危等级：LC

莲科 NELUMBONACEAE
（1 属：1 种）

莲属 Nelumbo Adans.

莲
Nelumbo nucifera Gaertn.
- 习　　性：多年生水生草本
- 国内分布：全国各地分布
- 国外分布：澳大利亚、巴基斯坦、不丹、朝鲜半岛、俄罗斯、菲律宾、马来西亚、缅甸、尼泊尔、日本、斯里兰卡、泰国、印度、印度尼西亚、越南；新几内亚岛
- 濒危等级：LC
- 国家保护：Ⅱ级
- 资源利用：药用（中草药）；原料（单宁，木材）；食品（淀粉，蔬菜，种子）；环境利用（观赏）

猪笼草科 NEPENTHACEAE
（1 属：1 种）

猪笼草属 Nepenthes L.

猪笼草
Nepenthes mirabilis（Lour.）Druce
- 习　　性：攀援草本
- 海　　拔：海平面至 400 m
- 国内分布：广东、海南
- 国外分布：澳大利亚、柬埔寨、老挝、缅甸、泰国、越南
- 濒危等级：VU B2ac（ii，iii）
- CITES 附录：Ⅱ
- 资源利用：药用（中草药）

白刺科 NITRARIACEAE
（2 属：8 种）

白刺属 Nitraria L.

帕米尔白刺
Nitraria pamirica L. I. Vassiljeva
- 习　　性：灌木
- 海　　拔：3800~4300 m
- 国内分布：新疆
- 国外分布：哈萨克斯坦、吉尔吉斯斯坦、塔吉克斯坦、土库曼斯坦、乌兹别克斯坦
- 濒危等级：VU A2c；D2

大白刺
Nitraria roborowskii Kom.
- 习　　性：灌木
- 海　　拔：3300 m 以下
- 国内分布：甘肃、内蒙古、宁夏、青海、陕西、新疆
- 国外分布：俄罗斯、蒙古
- 濒危等级：LC

小果白刺
Nitraria sibirica Pall.
- 习　　性：灌木
- 海　　拔：3700 m 以下
- 国内分布：甘肃、河北、吉林、辽宁、内蒙古、宁夏、青海、山东、山西、陕西、新疆
- 国外分布：俄罗斯、蒙古
- 濒危等级：LC
- 资源利用：药用（中草药）；基因源（耐盐碱）；动物饲料（饲料）

泡泡刺
Nitraria sphaerocarpa Maxim.
- 习　　性：灌木
- 国内分布：甘肃、内蒙古、新疆

国外分布：哈萨克斯坦、蒙古
濒危等级：LC

白刺
Nitraria tangutorum Bobrov
- 习　性：灌木
- 海　拔：1900~3500 m
- 分　布：甘肃、河北、内蒙古、宁夏、青海、陕西、西藏、新疆
- 濒危等级：LC
- 资源利用：药用（中草药）

骆驼蓬属 Peganum L.

驼驼蒿蓬
Peganum harmala L.
- 习　性：多年生草本
- 海　拔：400~3600 m
- 国内分布：甘肃、内蒙古、宁夏
- 国外分布：阿富汗、巴基斯坦、俄罗斯、哈萨克斯坦、吉尔吉斯斯坦、蒙古、塔吉克斯坦、土库曼斯坦、乌兹别克斯坦
- 濒危等级：LC
- 资源利用：药用（中草药）；原料（染料，工业用油）

多裂骆驼蓬
Peganum multisectum(Maxim.)Bobrov
- 习　性：多年生草本
- 海　拔：1700~3900 m
- 分　布：甘肃、内蒙古、宁夏、青海、陕西、西藏、新疆
- 濒危等级：LC

驼驼蒿
Peganum nigellastrum Bunge
- 习　性：多年生草本
- 国内分布：甘肃、河北、河南、内蒙古、宁夏、山西、陕西、新疆
- 国外分布：俄罗斯、蒙古
- 濒危等级：LC
- 资源利用：药用（中草药）

紫茉莉科 NYCTAGINACEAE
（6属：16种）

黄细心属 Boerhavia L.

红细心
Boerhavia coccinea Mill.
- 习　性：一年生或多年生草本
- 国内分布：海南
- 国外分布：非洲、美洲
- 濒危等级：LC

皱叶黄细心
Boerhavia crispa Heyne
- 习　性：草本
- 国内分布：台湾
- 国外分布：印度
- 濒危等级：LC

黄细心
Boerhavia diffusa L.
- 习　性：多年生草本
- 海　拔：100~1900 m
- 国内分布：福建、广东、广西、贵州、海南、四川、台湾、云南
- 国外分布：澳大利亚、菲律宾、柬埔寨、老挝、马来西亚、缅甸、尼泊尔、日本、泰国、印度、印度尼西亚、越南
- 濒危等级：LC
- 资源利用：药用（中草药）

直立黄细心
Boerhavia erecta L.
- 习　性：一年生或多年生草本
- 国内分布：海南
- 国外分布：马来西亚、泰国、新加坡、印度尼西亚；太平洋岛屿
- 濒危等级：LC

花莲黄细心
Boerhavia hualienense S. H. Chen et M. J. Wu
- 习　性：多年生草本
- 分　布：台湾
- 濒危等级：LC

匍匐黄细心
Boerhavia repens L.
- 习　性：一年生或多年生草本
- 国内分布：福建、广东
- 国外分布：非洲、美洲、亚洲
- 濒危等级：LC

叶子花属 Bougainvillea Comm. ex Juss.

光叶子花
Bougainvillea glabra Choisy
- 习　性：藤状灌木
- 国内分布：全国广泛栽培
- 国外分布：原产南美洲
- 资源利用：药用（中草药）；环境利用（观赏）

叶子花（三角梅）
Bougainvillea spectabilis Willd.
- 习　性：藤状灌木
- 国内分布：华南栽培
- 国外分布：原产热带美洲
- 资源利用：环境利用（观赏）

黏腺果属 Commicarpus Standl.

中华黏腺果
Commicarpus chinensis(L.)Heimerl
- 习　性：多年生草本
- 海　拔：约700 m
- 国内分布：海南

国外分布：巴基斯坦、马来西亚、缅甸、泰国、印度、印度尼西亚、越南
濒危等级：LC

澜沧黏腺果
Commicarpus lantsangensis D. Q. Lu
习　　性：亚灌木
海　　拔：2300~3000 m
分　　布：四川、西藏、云南
濒危等级：LC

紫茉莉属 Mirabilis L.

紫茉莉
Mirabilis jalapa L.
习　　性：一年生草本
国内分布：国内广泛栽培
国外分布：原产热带美洲
资源利用：药用（中草药）；环境利用（观赏）

山紫茉莉属 Oxybaphus L'Hér. ex Willd.

山紫茉莉
Oxybaphus himalaicus Edgew.

山紫茉莉（原变种）
Oxybaphus himalaicus var. **himalaicus**
习　　性：一年生或多年生草本
国内分布：西藏
国外分布：不丹、印度
濒危等级：EN A3bde

中华山紫茉莉
Oxybaphus himalaicus var. **chinensis** Heimerl
习　　性：一年生草本
海　　拔：700~3400 m
国内分布：西藏
国外分布：印度
濒危等级：LC

腺果藤属 Pisonia L.

腺果藤
Pisonia aculeata L.
习　　性：藤状灌木
国内分布：海南、台湾
国外分布：亚洲、非洲、美洲；澳大利亚
濒危等级：LC

抗风桐
Pisonia grandis R. Br.
习　　性：乔木
国内分布：海南、台湾
国外分布：澳大利亚、马达加斯加、马尔代夫、马来西亚、斯里兰卡、印度、印度尼西亚
濒危等级：LC

胶果木
Pisonia umbellifera(J. R. Forst. et G. Forst.)Seem.
习　　性：乔木

国内分布：海南、台湾
国外分布：澳大利亚、菲律宾、马达加斯加、马来西亚、泰国、印度、印度尼西亚、越南
濒危等级：LC

睡莲科 NYMPHAEACEAE
（3属：11种）

芡实属 Euryale Salisb.

芡实
Euryale ferox Salisb. ex K. D. Koenig et Sims
习　　性：一年生草本
海　　拔：海平面至400 m
国内分布：安徽、福建、广东、广西、贵州、海南、河北、河南、黑龙江、湖北、湖南、吉林、江苏、江西、辽宁、内蒙古、山东、山西、陕西、四川、台湾、云南、浙江
国外分布：朝鲜、俄罗斯、克什米尔地区、孟加拉国、日本、印度
濒危等级：LC
资源利用：药用（中草药）；动物饲料（饲料）；食品（淀粉，油脂）；环境利用（观赏）

萍蓬草属 Nuphar Sm.

欧亚萍蓬草
Nuphar lutea(L.)Sm.
习　　性：多年生草本
海　　拔：约70 m
国内分布：新疆
国外分布：俄罗斯、哈萨克斯坦

萍蓬草
Nuphar pumila(Timm)DC.

萍蓬草（原亚种）
Nuphar pumila subsp. **pumila**
习　　性：多年水生草本
国内分布：安徽、福建、广东、广西、贵州、河北、河南、黑龙江、湖北、吉林、江苏、江西、内蒙古、台湾、新疆、浙江
国外分布：朝鲜、俄罗斯、蒙古、日本
濒危等级：VU B2ac（ii，iii）

中华萍蓬草
Nuphar pumila subsp. **sinensis**(Hand.-Mazz.)D. E. Padgett
习　　性：多年水生草本
分　　布：安徽、福建、广东、广西、贵州、湖南、江西、浙江
濒危等级：VU A2c；C1

睡莲属 Nymphaea L.

白睡莲
Nymphaea alba L.

习　　性：多年水生草本
国内分布：河北、山东、陕西、浙江
国外分布：俄罗斯、克什米尔地区
濒危等级：LC
资源利用：环境利用（观赏）；食品（蔬菜）

雪白睡莲
Nymphaea candida C. Presl
习　　性：多年生草本
海　　拔：1700 m 以下
国内分布：新疆
国外分布：俄罗斯、哈萨克斯坦、克什米尔地区
濒危等级：EN A2c；C1
国家保护：Ⅱ级
资源利用：环境利用（观赏）；食品（蔬菜）

齿叶睡莲
Nymphaea lotus L.
习　　性：多年生草本
国内分布：台湾、云南
国外分布：缅甸、泰国、印度、越南
濒危等级：LC
资源利用：环境利用（观赏）

柔毛齿叶睡莲
Nymphaea lotus var. **pubescens**(Willd.) Hook. f. et Thomson
习　　性：多年生草本
海　　拔：700~1000 m
国内分布：云南
国外分布：巴布亚新几内亚、巴基斯坦、菲律宾、孟加拉国、缅甸、斯里兰卡、泰国、印度、印度尼西亚、越南
濒危等级：LC
资源利用：动物饲料（饲料）；环境利用（观赏）

黄睡莲
Nymphaea mexicana Zucc.
习　　性：多年生草本
国内分布：安徽、澳门、北京、福建、甘肃、广东、广西、贵州、海南、河北、河南、黑龙江、湖北、湖南、吉林、江苏、江西、辽宁、内蒙古、宁夏、青海、香港
国外分布：原产北美洲、南美洲
资源利用：环境利用（观赏）

延药睡莲
Nymphaea nouchali N. L. Burmann
习　　性：多年水生草本
海　　拔：约 500 m
国内分布：安徽、广东、广西、海南、湖北、台湾、云南
国外分布：阿富汗、澳大利亚、缅甸、斯里兰卡、印度、印度尼西亚、越南
濒危等级：LC
资源利用：环境利用（观赏）；食品（蔬菜）

睡莲
Nymphaea tetragona Georgi
习　　性：多年水生草本
海　　拔：海平面至 4000 m
国内分布：福建、广东、广西、贵州、海南、河北、河南、黑龙江、湖北、湖南、吉林、江苏、江西、辽宁、内蒙古、山东、山西、陕西、四川、台湾、西藏、新疆、云南、浙江
国外分布：朝鲜、俄罗斯、哈萨克斯坦、克什米尔地区、日本、印度、越南
濒危等级：LC
资源利用：食品（淀粉，蔬菜）；环境利用（观赏）

金莲木科 OCHNACEAE
（3属：4种）

赛金莲木属 Campylospermum Tiegh.

齿叶赛金莲木
Campylospermum serratum(Gaertn.)Bittrich et M. C. E. Amaral.
习　　性：灌木或小乔木
海　　拔：600~700 m
国内分布：海南
国外分布：菲律宾、柬埔寨、马来西亚、斯里兰卡、泰国、印度、印度尼西亚、越南
濒危等级：LC

赛金莲木
Campylospermum striatum(Tiegh.)M. C. E. Amaral
习　　性：灌木
海　　拔：100~700 m
国内分布：海南
国外分布：越南
濒危等级：LC

金莲木属 Ochna L.

金莲木
Ochna integerrima(Lour.)Merr.
习　　性：灌木或小乔木
海　　拔：300~1400 m
国内分布：广东、广西、海南
国外分布：巴基斯坦、柬埔寨、老挝、马来西亚、缅甸、泰国、印度、越南
濒危等级：LC
资源利用：环境利用（观赏）

合柱金莲木属 Sauvagesia L.

合柱金莲木
Sauvagesia rhodoleuca(Diels)M. C. E. Amaral
习　　性：灌木
海　　拔：约 1000 m
分　　布：广东、广西
濒危等级：CR A4a
国家保护：Ⅱ级

铁青树科 OLACACEAE
（4属：6种）

赤苍藤属 Erythropalum Blume

赤苍藤
Erythropalum scandens Blume
- 习　　性：常绿藤本
- 海　　拔：100~1500 m
- 国内分布：广东、广西、贵州、海南、西藏、云南
- 国外分布：不丹、菲律宾、柬埔寨、老挝、马来西亚、孟加拉国、缅甸、泰国、文莱、印度、印度尼西亚、越南
- 濒危等级：LC
- 资源利用：药用（中草药）；原料（单宁）；食品（蔬菜）

蒜头果属 Malania Chun et S. K. Lee

蒜头果
Malania oleifera Chun et S. K. Lee
- 习　　性：常绿乔木
- 海　　拔：300~1700 m
- 分　　布：广西、云南
- 濒危等级：VU A2c
- 国家保护：Ⅱ级
- 资源利用：原料（木材，工业用油）；环境利用（绿化）

铁青树属 Olax L.

尖叶铁青树
Olax acuminata Wall. ex Benth.
- 习　　性：灌木
- 海　　拔：500 m以下
- 国内分布：云南
- 国外分布：不丹、缅甸、印度
- 濒危等级：NT

疏花铁青树
Olax austrosinensis Y. R. Ling
- 习　　性：灌木
- 海　　拔：100~1600 m
- 分　　布：广西、海南
- 濒危等级：VU A2c
- 资源利用：食品（水果）

铁青树
Olax imbricata Roxb.
- 习　　性：灌木
- 海　　拔：200 m以下
- 国内分布：广东、海南、台湾
- 国外分布：菲律宾、马来西亚、缅甸、斯里兰卡、泰国、印度、印度尼西亚
- 濒危等级：LC

海檀木属 Ximenia L.

海檀木
Ximenia americana L.
- 习　　性：灌木或小乔木
- 海　　拔：海平面至100 m
- 国内分布：海南
- 国外分布：澳大利亚、菲律宾、马来西亚、缅甸、斯里兰卡、泰国、印度、印度尼西亚
- 濒危等级：NT A2c

木樨科 OLEACEAE
（11属：191种）

万钧木属 Chengiodendron
C. B. Shang, X. R. Wang, Y. F. Duan & Y. F. Li

厚边万钧木
Chengiodendron marginatum (Champ. ex Benth.) Shang et al.
- 习　　性：灌木或乔木
- 海　　拔：800~2500 m
- 国内分布：安徽、福建、广东、广西、贵州、海南、湖南、江西、四川、台湾、香港、云南、浙江
- 国外分布：日本
- 濒危等级：LC

牛屎果
Chengiodendron matsumuranum (Hayata) Shang et al.
- 习　　性：灌木或乔木
- 海　　拔：800~1500 m
- 国内分布：安徽、广东、广西、贵州、海南、江西、台湾、香港、云南、浙江
- 国外分布：柬埔寨、老挝、印度、越南
- 濒危等级：LC

小叶万钧木
Chengiodendron minor (P. S. Green) Shang et al.
- 习　　性：灌木或小乔木
- 海　　拔：300~800 m
- 分　　布：福建、广东、广西、江西、香港、浙江
- 濒危等级：LC

流苏树属 Chionanthus L.

白枝流苏树
Chionanthus brachythyrsus (Merr.) P. S. Green
- 习　　性：灌木或小乔木
- 国内分布：海南
- 国外分布：越南
- 濒危等级：DD

厚叶李榄
Chionanthus coriaceus Yuen P. Yang et S. Y. Lu
- 习　　性：灌木或小乔木
- 国内分布：台湾
- 国外分布：菲律宾
- 濒危等级：CR D

广西流苏树
Chionanthus guangxiensis B. M. Miao
 习 性：灌木或小乔木
 海 拔：0~600 m
 分 布：广西
 濒危等级：NT B2ab（ii）

海南流苏树
Chionanthus hainanensis(Merr. et Chun) B. M. Miao
 习 性：灌木或乔木
 海 拔：0~1500 m
 分 布：海南
 濒危等级：LC

李榄
Chionanthus henryanus P. S. Green
 习 性：灌木或乔木
 海 拔：800~1600 m
 国内分布：云南
 国外分布：缅甸
 濒危等级：LC

长花流苏树
Chionanthus longiflorus(H. L. Li) B. M. Miao
 习 性：乔木
 海 拔：约1700 m
 分 布：云南
 濒危等级：VU A2c+3c

枝花流苏树
Chionanthus ramiflorus Roxb.

枝花流苏树（原变种）
Chionanthus ramiflorus var. **ramiflorus**
 习 性：灌木或乔木
 海 拔：0~2000 m
 国内分布：广西、贵州、海南、台湾、香港、云南
 国外分布：澳大利亚、菲律宾、尼泊尔、印度、越南
 濒危等级：LC

大花流苏树
Chionanthus ramiflorus var. **grandiflorus** B. M. Miao
 习 性：灌木或乔木
 海 拔：约1300 m
 分 布：贵州
 濒危等级：LC

流苏树
Chionanthus retusus Lindl. et Paxton
 习 性：灌木或乔木
 海 拔：0~3000 m
 国内分布：福建、甘肃、广东、河北、河南、江西、山西、陕西、四川、台湾、香港、云南
 国外分布：朝鲜、日本
 濒危等级：LC
 资源利用：原料（木材，精油）；环境利用（观赏）

疣叶流苏树
Chionanthus verruculatus D. Fang
 习 性：灌木或小乔木
 海 拔：1000~1100 m
 分 布：广西
 濒危等级：DD

雪柳属 Fontanesia Labill.

长果雪柳
Fontanesia longicarpa K. J. Kim
 习 性：灌木或小乔木
 分 布：浙江
 濒危等级：DD

雪柳
Fontanesia phillyreoides(Carrière) Koehne
 习 性：灌木或小乔木
 海 拔：800 m 以下
 分 布：安徽、河北、河南、湖北、江苏、江西、山东、山西、陕西、天津、浙江
 濒危等级：LC

连翘属 Forsythia Vahl

秦连翘
Forsythia giraldiana Lingelsh.
 习 性：灌木
 海 拔：800~3200 m
 分 布：甘肃、河南、陕西、四川
 濒危等级：LC
 资源利用：环境利用（观赏）

丽江连翘
Forsythia likiangensis Ching et Feng ex P. Y. Bai
 习 性：灌木
 海 拔：2500~2600 m
 分 布：四川、云南
 濒危等级：LC

东北连翘
Forsythia mandschurica Uyeki
 习 性：灌木
 分 布：辽宁
 濒危等级：NT B1ab（i, iii）

奇异连翘
Forsythia mira M. C. Chang
 习 性：攀援灌木
 分 布：河南、陕西
 濒危等级：LC

连翘
Forsythia suspensa(Thunb.) Vahl
 习 性：灌木
 海 拔：300~2200 m
 分 布：安徽、河北、河南、湖北、江苏、山东、山西、陕西、四川、天津
 濒危等级：LC
 资源利用：药用（中草药）；环境利用（观赏）

金钟花
Forsythia viridissima Lindl.
 习 性：落叶灌木
 海 拔：300~2600 m

分　　布：安徽、福建、湖北、湖南、江苏、江西、天津、云南、浙江
资源利用：环境利用（观赏）

梣属 Fraxinus L.

美国白蜡树
Fraxinus americana L.
习　　性：落叶乔木
国内分布：黑龙江、天津栽培
国外分布：原产北美洲

狭叶梣
Fraxinus baroniana Diels
习　　性：灌木或小乔木
海　　拔：700~1300 m
分　　布：甘肃、陕西、四川
濒危等级：EN B1ab（iii）

小叶梣
Fraxinus bungeana A. DC.
习　　性：灌木或小乔木
海　　拔：0~1500 m
分　　布：安徽、河北、河南、辽宁、山东、山西、天津
濒危等级：LC
资源利用：药用（中草药）；原料（木材）

白蜡树
Fraxinus chinensis Roxb.

白蜡树（原亚种）
Fraxinus chinensis subsp. **chinensis**
习　　性：乔木
海　　拔：800~2300 m
国内分布：安徽、北京、福建、甘肃、广东、广西、贵州、海南、河北、河南、黑龙江、湖北、湖南、吉林、江苏、江西、辽宁、内蒙古、天津、香港
国外分布：朝鲜、俄罗斯、日本、越南
濒危等级：LC
资源利用：药用（中草药）；原料（白蜡，木材）；基因源（耐瘠，耐旱）

花曲柳
Fraxinus chinensis subsp. **rhynchophylla**（Hance）E. Murray
习　　性：乔木
海　　拔：0~1500 m
国内分布：甘肃、河北、河南、黑龙江、吉林、辽宁、山东、山西、陕西、天津
国外分布：朝鲜、俄罗斯、日本
濒危等级：LC

疏花梣
Fraxinus depauperata（Lingelsh.）Z. Wei
习　　性：落叶小乔木
海　　拔：400~1100 m
分　　布：湖北、湖南、陕西
濒危等级：LC

锈毛梣
Fraxinus ferruginea Lingelsh.
习　　性：乔木
海　　拔：1300~1800 m
国内分布：贵州、西藏、云南
国外分布：缅甸
濒危等级：LC

多花梣
Fraxinus floribunda Wall.
习　　性：乔木
海　　拔：海平面至2600 m
国内分布：广东、广西、贵州、西藏、云南、浙江
国外分布：阿富汗、不丹、克什米尔地区、老挝、缅甸、尼泊尔、日本、泰国、印度、越南
濒危等级：LC

光蜡树
Fraxinus griffithii C. B. Clarke
习　　性：乔木
海　　拔：100~2000 m
国内分布：福建、广东、广西、海南、湖北、湖南、台湾、香港
国外分布：菲律宾、孟加拉国、缅甸、日本、印度、印度尼西亚、越南
濒危等级：LC

湖北梣
Fraxinus hupehensis S. Z. Qu et al.
习　　性：乔木
海　　拔：100~600 m
分　　布：湖北
濒危等级：EN B2ab（ii，iii，v）
资源利用：原料（木材）

苦枥木
Fraxinus insularis Hemsl.
习　　性：乔木
海　　拔：300~1800 m
国内分布：安徽、福建、甘肃、广东、广西、贵州、海南、河南、湖北、湖南、江苏、江西、陕西、四川、台湾、香港、云南、浙江
国外分布：日本
濒危等级：LC

白枪杆
Fraxinus malacophylla Hemsl.
习　　性：乔木
海　　拔：500~1900 m
国内分布：广西、云南
国外分布：泰国
濒危等级：LC
资源利用：药用（中草药）

水曲柳
Fraxinus mandshurica Rupr.
习　　性：乔木
海　　拔：700~2100 m
国内分布：甘肃、河北、河南、黑龙江、湖北、吉林、辽宁、山西、陕西
国外分布：朝鲜、俄罗斯、日本
濒危等级：LC
国家保护：II级

倒卵叶梣
Fraxinus obovata Blume
习　　性：落叶乔木
国内分布：北京、河北、河南、黑龙江、吉林、辽宁、山东
国外分布：朝鲜、日本
濒危等级：LC

尖萼梣
Fraxinus odontocalyx Hand. -Mazz. ex E. Peter
习　　性：乔木
海　　拔：800~2400 m
分　　布：安徽、福建、广东、广西、贵州、河南、湖北、陕西、四川、浙江
濒危等级：LC

秦岭梣
Fraxinus paxiana Lingelsh.
习　　性：乔木
海　　拔：400~1100 m
分　　布：甘肃、湖北、湖南、陕西、四川、西藏、云南
濒危等级：LC
资源利用：药用（中草药）

美洲红梣
Fraxinus pennsylvanica Marsh.

美洲红梣（原变种）
Fraxinus pennsylvanica var. **pennsylvanica**
习　　性：落叶乔木
国内分布：天津栽培
国外分布：原产北美洲

洋白蜡
Fraxinus pennsylvanica var. **subintegerrima** (Vahl) Fernald
习　　性：落叶乔木
国内分布：天津、北京栽培
国外分布：原产北美洲

象蜡树
Fraxinus platypoda Oliv.
习　　性：乔木
海　　拔：1200~2800 m
国内分布：甘肃、贵州、湖北、陕西、四川、云南
国外分布：日本
濒危等级：DD

斑叶梣
Fraxinus punctata S. Y. Hu
习　　性：灌木或小乔木
海　　拔：1000~1500 m
分　　布：湖北
濒危等级：LC

楷叶梣
Fraxinus retusifoliolata Feng ex P. Y. Bai
习　　性：落叶小乔木
海　　拔：约2000 m
分　　布：云南
濒危等级：LC
资源利用：药用（中草药）

庐山梣
Fraxinus sieboldiana Blume
习　　性：乔木
海　　拔：500~1200 m
国内分布：安徽、福建、江苏、江西、浙江
国外分布：日本
濒危等级：LC

锡金梣
Fraxinus sikkimensis (Lingelsh.) Hand. -Mazz.
习　　性：乔木
海　　拔：2000~2800 m
国内分布：四川、西藏、云南
国外分布：印度
濒危等级：LC

天山梣
Fraxinus sogdiana Bunge
习　　性：乔木
海　　拔：约500 m
国内分布：新疆
国外分布：哈萨克斯坦、吉尔吉斯斯坦、塔吉克斯坦、乌兹别克斯坦
濒危等级：VU A2c+3c；B1ab（iii）
国家保护：Ⅱ级

宿柱梣
Fraxinus stylosa Lingelsh.
习　　性：落叶小乔木
海　　拔：1300~3200 m
分　　布：甘肃、广西、河南、湖北、陕西、四川
濒危等级：DD

三叶梣
Fraxinus trifoliolata W. W. Sm.
习　　性：灌木或小乔木
海　　拔：1500~3500 m
分　　布：四川、云南
濒危等级：LC

毡毛梣
Fraxinus velutina (Nakai) Murata

毡毛梣（原变种）
Fraxinus velutina var. **velutina**
习　　性：多年生草本
国内分布：天津栽培
国外分布：原产北美洲

硬叶毡毛梣
Fraxinus velutina var. **coriaces** (S. Watson) Rehder
习　　性：多年生草本
国内分布：天津栽培
国外分布：原产北美洲

光叶毡毛梣
Fraxinus velutina var. **glabra** Rehder
习　　性：多年生草本
国内分布：天津栽培
国外分布：原产北美洲

椒叶梣
Fraxinus xanthoxyloides (G. Don) A. DC.
- 习　　性：灌木或小乔木
- 海　　拔：1000～2800 m
- 国内分布：西藏
- 国外分布：阿富汗、巴基斯坦、克什米尔地区、印度
- 濒危等级：LC

茉莉属 Jasminum L.

淡红素馨
Jasminum × stephanense Lemoine
- 习　　性：攀援灌木
- 海　　拔：2200～3100 m
- 分　　布：四川、西藏、云南
- 濒危等级：LC

白萼素馨
Jasminum albicalyx Kobuski
- 习　　性：攀援灌木
- 分　　布：广西
- 濒危等级：LC
- 资源利用：药用（中草药）

大叶素馨
Jasminum attenuatum Roxb. ex G. Don
- 习　　性：木质藤本
- 海　　拔：1200～1700 m
- 国内分布：云南
- 国外分布：缅甸、泰国、印度
- 濒危等级：LC

红素馨
Jasminum beesianum Forrest et Diels
- 习　　性：缠绕木质藤本
- 海　　拔：1000～3600 m
- 分　　布：贵州、四川、云南
- 濒危等级：LC
- 资源利用：环境利用（观赏）；药用（中草药）

樟叶素馨
Jasminum cinnamomifolium Kobuski
- 习　　性：攀援灌木
- 海　　拔：1400 m 以下
- 分　　布：海南、云南
- 濒危等级：LC

咖啡素馨
Jasminum coffeinum Hand. -Mazz.
- 习　　性：藤本
- 海　　拔：300～500 m
- 国内分布：广西、云南
- 国外分布：越南
- 濒危等级：LC

毛萼素馨
Jasminum craibianum Kerr
- 习　　性：木质藤本
- 海　　拔：约400 m
- 国内分布：海南
- 国外分布：泰国
- 濒危等级：LC

双子素馨
Jasminum dispermum Wall.
- 习　　性：攀援灌木
- 海　　拔：1700～2800 m
- 国内分布：西藏、云南
- 国外分布：不丹、克什米尔地区、尼泊尔、印度
- 濒危等级：LC

丛林素馨
Jasminum duclouxii (H. Lév.) Rehder
- 习　　性：攀援灌木
- 海　　拔：1200～3100 m
- 分　　布：广西、云南
- 濒危等级：LC

扭肚藤
Jasminum elongatum (Bergius) Willd.
- 习　　性：攀援灌木
- 海　　拔：0～900 m
- 国内分布：澳门、广东、广西、贵州、海南、香港、云南
- 国外分布：澳大利亚、马来西亚、缅甸、印度、印度尼西亚、越南
- 濒危等级：LC

盈江素馨
Jasminum flexile Vahl
- 习　　性：藤本
- 海　　拔：约300 m
- 国内分布：云南
- 国外分布：斯里兰卡、印度
- 濒危等级：LC

探春花
Jasminum floridum Bunge
- 习　　性：直立或攀援灌木
- 海　　拔：2000 m 以下
- 分　　布：甘肃、贵州、河北、河南、湖北、江苏、江西、山东、山西、陕西、四川、天津
- 濒危等级：LC
- 资源利用：环境利用（观赏）

窝穴素馨
Jasminum foveatum R. H. Miao
- 习　　性：灌木
- 分　　布：广西
- 濒危等级：DD

倒吊钟叶素馨
Jasminum fuchsiifolium Gagnep.
- 习　　性：攀援灌木
- 海　　拔：1000～2200 m
- 分　　布：广西、贵州、云南
- 濒危等级：LC

素馨花
Jasminum grandiflorum L.
- 习　　性：攀援灌木
- 国内分布：四川、云南栽培

国外分布：原产亚洲西南部
资源利用：环境利用（观赏）

广西素馨
Jasminum guangxiense B. M. Miao
习　　性：木质藤本
海　　拔：400～600 m
分　　布：广西
濒危等级：EN B1ab（i，iii）

绒毛素馨
Jasminum hongshuihoense Z. P. Jien ex B. M. Miao
习　　性：木质藤本
海　　拔：300～1000 m
分　　布：广西、贵州、云南
濒危等级：LC

狭叶矮探春
Jasminum humile（L. C. Chia）P. S. Green
习　　性：灌木或小乔木
海　　拔：1600～3800 m
国内分布：甘肃、四川、西藏、云南
国外分布：阿富汗、塔吉克斯坦、印度
濒危等级：LC

清香藤
Jasminum lanceolarium Roxb.
习　　性：攀援灌木
海　　拔：海平面至2200 m
国内分布：安徽、澳门、福建、甘肃、广东、广西、贵州、海南、湖北、湖南、江西、陕西、四川、台湾、香港、云南、浙江
国外分布：不丹、缅甸、泰国、印度、越南
濒危等级：LC
资源利用：药用（中草药）

栀花素馨
Jasminum lang Gagnep.
习　　性：攀援灌木
海　　拔：200～600 m
国内分布：广西、云南
国外分布：越南
濒危等级：LC

桂叶素馨
Jasminum laurifolium Kurz
习　　性：缠绕藤本
海　　拔：1200 m以下
国内分布：广西、海南、西藏、云南
国外分布：缅甸、印度
濒危等级：LC

长管素馨
Jasminum longitubum L. C. Chia ex B. M. Miao
习　　性：木质藤本
分　　布：广西
濒危等级：DD

野迎春
Jasminum mesnyi Hance
习　　性：亚灌木
海　　拔：500～2600 m
分　　布：福建、广东、贵州、天津、香港、云南
濒危等级：LC
资源利用：环境利用（观赏）

小萼素馨
Jasminum microcalyx Hance
习　　性：攀援灌木
海　　拔：约800 m
国内分布：澳门、广东、广西、海南、云南
国外分布：越南
濒危等级：LC

毛茉莉
Jasminum multiflorum（Burm. f.）Andrews
习　　性：攀援灌木
海　　拔：约1000 m
国内分布：澳门、贵州、香港
国外分布：印度
濒危等级：LC
资源利用：环境利用（观赏）

青藤仔
Jasminum nervosum Lour.
习　　性：攀援灌木
海　　拔：2000 m以下
国内分布：广东、广西、贵州、海南、台湾、西藏、香港、云南
国外分布：不丹、柬埔寨、老挝、缅甸、尼泊尔、印度、越南
濒危等级：LC

银花素馨
Jasminum nintooides Rehder
习　　性：攀援灌木
海　　拔：1300～1600 m
分　　布：云南
濒危等级：EN B1ab（i，iii）

迎春花
Jasminum nudiflorum Lindl.

迎春花（原变种）
Jasminum nudiflorum var. **nudiflorum**
习　　性：落叶灌木
海　　拔：800～2000 m
分　　布：广东、贵州、江苏、山东、陕西、四川、天津、西藏、云南
濒危等级：LC

垫状迎春
Jasminum nudiflorum var. **pulvinatum**（W. W. Sm.）Kobuski
习　　性：落叶灌木
海　　拔：1900～4500 m
分　　布：四川、西藏、云南
濒危等级：LC

素方花
Jasminum officinale L.

素方花（原变种）
Jasminum officinale var. **officinale**
习　　性：攀援灌木
海　　拔：2100～4000 m
国内分布：贵州、四川、西藏、云南
国外分布：不丹、克什米尔地区、尼泊尔、塔吉克斯坦、印度

具毛素方花
Jasminum officinale var. **piliferum** P. Y. Bai
习　　性：攀援灌木
海　　拔：2600～2700 m
分　　布：西藏
濒危等级：LC

西藏素方花
Jasminum officinale var. **tibeticum** C. Y. Wu ex P. Y. Bai
习　　性：攀援灌木
海　　拔：2100～4000 m
分　　布：四川、西藏
濒危等级：LC

厚叶素馨
Jasminum pentaneurum Hand.-Mazz.
习　　性：攀援灌木
海　　拔：900 m 以下
国内分布：广东、广西、海南
国外分布：越南
濒危等级：LC
资源利用：药用（中草药）

心叶素馨
Jasminum pierreanum Gagnep.
习　　性：攀援灌木
海　　拔：200～600 m
国内分布：海南
国外分布：柬埔寨、越南
濒危等级：LC

多花素馨
Jasminum polyanthum Franch.
习　　性：缠绕木质藤本
海　　拔：1400～3000 m
分　　布：贵州、四川、云南
资源利用：原料（精油）；环境利用（观赏）；药用（中草药）

披针叶素馨
Jasminum prainii H. Lév.
习　　性：木质藤本
海　　拔：1000～1500 m
分　　布：广西、贵州
濒危等级：LC

白皮素馨
Jasminum rehderianum Kobuski
习　　性：攀援灌木
分　　布：海南
濒危等级：NT B1ab（iii）

云南素馨
Jasminum rufohirtum Gagnep.
习　　性：木质藤本
海　　拔：约 800 m
国内分布：云南
国外分布：老挝、越南
濒危等级：LC

茉莉花
Jasminum sambac（L.）Aiton
习　　性：直立或攀援灌木
国内分布：澳门、福建、广东、广西、贵州、湖南、天津、香港、云南栽培
国外分布：原产印度；广泛栽培
资源利用：药用（中草药）；环境利用（观赏）

亮叶素馨
Jasminum seguinii H. Lév.

亮叶素馨（原变种）
Jasminum seguinii var. **seguinii**
习　　性：缠绕木质藤本
海　　拔：海平面至 2700 m
国内分布：广西、贵州、海南、江西、四川、云南
国外分布：泰国
濒危等级：LC

攀枝花素馨
Jasminum seguinii var. **panzhihuaense** J. L. Liu
习　　性：缠绕木质藤本
分　　布：四川
濒危等级：LC

华素馨
Jasminum sinense Hemsl.
习　　性：缠绕藤本
海　　拔：2000 m 以下
分　　布：福建、广东、广西、贵州、湖北、湖南、江西、四川、台湾、香港、云南、浙江
濒危等级：LC

腺叶素馨
Jasminum subglandulosum Kurz
习　　性：攀援灌木
海　　拔：400～1400 m
国内分布：云南
国外分布：缅甸、泰国、印度
濒危等级：LC

滇素馨
Jasminum subhumile W. W. Sm.
习　　性：灌木或小乔木
海　　拔：700～3300 m
国内分布：四川、云南
国外分布：缅甸、尼泊尔、印度
濒危等级：LC

密花素馨
Jasminum tonkinense Gagnep.

习　　性：攀援灌木
海　　拔：600~2000 m
国内分布：广西、贵州、云南
国外分布：越南
濒危等级：LC

川素馨
Jasminum urophyllum Hemsl.
习　　性：攀援灌木
海　　拔：900~2200 m
分　　布：福建、广东、广西、贵州、湖北、湖南、江西、四川、台湾、云南
濒危等级：LC

异叶素馨
Jasminum wengeri C. E. C. Fisch.
习　　性：灌木
海　　拔：700~1300 m
国内分布：云南
国外分布：缅甸
濒危等级：LC

元江素馨
Jasminum yuanjiangense P. Y. Bai
习　　性：攀援灌木
海　　拔：300~600 m
分　　布：云南
濒危等级：LC

女贞属 Ligustrum L.

狭叶女贞
Ligustrum angustum B. M. Miao
习　　性：灌木
海　　拔：约200 m
分　　布：广西
濒危等级：LC

长叶女贞
Ligustrum compactum(Wall. ex G. Don) Hook. f. et Thomson ex Brandis

长叶女贞（原变种）
Ligustrum compactum var. **compactum**
习　　性：灌木或小乔木
海　　拔：600~3400 m
国内分布：湖北、四川、西藏、云南
国外分布：尼泊尔、印度
濒危等级：LC

毛长叶女贞
Ligustrum compactum var. **velutinum** P. S. Green
习　　性：灌木或小乔木
海　　拔：约800 m
分　　布：西藏、云南
濒危等级：LC

散生女贞
Ligustrum confusum Decne.

散生女贞（原变种）
Ligustrum confusum var. **confusum**
习　　性：灌木或小乔木
海　　拔：800~2000 m
国内分布：西藏、云南
国外分布：不丹、孟加拉国、缅甸、尼泊尔、泰国、印度、越南
濒危等级：LC

大果女贞
Ligustrum confusum var. **macrocarpum** C. B. Clarke
习　　性：灌木或小乔木
海　　拔：约2100 m
分　　布：西藏
濒危等级：LC

紫药女贞
Ligustrum delavayanum Har.
习　　性：灌木
海　　拔：500~3700 m
分　　布：贵州、湖北、云南
濒危等级：LC

扩展女贞
Ligustrum expansum Rehder
习　　性：灌木
海　　拔：约1300 m
国内分布：安徽、福建、广西、贵州、湖北、湖南、江西、四川、西藏、云南
国外分布：越南
濒危等级：NT A3c

细女贞
Ligustrum gracile Rehder
习　　性：落叶灌木
海　　拔：800~3800 m
分　　布：四川、云南
濒危等级：LC

广东女贞
Ligustrum guangdongensis R. J. Wang et H. Z. Wen
习　　性：灌木或乔木
分　　布：广东
濒危等级：LC

丽叶女贞
Ligustrum henryi Hemsl.
习　　性：灌木
海　　拔：1800 m 以下
分　　布：甘肃、贵州、湖北、湖南、陕西、四川、云南
濒危等级：LC

日本女贞
Ligustrum japonicum Thunb.
习　　性：常绿灌木
海　　拔：约1600 m
国内分布：台湾、香港、浙江
国外分布：朝鲜、日本
濒危等级：LC

资源利用：环境利用（观赏）

蜡子树
Ligustrum leucanthum (S. Moore) P. S. Green
- 习　　性：灌木或小乔木
- 海　　拔：300～2500 m
- 分　　布：安徽、福建、甘肃、贵州、河南、湖北、湖南、江苏、江西、陕西、四川、浙江
- 濒危等级：LC

华女贞
Ligustrum lianum P. S. Hsu
- 习　　性：灌木或小乔木
- 海　　拔：400～1700 m
- 分　　布：福建、广东、广西、贵州、湖南、江西、云南、浙江
- 濒危等级：LC

女贞
Ligustrum lucidum W. T. Aiton

女贞（原变种）
Ligustrum lucidum var. **lucidum**
- 习　　性：灌木或乔木
- 海　　拔：海平面至2900 m
- 分　　布：安徽、福建、甘肃、广东、广西、贵州、海南、河南、湖北、湖南、江苏、江西、陕西、四川、天津、西藏、香港、云南、浙江
- 濒危等级：LC
- 资源利用：药用（中草药）；原料（白蜡，工业用油，精油）；环境利用（砧木，观赏）；食品（淀粉）

喜德女贞
Ligustrum lucidum var. **xideense** J. L. Liu
- 习　　性：灌木或乔木
- 分　　布：四川
- 濒危等级：LC

玉山女贞
Ligustrum morrisonense Kaneh. et Sasaki
- 习　　性：灌木
- 海　　拔：1000～1800 m
- 分　　布：台湾
- 濒危等级：NT

尼泊尔小蜡
Ligustrum nepalense Wall.

尼泊尔小蜡（原变种）
Ligustrum nepalense var. **nepalense**
- 习　　性：灌木或小乔木
- 国内分布：西藏
- 国外分布：尼泊尔、印度
- 濒危等级：LC

兴仁女贞
Ligustrum nepalense var. **xingrenense** (D. J. Liu) X. K. Qin
- 习　　性：常绿灌木
- 海　　拔：400～1600 m
- 分　　布：贵州、云南
- 濒危等级：LC

倒卵叶女贞
Ligustrum obovatilimbum B. M. Miao
- 习　　性：常绿灌木
- 海　　拔：约200 m
- 分　　布：广东
- 濒危等级：NT A2c + 3c

水蜡树
Ligustrum obtusifolium Siebold et Zucc.

水蜡树（原亚种）
Ligustrum obtusifolium subsp. **obtusifolium**
- 习　　性：落叶灌木
- 国内分布：河南、黑龙江、江苏、辽宁、山东、浙江
- 国外分布：朝鲜、日本
- 濒危等级：LC
- 资源利用：环境利用（观赏）

小叶水蜡树
Ligustrum obtusifolium subsp. **microphyllum** (Nakai) P. S. Green
- 习　　性：落叶灌木
- 海　　拔：约450 m
- 国内分布：浙江
- 国外分布：朝鲜
- 濒危等级：LC

阿里山女贞
Ligustrum pricei Hayata
- 习　　性：灌木或小乔木
- 海　　拔：900～1700 m
- 分　　布：贵州、湖北、湖南、陕西、四川、台湾
- 濒危等级：LC

斑叶女贞
Ligustrum punctifolium M. C. Chang
- 习　　性：常绿灌木
- 国内分布：香港
- 国外分布：越南
- 濒危等级：LC

小叶女贞
Ligustrum quihoui Carrière
- 习　　性：半常绿灌木
- 海　　拔：100～2500 m
- 分　　布：安徽、甘肃、河南、湖北、江苏、江西、山东、陕西、四川、天津、西藏、云南、浙江
- 濒危等级：LC
- 资源利用：药用（中草药）；环境利用（观赏）

凹叶女贞
Ligustrum retusum Merr.
- 习　　性：常绿灌木
- 国内分布：海南
- 国外分布：越南
- 濒危等级：LC

裂果女贞
Ligustrum sempervirens (Franch.) Lingelsh.

习　　性：常绿灌木
海　　拔：1900～2700 m
分　　布：四川、云南
濒危等级：VU A2c+3c

小蜡
Ligustrum sinense Lour.

小蜡（原变种）
Ligustrum sinense var. **sinense**
习　　性：灌木或小乔木
海　　拔：200～2600 m
国内分布：安徽、澳门、福建、广东、广西、贵州、海南、河南、湖北、湖南、江苏、江西、四川、台湾、香港、云南、浙江
国外分布：越南
濒危等级：LC
资源利用：药用（中草药）；原料（工业用油）

滇桂小蜡
Ligustrum sinense var. **concavum** M. C. Chang
习　　性：灌木或小乔木
海　　拔：500～1200 m
分　　布：广西、云南
濒危等级：LC

多毛小蜡
Ligustrum sinense var. **coryanum** (W. W. Sm.) Hand.-Mazz.
习　　性：灌木或小乔木
海　　拔：500～2500 m
分　　布：四川、云南
濒危等级：LC

异型小蜡
Ligustrum sinense var. **dissimile** S. J. Hao
习　　性：灌木或小乔木
海　　拔：400～1200 m
分　　布：广西、贵州、云南
濒危等级：LC

罗甸小蜡
Ligustrum sinense var. **luodianense** M. C. Chang
习　　性：灌木或小乔木
海　　拔：200～300 m
分　　布：贵州
濒危等级：LC

光萼小蜡
Ligustrum sinense var. **myrianthum** (Diels) Hoefker
习　　性：灌木或小乔木
海　　拔：100～2700 m
分　　布：安徽、澳门、福建、甘肃、广东、广西、贵州、湖北、湖南、江西、陕西、四川、云南
濒危等级：LC

峨边小蜡
Ligustrum sinense var. **opienense** Y. C. Yang
习　　性：灌木或小乔木
海　　拔：500～2100 m
分　　布：四川
濒危等级：DD

皱叶小蜡
Ligustrum sinense var. **rugosulum** (W. W. Sm.) M. C. Chang
习　　性：灌木或小乔木
海　　拔：400～2000 m
国内分布：广西、西藏、云南
国外分布：越南
濒危等级：LC

宜昌女贞
Ligustrum strongylophyllum Hemsl.
习　　性：常绿灌木
海　　拔：300～2500 m
分　　布：甘肃、湖北、陕西、四川
濒危等级：LC

细梗女贞
Ligustrum tenuipes M. C. Chang
习　　性：常绿灌木
海　　拔：100～300 m
分　　布：广西
濒危等级：LC

胶核木属 Myxopyrum Blume

海南胶核木
Myxopyrum pierrei Gagnep.
习　　性：攀援灌木
海　　拔：1300 m 以下
国内分布：海南
国外分布：老挝、泰国、越南
濒危等级：VU A2c；B1ab（i，iii）

阔叶胶核木
Myxopyrum smilacifolium Blume
习　　性：攀援灌木
海　　拔：700 m 以下
国内分布：海南
国外分布：柬埔寨、老挝、孟加拉国、缅甸、泰国、印度、越南
濒危等级：LC

木樨榄属 Olea L.

滨木樨榄
Olea brachiata (Lour.) Merr.
习　　性：灌木
海　　拔：700 m 以下
国内分布：广东、海南
国外分布：东南亚
濒危等级：LC

尾叶木樨榄
Olea caudatilimba L. C. Chia
习　　性：乔木
海　　拔：约1500 m
分　　布：云南

濒危等级：DD

木樨榄
Olea europaea L.

木樨榄（原亚种）
Olea europaea subsp. **europaea**
- 习　　性：灌木或小乔木
- 国内分布：安徽、福建、广东、广西、贵州、海南、湖北、湖南、江苏、江西、陕西、四川、台湾、西藏
- 国外分布：阿富汗、巴基斯坦、克什米尔地区、尼泊尔、印度
- 濒危等级：LC
- 资源利用：环境利用（观赏）；食品（油脂）

锈鳞木樨榄
Olea europaea subsp. **cuspidata**(Wall. ex G. Don)Cif.
- 习　　性：灌木或小乔木
- 海　　拔：600~2800 m
- 国内分布：云南
- 国外分布：阿富汗、巴基斯坦、克什米尔地区、尼泊尔、印度
- 濒危等级：LC

广西木樨榄
Olea guangxiensis B. M. Miao
- 习　　性：灌木或小乔木
- 海　　拔：1000~1250 m
- 分　　布：广东、广西、贵州
- 濒危等级：LC

海南木樨榄
Olea hainanensis H. L. Li
- 习　　性：灌木或小乔木
- 海　　拔：700 m 以下
- 分　　布：广东、海南
- 濒危等级：LC

疏花木樨榄
Olea laxiflora H. L. Li
- 习　　性：灌木
- 海　　拔：1600~2200 m
- 分　　布：云南
- 濒危等级：LC

狭叶木樨榄
Olea neriifolia H. L. Li
- 习　　性：灌木
- 分　　布：海南
- 濒危等级：LC

腺叶木樨榄
Olea paniculata R. Br.
- 习　　性：乔木
- 海　　拔：1200~2400 m
- 国内分布：云南
- 国外分布：澳大利亚、巴布亚新几内亚、巴基斯坦、克什米尔地区、马来西亚、尼泊尔、斯里兰卡、印度、印度尼西亚

濒危等级：LC

小叶木樨榄
Olea parvilimba(Merr. et Chun)B. M. Miao
- 习　　性：乔木
- 海　　拔：约1000 m
- 分　　布：海南
- 濒危等级：LC

红花木樨榄
Olea rosea Craib
- 习　　性：灌木或小乔木
- 海　　拔：800~1800 m
- 国内分布：云南
- 国外分布：柬埔寨、老挝、泰国、越南
- 濒危等级：LC

喜马木樨榄
Olea salicifolia Wall. ex G. Don
- 习　　性：小乔木
- 海　　拔：海平面至1400 m
- 国内分布：西藏
- 国外分布：缅甸、印度
- 濒危等级：LC

方枝木樨榄
Olea tetragonoclada L. C. Chia
- 习　　性：灌木
- 海　　拔：900~1000 m
- 分　　布：广西
- 濒危等级：LC

云南木樨榄
Olea tsoongii(Merr.)P. S. Green
- 习　　性：灌木或乔木
- 海　　拔：800~2300 m
- 分　　布：广东、广西、贵州、海南、四川、香港、云南
- 濒危等级：LC
- 资源利用：食品（油脂）

木樨属 Osmanthus Lour.

红柄木樨
Osmanthus armatus Diels
- 习　　性：灌木或乔木
- 海　　拔：约1400 m
- 分　　布：湖北、江西、陕西、四川
- 濒危等级：LC
- 资源利用：环境利用（观赏）

狭叶木樨
Osmanthus attenuatus P. S. Green
- 习　　性：常绿灌木
- 海　　拔：2100~2900 m
- 分　　布：广西、贵州、江西、四川、云南
- 濒危等级：LC

宁波木樨
Osmanthus cooperi Hemsl.

习　　性：灌木或小乔木
海　　拔：400~800 m
分　　布：安徽、福建、湖北、湖南、江苏、江西、四川、浙江
濒危等级：LC

管花木樨
Osmanthus delavayi Franch.
习　　性：常绿灌木
海　　拔：2100~3400 m
分　　布：贵州、四川、云南
濒危等级：LC
资源利用：环境利用（观赏）

双瓣木樨
Osmanthus didymopetalus P. S. Green
习　　性：常绿乔木
海　　拔：800~1500 m
分　　布：海南
濒危等级：VU A2c

无脉木樨
Osmanthus enervius Masam. et K. Mori
习　　性：常绿小乔木
国内分布：台湾
国外分布：日本
濒危等级：LC

石山桂花
Osmanthus fordii Hemsl.
习　　性：常绿灌木
海　　拔：约300 m
分　　布：广东、广西
濒危等级：VU A2c

木樨
Osmanthus fragrans Lour.
习　　性：灌木或小乔木
海　　拔：200~2600 m
分　　布：贵州、四川、云南；全国广泛栽培
濒危等级：LC
资源利用：环境利用（观赏）；原料（精油）；药用（中草药）

细脉木樨
Osmanthus gracilinervis L. C. Chia ex R. L. Lu
习　　性：灌木或小乔木
海　　拔：300~1200 m
分　　布：广东、广西、湖南、江西、浙江
濒危等级：LC

显脉木樨
Osmanthus hainanensis P. S. Green
习　　性：灌木或小乔木
海　　拔：约1800 m
分　　布：海南
濒危等级：VU A3c

蒙自桂花
Osmanthus henryi P. S. Green
习　　性：灌木或小乔木
海　　拔：1000~3000 m
分　　布：贵州、湖南、云南、浙江
濒危等级：LC

柊树
Osmanthus heterophyllus (G. Don) P. S. Green

柊树（原变种）
Osmanthus heterophyllus var. **heterophyllus**
习　　性：灌木或小乔木
国内分布：台湾
国外分布：日本
濒危等级：LC
资源利用：环境利用（观赏）

异叶柊树
Osmanthus heterophyllus var. **bibracteatus** (Hayata) P. S. Green
习　　性：灌木或小乔木
分　　布：台湾
濒危等级：LC

锐叶木樨
Osmanthus lanceolatus Hayata
习　　性：灌木或小乔木
海　　拔：2000~3000 m
分　　布：台湾
濒危等级：LC

勐腊桂花
Osmanthus menglaensis C. F. Ji
习　　性：小乔木
海　　拔：约1500 m
分　　布：云南
濒危等级：LC

毛柄木樨
Osmanthus pubipedicellatus L. C. Chia ex H. T. Chang
习　　性：常绿灌木
海　　拔：约350 m
分　　布：广东
濒危等级：CR A2cd+3c；B1ab (iii)
国家保护：Ⅱ级

网脉木樨
Osmanthus reticulatus P. S. Green
习　　性：灌木或小乔木
海　　拔：1100~2100 m
分　　布：广东、广西、贵州、湖南、江西、四川
濒危等级：NT A3c

短丝木樨
Osmanthus serrulatus Rehder
习　　性：灌木或小乔木
海　　拔：700~2000 m
分　　布：福建、广西、四川
濒危等级：LC
资源利用：环境利用（观赏）

香花木樨
Osmanthus suavis King ex C. B. Clarke
习　　性：灌木或小乔木
海　　拔：2400~3000 m

国内分布：西藏、云南
国外分布：不丹、缅甸、尼泊尔、印度
濒危等级：LC
资源利用：环境利用（观赏）

坛花木樨
Osmanthus urceolatus P. S. Green
习　　性：常绿灌木
海　　拔：约 1600 m
分　　布：湖北、四川
濒危等级：LC

毛木樨
Osmanthus venosus Pamp.
习　　性：灌木或小乔木
海　　拔：300～1100 m
分　　布：湖北
濒危等级：EN B1ab（i，iii）；C1
国家保护：Ⅱ级

野桂花
Osmanthus yunnanensis（Franch.）P. S. Green
习　　性：灌木或小乔木
海　　拔：1400～2800 m
分　　布：贵州、四川、西藏、云南
濒危等级：LC
资源利用：环境利用（观赏）

丁香属 Syringa L.

西蜀丁香
Syringa komarowii C. K. Schneid.

西蜀丁香（原亚种）
Syringa komarowii subsp. **komarowii**
习　　性：灌木
海　　拔：1000～3400 m
分　　布：甘肃、湖北、陕西、四川、云南
濒危等级：LC
资源利用：环境利用（观赏）

垂丝丁香
Syringa komarowii subsp. **reflexa**（C. K. Schneid.）P. S. Green et M. C. Chang
习　　性：灌木
海　　拔：1800～2900 m
分　　布：湖北、四川
濒危等级：LC

紫丁香
Syringa oblata Lindl.

紫丁香（原亚种）
Syringa oblata subsp. **oblata**
习　　性：灌木或小乔木
海　　拔：300～2600 m
国内分布：甘肃、河北、河南、吉林、辽宁、内蒙古、宁夏、青海、山东、山西、陕西、四川、天津
国外分布：朝鲜
濒危等级：LC
资源利用：原料（精油）；环境利用（污染控制，观赏）

朝阳丁香
Syringa oblata subsp. **dilatata**（Nakai）P. S. Green et M. C. Chang
习　　性：灌木或小乔木
海　　拔：100～700 m
国内分布：吉林、辽宁
国外分布：朝鲜
濒危等级：LC

松林丁香
Syringa pinetorum W. W. Sm.
习　　性：灌木
海　　拔：2200～3600 m
分　　布：四川、西藏、云南
濒危等级：LC
资源利用：环境利用（观赏）

羽叶丁香
Syringa pinnatifolia Hemsl.
习　　性：灌木
海　　拔：2600～3100 m
分　　布：甘肃、内蒙古、宁夏、青海、陕西、四川
濒危等级：LC
资源利用：药用（中草药）；环境利用（观赏）

华丁香
Syringa protolaciniata P. S. Green et M. C. Chang
习　　性：小灌木
海　　拔：800～1200 m
分　　布：甘肃、青海
濒危等级：LC
资源利用：原料（精油）；环境利用（观赏）

巧玲花
Syringa pubescens Turcz.

巧玲花（原亚种）
Syringa pubescens subsp. **pubescens**
习　　性：灌木
海　　拔：900～2100 m
分　　布：北京、河北、河南、内蒙古、山东、山西、陕西
濒危等级：LC
资源利用：环境利用（观赏）

小叶巧玲花
Syringa pubescens subsp. **microphylla**（Diels）M. C. Chang et X. L. Chen
习　　性：灌木
海　　拔：500～3400 m
分　　布：重庆、甘肃、河南、湖北、辽宁、青海、山东、山西、陕西
濒危等级：LC

关东巧玲花
Syringa pubescens subsp. **patula**（Palib.）M. C. Chang et X. L. Chen
习　　性：灌木
海　　拔：300～1200 m

国内分布：辽宁
国外分布：朝鲜
濒危等级：LC

暴马丁香
Syringa reticulata（Rupr.）P. S. Green et M. C. Chang
习　　性：灌木或乔木
海　　拔：100~1200 m
国内分布：河南、黑龙江、吉林、辽宁、内蒙古、天津
国外分布：朝鲜、俄罗斯
濒危等级：LC

北京丁香
Syringa reticulata subsp. **pekinensis**（Rupr.）P. S. Green et M. C. Chang
习　　性：灌木或乔木
海　　拔：600~2400 m
国内分布：甘肃、河北、河南、内蒙古、宁夏、山西、陕西、四川
国外分布：蒙古
濒危等级：LC
资源利用：环境利用（观赏）

四川丁香
Syringa sweginzowii Koehne et Lingelsh.
习　　性：灌木
海　　拔：2000~4000 m
分　　布：四川
濒危等级：LC
资源利用：环境利用（观赏）

藏南丁香
Syringa tibetica P. Y. Bai
习　　性：乔木
海　　拔：2900~3200 m
分　　布：西藏
濒危等级：LC

毛丁香
Syringa tomentella Bureau et Franch.
习　　性：灌木
海　　拔：2500~3500 m
分　　布：四川
濒危等级：LC
资源利用：环境利用（观赏）

红丁香
Syringa villosa Vahl

红丁香（原亚种）
Syringa villosa subsp. **villosa**
习　　性：灌木
海　　拔：1200~2200 m
分　　布：北京、河北、山西
濒危等级：LC

辽东丁香
Syringa villosa subsp. **wolfii**（C. K. Schneid.）J. Y. Chen et D. Y. Hong
习　　性：灌木

海　　拔：500~1600 m
国内分布：黑龙江、吉林、辽宁
国外分布：朝鲜、俄罗斯
濒危等级：LC

云南丁香
Syringa yunnanensis Franch.
习　　性：灌木
海　　拔：2000~3900 m
分　　布：四川、西藏、云南
濒危等级：LC
资源利用：环境利用（观赏）

柳叶菜科 ONAGRACEAE
（8属：77种）

柳兰属 Chamerion（Rafin.）Rafin. ex Holub

柳兰
Chamerion angustifolium（L.）Holub

柳兰（原亚种）
Chamerion angustifolium subsp. **angustifolium**
习　　性：多年生草本
海　　拔：500~4700 m
国内分布：重庆、北京、甘肃、贵州、河北、河南、黑龙江、湖北、吉林、江西、辽宁、内蒙古、宁夏、青海、山东、山西、陕西、四川、西藏、新疆、云南
国外分布：阿富汗、巴基斯坦、不丹、朝鲜、俄罗斯、蒙古、缅甸、尼泊尔、日本、印度
濒危等级：LC
资源利用：药用（中草药）；原料（单宁）；动物饲料（饲料）；食品（蔬菜）

毛脉柳兰
Chamerion angustifolium subsp. **circumvagum**（Mosquin）Hoch
习　　性：多年生草本
海　　拔：海平面至3600（4400）m
国内分布：甘肃、河北、河南、黑龙江、吉林、辽宁、内蒙古、宁夏、山东、山西、陕西
国外分布：阿富汗、巴基斯坦、不丹、朝鲜、俄罗斯、缅甸、尼泊尔、日本、印度
濒危等级：LC

网脉柳兰
Chamerion conspersum（Hausskn.）Holub
习　　性：多年生草本
海　　拔：2300~4700 m
国内分布：青海、陕西、四川、西藏、云南
国外分布：不丹、缅甸、尼泊尔、印度
濒危等级：LC

喜马拉雅柳兰
Chamerion speciosum（Decne.）Holub
习　　性：多年生草本
海　　拔：3900~4500 m

国内分布：青海、西藏、新疆、云南
国外分布：阿富汗、巴基斯坦、不丹、俄罗斯、克什米尔地区、蒙古、尼泊尔、日本、塔吉克斯坦、印度
濒危等级：LC

露珠草属 Circaea L.

卵叶露珠草
Circaea × ovata (Honda) Boufford
习　　性：多年生草本
海　　拔：100 ~ 1500 m
国内分布：四川、云南
国外分布：韩国、日本
濒危等级：LC

贡山露珠草
Circaea × taronensis H. Li
习　　性：多年生草本
海　　拔：约 1800 m
分　　布：云南
濒危等级：LC

高山露珠草
Circaea alpina L.

高山露珠草（原亚种）
Circaea alpina subsp. **alpina**
习　　性：多年生草本
海　　拔：海平面至 2500 m
国内分布：河北、黑龙江、吉林、辽宁、内蒙古、山西
国外分布：朝鲜、俄罗斯、哈萨克斯坦、蒙古、日本
濒危等级：LC

狭叶露珠草
Circaea alpina subsp. **angustifolia** (Hand.-Mazz.) Boufford
习　　性：多年生草本
海　　拔：2000 ~ 3600 m
分　　布：四川、西藏、云南
濒危等级：LC

深山露珠草
Circaea alpina subsp. **caulescens** (Kom.) Tatew.
习　　性：多年生草本
海　　拔：海平面至 1500 m
国内分布：安徽、河北、黑龙江、吉林、辽宁、山东、山西
国外分布：阿富汗、不丹、朝鲜、俄罗斯、哈萨克斯坦、蒙古、缅甸、尼泊尔、日本、泰国、印度、越南
濒危等级：LC

高原露珠草
Circaea alpina subsp. **imaicola** (Asch. et Magn.) Kitam.
习　　性：多年生草本
海　　拔：1500 ~ 4000 m
国内分布：安徽、福建、甘肃、贵州、河南、湖北、江西、青海、山西、陕西、四川、台湾、西藏、云南、浙江
国外分布：阿富汗、不丹、缅甸、尼泊尔、泰国、印度、越南
濒危等级：LC

高寒露珠草
Circaea alpina subsp. **micrantha** (A. K. Skvortsov) Boufford
习　　性：多年生草本
海　　拔：3100 ~ 5000 m
国内分布：甘肃、四川、西藏、云南
国外分布：不丹、缅甸、尼泊尔、印度
濒危等级：LC

水珠草
Circaea canadensis (Maxim.) Boufford
习　　性：多年生草本
海　　拔：海平面至 1500 m
国内分布：河北、黑龙江、吉林、辽宁、内蒙古、山东
国外分布：朝鲜、俄罗斯、日本
濒危等级：LC

露珠草
Circaea cordata Royle
习　　性：多年生草本
海　　拔：海平面至 3500 m
国内分布：安徽、甘肃、贵州、河北、河南、黑龙江、湖北、湖南、吉林、江西、辽宁、山东、山西、陕西、四川、台湾、西藏、云南、浙江
国外分布：巴基斯坦、朝鲜、俄罗斯、哈萨克斯坦、克什米尔地区、尼泊尔、日本、印度
濒危等级：LC

谷蓼
Circaea erubescens Franch. et Sav.
习　　性：多年生草本
海　　拔：海平面至 2500 m
国内分布：安徽、福建、广东、贵州、湖北、湖南、江苏、江西、山西、陕西、四川、台湾、云南、浙江
国外分布：朝鲜、日本
濒危等级：LC

秃梗露珠草
Circaea glabrescens (Pamp.) Hand.-Mazz.
习　　性：多年生草本
海　　拔：700 ~ 2500 m
分　　布：甘肃、河南、湖北、山西、陕西、四川、台湾
濒危等级：LC

南方露珠草
Circaea mollis Sieb. et Zucc.
习　　性：多年生草本
海　　拔：海平面至 2000 m
国内分布：安徽、福建、甘肃、广东、广西、贵州、河北、河南、黑龙江、湖北、湖南、吉林、江苏、江西、辽宁、山东、四川、云南、浙江
国外分布：朝鲜、俄罗斯、韩国、柬埔寨、老挝、缅甸、日本、印度、越南
濒危等级：LC

葡匐露珠草
Circaea repens Wall. ex Asch. et Magnus
习　　性：多年生草本
海　　拔：1500 ~ 3300 m

国内分布：湖北、四川、西藏、云南
国外分布：巴基斯坦、不丹、缅甸、尼泊尔、印度
濒危等级：LC

克拉花属 Clarkia Pursh

克拉花
Clarkia pulchella Pursh
习　　性：一年生草本
海　　拔：3600 m
国内分布：西藏等地栽培
国外分布：原产美国

柳叶菜属 Epilobium L.

毛脉柳叶菜
Epilobium amurense Hausskn.
习　　性：多年生草本
海　　拔：600~4200 m
濒危等级：LC
资源利用：药用（中草药）

毛脉柳叶菜（原亚种）
Epilobium amurense subsp. **amurense**
习　　性：多年生草本
海　　拔：600~4200 m
国内分布：安徽、福建、甘肃、广东、广西、贵州、河北、河南、黑龙江、湖北、湖南、吉林、江西、辽宁、内蒙古、青海、山东、山西、陕西、四川、台湾、西藏、云南、浙江
国外分布：巴基斯坦、不丹、朝鲜、俄罗斯、缅甸、尼泊尔、日本、印度
濒危等级：LC

光滑柳叶菜
Epilobium amurense subsp. **cephalostigma**（Hausskn.）C. J. Chen, Hoch et P. H. Raven
习　　性：多年生草本
海　　拔：600~2100 m
国内分布：安徽、福建、甘肃、广东、广西、贵州、河北、河南、黑龙江、湖北、湖南、吉林、江西、辽宁、山东、陕西、四川、云南、浙江
国外分布：朝鲜、俄罗斯、日本
濒危等级：LC

新疆柳叶菜
Epilobium anagallidifolium Lam.
习　　性：多年生草本
海　　拔：1300~4000 m
国内分布：新疆
国外分布：俄罗斯、日本
濒危等级：NT A2c

长柱柳叶菜
Epilobium blinii H. Lév.
习　　性：多年生草本
海　　拔：1500~3300 m
分　　布：四川、云南
濒危等级：EN D

短叶柳叶菜
Epilobium brevifolium D. Don

短叶柳叶菜（原亚种）
Epilobium brevifolium subsp. **brevifolium**
习　　性：多年生草本
海　　拔：600~3600 m
国内分布：西藏、云南
国外分布：尼泊尔、印度
濒危等级：LC

腺茎柳叶菜
Epilobium brevifolium subsp. **trichoneurum**（Hausskn.）P. H. Raven
习　　性：多年生草本
海　　拔：600~3600 m
国内分布：安徽、福建、甘肃、广东、广西、贵州、河南、湖北、湖南、江西、陕西、四川、台湾、西藏、云南、浙江
国外分布：不丹、菲律宾、缅甸、尼泊尔、印度、越南
濒危等级：LC

东北柳叶菜
Epilobium ciliatum Raf.
习　　性：多年生草本
海　　拔：700~2100 m
国内分布：黑龙江、吉林
国外分布：朝鲜、俄罗斯、日本；归化于澳大利亚、新西兰以及亚洲和欧洲；广布于南美洲、北美洲
濒危等级：LC

雅致柳叶菜
Epilobium clarkeanum Hausskn.
习　　性：多年生草本
海　　拔：3600~4500 m
国内分布：云南
国外分布：缅甸、印度
濒危等级：LC

圆柱柳叶菜
Epilobium cylindricum D. Don
习　　性：多年生草本
海　　拔：400~3200 m
国内分布：甘肃、贵州、湖北、四川、西藏、云南
国外分布：阿富汗、巴基斯坦、不丹、俄罗斯、吉尔吉斯斯坦、克什米尔地区、尼泊尔、印度
濒危等级：LC

川西柳叶菜
Epilobium fangii C. J. Chen, Hoch et P. H. Raven
习　　性：多年生草本
海　　拔：1100~3500 m
分　　布：四川、云南
濒危等级：LC

多枝柳叶菜
Epilobium fastigiatoramosum Nakai

习　　性：多年生草本
海　　拔：400～3300 m
国内分布：甘肃、河北、黑龙江、吉林、辽宁、内蒙古、宁夏、青海、山东、山西、陕西、四川、西藏、新疆、云南
国外分布：朝鲜、俄罗斯、蒙古、日本
濒危等级：LC

鳞根柳叶菜
Epilobium gouldii P. H. Raven
习　　性：多年生草本
海　　拔：3600～4400 m
国内分布：西藏
国外分布：印度
濒危等级：LC

柳叶菜
Epilobium hirsutum L.
习　　性：多年生草本
海　　拔：100～3500 m
国内分布：安徽、甘肃、广东、贵州、河北、河南、湖北、湖南、吉林、江苏、江西、辽宁、内蒙古、宁夏、青海、山东、山西、陕西、四川、西藏、新疆、云南、浙江
国外分布：阿富汗、巴基斯坦、朝鲜、俄罗斯、蒙古、尼泊尔、日本、印度；中亚、西南亚、欧洲、非洲、北美洲归化
濒危等级：LC
资源利用：药用（中草药）

合欢柳叶菜
Epilobium hohuanense S. S. Ying
习　　性：多年生草本
海　　拔：2600～3600 m
分　　布：台湾
濒危等级：LC

锐齿柳叶菜
Epilobium kermodei P. H. Raven
习　　性：多年生草本
海　　拔：400～1400 m
国内分布：广西、贵州、湖北、湖南、四川、云南
国外分布：缅甸
濒危等级：LC

矮生柳叶菜
Epilobium kingdonii P. H. Raven
习　　性：多年生草本
海　　拔：3300～3700 m
分　　布：四川、西藏、云南
濒危等级：LC

大花柳叶菜
Epilobium laxum Royle
习　　性：多年生草本
海　　拔：2500～4300 m
国内分布：新疆
国外分布：巴基斯坦、吉尔吉斯斯坦、印度
濒危等级：LC

细籽柳叶菜
Epilobium minutiflorum Hausskn.
习　　性：多年生草本
海　　拔：500～1800 m
国内分布：甘肃、河北、吉林、辽宁、内蒙古、宁夏、山西、陕西、西藏、新疆
国外分布：阿富汗、巴基斯坦、朝鲜、俄罗斯、哈萨克斯坦、吉尔吉斯斯坦、蒙古、塔吉克斯坦、乌兹别克斯坦
濒危等级：LC

南湖柳叶菜
Epilobium nankotaizanense Yamam.
习　　性：多年生草本
海　　拔：2600～3800 m
分　　布：台湾
濒危等级：VU D2

沼生柳叶菜
Epilobium palustre L.
习　　性：多年生草本
海　　拔：200～5000 m
国内分布：甘肃、河北、黑龙江、吉林、辽宁、内蒙古、青海、山西、陕西、四川、西藏、新疆、云南
国外分布：哈萨克斯坦、韩国、日本、印度
濒危等级：LC
资源利用：药用（中草药）

硬毛柳叶菜
Epilobium pannosum Hausskn.
习　　性：多年生草本
海　　拔：700～2200 m
国内分布：贵州、四川、云南
国外分布：缅甸、印度、越南
濒危等级：LC

小花柳叶菜
Epilobium parviflorum Schreb.
习　　性：多年生草本
海　　拔：300～2500 m
国内分布：甘肃、贵州、河北、河南、湖北、湖南、内蒙古、山东、山西、陕西、四川、新疆、云南
国外分布：阿富汗、巴基斯坦、朝鲜、俄罗斯、尼泊尔、日本、印度；西南亚、欧洲、非洲、北美洲。归化于新西兰
濒危等级：LC

网籽柳叶菜
Epilobium pengii C. J. Chen, Hoch et P. H. Raven
习　　性：多年生草本
海　　拔：3100～3700 m
分　　布：台湾
濒危等级：VU D2

阔柱柳叶菜
Epilobium platystigmatosum C. B. Rob.
习　　性：多年生草本
海　　拔：400～3500 m
国内分布：甘肃、广西、河北、河南、湖北、青海、陕西、四川、台湾、云南
国外分布：菲律宾、日本
濒危等级：LC

长籽柳叶菜
Epilobium pyrricholophum Franch. et Sav.
习　　性：多年生草本
海　　拔：100～1800 m
国内分布：安徽、福建、广东、广西、贵州、河南、湖北、湖南、江苏、江西、山东、陕西、四川、浙江
国外分布：俄罗斯、日本
濒危等级：LC

长柄柳叶菜
Epilobium roseum Schreb.

长柄柳叶菜（原亚种）
Epilobium roseum subsp. **roseum**
习　　性：多年生草本
海　　拔：1500～2200 m
国内分布：新疆
国外分布：俄罗斯、哈萨克斯坦
濒危等级：LC

多脉柳叶菜
Epilobium roseum subsp. **subsessile**（Boiss.）P. H. Raven
习　　性：草本
海　　拔：1500～2100 m
国内分布：新疆
国外分布：俄罗斯、哈萨克斯坦
濒危等级：LC

短梗柳叶菜
Epilobium royleanum Hausskn.
习　　性：多年生草本
海　　拔：1400～4300 m
国内分布：甘肃、贵州、河南、湖北、青海、陕西、四川、西藏、新疆、云南
国外分布：阿富汗、巴基斯坦、不丹、克什米尔地区、尼泊尔、印度
濒危等级：LC

鳞片柳叶菜
Epilobium sikkimense Hausskn.
习　　性：多年生草本
海　　拔：2400～4700 m
国内分布：甘肃、青海、陕西、四川、西藏、云南
国外分布：不丹、缅甸、尼泊尔、印度
濒危等级：LC

中华柳叶菜
Epilobium sinense H. Lév.
习　　性：多年生草本
海　　拔：500～2400 m

分　　布：甘肃、贵州、河南、湖北、湖南、四川、云南
濒危等级：LC

亚革质柳叶菜
Epilobium subcoriaceum Hausskn.
习　　性：多年生草本
海　　拔：2400～3700 m
分　　布：甘肃、青海、陕西、四川、西藏、云南
濒危等级：LC

台湾柳叶菜
Epilobium taiwanianum C. J. Chen, Hoch et P. H. Raven
习　　性：多年生草本
海　　拔：3000～3900 m
分　　布：台湾
濒危等级：VU D2

天山柳叶菜
Epilobium tianschanicum Pavlov
习　　性：多年生草本
海　　拔：1000～1700 m
国内分布：新疆
国外分布：俄罗斯、哈萨克斯坦、吉尔吉斯斯坦、乌兹别克斯坦
濒危等级：VU A2c

光籽柳叶菜
Epilobium tibetanum Hausskn.
习　　性：草本
海　　拔：2300～4500 m
国内分布：四川、西藏、云南
国外分布：阿富汗、巴基斯坦、不丹、克什米尔地区、尼泊尔、印度
濒危等级：LC

滇藏柳叶菜
Epilobium wallichianum Hausskn.
习　　性：多年生草本
海　　拔：1300～4100 m
国内分布：甘肃、贵州、湖北、四川、西藏、云南
国外分布：不丹、缅甸、尼泊尔、印度
濒危等级：LC

埋鳞柳叶菜
Epilobium williamsii P. H. Raven
习　　性：多年生草本
海　　拔：2900～4900 m
国内分布：青海、四川、西藏、云南
国外分布：缅甸、尼泊尔、印度
濒危等级：LC

倒挂金钟属 Fuchsia L.

倒挂金钟
Fuchsia hybrida Hort. ex Sieber et Voss.
习　　性：亚灌木
国内分布：全国广泛栽培
国外分布：原产墨西哥；广泛栽培于世界各地
资源利用：环境利用（观赏）

山桃草属 Gaura L.

阔果山桃草
Gaura biennis L.
习　　性：一年生或二年生草本
国内分布：云南
国外分布：原产北美洲

山桃草
Gaura lindheimeri Engelm. et A. Gray
习　　性：多年生草本
国内分布：北京、河北、江苏、江西、山东、香港、浙江
国外分布：原产北美洲

小花山桃草
Gaura parviflora Douglas ex Lehm.
习　　性：一年生或二年生草本
海　　拔：100~800 m
国内分布：安徽、河北、河南、湖北、江苏、山东
国外分布：原产北美洲；南美洲、澳大利亚、日本有归化

丁香蓼属 Ludwigia L.

台湾水龙
Ludwigia × taiwanensis C. I. Peng
习　　性：多年生浮水草本
海　　拔：500 m
分　　布：福建、广东、广西、海南、湖南、江西、四川、台湾、香港、云南、浙江
濒危等级：LC
资源利用：动物饲料（饲料）

水龙
Ludwigia adscendens (L.) H. Hara
习　　性：多年生草本
海　　拔：海平面至1600 m
国内分布：福建、广东、广西、海南、湖南、江西、台湾、云南、浙江
国外分布：巴基斯坦、菲律宾、马来西亚、尼泊尔、日本、斯里兰卡、泰国、印度、印度尼西亚
资源利用：药用（中草药）；动物饲料（饲料）

假柳叶菜
Ludwigia epilobiloides Maxim.
习　　性：一年生草本
海　　拔：海平面至1600 m
国内分布：安徽、福建、广东、广西、贵州、海南、河南、黑龙江、湖北、湖南、吉林、江西、辽宁、内蒙古、山东、陕西、四川、台湾、云南、浙江
国外分布：朝鲜、俄罗斯、日本、越南
濒危等级：LC
资源利用：药用（中草药）；动物饲料（饲料）

草龙
Ludwigia hyssopifolia (G. Don) Exell
习　　性：一年生草本
海　　拔：海平面至800 m
国内分布：福建、广东、广西、海南、台湾、云南
国外分布：不丹、菲律宾、马来西亚、孟加拉国、缅甸、尼泊尔、斯里兰卡、泰国、新加坡、印度、印度尼西亚、越南
濒危等级：LC
资源利用：药用（中草药）

毛草龙
Ludwigia octovalvis (Jacq.) P. H. Raven
习　　性：多年生草本
海　　拔：海平面至2200 m
国内分布：福建、广东、广西、贵州、海南、江西、四川、台湾、西藏、香港、云南、浙江
国外分布：马来西亚、缅甸、日本、泰国、新加坡、印度、越南
濒危等级：LC

卵叶丁香蓼
Ludwigia ovalis Miq.
习　　性：多年生草本
海　　拔：100~500 m
国内分布：安徽、福建、广东、湖南、江苏、江西、台湾、浙江
国外分布：朝鲜、日本
濒危等级：LC

黄花水龙
Ludwigia peploides (Ohwi) P. H. Raven
习　　性：多年生草本
海　　拔：海平面至300 m
国内分布：安徽、福建、广东、浙江
国外分布：日本
濒危等级：LC

细花丁香蓼
Ludwigia perennis L.
习　　性：一年生草本
海　　拔：海平面至1200 m
国内分布：福建、广东、广西、海南、江西、台湾、云南
国外分布：澳大利亚、不丹、菲律宾、马达加斯加、孟加拉国、缅甸、尼泊尔、日本、斯里兰卡、印度、印度尼西亚
濒危等级：LC

丁香蓼
Ludwigia prostrata Roxb.
习　　性：一年生草本
海　　拔：海平面至800 m
国内分布：广西、海南、云南
国外分布：不丹、菲律宾、尼泊尔、斯里兰卡、印度、印度尼西亚
濒危等级：LC
资源利用：药用（中草药）

月见草属 Oenothera L.

月见草
Oenothera biennis L.
习　　性：二年生草本

海　　拔：海平面至 1500 m
国内分布：安徽、广东、广西、贵州、河北、河南、黑龙江、湖北、湖南、吉林、江苏、辽宁、内蒙古、四川、台湾、云南
国外分布：不丹、朝鲜、俄罗斯、哈萨克斯坦、吉尔吉斯斯坦、日本；原产北美洲；广泛归化于西南亚、欧洲、太平洋诸岛以及南美洲
资源利用：环境利用（观赏）

海边月见草
Oenothera drummondii Hook.
习　　性：一年生至多年生草本
国内分布：福建、广东
国外分布：原产美国东南海岸和墨西哥东北部；归化于西南亚、欧洲、非洲、南美洲和澳大利亚

黄花月见草
Oenothera glazioviana Micheli
习　　性：二年生至多年生草本
海　　拔：海平面至 800 m
国内分布：安徽、贵州、河北、河南、湖南、吉林、江苏、江西、陕西、四川、云南、浙江
国外分布：阿富汗、澳大利亚、巴基斯坦、俄罗斯、日本、印度
资源利用：药用（中草药）；环境利用（观赏）；食品（油脂）

裂叶月见草
Oenothera laciniata Hill
习　　性：一年生至多年生草本
海　　拔：海平面至 400 m
国内分布：福建、台湾
国外分布：原产美国

曲序月见草
Oenothera oakesiana (A. Gray) J. W. Robbins ex S. Walson et J. M. Coult.
习　　性：二年生草本
国内分布：福建
国外分布：原产北美洲；归化于欧洲

小花月见草
Oenothera parviflora L.
习　　性：二年生草本
国内分布：河北、辽宁
国外分布：原产北美洲；归化于太平洋诸岛、欧洲、南非

粉花月见草
Oenothera rosea L'Hér. ex Aiton.
习　　性：多年生草本
国内分布：贵州、江西、四川、云南、浙江
国外分布：原产北美洲南部和南美洲北部；栽培并归化于西南亚、欧洲、南美洲和澳大利亚
资源利用：药用（中草药）

待宵草
Oenothera stricta Ledeb. et Link
习　　性：一年生或二年生草本
国内分布：福建、广西、贵州、湖北、江西、山东、陕西、四川、台湾、云南

国外分布：澳大利亚、巴基斯坦、俄罗斯、日本、斯里兰卡、印度、印度尼西亚；原产智利、阿根廷；归化于西南亚、欧洲、非洲、北美洲和太平洋诸岛
资源利用：药用（中草药）；原料（纤维，精油）；环境利用（观赏）；食品（油脂）

四翅月见草
Oenothera tetraptera Cav.
习　　性：一年生或多年生草本
国内分布：贵州、四川、台湾、云南
国外分布：原产北美洲；斯里兰卡、澳大利亚、西南亚、欧洲、南美洲归化

长毛月见草
Oenothera villosa Thunb.
习　　性：二年生草本
海　　拔：海平面至 1200 m
国内分布：河北、黑龙江、吉林、辽宁
国外分布：原产北美洲

山柚子科 OPILIACEAE
（5 属：6 种）

山柑藤属 Cansjera Juss.

山柑藤
Cansjera rheedi J. F. Gmel.
习　　性：藤本
海　　拔：海平面至 1400 m
国内分布：广东、广西、海南、云南
国外分布：澳大利亚、菲律宾、柬埔寨、老挝、马来西亚、缅甸、尼泊尔、斯里兰卡、泰国、印度、印度尼西亚、越南
濒危等级：LC

台湾山柚属 Champereia Griff.

台湾山柚
Champereia manillana (Blume) Merr.

台湾山柚（原变种）
Champereia manillana var. **manillana**
习　　性：常绿小乔木
海　　拔：100 m 以下
国内分布：台湾
国外分布：巴布亚新几内亚、菲律宾、马来西亚、缅甸、泰国、印度、印度尼西亚、越南
濒危等级：LC

茎花山柚
Champereia manillana var. **longistaminea** (W. Z. Li) H. S. Kiu
习　　性：常绿小乔木
海　　拔：300 ~ 1300 m
分　　布：广西、云南
濒危等级：NT A2c；B1ab (i, iii)

鳞尾木属 Lepionurus Blume

鳞尾木
Lepionurus sylvestris Blume
- 习　　性：灌木
- 海　　拔：300～1000 m
- 国内分布：云南
- 国外分布：不丹、老挝、马来西亚、缅甸、尼泊尔、泰国、新几内亚岛、印度、印度尼西亚、越南
- 濒危等级：NT

山柚子属 Opilia Roxb.

山柚子
Opilia amentacea Roxb.
- 习　　性：藤本
- 海　　拔：500～800 m
- 国内分布：云南
- 国外分布：亚洲南部和东南部，热带非洲，澳大利亚
- 濒危等级：LC

尾球木属 Urobotrya Stapf

尾球木
Urobotrya latisquama (Gagnep.) Hiepko
- 习　　性：灌木或小乔木
- 海　　拔：200～400 m
- 国内分布：广西、云南
- 国外分布：老挝、缅甸、泰国、越南
- 濒危等级：LC

兰科 ORCHIDACEAE
（189 属：1509 种）

脆兰属 Acampe Lindl.

窄果脆兰
Acampe ochracea (Lindl.) Hochr.
- 习　　性：附生或岩生草本
- 海　　拔：700～1200 m
- 国内分布：云南
- 国外分布：不丹、柬埔寨、老挝、缅甸、斯里兰卡、泰国、印度、越南
- 濒危等级：LC
- CITES 附录：Ⅱ

短序脆兰
Acampe papillosa (Lindl.) Lindl.
- 习　　性：附生或岩生草本
- 海　　拔：约 500 m
- 国内分布：海南、云南
- 国外分布：不丹、老挝、孟加拉国、缅甸、尼泊尔、泰国、印度、越南
- 濒危等级：VU B1ab (ii, iv)
- CITES 附录：Ⅱ

多花脆兰
Acampe rigida (Buch.-Ham. ex J. E. Sm.) P. F. Hunt
- 习　　性：附生或岩生草本
- 海　　拔：300～1800 m
- 国内分布：广东、广西、贵州、海南、云南
- 国外分布：不丹、菲律宾、柬埔寨、老挝、马来西亚、缅甸、尼泊尔、斯里兰卡、泰国、印度、越南
- 濒危等级：LC
- CITES 附录：Ⅱ

坛花兰属 Acanthephippium Blume ex Endl.

中华坛花兰
Acanthephippium gougahense (Guillaumin) Seidenf.
- 习　　性：地生草本
- 海　　拔：约 300 m
- 国内分布：广东
- 国外分布：泰国、越南
- 濒危等级：EN A3c；B1ab (ii, iv)；C1
- CITES 附录：Ⅱ

锥囊坛花兰
Acanthephippium striatum Lindl.
- 习　　性：地生草本
- 海　　拔：400～1500 m
- 国内分布：福建、广西、台湾、云南
- 国外分布：马来西亚、尼泊尔、泰国、印度、印度尼西亚、越南
- 濒危等级：LC
- CITES 附录：Ⅱ

坛花兰
Acanthephippium sylhetense Lindl.
- 习　　性：地生草本
- 海　　拔：500～800 m
- 国内分布：台湾、云南
- 国外分布：老挝、马来西亚、孟加拉国、缅甸、日本、泰国、印度
- 濒危等级：VU A2ac
- CITES 附录：Ⅱ

合萼兰属 Acriopsis Bl.

合萼兰
Acriopsis indica Wigh
- 习　　性：附生草本
- 海　　拔：约 1300 m
- 国内分布：云南
- 国外分布：菲律宾、柬埔寨、老挝、马来西亚、缅甸、泰国、印度、印度尼西亚、越南
- 濒危等级：EN B1ab (ii, v) +2ab (ii, v)
- CITES 附录：Ⅱ

指甲兰属 Aerides Lour.

指甲兰
Aerides falcata Lindl.
- 习　　性：附生草本

海　　拔：约 800 m
国内分布：云南
国外分布：柬埔寨、老挝、缅甸、泰国、印度、越南
濒危等级：EN A2c
CITES 附录：Ⅱ

扇唇指甲兰
Aerides flabellata Rolfe ex Downie
习　　性：附生草本
海　　拔：600~1700 m
分　　布：云南
濒危等级：EN B1ab（i，iii，v）
CITES 附录：Ⅱ

香花指甲兰
Aerides odorata Lour.
习　　性：附生草本
海　　拔：200~1200 m
国内分布：广东、云南
国外分布：不丹、菲律宾、老挝、马来西亚、缅甸、尼泊尔、泰国、印度、印度尼西亚、越南
濒危等级：EN B1ab（ii，iii，v）
国家保护：Ⅱ级
CITES 附录：Ⅱ

小蓝指甲兰
Aerides orthocentra Hand.-Mazz.
习　　性：附生草本
海　　拔：1000~1500 m
分　　布：云南
濒危等级：EN A2c
CITES 附录：Ⅱ

多花指甲兰
Aerides rosea Lodd. ex Lindl. et Paxt.
习　　性：附生草本
海　　拔：300~1600 m
国内分布：广西、贵州、云南
国外分布：不丹、老挝、缅甸、泰国、印度、越南
濒危等级：EN A2c
CITES 附录：Ⅱ

气穗兰属 Aeridostachya（Hook. f.）Brieger

气穗兰
Aeridostachya robusta（Blume）Brieger
习　　性：附生或地生草本
海　　拔：约 1000 m
国内分布：台湾
国外分布：巴布亚新几内亚、菲律宾、马来西亚、泰国、印度尼西亚
濒危等级：CR D
CITES 附录：Ⅱ

禾叶兰属 Agrostophyllum Blume

禾叶兰
Agrostophyllum callosum Rchb. f.
习　　性：附生草本
海　　拔：900~2400 m
国内分布：海南、西藏、云南
国外分布：不丹、缅甸、尼泊尔、泰国、印度、越南
濒危等级：NT A2ac
CITES 附录：Ⅱ

台湾禾叶兰
Agrostophyllum inocephalum（Schauer）Ames
习　　性：附生草本
国内分布：台湾
国外分布：菲律宾
濒危等级：NT D2
CITES 附录：Ⅱ

扁茎禾叶兰
Agrostophyllum planicaule（Wall. ex Lindl.）Rchb. f.
习　　性：附生草本
国内分布：云南
国外分布：缅甸、尼泊尔、泰国、印度
濒危等级：VU C1
CITES 附录：Ⅱ

兜蕊兰属 Androcorys Schltr.

兜蕊兰
Androcorys ophioglossoides Schltr.
习　　性：地生草本
海　　拔：1600~3900 m
分　　布：甘肃、贵州、青海、陕西
濒危等级：NT A2ac；B1ab（i，iii，v）
CITES 附录：Ⅱ

尖萼兜蕊兰
Androcorys oxysepalus K. Y. Lang
习　　性：地生草本
海　　拔：约 3900 m
分　　布：云南
濒危等级：NT B1ab（iii，v）
CITES 附录：Ⅱ

剑唇兜蕊兰
Androcorys pugioniformis（Lindl. ex Hook. f.）K. Y. Lang
习　　性：地生草本
海　　拔：2700~5200 m
国内分布：青海、四川、西藏、云南
国外分布：不丹、克什米尔地区、尼泊尔、印度
濒危等级：NT A2ac
CITES 附录：Ⅱ

小兜蕊兰
Androcorys pusillus（Ohwi et Fukuy.）Masam.
习　　性：地生草本
海　　拔：2500~3500 m
国内分布：台湾
国外分布：日本
濒危等级：LC
CITES 附录：Ⅱ

蜀藏兜蕊兰
Androcorys spiralis Tang et F. T. Wang

习　　性：多年生草本
海　　拔：2800~3500 m
分　　布：四川、西藏、云南
濒危等级：VU B1ab（iii，v）
CITES 附录：II

安兰属 Ania Lindl.

狭叶安兰
Ania angustifolia Lindl.
习　　性：地生草本
国内分布：贵州、云南
国外分布：缅甸、泰国、越南
濒危等级：EN B1ab（ii，iii）
CITES 附录：II

香港安兰
Ania hongkongensis（Rolfe）Tang et F. T. Wang
习　　性：地生草本
国内分布：福建、广东
国外分布：越南
濒危等级：VU B1ab（iii，v）
CITES 附录：II

绿花安兰
Ania penangiana（Hook. f.）Summerh.
习　　性：地生草本
国内分布：海南、台湾
国外分布：马来西亚、泰国、印度、越南
濒危等级：NT
CITES 附录：II

南方安兰
Ania ruybarrettoi S. Y. Hu et Barretto
习　　性：地生草本
国内分布：广西、海南、香港
国外分布：越南
濒危等级：EN B1ab（i，iii）
CITES 附录：II

高褶安兰
Ania viridifusca（Hook.）Tang et F. T. Wang ex Summerh.
习　　性：地生草本
国内分布：云南
国外分布：缅甸、泰国、印度、越南
濒危等级：EN A2cd；B1ab（iii，v）
CITES 附录：II

金线兰属 Anoectochilus Bl.

保亭金线兰
Anoectochilus baotingensis（K. Y. Lang）Ormer.
习　　性：地生草本
海　　拔：300~400 m
分　　布：海南
濒危等级：EN B1ab（iii，v）
国家保护：II级
CITES 附录：II

滇南开唇兰
Anoectochilus burmannicus Rolfe
习　　性：地生草本
海　　拔：1000~2200 m
国内分布：云南
国外分布：老挝、马来西亚、缅甸、泰国
濒危等级：EN A2c；B1ab（iii，v）
国家保护：II级
CITES 附录：II

滇越金线兰
Anoectochilus chapaensis Gagnep.
习　　性：地生草本
海　　拔：1300~1400 m
国内分布：云南
国外分布：越南
濒危等级：EN A2c；B1ab（iii，v）
国家保护：II级
CITES 附录：II

峨眉金线兰
Anoectochilus emeiensis K. Y. Lang
习　　性：地生草本
海　　拔：约900 m
分　　布：四川
濒危等级：CR B1ab（ii，iii）
国家保护：II级
CITES 附录：II

台湾银线兰
Anoectochilus formosanus Hayata
习　　性：地生草本
海　　拔：500~1500 m
国内分布：台湾
国外分布：日本
濒危等级：LC
国家保护：II级
CITES 附录：II

海南开唇兰
Anoectochilus hainanensis H. Z. Tian，F. W. Xing et L. Li
习　　性：地生草本
分　　布：海南
濒危等级：LC
国家保护：II级
CITES 附录：II

恒春银线兰
Anoectochilus koshunensis Hayata
习　　性：地生草本
海　　拔：700~2000 m
分　　布：台湾
濒危等级：LC
国家保护：II级
CITES 附录：II

长裂片金线兰
Anoectochilus longilobus H. Jiang et H. Z. Tian

习　　性：地生草本
分　　布：云南
濒危等级：VU D2
国家保护：Ⅱ级
CITES 附录：Ⅱ

丽蕾金线兰
Anoectochilus lylei Rolfe ex Downie
习　　性：地生草本
国内分布：云南
国外分布：泰国
濒危等级：EN D2
国家保护：Ⅱ级
CITES 附录：Ⅱ

麻栗坡金线兰
Anoectochilus malipoensis W. H. Chen et Y. M. Shui
习　　性：地生草本
分　　布：云南
濒危等级：EN B1ab（iii）
国家保护：Ⅱ级
CITES 附录：Ⅱ

屏边金线兰
Anoectochilus pingbianensis K. Y. Lang
习　　性：地生草本
海　　拔：约 1500 m
分　　布：云南
濒危等级：CR B1ab（ii，iii，v）
国家保护：Ⅱ级
CITES 附录：Ⅱ

金线兰
Anoectochilus roxburghii（Wall.）Lindl.
习　　性：地生草本
海　　拔：100～1600 m
国内分布：福建、广东、广西、海南、湖南、江西、四川、西藏、云南、浙江
国外分布：不丹、老挝、孟加拉国、尼泊尔、日本、泰国、印度、越南
濒危等级：EN B1ab（ii）+2ab（ii）
国家保护：Ⅱ级
CITES 附录：Ⅱ
资源利用：药用（中草药）；环境利用（观赏）

兴仁金线兰
Anoectochilus xingrenensis Z. H. Tsi et X. H. Jin
习　　性：地生草本
海　　拔：约 1200 m
分　　布：贵州、云南
濒危等级：NT B1ab（iii，v）
国家保护：Ⅱ级
CITES 附录：Ⅱ

浙江金线兰
Anoectochilus zhejiangensis Z. Wei et Y. B. Chang
习　　性：地生草本
海　　拔：700～1200 m
分　　布：福建、广西、浙江

濒危等级：EN A2c+3c；B1ab（iii，v）
国家保护：Ⅱ级
CITES 附录：Ⅱ

筒瓣兰属 Anthogonium Wall. ex Lindl.

筒瓣兰
Anthogonium gracile Lindl.
习　　性：地生或岩生草本
海　　拔：1200～2300 m
国内分布：广西、贵州、西藏、云南
国外分布：不丹、柬埔寨、老挝、孟加拉国、缅甸、尼泊尔、斯里兰卡、泰国、印度、越南
濒危等级：LC
CITES 附录：Ⅱ

无叶兰属 Aphyllorchis Blume

高山无叶兰
Aphyllorchis alpina King et Pantl.
习　　性：地生草本
海　　拔：2100～2600 m
国内分布：西藏
国外分布：尼泊尔、印度
濒危等级：VU A2c
CITES 附录：Ⅱ

尾萼无叶兰
Aphyllorchis caudata Rolfe ex C. Downie
习　　性：地生草本
海　　拔：约 1200 m
国内分布：云南
国外分布：泰国、越南
濒危等级：EN A2c
CITES 附录：Ⅱ

大花无叶兰
Aphyllorchis gollanii Duthie
习　　性：地生草本
海　　拔：2200～2400 m
国内分布：西藏
国外分布：印度
濒危等级：EN B1ab（ii）+2ab（ii）
CITES 附录：Ⅱ

无叶兰
Aphyllorchis montana Rchb. f.
习　　性：地生草本
海　　拔：700～1500 m
国内分布：广西、贵州、海南、台湾、香港、云南
国外分布：菲律宾、柬埔寨、马来西亚、日本、斯里兰卡、泰国、印度、印度尼西亚、越南
濒危等级：LC
CITES 附录：Ⅱ

小花无叶兰
Aphyllorchis pallida Blume
习　　性：地生草本
国内分布：海南

国外分布：菲律宾、印度尼西亚
濒危等级：DD
CITES 附录：Ⅱ

圆瓣无叶兰
Aphyllorchis rotundatipetala C. S. Leou, S. K. Yu et C. T. Lee
习　　性：地生草本
海　　拔：约 400 m
分　　布：台湾
濒危等级：LC
CITES 附录：Ⅱ

单唇无叶兰
Aphyllorchis simplex Tang et F. T. Wang
习　　性：地生草本
海　　拔：400~700 m
分　　布：广东、海南
濒危等级：CR B1ab (i, ii, iii, v)
CITES 附录：Ⅱ

拟兰属 Apostasia Blume

拟兰
Apostasia odorata Blume
习　　性：草本
海　　拔：约 700 m
国内分布：广东、广西、海南、云南
国外分布：柬埔寨、老挝、马来西亚、泰国、印度、印度尼西亚、越南
濒危等级：LC
CITES 附录：Ⅱ

多枝拟兰
Apostasia ramifera S. C. Chen et K. Y. Lang
习　　性：多年生草本
海　　拔：约 940 m
分　　布：海南
濒危等级：EN B1ab (iii, iv, v)
CITES 附录：Ⅱ

剑叶拟兰
Apostasia wallichii R. Br.
习　　性：多年生草本
海　　拔：约 1000 m
分　　布：云南
濒危等级：EN A2c
CITES 附录：Ⅱ

牛齿兰属 Appendicula Blume

小花牛齿兰
Appendicula annamensis Guillaumin
习　　性：岩生草本
海　　拔：400~1700 m
国内分布：海南
国外分布：越南
濒危等级：LC
CITES 附录：Ⅱ

牛齿兰
Appendicula cornuta Blume
习　　性：附生或石生草本
海　　拔：800 m 以下
国内分布：广东、海南
国外分布：菲律宾、柬埔寨、马来西亚、缅甸、泰国、印度、印度尼西亚、越南
濒危等级：LC
CITES 附录：Ⅱ

长叶牛齿兰
Appendicula fenixii (Ames) Schltr.
习　　性：地生草本
海　　拔：200~400 m
国内分布：台湾
国外分布：菲律宾
濒危等级：NT
CITES 附录：Ⅱ

台湾牛齿兰
Appendicula reflexa Blume
习　　性：附生草本
海　　拔：100~1200 m
国内分布：台湾
国外分布：澳大利亚、巴布亚新几内亚、菲律宾、马来西亚、泰国、印度、印度尼西亚、越南
濒危等级：LC
CITES 附录：Ⅱ

蜘蛛兰属 Arachnis Blume

窄唇蜘蛛兰
Arachnis labrosa (Lindl. et Paxton) Rchb. f.
习　　性：附生草本
海　　拔：600~1200 m
国内分布：广西、海南、台湾、云南
国外分布：不丹、缅甸、日本、印度、越南
濒危等级：LC
CITES 附录：Ⅱ

竹叶兰属 Arundina Blume

竹叶兰
Arundina graminifolia (D. Don) Hochr.
习　　性：地生草本
海　　拔：400~2800 m
国内分布：福建、广东、广西、贵州、海南、湖南、江西、四川、台湾、西藏、云南、浙江
国外分布：不丹、柬埔寨、老挝、马来西亚、缅甸、尼泊尔、斯里兰卡、泰国、印度、印度尼西亚、越南
濒危等级：LC
CITES 附录：Ⅱ

鸟舌兰属 Ascocentrum Schltr.

鸟舌兰
Ascocentrum ampullaceum (Roxb.) Schltr.
习　　性：附生草本

海　　拔：1100~1500 m
国内分布：云南
国外分布：不丹、老挝、缅甸、尼泊尔、泰国、印度
濒危等级：EN A2c；B1ab（ii，iii，v）
CITES 附录：Ⅱ

高山兰属 Bhutanthera Renz

白边高山兰
Bhutanthera albomarginata（King et Pantl.）Renz
习　　性：地生草本
海　　拔：约 3500 m
国内分布：西藏
国外分布：不丹、尼泊尔
濒危等级：LC
CITES 附录：Ⅱ

高山兰
Bhutanthera alpina（Hand.-Mazz.）Renz
习　　性：地生草本
海　　拔：4200~4300 m
国内分布：云南
国外分布：不丹、印度
濒危等级：NT B1ab（iii，v）+2ab（iii，v）
CITES 附录：Ⅱ

胼胝兰属 Biermannia King et Pantl.

胼胝兰
Biermannia calcarata Aver.
习　　性：附生草本
海　　拔：约 800 m
国内分布：广西
国外分布：越南
濒危等级：VU D2
CITES 附录：Ⅱ

白及属 Bletilla Rchb. f.

小白及
Bletilla formosana（Hayata）Schltr.
习　　性：地生草本
海　　拔：600~3100 m
国内分布：甘肃、广西、贵州、江西、陕西、四川、台湾、云南
国外分布：日本
濒危等级：EN A4c
CITES 附录：Ⅱ
资源利用：环境利用（观赏）

黄花白及
Bletilla ochracea Schltr.
习　　性：地生草本
海　　拔：300~2400 m
国内分布：甘肃、广西、贵州、河南、湖北、湖南、陕西、四川、云南
国外分布：越南
濒危等级：EN A4cd

CITES 附录：Ⅱ
资源利用：环境利用（观赏）

华白及
Bletilla sinensis（Rolfe）Schltr.
习　　性：地生草本
海　　拔：约 1100 m
国内分布：云南
国外分布：缅甸、泰国
濒危等级：EN C2a（i）
CITES 附录：Ⅱ

白及
Bletilla striata（Thunb. ex A. Murray）Rchb. f.
习　　性：地生草本
海　　拔：100~3200 m
国内分布：安徽、福建、甘肃、广东、广西、贵州、湖北、湖南、江苏、江西、陕西、四川、浙江
国外分布：朝鲜、缅甸、日本
濒危等级：EN B1ab（iii）
国家保护：Ⅱ级
CITES 附录：Ⅱ
资源利用：环境利用（观赏）；药用（中草药）

苞叶兰属 Brachycorythis Lindl.

短距苞叶兰
Brachycorythis galeandra（Rchb. f.）Summerh.
习　　性：地生和附生草本
海　　拔：1200~2100 m
国内分布：广东、广西、贵州、湖南、四川、台湾、云南
国外分布：缅甸、泰国、印度、越南
濒危等级：NT B1ab（iii）
CITES 附录：Ⅱ

长叶苞叶兰
Brachycorythis henryi（Schltr.）Summerh.
习　　性：地生和附生草本
海　　拔：500~2300 m
国内分布：贵州、云南
国外分布：缅甸、泰国、越南
濒危等级：EN B1ab（iii）
CITES 附录：Ⅱ

藓兰属 Bryobium Lind.

藓兰
Bryobium pudicum（Ridl.）Y. P. Ng et P. J. Cribb
习　　性：附生草本
海　　拔：约 1500 m
国内分布：云南
国外分布：马来西亚、新加坡
濒危等级：EN A2c
CITES 附录：Ⅱ

石豆兰属 Bulbophyllum Thouars

赤唇石豆兰
Bulbophyllum affine Lindl.

习　　性：附生草本
海　　拔：100～600 m
国内分布：广东、广西、海南、台湾、云南
国外分布：不丹、老挝、尼泊尔、日本、泰国、印度、越南
濒危等级：LC
CITES 附录：II

白毛卷瓣兰
Bulbophyllum albociliatum (T. S. Liu et H. J. Su) Seidenf.

白毛卷瓣兰（原变种）
Bulbophyllum albociliatum var. **albociliatum**
习　　性：附生草本
海　　拔：1300～1800 m
分　　布：台湾
濒危等级：LC
CITES 附录：II

维明石豆兰
Bulbophyllum albociliatum var. **weimingianum** T. P. Lin et Kuo Huang
习　　性：附生草本
分　　布：台湾
濒危等级：LC
CITES 附录：II

芳香石豆兰
Bulbophyllum ambrosia (Hance) Schltr.

芳香石豆兰（原亚种）
Bulbophyllum ambrosia subsp. **ambrosia**
习　　性：附生草本
海　　拔：600～1300 m
国内分布：福建、广东、广西、海南、云南
国外分布：尼泊尔、越南
濒危等级：LC
CITES 附录：II
资源利用：环境利用（观赏）

西南石豆兰
Bulbophyllum ambrosia subsp. **nepalense** J. J. Wood
习　　性：附生草本
海　　拔：1200～1500 m
国内分布：云南
国外分布：尼泊尔
濒危等级：DD
CITES 附录：II

大叶卷瓣兰
Bulbophyllum amplifolium (Rolfe) M. S. Balakr. et Chowdhuri
习　　性：附生草本
海　　拔：1700～2000 m
国内分布：贵州、西藏、云南
国外分布：不丹、缅甸、印度
濒危等级：LC
CITES 附录：II

梳帽卷瓣兰
Bulbophyllum andersonii (Hook. f.) J. J. Sm.
习　　性：附生草本
海　　拔：400～2000 m
国内分布：广西、贵州、四川、云南
国外分布：缅甸、印度、越南
濒危等级：LC
CITES 附录：II

柄叶石豆兰
Bulbophyllum apodum Hook. f.
习　　性：附生草本
海　　拔：约 1000 m
国内分布：云南
国外分布：巴布亚新几内亚、菲律宾、老挝、马来西亚、缅甸、泰国、印度、印度尼西亚、越南
濒危等级：VU A2cd；B1ab (iii, v)
CITES 附录：II

聚花石豆兰
Bulbophyllum aureolabellum T. P. Lin
习　　性：附生草本
海　　拔：400～1500 m
分　　布：台湾、云南
濒危等级：LC
CITES 附录：II

二色卷瓣兰
Bulbophyllum bicolor Lindl.
习　　性：附生草本
海　　拔：100～500 m
分　　布：广东、香港
濒危等级：CR B1ab (ii, v) +2ab (ii, iii, v)
CITES 附录：II

团花石豆兰
Bulbophyllum bittnerianum Schltr.
习　　性：附生草本
海　　拔：约 1700 m
国内分布：云南
国外分布：泰国
濒危等级：EN A2c；B1ab (iii)
CITES 附录：II

波密卷瓣兰
Bulbophyllum bomiensis Z. H. Tsi
习　　性：附生草本
海　　拔：2000～2100 m
分　　布：西藏、云南
濒危等级：EN A2c
CITES 附录：II

短葶卷瓣兰
Bulbophyllum brevipedunculatum T. C. Hsu et S. W. Chung
习　　性：附生草本
海　　拔：1800～2100 m
分　　布：台湾
濒危等级：VU D1
CITES 附录：II

短序石豆兰
Bulbophyllum brevispicatum Z. H. Tsi et S. C. Chen
习　　性：附生草本
海　　拔：1300～1400 m

分　　布：云南
濒危等级：LC
CITES 附录：Ⅱ

尖叶石豆兰
Bulbophyllum cariniflorum Rchb. f.
　　习　　性：附生草本
　　海　　拔：2100~2200 m
　　国内分布：西藏
　　国外分布：不丹、尼泊尔、泰国、印度
　　濒危等级：NT D2
　　CITES 附录：Ⅱ

链状石豆兰
Bulbophyllum catenarium Ridl.
　　习　　性：附生草本
　　海　　拔：2200~2300 m
　　国内分布：云南
　　国外分布：马来西亚、越南
　　濒危等级：DD
　　CITES 附录：Ⅱ

尾萼卷瓣兰
Bulbophyllum caudatum Lindl.
　　习　　性：附生草本
　　海　　拔：800~1000 m
　　国内分布：西藏
　　国外分布：尼泊尔、印度
　　濒危等级：EN B1ab（ii, iii, v）
　　CITES 附录：Ⅱ

茎花石豆兰
Bulbophyllum cauliflorum Hook. f.
　　习　　性：附生草本
　　海　　拔：800~1800 m
　　国内分布：西藏
　　国外分布：印度
　　濒危等级：LC
　　CITES 附录：Ⅱ

中华卷瓣兰
Bulbophyllum chinense(Lindl.) Rchb. f.
　　习　　性：附生草本
　　分　　布：产中国，无详细地点
　　濒危等级：NT A2c
　　CITES 附录：Ⅱ

城口卷瓣兰
Bulbophyllum chondriophorum(Gagnep.) Seidenf.
　　习　　性：附生草本
　　海　　拔：700~1200 m
　　分　　布：重庆、陕西、四川
　　濒危等级：VU B2ab（ii, iii, v）
　　CITES 附录：Ⅱ

环唇石豆兰
Bulbophyllum corallinum Tixier et Guillaumin
　　习　　性：附生草本
　　海　　拔：1100~1600 m
　　国内分布：云南
　　国外分布：缅甸、泰国、越南
　　濒危等级：LC
　　CITES 附录：Ⅱ

短耳石豆兰
Bulbophyllum crassipes Hook. f.
　　习　　性：附生草本
　　海　　拔：1100~1200 m
　　国内分布：云南
　　国外分布：不丹、马来西亚、缅甸、泰国、印度
　　濒危等级：LC
　　CITES 附录：Ⅱ

大苞石豆兰
Bulbophyllum cylindraceum Lindl.
　　习　　性：附生草本
　　海　　拔：1400~2400 m
　　国内分布：云南
　　国外分布：缅甸、印度
　　濒危等级：NT A2ac
　　CITES 附录：Ⅱ

直唇卷瓣兰
Bulbophyllum delitescens Hance
　　习　　性：附生草本
　　海　　拔：1000~2000 m
　　国内分布：福建、广东、海南、西藏、云南
　　国外分布：印度、越南
　　濒危等级：VU A2ac；B1ab（iii）
　　CITES 附录：Ⅱ

戟唇石豆兰
Bulbophyllum depressum King et Pantl.
　　习　　性：附生草本
　　海　　拔：400~600 m
　　国内分布：广东、海南、云南
　　国外分布：泰国、印度
　　濒危等级：VU A2c
　　CITES 附录：Ⅱ

拟泰国卷瓣兰
Bulbophyllum didymotropis Seidenf.
　　习　　性：附生草本
　　国内分布：云南
　　国外分布：泰国
　　濒危等级：EN D1+2
　　CITES 附录：Ⅱ

圆叶石豆兰
Bulbophyllum drymoglossum Maxim. ex M. Okubo
　　习　　性：附生草本
　　海　　拔：300~2400 m
　　国内分布：广东、广西、台湾、云南
　　国外分布：朝鲜、日本
　　濒危等级：LC
　　CITES 附录：Ⅱ
　　资源利用：环境利用（观赏）

独龙江石豆兰
Bulbophyllum dulongjiangense X. H. Jin
　　习　　性：附生草本
　　分　　布：云南

濒危等级：EN A2c；D
CITES 附录：II

高茎卷瓣兰
Bulbophyllum elatum (Hook. f.) J. J. Sm.
习　　性：附生草本
海　　拔：2200~2500 m
国内分布：西藏、云南
国外分布：不丹、尼泊尔、印度、越南
濒危等级：VU A2c；B1ab（iii，v）
CITES 附录：II

匍茎卷瓣兰
Bulbophyllum emarginatum (Finet) J. J. Sm.
习　　性：附生草本
海　　拔：800~2200 m
国内分布：西藏、云南
国外分布：不丹、缅甸、尼泊尔、印度、越南
濒危等级：LC
CITES 附录：II

墨脱石豆兰
Bulbophyllum eublepharum Rchb. f.
习　　性：附生草本
海　　拔：2000~2100 m
国内分布：西藏、云南
国外分布：不丹、印度
濒危等级：NT A2ac
CITES 附录：II

麻栗坡卷瓣兰
Bulbophyllum farreri (W. W. Smith) Seidenf.
习　　性：附生草本
海　　拔：约 1000 m
国内分布：云南
国外分布：缅甸、越南
濒危等级：LC
CITES 附录：II

钝萼卷瓣兰
Bulbophyllum fimbriperianthium W. M. Lin, L. L. Huang et T. P. Lin
习　　性：附生草本
海　　拔：1300~1400 m
分　　布：台湾
濒危等级：CR D
CITES 附录：II

狭唇卷瓣兰
Bulbophyllum fordii (Rolfe) J. J. Sm.
习　　性：附生草本
海　　拔：海平面至 3000 m
分　　布：广东、云南
濒危等级：EN B2ab（ii，v）
CITES 附录：II

尖角卷瓣兰
Bulbophyllum forrestii Seidenf.
习　　性：附生草本
海　　拔：1800~2000 m
国内分布：云南
国外分布：缅甸、泰国
濒危等级：LC
CITES 附录：II

富宁卷瓣兰
Bulbophyllum funingense Z. H. Tsi et Chen
习　　性：附生草本
海　　拔：约 1000 m
国内分布：云南
国外分布：越南
濒危等级：EN A2cd；B1ab（i，iii）+2ab（ii，v）
CITES 附录：II

贡山卷瓣兰
Bulbophyllum gongshanense Z. H. Tsi
习　　性：附生草本
海　　拔：约 2000 m
分　　布：云南
濒危等级：DD
CITES 附录：II

短齿石豆兰
Bulbophyllum griffithii (Lindl.) Rchb. f.
习　　性：附生草本
海　　拔：1000~1700 m
国内分布：台湾、云南
国外分布：不丹、尼泊尔、印度、越南
濒危等级：NT A2ac
CITES 附录：II

钻齿卷瓣兰
Bulbophyllum guttulatum (Hook. f.) Balakr.
习　　性：附生草本
海　　拔：800~1800 m
国内分布：西藏
国外分布：不丹、尼泊尔、印度、越南
濒危等级：LC
CITES 附录：II

线瓣石豆兰
Bulbophyllum gymnopus Hook. f.
习　　性：附生草本
海　　拔：600~2000 m
国内分布：云南
国外分布：不丹、泰国、印度
濒危等级：VU A2c；B1ab（iii，v）
CITES 附录：II

海南石豆兰
Bulbophyllum hainanense Z. H. Tsi
习　　性：附生草本
海　　拔：约 500 m
分　　布：海南
濒危等级：EN B1ab（v）
CITES 附录：II

飘带石豆兰
Bulbophyllum haniffii Carrière
习　　性：附生草本
海　　拔：约 1700 m

国内分布：云南
国外分布：老挝、马来西亚、缅甸、泰国
濒危等级：VU A2c
CITES 附录：Ⅱ

角萼卷瓣兰
Bulbophyllum helenae (Kuntze) J. J. Sm.
习　　性：附生草本
海　　拔：600~2300 m
国内分布：云南
国外分布：不丹、缅甸、尼泊尔、印度
濒危等级：VU A2c；B2ab（ii, iii, v）
CITES 附录：Ⅱ

河南卷瓣兰
Bulbophyllum henanense J. L. Lu
习　　性：附生草本
海　　拔：800~1100 m
分　　布：河南
濒危等级：VU A2c；B1ab（i, iii, v）
CITES 附录：Ⅱ

落叶石豆兰
Bulbophyllum hirtum (J. E. Sm.) Lindl.
习　　性：附生草本
海　　拔：约 1800 m
国内分布：云南
国外分布：缅甸、尼泊尔、泰国、印度、越南
濒危等级：NT A2ac
CITES 附录：Ⅱ

莲花卷瓣兰
Bulbophyllum hirundinis (Gagnep.) Seidenf.
习　　性：附生草本
海　　拔：500~3000 m
国内分布：安徽、广西、海南、台湾、云南
国外分布：越南
濒危等级：NT A2ac
CITES 附录：Ⅱ

穗花卷瓣兰
Bulbophyllum insulsoides Seidenf.
习　　性：附生草本
海　　拔：1000~2000 m
分　　布：台湾
濒危等级：NT A1c
CITES 附录：Ⅱ

瘤唇卷瓣兰
Bulbophyllum japonicum (Makino) Makino
习　　性：附生草本
海　　拔：600~1500 m
国内分布：福建、广东、广西、湖南、台湾
国外分布：日本
濒危等级：LC
CITES 附录：Ⅱ

白花卷瓣兰
Bulbophyllum khaoyaiense Seidenf.
习　　性：附生草本
海　　拔：约 1400 m
国内分布：云南
国外分布：泰国
濒危等级：EN B1ab（iii）
CITES 附录：Ⅱ

卷苞石豆兰
Bulbophyllum khasyanum Griff.
习　　性：附生草本
海　　拔：2000 m
国内分布：云南
国外分布：不丹、马来西亚、泰国、印度、越南
濒危等级：NT A2ac
CITES 附录：Ⅱ

台南卷瓣兰
Bulbophyllum kuanwuensis S. W. Chung et T. C. Hsu
习　　性：附生草本
海　　拔：约 2000 m
分　　布：台湾
濒危等级：LC
CITES 附录：Ⅱ

广东石豆兰
Bulbophyllum kwangtungense Schltr.
习　　性：附生草本
海　　拔：800~1200 m
分　　布：福建、广东、广西、贵州、湖北、湖南、江西、云南、浙江
濒危等级：LC
CITES 附录：Ⅱ

乐东石豆兰
Bulbophyllum ledungense Tang et F. T. Wang
习　　性：附生草本
海　　拔：500~1600 m
分　　布：海南
濒危等级：DD
CITES 附录：Ⅱ

短葶石豆兰
Bulbophyllum leopardinum (Wall.) Lindl.
习　　性：附生草本
海　　拔：1300~3300 m
国内分布：西藏、云南
国外分布：不丹、老挝、缅甸、尼泊尔、印度、越南
濒危等级：VU D2
CITES 附录：Ⅱ

南方卷瓣兰
Bulbophyllum lepidum (Blume) J. J. Smith
习　　性：附生草本
海　　拔：约 900 m
国内分布：海南
国外分布：柬埔寨、老挝、马来西亚、泰国、印度尼西亚、越南
濒危等级：DD
CITES 附录：Ⅱ

齿瓣石豆兰
Bulbophyllum levinei Schltr.
习　　性：附生草本
海　　拔：约 800 m
国内分布：福建、广东、广西、湖南、江西、香港、云南、浙江
国外分布：越南
濒危等级：LC
CITES 附录：Ⅱ

长臂卷瓣兰
Bulbophyllum longibrachiatum Z. H. Tsi
习　　性：附生草本
海　　拔：1300~1600 m
国内分布：云南
国外分布：越南
濒危等级：EN B1ab（iii）
CITES 附录：Ⅱ

副萼石豆兰
Bulbophyllum maanshanense Z. J. Liu, L. J. Chen et W. H. Rao
习　　性：附生草本
分　　布：云南
濒危等级：DD
CITES 附录：Ⅱ

乌来卷瓣兰
Bulbophyllum macraei（Lindl.）Rchb. f.
习　　性：附生草本
海　　拔：500~1000 m
国内分布：台湾
国外分布：日本、斯里兰卡、印度、越南
濒危等级：LC
CITES 附录：Ⅱ

紫纹卷瓣兰
Bulbophyllum melanoglossum Hayata
习　　性：附生草本
海　　拔：400~1800 m
分　　布：福建、海南、台湾
濒危等级：LC
CITES 附录：Ⅱ

勐海石豆兰
Bulbophyllum menghaiense Z. H. Tsi
习　　性：附生草本
海　　拔：约 1500 m
分　　布：云南
濒危等级：CR B1ab（ii，iii）
CITES 附录：Ⅱ

勐仑石豆兰
Bulbophyllum menlunense Z. H. Tsi et Y. Z. Ma
习　　性：附生草本
海　　拔：约 800 m
分　　布：云南
濒危等级：EN B1ab（iii）
CITES 附录：Ⅱ

钩梗石豆兰
Bulbophyllum nigrescens Rolfe
习　　性：附生草本
海　　拔：700~1800 m
国内分布：云南
国外分布：泰国、越南
濒危等级：NT A2c
CITES 附录：Ⅱ

黑瓣石豆兰
Bulbophyllum nigripetalum Rolfe
习　　性：附生草本
海　　拔：1000~1300 m
国内分布：云南
国外分布：泰国
濒危等级：EN A2c
CITES 附录：Ⅱ
资源利用：环境利用（观赏）

拟泰国石兰豆
Bulbophyllum nipondhii Seidenf.
习　　性：附生草本
国内分布：云南
国外分布：泰国
濒危等级：DD
CITES 附录：Ⅱ

密花石豆兰
Bulbophyllum odoratissimum（J. E. Sm.）Lindl.
习　　性：附生草本
海　　拔：200~2400 m
国内分布：福建、广东、广西、四川、西藏、香港、云南
国外分布：不丹、老挝、缅甸、尼泊尔、泰国、印度、越南
濒危等级：LC
CITES 附录：Ⅱ
资源利用：药用（中草药）

毛药卷瓣兰
Bulbophyllum omerandrum Hayata
习　　性：附生草本
海　　拔：1000~2000 m
分　　布：福建、广东、广西、湖北、湖南、台湾、浙江
濒危等级：NT A2c
CITES 附录：Ⅱ
资源利用：药用（中草药）

麦穗石豆兰
Bulbophyllum orientale Seidenf.
习　　性：附生草本
海　　拔：1000~2000 m
国内分布：云南
国外分布：泰国、越南
濒危等级：LC
CITES 附录：Ⅱ

德钦石豆兰
Bulbophyllum otoglossum Tuyama
习　　性：附生草本

海　　拔：约 2600 m
国内分布：云南
国外分布：尼泊尔、印度
濒危等级：EN B1ab（iii）
CITES 附录：Ⅱ

卵叶石豆兰
Bulbophyllum ovalifolium(Blume)Lindl.
习　　性：附生草本
海　　拔：约 2400 m
国内分布：云南
国外分布：马来西亚、泰国、印度尼西亚
濒危等级：NT A2c
CITES 附录：Ⅱ

白花石豆兰
Bulbophyllum pauciflorum Ames
习　　性：附生草本
海　　拔：300~1400 m
分　　布：海南、台湾
濒危等级：EN B1ab（i, iii, v）
CITES 附录：Ⅱ

斑唇卷瓣兰
Bulbophyllum pecten-veneris(Gagnep.)Seidenf.
习　　性：附生草本
海　　拔：1600 m 以下
国内分布：安徽、福建、广西、海南、湖北、台湾、香港
国外分布：老挝、越南
濒危等级：LC
CITES 附录：Ⅱ

长足石豆兰
Bulbophyllum pectinatum Finet
习　　性：附生草本
海　　拔：1000~2700 m
国内分布：台湾、云南
国外分布：缅甸、泰国、印度、越南
濒危等级：VU A2ac；B1ab（ii, iii）
CITES 附录：Ⅱ

彩色卷瓣兰
Bulbophyllum picturatum(Lodd.)Rchb. f.
习　　性：附生草本
海　　拔：约 1100 m
国内分布：云南
国外分布：缅甸、泰国、印度、越南
濒危等级：EN B2ac（ii, iii）
CITES 附录：Ⅱ

屏东卷瓣兰
Bulbophyllum pingtungense S. S. Ying et C. Chen
习　　性：附生草本
海　　拔：100~400 m
分　　布：台湾
濒危等级：DD
CITES 附录：Ⅱ

锥茎石豆兰
Bulbophyllum polyrrhizum Lindl.
习　　性：附生草本
海　　拔：900~1400 m
国内分布：云南
国外分布：缅甸、尼泊尔、泰国、印度
濒危等级：DD
CITES 附录：Ⅱ

版纳石豆兰
Bulbophyllum protractum Hook. f.
习　　性：附生草本
国内分布：云南
国外分布：缅甸、泰国、印度
濒危等级：NT D2
CITES 附录：Ⅱ

滇南石豆兰
Bulbophyllum psittacoglossum Rchb. f.
习　　性：附生草本
海　　拔：1100~1700 m
国内分布：云南
国外分布：缅甸、泰国、越南
濒危等级：VU A2c
CITES 附录：Ⅱ

曲萼石豆兰
Bulbophyllum pteroglossum Schltr.
习　　性：附生草本
海　　拔：约 1400 m
国内分布：云南
国外分布：不丹、缅甸、印度
濒危等级：VU B1ab（ii, iii）
CITES 附录：Ⅱ

浙杭卷瓣兰
Bulbophyllum quadrangulum Z. H. Tsi
习　　性：附生草本
海　　拔：700 m
分　　布：浙江
濒危等级：VU B1ab（i, iii）
CITES 附录：Ⅱ

球花石豆兰
Bulbophyllum repens Griff.
习　　性：附生草本
海　　拔：500~600 m
国内分布：海南
国外分布：印度、越南
濒危等级：LC
CITES 附录：Ⅱ

伏生石豆兰
Bulbophyllum reptans(Lindl.)Lindl.
习　　性：附生草本
海　　拔：1000~2800 m
国内分布：广西、贵州、海南、西藏、云南
国外分布：不丹、缅甸、尼泊尔、印度、越南
濒危等级：LC
CITES 附录：Ⅱ
资源利用：环境利用（观赏）

藓叶卷瓣兰
Bulbophyllum retusiusculum Rchb. f.
习　　性：附生草本
海　　拔：500~2800 m
国内分布：甘肃、贵州、海南、湖南、四川、台湾、西藏、云南
国外分布：不丹、老挝、马来西亚、缅甸、尼泊尔、泰国、印度、越南
濒危等级：LC
CITES 附录：Ⅱ

高山卷瓣兰
Bulbophyllum rolfei(Kuntze)Seidenf.
习　　性：附生草本
海　　拔：2400~2500 m
国内分布：云南
国外分布：尼泊尔、印度
濒危等级：NT B1ab（iii，v）
CITES 附录：Ⅱ

美花卷瓣兰
Bulbophyllum rothschildianum(O'Brien)J. J. Sm.
习　　性：附生草本
海　　拔：1500~1600 m
国内分布：云南
国外分布：印度
濒危等级：CR A2c；B1ab（ii，v）+2ab（ii，iii，v）
国家保护：Ⅱ级
CITES 附录：Ⅱ
资源利用：环境利用（观赏）

红心石豆兰
Bulbophyllum rubrolabellum T. P. Lin
习　　性：附生草本
海　　拔：700~1800 m
分　　布：台湾、云南
濒危等级：VU B2ab（v）
CITES 附录：Ⅱ

窄苞石豆兰
Bulbophyllum rufinum Rchb. f.
习　　性：附生草本
海　　拔：800~900 m
国内分布：云南
国外分布：老挝、缅甸、泰国、越南
濒危等级：VU A2c；B1ab（ii，iii，v）
CITES 附录：Ⅱ

囊唇石豆兰
Bulbophyllum scaphiforme J. J. Vermeulen
习　　性：附生草本
海　　拔：1100~1400 m
国内分布：云南
国外分布：泰国、越南
濒危等级：DD
CITES 附录：Ⅱ

少花石豆兰
Bulbophyllum secundum Hook. f.
习　　性：附生草本
海　　拔：1200~2500 m
国内分布：云南
国外分布：缅甸、尼泊尔、泰国、印度、越南
濒危等级：CR B1ab（iii）
CITES 附录：Ⅱ

鹳冠卷瓣兰
Bulbophyllum setaceum T. P. Lin
习　　性：附生草本
海　　拔：1500~2400 m
分　　布：台湾
濒危等级：NT A1c
CITES 附录：Ⅱ

二叶石豆兰
Bulbophyllum shanicum King et Pantl.
习　　性：附生草本
海　　拔：1800~1900 m
国内分布：云南
国外分布：缅甸
濒危等级：VU B1ab（ii，v）
CITES 附录：Ⅱ
资源利用：环境利用（观赏）

伞花石豆兰
Bulbophyllum shweliense W. W. Sm.
习　　性：附生草本
海　　拔：1300~2100 m
国内分布：广东、云南
国外分布：泰国、越南
濒危等级：NT A2ac
CITES 附录：Ⅱ
资源利用：环境利用（观赏）

匙萼卷瓣兰
Bulbophyllum spathulatum(Rolfe ex Cooper)Seidenf.
习　　性：附生草本
海　　拔：800~900 m
国内分布：云南
国外分布：老挝、缅甸、泰国、印度、越南
濒危等级：VU A2c+3c；B1ab（ii，iii）
CITES 附录：Ⅱ

球茎卷瓣兰
Bulbophyllum sphaericum Z. H. Tsi et H. Li
习　　性：附生草本
分　　布：四川、云南
濒危等级：EN B1ab（iii）
CITES 附录：Ⅱ

短足石豆兰
Bulbophyllum stenobulbon E. C. Parish et Rchb. f.
习　　性：附生草本
海　　拔：1200~2100 m
国内分布：广东、贵州、香港、云南
国外分布：不丹、老挝、缅甸、泰国、印度、越南
濒危等级：VU A2ac；B2ab（ii，v）
CITES 附录：Ⅱ

细柄石豆兰
Bulbophyllum striatum (Griff.) Rchb. f.
习　　性：附生草本
海　　拔：1000~2300 m
国内分布：云南
国外分布：不丹、尼泊尔、泰国、印度、越南
濒危等级：VU A2cd；B1ab（i，iii）+2ab（ii，v）
CITES 附录：Ⅱ

直葶石豆兰
Bulbophyllum suavissimum Rolfe
习　　性：附生草本
海　　拔：约 900 m
国内分布：云南
国外分布：印度、越南
濒危等级：EN A2cd
CITES 附录：Ⅱ

聚株石豆兰
Bulbophyllum sutepense (Rolfe ex Downie) Seidenf. et Smitinand
习　　性：附生草本
海　　拔：1200~1600 m
国内分布：云南
国外分布：老挝、泰国
濒危等级：VU A2cd
CITES 附录：Ⅱ

带叶卷瓣兰
Bulbophyllum taeniophyllum E. C. Parish et Rchb. f.
习　　性：附生草本
海　　拔：约 800 m
国内分布：云南
国外分布：老挝、马来西亚、缅甸、泰国、印度尼西亚、越南
濒危等级：VU A2cd；B1ab（i，iii）+2ab（ii，v）
CITES 附录：Ⅱ

台湾卷瓣兰
Bulbophyllum taiwanense (Fukuy.) Seidenf.
习　　性：附生草本
海　　拔：1000 m 以下
分　　布：台湾
濒危等级：NT
CITES 附录：Ⅱ

云北石豆兰
Bulbophyllum tengchongense Z. H. Tsi
习　　性：附生草本
海　　拔：约 2000 m
分　　布：云南
濒危等级：EN B1ab（i，v）
CITES 附录：Ⅱ

天贵卷瓣兰
Bulbophyllum tianguii K. Y. Lang et D. Luo
习　　性：附生草本
海　　拔：900~1000 m
分　　布：广西
濒危等级：NT B1ab（i，iii）

CITES 附录：Ⅱ

虎斑卷瓣兰
Bulbophyllum tigridum Hance
习　　性：附生草本
海　　拔：约 800 m
分　　布：广东
濒危等级：DD
CITES 附录：Ⅱ

小叶石豆兰
Bulbophyllum tokioi Fukuy.
习　　性：附生草本
海　　拔：600~800 m
分　　布：台湾
濒危等级：NT A2c
CITES 附录：Ⅱ

球茎石豆兰
Bulbophyllum triste Rchb. f.
习　　性：附生草本
海　　拔：800~1800 m
国内分布：云南
国外分布：缅甸、尼泊尔、泰国、印度
濒危等级：EN D
CITES 附录：Ⅱ

香港卷瓣兰
Bulbophyllum tseanum (S. Y. Hu et Barretto) Z. H. Tsi
习　　性：附生草本
分　　布：香港
濒危等级：EN B2ab（ii，iii，v）
CITES 附录：Ⅱ

伞花卷瓣兰
Bulbophyllum umbellatum Lindl.
习　　性：附生草本
海　　拔：1000~2200 m
国内分布：贵州、四川、台湾、西藏、云南
国外分布：不丹、缅甸、尼泊尔、泰国、印度、越南
濒危等级：LC
CITES 附录：Ⅱ

直立卷瓣兰
Bulbophyllum unciniferum Seidenf.
习　　性：附生草本
海　　拔：1100~1500 m
国内分布：云南
国外分布：泰国
濒危等级：VU A2c
CITES 附录：Ⅱ

等萼卷瓣兰
Bulbophyllum violaceolabellum Seidenf.
习　　性：附生草本
海　　拔：约 700 m
国内分布：云南
国外分布：老挝
濒危等级：EN B1ab（i，iii，v）

CITES 附录：Ⅱ

双叶卷瓣兰
Bulbophyllum wallichii (Lindl.) Rchb. f.
- 习　　性：附生草本
- 海　　拔：1400～1500 m
- 国内分布：云南
- 国外分布：不丹、缅甸、尼泊尔、泰国、越南、印度
- 濒危等级：VU A2c
- CITES 附录：Ⅱ

五指山石豆兰
Bulbophyllum wuzhishanense X. H. Jin
- 习　　性：附生草本
- 海　　拔：约 1800 m
- 分　　布：海南
- 濒危等级：VU C1
- CITES 附录：Ⅱ

革叶石豆兰
Bulbophyllum xylophyllum Par. et Rchb. f.
- 习　　性：附生草本
- 国内分布：贵州
- 国外分布：不丹、缅甸、印度、越南
- 濒危等级：EN B1ab (ⅲ)
- CITES 附录：Ⅱ

云南石豆兰
Bulbophyllum yunnanense Rolfe
- 习　　性：附生草本
- 海　　拔：1400～2900 m
- 国内分布：云南
- 国外分布：不丹、尼泊尔
- 濒危等级：DD
- CITES 附录：Ⅱ

蜂腰兰属 Bulleyia Schltr.

蜂腰兰
Bulleyia yunnanensis Schltr.
- 习　　性：附生或岩生草本
- 海　　拔：700～2700 m
- 国内分布：云南
- 国外分布：不丹、缅甸、印度
- 濒危等级：EN A4c
- CITES 附录：Ⅱ

虾脊兰属 Calanthe R. Br.

白花长距虾脊兰
Calanthe × dominyi Lindl.
- 习　　性：地生草本
- 海　　拔：500～1300 m
- 分　　布：台湾
- 濒危等级：DD
- CITES 附录：Ⅱ

辐射虾脊兰
Calanthe actinomorpha Fukuy.
- 习　　性：地生草本
- 海　　拔：800～1000 m
- 分　　布：台湾
- 濒危等级：NT B1ab (ⅲ) +2ab (ⅲ)
- CITES 附录：Ⅱ

泽泻虾脊兰
Calanthe alismatifolia Lindl.
- 习　　性：地生草本
- 海　　拔：700～2100 m
- 国内分布：广西、贵州、河北、湖南、四川、台湾、西藏、云南、浙江
- 国外分布：不丹、日本、印度、越南
- 濒危等级：LC
- CITES 附录：Ⅱ

长柄虾脊兰
Calanthe alleizettei Gagnep.
- 习　　性：地生草本
- 海　　拔：1600～1700 m
- 国内分布：云南
- 国外分布：越南
- 濒危等级：EN A2c；B1ab (ⅰ, ⅲ)
- CITES 附录：Ⅱ

流苏虾脊兰
Calanthe alpina Hook. f. ex Lindl.
- 习　　性：地生草本
- 海　　拔：1500～3500 m
- 国内分布：甘肃、陕西、四川、台湾、西藏、云南
- 国外分布：不丹、尼泊尔、日本、印度
- 濒危等级：LC
- CITES 附录：Ⅱ

狭叶虾脊兰
Calanthe angustifolia (Blume) Lindl.
- 习　　性：地生草本
- 海　　拔：1000～1500 m
- 国内分布：广东、海南、台湾
- 国外分布：菲律宾、马来西亚、印度尼西亚
- 濒危等级：NT A2c
- CITES 附录：Ⅱ

弧距虾脊兰
Calanthe arcuata Rolfe
- 习　　性：地生草本
- 海　　拔：1400～3100 m
- 国内分布：西藏、云南
- 国外分布：缅甸、印度
- 濒危等级：VU A2c
- CITES 附录：Ⅱ
- 资源利用：环境利用（观赏）

银带虾脊兰
Calanthe argenteostriata C. Z. Tang et S. J. Cheng
- 习　　性：地生草本
- 海　　拔：500～1200 m
- 国内分布：广东、广西、贵州、云南

国外分布：越南
濒危等级：LC
CITES 附录：Ⅱ
资源利用：环境利用（观赏）

台湾虾脊兰
Calanthe arisanensis Hayata
习　　性：地生草本
海　　拔：1000～2000 m
分　　布：台湾
濒危等级：LC
CITES 附录：Ⅱ

翘距虾脊兰
Calanthe aristulifera Rchb. f.
习　　性：地生草本
海　　拔：1500～2500 m
国内分布：福建、广东、广西、台湾
国外分布：日本
濒危等级：NT A2c
CITES 附录：Ⅱ
资源利用：环境利用（观赏）

二裂虾脊兰
Calanthe biloba Lindl.
习　　性：地生草本
海　　拔：约 1800 m
国内分布：云南
国外分布：不丹、缅甸、尼泊尔、印度
濒危等级：VU A2c；B1ab（iii）
CITES 附录：Ⅱ

大序虾脊兰
Calanthe bingtaoi J. W. Zhai, F. W. Xing et Z. J. Liu
习　　性：地生草本
分　　布：云南
濒危等级：LC
CITES 附录：Ⅱ

肾唇虾脊兰
Calanthe brevicornu Lindl.
习　　性：地生草本
海　　拔：1600～3100 m
国内分布：广西、湖北、四川、西藏、云南
国外分布：不丹、缅甸、尼泊尔、印度
濒危等级：LC
CITES 附录：Ⅱ

棒距虾脊兰
Calanthe clavata Lindl.
习　　性：地生草本
海　　拔：800～1300 m
国内分布：福建、广东、广西、西藏、云南
国外分布：缅甸、泰国、印度、越南
濒危等级：LC
CITES 附录：Ⅱ
资源利用：环境利用（观赏）

剑叶虾脊兰
Calanthe davidii Franch.
习　　性：地生草本
海　　拔：500～3300 m
国内分布：甘肃、贵州、湖北、湖南、陕西、四川、台湾、西藏、云南
国外分布：尼泊尔、日本、印度、越南
濒危等级：LC
CITES 附录：Ⅱ
资源利用：环境利用（观赏）

少花虾脊兰
Calanthe delavayi Finet
习　　性：陆生草本
海　　拔：2700～3450 m
分　　布：甘肃、四川、西藏、云南
濒危等级：LC
CITES 附录：Ⅱ

密花虾脊兰
Calanthe densiflora Lindl.
习　　性：地生草本
海　　拔：1000～3000 m
国内分布：广东、广西、海南、四川、台湾、西藏、云南
国外分布：不丹、印度、越南
濒危等级：LC
CITES 附录：Ⅱ
资源利用：环境利用（观赏）

虾脊兰
Calanthe discolor Lindl.
习　　性：地生草本
海　　拔：800～1500 m
国内分布：安徽、福建、广东、贵州、湖北、湖南、江苏、江西、香港、浙江
国外分布：韩国、日本
濒危等级：LC
CITES 附录：Ⅱ
资源利用：环境利用（观赏）；药用（中草药）

独龙虾脊兰
Calanthe dulongensis H. Li, R. Li et Z. L. Dao
习　　性：地生草本
海　　拔：1900～2300 m
分　　布：云南
濒危等级：CR B1ab（iii）
国家保护：Ⅱ级
CITES 附录：Ⅱ

天全虾脊兰
Calanthe ecarinata Rolfe
习　　性：地生草本
海　　拔：2400～2500 m
分　　布：四川
濒危等级：EN B1ab（i, iii, v）
CITES 附录：Ⅱ

峨眉虾脊兰
Calanthe emeishanica K. Y. Lang et Z. H. Tsi
习　　性：地生草本
海　　拔：约 2000 m
分　　布：四川

濒危等级：CR B1ab（iii）
CITES 附录： II

天府虾脊兰
Calanthe fargesii Finet
- 习　　性：地生草本
- 海　　拔：1300~1700 m
- 分　　布：重庆、甘肃、贵州、四川
- 濒危等级：NT
- **CITES 附录：** II

福贡虾脊兰
Calanthe fugongensis X. H. Jin et S. C. Chen
- 习　　性：地生草本
- 海　　拔：2400~3000 m
- 分　　布：云南
- 濒危等级：EN A2c
- **CITES 附录：** II

钩距虾脊兰
Calanthe graciliflora Hayata
- 习　　性：地生草本
- 海　　拔：600~2400 m
- 分　　布：安徽、福建、广东、广西、贵州、湖北、湖南、江西、四川、台湾、香港、云南、浙江
- 濒危等级：NT A2ac
- **CITES 附录：** II

通麦虾脊兰
Calanthe griffithii Lindl.
- 习　　性：地生草本
- 海　　拔：约 2000 m
- 国内分布：西藏
- 国外分布：不丹、缅甸、印度
- 濒危等级：VU B1ab（iii, v）
- **CITES 附录：** II

叉唇虾脊兰
Calanthe hancockii Rolfe
- 习　　性：地生草本
- 海　　拔：1000~3600 m
- 分　　布：广西、四川、云南
- 濒危等级：LC
- **CITES 附录：** II

疏花虾脊兰
Calanthe henryi Rolfe
- 习　　性：地生草本
- 海　　拔：1600~2100 m
- 分　　布：湖北、四川
- 濒危等级：VU B1ab（iii）
- **CITES 附录：** II

西南虾脊兰
Calanthe herbacea Lindl.
- 习　　性：地生草本
- 海　　拔：1500~2100 m
- 国内分布：广西、西藏、云南
- 国外分布：印度、越南
- 濒危等级：VU A2c
- **CITES 附录：** II

葫芦茎虾脊兰
Calanthe labrosa（Rchb. f.）Rchb. f.
- 习　　性：地生草本
- 海　　拔：800~1200 m
- 国内分布：云南
- 国外分布：缅甸、泰国
- 濒危等级：VU B2ab（ii, iii, iv, v）
- **CITES 附录：** II

乐昌虾脊兰
Calanthe lechangensis Z. H. Tsi et Tang
- 习　　性：地生草本
- 海　　拔：1000~1300 m
- 分　　布：广东
- 濒危等级：EN B1ab（i, iii, v）
- **CITES 附录：** II

开唇虾脊兰
Calanthe limprichtii Schltr.
- 习　　性：地生草本
- 海　　拔：约 1500 m
- 分　　布：四川
- 濒危等级：CR D
- **CITES 附录：** II

南方虾脊兰
Calanthe lyroglossa Rchb. f.
- 习　　性：地生草本
- 海　　拔：1500 m 以下
- 国内分布：海南、台湾
- 国外分布：菲律宾、柬埔寨、老挝、马来西亚、缅甸、日本、泰国、印度、越南
- 濒危等级：LC
- **CITES 附录：** II

细花虾脊兰
Calanthe mannii Hook. f.
- 习　　性：地生草本
- 海　　拔：1300~2400 m
- 国内分布：广东、广西、贵州、湖北、湖南、江西、四川、西藏、云南
- 国外分布：不丹、缅甸、尼泊尔、印度、越南
- 濒危等级：LC
- **CITES 附录：** II
- 资源利用：环境利用（观赏）

长距虾脊兰
Calanthe masuca（D. Don）Lindl.
- 习　　性：地生草本
- 海　　拔：800~2000 m
- 国内分布：广东、广西、湖南、台湾、西藏、云南
- 国外分布：不丹、马来西亚、缅甸、尼泊尔、日本、斯里兰卡、泰国、印度、印度尼西亚、越南
- 濒危等级：LC
- **CITES 附录：** II

资源利用：环境利用（观赏）

墨脱虾脊兰
Calanthe metoensis Z. H. Tsi et K. Y. Lang
习　　性：地生草本
海　　拔：2200~2300 m
国内分布：西藏、云南
国外分布：缅甸
濒危等级：NT A2c；B1ab（iii）
CITES 附录：II

南昆虾脊兰
Calanthe nankunensis Z. H. Tsi
习　　性：地生草本
分　　布：广东
濒危等级：CR B1ab（ii, iii, v）
CITES 附录：II

戟形虾脊兰
Calanthe nipponica Makino
习　　性：地生草本
海　　拔：约 2600 m
国内分布：西藏
国外分布：日本
濒危等级：EN A2c；B1ab（iii）
CITES 附录：II

香花虾脊兰
Calanthe odora Griff.
习　　性：地生草本
海　　拔：700~1300 m
国内分布：广西、贵州、云南
国外分布：不丹、柬埔寨、老挝、孟加拉国、泰国、印度、越南
濒危等级：NT A2c
CITES 附录：II

圆唇虾脊兰
Calanthe petelotiana Gagnep.
习　　性：地生草本
海　　拔：约 1700 m
国内分布：贵州、云南
国外分布：越南
濒危等级：EN B1ab（iii）
CITES 附录：II

车前虾脊兰
Calanthe plantaginea Lindl.

车前虾脊兰（原变种）
Calanthe plantaginea var. **plantaginea**
习　　性：地生草本
海　　拔：1800~2200 m
国内分布：西藏、云南
国外分布：不丹、克什米尔地区、尼泊尔、印度
濒危等级：VU A2c；B1ab（iii）
CITES 附录：II

泸水车前虾脊兰
Calanthe plantaginea var. **lushuiensis** K. Y. Lang et Z. H. Tsi
习　　性：地生草本
海　　拔：约 2500 m
分　　布：云南
濒危等级：LC
CITES 附录：II

镰萼虾脊兰
Calanthe puberula Lindl.
习　　性：地生草本
海　　拔：1200~3000 m
国内分布：西藏、云南
国外分布：不丹、尼泊尔、日本、印度、越南
濒危等级：LC
CITES 附录：II

反瓣虾脊兰
Calanthe reflexa Maxim.
习　　性：地生草本
海　　拔：600~2500 m
国内分布：安徽、广东、广西、贵州、湖北、湖南、江西、四川、台湾、云南、浙江
国外分布：朝鲜、日本
濒危等级：LC
CITES 附录：II
资源利用：环境利用（观赏）

囊爪虾脊兰
Calanthe sacculata Schltr.
习　　性：地生草本
海　　拔：1800 m
分　　布：重庆、贵州
濒危等级：CR D
CITES 附录：II

大黄花虾脊兰
Calanthe sieboldii Decne. ex Regel
习　　性：地生草本
海　　拔：1200~1500 m
国内分布：湖南、台湾
国外分布：朝鲜、日本
濒危等级：CR B1ab（iii）
国家保护：I 级
CITES 附录：II

异大黄花虾脊兰
Calanthe sieboldopsis B. Y. Yang et B. Li
习　　性：地生草本
海　　拔：300~1500 m
国内分布：江西
国外分布：朝鲜、日本
濒危等级：EN B1ab（iii）；D1
CITES 附录：II

匙瓣虾脊兰
Calanthe simplex Seidenf.
习　　性：地生草本
海　　拔：2400~2600 m
国内分布：云南
国外分布：泰国
濒危等级：VU A2c
CITES 附录：II

中华虾脊兰
Calanthe sinica Z. H. Tsi
- 习　　性：地生草本
- 海　　拔：约 1100 m
- 分　　布：云南
- 濒危等级：EN C1
- CITES 附录：Ⅱ

二列叶虾脊兰
Calanthe speciosa（Blume）Lindl.
- 习　　性：地生草本
- 海　　拔：500～1500 m
- 分　　布：海南、台湾、香港
- 濒危等级：LC
- CITES 附录：Ⅱ

三棱虾脊兰
Calanthe tricarinata Lindl.
- 习　　性：地生草本
- 海　　拔：1300～3500 m
- 国内分布：甘肃、贵州、湖北、陕西、四川、台湾、西藏、云南
- 国外分布：不丹、克什米尔地区、尼泊尔、日本、印度
- 濒危等级：LC
- CITES 附录：Ⅱ
- 资源利用：环境利用（观赏）；药用（中草药）

裂距虾脊兰
Calanthe trifida Tang et F. T. Wang
- 习　　性：地生草本
- 海　　拔：约 1700 m
- 国内分布：云南
- 国外分布：缅甸
- 濒危等级：EN B1ab（ⅲ）
- CITES 附录：Ⅱ

三褶虾脊兰
Calanthe triplicata（Willem.）Ames
- 习　　性：地生草本
- 海　　拔：700～2400 m
- 国内分布：福建、广西、海南、台湾、香港、云南
- 国外分布：澳大利亚、菲律宾、马来西亚、日本、印度、印度尼西亚、越南
- 濒危等级：LC
- CITES 附录：Ⅱ
- 资源利用：环境利用（观赏）

无距虾脊兰
Calanthe tsoongiana Tang et F. T. Wang

无距虾脊兰（原变种）
Calanthe tsoongiana var. **tsoongiana**
- 习　　性：地生草本
- 海　　拔：400～1500 m
- 分　　布：福建、贵州、江西、浙江
- 濒危等级：NT A2c
- CITES 附录：Ⅱ

贵州虾脊兰
Calanthe tsoongiana var. **guizhouensis** Z. H. Tsi
- 习　　性：地生草本
- 海　　拔：约 800 m
- 分　　布：贵州
- 濒危等级：EN B1ab（ⅰ，ⅲ，ⅴ）
- CITES 附录：Ⅱ

文山虾脊兰
Calanthe wenshanensis J. W. Zhai, L. J. Chen et Z. J. Liu
- 习　　性：地生草本
- 分　　布：云南
- 濒危等级：LC
- CITES 附录：Ⅱ

四川虾脊兰
Calanthe whiteana King et Pantl.
- 习　　性：地生草本
- 海　　拔：1000～1800 m
- 国内分布：四川
- 国外分布：不丹、缅甸、印度
- 濒危等级：EN B1ab（ⅰ，ⅲ，ⅴ）
- CITES 附录：Ⅱ

药山虾脊兰
Calanthe yaoshanensis Z. X. Ren et H. Wang
- 习　　性：地生草本
- 分　　布：云南
- 濒危等级：EN A2c
- CITES 附录：Ⅱ

峨边虾脊兰
Calanthe yuana Tang et F. T. Wang
- 习　　性：地生草本
- 海　　拔：约 1800 m
- 分　　布：湖北、四川
- 濒危等级：EN A2c；B1ab（ⅲ）
- CITES 附录：Ⅱ

美柱兰属 Callostylis Bl.

竹叶美柱兰
Callostylis bambusifolia（Lindl.）S. C. Chen et J. J. Wood
- 习　　性：附生草本
- 海　　拔：900～1200 m
- 国内分布：广西、云南
- 国外分布：缅甸、泰国、印度、越南
- 濒危等级：LC
- CITES 附录：Ⅱ

美柱兰
Callostylis rigida Blume
- 习　　性：附生草本
- 海　　拔：600～1700 m
- 国内分布：云南
- 国外分布：老挝、马来西亚、缅甸、泰国、印度、印度尼西亚、越南
- 濒危等级：NT
- CITES 附录：Ⅱ

布袋兰属 Calypso Thou.

布袋兰
Calypso bulbosa var. **speciosa**（Schltr.）Makino

习　　性：地生草本
海　　拔：2900～3200 m
国内分布：甘肃、吉林、内蒙古、四川、西藏、云南
国外分布：日本
濒危等级：VU A2c；B1ab（iii）
CITES 附录：Ⅱ

钟兰属 Campanulorchis Brieger

钟兰
Campanulorchis thao（Gagnep.）S. C. Chen et J. J. Wood
习　　性：附生草本
海　　拔：600～1200 m
国内分布：海南
国外分布：越南
濒危等级：LC
CITES 附录：Ⅱ

头蕊兰属 Cephalanthera Rich.

硕距头蕊兰
Cephalanthera calcarata S. C. Chen et K. Y. Lang
习　　性：腐生草本
海　　拔：约 2600 m
分　　布：云南
濒危等级：CR B2ab（ii，iii，v）
CITES 附录：Ⅱ

大花头蕊兰
Cephalanthera damasonium（Mill.）Druce
习　　性：地生草本
海　　拔：2100～2900 m
国内分布：云南
国外分布：不丹、缅甸、印度
濒危等级：EN B2ab（ii，iii，v）
CITES 附录：Ⅱ

银兰
Cephalanthera erecta（Thunb.）Bl.

银兰（原变种）
Cephalanthera erecta var. **erecta**
习　　性：地生草本
海　　拔：800～2300 m
国内分布：安徽、重庆、福建、甘肃、广东、广西、贵州、河北、江西、陕西、四川、台湾、西藏、云南
国外分布：不丹、尼泊尔
濒危等级：LC
CITES 附录：Ⅱ

南岭头蕊兰
Cephalanthera erecta var. **oblanceolata** N. Pearce et P. J. Cribb
习　　性：地生草本
海　　拔：700～1500 m
国内分布：重庆、广东、云南
国外分布：不丹、尼泊尔
濒危等级：DD
CITES 附录：Ⅱ

金兰
Cephalanthera falcata（Thunb. ex A. Murray）Blume

金兰（原变种）
Cephalanthera falcata var. **falcata**
习　　性：地生草本
海　　拔：700～2000 m
国内分布：安徽、福建、广东、广西、贵州、湖北、湖南、江苏、江西、四川、云南、浙江
国外分布：朝鲜、日本
濒危等级：LC
CITES 附录：Ⅱ

怒江头蕊兰
Cephalanthera falcata var. **flava** X. H. Jin et S. C. Chen
习　　性：地生草本
分　　布：云南
濒危等级：LC
CITES 附录：Ⅱ

纤细头蕊兰
Cephalanthera gracilis S. C. Chen et G. H. Zhu
习　　性：地生草本
分　　布：云南
濒危等级：NT B1ab（ii，iii，iv，v）
CITES 附录：Ⅱ

湿生头蕊兰
Cephalanthera humilis X. H. Jin
习　　性：地生草本
分　　布：云南
濒危等级：EN A2c
CITES 附录：Ⅱ

长苞头蕊兰
Cephalanthera longibracteata Blume
习　　性：地生草本
海　　拔：700～1000 m
国内分布：吉林、辽宁
国外分布：朝鲜、俄罗斯、日本
濒危等级：NT B2ab（ii，iii，v）
CITES 附录：Ⅱ

头蕊兰
Cephalanthera longifolia（L.）Fritsch
习　　性：地生草本
海　　拔：1000～3600 m
国内分布：甘肃、河南、湖北、山西、陕西、四川、云南
国外分布：巴基斯坦、不丹、克什米尔地区、缅甸、尼泊尔、印度
濒危等级：LC
CITES 附录：Ⅱ

金佛山兰
Cephalanthera nanchuanica（S. C. Chen）X. H. Jin et Xiang X. G
习　　性：地生草本
海　　拔：700～2100 m
分　　布：重庆、贵州
濒危等级：EN A2c
CITES 附录：Ⅱ

黄兰属 Cephalantheropsis Guillaumin

铃花黄兰
Cephalantheropsis halconensis（Ames）S. S. Ying

习　　性：地生草本
海　　拔：500~1300 m
国内分布：台湾
国外分布：菲律宾
濒危等级：EN D
CITES 附录：Ⅱ

白花黄兰
Cephalantheropsis longipes(Hook. f.) Ormer.
　　习　　性：地生草本
　　海　　拔：约 1200 m
　　国内分布：广西、台湾、西藏、云南
　　国外分布：不丹、菲律宾、缅甸、印度、越南
　　濒危等级：LC
　　CITES 附录：Ⅱ

黄兰
Cephalantheropsis obcordata(Lindl.) Ormer.
　　习　　性：地生草本
　　海　　拔：400~1400 m
　　国内分布：福建、广东、海南、台湾、云南
　　国外分布：菲律宾、老挝、马来西亚、缅甸、日本、泰国、印度、印度尼西亚、越南
　　濒危等级：NT A2c
　　CITES 附录：Ⅱ
　　资源利用：药用（中草药）；原料（香料，木材，精油）；环境利用（观赏）

牛角兰属 Ceratostylis Blume

牛角兰
Ceratostylis caespitosa(Rolfe) Tang et F. T. Wang
　　习　　性：附生草本
　　海　　拔：700~1000 m
　　分　　布：海南
　　濒危等级：VU A2c
　　CITES 附录：Ⅱ

叉枝牛角兰
Ceratostylis himalaica Hook. f.
　　习　　性：附生或石生草本
　　海　　拔：900~1700 m
　　国内分布：西藏、云南
　　国外分布：不丹、老挝、马来西亚、缅甸、尼泊尔、印度、越南
　　濒危等级：LC
　　CITES 附录：Ⅱ

管叶牛角兰
Ceratostylis subulata Blume
　　习　　性：附生或石生草本
　　海　　拔：700~1100 m
　　国内分布：海南
　　国外分布：菲律宾、柬埔寨、老挝、马来西亚、泰国、印度、印度尼西亚、越南
　　濒危等级：LC
　　CITES 附录：Ⅱ

低药兰属 Chamaeanthus Schltr. ex J. J. Sm.

低药兰
Chamaeanthus wenzelii Ames
　　习　　性：附生草本
　　国内分布：台湾
　　国外分布：菲律宾
　　濒危等级：LC
　　CITES 附录：Ⅱ

叠鞘兰属 Chamaegastrodia Makino et F. Maek.

川滇叠鞘兰
Chamaegastrodia inverta(W. W. Sm.) Seidenf.
　　习　　性：多年生半寄生草本
　　海　　拔：1200~2600 m
　　分　　布：四川、云南
　　濒危等级：VU A2c
　　CITES 附录：Ⅱ

叠鞘兰
Chamaegastrodia shikokiana Makino et F. Maek.
　　习　　性：草本
　　海　　拔：2500~2800 m
　　国内分布：四川、西藏
　　国外分布：日本、印度
　　濒危等级：LC
　　CITES 附录：Ⅱ

戟唇叠鞘兰
Chamaegastrodia vaginata(Hook. f.) Seidenf.
　　习　　性：草本
　　海　　拔：1000~1600 m
　　国内分布：湖北、四川
　　国外分布：印度
　　濒危等级：NT B1ab（i, iii, v）
　　CITES 附录：Ⅱ

独花兰属 Changnienia S. S. Chien

独花兰
Changnienia amoena S. S. Chien
　　习　　性：地生草本
　　海　　拔：400~1800 m
　　分　　布：安徽、湖北、湖南、江苏、江西、陕西、四川、浙江
　　濒危等级：EN A2c
　　国家保护：Ⅱ级
　　CITES 附录：Ⅱ

麻栗坡独花兰
Changnienia malipoensis D. H. Peng, Z. J. Liu et J. W. Zhai
　　习　　性：地生草本
　　分　　布：云南
　　濒危等级：EN D2
　　CITES 附录：Ⅱ

叉柱兰属 Cheirostylis Blume

短距叉柱兰
Cheirostylis calcarata X. H. Jin et S. C. Chen

习　　性：地生和附生草本
海　　拔：约 1200 m
分　　布：云南
濒危等级：NT B1ab（iii）
CITES 附录：Ⅱ

中华叉柱兰
Cheirostylis chinensis Rolfe
习　　性：地生和附生草本
海　　拔：200 ~ 800 m
国内分布：广西、贵州、海南、台湾
国外分布：菲律宾、缅甸、越南
濒危等级：LC
CITES 附录：Ⅱ

叉柱兰
Cheirostylis clibborndyeri S. Y. Hu et Barreto
习　　性：地生和附生草本
海　　拔：300 ~ 1500 m
分　　布：台湾
濒危等级：NT B1ab（iii）
CITES 附录：Ⅱ

雉尾叉柱兰
Cheirostylis cochinchinensis Blume
习　　性：地生和附生草本
海　　拔：700 ~ 2500 m
国内分布：台湾
国外分布：越南
濒危等级：LC
CITES 附录：Ⅱ

大花叉柱兰
Cheirostylis griffithii Lindl.
习　　性：地生和附生草本
海　　拔：2200 ~ 2300 m
国内分布：云南
国外分布：缅甸、尼泊尔、泰国、印度
濒危等级：VU B1ac（ii, iii, v）
CITES 附录：Ⅱ

粉红叉柱兰
Cheirostylis jamesleungii S. Y. Hu et Barreto
习　　性：地生和附生草本
海　　拔：约 600 m
分　　布：香港
濒危等级：CR B1ab（ii）+2ab（ii）
CITES 附录：Ⅱ

琉球叉柱兰
Cheirostylis liukiuensis Masam.
习　　性：地生和附生草本
海　　拔：200 ~ 800 m
国内分布：台湾、香港
国外分布：日本
濒危等级：LC
CITES 附录：Ⅱ

麻栗坡叉柱兰
Cheirostylis malipoensis X. H. Jin et S. C. Chen
习　　性：地生和附生草本
海　　拔：约 1100 m
分　　布：云南
濒危等级：NT B1ab（iii）
CITES 附录：Ⅱ

箭药叉柱兰
Cheirostylis monteiroi S. Y. Hu et Barretto
习　　性：地生和附生草本
海　　拔：约 300 m
分　　布：香港
濒危等级：CR B1ab（ii, iii）
CITES 附录：Ⅱ

羽唇叉柱兰
Cheirostylis octodactyla Ames
习　　性：地生和附生草本
海　　拔：1000 ~ 2400 m
国内分布：台湾
国外分布：菲律宾、越南
濒危等级：LC
CITES 附录：Ⅱ

屏边叉柱兰
Cheirostylis pingbianensis K. Y. Lang
习　　性：地生和附生草本
海　　拔：约 2100 m
分　　布：云南
濒危等级：EN B1ab（iii）
CITES 附录：Ⅱ

细小叉柱兰
Cheirostylis pusilla Lindl.
习　　性：地生和附生草本
海　　拔：约 1300 m
国内分布：香港、云南
国外分布：马来西亚、泰国、印度
濒危等级：NT B1ab（iii）
CITES 附录：Ⅱ

红衣指柱兰
Cheirostylis rubrifolius T. P. Lin et W. M. Lin
习　　性：草本
分　　布：台湾
濒危等级：LC
CITES 附录：Ⅱ

匍匐叉柱兰
Cheirostylis serpens Aver.
习　　性：草本
海　　拔：600 ~ 800 m
国内分布：广西
国外分布：越南
濒危等级：LC
CITES 附录：Ⅱ

东部叉柱兰
Cheirostylis tabiyahanensis（Hayata）Pearce et Cribb
习　　性：地生和附生草本
海　　拔：约 1000 m

分　　布：台湾
濒危等级：EN B1ab（iii）
CITES 附录：II

全唇叉柱兰
Cheirostylis takeoi(Hayata)Schltr.
习　　性：地生和附生草本
海　　拔：100～1400 m
国内分布：台湾
国外分布：日本、越南
濒危等级：LC
CITES 附录：II

反瓣叉柱兰
Cheirostylis thailandica Seidenf.
习　　性：地生和附生草本
海　　拔：约1200 m
国内分布：云南
国外分布：泰国
濒危等级：EN B1ab（iii，v）
CITES 附录：II

和社叉柱兰
Cheirostylis tortilacinia C. S. Leou
习　　性：地生和附生草本
海　　拔：约1000 m
分　　布：台湾
濒危等级：NT
CITES 附录：II

云南叉柱兰
Cheirostylis yunnanensis Rolfe
习　　性：地生和附生草本
海　　拔：200～1800 m
国内分布：广东、广西、贵州、海南、湖南、四川、云南
国外分布：缅甸、泰国、印度、越南
濒危等级：LC
CITES 附录：II

异型兰属 Chiloschista Lindl.

广东异型兰
Chiloschista guangdongensis Z. H. Tsi
习　　性：附生或岩生草本
分　　布：广东
濒危等级：CR B1ac（i，iii，v）
CITES 附录：II

宽唇异型兰
Chiloschista parishii Seidenf.
习　　性：附生或岩生草本
分　　布：台湾
濒危等级：LC
CITES 附录：II

台湾异型兰
Chiloschista segawai(Masam.)Masam. et Fukuy.
习　　性：附生或岩生草本
海　　拔：700～1000 m
分　　布：台湾
濒危等级：NT
CITES 附录：II

异型兰
Chiloschista yunnanensis Schltr.
习　　性：地生和附生草本
海　　拔：700～2000 m
分　　布：四川、云南
濒危等级：LC
CITES 附录：II

金唇兰属 Chrysoglossum Blume

锚钩金唇兰
Chrysoglossum assamicum Hook. f.
习　　性：地生草本
海　　拔：约1600 m
国内分布：广西、西藏
国外分布：印度、越南
濒危等级：VU B2ab（ii，iii，v）
CITES 附录：II

金唇兰
Chrysoglossum ornatum Blume
习　　性：地生草本
海　　拔：700～1700 m
国内分布：广西、海南、台湾、云南
国外分布：不丹、菲律宾、柬埔寨、马来西亚、尼泊尔、斯里兰卡、泰国、印度、印度尼西亚、越南
濒危等级：LC
CITES 附录：II

隔距兰属 Cleisostoma Blume

美花隔距兰
Cleisostoma birmanicum(Schltr.)Garay
习　　性：附生草本
国内分布：海南
国外分布：缅甸、泰国、越南
濒危等级：LC
CITES 附录：II

金塔隔距兰
Cleisostoma filiforme(Lindl.)Garay
习　　性：附生草本
海　　拔：400～1000 m
国内分布：广西、海南、云南
国外分布：缅甸、尼泊尔、泰国、印度、越南
濒危等级：LC
CITES 附录：II

长叶隔距兰
Cleisostoma fuerstenbergianum Kraenzl.
习　　性：附生草本
海　　拔：700～2000 m
国内分布：贵州、云南
国外分布：柬埔寨、老挝、泰国、越南
濒危等级：LC
CITES 附录：II

隔距兰
Cleisostoma linearilobatum (Seidenf. et Smitinand) Garay
习　　性：附生或岩生草本
海　　拔：900~1600 m
国内分布：云南
国外分布：不丹、泰国、印度
濒危等级：VU A1c
CITES 附录：Ⅱ

长帽隔距兰
Cleisostoma longioperculatum Z. H. Tsi
习　　性：附生或岩生草本
海　　拔：约 700 m
分　　布：云南
濒危等级：CR B1ab (ii, v) +2ab (ii, v)
CITES 附录：Ⅱ

西藏隔距兰
Cleisostoma medogense Z. H. Tsi
习　　性：附生草本
海　　拔：800~900 m
分　　布：西藏
濒危等级：NT B1ab (i, iii, v)
CITES 附录：Ⅱ

勐海隔距兰
Cleisostoma menghaiense Z. H. Tsi
习　　性：附生或岩生草本
海　　拔：700~1200 m
分　　布：云南
濒危等级：VU A2c; B1ab (i, iii, v)
CITES 附录：Ⅱ

南贡隔距兰
Cleisostoma nangongense Z. H. Tsi
习　　性：附生或岩生草本
海　　拔：约 1700 m
分　　布：云南
濒危等级：VU D2
CITES 附录：Ⅱ

大序隔距兰
Cleisostoma paniculatum (Ker Gawl.) Garay
习　　性：附生草本
海　　拔：200~1300 m
国内分布：福建、广东、广西、海南、江西、四川、台湾、西藏、香港
国外分布：泰国
濒危等级：LC
CITES 附录：Ⅱ

短茎隔距兰
Cleisostoma parishii (Hook. f.) Garay
习　　性：附生草本
海　　拔：约 1000 m
国内分布：广东、广西、海南
国外分布：缅甸
濒危等级：LC
CITES 附录：Ⅱ

大叶隔距兰
Cleisostoma racemiferum (Lindl.) Garay
习　　性：附生草本
海　　拔：600~1800 m
国内分布：云南
国外分布：不丹、老挝、缅甸、尼泊尔、泰国、印度、越南
濒危等级：LC
CITES 附录：Ⅱ

尖喙隔距兰
Cleisostoma rostratum (Lodd. ex Lind.) Garay
习　　性：附生草本
海　　拔：300~1800 m
国内分布：广西、贵州、海南、香港、云南
国外分布：柬埔寨、老挝、泰国、越南
濒危等级：LC
CITES 附录：Ⅱ

蜈蚣兰
Cleisostoma scolopendrifolium (Makino) Garay
习　　性：附生草本
海　　拔：100~1000 m
国内分布：安徽、福建、江苏、山东、四川、浙江
国外分布：韩国、日本
濒危等级：LC
CITES 附录：Ⅱ
资源利用：药用（中草药）

毛柱隔距兰
Cleisostoma simondii (Gagnep.) Seidenf.

毛柱隔距兰（原变种）
Cleisostoma simondii var. **simondii**
习　　性：附生草本
海　　拔：约 1000 m
国内分布：云南
国外分布：老挝、泰国、印度、越南
濒危等级：NT
CITES 附录：Ⅱ

广东隔距兰
Cleisostoma simondii var. **guangdongense** Z. H. Tsi
习　　性：附生草本
海　　拔：500~600 m
分　　布：福建、广东、海南
濒危等级：VU A2c
CITES 附录：Ⅱ

短序隔距兰
Cleisostoma striatum (Rchb. f.) Garay
习　　性：附生或岩生草本
海　　拔：500~1600 m
国内分布：广西、海南、云南
国外分布：马来西亚、泰国、印度、越南
濒危等级：VU B2ab (ii, iii, v)
CITES 附录：Ⅱ

绿花隔距兰
Cleisostoma uraiense (Hayata) Garay et Sweet
习　　性：附生或岩生草本

海　　拔：约 200 m
国内分布：台湾
国外分布：菲律宾、日本
濒危等级：EN B2ab (i, ii)
CITES 附录：Ⅱ

红花隔距兰
Cleisostoma williamsonii (Rchb. f.) Garay
习　　性：附生草本
海　　拔：300~2200 m
国内分布：广东、广西、贵州、海南、云南
国外分布：不丹、马来西亚、缅甸、泰国、印度、印度尼西亚、越南
濒危等级：LC
CITES 附录：Ⅱ

拟隔距兰属 Cleisostomopsis Seidenf.

拟隔距兰
Cleisostomopsis eberhardtii (Finet) Seidenf.
习　　性：附生草本
海　　拔：约 600 m
国内分布：广西
国外分布：越南
濒危等级：DD
CITES 附录：Ⅱ

贝母兰属 Coelogyne Lindl.

云南贝母兰
Coelogyne assamica Linden et Rchb. f.
习　　性：附生草本
海　　拔：约 700 m
国内分布：云南
国外分布：不丹、老挝、缅甸、泰国、印度、越南
濒危等级：EN A2c+3c；B1ab (iii)
CITES 附录：Ⅱ

髯毛贝母兰
Coelogyne barbata Griff.
习　　性：附生草本
海　　拔：1100~2900 m
国内分布：四川、西藏、云南
国外分布：不丹、尼泊尔、印度
濒危等级：NT A2ac
CITES 附录：Ⅱ

滇西贝母兰
Coelogyne calcicola Kerr
习　　性：附生草本
海　　拔：900~1500 m
国内分布：云南
国外分布：老挝、缅甸、泰国、越南
濒危等级：EN B2ab (ii, iii, v)
CITES 附录：Ⅱ

眼斑贝母兰
Coelogyne corymbosa Lindl.
习　　性：附生草本
海　　拔：1300~3500 m
国内分布：西藏、云南
国外分布：不丹、缅甸、尼泊尔、印度
濒危等级：NT C1
CITES 附录：Ⅱ

贝母兰
Coelogyne cristata Lindl.
习　　性：附生草本
海　　拔：1700~1800 m
国内分布：西藏
国外分布：不丹、尼泊尔、印度
濒危等级：LC
CITES 附录：Ⅱ

红花贝母兰
Coelogyne ecarinata C. Schweinf.
习　　性：附生草本
国内分布：云南
国外分布：缅甸
濒危等级：DD
CITES 附录：Ⅱ

流苏贝母兰
Coelogyne fimbriata Lindl.
习　　性：附生草本
海　　拔：500~2300 m
国内分布：福建、广东、广西、海南、江西、西藏、云南
国外分布：不丹、柬埔寨、老挝、马来西亚、缅甸、尼泊尔、泰国、印度、印度尼西亚、越南
濒危等级：LC
CITES 附录：Ⅱ

栗鳞贝母兰
Coelogyne flaccida Lindl.
习　　性：附生草本
海　　拔：1600~1700 m
国内分布：广西、贵州、云南
国外分布：不丹、老挝、缅甸、尼泊尔、泰国、印度、越南
濒危等级：NT A3c
CITES 附录：Ⅱ

褐唇贝母兰
Coelogyne fuscescens Lindl.
习　　性：附生草本
海　　拔：约 1300 m
国内分布：云南
国外分布：不丹、老挝、缅甸、尼泊尔、泰国、印度、越南
濒危等级：NT
CITES 附录：Ⅱ

贡山贝母兰
Coelogyne gongshanensis H. Li
习　　性：附生草本
海　　拔：2800~3200 m
分　　布：云南
濒危等级：CR B1ab (i, iii, v)
CITES 附录：Ⅱ

格力贝母兰
Coelogyne griffithii Hook. f.

习　　性：附生草本
海　　拔：1300～1600 m
国内分布：云南
国外分布：缅甸、印度
濒危等级：DD
CITES 附录：Ⅱ

白花贝母兰
Coelogyne leucantha W. W. Sm.
习　　性：附生草本
海　　拔：1500～2600 m
国内分布：四川、云南
国外分布：缅甸
濒危等级：VU A2c
CITES 附录：Ⅱ

单唇贝母兰
Coelogyne leungiana S. Y. Hu
习　　性：附生草本
分　　布：香港
濒危等级：CR B1ab（ii, iii, v）
CITES 附录：Ⅱ

长柄贝母兰
Coelogyne longipes Lindl.
习　　性：附生草本
海　　拔：1000～2600 m
国内分布：西藏、云南
国外分布：不丹、老挝、缅甸、尼泊尔、泰国、印度
濒危等级：LC
CITES 附录：Ⅱ

麻栗坡贝母兰
Coelogyne malipoensis Z. H. Tsi
习　　性：附生草本
海　　拔：约 1400 m
国内分布：云南
国外分布：越南
濒危等级：EN B1ab（i, iii, v）
CITES 附录：Ⅱ

小花贝母兰
Coelogyne micrantha Lindl.
习　　性：附生草本
国内分布：云南
国外分布：缅甸、印度
濒危等级：DD
CITES 附录：Ⅱ

密茎贝母兰
Coelogyne nitida（Wall. ex D. Don）Lindl.
习　　性：附生草本
海　　拔：约 3100 m
国内分布：云南
国外分布：不丹、老挝、缅甸、尼泊尔、泰国、印度、越南
濒危等级：NT
CITES 附录：Ⅱ

卵叶贝母兰
Coelogyne occultata Hook. f.
习　　性：附生草本
海　　拔：1300～3000 m
国内分布：西藏、云南
国外分布：不丹、缅甸、印度
濒危等级：LC
CITES 附录：Ⅱ
资源利用：药用（中草药）

片马贝母兰
Coelogyne pianmaensis R. Li et Z. L. Dao
习　　性：附生草本
分　　布：云南
濒危等级：LC
CITES 附录：Ⅱ

报春贝母兰
Coelogyne primulina Barretto
习　　性：附生草本
海　　拔：400 m
分　　布：香港
濒危等级：LC
CITES 附录：Ⅱ

黄绿贝母兰
Coelogyne prolifera Lindl.
习　　性：附生草本
海　　拔：1100～2200 m
国内分布：云南
国外分布：不丹、老挝、尼泊尔、泰国、越南
濒危等级：LC
CITES 附录：Ⅱ

美丽贝母兰
Coelogyne pulchella Rolfe
习　　性：附生草本
国内分布：云南
国外分布：缅甸
濒危等级：DD
CITES 附录：Ⅱ

狭瓣贝母兰
Coelogyne punctulata Lindl.
习　　性：附生草本
海　　拔：1300～2900 m
国内分布：西藏、云南
国外分布：尼泊尔、印度
濒危等级：VU A3c；B2ab（ii, iii, v）
CITES 附录：Ⅱ

三褶贝母兰
Coelogyne raizadae S. K. Jain et S. Das
习　　性：附生草本
海　　拔：1800～2200 m
国内分布：西藏、云南
国外分布：不丹、老挝、尼泊尔、印度
濒危等级：VU A2c
CITES 附录：Ⅱ

挺茎贝母兰
Coelogyne rigida E. C. Parish et Rchb. f.

习　　性：附生草本
　　海　　拔：700~800 m
　　国内分布：云南
　　国外分布：缅甸、泰国、印度、越南
　　濒危等级：LC
　　CITES 附录：Ⅱ

撕裂贝母兰
Coelogyne sanderae Kraenzl.
　　习　　性：附生草本
　　海　　拔：1000~2300 m
　　国内分布：云南
　　国外分布：缅甸、越南
　　濒危等级：VU A2c
　　CITES 附录：Ⅱ

疣鞘贝母兰
Coelogyne schultesii Jain et S. Das
　　习　　性：附生草本
　　海　　拔：约1700 m
　　国内分布：云南
　　国外分布：不丹、缅甸、尼泊尔、泰国、印度、越南
　　濒危等级：VU A2c; B2ab（ii, iii, v）
　　CITES 附录：Ⅱ

双褶贝母兰
Coelogyne stricta(D. Don)Schltr.
　　习　　性：附生草本
　　海　　拔：1100~2000 m
　　国内分布：西藏、云南
　　国外分布：不丹、老挝、缅甸、尼泊尔、印度、越南
　　濒危等级：NT D2
　　CITES 附录：Ⅱ

疏茎贝母兰
Coelogyne suaveolens(Lindl.)Hook. f.
　　习　　性：附生草本
　　海　　拔：约600 m
　　国内分布：云南
　　国外分布：泰国、印度
　　濒危等级：EN B1ab（ii, iii, v）
　　CITES 附录：Ⅱ

高山贝母兰
Coelogyne taronensis Hand.-Mazz.
　　习　　性：附生草本
　　海　　拔：2400~3500 m
　　国内分布：云南
　　国外分布：缅甸
　　濒危等级：EN A2c
　　CITES 附录：Ⅱ

禾叶贝母兰
Coelogyne viscosa Rchb. f.
　　习　　性：附生草本
　　海　　拔：700~2000 m
　　国内分布：云南
　　国外分布：老挝、马来西亚、缅甸、泰国、印度、越南
　　濒危等级：NT A2c; B2ab（ii, iii, v）
　　CITES 附录：Ⅱ

维西贝母兰
Coelogyne weixiensis X. H. Jin
　　习　　性：附生草本
　　海　　拔：2600~3000 m
　　分　　布：云南
　　濒危等级：EN B1ab（i, iii）
　　CITES 附录：Ⅱ

镇康贝母兰
Coelogyne zhenkangensis S. C. Chen et K. Y. Lang
　　习　　性：附生草本
　　海　　拔：约2500 m
　　分　　布：云南
　　濒危等级：CR D
　　CITES 附录：Ⅱ

吻兰属 Collabium Blume

锚钩吻兰
Collabium assamicum Hook. f.
　　习　　性：陆生草本
　　海　　拔：1600 m
　　国内分布：广西、西藏
　　国外分布：印度、越南
　　濒危等级：LC
　　CITES 附录：Ⅱ

吻兰
Collabium chinense(Rolfe)Tang et F. T. Wang
　　习　　性：地生草本
　　海　　拔：600~1000 m
　　国内分布：福建、广东、广西、海南、台湾、西藏、云南
　　国外分布：泰国、越南
　　濒危等级：LC
　　CITES 附录：Ⅱ

南方吻兰
Collabium delavayi(Gagnep.)Seidenf.
　　习　　性：地生草本
　　海　　拔：400~2400 m
　　分　　布：广东、广西、贵州、湖北、湖南、云南
　　濒危等级：DD
　　CITES 附录：Ⅱ

台湾吻兰
Collabium formosanum Hayata
　　习　　性：地生草本
　　海　　拔：1000~2000 m
　　国内分布：贵州、四川、台湾、云南
　　国外分布：越南
　　濒危等级：LC
　　CITES 附录：Ⅱ

蛤兰属 Conchidium Griffith

高山蛤兰
Conchidium japonicum(Maxim.)S. C. Chen et J. J. Wood
　　习　　性：附生或岩生草本
　　国内分布：安徽、福建、贵州、台湾、浙江
　　国外分布：日本南部

濒危等级：LC
CITES 附录：Ⅱ

网鞘蛤兰
Conchidium muscicola(Lindl.)Rauschert
习　　性：附生或岩生草本
海　　拔：1800~2800 m
国内分布：云南
国外分布：不丹、老挝、缅甸、尼泊尔、斯里兰卡、泰国、印度、越南
濒危等级：LC
CITES 附录：Ⅱ

蛤兰
Conchidium pusillum Griff.
习　　性：附生或岩生草本
海　　拔：600~1500 m
国内分布：福建、广东、广西、海南、西藏、云南
国外分布：缅甸、泰国、印度、越南
濒危等级：VU A2c；B1ab（i，iii）
CITES 附录：Ⅱ

菱唇蛤兰
Conchidium rhomboidale(Tang et F. T. Wang)S. C. Chen et J. J. Wood
习　　性：附生或岩生草本
海　　拔：700~1300 m
国内分布：广西、贵州、海南、云南
国外分布：越南
濒危等级：NT B2ab（ii，iii，v）
CITES 附录：Ⅱ

珊瑚兰属 Corallorhiza Gagneb.

珊瑚兰
Corallorhiza trifida Chatel.
习　　性：腐生草本
海　　拔：2000~2700 m
国内分布：甘肃、贵州、河北、吉林、内蒙古、青海、四川、新疆
国外分布：朝鲜、俄罗斯、尼泊尔、日本、印度
濒危等级：NT B1ab（ii，iii）
CITES 附录：Ⅱ

铠兰属 Corybas Salisb.

梵净山铠兰
Corybas fanjingshanensis Y. X. Xiong
习　　性：地生草本
海　　拔：2100~2400 m
分　　布：贵州
濒危等级：EN A2c
CITES 附录：Ⅱ

杉林溪铠兰
Corybas himalaicus Pradhan
习　　性：地生草本
海　　拔：1700~1900 m
国内分布：台湾
国外分布：不丹、印度
濒危等级：CR D
CITES 附录：Ⅱ

艳紫盔兰
Corybas puniceus T. P. Lin et W. M. Lin
习　　性：草本
分　　布：台湾
濒危等级：LC
CITES 附录：Ⅱ

铠兰
Corybas sinii Tang et F. T. Wang
习　　性：地生草本
海　　拔：1500~2300 m
分　　布：广西、台湾
濒危等级：EN A2c；B1ab（iii）
CITES 附录：Ⅱ

大理铠兰
Corybas taliensis Tang et F. T. Wang
习　　性：地生草本
海　　拔：2100~2500 m
分　　布：四川、台湾、云南
濒危等级：EN B1ab（iii）
国家保护：Ⅱ级
CITES 附录：Ⅱ

管花兰属 Corymborkis Thouars

管花兰
Corymborkis veratrifolia(Reinw.)Blume
习　　性：地生草本
海　　拔：700~1000 m
国内分布：台湾、云南
国外分布：澳大利亚、菲律宾、柬埔寨、老挝、马来西亚、缅甸、日本、斯里兰卡、泰国、印度、印度尼西亚、越南
濒危等级：NT B1ab（i，iii）+2ab（i，iii）
CITES 附录：Ⅱ

杜鹃兰属 Cremastra Lindl.

杜鹃兰
Cremastra appendiculata(D. Don)Makino
习　　性：地生草本
海　　拔：400~2900 m
国内分布：安徽、重庆、甘肃、广东、广西、贵州、河南、湖北、湖南、江苏、江西、山西、陕西、四川、台湾、西藏、浙江
国外分布：不丹、朝鲜、尼泊尔、日本、泰国、印度、越南
濒危等级：VU B1ab（iii）
国家保护：Ⅱ级
CITES 附录：Ⅱ
资源利用：药用（中草药）

贵州杜鹃兰
Cremastra guizhouensis Q. H. Chen et S. C. Chen
习　　性：地生草本
海　　拔：1300~1400 m
分　　布：贵州

濒危等级：CR D
CITES 附录：Ⅱ

麻栗坡杜鹃兰
Cremastra malipoensis G. W. Hu
- 习　　性：地生草本
- 分　　布：云南
- 濒危等级：LC
- CITES 附录：Ⅱ

斑叶杜鹃兰
Cremastra unguiculata(Finet)Finet
- 习　　性：地生草本
- 海　　拔：900~1000 m
- 国内分布：江西
- 国外分布：朝鲜、日本
- 濒危等级：CR B1ab（ⅲ，ⅴ）
- CITES 附录：Ⅱ

沼兰属 Crepidium Bl.

浅裂沼兰
Crepidium acuminatum(D. Don)Szlach.
- 习　　性：地生草本
- 海　　拔：300~2100 m
- 国内分布：广东、贵州、台湾、西藏、云南
- 国外分布：澳大利亚、不丹、菲律宾、柬埔寨、老挝、缅甸、尼泊尔、泰国、印度、印度尼西亚、越南
- 濒危等级：LC
- CITES 附录：Ⅱ

无叶沼兰
Crepidium aphyllum(King et Pantl.)A. N. Rao
- 习　　性：草本
- 国内分布：西藏
- 国外分布：印度
- CITES 附录：Ⅱ

云南沼兰
Crepidium bahanense(Hand.-Mazz.)S. C. Chen et J. J. Wood
- 习　　性：地生草本
- 海　　拔：约2600 m
- 国内分布：云南
- 国外分布：越南
- 濒危等级：VU A2c；B1ab（ⅲ，ⅴ）
- CITES 附录：Ⅱ

兰屿沼兰
Crepidium bancanoides(Ames)Szlach.
- 习　　性：地生草本
- 海　　拔：300~400 m
- 国内分布：台湾
- 国外分布：菲律宾、日本
- 濒危等级：LC
- CITES 附录：Ⅱ

二耳沼兰
Crepidium biauritum(Lindl.)Szlach.
- 习　　性：地生草本
- 海　　拔：1300~2500 m
- 国内分布：云南
- 国外分布：老挝、缅甸、泰国、印度
- 濒危等级：VU D2
- CITES 附录：Ⅱ

美叶沼兰
Crepidium calophyllum(Rchb. f.)Szlach.
- 习　　性：地生草本
- 海　　拔：800~1200 m
- 国内分布：海南、云南
- 国外分布：柬埔寨、马来西亚、缅甸、泰国、印度、印度尼西亚、越南
- 濒危等级：LC
- CITES 附录：Ⅱ

凹唇沼兰
Crepidium concavum(Seidenf.)Szlach.
- 习　　性：地生草本
- 海　　拔：约1200 m
- 国内分布：云南
- 国外分布：泰国
- 濒危等级：VU D2
- CITES 附录：Ⅱ

二脊沼兰
Crepidium finetii(Gagnep.)S. C. Chen et J. J. Wood
- 习　　性：地生草本
- 海　　拔：400~1300 m
- 国内分布：海南
- 国外分布：越南
- 濒危等级：EN B2ab（ⅱ，ⅲ，ⅴ）
- CITES 附录：Ⅱ

海南沼兰
Crepidium hainanense(Tang et F. T. Wang)S. C. Chen et J. J. Wood
- 习　　性：附生或石生草本
- 海　　拔：约600 m
- 分　　布：海南
- 濒危等级：LC
- CITES 附录：Ⅱ

琼岛沼兰
Crepidium insulare(Tang et F. T. Wang)S. C. Chen et J. J. Wood
- 习　　性：地生草本
- 海　　拔：600~1300 m
- 分　　布：海南
- 濒危等级：NT A2c
- CITES 附录：Ⅱ

细茎沼兰
Crepidium khasianum(Hook. f.)Szlach.
- 习　　性：地生草本
- 海　　拔：1000~1100 m
- 国内分布：云南
- 国外分布：泰国、印度
- 濒危等级：VU D2
- CITES 附录：Ⅱ

铺叶沼兰
Crepidium mackinnonii (Duthie) Szlach.
 习　　性：地生草本
 国内分布：云南
 国外分布：孟加拉国、印度
 濒危等级：NT A2c
 CITES 附录：Ⅱ

鞍唇沼兰
Crepidium matsudae (Yamam.) Szlach.
 习　　性：地生草本
 海　　拔：1000～1500 m
 国内分布：台湾
 国外分布：日本
 濒危等级：LC
 CITES 附录：Ⅱ

齿唇沼兰
Crepidium orbiculare (W. W. Smith et Jeffrey) Seidenf.
 习　　性：地生草本
 海　　拔：800～2100 m
 分　　布：云南
 濒危等级：EN B1ab（ⅱ，ⅲ，ⅴ）
 CITES 附录：Ⅱ

卵萼沼兰
Crepidium ovalisepalum (J. J. Smith) Szlach.
 习　　性：地生草本
 海　　拔：600～1500 m
 国内分布：云南
 国外分布：泰国、印度尼西亚
 濒危等级：NT D2
 CITES 附录：Ⅱ

深裂沼兰
Crepidium purpureum (Lindl.) Szlach.
 习　　性：地生草本
 海　　拔：400～1800 m
 国内分布：广西、四川、台湾、云南
 国外分布：菲律宾、斯里兰卡、泰国、印度、越南
 濒危等级：LC
 CITES 附录：Ⅱ

心唇沼兰
Crepidium ramosii (Ames) Szlach.
 习　　性：地生草本
 海　　拔：300～400 m
 国内分布：台湾
 国外分布：菲律宾
 濒危等级：LC
 CITES 附录：Ⅱ

四川沼兰
Crepidium sichuanicum (Tang et F. T. Wang) S. C. Chen et J. J. Wood
 习　　性：地生草本
 海　　拔：1000～1200 m
 分　　布：四川
 濒危等级：DD
 CITES 附录：Ⅱ

宿苞兰属 Cryptochilus Wall.

宿苞兰
Cryptochilus lutea Lindl.
 习　　性：附生或岩生草本
 海　　拔：1000～2300 m
 国内分布：云南
 国外分布：不丹、印度、越南
 濒危等级：LC
 CITES 附录：Ⅱ

玫瑰宿苞兰
Cryptochilus roseus (Lindl.) S. C. Chen et J. J. Wood
 习　　性：附生或岩生草本
 海　　拔：约 1300 m
 国内分布：海南、香港
 国外分布：越南
 濒危等级：EN B2ab（ⅱ，ⅲ，ⅴ）
 CITES 附录：Ⅱ

红花宿苞兰
Cryptochilus sanguinea Wall.
 习　　性：附生或岩生草本
 海　　拔：1800～2100 m
 国内分布：西藏、云南
 国外分布：不丹、缅甸、尼泊尔、印度
 濒危等级：EN A2c
 CITES 附录：Ⅱ

隐柱兰属 Cryptostylis R. Br.

隐柱兰
Cryptostylis arachnites (Blume) Hassk.
 习　　性：附生或岩生草本
 海　　拔：200～1500 m
 国内分布：广东、广西、台湾
 国外分布：巴布亚新几内亚、菲律宾、柬埔寨、老挝、马来西亚、缅甸、斯里兰卡、泰国、印度、印度尼西亚、越南
 濒危等级：LC
 CITES 附录：Ⅱ

台湾隐柱兰
Cryptostylis taiwaniana Masam.
 习　　性：附生或岩生草本
 海　　拔：100～500 m
 国内分布：台湾
 国外分布：菲律宾
 濒危等级：LC
 CITES 附录：Ⅱ

柱兰属 Cylindrolobus Bl.

鸡冠柱兰
Cylindrolobus cristatus (Rolfe) S. C. Chen et J. J. Wood
 习　　性：附生或地生草本
 海　　拔：1400～1500 m

国内分布：云南
国外分布：缅甸、泰国
濒危等级：VU B1ab（iii）
CITES 附录：Ⅱ

柱兰
Cylindrolobus marginatus (Rolfe) S. C. Chen et J. J. Wood
习　　性：附生草本
海　　拔：1000~2000 m
国内分布：云南
国外分布：缅甸、泰国
濒危等级：DD
CITES 附录：Ⅱ

细茎柱兰
Cylindrolobus tenuicaulis (S. C. Chen et Z. H. Tsi) S. C. Chen et J. J. Wood
习　　性：附生或地生草本
海　　拔：1500~2200 m
分　　布：西藏
濒危等级：VU D2
CITES 附录：Ⅱ

兰属 Cymbidium Sw.

纹瓣兰
Cymbidium aloifolium (L.) Sw.
习　　性：附生草本
海　　拔：100~1100 m
国内分布：广东、广西、贵州、云南
国外分布：柬埔寨、老挝、马来西亚、孟加拉国、缅甸、尼泊尔、斯里兰卡、泰国、印度、印度尼西亚、越南
濒危等级：NT A2ac
国家保护：Ⅱ级
CITES 附录：Ⅱ

椰香兰
Cymbidium atropurpureum (Lindl.) Rolfe
习　　性：附生或石生草本
海　　拔：海平面至1200 m
国内分布：海南
国外分布：泰国、印度尼西亚、越南
濒危等级：LC
国家保护：Ⅱ级
CITES 附录：Ⅱ

保山兰
Cymbidium baoshanense F. Y. Liu et H. Perner
习　　性：附生草本
海　　拔：1600~1700 m
分　　布：云南
濒危等级：VU B1ab（iii）
国家保护：Ⅱ级
CITES 附录：Ⅱ

垂花兰
Cymbidium cochleare Lindl.
习　　性：附生草本
海　　拔：300~1800 m

国内分布：台湾、云南
国外分布：缅甸、印度、越南
濒危等级：VU A2c；B1ab（ii, iii, v）
国家保护：Ⅱ级
CITES 附录：Ⅱ

丽花兰
Cymbidium concinnum Z. J. Liu et S. C. Chen
习　　性：附生草本
海　　拔：约2300 m
分　　布：云南
濒危等级：NT A2ac
国家保护：Ⅱ级
CITES 附录：Ⅱ

莎叶兰
Cymbidium cyperifolium Wall. ex Lindl.
国家保护：Ⅱ级

莎叶兰（原变种）
Cymbidium cyperifolium var. **cyperifolium**
习　　性：地生或岩生草本
海　　拔：700~1800 m
国内分布：广东、广西、贵州、海南、四川、云南
国外分布：不丹、菲律宾、柬埔寨、缅甸、尼泊尔、泰国、印度、越南
濒危等级：VU A2c；B1ab（ii, iii, v）
国家保护：Ⅱ级
CITES 附录：Ⅱ

送春
Cymbidium cyperifolium var. **szechuanicum** (Y. S. Wu et S. C. Chen) S. C. Chen et Z. J. Liu
习　　性：地生或岩生草本
国内分布：贵州、四川、云南
国外分布：不丹
濒危等级：NT A3
国家保护：Ⅱ级
CITES 附录：Ⅱ

冬凤兰
Cymbidium dayanum Rchb. f.
习　　性：附生草本
海　　拔：300~1600 m
国内分布：福建、广东、广西、海南、台湾、西藏、云南
国外分布：不丹、菲律宾、柬埔寨、老挝、马来西亚、缅甸、日本、泰国、印度、印度尼西亚、越南
濒危等级：VU A2c；B1ab（ii, iii, v）
国家保护：Ⅱ级
CITES 附录：Ⅱ

落叶兰
Cymbidium defoliatum Y. S. Wu et S. C. Chen
习　　性：地生草本
海　　拔：1100 m
分　　布：福建、贵州、四川、云南
濒危等级：EN A2c；B1ab（ii, iii, v）
国家保护：Ⅱ级
CITES 附录：Ⅱ

福兰
Cymbidium devonianum Paxton
习　　性：地生或岩生草本

国内分布：云南
国外分布：不丹、尼泊尔、泰国、印度、越南
濒危等级：DD
国家保护：Ⅱ级
CITES 附录：Ⅱ

独占春
Cymbidium eburneum Lindl.
习　　性：附生草本
海　　拔：800~2000 m
国内分布：广西、海南、云南
国外分布：缅甸、尼泊尔、印度、越南
濒危等级：EN A2cd
国家保护：Ⅱ级
CITES 附录：Ⅱ

莎草兰
Cymbidium elegans Lindl.
习　　性：附生或石生草本
海　　拔：1700~2800 m
国内分布：四川、西藏、云南
国外分布：不丹、缅甸、尼泊尔、印度、越南
濒危等级：EN A2c
国家保护：Ⅱ级
CITES 附录：Ⅱ

建兰
Cymbidium ensifolium(L.)Sw.
习　　性：地生草本
海　　拔：600~1800 m
国内分布：安徽、福建、广东、广西、贵州、海南、湖北、湖南、江西、四川、台湾、西藏、云南、浙江
国外分布：巴布亚新几内亚、菲律宾、柬埔寨、老挝、马来西亚、日本、斯里兰卡、泰国、印度、印度尼西亚、越南
濒危等级：VU A4c；B1ab（ii, iii, v）
国家保护：Ⅱ级
CITES 附录：Ⅱ

长叶兰
Cymbidium erythraeum Lindl.
习　　性：附生或石生草本
海　　拔：1400~2800 m
国内分布：贵州、四川、西藏、云南
国外分布：不丹、缅甸、尼泊尔、印度
濒危等级：VU A2c
国家保护：Ⅱ级
CITES 附录：Ⅱ

蕙兰
Cymbidium faberi Rolfe
习　　性：地生草本
海　　拔：700~3000 m
国内分布：安徽、福建、甘肃、广东、广西、贵州、河南、湖北、湖南、江西、陕西、四川、台湾、西藏、云南、浙江
国外分布：尼泊尔、印度
濒危等级：LC
国家保护：Ⅱ级
CITES 附录：Ⅱ

多花兰
Cymbidium floribundum Lindl.
习　　性：附生草本
海　　拔：100~3300 m
国内分布：福建、广东、广西、贵州、湖北、湖南、江西、四川、台湾、西藏、云南、浙江
国外分布：越南
濒危等级：VU A2cd
国家保护：Ⅱ级
CITES 附录：Ⅱ

春兰
Cymbidium goeringii(Rchb. f.)Rchb. f.
习　　性：地生草本
海　　拔：300~3000 m
国内分布：安徽、福建、甘肃、广东、广西、贵州、河南、湖北、湖南、江苏、江西、陕西、四川、台湾、云南、浙江
国外分布：不丹、朝鲜、日本、印度
濒危等级：VU A4c；B1ab（iii）
国家保护：Ⅱ级
CITES 附录：Ⅱ

秋墨兰
Cymbidium haematodes Lindl.
习　　性：地生草本
海　　拔：500~1900 m
国内分布：海南、云南
国外分布：巴布亚新几内亚、老挝、斯里兰卡、泰国、印度、印度尼西亚
濒危等级：DD
国家保护：Ⅱ级
CITES 附录：Ⅱ

虎头兰
Cymbidium hookerianum Rchb. f.
习　　性：附生或石生草本
海　　拔：1100~2700 m
国内分布：广西、贵州、四川、西藏、云南
国外分布：不丹、尼泊尔、印度、越南
濒危等级：EN A2c
国家保护：Ⅱ级
CITES 附录：Ⅱ

美花兰
Cymbidium insigne Rolfe
习　　性：地生或岩生草本
海　　拔：1700~1900 m
国内分布：海南
国外分布：泰国、越南
濒危等级：CR A2c
国家保护：Ⅰ级
CITES 附录：Ⅱ

黄蝉兰
Cymbidium iridioides D. Don
习　　性：附生草本
海　　拔：900~2800 m

国内分布：贵州、四川、西藏、云南
国外分布：不丹、缅甸、尼泊尔、印度、越南
濒危等级：VU A2c
国家保护：Ⅱ级
CITES 附录：Ⅱ

寒兰
Cymbidium kanran Makino
习　　性：地生草本
海　　拔：400~2400 m
国内分布：安徽、福建、广东、广西、贵州、海南、湖南、江西、四川、台湾、西藏、云南、浙江
国外分布：朝鲜南部、日本南部
濒危等级：VU A2cd
国家保护：Ⅱ级
CITES 附录：Ⅱ

兔耳兰
Cymbidium lancifolium Hook.
习　　性：地生或岩生草本
海　　拔：300~2200 m
国内分布：福建、广东、海南、湖南、台湾、云南、浙江
国外分布：巴布亚新几内亚、不丹、柬埔寨、老挝、马来西亚、缅甸、尼泊尔、日本、泰国、印度、印度尼西亚、越南
濒危等级：LC
CITES 附录：Ⅱ

碧玉兰
Cymbidium lowianum (Rchb. f.) Rchb. f.
习　　性：附生或石生草本
海　　拔：1300~1900 m
国内分布：云南
国外分布：缅甸、泰国、越南
濒危等级：EN A2cd
国家保护：Ⅱ级
CITES 附录：Ⅱ

大根兰
Cymbidium macrorhizum Lindl.
习　　性：附生草本
海　　拔：700~1500 m
国内分布：重庆、贵州、四川、云南
国外分布：巴基斯坦、老挝、缅甸、尼泊尔、日本、泰国、印度、越南
濒危等级：NT A2ac
国家保护：Ⅱ级
CITES 附录：Ⅱ

象牙白
Cymbidium maguanense F. Y. Liu
习　　性：附生草本
海　　拔：1000~1800 m
分　　布：云南
濒危等级：CR A2c；B1ab（iii）
国家保护：Ⅱ级
CITES 附录：Ⅱ

硬叶兰
Cymbidium mannii Rchb. f.
习　　性：附生草本
海　　拔：100~1600 m
国内分布：广东、广西、贵州、海南、云南
国外分布：不丹、柬埔寨、老挝、马来西亚、孟加拉国、缅甸、尼泊尔、泰国、印度、越南
濒危等级：NT A2c
国家保护：Ⅱ级
CITES 附录：Ⅱ

大雪兰
Cymbidium mastersii Griff. ex Lindl.
习　　性：附生或石生草本
海　　拔：1600~1800 m
国内分布：云南
国外分布：不丹、缅甸、泰国、印度
濒危等级：EN A2cd
国家保护：Ⅱ级
CITES 附录：Ⅱ

细花兰
Cymbidium micranthum Z. J. Liu et S. C. Chen
习　　性：地生草本
海　　拔：约1500 m
分　　布：云南
濒危等级：NT D2
国家保护：Ⅱ级
CITES 附录：Ⅱ

珍珠矮
Cymbidium nanulum Y. S. Wu et S. C. Chen
习　　性：地生草本
海　　拔：900~1500 m
分　　布：贵州、海南、云南
濒危等级：EN A2cd
国家保护：Ⅱ级
CITES 附录：Ⅱ

峨眉春蕙
Cymbidium omeiense Y. S. Wu et S. C. Chen
习　　性：地生草本
分　　布：四川
濒危等级：NT A2c
国家保护：Ⅱ级
CITES 附录：Ⅱ

邱北冬蕙兰
Cymbidium qiubeiense K. M. Feng et H. Li
习　　性：地生草本
海　　拔：700~1800 m
分　　布：贵州、云南
濒危等级：EN A2c；B1ab（i, iii, v）
国家保护：Ⅱ级
CITES 附录：Ⅱ

薛氏兰
Cymbidium schroederi Rolfe

习　　性：附生草本
海　　拔：1000～1600 m
国内分布：云南
国外分布：越南
濒危等级：EN A2c；D
国家保护：Ⅱ级
CITES 附录：Ⅱ

豆瓣兰
Cymbidium serratum Schltr.
习　　性：地生草本
海　　拔：1000～3000 m
分　　布：贵州、湖北、四川、台湾、云南
濒危等级：NT A2c
国家保护：Ⅱ级
CITES 附录：Ⅱ

川西兰
Cymbidium sichuanicum Z. J. Liu et S. C. Chen
习　　性：附生草本
海　　拔：1200～1600 m
分　　布：四川
濒危等级：NT B1ab（iii）
国家保护：Ⅱ级
CITES 附录：Ⅱ

墨兰
Cymbidium sinense（Jack. ex Andr.）Willd.
习　　性：地生草本
海　　拔：300～2000 m
国内分布：安徽、福建、广东、广西、贵州、海南、江西、四川、台湾、香港、云南
国外分布：菲律宾、缅甸、日本、泰国、印度、印度尼西亚、越南
濒危等级：VU A2cd；B1ab（iii，v）
国家保护：Ⅱ级
CITES 附录：Ⅱ

果香兰
Cymbidium suavissimum Sander ex C. H. Curtis
习　　性：岩生或地生草本
海　　拔：700～1100 m
国内分布：贵州、云南
国外分布：缅甸、越南
濒危等级：VU A2cd；B1ab（iii，v）
国家保护：Ⅱ级
CITES 附录：Ⅱ

奇瓣红春素
Cymbidium teretipetiolatum Z. J. Liu et S. C. Chen
习　　性：地生草本
海　　拔：约1000 m
分　　布：云南
濒危等级：VU A2c
国家保护：Ⅱ级
CITES 附录：Ⅱ

斑舌兰
Cymbidium tigrinum E. C. Parish ex Hook.
习　　性：附生或石生草本
海　　拔：1500～2700 m
国内分布：云南
国外分布：缅甸、印度
濒危等级：CR B1ab（ii，v）
国家保护：Ⅱ级
CITES 附录：Ⅱ

莲瓣兰
Cymbidium tortisepalum Fukuy.
习　　性：地生草本
海　　拔：800～2500 m
分　　布：贵州、四川、台湾、云南
濒危等级：VU A2c；B1ab（iii，v）
国家保护：Ⅱ级
CITES 附录：Ⅱ

西藏虎头兰
Cymbidium tracyanum Rofle
习　　性：附生草本
海　　拔：1200～1900 m
国内分布：贵州、西藏、云南
国外分布：缅甸、泰国、越南
濒危等级：LC
国家保护：Ⅱ级
CITES 附录：Ⅱ

文山红柱兰
Cymbidium wenshanense Y. S. Wu et F. Y. Liu
习　　性：附生草本
海　　拔：约1500 m
国内分布：云南
国外分布：越南
濒危等级：CR B1ab（i，iii，v）
国家保护：Ⅰ级
CITES 附录：Ⅱ

滇南虎头兰
Cymbidium wilsonii（Rolfe ex Cook）Rolfe
习　　性：附生草本
海　　拔：约2000 m
国内分布：云南
国外分布：越南
濒危等级：CR B1ab（i，ii，iii，v）
国家保护：Ⅱ级
CITES 附录：Ⅱ

杓兰属 Cypripedium L.

无苞杓兰
Cypripedium bardolphianum W. W. Sm. et Farrer
习　　性：地生草本
海　　拔：2300～3900 m
分　　布：甘肃、四川、西藏
濒危等级：EN A2c；B1ab（i，iii，v）
国家保护：Ⅱ级
CITES 附录：Ⅱ

杓兰
Cypripedium calceolum L.
习　　性：草本

海　　拔：500~1000 m
国内分布：黑龙江、吉林、辽宁、内蒙古
国外分布：朝鲜、俄罗斯、日本
濒危等级：NT A3c
国家保护：Ⅱ级
CITES 附录：Ⅱ

褐花杓兰
Cypripedium calcicolum Schltr.
习　　性：草本
海　　拔：2600~3900 m
分　　布：四川、云南
濒危等级：EN B1ab (i, iii, v)
国家保护：Ⅱ级
CITES 附录：Ⅱ

白唇杓兰
Cypripedium cordigerum D. Don
习　　性：地生草本
海　　拔：3000~3400 m
国内分布：西藏
国外分布：巴基斯坦、不丹、克什米尔地区、尼泊尔、印度
濒危等级：EN B1ab (i, iii, v)
国家保护：Ⅱ级
CITES 附录：Ⅱ

大围山杓兰
Cypripedium daweishanense (S. C. Chen et Z. J. Liu) S. C. Chen et Z. J. Liu
习　　性：地生草本
海　　拔：约 2300 m
分　　布：云南
濒危等级：DD
国家保护：Ⅱ级
CITES 附录：Ⅱ

对叶杓兰
Cypripedium debile Rchb. f.
习　　性：地生草本
海　　拔：1000~3400 m
国内分布：重庆、甘肃、湖北、四川
国外分布：日本
濒危等级：LC
国家保护：Ⅱ级
CITES 附录：Ⅱ

雅致杓兰
Cypripedium elegans Rchb. f.
习　　性：地生草本
海　　拔：3600~3700 m
国内分布：西藏、云南
国外分布：不丹、尼泊尔、印度
濒危等级：EN D
国家保护：Ⅱ级
CITES 附录：Ⅱ

毛瓣杓兰
Cypripedium fargesii Franch.
习　　性：地生草本
海　　拔：1900~3200 m
分　　布：重庆、甘肃、湖北、四川
濒危等级：EN A2c；B1ab (i, iii, v)
国家保护：Ⅱ级
CITES 附录：Ⅱ

华西杓兰
Cypripedium farreri W. W. Sm.
习　　性：地生草本
海　　拔：2600~3400 m
分　　布：甘肃、贵州、四川、云南
濒危等级：EN A3c
国家保护：Ⅱ级
CITES 附录：Ⅱ

大叶杓兰
Cypripedium fasciolatum Franch.
习　　性：地生草本
海　　拔：1600~2900 m
分　　布：重庆、湖北、四川
濒危等级：EN A3c
国家保护：Ⅱ级
CITES 附录：Ⅱ

黄花杓兰
Cypripedium flavum P. F. Hunt et Summerh.
习　　性：地生草本
海　　拔：1800~3500 m
国内分布：甘肃、湖北、四川、西藏、云南
国外分布：缅甸
濒危等级：VU A2ac；B1ab (i, iii, v)
国家保护：Ⅱ级
CITES 附录：Ⅱ

台湾杓兰
Cypripedium formosanum Hayata
习　　性：地生草本
海　　拔：2400~3000 m
分　　布：台湾
濒危等级：EN A2c
国家保护：Ⅱ级
CITES 附录：Ⅱ

玉龙杓兰
Cypripedium forrestii Cribb
习　　性：地生草本
海　　拔：约 3500 m
分　　布：云南
濒危等级：CR D
国家保护：Ⅱ级
CITES 附录：Ⅱ

毛杓兰
Cypripedium franchetii E. H. Wilson
习　　性：地生草本
海　　拔：1500~3700 m
分　　布：重庆、甘肃、河南、湖北、山西、陕西、四川
濒危等级：VU A2ac；B1ab (i, iii, v)
国家保护：Ⅱ级
CITES 附录：Ⅱ
资源利用：药用（中草药）

紫点杓兰
Cypripedium guttatum Sw.
 习 性：地生草本
 海 拔：500~4000 m
 国内分布：河北、黑龙江、吉林、辽宁、内蒙古、宁夏、山东、山西、陕西、四川、西藏、云南
 国外分布：不丹、朝鲜、俄罗斯
 濒危等级：EN A2ac
 国家保护：Ⅱ级
 CITES 附录：Ⅱ

绿花杓兰
Cypripedium henryi Rolfe
 习 性：地生草本
 海 拔：800~2800 m
 分 布：甘肃、广西、贵州、湖北、陕西、四川、云南
 濒危等级：NT A3c
 国家保护：Ⅱ级
 CITES 附录：Ⅱ

高山杓兰
Cypripedium himalaicum Rolfe
 习 性：地生草本
 海 拔：3600~4000 m
 国内分布：西藏
 国外分布：不丹、尼泊尔、印度
 濒危等级：EN B1ab（i, iii, v）
 国家保护：Ⅱ级
 CITES 附录：Ⅱ

扇脉杓兰
Cypripedium japonicum Thunb.
 习 性：地生草本
 海 拔：1000~2000 m
 国内分布：安徽、重庆、福建、湖北、湖南、江西、四川、浙江
 国外分布：日本
 濒危等级：LC
 国家保护：Ⅱ级
 CITES 附录：Ⅱ
 资源利用：药用（中草药）

长瓣杓兰
Cypripedium lentiginosum P. J. Cribb et S. C. Chen
 习 性：地生草本
 海 拔：2100~2200 m
 分 布：云南
 濒危等级：CR B1ab（ii, v）
 国家保护：Ⅱ级
 CITES 附录：Ⅱ

丽江杓兰
Cypripedium lichiangense S. C. Chen et Cribb
 习 性：地生草本
 海 拔：2600~3500 m
 分 布：四川、云南
 濒危等级：CR B1ab（i, ii, iii, v）c（i, ii, iv）
 国家保护：Ⅱ级
 CITES 附录：Ⅱ

波密杓兰
Cypripedium ludlowii Cribb
 习 性：地生草本
 海 拔：约4300 m
 分 布：西藏
 濒危等级：DD
 国家保护：Ⅱ级
 CITES 附录：Ⅱ

大花杓兰
Cypripedium macranthos Sw.
 习 性：地生草本
 海 拔：400~2400 m
 国内分布：黑龙江、湖北、吉林、辽宁、内蒙古、山东、台湾
 国外分布：朝鲜、俄罗斯、日本
 濒危等级：EN A3c
 国家保护：Ⅱ级
 CITES 附录：Ⅱ

麻栗坡杓兰
Cypripedium malipoense S. C. Chen ex Z. J. Liu
 习 性：地生草本
 海 拔：2200~2300 m
 分 布：云南
 濒危等级：DD
 国家保护：Ⅱ级
 CITES 附录：Ⅱ

斑叶杓兰
Cypripedium margaritaceum Franch.
 习 性：地生草本
 海 拔：2500~3600 m
 分 布：四川、云南
 濒危等级：EN A2c；B1ab（iii, v）
 国家保护：Ⅱ级
 CITES 附录：Ⅱ
 资源利用：药用（中草药）

小花杓兰
Cypripedium micranthum Franch.
 习 性：地生草本
 海 拔：2000~2500 m
 分 布：重庆、四川
 濒危等级：EN A2c；B1ab（iii, v）
 国家保护：Ⅱ级
 CITES 附录：Ⅱ

巴郎山杓兰
Cypripedium palangshanense Tang et F. T. Wang
 习 性：地生草本
 海 拔：2200~2700 m
 分 布：重庆、四川
 濒危等级：EN A2c；B1ab（iii, v）
 国家保护：Ⅱ级
 CITES 附录：Ⅱ

离萼杓兰
Cypripedium plectrochilum Franch.
 习 性：地生草本

海　　拔：2000~3600 m
国内分布：湖北、四川、西藏、云南
国外分布：缅甸
濒危等级：NT A2ac
CITES 附录：Ⅱ

宝岛杓兰
Cypripedium segawae Masamune
习　　性：地生草本
海　　拔：1300~3000 m
分　　布：台湾
濒危等级：CR B1ab (iii, iv); D
国家保护：Ⅱ级
CITES 附录：Ⅱ

山西杓兰
Cypripedium shanxiense S. C. Chen
习　　性：地生草本
海　　拔：1000~2500 m
国内分布：甘肃、湖北、内蒙古、青海、陕西、四川
国外分布：俄罗斯、日本南部
濒危等级：VU A3c
国家保护：Ⅱ级
CITES 附录：Ⅱ

四川杓兰
Cypripedium sichuanense H. Perner
习　　性：地生草本
海　　拔：约3300 m
分　　布：四川
濒危等级：EN B1ab (iii)
国家保护：Ⅱ级
CITES 附录：Ⅱ

暖地杓兰
Cypripedium subtropicum S. C. Chen et K. Y. Lang
习　　性：地生草本
海　　拔：约1400 m
分　　布：西藏、云南
濒危等级：VU B1ab (iv)
国家保护：Ⅰ级
CITES 附录：Ⅱ

太白杓兰
Cypripedium taibaiense G. H. Zhu et S. C. Chen
习　　性：地生草本
海　　拔：2600~3300 m
分　　布：陕西
濒危等级：EN B1ab (iii)
国家保护：Ⅱ级
CITES 附录：Ⅱ

西藏杓兰
Cypripedium tibeticum King ex Rolfe
习　　性：地生草本
海　　拔：2300~4200 m
国内分布：甘肃、贵州、四川、西藏、云南
国外分布：不丹、印度
濒危等级：LC
国家保护：Ⅱ级
CITES 附录：Ⅱ

宽口杓兰
Cypripedium wardii Rolfe
习　　性：地生草本
海　　拔：2500~3500 m
国内分布：四川、西藏、云南
国外分布：缅甸、尼泊尔、印度
濒危等级：EN B1ab (iii, v)
国家保护：Ⅱ级
CITES 附录：Ⅱ

乌蒙杓兰
Cypripedium wumengense S. C. Chen
习　　性：地生草本
海　　拔：约2900 m
分　　布：云南
濒危等级：CR B1ab (i, iii, v)
国家保护：Ⅱ级
CITES 附录：Ⅱ

东北杓兰
Cypripedium × ventricosum Sw.
习　　性：草本
国内分布：黑龙江、内蒙古
国外分布：朝鲜、俄罗斯
濒危等级：VU B1ab (i, iii, v)
国家保护：Ⅱ级
CITES 附录：Ⅱ

云南杓兰
Cypripedium yunnanense Franch.
习　　性：地生草本
海　　拔：2700~3800 m
分　　布：四川、西藏、云南
濒危等级：EN A2c
国家保护：Ⅱ级
CITES 附录：Ⅱ

肉果兰属 Cyrtosia Bl.

二色肉果兰
Cyrtosia integra (Rolfe ex Downie) Garay
习　　性：陆生草本
海　　拔：1400~1500 m
国内分布：云南
国外分布：泰国
濒危等级：CR A2cd; B1ab (i, iii) +2ab (ii, v); D
CITES 附录：Ⅱ

肉果兰
Cyrtosia javanica Blume
习　　性：草本
国内分布：台湾
国外分布：菲律宾、马来西亚、斯里兰卡、泰国、印度、印度尼西亚、越南
濒危等级：EN B2ac (iii, iv); D
CITES 附录：Ⅱ

矮小肉果兰
Cyrtosia nana(Rolfe ex Downie)Garay
习　　性：草本
海　　拔：500~1400 m
国内分布：广西、贵州
国外分布：泰国、越南
濒危等级：VU B2ab（ii, iii, v）
CITES 附录：Ⅱ

血红肉果兰
Cyrtosia septentrionalis(Rchb. f.)Garay
习　　性：草本
海　　拔：1000~1300 m
国内分布：安徽、河南、湖南、浙江
国外分布：日本
濒危等级：VU B2ab（ii, iii, v）
CITES 附录：Ⅱ

缥唇兰属 Cystorchis Blume

缥唇兰
Cystorchis aphylla Ridl.
习　　性：草本
国内分布：海南、云南
国外分布：马来西亚
濒危等级：DD
CITES 附录：Ⅱ

掌裂兰属 Dactylorhiza Neck. ex Nevski

芒尖掌裂兰
Dactylorhiza aristata(Fisch. ex Lindl.)Soó
习　　性：地生草本
国内分布：河北、河南、山东、山西
国外分布：朝鲜、俄罗斯、日本
濒危等级：DD
CITES 附录：Ⅱ

紫斑掌裂兰
Dactylorhiza fuchsii(Druce)Soó
习　　性：地生草本
海　　拔：900~2300 m
国内分布：新疆
国外分布：俄罗斯、蒙古
濒危等级：NT A2c
CITES 附录：Ⅱ

掌裂兰
Dactylorhiza hatagirea(D. Don)Soó
习　　性：地生草本
海　　拔：600~4100 m
国内分布：甘肃、黑龙江、吉林、内蒙古、宁夏、青海、四川、西藏、新疆
国外分布：巴基斯坦、不丹、克什米尔地区、蒙古、尼泊尔
濒危等级：DD
CITES 附录：Ⅱ

紫点掌裂兰
Dactylorhiza incarnata(Müll.)P. D. Sell
习　　性：地生草本
海　　拔：1400~2800 m
国内分布：新疆
国外分布：俄罗斯
濒危等级：NT
CITES 附录：Ⅱ

阴生掌裂兰
Dactylorhiza umbrosa(Kar. et Kir.)Nevski
习　　性：地生草本
海　　拔：600~4000 m
国内分布：新疆
国外分布：阿富汗、巴基斯坦、俄罗斯、哈萨克斯坦、土库曼斯坦、乌兹别克斯坦
濒危等级：NT A2ac
CITES 附录：Ⅱ

凹舌掌裂兰
Dactylorhiza viridis(L.)R. M. Bateman
习　　性：地生草本
海　　拔：1200~4300 m
国内分布：甘肃、河北、河南、黑龙江、湖北、吉林
国外分布：不丹、朝鲜、俄罗斯、哈萨克斯坦、吉尔吉斯斯坦、克什米尔地区、蒙古、尼泊尔、日本、土库曼斯坦
濒危等级：LC
CITES 附录：Ⅱ

丹霞兰属 Danxiaorchis J. W. Zhai, F. W. Xing et Z. J. Liu

丹霞兰
Danxiaorchis singchiana J. W. Zhai, F. W. Xing et Z. J. Liu
习　　性：多年生草本
海　　拔：约150 m
分　　布：广东
濒危等级：CR D
国家保护：Ⅱ级
CITES 附录：Ⅱ

杨氏丹霞兰
Danxiaorchis yangii B. Y. Yang et B. Li
习　　性：多年生草本
海　　拔：约150 m
分　　布：江西
濒危等级：VU B1a（iii）；D1+2
国家保护：Ⅱ级
CITES 附录：Ⅱ

石斛属 Dendrobium Sw.

钩状石斛
Dendrobium aduncum Wall. ex Lindl.
习　　性：附生或岩生草本
海　　拔：700~1000 m
国内分布：广东、广西、贵州、海南、湖南、云南
国外分布：不丹、缅甸、泰国、印度、越南
濒危等级：VU A3c；B2ab（ii, iii, v）
国家保护：Ⅱ级

CITES 附录：II
资源利用：环境利用（观赏）

兜唇石斛
Dendrobium aphyllum (Roxb.) C. E. C. Fisch.
习　　性：附生或岩生草本
海　　拔：400~1500 m
国内分布：广西、贵州、云南
国外分布：不丹、老挝、马来西亚、缅甸、尼泊尔、印度、越南
濒危等级：VU A4c
国家保护：II级
CITES 附录：II

矮石斛
Dendrobium bellatulum Rolfe
习　　性：附生或岩生草本
海　　拔：1200~2100 m
国内分布：云南
国外分布：老挝、缅甸、泰国、印度、越南
濒危等级：EN A2c
国家保护：II级
CITES 附录：II
资源利用：环境利用（观赏）

双槽石斛
Dendrobium bicameratum Lindl.
习　　性：附生草本
国内分布：云南
国外分布：泰国
濒危等级：NT
国家保护：II级
CITES 附录：II

长苏石斛
Dendrobium brymerianum Rchb. f.
习　　性：附生或岩生草本
海　　拔：1100~1900 m
国内分布：云南
国外分布：老挝、缅甸、泰国、越南
濒危等级：EN B1ab (i, iii, v); C1
国家保护：II级
CITES 附录：II

短棒石斛
Dendrobium capillipes Rchb. f.
习　　性：附生或岩生草本
海　　拔：900~1500 m
国内分布：云南
国外分布：老挝、缅甸、尼泊尔、泰国、印度、越南
濒危等级：EN A4c
国家保护：II级
CITES 附录：II

翅萼石斛
Dendrobium cariniferum Rchb. f.
习　　性：附生或岩生草本
海　　拔：1100~1700 m
国内分布：云南
国外分布：老挝、缅甸、泰国、印度、越南

濒危等级：EN B1ab (i, iii, v); C1
国家保护：II级
CITES 附录：II

长爪石斛
Dendrobium chameleon Ames
习　　性：附生或岩生草本
海　　拔：500~1200 m
国内分布：台湾
国外分布：菲律宾
濒危等级：LC
国家保护：II级
CITES 附录：II

毛鞘石斛
Dendrobium christyanum Rchb. f.
习　　性：附生或岩生草本
海　　拔：800~1200 m
国内分布：云南
国外分布：泰国、越南
濒危等级：VU B1ab (iii)
国家保护：II级
CITES 附录：II

束花石斛
Dendrobium chrysanthum Lindl.
习　　性：附生或岩生草本
海　　拔：700~2500 m
国内分布：广西、贵州、西藏、云南
国外分布：不丹、老挝、缅甸、尼泊尔、泰国、印度、越南
濒危等级：VU A2ac; B1ab (i, iii, v)
国家保护：II级
CITES 附录：II
资源利用：药用（中草药）

线叶石斛
Dendrobium chryseum Rolfe
习　　性：附生或岩生草本
海　　拔：1700~2600 m
国内分布：四川、台湾、云南
国外分布：缅甸、印度
濒危等级：EN A4c; B2ab (ii, iii, v)
国家保护：II级
CITES 附录：II

勐腊石斛
Dendrobium chrysocrepis E. C. Parish et Rchb. f. ex Hook. f.
习　　性：附生或岩生草本
海　　拔：约1200 m
国内分布：云南
国外分布：缅甸
濒危等级：DD
国家保护：II级
CITES 附录：II

鼓槌石斛
Dendrobium chrysotoxum Lindl.
习　　性：附生或岩生草本
海　　拔：500~1600 m
国内分布：云南

国外分布：老挝、缅甸、泰国、印度、越南
濒危等级：VU A2ac；B1ab（i，iii，v）；C1
国家保护：Ⅱ级
CITES 附录：Ⅱ
资源利用：环境利用（观赏）

草石斛
Dendrobium compactum Rolfe ex W. Hackett
习　　性：附生或岩生草本
海　　拔：1600~1900 m
国内分布：云南
国外分布：缅甸、泰国
濒危等级：VU A2c；B1ab（i，iii，v）
国家保护：Ⅱ级
CITES 附录：Ⅱ

玫瑰石斛
Dendrobium crepidatum Lindl. ex Paxton
习　　性：附生或岩生草本
海　　拔：1000~1800 m
国内分布：贵州、云南
国外分布：不丹、老挝、缅甸、尼泊尔、泰国、印度、越南
濒危等级：EN A4c；C1
国家保护：Ⅱ级
CITES 附录：Ⅱ

木石斛
Dendrobium crumenatum Sw.
习　　性：附生或岩生草本
国内分布：台湾
国外分布：菲律宾、柬埔寨、老挝、马来西亚、缅甸、斯里兰卡、泰国、印度、印度尼西亚、越南
濒危等级：VU D1+2
国家保护：Ⅱ级
CITES 附录：Ⅱ

晶帽石斛
Dendrobium crystallinum Rchb. f.
习　　性：附生或岩生草本
海　　拔：500~1700 m
国内分布：海南、云南
国外分布：柬埔寨、老挝、缅甸、泰国、越南
濒危等级：EN A4c；C1
国家保护：Ⅱ级
CITES 附录：Ⅱ

叠鞘石斛
Dendrobium denneanum Kerr
习　　性：附生或岩生草本
海　　拔：600~2500 m
国内分布：广西、贵州、海南、云南
国外分布：老挝、缅甸、尼泊尔、泰国、印度、越南
濒危等级：VU A4c
国家保护：Ⅱ级
CITES 附录：Ⅱ
资源利用：环境利用（观赏）；药用（中草药）

密花石斛
Dendrobium densiflorum Lindl.
习　　性：附生或岩生草本
海　　拔：400~1000 m
国内分布：广东、广西、海南、西藏
国外分布：不丹、缅甸、尼泊尔、泰国、印度
濒危等级：VU A4c；B1ab（i，iii）
国家保护：Ⅱ级
CITES 附录：Ⅱ
资源利用：环境利用（观赏）；药用（中草药）

齿瓣石斛
Dendrobium devonianum Paxton
习　　性：附生或岩生草本
海　　拔：约1900 m
国内分布：广西、贵州、西藏、云南
国外分布：不丹、缅甸、泰国、印度、越南
濒危等级：EN A4c；B1ab（i，iii）；C1
国家保护：Ⅱ级
CITES 附录：Ⅱ

黄花石斛
Dendrobium dixanthum Rchb. f.
习　　性：附生或岩生草本
海　　拔：800~1200 m
国内分布：云南
国外分布：老挝、缅甸、泰国
濒危等级：EN B1ab（i，iii）
国家保护：Ⅱ级
CITES 附录：Ⅱ

反瓣石斛
Dendrobium ellipsophyllum Tang et F. T. Wang
习　　性：附生或岩生草本
海　　拔：约1100 m
国内分布：云南
国外分布：柬埔寨、老挝、缅甸、泰国、越南
濒危等级：EN A4c
国家保护：Ⅱ级
CITES 附录：Ⅱ

燕石斛
Dendrobium equitans Kraenzl.
习　　性：附生或岩生草本
海　　拔：100~300 m
国内分布：台湾
国外分布：菲律宾
濒危等级：NT
国家保护：Ⅱ级
CITES 附录：Ⅱ

景洪石斛
Dendrobium exile Schltr.
习　　性：附生或岩生草本
海　　拔：600~800 m
国内分布：云南
国外分布：泰国、越南
濒危等级：VU A2c
国家保护：Ⅱ级
CITES 附录：Ⅱ

串珠石斛
Dendrobium falconeri Hook.

习　　性：附生或岩生草本
海　　拔：800~1900 m
国内分布：广西、湖南、台湾、云南
国外分布：不丹、缅甸、泰国、印度、越南
濒危等级：VU A3c；B1ab（i，iii）
国家保护：Ⅱ级
CITES 附录：Ⅱ

梵净山石斛
Dendrobium fanjingshanense Z. H. Tsi ex X. H. Jin et Y. W. Zhang
　　习　　性：附生或岩生草本
　　海　　拔：800~1500 m
　　分　　布：贵州
　　濒危等级：EN A2c
　　国家保护：Ⅱ级
　　CITES 附录：Ⅱ

流苏石斛
Dendrobium fimbriatum Hook.
　　习　　性：附生或岩生草本
　　海　　拔：600~1700 m
　　国内分布：广西、贵州、云南
　　国外分布：不丹、缅甸、尼泊尔、泰国、印度、越南
　　濒危等级：VU A3c；B1ab（i，iii）
　　国家保护：Ⅱ级
　　CITES 附录：Ⅱ
　　资源利用：环境利用（观赏）

棒节石斛
Dendrobium findlayanum E. C. Parish et Rchb. f.
　　习　　性：附生或岩生草本
　　海　　拔：800~900 m
　　国内分布：云南
　　国外分布：老挝北部、缅甸、泰国
　　濒危等级：EN A3c
　　国家保护：Ⅱ级
　　CITES 附录：Ⅱ

曲茎石斛
Dendrobium flexicaule Z. H. Tsi, S. C. Sun et L. G. Xu
　　习　　性：附生或岩生草本
　　海　　拔：1200~2000 m
　　分　　布：河南、湖北、湖南、四川
　　濒危等级：CR A2c
　　国家保护：Ⅰ级
　　CITES 附录：Ⅱ

双花石斛
Dendrobium furcatopedicellatum Hayata
　　习　　性：附生或岩生草本
　　分　　布：台湾
　　濒危等级：EN D
　　国家保护：Ⅱ级
　　CITES 附录：Ⅱ

曲轴石斛
Dendrobium gibsonii Lindl.
　　习　　性：附生或岩生草本
　　海　　拔：800~1000 m
　　国内分布：广西、云南
　　国外分布：不丹、缅甸、尼泊尔、泰国、印度、越南
　　濒危等级：EN A2c；B1ab（i，iii）
　　国家保护：Ⅱ级
　　CITES 附录：Ⅱ
　　资源利用：环境利用（观赏）

红花石斛
Dendrobium goldschmidtianum Kraenzl.
　　习　　性：附生或岩生草本
　　海　　拔：200~400 m
　　国内分布：台湾
　　国外分布：菲律宾
　　濒危等级：NT
　　国家保护：Ⅱ级
　　CITES 附录：Ⅱ

杯鞘石斛
Dendrobium gratiosissimum Rchb. f.
　　习　　性：附生或岩生草本
　　海　　拔：800~1700 m
　　国内分布：云南
　　国外分布：老挝、缅甸、泰国、印度、越南
　　濒危等级：VU A2c；B1ab（i，iii）
　　国家保护：Ⅱ级
　　CITES 附录：Ⅱ

海南石斛
Dendrobium hainanense Rolfe
　　习　　性：附生或岩生草本
　　海　　拔：1000~1700 m
　　分　　布：海南
　　濒危等级：VU A2c；B1ab（i，iii）
　　国家保护：Ⅱ级
　　CITES 附录：Ⅱ

细叶石斛
Dendrobium hancockii Rolfe
　　习　　性：附生或岩生草本
　　海　　拔：700~1500 m
　　国内分布：甘肃、广西、贵州、河南、湖北、湖南、陕西、四川、云南
　　国外分布：越南
　　濒危等级：EN A2c+3c；C1
　　国家保护：Ⅱ级
　　CITES 附录：Ⅱ

苏瓣石斛
Dendrobium harveyanum Rchb. f.
　　习　　性：附生或岩生草本
　　海　　拔：1100~1700 m
　　国内分布：云南
　　国外分布：缅甸、泰国、越南
　　濒危等级：EN B1ab（ii，iii）
　　国家保护：Ⅱ级
　　CITES 附录：Ⅱ

河口石斛
Dendrobium hekouense Z. J. Liu et L. J. Chen
　　习　　性：草本
　　分　　布：云南

濒危等级：LC
国家保护：Ⅱ级
CITES 附录：Ⅱ

河南石斛
Dendrobium henanense J. L. Lu et L. X. Gao
习　　性：附生或岩生草本
海　　拔：600~1300 m
分　　布：河南
濒危等级：VU A2c+3c；B2ab（ii）
国家保护：Ⅱ级
CITES 附录：Ⅱ

疏花石斛
Dendrobium henryi Schltr.
习　　性：附生或岩生草本
海　　拔：600~1700 m
国内分布：广西、贵州、湖南、云南
国外分布：泰国、越南
濒危等级：LC
国家保护：Ⅱ级
CITES 附录：Ⅱ

重唇石斛
Dendrobium hercoglossum Rchb. f.
习　　性：附生或岩生草本
海　　拔：600~1300 m
国内分布：安徽、广西、贵州、湖南、江西、云南
国外分布：老挝、马来西亚、泰国、越南
濒危等级：NT A3c
国家保护：Ⅱ级
CITES 附录：Ⅱ

尖刀唇石斛
Dendrobium heterocarpum Lindl.
习　　性：附生或岩生草本
海　　拔：1500~1800 m
国内分布：云南
国外分布：不丹、菲律宾、老挝、马来西亚、缅甸、尼泊尔、斯里兰卡、泰国、印度、印度尼西亚、越南
濒危等级：VU A2c
国家保护：Ⅱ级
CITES 附录：Ⅱ

金耳石斛
Dendrobium hookerianum Lindl.
习　　性：附生或岩生草本
海　　拔：1000~2300 m
国内分布：西藏、云南
国外分布：印度
濒危等级：VU A2c
国家保护：Ⅱ级
CITES 附录：Ⅱ

霍山石斛
Dendrobium huoshanense C. Z. Tang et S. J. Cheng
习　　性：附生或岩生草本
分　　布：安徽
濒危等级：EN A4c
国家保护：Ⅰ级
CITES 附录：Ⅱ

小黄花石斛
Dendrobium jenkinsii Lindl.
习　　性：草本
海　　拔：700~1300 m
国内分布：云南
国外分布：不丹、老挝、泰国、印度
濒危等级：NT
国家保护：Ⅱ级
CITES 附录：Ⅱ

夹江石斛
Dendrobium jiajiangense Z. Y. Zhu, S. J. Zhu et H. B. Wang
习　　性：附生或岩生草本
海　　拔：1000~1300 m
分　　布：四川
濒危等级：DD
国家保护：Ⅱ级
CITES 附录：Ⅱ

广东石斛
Dendrobium kwangtungense C. L. Tso
习　　性：草本
海　　拔：1000~1300 m
分　　布：广东、广西、云南
濒危等级：CR A4c；B1ab（ii, iii）
国家保护：Ⅱ级
CITES 附录：Ⅱ

广坝石斛
Dendrobium lagarum Seidenf.
习　　性：附生或岩生草本
国内分布：海南
国外分布：泰国
濒危等级：VU A2c；D
国家保护：Ⅱ级
CITES 附录：Ⅱ

菱唇石斛
Dendrobium leptocladum Hayata
习　　性：附生或岩生草本
海　　拔：600~1600 m
分　　布：台湾
濒危等级：LC
国家保护：Ⅱ级
CITES 附录：Ⅱ

矩唇石斛
Dendrobium linawianum Rchb. f.
习　　性：附生或岩生草本
海　　拔：400~1500 m
分　　布：广西
濒危等级：EN A3c；B1ab（ii, iii）
国家保护：Ⅱ级
CITES 附录：Ⅱ

聚石斛
Dendrobium lindleyi Steud.
习　　性：附生或岩生草本

海　　拔：1000 m 以下
国内分布：广东、广西、贵州、海南
国外分布：不丹、老挝、缅甸、泰国、印度、越南
濒危等级：LC
国家保护：Ⅱ级
CITES 附录：Ⅱ

喇叭唇石斛
Dendrobium lituiflorum Lindl.
习　　性：附生或岩生草本
海　　拔：800~1600 m
国内分布：广西、云南
国外分布：老挝、缅甸、泰国、印度、越南
濒危等级：CR B1ab（ⅲ，ⅴ）
国家保护：Ⅱ级
CITES 附录：Ⅱ

美花石斛
Dendrobium loddigesii Rolfe
习　　性：附生或岩生草本
海　　拔：400~1500 m
国内分布：广东、广西、贵州、海南、云南
国外分布：老挝、越南
濒危等级：VU A2ac
国家保护：Ⅱ级
CITES 附录：Ⅱ
资源利用：环境利用（观赏）

罗河石斛
Dendrobium lohohense Tang et F. T. Wang
习　　性：附生或岩生草本
海　　拔：1000~1500 m
分　　布：重庆、广东、广西、贵州、湖北、湖南、云南
濒危等级：EN A3c；B1ab（ⅲ，ⅴ）
国家保护：Ⅱ级
CITES 附录：Ⅱ

长距石斛
Dendrobium longicornu Lindl.
习　　性：附生或岩生草本
海　　拔：1200~2500 m
国内分布：广西、西藏、云南
国外分布：不丹、缅甸、尼泊尔、印度、越南
濒危等级：EN B1ab（ⅲ，ⅴ）；C1
国家保护：Ⅱ级
CITES 附录：Ⅱ

吕宋石斛
Dendrobium luzonense Lindl.
习　　性：附生或岩生草本
海　　拔：约400 m
国内分布：台湾
国外分布：菲律宾
濒危等级：CR C2a（ⅰ）
国家保护：Ⅱ级
CITES 附录：Ⅱ

细茎石斛
Dendrobium moniliforme(L.)Sw.
习　　性：附生或岩生草本
海　　拔：600~3000 m
国内分布：安徽、重庆、福建、广西、贵州、河南、湖北、湖南、四川、台湾、西藏、云南
国外分布：韩国、缅甸、日本、印度
濒危等级：DD
国家保护：Ⅱ级
CITES 附录：Ⅱ
资源利用：环境利用（观赏）

藏南石斛
Dendrobium monticola P. F. Hunt et Summerh.
习　　性：附生或岩生草本
海　　拔：1700~2200 m
国内分布：广西、西藏
国外分布：尼泊尔、泰国、印度、越南
濒危等级：VU B2ab（ⅱ，ⅲ，ⅳ，ⅴ）
国家保护：Ⅱ级
CITES 附录：Ⅱ

杓唇石斛
Dendrobium moschatum(Buch. -Ham.)Sw.
习　　性：附生或岩生草本
海　　拔：约1300 m
国内分布：云南
国外分布：不丹、老挝、缅甸、尼泊尔、泰国、印度、越南
濒危等级：EN A4c
国家保护：Ⅱ级
CITES 附录：Ⅱ
资源利用：环境利用（观赏）

石斛
Dendrobium nobile Lindl.
习　　性：附生或岩生草本
海　　拔：500~1700 m
国内分布：广西、贵州、海南、湖北、四川、台湾、西藏、香港、云南
国外分布：不丹、老挝、缅甸、尼泊尔、泰国、印度、越南
濒危等级：VU A2ac；B1ab（ⅰ，ⅲ）
国家保护：Ⅱ级
CITES 附录：Ⅱ
资源利用：环境利用（观赏）；药用（中草药）

铁皮石斛
Dendrobium officinale Kimura et Migo
习　　性：附生或岩生草本
海　　拔：1600 m
国内分布：安徽、福建、广西、四川、台湾、云南、浙江
国外分布：日本
濒危等级：EN A4c
国家保护：Ⅱ级
CITES 附录：Ⅱ

琉球石斛
Dendrobium okinawense Hatusima et Ida
习　　性：附生或岩生草本
海　　拔：900~1200 m
国内分布：台湾
国外分布：日本
濒危等级：DD

国家保护：Ⅱ级
CITES 附录：Ⅱ

少花石斛
Dendrobium parciflorum Rchb. f. ex Lindl.
习　　性：附生或岩生草本
海　　拔：约 1500 m
国内分布：云南
国外分布：老挝、泰国、印度、越南
濒危等级：CR A1c；B1ab（ii, v）
国家保护：Ⅱ级
CITES 附录：Ⅱ

紫瓣石斛
Dendrobium parishii Rchb. f.
习　　性：附生或岩生草本
海　　拔：约 1000 m
国内分布：贵州、云南
国外分布：老挝、缅甸、泰国、印度、越南
濒危等级：EN A3c；B1ab（ii, v）；C1
国家保护：Ⅱ级
CITES 附录：Ⅱ

肿节石斛
Dendrobium pendulum Roxb.
习　　性：附生或岩生草本
海　　拔：1000～1600 m
国内分布：云南
国外分布：老挝、缅甸、泰国、印度、越南
濒危等级：EN A3c
国家保护：Ⅱ级
CITES 附录：Ⅱ

报春石斛
Dendrobium polyanthum Wall. ex Lindl.
习　　性：附生或岩生草本
海　　拔：700～1800 m
国内分布：云南
国外分布：老挝、缅甸、尼泊尔、泰国、印度、越南
濒危等级：VU A2c；B1ab（ii, iii, iv, v）
国家保护：Ⅱ级
CITES 附录：Ⅱ

单葶草石斛
Dendrobium porphyrochilum Lindl.
习　　性：附生或岩生草本
海　　拔：约 2700 m
国内分布：广东、云南
国外分布：不丹、缅甸、尼泊尔、泰国、印度、越南
濒危等级：EN B2ab（ii, iii, iv, v）
国家保护：Ⅱ级
CITES 附录：Ⅱ

针叶石斛
Dendrobium pseudotenellum Guillaumin
习　　性：附生或岩生草本
海　　拔：约 900 m
国内分布：云南
国外分布：越南
濒危等级：EN A3c
国家保护：Ⅱ级
CITES 附录：Ⅱ

竹枝石斛
Dendrobium salaccense（Blume）Lindl.
习　　性：附生或岩生草本
海　　拔：600～1000 m
国内分布：海南、西藏、云南
国外分布：不丹、老挝、马来西亚、缅甸、斯里兰卡、泰国、印度、印度尼西亚、越南
濒危等级：VU A3c；B1ab（iii）
国家保护：Ⅱ级
CITES 附录：Ⅱ

滇桂石斛
Dendrobium scoriarum W. M. Sw.
习　　性：附生或岩生草本
海　　拔：约 1500 m
国内分布：广西、云南
国外分布：越南
濒危等级：CR A3c
国家保护：Ⅱ级
CITES 附录：Ⅱ

始兴石斛
Dendrobium shixingense Z. L. Chen, S. J. Zeng et J. Duan
习　　性：附生草本
分　　布：广东、江西
濒危等级：EN A4c
国家保护：Ⅱ级
CITES 附录：Ⅱ

华石斛
Dendrobium sinense Tang et F. T. Wang
习　　性：附生或岩生草本
海　　拔：约 1000 m
分　　布：海南
濒危等级：EN A3c；B1ab（iii）；C1
国家保护：Ⅱ级
CITES 附录：Ⅱ

勐海石斛
Dendrobium sinominutiflorum S. C. Chen, J. J. Wood et H. P. Wood
习　　性：附生或岩生草本
海　　拔：1000～1400 m
分　　布：云南
濒危等级：EN A3c
国家保护：Ⅱ级
CITES 附录：Ⅱ

小双花石斛
Dendrobium somae Hayata
习　　性：附生或岩生草本
海　　拔：500～1500 m
分　　布：台湾
濒危等级：VU B2ab（iii, v）
国家保护：Ⅱ级
CITES 附录：Ⅱ

剑叶石斛
Dendrobium spatella Rchb. f.

习　　性：附生或岩生草本
海　　拔：200~300 m
国内分布：福建、广西、海南、香港、云南
国外分布：不丹、柬埔寨、老挝、缅甸、泰国、印度、越南
濒危等级：VU A2c；B2ab（ii，iii，v）
国家保护：Ⅱ级
CITES 附录：Ⅱ

梳唇石斛
Dendrobium strongylanthum Rchb. f.
习　　性：附生或岩生草本
海　　拔：1000~2100 m
国内分布：海南、云南
国外分布：缅甸、泰国、越南
濒危等级：NT A2c
国家保护：Ⅱ级
CITES 附录：Ⅱ

叉唇石斛
Dendrobium stuposum Lindl.
习　　性：附生或岩生草本
海　　拔：约1800 m
国内分布：云南
国外分布：不丹、菲律宾、马来西亚、缅甸、泰国、印度、印度尼西亚
濒危等级：VU A2c；B1ab（iii）
国家保护：Ⅱ级
CITES 附录：Ⅱ

具槽石斛
Dendrobium sulcatum Lindl.
习　　性：附生或岩生草本
海　　拔：700~800 m
国内分布：云南
国外分布：老挝北部、缅甸、泰国、印度
濒危等级：EN B1ab（ii，v）；C1
国家保护：Ⅱ级
CITES 附录：Ⅱ

刀叶石斛
Dendrobium terminale E. C. Parish et Rchb. f.
习　　性：附生或岩生草本
海　　拔：800~1100 m
国内分布：云南
国外分布：马来西亚、缅甸、泰国、印度、越南
濒危等级：EN B1ab（ii，iii）；C1
国家保护：Ⅱ级
CITES 附录：Ⅱ

球花石斛
Dendrobium thyrsiflorum Rchb. f.
习　　性：附生或岩生草本
海　　拔：1100~1800 m
国内分布：云南
国外分布：老挝、缅甸、泰国、印度、越南
濒危等级：NT B1ab（ii，iii）
国家保护：Ⅱ级
CITES 附录：Ⅱ

翅梗石斛
Dendrobium trigonopus Rchb. f.
习　　性：附生或岩生草本
海　　拔：1100~1600 m
国内分布：云南
国外分布：老挝、缅甸、泰国、越南
濒危等级：VU A4c
国家保护：Ⅱ级
CITES 附录：Ⅱ

五色石斛
Dendrobium wangliangii G. W. Hu, C. L. Long et X. H. Jin
习　　性：附生或岩生草本
海　　拔：约2200 m
分　　布：云南
濒危等级：CR D
国家保护：Ⅱ级
CITES 附录：Ⅱ

大苞鞘石斛
Dendrobium wardianum R. Warner
习　　性：附生或岩生草本
海　　拔：1300~1900 m
国内分布：云南
国外分布：不丹、缅甸、泰国、越南
濒危等级：VU B1ab（ii，iii）；C1
国家保护：Ⅱ级
CITES 附录：Ⅱ

高山石斛
Dendrobium wattii (Hook. f.) Rchb. f.
习　　性：附生或岩生草本
海　　拔：约2000 m
国内分布：云南
国外分布：缅甸、泰国、印度、越南
濒危等级：DD
国家保护：Ⅱ级
CITES 附录：Ⅱ

黑毛石斛
Dendrobium williamsonii Day et Rchb. f.
习　　性：附生或岩生草本
海　　拔：约1000 m
国内分布：广西、海南、云南
国外分布：缅甸、印度、越南
濒危等级：EN A2c；C1
国家保护：Ⅱ级
CITES 附录：Ⅱ

大花石斛
Dendrobium wilsonii Rolfe
习　　性：附生或岩生草本
海　　拔：1000~1300 m
分　　布：重庆、贵州、湖南、四川、云南
濒危等级：CR A4c；B1ab（ii，iii）
国家保护：Ⅱ级
CITES 附录：Ⅱ
资源利用：环境利用（观赏）

西畴石斛
Dendrobium xichouense S. J. Cheng et Z. J. Tang
习　　性：附生或岩生草本
海　　拔：约 1900 m
分　　布：云南
濒危等级：CR B1ab（ii，iii，v）
国家保护：Ⅱ级
CITES 附录：Ⅱ

镇源石斛
Dendrobium zhenyuanense D. P. Ye ex J. W. Li, D. P. Ye et X. H. Jin
习　　性：附生草本
分　　布：云南
濒危等级：EN A4c
国家保护：Ⅱ级
CITES 附录：Ⅱ

足柱兰属 Dendrochilum Blume

足柱兰
Dendrochilum uncatum Rchb. f.
习　　性：附生或岩生草本
海　　拔：500~1000 m
国内分布：台湾
国外分布：菲律宾
濒危等级：VU D1
CITES 附录：Ⅱ

绒兰属 Dendrolirium Bl.

白绵绒兰
Dendrolirium lasiopetalum（Willd.）S. C. Chen et J. J. Wood
习　　性：附生或岩生草本
海　　拔：1200~1700 m
分　　布：海南、香港
濒危等级：VU A2c；B1ab（i，iii，v）
CITES 附录：Ⅱ

绒兰
Dendrolirium tomentosum（J. Koenig）S. C. Chen et J. J. Wood
习　　性：附生或岩生草本
海　　拔：800~1500 m
国内分布：海南、云南
国外分布：老挝、缅甸、泰国、印度、越南
濒危等级：VU A2c
CITES 附录：Ⅱ

锚柱兰属 Didymoplexiella Garay

锚柱兰
Didymoplexiella siamensis（Rolfe ex Downie）Seidenf.
习　　性：地生草本
国内分布：海南、台湾
国外分布：日本、泰国、越南
濒危等级：EN A2c
CITES 附录：Ⅱ

拟锚柱兰属 Didymoplexiopsis Seidenf.

拟锚柱兰
Didymoplexiopsis khiriwongensis Seidenf.
习　　性：地生草本
海　　拔：700~800 m
国内分布：海南、云南
国外分布：泰国、越南
濒危等级：EN A2c
CITES 附录：Ⅱ

双唇兰属 Didymoplexis Griff.

小双唇兰
Didymoplexis micradenia（Rchb. f.）Hemsley
习　　性：地生草本
海　　拔：100~300 m
国内分布：台湾
国外分布：印度尼西亚
濒危等级：LC
CITES 附录：Ⅱ

双唇兰
Didymoplexis pallens Griff.
习　　性：地生草本
国内分布：福建、台湾
国外分布：阿富汗、澳大利亚、巴布亚新几内亚、菲律宾、马来西亚、孟加拉国、日本、泰国、印度、印度尼西亚、越南
濒危等级：NT B1ab（iii）+2ab（iii）
CITES 附录：Ⅱ

广西双唇兰
Didymoplexis vietnamica Ormd.
习　　性：地生草本
国内分布：广西
国外分布：越南
CITES 附录：Ⅱ

无耳沼兰属 Dienia Lindl.

简穗无耳沼兰
Dienia cylindrostachya Lindl.
习　　性：地生草本
海　　拔：2000 m 以下
国内分布：西藏
国外分布：不丹、尼泊尔、印度
濒危等级：LC
CITES 附录：Ⅱ

无耳沼兰
Dienia ophrydis（J. Koenig）Ormer. et Seidenf.
习　　性：地生草本
海　　拔：2000 m 以下
国内分布：福建
国外分布：澳大利亚、巴布亚新几内亚、不丹、菲律宾、柬埔寨、老挝、马来西亚、缅甸、尼泊尔、日本、斯里兰卡、泰国、印度、印度尼西亚、越南
濒危等级：LC
CITES 附录：Ⅱ

密花兰属 Diglyphosa Blume

密花兰
Diglyphosa latifolia Blume

习　　性：地生草本
海　　拔：约1200 m
国内分布：云南
国外分布：巴布亚新几内亚、菲律宾、马来西亚、印度、印度尼西亚
濒危等级：VU A2cd；B1ab（i，iii）
CITES 附录：II

双蕊兰属 Diplandrorchis S. C. Chen

双蕊兰
Diplandrorchis sinica S. C. Chen
习　　性：草本
海　　拔：700~800 m
分　　布：辽宁
濒危等级：EN A2c；B1ab（iii）
CITES 附录：II

合柱兰属 Diplomeris D. Don

毛叶合柱兰
Diplomeris hirsuta(Lindl.) Lindl.
习　　性：地生草本
国内分布：中国南部
国外分布：尼泊尔、印度
濒危等级：LC
CITES 附录：II

合柱兰
Diplomeris pulchella D. Don
习　　性：地生草本
海　　拔：600~2600 m
国内分布：贵州、四川、西藏、云南
国外分布：缅甸、印度、越南
濒危等级：VU B1ab（iii）
CITES 附录：II

蛇舌兰属 Diploprora Hook. f.

蛇舌兰
Diploprora championii(Lindl.) Hook. f.
习　　性：附生草本
海　　拔：200~1500 m
国内分布：福建、广西、海南、台湾、香港、云南
国外分布：缅甸、斯里兰卡、泰国、印度、越南
濒危等级：LC
CITES 附录：II

双袋兰属 Disperis Sw.

双袋兰
Disperis neilgherrensis Wight
习　　性：地生草本
海　　拔：200~900 m
国内分布：台湾、香港
国外分布：巴布亚新几内亚、菲律宾、日本、斯里兰卡、泰国、印度、印度尼西亚
濒危等级：NT D2
CITES 附录：II

厚唇兰属 Epigeneium Gagnep.

宽叶厚唇兰
Epigeneium amplum(Lindl.) Summerh.
习　　性：附生或地生草本
海　　拔：1000~1900 m
国内分布：广西、西藏、云南
国外分布：不丹、缅甸、尼泊尔、泰国、印度、越南
濒危等级：LC
CITES 附录：II

厚唇兰
Epigeneium clemensiae Gagnep.
习　　性：附生或地生草本
海　　拔：1000~1300 m
国内分布：贵州、海南、云南
国外分布：老挝、越南
濒危等级：LC
CITES 附录：II

单叶厚唇兰
Epigeneium fargesii(Finet) Gagnep.
习　　性：附生或地生草本
海　　拔：400~2400 m
分　　布：安徽、福建、广东、广西、湖北、湖南、江西、四川、台湾、浙江
濒危等级：LC
CITES 附录：II

景东厚唇兰
Epigeneium fuscescens(Griff.) Summerh.
习　　性：附生或地生草本
海　　拔：1300~2300 m
国内分布：广西、西藏、云南
国外分布：不丹、尼泊尔、印度
濒危等级：EN A2c；B1ab（iii）
CITES 附录：II

高黎贡厚唇兰
Epigeneium gaoligongense H. Yu et S. G. Zhang
习　　性：附生或地生草本
海　　拔：2400~2600 m
分　　布：云南
濒危等级：EN B1ab（iii）；C1
CITES 附录：II

台湾厚唇兰
Epigeneium nakaharaei(Schltr.) Summerh.
习　　性：附生或陆生草本
海　　拔：700~2400 m
国内分布：广东、广西、台湾
国外分布：泰国
濒危等级：NT A2c
CITES 附录：II

双叶厚唇兰
Epigeneium rotundatum(Lindl.) Summerh.
习　　性：附生或地生草本

海　　拔：1300~2500 m
国内分布：广西、西藏、云南
国外分布：不丹、缅甸、尼泊尔、印度
濒危等级：NT A2ac
CITES 附录：Ⅱ

长爪厚唇兰
Epigeneium treutleri(Hook. f.) Ormer.
习　　性：附生或地生草本
海　　拔：1400~2400 m
国内分布：云南
国外分布：印度
濒危等级：DD
CITES 附录：Ⅱ

火烧兰属 Epipactis Zinn

短苞火烧兰
Epipactis alata Aver. et Efimov
习　　性：地生草本
海　　拔：1100~1200 m
国内分布：广西、云南
国外分布：越南
濒危等级：DD
CITES 附录：Ⅱ

火烧兰
Epipactis helleborine(L.) Crantz
习　　性：地生草本
海　　拔：200~3600 m
国内分布：河北、辽宁
国外分布：阿富汗、巴基斯坦、不丹、俄罗斯、哈萨克斯坦、吉尔吉斯斯坦、尼泊尔、塔吉克斯坦、乌兹别克斯坦
濒危等级：LC
CITES 附录：Ⅱ
资源利用：药用（中草药）

大叶火烧兰
Epipactis mairei Schltr.
习　　性：地生草本
海　　拔：1200~3200 m
国内分布：甘肃、贵州、湖北、湖南、陕西、四川、西藏、云南
国外分布：不丹、缅甸、尼泊尔
濒危等级：NT B1ab（iii）
CITES 附录：Ⅱ
资源利用：药用（中草药）

新疆火烧兰
Epipactis palustris(L.) Crantz
习　　性：地生草本
海　　拔：1300~3300 m
国内分布：新疆
国外分布：俄罗斯、欧洲
濒危等级：VU A2c；B1ab（iii, v）
CITES 附录：Ⅱ

细毛火烧兰
Epipactis papillosa Franch. et Sav.
习　　性：地生草本
海　　拔：500~700 m
国内分布：辽宁
国外分布：朝鲜、日本
濒危等级：NT A2c
CITES 附录：Ⅱ

卵叶火烧兰
Epipactis royleana Lindl.
习　　性：地生草本
海　　拔：2900~3000 m
国内分布：西藏
国外分布：巴基斯坦、不丹、哈萨克斯坦、克什米尔地区、尼泊尔、塔吉克斯坦、乌兹别克斯坦、印度
濒危等级：LC
CITES 附录：Ⅱ

尖叶火烧兰
Epipactis thunbergii A. Gray
习　　性：地生草本
海　　拔：200~700 m
国内分布：浙江
国外分布：日本
濒危等级：VU A2c
CITES 附录：Ⅱ

疏花火烧兰
Epipactis veratrifolia Boiss.
习　　性：地生草本
海　　拔：2700~3400 m
国内分布：四川、西藏、云南
国外分布：阿富汗、巴基斯坦、缅甸、尼泊尔、印度
濒危等级：VU A2c
CITES 附录：Ⅱ

北火烧兰
Epipactis xanthophaea Schltr.
习　　性：地生草本
海　　拔：约 300 m
分　　布：河北、黑龙江、吉林、辽宁、山东
濒危等级：LC
CITES 附录：Ⅱ

虎舌兰属 Epipogium Gmel. et Borkh.

裂唇虎舌兰
Epipogium aphyllum Sw.
习　　性：地生草本
海　　拔：1200~3600 m
国内分布：甘肃、黑龙江、吉林、辽宁、内蒙古、山西、陕西、四川、西藏、新疆、云南
国外分布：不丹、朝鲜、俄罗斯、克什米尔地区、日本、印度
濒危等级：EN B1ab（i, iii）
CITES 附录：Ⅱ

日本虎舌兰
Epipogium japonicum Makino
习　　性：地生草本
海　　拔：2200~3000 m

国内分布：四川、台湾
国外分布：日本
濒危等级：LC
CITES 附录：Ⅱ

虎舌兰
Epipogium roseum (D. Don) Lindl.
习　　性：地生草本
海　　拔：500~1600 m
国内分布：广东、台湾
国外分布：菲律宾、克什米尔地区、老挝、马来西亚、尼泊尔、日本、斯里兰卡、泰国、印度、印度尼西亚、越南
濒危等级：LC
CITES 附录：Ⅱ

毛兰属 Eria Lindl.

匍茎毛兰
Eria clausa King et Pantl.
习　　性：附生或岩生草本
海　　拔：1000~1700 m
国内分布：广西、西藏、云南
国外分布：不丹、缅甸、印度、越南
濒危等级：LC
CITES 附录：Ⅱ

半柱毛兰
Eria corneri Rchb. f.
习　　性：附生或岩生草本
海　　拔：500~1500 m
国内分布：福建、广东、广西、贵州、海南、台湾、云南
国外分布：日本、越南
濒危等级：LC
CITES 附录：Ⅱ

足茎毛兰
Eria coronaria (Lindl.) Rchb. f.
习　　性：附生或岩生草本
海　　拔：1300~2100 m
国内分布：广西、海南、西藏、云南
国外分布：不丹、尼泊尔、泰国、印度、越南
濒危等级：LC
CITES 附录：Ⅱ

香港毛兰
Eria gagnepainii Hawkes et Heller
习　　性：附生或岩生草本
海　　拔：1500~2100 m
国内分布：海南、西藏、香港、云南
国外分布：越南
濒危等级：LC
CITES 附录：Ⅱ

香花毛兰
Eria javanica (Sw.) Blume
习　　性：附生或岩生草本
海　　拔：300~1000 m
国内分布：台湾、云南
国外分布：巴布亚新几内亚、菲律宾、老挝、马来西亚、缅甸、泰国、印度、印度尼西亚
濒危等级：EN B2ab (ii, iii, v)
CITES 附录：Ⅱ

绿花毛兰
Eria lanigera Seidenf.
习　　性：附生或岩生草本
国内分布：云南
国外分布：老挝、缅甸、泰国、印度、越南
濒危等级：LC
CITES 附录：Ⅱ

墨脱毛兰
Eria medogensis S. C. Chen et Z. H. Tsi
习　　性：附生或岩生草本
海　　拔：1800~2100 m
分　　布：西藏
濒危等级：CR A2c; B1ab (i, iii, v)
CITES 附录：Ⅱ

竹枝毛兰
Eria paniculata Lindl.
习　　性：附生或岩生草本
海　　拔：800 m
国内分布：云南
国外分布：不丹、柬埔寨、老挝、缅甸、尼泊尔、泰国、印度
濒危等级：LC
CITES 附录：Ⅱ

版纳毛兰
Eria pudica Ridl.
习　　性：附生或岩生草本
海　　拔：1500 m
国内分布：云南
国外分布：马来西亚、新加坡
濒危等级：LC
CITES 附录：Ⅱ

高山毛兰
Eria reptans (Franch. et Sav.) Makino
习　　性：附生或岩生草本
海　　拔：700~900 m
国内分布：安徽、福建、贵州、台湾、浙江
国外分布：日本
濒危等级：LC
CITES 附录：Ⅱ

条纹毛兰
Eria vittata Lindl.
习　　性：附生或岩生草本
海　　拔：约1600 m
国内分布：西藏
国外分布：缅甸、泰国、印度
濒危等级：LC
CITES 附录：Ⅱ

砚山毛兰
Eria yanshanensis S. C. Chen
习　　性：附生或岩生草本
海　　拔：约1100 m

分　　布：云南
濒危等级：EN B1ab（i，iii）
CITES 附录：Ⅱ

毛梗兰属 Eriodes Rolfe

毛梗兰
Eriodes barbata(Lindl.)Rolfe
习　　性：多年生草本
海　　拔：1400~1700 m
国内分布：云南
国外分布：不丹、缅甸、泰国、印度、越南
濒危等级：VU A2c
CITES 附录：Ⅱ

钳唇兰属 Erythrodes Blume

钳唇兰
Erythrodes blumei(Lindl.)Schltr.
习　　性：地生草本
海　　拔：400~1500 m
国内分布：广东、广西、台湾、云南
国外分布：马来西亚、缅甸、泰国、印度、印度尼西亚、越南
濒危等级：LC
CITES 附录：Ⅱ

硬毛钳唇兰
Erythrodes hirsuta(Griff.)Ormer.
习　　性：地生草本
海　　拔：100~1500 m
国内分布：海南、云南
国外分布：不丹、缅甸、泰国、印度、越南
濒危等级：LC
CITES 附录：Ⅱ

倒吊兰属 Erythrorchis Bl.

倒吊兰
Erythrorchis altissima(Blume)Blume
习　　性：蔓生藤本
海　　拔：500 m 以下
国内分布：海南、台湾
国外分布：菲律宾、柬埔寨、老挝、马来西亚、缅甸、日本、泰国、印度、印度尼西亚、越南
濒危等级：VU B2ab（ii，iii，v）
CITES 附录：Ⅱ

花蜘蛛兰属 Esmeralda Rchb.f.

口盖花蜘蛛兰
Esmeralda bella Rchb.f.
习　　性：附生草本
海　　拔：1700~1800 m
国内分布：西藏、云南
国外分布：缅甸、尼泊尔、泰国、印度
濒危等级：VU A2c
CITES 附录：Ⅱ

花蜘蛛兰
Esmeralda clarkei Rchb.f.
习　　性：附生草本
海　　拔：500~2100 m
国内分布：海南、云南
国外分布：不丹、缅甸、尼泊尔、泰国、印度、越南
濒危等级：VU A2c
CITES 附录：Ⅱ

美冠兰属 Eulophia R.Br.

台湾美冠兰
Eulophia bicallosa(D.Don)P.F.Hunt et Summerh.
习　　性：地生草本
海　　拔：约 600 m
国内分布：海南、台湾
国外分布：澳大利亚、巴布亚新几内亚、马来西亚、缅甸、尼泊尔、泰国、印度、印度尼西亚
濒危等级：DD
CITES 附录：Ⅱ

长苞美冠兰
Eulophia bracteosa Lindl.
习　　性：地生草本
海　　拔：400~600 m
国内分布：广东、广西、云南
国外分布：孟加拉国、缅甸、印度
濒危等级：VU B2ab（ii，iii，v）
CITES 附录：Ⅱ

长距美冠兰
Eulophia dabia(D.Don)Hochr.
习　　性：地生草本
海　　拔：800 m 以下
国内分布：贵州、湖北、四川、云南
国外分布：阿富汗、巴基斯坦、不丹、克什米尔地区、孟加拉国、尼泊尔、塔吉克斯坦、土库曼斯坦、乌兹别克斯坦、印度
濒危等级：VU B2ab（ii，iii，v）
CITES 附录：Ⅱ

宝岛美冠兰
Eulophia dentata Ames
习　　性：地生草本
分　　布：台湾
濒危等级：LC
CITES 附录：Ⅱ

黄花美冠兰
Eulophia flava(Lindl.)Hook.f.
习　　性：地生草本
海　　拔：400 m 以下
国内分布：广西、海南、香港
国外分布：老挝、缅甸、尼泊尔、泰国、印度、越南
濒危等级：VU A2ac；B2ab（ii，iii，v）
CITES 附录：Ⅱ

美冠兰
Eulophia graminea Lindl.
习　　性：地生草本

海　　拔：900~2100 m
国内分布：安徽、广东、广西、贵州、海南、台湾、云南
国外分布：老挝、马来西亚、缅甸、尼泊尔、日本、斯里兰卡、泰国、新加坡、印度、印度尼西亚、越南
濒危等级：LC
CITES 附录：II

毛唇美冠兰
Eulophia herbacea Lindl.
习　　性：地生草本
海　　拔：1500 m 以下
国内分布：广西、云南
国外分布：老挝、孟加拉国、尼泊尔、泰国、印度
濒危等级：EN B2ab (ii, iii, v)
CITES 附录：II

单花美冠兰
Eulophia monantha W. W. Sm.
习　　性：地生草本
海　　拔：约 2800 m
分　　布：云南
濒危等级：EN A2c；B1ab (ii, iii, iv, v)
CITES 附录：II

美花美冠兰
Eulophia pulchra (Thouars) Lindl.
习　　性：地生草本
海　　拔：100~400 m
国内分布：台湾
国外分布：澳大利亚、巴布亚新几内亚、菲律宾、柬埔寨、老挝、马来西亚、斯里兰卡、泰国、印度、印度尼西亚、越南
濒危等级：VU A2c
CITES 附录：II

线叶美冠兰
Eulophia siamensis Rolfe ex Downie
习　　性：地生草本
海　　拔：约 900 m
国内分布：贵州
国外分布：泰国
濒危等级：VU A2c
CITES 附录：II

剑叶美冠兰
Eulophia sooi Chun et Tang ex S. C. Chen
习　　性：地生草本
海　　拔：1000~1300 m
分　　布：广西、贵州
濒危等级：EN B2ab (ii, v)
CITES 附录：II

紫花美冠兰
Eulophia spectabilis (Dennst.) Suresh
习　　性：地生草本
海　　拔：200~1600 m
国内分布：江西、云南
国外分布：澳大利亚、巴布亚新几内亚、不丹、菲律宾、柬埔寨、老挝、马来西亚、缅甸、尼泊尔、斯里兰卡、泰国、印度、印度尼西亚、越南
濒危等级：LC
CITES 附录：II

无叶美冠兰
Eulophia zollingeri (Rchb. f.) J. J. Sm.
习　　性：腐生植物
海　　拔：海平面至 500 m
国内分布：福建、广东、广西、江西、台湾、云南
国外分布：澳大利亚、巴布亚新几内亚、菲律宾、马来西亚、日本、斯里兰卡、泰国、印度、印度尼西亚、越南
濒危等级：LC
CITES 附录：II

金石斛属 Flickingeria A. D. Hawkes

滇金石斛
Flickingeria albopurpurea Seidenf.
习　　性：附生草本
海　　拔：800~1200 m
国内分布：云南
国外分布：老挝、泰国、越南
濒危等级：LC
CITES 附录：II

狭叶金石斛
Flickingeria angustifolia (Blume) Hawkes
习　　性：附生草本
海　　拔：约 1000 m
国内分布：广西、海南
国外分布：马来西亚、泰国、印度尼西亚、越南
濒危等级：VU B2ab (ii, iii, v)
CITES 附录：II

二色金石斛
Flickingeria bicolor Z. H. Tsi et S. C. Chen
习　　性：附生草本
海　　拔：约 900 m
分　　布：云南
濒危等级：LC
CITES 附录：II

红头金石斛
Flickingeria calocephala Z. H. Tsi et S. C. Chen
习　　性：附生草本
海　　拔：约 1200 m
分　　布：云南
濒危等级：LC
CITES 附录：II

金石斛
Flickingeria comata (Blume) Hawkes
习　　性：附生草本
海　　拔：100~1000 m
国内分布：台湾
国外分布：澳大利亚、巴布亚新几内亚、菲律宾、马来西亚、印度尼西亚
濒危等级：EN A2c
CITES 附录：II

同色金石斛
Flickingeria concolor Z. H. Tsi et S. C. Chen
习　　性：附生草本
海　　拔：约 1600 m
分　　布：云南
濒危等级：LC
CITES 附录：Ⅱ

流苏金石斛
Flickingeria fimbriata(Blume)Hawkes
习　　性：附生草本
海　　拔：700~1700 m
国内分布：广西、海南、云南
国外分布：菲律宾、马来西亚、泰国、印度、印度尼西亚、越南
濒危等级：LC
CITES 附录：Ⅱ

土富金石斛
Flickingeria shihfuana Lin et Huang
习　　性：附生草本
海　　拔：约 1200 m
分　　布：台湾
濒危等级：LC
CITES 附录：Ⅱ

三脊金石斛
Flickingeria tricarinata Z. H. Tsi et S. C. Chen
习　　性：附生草本
海　　拔：800~900 m
分　　布：云南
濒危等级：CR B1ab（i, iii, v）
CITES 附录：Ⅱ

盔花兰属 Galearis Rafin.

卵唇盔花兰
Galearis cyclochila(Franch. et Sav.)Soó
习　　性：地生草本
海　　拔：1000~2900 m
国内分布：黑龙江、吉林、青海
国外分布：朝鲜、俄罗斯、日本
濒危等级：NT B1ab（iii）
CITES 附录：Ⅱ

黄龙盔花兰
Galearis huanglongensis Q. W. Meng et Y. B. Luo
习　　性：地生草本
海　　拔：3000~3100 m
分　　布：四川
濒危等级：LC
CITES 附录：Ⅱ

北方盔花兰
Galearis roborowskyi(Maxim.)S. C. Chen, P. J. Cribb et S. W. Gale
习　　性：地生草本
海　　拔：1700~4500 m
国内分布：甘肃、河北、河南、青海、四川、西藏、新疆、云南
国外分布：不丹、尼泊尔、印度
濒危等级：NT A2ac
CITES 附录：Ⅱ

二叶盔花兰
Galearis spathulata(Lindl.)P. F. Hunt
习　　性：地生草本
海　　拔：2300~4300 m
国内分布：甘肃、青海、陕西、四川、西藏、云南
国外分布：不丹、尼泊尔、印度
濒危等级：LC
CITES 附录：Ⅱ

白花盔花兰
Galearis tschiliensis(Schltr.)S. C. Chen, P. J. Cribb et S. W. Gale
习　　性：地生草本
海　　拔：1600~4100 m
分　　布：甘肃、河北、青海、山西、陕西、四川、西藏、云南
濒危等级：VU A2c；B1ab（i, iii, v）
CITES 附录：Ⅱ

斑唇盔花兰
Galearis wardii(W. W. Sm.)P. F. Hunt
习　　性：地生草本
海　　拔：2400~4500 m
分　　布：四川、西藏、云南
濒危等级：VU A2c；B1ab（i, iii, v）
CITES 附录：Ⅱ

山珊瑚属 Galeola Lour.

反瓣山珊瑚
Galeola cathcartii Hook. f.
习　　性：攀援藤本
国内分布：云南
国外分布：泰国、印度
濒危等级：LC
CITES 附录：Ⅱ

山珊瑚
Galeola faberi Rolfe
习　　性：草本
海　　拔：1800~2300 m
分　　布：贵州、四川、云南
濒危等级：LC
CITES 附录：Ⅱ

直立山珊瑚
Galeola falconeri Hook. f.
习　　性：草本
海　　拔：800~2300 m
国内分布：安徽、湖南、台湾
国外分布：不丹、泰国、印度
濒危等级：VU B2ac（ii, iii, v）
CITES 附录：Ⅱ

毛萼山珊瑚
Galeola lindleyana(Hook. f. et Thomson)Rchb. f.
习　　性：草本
海　　拔：700~3000 m

国内分布：安徽、广东、广西、贵州、河南、湖南、陕西、四川、台湾、西藏、云南
国外分布：不丹、尼泊尔、印度、印度尼西亚
濒危等级：LC
CITES 附录：II

蔓生山珊瑚
Galeola nudifolia Lour.
习　　性：蔓生藤本
海　　拔：400~500 m
国内分布：海南
国外分布：不丹、菲律宾、马来西亚、缅甸、泰国、印度、印度尼西亚、越南
濒危等级：VU A2c
CITES 附录：II

盆距兰属 Gastrochilus D. Don

镰叶盆距兰
Gastrochilus acinacifolius Z. H. Tsi
习　　性：附生草本
海　　拔：约1000 m
分　　布：海南
濒危等级：VU A2c
CITES 附录：II

二脊盆距兰
Gastrochilus affinis(King et Pantl.) Schltr.
习　　性：附生草本
国内分布：云南
国外分布：印度
濒危等级：DD
CITES 附录：II

膜翅盆距兰
Gastrochilus alatus X. H. Jin et S. C. Chen
习　　性：附生草本
分　　布：云南
濒危等级：EN B1ab（iii）
CITES 附录：II

大花盆距兰
Gastrochilus bellinus(Rchb. f.) Kuntze
习　　性：附生草本
海　　拔：1600~1900 m
国内分布：云南
国外分布：缅甸、泰国
濒危等级：VU A2c；B1ab（iii）
CITES 附录：II

短苏盆距兰
Gastrochilus brevifimbriatus S. R. Yi
习　　性：附生草本
海　　拔：600~800 m
分　　布：重庆
濒危等级：DD
CITES 附录：II

盆距兰
Gastrochilus calceolaris(Buch.-Ham. ex J. E. Sm.) D. Don
习　　性：附生草本
海　　拔：1000~2700 m
国内分布：海南、西藏、云南
国外分布：不丹、马来西亚、缅甸、尼泊尔、泰国、印度、越南
濒危等级：LC
CITES 附录：II

缘毛盆距兰
Gastrochilus ciliaris F. Maekawa
习　　性：附生草本
海　　拔：约1800 m
国内分布：台湾
国外分布：日本
濒危等级：NT
CITES 附录：II

列叶盆距兰
Gastrochilus distichus(Lindl.) Kuntze
习　　性：附生草本
海　　拔：1100~2800 m
国内分布：西藏、云南
国外分布：不丹、尼泊尔、印度
濒危等级：LC
CITES 附录：II

城口盆距兰
Gastrochilus fargesii(Kraenzl.) Schltr.
习　　性：附生草本
海　　拔：约2300 m
分　　布：重庆、四川、云南
濒危等级：EN A2c；B1ab（i, iii, v）
CITES 附录：II

台湾盆距兰
Gastrochilus formosanus(Hayata) Hayata
习　　性：附生草本
海　　拔：500~2500 m
分　　布：福建、湖北、陕西、台湾
濒危等级：LC
CITES 附录：II

红斑盆距兰
Gastrochilus fuscopunctatus(Hayata) Hayata
习　　性：附生草本
海　　拔：1000~2500 m
分　　布：台湾
濒危等级：LC
CITES 附录：II

贡山盆距兰
Gastrochilus gongshanensis Z. H. Tsi
习　　性：附生草本
海　　拔：约3200 m
分　　布：云南
濒危等级：EN A2c；B1ab（iii）
CITES 附录：II

广东盆距兰
Gastrochilus guangtungensis Z. H. Tsi

习　　性：附生草本
海　　拔：约 1500 m
分　　布：广东、云南
濒危等级：EN B1ab（i, iii, v）
CITES 附录：Ⅱ

海南盆距兰
Gastrochilus hainanensis Z. H. Tsi
习　　性：附生草本
海　　拔：海平面至 860 m
国内分布：海南
国外分布：泰国、越南
濒危等级：EN B1ab（iii）
CITES 附录：Ⅱ

何氏盆距兰
Gastrochilus hoi T. P. Lin
习　　性：附生草本
海　　拔：2000～2500 m
分　　布：台湾
濒危等级：DD
CITES 附录：Ⅱ

细茎盆距兰
Gastrochilus intermedius（Griff. ex Lindl.）Kuntze
习　　性：附生草本
海　　拔：约 1500 m
国内分布：四川
国外分布：泰国、印度、越南
濒危等级：EN A2c；B1ab（ii, iii, v）
CITES 附录：Ⅱ

小花盆距兰
Gastrochilus kadooriei Kumar, S. W. Gale, Kocyan, G. A. Fisch. et Aver.
习　　性：附生草本
国内分布：香港、云南
国外分布：老挝、越南
濒危等级：EN B1ab（ii, v）+2ab（ii, iii, v）
CITES 附录：Ⅱ

狭叶盆距兰
Gastrochilus linearifoliius Z. H. Tsi et Garay
习　　性：附生草本
海　　拔：约 1600 m
国内分布：西藏
国外分布：印度
濒危等级：CR B1ab（i, iii, v）
CITES 附录：Ⅱ

金松盆距兰
Gastrochilus linii Ormer.
习　　性：附生草本
海　　拔：约 2000 m
分　　布：台湾
濒危等级：LC
CITES 附录：Ⅱ

麻栗坡盆距兰
Gastrochilus malipoensis X. H. Jin et S. C. Chen

习　　性：附生草本
海　　拔：1300 m
分　　布：云南
濒危等级：EN B1ab（i, iii, v）
CITES 附录：Ⅱ

宽唇盆距兰
Gastrochilus matsudae Hayata
习　　性：附生草本
海　　拔：约 1000 m
分　　布：台湾
濒危等级：NT
CITES 附录：Ⅱ

南川盆距兰
Gastrochilus nanchuanensis Z. H. Tsi
习　　性：附生草本
海　　拔：约 1200 m
分　　布：重庆
濒危等级：DD
CITES 附录：Ⅱ

江口盆距兰
Gastrochilus nanus Z. H. Tsi
习　　性：附生草本
海　　拔：约 1000 m
分　　布：贵州
濒危等级：EN B1ac（ii, iii, v）
CITES 附录：Ⅱ

无茎盆距兰
Gastrochilus obliquus（Lindl.）Kuntze
习　　性：附生草本
海　　拔：500～1400 m
国内分布：四川、云南
国外分布：不丹、老挝、缅甸、尼泊尔、泰国、印度、越南
濒危等级：VU A2c；B1ab（iii）
CITES 附录：Ⅱ

滇南盆距兰
Gastrochilus platycalcaratus（Rolfe）Schltr.
习　　性：附生草本
海　　拔：700～800 m
国内分布：云南
国外分布：缅甸、泰国
濒危等级：VU A2c；B1ab（ii, iii, v）
CITES 附录：Ⅱ
资源利用：药用（中草药）

小唇盆距兰
Gastrochilus pseudodistichus（King et Pantl.）Schltr.
习　　性：附生草本
海　　拔：1000～2500 m
国内分布：西藏、云南
国外分布：不丹、泰国、印度、越南
濒危等级：NT A2c
CITES 附录：Ⅱ

合欢盆距兰
Gastrochilus rantabunensis C. Chow ex T. P. Lin

习　　性：附生草本
海　　拔：约2000 m
分　　布：湖南、台湾
濒危等级：EN B1ab（i，iii，v）
CITES 附录：Ⅱ

红松盆距兰
Gastrochilus raraensis Fukuy.
习　　性：附生草本
海　　拔：1500~2200 m
分　　布：台湾
濒危等级：NT
CITES 附录：Ⅱ

四肋盆距兰
Gastrochilus saccatus Z. H. Tsi
习　　性：附生草本
分　　布：云南
濒危等级：DD
CITES 附录：Ⅱ

中华盆距兰
Gastrochilus sinensis Z. H. Tsi
习　　性：附生草本
海　　拔：800~3200 m
分　　布：福建、贵州、云南、浙江
濒危等级：CR B1ab（i，iii，v）
CITES 附录：Ⅱ

美丽盆距兰
Gastrochilus somai（Hayata）Hayata
习　　性：附生草本
分　　布：福建、台湾
濒危等级：LC
CITES 附录：Ⅱ

歪头盆距兰
Gastrochilus subpapillosus Z. H. Tsi
习　　性：附生草本
海　　拔：1100~1400 m
分　　布：云南
濒危等级：EN B1ab（i，iii，v）
CITES 附录：Ⅱ

宣恩盆距兰
Gastrochilus xuanenensis Z. H. Tsi
习　　性：附生草本
海　　拔：500~700 m
分　　布：贵州、湖北
濒危等级：EN B1ab（i，iii，v）
CITES 附录：Ⅱ

云南盆距兰
Gastrochilus yunnanensis Schltr.
习　　性：附生草本
海　　拔：约1500 m
国内分布：云南
国外分布：孟加拉国、泰国、越南
濒危等级：VU D2
CITES 附录：Ⅱ

天麻属 Gastrodia R. Br.

无喙天麻
Gastrodia albida T. C. Hsu et C. M. Kuo
习　　性：地生草本
海　　拔：800~1200 m
分　　布：台湾
濒危等级：NT
CITES 附录：Ⅱ

长果梗天麻
Gastrodia albidoides Y. H. Tan et T. C. Hsu
习　　性：地生草本
分　　布：云南
濒危等级：CR A2c
CITES 附录：Ⅱ

原天麻
Gastrodia angusta S. Chow et S. C. Chen
习　　性：地生草本
海　　拔：1600~1800 m
分　　布：云南
濒危等级：EN A2c；B1ab（iii）
国家保护：Ⅱ级
CITES 附录：Ⅱ
资源利用：药用（中草药）

台湾天麻
Gastrodia appendiculata C. S. Leou et N. J. Chung
习　　性：地生草本
海　　拔：800~1200 m
分　　布：台湾
濒危等级：DD
CITES 附录：Ⅱ

闭花天麻
Gastrodia clausa T. C. Hsu，S. W. Chung et C. M. Kuo
习　　性：地生草本
海　　拔：约400 m
分　　布：台湾
濒危等级：LC
CITES 附录：Ⅱ

八代天麻
Gastrodia confusa Honda et Tuyama
习　　性：地生草本
海　　拔：约1200 m
国内分布：台湾
国外分布：朝鲜、日本
濒危等级：VU B2ab（iii）
CITES 附录：Ⅱ

拟八代天麻
Gastrodia confusioides T. C. Hsu，S. W. Chung et C. M. Kuo
习　　性：地生草本
分　　布：台湾
濒危等级：LC

CITES 附录：Ⅱ

大名山天麻
Gastrodia damingshanensis A. Q. Hu et T. C. Hsu
- 习　　性：地生草本
- 海　　拔：1100~1200 m
- 分　　布：广西
- 濒危等级：LC
- CITES 附录：Ⅱ

高山天麻
Gastrodia dyeriana King et Pantl.
- 习　　性：地生草本
- 国内分布：西藏、云南
- 国外分布：尼泊尔、印度
- 濒危等级：DD
- CITES 附录：Ⅱ

天麻
Gastrodia elata Blume
- 习　　性：地生草本
- 海　　拔：400~3200 m
- 国内分布：安徽、贵州、河北、河南、湖北、湖南、吉林、江苏、江西、辽宁、内蒙古、山西、陕西、四川、台湾、西藏、浙江
- 国外分布：不丹、朝鲜、俄罗斯、尼泊尔、日本、印度
- 濒危等级：DD
- 国家保护：Ⅱ级
- CITES 附录：Ⅱ
- 资源利用：药用（中草药）

夏天麻
Gastrodia flavilabella S. S. Ying
- 习　　性：地生草本
- 海　　拔：1100~1300 m
- 分　　布：台湾、西藏、云南
- 濒危等级：LC
- CITES 附录：Ⅱ

折柱赤箭
Gastrodia flexistyla T. C. Hsu et C. M. Kuo
- 习　　性：地生草本
- 海　　拔：700~800 m
- 分　　布：台湾
- 濒危等级：CR D
- CITES 附录：Ⅱ

春天麻
Gastrodia fontinalis T. P. Lin
- 习　　性：地生草本
- 分　　布：台湾
- 濒危等级：CR B2ab（ⅲ）
- CITES 附录：Ⅱ

细天麻
Gastrodia gracilis Blume
- 习　　性：地生草本
- 海　　拔：600~1500 m
- 国内分布：台湾
- 国外分布：日本
- 濒危等级：LC
- CITES 附录：Ⅱ

南天麻
Gastrodia javanica (Blume) Lindl.
- 习　　性：地生草本
- 国内分布：福建、台湾
- 国外分布：菲律宾、马来西亚、日本、泰国、印度尼西亚
- 濒危等级：VU B2ab（ⅲ）
- CITES 附录：Ⅱ

海南天麻
Gastrodia longitubularis Q. W. Meng, X. Q. Song et Y. B. Luo
- 习　　性：地生草本
- 海　　拔：800~1000 m
- 分　　布：海南
- 濒危等级：DD
- CITES 附录：Ⅱ

勐海天麻
Gastrodia menghaiensis Z. H. Tsi et S. C. Chen
- 习　　性：地生草本
- 海　　拔：约1200 m
- 分　　布：云南
- 濒危等级：EN A2ac
- CITES 附录：Ⅱ

北插天天麻
Gastrodia peichatieniana S. S. Ying
- 习　　性：地生草本
- 海　　拔：900~1500 m
- 分　　布：广东、台湾
- 濒危等级：LC
- CITES 附录：Ⅱ

冬天麻
Gastrodia pubilabiata Sawa
- 习　　性：地生草本
- 海　　拔：200~300 m
- 国内分布：台湾
- 国外分布：日本
- 濒危等级：VU D1
- CITES 附录：Ⅱ

叉脊天麻
Gastrodia shimizuana Tuyama
- 习　　性：地生草本
- 海　　拔：300~400 m
- 国内分布：台湾
- 国外分布：日本
- 濒危等级：VU D1
- CITES 附录：Ⅱ

屏东天麻
Gastrodia sui C. S. Leou, T. C. Hsu et C. L. Yeh
- 习　　性：地生草本
- 分　　布：台湾
- 濒危等级：CR D

CITES 附录：II

短柱天麻
Gastrodia theana Aver.
习　　性：地生草本
国内分布：台湾
国外分布：越南
濒危等级：NT
CITES 附录：II

疣天麻
Gastrodia tuberculata F. Y. Liu et S. C. Chen
习　　性：地生草本
海　　拔：1900~2300 m
分　　布：云南
濒危等级：VU A2cd；B2ab（ii，iii，v）
CITES 附录：II
资源利用：药用（中草药）

乌来赤箭
Gastrodia uraiensis T. C. Hsu et C. M. Kuo
习　　性：地生草本
海　　拔：约 400 m
分　　布：台湾
濒危等级：NT
CITES 附录：II

武夷山天麻
Gastrodia wuyishanensis D. M. Li et C. D. Liu
习　　性：地生草本
海　　拔：1200~1400 m
分　　布：福建
濒危等级：LC
CITES 附录：II

怒江兰属 Gennaria Parl.

怒江兰
Gennaria griffithii（Hook. f.）X. H. Jin et D. Z. Li
习　　性：地生草本
国内分布：云南
国外分布：阿富汗、巴基斯坦、印度
濒危等级：DD
CITES 附录：II

地宝兰属 Geodorum Jacks.

大花地宝兰
Geodorum attenuatum Griff.
习　　性：地生草本
海　　拔：200~1400 m
国内分布：海南、云南
国外分布：老挝、缅甸、泰国、越南
濒危等级：LC
CITES 附录：II

地宝兰
Geodorum densiflorum（Lam.）Schltr.
习　　性：地生草本
海　　拔：300~2400 m
国内分布：广东、广西、海南、四川、台湾
国外分布：澳大利亚、巴布亚新几内亚、柬埔寨、老挝、马来西亚、缅甸、日本、斯里兰卡、泰国、印度、印度尼西亚、越南
濒危等级：LC
CITES 附录：II

西南地宝兰
Geodorum esquirolei Schltr.
习　　性：地生草本
海　　拔：约 800 m
分　　布：贵州
濒危等级：NT A2c
CITES 附录：II

贵州地宝兰
Geodorum eulophioides Schltr.
习　　性：地生草本
海　　拔：约 600 m
分　　布：广西、贵州
濒危等级：VU B1ab（iii）；C1
CITES 附录：II

美丽地宝兰
Geodorum pulchellum Ridl.
习　　性：地生草本
海　　拔：400~1400 m
国内分布：云南
国外分布：泰国、越南
濒危等级：VU A2cd
CITES 附录：II

多花地宝兰
Geodorum recurvum（Roxb.）Alston
习　　性：地生草本
海　　拔：500~900 m
国内分布：广东、海南、云南
国外分布：柬埔寨、缅甸、泰国、印度、越南
濒危等级：NT A2c
CITES 附录：II

斑叶兰属 Goodyera R. Br.

大花斑叶兰
Goodyera biflora（Lindl.）Hook. f.
习　　性：地生草本
海　　拔：500~2200 m
分　　布：海南、四川、台湾、西藏、云南
濒危等级：NT A2ac
CITES 附录：II

波密斑叶兰
Goodyera bomiensis K. Y. Lang
习　　性：地生草本
海　　拔：900~3700 m
分　　布：湖北、台湾、西藏、云南
濒危等级：VU B2ab（ii，iii，v）
CITES 附录：II

莲座叶斑叶兰
Goodyera brachystegia Hand.-Mazz.
习　　性：地生草本
海　　拔：1300~2000 m
分　　布：贵州、云南
濒危等级：EN B2ab（ii, iii, v）
CITES 附录：Ⅱ

多叶斑叶兰
Goodyera foliosa(Lindl.)Benth. ex C. B. Clarke
习　　性：地生草本
海　　拔：300~1500 m
分　　布：香港
濒危等级：LC
CITES 附录：Ⅱ

烟色斑叶兰
Goodyera fumata Thw.
习　　性：地生草本
海　　拔：1100~1300 m
国内分布：海南、台湾、西藏、云南
国外分布：菲律宾、老挝、马来西亚、缅甸、日本、泰国、印度
濒危等级：NT B1ab（iii）
CITES 附录：Ⅱ

脊唇斑叶兰
Goodyera fusca(Lindl.)Hook. f.
习　　性：地生草本
海　　拔：2600~4500 m
国内分布：西藏、云南
国外分布：不丹、缅甸、尼泊尔、印度
濒危等级：NT
CITES 附录：Ⅱ

白网脉斑叶兰
Goodyera hachijoensis Yatabe
习　　性：地生草本
海　　拔：400~1500 m
国内分布：台湾
国外分布：日本
濒危等级：DD
CITES 附录：Ⅱ

高黎贡斑叶兰
Goodyera hemsleyana King et Pantl.
习　　性：草本
海　　拔：约 2400 m
国内分布：云南
国外分布：印度
濒危等级：DD
CITES 附录：Ⅱ

光萼斑叶兰
Goodyera henryi Rolfe
习　　性：地生草本
海　　拔：400~2400 m
国内分布：甘肃、广东、广西、贵州、湖北、湖南、江西、四川、台湾、云南、浙江
国外分布：朝鲜、日本
濒危等级：VU A2c；B1ab（iii, v）
CITES 附录：Ⅱ

硬毛斑叶兰
Goodyera hirsuta Griff.
习　　性：草本
国内分布：海南、云南
国外分布：马来西亚、泰国、印度、越南
濒危等级：LC
CITES 附录：Ⅱ

硬叶毛兰
Goodyera hispida Lindl.
习　　性：地生草本
海　　拔：约 1400 m
国内分布：云南
国外分布：马来西亚、泰国、印度、越南
濒危等级：VU A2c；B1ab（iii, v）
CITES 附录：Ⅱ

南湖斑叶兰
Goodyera nankoensis Fukuy.
习　　性：地生草本
海　　拔：2000~3000 m
分　　布：台湾
濒危等级：LC
CITES 附录：Ⅱ

高斑叶兰
Goodyera procera(Ker Gawl.)Hook.
习　　性：地生草本
海　　拔：200~1600 m
国内分布：安徽、福建、广东、广西、贵州、海南、四川、台湾、西藏、云南、浙江
国外分布：不丹、菲律宾、柬埔寨、老挝、孟加拉国、缅甸、尼泊尔、日本、斯里兰卡、泰国、印度、印度尼西亚、越南
濒危等级：LC
CITES 附录：Ⅱ
资源利用：药用（中草药）

小小斑叶兰
Goodyera pusilla Blume
习　　性：草本
海　　拔：300~1000 m
分　　布：广东、台湾、云南
濒危等级：VU B2ab（ii）
CITES 附录：Ⅱ

垂叶斑叶兰
Goodyera recurva Lindl.
习　　性：附生草本
海　　拔：1400~2800 m
国内分布：台湾
国外分布：尼泊尔、日本、印度
濒危等级：VU D1

CITES 附录：Ⅱ

小斑叶兰
Goodyera repens (L.) R. Br.
- 习　　性：地生草本
- 海　　拔：700~3800 m
- 国内分布：安徽、福建、甘肃、河北、黑龙江、吉林、辽宁、内蒙古、青海、山西、陕西、新疆
- 国外分布：不丹、朝鲜、俄罗斯、克什米尔地区、缅甸、尼泊尔、日本、印度
- 濒危等级：LC
- **CITES** 附录：Ⅱ
- 资源利用：药用（中草药）；环境利用（观赏）

滇藏斑叶兰
Goodyera robusta Hook. f.
- 习　　性：地生或附生草本
- 海　　拔：1000~2500 m
- 国内分布：贵州、台湾、西藏、云南
- 国外分布：印度
- 濒危等级：VU A2ac；B1ab（ⅲ，ⅴ）
- **CITES** 附录：Ⅱ

红花斑叶兰
Goodyera rubicunda (Bl.) Lindl.
- 习　　性：地生草本
- 海　　拔：300~1500 m
- 国内分布：台湾、云南
- 国外分布：澳大利亚、马来西亚、日本、印度、印度尼西亚、越南
- 濒危等级：LC
- **CITES** 附录：Ⅱ

斑叶兰
Goodyera schlechtendaliana Rchb. f.
- 习　　性：地生草本
- 海　　拔：500~2800 m
- 国内分布：安徽、福建、甘肃、河南、江苏、江西、山西、陕西、台湾、浙江
- 国外分布：不丹、尼泊尔、日本、泰国、印度、印度尼西亚、越南
- 濒危等级：NT A2ac
- **CITES** 附录：Ⅱ
- 资源利用：药用（中草药）；环境利用（观赏）

歌绿斑叶兰
Goodyera seikoomontana Yamam.
- 习　　性：地生草本
- 海　　拔：700~1300 m
- 分　　布：台湾、香港
- 濒危等级：VU D2
- **CITES** 附录：Ⅱ

绒叶斑叶兰
Goodyera velutina Maxim.
- 习　　性：地生草本
- 海　　拔：700~3000 m
- 国内分布：福建、广东、广西、海南、湖北、湖南、四川、台湾、云南、浙江
- 国外分布：朝鲜、日本
- 濒危等级：LC
- **CITES** 附录：Ⅱ

秀丽斑叶兰
Goodyera vittata Benth. ex Hook. f.
- 习　　性：地生草本
- 海　　拔：约2100 m
- 国内分布：西藏
- 国外分布：尼泊尔、印度
- 濒危等级：VU D2
- **CITES** 附录：Ⅱ

卧龙斑叶兰
Goodyera wolongensis K. Y. Lang
- 习　　性：地生草本
- 海　　拔：约2700 m
- 分　　布：四川
- 濒危等级：VU D2
- **CITES** 附录：Ⅱ

天全斑叶兰
Goodyera wuana Tang et F. T. Wang
- 习　　性：地生草本
- 分　　布：四川
- 濒危等级：EN B1ab（ⅲ，ⅴ）
- **CITES** 附录：Ⅱ

兰屿斑叶兰
Goodyera yamiana Fukuy.
- 习　　性：地生草本
- 海　　拔：200~400 m
- 分　　布：台湾
- 濒危等级：VU D1
- **CITES** 附录：Ⅱ

川滇斑叶兰
Goodyera yunnanensis Schltr.
- 习　　性：地生草本
- 海　　拔：2600~3900 m
- 分　　布：四川、云南
- 濒危等级：NT A2ac
- **CITES** 附录：Ⅱ

火炬兰属 Grosourdya Rchb. f.

火炬兰
Grosourdya appendiculata (Blume) Rchb. f.
- 习　　性：附生草本
- 海　　拔：400 m
- 国内分布：海南
- 国外分布：菲律宾、马来西亚、缅甸、泰国、印度、印度尼西亚、越南
- 濒危等级：VU D2
- **CITES** 附录：Ⅱ

手参属 Gymnadenia R. Br.

角距手参
Gymnadenia bicornis Tang et K. Y. Lang
- 习　　性：多年生草本

海　　拔：3200～3600 m
分　　布：西藏
濒危等级：VU D2
CITES 附录：Ⅱ

手参
Gymnadenia conopsea (L.) R. Br.
习　　性：多年生草本
海　　拔：200～4700 m
国内分布：甘肃、河北、河南、黑龙江、吉林、辽宁、内蒙古、山西、陕西、四川、西藏、云南
国外分布：朝鲜、俄罗斯、日本
濒危等级：EN B1ab（i，iii，v）
国家保护：Ⅱ级
CITES 附录：Ⅱ
资源利用：药用（中草药）

短距手参
Gymnadenia crassinervis Finet
习　　性：多年生草本
海　　拔：2000～3800 m
分　　布：四川、西藏、云南
濒危等级：VU A4c；B1ab（i，iii，v）
CITES 附录：Ⅱ
资源利用：药用（中草药）

峨眉手参
Gymnadenia emeiensis K. Y. Lang
习　　性：地生草本
海　　拔：约 3100 m
分　　布：四川
濒危等级：LC
CITES 附录：Ⅱ
资源利用：药用（中草药）

西南手参
Gymnadenia orchidis Lindl.
习　　性：多年生草本
海　　拔：2800～4100 m
国内分布：甘肃、湖北、青海、陕西、四川、西藏、云南
国外分布：巴基斯坦、不丹、尼泊尔、印度
濒危等级：VU A2c；B1ab（i，iii，v）
国家保护：Ⅱ级
CITES 附录：Ⅱ
资源利用：药用（中草药）

玉凤花属 Habenaria Willd.

小花玉凤花
Habenaria acianthoides Schltr.
习　　性：地生草本
海　　拔：900～1900 m
分　　布：甘肃、青海、四川、西藏
濒危等级：LC
CITES 附录：Ⅱ

凸孔坡参
Habenaria acuifera Wall. ex Lindl.
习　　性：地生草本
海　　拔：200～2000 m
国内分布：广西、四川、云南
国外分布：老挝、马来西亚、缅甸、泰国、印度、越南
濒危等级：VU A2c；B1ab（ii，iii，iv，v）
濒危等级：EN A2cd；B1ab（iii，V）
CITES 附录：Ⅱ

落地金钱
Habenaria aitchisonii Rchb. f.
习　　性：地生草本
海　　拔：2100～4300 m
分　　布：甘肃、青海、四川、西藏
濒危等级：LC
CITES 附录：Ⅱ

抱茎玉凤花
Habenaria amplexicaulis Rolfe ex Downie
习　　性：地生草本
国内分布：云南
国外分布：泰国、越南
濒危等级：DD
CITES 附录：Ⅱ

异瓣玉凤花
Habenaria anomaliflora Kurzweil et Chantanaorr
习　　性：地生草本
国内分布：海南
国外分布：老挝
濒危等级：EN A2c
CITES 附录：Ⅱ

毛瓣玉凤花
Habenaria arietina Hook. f.
习　　性：地生草本
海　　拔：2300～2400 m
国内分布：西藏
国外分布：不丹、尼泊尔、印度
濒危等级：NT A2c
CITES 附录：Ⅱ

薄叶玉凤花
Habenaria austrosinensis Tang et F. T. Wang
习　　性：地生草本
海　　拔：700～1400 m
国内分布：云南
国外分布：泰国
濒危等级：VU A2c；B1ab（ii，iii，iv，v）
CITES 附录：Ⅱ

滇蜀玉凤花
Habenaria balfouriana Schltr.
习　　性：地生草本
海　　拔：2200～3600 m
分　　布：四川、云南
濒危等级：NT
CITES 附录：Ⅱ

毛葶玉凤花
Habenaria ciliolaris Kraenzl.
习　　性：地生草本
海　　拔：100～1800 m

国内分布：福建、甘肃、广东、广西、贵州、海南、湖北、
湖南、江西、四川、台湾、云南、浙江
国外分布：越南
濒危等级：LC
CITES 附录：Ⅱ

斧萼玉凤花
Habenaria commelinifolia Wall. ex Lindl.
习　　性：地生草本
海　　拔：900~1200 m
国内分布：云南
国外分布：缅甸、尼泊尔、泰国、印度、越南
濒危等级：VU A2c
CITES 附录：Ⅱ

香港玉凤花
Habenaria coultousii Barretto
习　　性：地生草本
海　　拔：约 300 m
分　　布：香港
濒危等级：CR B1ab (ii, v) +2ab (ii, iii, v)
CITES 附录：Ⅱ

长距玉凤花
Habenaria davidii Franch.
习　　性：地生草本
海　　拔：600~3200 m
分　　布：贵州、湖北、湖南、四川、西藏、云南
濒危等级：NT A2ac
CITES 附录：Ⅱ

厚瓣玉凤花
Habenaria delavayi Finet
习　　性：地生草本
海　　拔：1500~3000 m
分　　布：贵州、四川、云南
濒危等级：NT A2ac
CITES 附录：Ⅱ
资源利用：药用（中草药）

鹅毛玉凤花
Habenaria dentata(Sw.)Schltr.
习　　性：地生草本
海　　拔：200~2300 m
分　　布：南方广布
濒危等级：LC
CITES 附录：Ⅱ
资源利用：药用（中草药）

二叶玉凤花
Habenaria diphylla Dalzell
习　　性：地生草本
海　　拔：1000~1400 m
国内分布：云南
国外分布：泰国、印度
濒危等级：NT
CITES 附录：Ⅱ

小巧玉凤花
Habenaria diplonema Schltr.

习　　性：地生草本
海　　拔：2800~4200 m
分　　布：福建、四川、云南
濒危等级：EN B1ab (i, iii, v)
CITES 附录：Ⅱ

雅致玉凤花
Habenaria fargesii Finet
习　　性：地生草本
海　　拔：1400~3000 m
分　　布：甘肃、四川
濒危等级：VU A2c
CITES 附录：Ⅱ

齿片玉凤花
Habenaria finetiana Schltr.
习　　性：地生草本
海　　拔：2000~3500 m
分　　布：四川、云南
濒危等级：LC
CITES 附录：Ⅱ

线瓣玉凤花
Habenaria fordii Rolfe
习　　性：地生草本
海　　拔：600~2200 m
分　　布：广东、广西、云南
濒危等级：LC
CITES 附录：Ⅱ

褐黄玉凤花
Habenaria fulva Tang et F. T. Wang
习　　性：地生草本
海　　拔：900~1000 m
国内分布：广西、云南
国外分布：缅甸
濒危等级：LC
CITES 附录：Ⅱ

密花玉凤花
Habenaria furcifera Lindl.
习　　性：地生草本
海　　拔：1100~1200 m
国内分布：云南
国外分布：不丹、缅甸、尼泊尔、泰国、印度
濒危等级：NT
CITES 附录：Ⅱ

粉叶玉凤花
Habenaria glaucifolia Bureau et Franch.
习　　性：地生草本
海　　拔：2000~4300 m
分　　布：甘肃、贵州、陕西、四川、西藏、云南
濒危等级：LC
CITES 附录：Ⅱ

毛唇玉凤花
Habenaria hosokawa Fukuy.
习　　性：陆生草本
海　　拔：1000~1500 m

分　　布：台湾
濒危等级：LC
CITES 附录：Ⅱ

湿地玉凤花
Habenaria humidicola Rolfe
习　　性：地生草本
海　　拔：600~1500 m
国内分布：贵州、云南、浙江
国外分布：缅甸
濒危等级：LC
CITES 附录：Ⅱ

粤琼玉凤花
Habenaria hystrix Ames
习　　性：地生草本
海　　拔：300~400 m
分　　布：广东、海南
濒危等级：LC
CITES 附录：Ⅱ

大花玉凤花
Habenaria intermedia D. Don
习　　性：地生草本
海　　拔：2600~3000 m
国内分布：西藏
国外分布：尼泊尔、印度
濒危等级：LC
CITES 附录：Ⅱ

岩坡玉凤花
Habenaria iyoensis Ohwi
习　　性：地生草本
海　　拔：700 m 以下
国内分布：台湾
国外分布：日本南部
濒危等级：NT
CITES 附录：Ⅱ

细裂玉凤花
Habenaria leptoloba Benth.
习　　性：地生草本
海　　拔：200~1500 m
分　　布：香港
濒危等级：VU D2
CITES 附录：Ⅱ

宽药隔玉凤花
Habenaria limprichtii Schltr.
习　　性：地生草本
海　　拔：1900~3500 m
分　　布：湖北、四川、云南
濒危等级：NT B1ab（iii，v）
CITES 附录：Ⅱ

线叶十字兰
Habenaria linearifolia Maxim.
习　　性：地生草本
海　　拔：200~1500 m
国内分布：安徽、福建、河北、河南、黑龙江、湖南、吉林、江苏、江西、辽宁、内蒙古、山东、浙江
国外分布：朝鲜、俄罗斯、日本
濒危等级：NT B1ab（iii）
CITES 附录：Ⅱ

坡参
Habenaria linguella Lindl.
习　　性：地生草本
海　　拔：500~2500 m
国内分布：广东、广西、贵州、海南、云南
国外分布：越南
濒危等级：NT A2c
CITES 附录：Ⅱ

细花玉凤花
Habenaria lucida Lindl.
习　　性：地生草本
海　　拔：400~1200 m
国内分布：广东、海南、台湾、云南
国外分布：柬埔寨、老挝、缅甸、泰国、印度、越南
濒危等级：LC
CITES 附录：Ⅱ

棒距玉凤花
Habenaria mairei Schltr.
习　　性：地生草本
海　　拔：2400~3500 m
分　　布：四川、西藏、云南
濒危等级：NT B1ab（iii，v）
CITES 附录：Ⅱ

南方玉凤花
Habenaria malintana（Blanco）Merr.
习　　性：地生草本
海　　拔：500~1300 m
国内分布：广西、海南、四川、云南、浙江
国外分布：菲律宾、马来西亚、缅甸、尼泊尔、泰国、印度、越南
濒危等级：LC
CITES 附录：Ⅱ

滇南玉凤花
Habenaria marginata Colebr.
习　　性：地生草本
海　　拔：500~1200 m
国内分布：云南
国外分布：不丹、克什米尔地区、缅甸、尼泊尔、泰国、印度
濒危等级：LC
CITES 附录：Ⅱ

版纳玉凤花
Habenaria medioflexa Turrill
习　　性：地生草本
海　　拔：700~800 m
国内分布：云南
国外分布：泰国、越南
濒危等级：NT

CITES 附录：Ⅱ

勐远玉凤花
Habenaria myriotricha Gagnep.
- 习　　性：地生草本
- 国内分布：云南
- 国外分布：老挝、泰国、越南
- 濒危等级：NT A2c
- CITES 附录：Ⅱ

细距玉凤花
Habenaria nematocerata Tang et F. T. Wang
- 习　　性：地生草本
- 海　　拔：约 1200 m
- 分　　布：云南
- 濒危等级：EN B1ab（ⅲ，ⅴ）
- CITES 附录：Ⅱ

丝瓣玉凤花
Habenaria pantlingiana Kraenzl.
- 习　　性：地生草本
- 海　　拔：400～700 m
- 国内分布：广西、海南、台湾
- 国外分布：尼泊尔、日本、印度、越南
- 濒危等级：LC
- CITES 附录：Ⅱ

剑叶玉凤花
Habenaria pectinata（J. E. Sm.）D. Don
- 习　　性：地生草本
- 海　　拔：约 1800 m
- 国内分布：云南
- 国外分布：尼泊尔、印度
- 濒危等级：VU A2c；B1ab（ⅲ，ⅴ）
- CITES 附录：Ⅱ

裂瓣玉凤花
Habenaria petelotii Gagnep.
- 习　　性：地生草本
- 海　　拔：300～1600 m
- 国内分布：安徽、福建、广东、广西、贵州、湖南、江西、四川、云南、浙江
- 国外分布：越南
- 濒危等级：DD
- CITES 附录：Ⅱ

莲座玉凤花
Habenaria plurifoliata Tang et F. T. Wang
- 习　　性：地生草本
- 海　　拔：700～1600 m
- 分　　布：广西、云南
- 濒危等级：EN B2ab（ⅱ，ⅲ，ⅴ）
- CITES 附录：Ⅱ

丝裂玉凤花
Habenaria polytricha Rolfe
- 习　　性：地生草本
- 海　　拔：300～1100 m
- 国内分布：广西、江苏、四川、台湾、浙江
- 国外分布：菲律宾、日本
- 濒危等级：LC
- CITES 附录：Ⅱ

肾叶玉凤花
Habenaria reniformis（D. Don）Hook. f.
- 习　　性：地生草本
- 国内分布：广东、海南
- 国外分布：柬埔寨、泰国、印度、越南
- 濒危等级：LC
- CITES 附录：Ⅱ

橙黄玉凤花
Habenaria rhodocheila Hance
- 习　　性：地生草本
- 海　　拔：300～1500 m
- 国内分布：福建、广东、广西、贵州、海南、湖南、江西
- 国外分布：菲律宾、柬埔寨、老挝、马来西亚、泰国、越南
- 濒危等级：LC
- CITES 附录：Ⅱ

齿片坡参
Habenaria rostellifera Rchb. f.
- 习　　性：地生草本
- 海　　拔：1000～2200 m
- 国内分布：贵州、云南
- 国外分布：柬埔寨、马来西亚、泰国、越南
- 濒危等级：LC
- CITES 附录：Ⅱ

喙房坡参
Habenaria rostrata Lindl.
- 习　　性：地生草本
- 海　　拔：900～2000 m
- 国内分布：四川、云南
- 国外分布：柬埔寨、缅甸、泰国、越南
- 濒危等级：LC
- CITES 附录：Ⅱ

十字兰
Habenaria schindleri Schltr.
- 习　　性：地生草本
- 海　　拔：200～1700 m
- 国内分布：安徽、福建、广东、河北、湖南、吉林、江苏、江西、辽宁、浙江
- 国外分布：朝鲜、日本
- 濒危等级：VU A2c；B1ab（ⅲ，ⅴ）
- CITES 附录：Ⅱ

中缅玉凤花
Habenaria shweliensis W. W. Smith et Banerji
- 习　　性：地生草本
- 海　　拔：1300～2000 m
- 国内分布：贵州、云南
- 国外分布：缅甸
- 濒危等级：EN B1ab（ⅲ，ⅴ）
- CITES 附录：Ⅱ

中泰玉凤花
Habenaria siamensis Schltr.
- 习　　性：地生草本

海　　拔：约 600 m
国内分布：贵州
国外分布：泰国
濒危等级：EN B1ab（iii，v）
CITES 附录：Ⅱ

狭瓣玉凤花
Habenaria stenopetala Lindl.
习　　性：地生草本
海　　拔：300～1800 m
国内分布：贵州、台湾、西藏
国外分布：菲律宾、尼泊尔、日本、泰国、印度、越南
濒危等级：NT A2ac
CITES 附录：Ⅱ

四川玉凤花
Habenaria szechuanica Schltr.
习　　性：地生草本
海　　拔：2900～3200 m
分　　布：陕西、四川、云南
濒危等级：NT B1ab（i，iii，v）
CITES 附录：Ⅱ

西藏玉凤花
Habenaria tibetica Schltr. ex Limpricht
习　　性：地生草本
海　　拔：2300～4300 m
分　　布：青海、四川、西藏、云南
濒危等级：NT B1ab（iii，v）
CITES 附录：Ⅱ

丛叶玉凤花
Habenaria tonkinensis Seidenf.
习　　性：地生草本
海　　拔：600～1200 m
国内分布：广西、云南
国外分布：柬埔寨、老挝、越南
濒危等级：NT B1ab（iii）
CITES 附录：Ⅱ

绿花玉凤花
Habenaria viridiflora（Rottl. ex Sw.）R. Br.
习　　性：地生草本
国内分布：云南
国外分布：柬埔寨、老挝、斯里兰卡、泰国、印度、越南
濒危等级：VU A2c；B1ab（iii，v）
CITES 附录：Ⅱ
资源利用：药用（中草药）

卧龙玉凤花
Habenaria wolongensis K. Y. Lang
习　　性：地生草本
海　　拔：约 2200 m
分　　布：四川
濒危等级：CR B1ac（ii，v）
CITES 附录：Ⅱ

川滇玉凤花
Habenaria yuana Tang et F. T. Wang
习　　性：地生草本
海　　拔：1800～2600 m
分　　布：四川、云南
濒危等级：NT B1ab（i，iii，v）
CITES 附录：Ⅱ

滇兰属 Hancockia Rolfe

滇兰
Hancockia uniflora Rolfe
习　　性：地生草本
海　　拔：1300～1600 m
国内分布：台湾、云南
国外分布：日本、越南
濒危等级：EN D
CITES 附录：Ⅱ

香兰属 Haraella Kudô

香兰
Haraella retrocalla（Hayata）Kudô
习　　性：草本
海　　拔：500～1500 m
分　　布：台湾
濒危等级：NT
CITES 附录：Ⅱ

舌喙兰属 Hemipilia Lindl.

小花舌喙兰
Hemipilia brevicalcarata Finet
习　　性：地生草本
分　　布：四川、云南
濒危等级：NT
CITES 附录：Ⅱ

美叶舌喙兰
Hemipilia calophylla E. C. Parish et Rchb. f.
习　　性：地生草本
海　　拔：1500 m
国内分布：云南
国外分布：缅甸、泰国、越南
濒危等级：NT
CITES 附录：Ⅱ

心叶舌喙兰
Hemipilia cordifolia Lindl.
习　　性：地生草本
海　　拔：1500～3500 m
国内分布：四川、台湾、西藏、云南
国外分布：不丹、缅甸、尼泊尔、印度
濒危等级：NT B1ab（iii，v）
CITES 附录：Ⅱ

粗距舌喙兰
Hemipilia crassicalcarata S. S. Chien
习　　性：地生草本
海　　拔：1000～1200 m
分　　布：山西、陕西、四川
濒危等级：NT B1ab（i，iii，v）
CITES 附录：Ⅱ

扇唇舌喙兰
Hemipilia flabellata Bureau et Franch.
- 习　　性：地生草本
- 海　　拔：1600～3200 m
- 分　　布：贵州、四川、西藏、云南
- 濒危等级：NT B1ab（iii，v）
- CITES 附录：Ⅱ

长距舌喙兰
Hemipilia forrestii Rolfe
- 习　　性：地生草本
- 海　　拔：1200～3000 m
- 分　　布：四川、西藏、云南
- 濒危等级：DD
- CITES 附录：Ⅱ

裂唇舌喙兰
Hemipilia henryi Rolfe
- 习　　性：地生草本
- 海　　拔：800～1100 m
- 分　　布：湖北、四川
- 濒危等级：NT A2ac
- CITES 附录：Ⅱ

广西舌喙兰
Hemipilia kwangsiensis Tang et F. T. Wang ex K. Y. Lang
- 习　　性：地生草本
- 海　　拔：400～1000 m
- 分　　布：广西、云南
- 濒危等级：VU A2c
- CITES 附录：Ⅱ

短距舌喙兰
Hemipilia limprichtii Schltr.
- 习　　性：地生草本
- 海　　拔：1000～1600 m
- 分　　布：贵州、云南
- 濒危等级：NT A2c
- CITES 附录：Ⅱ

紫斑兰
Hemipilia purpureopunctata（K. Y. Lang）X. H. Jin, Schuit. et W. T. Jin
- 习　　性：地生草本
- 海　　拔：2100～3400 m
- 国内分布：西藏
- 国外分布：印度
- 濒危等级：VU A2c
- CITES 附录：Ⅱ

角盘兰属 Herminium L.

裂瓣角盘兰
Herminium alaschanicum Maxim.
- 习　　性：地生草本
- 海　　拔：1800～4500 m
- 国内分布：甘肃、河北、内蒙古、宁夏、青海、山西、陕西、四川、西藏、云南
- 国外分布：蒙古
- 濒危等级：NT B1ab（ii，iii，v）
- CITES 附录：Ⅱ

狭唇角盘兰
Herminium angustilabre King et Prantl
- 习　　性：地生草本
- 海　　拔：约 3500 m
- 国内分布：云南
- 国外分布：印度
- 濒危等级：NT
- CITES 附录：Ⅱ

孔唇兰
Herminium biporosum Maxim.
- 习　　性：地生草本
- 海　　拔：3000～3300 m
- 分　　布：青海、山西
- 濒危等级：EN A2c
- CITES 附录：Ⅱ

厚唇角盘兰
Herminium carnosilabre Tang et F. T. Wang
- 习　　性：地生草本
- 海　　拔：3200～3600 m
- 分　　布：云南
- 濒危等级：NT B1ab（iii）
- CITES 附录：Ⅱ

矮角盘兰
Herminium chloranthum Tang et F. T. Wang
- 习　　性：地生草本
- 海　　拔：2500～4100 m
- 分　　布：西藏、云南
- 濒危等级：NT B1ab（i，iii，v）
- CITES 附录：Ⅱ

条叶角盘兰
Herminium coiloglossum Schltr.
- 习　　性：地生草本
- 海　　拔：1600～2800 m
- 分　　布：云南
- 濒危等级：NT
- CITES 附录：Ⅱ

无距角盘兰
Herminium ecalcaratum（Finet）Schltr.
- 习　　性：地生草本
- 海　　拔：2500～3200 m
- 分　　布：四川、云南
- 濒危等级：NT B1ab（i，iii，v）
- CITES 附录：Ⅱ

雅致角盘兰
Herminium glossophyllum Tang et F. T. Wang
- 习　　性：地生草本
- 海　　拔：3100～3600 m
- 分　　布：四川、云南
- 濒危等级：NT B1ab（iii，v）
- CITES 附录：Ⅱ

冷兰
Herminium humidicola（K. Y. Lang et D. S. Deng）X. H. Jin,

Schuit. ,Raskoti et L. Q. Huang
习　　性：地生草本
海　　拔：3600～4500 m
分　　布：青海
濒危等级：LC
CITES 附录：Ⅱ

宽唇角盘兰
Herminium josephii Rchb. f.
习　　性：地生草本
海　　拔：1900～4000 m
国内分布：西藏、云南
国外分布：缅甸、尼泊尔、印度
濒危等级：LC
CITES 附录：Ⅱ

叉唇角盘兰
Herminium lanceum(Thunb. ex Sw.) Vuijk
习　　性：地生草本
海　　拔：700～3600 m
国内分布：安徽、福建、甘肃、江西、陕西、浙江
国外分布：朝鲜、菲律宾、柬埔寨、克什米尔地区、老挝、马来西亚、缅甸、尼泊尔、日本、泰国、印度、印度尼西亚、越南
濒危等级：LC
CITES 附录：Ⅱ
资源利用：药用（中草药）

耳片角盘兰
Herminium macrophyllum(D. Don) Dandy
习　　性：地生草本
海　　拔：2400～4100 m
国内分布：西藏
国外分布：巴基斯坦、不丹、尼泊尔、印度
濒危等级：VU A3cd；B1ab（iii）
CITES 附录：Ⅱ

角盘兰
Herminium monorchis(L.) R. Br. ,W. T. Aiton
习　　性：地生草本
海　　拔：600～4500 m
国内分布：安徽、甘肃、河北、河南、吉林、内蒙古、宁夏、青海、山东、山西、四川、西藏、新疆、云南
国外分布：巴基斯坦、俄罗斯、韩国、蒙古、尼泊尔、欧洲、日本
濒危等级：NT A2c；B1ab（iii）
CITES 附录：Ⅱ
资源利用：药用（中草药）

长瓣角盘兰
Herminium ophioglossoides Schltr.
习　　性：地生草本
海　　拔：2100～3500 m
分　　布：四川、云南
濒危等级：NT A2ac
CITES 附录：Ⅱ

西藏角盘兰
Herminium orbiculare Hook. f.
习　　性：地生草本
海　　拔：约 3700 m
国内分布：西藏
国外分布：不丹、印度
濒危等级：NT B1ab（iii，v）
CITES 附录：Ⅱ

秀丽角盘兰
Herminium quinquelobum King et Pantl.
习　　性：地生草本
海　　拔：约 2200 m
国内分布：云南
国外分布：不丹、尼泊尔、印度
濒危等级：NT A2c；B1ab（iii，v）
CITES 附录：Ⅱ

宽萼角盘兰
Herminium souliei(Finet) Rolfe
习　　性：地生草本
海　　拔：1400～4200 m
分　　布：四川、西藏、云南
濒危等级：NT A2ac
CITES 附录：Ⅱ

宽叶角盘兰
Herminium tangianum(S. Y. Hu) K. Y. Lang
习　　性：地生草本
分　　布：云南
濒危等级：EN B1ab（iii）
CITES 附录：Ⅱ

云南角盘兰
Herminium yunnanense Rolfe
习　　性：地生草本
海　　拔：2200～3300 m
分　　布：云南
濒危等级：VU A2c；B1ab（iii，v）
CITES 附录：Ⅱ

爬兰属 Herpysma Lindl.

爬兰
Herpysma longicaulis Lindl.
习　　性：地生草本
海　　拔：约 1200 m
国内分布：西藏、云南
国外分布：不丹、缅甸、尼泊尔、泰国、印度、印度尼西亚、越南
濒危等级：LC
CITES 附录：Ⅱ

翻唇兰属 Hetaeria Blume

滇南翻唇兰
Hetaeria affinis(Griff.) Seidenf. et Ormer.
习　　性：地生草本
海　　拔：800～1000 m
国内分布：云南
国外分布：不丹、缅甸、泰国、印度、越南
濒危等级：NT
CITES 附录：Ⅱ

四腺翻唇兰
Hetaeria anomala Lindl.
习　　性：地生草本
海　　拔：800~1000 m
国内分布：海南、台湾
国外分布：菲律宾、老挝、马来西亚、缅甸、泰国、印度、印度尼西亚、越南
濒危等级：LC
CITES 附录：Ⅱ

长序翻唇兰
Hetaeria finlaysoniana Seidenf.
习　　性：多年生草本
海　　拔：400~1300 m
国内分布：广西、海南
国外分布：斯里兰卡、泰国
濒危等级：VU A2c；B1ab（iii，v）
CITES 附录：Ⅱ

斜瓣翻唇兰
Hetaeria obliqua Blume
习　　性：地生草本
国内分布：海南
国外分布：马来西亚、泰国、印度尼西亚
濒危等级：LC
CITES 附录：Ⅱ

矩叶翻唇兰
Hetaeria rubicunda Rchb. f.
习　　性：地生草本
海　　拔：约 200 m
国内分布：台湾
国外分布：澳大利亚、巴布亚新几内亚、菲律宾、马来西亚、缅甸、日本南部、泰国、印度尼西亚、越南
濒危等级：LC
CITES 附录：Ⅱ

香港翻唇兰
Hetaeria youngsayei Ormer.
习　　性：地生草本
海　　拔：600~900 m
国内分布：海南、香港
国外分布：泰国
濒危等级：DD
CITES 附录：Ⅱ

槽舌兰属 Holcoglossum Schltr.

大根槽舌兰
Holcoglossum amesianum（Rchb. f.）Christenson
习　　性：附生草本
海　　拔：1200~2000 m
国内分布：云南
国外分布：老挝、缅甸、泰国、印度、越南
濒危等级：VU A2c+3c；B1ab（iii，v）
CITES 附录：Ⅱ

短距槽舌兰
Holcoglossum flavescens（Schltr.）Z. H. Tsi
习　　性：附生草本
海　　拔：1200~2700 m
分　　布：湖北、四川、云南
濒危等级：VU A2c；B1ab（iii，v）
CITES 附录：Ⅱ
资源利用：环境利用（观赏）

圆柱叶乌舌兰
Holcoglossum himalaicum（Deb, Sengupta et Malick）Aver.
习　　性：附生草本
国内分布：云南
国外分布：不丹、缅甸、印度
濒危等级：DD
CITES 附录：Ⅱ

管叶槽舌兰
Holcoglossum kimballianum（Rchb. f.）Garay
习　　性：附生草本
海　　拔：1000~1700 m
国内分布：云南
国外分布：老挝、缅甸、泰国、越南
濒危等级：EN A4c
CITES 附录：Ⅱ

舌唇槽舌兰
Holcoglossum lingulatum（Aver.）Aver.
习　　性：附生草本
海　　拔：1000~1300 m
国内分布：广西、云南
国外分布：越南
濒危等级：EN B1ab（iii，v）
CITES 附录：Ⅱ

小花槽舌兰
Holcoglossum nagalandensis（Phukan et Odyuo）X. H. Jin
习　　性：附生草本
国内分布：云南
国外分布：印度
濒危等级：EN B2ab（ii，iii，v）
CITES 附录：Ⅱ

怒江槽舌兰
Holcoglossum nujiangense X. H. Jin et S. C. Chen
习　　性：附生草本
海　　拔：2500~3000 m
分　　布：云南
濒危等级：DD
CITES 附录：Ⅱ

峨眉槽舌兰
Holcoglossum omeiense Z. H. Tsi ex X. H. Jin et S. C. Chen
习　　性：附生草本
海　　拔：700~1000 m
分　　布：四川
濒危等级：EN B1ab（iii，v）
CITES 附录：Ⅱ

尖叶槽舌兰
Holcoglossum pumilum（Hayata）X. H. Jin
习　　性：附生草本
分　　布：台湾

颁危等级：LC
CITES 附录：Ⅱ

槽舌兰
Holcoglossum quasipinifolium(Hayata)Schltr.
习　　性：附生草本
海　　拔：1800~2800 m
分　　布：台湾
濒危等级：LC
CITES 附录：Ⅱ

滇西槽舌兰
Holcoglossum rupestre(Hand.-Mazz.)Garay
习　　性：附生草本
海　　拔：2000~2400 m
分　　布：云南
濒危等级：CR B1ab（iii，v）
CITES 附录：Ⅱ

中华槽舌兰
Holcoglossum sinicum Christenson
习　　性：附生草本
海　　拔：2600~3200 m
分　　布：云南
濒危等级：EN A2c；B1ab（iii，v）
CITES 附录：Ⅱ

凹唇槽舌兰
Holcoglossum subulifolium(Rchb. f.)Christenson
习　　性：附生草本
海　　拔：1300~2200 m
国内分布：海南、云南
国外分布：缅甸、泰国、越南
濒危等级：NT A2ac
CITES 附录：Ⅱ

筒距槽舌兰
Holcoglossum wangii Christenson
习　　性：附生草本
海　　拔：800~1200 m
国内分布：广西、云南
国外分布：越南
濒危等级：DD
CITES 附录：Ⅱ

维西槽舌兰
Holcoglossum weixiense X. H. Jin et S. C. Chen
习　　性：附生草本
海　　拔：2500~3000 m
分　　布：云南
濒危等级：EN A2c；B1ab（iii，v）
CITES 附录：Ⅱ

先骕兰属 Hsenhsua X. H. Jin, Schuit. et W. T. Jin

先骕兰
Hsenhsua chrysea(W. W. Sm)X. H. Jin, Schuit., W. T. Jin et L. Q. Huang
习　　性：草本
国内分布：西藏、云南

国外分布：不丹
濒危等级：EN B1ab（i，ii，iii，v）
CITES 附录：Ⅱ

袋唇兰属 Hylophila Lindl.

袋唇兰
Hylophila nipponica(Fukuy.)S. S. Ying
习　　性：地生草本
海　　拔：100~400 m
分　　布：台湾
濒危等级：NT
CITES 附录：Ⅱ

瘦房兰属 Ischnogyne Schltr.

瘦房兰
Ischnogyne mandarinorum(Kraenzl.)Schltr.
习　　性：附生或岩生草本
海　　拔：700~1500 m
分　　布：重庆、甘肃、贵州、湖北、陕西、四川
濒危等级：LC
CITES 附录：Ⅱ

旗唇兰属 Kuhlhasseltia J. J. Sm.

旗唇兰
Kuhlhasseltia yakushimensis(Yamam.)Ormer.
习　　性：地生草本
海　　拔：400~1600 m
国内分布：安徽、湖南、陕西、四川、台湾、浙江
国外分布：菲律宾、日本
濒危等级：VU A2ac；B1ab（i，iii，v）
CITES 附录：Ⅱ

盂兰属 Lecanorchis Blume

盂兰
Lecanorchis japonica Blume
习　　性：草本
海　　拔：800~1000 m
国内分布：安徽、福建、湖南、台湾
国外分布：日本
濒危等级：LC
CITES 附录：Ⅱ

屏东盂兰
Lecanorchis latens T. P. Lin et W. M. Lin
习　　性：草本
分　　布：台湾
濒危等级：DD
CITES 附录：Ⅱ

多花盂兰
Lecanorchis multiflora J. J. Sm.
习　　性：草本
海　　拔：600~700 m
国内分布：云南
国外分布：马来西亚、泰国、印度尼西亚
濒危等级：VU B1ab（i，iii）

CITES 附录：Ⅱ

全唇孟兰
Lecanorchis nigricans Honda
习　　性：草本
海　　拔：600～1000 m
国内分布：福建、台湾
国外分布：日本
濒危等级：NT A2c
CITES 附录：Ⅱ

亚辐射皿兰
Lecanorchis subpelorica T. C. Hsu et S. W. Chung
习　　性：草本
海　　拔：约400 m
分　　布：台湾
濒危等级：DD
CITES 附录：Ⅱ

灰绿孟兰
Lecanorchis thalassica T. P. Lin
习　　性：草本
海　　拔：1400～2000 m
分　　布：台湾
濒危等级：EN D
CITES 附录：Ⅱ

羊耳蒜属 Liparis Rich.

白花羊耳蒜
Liparis amabilis Fukuy.
习　　性：陆生草本
海　　拔：约900 m
分　　布：台湾
濒危等级：CR C2a（i）
CITES 附录：Ⅱ

狭瓣羊耳蒜
Liparis angustioblonga P. H. Yang et X. H. Jin
习　　性：草本
海　　拔：约1060 m
分　　布：陕西
濒危等级：DD
CITES 附录：Ⅱ

扁茎羊耳蒜
Liparis assamica King et Pantl.
习　　性：附生草本
海　　拔：800～2100 m
国内分布：云南
国外分布：印度
濒危等级：NT
CITES 附录：Ⅱ

圆唇羊耳蒜
Liparis balansae Gagnep.
习　　性：附生草本
海　　拔：500～2200 m
国内分布：广西、海南、四川、西藏、云南
国外分布：泰国、越南
濒危等级：VU D1+2
CITES 附录：Ⅱ

须唇羊耳蒜
Liparis barbata Lindl.
习　　性：陆生草本
海　　拔：200～400 m
国内分布：海南、台湾
国外分布：巴布亚新几内亚、菲律宾、马来西亚、缅甸、斯里兰卡、泰国、印度、印度尼西亚
濒危等级：DD
CITES 附录：Ⅱ

保亭羊耳蒜
Liparis bautingensis Tang et F. T. Wang
习　　性：附生草本
海　　拔：1600 m 以下
分　　布：海南、云南
濒危等级：VU D1+2
CITES 附录：Ⅱ

折唇羊耳蒜
Liparis bistriata Par. et Rchb. f.
习　　性：附生或岩生草本
海　　拔：800～1800 m
国内分布：西藏、云南
国外分布：缅甸、尼泊尔、印度
濒危等级：LC
CITES 附录：Ⅱ

镰翅羊耳蒜
Liparis bootanensis Griff.
习　　性：附生草本
海　　拔：400～3100 m
国内分布：福建、广东、广西、贵州、海南、四川、台湾、西藏、云南
国外分布：菲律宾、马来西亚、缅甸、日本、越南
濒危等级：LC
CITES 附录：Ⅱ

褐花羊耳蒜
Liparis brunnea Ormer.
习　　性：草质藤本
分　　布：广东、广西
濒危等级：DD
CITES 附录：Ⅱ

羊耳蒜
Liparis campylostalix Rchb. f.
习　　性：陆生草本
海　　拔：1100～3400 m
国内分布：甘肃、贵州、河北、河南、黑龙江、湖北、吉林、辽宁、内蒙古、山东、山西、四川、台湾、西藏、云南
国外分布：朝鲜、俄罗斯、日本
濒危等级：LC
CITES 附录：Ⅱ

二褶羊耳蒜
Liparis cathcartii Hook. f.

习　　性：陆生草本
海　　拔：1900~2500 m
国内分布：四川、云南
国外分布：不丹、尼泊尔、印度
濒危等级：NT B1ab（iii）
CITES 附录：Ⅱ

丛生羊耳蒜
Liparis cespitosa（Thouars）Lindl.
习　　性：附生草本
海　　拔：500~2400 m
国内分布：海南、西藏、云南
国外分布：热带非洲、亚洲、太平洋岛屿
濒危等级：LC
CITES 附录：Ⅱ

平卧羊耳蒜
Liparis chapaensis Gagnep.
习　　性：附生草本
海　　拔：800~2500 m
国内分布：广西、贵州、云南
国外分布：缅甸、越南
濒危等级：VU A2c
CITES 附录：Ⅱ

高山羊耳蒜
Liparis cheniana X. H. Jin
习　　性：草本
分　　布：四川、西藏、云南
濒危等级：VU B1ab（iii）
CITES 附录：Ⅱ

细茎羊耳蒜
Liparis condylobulbon Rchb. f.
习　　性：附生或岩生草本
海　　拔：100~1800 m
国内分布：台湾
国外分布：巴布亚新几内亚、菲律宾、马来西亚、泰国、印度尼西亚
濒危等级：LC
CITES 附录：Ⅱ

心叶羊耳蒜
Liparis cordifolia Hook. f.
习　　性：陆生或岩生草本
海　　拔：1000~2000 m
国内分布：广西、台湾、西藏、云南
国外分布：不丹、缅甸、尼泊尔、印度、越南
濒危等级：LC
CITES 附录：Ⅱ

小巧羊耳蒜
Liparis delicatula Hook. f.
习　　性：附生草本
海　　拔：500~2900 m
国内分布：海南、西藏、云南
国外分布：老挝北部、印度、越南
濒危等级：NT B1ab（iii）
CITES 附录：Ⅱ

大花羊耳蒜
Liparis distans C. B. Clarke
习　　性：附生草本
海　　拔：1000~2400 m
国内分布：贵州、海南、四川、西藏、云南
国外分布：老挝、泰国、印度、越南
濒危等级：LC
CITES 附录：Ⅱ

福建羊耳蒜
Liparis dunnii Rolfe
习　　性：陆生或岩生草本
海　　拔：约 900 m
分　　布：福建
濒危等级：DD
CITES 附录：Ⅱ

扁球羊耳蒜
Liparis elliptica Wight
习　　性：附生草本
海　　拔：200~1600 m
国内分布：四川、台湾、西藏、云南
国外分布：菲律宾、缅甸、尼泊尔、斯里兰卡、泰国、印度、印度尼西亚、越南
濒危等级：LC
CITES 附录：Ⅱ

宝岛羊耳蒜
Liparis elongata Fukuy.
习　　性：陆生草本
海　　拔：1800~2000 m
分　　布：台湾
濒危等级：EN D
CITES 附录：Ⅱ

贵州羊耳蒜
Liparis esquirolii Schltr.
习　　性：附生草本
海　　拔：约 900 m
分　　布：广西、贵州
濒危等级：NT B1ab（i，iii）
CITES 附录：Ⅱ

小羊耳蒜
Liparis fargesii Finet
习　　性：附生或岩生草本
海　　拔：300~1700 m
分　　布：甘肃、贵州、湖北、湖南、陕西、四川、云南
濒危等级：NT B1ab（iii）
CITES 附录：Ⅱ

锈色羊耳蒜
Liparis ferruginea Lindl.
习　　性：陆生草本
海　　拔：200~400 m
国内分布：福建、海南、台湾、香港
国外分布：柬埔寨、马来西亚、泰国、印度尼西亚、越南
濒危等级：LC
CITES 附录：Ⅱ

裂瓣羊耳蒜
Liparis fissipetala Finet
习　　性：附生草本
海　　拔：约 1200 m
分　　布：重庆、云南
濒危等级：CR A2c；B1ab（iii，v）
CITES 附录：Ⅱ

巨花羊耳蒜
Liparis gigantea C. L. Tso
习　　性：陆生或岩生草本
海　　拔：500~1700 m
分　　布：广东、广西、贵州、海南、台湾、西藏、云南
濒危等级：VU A3c
CITES 附录：Ⅱ

方唇羊耳蒜
Liparis glossula Rchb. f.
习　　性：陆生草本
海　　拔：2200~3200 m
国内分布：西藏、云南
国外分布：尼泊尔、印度
濒危等级：VU A2c
CITES 附录：Ⅱ

贡山羊耳蒜
Liparis gongshanensis X. H. Jin
习　　性：草本
分　　布：云南
濒危等级：LC
CITES 附录：Ⅱ

恒春羊耳蒜
Liparis grossa Rchb. f.
习　　性：附生草本
海　　拔：500 m 以下
国内分布：海南、台湾
国外分布：菲律宾
濒危等级：NT A2c
CITES 附录：Ⅱ

广西羊耳蒜
Liparis guangxiensis C. L. Feng et X. H. Jin
习　　性：草本
分　　布：广西、云南
濒危等级：DD
CITES 附录：Ⅱ

长苞羊耳蒜
Liparis inaperta Finet
习　　性：附生草本
海　　拔：500~1100 m
分　　布：贵州
濒危等级：CR B1b（i）
CITES 附录：Ⅱ

尾唇羊耳蒜
Liparis krameri Franch. et Sav.
习　　性：陆生草本
海　　拔：约 1400 m
国内分布：湖南
国外分布：朝鲜、俄罗斯、日本
濒危等级：VU B1ab（iii）
CITES 附录：Ⅱ

广东羊耳蒜
Liparis kwangtungensis Schltr.
习　　性：附生草本
分　　布：福建、广东、贵州
濒危等级：LC
CITES 附录：Ⅱ

宽叶羊耳蒜
Liparis latifolia（Bl.）Lindl.
习　　性：附生草本
海　　拔：约 200 m
国内分布：海南
国外分布：马来西亚、泰国、印度尼西亚
濒危等级：VU B1ab（iii）
CITES 附录：Ⅱ

阔唇羊耳蒜
Liparis latilabris Rolfe
习　　性：附生或岩生草本
海　　拔：1200~1800 m
分　　布：海南、台湾
濒危等级：NT A2c；B1ab（i，iii，v）；C1
CITES 附录：Ⅱ

黄花羊耳蒜
Liparis luteola Lindl.
习　　性：附生或岩生草本
海　　拔：400~1600 m
国内分布：海南
国外分布：缅甸、泰国、印度、越南
濒危等级：VU B1ab（iii）
CITES 附录：Ⅱ

三裂羊耳蒜
Liparis mannii Rchb. f.
习　　性：附生草本
海　　拔：700~1200 m
国内分布：广西、台湾、云南
国外分布：印度、越南
濒危等级：VU D2
CITES 附录：Ⅱ

凹唇羊耳蒜
Liparis nakaharai Hayata
习　　性：草本
分　　布：台湾
濒危等级：LC
CITES 附录：Ⅱ

南岭羊耳蒜
Liparis nanlingensis H. Z. Tian et F. W. Xing
习　　性：草本
海　　拔：约 1500 m
分　　布：广东
濒危等级：LC
CITES 附录：Ⅱ

见血青
Liparis nervosa (Thunb. ex A. Murray) Lindl.
 习 性：陆生草本
 海 拔：1000~2100 m
 国内分布：福建、广东、广西、贵州、湖北、湖南、江西、四川、台湾、西藏、云南、浙江
 国外分布：尼泊尔、日本、印度、越南
 濒危等级：NT
 CITES 附录：Ⅱ
 资源利用：药用（中草药）

紫花羊耳蒜
Liparis nigra Seidenf.
 习 性：地生草本
 海 拔：500~1700 m
 国内分布：广东、广西、贵州、海南、台湾、西藏、香港、云南
 国外分布：泰国、越南
 濒危等级：LC
 CITES 附录：Ⅱ

香花羊耳蒜
Liparis odorata (Willd.) Lindl.
 习 性：陆生草本
 海 拔：600~3100 m
 国内分布：福建、广东、广西、贵州、海南、湖北、湖南、江西、四川、台湾、云南、浙江
 国外分布：不丹、老挝、缅甸、尼泊尔、日本、泰国、印度、越南
 濒危等级：LC
 CITES 附录：Ⅱ

长唇羊耳蒜
Liparis pauliana Hand.-Mazz.
 习 性：陆生草本
 海 拔：600~2300 m
 分 布：广东、广西、贵州、湖北、湖南、江西、陕西、云南、浙江
 濒危等级：LC
 CITES 附录：Ⅱ

狭叶羊耳蒜
Liparis perpusilla Hook. f.
 习 性：附生草本
 海 拔：约 2800 m
 国内分布：云南
 国外分布：不丹、尼泊尔、印度
 濒危等级：VU A2c
 CITES 附录：Ⅱ

柄叶羊耳蒜
Liparis petiolata (D. Don) P. F. Hunt et Summerh.
 习 性：陆生草本
 海 拔：1000~2900 m
 国内分布：广西、湖南、江西、西藏、云南
 国外分布：不丹、尼泊尔、泰国、印度、越南
 濒危等级：VU B1ab（ⅲ）
 CITES 附录：Ⅱ

凭祥羊耳蒜
Liparis pingxiangensis L. Lin et H. F. Yan
 习 性：草本
 分 布：广西、云南
 濒危等级：CR A3c
 CITES 附录：Ⅱ

小花羊耳蒜
Liparis platyrachis Hook. f.
 习 性：附生草本
 海 拔：1000~1500 m
 国内分布：云南
 国外分布：尼泊尔、印度
 濒危等级：EN B2ac（ⅱ，ⅲ，ⅴ）
 CITES 附录：Ⅱ

中越羊耳蒜
Liparis pumila Aver.
 习 性：附生草本
 海 拔：900~1000 m
 国内分布：云南
 国外分布：老挝、越南
 濒危等级：NT
 CITES 附录：Ⅱ

华西羊耳蒜
Liparis pygmaea King et Pantl.
 习 性：陆生或岩生草本
 海 拔：3100 m
 国内分布：中国西部
 国外分布：尼泊尔、印度
 濒危等级：DD
 CITES 附录：Ⅱ

翼蕊羊耳蒜
Liparis regnieri Finet
 习 性：陆生草本
 国内分布：四川、云南
 国外分布：缅甸、泰国、越南
 濒危等级：LC
 CITES 附录：Ⅱ

蕊丝羊耳蒜
Liparis resupinata Ridl.
 习 性：附生草本
 海 拔：1300~2500 m
 国内分布：西藏、云南
 国外分布：不丹、尼泊尔、印度
 濒危等级：LC
 CITES 附录：Ⅱ

若氏羊耳蒜
Liparis rockii Ormer.
 习 性：岩生草本
 海 拔：1500~2000 m
 分 布：西藏、云南
 濒危等级：EN A2abd
 CITES 附录：Ⅱ

齿突羊耳蒜
Liparis rostrata Rchb. f.
　　习　　性：陆生草本
　　海　　拔：2600~2700 m
　　国内分布：西藏、云南
　　国外分布：尼泊尔、印度
　　濒危等级：DD
　　CITES 附录：Ⅱ

阿里山羊耳蒜
Liparis sasakii Hayata
　　习　　性：陆生或岩生草本
　　海　　拔：1500~2000 m
　　分　　布：台湾
　　濒危等级：VU D1
　　CITES 附录：Ⅱ

滇南羊耳蒜
Liparis siamensis Rolfe ex Downie
　　习　　性：陆生草本
　　海　　拔：约700 m
　　国内分布：云南
　　国外分布：老挝、缅甸、泰国
　　濒危等级：NT
　　CITES 附录：Ⅱ

台湾羊耳蒜
Liparis somai Hayata
　　习　　性：附生草本
　　海　　拔：500~1000 m
　　国内分布：台湾
　　国外分布：印度
　　濒危等级：EN D
　　CITES 附录：Ⅱ

疏花羊耳蒜
Liparis sparsiflora Aver.
　　习　　性：附生草本
　　海　　拔：约1200 m
　　国内分布：海南
　　国外分布：越南
　　濒危等级：DD
　　CITES 附录：Ⅱ

扇唇羊耳蒜
Liparis stricklandiana Rchb. f.
　　习　　性：附生草本
　　海　　拔：1000~2400 m
　　国内分布：广东、广西、贵州、海南、西藏、云南
　　国外分布：不丹、印度、越南
　　濒危等级：LC
　　CITES 附录：Ⅱ

折苞羊耳蒜
Liparis tschangii Schltr.
　　习　　性：陆生草本
　　海　　拔：1100~1700 m
　　国内分布：四川、云南

　　国外分布：老挝、泰国、越南
　　濒危等级：VU A2c；B1ab（ⅲ）
　　CITES 附录：Ⅱ

狭翅羊耳蒜
Liparis uchiyamae Schltr.
　　习　　性：草本
　　海　　拔：400~800 m
　　国内分布：广西、贵州
　　国外分布：老挝、日本、越南
　　濒危等级：LC
　　CITES 附录：Ⅱ

长茎羊耳蒜
Liparis viridiflora（Blume）Lindl.
　　习　　性：附生草本
　　海　　拔：200~2300 m
　　国内分布：福建、广东、海南、台湾
　　国外分布：不丹、菲律宾、柬埔寨、老挝、马来西亚、孟加拉国、缅甸、尼泊尔、斯里兰卡、泰国、印度、印度尼西亚、越南
　　濒危等级：LC
　　CITES 附录：Ⅱ

血叶兰属 Ludisia A. Rich.

血叶兰
Ludisia discolor（Ker Gawl.）A. Rich.
　　习　　性：地生草本
　　海　　拔：900~1300 m
　　国内分布：广东、广西、海南、云南
　　国外分布：菲律宾、柬埔寨、老挝、马来西亚、缅甸、泰国、印度尼西亚、越南
　　濒危等级：LC
　　国家保护：Ⅱ级
　　CITES 附录：Ⅱ
　　资源利用：药用（中草药）

钗子股属 Luisia Gaudich.

小花钗子股
Luisia brachystachys（Lindl.）Blume
　　习　　性：附生或岩生草本
　　海　　拔：600~1300 m
　　国内分布：云南
　　国外分布：不丹、老挝、缅甸、印度、越南
　　濒危等级：LC
　　CITES 附录：Ⅱ

圆叶钗子股
Luisia cordata Fukuy.
　　习　　性：附生或岩生草本
　　分　　布：台湾
　　濒危等级：VU D2
　　CITES 附录：Ⅱ

长瓣钗子股
Luisia filiformis Hook. f.
　　习　　性：附生或岩生草本

海　　拔：300～1100 m
国内分布：云南
国外分布：不丹、老挝、泰国、印度、越南
濒危等级：VU D2
CITES 附录：Ⅱ

纤叶钗子股
Luisia hancockii Rolfe
习　　性：附生或岩生草本
海　　拔：200～300 m
分　　布：福建、湖北、浙江
濒危等级：LC
CITES 附录：Ⅱ

长穗钗子股
Luisia longispica Z. H. Tsi et S. C. Chen
习　　性：附生或岩生草本
海　　拔：约 800 m
分　　布：云南
濒危等级：LC
CITES 附录：Ⅱ

吕氏金钗兰
Luisia lui T. C. Hsu et S. W. Chung
习　　性：附生或岩生草本
海　　拔：200～300 m
分　　布：台湾
濒危等级：DD
CITES 附录：Ⅱ

紫唇钗子股
Luisia macrotis Rchb. f.
习　　性：附生或岩生草本
海　　拔：约 2569 m
国内分布：云南
国外分布：老挝、印度、越南
濒危等级：EN B1ab（iii，v）
CITES 附录：Ⅱ

大花钗子股
Luisia magniflora Z. H. Tsi et S. C. Chen
习　　性：附生或岩生草本
海　　拔：600～1900 m
分　　布：云南
濒危等级：NT A2c
CITES 附录：Ⅱ

台湾钗子股
Luisia megasepala Hayata
习　　性：附生或岩生草本
海　　拔：700～2000 m
分　　布：台湾
濒危等级：DD
CITES 附录：Ⅱ

钗子股
Luisia morsei Rolfe
习　　性：附生或岩生草本
海　　拔：300～1200 m
国内分布：广西、贵州、海南、云南
国外分布：老挝、泰国、越南
濒危等级：LC
CITES 附录：Ⅱ
资源利用：环境利用（观赏）

宽瓣钗子股
Luisia ramosii Ames
习　　性：附生或岩生草本
海　　拔：100～500 m
国内分布：广西、海南
国外分布：菲律宾、越南
濒危等级：LC
CITES 附录：Ⅱ

叉唇钗子股
Luisia teres(Thunb. ex A. Murray)Blume
习　　性：附生或岩生草本
海　　拔：1200～1600 m
国内分布：广西、贵州、四川、台湾、云南
国外分布：朝鲜、日本
濒危等级：NT A2c；B1ab（iii，v）
CITES 附录：Ⅱ

长叶钗子股
Luisia zollingeri Rchb. f.
习　　性：附生或岩生草本
海　　拔：500～1000 m
国内分布：云南
国外分布：马来西亚、泰国、印度、印度尼西亚、越南
濒危等级：EN B2ab（ii，iii，iv，v）
CITES 附录：Ⅱ

原沼兰属 Malaxis Sol. ex Sw.

原沼兰
Malaxis monophyllos(L.)Sw.
习　　性：地生草本
海　　拔：2500～4100 m
国内分布：甘肃、河北、河南、黑龙江、湖北、吉林、辽宁、内蒙古、宁夏、青海、山西、陕西、四川、台湾、西藏、云南
国外分布：朝鲜、俄罗斯、日本
濒危等级：LC
CITES 附录：Ⅱ

槌柱兰属 Malleola J. J. Sm. et Schltr.

槌柱兰
Malleola dentifera J. J. Sm.
习　　性：附生草本
海　　拔：600～700 m
国内分布：海南、云南
国外分布：马来西亚、泰国、印度尼西亚、越南
濒危等级：EN B1ab（iii，v）
CITES 附录：Ⅱ

海南槌柱兰
Malleola insectifera(J. J. Sm.)J. J. Sm. et Schltr. ex J. J. Sm. et Schltr.

习　　性：附生草本
国内分布：海南
国外分布：泰国
濒危等级：DD
CITES 附录：Ⅱ

西藏槌柱兰
Malleola tibetica W. C. Huang et X. H. Jin
习　　性：附生草本
海　　拔：约 800 m
分　　布：西藏
濒危等级：LC
CITES 附录：Ⅱ

小囊兰属 Micropera Lindl.

小囊兰
Micropera poilanei (Guill.) Garay
习　　性：攀援草本
海　　拔：200~500 m
国内分布：海南
国外分布：越南
濒危等级：NT B1ab（i，iii，v）
CITES 附录：Ⅱ

西藏小囊兰
Micropera tibetica X. H. Jin et Y. J. Lai
习　　性：附生藤本
分　　布：西藏
CITES 附录：Ⅱ

拟蜘蛛兰属 Microtatorchis Schltr.

拟蜘蛛兰
Microtatorchis compacta (Ames) Schltr.
习　　性：附生草本
海　　拔：1000~1600 m
国内分布：台湾
国外分布：菲律宾
濒危等级：LC
CITES 附录：Ⅱ

葱叶兰属 Microtis R. Br.

葱叶兰
Microtis unifolia (Forst.) Rchb. f.
习　　性：地生草本
海　　拔：100~750 m
国内分布：安徽、福建、广东、广西、湖南、江西、四川、台湾、浙江
国外分布：澳大利亚、菲律宾、日本、新西兰、印度尼西亚
濒危等级：LC
CITES 附录：Ⅱ

短瓣兰属 Monomeria Lindl.

短瓣兰
Monomeria barbata Lindl.
习　　性：附生草本
海　　拔：1000~2000 m
国内分布：贵州、西藏、云南
国外分布：缅甸、尼泊尔、泰国、印度、越南
濒危等级：NT A2ac
CITES 附录：Ⅱ

拟毛兰属 Mycaranthes Bl.

拟毛兰
Mycaranthes floribunda (D. Don) S. C. Chen et J. J. Wood
习　　性：附生或岩生草本
海　　拔：约 800 m
国内分布：云南
国外分布：不丹、柬埔寨、老挝、缅甸、尼泊尔、泰国、印度、越南
濒危等级：DD
CITES 附录：Ⅱ

指叶拟毛兰
Mycaranthes pannea (Lindl.) S. C. Chen et J. J. Wood
习　　性：附生或岩生草本
海　　拔：800~2200 m
国内分布：广西、贵州、海南、西藏、云南
国外分布：不丹、柬埔寨、老挝、马来西亚、缅甸、泰国、新加坡、印度、印度尼西亚、越南
濒危等级：NT B1ab（i，iii）
CITES 附录：Ⅱ

全唇兰属 Myrmechis Blume

全唇兰
Myrmechis chinensis Rolfe
习　　性：地生和附生草本
海　　拔：2000~2200 m
分　　布：福建、湖北、四川
濒危等级：VU A2c；B1ab（iii，v）
CITES 附录：Ⅱ

阿里山全唇兰
Myrmechis drymoglossifolia Hayata
习　　性：地生和附生草本
海　　拔：1000~3000 m
分　　布：台湾
濒危等级：LC
CITES 附录：Ⅱ

日本全唇兰
Myrmechis japonica (Rchb. f.) Rolfe
习　　性：地生和附生草本
海　　拔：800~2600 m
国内分布：福建、四川、西藏、云南
国外分布：韩国、日本
濒危等级：NT A2ac
CITES 附录：Ⅱ

矮全唇兰
Myrmechis pumila (Hook. f.) Tang et F. T. Wang
习　　性：地生和附生草本
海　　拔：2800~3800 m

国内分布：云南
国外分布：不丹、缅甸、尼泊尔、泰国、印度、越南
濒危等级：NT
CITES 附录：Ⅱ

宽瓣全唇兰
Myrmechis urceolata Tang et K. Y. Lang
习　　性：地生和附生草本
海　　拔：500~600 m
分　　布：广东、海南、云南
濒危等级：VU B2ab（ii，iii，v）
CITES 附录：Ⅱ

风兰属 Neofinetia Hu

风兰
Neofinetia falcata（Thunb. ex A. Murray）H. H. Hu
习　　性：附生草本
海　　拔：1500~1600 m
国内分布：福建、甘肃、湖北、江西、四川、浙江
国外分布：朝鲜、日本
濒危等级：EN A2c；B1ab（iii，v）
CITES 附录：Ⅱ

短距风兰
Neofinetia richardsiana Christenson
习　　性：附生草本
海　　拔：1300~1400 m
分　　布：重庆
濒危等级：CR B1ab（i，ii，iii，v）
CITES 附录：Ⅱ

新型兰属 Neogyna Rchb. f.

新型兰
Neogyna gardneriana（Lindl.）Rchb. f.
习　　性：附生或岩生草本
海　　拔：600~2200 m
国内分布：西藏、云南
国外分布：不丹、老挝、缅甸、尼泊尔、泰国、印度、越南
濒危等级：VU A2c；B1ab（iii，v）
CITES 附录：Ⅱ

鸟巢兰属 Neottia Guett.

尖唇鸟巢兰
Neottia acuminata Schltr.
习　　性：地生草本
海　　拔：1500~4100 m
国内分布：甘肃、河北、湖北、吉林、内蒙古、青海、山西、陕西、四川、台湾、西藏、云南
国外分布：朝鲜、俄罗斯、尼泊尔、日本、印度
濒危等级：LC
CITES 附录：Ⅱ

高山对叶兰
Neottia bambusetorum（Hand.-Mazz.）Szlach.
习　　性：地生草本
海　　拔：3200~3400 m

分　　布：西藏、云南
濒危等级：EN A2c
CITES 附录：Ⅱ

二花对叶兰
Neottia biflora（Schltr.）Szlach.
习　　性：地生草本
海　　拔：3000~3900 m
分　　布：四川
濒危等级：NT B1ab（iii，v）
CITES 附录：Ⅱ

短茎对叶兰
Neottia brevicaulis（King et Pantl.）Szlach.
习　　性：地生草本
海　　拔：约3300 m
国内分布：云南
国外分布：印度
濒危等级：NT A2ac
CITES 附录：Ⅱ

短唇鸟巢兰
Neottia brevilabris Tang et F. T. Wang
习　　性：地生草本
海　　拔：1800 m
分　　布：重庆
濒危等级：EN D
CITES 附录：Ⅱ

北方鸟巢兰
Neottia camtschatea（L.）Rchb. f.
习　　性：地生草本
海　　拔：2000~2400 m
国内分布：甘肃、河北、内蒙古、青海、陕西、新疆
国外分布：俄罗斯、哈萨克斯坦
濒危等级：LC
CITES 附录：Ⅱ

巨唇对叶兰
Neottia chenii S. W. Gale et P. J. Cribb
习　　性：地生草本
海　　拔：2200~2800 m
分　　布：甘肃、四川
濒危等级：NT A2ac
CITES 附录：Ⅱ

叉唇对叶兰
Neottia divaricata（Panigrahi et P. Taylor）Szlach.
习　　性：地生草本
海　　拔：3000~3500 m
国内分布：西藏
国外分布：印度
濒危等级：LC
CITES 附录：Ⅱ

扇唇对叶兰
Neottia fangii（Tang et F. T. Wang ex S. C. Chen et G. H. Zhu）S. C. Che
习　　性：地生草本
海　　拔：800~1000 m

分　　布：四川
濒危等级：NT B1ab（iii，v）
CITES 附录：Ⅱ

长唇对叶兰
Neottia formosana S. C. Chen, S. W. Gale et P. J. Cribb
习　　性：地生草本
海　　拔：2200~3300 m
分　　布：台湾
濒危等级：LC
CITES 附录：Ⅱ

福贡对叶兰
Neottia fugongensis（X. H. Jin）T. C. Hsu et S. W. Chung
习　　性：地生草本
分　　布：云南
濒危等级：CR B1ab（i，iii，v）
CITES 附录：Ⅱ

无喙兰
Neottia gaudissartii Hand.-Mazz.
习　　性：草本
海　　拔：1300~1900 m
分　　布：河南、辽宁、山西
濒危等级：EN A2c
CITES 附录：Ⅱ

合方山对叶兰
Neottia hohuanshanensis T. P. Lin et S. H. Wu
习　　性：草本
分　　布：台湾
濒危等级：LC
CITES 附录：Ⅱ

日本对叶兰
Neottia japonica（Blume）Szlach.
习　　性：地生草本
海　　拔：1400~3000 m
国内分布：台湾
国外分布：日本南部
濒危等级：LC
CITES 附录：Ⅱ

卡氏对叶兰
Neottia karoana Szlach.
习　　性：地生草本
海　　拔：2800~3100 m
国内分布：云南
国外分布：印度
濒危等级：NT B1ab（iii，v）
CITES 附录：Ⅱ

关山对叶兰
Neottia kuanshanensis（H. J. Su）T. C. Hsu et S. W. Chung
习　　性：地生草本
海　　拔：2600~2700 m
分　　布：台湾
濒危等级：DD
CITES 附录：Ⅱ

高山鸟巢兰
Neottia listeroides Lindl.
习　　性：地生草本
海　　拔：1500~3900 m
国内分布：甘肃、山西、四川、西藏、云南
国外分布：巴基斯坦、不丹、克什米尔地区、尼泊尔、印度
濒危等级：LC
CITES 附录：Ⅱ

毛脉对叶兰
Neottia longicaulis（King et Pantl.）Szlach.
习　　性：地生草本
海　　拔：约2800 m
国内分布：西藏
国外分布：不丹、印度
濒危等级：VU A2c；B1ab（iii，v）
CITES 附录：Ⅱ

大花鸟巢兰
Neottia megalochila S. C. Chen
习　　性：地生草本
海　　拔：3000~3800 m
分　　布：四川、云南
濒危等级：VU A2c；B1ab（iii，v）
CITES 附录：Ⅱ

梅峰对叶兰
Neottia meifongensis（H. J. Su et C. Y. Hu）T. C. Hsu et S. W. Chung
习　　性：地生草本
海　　拔：2200~3300 m
分　　布：台湾
濒危等级：EN D
CITES 附录：Ⅱ

小叶对叶兰
Neottia microphylla（S. C. Chen et Y. B. Luo）S. C. Chen, S. W. Gale et P. J. Cribb
习　　性：地生草本
海　　拔：约2500 m
分　　布：云南
濒危等级：NT B1ab（i，iii）
CITES 附录：Ⅱ

浅裂对叶兰
Neottia morrisonicola（Hayata）Szlach.
习　　性：地生草本
海　　拔：2500~3800 m
分　　布：台湾
濒危等级：LC
CITES 附录：Ⅱ

短柱对叶兰
Neottia mucronata（Panigrahi et J. J. Wood）Szlach.
习　　性：地生草本
海　　拔：约2400 m
国内分布：四川、云南
国外分布：不丹、尼泊尔、日本、印度
濒危等级：NT A2ac

CITES 附录：II

南川对叶兰
Neottia nanchuanica(S. C. Chen)Szlach.
习　　性：地生草本
海　　拔：2000~2100 m
分　　布：重庆
濒危等级：EN B1ab（i，iii，v）
CITES 附录：II

台湾对叶兰
Neottia nankomontana(Fukuy.)Szlach.
习　　性：地生草本
海　　拔：2600~3200 m
分　　布：台湾
濒危等级：VU D1+2
CITES 附录：II

圆唇对叶兰
Neottia oblata(S. C. Chen)Szlach.
习　　性：地生草本
分　　布：重庆
濒危等级：EN B1ab（i，iii，v）
CITES 附录：II

凹唇鸟巢兰
Neottia papilligera Schltr.
习　　性：地生草本
海　　拔：500~1000 m
国内分布：黑龙江、吉林
国外分布：朝鲜、俄罗斯、日本
濒危等级：EN A2c
CITES 附录：II

西藏对叶兰
Neottia pinetorum(Lindl.)Szlach.
习　　性：地生草本
海　　拔：2200~3600 m
国内分布：福建、西藏、云南
国外分布：不丹、尼泊尔、印度
濒危等级：LC
CITES 附录：II

耳唇对叶兰
Neottia pseudonipponica(Fukuy.)Szlach.
习　　性：地生草本
分　　布：台湾
濒危等级：CR D
CITES 附录：II

对叶兰
Neottia puberula(Maxim.)Szlach.

对叶兰（原变种）
Neottia puberula var. **puberula**
习　　性：地生草本
海　　拔：1400~2600 m
国内分布：甘肃、贵州、河北、黑龙江、吉林、辽宁、内蒙古、青海、山西、四川
国外分布：朝鲜、俄罗斯、日本
濒危等级：LC
CITES 附录：II

花叶对叶兰
Neottia puberula var. **maculata**(Tang et F. T. Wang)S. C. Chen, S. W. Gale et P. J. Crib
习　　性：地生草本
海　　拔：2000~2200 m
分　　布：重庆、甘肃、四川
濒危等级：VU A2c；B1ab（iii，v）
CITES 附录：II

叉唇无喙兰
Neottia smithiana Schltr.
习　　性：草本
海　　拔：1500~3300 m
分　　布：陕西、四川
濒危等级：EN A2c；B1ab（iii，v）
CITES 附录：II

川西对叶兰
Neottia smithii(Schltr.)Szlach.
习　　性：地生草本
海　　拔：约3900 m
分　　布：四川
濒危等级：EN B1ab（iii，v）
CITES 附录：II

无毛对叶兰
Neottia suzukii(Masamune)Szlach.
习　　性：地生草本
海　　拔：800~2200 m
分　　布：台湾
濒危等级：LC
CITES 附录：II

太白山鸟巢兰
Neottia taibaishanensis P. H. Yang et K. Y. Lang
习　　性：地生草本
海　　拔：约2900 m
分　　布：陕西
濒危等级：LC
CITES 附录：II

小花对叶兰
Neottia taizanensis(Fukuy.)Szlach.
习　　性：地生草本
海　　拔：约1800 m
分　　布：台湾
濒危等级：VU D1
CITES 附录：II

耳唇鸟巢兰
Neottia tenii Schltr.
习　　性：地生草本
分　　布：云南
濒危等级：DD
CITES 附录：II

天山对叶兰
Neottia tianschanica(Grubov)Szlach.
- 习　　性：地生草本
- 海　　拔：2100 ~ 2200 m
- 分　　布：新疆
- 濒危等级：NT B1ab（iii）
- **CITES 附录**：II

大花对叶兰
Neottia wardii(Rolfe)Szlach.
- 习　　性：地生草本
- 海　　拔：2300 ~ 3500 m
- 分　　布：湖北、四川、西藏、云南
- 濒危等级：NT A2ac
- **CITES 附录**：II

云南对叶兰
Neottia yunnanensis(S. C. Chen)Szlach.
- 习　　性：地生草本
- 海　　拔：约 2300 m
- 分　　布：云南
- 濒危等级：CR B1ab（iii，v）
- **CITES 附录**：II

芋兰属 Nervilia Comm. ex Gaudich.

广布芋兰
Nervilia aragoana Gaudich.
- 习　　性：地生草本
- 海　　拔：400 ~ 2300 m
- 国内分布：湖北、四川、台湾、西藏、云南
- 国外分布：澳大利亚、巴布亚新几内亚、不丹、菲律宾、老挝、马来西亚、孟加拉国、缅甸、尼泊尔、日本、泰国、印度、印度尼西亚、越南
- 濒危等级：VU B2ab（ii，iii，v）
- **CITES 附录**：II
- 资源利用：药用（中草药）

白脉芋兰
Nervilia crociformis(Zoll. et Moritzi)Seidenf.
- 习　　性：地生草本
- 海　　拔：200 ~ 300 m
- 国内分布：台湾
- 国外分布：澳大利亚、巴布亚新几内亚、菲律宾、马来西亚、尼泊尔、泰国、印度、印度尼西亚、越南
- 濒危等级：NT
- **CITES 附录**：II

流苏芋兰
Nervilia cumberlegii Seidenf. et Smitin.
- 习　　性：多年生草本
- 海　　拔：约 800 m
- 国内分布：台湾
- 国外分布：泰国
- 濒危等级：CR D2
- **CITES 附录**：II

毛唇芋兰
Nervilia fordii(Hance)Schltr.
- 习　　性：地生草本
- 海　　拔：200 ~ 1000 m
- 国内分布：广东、广西、四川、云南
- 国外分布：泰国、越南
- 濒危等级：VU A2c；B1ab（iii，v）
- **CITES 附录**：II
- 资源利用：药用（中草药）

七角叶芋兰
Nervilia mackinnonii(Duthie)Schltr.
- 习　　性：地生草本
- 海　　拔：900 ~ 1400 m
- 国内分布：贵州、台湾、云南
- 国外分布：缅甸、印度
- 濒危等级：EN B2ab（ii，iii，v）
- **CITES 附录**：II

滇南芋兰
Nervilia muratana S. W. Gale et S. K. Wu
- 习　　性：地生草本
- 海　　拔：200 ~ 500 m
- 分　　布：台湾、云南
- 濒危等级：EN B2ab（ii，iii，v）
- **CITES 附录**：II

毛叶芋兰
Nervilia plicata(Andr.)Schltr.
- 习　　性：地生草本
- 海　　拔：200 ~ 1000 m
- 分　　布：福建、广东、广西、江西、台湾
- 濒危等级：VU A2c
- **CITES 附录**：II
- 资源利用：药用（中草药）

台东芋兰
Nervilia taitoensis(Hayata)Schltr.
- 习　　性：地生草本
- 分　　布：台湾
- **CITES 附录**：II

台湾芋兰
Nervilia taiwaniana S. S. Ying
- 习　　性：地生草本
- 海　　拔：500 ~ 2000 m
- 分　　布：台湾
- 濒危等级：LC
- **CITES 附录**：II

三蕊兰属 Neuwiedia Blume

麻栗坡三蕊兰
Neuwiedia malipoensis Z. J. Liu, L. J. Chen et K. Wei Liu
- 习　　性：草本
- 海　　拔：约 1100 m
- 分　　布：云南
- 濒危等级：LC
- **CITES 附录**：II

三蕊兰
Neuwiedia singapureana(Baker)Rolfe
- 习　　性：多年生草本

海　　拔：约 500 m
国内分布：海南、香港、云南
国外分布：马来西亚、泰国、新加坡、印度尼西亚、越南
濒危等级：EN A2ac
CITES 附录：Ⅱ

象鼻兰属 Nothodoritis Z. H. Tsi

象鼻兰
Nothodoritis zhejiangensis Z. H. Tsi
习　　性：多年生草本、附生
海　　拔：350~900 m
分　　布：安徽、浙江
濒危等级：NT
国家保护：Ⅰ级
CITES 附录：Ⅱ

鸢尾兰属 Oberonia Lindl.

显脉鸢尾兰
Oberonia acaulis Griff.

显脉鸢尾兰（原变种）
Oberonia acaulis var. acaulis
习　　性：附生草本
海　　拔：1000~1600 m
国内分布：西藏、云南
国外分布：不丹、缅甸、泰国、印度、越南
濒危等级：LC
CITES 附录：Ⅱ

绿春鸢尾兰
Oberonia acaulis var. luchunensis S. C. Chen
习　　性：附生草本
海　　拔：约 2400 m
分　　布：云南
濒危等级：DD
CITES 附录：Ⅱ

长裂鸢尾兰
Oberonia anthropophora Lindl.
习　　性：附生草本
海　　拔：约 400 m
国内分布：海南
国外分布：马来西亚、缅甸、泰国、越南
濒危等级：LC
CITES 附录：Ⅱ

阿里山鸢尾兰
Oberonia arisanensis Hayata
习　　性：附生草本
海　　拔：400~2000 m
国内分布：台湾
国外分布：日本
濒危等级：LC
CITES 附录：Ⅱ

滇南鸢尾兰
Oberonia austroyunnanensis S. C. Chen et Z. H. Tsi
习　　性：附生草本
海　　拔：800~900 m
分　　布：云南
濒危等级：VU A2c；B1ab（i, iii, v）
CITES 附录：Ⅱ

中华鸢尾兰
Oberonia cathayana Chun et Tang ex S. C. Chen
习　　性：附生草本
分　　布：广西
濒危等级：DD
CITES 附录：Ⅱ

狭叶鸢尾兰
Oberonia caulescens Lindl.
习　　性：附生草本
海　　拔：700~3700 m
国内分布：广东、湖北、湖南、四川、台湾、西藏、云南
国外分布：不丹、尼泊尔、印度、越南
濒危等级：LC
CITES 附录：Ⅱ

棒叶鸢尾兰
Oberonia cavaleriei Finet
习　　性：附生草本
海　　拔：1200~1500 m
分　　布：广西、贵州
濒危等级：LC
CITES 附录：Ⅱ

无齿鸢尾兰
Oberonia delicata Z. H. Tsi et S. C. Chen
习　　性：附生草本
海　　拔：约 1700 m
分　　布：福建、云南
濒危等级：NT D2
CITES 附录：Ⅱ

剑叶鸢尾兰
Oberonia ensiformis（J. E. Sm.）Lindl.
习　　性：附生草本
海　　拔：700~1600 m
国内分布：广西、云南
国外分布：老挝、缅甸、尼泊尔、泰国、印度、越南
濒危等级：LC
CITES 附录：Ⅱ

镰叶鸢尾兰
Oberonia falcata King et Pantl.
习　　性：附生草本
国内分布：云南
国外分布：缅甸、印度
濒危等级：NT
CITES 附录：Ⅱ

短耳鸢尾兰
Oberonia falconeri Hook. f.
习　　性：附生草本
海　　拔：700~2500 m
国内分布：云南
国外分布：老挝、马来西亚、尼泊尔、泰国、印度、越南
濒危等级：LC

CITES 附录：Ⅱ

齿瓣鸢尾兰
Oberonia gammiei King et Prantl
习　　性：附生草本
海　　拔：500~900 m
国内分布：海南、云南
国外分布：老挝、孟加拉国、缅甸、泰国、越南
濒危等级：NT A2c
CITES 附录：Ⅱ

橙黄鸢尾兰
Oberonia gigantea Fukuy.
习　　性：附生草本
海　　拔：约 800 m
分　　布：台湾
濒危等级：EN C2a（i）
CITES 附录：Ⅱ

小骑士兰
Oberonia insularis Hayata
习　　性：附生草本
分　　布：台湾
濒危等级：VU D1
CITES 附录：Ⅱ

全唇鸢尾兰
Oberonia integerrima Guillaumin
习　　性：附生草本
海　　拔：1000~1600 m
国内分布：云南
国外分布：老挝、马来西亚、越南
濒危等级：NT A2c
CITES 附录：Ⅱ

小叶鸢尾兰
Oberonia japonica(Maxim.)Makino
习　　性：附生草本
海　　拔：600~1000 m
国内分布：福建、台湾
国外分布：朝鲜、日本
濒危等级：LC
CITES 附录：Ⅱ

条裂鸢尾兰
Oberonia jenkinsiana Griff. ex Lindl.
习　　性：附生草本
海　　拔：1100~2700 m
国内分布：云南
国外分布：缅甸、泰国、印度、越南
濒危等级：LC
CITES 附录：Ⅱ

苏瓣鸢尾兰
Oberonia kanburiensis Seidenf.
习　　性：附生草本
国内分布：云南
国外分布：缅甸、尼泊尔、泰国、印度
濒危等级：NT
CITES 附录：Ⅱ

广西鸢尾兰
Oberonia kwangsiensis Seidenf.
习　　性：附生草本
海　　拔：600~1200 m
国内分布：广西、西藏、云南
国外分布：泰国、越南
濒危等级：VU D2
CITES 附录：Ⅱ

阔瓣鸢尾兰
Oberonia latipetala L. O. Williams
习　　性：附生草本
海　　拔：1500~2400 m
分　　布：云南
濒危等级：VU B2ab（ii，iii，v）
CITES 附录：Ⅱ

圆唇鸢尾兰
Oberonia linguae T. P. Lin et Y. N. Chang
习　　性：附生草本
分　　布：台湾
濒危等级：LC
CITES 附录：Ⅱ

长苞鸢尾兰
Oberonia longibracteata Lindl.
习　　性：附生草本
海　　拔：600~1600 m
国内分布：海南
国外分布：斯里兰卡、泰国、越南
濒危等级：NT D2
CITES 附录：Ⅱ

小花鸢尾兰
Oberonia mannii Hook. f.
习　　性：附生草本
海　　拔：1500~2700 m
国内分布：福建、西藏、云南
国外分布：印度
濒危等级：LC
CITES 附录：Ⅱ

勐海鸢尾兰
Oberonia menghaiensis S. C. Chen
习　　性：附生草本
海　　拔：约 1800 m
分　　布：云南
濒危等级：LC
CITES 附录：Ⅱ

勐腊鸢尾兰
Oberonia menglaensis S. C. Chen et Z. H. Tsi
习　　性：附生草本
海　　拔：700~800 m
分　　布：云南
濒危等级：LC
CITES 附录：Ⅱ

鸢尾兰
Oberonia mucronata(D. Don)Ormer. et Seidenf.

习　　性：附生草本
海　　拔：1300~1400 m
国内分布：云南
国外分布：不丹、菲律宾、老挝、马来西亚、孟加拉国、缅甸、尼泊尔、印度、印度尼西亚
濒危等级：LC
CITES 附录：Ⅱ

橘红鸢尾兰
Oberonia obcordata Lindl.
习　　性：附生草本
海　　拔：约 1800 m
国内分布：西藏
国外分布：尼泊尔、泰国、印度
濒危等级：LC
CITES 附录：Ⅱ

扁葶鸢尾兰
Oberonia pachyrachis Rchb. f. ex Hook. f.
习　　性：附生草本
海　　拔：约 2100 m
国内分布：西藏、云南
国外分布：不丹、缅甸、尼泊尔、泰国、印度、越南
濒危等级：NT D2
CITES 附录：Ⅱ

裂唇鸢尾兰
Oberonia pyrulifera Lindl
习　　性：附生草本
海　　拔：1700~2800 m
国内分布：云南
国外分布：不丹、泰国、印度
濒危等级：LC
CITES 附录：Ⅱ

华南鸢尾兰
Oberonia recurva Lindl.
习　　性：附生草本
国内分布：广西
国外分布：印度
濒危等级：LC
CITES 附录：Ⅱ

玫瑰鸢尾兰
Oberonia rosea Hook. f.
习　　性：附生草本
国内分布：台湾
国外分布：马来西亚、越南
濒危等级：EN C2a（i）
CITES 附录：Ⅱ

红唇鸢尾兰
Oberonia rufilabris Lindl.
习　　性：附生草本
海　　拔：800~1000 m
国内分布：海南、云南
国外分布：柬埔寨、马来西亚、孟加拉国、缅甸、尼泊尔、泰国、印度、越南
濒危等级：EN B1ab（i, iii, v）
CITES 附录：Ⅱ

齿唇莪白兰
Oberonia segawae T. C. Hsu et S. W. Chung
习　　性：附生草本
海　　拔：1000~2000 m
分　　布：台湾
濒危等级：LC
CITES 附录：Ⅱ

密花鸢尾兰
Oberonia seidenfadenii(H. J. Su)Ormer.
习　　性：附生草本
海　　拔：600~1500 m
分　　布：台湾
濒危等级：EN B2ab（iii）
CITES 附录：Ⅱ

套叶鸢尾兰
Oberonia sinica(S. C. Chen et K. Y. Lang)Ormer.
习　　性：附生草本
海　　拔：约 1600 m
分　　布：甘肃
濒危等级：EN B1ab（i, iii, v）
CITES 附录：Ⅱ

圆柱叶鸢尾兰
Oberonia teres Kerr
习　　性：附生草本
国内分布：云南
国外分布：越南
濒危等级：NT B1ab（iii）
CITES 附录：Ⅱ

密苞鸢尾兰
Oberonia variabilis Kerr
习　　性：附生草本
国内分布：海南
国外分布：泰国、越南
濒危等级：LC
CITES 附录：Ⅱ

小沼兰属 Oberonioides Szlach.

小沼兰
Oberonioides microtatantha(Schltr.)Szlach.
习　　性：地生草本
海　　拔：200~1800 m
分　　布：安徽、福建、江西、台湾
濒危等级：NT A2c
CITES 附录：Ⅱ

齿唇兰属 Odontochilus Blume

短柱齿唇兰
Odontochilus brevistylis Hook. f.
习　　性：地生草本
海　　拔：1700~1900 m
国内分布：西藏、云南
国外分布：马来西亚、泰国、越南
濒危等级：VU A2c；B1ab（iii, v）
CITES 附录：Ⅱ

峨眉齿唇兰
Odontochilus clarkei Hook. f.
    习　　性：地生草本
    海　　拔：约1100 m
    分　　布：四川
    濒危等级：EN A2c + 3c；B1ab（iii，v）
    CITES 附录：Ⅱ

小齿唇兰
Odontochilus crispus（Lindl.）Hook. f.
    习　　性：地生草本
    海　　拔：1600 ~ 1800 m
    国内分布：西藏、云南
    国外分布：不丹、尼泊尔、印度
    濒危等级：LC
    CITES 附录：Ⅱ

西南齿唇兰
Odontochilus elwesii C. B. Clarke ex Hook. f.
    习　　性：地生草本
    海　　拔：300 ~ 1500 m
    国内分布：广西、贵州、四川、台湾、云南
    国外分布：不丹、缅甸、泰国、印度、越南
    濒危等级：LC
    CITES 附录：Ⅱ

广东齿唇兰
Odontochilus guangdongensis S. C. Chen, S. W. Gale et P. J. Cribb
    习　　性：附生草本
    海　　拔：1300 ~ 1600 m
    分　　布：广东、湖南
    濒危等级：LC
    CITES 附录：Ⅱ

台湾齿唇兰
Odontochilus inabae Hayata ex T. P. Lin
    习　　性：草本
    海　　拔：500 ~ 1700 m
    国内分布：台湾
    国外分布：日本、越南
    濒危等级：LC
    CITES 附录：Ⅱ

齿唇兰
Odontochilus lanceolatus（Lindl.）Blume
    习　　性：地生草本
    海　　拔：800 ~ 2200 m
    国内分布：广东、广西、台湾、云南
    国外分布：不丹、缅甸、尼泊尔、泰国、印度、越南
    濒危等级：NT A2ac
    CITES 附录：Ⅱ

南岭齿唇兰
Odontochilus nanlingensis（L. P. Siu et K. Y. Lang）Ormer.
    习　　性：草本
    海　　拔：600 ~ 1600 m
    分　　布：广东、台湾
    濒危等级：EN B1ab（iii）
    CITES 附录：Ⅱ

齿爪齿唇兰
Odontochilus poilanei（Gagnep.）Ormer.
    习　　性：地生草本
    海　　拔：1000 ~ 1800 m
    国内分布：西藏、云南
    国外分布：缅甸、日本、泰国、越南
    濒危等级：LC
    CITES 附录：Ⅱ

腐生齿唇兰
Odontochilus saprophyticus（Aver.）Ormer.
    习　　性：地生草本
    海　　拔：900 ~ 1100 m
    国内分布：海南
    国外分布：越南
    濒危等级：DD
    CITES 附录：Ⅱ

一柱齿唇兰
Odontochilus tortus King et Pantl.
    习　　性：地生草本
    海　　拔：400 ~ 1300 m
    国内分布：广西、海南、西藏、云南
    国外分布：不丹、缅甸、泰国、越南
    濒危等级：LC
    CITES 附录：Ⅱ

红门兰属 Orchis L.

四裂红门兰
Orchis militaris L.
    习　　性：多年生草本
    海　　拔：约600 m
    国内分布：新疆
    国外分布：阿富汗、俄罗斯、蒙古
    濒危等级：EN D
    CITES 附录：Ⅱ

山兰属 Oreorchis Lindl.

西南山兰
Oreorchis angustata L. O. Williams ex N. Pearce et Cribb
    习　　性：地生草本
    海　　拔：约3000 m
    分　　布：四川、云南
    濒危等级：NT B2ac（ii，iii）
    CITES 附录：Ⅱ

大霸山兰
Oreorchis bilamellata Fukuy.
    习　　性：地生草本
    海　　拔：2000 ~ 3000 m
    分　　布：台湾
    濒危等级：VU D1
    CITES 附录：Ⅱ

短梗山兰
Oreorchis erythrochrysea Hand.-Mazz.
    习　　性：地生草本
    海　　拔：2200 ~ 3700 m

分　　布：四川、西藏、云南
濒危等级：NT A2c
CITES 附录：Ⅱ

长叶山兰
Oreorchis fargesii Finet
习　　性：地生草本
海　　拔：700～2600 m
分　　布：福建、甘肃、湖北、湖南、陕西、四川、台湾、云南、浙江
濒危等级：NT A2c
CITES 附录：Ⅱ

囊唇山兰
Oreorchis foliosa var. **indica**（Lindl.）N. Pearce et Cribb
习　　性：地生草本
海　　拔：2500～3400 m
国内分布：四川、台湾、西藏、云南
国外分布：不丹、尼泊尔、日本、印度
濒危等级：NT A2c
CITES 附录：Ⅱ

狭叶山兰
Oreorchis micrantha Lindl.
习　　性：地生草本
海　　拔：1500～3000 m
国内分布：台湾、西藏
国外分布：不丹、缅甸、尼泊尔、印度
濒危等级：LC
CITES 附录：Ⅱ

硬叶山兰
Oreorchis nana Schltr.
习　　性：地生草本
海　　拔：2500～4000 m
分　　布：湖北、四川、云南
濒危等级：NT A2ac
CITES 附录：Ⅱ

大花山兰
Oreorchis nepalensis N. Pearce et Cribb
习　　性：多年生草本
国内分布：西藏
国外分布：尼泊尔
濒危等级：VU A2ac；B1ab (i, iii, v)
CITES 附录：Ⅱ

少花山兰
Oreorchis oligantha Schltr.
习　　性：地生草本
海　　拔：3000～4000 m
分　　布：甘肃、四川、西藏、云南
濒危等级：NT A2c
CITES 附录：Ⅱ

矮山兰
Oreorchis parvula Schltr.
习　　性：地生草本
海　　拔：3000～3800 m
分　　布：四川、云南

濒危等级：LC
CITES 附录：Ⅱ

山兰
Oreorchis patens（Lindl.）Lindl.
习　　性：地生草本
海　　拔：1000～3000 m
国内分布：甘肃、贵州、河南、黑龙江、湖南、吉林、江西、辽宁、四川、台湾、云南
国外分布：朝鲜、俄罗斯、日本
濒危等级：NT B1ab (i, iii, v)
CITES 附录：Ⅱ

羽唇兰属 Ornithochilus（Wall. ex Lindl.）Benth. et Hook. f.

羽唇兰
Ornithochilus difformis（Wall. ex Lindl.）Schltr.
习　　性：附生草本
海　　拔：500～2100 m
国内分布：广东、广西、四川、云南
国外分布：不丹、老挝、马来西亚、缅甸、尼泊尔、泰国、印度、印度尼西亚、越南
濒危等级：LC
CITES 附录：Ⅱ

盈江羽唇兰
Ornithochilus yingjiangensis Z. H. Tsi
习　　性：多年生草本
海　　拔：1300～1400 m
分　　布：云南
濒危等级：CR B1ab (i, iii, v)
CITES 附录：Ⅱ

耳唇兰属 Otochilus Lindl.

白花耳唇兰
Otochilus albus Lindl.
习　　性：附生草本
海　　拔：1300～1500 m
国内分布：西藏
国外分布：缅甸、尼泊尔、泰国、印度、越南
濒危等级：NT A2ac
CITES 附录：Ⅱ

狭叶耳唇兰
Otochilus fuscus Lindl.
习　　性：附生草本
海　　拔：1200～2100 m
国内分布：云南
国外分布：不丹、柬埔寨、缅甸、尼泊尔、泰国、印度、越南
濒危等级：LC
CITES 附录：Ⅱ

宽叶耳唇兰
Otochilus lancilabius Seidenf.
习　　性：附生草本
海　　拔：1500～2800 m
国内分布：西藏、云南

国外分布：不丹、老挝、尼泊尔、印度、越南
濒危等级：LC
CITES 附录：Ⅱ

耳唇兰
Otochilus porrectus Lindl.
- 习　　性：附生草本
- 海　　拔：1000~2100 m
- 国内分布：云南
- 国外分布：缅甸、尼泊尔、泰国、印度、越南
- 濒危等级：LC
- CITES 附录：Ⅱ

拟石斛属 Oxystophyllum Bl.

拟石斛
Oxystophyllum changjiangense (S. J. Cheng et C. Z. Tang) M. A. Clements
- 习　　性：多年生草本
- 海　　拔：约 1000 m
- 分　　布：海南
- 濒危等级：EN A2c
- CITES 附录：Ⅱ

粉口兰属 Pachystoma Blume

绿岛粉口兰
Pachystoma ludaoense S. C. Chen et Y. B. Luo
- 习　　性：地生草本
- 海　　拔：约 200 m
- 分　　布：台湾
- 濒危等级：LC
- CITES 附录：Ⅱ

粉口兰
Pachystoma pubescens Blume
- 习　　性：地生草本
- 海　　拔：800~1900 m
- 国内分布：广东、广西、贵州、海南、台湾、云南
- 国外分布：澳大利亚、巴布亚新几内亚、不丹、菲律宾、柬埔寨、老挝、马来西亚、孟加拉国、缅甸、尼泊尔、印度、印度尼西亚、越南
- 濒危等级：LC
- CITES 附录：Ⅱ

曲唇兰属 Panisea (Lindl.) Lindl.

平卧曲唇兰
Panisea cavaleriei Schltr.
- 习　　性：附生或岩生草本
- 海　　拔：1700~2100 m
- 分　　布：广西、贵州、云南
- 濒危等级：LC
- CITES 附录：Ⅱ

矮曲唇兰
Panisea demissa (D. Don) Pfitzer
- 习　　性：多年生草本
- 国内分布：中国中部和南部
- 国外分布：老挝、缅甸、尼泊尔、泰国、印度、越南
- 濒危等级：VU B2ab (ii, iii, v)
- CITES 附录：Ⅱ

海南曲唇兰
Panisea moi M. Z. Huang, J. M. Yin et G. S. Yang
- 习　　性：附生或岩生草本
- 海　　拔：约 1600 m
- 分　　布：海南
- 濒危等级：DD
- CITES 附录：Ⅱ

曲唇兰
Panisea tricallosa Rolfe
- 习　　性：附生或岩生草本
- 海　　拔：2100 m 以下
- 国内分布：海南、云南
- 国外分布：不丹、老挝、尼泊尔、泰国、印度、越南
- 濒危等级：LC
- CITES 附录：Ⅱ

单花曲唇兰
Panisea uniflora (Lindl.) Lindl.
- 习　　性：附生或岩生草本
- 海　　拔：800~2400 m
- 国内分布：云南
- 国外分布：不丹、柬埔寨、老挝、缅甸、尼泊尔、泰国、印度、越南
- 濒危等级：NT A2ac
- CITES 附录：Ⅱ

云南曲唇兰
Panisea yunnanensis S. C. Chen et Z. H. Tsi
- 习　　性：多年生草本
- 海　　拔：1200~1800 m
- 国内分布：云南
- 国外分布：越南
- 濒危等级：EN A2ac
- CITES 附录：Ⅱ

兜兰属 Paphiopedilum Pfitzer

卷萼兜兰
Paphiopedilum appletonianum (Gower) Rolfe
- 习　　性：地生或岩生草本
- 海　　拔：300~1200 m
- 国内分布：广西、海南
- 国外分布：柬埔寨、老挝、泰国、越南
- 濒危等级：EN A2ac
- 国家保护：Ⅰ级
- CITES 附录：Ⅰ

根茎兜兰
Paphiopedilum areeanum O. Gruss
- 习　　性：地生草本
- 国内分布：云南
- 国外分布：缅甸
- 濒危等级：EN D
- 国家保护：Ⅰ级
- CITES 附录：Ⅰ

杏黄兜兰
Paphiopedilum armeniacum S. C. Chen et F. Y. Liu
习　　性：地生或岩生草本
海　　拔：1400～2100 m
分　　布：云南
濒危等级：CR A2ac；B1ab（i，iii，v）
国家保护：Ⅰ级
CITES 附录：Ⅰ
资源利用：环境利用（观赏）

小叶兜兰
Paphiopedilum barbigerum Tang et F. T. Wang
习　　性：岩生或地生草本
海　　拔：800～1500 m
国内分布：广西、贵州、云南
国外分布：越南
濒危等级：EN A2ac；B1ab（i，iii，v）
国家保护：Ⅰ级
CITES 附录：Ⅰ

巨瓣兜兰
Paphiopedilum bellatulum(Rchb. f.)Stein
习　　性：岩生或地生草本
海　　拔：1000～1800 m
国内分布：广西、贵州、云南
国外分布：缅甸、泰国
濒危等级：EN A3c
国家保护：Ⅰ级
CITES 附录：Ⅰ

红旗兜兰
Paphiopedilum charlesworthii(Rolfe)Pfitzer
习　　性：地生草本
海　　拔：1300～1600 m
国内分布：云南
国外分布：缅甸、泰国
濒危等级：EN A2c；D
国家保护：Ⅰ级
CITES 附录：Ⅰ

同色兜兰
Paphiopedilum concolor(Bateman)Pfitzer
习　　性：岩生或地生草本
海　　拔：300～1400 m
国内分布：广西、贵州、云南
国外分布：柬埔寨、老挝、缅甸、泰国、越南
濒危等级：VU D1+2
国家保护：Ⅰ级
CITES 附录：Ⅰ
资源利用：药用（中草药）

德氏兜兰
Paphiopedilum delenatii Guillaumin
习　　性：地生草本
海　　拔：1000～1300 m
国内分布：广西、云南
国外分布：越南
濒危等级：DD
国家保护：Ⅰ级
CITES 附录：Ⅰ

长瓣兜兰
Paphiopedilum dianthum Tang et F. T. Wang
习　　性：岩生草本
海　　拔：1000～2300 m
国内分布：广西、贵州、云南
国外分布：越南
濒危等级：VU A2ac；B1ab（i，iii，v）
国家保护：Ⅰ级
CITES 附录：Ⅰ

白花兜兰
Paphiopedilum emersonii Koop. et Cribb
习　　性：岩生草本
海　　拔：300～800 m
国内分布：广西、贵州
国外分布：越南
濒危等级：CR A2cd
国家保护：Ⅰ级
CITES 附录：Ⅰ

格力兜兰
Paphiopedilum gratrixianum Rolfe
习　　性：地生或岩生草本
海　　拔：1800～1900 m
国内分布：云南
国外分布：老挝、越南
濒危等级：EN A2c；D
国家保护：Ⅰ级
CITES 附录：Ⅰ

广东兜兰
Paphiopedilum guangdongense Z. J. Liu et L. J. Chen
习　　性：地生草本
分　　布：广东
濒危等级：CR B1ab（ii，iii，v）
国家保护：Ⅰ级
CITES 附录：Ⅰ

绿叶兜兰
Paphiopedilum hangianum Perner et O. Gruss
习　　性：岩生草本
海　　拔：600～800 m
国内分布：云南
国外分布：越南
濒危等级：CR B1ab（iii）
国家保护：Ⅰ级
CITES 附录：Ⅰ

海伦兜兰
Paphiopedilum helenae Aver.
习　　性：岩生草本
海　　拔：700～1100 m
国内分布：广西
国外分布：越南
濒危等级：VU D1
国家保护：Ⅰ级

CITES 附录：I

亨利兜兰
Paphiopedilum henryanum Braem
- 国家保护：I 级

亨利兜兰（原变种）
Paphiopedilum henryanum var. **henryanum**
- 习　　性：岩生或地生草本
- 海　　拔：900~1300 m
- 国内分布：广西、云南
- 国外分布：越南
- 濒危等级：VU A2ac；B1ab (i, iii, v)
- CITES 附录：I

无斑兜兰
Paphiopedilum henryanum var. **christae** Braem
- 习　　性：岩生或地生草本
- 国内分布：中越边界
- 国外分布：越南
- 濒危等级：DD
- CITES 附录：I

带叶兜兰
Paphiopedilum hirsutissimum (Lindl. ex Hook. f.) Stein
- 习　　性：岩生或地生草本
- 海　　拔：700~1500 m
- 国内分布：广西、贵州、云南
- 国外分布：老挝、泰国、印度、越南
- 濒危等级：VU A2ac；B1ab (i, iii, v)
- 国家保护：II 级
- CITES 附录：I
- 资源利用：环境利用（观赏）

波瓣兜兰
Paphiopedilum insigne (Wall. ex Lindl.) Pfitzer
- 习　　性：地生草本
- 海　　拔：1200~1600 m
- 国内分布：云南
- 国外分布：印度
- 濒危等级：CR A2c
- 国家保护：II 级
- CITES 附录：I

麻栗坡兜兰
Paphiopedilum malipoense S. C. Chen et Z. H. Tsi
- 国家保护：I 级

麻栗坡兜兰（原变种）
Paphiopedilum malipoense var. **malipoense**
- 习　　性：地生或岩生草本
- 海　　拔：800~1600 m
- 国内分布：广西、贵州、云南
- 国外分布：越南
- 濒危等级：CR A2ac
- CITES 附录：I
- 资源利用：环境利用（观赏）

窄瓣兜兰
Paphiopedilum malipoense var. **angustatum** (Z. J. Liu et S. C. Chen) Z. J. Liu et S. C. Chen
- 习　　性：地生或岩生草本
- 分　　布：云南
- 濒危等级：NT A2cd；B1ab (i, iii)
- CITES 附录：I

钩唇兜兰
Paphiopedilum malipoense var. **hiepii** (Aver.) Cribb
- 习　　性：地生或岩生草本
- 海　　拔：500~1500 m
- 国内分布：云南
- 国外分布：越南
- 濒危等级：NT D2
- CITES 附录：I

浅斑兜兰
Paphiopedilum malipoense var. **jackii** (S. H. Hu) Aver. et al.
- 习　　性：地生或岩生草本
- 海　　拔：600~2000 m
- 国内分布：云南
- 国外分布：越南
- 濒危等级：EN D2
- CITES 附录：I

硬叶兜兰
Paphiopedilum micranthum Tang et F. T. Wang
- 习　　性：地生或岩生草本
- 海　　拔：1000~1700 m
- 国内分布：广西、贵州、云南
- 国外分布：越南
- 濒危等级：VU A4c
- 国家保护：II 级
- CITES 附录：I
- 资源利用：环境利用（观赏）

飘带兜兰
Paphiopedilum parishii (Rchb. f.) Stein
- 习　　性：附生草本
- 海　　拔：1000~1100 m
- 国内分布：云南
- 国外分布：老挝、缅甸、泰国
- 濒危等级：CR B1ab (ii, iii, v) +2ab (ii, iii, v)
- 国家保护：I 级
- CITES 附录：I

紫纹兜兰
Paphiopedilum purpuratum (Lindl.) Stein
- 习　　性：地生草本
- 海　　拔：100~1200 m
- 国内分布：广东、广西、海南、云南
- 国外分布：越南
- 濒危等级：EN A2ac；B1ab (i, iii, v)
- 国家保护：I 级
- CITES 附录：I

白旗兜兰
Paphiopedilum spicerianum (Rehb. f.) Pfitzer
- 习　　性：地生或岩生草本
- 海　　拔：900~1400 m

国内分布：云南
国外分布：缅甸
濒危等级：CR C2a（i）；D
国家保护：Ⅰ级
CITES 附录：Ⅰ

虎斑兜兰
Paphiopedilum tigrinum Koopowitz et Hasegawa
习　　性：地生草本
海　　拔：1400～2200 m
国内分布：云南
国外分布：缅甸
濒危等级：CR A4c
国家保护：Ⅰ级
CITES 附录：Ⅰ

天伦兜兰
Paphiopedilum tranlienianum O. Gruss et Perner
习　　性：地生或岩生草本
海　　拔：约 1000 m
国内分布：云南
国外分布：越南
濒危等级：EN A2c
国家保护：Ⅰ级
CITES 附录：Ⅰ

秀丽兜兰
Paphiopedilum venustum(Wall. ex Sims)Pfitzer
习　　性：地生草本
海　　拔：1100～1600 m
国内分布：西藏
国外分布：不丹、尼泊尔、印度
濒危等级：EN A2c
国家保护：Ⅰ级
CITES 附录：Ⅰ

紫毛兜兰
Paphiopedilum villosum(Lindl.)Stein
国家保护：Ⅰ级

紫毛兜兰（原变种）
Paphiopedilum villosum var. **villosum**
习　　性：地生或附生草本
海　　拔：1200～1800 m
国内分布：云南
国外分布：缅甸、泰国、印度、越南
濒危等级：VU A2ac；B1ab（i, iii, v）
CITES 附录：Ⅰ

白边兜兰
Paphiopedilum villosum var. **annamense** Rolfe
习　　性：地生或附生草本
海　　拔：1200～1500 m
国内分布：云南
国外分布：越南
濒危等级：NT
CITES 附录：Ⅰ

包氏兜兰
Paphiopedilum villosum var. **boxallii**(Rchb. f.)Pfitzer
习　　性：地生或附生草本
海　　拔：1200～2000 m
国内分布：云南
国外分布：缅甸、越南
濒危等级：NT B1ab（ii, iii, v）
CITES 附录：Ⅰ

彩云兜兰
Paphiopedilum wardii Summerh.
习　　性：地生草本
海　　拔：约 2000 m
国内分布：云南
国外分布：缅甸
濒危等级：DD
国家保护：Ⅰ级
CITES 附录：Ⅰ

文山兜兰
Paphiopedilum wenshanense Z. J. Liu et J. Y. Zhang
习　　性：地生草本
分　　布：云南
濒危等级：EN A2ac；B1ab（i, iii, v）
国家保护：Ⅰ级
CITES 附录：Ⅰ

凤蝶兰属 Papilionanthe Schltr.

白花凤蝶兰
Papilionanthe biswasiana(Ghose et Mukerjee)Garay
习　　性：附生草本
海　　拔：1700～1900 m
国内分布：云南
国外分布：缅甸、泰国
濒危等级：EN A2ac；B1ab（i, iii, v）
CITES 附录：Ⅱ

台湾凤蝶兰
Papilionanthe taiwaniana(S. S. Ying)Ormer.
习　　性：附生草本
海　　拔：200～600 m
分　　布：台湾
濒危等级：LC
CITES 附录：Ⅱ

凤蝶兰
Papilionanthe teres(Roxb.)Schltr.
习　　性：附生草本
海　　拔：500～900 m
国内分布：云南
国外分布：不丹、老挝、孟加拉国、缅甸、尼泊尔、泰国、印度、越南
濒危等级：VU B1ab（ii, iii, v）
CITES 附录：Ⅱ

万代凤蝶兰
Papilionanthe vandarum(Rchb. f.)Garay
习　　性：附生草本
国内分布：西藏
国外分布：不丹、缅甸、印度
CITES 附录：Ⅱ

虾尾兰属 Parapteroceras Aver.

虾尾兰
Parapteroceras elobe (Seidenf.) Aver.
习　　性：附生草本
海　　拔：1000~1500 m
国内分布：海南、云南
国外分布：泰国、越南
濒危等级：NT C1
CITES 附录：Ⅱ

白蝶兰属 Pecteilis Raf.

滇南白蝶兰
Pecteilis henryi Schltr.
习　　性：地生草本
海　　拔：1000~1900 m
国内分布：云南
国外分布：柬埔寨、老挝、缅甸、泰国、越南
濒危等级：NT
CITES 附录：Ⅱ

狭叶白蝶兰
Pecteilis radiata (Thunb.) Raf.
习　　性：地生草本
海　　拔：约 1500 m
国内分布：河南
国外分布：日本
濒危等级：CR B1ab (ii)
CITES 附录：Ⅱ

龙头兰
Pecteilis susannae (L.) Raf.
习　　性：地生草本
海　　拔：500~2500 m
国内分布：福建、广东、广西、贵州、海南、江西、四川、云南
国外分布：柬埔寨、老挝、马来西亚、缅甸、尼泊尔、泰国、印度、印度尼西亚、越南
濒危等级：LC
CITES 附录：Ⅱ

钻柱兰属 Pelatantheria Ridl.

尾丝钻柱兰
Pelatantheria bicuspidata (Rolfe et Downie) Tang et F. T. Wang
习　　性：附生或岩生草本
海　　拔：800~1400 m
国内分布：贵州、云南
国外分布：泰国
濒危等级：LC
CITES 附录：Ⅱ

锯尾钻柱兰
Pelatantheria ctenoglossum Ridl.
习　　性：附生或岩生草本
海　　拔：约 700 m
国内分布：云南
国外分布：柬埔寨、老挝、泰国、越南
濒危等级：LC
CITES 附录：Ⅱ

钻柱兰
Pelatantheria rivesii (Guillaumin) Tang et F. T. Wang
习　　性：多年生草本
海　　拔：700~1100 m
国内分布：广西、云南
国外分布：老挝、越南
濒危等级：VU B2ab (ii, iii, v)
CITES 附录：Ⅱ

肥根兰属 Pelexia Poit. ex Lindl.

肥根兰
Pelexia obliqua (J. J. Sm.) Garay
习　　性：地生草本
国内分布：香港栽培
国外分布：原产中美洲；印度尼西亚有引进
CITES 附录：Ⅱ

巾唇兰属 Pennilabium J. J. Sm.

巾唇兰
Pennilabium proboscideum A. S. Rao et Joshp
习　　性：附生草本
海　　拔：约 1300 m
国内分布：云南
国外分布：印度
濒危等级：VU B2ab (ii, iii, v)
CITES 附录：Ⅱ

阔蕊兰属 Peristylus Blume

小花阔蕊兰
Peristylus affinis (D. Don) Seidenf.
习　　性：地生草本
海　　拔：400~3000 m
国内分布：广东、广西、贵州、湖北、湖南、江西、四川、云南
国外分布：老挝、缅甸、尼泊尔、泰国、印度
濒危等级：LC
CITES 附录：Ⅱ

条叶阔蕊兰
Peristylus bulleyi (Rolfe) K. Y. Lang
习　　性：地生草本
海　　拔：2500~3300 m
分　　布：四川、云南
濒危等级：LC
CITES 附录：Ⅱ

长须阔蕊兰
Peristylus calcaratus (Rolfe) S. Y. Hu
习　　性：地生草本
海　　拔：200~1300 m
国内分布：广东、广西、湖南、江苏、江西、台湾、云南、浙江
国外分布：越南
濒危等级：LC

CITES 附录：Ⅱ

凸孔阔蕊兰
Peristylus coeloceras Finet
- 习　　性：地生草本
- 海　　拔：2000~3900 m
- 国内分布：四川、西藏、云南
- 国外分布：缅甸
- 濒危等级：LC
- CITES 附录：Ⅱ

大花阔蕊兰
Peristylus constrictus(Lindl.)Lindl.
- 习　　性：地生草本
- 海　　拔：1500~2800 m
- 国内分布：云南
- 国外分布：不丹、柬埔寨、缅甸、尼泊尔、泰国、印度、越南
- 濒危等级：NT A2ac；B1ab（i，iii，v）
- CITES 附录：Ⅱ

狭穗阔蕊兰
Peristylus densus(Lindl.)Santapau et Kapadia
- 习　　性：地生草本
- 海　　拔：300~2100 m
- 国内分布：福建、广东、广西、贵州、湖南、江西、云南、浙江
- 国外分布：朝鲜、柬埔寨、孟加拉国、缅甸、日本、泰国、印度、越南
- 濒危等级：LC
- CITES 附录：Ⅱ
- 资源利用：药用（中草药）

西藏阔蕊兰
Peristylus elisabethae(Duthie)Gupta
- 习　　性：地生草本
- 海　　拔：3100~4100 m
- 国内分布：西藏
- 国外分布：不丹、尼泊尔、印度
- 濒危等级：DD
- CITES 附录：Ⅱ

盘腺阔蕊兰
Peristylus fallax Lindl.
- 习　　性：地生草本
- 海　　拔：3000~3300 m
- 国内分布：四川、西藏、云南
- 国外分布：不丹、尼泊尔、印度
- 濒危等级：DD
- CITES 附录：Ⅱ

一掌参
Peristylus forceps Finet
- 习　　性：地生草本
- 海　　拔：1200~4000 m
- 分　　布：甘肃、贵州、湖北、四川、西藏、云南
- 濒危等级：LC
- CITES 附录：Ⅱ
- 资源利用：药用（中草药）

台湾阔蕊兰
Peristylus formosanus(Schltr.)T. P. Lin
- 习　　性：地生草本
- 海　　拔：300 m 以下
- 国内分布：台湾
- 国外分布：日本
- 濒危等级：LC
- CITES 附录：Ⅱ

条唇阔蕊兰
Peristylus forrestii(Schltr.)K. Y. Lang
- 习　　性：地生草本
- 海　　拔：1700~3900 m
- 分　　布：四川、云南
- 濒危等级：NT B2ab（ii，iii，v）
- CITES 附录：Ⅱ

阔蕊兰
Peristylus goodyeroides(D. Don)Lindl.
- 习　　性：地生草本
- 海　　拔：500~2300 m
- 国内分布：广东、广西、贵州、湖南、江西、四川、台湾、浙江
- 国外分布：巴布亚新几内亚、不丹、菲律宾、柬埔寨、老挝、马来西亚、缅甸、尼泊尔、泰国、印度、印度尼西亚、越南
- 濒危等级：LC
- CITES 附录：Ⅱ

兰屿阔蕊兰
Peristylus gracilis Blume
- 习　　性：地生草本
- 国内分布：台湾
- 国外分布：印度尼西亚
- 濒危等级：EN D
- CITES 附录：Ⅱ

金川阔蕊兰
Peristylus jinchuanicus K. Y. Lang
- 习　　性：地生草本
- 海　　拔：1700~3900 m
- 分　　布：四川、云南
- 濒危等级：NT B1b（i，ii，iii，v）c（i，ii，iv）
- CITES 附录：Ⅱ

撕唇阔蕊兰
Peristylus lacertifer(Lindl.)J. J. Smith

撕唇阔蕊兰（原变种）
Peristylus lacertifer var. **lacertifer**
- 习　　性：地生草本
- 海　　拔：600~1300 m
- 国内分布：福建、广东、广西、海南、四川、台湾、云南
- 国外分布：东南亚
- 濒危等级：LC
- CITES 附录：Ⅱ

短裂阔蕊兰
Peristylus lacertifer var. **taipoensis**(S. Y. Hu et Bar-retto)S. C. Chen,S. W. Gale et P. J. Cribb

习　　性：地生草本
海　　拔：100～800 m
分　　布：台湾、香港
濒危等级：NT
CITES 附录：Ⅱ

纤茎阔蕊兰
Peristylus mannii(Rchb. f.) Mukerjee
习　　性：地生草本
海　　拔：1700～2900 m
国内分布：四川、云南
国外分布：印度
濒危等级：LC
CITES 附录：Ⅱ

川西阔蕊兰
Peristylus neotineoides(Ames et Schltr.) K. Y. Lang
习　　性：地生草本
海　　拔：3100～4000 m
分　　布：四川
濒危等级：NT B1ab (iii)
CITES 附录：Ⅱ

滇桂阔蕊兰
Peristylus parishii Rchb. f.
习　　性：地生草本
海　　拔：700～1800 m
国内分布：广西、云南
国外分布：缅甸、尼泊尔、泰国、印度、越南
濒危等级：VU B2ab (ii, iii)
CITES 附录：Ⅱ

触须阔蕊兰
Peristylus tentaculatus(Lindl.) J. J. Sm.
习　　性：地生草本
海　　拔：100～300 m
国内分布：福建、广东、广西、海南、云南
国外分布：柬埔寨、泰国、越南
濒危等级：LC
CITES 附录：Ⅱ
资源利用：药用（中草药）

鹤顶兰属 Phaius Lour.

仙笔鹤顶兰
Phaius columnaris C. Z. Tang et S. J. Cheng
习　　性：地生草本
海　　拔：200～1700 m
分　　布：广东、贵州、云南
濒危等级：EN B1ab (iii, v)
CITES 附录：Ⅱ

黄花鹤顶兰
Phaius flavus(Blume) Lindl.
习　　性：地生草本
海　　拔：300～2000 m
国内分布：福建、广东、广西、贵州、海南、湖南、四川、台湾、西藏、云南
国外分布：巴布亚新几内亚、不丹、菲律宾、老挝、马来西亚、尼泊尔、日本、斯里兰卡、泰国、印度、印度尼西亚、越南
濒危等级：LC
CITES 附录：Ⅱ
资源利用：环境利用（观赏）

海南鹤顶兰
Phaius hainanensis C. Z. Tang et S. J. Cheng
习　　性：地生草本
海　　拔：100～200 m
分　　布：海南
濒危等级：CR B1ab (i, iii, v)
国家保护：Ⅱ级
CITES 附录：Ⅱ

河口鹤顶兰
Phaius hekouensis Tsukaya, M. Nakaj. et S. K. Wu
习　　性：地生草本
分　　布：云南
濒危等级：DD
CITES 附录：Ⅱ

紫花鹤顶兰
Phaius mishmensis(Lindl. et Paxton) Rchb. f.
习　　性：地生草本
海　　拔：800～1400 m
国内分布：广东、广西、台湾、西藏、云南
国外分布：不丹、菲律宾、老挝、缅甸、日本、泰国、印度、越南
濒危等级：VU A2ac
CITES 附录：Ⅱ

长颈鹤顶兰
Phaius takeoi(Hayata) H. J. Su
习　　性：地生草本
海　　拔：500～1400 m
国内分布：台湾、云南
国外分布：越南
濒危等级：EN B1ab (ii, v) +2ab (ii, v)
CITES 附录：Ⅱ

鹤顶兰
Phaius tancarvilleae(L'Héritier) Blume
习　　性：地生草本
海　　拔：700～1800 m
分　　布：福建、广东、广西、海南、台湾、西藏、云南
濒危等级：LC
CITES 附录：Ⅱ

中越鹤顶兰
Phaius tonkinensis(Aver.) Aver.
习　　性：地生草本
国内分布：广西
国外分布：越南
濒危等级：LC
CITES 附录：Ⅱ

大花鹤顶兰
Phaius wallichii Lindl.
习　　性：地生草本
海　　拔：700～1000 m

国内分布：西藏、香港、云南
国外分布：不丹、印度、越南
濒危等级：EN A2c
CITES 附录：Ⅱ

文山鹤顶兰
Phaius wenshanensis F. Y. Liu
习　　性：地生草本
海　　拔：约 1300 m
分　　布：云南
濒危等级：CR B1ab (iii, v)
国家保护：Ⅱ级
CITES 附录：Ⅱ

蝴蝶兰属 Phalaenopsis Blume

蝴蝶兰
Phalaenopsis aphrodite Rchb. f.

蝴蝶兰（原亚种）
Phalaenopsis aphrodite subsp. **aphrodite**
习　　性：草本
国内分布：台湾
国外分布：菲律宾
濒危等级：LC
CITES 附录：Ⅱ
资源利用：环境利用（观赏）

台湾蝴蝶兰
Phalaenopsis aphrodite subsp. **formosana** Christenson
习　　性：草本
分　　布：台湾
濒危等级：LC
CITES 附录：Ⅱ

尖囊蝴蝶兰
Phalaenopsis braceana (Hook. f.) Christenson
习　　性：草本
海　　拔：1100~2000 m
国内分布：云南
国外分布：不丹、越南
濒危等级：VU A3c
CITES 附录：Ⅱ

大尖囊蝴蝶兰
Phalaenopsis deliciosa Rchb. f.
习　　性：草本
海　　拔：300~1600 m
国内分布：云南
国外分布：菲律宾、柬埔寨、老挝、马来西亚、缅甸、尼泊尔、斯里兰卡、泰国、印度、印度尼西亚、越南
濒危等级：EN A3c
CITES 附录：Ⅱ

小兰屿蝴蝶兰
Phalaenopsis equestris (Schauer) Rchb. f.
习　　性：草本
国内分布：台湾
国外分布：菲律宾
濒危等级：CR C2a (i, ii); D
CITES 附录：Ⅱ

囊唇蝴蝶兰
Phalaenopsis gibbosa Sweet
习　　性：草本
国内分布：云南
国外分布：越南
濒危等级：EN A2c
CITES 附录：Ⅱ

海南蝴蝶兰
Phalaenopsis hainanensis Tang et F. T. Wang
习　　性：草本
海　　拔：约 1200 m
分　　布：海南、云南
濒危等级：CR B1ab (iii, v)
CITES 附录：Ⅱ

红河蝴蝶兰
Phalaenopsis honghenensis F. Y. Liu
习　　性：草本
海　　拔：2000 m
分　　布：云南
濒危等级：LC
CITES 附录：Ⅱ

萼脊蝴蝶兰
Phalaenopsis japonica (Rchb. f.) Kocyan et Schuit.
习　　性：草本
国内分布：云南、浙江
国外分布：朝鲜、日本
濒危等级：VU A4c
CITES 附录：Ⅱ

罗氏蝴蝶兰
Phalaenopsis lobbii (Rchb. f.) H. R. Sweet
习　　性：草本
海　　拔：600 m 以下
国内分布：云南
国外分布：不丹、缅甸、印度、越南
濒危等级：EN A2c
国家保护：Ⅱ级
CITES 附录：Ⅱ

麻栗坡蝴蝶兰
Phalaenopsis malipoensis Z. J. Liu
习　　性：草本
海　　拔：600~1300 m
分　　布：云南
濒危等级：EN B1ab (i, iii, v)
国家保护：Ⅱ级
CITES 附录：Ⅱ

版纳蝴蝶兰
Phalaenopsis mannii Rchb. f.
习　　性：草本
海　　拔：900~1400 m
国内分布：云南
国外分布：不丹、缅甸、尼泊尔、印度、越南

濒危等级：EN A2ac；B1ab（i，iii，v）
CITES 附录：Ⅱ
资源利用：环境利用（观赏）

湿唇蝴蝶兰
Phalaenopsis marriottiana var. **parishii**(Rchb. f.) Kocyan et Schuit.
习　　性：草本
海　　拔：800~1100 m
国内分布：云南
国外分布：老挝、泰国、越南
濒危等级：LC
CITES 附录：Ⅱ

小花蝴蝶兰
Phalaenopsis mirabilis(Seidenf.) Schuit.
习　　性：草本
国内分布：云南
国外分布：泰国
濒危等级：LC
CITES 附录：Ⅱ

五唇兰
Phalaenopsis pulcherrima(Lindl.) J. J. Sm.
习　　性：草本
海　　拔：约 500 m
国内分布：海南
国外分布：柬埔寨、老挝、马来西亚、缅甸、泰国、印度、印度尼西亚、越南
濒危等级：CR B1ab（iii）
CITES 附录：Ⅱ

滇西蝴蝶兰
Phalaenopsis stobartiana Rchb. f.
习　　性：草本
海　　拔：1300~1400 m
分　　布：云南
濒危等级：CR A2ac；B1ab（i，iii，v）
CITES 附录：Ⅱ

东亚蝴蝶兰
Phalaenopsis subparishii(Z. H. Tsi) Kocyan et Schuit.
习　　性：草本
海　　拔：约 700 m
分　　布：福建、广东、贵州、湖北、湖南、四川、浙江
濒危等级：EN A4c
CITES 附录：Ⅱ

小尖囊蝴蝶兰
Phalaenopsis taenialis(Lindl.) Christenson et Pradhan
习　　性：草本
海　　拔：1100~2200 m
分　　布：西藏、云南
濒危等级：VU A2c；B1ab（iii，v）
CITES 附录：Ⅱ

华西蝴蝶兰
Phalaenopsis wilsonii Rolfe
习　　性：草本
海　　拔：800~2200 m
国内分布：广西、贵州、四川、西藏、云南

国外分布：越南
濒危等级：VU A2ac
国家保护：Ⅱ级
CITES 附录：Ⅱ
资源利用：环境利用（观赏）

象鼻蝴蝶兰
Phalaenopsis zhejiangensis(Z. H. Tsi) Schuit.
习　　性：草本
分　　布：浙江
国家保护：Ⅰ级
CITES 附录：Ⅱ

石仙桃属 Pholidota Lindl. ex Hook.

节茎石仙桃
Pholidota articulata Lindl.
习　　性：附生或岩生草本
海　　拔：800~2500 m
国内分布：贵州、四川、西藏、云南
国外分布：不丹、柬埔寨、老挝、马来西亚、缅甸、尼泊尔、泰国、印度、印度尼西亚、越南
濒危等级：LC
CITES 附录：Ⅱ

细叶石仙桃
Pholidota cantonensis Rolfe
习　　性：附生或岩生草本
海　　拔：200~900 m
分　　布：福建、广东、广西、湖南、江西、台湾、浙江
濒危等级：LC
CITES 附录：Ⅱ
资源利用：环境利用（观赏）

石仙桃
Pholidota chinensis Lindl.
习　　性：附生或岩生草本
海　　拔：900~2100 m
国内分布：福建、广东、广西、贵州、海南、西藏、云南、浙江
国外分布：缅甸、越南
濒危等级：LC
CITES 附录：Ⅱ
资源利用：环境利用（观赏）；药用（中草药）

凹唇石仙桃
Pholidota convallariae(Rchb. f.) Hook. f.
习　　性：附生或岩生草本
海　　拔：约 1500 m
国内分布：云南
国外分布：缅甸、泰国、印度、越南
濒危等级：NT
CITES 附录：Ⅱ

宿苞石仙桃
Pholidota imbricata Hook.
习　　性：附生或岩生草本
海　　拔：800~2700 m
国内分布：四川
国外分布：澳大利亚、巴布亚新几内亚、巴基斯坦、不丹、

柬埔寨、老挝、马来西亚、缅甸、尼泊尔、斯里兰卡、泰国、印度、印度尼西亚、越南
濒危等级：LC
CITES 附录：Ⅱ

单叶石仙桃
Pholidota leveilleana Schltr.
习　　性：附生或岩生草本
海　　拔：500~1600 m
国内分布：广西、贵州、云南
国外分布：越南
濒危等级：VU A2ac；B1ab（i，iii，v）
CITES 附录：Ⅱ

长足石仙桃
Pholidota longipes S. C. Chen et Z. H. Tsi
习　　性：附生或岩生草本
海　　拔：1000~1400 m
分　　布：云南
濒危等级：VU B1ab（iii，v）
CITES 附录：Ⅱ

尖叶石仙桃
Pholidota missionariorum Gagnep.
习　　性：附生或岩生草本
海　　拔：1100~2600 m
分　　布：贵州、云南
濒危等级：NT A2ac；B1ab（i，iii，v）
CITES 附录：Ⅱ

西畴石仙桃
Pholidota niana Y. T. Liu, R. X. Li et C. L. Long
习　　性：附生或岩生草本
海　　拔：约 1350 m
分　　布：云南
濒危等级：DD
CITES 附录：Ⅱ

粗脉石仙桃
Pholidota pallida Lindl.
习　　性：附生或岩生草本
海　　拔：800~2700 m
国内分布：云南
国外分布：不丹、老挝、缅甸、尼泊尔、泰国、印度、越南
濒危等级：NT A2ac
CITES 附录：Ⅱ

尾尖石仙桃
Pholidota protracta Hook. f.
习　　性：附生或岩生草本
海　　拔：1800~2700 m
国内分布：西藏、云南
国外分布：不丹、缅甸、尼泊尔、印度
濒危等级：LC
CITES 附录：Ⅱ

绿春石仙桃
Pholidota recurva Lindl.
习　　性：附生或岩生草本
国内分布：云南

国外分布：缅甸、尼泊尔、泰国、印度、越南
濒危等级：NT A2c
CITES 附录：Ⅱ

贵州石仙桃
Pholidota roseans Schltr.
习　　性：附生或岩生草本
海　　拔：800~1200 m
国内分布：贵州
国外分布：越南
濒危等级：EN B1ab（iii，v）
CITES 附录：Ⅱ

岩生石仙桃
Pholidota rupestris Hand.-Mazz.
习　　性：附生或岩生草本
海　　拔：1700~2600 m
国内分布：西藏、云南
国外分布：不丹、缅甸、越南
濒危等级：LC
CITES 附录：Ⅱ

文山石仙桃
Pholidota wenshanica S. C. Chen et Z. H. Tsi
习　　性：附生或岩生草本
海　　拔：约 1400 m
分　　布：广西、云南
濒危等级：EN B1ab（iii，v）
CITES 附录：Ⅱ

云南石仙桃
Pholidota yunnanensis Rolfe
习　　性：附生或岩生草本
海　　拔：1200~1700 m
分　　布：广西、贵州、湖北、湖南、四川、云南
濒危等级：NT B1ab（i，iii）
CITES 附录：Ⅱ
资源利用：药用（中草药）

馥兰属 Phreatia Lindl.

垂茎馥兰
Phreatia caulescens Ames
习　　性：附生草本
海　　拔：约 1500 m
国内分布：台湾
国外分布：菲律宾
濒危等级：CR D
CITES 附录：Ⅱ

雅致馥兰
Phreatia elegans Lindl.
习　　性：附生草本
国内分布：西藏
国外分布：尼泊尔、印度
濒危等级：DD
CITES 附录：Ⅱ

馥兰
Phreatia formosana Rolfe

习　　性：附生草本
海　　拔：800～1800 m
国内分布：台湾、云南
国外分布：泰国、越南
濒危等级：VU A2ac；B1ab（i，iii，v）
CITES 附录：Ⅱ

大馥兰
Phreatia morii Hayata
习　　性：附生草本
海　　拔：1500 m 以下
分　　布：台湾
濒危等级：VU B2ab（iii）
CITES 附录：Ⅱ

台湾馥兰
Phreatia taiwaniana Fukuy.
习　　性：附生草本
海　　拔：800～1500 m
分　　布：台湾
濒危等级：NT
CITES 附录：Ⅱ

苹兰属 Pinalia Lindl.

钝叶苹兰
Pinalia acervata（Lindl.）Kuntze
习　　性：附生或地生草本
海　　拔：600～1500 m
国内分布：西藏、云南
国外分布：不丹、柬埔寨、老挝、缅甸、尼泊尔、泰国、印度、越南
濒危等级：VU B2ab（ii，iii）
CITES 附录：Ⅱ

粗茎苹兰
Pinalia amica（Rchb. f.）Kuntze
习　　性：附生或地生草本
海　　拔：800～2200 m
国内分布：台湾、云南
国外分布：不丹、柬埔寨、老挝、缅甸、尼泊尔、泰国、印度、越南
濒危等级：LC
CITES 附录：Ⅱ

双点苹兰
Pinalia bipunctata（Lindl.）Kuntze
习　　性：附生或地生草本
海　　拔：1700～1800 m
国内分布：云南
国外分布：泰国、印度、越南
濒危等级：DD
CITES 附录：Ⅱ

密苞苹兰
Pinalia conferta（S. C. Chen et Z. H. Tsi）S. C. Chen et J. J. Wood
习　　性：附生或地生草本
海　　拔：约 1500 m
分　　布：西藏
濒危等级：VU B1ab（ii，iii）
CITES 附录：Ⅱ

台湾苹兰
Pinalia copelandii（Leavitt）W. Suarez et Cootes
习　　性：附生或地生草本
海　　拔：200～1500 m
国内分布：台湾
国外分布：菲律宾
濒危等级：LC
CITES 附录：Ⅱ

中越苹兰
Pinalia donnaiensis（Gagnep.）S. C. Chen et J. J. Wood
习　　性：附生或地生草本
海　　拔：1000～1500 m
国内分布：云南
国外分布：老挝、越南
濒危等级：NT
CITES 附录：Ⅱ

反苞苹兰
Pinalia excavata（Lindl.）Kuntze
习　　性：附生或地生草本
海　　拔：1700～2100 m
国内分布：西藏
国外分布：不丹、尼泊尔、印度
濒危等级：VU B2ab（ii，iii，v）
CITES 附录：Ⅱ

禾颐苹兰
Pinalia graminifolia（Lindl.）Kuntze
习　　性：附生或地生草本
海　　拔：1600～2500 m
国内分布：西藏、云南
国外分布：不丹、缅甸、尼泊尔、印度
濒危等级：LC
CITES 附录：Ⅱ

龙陵苹兰
Pinalia longlingensis（S. C. Chen）S. C. Chen et J. J. Wood
习　　性：附生或地生草本
海　　拔：约 2000 m
分　　布：云南
濒危等级：CR A2c；B1ab（i，iii，v）
CITES 附录：Ⅱ

长苞苹兰
Pinalia obvia（W. W. Smith）S. C. Chen et J. J. Wood
习　　性：附生或地生草本
海　　拔：700～2000 m
分　　布：广西、海南、云南
濒危等级：VU B2ab（ii，iii，v）
CITES 附录：Ⅱ

大脚筒
Pinalia ovata（Lindl.）W. Suarez et Cootes
习　　性：附生或地生草本
海　　拔：800 m 以下
国内分布：台湾
国外分布：巴布亚新几内亚、菲律宾、日本、印度尼西亚

濒危等级：LC
CITES 附录：Ⅱ

厚叶苹兰
Pinalia pachyphylla(Avery.)S. C. Chen et J. J. Wood
习　　性：附生或地生草本
海　　拔：600 ~ 1100 m
国内分布：广西、贵州、云南
国外分布：越南
濒危等级：VU B2ab（ii, iii）
CITES 附录：Ⅱ

五脊苹兰
Pinalia quinquelamellosa(Tang et F. T. Wang)S. C. Chen et J. J. Wood
习　　性：附生或地生草本
分　　布：海南
濒危等级：LC
CITES 附录：Ⅱ

怒江苹兰
Pinalia salwinensis(Hand. -Mazz.)Ormer.
习　　性：附生或地生草本
国内分布：西藏、云南
国外分布：印度
濒危等级：EN B1ab（ii, iii, v）+2ab（ii, iii, v）
CITES 附录：Ⅱ

密花苹兰
Pinalia spicata(D. Don)S. C. Chen et J. J. Wood
习　　性：附生或地生草本
海　　拔：800 ~ 2800 m
国内分布：西藏、云南
国外分布：不丹、缅甸、尼泊尔、泰国、印度、越南
濒危等级：LC
CITES 附录：Ⅱ

鹅白苹兰
Pinalia stricta(Lindl.)Kuntze
习　　性：附生或地生草本
海　　拔：800 ~ 1300 m
国内分布：西藏、云南
国外分布：不丹、缅甸、尼泊尔、印度、越南
濒危等级：LC
CITES 附录：Ⅱ

马齿苹兰
Pinalia szetschuanica(Schltr.)S. C. Chen et J. J. Wood
习　　性：附生或地生草本
海　　拔：约 2300 m
分　　布：广东、湖北、湖南、四川、云南
濒危等级：LC
CITES 附录：Ⅱ

滇南苹兰
Pinalia yunnanensis(S. C. Chen et Z. H. Tsi)S. C. Chen et J. J. Wood
习　　性：附生或地生草本
海　　拔：约 1500 m
分　　布：云南
濒危等级：EN B1ab（ii, iii, v）+2ab（ii, iii, v）
CITES 附录：Ⅱ

舌唇兰属 Platanthera Rich.

南方舌唇兰
Platanthera angustata Lindl.
习　　性：地生草本
国内分布：海南、香港
国外分布：泰国、印度尼西亚
濒危等级：LC
CITES 附录：Ⅱ

弧形舌唇兰
Platanthera arcuata Lindl.
习　　性：地生草本
国内分布：西藏
国外分布：不丹、尼泊尔、印度
濒危等级：DD
CITES 附录：Ⅱ

滇藏舌唇兰
Platanthera bakeriana(King et Pantl.)Kraenzl.
习　　性：地生草本
海　　拔：2200 ~ 4000 m
国内分布：四川、西藏、云南
国外分布：不丹、尼泊尔、印度
濒危等级：NT A2ac
CITES 附录：Ⅱ

细距舌唇兰
Platanthera bifolia(L.)Rich.
习　　性：地生草本
海　　拔：200 ~ 2800 m
国内分布：甘肃、河北、河南、黑龙江、吉林、辽宁、青海、山东、山西、四川
国外分布：朝鲜、俄罗斯、蒙古、日本
濒危等级：LC
CITES 附录：Ⅱ

短距舌唇兰
Platanthera brevicalcarata Hayata
习　　性：地生草本
海　　拔：1600 ~ 3700 m
国内分布：台湾
国外分布：日本
濒危等级：LC
CITES 附录：Ⅱ

反唇兰
Platanthera calceoliforme(W. W. Sm.)X. H. Jin,Schuit. et W. T. Jin
习　　性：地生草本
海　　拔：3200 ~ 4000 m
分　　布：云南
濒危等级：CR B1ab（iii, v）
CITES 附录：Ⅱ

察瓦龙舌唇兰
Platanthera chiloglossa(Tang et F. T. Wang)K. Y. Lang
习　　性：地生草本
海　　拔：2500 ~ 3300 m
分　　布：四川、西藏、云南

濒危等级：LC
CITES 附录：Ⅱ

藏南舌唇兰
Platanthera clavigera Lindl.
- 习　　性：地生草本
- 海　　拔：2300~3400 m
- 国内分布：西藏
- 国外分布：不丹、克什米尔地区、尼泊尔、印度
- 濒危等级：NT A2ac
- CITES 附录：Ⅱ

长苞尖药兰
Platanthera contigua Tang et F. T. Wang
- 习　　性：地生草本
- 海　　拔：约 3200 m
- 分　　布：云南
- 濒危等级：VU A2c；B1ab（iii，v）
- CITES 附录：Ⅱ

弓背舌唇兰
Platanthera curvata K. Y. Lang
- 习　　性：地生草本
- 海　　拔：1900~3600 m
- 分　　布：四川、西藏、云南
- 濒危等级：NT B1ab（iii，v）
- CITES 附录：Ⅱ

大明山舌唇兰
Platanthera damingshanica K. Y. Lang et H. S. Guo
- 习　　性：地生草本
- 海　　拔：500~1900 m
- 分　　布：福建、广东、广西、湖南、浙江
- 濒危等级：VU B2ab（ii，iii）
- CITES 附录：Ⅱ

反唇舌唇兰
Platanthera deflexilabella K. Y. Lang
- 习　　性：地生草本
- 海　　拔：2500~2600 m
- 分　　布：四川
- 濒危等级：VU D2
- CITES 附录：Ⅱ

多叶舌唇兰
Platanthera densa Freyn
- 习　　性：地生草本
- 国内分布：安徽、重庆、澳门、北京、福建、甘肃、广东、广西、贵州、海南、河北、河南、黑龙江、湖北、湖南、吉林、江苏、江西、辽宁、内蒙古、香港
- 国外分布：朝鲜、俄罗斯
- 濒危等级：LC
- CITES 附录：Ⅱ

长叶舌唇兰
Platanthera devolii(T. P. Lin et T. W. Hu) T. P. Lin et K. Inoue
- 习　　性：地生草本
- 海　　拔：1900~2400 m
- 分　　布：台湾

濒危等级：VU B2ab（ii，iii）
CITES 附录：Ⅱ

独龙舌唇兰
Platanthera dulongensis X. H. Jin et Efimov
- 习　　性：地生草本
- 海　　拔：约 2800 m
- 分　　布：西藏、云南
- 濒危等级：LC
- CITES 附录：Ⅱ

小叶舌唇兰
Platanthera dyeriana Kraenzl.
- 习　　性：地生草本
- 国内分布：云南
- 国外分布：印度
- 濒危等级：EN A2c
- CITES 附录：Ⅱ

高原舌唇兰
Platanthera exelliana Soó
- 习　　性：地生草本
- 海　　拔：3300~4500 m
- 国内分布：四川、西藏、云南
- 国外分布：不丹、尼泊尔、印度
- 濒危等级：LC
- CITES 附录：Ⅱ

对耳舌唇兰
Platanthera finetiana Schltr.
- 习　　性：地生草本
- 海　　拔：1200~3500 m
- 分　　布：甘肃、湖北、四川
- 濒危等级：NT B1ab（iii，v）
- CITES 附录：Ⅱ

贡山舌唇兰
Platanthera handel-mazzettii K. Inoue
- 习　　性：地生草本
- 海　　拔：3600~3800 m
- 分　　布：云南
- 濒危等级：VU D2
- CITES 附录：Ⅱ

高黎贡舌唇兰
Platanthera herminioides Tang et F. T. Wang
- 习　　性：地生草本
- 海　　拔：约 3800 m
- 分　　布：云南
- 濒危等级：LC
- CITES 附录：Ⅱ

密花舌唇兰
Platanthera hologlottis Maxim.
- 习　　性：地生草本
- 海　　拔：300~3200 m
- 国内分布：安徽、福建、广东、河北、河南、黑龙江、湖南、吉林、江苏、江西、辽宁、内蒙古、山东、四川、云南、浙江
- 国外分布：朝鲜、俄罗斯、日本

濒危等级：LC
CITES 附录：Ⅱ

舌唇兰
Platanthera japonica (Thunb. ex A. Murray) Lindl.
习　　性：地生草本
海　　拔：600~2600 m
国内分布：安徽、重庆、甘肃、广西、贵州、河南、湖北、湖南、江苏、陕西、四川、云南、浙江
国外分布：朝鲜、日本
濒危等级：LC
CITES 附录：Ⅱ
资源利用：药用（中草药）

小巧舌唇兰
Platanthera juncea (King et Prantl) Kraenzl.
习　　性：陆生草本
海　　拔：3500~3800 m
国内分布：西藏、云南
国外分布：印度
濒危等级：LC
CITES 附录：Ⅱ

广西舌唇兰
Platanthera kwangsiensis K. Y. Lang
习　　性：地生草本
海　　拔：约2100 m
分　　布：广西
濒危等级：EN A2ac
CITES 附录：Ⅱ

披针唇舌唇兰
Platanthera lancilabris Schltr.
习　　性：地生草本
分　　布：云南
濒危等级：LC
CITES 附录：Ⅱ

白鹤参
Platanthera latilabris Lindl.
习　　性：地生草本
海　　拔：1600~3500 m
国内分布：四川、西藏、云南
国外分布：不丹、克什米尔地区、尼泊尔、印度
濒危等级：LC
CITES 附录：Ⅱ

条叶舌唇兰
Platanthera leptocaulon (Hook. f.) Soó
习　　性：地生草本
海　　拔：3000~4000 m
国内分布：四川、西藏、云南
国外分布：不丹、尼泊尔、印度
濒危等级：NT A2ac
CITES 附录：Ⅱ

丽江舌唇兰
Platanthera likiangensis Tang et F. T. Wang
习　　性：地生草本
海　　拔：2800~3000 m

分　　布：云南
濒危等级：NT D2
CITES 附录：Ⅱ

长距舌唇兰
Platanthera longicalcarata Hayata
习　　性：地生草本
海　　拔：2400~3000 m
分　　布：台湾
濒危等级：VU D1
CITES 附录：Ⅱ

长黏盘舌唇兰
Platanthera longiglandula K. Y. Lang
习　　性：地生草本
海　　拔：约2800 m
分　　布：四川
濒危等级：NT B1ab (iii, v)
CITES 附录：Ⅱ

尾瓣舌唇兰
Platanthera mandarinorum Rchb. f.

尾瓣舌唇兰（原亚种）
Platanthera mandarinorum subsp. **mandarinorum**
习　　性：地生草本
海　　拔：300~2100 m
国内分布：安徽、福建、广东、广西、贵州、河南、湖北、湖南、江苏、江西、山东、陕西、四川、台湾、云南、浙江
国外分布：朝鲜、日本
濒危等级：LC
CITES 附录：Ⅱ

宝岛舌唇兰
Platanthera mandarinorum subsp. **formosana** T. P. Lin et K. Inoue
习　　性：地生草本
海　　拔：1200~1600 m
分　　布：台湾
濒危等级：LC
CITES 附录：Ⅱ

厚唇舌唇兰
Platanthera mandarinorum subsp. **pachyglossa** (Hayata) T. P. Lin et K. Inoue
习　　性：地生草本
海　　拔：2000~3200 m
分　　布：台湾
濒危等级：LC
CITES 附录：Ⅱ

小舌唇兰
Platanthera minor (Miq.) Rchb. f.
习　　性：地生草本
海　　拔：200~3000 m
国内分布：安徽、福建、广东、广西、贵州、海南、河南、湖北、湖南、江苏、江西、四川、台湾、云南、浙江
国外分布：朝鲜、日本
濒危等级：LC

CITES 附录：Ⅱ
资源利用：药用（中草药）

小花舌唇兰
Platanthera minutiflora Schltr.
习　　性：地生草本
海　　拔：2700~4100 m
国内分布：甘肃、陕西、四川、西藏、新疆、云南
国外分布：哈萨克斯坦、塔吉克斯坦
濒危等级：NT A2ac；B1ab（i，iii，v）
CITES 附录：Ⅱ

巧花舌唇兰
Platanthera nematocaulon（Hook. f.）Kraenzl.
习　　性：地生草本
国内分布：西藏
国外分布：不丹、尼泊尔、印度
濒危等级：VU A2c
CITES 附录：Ⅱ

大花舌唇兰
Platanthera ophiocephala（W. W. Sm.）Tang et Wang
习　　性：地生草本
国内分布：云南
国外分布：缅甸
濒危等级：CR A2c
CITES 附录：Ⅱ

西南尖药兰
Platanthera opsimantha Tang et F. T. Wang
习　　性：地生草本
海　　拔：1800~3200 m
分　　布：贵州、四川、云南
濒危等级：VU A2c；B1ab（iii，v）
CITES 附录：Ⅱ

齿瓣舌唇兰
Platanthera oreophila（W. W. Sm.）Schltr.
习　　性：地生草本
海　　拔：1900~3800 m
分　　布：四川、云南
濒危等级：NT
CITES 附录：Ⅱ

卵唇舌唇兰
Platanthera ovatilabris X. H. Jin et Efimov
习　　性：地生草本
海　　拔：约 2200 m
分　　布：云南
濒危等级：CR A2c
CITES 附录：Ⅱ

北插山舌唇兰
Platanthera peichatieniana S. S. Ying
习　　性：地生草本
海　　拔：1400~1700 m
分　　布：台湾
濒危等级：LC
CITES 附录：Ⅱ

棒距舌唇兰
Platanthera roseotincta（W. W. Sm.）Tang et F. T. Wang
习　　性：地生草本
海　　拔：3400~3800 m
国内分布：西藏、云南
国外分布：缅甸
濒危等级：VU A2ac；B1ab（i，iii，v）
CITES 附录：Ⅱ

高山舌唇兰
Platanthera sachalinensis F. Schmidt
习　　性：地生草本
海　　拔：2000~3000 m
国内分布：台湾
国外分布：俄罗斯、日本
濒危等级：NT A2ac
CITES 附录：Ⅱ

长瓣舌唇兰
Platanthera sikkimensis（Hook. f.）Kraenzl.
习　　性：地生草本
海　　拔：约 2300 m
国内分布：云南
国外分布：尼泊尔、印度
濒危等级：VU A2ac；B1ab（i，iii，v）
CITES 附录：Ⅱ

滇西舌唇兰
Platanthera sinica Tang et F. T. Wang
习　　性：地生草本
海　　拔：2500~3500 m
分　　布：云南
濒危等级：VU A2ac
CITES 附录：Ⅱ

蜻蜓舌唇兰
Platanthera souliei Kraenzl.
习　　性：地生草本
海　　拔：400~4300 m
国内分布：甘肃、河北、河南、黑龙江、吉林、辽宁、内蒙古、青海、山东、山西、陕西、四川、云南
国外分布：朝鲜、俄罗斯、日本
濒危等级：NT B1ab（iii）
CITES 附录：Ⅱ

条瓣舌唇兰
Platanthera stenantha（Hook. f.）Soó
习　　性：地生草本
海　　拔：1500~3100 m
国内分布：西藏、云南
国外分布：不丹、缅甸、尼泊尔、印度
濒危等级：NT B2ab（ii，v）
CITES 附录：Ⅱ

狭瓣舌唇兰
Platanthera stenoglossa Hayata
习　　性：地生草本
海　　拔：300~1600 m

国内分布：台湾
国外分布：日本
濒危等级：LC
CITES 附录：Ⅱ

独龙江舌唇兰
Platanthera stenophylla Tang et F. T. Wang
习　　性：地生草本
海　　拔：2500～3800 m
分　　布：西藏、云南
濒危等级：VU D2
CITES 附录：Ⅱ

台湾舌唇兰
Platanthera taiwanensis(S. S. Ying) S. C. Chen, S. W. Gale et P. J. Cribb
习　　性：地生草本
海　　拔：3200～3600 m
分　　布：台湾
濒危等级：LC
CITES 附录：Ⅱ

尖药兰
Platanthera urceolata(Hook. f.) R. M. Bateman.
习　　性：地生草本
海　　拔：1900～3800 m
国内分布：四川、云南
国外分布：印度、尼泊尔
濒危等级：NT A2c
CITES 附录：Ⅱ

东亚舌唇兰
Platanthera ussuriensis(Regel et Maack) Maxim.
习　　性：地生草本
海　　拔：400～2800 m
国内分布：安徽、福建、广西、河北、河南、湖北、湖南、吉林、江苏、江西、陕西、四川、浙江
国外分布：朝鲜、俄罗斯、日本
濒危等级：NT B1ab (iii)
CITES 附录：Ⅱ

黄山舌唇兰
Platanthera whangshanensis(S. S. Chien) Efimov
习　　性：地生草本
海　　拔：约4400 m
分　　布：安徽
濒危等级：CR A2c
CITES 附录：Ⅱ

阴生舌唇兰
Platanthera yangmeiensis T. P. Lin
习　　性：地生草本
海　　拔：1000～1700 m
分　　布：台湾
濒危等级：NT
CITES 附录：Ⅱ

独蒜兰属 Pleione D. Don

滇西独蒜兰
Pleione × christianii H. Perner
习　　性：草本
分　　布：云南
国家保护：Ⅱ级
CITES 附录：Ⅱ

大理独蒜兰
Pleione × taliensis P. J. Cribb et Butterfield
习　　性：草本
海　　拔：2400～2700 m
分　　布：云南
国家保护：Ⅱ级
CITES 附录：Ⅱ

白花独蒜兰
Pleione albiflora Cribb et C. Z. Tang
习　　性：附生或岩生草本
海　　拔：2400～3300 m
国内分布：云南
国外分布：缅甸
濒危等级：CR B1ab (ii, iii, v)
国家保护：Ⅱ级
CITES 附录：Ⅱ

艳花独蒜兰
Pleione aurita P. J. Cribb et H. Pfennig
习　　性：附生草本
海　　拔：1400～2800 m
分　　布：云南
濒危等级：DD
国家保护：Ⅱ级
CITES 附录：Ⅱ

长颈独蒜兰
Pleione autumnalis S. C. Chen et G. H. Zhu
习　　性：岩生草本
分　　布：云南
濒危等级：EN A2c
国家保护：Ⅱ级
CITES 附录：Ⅱ

独蒜兰
Pleione bulbocodioides(Franch.) Rolfe
习　　性：陆生或岩生草本
海　　拔：900～3600 m
分　　布：安徽、福建、甘肃、广东、广西、贵州、湖北、湖南、陕西、四川、西藏、云南
濒危等级：LC
国家保护：Ⅱ级
CITES 附录：Ⅱ
资源利用：环境利用（观赏）

陈氏独蒜兰
Pleione chunii C. L. Tso
习　　性：陆生或岩生草本
海　　拔：1400～2800 m
分　　布：广东、广西、贵州、湖北、云南
濒危等级：EN A3c；B1ab (i, iii, v)
国家保护：Ⅱ级
CITES 附录：Ⅱ

芳香独蒜兰
Pleione confusa Cribb et C. Z. Tang
   习　　性：地生或附生草本
   国内分布：云南
   国外分布：缅甸
   国家保护：Ⅱ级
   CITES 附录：Ⅱ

台湾独蒜兰
Pleione formosana Hayata
   习　　性：岩生草本
   海　　拔：600~2500 m
   分　　布：福建、江西、台湾、浙江
   濒危等级：VU A2c；B1ab（i，iii，v）
   国家保护：Ⅱ级
   CITES 附录：Ⅱ

黄花独蒜兰
Pleione forrestii Schltr.
   国家保护：Ⅱ级

黄花独蒜兰（原变种）
Pleione forrestii var. **forrestii**
   习　　性：附生或岩生草本
   海　　拔：2200~3200 m
   国内分布：云南
   国外分布：缅甸
   濒危等级：EN A4c
   CITES 附录：Ⅱ

白瓣独蒜兰
Pleione forrestii var. **alba**（H. Li et G. H. Feng）P. J. Cribb.
   习　　性：附生或岩生草本
   海　　拔：2700~3100 m
   分　　布：云南
   濒危等级：EN D
   CITES 附录：Ⅱ

大花独蒜兰
Pleione grandiflora（Rolfe）Rolfe
   习　　性：岩生草本
   海　　拔：2600~2900 m
   国内分布：云南
   国外分布：越南
   濒危等级：CR A3c
   国家保护：Ⅱ级
   CITES 附录：Ⅱ

毛唇独蒜兰
Pleione hookeriana（Lindl.）B. S. Williams
   习　　性：附生草本
   海　　拔：1600~3100 m
   国内分布：广东、广西、贵州、西藏、云南
   国外分布：不丹、老挝北部、缅甸、尼泊尔、泰国、印度
   濒危等级：VU A3c
   国家保护：Ⅱ级
   CITES 附录：Ⅱ

矮小独蒜兰
Pleione humilis（Smith）D. Don
   习　　性：附生或岩生草本
   海　　拔：1800~3200 m
   国内分布：西藏
   国外分布：不丹、缅甸、尼泊尔、印度
   濒危等级：CR A2c
   国家保护：Ⅱ级
   CITES 附录：Ⅱ

卡氏独蒜兰
Pleione kaatiae P. H. Peeters
   习　　性：陆生草本
   分　　布：四川
   濒危等级：DD
   国家保护：Ⅱ级
   CITES 附录：Ⅱ

春花独蒜兰
Pleione kohlsii Braem
   习　　性：地生草本
   海　　拔：2400~2800 m
   分　　布：云南
   濒危等级：DD
   国家保护：Ⅱ级
   CITES 附录：Ⅱ

四川独蒜兰
Pleione limprichtii Schltr.
   习　　性：陆生或岩生草本
   海　　拔：2000~2500 m
   国内分布：四川、云南
   国外分布：缅甸
   濒危等级：VU A3c；B1ab（i，iii，v）
   国家保护：Ⅱ级
   CITES 附录：Ⅱ

秋花独蒜兰
Pleione maculata（Lindl.）Lindl.
   习　　性：附生草本
   海　　拔：600~1600 m
   国内分布：云南
   国外分布：不丹、缅甸、尼泊尔、泰国、印度
   濒危等级：EN A2c
   国家保护：Ⅱ级
   CITES 附录：Ⅱ

小叶独蒜兰
Pleione microphylla S. C. Chen et Z. H. Tsi
   习　　性：附生草本
   分　　布：广东
   濒危等级：EN D
   国家保护：Ⅱ级
   CITES 附录：Ⅱ

美丽独蒜兰
Pleione pleionoides（Kraenzl. ex Diels）Braem et H. Mohr
   习　　性：陆生或岩生草本
   海　　拔：1700~2300 m
   分　　布：贵州、湖北、四川
   濒危等级：VU A3c
   国家保护：Ⅱ级

CITES 附录：Ⅱ

疣鞘独蒜兰
Pleione praecox（J. E. Sm.）D. Don
- 习　　性：附生草本
- 海　　拔：1200~3400 m
- 国内分布：西藏、云南
- 国外分布：不丹、老挝、孟加拉国、缅甸、尼泊尔、泰国、印度、越南
- 濒危等级：VU A3c
- 国家保护：Ⅱ级
- CITES 附录：Ⅱ

岩生独蒜兰
Pleione saxicola Tang et F. T. Wang ex S. C. Chen
- 习　　性：附生或地生草本
- 海　　拔：2400~2500 m
- 国内分布：西藏、云南
- 国外分布：不丹
- 濒危等级：EN B2ab（ii，iii，v）
- 国家保护：Ⅱ级
- CITES 附录：Ⅱ

二叶独蒜兰
Pleione scopulorum W. W. Sm.
- 习　　性：陆生草本
- 海　　拔：2800~4200 m
- 国内分布：西藏、云南
- 国外分布：缅甸、印度
- 濒危等级：VU A3c
- 国家保护：Ⅱ级
- CITES 附录：Ⅱ
- 资源利用：环境利用（观赏）

云南独蒜兰
Pleione yunnanensis（Rolfe）Rolfe
- 习　　性：陆生或岩生草本
- 海　　拔：1100~3500 m
- 国内分布：贵州、四川、西藏、云南
- 国外分布：缅甸
- 濒危等级：VU A4ac；B1ab（i，iii，v）
- 国家保护：Ⅱ级
- CITES 附录：Ⅱ
- 资源利用：环境利用（观赏）

柄唇兰属 **Podochilus** Blume

柄唇兰
Podochilus khasianus Hook. f.
- 习　　性：附生或石生草本
- 海　　拔：400~1900 m
- 国内分布：广东、广西、海南、云南
- 国外分布：不丹、孟加拉国、印度、越南
- 濒危等级：NT A2ac
- CITES 附录：Ⅱ

广西柄唇兰
Podochilus oxystophylloides Ormer.
- 习　　性：附生草本
- 分　　布：广西

- 濒危等级：DD
- CITES 附录：Ⅱ

朱兰属 **Pogonia** Juss.

朱兰
Pogonia japonica Rchb. f.
- 习　　性：地生草本
- 海　　拔：1100~2300 m
- 国内分布：安徽、福建、广西、贵州、黑龙江、湖北、湖南、吉林、江西、内蒙古、山东、四川、云南、浙江
- 国外分布：朝鲜、日本
- 濒危等级：NT B1ab（i，iii，v）
- CITES 附录：Ⅱ

小朱兰
Pogonia minor（Makino）Makino
- 习　　性：地生草本
- 海　　拔：2200~2400 m
- 国内分布：台湾
- 国外分布：日本
- 濒危等级：EN D
- CITES 附录：Ⅱ

云南朱兰
Pogonia yunnanensis Finet
- 习　　性：地生草本
- 海　　拔：2300~3300 m
- 分　　布：四川、西藏、云南
- 濒危等级：EN A2ac；B1ab（i，iii，v）
- CITES 附录：Ⅱ

多穗兰属 **Polystachya** Hook.

多穗兰
Polystachya concreta（Jacq.）Garay et Sweet
- 习　　性：附生或岩生草本
- 海　　拔：600~1500 m
- 国内分布：云南
- 国外分布：菲律宾、柬埔寨、老挝、马来西亚、斯里兰卡、泰国、印度、印度尼西亚、越南
- 濒危等级：LC
- CITES 附录：Ⅱ

鹿角兰属 **Pomatocalpa** Breda

鹿角兰
Pomatocalpa spicatum Breda
- 习　　性：附生草本
- 海　　拔：400~800 m
- 国内分布：海南
- 国外分布：不丹、菲律宾、老挝、马来西亚、缅甸、泰国、印度、印度尼西亚、越南
- 濒危等级：NT B2ab（ii，iii，v）
- CITES 附录：Ⅱ

台湾鹿角兰
Pomatocalpa undulatum subsp. **acuminatum**（Rolfe）S. Watthana et S. W. Chung

习　　性：附生草本
海　　拔：约 800 m
分　　布：台湾
濒危等级：EN B2ab（iii）
CITES 附录：Ⅱ

小红门兰属 Ponerorchis Rchb. f.

台湾无柱兰
Ponerorchis alpestris(Fukuy.)X. H. Jin,Schuit. et W. T. Jin
习　　性：地生草本
海　　拔：2500 ~ 3800 m
分　　布：台湾
濒危等级：NT D
CITES 附录：Ⅱ

抱茎叶无柱兰
Ponerorchis amplexifolia(Tang et F. T. Wang)X. H. Jin,Schuit. et W. T. Jin
习　　性：地生草本
海　　拔：约 300 m
分　　布：四川
濒危等级：LC
CITES 附录：Ⅱ

四裂无柱兰
Ponerorchis basifoliata(Finet)X. H. Jin,Schuit. et W. T. Jin
习　　性：地生草本
海　　拔：2600 ~ 3800 m
分　　布：四川、云南
濒危等级：VU B1ab（i, iii, v）+2b（i, iii, v）
CITES 附录：Ⅱ

棒距无柱兰
Ponerorchis bifoliata(Tang et F. T. Wang)X. H. Jin, Schuit. et W. T. Jin
习　　性：地生草本
海　　拔：700 ~ 1200 m
分　　布：甘肃、四川
濒危等级：EN B1ab（i, iii, v）
CITES 附录：Ⅱ

大花兜被兰
Ponerorchis camptoceras(Rolfe)X. H. Jin,Schuit. et W. T. Jin
习　　性：地生草本
海　　拔：2700 ~ 3100 m
分　　布：四川
濒危等级：VU A2c
CITES 附录：Ⅱ

头序无柱兰
Ponerorchis capitata(Tang et F. T. Wang)X. H. Jin,Schuit. et W. T. Jin
习　　性：地生草本
海　　拔：2600 ~ 3600 m
分　　布：湖北、四川
濒危等级：VU A2c；B1ab（iii, v）
CITES 附录：Ⅱ

广布小红门兰
Ponerorchis chusua(D. Don)Soó
习　　性：地生草本
海　　拔：500 ~ 4500 m
国内分布：甘肃
国外分布：不丹、朝鲜、俄罗斯、缅甸、尼泊尔、日本、印度
濒危等级：LC
CITES 附录：Ⅱ

川西兜被兰
Ponerorchis compacta(Schltr.)X. H. Jin,Schuit. et W. T. Jin
习　　性：地生草本
海　　拔：4000 ~ 4100 m
分　　布：四川
濒危等级：NT A2ac；B1ab（iii, v）
CITES 附录：Ⅱ

齿缘小红门兰
Ponerorchis crenulata(Schltr.)Soó
习　　性：地生草本
海　　拔：3400 ~ 3700 m
分　　布：云南
濒危等级：VU B1ab（iii）
CITES 附录：Ⅱ

二叶兜被兰
Ponerorchis cucullata(L.)X. H. Jin,Schuit. et W. T. Jin

二叶兜被兰（原变种）
Ponerorchis cucullata var. **cucullata**
习　　性：地生草本
海　　拔：400 ~ 4500 m
国内分布：安徽、福建、甘肃、河北、河南、黑龙江、吉林、江西、辽宁、内蒙古、青海、山西、陕西、四川、西藏、云南、浙江
国外分布：欧亚大陆广布
濒危等级：NT
CITES 附录：Ⅱ

密花兜被兰
Ponerorchis cucullata var. **calcicola**（W. W. Sm.）X. H. Jin, Schuit. et W. T. Jin
习　　性：地生草本
海　　拔：2100 ~ 4500 m
国内分布：甘肃、贵州、青海、四川、西藏、云南
国外分布：不丹、尼泊尔、印度
濒危等级：NT A2c
CITES 附录：Ⅱ

长距无柱兰
Ponerorchis dolichocentra(Tang, F. T. Wang et K. Y. Lang)X. H. Jin,Schuit. et W. T. Jin
习　　性：地生草本
分　　布：四川
濒危等级：VU D2
CITES 附录：Ⅱ

峨眉无柱兰

Ponerorchis faberi(Rolfe) X. H. Jin, Schuit. et W. T. Jin
习　　性：地生草本
海　　拔：600~4300 m
分　　布：贵州、四川、云南
濒危等级：VU B1ab（i, iii, v）
CITES 附录：Ⅱ

长苞无柱兰

Ponerorchis farreri(Schltr.) X. H. Jin, Schuit. et W. T. Jin
习　　性：地生草本
海　　拔：3600~4200 m
分　　布：西藏、云南
濒危等级：NT
CITES 附录：Ⅱ

毛葶无柱兰

Ponerorchis forrestii X. H. Jin
习　　性：地生草本
分　　布：云南
CITES 附录：Ⅱ

贡嘎无柱兰

Ponerorchis gonggashanica(K. Y. Lang) X. H. Jin, Schuit. et W. T. Jin
习　　性：地生草本
海　　拔：2400~3800 m
分　　布：四川
濒危等级：EN B1ab（iii）
CITES 附录：Ⅱ

无柱兰

Ponerorchis gracilis(Blume) X. H. Jin, Schuit. et W. T. Jin
习　　性：地生草本
海　　拔：200~3000 m
国内分布：安徽、福建、广西、贵州、河北、河南、湖北、湖南、江苏、辽宁、山东、陕西、四川、台湾、浙江
国外分布：朝鲜、日本
濒危等级：LC
CITES 附录：Ⅱ

卵叶无柱兰

Ponerorchis hemipiloides(Finet) Soó
习　　性：地生草本
海　　拔：2400~2500 m
分　　布：贵州、云南
濒危等级：VU D2
CITES 附录：Ⅱ

奇莱小红门兰

Ponerorchis kiraishiensis(Hayata) Ohwi
习　　性：地生草本
海　　拔：3000~3900 m
分　　布：台湾
濒危等级：LC
CITES 附录：Ⅱ

华西小红门兰

Ponerorchis limprichtii(Schltr.) Soó
习　　性：地生草本
海　　拔：1400~4000 m
分　　布：甘肃、河南、陕西、四川、云南
濒危等级：NT B1b（i, ii, iii, v）c（i, ii, iv）
CITES 附录：Ⅱ

淡黄花兜被兰

Ponerorchis luteola(K. Y. Lang et S. C. Chen) X. H. Jin, Schuit. et W. T. Jin
习　　性：地生草本
海　　拔：约3000 m
分　　布：云南
濒危等级：EN D2
CITES 附录：Ⅱ

一花无柱兰

Ponerorchis monantha(Finet) X. H. Jin, Schuit. et W. T. Jin
习　　性：地生草本
海　　拔：2800~4100 m
分　　布：甘肃、陕西、四川、西藏、云南
濒危等级：LC
CITES 附录：Ⅱ

长圆叶兜被兰

Ponerorchis oblonga(K. Y. Lang) X. H. Jin, Schuit. et W. T. Jin
习　　性：地生草本
海　　拔：约3100 m
分　　布：云南
濒危等级：NT
CITES 附录：Ⅱ

峨眉小红门兰

Ponerorchis omeishanica(Tang, F. T. Wang et K. Y. Lang) S. C. Chen, P. J. Cribb
习　　性：地生草本
海　　拔：约2800 m
分　　布：四川
濒危等级：EN B1ab（iii, v）
CITES 附录：Ⅱ

卵叶兜被兰

Ponerorchis ovata(K. Y. Lang) X. H. Jin, Schuit. et W. T. Jin
习　　性：地生草本
海　　拔：2400~3300 m
分　　布：四川
濒危等级：VU D2
CITES 附录：Ⅱ

蝶花无柱兰

Ponerorchis papilionacea(Tang, F. T. Wang et K. Y. Lang) X. H. Jin, Schuit. et W. T. Jin
习　　性：地生草本
海　　拔：约2500 m
分　　布：四川
濒危等级：EN B1ab（iii, v）

CITES 附录：Ⅱ

少花无柱兰
Ponerorchis parciflora(Finet)X. H. Jin, Schuit. et W. T. Jin
- 习　　性：地生草本
- 海　　拔：约2000 m
- 分　　布：重庆、四川
- 濒危等级：CR B1ab（ii，iii，v）
- CITES 附录：Ⅱ

球距无柱兰
Ponerorchis physoceras(Schltr.)X. H. Jin, Schuit. et W. T. Jin
- 习　　性：地生草本
- 海　　拔：2000～2700 m
- 分　　布：四川
- 濒危等级：VU D2
- CITES 附录：Ⅱ

普格小红门兰
Ponerorchis pugeensis(K. Y. Lang)S. C. Chen, P. J. Cribb et S. W. Gale
- 习　　性：地生草本
- 海　　拔：约2800 m
- 分　　布：四川
- 濒危等级：CR B1ab（iii）
- CITES 附录：Ⅱ

齿片无柱兰
Ponerorchis pulchella(Hand.-Mazz.)Soó
- 习　　性：地生草本
- 海　　拔：3000～3700 m
- 分　　布：西藏、云南
- 濒危等级：EN B1ab（i，iii，v）
- CITES 附录：Ⅱ

侧花兜被兰
Ponerorchis secundiflora(Kraenzl.)X. H. Jin et Schuit. et W. T. Jin
- 习　　性：地生草本
- 海　　拔：2700～3800 m
- 国内分布：西藏、云南
- 国外分布：不丹、缅甸、尼泊尔、印度
- 濒危等级：NT
- CITES 附录：Ⅱ

四川小红门兰
Ponerorchis sichuanica(K. Y. Lang)S. C. Chen, P. J. Cribb et S. W. Gale
- 习　　性：地生草本
- 海　　拔：2400～2500 m
- 分　　布：四川
- 濒危等级：EN B1ab（iii，v）
- CITES 附录：Ⅱ

黄花无柱兰
Ponerorchis simplex(Tang et F. T. Wang)X. H. Jin, Schuit. et W. T. Jin
- 习　　性：地生草本
- 海　　拔：2300～4400 m
- 分　　布：四川、云南
- 濒危等级：EN B1ab（i，iii，v）
- CITES 附录：Ⅱ

台湾小红门兰
Ponerorchis taiwanensis(Fukuy.)Ohwi
- 习　　性：地生草本
- 海　　拔：1500～3400 m
- 分　　布：台湾
- 濒危等级：NT
- CITES 附录：Ⅱ

高山小红门兰
Ponerorchis takasago-montana(Masam.)Ohwi
- 习　　性：地生草本
- 海　　拔：1500～2000 m
- 分　　布：台湾
- 濒危等级：LC
- CITES 附录：Ⅱ

滇蜀无柱兰
Ponerorchis tetraloba(Finet)X. H. Jin, Schuit. et W. T. Jin
- 习　　性：地生草本
- 海　　拔：1500～2700 m
- 分　　布：四川、云南
- 濒危等级：NT
- CITES 附录：Ⅱ

西藏无柱兰
Ponerorchis tibetica(Schltr.)X. H. Jin, Schuit. et W. T. Jin
- 习　　性：地生草本
- 海　　拔：3600～4400 m
- 分　　布：西藏、云南
- 濒危等级：EN B2ac（ii，iii）
- CITES 附录：Ⅱ

白花小红门兰
Ponerorchis tominagae(Hayata)H. J. Su et J. J. Chen
- 习　　性：地生草本
- 海　　拔：2700～3800 m
- 分　　布：台湾
- 濒危等级：LC
- CITES 附录：Ⅱ

三叉无柱兰
Ponerorchis trifurcata(Tang, F. T. Wang et K. Y. Lang)X. H. Jin, Schuit. et W. T. Jin
- 习　　性：地生草本
- 海　　拔：约2900 m
- 分　　布：云南
- 濒危等级：CR D2
- CITES 附录：Ⅱ

文山无柱兰
Ponerorchis wenshanensis(W. H. Chen, Y. M. Shui et K. Y. Lang)X. H. Jin, Schuit. et W. T. Jin
- 习　　性：地生草本
- 海　　拔：约3000 m
- 分　　布：云南
- 濒危等级：DD
- CITES 附录：Ⅱ

盾柄兰属 Porpax Lindl.

盾柄兰
Porpax ustulata (E. C. Parish et Rchb. f.) Rolfe
习　　性：附生或岩生草本
海　　拔：600~1500 m
国内分布：云南
国外分布：缅甸、泰国
濒危等级：LC
CITES 附录：Ⅱ

长足兰属 Pteroceras Hasselt ex Hassk.

长葶长足兰
Pteroceras asperatum (Schltr.) P. F. Hunt
习　　性：多年生草本
海　　拔：约 1500 m
分　　布：云南
濒危等级：CR B1ab (i, iii, v)
CITES 附录：Ⅱ

长足兰
Pteroceras leopardinum (E. C. Parish et Rchb. f.) Seidenf. et Smitinand
习　　性：附生草本
海　　拔：900~1300 m
国内分布：云南
国外分布：菲律宾、马来西亚、缅甸、泰国、印度、越南
濒危等级：NT A2ac
CITES 附录：Ⅱ

滇越长足兰
Pteroceras simondianus (Gagnep.) Aver.
习　　性：附生草本
国内分布：云南
国外分布：越南
濒危等级：LC
CITES 附录：Ⅱ

火焰兰属 Renanthera Lour.

中华火焰兰
Renanthera citrina Aver.
习　　性：附生或岩生草本
海　　拔：500~800 m
国内分布：云南
国外分布：越南
濒危等级：LC
国家保护：Ⅱ级
CITES 附录：Ⅱ

火焰兰
Renanthera coccinea Lour.
习　　性：附生或岩生草本
海　　拔：200~1400 m
国内分布：广西、海南、云南
国外分布：老挝、缅甸、泰国、越南
濒危等级：EN B1ab (i, iii, v)
国家保护：Ⅱ级
CITES 附录：Ⅱ

云南火焰兰
Renanthera imschootiana Rolfe
习　　性：附生或岩生草本
海　　拔：500 m 以下
国内分布：云南
国外分布：越南
濒危等级：CR A2ac; B1ab (i, iii, v)
国家保护：Ⅱ级
CITES 附录：Ⅰ

菱兰属 Rhomboda Lindl.

小片菱兰
Rhomboda abbreviata (Lindl.) Ormer.
习　　性：地生和附生草本
海　　拔：600~1200 m
国内分布：广东、广西、贵州、海南
国外分布：缅甸、尼泊尔、泰国、印度
濒危等级：LC
CITES 附录：Ⅱ

艳丽菱兰
Rhomboda moulmeinensis (E. C. Parish et Rchb. f.) Ormer.
习　　性：地生草本
海　　拔：400~2200 m
国内分布：广西、贵州、四川、西藏、云南
国外分布：缅甸、泰国
濒危等级：LC
CITES 附录：Ⅱ

白肋菱兰
Rhomboda tokioi (Fukuy.) Ormer.
习　　性：地生草本
海　　拔：1500 m 以下
国内分布：广东、台湾
国外分布：日本、越南
濒危等级：VU A2c
CITES 附录：Ⅱ

钻喙兰属 Rhynchostylis Blume

海南钻喙兰
Rhynchostylis gigantea (Lindl.) Ridl.
习　　性：附生草本
海　　拔：约 1000 m
国内分布：海南
国外分布：柬埔寨、老挝、马来西亚、缅甸、泰国、新加坡、印度尼西亚、越南
濒危等级：EN D
CITES 附录：Ⅱ

钻喙兰
Rhynchostylis retusa (L.) Blume
习　　性：附生草本
海　　拔：300~1500 m
国内分布：贵州、云南

国外分布：不丹、菲律宾、柬埔寨、老挝、马来西亚、缅甸、尼泊尔、斯里兰卡、泰国、印度、印度尼西亚、越南
濒危等级：EN A2ac +4c；B1ab（i, iii, v）
国家保护：Ⅱ级
CITES 附录：Ⅱ

紫茎兰属 Risleya King et Pantl.

紫茎兰
Risleya atropurpurea King et Pantl.
习　　性：地生草本
海　　拔：2900~3700 m
国内分布：四川、西藏、云南
国外分布：不丹、缅甸、印度
濒危等级：NT B1ab（iii）
CITES 附录：Ⅱ

寄树兰属 Robiquetia Gaudich.

大叶寄树兰
Robiquetia spatulata（Blume）J. J. Sm.
习　　性：附生草本
海　　拔：1700 m 以下
国内分布：海南
国外分布：不丹、柬埔寨、老挝、马来西亚、缅甸、泰国、新加坡、印度、印度尼西亚、越南
濒危等级：LC
CITES 附录：Ⅱ

寄树兰
Robiquetia succisa（Lindl.）Seidenf. et Garay
习　　性：附生草本
海　　拔：500~1200 m
分　　布：福建、广东、广西、海南、香港、云南
濒危等级：LC
CITES 附录：Ⅱ

拟囊唇兰属 Saccolabiopsis J. J. Sm.

台湾拟囊唇兰
Saccolabiopsis taiwaniana S. W. Chung, T. C. Hsu et T. Yukawa
习　　性：附生草本
海　　拔：400~500 m
分　　布：台湾
濒危等级：DD
CITES 附录：Ⅱ

拟囊唇兰
Saccolabiopsis wulaokenensis W. M. Lin, L. L. Huang et T. P. Lin
习　　性：附生草本
海　　拔：约 300 m
分　　布：台湾
濒危等级：LC
CITES 附录：Ⅱ

大喙兰属 Sarcoglyphis Garay

短帽大喙兰
Sarcoglyphis magnirostris Z. H. Tsi
习　　性：附生草本
海　　拔：约 800 m
分　　布：云南
濒危等级：EN B1ab（iii, v）
CITES 附录：Ⅱ

大喙兰
Sarcoglyphis smithiana（Kerr）Seidenf.
习　　性：附生草本
海　　拔：500~700 m
国内分布：云南
国外分布：老挝、泰国、越南
濒危等级：VU A2ac；B1ab（i, iii, v）
CITES 附录：Ⅱ

肉兰属 Sarcophyton Garay

肉兰
Sarcophyton taiwanianum（Hayata）Garay
习　　性：草本
海　　拔：200~800 m
分　　布：台湾
濒危等级：LC
CITES 附录：Ⅱ

鸟足兰属 Satyrium Sw.

鸟足兰
Satyrium nepalense D. Don

鸟足兰（原变种）
Satyrium nepalense var. **nepalense**
习　　性：地生草本
海　　拔：1000~3200 m
国内分布：贵州、湖南、四川、西藏、云南
国外分布：不丹、缅甸、尼泊尔、斯里兰卡、印度
濒危等级：LC
CITES 附录：Ⅱ

缘毛鸟足兰
Satyrium nepalense var. **ciliatum**（Lindl.）Hook. f.
习　　性：地生草本
海　　拔：1200~4000 m
国内分布：四川、西藏、云南
国外分布：尼泊尔、印度
濒危等级：LC
CITES 附录：Ⅱ

云南鸟足兰
Satyrium yunnanense Rolfe
习　　性：地生草本
海　　拔：2000~3700 m
分　　布：四川、云南
濒危等级：EN A2ac
CITES 附录：Ⅱ

匙唇兰属 Schoenorchis Blume

匙唇兰
Schoenorchis gemmata（Lindl.）J. J. Sm.

习　　性：附生草本
海　　拔：200~2000 m
国内分布：福建、广西、海南、西藏、香港、云南
国外分布：不丹、柬埔寨、老挝、缅甸、尼泊尔、泰国、印度、越南
濒危等级：LC
CITES 附录：Ⅱ

圆叶匙唇兰
Schoenorchis tixieri (Guillaumin) Seidenf.
习　　性：附生草本
海　　拔：900~1400 m
国内分布：云南
国外分布：越南
濒危等级：NT
CITES 附录：Ⅱ

台湾匙唇兰
Schoenorchis venoverberghii Ames
习　　性：附生草本
海　　拔：约1000 m
国内分布：台湾
国外分布：菲律宾
濒危等级：LC
CITES 附录：Ⅱ

时珍兰属 Shizhenia X. H. Jin, L. Q. Huang, W. T. Jin et X. G. Xiang

时珍兰
Shizhenia pinguicula (Rchb. f. et S. Moore.) X. H. Jin, L. Q. Huang, W. T. Jin et X. G. Xiang
习　　性：草本
分　　布：浙江
濒危等级：CR D
CITES 附录：Ⅱ

心启兰属 Singchia Z. J. Liu et L. J. Chen

心启兰
Singchia malipoensis Z. J. Liu et L. J. Chen
习　　性：附生草本
海　　拔：1600~2000 m
分　　布：云南
濒危等级：EN A2c
CITES 附录：Ⅱ

毛轴兰属 Sirindhornia H. A. Pedersen

毛轴兰
Sirindhornia monophylla (Collett et Hemsl.) H. A. Pedersen et Suksathan
习　　性：地生草本
国内分布：云南
国外分布：缅甸、泰国
濒危等级：DD
CITES 附录：Ⅱ

怒江毛轴兰
Sirindhornia pulchella H. A. Pedersen et Indham.

习　　性：地生草本
国内分布：云南
国外分布：泰国
濒危等级：DD
CITES 附录：Ⅱ

盖喉兰属 Smitinandia Holtt.

盖喉兰
Smitinandia micrantha (Lindl.) Holttum
习　　性：附生草本
海　　拔：约600 m
国内分布：云南
国外分布：不丹、柬埔寨、老挝、马来西亚、缅甸、尼泊尔、泰国、印度、越南
濒危等级：NT A2ac
CITES 附录：Ⅱ

苞舌兰属 Spathoglottis Blume

少花苞舌兰
Spathoglottis ixioides (D. Don) Lindl.
习　　性：地生草本
海　　拔：2300~2800 m
国内分布：西藏
国外分布：不丹、尼泊尔、印度
濒危等级：NT A2ac
CITES 附录：Ⅱ

紫花苞舌兰
Spathoglottis plicata Blume
习　　性：地生草本
国内分布：台湾
国外分布：澳大利亚、巴布亚新几内亚、菲律宾、马来西亚、日本、斯里兰卡、泰国、印度、印度尼西亚、越南
濒危等级：CR A1acd
CITES 附录：Ⅱ

苞舌兰
Spathoglottis pubescens Lindl.
习　　性：地生草本
海　　拔：300~1700 m
国内分布：福建、广东、广西、贵州、湖南、江西、四川、云南、浙江
国外分布：柬埔寨、老挝、缅甸、泰国、印度、越南
濒危等级：LC
CITES 附录：Ⅱ
资源利用：环境利用（观赏）

绶草属 Spiranthes Rich.

绶草
Spiranthes sinensis (Pers.) Ames
习　　性：地生草本
海　　拔：200~3400 m
国内分布：安徽、重庆、甘肃、广东、广西、贵州、湖北、湖南、青海、山东、陕西、四川、西藏、云南、浙江

国外分布：阿富汗、澳大利亚、不丹、朝鲜、俄罗斯、菲律宾、克什米尔地区、老挝、马来西亚、蒙古、缅甸、尼泊尔、日本、泰国、印度、越南
濒危等级：LC
CITES 附录：Ⅱ
资源利用：药用（中草药）

掌唇兰属 Staurochilus Ridley ex Pfitzer

掌唇兰
Staurochilus dawsonianus (Rchb. f.) Schltr.
习　　性：附生草本
海　　拔：500~800 m
国内分布：云南
国外分布：老挝、缅甸、泰国
濒危等级：VU A2cd；B1ab（i，iii）
CITES 附录：Ⅱ

小掌唇兰
Staurochilus loratus (Rolfe ex Downie) Seidenf.
习　　性：附生草本
海　　拔：700~1500 m
国内分布：云南
国外分布：泰国
濒危等级：NT A2ac
CITES 附录：Ⅱ

豹纹掌唇兰
Staurochilus luchuensis (Rolfe) Fukuy.
习　　性：附生草本
国内分布：台湾
国外分布：菲律宾、日本
濒危等级：NT A2c
CITES 附录：Ⅱ

坚唇兰属 Stereochilus Lindl.

短轴坚唇兰
Stereochilus brevirachis Christenson
习　　性：附生草本
国内分布：云南
国外分布：越南
濒危等级：NT
CITES 附录：Ⅱ

坚唇兰
Stereochilus dalatensis (Guillaumin) Garay
习　　性：附生草本
国内分布：云南
国外分布：泰国、越南
濒危等级：DD
CITES 附录：Ⅱ

绿春坚唇兰
Stereochilus laxus (Rchb. f.) Garay
习　　性：附生草本
国内分布：云南
国外分布：越南
濒危等级：DD
CITES 附录：Ⅱ

肉药兰属 Stereosandra Bl.

肉药兰
Stereosandra javanica Blume
习　　性：地生草本
海　　拔：1200 m 以下
国内分布：台湾、云南
国外分布：巴布亚新几内亚、菲律宾、马来西亚、日本、泰国、印度尼西亚、越南
濒危等级：LC
CITES 附录：Ⅱ

指柱兰属 Stigmatodactylus Maxim. ex Makino

指柱兰
Stigmatodactylus sikokianus Maxim. ex Makino
习　　性：地生草本
海　　拔：约1800 m
国内分布：福建、湖南、台湾
国外分布：日本
濒危等级：NT B1ab（iii，v）
CITES 附录：Ⅱ

大苞兰属 Sunipia Lindl.

黄花大苞兰
Sunipia andersonii (King et Pantl.) P. F. Hunt
习　　性：附生草本
海　　拔：700~1800 m
国内分布：台湾、云南
国外分布：不丹、缅甸、泰国、印度、越南
濒危等级：LC
CITES 附录：Ⅱ

狭瓣大苞兰
Sunipia angustipetala Seidenf.
习　　性：多年生草本
国内分布：云南
国外分布：泰国
濒危等级：EN B1ab（iii）
CITES 附录：Ⅱ

绿花大苞兰
Sunipia annamensis (Ridl.) P. F. Hunt
习　　性：附生草本
海　　拔：约2400 m
国内分布：云南
国外分布：越南
濒危等级：NT
CITES 附录：Ⅱ

二色大苞兰
Sunipia bicolor Lindl.
习　　性：附生草本
海　　拔：1900~2800 m
国内分布：西藏、云南
国外分布：不丹、孟加拉国、缅甸、尼泊尔、泰国、印度

濒危等级：LC
CITES 附录：Ⅱ

白花大苞兰
Sunipia candida (Lindl.) P. F. Hunt
习　　性：附生草本
海　　拔：1900~2900 m
国内分布：西藏、云南
国外分布：不丹、印度
濒危等级：VU A2ac；B1ab (i, iii, v)
CITES 附录：Ⅱ

长序大苞兰
Sunipia cirrhata (Lindl.) P. F. Hunt
习　　性：附生草本
海　　拔：800~1800 m
国内分布：云南
国外分布：不丹、缅甸、印度
濒危等级：LC
CITES 附录：Ⅱ

大花大苞兰
Sunipia grandiflora (Rolfe) P. F. Hunt
习　　性：附生草本
国内分布：云南
国外分布：越南
濒危等级：NT
CITES 附录：Ⅱ

海南大苞兰
Sunipia hainanensis Z. H. Tsi
习　　性：附生草本
海　　拔：约 900 m
分　　布：海南
濒危等级：CR B1ab (iii, v)
CITES 附录：Ⅱ

少花大苞兰
Sunipia intermedia (King et Pantl.) P. F. Hunt
习　　性：附生草本
海　　拔：约 2000 m
国内分布：西藏
国外分布：印度
濒危等级：VU A2ac；B1ab (i, iii, v)
CITES 附录：Ⅱ

圆瓣大苞兰
Sunipia rimannii (Rchb. f.) Seidenf.
习　　性：附生草本
海　　拔：约 1600 m
国内分布：云南
国外分布：缅甸、泰国
濒危等级：EN A2ac；B1ab (i, iii, v)
CITES 附录：Ⅱ

大苞兰
Sunipia scariosa Lindl.
习　　性：附生草本
海　　拔：800~2500 m
国内分布：云南
国外分布：缅甸、尼泊尔、泰国、印度、越南
濒危等级：LC
CITES 附录：Ⅱ

苏瓣大苞兰
Sunipia soidaoensis (Seidenf.) P. F. Hunt
习　　性：附生草本
海　　拔：1900~2000 m
国内分布：云南
国外分布：泰国
濒危等级：NT
CITES 附录：Ⅱ

光花大苞兰
Sunipia thailandica (Seidenf. et Smitinand) P. F. Hunt
习　　性：附生草本
海　　拔：1400~1700 m
国内分布：云南
国外分布：泰国
濒危等级：LC
CITES 附录：Ⅱ

带叶兰属 Taeniophyllum Blume

扁根带叶兰
Taeniophyllum complanatum Fukuy.
习　　性：附生或岩生草本
分　　布：台湾
濒危等级：NT
CITES 附录：Ⅱ

带叶兰
Taeniophyllum glandulosum Blume
习　　性：附生或岩生草本
海　　拔：400~1100 m
国内分布：福建、广东、海南、湖南、四川、台湾、云南
国外分布：澳大利亚、巴布亚新几内亚、朝鲜、马来西亚、日本、泰国、印度、印度尼西亚、越南
濒危等级：LC
CITES 附录：Ⅱ

兜唇带叶兰
Taeniophyllum pusillum (Willd.) Seidenf. et Ormer.
习　　性：附生或岩生草本
海　　拔：700~1200 m
国内分布：云南
国外分布：柬埔寨、马来西亚、泰国、新加坡、印度尼西亚、越南
濒危等级：LC
CITES 附录：Ⅱ

带唇兰属 Tainia Blume

密花带唇兰
Tainia caterva T. P. Lin et W. M. Lin
习　　性：地生草本
分　　布：台湾
濒危等级：LC

CITES 附录：Ⅱ

心叶带唇兰
Tainia cordifolia Hook. f.
习　　性：地生草本
海　　拔：500～1000 m
国内分布：福建、广东、广西、台湾、云南
国外分布：越南
濒危等级：EN A2ac + 3c + 4c；B1ab（v）
CITES 附录：Ⅱ

带唇兰
Tainia dunnii Rolfe
习　　性：地生草本
海　　拔：600～1900 m
分　　布：福建、广东、广西、贵州、海南、湖南、江西、四川、台湾、浙江
濒危等级：NT A2ac
CITES 附录：Ⅱ

峨眉带唇兰
Tainia emeiensis（K. Y. Lang）Z. H. Tsi
习　　性：地生草本
海　　拔：约 800 m
分　　布：四川
濒危等级：EX
CITES 附录：Ⅱ

阔叶带唇兰
Tainia latifolia（Lindl.）Rchb. f.
习　　性：地生草本
海　　拔：700～1400 m
国内分布：海南、台湾、云南
国外分布：不丹、老挝、孟加拉国、缅甸、泰国、印度、越南
濒危等级：VU B2ab（ii，iii，v）
CITES 附录：Ⅱ

疏花带唇兰
Tainia laxiflora Makino
习　　性：地生草本
国内分布：台湾
国外分布：日本
濒危等级：DD
CITES 附录：Ⅱ

卵叶带唇兰
Tainia longiscapa（Seidenf. ex H. Turner）J. J. Wood et A. L. Lamb
习　　性：地生草本
海　　拔：600～1200 m
国内分布：海南、云南
国外分布：泰国、越南
濒危等级：CR C1 + 2a（i，ii）
CITES 附录：Ⅱ

大花带唇兰
Tainia macrantha Hook. f.
习　　性：地生草本
海　　拔：700～1200 m

国内分布：广东、广西
国外分布：越南
濒危等级：VU A2c
CITES 附录：Ⅱ

滇南带唇兰
Tainia minor Hook. f.
习　　性：地生草本
海　　拔：1900～2100 m
国内分布：西藏、云南
国外分布：缅甸、印度
濒危等级：VU A2ac
CITES 附录：Ⅱ

美丽云叶兰
Tainia pulchra（Blume）Gagnep.
习　　性：地生草本
海　　拔：海平面至 909 m
国内分布：海南
国外分布：菲律宾、柬埔寨、老挝、马来西亚、缅甸、泰国、新加坡、印度尼西亚、越南
濒危等级：VU A2c
CITES 附录：Ⅱ

云叶兰
Tainia tenuiflora（Blume）Gagnep.
习　　性：地生草本
海　　拔：约 900 m
国内分布：海南、香港
国外分布：马来西亚、泰国、印度尼西亚、越南
濒危等级：VU A2c；B1ab（iii，v）
CITES 附录：Ⅱ

泰兰属 Thaia Seidenf.

泰兰
Thaia saprophytica Seidenf.
习　　性：草本
国内分布：云南
国外分布：泰国
濒危等级：DD
CITES 附录：Ⅱ

矮柱兰属 Thelasis Blume

滇南矮柱兰
Thelasis khasiana Hook. f.
习　　性：附生草本
海　　拔：900～2000 m
国内分布：云南
国外分布：泰国、印度、越南
濒危等级：NT
CITES 附录：Ⅱ

矮柱兰
Thelasis pygmaea（Griff.）Blume
习　　性：附生草本
海　　拔：2000 m 以下
国内分布：海南、台湾、香港、云南

国外分布：巴布亚新几内亚、菲律宾、马来西亚、缅甸、尼泊尔、泰国、印度、印度尼西亚、越南
濒危等级：LC
CITES 附录：Ⅱ

白点兰属 Thrixspermum Lour.

抱茎白点兰
Thrixspermum amplexicaule(Blume)Rchb. f.
习　　性：草本
海　　拔：海平面至 100 m
国内分布：海南
国外分布：巴布亚新几内亚、菲律宾、马来西亚、泰国、印度、印度尼西亚、越南
濒危等级：NT A2ac
CITES 附录：Ⅱ

海台白点兰
Thrixspermum annamense(Guillaumin)Garay
习　　性：附生或岩生草本
海　　拔：200～1600 m
国内分布：海南、台湾
国外分布：泰国、越南
濒危等级：NT B1ab（iii，v）
CITES 附录：Ⅱ

白点兰
Thrixspermum centipeda Lour.
习　　性：附生或岩生草本
海　　拔：100～1200 m
国内分布：广西、海南、香港、云南
国外分布：柬埔寨、老挝、马来西亚、缅甸、泰国、印度、印度尼西亚、越南
濒危等级：LC
CITES 附录：Ⅱ

异色白点兰
Thrixspermum eximium L. O. Wms.
习　　性：附生或岩生草本
海　　拔：1000～1100 m
国内分布：台湾
国外分布：菲律宾
濒危等级：EN B2ab（v）
CITES 附录：Ⅱ

金唇白点兰
Thrixspermum fantasticum L. O. Williams
习　　性：附生或岩生草本
海　　拔：300～700 m
国内分布：台湾
国外分布：菲律宾、日本
濒危等级：NT B1ab（iii）+2ab（iii）
CITES 附录：Ⅱ

台湾白点兰
Thrixspermum formosanum(Hayata)Schltr.
习　　性：附生或岩生草本
海　　拔：500～1500 m
国内分布：台湾
国外分布：越南
濒危等级：LC
CITES 附录：Ⅱ

小叶白点兰
Thrixspermum japonicum(Miq.)Rchb. f.
习　　性：多年生草本
海　　拔：900～1000 m
国内分布：福建、广东、贵州、湖南、四川、台湾
国外分布：日本
濒危等级：VU A2ac；B1ab（i，iii，v）
CITES 附录：Ⅱ

黄花白点兰
Thrixspermum laurisilvaticum(Fukuy.)Garay
习　　性：附生或岩生草本
海　　拔：600～1200 m
国内分布：福建、湖南、台湾
国外分布：日本、越南
濒危等级：DD
CITES 附录：Ⅱ

三毛白点兰
Thrixspermum merguense(Hook. f.)Kuntze
习　　性：附生或岩生草本
海　　拔：700 m 以下
国内分布：台湾
国外分布：菲律宾、马来西亚、缅甸、泰国、印度尼西亚、越南
濒危等级：EN B2ab（iii）
CITES 附录：Ⅱ

香花白点兰
Thrixspermum odoratum X. Q. Song, Q. W. Meng et Y. B. Luo
习　　性：附生或岩生草本
分　　布：海南
濒危等级：LC
CITES 附录：Ⅱ

垂枝白点兰
Thrixspermum pensile Schltr.
习　　性：附生或岩生草本
国内分布：台湾
国外分布：马来西亚、泰国、印度尼西亚
濒危等级：VU D1
CITES 附录：Ⅱ

西藏白点兰
Thrixspermum pygmaeum(King et Pantl.)Holttum
习　　性：附生或岩生草本
国内分布：西藏
国外分布：尼泊尔、印度
濒危等级：LC
CITES 附录：Ⅱ

长轴白点兰
Thrixspermum saruwatarii(Hayata)Schltr.
习　　性：附生或岩生草本
海　　拔：1200 m 以下

分　　布：台湾
濒危等级：LC
CITES 附录：Ⅱ

厚叶白点兰
Thrixspermum subulatum (Blume) Rchb. f.
习　　性：附生或岩生草本
海　　拔：700 m 以下
国内分布：台湾
国外分布：菲律宾、印度尼西亚
濒危等级：VU D1
CITES 附录：Ⅱ

同色白点兰
Thrixspermum trichoglottis (Hook. f.) Kuntze
习　　性：附生或岩生草本
海　　拔：700~800 m
国内分布：云南
国外分布：老挝、马来西亚、缅甸、泰国、新加坡、印度、印度尼西亚、越南
濒危等级：NT A2ac
CITES 附录：Ⅱ

吉氏白点兰
Thrixspermum tsii W. H. Chen et Y. M. Shui
习　　性：多年生草本
海　　拔：700~1500 m
分　　布：云南
濒危等级：EN A2ac；B1ab (i, iii, v)
CITES 附录：Ⅱ

笋兰属 Thunia Rchb. f.

笋兰
Thunia alba (Lindl.) Rchb. f.
习　　性：地生或附生草本
海　　拔：1200~2300 m
国内分布：四川、西藏、云南
国外分布：不丹、马来西亚、缅甸、尼泊尔、泰国、印度、印度尼西亚、越南
濒危等级：LC
CITES 附录：Ⅱ
资源利用：药用（中草药）

筒距兰属 Tipularia Nutt.

软叶筒距兰
Tipularia cunninghamii (King et Prain) S. C. Chen
习　　性：地生草本
海　　拔：2700~2900 m
国内分布：台湾
国外分布：尼泊尔、印度
濒危等级：NT
CITES 附录：Ⅱ

短柄筒距兰
Tipularia josephii Rchb. f. ex Lindl.
习　　性：地生草本
海　　拔：约 2800 m
国内分布：西藏
国外分布：不丹、缅甸、尼泊尔、印度
濒危等级：NT D2
CITES 附录：Ⅱ

台湾筒距兰
Tipularia odorata Fukuy.
习　　性：地生草本
海　　拔：1500~2600 m
分　　布：台湾
濒危等级：NT
CITES 附录：Ⅱ

筒距兰
Tipularia szechuanica Schltr.
习　　性：地生草本
海　　拔：3300~4000 m
分　　布：甘肃、陕西、四川、云南
濒危等级：VU A3c
CITES 附录：Ⅱ

毛舌兰属 Trichoglottis Bl.

短穗毛舌兰
Trichoglottis rosea (Lindl.) Ames
习　　性：附生草本
分　　布：台湾
濒危等级：LC
CITES 附录：Ⅱ

毛舌兰
Trichoglottis triflora (Guillaumin) Garay et Seidenf.
习　　性：攀援附生草本
海　　拔：1100~1200 m
国内分布：云南
国外分布：泰国、越南
濒危等级：CR A2c
CITES 附录：Ⅱ

毛鞘兰属 Trichotosia Bl.

瓜子毛鞘兰
Trichotosia dasyphylla (E. C. Parish et Rchb. f.) Kraenzl.
习　　性：附生或岩生草本
海　　拔：900~1600 m
国内分布：云南
国外分布：老挝、缅甸、尼泊尔、泰国、印度、越南
濒危等级：EN D2
CITES 附录：Ⅱ

东方毛叶兰
Trichotosia dongfangensis X. H. Jin et L. P. Siu
习　　性：附生或岩生草本
海　　拔：1300~1500 m
分　　布：海南
濒危等级：DD
CITES 附录：Ⅱ

小叶毛鞘兰
Trichotosia microphylla Blume
习　　性：附生或岩生草本

海　　拔：1000~1500 m
国内分布：海南、云南
国外分布：马来西亚、泰国、印度尼西亚、越南
濒危等级：LC
CITES 附录：Ⅱ

高茎毛鞘兰
Trichotosia pulvinata (Lindl.) Kraenzl.
习　　性：附生或岩生草本
海　　拔：1200~2000 m
国内分布：广西、云南
国外分布：柬埔寨、老挝、马来西亚、缅甸、泰国、印度、越南
濒危等级：LC
CITES 附录：Ⅱ

竹茎兰属 Tropidia Lindl.

阔叶竹茎兰
Tropidia angulosa (Lindl.) Blume
习　　性：草质藤本
海　　拔：100~1800 m
国内分布：广西、台湾、西藏、云南
国外分布：不丹、马来西亚、缅甸、日本、泰国、印度、印度尼西亚、越南
濒危等级：NT A3c
CITES 附录：Ⅱ
资源利用：环境利用（观赏）

短穗竹茎兰
Tropidia curculigoides Lindl.
习　　性：草质藤本
海　　拔：200~1000 m
国内分布：广西、海南、四川、台湾、西藏、香港、云南
国外分布：柬埔寨、马来西亚、缅甸、泰国、印度、印度尼西亚、越南
濒危等级：LC
CITES 附录：Ⅱ
资源利用：环境利用（观赏）

峨眉竹茎兰
Tropidia emeishanica K. Y. Lang
习　　性：地生草本
海　　拔：1100~1200 m
分　　布：四川
濒危等级：CR B1ac (ii)
CITES 附录：Ⅱ

南北竹茎兰
Tropidia nanhuae W. M. Lin, L. L. Huang et T. P. Lin
习　　性：草质藤本
海　　拔：100~200 m
分　　布：台湾
濒危等级：LC
CITES 附录：Ⅱ

竹茎兰
Tropidia nipponica Masam.
习　　性：草质藤本

国内分布：台湾
国外分布：日本南部
濒危等级：LC
CITES 附录：Ⅱ

台湾竹茎兰
Tropidia somai Hayata
习　　性：地生草本
分　　布：台湾
濒危等级：DD
CITES 附录：Ⅱ

长喙兰属 Tsaiorchis Tang et F. T. Wang

长喙兰
Tsaiorchis keiskeoides (Gagnep.) X. H. Jin, Schuit. et W. T. Jin
习　　性：地生草本
海　　拔：约1500 m
国内分布：广西、云南
国外分布：泰国
濒危等级：EN A2ac；B1ab (i, iii, v)；D2
CITES 附录：Ⅱ

管唇兰属 Tuberolabium Yamam.

管唇兰
Tuberolabium kotoense Yamam.
习　　性：附生草本
分　　布：台湾
濒危等级：VU A2acd
CITES 附录：Ⅱ

叉喙兰属 Uncifera Lindl.

叉喙兰
Uncifera acuminata Lindl.
习　　性：附生草本
海　　拔：1300~1900 m
国内分布：贵州、云南
国外分布：不丹、尼泊尔、印度
濒危等级：LC
CITES 附录：Ⅱ

钝叶叉喙兰
Uncifera obtusifolia Lindl.
习　　性：附生草本
国内分布：云南
国外分布：不丹、尼泊尔、印度
濒危等级：DD
CITES 附录：Ⅱ

中泰叉喙兰
Uncifera thailandica Seidenf. et Smitinand
习　　性：附生草本
海　　拔：约1400 m
国内分布：云南
国外分布：泰国
濒危等级：NT
CITES 附录：Ⅱ

万代兰属 Vanda Jones ex R. Br.

垂头万代兰
Vanda alpina (Lindl.) Lindl.
　　习　　性：附生草本
　　海　　拔：900~2000 m
　　国内分布：云南
　　国外分布：不丹、尼泊尔、印度、越南
　　濒危等级：CR B1ab（ii, iii, v）; C1
　　CITES 附录：II

白柱万代兰
Vanda brunnea Rchb. f.
　　习　　性：附生草本
　　海　　拔：800~2000 m
　　国内分布：云南
　　国外分布：缅甸、泰国、越南
　　濒危等级：VU A2ac+3c; B1ab（i, iii, v）
　　CITES 附录：II

大花万代兰
Vanda coerulea Griff. ex Lindl.
　　习　　性：附生草本
　　海　　拔：1000~1600 m
　　国内分布：云南
　　国外分布：缅甸、泰国、印度
　　濒危等级：EN A2ac; B1ab（i, iii, v）
　　国家保护：II级
　　CITES 附录：II
　　资源利用：环境利用（观赏）

小蓝万代兰
Vanda coerulescens Griff.
　　习　　性：附生草本
　　海　　拔：300~1600 m
　　国内分布：云南
　　国外分布：缅甸、泰国、越南
　　濒危等级：VU A2c+3cd; B1ab（i, iii, v）; C1
　　CITES 附录：II

琴唇万代兰
Vanda concolor Blume
　　习　　性：附生草本
　　海　　拔：700~1600 m
　　国内分布：广西、贵州、云南
　　国外分布：越南
　　濒危等级：VU A2c; B1ab（i, iii, v）
　　CITES 附录：II
　　资源利用：环境利用（观赏）

叉唇万代兰
Vanda cristata Lindl.
　　习　　性：附生草本
　　海　　拔：700~1700 m
　　国内分布：西藏、云南
　　国外分布：不丹、尼泊尔、印度、越南
　　濒危等级：EN B2ab（ii, iii, v）
　　CITES 附录：II

广东万代兰
Vanda fuscoviridis Lindl.
　　习　　性：附生草本
　　国内分布：广东
　　国外分布：越南
　　濒危等级：DD
　　CITES 附录：II

广西万代兰
Vanda guangxiensis Fowlie
　　习　　性：附生草本
　　分　　布：广西
　　濒危等级：DD
　　CITES 附录：II

雅美万代兰
Vanda lamellata Lindl.
　　习　　性：附生草本
　　国内分布：台湾
　　国外分布：菲律宾、日本
　　濒危等级：VU D2
　　CITES 附录：II

矮万代兰
Vanda pumila Hook. f.
　　习　　性：附生草本
　　海　　拔：500~1800 m
　　国内分布：广西、海南、云南
　　国外分布：不丹、老挝、缅甸、尼泊尔、泰国、印度、越南
　　濒危等级：VU A2ac; B1ab（i, iii, v）
　　CITES 附录：II

纯色万代兰
Vanda subconcolor Tang et F. T. Wang
　　习　　性：附生草本
　　海　　拔：600~1000 m
　　分　　布：海南、云南
　　濒危等级：EN A2ac; B1ab（i, iii, v）
　　CITES 附录：II
　　资源利用：环境利用（观赏）

拟万代兰属 Vandopsis Pfitzer

拟万代兰
Vandopsis gigantea (Lindl.) Pfitzer
　　习　　性：附生或岩生草本
　　海　　拔：800~1700 m
　　国内分布：广西、云南
　　国外分布：老挝、马来西亚、缅甸、泰国、越南
　　濒危等级：LC
　　CITES 附录：II
　　资源利用：环境利用（观赏）

白花拟万代兰
Vandopsis undulata (Lindl.) J. J. Sm.
　　习　　性：附生或岩生草本
　　海　　拔：1500~2300 m
　　国内分布：西藏、云南

国外分布：不丹、尼泊尔、印度
濒危等级：LC
CITES 附录：Ⅱ

香荚兰属 Vanilla Mill.

南方香荚兰
Vanilla annamica Gagnep.
习　　性：攀援草本
海　　拔：1200~1300 m
国内分布：福建、贵州、香港、云南
国外分布：泰国、越南
濒危等级：VU A3c
CITES 附录：Ⅱ

深圳香荚兰
Vanilla shenzhenica Z. J. Liu et S. C. Chen
习　　性：草质藤本
海　　拔：300 m 以下
分　　布：广东
濒危等级：DD
国家保护：Ⅱ级
CITES 附录：Ⅱ

大香荚兰
Vanilla siamensis Rolfe ex Downie
习　　性：草质藤本
海　　拔：800~1200 m
国内分布：云南
国外分布：泰国
濒危等级：EN B2ab（ii, iii, v）
CITES 附录：Ⅱ

台湾香荚兰
Vanilla somai Hayata
习　　性：草质缠绕藤本
海　　拔：0~1200 m
分　　布：台湾
濒危等级：LC
CITES 附录：Ⅱ

宝岛香荚兰
Vanilla taiwaniana S. S. Ying
习　　性：草质藤本
海　　拔：800~1600. m
分　　布：台湾
濒危等级：LC
CITES 附录：Ⅱ

二尾兰属 Vrydagzynea Blume

二尾兰
Vrydagzynea nuda Blume
习　　性：地生草本
海　　拔：300~700 m
国内分布：海南、台湾、香港
国外分布：马来西亚、印度尼西亚
濒危等级：LC
CITES 附录：Ⅱ

宽距兰属 Yoania Maxim.

宽距兰
Yoania japonica Maxim.
习　　性：腐生草本
海　　拔：1800~2000 m
国内分布：福建、江西、台湾
国外分布：日本、印度
濒危等级：EN B1ab（iii）
CITES 附录：Ⅱ

线柱兰属 Zeuxine Lindl.

宽叶线柱兰
Zeuxine affinis（Lindl.）Benth. ex Hook. f.
习　　性：地生草本
海　　拔：800~1700 m
国内分布：广东、海南、湖南、台湾、云南
国外分布：不丹、老挝、马来西亚、孟加拉国、缅甸、泰国、印度、越南
濒危等级：LC
CITES 附录：Ⅱ

绿叶线柱兰
Zeuxine agyokuana Fukuy.
习　　性：地生草本
海　　拔：约900 m
国内分布：台湾
国外分布：日本
濒危等级：LC
CITES 附录：Ⅱ

黄花线柱兰
Zeuxine flava（Wall. ex Lindl.）Trimen
习　　性：地生草本
海　　拔：约1400 m
国内分布：云南
国外分布：不丹、马来西亚、缅甸、尼泊尔、泰国、印度、越南
濒危等级：NT
CITES 附录：Ⅱ

耿马线柱兰
Zeuxine gengmanensis（K. Y. Lang）Ormer.
习　　性：地生草本
海　　拔：约2500 m
分　　布：云南
濒危等级：CR B1ab（i, iii, v）
CITES 附录：Ⅱ

白肋线柱兰
Zeuxine goodyeroides Lindl.
习　　性：地生草本
海　　拔：1200~2500 m
国内分布：广西、云南
国外分布：不丹、尼泊尔、印度、越南
濒危等级：LC
CITES 附录：Ⅱ

大花线柱兰
Zeuxine grandis Seidenf.
- 习　　性：地生草本
- 海　　拔：约 600 m
- 国内分布：海南、湖南
- 国外分布：泰国、越南
- 濒危等级：VU A2ac；B1ab（i，iii，v）
- CITES 附录：II

海南线柱兰
Zeuxine hainanensis Han Xu, H. J. Yang et Y. D. Li
- 习　　性：草本
- 海　　拔：约 1000 m
- 分　　布：海南
- CITES 附录：II

全唇线柱兰
Zeuxine integrilabella C. S. Leou
- 习　　性：地生草本
- 海　　拔：1000~1800 m
- 分　　布：台湾
- 濒危等级：VU D1
- CITES 附录：II

关刀溪线柱兰
Zeuxine kantokeiensis Tatew. et Masam.
- 习　　性：地生草本
- 分　　布：台湾
- 濒危等级：LC
- CITES 附录：II

膜质线柱兰
Zeuxine membranacea Lindl.
- 习　　性：地生草本
- 国内分布：香港
- 国外分布：不丹、柬埔寨、缅甸、泰国、印度、越南
- 濒危等级：DD
- CITES 附录：II

芳线柱兰
Zeuxine nervosa(Lindl.)Trimen
- 习　　性：地生草本
- 海　　拔：200~1200 m
- 国内分布：台湾、云南
- 国外分布：不丹、菲律宾、柬埔寨、老挝、孟拉加国、尼泊尔、日本、斯里兰卡、泰国、印度、越南
- 濒危等级：LC
- CITES 附录：II

眉原线柱兰
Zeuxine niijimai Tatew. et Masam.
- 习　　性：草本
- 分　　布：台湾
- 濒危等级：LC
- CITES 附录：II

香线柱兰
Zeuxine odorata Fukuy.
- 习　　性：地生草本
- 海　　拔：约 300 m
- 国内分布：台湾
- 国外分布：日本
- 濒危等级：LC
- CITES 附录：II

卵叶线柱兰
Zeuxine ovalifolia L. Li et S. J. Li
- 习　　性：草本
- 海　　拔：约 1400 m
- 分　　布：海南
- 濒危等级：LC
- CITES 附录：II

白花线柱兰
Zeuxine parvifolia(Ridl.)Seidenf.
- 习　　性：地生草本
- 海　　拔：200~1700 m
- 国内分布：海南、台湾、香港、云南
- 国外分布：菲律宾、柬埔寨、老挝、马来西亚、缅甸、日本、泰国、越南
- 濒危等级：LC
- CITES 附录：II

菲律宾线柱兰
Zeuxine philippinensis(Ames)Ames
- 习　　性：地生草本
- 海　　拔：约 200 m
- 国内分布：台湾
- 国外分布：菲律宾
- 濒危等级：CR C2a（i）
- CITES 附录：II

折唇线柱兰
Zeuxine reflexa King et Pantl.
- 习　　性：地生草本
- 海　　拔：约 700 m
- 国内分布：台湾、香港
- 国外分布：不丹、泰国、印度
- CITES 附录：II

线柱兰
Zeuxine strateumatica(L.)Schltr.
- 习　　性：地生草本
- 海　　拔：1000 m 以下
- 国内分布：福建、广东、广西、海南、湖北、四川、台湾、云南
- 国外分布：阿富汗、巴布亚新几内亚、不丹、菲律宾、柬埔寨、克什米尔地区、老挝、马来西亚、缅甸、日本、斯里兰卡、泰国、印度、越南
- 濒危等级：LC
- CITES 附录：II

拟线柱兰属 Zeuxinella Aver.

拟线柱兰
Zeuxinella vietnamica(Aver.)Aver.
- 习　　性：地生草本
- 国内分布：广西

国外分布：越南
濒危等级：LC
CITES 附录：Ⅱ

列当科 OROBANCHACEAE
（32 属：588 种）

野菰属 Aeginetia L.

短梗野菰
Aeginetia acaulis (Roxb.) Walp.
习　　性：寄生草本
海　　拔：900~1200 m
国内分布：广西、贵州
国外分布：菲律宾、柬埔寨、缅甸、印度、印度尼西亚
濒危等级：LC

野菰
Aeginetia indica L.
习　　性：一年生寄生草本
海　　拔：200~1800 m
国内分布：安徽、福建、广东、广西、贵州、湖南、江苏、江西、四川、台湾、云南、浙江
国外分布：不丹、菲律宾、柬埔寨、老挝、马来西亚、孟加拉国、缅甸、尼泊尔、日本、斯里兰卡、泰国、印度、印度尼西亚、越南
濒危等级：LC
资源利用：药用（中草药）

中国野菰
Aeginetia sinensis Beck
习　　性：肉质草本
海　　拔：800~900 m
国内分布：安徽、福建、江西、浙江
国外分布：日本
濒危等级：LC

黑蒴属 Alectra Thunb.

黑蒴
Alectra arvensis (Benth.) Merr.
习　　性：一年生草本
海　　拔：700~2100 m
国内分布：广东、广西、台湾、云南
国外分布：不丹、菲律宾、缅甸、印度、印度尼西亚
濒危等级：LC

草苁蓉属 Boschniakia C. A. Mey.

丁座草
Boschniakia himalaica Hook. f. et Thomson
习　　性：肉质草本
海　　拔：2500~4400 m
国内分布：甘肃、湖北、青海、陕西、四川、台湾、西藏、云南
国外分布：不丹、尼泊尔、印度

濒危等级：VU A2acd+3cd
资源利用：药用（中草药）

草苁蓉
Boschniakia rossica (Cham. et Schltdl.) B. Fedtsch.
习　　性：肉质草本
海　　拔：1500~1800 m
国内分布：黑龙江、吉林、辽宁、内蒙古
国外分布：朝鲜、俄罗斯、日本
濒危等级：VU A2c; B2ab (ⅱ, ⅲ)
国家保护：Ⅱ级
资源利用：药用（中草药）

黄色草苁蓉
Boschniakia rossica var. **flavida** Y. Zhang et J. Y. Ma
习　　性：肉质草本
分　　布：黑龙江、内蒙古
濒危等级：DD

来江藤属 Brandisia Hook. f. et Thomson

茎花来江藤
Brandisia cauliflora P. C. Tsoong et L. T. Lu
习　　性：灌木
分　　布：广西
濒危等级：LC

异色来江藤
Brandisia discolor Hook. f. et Thomson
习　　性：灌木
海　　拔：约1500 m
国内分布：云南
国外分布：老挝、缅甸、泰国、印度、越南
濒危等级：LC

退毛来江藤
Brandisia glabrescens Rehder

退毛来江藤（原变种）
Brandisia glabrescens var. **glabrescens**
习　　性：灌木
海　　拔：1400~2300 m
国内分布：云南
国外分布：越南
濒危等级：LC

黄背退毛来江藤
Brandisia glabrescens var. **hypochrysa** P. C. Tsoong
习　　性：灌木
分　　布：云南
濒危等级：NT B2ab (ⅰ, ⅲ, ⅴ); D2

来江藤
Brandisia hancei Hook. f.
习　　性：灌木
海　　拔：500~2600 m
分　　布：广东、广西、贵州、湖北、陕西、四川、云南
濒危等级：LC
资源利用：药用（中草药）

广西来江藤
Brandisia kwangsiensis H. L. Li
- 习　　性：灌木
- 海　　拔：900~2700 m
- 分　　布：广西、贵州、云南
- 濒危等级：LC

总花来江藤
Brandisia racemosa Hemsl.
- 习　　性：灌木
- 海　　拔：2800 m 以下
- 分　　布：贵州、云南
- 濒危等级：LC

红花来江藤
Brandisia rosea W. W. Sm.

红花来江藤（原变种）
Brandisia rosea var. **rosea**
- 习　　性：灌木
- 海　　拔：2000~3000 m
- 国内分布：四川、云南
- 国外分布：不丹、印度
- 濒危等级：NT B2ab（i, iii, v）; D2

黄花红花来江藤
Brandisia rosea var. **flava** C. E. C. Fisch.
- 习　　性：灌木
- 海　　拔：约 2500 m
- 国内分布：西藏、云南
- 国外分布：不丹
- 濒危等级：LC

岭南来江藤
Brandisia swinglei Merr.
- 习　　性：灌木
- 海　　拔：500~1000 m
- 分　　布：广东、广西、湖南
- 濒危等级：LC

黑草属 Buchnera L.

黑草
Buchnera cruciata Buch.-Ham. ex D. Don
- 习　　性：草本
- 海　　拔：1600 m 以下
- 国内分布：福建、广东、广西、贵州、湖北、湖南、江西、云南
- 国外分布：柬埔寨、老挝、马来西亚、缅甸、尼泊尔、泰国、印度、印度尼西亚、越南
- 濒危等级：LC
- 资源利用：药用（中草药）

火焰草属 Castilleja Mutis ex L. f.

火焰草
Castilleja pallida（L.）Spreng.
- 习　　性：多年生草本
- 海　　拔：700~900 m
- 国内分布：黑龙江、内蒙古
- 国外分布：俄罗斯、蒙古
- 濒危等级：LC

胡麻草属 Centranthera R. Br.

胡麻草
Centranthera cochinchinensis（Lour.）Merr.

胡麻草（原变种）
Centranthera cochinchinensis var. **cochinchinensis**
- 习　　性：一年生草本
- 海　　拔：500~1500 m
- 国内分布：安徽、福建、广东、广西、海南
- 国外分布：澳大利亚、朝鲜、菲律宾、柬埔寨、老挝、马来西亚、缅甸、尼泊尔、日本、斯里兰卡、泰国、印度、印度尼西亚、越南
- 濒危等级：LC

中南胡麻草
Centranthera cochinchinensis var. **lutea**（Hara）H. Hara
- 习　　性：一年生草本
- 海　　拔：海平面至 1100 m
- 国内分布：安徽、福建、广东、广西、海南、湖南、江苏、江西、四川、西藏、云南
- 国外分布：朝鲜、菲律宾、柬埔寨、老挝、马来西亚、缅甸、日本、泰国、印度、越南
- 濒危等级：LC

西南胡麻草
Centranthera cochinchinensis var. **nepalensis**（D. Don）Merr.
- 习　　性：一年生草本
- 海　　拔：700~1500 m
- 国内分布：四川、西藏、云南
- 国外分布：尼泊尔、斯里兰卡、印度
- 濒危等级：LC
- 资源利用：药用（中草药）

大花胡麻草
Centranthera grandiflora Benth.
- 习　　性：一年生草本
- 海　　拔：约 800 m
- 国内分布：广西、贵州、西藏、云南
- 国外分布：不丹、缅甸、尼泊尔、印度、越南
- 濒危等级：LC
- 资源利用：药用（中草药）

矮胡麻草
Centranthera tranquebarica（Spreng.）Merr.
- 习　　性：一年生草本
- 国内分布：福建、广东、广西、海南
- 国外分布：柬埔寨、老挝、马来西亚、斯里兰卡、泰国、印度、越南
- 濒危等级：LC

假野菰属 Christisonia Garden

假野菰
Christisonia hookeri C. B. Clarke

习　　性：寄生草本
海　　拔：1500～2000 m
国内分布：广东、广西、贵州、海南、四川、云南
国外分布：老挝、斯里兰卡、泰国、印度
濒危等级：NT B1ab（i, iii）

肉苁蓉属 Cistanche Hoffm. et Link.

肉苁蓉
Cistanche deserticola Ma
习　　性：多年生草本
海　　拔：200～1200 m
国内分布：甘肃、内蒙古、宁夏、新疆
国外分布：蒙古
濒危等级：NT
国家保护：Ⅱ级
CITES 附录：Ⅱ
资源利用：药用（中草药）

兰州肉苁蓉
Cistanche lanzhouensis Z. Y. Zhang
习　　性：多年生草本
国内分布：甘肃、内蒙古、宁夏
国外分布：蒙古东部和南部
濒危等级：DD

盐生肉苁蓉
Cistanche salsa(C. A. Mey.)Beck
习　　性：多年生草本
海　　拔：700～2700 m
国内分布：甘肃、内蒙古、青海、新疆
国外分布：哈萨克斯坦、吉尔吉斯斯坦、蒙古、塔吉克斯坦、土库曼斯坦、乌兹别克斯坦、西南亚
濒危等级：LC
资源利用：药用（中草药）

沙苁蓉
Cistanche sinensis Beck
习　　性：多年生草本
海　　拔：1000～2400 m
分　　布：甘肃、内蒙古、宁夏、新疆
濒危等级：NT A2c
资源利用：药用（中草药）

管花肉苁蓉
Cistanche tubulosa Wight
习　　性：多年生草本
海　　拔：约1200 m
国内分布：新疆
国外分布：阿拉伯、巴基斯坦、印度
濒危等级：NT
国家保护：Ⅱ级
资源利用：药用（中草药）

芯芭属 Cymbaria L.

达乌里芯芭
Cymbaria daurica L.
习　　性：多年生草本
海　　拔：600～1100 m
国内分布：河北、黑龙江、吉林、内蒙古
国外分布：俄罗斯、蒙古
濒危等级：LC

蒙古芯芭
Cymbaria mongolica Maxim.
习　　性：多年生草本
海　　拔：800～2000 m
分　　布：甘肃、河北、内蒙古、青海、山西、陕西
濒危等级：LC

小米草属 Euphrasia L.

东北小米草
Euphrasia amurensis Freyn
习　　性：一年生草本
海　　拔：约1030 m
国内分布：黑龙江、内蒙古
国外分布：俄罗斯
濒危等级：LC

短唇小米草
Euphrasia brevilabris Yi. F. Wang, Y. S. Lian et G. Z. Du
习　　性：一年生草本
分　　布：甘肃
濒危等级：LC

多腺小米草
Euphrasia durietziana Ohwi
习　　性：多年生草本
海　　拔：2800～3500 m
分　　布：台湾
濒危等级：LC

长腺小米草
Euphrasia hirtella Jord. ex Reut.
习　　性：一年生草本
海　　拔：1400～1800 m
国内分布：黑龙江、吉林、内蒙古、西藏、新疆
国外分布：朝鲜、俄罗斯、哈萨克斯坦、蒙古
濒危等级：LC

大花小米草
Euphrasia jaeschkei Wettst.
习　　性：一年生草本
海　　拔：3200～3400 m
国内分布：西藏
国外分布：巴基斯坦、尼泊尔、印度
濒危等级：LC

光叶小米草
Euphrasia matsudae Yamam.
习　　性：多年生草本
海　　拔：2000～3000 m
分　　布：台湾
濒危等级：LC

高山小米草
Euphrasia nankotaizanensis Yamam.

习　　性：多年生草本
海　　拔：2800～3600 m
分　　布：台湾
濒危等级：NT

小米草
Euphrasia pectinata Ten.

小米草（原亚种）
Euphrasia pectinata subsp. **pectinata**
习　　性：一年生草本
海　　拔：2400～4000 m
国内分布：甘肃、河北、黑龙江、吉林、辽宁、内蒙古、宁夏、青海、山东、山西、四川、新疆
国外分布：朝鲜、俄罗斯、蒙古
濒危等级：LC

四川小米草
Euphrasia pectinata subsp. **sichuanica** D. Y. Hong
习　　性：一年生草本
海　　拔：2400～3200 m
分　　布：四川
濒危等级：DD

高枝小米草
Euphrasia pectinata subsp. **simplex**(Freyn) D. Y. Hong
习　　性：一年生草本
海　　拔：约2600 m
国内分布：河北、黑龙江、吉林、辽宁、内蒙古、山东、山西、新疆
国外分布：朝鲜、俄罗斯
濒危等级：LC

矮小米草
Euphrasia pumilio Ohwi
习　　性：多年生草本
海　　拔：3100～3800 m
分　　布：台湾
濒危等级：LC

短腺小米草
Euphrasia regelii Wettst.

短腺小米草（原亚种）
Euphrasia regelii subsp. **regelii**
习　　性：一年生草本
海　　拔：1200～3500 m
国内分布：甘肃、河北、湖北、内蒙古、青海、山西、陕西、四川、西藏、新疆、云南
国外分布：哈萨克斯坦、吉尔吉斯斯坦、克什米尔地区、蒙古、塔吉克斯坦、乌兹别克斯坦
濒危等级：LC

川藏短腺小米草
Euphrasia regelii subsp. **kangtienensis** D. Y. Hong
习　　性：一年生草本
海　　拔：2900～4000 m
分　　布：四川、西藏
濒危等级：LC

大鲁阁小米草
Euphrasia tarokoana Ohwi
习　　性：多年生草本
海　　拔：1300～2000 m
分　　布：台湾
濒危等级：VU D2

台湾小米草
Euphrasia transmorrisonensis Hayata

台湾小米草（原变种）
Euphrasia transmorrisonensis var. **transmorrisonensis**
习　　性：多年生草本
海　　拔：2600～3300 m
分　　布：台湾
濒危等级：LC

台湾碎雪草
Euphrasia transmorrisonensis var. **durietziana**（Ohwi）T. C. Huang et M. J. Wu
习　　性：多年生草本
分　　布：台湾
濒危等级：NT

蔗寄生属 Gleadovia Gamble et Prain

宝兴蔗寄生
Gleadovia mupinense Hu
习　　性：寄生草本
海　　拔：3000～3500 m
分　　布：四川
濒危等级：EN A2c

蔗寄生
Gleadovia ruborum Gamble et Prain
习　　性：寄生草本
海　　拔：900～3500 m
国内分布：广西、湖北、湖南、四川、云南
国外分布：印度
濒危等级：VU D1＋2

齿鳞草属 Lathraea L.

齿鳞草
Lathraea japonica Miq.
习　　性：寄生草本
海　　拔：1500～2200 m
国内分布：甘肃、广东、贵州、陕西、四川
国外分布：朝鲜、日本
濒危等级：NT B1ab（i，iii）

方茎草属 Leptorhabdos Schrenk

方茎草
Leptorhabdos parviflora（Benth.）Benth.
习　　性：一年生草本
海　　拔：800～1500 m
国内分布：甘肃、西藏、新疆
国外分布：阿富汗、巴基斯坦、哈萨克斯坦、吉尔吉斯斯坦、

克什米尔地区、塔吉克斯坦、土库曼斯坦、乌兹别克斯坦、印度
濒危等级：LC

豆列当属 Mannagettaea Harry Sm.

矮生豆列当
Mannagettaea hummelii Harry Sm.
习　　性：寄生草本
海　　拔：3200~3700 m
国内分布：甘肃、青海
国外分布：俄罗斯
濒危等级：VU A2c；B1ab（iii，v）

豆列当
Mannagettaea labiata Harry Sm.
习　　性：寄生草本
海　　拔：约 3600 m
分　　布：四川
濒危等级：VU A2c

山罗花属 Melampyrum L.

天柱山罗花
Melampyrum aphraditis S. B. Zhou et X. H. Guo
习　　性：一年生草本
海　　拔：约 1000 m
分　　布：安徽
濒危等级：LC

滇川山罗花
Melampyrum klebelsbergianum Soó
习　　性：一年生草本
海　　拔：1200~3400 m
分　　布：贵州、四川、云南
濒危等级：LC

圆苞山罗花
Melampyrum laxum Miq.
习　　性：一年生草本
海　　拔：约 900 m
国内分布：福建、浙江
国外分布：日本
濒危等级：DD

山罗花
Melampyrum roseum Maxim.

山罗花（原变种）
Melampyrum roseum var. **roseum**
习　　性：一年生草本
海　　拔：1500 m 以下
国内分布：安徽、福建、甘肃、广东、贵州、河北、河南、黑龙江、湖北、湖南、吉林、江苏、江西、辽宁、山东、山西、陕西、浙江
国外分布：朝鲜、俄罗斯、日本
濒危等级：LC

钝叶山罗花
Melampyrum roseum var. **obtusifolium**（Bonati）D. Y. Hong
习　　性：一年生草本
海　　拔：700~1000 m
分　　布：广东、贵州、湖北
濒危等级：LC

卵叶山罗花
Melampyrum roseum var. **ovalifolium**（Nakai）Nakai ex Beauverd
习　　性：一年生草本
海　　拔：900 m 以下
国内分布：浙江
国外分布：朝鲜、日本
濒危等级：DD

狭叶山罗花
Melampyrum roseum var. **setaceum** Maxim. ex Palib.
习　　性：一年生草本
国内分布：辽宁
国外分布：朝鲜、俄罗斯
濒危等级：DD

鹿茸草属 Monochasma Maxim. ex Franch. et Sav.

单花鹿茸草
Monochasma monantha Hemsl.
习　　性：多年生草本
分　　布：广东
濒危等级：DD

沙氏鹿茸草
Monochasma savatieri Franch. ex Maxim.
习　　性：多年生草本
海　　拔：200~1100 m
国内分布：福建、江西、浙江
国外分布：日本
濒危等级：LC
资源利用：药用（中草药）

鹿茸草
Monochasma sheareri（S. Moore）Maxim. ex Franch. et Sav.
习　　性：一年生草本
海　　拔：100~? m
国内分布：安徽、广西、湖北、江苏、江西、浙江
国外分布：日本
濒危等级：LC

疗齿草属 Odontites Ludw.

疗齿草
Odontites vulgaris Moench
习　　性：一年生草本
海　　拔：2000 m 以下
国内分布：甘肃、河北、黑龙江、吉林、辽宁、内蒙古、宁夏、青海、山西、陕西、新疆
国外分布：俄罗斯、哈萨克斯坦、吉尔吉斯斯坦、蒙古、塔吉克斯坦、乌兹别克斯坦
濒危等级：LC

脐草属 Omphalotrix Maxim.

脐草
Omphalotrix longipes Maxim.

习　　性：一年生草本
海　　拔：300～400 m
国内分布：北京、河北、黑龙江、吉林、辽宁、内蒙古
国外分布：朝鲜、俄罗斯
濒危等级：LC

列当属 Orobanche L.

分枝列当
Orobanche aegyptiaca Pers.
习　　性：一年生寄生草本
海　　拔：100～1400 m
国内分布：新疆
国外分布：阿富汗、巴基斯坦、俄罗斯、哈萨克斯坦、吉尔吉斯斯坦、克什米尔地区、孟加拉国、尼泊尔、塔吉克斯坦、土库曼斯坦、乌兹别克斯坦、印度
濒危等级：LC

白花列当
Orobanche alba Stephan
习　　性：寄生草本
海　　拔：2500～3700 m
国内分布：四川、西藏
国外分布：阿富汗、巴基斯坦、克什米尔、尼泊尔、土库曼斯坦
濒危等级：NT B

多色列当
Orobanche alsatica Kirschl.
习　　性：二年生草本
海　　拔：1200～2000 m
国内分布：湖北、四川
国外分布：俄罗斯、哈萨克斯坦、吉尔吉斯斯坦、乌兹别克斯坦
濒危等级：LC

美丽列当
Orobanche amoena C. A. Mey.
习　　性：二年生或多年生草本
海　　拔：600～1500 m
国内分布：河北、辽宁、内蒙古、山西、陕西、新疆
国外分布：哈萨克斯坦、吉尔吉斯斯坦、蒙古、塔吉克斯坦、土库曼斯坦、乌兹别克斯坦
濒危等级：NT B1ab（iii）

光药列当
Orobanche brassicae(Novopokr.) Novopokr.
习　　性：一年生草本
国内分布：福建
国外分布：俄罗斯、印度
濒危等级：DD

丝毛列当
Orobanche caryophyllacea Sm.
习　　性：寄生草本
海　　拔：1000～1800 m
国内分布：新疆
国外分布：俄罗斯、塔吉克斯坦、土库曼斯坦、乌兹别克斯坦
濒危等级：NT D

弯管列当
Orobanche cernua Loefl.

弯管列当（原变种）
Orobanche cernua var. **cernua**
习　　性：一年生草本
海　　拔：500～3000 m
分　　布：甘肃、河北、吉林、内蒙古、青海、山西、陕西、新疆
濒危等级：LC

欧亚列当
Orobanche cernua var. **cumana**(Wall.) G. Beck
习　　性：一年生草本
海　　拔：500～3000 m
国内分布：甘肃、河北、吉林、内蒙古、青海
国外分布：阿富汗、俄罗斯、哈萨克斯坦、吉尔吉斯斯坦、蒙古、尼泊尔、塔吉克斯坦、土库曼斯坦、乌兹别克斯坦
濒危等级：LC

直管列当
Orobanche cernua var. **hansii**(A. Kern.) Beck
习　　性：一年生草本
国内分布：四川、西藏、新疆
国外分布：阿富汗、巴基斯坦、哈萨克斯坦、吉尔吉斯斯坦、塔吉克斯坦、土库曼斯坦、乌兹别克斯坦
濒危等级：LC

西藏列当
Orobanche clarkei Hook. f.
习　　性：二年生或多年生草本
海　　拔：2900～3400 m
国内分布：西藏
国外分布：巴基斯坦、克什米尔地区、塔吉克斯坦
濒危等级：LC

长齿列当
Orobanche coelestis Boiss. et Reut. ex Beck
习　　性：二年生草本
海　　拔：1000～1800 m
国内分布：新疆
国外分布：巴基斯坦、俄罗斯、哈萨克斯坦、塔吉克斯坦、土库曼斯坦、乌兹别克斯坦
濒危等级：LC

列当
Orobanche coerulescens Stephan
习　　性：二年生草本
海　　拔：900～4000 m
国内分布：甘肃、河北、黑龙江、辽宁、内蒙古、云南
国外分布：俄罗斯、蒙古、日本
濒危等级：LC
资源利用：药用（中草药）

短唇列当
Orobanche elatior Sutton
习　　性：寄生草本
海　　拔：900～3500 m
国内分布：甘肃、湖北、新疆

国外分布：俄罗斯、哈萨克斯坦、吉尔吉斯斯坦、塔吉克斯坦、印度
濒危等级：LC

短齿列当
Orobanche kelleri Novopokr.
习　　性：二年生草本
海　　拔：1000～1800 m
国内分布：新疆
国外分布：俄罗斯、哈萨克斯坦
濒危等级：DD

缢筒列当
Orobanche kotschyi Reut.
习　　性：二年生或多年生草本
海　　拔：约600 m
国内分布：新疆
国外分布：阿富汗、巴基斯坦、哈萨克斯坦、吉尔吉斯斯坦、塔吉克斯坦、土库曼斯坦、乌兹别克斯坦
濒危等级：NT C1

丝多毛列当
Orobanche krylowii Beck
习　　性：多年生草本
海　　拔：1000～2500 m
国内分布：新疆
国外分布：俄罗斯、哈萨克斯坦、吉尔吉斯斯坦
濒危等级：LC

毛列当
Orobanche lanuginosa(C. A. Mey.)Beck ex Krylov
习　　性：二年生或多年生草本
海　　拔：800～2900 m
国内分布：西藏、新疆
国外分布：阿富汗、巴基斯坦、俄罗斯、哈萨克斯坦、吉尔吉斯斯坦、克什米尔地区、蒙古、塔吉克斯坦、乌兹别克斯坦
濒危等级：NT C1

大花列当
Orobanche megalantha Harry Sm.
习　　性：寄生草本
海　　拔：约2500 m
分　　布：四川
濒危等级：VU A2c

中华列当
Orobanche mongolica Beck
习　　性：寄生草本
海　　拔：1300～1500 m
分　　布：辽宁、山东、陕西
濒危等级：NT A2c

宝兴列当
Orobanche mupinensis Hu
习　　性：寄生草本
海　　拔：约2100 m
分　　布：四川
濒危等级：LC

毛药列当
Orobanche ombrochares Hance
习　　性：寄生草本
海　　拔：600～1300 m
分　　布：河北、辽宁、内蒙古、山西、陕西
濒危等级：LC

黄花列当
Orobanche pycnostachya Hance

黄花列当（原变种）
Orobanche pycnostachya var. **pycnostachya**
习　　性：二年生或多年生草本
海　　拔：300～2500 m
国内分布：安徽、福建、河北、河南、黑龙江、吉林、江苏、辽宁、内蒙古、宁夏、山东、山西、陕西、浙江
国外分布：朝鲜、俄罗斯、蒙古
濒危等级：LC

黑水列当
Orobanche pycnostachya var. **amurensis** Beck
习　　性：二年生或多年生草本
海　　拔：300～1400 m
国内分布：河北、黑龙江、吉林、辽宁、内蒙古、山西
国外分布：朝鲜、俄罗斯
濒危等级：LC

四川列当
Orobanche sinensis Harry Sm.

四川列当（原变种）
Orobanche sinensis var. **sinensis**
习　　性：寄生草本
海　　拔：1600～3500 m
分　　布：青海、四川、西藏
濒危等级：NT B1ab（i, iii）+2ab（i, iii）

蓝花列当
Orobanche sinensis var. **cyanescens**(Harry Sm.)Z. Y. Zhang
习　　性：寄生草本
海　　拔：1800～2000 m
分　　布：四川
濒危等级：DD

长苞列当
Orobanche solmsii C. B. Clarke
习　　性：二年生或多年生草本
海　　拔：约2700 m
国内分布：西藏、新疆
国外分布：巴基斯坦、不丹、克什米尔地区、尼泊尔、印度
濒危等级：LC

淡黄列当
Orobanche sordida C. A. Mey.
习　　性：寄生草本
海　　拔：1000～2000 m
国内分布：新疆
国外分布：俄罗斯、哈萨克斯坦
濒危等级：NT A2c

多齿列当
Orobanche uralensis Beck
习　　性：多年生草本
海　　拔：1000～2000 m
国内分布：新疆
国外分布：俄罗斯、哈萨克斯坦、吉尔吉斯斯坦、塔吉克斯坦、土库曼斯坦
濒危等级：DD

滇列当
Orobanche yunnanensis(Beck)Hand.-Mazz.
习　　性：二年生或多年生草本
海　　拔：2200～3400 m
分　　布：贵州、四川、云南

马先蒿属 Pedicularis L.

蒿叶马先蒿
Pedicularis abrotanifolia M. Bieb. ex Steven
习　　性：多年生半寄生草本
国内分布：新疆
国外分布：俄罗斯、哈萨克斯坦、蒙古
濒危等级：LC

蓍草叶马先蒿
Pedicularis achilleifolia Stephan ex Willd.
习　　性：多年生草本
海　　拔：1000～2500 m
国内分布：新疆
国外分布：俄罗斯、哈萨克斯坦、吉尔吉斯斯坦、蒙古
濒危等级：LC

阿拉善马先蒿
Pedicularis alaschanica Maxim.

阿拉善马先蒿（原亚种）
Pedicularis alaschanica subsp. **alaschanica**
习　　性：多年生半寄生草本
海　　拔：3900～5100 m
分　　布：甘肃、内蒙古、宁夏、青海、四川、西藏
濒危等级：LC

西藏阿拉善马先蒿
Pedicularis alaschanica subsp. **tibetica**(Maxim.)P. C. Tsoong
习　　性：多年生半寄生草本
海　　拔：4000～4700 m
分　　布：西藏
濒危等级：LC

艾伯特马先蒿
Pedicularis albertii Regel
习　　性：草本
分　　布：新疆
濒危等级：LC

阿洛马先蒿
Pedicularis aloensis Hand.-Mazz.
习　　性：多年生草本
海　　拔：3000～4000 m
分　　布：云南
濒危等级：VU B2ab（i, iii, v）; C2a（ii）

资源利用：原料（木材）

狐尾马先蒿
Pedicularis alopecuros Franch. ex Maxim.

狐尾马先蒿（原变种）
Pedicularis alopecuros var. **alopecuros**
习　　性：一年生半寄生草本
海　　拔：2300～4000 m
分　　布：四川、云南
濒危等级：LC

毛药狐尾马先蒿
Pedicularis alopecuros var. **lasiandra** P. C. Tsoong
习　　性：一年生半寄生草本
分　　布：四川
濒危等级：LC

阿尔泰马先蒿
Pedicularis altaica Stephan ex Stev.
习　　性：多年生草本
海　　拔：1800～2050 m
国内分布：新疆
国外分布：俄罗斯、哈萨克斯坦、蒙古
濒危等级：LC

高额马先蒿
Pedicularis altifrontalis P. C. Tsoong
习　　性：多年生草本
海　　拔：3800～4600 m
分　　布：西藏
濒危等级：LC

丰管马先蒿
Pedicularis amplituba H. L. Li
习　　性：多年生草本
海　　拔：约3500 m
分　　布：云南
濒危等级：NT

鸭首马先蒿
Pedicularis anas Maxim.

鸭首马先蒿（原变种）
Pedicularis anas var. **anas**
习　　性：多年生半寄生草本
海　　拔：3000～4300 m
分　　布：甘肃、四川、西藏
濒危等级：LC

西藏鸭首马先蒿
Pedicularis anas var. **tibetica** Bonati
习　　性：多年生半寄生草本
海　　拔：3600～4400 m
分　　布：四川、西藏
濒危等级：LC

黄花鸭首马先蒿
Pedicularis anas var. **xanthantha**（H. L. Li）P. C. Tsoong
习　　性：多年生半寄生草本
海　　拔：3300～3700 m
分　　布：甘肃

濒危等级：LC

角盔马先蒿
Pedicularis angularis P. C. Tsoong
习　　性：一年生半寄生草本
海　　拔：约 3800 m
分　　布：四川
濒危等级：NT B2ab（i，iii，v）；D2

狭唇马先蒿
Pedicularis angustilabris H. L. Li
习　　性：多年生半寄生草本
海　　拔：3000～4000 m
分　　布：四川、云南
濒危等级：LC

狭裂马先蒿
Pedicularis angustiloba P. C. Tsoong
习　　性：多年生半寄生草本
海　　拔：3400～4500 m
分　　布：西藏
濒危等级：LC

奇异马先蒿
Pedicularis anomala P. C. Tsoong et H. P. Yang
习　　性：多年生半寄生草本
海　　拔：3200～3800 m
分　　布：西藏
濒危等级：LC

春黄菊叶马先蒿
Pedicularis anthemifolia Fisch. ex Colla

春黄菊叶马先蒿（原亚种）
Pedicularis anthemifolia subsp. **anthemifolia**
习　　性：多年生半寄生草本
海　　拔：2000～2500 m
国内分布：新疆
国外分布：俄罗斯、哈萨克斯坦、吉尔吉斯斯坦、蒙古
濒危等级：LC

高升春黄菊叶马先蒿
Pedicularis anthemifolia subsp. **elatior**（Regel）P. C. Tsoong
习　　性：多年生半寄生草本
国内分布：新疆
国外分布：哈萨克斯坦、吉尔吉斯斯坦
濒危等级：LC

鹰嘴马先蒿
Pedicularis aquilina Bonati
习　　性：多年生半寄生草本
海　　拔：约 2000 m
分　　布：云南
濒危等级：LC

刺齿马先蒿
Pedicularis armata Maxim.

刺齿马先蒿（原变种）
Pedicularis armata var. **armata**
习　　性：多年生草本
海　　拔：3700～4600 m
分　　布：甘肃、青海、四川
濒危等级：LC

三斑刺齿马先蒿
Pedicularis armata var. **trimaculata** X. F. Lu
习　　性：多年生草本
海　　拔：3000～4000 m
分　　布：甘肃、青海
濒危等级：LC

埃氏马先蒿
Pedicularis artselaeri Maxim.

埃氏马先蒿（原变种）
Pedicularis artselaeri var. **artselaeri**
习　　性：多年生半寄生草本
海　　拔：1000～2800 m
分　　布：河北、湖北、山西、陕西、四川
濒危等级：LC

五台埃氏马先蒿
Pedicularis artselaeri var. **wutaiensis** Hurus.
习　　性：多年生半寄生草本
分　　布：山西
濒危等级：DD

全缘马先蒿
Pedicularis aschistorrhyncha C. Marquand et Airy Shaw
习　　性：半寄生草本
海　　拔：3400～3600 m
分　　布：西藏
濒危等级：LC

深绿马先蒿
Pedicularis atroviridis P. C. Tsoong
习　　性：多年生草本
海　　拔：约 4100 m
分　　布：西藏
濒危等级：NT C1

阿墩子马先蒿
Pedicularis atuntsiensis Bonati
习　　性：多年生草本
海　　拔：4300～4500 m
分　　布：云南
濒危等级：LC

金黄马先蒿
Pedicularis aurata（Bonati）H. L. Li
习　　性：多年生草本
海　　拔：3300～3900 m
分　　布：西藏、云南
濒危等级：LC

腋花马先蒿
Pedicularis axillaris Franch. ex Maxim.

腋花马先蒿（原亚种）
Pedicularis axillaris subsp. **axillaris**
习　　性：多年生半寄生草本
海　　拔：3000～4000 m
分　　布：四川、西藏、云南

濒危等级：LC

巴氏腋花马先蒿
Pedicularis axillaris subsp. **balfouriana** (Bonati) P. C. Tsoong
习　　性：多年生半寄生草本
海　　拔：2700~3400 m
分　　布：云南
濒危等级：LC

巴塘马先蒿
Pedicularis batangensis Bureau et Franch.
习　　性：多年生草本
海　　拔：2500~3100 m
分　　布：四川
濒危等级：LC

美丽马先蒿
Pedicularis bella Hook. f.

美丽马先蒿（原亚种）
Pedicularis bella subsp. **bella**
习　　性：一年生半寄生草本
海　　拔：4200~4900 m
国内分布：西藏
国外分布：不丹、印度
濒危等级：LC

全叶美丽马先蒿
Pedicularis bella subsp. **holophylla** (C. Marquand et Airy Shaw) P. C. Tsoong
习　　性：一年生半寄生草本
海　　拔：3600~4400 m
分　　布：西藏
濒危等级：LC

二色马先蒿
Pedicularis bicolor Diels
习　　性：半寄生草本
分　　布：陕西
濒危等级：VU A2c

二齿马先蒿
Pedicularis bidentata Maxim.
习　　性：半寄生草本
海　　拔：3300~3700 m
分　　布：四川
濒危等级：LC

皮氏马先蒿
Pedicularis bietii Franch.
习　　性：半寄生草本
分　　布：四川、西藏
濒危等级：LC

双生马先蒿
Pedicularis binaria Maxim.
习　　性：一年生半寄生草本
海　　拔：约4000 m
分　　布：四川
濒危等级：VU A2c；D2

波密马先蒿
Pedicularis bomiensis H. P. Yang
习　　性：多年生半寄生草本
海　　拔：约3200 m
分　　布：西藏
濒危等级：NT C1

短盔马先蒿
Pedicularis brachycrania H. L. Li
习　　性：二年生或多年生草本
海　　拔：约4100 m
分　　布：四川、云南
濒危等级：LC

短花马先蒿
Pedicularis breviflora Regel
习　　性：多年生半寄生草本
海　　拔：1300~1800 m
国内分布：新疆
国外分布：哈萨克斯坦、吉尔吉斯斯坦
濒危等级：LC

短唇马先蒿
Pedicularis brevilabris Franch.
习　　性：一年生草本
海　　拔：2700~3500 m
分　　布：甘肃、四川
濒危等级：LC

头花马先蒿
Pedicularis cephalantha Franch. ex Maxim.

头花马先蒿（原变种）
Pedicularis cephalantha var. **cephalantha**
习　　性：多年生半寄生草本
海　　拔：4000~4900 m
分　　布：四川、云南
濒危等级：LC

四川头花马先蒿
Pedicularis cephalantha var. **szetchuanica** Bonati
习　　性：多年生半寄生草本
海　　拔：2800~4500 m
分　　布：四川、云南
濒危等级：LC

俯垂马先蒿
Pedicularis cernua Bonati

俯垂马先蒿（原亚种）
Pedicularis cernua subsp. **cernua**
习　　性：多年生半寄生草本
海　　拔：3800~4000 m
分　　布：四川、云南
濒危等级：NT B2ab (i, iii, v)

宽叶俯垂马先蒿
Pedicularis cernua subsp. **latifolia** (H. L. Li) P. C. Tsoong
习　　性：多年生半寄生草本
海　　拔：约4200 m

分　　布：云南
濒危等级：DD

碎米蕨叶马先蒿
Pedicularis cheilanthifolia Schrenk

碎米蕨叶马先蒿（原亚种）
Pedicularis cheilanthifolia subsp. **cheilanthifolia**
习　　性：多年生半寄生草本
海　　拔：2100～4900 m
国内分布：甘肃、青海、西藏、新疆
国外分布：阿富汗、哈萨克斯坦、吉尔吉斯斯坦、蒙古、塔吉克斯坦、印度
濒危等级：LC

斯文氏碎米蕨叶马先蒿
Pedicularis cheilanthifolia subsp. **svenhedinii** (Paulsen) P. C. Tsoong
习　　性：多年生半寄生草本
海　　拔：4500～5200 m
国内分布：西藏
国外分布：印度
濒危等级：LC

等唇碎米蕨叶马先蒿
Pedicularis cheilanthifolia var. **isochila** Maxim.
习　　性：多年生半寄生草本
海　　拔：2000～4900 m
分　　布：甘肃、青海
濒危等级：LC

成县马先蒿
Pedicularis chengxianensis Z. G. Ma et Z. Z. Ma
习　　性：多年生草本
海　　拔：1600～1700 m
分　　布：甘肃
濒危等级：LC

鹅首马先蒿
Pedicularis chenocephala Diels
习　　性：多年生草本
海　　拔：3600～4300 m
分　　布：甘肃、四川
濒危等级：LC

中国马先蒿
Pedicularis chinensis Maxim.
习　　性：一年生半寄生草本
海　　拔：1700～2900 m
分　　布：北京、甘肃、河北、内蒙古、青海、山西、陕西
濒危等级：LC

秦氏马先蒿
Pedicularis chingii Bonati
习　　性：多年生半寄生草本
海　　拔：3000～4200 m
分　　布：甘肃
濒危等级：LC

雀儿山马先蒿
Pedicularis cholashanensis T. Yamaz.
习　　性：直立草本
海　　拔：约 4400 m
分　　布：四川
濒危等级：LC

科尔格马先蒿
Pedicularis chorgossica Regel et Winkler
习　　性：草本
国内分布：新疆
国外分布：吉尔吉斯斯坦
濒危等级：LC

春丕马先蒿
Pedicularis chumbica Prain
习　　性：多年生半寄生草本
国内分布：西藏
国外分布：印度
濒危等级：LC

灰色马先蒿
Pedicularis cinerascens Franch.
习　　性：多年生草本
海　　拔：4000～4400 m
分　　布：四川
濒危等级：LC

克氏马先蒿
Pedicularis clarkei Hook. f.
习　　性：多年生半寄生草本
海　　拔：3700～4500 m
国内分布：西藏
国外分布：不丹、尼泊尔、印度
濒危等级：LC

江达马先蒿
Pedicularis columbigera Yamaz.
习　　性：一年生草本
分　　布：西藏
濒危等级：LC

康泊东叶马先蒿
Pedicularis comptoniaefolia Franch. ex Maxim.
习　　性：多年生草本
海　　拔：2400～3000 m
国内分布：四川、云南
国外分布：缅甸
濒危等级：LC

聚花马先蒿
Pedicularis confertiflora Prain

聚花马先蒿（原亚种）
Pedicularis confertiflora subsp. **confertiflora**
习　　性：一年生半寄生草本
海　　拔：2700～4400 m
国内分布：四川、西藏、云南
国外分布：不丹、尼泊尔、印度
濒危等级：LC

小叶聚花马先蒿
Pedicularis confertiflora subsp. **parvifolia** (Hand.-Mazz.) P. C. Tsoong
习　　性：一年生半寄生草本

海　　拔：3800~4900 m
分　　布：云南
濒危等级：LC

连齿马先蒿
Pedicularis confluens P. C. Tsoong
习　　性：多年生草本
海　　拔：约 1300 m
分　　布：四川
濒危等级：LC

结球马先蒿
Pedicularis conifera Maxim.
习　　性：一年生半寄生草本
海　　拔：约 2000 m
分　　布：湖北
濒危等级：VU A2c

连叶马先蒿
Pedicularis connata H. L. Li
习　　性：多年生草本
海　　拔：4000~4300 m
分　　布：四川、云南
濒危等级：DD

拟紫堇马先蒿
Pedicularis corydaloides Hand.-Mazz.
习　　性：多年生草本
海　　拔：3200~3800 m
分　　布：西藏、云南
濒危等级：LC

伞房马先蒿
Pedicularis corymbifera H. P. Yang
习　　性：多年生半寄生草本
海　　拔：约 3400 m
分　　布：西藏
濒危等级：LC

凸额马先蒿
Pedicularis cranolopha Maxim.

凸额马先蒿（原变种）
Pedicularis cranolopha var. **cranolopha**
习　　性：多年生半寄生草本
海　　拔：约 3800 m
分　　布：甘肃、青海、四川、云南
濒危等级：LC

格氏凸额马先蒿
Pedicularis cranolopha var. **garnieri**(Bonati) P. C. Tsoong
习　　性：多年生半寄生草本
分　　布：四川
濒危等级：LC

长角凸额马先蒿
Pedicularis cranolopha var. **longicornuta** Prain
习　　性：多年生半寄生草本
海　　拔：2600~4200 m
分　　布：甘肃、青海、四川、云南
濒危等级：LC

缘毛马先蒿
Pedicularis craspedotricha Maxim.
习　　性：多年生草本
海　　拔：3400~4500 m
分　　布：甘肃、四川
濒危等级：LC

波齿马先蒿
Pedicularis crenata Maxim.

波齿马先蒿（原亚种）
Pedicularis crenata subsp. **crenata**
习　　性：多年生半寄生草本
海　　拔：2600~3000 m
分　　布：四川、云南
濒危等级：LC

全裂波齿马先蒿
Pedicularis crenata subsp. **crenatiformis**(Bonati) P. C. Tsoong
习　　性：多年生半寄生草本
海　　拔：3300~3400 m
分　　布：云南
濒危等级：DD

细波齿马先蒿
Pedicularis crenularis H. L. Li
习　　性：半寄生草本
海　　拔：2400~3000 m
分　　布：云南
濒危等级：VU B2ab (i, iii, v); D2

具冠马先蒿
Pedicularis cristatella Pennell et H. L. Li
习　　性：一年生半寄生草本
海　　拔：1900~3000 m
分　　布：甘肃、四川
濒危等级：LC

克洛氏马先蒿
Pedicularis croizatiana H. L. Li
习　　性：多年生草本
海　　拔：3700~4200 m
分　　布：四川、西藏
濒危等级：LC

隐花马先蒿
Pedicularis cryptantha C. Marquand et Airy Shaw

隐花马先蒿（原亚种）
Pedicularis cryptantha subsp. **cryptantha**
习　　性：多年生半寄生草本
海　　拔：2700~4700 m
国内分布：西藏、云南
国外分布：不丹
濒危等级：LC

直立隐花马先蒿
Pedicularis cryptantha subsp. **erecta** P. C. Tsoong
习　　性：多年生半寄生草本
分　　布：西藏
濒危等级：DD

弯管马先蒿
Pedicularis curvituba Maxim.

弯管马先蒿（原亚种）
Pedicularis curvituba subsp. **curvituba**
- 习　　性：一年生半寄生草本
- 分　　布：甘肃、河北、内蒙古、陕西
- 濒危等级：LC

洛氏弯管马先蒿
Pedicularis curvituba subsp. **provotii**（Franch.）P. C. Tsoong
- 习　　性：一年生半寄生草本
- 海　　拔：约1600 m
- 分　　布：甘肃、河北、内蒙古、陕西
- 濒危等级：LC

斗叶马先蒿
Pedicularis cyathophylla Franch.
- 习　　性：多年生草本
- 海　　拔：约4700 m
- 分　　布：四川、云南
- 濒危等级：NT B2ab（i, iii, v）；C2a（ii）

拟斗叶马先蒿
Pedicularis cyathophylloides H. Limpr.
- 习　　性：多年生草本
- 海　　拔：3500～3900 m
- 分　　布：四川、西藏
- 濒危等级：LC

环喙马先蒿
Pedicularis cyclorhyncha H. L. Li
- 习　　性：半寄生草本
- 海　　拔：3400～3500 m
- 分　　布：云南
- 濒危等级：LC

舟型马先蒿
Pedicularis cymbalaria Bonati
- 习　　性：一年生或二年生半寄生草本
- 海　　拔：3400～4000 m
- 分　　布：四川、云南
- 濒危等级：LC

道氏马先蒿
Pedicularis daltonii Prain
- 习　　性：多年生草本
- 海　　拔：4500～5500 m
- 国内分布：西藏
- 国外分布：不丹、印度
- 濒危等级：LC

稻城马先蒿
Pedicularis daochengensis H. P. Yang
- 习　　性：多年生半寄生草本
- 海　　拔：3900～4200 m
- 分　　布：四川
- 濒危等级：LC

毛穗马先蒿
Pedicularis dasystachys Schrenk
- 习　　性：多年生草本
- 国内分布：新疆
- 国外分布：俄罗斯、哈萨克斯坦、蒙古
- 濒危等级：LC

胡萝卜叶马先蒿
Pedicularis daucifolia Bonati
- 习　　性：多年生草本
- 海　　拔：3400～4000 m
- 分　　布：四川

大卫氏马先蒿
Pedicularis davidii Franch.

大卫氏马先蒿（原变种）
Pedicularis davidii var. **davidii**
- 习　　性：多年生半寄生草本
- 海　　拔：1700～3500 m
- 分　　布：甘肃、陕西、四川、云南
- 濒危等级：LC
- 资源利用：环境利用（观赏）

五齿大卫氏马先蒿
Pedicularis davidii var. **pentodon** P. C. Tsoong
- 习　　性：多年生半寄生草本
- 海　　拔：3200～4400 m
- 分　　布：四川
- 濒危等级：LC

宽齿大卫氏马先蒿
Pedicularis davidii var. **platyodon** P. C. Tsoong
- 习　　性：多年生半寄生草本
- 海　　拔：1400～2300 m
- 分　　布：四川
- 濒危等级：LC

弱小马先蒿
Pedicularis debilis Franch. ex Maxim.

弱小马先蒿（原亚种）
Pedicularis debilis subsp. **debilis**
- 习　　性：一年生半寄生草本
- 海　　拔：约4000 m
- 分　　布：云南
- 濒危等级：LC

极弱弱小马先蒿
Pedicularis debilis subsp. **debilior** P. C. Tsoong
- 习　　性：一年生半寄生草本
- 海　　拔：3500 m
- 分　　布：云南
- 濒危等级：NT C2a（i）；D2

美观马先蒿
Pedicularis decora Franch.
- 习　　性：多年生半寄生草本
- 海　　拔：2200～2800 m
- 分　　布：甘肃、湖北、陕西、四川
- 濒危等级：LC

极丽马先蒿
Pedicularis decorissima Diels

习　　性：多年生草本
海　　拔：2900～3500 m
分　　布：甘肃、青海、四川
濒危等级：LC

三角叶马先蒿
Pedicularis deltoidea Franch. ex Maxim.
习　　性：一年生或二年生草本
海　　拔：2600～3500 m
分　　布：四川、西藏、云南
濒危等级：LC

密穗马先蒿
Pedicularis densispica Franch. ex Maxim.

密穗马先蒿（原亚种）
Pedicularis densispica subsp. **densispica**
习　　性：一年生半寄生草本
海　　拔：1900～4400 m
分　　布：四川、西藏、云南
濒危等级：LC

许氏密穗马先蒿
Pedicularis densispica subsp. **schneideri** (Bonati) P. C. Tsoong
习　　性：一年生半寄生草本
海　　拔：2700～4300 m
分　　布：西藏、云南
濒危等级：NT C1

绿盔密穗马先蒿
Pedicularis densispica subsp. **viridescens** P. C. Tsoong
习　　性：一年生半寄生草本
分　　布：西藏
濒危等级：NT C1

二歧马先蒿
Pedicularis dichotoma Bonati
习　　性：多年生草本
海　　拔：2700～4300 m
分　　布：四川、西藏、云南
濒危等级：LC

重头马先蒿
Pedicularis dichrocephala Hand.-Mazz.
习　　性：一年生半寄生草本
海　　拔：3300～3500 m
分　　布：云南
濒危等级：LC

铺散马先蒿
Pedicularis diffusa Prain

铺散马先蒿（原亚种）
Pedicularis diffusa subsp. **diffusa**
习　　性：半寄生草本
国内分布：西藏
国外分布：不丹、尼泊尔、印度
濒危等级：LC

高升铺散马先蒿
Pedicularis diffusa subsp. **elatior** P. C. Tsoong
习　　性：半寄生草本

海　　拔：约3800 m
分　　布：西藏
濒危等级：LC

全裂马先蒿
Pedicularis dissecta (Bonati) Pennell et H. L. Li
习　　性：多年生草本
海　　拔：约3000 m
分　　布：陕西
濒危等级：LC
资源利用：药用（中草药）

细裂叶马先蒿
Pedicularis dissectifolia H. L. Li
习　　性：多年生草本
海　　拔：3800～4000 m
分　　布：云南
濒危等级：LC

修花马先蒿
Pedicularis dolichantha Bonati
习　　性：多年生草本
海　　拔：约3200 m
分　　布：云南
濒危等级：CR B1ab (i, iii, v); C1

长舟马先蒿
Pedicularis dolichocymba Hand.-Mazz.
习　　性：多年生草本
海　　拔：3500～4300 m
分　　布：四川、西藏、云南
濒危等级：LC

长舌马先蒿
Pedicularis dolichoglossa H. L. Li
习　　性：多年生草本
海　　拔：约4200 m
分　　布：云南
濒危等级：LC

长根马先蒿
Pedicularis dolichorrhiza Schrenk
习　　性：多年生草本
海　　拔：2000 m
国内分布：新疆
国外分布：阿富汗、哈萨克斯坦、吉尔吉斯斯坦、塔吉克斯坦
濒危等级：LC

长穗马先蒿
Pedicularis dolichostachya H. L. Li
习　　性：半寄生草本
海　　拔：约3700 m
分　　布：四川
濒危等级：LC

杜氏马先蒿
Pedicularis duclouxii Bonati
习　　性：一年生半寄生草本
海　　拔：3400～4300 m
分　　布：四川、云南

濒危等级：LC

独龙马先蒿
Pedicularis dulongensis H. P. Yang
习　　性：多年生半寄生草本
海　　拔：3500~3600 m
分　　布：云南
濒危等级：LC

邓氏马先蒿
Pedicularis dunniana Bonati
习　　性：多年生草本
海　　拔：3300~3800 m
分　　布：四川、云南
濒危等级：LC

高升马先蒿
Pedicularis elata Willd.
习　　性：多年生草本
国内分布：新疆
国外分布：俄罗斯、哈萨克斯坦、蒙古
濒危等级：LC

爱氏马先蒿
Pedicularis elliotii P. C. Tsoong
习　　性：多年生草本
海　　拔：约4000 m
分　　布：西藏
濒危等级：VU A2c；B2ab（i，iii，v）

丁青马先蒿
Pedicularis elsholtzioides T. Yamaz.
习　　性：多年生草本
分　　布：西藏
濒危等级：LC

哀氏马先蒿
Pedicularis elwesii Hook. f.

哀氏马先蒿（原亚种）
Pedicularis elwesii subsp. **elwesii**
习　　性：多年生半寄生草本
海　　拔：3200~4600 m
国内分布：西藏、云南
国外分布：不丹、缅甸、尼泊尔、印度
濒危等级：LC

高大哀氏马先蒿
Pedicularis elwesii subsp. **major**(H. L. Li) P. C. Tsoong
习　　性：多年生半寄生草本
海　　拔：3700 m
分　　布：西藏、云南
濒危等级：LC

矮小哀氏马先蒿
Pedicularis elwesii subsp. **minor**(H. L. Li) P. C. Tsoong
习　　性：多年生半寄生草本
海　　拔：约3800 m
分　　布：西藏
濒危等级：LC

卓越马先蒿
Pedicularis excelsa Hook. f.
习　　性：多年生草本
海　　拔：3200~3600 m
国内分布：西藏
国外分布：不丹、尼泊尔、印度
濒危等级：LC

法氏马先蒿
Pedicularis fargesii Franch.
习　　性：一年生或二年生草本
海　　拔：1400~1800 m
分　　布：甘肃、湖北、湖南、四川
濒危等级：LC

帚状马先蒿
Pedicularis fastigiata Franch.
习　　性：半寄生草本
海　　拔：约3350 m
分　　布：云南
濒危等级：CR C1

国楣马先蒿
Pedicularis fengii H. L. Li
习　　性：草本
海　　拔：3700~3900 m
分　　布：云南
濒危等级：LC

费氏马先蒿
Pedicularis fetisowii Regel
习　　性：多年生半寄生草本
海　　拔：约2000 m
分　　布：新疆
濒危等级：LC

羊齿叶马先蒿
Pedicularis filicifolia Hemsl.
习　　性：多年生草本
海　　拔：1400~1500 m
分　　布：湖北
濒危等级：LC

拟蕨马先蒿
Pedicularis filicula Franch. ex Maxim.

拟蕨马先蒿（原变种）
Pedicularis filicula var. **filicula**
习　　性：多年生半寄生草本
海　　拔：2800~4900 m
分　　布：四川、云南
濒危等级：NT B2ab（i，iii，v）；D2

木里拟蕨马先蒿
Pedicularis filicula var. **saganaica** Hand.-Mazz.
习　　性：多年生半寄生草本
海　　拔：3500 m
分　　布：四川、云南
濒危等级：DD

假拟蕨马先蒿
Pedicularis filiculiformis P. C. Tsoong
- 习　　性：多年生草本
- 海　　拔：约 4700 m
- 国内分布：西藏
- 国外分布：不丹
- 濒危等级：LC

软弱马先蒿
Pedicularis flaccida Prain
- 习　　性：一年生半寄生草本
- 分　　布：四川
- 濒危等级：NT A

黄花马先蒿
Pedicularis flava Pall.
- 习　　性：多年生草本
- 海　　拔：约 1500 m
- 国内分布：内蒙古
- 国外分布：俄罗斯、蒙古
- 濒危等级：LC

阜莱氏马先蒿
Pedicularis fletcheri P. C. Tsoong
- 习　　性：一年生草本
- 海　　拔：3500~4200 m
- 国内分布：西藏
- 国外分布：不丹
- 濒危等级：LC

曲茎马先蒿
Pedicularis flexuosa Hook. f.
- 习　　性：多年生半寄生草本
- 海　　拔：2800~4000 m
- 国内分布：西藏
- 国外分布：不丹、尼泊尔、印度
- 濒危等级：NT B2ab（i，iii，v）；D2

多花马先蒿
Pedicularis floribunda Franch.
- 习　　性：一年生半寄生草本
- 海　　拔：2300~2700 m
- 分　　布：四川
- 濒危等级：LC

福氏马先蒿
Pedicularis forrestiana Bonati

福氏马先蒿（原亚种）
Pedicularis forrestiana subsp. **forrestiana**
- 习　　性：多年生半寄生草本
- 海　　拔：3300~4000 m
- 分　　布：云南
- 濒危等级：LC

扇苞福氏马先蒿
Pedicularis forrestiana subsp. **flabellifera** P. C. Tsoong
- 习　　性：多年生半寄生草本
- 分　　布：云南
- 濒危等级：DD

草莓状马先蒿
Pedicularis fragarioides P. C. Tsoong
- 习　　性：多年生草本
- 海　　拔：约 4700 m
- 分　　布：四川
- 濒危等级：NT B2ab（i，iii，v）；C2a（ii）

佛氏马先蒿
Pedicularis franchetiana Maxim.
- 习　　性：一年生半寄生草本
- 海　　拔：4300 m
- 分　　布：四川
- 濒危等级：DD

糠秕马先蒿
Pedicularis furfuracea Wall. ex Benth.
- 习　　性：多年生草本
- 海　　拔：3500~4000 m
- 国内分布：西藏
- 国外分布：不丹、尼泊尔、印度
- 濒危等级：LC

戛氏马先蒿
Pedicularis gagnepainiana Bonati
- 习　　性：多年生草本
- 海　　拔：4700 m
- 分　　布：贵州
- 濒危等级：EN D

显盔马先蒿
Pedicularis galeata Bonati
- 习　　性：多年生草本
- 海　　拔：3500~4400 m
- 分　　布：云南
- 濒危等级：LC

平坝马先蒿
Pedicularis ganpinensis Vaniot ex Bonati
- 习　　性：一年生或二年生草本
- 海　　拔：约 1300 m
- 分　　布：贵州
- 濒危等级：NT B2ab（i，iii，v）

嘎克什马先蒿
Pedicularis garckeana Prain ex Maxim.
- 习　　性：多年生半寄生草本
- 国内分布：西藏
- 国外分布：印度
- 濒危等级：DD

地管马先蒿
Pedicularis geosiphon Harry Sm. et P. C. Tsoong
- 习　　性：多年生草本
- 海　　拔：3500~3900 m
- 分　　布：甘肃、四川
- 濒危等级：LC

奇氏马先蒿
Pedicularis giraldiana Diels ex Bonati

习　　性：多年生草本
海　　拔：2900～3000 m
分　　布：山西
濒危等级：LC

退毛马先蒿
Pedicularis glabrescens H. L. Li
习　　性：多年生草本
海　　拔：约 3500 m
分　　布：云南

球花马先蒿
Pedicularis globifera Hook. f.
习　　性：多年生草本
海　　拔：3600～5400 m
国内分布：西藏
国外分布：尼泊尔、印度
濒危等级：LC

贡山马先蒿
Pedicularis gongshanensis H. P. Yang
习　　性：多年生半寄生草本
海　　拔：约 3600 m
分　　布：云南
濒危等级：NT B2ab（i, iii, v）

细瘦马先蒿
Pedicularis gracilicaulis H. L. Li
习　　性：一年生半寄生草本
海　　拔：3000～3300 m
分　　布：云南
濒危等级：LC

纤细马先蒿
Pedicularis gracilis Wall. ex Benth.

纤细马先蒿（原亚种）
Pedicularis gracilis subsp. **gracilis**
习　　性：一年生半寄生草本
海　　拔：2200～3800 m
国内分布：西藏
国外分布：阿富汗、巴基斯坦、不丹、尼泊尔、印度
濒危等级：LC

大果纤细马先蒿
Pedicularis gracilis subsp. **macrocarpa**（Prain）P. C. Tsoong
习　　性：一年生半寄生草本
海　　拔：3000～3300 m
国内分布：西藏
国外分布：印度
濒危等级：LC

中国纤细马先蒿
Pedicularis gracilis subsp. **sinensis**（H. L. Li）P. C. Tsoong
习　　性：一年生半寄生草本
海　　拔：2000～4000 m
分　　布：贵州、四川、云南
濒危等级：LC

坚挺纤细马先蒿
Pedicularis gracilis subsp. **stricta**（Prain）Tsoong
习　　性：一年生半寄生草本
海　　拔：2200～3800 m
国内分布：西藏
国外分布：阿富汗、巴基斯坦、不丹、尼泊尔、印度
濒危等级：LC

细管马先蒿
Pedicularis gracilituba H. L. Li

细管马先蒿（原亚种）
Pedicularis gracilituba subsp. **gracilituba**
习　　性：多年生半寄生草本
海　　拔：3600～4000 m
分　　布：四川、云南
濒危等级：LC

刺毛细管马先蒿
Pedicularis gracilituba subsp. **setosa**（H. L. Li）P. C. Tsoong
习　　性：多年生半寄生草本
海　　拔：约 3300 m
分　　布：云南
濒危等级：LC

野苏子
Pedicularis grandiflora Fisch.
习　　性：多年生草本
海　　拔：300～400 m
国内分布：吉林、内蒙古
国外分布：俄罗斯
濒危等级：LC
资源利用：药用（中草药）；原料（工业用油，精油）

鹤首马先蒿
Pedicularis gruina Franch. ex Maxim.

鹤首马先蒿（原亚种）
Pedicularis gruina subsp. **gruina**
习　　性：多年生半寄生草本
海　　拔：2600～3000 m
分　　布：四川、云南
濒危等级：LC

多毛鹤首马先蒿
Pedicularis gruina subsp. **pilosa**（Bonati）P. C. Tsoong
习　　性：多年生半寄生草本
海　　拔：约 2600 m
分　　布：云南
濒危等级：VU A2c；C2a（i）

多叶鹤首马先蒿
Pedicularis gruina subsp. **polyphylla**（Franch. ex Maxim.）P. C. Tsoong
习　　性：多年生半寄生草本
海　　拔：2800～3000 m
分　　布：云南
濒危等级：VU A2c

吉隆马先蒿
Pedicularis gyirongensis H. P. Yang
习　　性：多年生半寄生草本
海　　拔：约 2400 m
分　　布：西藏

濒危等级：LC

旋喙马先蒿
Pedicularis gyrorhyncha Franch. ex Maxim.
- 习　　性：一年生半寄生草本
- 海　　拔：2700~4000 m
- 分　　布：云南
- 濒危等级：LC

哈巴山马先蒿
Pedicularis habachanensis Bonati

哈巴山马先蒿（原亚种）
Pedicularis habachanensis subsp. **habachanensis**
- 习　　性：多年生半寄生草本
- 海　　拔：4100~4600 m
- 分　　布：云南
- 濒危等级：DD

多羽片哈巴山马先蒿
Pedicularis habachanensis subsp. **multipinnata** P. C. Tsoong
- 习　　性：多年生半寄生草本
- 海　　拔：3650 m
- 分　　布：云南

汉姆氏马先蒿
Pedicularis hemsleyana Prain
- 习　　性：多年生半寄生草本
- 海　　拔：2900~4000 m
- 分　　布：四川
- 濒危等级：LC

亨氏马先蒿
Pedicularis henryi Maxim.
- 习　　性：多年生草本
- 海　　拔：400~1400 m
- 国内分布：广东、广西、贵州、湖北、湖南、江苏、江西、云南、浙江
- 国外分布：老挝、越南
- 濒危等级：LC
- 资源利用：药用（中草药）

粗毛马先蒿
Pedicularis hirtella Franch. ex F. B. Forbes et Hemsl.
- 习　　性：二年生草本
- 海　　拔：2800~3700 m
- 分　　布：云南
- 濒危等级：LC

全萼马先蒿
Pedicularis holocalyx Hand.-Mazz.
- 习　　性：一年生半寄生草本
- 海　　拔：约2000 m
- 分　　布：湖北、四川
- 濒危等级：LC

河南马先蒿
Pedicularis honanensis Tsoong
- 习　　性：多年生草本
- 海　　拔：约1400 m
- 分　　布：河南

濒危等级：LC

矮马先蒿
Pedicularis humilis Bonati
- 习　　性：多年生草本
- 海　　拔：3000~3100 m
- 分　　布：云南
- 濒危等级：LC

玛多马先蒿
Pedicularis hypophylla T. Yamaz.
- 习　　性：一年生草本
- 分　　布：青海
- 濒危等级：LC

生驹氏马先蒿
Pedicularis ikomai Sasaki
- 习　　性：多年生草本
- 海　　拔：约3500 m
- 分　　布：台湾
- 濒危等级：VU D2

不等裂马先蒿
Pedicularis inaequilobata P. C. Tsoong
- 习　　性：一年生草本
- 海　　拔：3000~4000 m
- 分　　布：云南
- 濒危等级：LC

孱弱马先蒿
Pedicularis infirma H. L. Li
- 习　　性：多年生草本
- 海　　拔：约3000 m
- 分　　布：云南
- 濒危等级：DD

折喙马先蒿
Pedicularis inflexirostris F. S. Yang, D. Y. Hong et X. Q. Wang
- 习　　性：一年生草本
- 分　　布：四川、西藏
- 濒危等级：LC

硕大马先蒿
Pedicularis ingens Maxim.
- 习　　性：多年生半寄生草本
- 海　　拔：3000~4200 m
- 分　　布：甘肃、青海、四川
- 濒危等级：LC

显著马先蒿
Pedicularis insignis Bonati
- 习　　性：多年生草本
- 海　　拔：4200~4700 m
- 分　　布：西藏、云南
- 濒危等级：VU D1

全叶马先蒿
Pedicularis integrifolia Hook. f.
- 习　　性：多年生半寄生草本
- 海　　拔：2700~5100 m
- 国内分布：青海、四川、西藏、云南

国外分布：不丹、尼泊尔、印度
濒危等级：LC

康定马先蒿
Pedicularis kangtingensis P. C. Tsoong
习　　性：多年生草本
海　　拔：约 3600 m
分　　布：四川
濒危等级：NT B2ab（i, iii, v）；C2a（ii）

甘肃马先蒿
Pedicularis kansuensis Maxim.

甘肃马先蒿（原亚种）
Pedicularis kansuensis subsp. **kansuensis**
习　　性：一年生或二年生草本
海　　拔：1800～4600 m
分　　布：甘肃、青海、四川、西藏
濒危等级：LC

青海甘肃马先蒿
Pedicularis kansuensis subsp. **kokonorica** P. C. Tsoong
习　　性：一年生或二年生草本
分　　布：青海、西藏
濒危等级：LC

厚毛甘肃马先蒿
Pedicularis kansuensis subsp. **villosa** P. C. Tsoong
习　　性：一年生或二年生草本
海　　拔：3500～4400 m
分　　布：西藏
濒危等级：LC

雅江甘肃马先蒿
Pedicularis kansuensis subsp. **yargongensis**（Bonati）P. C. Tsoong
习　　性：一年生或二年生草本
海　　拔：1800～4000 m
分　　布：四川、云南
濒危等级：LC

卡里马先蒿
Pedicularis kariensis Bonati
习　　性：多年生草本
海　　拔：3900～4100 m
分　　布：云南
濒危等级：VU A2c

川口马先蒿
Pedicularis kawaguchii T. Yamaz.
习　　性：半寄生草本
分　　布：西藏
濒危等级：LC

甲拉马先蒿
Pedicularis kialensis Franch.
习　　性：多年生草本
海　　拔：3000～4900 m
分　　布：四川
濒危等级：LC

江西马先蒿
Pedicularis kiangsiensis P. C. Tsoong et S. H. Cheng
习　　性：多年生草本
海　　拔：1500～1700 m
分　　布：江西、浙江
濒危等级：VU A2c

宫布马先蒿
Pedicularis kongboensis P. C. Tsoong

宫布马先蒿（原变种）
Pedicularis kongboensis var. **kongboensis**
习　　性：多年生半寄生草本
海　　拔：约 4100 m
分　　布：西藏
濒危等级：LC

钝裂宫布马先蒿
Pedicularis kongboensis var. **obtusata** P. C. Tsoong
习　　性：多年生半寄生草本
海　　拔：1800～3200 m
分　　布：西藏
濒危等级：NT C1

滇东马先蒿
Pedicularis koueytchensis Bonati
习　　性：多年生草本
海　　拔：2700～3400 m
分　　布：云南
濒危等级：DD

库尔马先蒿
Pedicularis kuruchuensis T. Yamaz.
习　　性：一年生草本
海　　拔：约 4400 m
国内分布：西藏
国外分布：不丹

拉氏马先蒿
Pedicularis labordei Vaniot ex Bonati
习　　性：多年生草本
海　　拔：2800～3500 m
分　　布：贵州、四川、云南
濒危等级：LC

绒舌马先蒿
Pedicularis lachnoglossa Hook. f.
习　　性：多年生草本
海　　拔：2500～5400 m
国内分布：四川、西藏、云南
国外分布：不丹、尼泊尔、印度

元宝草马先蒿
Pedicularis lamioides Hand.-Mazz.
习　　性：一年生半寄生草本
海　　拔：3400～4200 m
分　　布：云南
濒危等级：DD

兰坪马先蒿
Pedicularis lanpingensis H. P. Yang
习　　性：多年生半寄生草本
海　　拔：约 3800 m

分　　布：云南
濒危等级：DD

毛颈马先蒿
Pedicularis lasiophrys Maxim.

毛颈马先蒿（原变种）
Pedicularis lasiophrys var. **lasiophrys**
习　　性：多年生半寄生草本
海　　拔：3700～5000 m
分　　布：甘肃、青海、四川
濒危等级：LC

毛被毛颈马先蒿
Pedicularis lasiophrys var. **sinica** Maxim.
习　　性：多年生半寄生草本
海　　拔：约 2900 m
分　　布：甘肃、四川
濒危等级：LC

阔苞马先蒿
Pedicularis latibracteata T. Yamaz.
习　　性：多年生草本
分　　布：云南

宽喙马先蒿
Pedicularis latirostris P. C. Tsoong
习　　性：多年生草本
海　　拔：约 3800 m
分　　布：甘肃
濒危等级：NT C1

粗管马先蒿
Pedicularis latituba Bonati
习　　性：多年生半寄生草本
海　　拔：4300～4400 m
分　　布：四川、西藏
濒危等级：LC

疏花马先蒿
Pedicularis laxiflora Franch.
习　　性：多年生草本
海　　拔：2500～3300 m
分　　布：四川
濒危等级：LC

疏穗马先蒿
Pedicularis laxispica H. L. Li
习　　性：一年生半寄生草本
海　　拔：3200～4100 m
分　　布：云南
濒危等级：DD

勒公氏马先蒿
Pedicularis lecomtei Bonati
习　　性：多年生半寄生草本
海　　拔：约 3500 m
分　　布：云南
濒危等级：LC

勒氏马先蒿
Pedicularis legendrei Bonati
习　　性：一年生或二年生草本
海　　拔：约 2200 m
分　　布：四川
濒危等级：LC

纤管马先蒿
Pedicularis leptosiphon H. L. Li
习　　性：多年生草本
海　　拔：约 4000 m
分　　布：四川、云南
濒危等级：LC

拉萨马先蒿
Pedicularis lhasana T. Yamaz.
习　　性：一年生草本
海　　拔：约 4000 m
分　　布：西藏
濒危等级：LC

藏东马先蒿
Pedicularis liguliflora T. Yamaz.
习　　性：一年生草本
海　　拔：约 4000 m
分　　布：西藏
濒危等级：LC

丽江马先蒿
Pedicularis likiangensis Franch. ex Maxim.

丽江马先蒿（原亚种）
Pedicularis likiangensis subsp. **likiangensis**
习　　性：多年生半寄生草本
海　　拔：3200～4600 m
分　　布：四川、西藏、云南
濒危等级：LC

美丽丽江马先蒿
Pedicularis likiangensis subsp. **pulchra** P. C. Tsoong
习　　性：多年生半寄生草本
海　　拔：3800～4100 m
分　　布：云南
濒危等级：DD

林氏马先蒿
Pedicularis limprichtiana Hand.-Mazz.
习　　性：多年生草本
海　　拔：2100～3400 m
分　　布：四川、云南
濒危等级：LC

条纹马先蒿
Pedicularis lineata Franch. ex Maxim.
习　　性：多年生草本
海　　拔：1900～4600 m
国内分布：甘肃、陕西、四川、云南
国外分布：缅甸
濒危等级：LC

凌氏马先蒿
Pedicularis lingelsheimiana H. Limpr.
习　　性：半寄生草本

海　　拔：3800~3900 m
分　　布：四川
濒危等级：DD

巴颜喀拉山马先蒿
Pedicularis lobatorostrata T. Yamaz.
习　　性：多年生草本
分　　布：青海
濒危等级：LC

长萼马先蒿
Pedicularis longicalyx H. P. Yang
习　　性：多年生半寄生草本
海　　拔：约 4200 m
分　　布：西藏
濒危等级：VU A2cd；D2

长茎马先蒿
Pedicularis longicaulis Franch. ex Maxim.
习　　性：一年生或多年生半寄生草本
海　　拔：3700~3900 m
分　　布：云南
濒危等级：LC

长花马先蒿
Pedicularis longiflora Rudolph

长花马先蒿（原变种）
Pedicularis longiflora var. **longiflora**
习　　性：一年生半寄生草本
海　　拔：3300~3500 m
国内分布：甘肃、河北、内蒙古、青海、四川
国外分布：巴基斯坦、不丹、俄罗斯、哈萨克斯坦、吉尔吉斯斯坦、蒙古、尼泊尔、塔吉克斯坦、土库曼斯坦、乌兹别克斯坦、印度
濒危等级：LC

红原长花马先蒿
Pedicularis longiflora var. **hongyuanensis** Y. Tang
习　　性：一年生半寄生草本
分　　布：四川

管状长花马先蒿
Pedicularis longiflora var. **tubiformis**(Klotzsch)P. C. Tsoong
习　　性：一年生半寄生草本
海　　拔：2700~5300 m
国内分布：四川、西藏、云南
国外分布：巴基斯坦、不丹、尼泊尔、印度
濒危等级：LC

阴山长花马先蒿
Pedicularis longiflora var. **yingshanensis** Z. Y. Chu et Y. Z. Zhao
习　　性：一年生半寄生草本
海　　拔：约 2100 m
分　　布：内蒙古
濒危等级：LC

长梗马先蒿
Pedicularis longipes Maxim.
习　　性：多年生半寄生草本

海　　拔：3400~4100 m
分　　布：四川
濒危等级：LC

长柄马先蒿
Pedicularis longipetiolata Franch. ex Maxim.
习　　性：多年生草本
海　　拔：2800~3600 m
分　　布：四川、云南
濒危等级：LC

长把马先蒿
Pedicularis longistipitata P. C. Tsoong
习　　性：多年生草本
海　　拔：3600~3900 m
分　　布：西藏
濒危等级：LC

盔须马先蒿
Pedicularis lophotricha H. L. Li
习　　性：多年生半寄生草本
海　　拔：4300~4700 m
分　　布：四川
濒危等级：LC

小根马先蒿
Pedicularis ludwigii Regel
习　　性：一年生半寄生草本
国内分布：新疆
国外分布：哈萨克斯坦、吉尔吉斯斯坦、塔吉克斯坦、乌兹别克斯坦
濒危等级：LC

龙陵马先蒿
Pedicularis lunglingensis Bonati
习　　性：多年生草本
海　　拔：1200~1500 m
分　　布：云南

浅黄马先蒿
Pedicularis lutescens Franch. ex Maxim.

浅黄马先蒿（原亚种）
Pedicularis lutescens subsp. **lutescens**
习　　性：多年生半寄生草本
海　　拔：3000~4000 m
分　　布：四川、云南
濒危等级：LC

短叶浅黄马先蒿
Pedicularis lutescens subsp. **brevifolia**(Bonati)P. C. Tsoong
习　　性：多年生草本
海　　拔：2800~3800 m
分　　布：云南
濒危等级：LC

长柄浅黄马先蒿
Pedicularis lutescens subsp. **longipetiolata**(H. L. Li)P. C. Tsoong
习　　性：多年生半寄生草本
分　　布：四川

濒危等级：LC

多枝浅黄马先蒿
Pedicularis lutescens subsp. **ramosa** (Bonati) P. C. Tsoong
- 习　　性：多年生半寄生草本
- 海　　拔：2800~3800 m
- 分　　布：四川、云南
- 濒危等级：LC

东川浅黄马先蒿
Pedicularis lutescens subsp. **tongtchuanensis** (Bonati) P. C. Tsoong
- 习　　性：多年生半寄生草本
- 海　　拔：3600~3700 m
- 分　　布：云南
- 濒危等级：LC

琴盔马先蒿
Pedicularis lyrata Prain ex Maxim.
- 习　　性：一年生半寄生草本
- 海　　拔：3600~4200 m
- 国内分布：青海、四川、西藏
- 国外分布：印度
- 濒危等级：LC

瘠瘦马先蒿
Pedicularis macilenta Franch.
- 习　　性：一年生或二年生草本
- 海　　拔：约2900 m
- 分　　布：四川、云南
- 濒危等级：LC

长喙马先蒿
Pedicularis macrorhyncha H. L. Li
- 习　　性：多年生草本
- 海　　拔：3500~3800 m
- 分　　布：云南
- 濒危等级：VU A2c；C1

大管马先蒿
Pedicularis macrosiphon Franch.
- 习　　性：多年生草本
- 海　　拔：1200~3500 m
- 分　　布：四川、云南
- 濒危等级：LC

梅氏马先蒿
Pedicularis mairei Bonati
- 习　　性：多年生草本
- 海　　拔：2500~2600 m
- 分　　布：云南

鸡冠子花
Pedicularis mandshurica Maxim.
- 习　　性：多年生草本
- 海　　拔：约1000 m
- 国内分布：河北、辽宁
- 国外分布：朝鲜
- 濒危等级：LC
- 资源利用：食品（蔬菜）

玛丽马先蒿
Pedicularis mariae Regel
- 习　　性：多年生半寄生草本
- 海　　拔：1800~2500 m
- 国内分布：新疆
- 国外分布：哈萨克斯坦
- 濒危等级：LC

克兰氏马先蒿
Pedicularis maximowiczii Krasn.
- 习　　性：草本
- 国内分布：新疆
- 国外分布：哈萨克斯坦、吉尔吉斯斯坦
- 濒危等级：LC

马克逊马先蒿
Pedicularis maxonii Bonati
- 习　　性：一年生半寄生草本
- 海　　拔：约3000 m
- 分　　布：云南
- 濒危等级：NT C1

迈亚马先蒿
Pedicularis mayana Hand.-Mazz.
- 习　　性：多年生草本
- 海　　拔：3700~4600 m
- 分　　布：云南
- 濒危等级：LC

硕花马先蒿
Pedicularis megalantha D. Don
- 习　　性：一年生半寄生草本
- 海　　拔：2300~4200 m
- 国内分布：西藏
- 国外分布：巴基斯坦、不丹、尼泊尔、印度
- 濒危等级：LC

大唇马先蒿
Pedicularis megalochila H. L. Li

大唇马先蒿（原变种）
Pedicularis megalochila var. **megalochila**
- 习　　性：多年生半寄生草本
- 海　　拔：约4200 m
- 国内分布：西藏
- 国外分布：不丹
- 濒危等级：LC

舌状大唇马先蒿
Pedicularis megalochila var. **ligulata** P. C. Tsoong
- 习　　性：多年生半寄生草本
- 海　　拔：4200~4300 m
- 分　　布：西藏
- 濒危等级：LC

山萝花马先蒿
Pedicularis melampyriflora Franch. ex Maxim.
- 习　　性：一年生半寄生草本
- 海　　拔：2700~3600 m

分　　布：四川、云南
濒危等级：LC

膜叶马先蒿
Pedicularis membranacea H. L. Li
　　习　　性：多年生草本
　　海　　拔：2200～2400 m
　　分　　布：四川
　　濒危等级：EN B1ab（i, iii, v）；C1

迈氏马先蒿
Pedicularis merrilliana H. L. Li
　　习　　性：多年生半寄生草本
　　海　　拔：3200～4900 m
　　国内分布：甘肃、四川
　　国外分布：不丹
　　濒危等级：LC

后生四川马先蒿
Pedicularis metaszetschuanica P. C. Tsoong
　　习　　性：一年生半寄生草本
　　海　　拔：3200～3400 m
　　分　　布：四川
　　濒危等级：LC

翘喙马先蒿
Pedicularis meteororhyncha H. L. Li
　　习　　性：多年生草本
　　海　　拔：4000～4200 m
　　分　　布：云南
　　濒危等级：NT B2ab（i, iii, v）

小花马先蒿
Pedicularis micrantha H. L. Li
　　习　　性：多年生草本
　　海　　拔：约3100 m
　　分　　布：云南
　　濒危等级：LC

小萼马先蒿
Pedicularis microcalyx Hook. f.
　　习　　性：多年生草本
　　海　　拔：3700～4500 m
　　国内分布：西藏
　　国外分布：不丹、尼泊尔、印度
　　濒危等级：LC

小唇马先蒿
Pedicularis microchila Franch. ex Maxim.
　　习　　性：一年生草本
　　海　　拔：2800～4000 m
　　分　　布：四川、云南
　　濒危等级：LC

细小马先蒿
Pedicularis minima P. C. Tsoong et S. H. Cheng
　　习　　性：一年生半寄生草本
　　分　　布：四川
　　濒危等级：NT B2ab（i, iii, v）；C2a（ii）

微唇马先蒿
Pedicularis minutilabris P. C. Tsoong
　　习　　性：一年生半寄生草本
　　海　　拔：3300～3900 m
　　分　　布：四川
　　濒危等级：LC

柔毛马先蒿
Pedicularis mollis Wall. ex Benth.
　　习　　性：一年生半寄生草本
　　海　　拔：3000～4500 m
　　国内分布：西藏
　　国外分布：不丹、尼泊尔、印度
　　濒危等级：LC

蒙氏马先蒿
Pedicularis monbeigiana Bonati
　　习　　性：多年生草本
　　海　　拔：2500～4200 m
　　分　　布：四川、云南
　　濒危等级：LC

穆坪马先蒿
Pedicularis moupinensis Franch.
　　习　　性：多年生草本
　　分　　布：甘肃、四川
　　濒危等级：LC

藓生马先蒿
Pedicularis muscicola Maxim.
　　习　　性：多年生草本
　　海　　拔：1700～2700 m
　　分　　布：甘肃、河北、湖北、内蒙古、青海、山西、陕西
　　濒危等级：LC

藓状马先蒿
Pedicularis muscoides H. L. Li

藓状马先蒿（原变种）
Pedicularis muscoides var. **muscoides**
　　习　　性：半寄生草本
　　海　　拔：3900～5300 m
　　分　　布：四川、西藏、云南
　　濒危等级：LC

玫瑰色藓状马先蒿
Pedicularis muscoides var. **rosea** H. L. Li
　　习　　性：半寄生草本
　　海　　拔：4300～4600 m
　　分　　布：云南
　　濒危等级：LC

谬氏马先蒿
Pedicularis mussotii Franch.

谬氏马先蒿（原变种）
Pedicularis mussotii var. **mussotii**
　　习　　性：多年生半寄生草本
　　海　　拔：3600～4900 m
　　分　　布：四川

濒危等级：LC

刺冠谬氏马先蒿
Pedicularis mussotii var. **lophocentra** (Hand. -Mazz.) H. L. Li
习　　性：多年生半寄生草本
海　　拔：3600~4900 m
分　　布：四川、云南
濒危等级：LC

变形谬氏马先蒿
Pedicularis mussotii var. **mutata** Bonati
习　　性：多年生半寄生草本
海　　拔：3500~4600 m
分　　布：四川、云南
濒危等级：LC

喀什马先蒿
Pedicularis mustanghatana T. Yamaz.
习　　性：多年生草本
分　　布：新疆
濒危等级：LC

菌生马先蒿
Pedicularis mychophila C. Marquand et Airy Shaw
习　　性：多年生草本
海　　拔：4200~4500 m
分　　布：西藏
濒危等级：LC

万叶马先蒿
Pedicularis myriophylla Pall.

万叶马先蒿（原变种）
Pedicularis myriophylla var. **myriophylla**
习　　性：一年生半寄生草本
国内分布：河北、新疆
国外分布：俄罗斯、蒙古
濒危等级：LC

紫色万叶马先蒿
Pedicularis myriophylla var. **purpurea** Bunge
习　　性：一年生半寄生草本
国内分布：河北
国外分布：蒙古
濒危等级：DD

南川马先蒿
Pedicularis nanchuanensis P. C. Tsoong
习　　性：多年生草本
海　　拔：2100~2300 m
分　　布：四川
濒危等级：LC

蔊菜叶马先蒿
Pedicularis nasturtiifolia Franch.
习　　性：多年生草本
海　　拔：约2000 m
分　　布：湖北、陕西、四川
濒危等级：LC

新粗管马先蒿
Pedicularis neolatituba P. C. Tsoong
习　　性：多年生草本
海　　拔：约4700 m
分　　布：四川
濒危等级：LC

黑马先蒿
Pedicularis nigra (Bonati) Vaniot ex Bonati
习　　性：多年生半寄生草本
海　　拔：1100~2300 m
国内分布：贵州、云南
国外分布：泰国
濒危等级：LC

芒康马先蒿
Pedicularis ningjungensis T. Yamaz.
习　　性：多年生草本
分　　布：西藏
濒危等级：LC

聂拉木马先蒿
Pedicularis nyalamensis H. P. Yang
习　　性：多年生半寄生草本
海　　拔：约3700 m
分　　布：西藏
濒危等级：LC

林芝马先蒿
Pedicularis nyingchiensis H. P. Yang et Tateishi
习　　性：多年生半寄生草本
海　　拔：3000~3300 m
分　　布：西藏
濒危等级：LC

暗昧马先蒿
Pedicularis obscura Bonati
习　　性：多年生草本
海　　拔：3800~4100 m
分　　布：云南
濒危等级：LC

齿唇马先蒿
Pedicularis odontochila Diels
习　　性：半寄生草本
分　　布：陕西
濒危等级：EN B1ab（iii）

贡嘎马先蒿
Pedicularis odontocorys T. Yamaz.
习　　性：多年生草本
分　　布：四川

具齿马先蒿
Pedicularis odontophora Prain
习　　性：多年生半寄生草本
国内分布：西藏
国外分布：印度
濒危等级：DD

欧氏马先蒿
Pedicularis oederi Vahl

欧氏马先蒿（原亚种）
Pedicularis oederi subsp. **oederi**
　　习　　性：多年生半寄生草本
　　海　　拔：4000～5400 m
　　国内分布：甘肃、河北、青海、山西、陕西、四川、西藏、新疆、云南
　　国外分布：不丹、俄罗斯、哈萨克斯坦、吉尔吉斯斯坦、蒙古、日本、塔吉克斯坦
　　濒危等级：LC
　　资源利用：药用（中草药）

鳃叶欧氏马先蒿
Pedicularis oederi subsp. **branchyophylla**(Pennell)P. C. Tsoong
　　习　　性：多年生半寄生草本
　　海　　拔：4000～5000 m
　　国内分布：西藏
　　国外分布：不丹
　　濒危等级：LC

多羽片欧氏马先蒿
Pedicularis oederi subsp. **multipinna**(H. L. Li)P. C. Tsoong
　　习　　性：多年生半寄生草本
　　海　　拔：约4200 m
　　分　　布：四川
　　濒危等级：LC

少花马先蒿
Pedicularis oligantha Franch. ex Maxim.
　　习　　性：多年生半寄生草本
　　海　　拔：约3000 m
　　分　　布：云南
　　濒危等级：DD

奥氏马先蒿
Pedicularis oliveriana Prain
　　习　　性：多年生草本
　　海　　拔：3400～4000 m
　　分　　布：西藏
　　濒危等级：LC

峨眉马先蒿
Pedicularis omiiana Bonati

峨眉马先蒿（原亚种）
Pedicularis omiiana subsp. **omiiana**
　　习　　性：多年生半寄生草本
　　海　　拔：2300～3200 m
　　分　　布：四川、云南
　　濒危等级：LC

铺散峨眉马先蒿
Pedicularis omiiana subsp. **diffusa**(Bonati)P. C. Tsoong
　　习　　性：多年生半寄生草本
　　海　　拔：2300～3200 m
　　分　　布：四川
　　濒危等级：DD

直盔马先蒿
Pedicularis orthocoryne H. L. Li
　　习　　性：多年生半寄生草本
　　海　　拔：4000～5300 m
　　分　　布：四川、云南
　　濒危等级：LC

尖果马先蒿
Pedicularis oxycarpa Franch. ex Maxim.
　　习　　性：多年生草本
　　海　　拔：2800～4400 m
　　分　　布：四川、云南
　　濒危等级：LC

白氏马先蒿
Pedicularis paiana H. L. Li
　　习　　性：多年生草本
　　海　　拔：2800～3000 m
　　分　　布：甘肃、四川
　　濒危等级：LC

沼生马先蒿
Pedicularis palustris L.

沼生马先蒿（原亚种）
Pedicularis palustris subsp. **palustris**
　　习　　性：二年生半寄生草本
　　国内分布：黑龙江、内蒙古、新疆
　　国外分布：俄罗斯、哈萨克斯坦、蒙古
　　濒危等级：LC

卡氏沼生马先蒿
Pedicularis palustris subsp. **karoi**(Freyn)P. C. Tsoong
　　习　　性：二年生半寄生草本
　　海　　拔：约400 m
　　国内分布：黑龙江、内蒙古
　　国外分布：俄罗斯、蒙古
　　濒危等级：LC

潘氏马先蒿
Pedicularis pantlingii Prain

潘氏马先蒿（原亚种）
Pedicularis pantlingii subsp. **pantlingii**
　　习　　性：多年生半寄生草本
　　海　　拔：3500～4200 m
　　国内分布：西藏、云南
　　国外分布：不丹、缅甸、尼泊尔、印度
　　濒危等级：LC

短果潘氏马先蒿
Pedicularis pantlingii subsp. **brachycarpa** P. C. Tsoong ex C. Y. Wu et Hong Wang
　　习　　性：多年生半寄生草本
　　海　　拔：3600～3800 m
　　分　　布：云南
　　濒危等级：LC

缅甸潘氏马先蒿
Pedicularis pantlingii subsp. **chimiliensis**(Bonati)P. C. Tsoong
　　习　　性：多年生半寄生草本
　　海　　拔：3500～4200 m
　　国内分布：云南

国外分布：缅甸
濒危等级：LC

派氏马先蒿
Pedicularis paxiana H. Limpr.
习　　性：多年生半寄生草本
海　　拔：约 4300 m
分　　布：四川
濒危等级：DD

拟篦齿马先蒿
Pedicularis pectinatiformis Bonati
习　　性：多年生草本
海　　拔：3600~3900 m
分　　布：四川
濒危等级：LC

五角马先蒿
Pedicularis pentagona H. L. Li
习　　性：多年生草本
海　　拔：2800~3300 m
分　　布：四川、西藏、云南
濒危等级：EN A2c；C1

裴氏马先蒿
Pedicularis petelotii P. C. Tsoong
习　　性：一年生半寄生草本
海　　拔：约 1800 m
国内分布：云南
国外分布：越南
濒危等级：LC

伯氏马先蒿
Pedicularis petitmenginii Bonati
习　　性：多年生草本
海　　拔：3100~3900 m
分　　布：四川
濒危等级：LC

法且利亚叶马先蒿
Pedicularis phaceliifolia Franch.
习　　性：一年生或二年生草本
海　　拔：1500~3400 m
分　　布：四川、云南
濒危等级：LC

费尔氏马先蒿
Pedicularis pheulpinii Bonati

费尔氏马先蒿（原亚种）
Pedicularis pheulpinii subsp. **pheulpinii**
习　　性：一年生半寄生草本
分　　布：四川
濒危等级：LC

祁连费尔氏马先蒿
Pedicularis pheulpinii subsp. **chilienensis** P. C. Tsoong
习　　性：一年生半寄生草本
分　　布：青海
濒危等级：DD

臌萼马先蒿
Pedicularis physocalyx Bunge
习　　性：多年生草本
海　　拔：1200~1800 m
国内分布：新疆
国外分布：俄罗斯、哈萨克斯坦
濒危等级：LC

绵穗马先蒿
Pedicularis pilostachya Maxim.
习　　性：多年生草本
海　　拔：4700~5100 m
分　　布：甘肃、青海
濒危等级：LC

松林马先蒿
Pedicularis pinetorum Hand.-Mazz.
习　　性：多年生草本
海　　拔：2500~2800 m
分　　布：云南
濒危等级：DD

皱褶马先蒿
Pedicularis plicata Maxim.

皱褶马先蒿（原亚种）
Pedicularis plicata subsp. **plicata**
习　　性：多年生半寄生草本
海　　拔：2900~5000 m
分　　布：甘肃、青海、四川、西藏、云南
濒危等级：LC

凸尖皱褶马先蒿
Pedicularis plicata subsp. **apiculata** P. C. Tsoong
习　　性：多年生半寄生草本
海　　拔：3500~4300 m
分　　布：西藏
濒危等级：DD

浅黄皱褶马先蒿
Pedicularis plicata subsp. **luteola** (H. L. Li) P. C. Tsoong
习　　性：多年生半寄生草本
海　　拔：约 3700 m
分　　布：四川、云南
濒危等级：DD

远志状马先蒿
Pedicularis polygaloides Hook. f.
习　　性：半寄生草本
海　　拔：4000 m
国内分布：西藏
国外分布：不丹、印度
濒危等级：LC

多齿马先蒿
Pedicularis polyodonta H. L. Li
习　　性：一年生草本
海　　拔：2700~4200 m
分　　布：四川

濒危等级：LC

波氏马先蒿
Pedicularis potaninii Maxim.
 习 性：多年生半寄生草本
 分 布：甘肃
 濒危等级：DD

悬岩马先蒿
Pedicularis praeruptorum Bonati
 习 性：多年生草本
 海 拔：3600~4200 m
 分 布：云南
 濒危等级：LC

帕兰氏马先蒿
Pedicularis prainiana Maxim.
 习 性：多年生半寄生草本
 海 拔：3000~3700 m
 国内分布：西藏
 国外分布：不丹
 濒危等级：DD

高超马先蒿
Pedicularis princeps Bureau et Franch.
 习 性：多年生草本
 海 拔：2800~3500 m
 分 布：四川、云南
 濒危等级：LC

鼻喙马先蒿
Pedicularis proboscidea Stev.
 习 性：多年生草本
 海 拔：1800~3200 m
 国内分布：新疆
 国外分布：俄罗斯、哈萨克斯坦、蒙古
 濒危等级：LC

普氏马先蒿
Pedicularis przewalskii Maxim.

普氏马先蒿（原亚种）
Pedicularis przewalskii subsp. **przewalskii**
 习 性：多年生半寄生草本
 海 拔：4000~5000 m
 分 布：甘肃、青海、四川、西藏、云南
 濒危等级：LC

南方普氏马先蒿
Pedicularis przewalskii subsp. **australis**(H. L. Li)P. C. Tsoong
 习 性：多年生半寄生草本
 海 拔：4300~5300 m
 分 布：西藏、云南
 濒危等级：LC

粗毛普氏马先蒿
Pedicularis przewalskii subsp. **hirsuta**(H. L. Li)P. C. Tsoong
 习 性：多年生半寄生草本
 海 拔：约4100 m
 分 布：云南

 濒危等级：LC

矮小普氏马先蒿
Pedicularis przewalskii subsp. **microphyton**(Bureau et Franch.) P. C. Tsoong
 习 性：多年生半寄生草本
 海 拔：4200~4800 m
 分 布：四川、西藏
 濒危等级：LC

假头花马先蒿
Pedicularis pseudocephalantha Bonati
 习 性：一年生半寄生草本
 海 拔：3000~3800 m
 分 布：云南
 濒危等级：LC

假弯管马先蒿
Pedicularis pseudocurvituba P. C. Tsoong
 习 性：多年生草本
 海 拔：约4300 m
 分 布：青海
 濒危等级：LC

假硕大马先蒿
Pedicularis pseudoingens Bonati
 习 性：多年生半寄生草本
 海 拔：3000~4300 m
 分 布：云南
 濒危等级：LC

假山萝花马先蒿
Pedicularis pseudomelampyriflora Bonati
 习 性：一年生半寄生草本
 海 拔：3000~3800 m
 分 布：四川、西藏、云南
 濒危等级：LC

假藓生马先蒿
Pedicularis pseudomuscicola Bonati
 习 性：多年生草本
 海 拔：2800~3700 m
 分 布：四川
 濒危等级：EN A2c

假司氏马先蒿
Pedicularis pseudosteiningeri Bonati
 习 性：多年生草本
 海 拔：3000~4300 m
 分 布：四川、云南
 濒危等级：LC

假多色马先蒿
Pedicularis pseudoversicolor Hand.-Mazz.
 习 性：多年生草本
 海 拔：3600~4500 m
 国内分布：西藏、云南
 国外分布：不丹
 濒危等级：LC

蕨叶马先蒿
Pedicularis pteridifolia Bonati
习　　性：多年生草本
海　　拔：800~1600 m
分　　布：四川
濒危等级：LC

侏儒马先蒿
Pedicularis pygmaea Maxim.

侏儒马先蒿（原亚种）
Pedicularis pygmaea subsp. **pygmaea**
习　　性：一年生半寄生草本
分　　布：青海
濒危等级：LC

德钦侏儒马先蒿
Pedicularis pygmaea subsp. **deqinensis** H. Wang
习　　性：一年生半寄生草本
海　　拔：约4300 m
分　　布：云南
濒危等级：LC

青海马先蒿
Pedicularis qinghaiensis T. Yamaz.
习　　性：半寄生草本
海　　拔：3600~3700 m
分　　布：青海
濒危等级：DD

曲乡马先蒿
Pedicularis quxiangensis H. P. Yang
习　　性：多年生半寄生草本
海　　拔：约3400 m
分　　布：西藏
濒危等级：DD

多枝马先蒿
Pedicularis ramosissima Bonati
习　　性：一年生半寄生草本
分　　布：四川
濒危等级：LC

反曲马先蒿
Pedicularis recurva Maxim.
习　　性：多年生草本
海　　拔：3300~3400 m
分　　布：甘肃、四川
濒危等级：NT C1

疏裂马先蒿
Pedicularis remotiloba Hand.-Mazz.
习　　性：半寄生草本
海　　拔：3700~4200 m
分　　布：云南
濒危等级：LC

爬行马先蒿
Pedicularis reptans P. C. Tsoong
习　　性：一年生半寄生草本

海　　拔：约2300 m
分　　布：西藏
濒危等级：DD

返顾马先蒿
Pedicularis resupinata L.

返顾马先蒿（原亚种）
Pedicularis resupinata subsp. **resupinata**
习　　性：多年生半寄生草本
海　　拔：300~2000 m
国内分布：安徽、甘肃、广西、贵州、河北、黑龙江、湖北、吉林、辽宁、内蒙古、山东、山西、陕西、四川
国外分布：朝鲜、俄罗斯、哈萨克斯坦、蒙古、日本
濒危等级：LC

粗茎返顾马先蒿
Pedicularis resupinata subsp. **crassicaulis** (Vaniot ex Bonati) P. C. Tsoong
习　　性：多年生半寄生草本
海　　拔：约1000 m
分　　布：广西、贵州、湖北、四川
濒危等级：LC

鼬臭返顾马先蒿
Pedicularis resupinata subsp. **galeobdolon** (Diels) P. C. Tsoong
习　　性：多年生半寄生草本
分　　布：湖北、陕西、四川
濒危等级：LC

毛叶返顾马先蒿
Pedicularis resupinata subsp. **lasiophylla** P. C. Tsoong
习　　性：多年生半寄生草本
分　　布：陕西
濒危等级：LC

雷丁马先蒿
Pedicularis retingensis P. C. Tsoong
习　　性：多年生半寄生草本
海　　拔：约4100 m
分　　布：西藏
濒危等级：DD

大王马先蒿
Pedicularis rex C. B. Clarke ex Maxim.

大王马先蒿（原亚种）
Pedicularis rex subsp. **rex**
习　　性：多年生半寄生草本
海　　拔：2500~4300 m
国内分布：贵州、湖北、四川、西藏、云南
国外分布：缅甸、印度
濒危等级：LC

立氏大王马先蒿
Pedicularis rex subsp. **lipskyana** (Bonati) P. C. Tsoong
习　　性：多年生半寄生草本
海　　拔：3000~4300 m
分　　布：湖北、四川

濒危等级：LC

矮小大王马先蒿
Pedicularis rex subsp. **parva** (Bonati) P. C. Tsoong
习　　性：多年生半寄生草本
分　　布：云南
濒危等级：LC

假斗大王马先蒿
Pedicularis rex subsp. **pseudocyathus** (Vaniot ex Bonati) P. C. Tsoong
习　　性：多年生半寄生草本
分　　布：贵州
濒危等级：LC

大王马先蒿（察隅亚种）
Pedicularis rex subsp. **zayuensis** H. P. Yang
习　　性：多年生半寄生草本
海　　拔：约3200 m
分　　布：西藏
濒危等级：LC

拟鼻花马先蒿
Pedicularis rhinanthoides Schrenk ex Fisch. et C. A. Mey.

拟鼻花马先蒿（原亚种）
Pedicularis rhinanthoides subsp. **rhinanthoides**
习　　性：多年生半寄生草本
海　　拔：3000~5000 m
国内分布：甘肃、河北、青海、山西、陕西、四川、西藏、新疆、云南
国外分布：俄罗斯、哈萨克斯坦、吉尔吉斯斯坦、蒙古、塔吉克斯坦、印度
濒危等级：LC

大唇拟鼻花马先蒿
Pedicularis rhinanthoides subsp. **labellata** (Jacquem.) Pennell
习　　性：多年生半寄生草本
海　　拔：3000~4500 m
分　　布：甘肃、河北、青海、山西、陕西、四川、西藏、云南
濒危等级：LC

西藏拟鼻花马先蒿
Pedicularis rhinanthoides subsp. **tibetica** (Bonati) P. C. Tsoong
习　　性：多年生半寄生草本
海　　拔：3000~4000 m
分　　布：四川、云南
濒危等级：LC

根茎马先蒿
Pedicularis rhizomatosa P. C. Tsoong
习　　性：多年生草本
海　　拔：约3900 m
分　　布：西藏
濒危等级：DD

红毛马先蒿
Pedicularis rhodotricha Maxim.
习　　性：多年生草本
海　　拔：2600~4000 m
分　　布：四川、云南
濒危等级：LC

喙齿马先蒿
Pedicularis rhynchodonta Bureau et Franch.
习　　性：多年生草本
海　　拔：3700~4700 m
分　　布：四川
濒危等级：LC

喙毛马先蒿
Pedicularis rhynchotricha P. C. Tsoong
习　　性：多年生半寄生草本
海　　拔：2700~3700 m
分　　布：西藏
濒危等级：LC

坚挺马先蒿
Pedicularis rigida Franch. ex Maxim.
习　　性：多年生草本
海　　拔：2500~3000 m
分　　布：云南
濒危等级：LC

那曲马先蒿
Pedicularis rigidescens T. Yamaz.
习　　性：一年生草本
分　　布：青海、西藏
濒危等级：LC

拟坚挺马先蒿
Pedicularis rigidiformis Bonati
习　　性：半寄生草本
分　　布：贵州
濒危等级：LC

日照马先蒿
Pedicularis rizhaoensis H. P. Yang
习　　性：多年生半寄生草本
海　　拔：约4200 m
分　　布：四川
濒危等级：LC

劳氏马先蒿
Pedicularis roborowskii Maxim.
习　　性：一年生半寄生草本
海　　拔：2400~3500 m
分　　布：甘肃、青海、四川
濒危等级：LC

壮健马先蒿
Pedicularis robusta Hook. f.
习　　性：多年生半寄生草本
海　　拔：5300 m
国内分布：西藏
国外分布：印度
濒危等级：NT B2ab (i, iii, v); D2

圆叶马先蒿
Pedicularis rotundifolia C. E. C. Fisch.

习　　性：一年生半寄生草本
海　　拔：约 3300 m
国内分布：西藏
国外分布：缅甸
濒危等级：LC

罗氏马先蒿
Pedicularis roylei Maxim.

罗氏马先蒿（原亚种）
Pedicularis roylei subsp. **roylei**
习　　性：多年生半寄生草本
海　　拔：3400～5500 m
国内分布：四川、西藏、云南
国外分布：阿富汗、不丹、克什米尔地区、尼泊尔、印度
濒危等级：LC

大花罗氏马先蒿
Pedicularis roylei subsp. **megalantha** P. C. Tsoong
习　　性：多年生半寄生草本
海　　拔：4800～5000 m
分　　布：西藏
濒危等级：LC

萧氏马先蒿
Pedicularis roylei subsp. **shawii**（P. C. Tsoong）P. C. Tsoong
习　　性：多年生半寄生草本
海　　拔：4200～4800 m
分　　布：西藏
濒危等级：DD

红色马先蒿
Pedicularis rubens Stephan ex Willd.
习　　性：多年生草本
海　　拔：500～1200 m
国内分布：河北、黑龙江、吉林、辽宁、内蒙古
国外分布：俄罗斯、蒙古
濒危等级：LC

粗野马先蒿
Pedicularis rudis Maxim.
习　　性：多年生半寄生草本
海　　拔：2200～3400 m
分　　布：甘肃、内蒙古、青海、陕西、四川、西藏
濒危等级：LC

若尔盖马先蒿
Pedicularis ruoergaiensis H. P. Yang
习　　性：多年生半寄生草本
海　　拔：2700～2800 m
分　　布：四川
濒危等级：LC

岩居马先蒿
Pedicularis rupicola Maxim.

岩居马先蒿（原亚种）
Pedicularis rupicola subsp. **rupicola**
习　　性：多年生半寄生草本
海　　拔：2700～4800 m
分　　布：四川、西藏、云南
濒危等级：LC

川西岩居马先蒿
Pedicularis rupicola subsp. **zambalensis**（Bonati）P. C. Tsoong
习　　性：多年生半寄生草本
海　　拔：3700 m
分　　布：四川、云南
濒危等级：DD

柳叶马先蒿
Pedicularis salicifolia Bonati
习　　性：一年生半寄生草本
海　　拔：900～3500 m
分　　布：云南
濒危等级：EN A2c；C1

丹参花马先蒿
Pedicularis salviiflora Franch. ex F. B. Forbes et Hemsl.

丹参花马先蒿（原变种）
Pedicularis salviiflora var. **salviiflora**
习　　性：多年生半寄生草本
海　　拔：2000～3900 m
分　　布：四川、云南
濒危等级：LC

滑果丹参花马先蒿
Pedicularis salviiflora var. **leiocarpa** H. P. Yang
习　　性：多年生半寄生草本
海　　拔：约 3300 m
分　　布：四川
濒危等级：LC

旌节马先蒿
Pedicularis sceptrum-carolinum L.

旌节马先蒿（原亚种）
Pedicularis sceptrum-carolinum subsp. **sceptrum-carolinum**
习　　性：多年生半寄生草本
海　　拔：400～500 m
国内分布：黑龙江、吉林、辽宁
国外分布：俄罗斯、哈萨克斯坦、蒙古、日本
濒危等级：LC

有毛旌节马先蒿
Pedicularis sceptrum-carolinum subsp. **pubescens**（Bunge）P. C. Tsoong
习　　性：多年生半寄生草本
国内分布：黑龙江、吉林、辽宁
国外分布：朝鲜、俄罗斯
濒危等级：LC

裂喙马先蒿
Pedicularis schizorrhyncha Prain
习　　性：多年生半寄生草本
海　　拔：约 3800 m
国内分布：西藏
国外分布：不丹、尼泊尔、印度
濒危等级：LC

鹬形马先蒿
Pedicularis scolopax Maxim.
 习 性：多年生草本
 海 拔：3500~4100 m
 分 布：甘肃、青海
 濒危等级：LC

赛氏马先蒿
Pedicularis semenowii Regel
 习 性：多年生草本
 海 拔：2700~4500 m
 国内分布：西藏、新疆
 国外分布：阿富汗、哈萨克斯坦、吉尔吉斯斯坦、印度
 濒危等级：LC

半扭卷马先蒿
Pedicularis semitorta Maxim.
 习 性：一年生半寄生草本
 海 拔：2500~3900 m
 分 布：甘肃、青海、四川
 濒危等级：LC

山西马先蒿
Pedicularis shansiensis P. C. Tsoong
 习 性：多年生草本
 海 拔：1200~2400 m
 分 布：河北、山西、陕西
 濒危等级：LC

休氏马先蒿
Pedicularis sherriffii P. C. Tsoong
 习 性：多年生草本
 海 拔：4100~4300 m
 分 布：西藏
 濒危等级：NT B2ab（i, iii, v）；D2

之形喙马先蒿
Pedicularis sigmoidea Franch. ex Maxim.
 习 性：多年生草本
 海 拔：3000~3600 m
 分 布：云南
 濒危等级：LC

矽镁马先蒿
Pedicularis sima Maxim.
 习 性：一年生半寄生草本
 海 拔：3500~4000 m
 分 布：甘肃、四川、西藏
 濒危等级：LC

管花马先蒿
Pedicularis siphonantha D. Don

管花马先蒿（原变种）
Pedicularis siphonantha var. **siphonantha**
 习 性：多年生半寄生草本
 海 拔：3500~4500 m
 国内分布：西藏
 国外分布：不丹、尼泊尔、印度
 濒危等级：LC

台氏管花马先蒿
Pedicularis siphonantha var. **delavayi**（Franch. ex Maxim.）P. C. Tsoong
 习 性：多年生半寄生草本
 海 拔：3000~4600 m
 分 布：四川、云南
 濒危等级：LC

斑唇管花马先蒿
Pedicularis siphonantha var. **stictochila** H. Wang et W. B. Yu
 习 性：多年生半寄生草本
 分 布：青海、四川、云南
 濒危等级：LC

史氏马先蒿
Pedicularis smithiana Bonati
 习 性：多年生草本
 海 拔：3000~4000 m
 分 布：四川、云南
 濒危等级：LC

准噶尔马先蒿
Pedicularis songarica Schrenk ex Fisch. et C. A. Mey.
 习 性：多年生草本
 海 拔：1800~3000 m
 国内分布：新疆
 国外分布：哈萨克斯坦
 濒危等级：LC

花楸叶马先蒿
Pedicularis sorbifolia P. C. Tsoong
 习 性：多年生草本
 海 拔：约3300 m
 分 布：四川
 濒危等级：LC

苏氏马先蒿
Pedicularis souliei Franch.
 习 性：一年生或二年生草本
 分 布：四川
 濒危等级：LC

泊兰氏马先蒿
Pedicularis sparsiflora Bonati
 习 性：多年生草本
 分 布：中国西部
 濒危等级：LC

团花马先蒿
Pedicularis sphaerantha P. C. Tsoong
 习 性：多年生半寄生草本
 海 拔：3900~4800 m
 分 布：西藏
 濒危等级：LC

穗花马先蒿
Pedicularis spicata Pall.

穗花马先蒿（原亚种）
Pedicularis spicata subsp. **spicata**
 习 性：一年生半寄生草本
 海 拔：1500~2600 m
 国内分布：甘肃、河北、黑龙江、湖北、吉林、辽宁、内蒙古、山西、陕西、四川
 国外分布：朝鲜、俄罗斯、蒙古、日本
 濒危等级：LC

显苞穗花马先蒿
Pedicularis spicata subsp. **bracteata** P. C. Tsoong
 习 性：一年生半寄生草本
 分 布：河北
 濒危等级：DD

狭果穗花马先蒿
Pedicularis spicata subsp. **stenocarpa** P. C. Tsoong
 习 性：一年生半寄生草本
 分 布：河北
 濒危等级：NT C1

施氏马先蒿
Pedicularis stadlmanniana Bonati
 习 性：半寄生草本
 海 拔：2400~3100 m
 分 布：云南
 濒危等级：DD

司氏马先蒿
Pedicularis steiningeri Bonati
 习 性：多年生半寄生草本
 海 拔：约 3900 m
 分 布：四川
 濒危等级：LC

狭盔马先蒿
Pedicularis stenocorys Franch.

狭盔马先蒿（原亚种）
Pedicularis stenocorys subsp. **stenocorys**
 习 性：多年生半寄生草本
 海 拔：3300~4400 m
 分 布：四川
 濒危等级：LC

黑毛狭盔马先蒿
Pedicularis stenocorys subsp. **melanotricha** P. C. Tsoong
 习 性：多年生半寄生草本
 海 拔：约 3900 m
 分 布：四川
 濒危等级：LC

极狭狭盔马先蒿
Pedicularis stenocorys var. **angustissima** P. C. Tsoong
 习 性：多年生半寄生草本
 海 拔：约 3750 m
 分 布：四川
 濒危等级：LC

狭室马先蒿
Pedicularis stenotheca P. C. Tsoong
 习 性：多年生草本
 海 拔：约 3900 m
 分 布：西藏
 濒危等级：DD

斯氏马先蒿
Pedicularis stewardii H. L. Li
 习 性：半寄生草本
 海 拔：2200~2900 m
 分 布：贵州
 濒危等级：VU B2ab（i, iii, v）; D2

扭喙马先蒿
Pedicularis streptorhyncha P. C. Tsoong
 习 性：多年生半寄生草本
 海 拔：3900~4000 m
 分 布：四川
 濒危等级：LC

红纹马先蒿
Pedicularis striata Pall.

红纹马先蒿（原亚种）
Pedicularis striata subsp. **striata**
 习 性：多年生半寄生草本
 海 拔：1300~2700 m
 国内分布：甘肃、河北、辽宁、内蒙古、宁夏、山西、陕西
 国外分布：俄罗斯、蒙古
 濒危等级：LC

蛛丝红纹马先蒿
Pedicularis striata subsp. **arachnoidea**（Franch.）P. C. Tsoong
 习 性：多年生半寄生草本
 分 布：甘肃、内蒙古、宁夏
 濒危等级：LC

球状马先蒿
Pedicularis strobilacea Franch. ex F. B. Forbes et Hemsl.
 习 性：一年生半寄生草本
 海 拔：约 3500 m
 国内分布：云南
 国外分布：缅甸
 濒危等级：LC

长柱马先蒿
Pedicularis stylosa H. P. Yang
 习 性：多年生半寄生草本
 海 拔：约 4300 m
 分 布：西藏
 濒危等级：LC

针齿马先蒿
Pedicularis subulatidens P. C. Tsoong
 习 性：多年生半寄生草本
 海 拔：4300~4700 m
 分 布：西藏
 濒危等级：LC

桑科西马先蒿
Pedicularis sunkosiana T. Yamaz.
 习 性：一年生草本

分　　布：西藏
濒危等级：LC

华丽马先蒿
Pedicularis superba Franch. ex Maxim.
习　　性：多年生草本
海　　拔：2800~4000 m
分　　布：四川、云南
濒危等级：LC

四川马先蒿
Pedicularis szetschuanica Maxim.

四川马先蒿（原亚种）
Pedicularis szetschuanica subsp. **szetschuanica**
习　　性：一年生半寄生草本
海　　拔：3400~4600 m
分　　布：甘肃、青海、四川、西藏
濒危等级：LC

网脉四川马先蒿
Pedicularis szetschuanica subsp. **anastomosans** P. C. Tsoong
习　　性：一年生半寄生草本
海　　拔：3800~3900 m
分　　布：西藏
濒危等级：NT C1

宽叶四川马先蒿
Pedicularis szetschuanica subsp. **latifolia** P. C. Tsoong
习　　性：一年生半寄生草本
分　　布：四川
濒危等级：LC

大山马先蒿
Pedicularis tachanensis Bonati
习　　性：多年生草本
海　　拔：约2200 m
分　　布：云南
濒危等级：LC

大海马先蒿
Pedicularis tahaiensis Bonati
习　　性：一年生半寄生草本
海　　拔：约3200 m
分　　布：云南
濒危等级：LC

塔布马先蒿
Pedicularis takpoensis P. C. Tsoong
习　　性：多年生草本
海　　拔：约4500 m
分　　布：西藏
濒危等级：NT C1

大理马先蒿
Pedicularis taliensis Bonati
习　　性：多年生草本
海　　拔：2700~3400 m
分　　布：云南
濒危等级：DD

颤喙马先蒿
Pedicularis tantalorhyncha Franch. ex Bonati
习　　性：一年生半寄生草本
海　　拔：3000~4000 m
分　　布：西藏、云南
濒危等级：DD

大炮马先蒿
Pedicularis tapaoensis P. C. Tsoong
习　　性：多年生草本
海　　拔：约4700 m
分　　布：四川
濒危等级：LC

塔氏马先蒿
Pedicularis tatarinowii Maxim.
习　　性：一年生半寄生草本
海　　拔：2000~2300 m
分　　布：河北、内蒙古、山西
濒危等级：LC

打箭马先蒿
Pedicularis tatsienensis Bureau et Franch.
习　　性：多年生草本
海　　拔：4100~4400 m
分　　布：四川、云南
濒危等级：LC

泰氏马先蒿
Pedicularis tayloriana P. C. Tsoong
习　　性：多年生草本
分　　布：西藏
濒危等级：LC

宿叶马先蒿
Pedicularis tenacifolia P. C. Tsoong
习　　性：多年生草本
海　　拔：4500~4900 m
分　　布：西藏
濒危等级：LC

细茎马先蒿
Pedicularis tenera H. L. Li
习　　性：多年生草本
海　　拔：4400~4600 m
分　　布：四川
濒危等级：LC

纤茎马先蒿
Pedicularis tenuicaulis Prain
习　　性：一年生半寄生草本
海　　拔：4000 m
国内分布：西藏
国外分布：不丹、尼泊尔、印度
濒危等级：LC

纤裂马先蒿
Pedicularis tenuisecta Franch. ex Maxim.
习　　性：多年生草本

海　　拔：1500~3700 m
国内分布：贵州、四川、云南
国外分布：老挝
濒危等级：LC

狭管马先蒿
Pedicularis tenuituba Pennell et H. L. Li
习　　性：多年生草本
海　　拔：3000~3200 m
分　　布：四川、云南
濒危等级：LC

三叶马先蒿
Pedicularis ternata Maxim.
习　　性：多年生草本
海　　拔：3200~4600 m
分　　布：甘肃、内蒙古、青海
濒危等级：LC

灌丛马先蒿
Pedicularis thamnophila(Hand.-Mazz.)H. L. Li

灌丛马先蒿（原亚种）
Pedicularis thamnophila subsp. **thamnophila**
习　　性：多年生半寄生草本
海　　拔：3200~3500 m
分　　布：四川、云南
濒危等级：LC

杯状灌丛马先蒿
Pedicularis thamnophila subsp. **cupuliformis**(H. L. Li)P. C. Tsoong
习　　性：多年生半寄生草本
海　　拔：约4000 m
分　　布：四川
濒危等级：LC

西藏马先蒿
Pedicularis tibetica Franch.
习　　性：多年生草本
海　　拔：约4600 m
分　　布：四川、西藏
濒危等级：LC

绒毛马先蒿
Pedicularis tomentosa H. L. Li
习　　性：一年生半寄生草本
分　　布：云南
濒危等级：LC

东俄洛马先蒿
Pedicularis tongolensis Franch.
习　　性：多年生半寄生草本
海　　拔：3500~3600 m
分　　布：四川
濒危等级：LC

扭旋马先蒿
Pedicularis torta Maxim.
习　　性：多年生草本
海　　拔：2500~4000 m
分　　布：甘肃、湖北、陕西、四川
濒危等级：LC

台湾马先蒿
Pedicularis transmorrisonensis Hayata
习　　性：一年生半寄生草本
分　　布：台湾
濒危等级：LC

三角齿马先蒿
Pedicularis triangularidens P. C. Tsoong

三角齿马先蒿（原亚种）
Pedicularis triangularidens subsp. **triangularidens**
习　　性：一年生半寄生草本
海　　拔：2600~3800 m
分　　布：四川
濒危等级：DD

猫眼草三角齿马先蒿
Pedicularis triangularidens subsp. **chrysosplenioides** P. C. Tsoong
习　　性：一年生半寄生草本
海　　拔：约3600 m
分　　布：四川
濒危等级：DD

毛舟马先蒿
Pedicularis trichocymba H. L. Li
习　　性：多年生半寄生草本
海　　拔：2700~4700 m
分　　布：四川
濒危等级：DD

毛盔马先蒿
Pedicularis trichoglossa Hook. f.
习　　性：多年生草本
海　　拔：3500~5000 m
国内分布：青海、四川、西藏、云南
国外分布：不丹、缅甸、尼泊尔、印度
濒危等级：LC

须毛马先蒿
Pedicularis trichomata H. L. Li
习　　性：多年生草本
海　　拔：3600~4000 m
分　　布：云南
濒危等级：LC

三色马先蒿
Pedicularis tricolor Hand.-Mazz.

三色马先蒿（原变种）
Pedicularis tricolor var. **tricolor**
习　　性：一年生半寄生草本
海　　拔：3000~3600 m
分　　布：四川、云南
濒危等级：LC

等凹三色马先蒿
Pedicularis tricolor var. **aequiretusa** P. C. Tsoong
习　　性：一年生半寄生草本
海　　拔：3500 m
分　　布：云南
濒危等级：LC

阴郁马先蒿
Pedicularis tristis L.
习　　性：多年生草本
海　　拔：2700~3200 m
国内分布：甘肃、山西
国外分布：俄罗斯、蒙古
濒危等级：LC

蔡氏马先蒿
Pedicularis tsaii H. L. Li
习　　性：一年生半寄生草本
海　　拔：4000~4300 m
分　　布：云南
濒危等级：LC

苍山马先蒿
Pedicularis tsangchanensis Franch. ex Maxim.
习　　性：多年生草本
海　　拔：约 4000 m
分　　布：云南
濒危等级：DD

察郎马先蒿
Pedicularis tsarungensis H. L. Li
习　　性：半寄生草本
海　　拔：约 4000 m
分　　布：西藏、云南
濒危等级：DD

茨口马先蒿
Pedicularis tsekouensis Bonati
习　　性：多年生草本
海　　拔：3000~4500 m
国内分布：四川、云南
国外分布：缅甸
濒危等级：DD

蒋氏马先蒿
Pedicularis tsiangii H. L. Li
习　　性：半寄生草本
海　　拔：约 500 m
分　　布：贵州
濒危等级：DD

水泽马先蒿
Pedicularis uliginosa Bunge
习　　性：多年生草本
海　　拔：800~1400 m
国内分布：新疆
国外分布：阿富汗、俄罗斯、哈萨克斯坦、吉尔吉斯斯坦、蒙古、塔吉克斯坦
濒危等级：LC

伞花马先蒿
Pedicularis umbelliformis H. L. Li
习　　性：多年生草本
海　　拔：约 3400 m
分　　布：云南
濒危等级：DD

坛萼马先蒿
Pedicularis urceolata P. C. Tsoong
习　　性：一年生草本
海　　拔：约 3800 m
分　　布：四川
濒危等级：LC

蔓生马先蒿
Pedicularis vagans Hemsl.
习　　性：多年生草本
海　　拔：900~2200 m
分　　布：四川
濒危等级：LC

变色马先蒿
Pedicularis variegata H. L. Li
习　　性：多年生草本
海　　拔：4100~4200 m
分　　布：四川、云南
濒危等级：LC

秀丽马先蒿
Pedicularis venusta Schangin ex Bunge
习　　性：多年生草本
海　　拔：约 650 m
国内分布：黑龙江、内蒙古、新疆
国外分布：俄罗斯、蒙古
濒危等级：LC

马鞭草叶马先蒿
Pedicularis verbenifolia Franch. ex Maxim.
习　　性：多年生半寄生草本
海　　拔：3100~4000 m
分　　布：四川、云南
濒危等级：LC

地黄叶马先蒿
Pedicularis veronicifolia Franch.
习　　性：多年生草本
海　　拔：1000~2600 m
分　　布：四川、云南
濒危等级：LC

轮叶马先蒿
Pedicularis verticillata L.

轮叶马先蒿（原亚种）
Pedicularis verticillata subsp. **verticillata**
习　　性：多年生半寄生草本
国内分布：甘肃、河北、黑龙江、吉林、辽宁、内蒙古、青海、山西、陕西、四川、西藏
国外分布：俄罗斯、日本

濒危等级：LC
资源利用：环境利用（观赏）

宽裂轮叶马先蒿
Pedicularis verticillata subsp. **latisecta**(Hultén) P. C. Tsoong
习　　性：多年生半寄生草本
国内分布：山西
国外分布：欧洲
濒危等级：DD

唐古特轮叶马先蒿
Pedicularis verticillata subsp. **tangutica**(Bonati) P. C. Tsoong
习　　性：多年生半寄生草本
分　　布：甘肃、内蒙古、青海、山西、陕西、四川
濒危等级：LC

维氏马先蒿
Pedicularis vialii Franch. et F. B. Forbes et Hem
习　　性：一年生半寄生草本
海　　拔：2700 ~ 4300 m
国内分布：四川、西藏、云南
国外分布：缅甸
濒危等级：LC

堇色马先蒿
Pedicularis violascens Schrenk ex Fisch. et C. A. Mey.
习　　性：多年生草本
海　　拔：4000 ~ 4300 m
国内分布：新疆
国外分布：哈萨克斯坦、吉尔吉斯斯坦
濒危等级：LC

瓦氏马先蒿
Pedicularis wallichii Bunge
习　　性：多年生草本
海　　拔：3800 ~ 4800 m
国内分布：西藏
国外分布：不丹、尼泊尔
濒危等级：LC

王红马先蒿
Pedicularis wanghongiae M. L. Liu et W. B. Yu
习　　性：多年生草本
海　　拔：约 3500 m
分　　布：西藏、云南
濒危等级：LC

华氏马先蒿
Pedicularis wardii Bunge
习　　性：多年生半寄生草本
海　　拔：约 3000 m
分　　布：西藏、云南
濒危等级：DD

维西马先蒿
Pedicularis weixiensis H. P. Yang
习　　性：多年生草本
海　　拔：约 3600 m
分　　布：云南
濒危等级：LC

魏氏马先蒿
Pedicularis wilsonii Bonati
习　　性：多年生草本
分　　布：四川
濒危等级：DD

西倾山马先蒿
Pedicularis xiqingshanensis H. Y. Feng et J. Z. Sun
习　　性：多年生草本
分　　布：甘肃
濒危等级：LC

盐源马先蒿
Pedicularis yanyuanensis H. P. Yang
习　　性：多年生半寄生草本
海　　拔：约 3900 m
分　　布：四川
濒危等级：VU A2c；B2ab（i, iii, v）；C2a（ii）

瑶山马先蒿
Pedicularis yaoshanensis H. Wang
习　　性：多年生半寄生草本
海　　拔：3600 ~ 3700 m
分　　布：云南
濒危等级：CR B2ab（i, iii, v）；C2a（ii）

季川马先蒿
Pedicularis yui H. L. Li

季川马先蒿（原变种）
Pedicularis yui var. **yui**
习　　性：半寄生草本
海　　拔：约 4100 m
分　　布：云南
濒危等级：LC

缘毛季川马先蒿
Pedicularis yui var. **ciliata** P. C. Tsoong
习　　性：半寄生草本
海　　拔：约 4100 m
分　　布：云南
濒危等级：DD

云南马先蒿
Pedicularis yunnanensis Franch. ex Maxim.
习　　性：多年生草本
海　　拔：3000 ~ 4000 m
分　　布：云南
濒危等级：LC

察隅马先蒿
Pedicularis zayuensis H. P. Yang
习　　性：多年生半寄生草本
海　　拔：约 3300 m
分　　布：西藏
濒危等级：LC

中甸马先蒿
Pedicularis zhongdianensis H. P. Yang
习　　性：多年生草本

海　　拔：约 3300 m
分　　布：云南

钟山草属 Petitmenginia Bonati

滇毛冠四蕊草
Petitmenginia comosa Bonati
　　习　　性：地生草本
　　国内分布：云南
　　国外分布：柬埔寨、老挝、泰国
　　濒危等级：LC

毛冠四蕊草
Petitmenginia matsumurae T. Yamaz.
　　习　　性：地生草本
　　分　　布：江苏
　　濒危等级：CR B1ab（ii）

黄筒花属 Phacellanthus Sieb. et Zucc.

黄筒花
Phacellanthus tubiflorus Siebold et Zucc.
　　习　　性：肉质草本
　　海　　拔：800~1400 m
　　国内分布：甘肃、湖北、湖南、吉林、陕西、浙江
　　国外分布：朝鲜、俄罗斯、日本
　　濒危等级：LC

松蒿属 Phtheirospermum Bunge ex Fischer et C. A. Mey.

松蒿
Phtheirospermum japonicum（Thunb.）Kanitz
　　习　　性：一年生草本
　　海　　拔：100~1900 m
　　国内分布：安徽、澳门、北京、福建、甘肃、广东、广西、贵州、海南、河北、河南、黑龙江、湖北、湖南、吉林、江苏、江西、辽宁、内蒙古、宁夏、香港
　　国外分布：朝鲜、俄罗斯、日本
　　濒危等级：LC
　　资源利用：药用（中草药）

木里松蒿
Phtheirospermum muliense C. Y. Wu et D. D. Tao
　　习　　性：草本
　　分　　布：四川
　　濒危等级：LC

黑籽松蒿
Phtheirospermum parishii Hook. f.
　　习　　性：一年生或多年生草本
　　国内分布：四川
　　国外分布：缅甸、泰国、印度
　　濒危等级：LC

细裂叶松蒿
Phtheirospermum tenuisectum Bureau et Franch.
　　习　　性：多年生草本
　　海　　拔：1900~4100 m
　　国内分布：贵州、青海、四川、西藏、云南
　　国外分布：不丹
　　濒危等级：LC

五齿萼属 Pseudobartsia D. Y. Hong

五齿萼
Pseudobartsia glandulosa（Benth.）W. B. Yu et D. Z. Li
　　习　　性：一年生草本
　　海　　拔：约 2300 m
　　分　　布：云南
　　濒危等级：CR A2c

翅茎草属 Pterygiella Oliv.

齿叶翅茎草
Pterygiella bartschioides Hand.-Mazz.
　　习　　性：一年生或多年生草本
　　海　　拔：2700~3400 m
　　分　　布：云南
　　濒危等级：LC

圆茎翅茎草
Pterygiella cylindrica P. C. Tsoong
　　习　　性：一年生草本
　　海　　拔：1800~2100 m
　　分　　布：四川、云南
　　濒危等级：VU A2c

杜氏翅茎草
Pterygiella duclouxii Franch.
　　习　　性：一年生草本
　　海　　拔：1000~2800 m
　　分　　布：四川、云南
　　濒危等级：LC
　　资源利用：药用（中草药）

翅茎草
Pterygiella nigrescens Oliv.
　　习　　性：草本
　　海　　拔：1700~2600 m
　　分　　布：云南
　　濒危等级：LC

川滇翅茎木
Pterygiella suffruticosa D. Y. Hong
　　习　　性：灌木
　　海　　拔：1400~2000 m
　　分　　布：四川、云南
　　濒危等级：LC

阴行草属 Siphonostegia Benth.

阴行草
Siphonostegia chinensis Benth.
　　习　　性：一年生草本
　　海　　拔：800~3400 m
　　国内分布：安徽、福建、甘肃、广东、广西、贵州、河北、河南、黑龙江、湖南、湖北、江苏、江西、辽宁、内蒙古、山东、山西、陕西、四川、台湾、

云南

国外分布：朝鲜、俄罗斯、日本

濒危等级：LC

资源利用：药用（中草药）

腺毛阴行草

Siphonostegia laeta S. Moore

习　　性：草本

海　　拔：200~500 m

分　　布：安徽、福建、广东、湖南、江苏、江西、浙江

濒危等级：LC

短冠草属 Sopubia Buch.-Ham. ex D. Don

毛果短冠草

Sopubia matsumurae(T. Yamaz.) C. Y. Wu

习　　性：一年生草本

海　　拔：100~400 m

分　　布：湖南、江苏、浙江

濒危等级：LC

孟连短冠草

Sopubia menglianensis Y. Y. Qian

习　　性：一年生草本

海　　拔：1600~1900 m

分　　布：云南

濒危等级：NT A2c；D2

坚挺短冠草

Sopubia stricta G. Don

习　　性：一年生草本

国内分布：广东、广西

国外分布：老挝、马来西亚、缅甸、印度

濒危等级：LC

短冠草

Sopubia trifida Buch.-Ham. ex D. Don

习　　性：一年生草本

海　　拔：1600~2100 m

国内分布：广东、广西、贵州、湖南、江西、四川、云南

国外分布：巴基斯坦、不丹、菲律宾、老挝、马来西亚、尼泊尔、印度、印度尼西亚

濒危等级：LC

独脚金属 Striga Lour.

狭叶独脚金

Striga angustifolia(D. Don) C. J. Saldanha

习　　性：一年生草本

国内分布：海南

国外分布：不丹、缅甸、尼泊尔、斯里兰卡、印度、越南

濒危等级：LC

独脚金

Striga asiatica(L.) Kuntze

习　　性：一年生草本

海　　拔：800 m以下

国内分布：福建、广东、广西、贵州、湖南、江西、台湾、云南

国外分布：不丹、菲律宾、柬埔寨、尼泊尔、斯里兰卡、泰国、印度、越南

濒危等级：VU A2acd+3cd；B1ab (i, ii, iii, v)

资源利用：药用（中草药）

密花独脚金

Striga densiflora(Benth.) Benth.

习　　性：多年生草本

海　　拔：约1300 m

国内分布：云南

国外分布：印度

濒危等级：NT A2c；B2ab (i, iii, v)

大独脚金

Striga masuria(Buch.-Ham. ex Benth.) Benth.

习　　性：多年生草本

海　　拔：海平面至1000 m

国内分布：福建、广东、广西、贵州、湖南、江苏、四川、台湾、云南

国外分布：菲律宾、柬埔寨、老挝、缅甸、尼泊尔、泰国、印度、越南

濒危等级：LC

资源利用：药用（中草药）

直果草属 Triphysaria Fisch. et C. A. Mey.

直果草

Triphysaria chinensis(D. Y. Hong) D. Y. Hong

习　　性：一年生草本

分　　布：湖北

濒危等级：DD

美丽桐属 Wightia Wall.

美丽桐

Wightia speciosissima(D. Don) Merr.

习　　性：落叶乔木

海　　拔：2500 m以下

国内分布：云南

国外分布：不丹、缅甸、尼泊尔、泰国、印度、越南

濒危等级：VU A2ac；B1ab (i, iii, v)；C2a (i)

马松嵩属 Xizangia D. Y. Hong

马松蒿

Xizangia bartsioides(Hand.-Mazz.) C. Y. Wu et D. D. Tao

习　　性：多年生草本

海　　拔：约3400 m

分　　布：西藏、云南

濒危等级：NT B2ab (i, iii, v)；D2

酢浆草科 OXALIDACEAE

（3属：20种）

阳桃属 Averrhoa L.

三敛

Averrhoa bilimbi L.

习　　性：乔木

国内分布：广东、广西、台湾有栽培
国外分布：原产东南亚热带地区
资源利用：环境利用（砧木）

阳桃
Averrhoa carambola L.
习　　性：乔木
海　　拔：1000 m 以下
国内分布：福建、广东、广西、贵州、海南、四川、台湾、云南有栽培
国外分布：原产东南亚热带地区
资源利用：食用（水果）；药用（中草药）；环境利用（观赏）

感应草属 Biophytum DC.

分枝感应草
Biophytum fruticosum Blume
习　　性：多年生草本
海　　拔：300~2300 m
国内分布：重庆、广东、广西、贵州、海南、四川、云南
国外分布：菲律宾、柬埔寨、马来西亚、缅甸、泰国、新几内亚、印度、印度尼西亚、越南
濒危等级：LC
资源利用：药用（中草药）

感应草
Biophytum sensitivum (L.) DC.
习　　性：一年生草本
海　　拔：100~700 m
国内分布：广西、贵州、海南、台湾、云南
国外分布：菲律宾、马来西亚、尼泊尔、斯里兰卡、泰国、印度、印度尼西亚、越南
濒危等级：LC
资源利用：药用（中草药）

无柄感应草
Biophytum umbraculum Welw.
习　　性：一年生草本
海　　拔：800~1600 m
国内分布：云南
国外分布：巴布亚新几内亚、菲律宾、马达加斯加、马来西亚、缅甸、泰国、印度、印度尼西亚、越南
濒危等级：LC

酢浆草属 Oxalis L.

白花酢浆草
Oxalis acetosella L.

白花酢浆草（原亚种）
Oxalis acetosella subsp. **acetosella**
习　　性：多年生草本
国内分布：黑龙江、吉林、辽宁、宁夏、新疆
国外分布：巴基斯坦、朝鲜、俄罗斯、蒙古、尼泊尔、日本
濒危等级：LC
资源利用：药用（中草药）

三角酢浆草
Oxalis acetosella subsp. **japonica** (Franch. et Sav.) H. Hara
习　　性：多年生草本
国内分布：黑龙江、吉林、辽宁
国外分布：朝鲜、俄罗斯、日本
濒危等级：LC

大霸尖山酢浆草
Oxalis acetosella subsp. **taimonii** (Yamam.) S. F. Huang et T. C. Huang
习　　性：多年生草本
分　　布：台湾
濒危等级：LC

硬枝酢浆草
Oxalis barrelieri L.
习　　性：草本
国内分布：海南
国外分布：加罗林群岛、马利亚纳群岛、萨摩亚群岛、西印度群岛

大花酢浆草
Oxalis bowiei Lindl.
习　　性：多年生草本
国内分布：北京、江苏、陕西、新疆栽培
国外分布：原产南非
资源利用：环境利用（观赏）

珠芽酢浆草
Oxalis bulbillifera X. S. Shen et Hao Sun
习　　性：多年生小草本
海　　拔：约 1500 m
分　　布：安徽

酢浆草
Oxalis corniculata L.
习　　性：一年生或多年生草本
海　　拔：海平面至 3400 m
国内分布：安徽、重庆、福建、甘肃、广东、广西、贵州、海南、河北、河南、湖北、湖南、江苏、江西、辽宁、内蒙古、青海、山东、山西、陕西、四川、台湾、西藏、云南、浙江
国外分布：巴基斯坦、不丹、朝鲜、俄罗斯、马来西亚、缅甸、尼泊尔、日本、泰国、印度
濒危等级：LC
资源利用：环境利用（观赏）；药用（中草药）

红花酢浆草
Oxalis corymbosa DC.
习　　性：多年生草本
国内分布：安徽、福建、甘肃、广东、广西、贵州、海南、河北、河南、湖北、湖南、江苏、江西、山东、山西、四川、台湾、新疆、云南、浙江归化
国外分布：原产热带南美洲；世界温带地区栽培并归化
资源利用：药用（中草药）；环境利用（观赏）

山酢浆草
Oxalis griffithii Edgew. et Hook. f.
习　　性：多年生草本
海　　拔：800~3400 m
国内分布：安徽、福建、甘肃、广东、广西、贵州、河南、湖北、湖南、江苏、江西、山东、陕西、四川、

台湾
国外分布：不丹、菲律宾、韩国、克什米尔地区、缅甸、尼泊尔、日本、印度
濒危等级：LC
资源利用：药用（中草药）；环境利用（观赏）

宽叶酢浆草
Oxalis latifolia Kunth
习　　性：草本
国内分布：福建、广东、广西、台湾、云南归化
国外分布：原产热带美洲

白鳞酢浆草
Oxalis leucolepis Diels
习　　性：多年生草本
海　　拔：2800~4000 m
国内分布：西藏、云南
国外分布：不丹、缅甸、尼泊尔、印度
濒危等级：LC

三角叶酢浆草
Oxalis obtriangulata Maxim.
习　　性：多年生草本
海　　拔：700~1500 m
国内分布：吉林、辽宁
国外分布：朝鲜、俄罗斯、日本北部
濒危等级：LC

黄花酢浆草
Oxalis pes-caprae L.
习　　性：多年生草本
国内分布：北京、福建、陕西、新疆等地有栽培
国外分布：原产南非
资源利用：环境利用（观赏）

直酢浆草
Oxalis stricta L.
习　　性：一年生或多年生草本
海　　拔：400~1500 m
国内分布：广西、河北、河南、湖北、吉林、江西、辽宁、山西、浙江
濒危等级：LC
国外分布：俄罗斯、韩国、日本

武陵酢浆草
Oxalis wulingensis T. Deng, D. G. Zhang et Z. L. Nie
习　　性：多年生草本
海　　拔：约250 m
分　　布：湖北、湖南
濒危等级：LC

芍药科 PAEONIACEAE
（1属：21种）

芍药属 Paeonia L.

新疆芍药
Paeonia anomala L.

新疆芍药（原亚种）
Paeonia anomala subsp. **anomala**
习　　性：多年生草本
海　　拔：1200~1800 m
国内分布：新疆
国外分布：俄罗斯、哈萨克斯坦、蒙古
濒危等级：VU A2c
资源利用：环境利用（观赏）

川赤芍
Paeonia anomala subsp. **veitchii** (Lynch) D. Y. Hong et K. Y. Pan
习　　性：多年生草本
海　　拔：1800~3900 m
分　　布：甘肃、宁夏、青海、山西、陕西、四川、西藏、云南
濒危等级：LC
资源利用：药用（中草药）

中原牡丹
Paeonia cathayana D. Y. Hong et K. Y. Pan
习　　性：灌木
分　　布：河南、湖北
濒危等级：EW
国家保护：Ⅱ级
资源利用：环境利用（观赏）

四川牡丹
Paeonia decomposita Hand.-Mazz.
习　　性：灌木
海　　拔：2000~3100 m
分　　布：四川
濒危等级：EN A2c；B1ab (i, iii)；C2a (i)
国家保护：Ⅱ级
资源利用：环境利用（观赏）

滇牡丹
Paeonia delavayi Franch.
习　　性：灌木
海　　拔：1850~4000 m
分　　布：四川、西藏、云南
濒危等级：LC
国家保护：Ⅱ级
资源利用：药用（中草药）；环境利用（观赏）

多花芍药
Paeonia emodi Wall. ex Royle
习　　性：多年生草本
海　　拔：2300~2800 m
国内分布：西藏
国外分布：巴基斯坦、克什米尔地区、尼泊尔、印度
濒危等级：LC

块根芍药
Paeonia intermedia C. A. Mey. ex Ledeb.
习　　性：多年生草本
海　　拔：1100~3000 m
国内分布：新疆
国外分布：俄罗斯、哈萨克斯坦、吉尔吉斯斯坦、塔吉克斯坦、乌兹别克斯坦
濒危等级：VU A2c

矮牡丹
Paeonia jishanensis T. Hong et W. Z. Zhao
  习 性：灌木
  海 拔：900~1700 m
  分 布：河南、山西、陕西
  濒危等级：VU A2c；B1ab（i, iii）
  国家保护：Ⅱ级
  资源利用：药用（中草药）；环境利用（观赏）

芍药
Paeonia lactiflora Pall.
  习 性：多年生草本
  海 拔：400~2300 m
  国内分布：甘肃、河北、黑龙江、吉林、辽宁、内蒙古、宁夏、山西、陕西
  国外分布：朝鲜、俄罗斯、蒙古、日本
  濒危等级：LC
  资源利用：药用（中草药）；原料（工业用油，单宁，树脂）；环境利用（观赏）；食品（淀粉）

大花黄牡丹
Paeonia ludlowii（Stern et G. Taylor）D. Y. Hong
  习 性：灌木
  海 拔：2900~3500 m
  分 布：西藏
  濒危等级：VU B1ab（i, iii）
  国家保护：Ⅱ级

美丽芍药
Paeonia mairei H. Lév.
  习 性：多年生草本
  海 拔：1500~2700 m
  分 布：甘肃、贵州、湖北、陕西、四川、云南
  濒危等级：NT A2c
  资源利用：药用（中草药）；环境利用（观赏）

草芍药
Paeonia obovata Maxim.

草芍药（原亚种）
Paeonia obovata subsp. **obovata**
  习 性：多年生草本
  海 拔：200~2000 m
  国内分布：安徽、贵州、河北、河南、黑龙江、湖南、吉林、江西、辽宁、内蒙古、四川、浙江
  国外分布：朝鲜、俄罗斯、日本
  濒危等级：LC
  资源利用：药用（中草药）；环境利用（观赏）

拟草芍药
Paeonia obovata subsp. **willmottiae**（Stapf）D. Y. Hong et K. Y. Pan
  习 性：多年生草本
  海 拔：800~2800 m
  分 布：甘肃、河南、湖北、宁夏、青海、山西、陕西、四川
  濒危等级：DD

凤丹
Paeonia ostii T. Hong et J. X. Zhang
  习 性：灌木
  海 拔：800~1600 m
  分 布：安徽；河南有栽培
  濒危等级：CR C2a（i）；D1
  国家保护：Ⅱ级

卵叶牡丹
Paeonia qiui Y. L. Pei et D. Y. Hong
  习 性：灌木
  海 拔：1300~2200 m
  分 布：河南、湖北、陕西
  濒危等级：EN B1ab（i, iii）；C1
  国家保护：Ⅰ级
  资源利用：药用（中草药）；环境利用（观赏）

紫斑牡丹
Paeonia rockii(S. G. Haw et Lauener)T. Hong et J. J. Li ex D. Y. Hong
  国家保护：Ⅰ级

紫斑牡丹（原亚种）
Paeonia rockii subsp. **rockii**
  习 性：灌木
  海 拔：850~2800 m
  分 布：甘肃、河南、湖北、陕西
  濒危等级：EN B1ab（i, ii, iii, v）+2ab（i, ii, iii, v）；C1
  资源利用：药用（中草药）

裂叶紫斑牡丹
Paeonia rockii subsp. **atava**（Brühl）D. Y. Hong et K. Y. Pan
  习 性：灌木
  海 拔：1300~2000 m
  分 布：甘肃、陕西
  濒危等级：EN B1ab（i, ii, iii, v）+2ab（i, ii, iii, v）；C1
  国家保护：Ⅱ级
  资源利用：药用（中草药）

圆裂牡丹
Paeonia rotundiloba（D. Y. Hong）D. Y. Hong
  习 性：灌木
  海 拔：2000~3100 m
  分 布：四川
  濒危等级：EN A2c；B1ab（i, ii, iii, v）；C1
  国家保护：Ⅱ级
  资源利用：药用（中草药）

白花芍药
Paeonia sterniana H. R. Fletcher
  习 性：多年生草本
  海 拔：2800~3500 m
  分 布：西藏
  濒危等级：LC
  国家保护：Ⅱ级

牡丹
Paeonia suffruticosa Andrews

牡丹（原亚种）
Paeonia suffruticosa subsp. **suffruticosa**
  习 性：灌木
  分 布：河南、安徽

濒危等级：VU B1ab（iii）
资源利用：药用（中草药）；环境利用（观赏）；食品（淀粉）

银屏牡丹
Paeonia suffruticosa* subsp. *yinpingmudan D. Y. Hong
习　　性：灌木
海　　拔：约 300 m
分　　布：安徽、河南
濒危等级：CR D

小盘木科（攀打科）PANDACEAE
（1 属：1 种）

小盘木属 Microdesmis Hook. f.

小盘木
Microdesmis caseariifolia Planch. ex Hook. f.
习　　性：灌木或乔木
海　　拔：200~800 m
国内分布：广东、广西、海南、云南
国外分布：柬埔寨、老挝、马来西亚、孟加拉国、缅甸、泰国、印度尼西亚、越南
濒危等级：LC

露兜树科 PANDANACEAE
（2 属：7 种）

藤露兜属 Freycinetia Gaudich.

山露兜
Freycinetia formosana Hemsl.
习　　性：匍匐藤本
国内分布：台湾
国外分布：菲律宾、日本
濒危等级：LC

露兜树属 Pandanus Parkinson

香露兜
Pandanus amaryllifolius Roxb.
习　　性：多年生草本
国内分布：海南栽培
国外分布：印度尼西亚；马来西亚、菲律宾、斯里兰卡、泰国、印度尼西亚、越南栽培
濒危等级：LC

露兜草
Pandanus austrosinensis T. L. Wu
习　　性：草本
海　　拔：400~800 m
分　　布：广东、广西、海南
濒危等级：LC

小露兜
Pandanus fibrosus Gagnep. ex Humbert.
习　　性：草本
国内分布：海南、台湾
国外分布：越南
濒危等级：LC
资源利用：药用（中草药）

勒古子
Pandanus kaida Kurz.
习　　性：灌木或小乔木
国内分布：广东、海南
国外分布：越南
濒危等级：LC

露兜树
Pandanus tectorius Parkinson
习　　性：灌木或小乔木
海　　拔：600~1600 m
国内分布：福建、广东、广西、贵州、海南、台湾、云南
国外分布：热带澳大利亚
濒危等级：LC
资源利用：药用（中草药）；原料（纤维，精油）；食品（蔬菜）

分叉露兜
Pandanus urophyllus Hance
习　　性：乔木
国内分布：广东、广西、西藏、云南
国外分布：印度、越南
濒危等级：LC
资源利用：药用（中草药）

罂粟科 PAPAVERACEAE
（19 属：487 种）

荷包藤属 Adlumia Raf. ex DC.

荷包藤
Adlumia asiatica Ohwi
习　　性：草质藤本
国内分布：黑龙江、吉林
国外分布：朝鲜半岛、俄罗斯
濒危等级：LC

蓟罂粟属 Argemone L.

蓟罂粟
Argemone mexicana L.
习　　性：一年生或多年生草本
国内分布：多省引种；福建、广东、台湾和云南有归化
国外分布：原产中美洲和热带美洲

白屈菜属 Chelidonium L.

白屈菜
Chelidonium majus L.
习　　性：多年生草本
海　　拔：500~2200 m
国内分布：安徽、甘肃、贵州、河北、河南、黑龙江、湖北、湖南、吉林、江苏、辽宁、青海、山东、山西、

陕西、四川、云南、浙江
国外分布：朝鲜半岛、俄罗斯、日本
濒危等级：LC
资源利用：药用（中草药）；农药

紫堇属 Corydalis DC.

松潘黄堇
Corydalis acropteryx Fedde
习　　性：二年生草本
海　　拔：2300～3800 m
分　　布：四川
濒危等级：VU A2c+3c；B1ab（i,iii,v）

川东紫堇
Corydalis acuminata Franch.
习　　性：多年生草本
海　　拔：200～3000 m
分　　布：重庆、贵州、湖北、陕西、四川
濒危等级：LC

铁线蕨叶黄堇
Corydalis adiantifolia Hook. f. et Thomson
习　　性：多年生草本
海　　拔：2300～5000 m
国内分布：新疆
国外分布：巴基斯坦、克什米尔地区
濒危等级：LC

东义紫堇
Corydalis adoxifolia C. Y. Wu
习　　性：多年生草本
海　　拔：2600～2900 m
分　　布：四川
濒危等级：LC

灰绿黄堇
Corydalis adunca Maxim.
习　　性：多年生草本
海　　拔：1000～3900 m
分　　布：甘肃、内蒙古、宁夏、青海、陕西、四川、西藏、云南
濒危等级：LC
资源利用：药用（中草药）

艳巫岛紫堇
Corydalis aeaeae X. F. Gao, Lidén, Y. W. Wang et Y. L. Peng
习　　性：多年生草本
海　　拔：3600～4100 m
分　　布：四川
濒危等级：DD

湿崖紫堇
Corydalis aeditua Lidén et Z. Y. Su
习　　性：多年生草本
海　　拔：1500～1600 m
分　　布：四川
濒危等级：DD

贺兰山延胡索
Corydalis alaschanica (Maxim.) Peshkova
习　　性：多年生草本
海　　拔：1700～3400 m
分　　布：甘肃、内蒙古、宁夏
濒危等级：NT B1ab（iii）

攀援黄堇
Corydalis ampelos Lidén et Z. Y. Su
习　　性：攀援草本
海　　拔：3000～3500 m
分　　布：云南
濒危等级：LC

文县紫堇
Corydalis amphipogon Lidén
习　　性：二年生草本
海　　拔：1300～1400 m
分　　布：甘肃
濒危等级：EN D

圆萼紫堇
Corydalis amplisepala Z. Y. Su et Lidén
习　　性：二年生草本
海　　拔：约1800 m
分　　布：湖北、四川
濒危等级：LC
资源利用：动物饲料（饲料）

藏中黄堇
Corydalis anaginova Lidén et Z. Y. Su
习　　性：多年生草本
海　　拔：4000～5000 m
分　　布：西藏
濒危等级：DD

齿瓣紫堇
Corydalis ananke Lidén
习　　性：多年生草本
分　　布：云南
濒危等级：LC

莳萝叶紫堇
Corydalis anethifolia C. Y. Wu et Z. Y. Su
习　　性：二年生草本
海　　拔：900～1400 m
分　　布：陕西
濒危等级：EN A2c+3c

细距紫堇
Corydalis angusta Z. Y. Su et Lidén
习　　性：多年生草本
海　　拔：约2000 m
分　　布：四川
濒危等级：LC

泉涌花紫堇
Corydalis anthocrene Lidén et J. Van de Veire
习　　性：多年生草本
海　　拔：约3000 m
分　　布：四川
濒危等级：VU A2c

峨参叶紫堇
Corydalis anthriscifolia Franch.
习　　性：多年生草本
海　　拔：1800~3600 m
分　　布：四川
濒危等级：LC

小距紫堇
Corydalis appendiculata Hand.-Mazz.
习　　性：多年生草本
海　　拔：2700~4100 m
分　　布：四川、云南
濒危等级：LC
资源利用：药用（中草药）

假漏斗菜紫堇
Corydalis aquilegioides Z. Y. Su
习　　性：多年生草本
海　　拔：2000~2700 m
分　　布：四川
濒危等级：LC

阿敦紫堇
Corydalis atuntsuensis W. W. Sm.
习　　性：多年生草本
海　　拔：3900~5000 m
分　　布：青海、四川、西藏、云南
濒危等级：LC

高黎贡山黄堇
Corydalis auricilla Lidén et Z. Y. Su
习　　性：多年生草本
海　　拔：2900~3600 m
国内分布：云南
国外分布：缅甸
濒危等级：LC

耳柄紫堇
Corydalis auriculata Lidén et Z. Y. Su
习　　性：草本
海　　拔：1500~1800 m
分　　布：西藏
濒危等级：LC

北越紫堇
Corydalis balansae Prain
习　　性：一年生草本
海　　拔：200~700 m
国内分布：安徽、福建、广东、广西、贵州、湖北、湖南、江苏、江西、山东、台湾、云南、浙江
国外分布：老挝、日本、越南
濒危等级：LC
资源利用：药用（中草药）

珠芽紫堇
Corydalis balsamiflora Prain
习　　性：多年生草本
海　　拔：1900~2800？m
分　　布：四川
濒危等级：LC

髯萼紫堇
Corydalis barbisepala Hand.-Mazz. et Fedde
习　　性：多年生草本
海　　拔：3300~4300 m
分　　布：四川
濒危等级：LC

囊距紫堇
Corydalis benecincta W. W. Sm.
习　　性：草本
海　　拔：4000~6000 m
分　　布：四川、西藏、云南
濒危等级：LC

梗苞黄堇
Corydalis bibracteolata Z. Y. Su
习　　性：多年生草本
海　　拔：2600~3000 m
分　　布：新疆
濒危等级：LC

碧江黄堇
Corydalis bijiangensis C. Y. Wu et H. Chuang
习　　性：多年生草本
海　　拔：约3500 m
分　　布：云南
濒危等级：DD

双斑黄堇
Corydalis bimaculata C. Y. Wu et Z. Y. Su
习　　性：多年生草本
海　　拔：4000~4200 m
分　　布：西藏
濒危等级：DD

那加黄堇
Corydalis borii C. E. C. Fisch.
习　　性：草本
海　　拔：400~2500 m
国内分布：云南
国外分布：缅甸、印度
濒危等级：LC

江达紫堇
Corydalis brachyceras Lidén et J. Van de Veire
习　　性：多年生草本
海　　拔：约4300 m
分　　布：西藏
濒危等级：DD

短轴黄堇
Corydalis brevipedunculata(Z. Y. Su)Z. Y. Su et Lidén
习　　性：一年生草本
海　　拔：1000~2200 m
分　　布：甘肃、四川
濒危等级：LC

蔓生黄堇
Corydalis brevirostrata C. Y. Wu et Z. Y. Su

蔓生黄堇（原亚种）
Corydalis brevirostrata subsp. **brevirostrata**
 习 性：二年生或多年生草本
 海 拔：3500~4300 m
 分 布：青海、四川、西藏
 濒危等级：DD

西藏蔓生黄堇
Corydalis brevirostrata subsp. **tibetica**(Maxim.)Lidén
 习 性：二年生或多年生草本
 分 布：青海、西藏

褐鞘紫堇
Corydalis brunneo-vaginata Fedde
 习 性：多年生草本
 海 拔：3600~4200 m
 分 布：四川
 濒危等级：LC

鳞叶紫堇
Corydalis bulbifera C. Y. Wu
 习 性：多年生草本
 海 拔：4600~5100 m
 分 布：西藏
 濒危等级：LC

巫溪紫堇
Corydalis bulbilligera C. Y. Wu
 习 性：多年生草本
 海 拔：约2500 m
 分 布：重庆
 濒危等级：LC

滇西紫堇
Corydalis bulleyana Diels

滇西紫堇（原亚种）
Corydalis bulleyana subsp. **bulleyana**
 习 性：多年生草本
 海 拔：2200~3700 m
 分 布：四川、云南
 濒危等级：LC

木里滇西紫堇
Corydalis bulleyana subsp. **muliensis** Lidén et Z. Y. Su
 习 性：多年生草本
 海 拔：2600~3000 m
 分 布：四川
 濒危等级：LC

地丁草
Corydalis bungeana Turcz.
 习 性：二年生草本
 海 拔：海平面至1500 m
 国内分布：甘肃、河北、河南、湖南、吉林、江苏、辽宁、内蒙古、宁夏、山东、山西、陕西
 国外分布：朝鲜半岛北部、俄罗斯、蒙古东南部
 濒危等级：LC
 资源利用：药用（中草药）

东紫堇
Corydalis buschii Nakai
 习 性：草本
 海 拔：500~1100 m
 国内分布：吉林
 国外分布：朝鲜半岛、俄罗斯
 濒危等级：LC

灰岩紫堇
Corydalis calcicola W. W. Sm.
 习 性：多年生草本
 海 拔：2900~4800 m
 分 布：四川、云南
 濒危等级：DD

显萼紫堇
Corydalis calycosa H. Chuang
 习 性：多年生草本
 海 拔：2800~4000 m
 分 布：四川
 濒危等级：LC

弯果黄堇
Corydalis campulicarpa Hayata
 习 性：草本
 分 布：台湾
 濒危等级：LC

头花紫堇
Corydalis capitata X. F. Gao, Lidén, Y. W. Wang et Y. L. Peng
 习 性：多年生草本
 海 拔：3000~3300 m
 分 布：四川
 濒危等级：LC

方茎黄堇
Corydalis capnoides(L.)Pers.
 习 性：一年生或二年生草本
 海 拔：1800~2600 m
 国内分布：新疆
 国外分布：俄罗斯、哈萨克斯坦、蒙古
 濒危等级：LC

泸定紫堇
Corydalis caput-medusae Z. Y. Su et Lidén
 习 性：多年生草本
 海 拔：2800~3200 m
 分 布：云南
 濒危等级：LC

龙骨籽紫堇
Corydalis carinata Lidén et Z. Y. Su
 习 性：多年生草本
 海 拔：1500~1900 m
 分 布：云南
 濒危等级：LC

克什米尔紫堇
Corydalis cashmeriana Royle

克什米尔紫堇（原亚种）
Corydalis cashmeriana subsp. **cashmeriana**
　　习　　性：多年生草本
　　国内分布：西藏
　　国外分布：克什米尔地区、尼泊尔、印度
　　濒危等级：LC

少花克什米尔紫堇
Corydalis cashmeriana subsp. **longicalcarata**（D. G. Long）Lidén
　　习　　性：多年生草本
　　海　　拔：3200~3900 m
　　国内分布：西藏
　　国外分布：不丹、尼泊尔、印度
　　濒危等级：LC

铺散黄堇
Corydalis casimiriana Lidén
　　习　　性：一年生或多年生草本
　　海　　拔：2800~4700 m
　　国内分布：西藏
　　国外分布：不丹、尼泊尔、印度
　　濒危等级：LC

飞流紫堇
Corydalis cataractarum Lidén
　　习　　性：多年生草本
　　海　　拔：约 2000 m
　　分　　布：四川
　　濒危等级：LC

小药八旦子
Corydalis caudata（Lam.）Pers.
　　习　　性：多年生草本
　　海　　拔：100~1200 m
　　分　　布：安徽、甘肃、河北、河南、湖北、江苏、山东、山西、陕西
　　濒危等级：LC

聂拉木黄堇
Corydalis cavei D. G. Long
　　习　　性：多年生草本
　　海　　拔：2500~4300 m
　　国内分布：西藏
　　国外分布：尼泊尔、印度
　　濒危等级：DD

昌都紫堇
Corydalis chamdoensis C. Y. Wu et H. Chuang
　　习　　性：多年生草本
　　海　　拔：3900~4100 m
　　分　　布：四川、西藏
　　濒危等级：LC

长白山黄堇
Corydalis changbaishanensis M. L. Zhang et Y. W. Wang
　　习　　性：草本
　　海　　拔：800~1000 m
　　国内分布：吉林
　　国外分布：朝鲜半岛、俄罗斯
　　濒危等级：LC

显囊黄堇
Corydalis changuensis D. G. Long
　　习　　性：一年生或多年生草本
　　海　　拔：约 3100 m
　　国内分布：西藏
　　国外分布：印度
　　濒危等级：LC

地柏枝
Corydalis cheilanthifolia Hemsl.
　　习　　性：多年生草本
　　海　　拔：800~1700 m
　　分　　布：重庆、甘肃、贵州、湖北、四川、云南
　　濒危等级：LC
　　资源利用：药用（中草药）

斑花紫堇
Corydalis cheilosticta Z. Y. Su et Lidén

斑花紫堇（原亚种）
Corydalis cheilosticta subsp. **cheilosticta**
　　习　　性：多年生草本
　　海　　拔：3300~3600 m
　　分　　布：青海
　　濒危等级：LC

北邻斑花紫堇
Corydalis cheilosticta subsp. **borealis** Lidén et Z. Y. Su
　　习　　性：多年生草本
　　海　　拔：3500~4000 m
　　分　　布：甘肃、青海
　　濒危等级：LC

掌叶紫堇
Corydalis cheirifolia Franch.
　　习　　性：多年生草本
　　海　　拔：2900~3100 m
　　分　　布：云南
　　濒危等级：LC

甘肃紫堇
Corydalis chingii Fedde
　　习　　性：一年生草本
　　海　　拔：1400~3300 m
　　分　　布：甘肃、山西、陕西
　　濒危等级：LC

金球黄堇
Corydalis chrysosphaera C. Marquand et Airy Shaw
　　习　　性：多年生草本
　　海　　拔：3000~5500 m
　　分　　布：西藏
　　濒危等级：LC
　　资源利用：药用（中草药）

斑花黄堇
Corydalis conspersa Maxim.
　　习　　性：多年生草本

海　　拔：3800~5700 m
国内分布：甘肃、青海、四川、西藏
国外分布：尼泊尔
濒危等级：NT B1ab（i，iii）

角状黄堇
Corydalis cornuta Royle
习　　性：一年生或二年生草本
海　　拔：2400~3600 m
国内分布：西藏
国外分布：巴基斯坦、克什米尔地区、尼泊尔、印度
濒危等级：LC

伞花黄堇
Corydalis corymbosa C. Y. Wu et Z. Y. Su
习　　性：多年生草本
海　　拔：3300~4600 m
分　　布：西藏、云南
濒危等级：LC

皱波黄堇
Corydalis crispa Prain

皱波黄堇（原亚种）
Corydalis crispa subsp. **crispa**
习　　性：多年生草本
海　　拔：3000~5000 m
国内分布：西藏
国外分布：不丹
濒危等级：LC

光棱皱波黄堇
Corydalis crispa subsp. **laeviangula**（C. Y. Wu et H. Chuang）Lidén et Z. Y. Su
习　　性：多年生草本
分　　布：西藏
濒危等级：LC

鸡冠黄堇
Corydalis crista-galli Maxim.
习　　性：多年生草本
海　　拔：4300~4600 m
分　　布：青海
濒危等级：VU D2

具冠黄堇
Corydalis cristata Maxim.
习　　性：多年生草本
海　　拔：3000?~4600 m
分　　布：四川

无距黄堇
Corydalis cryptogama Z. Y. Su et Lidén
习　　性：一年生草本
海　　拔：600~700 m
分　　布：四川
濒危等级：VU D2

曲花紫堇
Corydalis curviflora Maxim. ex Hemsl.

曲花紫堇（原亚种）
Corydalis curviflora subsp. **curviflora**
习　　性：草本
海　　拔：2400~4600 m
分　　布：甘肃、宁夏、青海、四川
濒危等级：LC

具爪曲花紫堇
Corydalis curviflora subsp. **rosthornii**（Fedde）C. Y. Wu
习　　性：草本
海　　拔：2400~4500 m
分　　布：四川
濒危等级：LC

金雀花黄堇
Corydalis cytisiflora（Fedde）Lidén ex C. Y. Wu

金雀花黄堇（原亚种）
Corydalis cytisiflora subsp. **cytisiflora**
习　　性：多年生草本
海　　拔：2600~4500 m
分　　布：甘肃、四川
濒危等级：LC

高冠金雀花紫堇
Corydalis cytisiflora subsp. **altecristata**（C. Y. Wu et H. Chuang）Lidén
习　　性：多年生草本
海　　拔：3400~3900 m
分　　布：四川
濒危等级：LC

直距金雀花黄堇
Corydalis cytisiflora subsp. **minuticristata**（Fedde）Lidén
习　　性：多年生草本
海　　拔：3200~3300 m
分　　布：四川
濒危等级：LC

流苏金雀花紫堇
Corydalis cytisiflora subsp. **pseudosmithii**（Fedde）Lidén
习　　性：多年生草本
海　　拔：2600~4100 m
分　　布：甘肃、四川
濒危等级：LC

大金紫堇
Corydalis dajingensis C. Y. Wu et Z. Y. Su
习　　性：多年生草本
海　　拔：3500~5000 m
分　　布：四川、西藏
濒危等级：NT B1ab（i，iii）

迭裂黄堇
Corydalis dasyptera Maxim.
习　　性：多年生草本
海　　拔：2700~5000 m
分　　布：甘肃、青海、四川、西藏
濒危等级：LC
资源利用：药用（中草药）

南黄堇
Corydalis davidii Franch.
- 习　　性：多年生草本
- 海　　拔：2000~3500 m
- 国内分布：重庆、四川、云南
- 国外分布：缅甸
- 濒危等级：LC
- 资源利用：药用（中草药）

夏天无
Corydalis decumbens (Thunb.) Pers.
- 习　　性：草本
- 海　　拔：100~300 m
- 国内分布：安徽、福建、湖北、湖南、江苏、江西、陕西、台湾、浙江
- 国外分布：日本
- 濒危等级：LC
- 资源利用：药用（中草药）

德格紫堇
Corydalis degensis C. Y. Wu et H. Chuang
- 习　　性：多年生草本
- 海　　拔：3700~4500 m
- 分　　布：四川
- 濒危等级：LC

丽江紫堇
Corydalis delavayi Franch.
- 习　　性：多年生草本
- 海　　拔：3000~4600 m
- 分　　布：四川、云南
- 濒危等级：LC

娇嫩黄堇
Corydalis delicatula D. G. Long
- 习　　性：多年生草本
- 海　　拔：2700~3200 m
- 国内分布：西藏
- 国外分布：不丹
- 濒危等级：LC

飞燕黄堇
Corydalis delphinioides Fedde
- 习　　性：多年生草本
- 海　　拔：3000~4000 m
- 分　　布：四川、云南
- 濒危等级：LC

密穗黄堇
Corydalis densispica C. Y. Wu
- 习　　性：多年生草本
- 海　　拔：3200~4400 m
- 分　　布：四川、西藏、云南
- 濒危等级：LC

展枝黄堇
Corydalis diffusa Lidén
- 习　　性：多年生草本
- 海　　拔：4000~4700 m
- 国内分布：西藏
- 国外分布：不丹
- 濒危等级：LC

雅曲距紫堇
Corydalis dolichocentra Z. Y. Su et Lidén
- 习　　性：多年生草本
- 海　　拔：约4700 m
- 分　　布：四川
- 濒危等级：LC

东川紫堇
Corydalis dongchuanensis Z. Y. Su et Lidén
- 习　　性：多年生草本
- 海　　拔：3000~3700 m
- 分　　布：云南
- 濒危等级：DD

不丹紫堇
Corydalis dorjii D. G. Long
- 习　　性：多年生草本
- 海　　拔：2000~2600 m
- 国内分布：西藏
- 国外分布：不丹、印度
- 濒危等级：LC

短爪黄堇
Corydalis drakeana Prain
- 习　　性：一年生草本
- 海　　拔：2700~4100 m
- 分　　布：四川、云南
- 濒危等级：NT D2

稀花黄堇
Corydalis dubia Prain
- 习　　性：多年生草本
- 海　　拔：4800~5200 m
- 国内分布：西藏
- 国外分布：不丹
- 濒危等级：LC

师宗紫堇
Corydalis duclouxii H. Lév. et Vaniot
- 习　　性：多年生草本
- 海　　拔：1500~3000 m
- 分　　布：重庆、贵州、云南
- 濒危等级：LC

独龙江紫堇
Corydalis dulongjiangensis H. Chuang
- 习　　性：多年生草本
- 海　　拔：1500~1800 m
- 国内分布：云南
- 国外分布：缅甸
- 濒危等级：LC

无冠紫堇
Corydalis ecristata (Prain) D. G. Long
- 习　　性：多年生草本

海　　拔：4000～5000 m
国内分布：西藏
国外分布：不丹、尼泊尔、印度
濒危等级：LC

紫堇
Corydalis edulis Maxim.
习　　性：一年生草本
海　　拔：400～1200 m
国内分布：安徽、福建、甘肃、贵州、河北、河南、湖北、湖南、江苏、江西、辽宁、山西、陕西、四川、云南、浙江
国外分布：日本
濒危等级：LC
资源利用：药用（中草药）；食品（蔬菜）

高茎紫堇
Corydalis elata Bureau et Franch.
习　　性：多年生草本
海　　拔：2900～4000 m
分　　布：四川
濒危等级：LC

幽雅黄堇
Corydalis elegans Wall. ex Hook. et Thomson
习　　性：多年生草本
海　　拔：4000～5000 m
国内分布：西藏
国外分布：尼泊尔、印度
濒危等级：LC

椭果紫堇
Corydalis ellipticarpa C. Y. Wu et Z. Y. Su
习　　性：多年生草本
海　　拔：2000～3700 m
分　　布：甘肃、四川
濒危等级：LC

对叶紫堇
Corydalis enantiophylla Lidén
习　　性：多年生草本
海　　拔：3000～3200 m
国内分布：云南
国外分布：缅甸
濒危等级：LC

籽纹紫堇
Corydalis esquirolii H. Lév.
习　　性：草本
海　　拔：600～900 m
分　　布：广西、贵州
濒危等级：LC
资源利用：药用（中草药）

粗距紫堇
Corydalis eugeniae Fedde
习　　性：多年生草本
海　　拔：3400～4600 m
分　　布：四川、云南

濒危等级：LC

房山紫堇
Corydalis fangshanensis W. T. Wang ex S. Y. He
习　　性：草本
海　　拔：500～1600 m
分　　布：河北、河南、山西
濒危等级：VU A2c
资源利用：药用（中草药）

北岭黄堇
Corydalis fargesii Franch.
习　　性：二年生草本
海　　拔：1500～2700 m
分　　布：重庆、甘肃、湖北、宁夏、陕西
濒危等级：LC

大海黄堇
Corydalis feddeana H. Lév.
习　　性：多年生草本
海　　拔：3200～4100 m
分　　布：四川、云南
濒危等级：LC

天山囊果紫堇
Corydalis fedtschenkoana Regel
习　　性：多年生草本
海　　拔：3700～4500 m
国内分布：新疆
国外分布：亚洲西南部
濒危等级：LC

丝叶紫堇
Corydalis filisecta C. Y. Wu
习　　性：多年生草本
海　　拔：约3800 m
分　　布：西藏
濒危等级：LC

扇叶黄堇
Corydalis flabellata Edgew.
习　　性：多年生草本
海　　拔：3000～4500 m
国内分布：西藏
国外分布：巴基斯坦、尼泊尔、印度
濒危等级：LC

裂冠紫堇
Corydalis flaccida Hook. f. et Thomson
习　　性：多年生草本
海　　拔：3000～4000 m
国内分布：四川、西藏、云南
国外分布：不丹、缅甸、尼泊尔、印度
濒危等级：LC

穆坪紫堇
Corydalis flexuosa Franch.

穆坪紫堇（原亚种）
Corydalis flexuosa subsp. **flexuosa**

习　　性：多年生草本
海　　拔：1300~2700 m
分　　布：四川
濒危等级：LC

低冠穆坪紫堇
Corydalis flexuosa subsp. **pseudoheterocentra** (Fedde) Lidén ex C. Y. Wu, H. Chuang et Z. Y. Su
习　　性：多年生草本
海　　拔：约 1500 m
分　　布：四川
濒危等级：LC

臭黄堇
Corydalis foetida C. Y. Wu et Z. Y. Su
习　　性：一年生草本
海　　拔：2100~3100 m
分　　布：四川、云南
濒危等级：LC

叶苞紫堇
Corydalis foliaceobracteata C. Y. Wu et Z. Y. Su
习　　性：二年生草本
海　　拔：1100~2900 m
分　　布：甘肃、四川
濒危等级：LC

春丕黄堇
Corydalis franchetiana Prain
习　　性：多年生草本
国内分布：西藏
国外分布：不丹
濒危等级：LC

堇叶延胡索
Corydalis fumariifolia Maxim.
习　　性：多年生草本
海　　拔：约 600 m
国内分布：黑龙江、吉林、辽宁
国外分布：朝鲜半岛、俄罗斯
濒危等级：DD

北京延胡索
Corydalis gamosepala Maxim.
习　　性：多年生草本
海　　拔：500~2500 m
分　　布：甘肃、河北、湖北、辽宁、内蒙古、宁夏、山东、山西、陕西
濒危等级：LC

柄苞黄堇
Corydalis gaoxinfeniae Lidén
习　　性：多年生草本
海　　拔：3100~3600 m
分　　布：四川
濒危等级：LC

巨紫堇
Corydalis gigantea Trautv. et C. A. Mey.
习　　性：多年生草本
海　　拔：300~800 m
国内分布：黑龙江、吉林
国外分布：朝鲜半岛北部、俄罗斯、日本
濒危等级：DD

小花宽瓣黄堇
Corydalis giraldii Fedde
习　　性：一年生草本
海　　拔：600~2000 m
分　　布：甘肃、河北、河南、山东、山西、陕西、四川
濒危等级：LC

新疆元胡
Corydalis glaucescens Regel
习　　性：多年生草本
海　　拔：1300~1800 m
国内分布：新疆
国外分布：哈萨克斯坦、吉尔吉斯斯坦
濒危等级：LC

苍白紫堇
Corydalis glaucissima Lidén et Z. Y. Su
习　　性：多年生草本
海　　拔：约 4800 m
分　　布：西藏、云南
濒危等级：LC

甘草叶紫堇
Corydalis glycyphyllos Fedde
习　　性：多年生草本
海　　拔：4200~5100 m
分　　布：四川
濒危等级：LC

新疆黄堇
Corydalis gortschakovii Schrenk
习　　性：多年生草本
海　　拔：2100~3600 m
国内分布：新疆
国外分布：中亚
濒危等级：LC

库莽黄堇
Corydalis govaniana Wall.
习　　性：多年生草本
海　　拔：3500~4400 m
国内分布：西藏
国外分布：克什米尔地区、尼泊尔
濒危等级：LC

纤细黄堇
Corydalis gracillima C. Y. Wu
习　　性：一年生或二年生草本
海　　拔：2500~4500 m
国内分布：四川、西藏、云南
国外分布：缅甸
濒危等级：LC

丹巴黄堇
Corydalis grandiflora C. Y. Wu et Z. Y. Su
习　　性：多年生草本
分　　布：四川
濒危等级：LC

寡叶裸茎紫堇
Corydalis gymnopoda Z. Y. Su et Lidén
习　　性：多年生草本
海　　拔：2800～3800 m
分　　布：四川
濒危等级：DD

裸茎延胡索
Corydalis gyrophylla Lidén
习　　性：多年生草本
海　　拔：3800～4500 m
分　　布：四川、西藏
濒危等级：LC

钩距黄堇
Corydalis hamata Franch.
习　　性：多年生草本
海　　拔：3300～5200 m
分　　布：四川、西藏、云南
濒危等级：LC

康定紫堇
Corydalis harrysmithii Lidén et Z. Y. Su
习　　性：多年生草本
海　　拔：3100～4100 m
分　　布：四川
濒危等级：LC

毛被黄堇
Corydalis hebephylla C. Y. Wu et Z. Y. Su
习　　性：多年生草本
海　　拔：4100～4400 m
分　　布：四川
濒危等级：DD

近泽黄堇
Corydalis helodes Lidén et J. Van de Veire
习　　性：多年生草本
海　　拔：约 4000 m
分　　布：云南
濒危等级：LC

半荷包紫堇
Corydalis hemidicentra Hand.-Mazz.
习　　性：多年生草本
海　　拔：3500～5300 m
分　　布：西藏、云南
濒危等级：LC

巴东紫堇
Corydalis hemsleyana Franch. ex Prain
习　　性：二年生草本
海　　拔：约 2100 m
分　　布：重庆、贵州、湖北、陕西、四川
濒危等级：LC

尼泊尔黄堇
Corydalis hendersonii Hemsl.

尼泊尔黄堇（原变种）
Corydalis hendersonii var. **hendersonii**
习　　性：多年生草本
海　　拔：4200～5200 m
国内分布：西藏、新疆
国外分布：克什米尔地区、尼泊尔
濒危等级：LC
资源利用：药用（中草药）

高冠尼泊尔黄堇
Corydalis hendersonii var. **alto-cristata** C. Y. Wu et Z. Y. Su
习　　性：多年生草本
海　　拔：4500～4700 m
分　　布：青海、西藏
濒危等级：LC

假獐耳紫堇
Corydalis hepaticifolia C. Y. Wu et Z. Y. Su
习　　性：多年生草本
海　　拔：4500～5100 m
分　　布：西藏
濒危等级：DD

独活叶紫堇
Corydalis heracleifolia C. Y. Wu et Z. Y. Su
习　　性：多年生草本
海　　拔：2800～3400 m
分　　布：四川
濒危等级：LC

异果黄堇
Corydalis heterocarpa Siebold et Zucc.
习　　性：二年生草本
国内分布：浙江
国外分布：日本
濒危等级：LC

异心紫堇
Corydalis heterocentra Diels
习　　性：多年生草本
海　　拔：2700～3300 m
分　　布：云南
濒危等级：NT B2ac（ii）

异齿紫堇
Corydalis heterodonta H. Lév.
习　　性：二年生草本
海　　拔：1300～1400 m
分　　布：重庆、贵州
濒危等级：LC

异距紫堇
Corydalis heterothylax C. Y. Wu ex Z. Y. Su et Lidén
习　　性：多年生草本

海　　拔：3600~4400 m
分　　布：四川、云南
濒危等级：LC

同瓣黄堇
Corydalis homopetala Diels
习　　性：多年生草本
海　　拔：3000~3300 m
分　　布：云南
濒危等级：LC

洪坝山紫堇
Corydalis hongbashanensis Lidén et Y. W. Wang
习　　性：二年生或多年生草本
海　　拔：1800~2000 m
分　　布：四川
濒危等级：EN D

拟锥花黄堇
Corydalis hookeri Prain
习　　性：多年生草本
海　　拔：3700~5000 m
国内分布：西藏
国外分布：不丹、尼泊尔、印度
濒危等级：LC

五台山延胡索
Corydalis hsiaowutaishanensis T. P. Wang
习　　性：多年生草本
海　　拔：2000~3000 m
分　　布：河北、山西
濒危等级：LC

湿生紫堇
Corydalis humicola Hand.-Mazz.
习　　性：多年生草本
海　　拔：3100~4100 m
分　　布：四川
濒危等级：LC
资源利用：药用（中草药）

矮生延胡索
Corydalis humilis B. U. Oh et Y. S. Kim
习　　性：多年生草本
国内分布：黑龙江、吉林、辽宁
国外分布：朝鲜半岛
濒危等级：LC

土元胡
Corydalis humosa Migo
习　　性：多年生草本
海　　拔：800~1000 m
分　　布：浙江
濒危等级：VU D2
资源利用：药用（中草药）

银瑞
Corydalis imbricata Z. Y. Su et Lidén
习　　性：多年生草本
海　　拔：3800~5000 m
分　　布：西藏
濒危等级：LC

赛北紫堇
Corydalis impatiens(Pall.)Fisch.
习　　性：一年生或二年生草本
海　　拔：约1700 m
国内分布：甘肃、吉林、内蒙古、青海、山西
国外分布：俄罗斯、蒙古
濒危等级：LC

刻叶紫堇
Corydalis incisa(Thunb.)Pers.
习　　性：一年生或二年生草本
海　　拔：海平面至1800 m
国内分布：安徽、福建、甘肃、广西、贵州、河北、河南、湖北、湖南、江苏、江西、山西、陕西、四川、台湾、浙江
国外分布：朝鲜半岛、日本
濒危等级：LC
资源利用：药用（中草药）

小株紫堇
Corydalis inconspicua Bunge ex Ledeb.
习　　性：多年生草本
海　　拔：2500~4700 m
国内分布：新疆
国外分布：俄罗斯、哈萨克斯坦、吉尔吉斯斯坦、蒙古中部和西部
濒危等级：LC

卡惹拉黄堇
Corydalis inopinata Prain ex Fedde
习　　性：多年生草本
海　　拔：4400~5500 m
国内分布：西藏
国外分布：克什米尔地区
濒危等级：LC

药山紫堇
Corydalis iochanensis H. Lév. ex Fedde
习　　性：多年生草本
海　　拔：2700~3900 m
国内分布：贵州、四川、西藏、云南
国外分布：不丹
濒危等级：LC

瘦距紫堇
Corydalis ischnosiphon Lidén et Z. Y. Su
习　　性：多年生草本
海　　拔：约3300 m
分　　布：云南
濒危等级：DD

藏南紫堇
Corydalis jigmei C. E. C. Fisch. et Kaul
习　　性：多年生草本
海　　拔：4300~5300 m

国内分布：西藏
国外分布：不丹、尼泊尔、印度
濒危等级：LC

泾源紫堇
Corydalis jingyuanensis C. Y. Wu et H. Chuang
习　　性：多年生草本
海　　拔：1100~2600 m
分　　布：甘肃、宁夏、陕西
濒危等级：LC

九龙黄堇
Corydalis jiulongensis Z. Y. Su et Lidén
习　　性：多年生草本
海　　拔：3500~3800 m
分　　布：四川
濒危等级：LC

裸茎黄堇
Corydalis juncea Wall.
习　　性：多年生草本
海　　拔：3600~4400 m
国内分布：西藏
国外分布：不丹、尼泊尔、印度
濒危等级：LC

凯里紫堇
Corydalis kailiensis Z. Y. Su
习　　性：多年生草本
海　　拔：约1000 m
分　　布：广西、贵州
濒危等级：LC

喀什黄堇
Corydalis kashgarica Rupr.
习　　性：多年生草本
海　　拔：1200~1800 m
分　　布：新疆
濒危等级：DD

胶州延胡索
Corydalis kiautschouensis Poelln.
习　　性：多年生草本
海　　拔：100~900 m
国内分布：吉林、江苏、辽宁、山东
国外分布：朝鲜半岛
濒危等级：LC

多雄黄堇
Corydalis kingdonis Airy Shaw
习　　性：多年生草本
海　　拔：3300~4700 m
分　　布：西藏
濒危等级：NT D2

帕里紫堇
Corydalis kingii Prain
习　　性：多年生草本
海　　拔：3300~4800 m

分　　布：西藏
濒危等级：LC

俅江紫堇
Corydalis kiukiangensis C. Y. Wu, Z. Y. Su et Lidén
习　　性：多年生草本
海　　拔：1600~1900 m
分　　布：云南
濒危等级：DD

狭距紫堇
Corydalis kokiana Hand.-Mazz.
习　　性：多年生草本
海　　拔：3100~4200 m
分　　布：四川、西藏、云南
濒危等级：LC

南疆黄堇
Corydalis krasnovii Michajlova
习　　性：多年生草本
海　　拔：2000 m
国内分布：新疆
国外分布：吉尔吉斯斯坦
濒危等级：DD

库如措紫堇
Corydalis kuruchuensis Lidén
习　　性：多年生草本
海　　拔：约4400 m
分　　布：西藏
濒危等级：DD

高冠黄堇
Corydalis laelia Prain
习　　性：多年生草本
海　　拔：3600~4000 m
国内分布：西藏
国外分布：不丹、印度
濒危等级：LC

兔唇紫堇
Corydalis lagochila Lidén et Z. Y. Su
习　　性：多年生草本
海　　拔：约3200 m
分　　布：四川
濒危等级：LC

毛果紫堇
Corydalis lasiocarpa Lidén et Z. Y. Su
习　　性：草本
海　　拔：约4500 m
分　　布：西藏
濒危等级：DD

长冠紫堇
Corydalis lathyrophylla C. Y. Wu

长冠紫堇（原亚种）
Corydalis lathyrophylla subsp. **lathyrophylla**
习　　性：多年生草本

海　　拔：3500~4700 m
分　　布：四川、云南
濒危等级：LC

道孚长冠紫堇
Corydalis lathyrophylla subsp. **dawuensis** Lidén
习　　性：多年生草本
海　　拔：4000~4200 m
分　　布：四川
濒危等级：LC

宽花紫堇
Corydalis latiflora Hook. f. et Thomson
习　　性：多年生草本
海　　拔：4300~5500 m
国内分布：西藏
国外分布：不丹、尼泊尔、印度
濒危等级：LC

宽裂黄堇
Corydalis latiloba Hook. f. et Thomson

宽裂黄堇（原变种）
Corydalis latiloba var. **latiloba**
习　　性：多年生草本
海　　拔：1300~2400 m
分　　布：四川、云南
濒危等级：LC
资源利用：药用（中草药）

西藏宽裂黄堇
Corydalis latiloba var. **tibetica** Z. Y. Su et Lidén
习　　性：多年生草本
海　　拔：约3200 m
分　　布：西藏
濒危等级：LC

乌蒙宽裂黄堇
Corydalis latiloba var. **wumungensis** C. Y. Wu et Z. Y. Su
习　　性：多年生草本
海　　拔：1600~2500 m
分　　布：云南
濒危等级：LC

紫苞黄堇
Corydalis laucheana Fedde
习　　性：二年生草本
海　　拔：1600~3800 m
分　　布：宁夏、青海、四川、西藏
濒危等级：LC

疏花黄堇
Corydalis laxiflora Lidén
习　　性：多年生草本
海　　拔：约1200 m
国内分布：新疆
国外分布：缅甸
濒危等级：LC

薯根延胡索
Corydalis ledebouriana Kar. et Kir.
习　　性：多年生草本
海　　拔：700~3600 m
国内分布：新疆
国外分布：阿富汗、哈萨克斯坦、吉尔吉斯斯坦、塔吉克斯坦
濒危等级：LC

细果紫堇
Corydalis leptocarpa Hook. f. et Thomson
习　　性：多年生草本
海　　拔：1200~2600 m
国内分布：云南
国外分布：不丹、缅甸、尼泊尔、泰国、印度
濒危等级：LC

粉叶紫堇
Corydalis leucanthema C. Y. Wu
习　　性：多年生草本
海　　拔：900~3000 m
分　　布：四川
濒危等级：EN A2c；D

拉萨黄堇
Corydalis lhasaensis C. Y. Wu et Z. Y. Su
习　　性：多年生草本
海　　拔：约4800 m
分　　布：西藏
濒危等级：DD

洛隆紫堇
Corydalis lhorongensis C. Y. Wu et H. Chuang
习　　性：多年生草本
海　　拔：4400~4500 m
分　　布：西藏
濒危等级：LC

绕曲黄堇
Corydalis liana Lidén et Z. Y. Su
习　　性：草本
海　　拔：约3000 m
分　　布：云南
濒危等级：DD

积鳞紫堇
Corydalis lidenii Z. Y. Su
习　　性：多年生草本
海　　拔：2000~2500 m
分　　布：四川
濒危等级：LC

条裂黄堇
Corydalis linarioides Maxim.
习　　性：多年生草本
海　　拔：2100~4500 m
分　　布：甘肃、宁夏、青海、山西、陕西、四川、西藏
濒危等级：LC
资源利用：药用（中草药）

线叶黄堇
Corydalis linearis C. Y. Wu
习　　性：多年生草本

海　　拔：2700～4300 m
分　　布：四川
濒危等级：LC

临江延胡索
Corydalis linjiangensis Z. Y. Su ex Lidén
习　　性：多年生草本
海　　拔：1000～1100 m
分　　布：吉林、辽宁
濒危等级：NT C1

变根紫堇
Corydalis linstowiana Fedde
习　　性：一年生或二年生草本
海　　拔：1300～3400 m
分　　布：四川
濒危等级：LC
资源利用：药用（中草药）

红花紫堇
Corydalis livida Maxim.

红花紫堇（原变种）
Corydalis livida var. **livida**
习　　性：多年生草本
海　　拔：2400～4000 m
分　　布：甘肃、青海、四川
濒危等级：LC

齿冠红花紫堇
Corydalis livida var. **denticulato-cristata** Z. Y. Su
习　　性：多年生草本
海　　拔：3100～3600 m
分　　布：青海、四川
濒危等级：LC

长苞紫堇
Corydalis longibracteata Ludlow et Stearn
习　　性：多年生草本
海　　拔：3500～4200 m
分　　布：西藏
濒危等级：LC

长距紫堇
Corydalis longicalcarata H. Chuang et Z. Y. Su

长距紫堇（原变种）
Corydalis longicalcarata var. **longicalcarata**
习　　性：多年生草本
海　　拔：1800～2800 m
分　　布：四川
濒危等级：LC

多裂长距紫堇
Corydalis longicalcarata var. **multipinnata** Z. Y. Su
习　　性：多年生草本
分　　布：四川
濒危等级：LC

无囊长距紫堇
Corydalis longicalcarata var. **non-saccata** Z. Y. Su
习　　性：多年生草本

海　　拔：2400～3000 m
分　　布：四川
濒危等级：LC

开阳黄堇
Corydalis longicornu Franch.
习　　性：多年生草本
海　　拔：1700～3000 m
分　　布：贵州、云南
濒危等级：LC

毛长梗黄堇
Corydalis longipes DC.
习　　性：一年生或多年生草本
海　　拔：2000～3500 m
国内分布：西藏
国外分布：尼泊尔
濒危等级：LC

长柱黄堇
Corydalis longistyla Z. Y. Su et Lidén
习　　性：多年生草本
海　　拔：3100～3600 m
分　　布：四川
濒危等级：LC

龙溪紫堇
Corydalis longkiensis C. Y. Wu, Lidén et Z. Y. Su
习　　性：多年生草本
海　　拔：约1200 m
分　　布：四川、云南
濒危等级：LC

齿冠紫堇
Corydalis lophophora Lidén et Z. Y. Su
习　　性：多年生草本
海　　拔：2600～3800 m
分　　布：青海

罗平山黄堇
Corydalis lopinensis Franch.
习　　性：多年生草本
海　　拔：3500～3600 m
国内分布：云南
国外分布：缅甸
濒危等级：LC

齿瓣黄堇
Corydalis lowndesii Lidén
习　　性：多年生草本
海　　拔：4000～5700 m
国内分布：西藏
国外分布：尼泊尔
濒危等级：LC

单叶紫堇
Corydalis ludlowii Stearn
习　　性：多年生草本
海　　拔：3600～3700 m
分　　布：西藏
濒危等级：NT B1ac（ii）

米林紫堇
Corydalis lupinoides C. Marquand et Airy Shaw
　　习　　性：多年生草本
　　海　　拔：3600~4000 m
　　分　　布：西藏
　　濒危等级：LC

禄劝黄堇
Corydalis luquanensis H. Chuang
　　习　　性：草本
　　海　　拔：2100~2200 m
　　分　　布：云南
　　濒危等级：LC

喜湿紫堇
Corydalis madida Lidén et Z. Y. Su
　　习　　性：多年生草本
　　海　　拔：2100~2200 m
　　分　　布：四川
　　濒危等级：LC

会泽紫堇
Corydalis mairei H. Lév.
　　习　　性：多年生草本
　　海　　拔：2300~3500 m
　　分　　布：四川、云南
　　濒危等级：DD

马牙黄堇
Corydalis mayae Hand.-Mazz.
　　习　　性：多年生草本
　　海　　拔：3400~4300 m
　　国内分布：西藏、云南
　　国外分布：缅甸
　　濒危等级：LC

中国紫堇
Corydalis mediterranea Z. Y. Su et Lidén
　　习　　性：多年生草本
　　海　　拔：约3900 m
　　分　　布：云南
　　濒危等级：LC

少子黄堇
Corydalis megalosperma Z. Y. Su
　　习　　性：多年生草本
　　海　　拔：4200~4500 m
　　分　　布：云南
　　濒危等级：DD

细叶黄堇
Corydalis meifolia Wall.
　　习　　性：多年生草本
　　海　　拔：4600~5200 m
　　国内分布：西藏
　　国外分布：巴基斯坦、不丹、尼泊尔、印度
　　濒危等级：LC
　　资源利用：药用（中草药）

暗绿紫堇
Corydalis melanochlora Maxim.
　　习　　性：多年生草本
　　海　　拔：4000~5000 m
　　分　　布：甘肃、青海、四川、西藏、云南
　　濒危等级：LC

叶状苞紫堇
Corydalis microflora(C. Y. Wu et H. Chuang)Z. Y. Su et Lidén
　　习　　性：多年生草本
　　海　　拔：约2500 m
　　分　　布：四川
　　濒危等级：LC

小籽紫堇
Corydalis microsperma Lidén
　　习　　性：多年生草本
　　海　　拔：1800~2200 m
　　分　　布：云南
　　濒危等级：LC

米拉紫堇
Corydalis milarepa Lidén et Z. Y. Su
　　习　　性：多年生草本
　　海　　拔：4800~5100 m
　　分　　布：西藏
　　濒危等级：LC

小花紫堇
Corydalis minutiflora C. Y. Wu
　　习　　性：多年生草本
　　海　　拔：3300~4500 m
　　分　　布：四川、西藏
　　濒危等级：LC

疆堇
Corydalis mira(Batalin)C. Y. Wu et H. Chuang
　　习　　性：多年生草本
　　海　　拔：2600~3400 m
　　国内分布：新疆
　　国外分布：克什米尔北部地区
　　濒危等级：LC

革吉黄堇
Corydalis moorcroftiana Wall. ex Hook. f. et Thomson
　　习　　性：多年生草本
　　海　　拔：4000~5400 m
　　国内分布：西藏
　　国外分布：克什米尔地区、印度
　　濒危等级：LC

尿罐草
Corydalis moupinensis Franch.
　　习　　性：多年生草本
　　海　　拔：1000~2500 m
　　分　　布：四川、云南
　　濒危等级：LC

突尖紫堇
Corydalis mucronata Franch.
　　习　　性：多年生草本
　　海　　拔：1500~2600 m
　　分　　布：四川

濒危等级：LC

尖突黄堇
Corydalis mucronifera Maxim.
　　习　　性：多年生草本
　　海　　拔：4200～5300 m
　　分　　布：甘肃、青海、西藏、新疆
　　濒危等级：LC

天全紫堇
Corydalis mucronipetala(C. Y. Wu et H. Chuang)Lidén et Z. Y. Su
　　习　　性：多年生草本
　　海　　拔：2800～3800 m
　　分　　布：四川
　　濒危等级：LC

木里黄堇
Corydalis muliensis C. Y. Wu et Z. Y. Su
　　习　　性：多年生草本
　　海　　拔：约 3600 m
　　分　　布：四川
　　濒危等级：LC

富叶紫堇
Corydalis myriophylla Lidén
　　习　　性：多年生草本
　　海　　拔：3900～4600 m
　　国内分布：云南
　　国外分布：缅甸
　　濒危等级：LC

矬紫堇
Corydalis nana Royle
　　习　　性：多年生草本
　　国内分布：西藏
　　国外分布：尼泊尔、印度
　　濒危等级：LC

南五台山紫堇
Corydalis nanwutaishanensis Z. Y. Su et Lidén
　　习　　性：多年生草本
　　分　　布：陕西
　　濒危等级：DD

线基紫堇
Corydalis nematopoda Lidén et Z. Y. Su
　　习　　性：多年生草本
　　海　　拔：约 3400 m
　　分　　布：青海
　　濒危等级：LC

林生紫堇
Corydalis nemoralis C. Y. Wu et H. Chuang
　　习　　性：多年生草本
　　海　　拔：约 3400 m
　　分　　布：西藏
　　濒危等级：LC

黑顶黄堇
Corydalis nigro-apiculata C. Y. Wu
　　习　　性：多年生草本
　　海　　拔：3500～4600 m
　　分　　布：青海、四川、西藏
　　濒危等级：LC

阿山黄堇
Corydalis nobilis(L.)Pers.
　　习　　性：多年生草本
　　海　　拔：1900～2000 m
　　国内分布：新疆
　　国外分布：俄罗斯、哈萨克斯坦、蒙古
　　濒危等级：LC

凌云紫堇
Corydalis nubicola Z. Y. Su et Lidén
　　习　　性：多年生草本
　　海　　拔：4300～5300 m
　　分　　布：西藏
　　濒危等级：LC

黄紫堇
Corydalis ochotensis Turcz.
　　习　　性：二年生草本
　　海　　拔：300～900 m
　　国内分布：河北、黑龙江、吉林、辽宁、台湾
　　国外分布：朝鲜半岛、俄罗斯、日本
　　濒危等级：LC
　　资源利用：药用（中草药）

少花紫堇
Corydalis oligantha Ludlow et Stearn
　　习　　性：多年生草本
　　海　　拔：2100～3100 m
　　国内分布：西藏
　　国外分布：不丹、缅甸、印度
　　濒危等级：LC

稀子黄堇
Corydalis oligosperma C. Y. Wu et Z. Y. Su
　　习　　性：多年生草本
　　海　　拔：3700～4500 m
　　分　　布：西藏
　　濒危等级：LC

金顶紫堇
Corydalis omeiana(C. Y. Wu et H. Chuang)Z. Y. Su et Lidén
　　习　　性：多年生草本
　　海　　拔：2100～3400 m
　　分　　布：四川
　　濒危等级：LC

假驴豆
Corydalis onobrychis Fedde
　　习　　性：多年生草本
　　海　　拔：3500～4500 m
　　国内分布：新疆
　　国外分布：阿富汗、克什米尔地区北部
　　濒危等级：LC

蛇果黄堇
Corydalis ophiocarpa Hook. f. et Thomson
　　习　　性：一年生或二年生草本

海　　拔：200~4000 m
国内分布：安徽、甘肃、贵州、河北、河南、湖北、湖南、江西、宁夏、青海、山西、陕西、四川、台湾、西藏、云南
国外分布：不丹、日本、印度
濒危等级：LC
资源利用：药用（中草药）；环境利用（观赏）

线足紫堇
Corydalis oreocoma Lidén et Z. Y. Su
习　　性：多年生草本
海　　拔：3900~4100 m
分　　布：西藏
濒危等级：LC

密花黄堇
Corydalis orthopoda Hayata
习　　性：二年生草本
国内分布：台湾
国外分布：日本
濒危等级：LC

假酢浆草
Corydalis oxalidifolia Ludlow et Stearn
习　　性：多年生草本
海　　拔：4200~4600 m
国内分布：西藏
国外分布：不丹
濒危等级：LC

尖瓣紫堇
Corydalis oxypetala Franch.

尖瓣紫堇（原亚种）
Corydalis oxypetala subsp. **oxypetala**
习　　性：多年生草本
海　　拔：3000~4100 m
分　　布：云南
濒危等级：NT D2

小花尖瓣紫堇
Corydalis oxypetala subsp. **balfouriana** (Diels) Lidén
习　　性：多年生草本
海　　拔：2000~3700 m
分　　布：云南
濒危等级：LC

浪穹紫堇
Corydalis pachycentra Franch.
习　　性：多年生草本
海　　拔：2700~5200 m
分　　布：四川、西藏、云南
濒危等级：LC

粗梗黄堇
Corydalis pachypoda (Franch.) Hand.-Mazz.
习　　性：多年生草本
海　　拔：3500~4700 m
分　　布：云南
濒危等级：LC

黄堇
Corydalis pallida (Thunb.) Pers.
习　　性：草本
海　　拔：600~1600 m
国内分布：安徽、福建、河北、河南、黑龙江、湖北、吉林、江苏、江西、辽宁、内蒙古、山东、山西、陕西、台湾、浙江
国外分布：朝鲜半岛、俄罗斯、日本
濒危等级：LC
资源利用：环境利用（观赏）

熊猫之友
Corydalis panda Lidén et Y. W. Wang
习　　性：多年生草本
海　　拔：3900~4200 m
分　　布：四川
濒危等级：DD

帕米尔黄堇
Corydalis paniculigera Regel et Schmalh
习　　性：多年生草本
国内分布：新疆
国外分布：亚洲西南部
濒危等级：DD

冕宁紫堇
Corydalis papillosa Z. Y. Su et Lidén
习　　性：多年生草本
海　　拔：4200 m
分　　布：四川
濒危等级：LC

贵州黄堇
Corydalis parviflora Z. Y. Su et Lidén
习　　性：一年生草本
海　　拔：400~1500 m
分　　布：广西、贵州、云南
濒危等级：LC

盾萼紫堇
Corydalis peltata Lidén et Z. Y. Su
习　　性：多年生草本
海　　拔：3300~3400 m
分　　布：云南
濒危等级：DD

喜石黄堇
Corydalis petrodoxa Lidén et Z. Y. Su
习　　性：多年生草本
海　　拔：约4400 m
分　　布：西藏
濒危等级：DD

岩生紫堇
Corydalis petrophila Franch.
习　　性：多年生草本
海　　拔：1600~3200 m

分　　布：西藏、云南
濒危等级：LC

平武紫堇
Corydalis pingwuensis C. Y. Wu
　　习　　性：多年生草本
　　海　　拔：1100~3800 m
　　分　　布：四川
　　濒危等级：LC

羽叶紫堇
Corydalis pinnata Lidén et Z. Y. Su
　　习　　性：多年生草本
　　海　　拔：约 1300 m
　　分　　布：四川
　　濒危等级：LC

羽苞黄堇
Corydalis pinnatibracteata Y. W. Wang, Lidén, Q. R. Liu et M. L. Zhang
　　习　　性：二年生草本
　　海　　拔：3200~4200 m
　　分　　布：青海
　　濒危等级：DD

远志黄堇
Corydalis polygalina Hook. f. et Thomson
　　习　　性：多年生草本
　　海　　拔：3100~5100 m
　　国内分布：西藏
　　国外分布：不丹、尼泊尔、印度
　　濒危等级：LC

多叶紫堇
Corydalis polyphylla Hand.-Mazz.
　　习　　性：多年生草本
　　海　　拔：3600~5000 m
　　国内分布：西藏、云南
　　国外分布：缅甸
　　濒危等级：LC

紫花紫堇
Corydalis porphyrantha C. Y. Wu
　　习　　性：多年生草本
　　海　　拔：约 3500 m
　　分　　布：西藏、云南
　　濒危等级：LC

半裸茎黄堇
Corydalis potaninii Maxim.
　　习　　性：多年生草本
　　海　　拔：2500~4000 m
　　分　　布：甘肃、青海、四川
　　濒危等级：LC

峭壁紫堇
Corydalis praecipitorum C. Y. Wu, Z. Y. Su et Lidén
　　习　　性：多年生草本
　　海　　拔：3400~3500 m
　　分　　布：甘肃
　　濒危等级：LC

草甸黄堇
Corydalis prattii Franch.
　　习　　性：多年生草本
　　海　　拔：3200~4600 m
　　分　　布：四川
　　濒危等级：LC

白花紫堇
Corydalis procera Lidén et Z. Y. Su
　　习　　性：多年生草本
　　分　　布：四川
　　濒危等级：DD

波密紫堇
Corydalis pseudoadoxa (C. Y. Wu et H. Chuang) C. Y. Wu et H. Chuang
　　习　　性：多年生草本
　　海　　拔：3600~5000 m
　　分　　布：西藏、云南
　　濒危等级：LC

假高山延胡索
Corydalis pseudoalpestris Popov
　　习　　性：多年生草本
　　国内分布：新疆
　　国外分布：哈萨克斯坦
　　濒危等级：LC

弯梗紫堇
Corydalis pseudobalfouriana Lidén et Z. Y. Su
　　习　　性：多年生草本
　　海　　拔：3900~4300 m
　　分　　布：四川、云南
　　濒危等级：LC

假髯萼紫堇
Corydalis pseudobarbisepala Fedde
　　习　　性：多年生草本
　　海　　拔：3800~4100 m
　　分　　布：四川
　　濒危等级：LC

美花黄堇
Corydalis pseudocristata Fedde
　　习　　性：多年生草本
　　海　　拔：2700~3900 m
　　分　　布：四川
　　濒危等级：LC

假密穗黄堇
Corydalis pseudodensispica Z. Y. Su et Lidén
　　习　　性：多年生草本
　　海　　拔：4200~4500 m
　　分　　布：四川
　　濒危等级：LC

甲格黄堇
Corydalis pseudodrakeana Lidén
　　习　　性：一年生草本
　　海　　拔：3000~3900 m
　　分　　布：西藏

濒危等级：LC

假北岭黄堇
Corydalis pseudofargesii H. Chuang
- 习　　性：二年生草本
- 海　　拔：1600~2800 m
- 分　　布：甘肃、四川
- 濒危等级：LC

假丝叶紫堇
Corydalis pseudofilisecta Lidén et Z. Y. Su
- 习　　性：多年生草本
- 海　　拔：3900~4700 m
- 分　　布：西藏
- 濒危等级：DD

假多叶黄堇
Corydalis pseudofluminicola Fedde
- 习　　性：多年生草本
- 海　　拔：3800~4800 m
- 分　　布：四川
- 濒危等级：LC

假赛北紫堇
Corydalis pseudoimpatiens Fedde
- 习　　性：一年生草本
- 海　　拔：1300~4000 m
- 分　　布：甘肃、青海、四川
- 濒危等级：LC

假刻叶紫堇
Corydalis pseudoincisa C. Y. Wu, Z. Y. Su et Lidén
- 习　　性：二年生草本
- 海　　拔：1100~1900 m
- 分　　布：甘肃、陕西
- 濒危等级：LC

拟裸茎黄堇
Corydalis pseudojuncea Ludlow et Stearn
- 习　　性：多年生草本
- 海　　拔：2600~2700 m
- 国内分布：西藏
- 国外分布：尼泊尔、印度
- 濒危等级：LC

短腺黄堇
Corydalis pseudolongipes Lidén
- 习　　性：一年生或多年生草本
- 海　　拔：3000~4000 m
- 国内分布：西藏
- 国外分布：不丹、尼泊尔、印度
- 濒危等级：LC

大花会泽紫堇
Corydalis pseudomairei C. Y. Wu ex Z. Y. Su et Lidén
- 习　　性：多年生草本
- 海　　拔：2300~3600 m
- 分　　布：四川
- 濒危等级：LC

假小叶黄堇
Corydalis pseudomicrophylla Z. Y. Su
- 习　　性：多年生草本
- 海　　拔：2000~2400 m
- 分　　布：新疆
- 濒危等级：LC

长突尖紫堇
Corydalis pseudomucronata C. Y. Wu, Z. Y. Su et Lidén
- 习　　性：多年生草本
- 海　　拔：1100~2000 m
- 分　　布：四川
- 濒危等级：LC

短葶黄堇
Corydalis pseudorupestris Lidén et Z. Y. Su
- 习　　性：草本
- 海　　拔：2800~3000 m
- 分　　布：四川
- 濒危等级：LC

假北紫堇
Corydalis pseudosibirica Lidén et Z. Y. Su
- 习　　性：一年生草本
- 海　　拔：3200~4100 m
- 分　　布：青海、四川、西藏
- 濒危等级：LC

假全冠黄堇
Corydalis pseudotongolensis Lidén
- 习　　性：多年生草本
- 海　　拔：2700~4500 m
- 分　　布：四川、云南
- 濒危等级：LC

假川西紫堇
Corydalis pseudoweigoldii Z. Y. Su
- 习　　性：多年生草本
- 海　　拔：2600~3600 m
- 分　　布：四川
- 濒危等级：LC

翅瓣黄堇
Corydalis pterygopetala Hand.-Mazz.

翅瓣黄堇（原变种）
Corydalis pterygopetala var. **pterygopetala**
- 习　　性：草本
- 海　　拔：1900~4200 m
- 国内分布：西藏、云南
- 国外分布：缅甸
- 濒危等级：LC

展枝翅瓣黄堇
Corydalis pterygopetala var. **divaricata** Z. Y. Su et Lidén
- 习　　性：草本
- 国内分布：云南
- 国外分布：缅甸
- 濒危等级：LC

无冠翅瓣黄堇
Corydalis pterygopetala var. **ecristata** H. Chuang
　　习　　性：草本
　　海　　拔：1800~3100 m
　　分　　布：云南

大花翅瓣黄堇
Corydalis pterygopetala var. **megalantha**(Diels) Lidén et Z. Y. Su
　　习　　性：草本
　　海　　拔：1800~4000 m
　　分　　布：云南
　　濒危等级：LC

小花翅瓣黄堇
Corydalis pterygopetala var. **parviflora** Lidén
　　习　　性：草本
　　分　　布：云南
　　濒危等级：LC

毛茎紫堇
Corydalis pubicaulis C. Y. Wu et H. Chuang
　　习　　性：二年生或多年生草本
　　海　　拔：2000~3000 m
　　分　　布：西藏
　　濒危等级：LC

巨萼紫堇
Corydalis pycnopus Lidén
　　习　　性：多年生草本
　　海　　拔：约 2000 m
　　分　　布：四川
　　濒危等级：LC

矮黄堇
Corydalis pygmaea C. Y. Wu et Z. Y. Su
　　习　　性：多年生草本
　　海　　拔：约 4900 m
　　分　　布：西藏
　　濒危等级：LC

青海黄堇
Corydalis qinghaiensis Z. Y. Su et Lidén
　　习　　性：多年生草本
　　海　　拔：4400~4900 m
　　分　　布：青海
　　濒危等级：LC

掌苞紫堇
Corydalis quantmeyeriana Fedde
　　习　　性：多年生草本
　　海　　拔：2500~3700 m
　　分　　布：四川
　　濒危等级：LC

朗县黄堇
Corydalis quinquefoliolata Ludlow
　　习　　性：多年生草本
　　海　　拔：约 3600 m
　　分　　布：西藏
　　濒危等级：DD

小花黄堇
Corydalis racemosa(Thunb.) Pers.
　　习　　性：一年生草本
　　海　　拔：400~2000 m
　　国内分布：安徽、福建、甘肃、广东、广西、贵州、河南、湖北、湖南、江苏、江西、陕西、四川、台湾、西藏、云南、浙江
　　国外分布：日本
　　濒危等级：LC
　　资源利用：药用（中草药）

黄花地丁
Corydalis raddeana Regel
　　习　　性：二年生草本
　　海　　拔：200~2500 m
　　国内分布：甘肃、河北、河南、黑龙江、吉林、辽宁、内蒙古、山东、陕西、台湾、浙江
　　国外分布：朝鲜半岛、俄罗斯、日本
　　濒危等级：LC

裂瓣紫堇
Corydalis radicans Hand.-Mazz.
　　习　　性：多年生草本
　　海　　拔：3200~4700 m
　　分　　布：四川、云南
　　濒危等级：LC

高雅紫堇
Corydalis regia Z. Y. Su et Lidén
　　习　　性：多年生草本
　　海　　拔：3600~3700 m
　　分　　布：西藏
　　濒危等级：DD

全叶延胡索
Corydalis repens Mandl et Muehld.
　　习　　性：多年生草本
　　海　　拔：700~1000 m
　　国内分布：黑龙江、吉林、辽宁
　　国外分布：朝鲜半岛、俄罗斯
　　濒危等级：LC
　　资源利用：药用（中草药）

囊果紫堇
Corydalis retingensis Ludlow
　　习　　性：多年生草本
　　海　　拔：约 4800 m
　　分　　布：西藏
　　濒危等级：LC

扇苞黄堇
Corydalis rheinbabeniana Fedde

扇苞黄堇（原变种）
Corydalis rheinbabeniana var. **rheinbabeniana**
　　习　　性：多年生草本
　　海　　拔：3500~4100 m

分　　布：甘肃、青海、四川
濒危等级：LC
资源利用：药用（中草药）

无毛扇苞黄堇
Corydalis rheinbabeniana var. **leioneura** H. Chuang
习　　性：多年生草本
海　　拔：3100~4000 m
分　　布：青海
濒危等级：LC

露点紫堇
Corydalis rorida H. Chuang
习　　性：多年生草本
海　　拔：3000~3600 m
分　　布：四川
濒危等级：LC

具喙黄堇
Corydalis rostellata Lidén
习　　性：一年生草本
海　　拔：3300~3500 m
分　　布：四川、西藏、云南
濒危等级：LC

西藏红萼黄堇
Corydalis rubrisepala Lidén
习　　性：一年生或多年生草本
海　　拔：4000~4200 m
分　　布：西藏
濒危等级：DD

石隙紫堇
Corydalis rupifraga C. Y. Wu et Z. Y. Su
习　　性：多年生草本
海　　拔：约2800 m
分　　布：云南
濒危等级：NT D2

囊瓣延胡索
Corydalis saccata Z. Y. Su et Lidén
习　　性：多年生草本
分　　布：吉林、辽宁
濒危等级：LC

中缅黄堇
Corydalis saltatoria W. W. Sm.
习　　性：多年生草本
海　　拔：约3000 m
国内分布：云南
国外分布：缅甸
濒危等级：LC

肉鳞紫堇
Corydalis sarcolepis Lidén et Z. Y. Su
习　　性：多年生草本
海　　拔：2200~2500 m
分　　布：四川
濒危等级：LC

石生黄堇
Corydalis saxicola Bunting
习　　性：多年生草本
海　　拔：600~3900? m
分　　布：重庆、广西、贵州、湖北、陕西、四川、云南、浙江
濒危等级：VU A2ad；B1ab
国家保护：Ⅱ级
资源利用：药用（中草药）；环境利用（观赏）

粗糙黄堇
Corydalis scaberula Maxim.
习　　性：多年生草本
海　　拔：3500~5600 m
分　　布：青海、四川、西藏
濒危等级：LC

长距元胡
Corydalis schanginii (Pall.) B. Fedtsch.
习　　性：多年生草本
海　　拔：500~2000 m
国内分布：新疆
国外分布：俄罗斯、哈萨克斯坦、吉尔吉斯斯坦、蒙古西部
濒危等级：LC

裂柱紫堇
Corydalis schistostigma X. F. Gao, Lidén, Y. W. Wang et Y. L. Peng
习　　性：多年生草本
海　　拔：3500~3900 m
分　　布：四川
濒危等级：LC

甘洛紫堇
Corydalis schusteriana Fedde
习　　性：多年生草本
海　　拔：1700~2200 m
分　　布：四川
濒危等级：LC

巧家紫堇
Corydalis schweriniana Fedde
习　　性：多年生草本
海　　拔：2800~3700 m
分　　布：四川、云南
濒危等级：DD

中亚紫堇
Corydalis semenowii Regel et Herder
习　　性：多年生草本
海　　拔：1500~3000 m
国内分布：新疆
国外分布：哈萨克斯坦、吉尔吉斯斯坦
濒危等级：LC

地锦苗
Corydalis sheareri S. Moore
习　　性：多年生草本
海　　拔：200~2700 m
国内分布：安徽、福建、广东、广西、贵州、湖北、湖南、

江苏、江西、陕西、四川、云南、浙江
国外分布：越南
濒危等级：LC

鄂西黄堇
Corydalis shennongensis H. Chuang
习　　性：二年生草本
海　　拔：1300～2300 m
分　　布：湖北
濒危等级：LC

陕西紫堇
Corydalis shensiana Lidén ex C. Y. Wu, H. Chuang et Z. Y. Su
习　　性：多年生草本
海　　拔：1300～3300 m
分　　布：河南、山西、陕西
濒危等级：LC

巴嘎紫堇
Corydalis sherriffii Ludlow
习　　性：多年生草本
海　　拔：约 4500 m
分　　布：西藏
濒危等级：LC

石棉紫堇
Corydalis shimienensis C. Y. Wu et Z. Y. Su
习　　性：多年生草本
海　　拔：1000～2800 m
分　　布：四川
濒危等级：LC

北紫堇
Corydalis sibirica (L. f.) Pers.
习　　性：二年生草本
海　　拔：1700～3900 m
国内分布：黑龙江、吉林、内蒙古
国外分布：俄罗斯、蒙古
濒危等级：LC

甘南紫堇
Corydalis sigmantha Z. Y. Su et C. Y. Wu
习　　性：多年生草本
海　　拔：2800～4300 m
分　　布：甘肃、四川
濒危等级：LC

箐边紫堇
Corydalis smithiana Fedde
习　　性：二年生草本
海　　拔：2000～3600 m
分　　布：四川、云南
濒危等级：LC

石渠黄堇
Corydalis sophronitis Z. Y. Su et Lidén
习　　性：多年生草本
海　　拔：3500～4000 m
分　　布：青海、四川
濒危等级：LC

匙苞黄堇
Corydalis spathulata Prain ex Craib
习　　性：多年生草本
海　　拔：约 4700 m
分　　布：西藏
濒危等级：LC

珠果黄堇
Corydalis speciosa Maxim.
习　　性：多年生草本
海　　拔：500 m 以下
国内分布：河北、黑龙江、湖北、吉林、辽宁、山东、浙江
国外分布：朝鲜半岛、俄罗斯、蒙古、日本
濒危等级：LC

洱源紫堇
Corydalis stenantha Franch.
习　　性：多年生草本
海　　拔：2500～3500 m
分　　布：云南
濒危等级：LC

匍匐茎紫堇
Corydalis stolonifera Lidén
习　　性：多年生草本
海　　拔：3000～3400 m
分　　布：四川
濒危等级：LC

折曲黄堇
Corydalis stracheyi Duthie ex Prain

折曲黄堇（原变种）
Corydalis stracheyi var. **stracheyi**
习　　性：多年生草本
海　　拔：3600～4800 m
国内分布：西藏
国外分布：不丹、尼泊尔、印度
濒危等级：LC

无冠折曲黄堇
Corydalis stracheyi var. **ecristata** Prain
习　　性：多年生草本
海　　拔：3600～4200 m
分　　布：西藏、云南
濒危等级：LC

草黄堇
Corydalis straminea Maxim. ex Hemsl.

草黄堇（原变种）
Corydalis straminea var. **straminea**
习　　性：多年生草本
海　　拔：2600～3800 m
分　　布：甘肃、青海、四川
濒危等级：LC

大萼草黄堇
Corydalis straminea var. **megacalyx** Z. Y. Su
习　　性：多年生草本

分　　布：青海
濒危等级：LC

索县黄堇
Corydalis stramineoides C. Y. Wu et Z. Y. Su
习　　性：多年生草本
海　　拔：3700~4000 m
分　　布：西藏
濒危等级：LC

纹果紫堇
Corydalis striatocarpa H. Chuang
习　　性：多年生草本
海　　拔：4300 m
分　　布：四川
濒危等级：LC

直茎黄堇
Corydalis stricta Stephan ex Fisch.
习　　性：多年生草本
海　　拔：2300~5400 m
国内分布：甘肃、青海、四川、西藏、新疆
国外分布：巴基斯坦、俄罗斯、克什米尔地区、蒙古、尼泊尔、印度
濒危等级：LC

幽溪紫堇
Corydalis susannae Lidén
习　　性：多年生草本
海　　拔：2700~3500 m
分　　布：四川
濒危等级：LC

茎节生根紫堇
Corydalis suzhiyunii Lidén
习　　性：多年生草本
海　　拔：3600~3800 m
分　　布：云南
濒危等级：DD

金钩如意草
Corydalis taliensis Franch.
习　　性：多年生草本
海　　拔：1500?~2300 m
分　　布：云南
濒危等级：LC

唐古特延胡索
Corydalis tangutica Peshkova

唐古特延胡索（原亚种）
Corydalis tangutica subsp. **tangutica**
习　　性：多年生草本
海　　拔：2600~4900 m
分　　布：甘肃、青海、四川
濒危等级：DD

长轴唐古特延胡索
Corydalis tangutica subsp. **bullata**（Lidén）Z. Y. Su
习　　性：多年生草本

海　　拔：4000~5800 m
国内分布：西藏、云南
国外分布：不丹、克什米尔地区
濒危等级：LC

黄绿紫堇
Corydalis temolana C. Y. Wu et H. Chuang
习　　性：多年生草本
海　　拔：约3000 m
分　　布：西藏
濒危等级：LC

大叶紫堇
Corydalis temulifolia Franch.

大叶紫堇（原亚种）
Corydalis temulifolia subsp. **temulifolia**
习　　性：多年生草本
海　　拔：1800~2700 m
分　　布：甘肃、湖北、陕西、四川
濒危等级：LC
资源利用：药用（中草药）

鸡血七
Corydalis temulifolia subsp. **aegopodioides**（H. Lév. et Vaniot）C. Y. Wu
习　　性：多年生草本
海　　拔：1300~2700 m
国内分布：广西、贵州、四川、云南
国外分布：越南
濒危等级：DD

柔弱黄堇
Corydalis tenerrima C. Y. Wu
习　　性：多年生草本
海　　拔：3200~4000 m
分　　布：西藏、云南
濒危等级：LC

细柄黄堇
Corydalis tenuipes Lidén et Z. Y. Su
习　　性：多年生草本
海　　拔：4100~5300 m
分　　布：四川、西藏
濒危等级：LC

三裂延胡索
Corydalis ternata（Nakai）Nakai
习　　性：多年生草本
海　　拔：约500 m
国内分布：吉林、辽宁
国外分布：朝鲜半岛
濒危等级：LC

神农架紫堇
Corydalis ternatifolia C. Y. Wu, Z. Y. Su et Lidén
习　　性：多年生草本
海　　拔：700~1600 m
分　　布：甘肃、湖北、山西、四川

濒危等级：LC

天山黄堇
Corydalis tianshanica Lidén
习　　性：多年生草本
海　　拔：约 1900 m
分　　布：新疆
濒危等级：DD

天祝黄堇
Corydalis tianzhuensis M. S. Yang et C. J. Wang
习　　性：多年生草本
海　　拔：2300~3300 m
分　　布：甘肃、青海
濒危等级：LC

西藏黄堇
Corydalis tibetica Hook. f. et Thomson
习　　性：多年生草本
海　　拔：4500~5600 m
国内分布：西藏、新疆
国外分布：巴基斯坦、克什米尔地区
濒危等级：LC

西藏高山紫堇
Corydalis tibetoalpina C. Y. Wu et T. Y. Shu
习　　性：多年生草本
海　　拔：4100？~5400 m
国内分布：西藏
国外分布：克什米尔地区
濒危等级：DD

西藏对叶黄堇
Corydalis tibeto-oppositifolia C. Y. Wu et Z. Y. Su
习　　性：多年生草本
海　　拔：4400~4600 m
分　　布：西藏
濒危等级：NT D2

毛黄堇
Corydalis tomentella Franch.
习　　性：多年生草本
海　　拔：700~1000 m
分　　布：湖北、陕西、四川
濒危等级：LC
资源利用：药用（中草药）

全冠黄堇
Corydalis tongolensis Franch.
习　　性：一年生草本
海　　拔：2700~4000 m
分　　布：四川、西藏、云南
濒危等级：LC

糙果紫堇
Corydalis trachycarpa Maxim.
习　　性：草本
海　　拔：3500~5200 m
分　　布：甘肃、青海、四川、西藏

濒危等级：LC

三裂紫堇
Corydalis trifoliata Franch.
习　　性：多年生草本
海　　拔：3000~4300 m
国内分布：西藏、云南
国外分布：不丹、缅甸、尼泊尔、印度
濒危等级：LC

三裂瓣紫堇
Corydalis trilobipetala Hand. -Mazz.
习　　性：草本
海　　拔：4000~5000 m
分　　布：四川、云南
濒危等级：LC

秦岭黄堇
Corydalis trisecta Franch.
习　　性：多年生草本
海　　拔：1400~3800 m
分　　布：河南、湖北、陕西、四川
濒危等级：LC

重三出黄堇
Corydalis triternatifolia C. Y. Wu
习　　性：多年生草本
海　　拔：2000~3200 m
国内分布：云南
国外分布：缅甸
濒危等级：LC

藏紫堇
Corydalis tsangensis Lidén et Z. Y. Su
习　　性：多年生草本
海　　拔：约 5100 m
分　　布：西藏
濒危等级：DD

察隅紫堇
Corydalis tsayulensis C. Y. Wu et H. Chuang
习　　性：多年生草本
海　　拔：3700~4100 m
分　　布：西藏
濒危等级：LC
资源利用：药用（中草药）

少花齿瓣延胡索
Corydalis turtschaninovii（Franch. et Sav.）Lidén
习　　性：多年生草本
国内分布：黑龙江、辽宁
国外分布：朝鲜半岛、日本
濒危等级：LC

立花黄堇
Corydalis uranoscopa Lidén
习　　性：多年生草本
海　　拔：3900~5000 m
国内分布：西藏

1618

国外分布：印度
濒危等级：LC

吉林延胡索
Corydalis ussuriensis Aparina
习　　性：多年生草本
国内分布：吉林
国外分布：俄罗斯
濒危等级：LC

圆根紫堇
Corydalis uvaria Lidén et Z. Y. Su
习　　性：多年生草本
海　　拔：2600~3700 m
分　　布：四川
濒危等级：LC

春花紫堇
Corydalis verna Z. Y. Su et Lidén
习　　性：多年生草本
海　　拔：4000~5000 m
分　　布：西藏
濒危等级：LC

腋含珠紫堇
Corydalis virginea Lidén et Z. Y. Su
习　　性：多年生草本
海　　拔：约2500 m
分　　布：陕西
濒危等级：LC

胎生紫堇
Corydalis vivipara Fedde
习　　性：多年生草本
海　　拔：1200~2900 m
分　　布：四川
濒危等级：DD

角瓣延胡索
Corydalis watanabei Kitag.
习　　性：多年生草本
国内分布：黑龙江、吉林、辽宁
国外分布：朝鲜半岛北部、俄罗斯
濒危等级：LC

川西紫堇
Corydalis weigoldii Fedde
习　　性：多年生草本
海　　拔：2700~3500 m
分　　布：四川
濒危等级：LC

阜平黄堇
Corydalis wilfordii Regel
习　　性：一年生或二年生草本
海　　拔：200~900 m
国内分布：安徽、广东、河北、河南、湖北、湖南、江苏、
　　　　　江西、山东、台湾、浙江
国外分布：朝鲜半岛南部、日本
濒危等级：DD

川鄂黄堇
Corydalis wilsonii N. E. Br.
习　　性：多年生草本
海　　拔：约3000 m
分　　布：湖北
濒危等级：LC

齿苞黄堇
Corydalis wuzhengyiana Z. Y. Su et Lidén
习　　性：多年生草本
海　　拔：3800~4100 m
分　　布：四川、西藏
濒危等级：LC

延胡索
Corydalis yanhusuo W. T. Wang ex Z. Y. Su et C. Y. Wu
习　　性：多年生草本
海　　拔：300~1000 m
分　　布：安徽、河南、湖北、湖南、江苏、云南；北京、
　　　　　甘肃、陕西、四川、浙江等栽培
濒危等级：VU B1ab（i，iii，v）
资源利用：药用（中草药）

覆鳞紫堇
Corydalis yaoi Lidén et Z. Y. Su
习　　性：多年生草本
海　　拔：约3400 m
分　　布：四川
濒危等级：LC

雅江紫堇
Corydalis yargongensis C. Y. Wu
习　　性：多年生草本
海　　拔：3500~4500 m
分　　布：四川
濒危等级：DD

瘤籽黄堇
Corydalis yui Lidén
习　　性：一年生草本
海　　拔：2600~3200 m
分　　布：四川
濒危等级：LC

滇黄堇
Corydalis yunnanensis Franch.
习　　性：多年生草本
海　　拔：1800~4000 m
分　　布：四川、云南
濒危等级：LC

杂多紫堇
Corydalis zadoiensis L. H. Zhou
习　　性：草本
海　　拔：4200~5000 m
分　　布：青海、西藏
濒危等级：LC

中甸黄堇
Corydalis zhongdianensis Z. Y. Su et Lidén
习　　性：一年生草本
海　　拔：3100~3700 m
分　　布：四川、云南
濒危等级：LC

紫金龙属 Dactylicapnos Wall.

缅甸紫金龙
Dactylicapnos burmanica (K. R. Stern) Lidén
习　　性：草质藤本
国内分布：云南
国外分布：缅甸、尼泊尔
濒危等级：NT

滇西紫金龙
Dactylicapnos gaoligongshanensis Lidén
习　　性：草质藤本
海　　拔：1900~2500 m
分　　布：云南
濒危等级：LC

厚壳紫金龙
Dactylicapnos grandifoliolata Merr.
习　　性：草质藤本
海　　拔：800~2200 m
国内分布：西藏
国外分布：不丹、缅甸、印度
濒危等级：LC

平滑籽紫金龙
Dactylicapnos leiosperma Lidén
习　　性：草质藤本
海　　拔：约 1500 m
分　　布：云南
濒危等级：LC

丽江紫金龙
Dactylicapnos lichiangensis (Fedde) Hand.-Mazz.
习　　性：草质藤本
海　　拔：1700~3300 m
国内分布：四川、西藏、云南
国外分布：印度
濒危等级：LC

薄壳紫金龙
Dactylicapnos macrocapnos (Prain) Hutch.
习　　性：草质藤本
海　　拔：2300~2700 m
国内分布：西藏
国外分布：尼泊尔、印度
濒危等级：LC

宽果紫金龙
Dactylicapnos roylei (Hook. f. et Thomson) Hutch.
习　　性：草质藤本
海　　拔：2000~3000 m
国内分布：四川、西藏、云南
国外分布：不丹、尼泊尔、印度
濒危等级：LC

紫金龙
Dactylicapnos scandens (D. Don) Hutch.
习　　性：草质藤本
海　　拔：1600~2500 m
国内分布：广西、西藏、云南
国外分布：不丹、缅甸、尼泊尔、斯里兰卡、泰国、印度、越南
濒危等级：LC
资源利用：药用（中草药）

粗茎紫金龙
Dactylicapnos schneideri (Fedde) Lidén
习　　性：草质藤本
海　　拔：2400~3000 m
分　　布：云南
濒危等级：LC

扭果紫金龙
Dactylicapnos torulosa (Hook. f. et Thomson) Hutch.
习　　性：草质藤本
海　　拔：1200~2500 m
国内分布：贵州、四川、西藏、云南
国外分布：不丹、孟加拉国、缅甸、印度
濒危等级：LC
资源利用：药用（中草药）

秃疮花属 Dicranostigma Hook. f. et Thomson

河南秃疮花
Dicranostigma henanensis S. Y. Wang et L. H. Wu
习　　性：多年生草本
分　　布：河南
濒危等级：LC

苣叶秃疮花
Dicranostigma lactucoides Hook. f. et Thomson
习　　性：二年生或多年生草本
海　　拔：2900~4300 m
国内分布：四川、西藏
国外分布：尼泊尔、印度
濒危等级：LC

秃疮花
Dicranostigma leptopodum (Maxim.) Fedde
习　　性：二年生或多年生草本
海　　拔：400~3700 m
分　　布：甘肃、河北、河南、青海、山西、陕西、四川、西藏、云南
濒危等级：LC
资源利用：药用（中草药）

宽果秃疮花
Dicranostigma platycarpum C. Y. Wu et H. Chuang
习　　性：草本
海　　拔：3300~4000 m
分　　布：西藏、云南

濒危等级：LC

血水草属 Eomecon Hance

血水草
Eomecon chionantha Hance
习　　性：多年生草本
海　　拔：1400～1800 m
分　　布：安徽、福建、广东、广西、贵州、湖北、湖南、江西、四川、云南、浙江
濒危等级：LC
资源利用：药用（中草药）

花菱草属 Eschscholzia Cham.

花菱草
Eschscholzia californica Cham.
习　　性：一年生或多年生草本
国内分布：广泛引种
国外分布：原产美国

烟堇属 Fumaria L.

烟堇
Fumaria officinalis L.
习　　性：草本
海　　拔：600～2200 m
国内分布：台湾
国外分布：世界性分布
濒危等级：LC

短梗烟堇
Fumaria vaillentii Loisel.
习　　性：一年生草本
海　　拔：600～2200 m
国内分布：新疆
国外分布：亚洲中部和西南部、欧洲、非洲西北部山脉
濒危等级：LC

海罂粟属 Glaucium Mill.

天山海罂粟
Glaucium elegans Fisch. et C. A. Mey.
习　　性：一年生草本
海　　拔：700～800 m
国内分布：新疆
国外分布：阿富汗、哈萨克斯坦、吉尔吉斯斯坦、塔吉克斯坦、土库曼斯坦、乌兹别克斯坦
濒危等级：LC

海罂粟
Glaucium fimbrilligerum Boiss.
习　　性：一年生或二年生草本
海　　拔：800～2500 m
国内分布：新疆
国外分布：阿富汗、哈萨克斯坦、吉尔吉斯斯坦、乌兹别克斯坦
濒危等级：LC

新疆海罂粟
Glaucium squamigerum Kar. et Kir.
习　　性：二年生或多年生草本
海　　拔：900～2600 m
国内分布：新疆
国外分布：哈萨克斯坦、吉尔吉斯斯坦、塔吉克斯坦、乌兹别克斯坦
濒危等级：LC

荷青花属 Hylomecon Maxim.

荷青花
Hylomecon japonica(Thunb.)Prantl et Kündig

荷青花（原变种）
Hylomecon japonica var. **japonica**
习　　性：多年生草本
海　　拔：300～2400 m
国内分布：安徽、河北、河南、黑龙江、湖北、吉林、江苏、辽宁、山东、山西、陕西、四川、浙江
国外分布：朝鲜半岛、俄罗斯、日本
濒危等级：LC
资源利用：药用（中草药）

多裂荷青花
Hylomecon japonica var. **dissecta**(Franch. et Sav.)Fedde
习　　性：多年生草本
海　　拔：1000～2000 m
国内分布：湖北、陕西、四川
国外分布：日本
濒危等级：LC

锐裂荷青花
Hylomecon japonica var. **subincisa** Fedde
习　　性：多年生草本
海　　拔：1000～2400 m
分　　布：甘肃、河南、湖北、山西、陕西、四川
濒危等级：LC
资源利用：药用（中草药）

角茴香属 Hypecoum L.

角茴香
Hypecoum erectum L.
习　　性：一年生草本
海　　拔：400～4500 m
国内分布：甘肃、黑龙江、湖北、辽宁、内蒙古、宁夏、山东、山西、陕西、新疆
国外分布：俄罗斯、蒙古
濒危等级：LC
资源利用：药用（中草药）

细果角茴香
Hypecoum leptocarpum Hook. f. et Thomson
习　　性：一年生草本
海　　拔：1700～5000 m
国内分布：甘肃、河北、内蒙古、青海、山西、陕西、四川、西藏、新疆、云南
国外分布：阿富汗、不丹、蒙古、尼泊尔、塔吉克斯坦、

印度
　　濒危等级：LC
　　资源利用：药用（中草药）

小花角茴香
Hypecoum parviflorum Kar. et Kir.
　　习　　性：一年生草本
　　海　　拔：1500~3500 m
　　国内分布：新疆
　　国外分布：阿富汗、巴基斯坦、俄罗斯、哈萨克斯坦、吉尔吉斯斯坦、克什米尔地区、塔吉克斯坦、土库曼斯坦、乌兹别克斯坦
　　濒危等级：LC

芒康角茴香
Hypecoum zhukanum Lidén
　　习　　性：一年生草本
　　海　　拔：约3600 m
　　分　　布：西藏
　　濒危等级：LC

黄药属 Ichtyoselmis Lidén et Fukuhara

黄药
Ichtyoselmis macrantha(Oliv.) Lidén
　　习　　性：多年生草本
　　海　　拔：1500~2700 m
　　国内分布：贵州、湖北、四川、云南
　　国外分布：缅甸
　　濒危等级：LC

荷包牡丹属 Lamprocapnos Endl.

荷包牡丹
Lamprocapnos spectabilis(L.) Fukuhara
　　习　　性：多年生草本
　　海　　拔：800~2800 m
　　国内分布：黑龙江、吉林、辽宁
　　国外分布：朝鲜半岛北部、俄罗斯
　　濒危等级：LC
　　资源利用：药用（中草药）；环境利用（观赏）

博落回属 Macleaya R. Br.

博落回
Macleaya cordata(Willd.) R. Br.
　　习　　性：草本
　　海　　拔：100~800 m
　　国内分布：安徽、甘肃、广东、贵州、河南、湖北、湖南、江西、山西、陕西、四川、台湾、浙江
　　国外分布：日本
　　濒危等级：LC
　　资源利用：药用（中草药）；农药；环境利用（观赏）

小果博落回
Macleaya microcarpa(Maxim.) Fedde
　　习　　性：草本
　　海　　拔：400~1600 m
　　分　　布：甘肃、河南、湖北、江苏、江西、山西、陕西、

四川
　　濒危等级：LC
　　资源利用：药用（中草药）；农药

绿绒蒿属 Meconopsis Vig.

皮刺绿绒蒿
Meconopsis aculeata Royle
　　习　　性：一年生草本
　　海　　拔：2400~4200 m
　　国内分布：西藏
　　国外分布：巴基斯坦、印度
　　濒危等级：LC
　　资源利用：环境利用（观赏）

白花绿绒蒿
Meconopsis argemonantha Prain
　　习　　性：一年生草本
　　海　　拔：3700~4600 m
　　分　　布：西藏
　　濒危等级：DD

巴郎山绿绒蒿
Meconopsis balangensis T. Yoshida, H. Sun et Boufford

巴郎山绿绒蒿（原变种）
Meconopsis balangensis var. **balangensis**
　　习　　性：草本
　　分　　布：四川

夹金山绿绒蒿
Meconopsis balangensis var. **atrata** T. Yoshida, H. Sun et Boufford
　　习　　性：草本
　　分　　布：四川

久治绿绒蒿
Meconopsis barbiseta C. Y. Wu et H. Chuang ex L. H. Zhou
　　习　　性：一年生草本
　　海　　拔：约4400 m
　　分　　布：青海
　　濒危等级：EN A2cd+3cd
　　国家保护：Ⅱ级

藿香叶绿绒蒿
Meconopsis betonicifolia Franch.
　　习　　性：多年生草本
　　海　　拔：3000~4000 m
　　国内分布：西藏、云南
　　国外分布：缅甸
　　濒危等级：LC

二裂绿绒蒿
Meconopsis biloba L. Z. An, Shu Y. Chen et Y. S. Lian
　　习　　性：多年生草本
　　分　　布：甘肃

椭果绿绒蒿
Meconopsis chelidonifolia Bureau et Franch.
　　习　　性：多年生草本
　　海　　拔：1400~2700 m
　　分　　布：四川、云南

濒危等级：LC
资源利用：环境利用（观赏）

优雅绿绒蒿
Meconopsis concinna Prain
习　　性：一年生草本
海　　拔：3300~4500 m
分　　布：四川、西藏、云南
濒危等级：LC

长果绿绒蒿
Meconopsis delavayi(Franch.) Franch. ex Prain
习　　性：多年生草本
海　　拔：2700~4000 m
分　　布：云南
濒危等级：NT A2+3cd；B1ab（i，iii，v）；D2

毛盘绿绒蒿
Meconopsis discigera Prain
习　　性：一年生草本
海　　拔：3600~4900 m
国内分布：西藏
国外分布：不丹、尼泊尔、印度
濒危等级：VU A2acd+3cd

西藏绿绒蒿
Meconopsis florindae Kingdon-Ward
习　　性：一年生草本
海　　拔：3300~3900 m
分　　布：西藏
濒危等级：LC

丽江绿绒蒿
Meconopsis forrestii Prain
习　　性：一年生草本
海　　拔：3100~4300 m
分　　布：四川、云南
濒危等级：LC

黄花绿绒蒿
Meconopsis georgei Tayl.
习　　性：一年生草本
海　　拔：3600~4300 m
分　　布：云南
濒危等级：VU C2a（i）

细梗绿绒蒿
Meconopsis gracilipes Tayl.
习　　性：一年生草本
海　　拔：3300~4800 m
国内分布：西藏
国外分布：尼泊尔
濒危等级：LC

大花绿绒蒿
Meconopsis grandis Prain
习　　性：多年生草本
海　　拔：3000~4100 m
国内分布：西藏

国外分布：不丹、尼泊尔、印度
濒危等级：LC

川西绿绒蒿
Meconopsis henrici Bureau et Franch.

川西绿绒蒿（原变种）
Meconopsis henrici var. **henrici**
习　　性：一年生草本
海　　拔：3200~4500 m
分　　布：四川

无葶川西绿绒蒿
Meconopsis henrici var. **psilonomma**(Farrer) G. Taylor
习　　性：一年生草本
分　　布：甘肃、四川

异蕊绿绒蒿
Meconopsis heterandra Tosh. Yoshida, H. Sun et Boufford
习　　性：一年生草本
分　　布：四川

多刺绿绒蒿
Meconopsis horridula Hook. f. et Thomson
习　　性：一年生草本
海　　拔：3600~5400 m
国内分布：甘肃、青海、四川、西藏
国外分布：不丹、缅甸、尼泊尔、印度
濒危等级：NT A3cd
资源利用：环境利用（观赏）

滇西绿绒蒿
Meconopsis impedita Prain
习　　性：一年生草本
海　　拔：3400~4700 m
国内分布：四川、西藏、云南
国外分布：缅甸
濒危等级：LC

全缘叶绿绒蒿
Meconopsis integrifolia(Maxim.) Franch.

全缘叶绿绒蒿（原亚种）
Meconopsis integrifolia subsp. **integrifolia**
习　　性：一年生草本
海　　拔：2700~5100 m
国内分布：甘肃、青海、四川、西藏、云南
国外分布：缅甸
濒危等级：LC
资源利用：环境利用（观赏）；药用（中草药）

垂花全缘叶绿绒蒿
Meconopsis integrifolia subsp. **lijiangensis** Grey-Wilson
习　　性：一年生草本
分　　布：四川、云南

长叶绿绒蒿
Meconopsis lancifolia(Franch.) Franch. ex Prain
习　　性：一年生草本
海　　拔：3300~4800 m

国内分布：甘肃、四川、西藏、云南
国外分布：缅甸
濒危等级：LC

琴叶绿绒蒿
Meconopsis lyrata（Cummins et Prain ex Prain）Fedde ex Prain
习　　性：一年生草本
海　　拔：3400~4800 m
国内分布：西藏、云南
国外分布：不丹、尼泊尔、印度
濒危等级：LC

藓生绿绒蒿
Meconopsis muscicola T. Yoshida, H. Sun et Boufford
习　　性：一次结实草本
海　　拔：约 3800 m
分　　布：四川、云南

柱果绿绒蒿
Meconopsis olivana Franch. et Prain ex Prain
习　　性：多年生草本
海　　拔：1500~2400 m
分　　布：河南、湖北、陕西、四川
濒危等级：NT A2+3cd

锥花绿绒蒿
Meconopsis paniculata（D. Don）Prain
习　　性：一年生草本
海　　拔：3000~4400 m
国内分布：西藏
国外分布：不丹、尼泊尔、印度
濒危等级：LC

吉隆绿绒蒿
Meconopsis pinnatifolia C. Y. Wu et H. Chuang ex L. H. Zhou
习　　性：一年生草本
海　　拔：3500~4900 m
国内分布：西藏
国外分布：尼泊尔
濒危等级：NT A2d

草甸绿绒蒿
Meconopsis prattii（Prain）Prain
习　　性：一年生草本
海　　拔：3400~3900 m
国内分布：四川、西藏、云南
国外分布：缅甸

报春绿绒蒿
Meconopsis primulina Prain
习　　性：一年生草本
海　　拔：3900~4500 m
国内分布：西藏
国外分布：不丹
濒危等级：VU B1ab（i, iii, v）

拟多刺绿绒蒿
Meconopsis pseudohorridula C. Y. Wu et H. Chuang
习　　性：一年生草本
海　　拔：约 4700 m
分　　布：西藏
濒危等级：LC

横断山绿绒蒿
Meconopsis pseudointegrifolia Prain

横断山绿绒蒿（原亚种）
Meconopsis pseudointegrifolia subsp. **pseudointegrifolia**
习　　性：一年生草本
海　　拔：2700~4200 m
分　　布：西藏、云南

多花横断山绿绒蒿
Meconopsis pseudointegrifolia subsp. **daliensis** Grey-Wilson
习　　性：一年生草本
分　　布：云南

单花横断山绿绒蒿
Meconopsis pseudointegrifolia subsp. **robusta** Grey-Wilson
习　　性：一年生草本
海　　拔：约 3400 m
国内分布：四川、西藏、云南
国外分布：缅甸

拟秀丽绿绒蒿
Meconopsis pseudovenusta G. Taylor
习　　性：一年生草本
海　　拔：3400~4200 m
分　　布：四川、西藏、云南
濒危等级：NT A2+3cd

秀美绿绒蒿
Meconopsis pulchella Tosh. Yoshida, H. Sun et Boufford
习　　性：一年生草本
分　　布：四川

红花绿绒蒿
Meconopsis punicea Maxim.
习　　性：多年生草本
海　　拔：2800~4300 m
分　　布：甘肃、青海、四川、西藏
濒危等级：VU A2ad；B1ab
国家保护：Ⅱ级
资源利用：药用（中草药）；环境利用（观赏）

五脉绿绒蒿
Meconopsis quintuplinervia Regel

五脉绿绒蒿（原变种）
Meconopsis quintuplinervia var. **quintuplinervia**
习　　性：多年生草本
海　　拔：2300~4600 m
分　　布：甘肃、湖北、青海、陕西、四川、西藏
濒危等级：LC
资源利用：药用（中草药）

光果五脉绿绒蒿
Meconopsis quintuplinervia var. **glabra** P. H. Yang et M. Wang
习　　性：多年生草本

海　　拔：2400~2900 m
分　　布：陕西
濒危等级：VU D2

总状绿绒蒿
Meconopsis racemosa Maxim.

总状绿绒蒿（原变种）
Meconopsis racemosa var. racemosa
习　　性：一年生草本
海　　拔：3000~4900 m
分　　布：甘肃、青海、四川、西藏、云南
濒危等级：LC
资源利用：药用（中草药）

刺瓣绿绒蒿
Meconopsis racemosa var. spinulifera (L. H. Zhou) C. Y. Wu et H. Chuang
习　　性：一年生草本
海　　拔：4000 m
分　　布：青海
濒危等级：NT A3c

宽叶绿绒蒿
Meconopsis rudis (Prain) Prain
习　　性：一年生草本
海　　拔：3400~4800 m
分　　布：四川、云南

单叶绿绒蒿
Meconopsis simplicifolia (D. Don) Walp.
习　　性：一年生草本
海　　拔：3300~4500 m
国内分布：西藏
国外分布：不丹、尼泊尔、印度
濒危等级：LC
资源利用：环境利用（观赏）

杯状花绿绒蒿
Meconopsis sinomaculata Grey-Wilson
习　　性：一年生草本
海　　拔：3300~3900 m
分　　布：青海、四川

贡山绿绒蒿
Meconopsis smithiana (Hand.-Mazz.) G. Taylor ex Hand.-Mazz.
习　　性：多年生草本
海　　拔：3100~3400 m
国内分布：云南
国外分布：缅甸
濒危等级：LC
资源利用：环境利用（观赏）

美丽绿绒蒿
Meconopsis speciosa Prain
习　　性：一年生草本
海　　拔：3700~4400 m
分　　布：四川、西藏、云南
濒危等级：LC

资源利用：环境利用（观赏）

高茎绿绒蒿
Meconopsis superba King ex Prain
习　　性：一年生草本
海　　拔：4100~4300 m
国内分布：西藏
国外分布：不丹
濒危等级：LC

康顺绿绒蒿
Meconopsis tibetica Grey-Wilson
习　　性：一年生草本
海　　拔：4200~4700 m
分　　布：西藏
濒危等级：LC

毛瓣绿绒蒿
Meconopsis torguata Prain
习　　性：一年生草本
海　　拔：3400~4700 m
分　　布：西藏
濒危等级：EN A2abcd+3bcd
国家保护：Ⅱ级

秀丽绿绒蒿
Meconopsis venusta Prain
习　　性：一年生草本
海　　拔：3300~4700 m
分　　布：云南
濒危等级：VU A2+3cd；B1ab（i，iii，v）

紫花绿绒蒿
Meconopsis violacea Kingdon-Ward
习　　性：一年生草本
海　　拔：3000~3900 m
国内分布：西藏
国外分布：缅甸
濒危等级：LC

尼泊尔绿绒蒿
Meconopsis wilsonii Grey-Wilson

尼泊尔绿绒蒿（原亚种）
Meconopsis wilsonii subsp. wilsonii
习　　性：一年生草本
海　　拔：3300~4000 m
分　　布：四川
濒危等级：LC
资源利用：药用（中草药）

少裂尼泊尔绿绒蒿
Meconopsis wilsonii subsp. australis Grey-Wilson
习　　性：一年生草本
海　　拔：2700~3700 m
国内分布：云南
国外分布：缅甸
濒危等级：NT

乌蒙绿绒蒿
Meconopsis wumungensis K. M. Feng et H. Chuang

习　　性：一年生草本
海　　拔：3600～3800 m
分　　布：云南
濒危等级：EN A2+3cd；B1ab（i，iii，v）

药山绿绒蒿
Meconopsis yaoshanensis Tosh. Yoshida, H. Sun et Boufford
习　　性：一次结实草本
分　　布：云南
濒危等级：LC

藏南绿绒蒿
Meconopsis zangnanensis L. H. Zhou
习　　性：多年生草本
海　　拔：4300～4600 m
分　　布：西藏
濒危等级：NT C1

罂粟属 Papaver L.

灰毛罂粟
Papaver canescens Tolm.
习　　性：多年生草本
海　　拔：1500～3500 m
国内分布：新疆
国外分布：俄罗斯、蒙古
濒危等级：LC

野罂粟
Papaver nudicaule L.

野罂粟（原变种）
Papaver nudicaule var. **nudicaule**
习　　性：多年生草本
海　　拔：200～3500 m
国内分布：甘肃、河北、黑龙江、湖北、吉林、内蒙古
国外分布：阿富汗、俄罗斯、朝鲜半岛、哈萨克斯坦、吉尔吉斯斯坦、蒙古、塔吉克斯坦、乌兹别克斯坦
濒危等级：LC

重瓣野罂粟
Papaver nudicaule var. **pleiopetalum** J. C. Shao
习　　性：多年生草本
海　　拔：约3000 m
分　　布：新疆
濒危等级：LC

鬼罂粟
Papaver orientale L.
习　　性：多年生草本
国内分布：台湾
国外分布：原产西南亚（高加索地区、土耳其、伊朗）
濒危等级：LC
资源利用：环境利用（观赏）

黑环罂粟
Papaver pavoninum C. A. Meyer
习　　性：一年生草本
海　　拔：约900 m

国内分布：新疆
国外分布：阿富汗、巴基斯坦、俄罗斯、哈萨克斯坦、吉尔吉斯斯坦、土库曼斯坦、乌兹别克斯坦
濒危等级：NT C1

长白山罂粟
Papaver radicatum（Kitag.）Kitag.
习　　性：多年生草本
海　　拔：1600～? m
国内分布：吉林
国外分布：朝鲜半岛
濒危等级：VU A2c

虞美人
Papaver rhoeas L.
习　　性：一年生草本
国内分布：栽培，有时逸生
国外分布：原产非洲北部、欧洲、亚洲西南部
资源利用：药用（中草药）；环境利用（观赏）

罂粟
Papaver somniferum L.
习　　性：一年生草本
国内分布：有实验性栽培
国外分布：原产欧洲；阿富汗、老挝、缅甸、泰国、印度栽培
资源利用：药用（中草药）；环境利用（观赏）；食品（油脂）

疆罂粟属 Roemeria Medik.

紫花疆罂粟
Roemeria hybrida（L.）DC.
习　　性：一年生草本
海　　拔：800～2100 m
国内分布：新疆
国外分布：亚洲中部和西南部、南欧、非洲
濒危等级：LC

红花疆罂粟
Roemeria refracta DC.
习　　性：一年生草本
海　　拔：900～1100 m
国内分布：新疆
国外分布：阿富汗、巴基斯坦、哈萨克斯坦、吉尔吉斯斯坦、塔吉克斯坦、土库曼斯坦、乌兹别克斯坦
濒危等级：LC

金罂粟属 Stylophorum Nutt.

金罂粟
Stylophorum lasiocarpum（Oliv.）Fedde
习　　性：二年生或多年生草本
海　　拔：600～1800 m
分　　布：湖北、陕西、四川
濒危等级：NT A3c
资源利用：药用（中草药）

四川金罂粟
Stylophorum sutchuenense（Franch.）Fedde

习　　性：多年生草本
海　　拔：1100~1700 m
分　　布：重庆、甘肃、陕西、四川
濒危等级：LC

西番莲科 PASSIFLORACEAE
（2属：24种）

蒴莲属 Adenia Forssk.

三开瓢
Adenia cardiophylla（Mast.）Engl.
习　　性：木质藤本
海　　拔：800~2000 m
国内分布：云南
国外分布：不丹、柬埔寨、老挝、马来西亚、缅甸、泰国、印度、越南
濒危等级：LC

异叶蒴莲
Adenia heterophylla（Blume）Koord.
习　　性：草质藤本
海　　拔：海平面至300（1000）m
国内分布：广东、广西、海南、台湾
国外分布：澳大利亚、巴布亚新几内亚、菲律宾、柬埔寨、老挝、泰国、印度尼西亚、越南
濒危等级：LC

滇南蒴莲
Adenia penangiana（Wall. ex G. Don）W. J. de Wilde
习　　性：藤本
海　　拔：约500 m
国内分布：云南
国外分布：老挝、马来西亚、缅甸、泰国、印度、印度尼西亚、越南
濒危等级：VU A2c

西番莲属 Passiflora L.

腺柄西番莲
Passiflora adenopoda DC.
习　　性：草质藤本
国内分布：云南
国外分布：原产中美洲和南美洲

蓝翅西番莲
Passiflora alato-caerulea Lindl.
习　　性：草质藤本
分　　布：广东、海南
濒危等级：LC

月叶西番莲
Passiflora altebilobata Hemsl.
习　　性：草质藤本
海　　拔：600~1500 m
分　　布：云南
濒危等级：NT B2ab（ⅱ）

西番莲
Passiflora caerulea L.
习　　性：草质藤本
国内分布：广西、江西、四川、云南
国外分布：原产南美洲
资源利用：药用（中草药）；环境利用（观赏）

蛇王藤
Passiflora cochinchinensis Spreng.
习　　性：草质藤本
海　　拔：100~1000 m
国内分布：广东、广西、海南
国外分布：老挝、马来西亚、越南
濒危等级：LC

杯叶西番莲
Passiflora cupiformis Mast.
习　　性：攀援藤本
海　　拔：1000~2000 m
国内分布：广东、广西、湖北、四川、云南
国外分布：越南
濒危等级：LC
资源利用：药用（中草药）

心叶西番莲
Passiflora eberhardtii Gagnep.
习　　性：草质藤本
海　　拔：约1200 m
国内分布：广西、云南
国外分布：越南
濒危等级：LC

鸡蛋果
Passiflora edulis Sims
习　　性：草质藤本
国内分布：福建、广东、台湾、云南
国外分布：原产南美洲
资源利用：药用（中草药）；原料（工业用油）；动物饲料（饲料）；环境利用（观赏）；食品（蔬菜，水果）

龙珠果
Passiflora foetida L.
习　　性：草质藤本
国内分布：广东、广西、海南、台湾、云南
国外分布：原产西印度群岛和南美洲
资源利用：药用（兽药）；食品（水果）

圆叶西番莲
Passiflora henryi Hemsl.
习　　性：草质藤本
海　　拔：400~1600 m
分　　布：云南
濒危等级：LC
资源利用：药用（中草药）

尖峰西番莲
Passiflora jianfengensis S. M. Hwang et Q. Huang

习　　性：草质藤本
分　　布：广西、海南
濒危等级：NT A3b

山峰西番莲
Passiflora jugorum W. W. Sm.
习　　性：木质藤本
海　　拔：1000~1800 m
国内分布：云南
国外分布：缅甸
濒危等级：LC
资源利用：药用（中草药）

广东西番莲
Passiflora kwangtungensis Merr.
习　　性：草质藤本
海　　拔：600~700 m
分　　布：广东、广西、江西
濒危等级：VU A3c；B1b（i，iii）

樟叶西番莲
Passiflora laurifolia L.
习　　性：草质藤本
国内分布：广东
国外分布：原产中美洲和南美洲

蝴蝶藤
Passiflora papilio H. L. Li
习　　性：草质藤本
海　　拔：400~500 m
分　　布：广西
濒危等级：NT A3c；B1b（i，iii）

大果西番莲
Passiflora quadrangularis L.
习　　性：草质藤本
国内分布：广东、广西、海南
国外分布：原产热带美洲

长叶西番莲
Passiflora siamica Craib
习　　性：草质藤本
海　　拔：500~1600 m
国内分布：广西、云南
国外分布：老挝、缅甸、泰国、印度、越南
濒危等级：VU A3bcd；B1b（i，iii）

细柱西番莲
Passiflora suberosa L.
习　　性：草质藤本
国内分布：台湾、云南
国外分布：印度
濒危等级：LC
资源利用：环境利用（观赏）

长叶蛇王藤
Passiflora tonkinensis W. J. de Wilde
习　　性：草质藤本
海　　拔：100~200 m

国内分布：云南
国外分布：老挝、越南
濒危等级：CR B1b（i，iii）

镰叶西番莲
Passiflora wilsonii Hemsl.
习　　性：草质藤本
海　　拔：1300~2500 m
分　　布：贵州、西藏、云南
濒危等级：LC
资源利用：药用（中草药）

版纳西番莲
Passiflora xishuangbannaensis Krosnick
习　　性：藤本
海　　拔：约1200 m
分　　布：云南
濒危等级：LC

泡桐科 PAULOWNIACEAE
（1属：8种）

泡桐属 **Paulownia** Sieb. et Zucc.

南方泡桐
Paulownia × taiwaniana T. W. Hu et H. J. Chang
习　　性：乔木
海　　拔：1200 m 以下
分　　布：福建、广东、湖南、台湾、浙江
濒危等级：LC

楸叶泡桐
Paulownia catalpifolia T. Gong ex D. Y. Hong
习　　性：乔木
分　　布：山东
濒危等级：LC
资源利用：原料（木材）；基因源（耐旱，耐瘠）

兰考泡桐
Paulownia elongata S. Y. Hu
习　　性：乔木
海　　拔：约800 m
分　　布：安徽、河北、河南、湖北、江苏、山东、山西、陕西
濒危等级：LC

川泡桐
Paulownia fargesii Franch.
习　　性：乔木
海　　拔：1200~3000 m
国内分布：贵州、湖北、湖南、四川、云南
国外分布：越南
濒危等级：LC
资源利用：原料（纤维）

白花泡桐
Paulownia fortunei(Seem.)Hemsl.

习　　性：乔木
海　　拔：2000 m 以下
国内分布：安徽、福建、广东、广西、贵州、湖北、湖南、江西、四川、台湾、云南、浙江
国外分布：老挝、越南
濒危等级：LC
资源利用：原料（纤维）；药用（中草药）

台湾泡桐
Paulownia kawakamii T. Itô
习　　性：乔木
海　　拔：200~1500 m
分　　布：福建、广东、广西、贵州、湖北、湖南、江西、台湾、浙江
濒危等级：LC

毛泡桐
Paulownia tomentosa（Thunb.）Steud.

毛泡桐（原变种）
Paulownia tomentosa var. **tomentosa**
习　　性：乔木
海　　拔：1800 m 以下
国内分布：安徽、河北、河南、湖北、湖南、江苏、江西、辽宁、山东、山西、陕西
国外分布：朝鲜、日本、欧洲、北美洲广为栽培
濒危等级：LC
资源利用：基因源（耐旱）；原料（纤维）

光泡桐
Paulownia tomentosa var. **tsinlingensis**（Pai）T. Gong
习　　性：乔木
海　　拔：1700 m 以下
分　　布：甘肃、河南、湖北、山东、山西、陕西、四川
濒危等级：LC

胡麻科 PEDALIACEAE
（2 属：2 种）

胡麻属 Sesamum L.

芝麻
Sesamum indicum L.
习　　性：一年生草本
国内分布：广泛栽培
国外分布：起源地不明；广泛栽培，尤其是热带国家
资源利用：药用（中草药）；食品（种子，油脂）；食品添加剂（糖和非糖甜味剂）

茶菱属 Trapella Oliv.

茶菱
Trapella sinensis Oliv.
习　　性：多年生水生草本
海　　拔：0~300 m
国内分布：安徽、福建、广东、广西、河北、黑龙江、湖北、湖南、吉林、江苏、江西、辽宁、天津

国外分布：朝鲜、俄罗斯、日本
濒危等级：DD

五膜草科 PENTAPHRAGMATACEAE
（1 属：2 种）

五膜草属 Pentaphragma Wall. ex G. Don

五膜草
Pentaphragma sinense Hemsl. et E. H. Wilson
习　　性：多年生草本
海　　拔：100~1270 m
国内分布：云南
国外分布：越南
濒危等级：LC

直序五膜草
Pentaphragma spicatum Merr.
习　　性：多年生草本
海　　拔：约 1400 m
分　　布：广东、广西、海南
濒危等级：DD

五列木科 PENTAPHYLACACEAE
（7 属：153 种）

杨桐属 Adinandra Jack

狭叶杨桐
Adinandra angustifolia（S. H. Chun ex H. G. Ye）B. W. Bartalomew et T. L. Min
习　　性：灌木
分　　布：海南
濒危等级：DD

耳基叶杨桐
Adinandra auriformis L. K. Ling et S. Yun Liang
习　　性：灌木或小乔木
分　　布：广西
濒危等级：LC

川杨桐
Adinandra bockiana E. Pritz. ex Diels

川杨桐（原变种）
Adinandra bockiana var. **bockiana**
习　　性：灌木或乔木
海　　拔：200~1500 m
分　　布：广西、贵州、四川
濒危等级：LC
资源利用：环境利用（观赏）

尖叶川杨桐
Adinandra bockiana var. **acutifolia**（Hand.-Mazz.）Kobuski
习　　性：灌木或乔木

海　　拔：200～1500 m
分　　布：福建、广东、广西、湖南、江西
濒危等级：LC

长梗杨桐
Adinandra elegans How et Ko ex H. T. Chang
习　　性：灌木
海　　拔：400～500 m
分　　布：广东
濒危等级：CR B1ab（iii）

无腺杨桐
Adinandra epunctata Merr. et Chun
习　　性：乔木
海　　拔：约 1300 m
分　　布：海南
濒危等级：CR B1ab（iii）

细梗杨桐
Adinandra filipes Merr. ex Kobuski
习　　性：灌木
海　　拔：1400～1600 m
分　　布：广西
濒危等级：DD

台湾杨桐
Adinandra formosana Hayata

台湾杨桐（原变种）
Adinandra formosana var. **formosana**
习　　性：灌木或小乔木
海　　拔：200～1900 m
分　　布：台湾
濒危等级：LC

钝叶台湾杨桐
Adinandra formosana var. **obtussisima**（Hayata ex Yamam.）H. Keng
习　　性：灌木或小乔木
海　　拔：400～1000 m
分　　布：台湾
濒危等级：LC

两广杨桐
Adinandra glischroloma Hand.-Mazz.

两广杨桐（原变种）
Adinandra glischroloma var. **glischroloma**
习　　性：灌木或乔木
海　　拔：200～1800 m
分　　布：广东、广西、湖南、江西
濒危等级：LC

长毛杨桐
Adinandra glischroloma var. **jubata**（H. L. Li）Kobuski
习　　性：灌木或乔木
分　　布：福建、广东、广西
濒危等级：LC

大萼杨桐
Adinandra glischroloma var. **macrosepala**（F. P. Metcalf）Kobuski
习　　性：灌木或乔木
海　　拔：200～1700 m
分　　布：福建、广东、广西、江西、浙江
濒危等级：LC

大杨桐
Adinandra grandis L. K. Ling
习　　性：乔木
海　　拔：900～1400 m
分　　布：云南
濒危等级：EN A2c；B1ab（i，iii）

海南杨桐
Adinandra hainanensis Hayata
习　　性：灌木或乔木
海　　拔：1000～1800 m
国内分布：广东、广西、海南
国外分布：越南
濒危等级：LC

粗毛杨桐
Adinandra hirta Gagnep.

粗毛杨桐（原变种）
Adinandra hirta var. **hirta**
习　　性：灌木或乔木
海　　拔：400～1900 m
分　　布：广东、广西、贵州、云南
濒危等级：LC

大苞粗毛杨桐
Adinandra hirta var. **macrobracteata** L. K. Ling
习　　性：灌木或乔木
海　　拔：700～1000 m
分　　布：广西、贵州
濒危等级：LC

保亭杨桐
Adinandra howii Merr. et Chun
习　　性：乔木
海　　拔：900～2300 m
分　　布：海南
濒危等级：LC

全缘叶杨桐
Adinandra integerrima T. Anderson ex Dyer
习　　性：灌木或小乔木
海　　拔：700～1900 m
国内分布：云南
国外分布：柬埔寨、马来西亚、缅甸、泰国、越南
濒危等级：LC

狭瓣杨桐
Adinandra lancipetala L. K. Ling
习　　性：灌木或乔木
海　　拔：500～1000 m
分　　布：广西、云南
濒危等级：EN B1ab（i，iii）

毛柱杨桐
Adinandra lasiostyla Hayata
习　　性：乔木
海　　拔：2200～2500 m

分　　布：台湾
濒危等级：LC

阔叶杨桐
Adinandra latifolia L. K. Ling
　　习　　性：乔木
　　海　　拔：1300~1400 m
　　分　　布：云南
　　濒危等级：CR B1ab（i, iii）

大叶杨桐
Adinandra megaphylla Hu
　　习　　性：乔木
　　海　　拔：1200~1900 m
　　国内分布：广西、云南
　　国外分布：越南
　　濒危等级：LC

杨桐
Adinandra millettii（Hook. et Arn.）Benth. et Hook. f. ex Hance
　　习　　性：灌木或乔木
　　海　　拔：100~1800 m
　　国内分布：安徽、福建、广东、广西、贵州、湖北、湖南、江西、浙江
　　国外分布：越南
　　濒危等级：LC
　　资源利用：药用（中草药）

腺叶杨桐
Adinandra nigroglandulosa L. K. Ling
　　习　　性：乔木
　　海　　拔：1300~1700 m
　　分　　布：云南
　　濒危等级：DD

亮叶杨桐
Adinandra nitida Merr. ex H. L. Li
　　习　　性：灌木或乔木
　　海　　拔：500~1000 m
　　分　　布：广东、广西、贵州
　　濒危等级：LC

屏边杨桐
Adinandra pingbianensis L. K. Ling
　　习　　性：乔木
　　海　　拔：1200~1300 m
　　分　　布：云南
　　濒危等级：EN B1ab（i, ii, iii, v）

凹萼杨桐
Adinandra retusa D. Fang et D. H. Qin
　　习　　性：灌木
　　海　　拔：1200~1300 m
　　分　　布：广西
　　濒危等级：DD

茶梨属 Anneslea Wall.

茶梨
Anneslea fragrans Wall.
　　习　　性：灌木或乔木
　　海　　拔：300~2700 m
　　国内分布：福建、广东、广西、贵州、海南、湖南、江西、台湾、云南
　　国外分布：柬埔寨、老挝、马来西亚、缅甸、泰国、越南
　　濒危等级：LC
　　资源利用：环境利用（观赏）

红淡比属 Cleyera Thunb.

凹脉红淡比
Cleyera incornuta Y. C. Wu
　　习　　性：灌木或乔木
　　海　　拔：100~1800 m
　　分　　布：广东、广西、贵州、湖南、江西、云南
　　濒危等级：LC

红淡比
Cleyera japonica Thunb.

红淡比（原变种）
Cleyera japonica var. **japonica**
　　习　　性：灌木或乔木
　　海　　拔：200~2000 m
　　国内分布：安徽、福建、广东、广西、贵州、河南、湖北、湖南、江苏、江西、四川、台湾、浙江
　　国外分布：日本
　　濒危等级：LC

大花红淡比
Cleyera japonica var. **wallichiana**（DC.）Sealy
　　习　　性：灌木或乔木
　　海　　拔：1600~2000 m
　　国内分布：四川、西藏、云南
　　国外分布：缅甸、尼泊尔、印度
　　濒危等级：LC

齿叶红淡比
Cleyera lipingensis（Hand.-Mazz.）Ming

齿叶红淡比（原变种）
Cleyera lipingensis var. **lipingensis**
　　习　　性：灌木或乔木
　　海　　拔：400~1200 m
　　分　　布：广西、贵州、湖北、江西、陕西、四川、台湾
　　濒危等级：LC

太平山红淡比
Cleyera lipingensis var. **taipinensis**（Keng）Ming
　　习　　性：灌木或乔木
　　分　　布：台湾
　　濒危等级：LC

长果红淡比
Cleyera longicarpa（Yamam.）L. K. Ling
　　习　　性：灌木或乔木
　　海　　拔：2000~2300 m
　　分　　布：台湾
　　濒危等级：LC

倒卵叶红淡比
Cleyera obovata H. T. Chang
 习 性：灌木或乔木
 海 拔：800~1400 m
 国内分布：广西
 国外分布：越南
 濒危等级：VU A2c；B1ab（i，iii）

隐脉红淡比
Cleyera obscurinervis(Merr. et Chun) H. T. Chang
 习 性：乔木
 海 拔：1300~3200 m
 分 布：广西、海南
 濒危等级：LC

厚叶红淡比
Cleyera pachyphylla Chun ex H. T. Chang
 习 性：灌木或乔木
 海 拔：300~1800 m
 分 布：福建、广东、广西、湖南、江西、浙江
 濒危等级：LC

小叶红淡比
Cleyera parvifolia(Kobuski) Hu ex L. K. Ling
 习 性：灌木或乔木
 分 布：广东
 濒危等级：NT B1ab（i，iii）+2ab（i，iii）

阳春红淡比
Cleyera yangchunensis L. K. Ling
 习 性：灌木或乔木
 海 拔：300~500 m
 分 布：广东
 濒危等级：CR B1ab（i，iii）

柃属 Eurya Thunb.

尾尖叶柃
Eurya acuminata DC.
 习 性：灌木或小乔木
 海 拔：700~3000 m
 国内分布：西藏、云南
 国外分布：不丹、马来西亚、缅甸、尼泊尔、斯里兰卡、泰国、印度、印度尼西亚、越南
 濒危等级：NT B2ab（iii）

尖叶毛柃
Eurya acuminatissima Merr. et Chun
 习 性：灌木或乔木
 海 拔：200~1200 m
 分 布：广东、广西、贵州、湖南、江西
 濒危等级：LC

川黔尖叶柃
Eurya acuminoides Hu et L. K. Ling
 习 性：灌木
 海 拔：600~1500 m
 分 布：贵州、四川
 濒危等级：NT B1ab（i，iii）

尖萼毛柃
Eurya acutisepala Hu et L. K. Ling
 习 性：灌木或乔木
 海 拔：500~2000 m
 分 布：福建、广东、广西、贵州、湖南、江西、云南、浙江
 濒危等级：LC

翅柃
Eurya alata Kobuski
 习 性：灌木
 海 拔：300~1600 m
 分 布：安徽、福建、广东、广西、贵州、河南、湖北、湖南、江西、陕西、四川、浙江
 濒危等级：LC

穿心柃
Eurya amplexifolia Dunn
 习 性：灌木或乔木
 海 拔：600~800 m
 分 布：福建、广东
 濒危等级：LC

耳叶柃
Eurya auriformis H. T. Chang
 习 性：灌木
 海 拔：600~700 m
 分 布：广东、广西
 濒危等级：LC

双柱柃
Eurya bifidostyla K. M. Feng et P. I Mao
 习 性：乔木
 海 拔：2200~2300 m
 分 布：云南
 濒危等级：CR B1ab（i，iii）

短柱柃
Eurya brevistyla Kobuski
 习 性：灌木或乔木
 海 拔：800~2600 m
 分 布：安徽、福建、广东、广西、贵州、河南、湖北、湖南、江西、陕西、四川、云南
 濒危等级：LC
 资源利用：原料（香料，工业用油）；蜜源植物

云南凹脉柃
Eurya cavinervis Vesque
 习 性：灌木或乔木
 海 拔：600~3500 m
 国内分布：广西、西藏、云南
 国外分布：不丹、缅甸、尼泊尔、印度
 濒危等级：LC

米碎花
Eurya chinensis R. Brown

米碎花（原变种）
Eurya chinensis var. **chinensis**

习　　性：灌木
海　　拔：1000 m 以下
分　　布：福建、广东、广西、湖南、江西、台湾
濒危等级：LC
资源利用：环境利用（观赏）；药用（中草药）

光枝米碎花
Eurya chinensis var. **glabra** Hu et L. K. Ling
习　　性：灌木
分　　布：福建、广东、四川
濒危等级：LC

大果柃
Eurya chukiangensis Hu
习　　性：灌木
海　　拔：2200~3000 m
分　　布：西藏、云南
濒危等级：LC

化南毛柃
Eurya ciliata Merr.
习　　性：灌木或乔木
海　　拔：100~1300 m
分　　布：广东、广西、海南、云南
濒危等级：LC

厚叶柃
Eurya crassilimba H. T. Chang
习　　性：灌木
海　　拔：2200~2500 m
分　　布：西藏
濒危等级：NT B1ab（i，iii）

钝齿柃
Eurya crenatifolia（Yamam.）Kobuski
习　　性：灌木
海　　拔：700~2300 m
分　　布：台湾
濒危等级：LC

楔叶柃
Eurya cuneata Kobuski

楔叶柃（原变种）
Eurya cuneata var. **cuneata**
习　　性：灌木或乔木
海　　拔：500~1300 m
分　　布：海南
濒危等级：LC

光枝楔叶柃
Eurya cuneata var. **glabra** Kobuski
习　　性：灌木或乔木
海　　拔：500~1300 m
分　　布：海南
濒危等级：NT B1ab（i，iii）

秃小耳柃
Eurya disticha Chun
习　　性：灌木
海　　拔：800~1200 m
分　　布：广东
濒危等级：EN A2c

二列叶柃
Eurya distichophylla Hemsl.
习　　性：灌木或乔木
海　　拔：200~1500 m
国内分布：福建、广东、广西、贵州、湖南、江西
国外分布：越南
濒危等级：LC

滨柃
Eurya emarginata（Thunb.）Makino
习　　性：灌木
海　　拔：约 200 m
国内分布：福建、台湾、浙江
国外分布：朝鲜、日本
濒危等级：LC

川柃
Eurya fangii Rehder

川柃（原变种）
Eurya fangii var. **fangii**
习　　性：灌木或乔木
海　　拔：1100~2800 m
分　　布：四川
濒危等级：NT B1ab（i，iii）

大叶柃
Eurya fangii var. **megaphylla** P. S. Hsu
习　　性：灌木或乔木
海　　拔：1800~2800 m
分　　布：四川、云南
濒危等级：NT B1ab（i，iii）

光柃
Eurya glaberrima Hayata
习　　性：灌木或小乔木
海　　拔：1500~3300 m
分　　布：台湾
濒危等级：LC

腺柃
Eurya glandulosa Merr.

腺柃（原变种）
Eurya glandulosa var. **glandulosa**
习　　性：灌木
海　　拔：200~1300 m
分　　布：广东
濒危等级：NT B1ab（i，iii）

楔基腺柃
Eurya glandulosa var. **cuneiformis** Hung T. Chang
习　　性：灌木
海　　拔：200~600 m
分　　布：广东
濒危等级：LC

粗枝腺柃
Eurya glandulosa var. **dasyclados** (Kobuski) Hung T. Chang
习　　性：灌木
海　　拔：600~1300 m
分　　布：福建、广东
濒危等级：LC

灰毛柃
Eurya gnaphalocarpa Hayata
习　　性：灌木或小乔木
海　　拔：2300~3500 m
国内分布：台湾
国外分布：菲律宾
濒危等级：LC

岗柃
Eurya groffii Merr.

岗柃（原变种）
Eurya groffii var. **groffii**
习　　性：灌木或乔木
海　　拔：300~2700 m
国内分布：福建、广东、广西、贵州、海南、四川、西藏、云南
国外分布：缅甸、越南
濒危等级：LC

镇康岗柃
Eurya groffii var. **zhenkangensis** T. L. Ming
习　　性：灌木或乔木
海　　拔：约 900 m
分　　布：云南
濒危等级：LC

贡山柃
Eurya gungshanensis Hu et L. K. Ling
习　　性：乔木
海　　拔：1300~2900 m
分　　布：西藏、云南
濒危等级：EN D

海南柃
Eurya hainanensis (Kobuski) H. T. Chang
习　　性：灌木或乔木
海　　拔：500~800 m
分　　布：海南
濒危等级：LC

丽江柃
Eurya handel-mazzettii H. T. Chang
习　　性：灌木或乔木
海　　拔：1000~3200 m
国内分布：广西、贵州、四川、西藏、云南
国外分布：印度
濒危等级：LC

微毛柃
Eurya hebeclados Ling
习　　性：灌木或乔木
海　　拔：200~1700 m
分　　布：安徽、福建、广东、广西、贵州、河南、湖北、湖南、江苏、江西、四川、浙江
濒危等级：LC
资源利用：蜜源植物

披针叶毛柃
Eurya henryi Hemsl.
习　　性：灌木
海　　拔：1700~2300 m
国内分布：云南
国外分布：越南
濒危等级：LC

鄂柃
Eurya hupehensis P. S. Hsu
习　　性：乔木
海　　拔：1900~2000 m
分　　布：湖北
濒危等级：VU B1ab (i, iii)

凹脉柃
Eurya impressinervis Kobuski
习　　性：灌木或乔木
海　　拔：600~1600 m
分　　布：广东、广西、贵州、湖南、江西、云南
濒危等级：LC

偏心叶柃
Eurya inaequalis P. S. Hsu
习　　性：灌木或乔木
海　　拔：1200~2600 m
分　　布：云南
濒危等级：LC

柃木
Eurya japonica Thunberg
习　　性：灌木
海　　拔：300~2500 m
国内分布：安徽、浙江
国外分布：朝鲜、日本
濒危等级：LC
资源利用：药用（中草药）；蜜源植物；环境利用（观赏）

景东柃
Eurya jintungensis Hu et L. K. Ling
习　　性：灌木或乔木
海　　拔：1400~2400 m
分　　布：云南
濒危等级：LC

贵州毛柃
Eurya kueichowensis Hu et L. K. Ling ex P. T. Li
习　　性：灌木或乔木
海　　拔：600~1800 m
分　　布：重庆、广西、贵州、湖北、四川、云南
濒危等级：LC

披针叶柃
Eurya lanciformis Kobuski
习　　性：乔木
海　　拔：700~800 m
分　　布：广西

濒危等级：NT B1ab（i，iii）

菠叶柃
Eurya leptophylla Hayata
习　　性：灌木
海　　拔：1300～3000 m
分　　布：台湾
濒危等级：LC

细枝柃
Eurya loquaiana Dunn

细枝柃（原变种）
Eurya loquaiana var. **loquaiana**
习　　性：灌木或乔木
海　　拔：400～2000 m
分　　布：安徽、福建、广东、广西、贵州、海南、河南、湖北、湖南、江西、四川、台湾、云南、浙江
濒危等级：LC

金叶细枝柃
Eurya loquaiana var. **aureopunctata** Hung T. Chang
习　　性：灌木或乔木
海　　拔：800～1700 m
分　　布：福建、广东、广西、贵州、湖南、江西、云南、浙江
濒危等级：LC

绿春柃
Eurya luchunensis S. H. Wang et H. Wang
习　　性：灌木或小乔木
海　　拔：800～1900 m
分　　布：云南
濒危等级：LC

隆林耳叶柃
Eurya lunglingensis Hu et L. K. Ling
习　　性：灌木
海　　拔：约1500 m
分　　布：广西
濒危等级：EN B1ab（i，iii）；D

黑柃
Eurya macartneyi Champion
习　　性：灌木或乔木
海　　拔：200～1000 m
分　　布：福建、广东、广西、海南、湖南、江西
濒危等级：LC

大华柃
Eurya magniflora P. I Mao et P. X. He
习　　性：乔木
海　　拔：1700～1800 m
分　　布：云南
濒危等级：CR B1ab（i，iii）；D

麻栗坡柃
Eurya marlipoensis Hu
习　　性：灌木
海　　拔：1400～1800 m
分　　布：云南
濒危等级：EN D

大果毛柃
Eurya megatrichocarpa H. T. Chang
习　　性：灌木或乔木
海　　拔：300～1200 m
国内分布：广西
国外分布：越南
濒危等级：EN B1ab（i，iii）；C1

从化柃
Eurya metcalfiana Kobuski
习　　性：灌木
海　　拔：100～1600 m
分　　布：安徽、福建、广东、贵州、湖南、江苏、江西、浙江
濒危等级：LC

格药柃
Eurya muricata Dunn
习　　性：灌木或乔木
海　　拔：300～1300 m
分　　布：安徽、福建、广东、贵州、湖北、湖南、江苏、江西、四川、香港、云南、浙江
濒危等级：LC

毛枝格药柃
Eurya muricata var. **huana**（Kobuski）L. K. Ling
习　　性：灌木或乔木
海　　拔：300～1300 m
分　　布：贵州、湖南、江西、四川、云南、浙江
濒危等级：LC

细齿叶柃
Eurya nitida Korth.
习　　性：灌木或乔木
海　　拔：500～2600 m
国内分布：安徽、重庆、福建、广东、广西、贵州、海南、河南、湖北、湖南、江西、四川、台湾、云南、浙江
国外分布：菲律宾、缅甸、斯里兰卡、印度、印度尼西亚、越南
濒危等级：LC

斜基叶柃
Eurya obliquifolia Hemsl.
习　　性：灌木或乔木
海　　拔：1500～2900 m
分　　布：云南
濒危等级：LC

矩圆叶柃
Eurya oblonga Yang

矩圆叶柃（原变种）
Eurya oblonga var. **oblonga**
习　　性：灌木或乔木
海　　拔：1100～2500 m
分　　布：广西、贵州、四川、云南
濒危等级：LC

合柱矩圆叶柃
Eurya oblonga var. **stylosa** Yang
  习 性：灌木或乔木
  海 拔：1100~2500 m
  分 布：四川
  濒危等级：NT B1ab（i，iii）

钝叶柃
Eurya obtusifolia H. T. Chang

钝叶柃（原变种）
Eurya obtusifolia var. **obtusifolia**
  习 性：灌木或小乔木
  海 拔：400~2600 m
  分 布：贵州、湖北、湖南、陕西、四川、云南
  濒危等级：LC
  资源利用：药用（中草药）；原料（工业用油）

金叶柃
Eurya obtusifolia var. **aurea**（H. Lév.）Ming
  习 性：灌木或小乔木
  海 拔：500~2600 m
  分 布：广西、贵州、湖北、四川、云南
  濒危等级：LC

卵叶柃
Eurya ovatifolia H. T. Chang
  习 性：灌木或乔木
  分 布：海南
  濒危等级：LC

滇四角柃
Eurya paratetragonoclada Hu
  习 性：灌木或乔木
  海 拔：2500~3400 m
  分 布：西藏、云南
  濒危等级：NT B1ab（i，iii）

长毛柃
Eurya patentipila Chun
  习 性：灌木
  海 拔：500~1100 m
  分 布：广东、广西
  濒危等级：LC

五柱柃
Eurya pentagyna H. T. Chang
  习 性：灌木或乔木
  海 拔：400~1000 m
  分 布：海南
  濒危等级：EN A2c；B1ab（i，iii）

尖齿叶柃
Eurya perserrata Kobuski
  习 性：灌木
  海 拔：1300~2600 m
  分 布：云南
  濒危等级：LC

坚桃叶柃
Eurya persicifolia Gagnep.
  习 性：灌木或乔木
  海 拔：1300~2000 m
  国内分布：云南
  国外分布：越南
  濒危等级：VU D2

脉叶柃
Eurya phaeosticta C. X. Ye et X. G. Shi
  习 性：乔木
  分 布：云南

海桐叶柃
Eurya pittosporifolia Hu
  习 性：乔木
  海 拔：700~2000 m
  分 布：云南
  濒危等级：EN B1ab（i，iii）

多脉柃
Eurya polyneura Chun
  习 性：灌木
  海 拔：约700 m
  分 布：广东、广西
  濒危等级：VU D1

桃叶柃
Eurya prunifolia P. S. Hsu
  习 性：乔木
  海 拔：100~300 m
  分 布：云南
  濒危等级：NT B1ab（i，iii）

肖樱叶柃
Eurya pseudocerasifera Kobuski
  习 性：灌木或乔木
  海 拔：1800~2800 m
  国内分布：西藏、云南
  国外分布：缅甸
  濒危等级：LC

火棘叶柃
Eurya pyracanthifolia P. S. Hsu
  习 性：灌木
  海 拔：1200~2600 m
  分 布：云南
  濒危等级：LC

大叶五室柃
Eurya quinquelocularis Kobuski
  习 性：灌木或乔木
  海 拔：800~1500 m
  国内分布：广西、贵州、云南
  国外分布：越南
  濒危等级：LC

莲华柃
Eurya rengechiensis Yamam.
  习 性：灌木或小乔木
  分 布：台湾
  濒危等级：EN B2ab（i）；D

红褐柃
Eurya rubiginosa H. T. Chang

红褐柃（原变种）
Eurya rubiginosa var. rubiginosa
- 习　　性：灌木
- 海　　拔：400~800 m
- 分　　布：广东
- 濒危等级：LC

窄基红褐柃
Eurya rubiginosa var. attenuata H. T. Chang
- 习　　性：灌木
- 海　　拔：400~800 m
- 分　　布：安徽、福建、广东、广西、湖南、江苏、江西、云南、浙江
- 濒危等级：LC

小叶红褐柃
Eurya rubiginosa var. microphylla C. X. Ye et X. G. Shi
- 习　　性：灌木
- 海　　拔：约1350 m
- 分　　布：广西
- 濒危等级：LC

皱叶柃
Eurya rugosa Hu
- 习　　性：灌木
- 海　　拔：约1600 m
- 分　　布：四川
- 濒危等级：LC

岩柃
Eurya saxicola H. T. Chang
- 习　　性：灌木
- 海　　拔：1500~2100 m
- 分　　布：安徽、福建、广东、广西、湖南、江西、浙江
- 濒危等级：LC

半持柃
Eurya semiserrata H. T. Chang
- 习　　性：灌木或小乔木
- 海　　拔：600~2600 m
- 分　　布：广西、贵州、湖南、江西、四川、云南
- 濒危等级：LC
- 资源利用：原料（香料，工业用油）；蜜源植物

台湾格柃
Eurya septata Chi C. Wu et al.
- 习　　性：灌木或小乔木
- 海　　拔：100~2200 m
- 分　　布：台湾
- 濒危等级：LC

窄叶柃
Eurya stenophylla Merr.

窄叶柃（原变种）
Eurya stenophylla var. stenophylla
- 习　　性：灌木
- 海　　拔：200~1500 m
- 分　　布：广东、广西、贵州、湖北、四川
- 濒危等级：LC

长尾窄叶柃
Eurya stenophylla var. caudata Hung T. Chang
- 习　　性：灌木
- 国内分布：广东、广西
- 国外分布：越南
- 濒危等级：LC

毛窄叶柃
Eurya stenophylla var. pubescens T. L. Ming
- 习　　性：灌木
- 海　　拔：约2300 m
- 分　　布：广东、广西
- 濒危等级：NT D

台湾毛柃
Eurya strigillosa Hayata
- 习　　性：乔木
- 海　　拔：200~2200 m
- 国内分布：台湾
- 国外分布：日本
- 濒危等级：LC

微心叶毛柃
Eurya subcordata Hu et L. K. Ling
- 习　　性：灌木或乔木
- 海　　拔：1200~2100 m
- 分　　布：云南
- 濒危等级：LC

假杨桐
Eurya subintegra Kobuski
- 习　　性：灌木或乔木
- 海　　拔：200~700 m
- 国内分布：广东、广西
- 国外分布：越南
- 濒危等级：LC

清水山柃
Eurya taitungensis C. E. Chang
- 习　　性：灌木
- 分　　布：台湾
- 濒危等级：DD

独龙柃
Eurya taronensis Hu ex L. K. Ling
- 习　　性：灌木或乔木
- 海　　拔：2000~2400 m
- 分　　布：西藏、云南
- 濒危等级：VU D1+2

四角柃
Eurya tetragonoclada Merr. et Chun
- 习　　性：灌木或乔木
- 海　　拔：500~1900 m
- 分　　布：广东、广西、贵州、河南、湖北、湖南、江西、四川、云南
- 濒危等级：LC

毛果柃
Eurya trichocarpa Korthals
习　　性：灌木或乔木
海　　拔：700～2200 m
国内分布：广东、广西、海南、西藏、云南
国外分布：菲律宾、老挝、缅甸、尼泊尔、泰国、印度、印度尼西亚、越南
濒危等级：LC

怒江柃
Eurya tsaii H. T. Chang
习　　性：灌木或乔木
海　　拔：2300～2800 m
分　　布：西藏、云南
濒危等级：LC

屏边柃
Eurya tsingpienensis Hu
习　　性：灌木
海　　拔：1200～1700 m
国内分布：云南
国外分布：越南
濒危等级：EN B1ab（i，iii）；D

信宜毛柃
Eurya velutina Chun
习　　性：乔木
海　　拔：约 1000 m
分　　布：广东
濒危等级：CR A2c；D

单耳柃
Eurya weissiae Chun
习　　性：灌木
海　　拔：300～1200 m
分　　布：福建、广东、广西、贵州、湖南、江西、浙江
濒危等级：LC

文山柃
Eurya wenshanensis Hu et L. K. Ling
习　　性：灌木
海　　拔：1800～2200 m
分　　布：云南
濒危等级：EN A2c；B1ab（i，iii）

无量山柃
Eurya wuliangshanensis T. L. Ming
习　　性：乔木
海　　拔：约 1900 m
分　　布：云南
濒危等级：NT D

云南柃
Eurya yunnanensis P. S. Hsu
习　　性：灌木
海　　拔：1900～3100 m
分　　布：云南
濒危等级：NT B2ab（ii）

猪血木属 Euryodendron H. T. Chang

猪血木
Euryodendron excelsum H. T. Chang
习　　性：常绿乔木
海　　拔：100～400 m
分　　布：广东、广西
濒危等级：CR D1
国家保护：Ⅰ级

五列木属 Pentaphylax Gardner et Champ.

五列木
Pentaphylax euryoides Gardner et Champ.
习　　性：灌木或乔木
海　　拔：600～2000 m
国内分布：福建、广东、广西、贵州、海南、湖南、江西、云南
国外分布：马来西亚、印度尼西亚、越南
濒危等级：LC
资源利用：原料（木材）

厚皮香属 Ternstroemia Mutis ex L. f.

角柄厚皮香
Ternstroemia biangulipes H. T. Chang
习　　性：灌木或乔木
海　　拔：1300～2600 m
分　　布：西藏、云南
濒危等级：LC

锥果厚皮香
Ternstroemia conicocarpa L. K. Ling
习　　性：灌木或乔木
海　　拔：300～500 m
分　　布：广东、广西、湖南
濒危等级：VU A2c

厚皮香
Ternstroemia gymnanthera（Wight et Arn.）Bedd.

厚皮香（原变种）
Ternstroemia gymnanthera var. **gymnanthera**
习　　性：灌木或小乔木
海　　拔：200～2800 m
国内分布：安徽、福建、广东、广西、贵州、湖北、湖南、江西、四川、云南、浙江
国外分布：不丹、柬埔寨、老挝、缅甸、尼泊尔、泰国、印度、越南
濒危等级：LC
资源利用：环境利用（观赏）；原料（单宁，树脂）

阔叶厚皮香
Ternstroemia gymnanthera var. **wightii**（Choisy）Hand.-Mazz.
习　　性：灌木或小乔木
海　　拔：1400～2800 m
国内分布：广东、广西、贵州、湖北、湖南、四川、云南
国外分布：印度
濒危等级：LC

海南厚皮香
Ternstroemia hainanensis H. T. Chang
- 习　　性：乔木
- 海　　拔：900~1400 m
- 分　　布：海南
- 濒危等级：EN A2c；B1ab（i，iii）

大果厚皮香
Ternstroemia insignis Y. C. Wu
- 习　　性：乔木
- 海　　拔：800~2600 m
- 分　　布：广西、贵州、云南
- 濒危等级：LC

日本厚皮香
Ternstroemia japonica(Thunb.)Thunb.
- 习　　性：灌木或乔木
- 国内分布：台湾
- 国外分布：日本
- 濒危等级：LC

厚叶厚皮香
Ternstroemia kwangtungensis Merr.
- 习　　性：灌木或乔木
- 海　　拔：700~1700 m
- 国内分布：福建、广东、广西、江西
- 国外分布：越南
- 濒危等级：LC

尖萼厚皮香
Ternstroemia luteoflora L. K. Ling
- 习　　性：乔木
- 海　　拔：400~1900 m
- 分　　布：福建、广东、广西、贵州、湖北、湖南、江西、云南
- 濒危等级：LC

小叶厚皮香
Ternstroemia microphylla Merr.
- 习　　性：灌木或乔木
- 海　　拔：100~1000 m
- 分　　布：福建、广东、广西、海南
- 濒危等级：LC

亮叶厚皮香
Ternstroemia nitida Merr.
- 习　　性：灌木或乔木
- 海　　拔：200~900 m
- 分　　布：安徽、福建、广东、广西、贵州、湖南、江西、浙江
- 濒危等级：LC

四川厚皮香
Ternstroemia sichuanensis L. K. Ling
- 习　　性：灌木或乔木
- 海　　拔：600~1800 m
- 分　　布：贵州、四川
- 濒危等级：LC

思茅厚皮香
Ternstroemia simaoensis L. K. Ling
- 习　　性：灌木或乔木
- 海　　拔：700~1800 m
- 分　　布：云南
- 濒危等级：NT B1ab（i，iii）

云南厚皮香
Ternstroemia yunnanensis L. K. Ling
- 习　　性：灌木或小乔木
- 海　　拔：1100~1800 m
- 分　　布：云南
- 濒危等级：EN A2c；B1ab（i，iii）

扯根菜科 PENTHORACEAE
（1属：1种）

扯根菜属 Penthorum L.

扯根菜
Penthorum chinense Pursh
- 习　　性：多年生草本
- 海　　拔：100~2200 m
- 国内分布：安徽、甘肃、广东、广西、贵州、河北、河南、黑龙江、湖北、湖南、吉林、江苏、江西、辽宁、陕西、四川、云南
- 国外分布：朝鲜、俄罗斯、老挝、蒙古、日本、泰国、越南
- 濒危等级：LC
- 资源利用：药用（中草药）；食品（蔬菜）

无叶莲科 PETROSAVIACEAE
（1属：2种）

无叶莲属 Petrosavia Becc.

疏毛无叶莲
Petrosavia sakuraii(Makino)J. J. Sm. ex Steenis
- 习　　性：草本
- 海　　拔：海平面至1700 m
- 国内分布：广西、四川、台湾
- 国外分布：缅甸、日本、印度尼西亚、越南
- 濒危等级：LC

无叶莲
Petrosavia sinii(K. Krause)Gagnep.
- 习　　性：草本
- 海　　拔：约1000 m
- 分　　布：广西
- 濒危等级：LC

田葱科 PHILYDRACEAE
（1属：1种）

田葱属 Philydrum Banks ex Gaertn.

田葱
Philydrum lanuginosum Gaertn.

习　　性：多年生草本
海　　拔：海平面至 100 m
国内分布：福建、广东、广西、台湾、浙江
国外分布：澳大利亚、巴布亚新几内亚、柬埔寨、缅甸、日本、泰国、印度、越南
濒危等级：LC
资源利用：药用（中草药）

透骨草科 PHRYMACEAE
（5 属：42 种）

野胡麻属 Dodartia L.

野胡麻
Dodartia orientalis L.
习　　性：多年生草本
海　　拔：1200 m 以下
分　　布：甘肃、内蒙古、四川、新疆
资源利用：药用（中草药）

肉果草属 Lancea Hook. f. et Thomson

粗毛肉果草
Lancea hirsuta Bonati
习　　性：多年生草本
海　　拔：3700～4100 m
分　　布：四川、云南
濒危等级：LC

肉果草
Lancea tibetica Hook. f. et Thomson
习　　性：多年生草本
海　　拔：2000～4500 m
国内分布：甘肃、青海、四川、西藏、云南
国外分布：不丹、蒙古、印度
濒危等级：LC
资源利用：药用（中草药）

通泉草属 Mazus Lour.

高山通泉草
Mazus alpinus Masam.
习　　性：多年生草本
海　　拔：1700～3400 m
分　　布：台湾
濒危等级：LC

早落通泉草
Mazus caducifer Hance
习　　性：多年生草本
海　　拔：约 1300 m
分　　布：安徽、江西、浙江
濒危等级：LC

琴叶通泉草
Mazus celsioides Hand.-Mazz.
习　　性：一年生草本
海　　拔：约 2000 m
分　　布：西藏、云南
濒危等级：LC

台湾通泉草
Mazus fauriei Bonati
习　　性：多年生草本
国内分布：台湾
国外分布：日本
濒危等级：LC

福建通泉草
Mazus fukienensis P. C. Tsoong
习　　性：一年生草本
分　　布：福建
濒危等级：DD

纤细通泉草
Mazus gracilis Hemsl.
习　　性：多年生草本
海　　拔：800 m 以下
分　　布：河南、湖北、江苏、江西、浙江
濒危等级：LC

长柄通泉草
Mazus henryi P. C. Tsoong
习　　性：多年生草本
海　　拔：800～2200 m
国内分布：云南
国外分布：老挝
濒危等级：LC

低矮通泉草
Mazus humilis Hand.-Mazz.
习　　性：多年生草本
海　　拔：2500～3500 m
分　　布：广西、四川、云南
濒危等级：LC

白花通泉草
Mazus japonicus X. D. Dong et J. H. Li
习　　性：一年生草本
海　　拔：约 1800 m
分　　布：云南
濒危等级：LC

贵州通泉草
Mazus kweichowensis P. C. Tsoong et H. P. Yang
习　　性：多年生草本
海　　拔：约 900 m
分　　布：贵州
濒危等级：LC

狭叶通泉草
Mazus lanceifolius Hemsl.
习　　性：多年生草本
分　　布：湖北、四川
濒危等级：LC

莲座通泉草
Mazus lecomtei Bonati
习　　性：多年生草本

海　　拔：1000~2600 m
分　　布：四川、云南
濒危等级：LC

长蔓通泉草
Mazus longipes Bonati
习　　性：多年生草本
海　　拔：约2100 m
分　　布：贵州、云南
濒危等级：LC

匍茎通泉草
Mazus miquelii Makino
习　　性：多年生草本
海　　拔：300 m 以下
国内分布：安徽、福建、广西、湖北、湖南、江苏、江西、台湾、浙江
国外分布：日本
濒危等级：LC

稀花通泉草
Mazus oliganthus H. L. Li
习　　性：多年生草本
海　　拔：2500~3000 m
分　　布：云南
濒危等级：NT B1ab (i, iii, v)

岩白翠
Mazus omeiensis H. L. Li
习　　性：多年生草本
海　　拔：500~2000 m
分　　布：贵州、四川
濒危等级：LC

长匍通泉草
Mazus procumbens Hemsl.
习　　性：多年生草本
分　　布：湖北
濒危等级：LC

美丽通泉草
Mazus pulchellus Hemsl.
习　　性：多年生草本
海　　拔：约1600 m
分　　布：湖北、四川、云南
濒危等级：LC

通泉草
Mazus pumilus (Burm. f.) Steenis

通泉草（原变种）
Mazus pumilus var. **pumilus**
习　　性：一年生草本
海　　拔：2500 m 以下
国内分布：安徽、福建、甘肃、广东、广西、贵州、海南、河南、黑龙江、湖北、湖南、江苏、江西、辽宁、山东、山西、四川、台湾、云南
国外分布：不丹、朝鲜、俄罗斯、菲律宾、克什米尔地区、尼泊尔、日本、泰国、印度、印度尼西亚、越南；新几内亚岛
濒危等级：LC

多枝通泉草
Mazus pumilus var. **delavayi** (Bonati) T. L. Chin ex D. Y. Hong
习　　性：一年生草本
海　　拔：1200~3800 m
国内分布：广西、四川、云南
国外分布：不丹、克什米尔地区、尼泊尔、印度
濒危等级：LC

大萼通泉草
Mazus pumilus var. **macrocalyx** (Bonati) T. Yamaz.
习　　性：一年生草本
海　　拔：1200~2800 m
分　　布：云南
濒危等级：LC

通泉草（匍茎变种）
Mazus pumilus var. **wangii** (H. L. Li) T. L. Chin ex D. Y. Hong
习　　性：一年生草本
海　　拔：1500~2500 m
分　　布：云南
濒危等级：LC

丽江通泉草
Mazus rockii H. L. Li
习　　性：多年生草本
海　　拔：2500~3400 m
分　　布：云南
濒危等级：LC

林地通泉草
Mazus saltuarius Hand.-Mazz.
习　　性：多年生草本
海　　拔：100~800 m
分　　布：湖南、江西
濒危等级：LC

茄叶通泉草
Mazus solanifolius P. C. Tsoong et H. P. Yang
习　　性：多年生草本
分　　布：四川
濒危等级：LC

毛果通泉草
Mazus spicatus Vaniot
习　　性：多年生草本
海　　拔：700~2300 m
分　　布：广西、贵州、湖北、湖南、陕西、四川
濒危等级：LC

弹刀子菜
Mazus stachydifolius (Turcz.) Maxim.
习　　性：多年生草本
海　　拔：1500 m 以下
国内分布：安徽、广东、河北、河南、黑龙江、湖北、吉林、江苏、江西、辽宁、山东、山西、陕西、四川、台湾、浙江

国外分布：朝鲜、俄罗斯、蒙古
濒危等级：LC
资源利用：药用（中草药）

西藏通泉草
Mazus surculosus D. Don
习　　性：多年生草本
海　　拔：2000～3300 m
国内分布：西藏、云南
国外分布：不丹、克什米尔地区、尼泊尔、印度
濒危等级：LC

台南通泉草
Mazus tainanensis T. H. Hsieh
习　　性：多年生草本
分　　布：台湾
濒危等级：DD

休宁通泉草
Mazus xiuningensis X. H. Guo et X. L. Liu
习　　性：多年生草本
海　　拔：约400 m
分　　布：安徽
濒危等级：LC

沟酸浆属 Mimulus L.

葡生沟酸浆
Mimulus bodinieri Vaniot
习　　性：多年生草本
海　　拔：1900～2400 m
分　　布：云南
濒危等级：LC

小苞沟酸浆
Mimulus bracteosus P. C. Tsoong
习　　性：一年生草本
海　　拔：1000～1500 m
分　　布：四川
濒危等级：LC

四川沟酸浆
Mimulus szechuanensis Pai
习　　性：多年生草本
海　　拔：1300～2800 m
分　　布：甘肃、湖北、湖南、陕西、四川、云南
濒危等级：LC

沟酸浆
Mimulus tenellus Bunge

沟酸浆（原变种）
Mimulus tenellus var. **tenellus**
习　　性：多年生草本
海　　拔：1200 m 以下
分　　布：河北、河南、吉林、辽宁、山东、山西、陕西
濒危等级：LC

尼泊尔沟酸浆
Mimulus tenellus var. **nepalensis**(Benth.) P. C. Tsoong
习　　性：多年生草本
海　　拔：500～3000 m
国内分布：甘肃、贵州、河南、湖北、湖南、江西、四川、台湾、西藏、云南、浙江
国外分布：尼泊尔、日本、印度、越南
濒危等级：LC

南红藤
Mimulus tenellus var. **platyphyllus**(Franch.) P. C. Tsoong
习　　性：多年生草本
海　　拔：1900～2200 m
分　　布：四川、云南
濒危等级：LC
资源利用：药用（中草药）

高大沟酸浆
Mimulus tenellus var. **procerus**(A. L. Grant) Hand. -Mazz.
习　　性：多年生草本
海　　拔：200～3800 m
分　　布：四川、云南
濒危等级：LC

西藏沟酸浆
Mimulus tibeticus P. C. Tsoong et H. P. Yang
习　　性：草本
海　　拔：3700 m 以下
分　　布：西藏
濒危等级：LC

透骨草属 Phryma L.

透骨草
Phryma leptostachya(H. Hara) Kitam.
习　　性：多年生草本
海　　拔：300～2800 m
国内分布：安徽、福建、甘肃、河北、河南、黑龙江、吉林、江苏、江西、辽宁、山东、山西、陕西、浙江
国外分布：巴基斯坦、朝鲜、俄罗斯、克什米尔地区、尼泊尔、日本、印度、越南
濒危等级：LC
资源利用：药用（中草药）

叶下珠科 PHYLLANTHACEAE
（15 属：133 种）

喜光花属 Actephila Blume

毛喜光花
Actephila excelsa(Dalzell) Müll. Arg.
习　　性：灌木
海　　拔：100～1500 m
国内分布：广西、云南
国外分布：菲律宾、马来西亚、缅甸、泰国、印度、印度尼西亚、越南
濒危等级：LC

喜光花
Actephila merrilliana Chun
- 习　　性：灌木
- 海　　拔：300~800 m
- 分　　布：广东、海南
- 濒危等级：LC
- 资源利用：食品（油脂）

短柄喜光花
Actephila subsessilis Gagnep.
- 习　　性：乔木
- 海　　拔：500~800 m
- 国内分布：云南
- 国外分布：越南
- 濒危等级：LC

五月茶属 Antidesma Burm. ex L.

西南五月茶
Antidesma acidum Retz.
- 习　　性：灌木或乔木
- 海　　拔：100~1500 m
- 国内分布：贵州、四川、云南
- 国外分布：不丹、柬埔寨、老挝、孟加拉国、缅甸、尼泊尔、泰国、印度、印度尼西亚、越南
- 濒危等级：LC

五月茶
Antidesma bunius(L.) Spreng.

五月茶（原变种）
Antidesma bunius var. **bunius**
- 习　　性：乔木
- 海　　拔：200~1500 m
- 国内分布：福建、广东、广西、贵州、海南、江西、西藏
- 国外分布：澳大利亚、巴布亚新几内亚、菲律宾、老挝、缅甸、尼泊尔、斯里兰卡、泰国、新加坡、印度、印度尼西亚、越南
- 濒危等级：LC

毛叶五月茶
Antidesma bunius var. **pubescens** Petra Hoffm.
- 习　　性：乔木
- 海　　拔：700~1800 m
- 国内分布：云南
- 国外分布：泰国
- 濒危等级：LC

黄毛五月茶
Antidesma fordii Hemsl.
- 习　　性：乔木
- 海　　拔：200~2300 m
- 国内分布：福建、广东、广西、海南、云南
- 国外分布：老挝、越南
- 濒危等级：LC

方叶五月茶
Antidesma ghaesembilla Gaertn.
- 习　　性：乔木
- 海　　拔：200~1100 m
- 国内分布：广东、广西、海南、云南
- 国外分布：澳大利亚、巴布亚新几内亚、菲律宾、柬埔寨、老挝、马来西亚、孟加拉国、缅甸、尼泊尔、斯里兰卡、泰国、印度、印度尼西亚、越南
- 濒危等级：LC
- 资源利用：药用（中草药）

海南五月茶
Antidesma hainanense Merr.
- 习　　性：灌木
- 海　　拔：300~1000 m
- 国内分布：广东、广西、海南、云南
- 国外分布：老挝、越南
- 濒危等级：LC

河头山五月茶
Antidesma hontaushanense C. E. Chang
- 习　　性：灌木
- 海　　拔：约 300 m
- 分　　布：台湾
- 濒危等级：LC

酸味子
Antidesma japonicum Siebold et Zucc.
- 习　　性：灌木或小乔木
- 海　　拔：300~1700 m
- 国内分布：安徽、福建、广东、广西、贵州、海南、湖北、湖南、江苏、江西、青海、四川、台湾、西藏、云南、浙江
- 国外分布：马来西亚、日本、泰国、越南
- 濒危等级：LC
- 资源利用：食品（油脂）

多花五月茶
Antidesma maclurei Merr.
- 习　　性：乔木
- 海　　拔：300~800 m
- 国内分布：海南
- 国外分布：越南
- 濒危等级：LC

山地五月茶
Antidesma montanum Blume

山地五月茶（原变种）
Antidesma montanum var. **montanum**
- 习　　性：灌木或乔木
- 海　　拔：100~1500 m
- 国内分布：广东、广西、贵州、海南、台湾、西藏、云南
- 国外分布：澳大利亚、不丹、菲律宾、柬埔寨、老挝、马来西亚、孟加拉国、缅甸、日本、泰国、印度、印度尼西亚、越南
- 濒危等级：LC

小叶五月茶
Antidesma montanum var. **microphyllum**(Hemsl.) Petra Hoffm.
- 习　　性：灌木或乔木
- 海　　拔：100~1200 m

国内分布：广东、广西、贵州、海南、湖南、四川、云南
国外分布：老挝、泰国、越南
濒危等级：LC

大果五月茶
Antidesma nienkui Merr. et Chun
习　　性：乔木
海　　拔：600~900 m
国内分布：广东、海南
国外分布：泰国
濒危等级：LC

泰北五月茶
Antidesma sootepense Craib
习　　性：灌木或小乔木
海　　拔：800~1200 m
国内分布：云南
国外分布：老挝、缅甸、泰国
濒危等级：LC

银柴属 Aporosa Blume

银柴
Aporosa dioica(Roxb.) Müll. Arg.
习　　性：乔木
海　　拔：200~1000 m
国内分布：广东、广西、海南、云南
国外分布：不丹、马来西亚、缅甸、尼泊尔、泰国、印度、越南
濒危等级：LC

全缘叶银柴
Aporosa planchoniana Baill.
习　　性：灌木
海　　拔：100~800 m
国内分布：广西、海南、云南
国外分布：柬埔寨、老挝、缅甸、泰国、印度、越南
濒危等级：LC

毛银柴
Aporosa villosa(Lindl.) Baill.
习　　性：灌木或乔木
海　　拔：100~1500 m
国内分布：广东、广西、云南
国外分布：柬埔寨、老挝、缅甸、泰国、印度、越南
濒危等级：LC

云南银柴
Aporosa yunnanensis(Pax et K. Hoffm.) F. P. Metcalf
习　　性：乔木
海　　拔：200~1500 m
国内分布：广东、广西、贵州、海南、江西、云南
国外分布：缅甸、泰国、印度、越南
濒危等级：LC

木奶果属 Baccaurea Lour.

多脉木奶果
Baccaurea motleyana(Müll. Arg.) Müll. Arg.
习　　性：乔木
国内分布：云南栽培
国外分布：原产马来西亚、泰国、印度尼西亚

木奶果
Baccaurea ramiflora Lour.
习　　性：常绿乔木
海　　拔：100~1300 m
国内分布：广东、广西、海南、云南
国外分布：不丹、柬埔寨、老挝、马来西亚、缅甸、尼泊尔、泰国、印度、越南
濒危等级：LC
资源利用：原料（木材）

秋枫属 Bischofia Blume

秋枫
Bischofia javanica Blume
习　　性：常绿或半常绿乔木
海　　拔：800 m以下
国内分布：安徽、福建
国外分布：澳大利亚、不丹、菲律宾、柬埔寨、老挝、马来西亚、缅甸、尼泊尔、日本、斯里兰卡、泰国、印度、印度尼西亚、越南
濒危等级：LC
资源利用：原料（染料，木材）；食品（水果）

重阳木
Bischofia polycarpa(H. Lév.) Airy Shaw
习　　性：乔木
海　　拔：200~1000 m
分　　布：安徽、福建、广东、广西、贵州、湖南、江苏、江西、陕西、云南、浙江
濒危等级：LC
资源利用：原料（木材，工业用油）；食品（水果）

黑面神属 Breynia Forst.

黑面神
Breynia fruticosa(L.) Hook. f.
习　　性：灌木
海　　拔：100~1000 m
国内分布：福建、广东、广西、贵州、海南、四川、云南、浙江
国外分布：老挝、泰国、越南
濒危等级：LC
资源利用：药用（中草药）；原料（单宁，树脂）

红仔珠
Breynia officinalis Hemsl.
习　　性：灌木
海　　拔：500 m以下
国内分布：福建、台湾
国外分布：日本
濒危等级：LC

钝叶黑面神
Breynia retusa(Dennst.) Alston
习　　性：灌木

海　　拔：300~2000 m
国内分布：广西、贵州、西藏、云南
国外分布：不丹、柬埔寨、老挝、马来西亚、孟加拉国、缅甸、尼泊尔、斯里兰卡、泰国、印度、越南
濒危等级：LC
资源利用：药用（中草药）

喙果黑面神
Breynia rostrata Merr.
习　　性：常绿灌木或小乔木
海　　拔：100~1500 m
国内分布：福建、广东、广西、海南、云南、浙江
国外分布：越南
濒危等级：LC
资源利用：药用（中草药）

小叶黑面神
Breynia vitis-idaea（Burm. f.）C. E. C. Fisch.
习　　性：灌木
海　　拔：100~1000 m
国内分布：广东、贵州、云南
国外分布：巴基斯坦、菲律宾、柬埔寨、老挝、马来西亚、孟加拉国、缅甸、尼泊尔、斯里兰卡、泰国、印度、印度尼西亚、越南
濒危等级：LC
资源利用：药用（中草药）

土蜜树属 Bridelia Willd.

硬叶土蜜树
Bridelia affinis Craib
习　　性：灌木或小乔木
海　　拔：300~1500 m
国内分布：云南
国外分布：泰国
濒危等级：LC

禾串树
Bridelia balansae Tutcher
习　　性：乔木
海　　拔：200~1000 m
国内分布：福建、广东、广西、贵州、海南、四川、台湾、云南
国外分布：老挝、日本、越南
濒危等级：LC

膜叶土蜜树
Bridelia glauca Blume
习　　性：乔木
海　　拔：500~1600 m
国内分布：广东、广西、台湾、云南
国外分布：巴布亚新几内亚、菲律宾、老挝、马来西亚、缅甸、泰国、印度、印度尼西亚
濒危等级：LC

圆叶土蜜树
Bridelia parvifolia Kuntze
习　　性：灌木
国内分布：海南

国外分布：越南

大叶土蜜树
Bridelia retusa（L.）A. Juss.
习　　性：乔木
海　　拔：100~1400 m
国内分布：广东、广西、贵州、海南、湖南、云南
国外分布：不丹、柬埔寨、老挝、缅甸、尼泊尔、斯里兰卡、泰国、印度、印度尼西亚、越南
濒危等级：LC

土蜜藤
Bridelia stipularis（L.）Blume
习　　性：木质藤本
海　　拔：100~1500 m
国内分布：广东、广西、海南、台湾、云南
国外分布：不丹、东帝汶、菲律宾、柬埔寨、老挝、马来西亚、缅甸、尼泊尔、斯里兰卡、泰国、文莱、新加坡、印度、印度尼西亚、越南
濒危等级：LC
资源利用：药用（中草药）

土蜜树
Bridelia tomentosa Blume
习　　性：灌木
海　　拔：海平面至1000（1500）m
国内分布：福建、广东
国外分布：澳大利亚、巴布亚新几内亚、不丹、菲律宾、柬埔寨、老挝、马来西亚、孟加拉国、缅甸、尼泊尔、泰国、新加坡、印度、印度尼西亚、越南
濒危等级：LC
资源利用：药用（中草药）；原料（单宁）

闭花木属 Cleistanthus Hook. f. ex Planch.

东方闭花木
Cleistanthus concinnus Croizat
习　　性：灌木
海　　拔：200~500 m
国内分布：海南
国外分布：越南
濒危等级：LC

大叶闭花木
Cleistanthus macrophyllus Hook. f.
习　　性：乔木
海　　拔：400~700 m
国内分布：云南
国外分布：马来西亚、泰国、新加坡、印度尼西亚
濒危等级：LC

米咀闭花木
Cleistanthus pedicellatus Hook. f.
习　　性：乔木
海　　拔：300 m以下
国内分布：广西
国外分布：菲律宾、巴布亚新几内亚、马来西亚、印度尼西亚
濒危等级：LC

假肥牛树
Cleistanthus petelotii Merr. ex Croizat
习　　性：乔木
海　　拔：200～400 m
国内分布：广西
国外分布：越南
濒危等级：LC

闭花木
Cleistanthus sumatranus(Miq.) Müll. Arg.
习　　性：常绿乔木
海　　拔：海平面至500（700）m
国内分布：广东、广西、海南、云南
国外分布：菲律宾、柬埔寨、马来西亚、泰国、文莱、新加坡、印度尼西亚、越南
濒危等级：LC
资源利用：原料（单宁，木材，工业用油）

锈毛闭花木
Cleistanthus tomentosus Hance
习　　性：乔木
海　　拔：100～400 m
国内分布：广东、海南
国外分布：柬埔寨、泰国、越南
濒危等级：NT B1ab（i, iii）

馒头果
Cleistanthus tonkinensis Jabl.
习　　性：灌木或乔木
海　　拔：100～800 m
国内分布：广东、广西、云南
国外分布：越南
濒危等级：LC

白饭树属 Flueggea Willd.

毛白饭树
Flueggea acicularis(Croizat) G. L. Webster
习　　性：灌木
海　　拔：300～400 m
分　　布：湖北、四川、云南
濒危等级：LC

聚花白饭树
Flueggea leucopyrus Willd.
习　　性：灌木
海　　拔：1000～1400 m
国内分布：四川、云南
国外分布：阿拉伯、斯里兰卡、印度
濒危等级：LC

一叶萩
Flueggea suffruticosa(Pall.) Baill.
习　　性：灌木
海　　拔：500～2500 m
国内分布：除甘肃、青海、新疆外，各省均有分布
国外分布：朝鲜、俄罗斯、蒙古、日本
濒危等级：LC

资源利用：药用（中草药）；原料（单宁，纤维）

白饭树
Flueggea virosa(Roxb. ex Willd.) Royle
习　　性：灌木
海　　拔：100～2000 m
国内分布：福建、广东、广西、贵州、河北、河南、湖南、山东、台湾、云南
国外分布：东亚和东南亚、非洲、大洋洲
濒危等级：LC
资源利用：药用（中草药）

算盘子属 Glochidion J. R. Forst. et G. Forst.

白毛算盘子
Glochidion arborescens Blume
习　　性：乔木
海　　拔：800～2200 m
国内分布：云南
国外分布：马来西亚、泰国、印度、印度尼西亚
濒危等级：DD

线药算盘子
Glochidion chademenosocarpum Hayata
习　　性：灌木
分　　布：台湾
濒危等级：LC

红算盘子
Glochidion coccineum(Buch. -Ham.) Müll. Arg.
习　　性：常绿灌木或乔木
海　　拔：400～1500 m
国内分布：福建、广东、广西、贵州、海南、云南
国外分布：柬埔寨、老挝、缅甸、泰国、印度、越南
濒危等级：DD

革叶算盘子
Glochidion daltonii(Müll. Arg.) Kurz
习　　性：灌木或乔木
海　　拔：200～1700 m
国内分布：安徽、广东、广西、贵州、湖北、湖南、江苏、江西、山东、四川、云南、浙江
国外分布：马来西亚、缅甸、泰国、印度、越南
濒危等级：LC
资源利用：原料（单宁）

四裂算盘子
Glochidion ellipticum Wight
习　　性：乔木
海　　拔：100～1700 m
国内分布：广东、广西、贵州、海南、台湾、云南
国外分布：不丹、缅甸、尼泊尔、泰国、印度、越南
濒危等级：LC

绒毛算盘子
Glochidion heyneanum(Wight et Arn.) Wight
习　　性：乔木
海　　拔：1000～2500 m
国内分布：云南

国外分布：不丹、柬埔寨、老挝、缅甸、尼泊尔、泰国、印度、越南
濒危等级：LC

厚叶算盘子
Glochidion hirsutum (Roxb.) Voigt
习　　性：灌木或乔木
海　　拔：100～1800 m
国内分布：福建、广东、广西、海南、台湾、西藏、云南
国外分布：印度
濒危等级：LC
资源利用：药用（中草药）；原料（木材）

长柱算盘子
Glochidion khasicum (Müll. Arg.) Hook. f.
习　　性：灌木或乔木
海　　拔：900～1300 m
国内分布：广西、云南
国外分布：不丹、泰国、印度
濒危等级：LC

台湾算盘子
Glochidion kusukusense Hayata
习　　性：灌木
海　　拔：约300 m
分　　布：台湾
濒危等级：LC

艾胶算盘子
Glochidion lanceolarium (Roxb.) Voigt
习　　性：常绿灌木或乔木
海　　拔：500～1200 m
国内分布：福建、广东、广西、海南、云南
国外分布：柬埔寨、老挝、泰国、印度、越南
濒危等级：LC

披针叶算盘子
Glochidion lanceolatum Hayata
习　　性：乔木
国内分布：台湾
国外分布：日本
濒危等级：LC

南亚算盘子
Glochidion moonii Thwaites
习　　性：灌木或小乔木
国内分布：云南
国外分布：斯里兰卡
濒危等级：LC

多室算盘子
Glochidion multiloculare (Rottler ex Willd.) Voigt
习　　性：常绿乔木
国内分布：云南
国外分布：孟加拉国、缅甸、尼泊尔、印度
濒危等级：LC

宽果算盘子
Glochidion oblatum Hook. f.
习　　性：灌木或乔木
海　　拔：1000～2000 m
国内分布：云南
国外分布：缅甸、泰国、印度
濒危等级：LC

算盘子
Glochidion puberum (L.) Hutch.
习　　性：灌木
海　　拔：300～2200 m
国内分布：安徽、福建、甘肃、广东、广西、贵州、海南、河南、湖北、湖南、江苏、江西、陕西、四川、台湾、西藏、云南、浙江
国外分布：日本
濒危等级：LC
资源利用：药用（中草药）；原料（单宁，工业用油）；农药

茎花算盘子
Glochidion ramiflorum J. R. Forst. et G. Forst.
习　　性：灌木或乔木
国内分布：广东栽培
国外分布：原产斐济
资源利用：药用（中草药）

水社算盘子
Glochidion suishaense Hayata
习　　性：灌木
海　　拔：约300 m
分　　布：台湾
濒危等级：DD

里白算盘子
Glochidion triandrum (Blanco) C. B. Rob.

里白算盘子（原变种）
Glochidion triandrum var. **triandrum**
习　　性：灌木或乔木
海　　拔：500～2600 m
国内分布：福建、广东、广西、贵州、湖南、四川、台湾、云南
国外分布：菲律宾、柬埔寨、尼泊尔、日本、印度
濒危等级：LC

泰云算盘子
Glochidion triandrum var. **siamense** (Airy Shaw) P. T. Li
习　　性：灌木或乔木
海　　拔：1700～1800 m
国内分布：云南
国外分布：泰国
濒危等级：LC

湖北算盘子
Glochidion wilsonii Hutch.
习　　性：灌木
海　　拔：600～1600 m
分　　布：安徽、福建、广西、贵州、湖北、江西、四川、浙江
濒危等级：LC
资源利用：原料（单宁，树脂）

雀舌木属 Leptopus Decaisne

薄叶雀舌木
Leptopus australis (Zoll. et Moritzi) Pojark.
- 习　　性：灌木
- 海　　拔：约 200 m
- 国内分布：海南
- 国外分布：菲律宾、马来西亚、泰国、印度、印度尼西亚、越南
- 濒危等级：LC

雀儿舌头
Leptopus chinensis (Bunge) Pojark.
- 习　　性：灌木
- 海　　拔：海平面至 3000 m
- 国内分布：甘肃、广西、贵州、海南、河北、河南、湖北、湖南、江苏、山西、陕西、四川
- 国外分布：巴基斯坦、俄罗斯、缅甸
- 濒危等级：LC

方鼎木
Leptopus fangdingianus (P. T. Li) Voronts. et Petra Hoffm.
- 习　　性：灌木
- 海　　拔：900 ~ 1300 m
- 分　　布：广西
- 濒危等级：VU A2ac + 3c；B1ab (i, ii, iii)

海南雀舌木
Leptopus hainanensis (Merr. et Chun) Pojark.
- 习　　性：灌木
- 海　　拔：200 ~ 1000 m
- 分　　布：海南
- 濒危等级：LC

厚叶雀舌木
Leptopus pachyphyllus X. X. Chen
- 习　　性：灌木
- 海　　拔：300 ~ 500 m
- 分　　布：广西
- 濒危等级：LC
- 资源利用：药用（中草药）

珠子木属 Phyllanthodendron Hemsl.

珠子木
Phyllanthodendron anthopotamicum (Hand.-Mazz.) Croizat
- 习　　性：灌木
- 海　　拔：800 ~ 1300 m
- 分　　布：广东、广西、贵州、云南
- 濒危等级：LC

龙州珠子木
Phyllanthodendron breynioides P. T. Li
- 习　　性：灌木
- 海　　拔：400 ~ 600 m
- 分　　布：广西
- 濒危等级：LC

尾叶珠子木
Phyllanthodendron caudatifolium P. T. Li
- 习　　性：灌木
- 海　　拔：800 ~ 1300 m
- 分　　布：广西、贵州
- 濒危等级：LC

枝翅珠子木
Phyllanthodendron dunnianum H. Lév.
- 习　　性：灌木或乔木
- 海　　拔：500 ~ 1000 m
- 分　　布：广西、贵州、云南
- 濒危等级：LC

宽脉珠子木
Phyllanthodendron lativenium Croizat
- 习　　性：灌木
- 海　　拔：800 ~ 1000 m
- 分　　布：贵州
- 濒危等级：LC

弄岗珠子木
Phyllanthodendron moi (P. T. Li) P. T. Li
- 习　　性：灌木
- 海　　拔：500 ~ 800 m
- 分　　布：广西
- 濒危等级：LC

圆叶珠子木
Phyllanthodendron orbicularifolium P. T. Li
- 习　　性：灌木
- 海　　拔：700 ~ 800 m
- 分　　布：广西
- 濒危等级：LC

岩生珠子木
Phyllanthodendron petraeum P. T. Li
- 习　　性：灌木
- 海　　拔：约 1000 m
- 分　　布：广西
- 濒危等级：LC

玫花珠子木
Phyllanthodendron roseum Craib et Hutch.
- 习　　性：灌木或乔木
- 海　　拔：约 1600 m
- 国内分布：云南
- 国外分布：老挝、马来西亚、泰国、越南
- 濒危等级：LC

云南珠子木
Phyllanthodendron yunnanense Croizat
- 习　　性：灌木或乔木
- 海　　拔：1600 ~ 2300 m
- 分　　布：贵州、云南

叶下珠属 Phyllanthus L.

苦味叶下珠
Phyllanthus amarus Shumach. et Thonn.

苦味叶下珠（原亚种）
Phyllanthus amarus subsp. **amarus**

习　　性：一年生或二年生草本
海　　拔：100～600 m
国内分布：广东、广西、海南、台湾、云南
国外分布：原产美洲；泛热带地区分布
濒危等级：LC

三亚叶下珠
Phyllanthus amarus subsp. **sanyaensis** P. T. Li et Y. T. Zhu
习　　性：一年生或二年生草本
海　　拔：100～300 m
分　　布：广东、海南
濒危等级：LC

沙地叶下珠
Phyllanthus arenarius Beille

沙地叶下珠（原变种）
Phyllanthus arenarius var. **arenarius**
习　　性：多年生草本
海　　拔：100～200 m
国内分布：广东、海南
国外分布：越南
濒危等级：LC

云南沙地叶下珠
Phyllanthus arenarius var. **yunnanensis** T. L. Chin
习　　性：多年生草本
海　　拔：约 1300 m
分　　布：云南
濒危等级：LC

贵州叶下珠
Phyllanthus bodinieri（H. Lév.）Rehder
习　　性：灌木
海　　拔：500～1000 m
分　　布：广西、贵州
濒危等级：LC
资源利用：药用（中草药）

浙江叶下珠
Phyllanthus chekiangensis Croizat et F. P. Metcalf
习　　性：灌木
海　　拔：300～800 m
分　　布：安徽、福建、广东、广西、湖北、湖南、江西、浙江
濒危等级：LC

滇藏叶下珠
Phyllanthus clarkei Hook. f.
习　　性：灌木
海　　拔：800～3000 m
国内分布：广西、贵州、西藏、云南
国外分布：巴基斯坦、缅甸、泰国、印度、越南
濒危等级：LC

锐尖叶下珠
Phyllanthus debilis Klein ex Willd.
习　　性：草本
国内分布：广东、海南、台湾、香港栽培

国外分布：原产斯里兰卡、印度

余甘子
Phyllanthus emblica L.
习　　性：乔木
海　　拔：200～2300 m
国内分布：福建、广东、广西、贵州、海南、江西、四川、台湾、云南
国外分布：不丹、菲律宾、柬埔寨、老挝、马来西亚、缅甸、尼泊尔、斯里兰卡、泰国、印度、印度尼西亚
濒危等级：LC
资源利用：药用（中草药）；原料（单宁，木材，树脂）；环境利用（水土保持，观赏）；食品（水果）

尖叶下珠
Phyllanthus fangchengensis P. T. Li
习　　性：灌木
海　　拔：200～400 m
分　　布：广西
濒危等级：LC

穗萼叶下珠
Phyllanthus fimbricalyx P. T. Li
习　　性：灌木
海　　拔：1000～1100 m
分　　布：云南
濒危等级：LC

落萼叶下珠
Phyllanthus flexuosus（Sieb. et Zucc.）Müll. Arg.
习　　性：灌木
海　　拔：700～1500 m
国内分布：安徽、福建、广东、广西、贵州、湖北、湖南、江苏、四川、云南、浙江
国外分布：日本
濒危等级：LC

刺果叶下珠
Phyllanthus forrestii W. W. Sm.
习　　性：灌木
海　　拔：300～3300 m
分　　布：贵州、湖北、四川、云南
濒危等级：LC

云贵叶下珠
Phyllanthus franchetianus H. Lév.
习　　性：灌木
海　　拔：400～1000 m
分　　布：贵州、四川、云南
濒危等级：DD

青灰叶下珠
Phyllanthus glaucus Wall. ex Müll. Arg.
习　　性：灌木
海　　拔：200～1000 m
国内分布：安徽、福建、广东、广西、贵州、海南、湖北、湖南、江苏、江西、四川、西藏、云南、浙江
国外分布：不丹、尼泊尔、印度

濒危等级：LC
资源利用：药用（中草药）

毛果叶下珠
Phyllanthus gracilipes (Miq.) Müll. Arg.
习　　性：灌木
海　　拔：约 900 m
国内分布：广西
国外分布：泰国、印度尼西亚、越南
濒危等级：LC

广东叶下珠
Phyllanthus guangdongensis P. T. Li
习　　性：灌木
海　　拔：300～500 m
分　　布：广东
濒危等级：LC

海南叶下珠
Phyllanthus hainanensis Merr.
习　　性：灌木
海　　拔：200～400 m
分　　布：海南
濒危等级：LC

细枝叶下珠
Phyllanthus leptoclados Benth.
习　　性：灌木
海　　拔：100～600 m
分　　布：福建、广东、云南
濒危等级：LC

麻德拉斯叶下珠
Phyllanthus maderaspatensis L.
习　　性：多年生草本
国内分布：香港
国外分布：澳大利亚、巴基斯坦、斯里兰卡、印度、印度尼西亚
濒危等级：LC

单花水油甘
Phyllanthus nanellus P. T. Li
习　　性：灌木
海　　拔：300～400 m
分　　布：海南
濒危等级：LC

少子叶下珠
Phyllanthus oligospermus Hayata
习　　性：落叶灌木
分　　布：台湾
濒危等级：LC

崖县叶下珠
Phyllanthus pachyphyllus Müll. Arg.
习　　性：灌木
海　　拔：100～600 m
国内分布：海南
国外分布：马来西亚、泰国、越南
濒危等级：LC

云桂叶下珠
Phyllanthus pulcher (Baill.) Wall. ex Müll. Arg.
习　　性：灌木
海　　拔：700～1800 m
国内分布：广西、云南
国外分布：柬埔寨、老挝、马来西亚、缅甸、印度、印度尼西亚、越南
濒危等级：LC

小果叶下珠
Phyllanthus reticulatus Poir.
习　　性：灌木
海　　拔：200～800 m
国内分布：福建、广东、广西、贵州、海南
国外分布：澳大利亚、不丹、菲律宾、柬埔寨、老挝、马来西亚、尼泊尔、斯里兰卡、泰国、印度、印度尼西亚、越南
濒危等级：LC
资源利用：药用（中草药）

瑞氏叶下珠
Phyllanthus rheedii Wight
习　　性：一年生草本
国内分布：广东、广西、香港
国外分布：斯里兰卡、印度
濒危等级：LC

水油甘
Phyllanthus rheophyticus M. G. Gilbert et P. T. Li
习　　性：灌木
海　　拔：300～600 m
分　　布：广东、海南
濒危等级：LC

云泰叶下珠
Phyllanthus sootepensis Craib
习　　性：灌木
海　　拔：500～1300 m
国内分布：云南
国外分布：泰国
濒危等级：LC

落羽杉叶下珠
Phyllanthus taxodiifolius Beille
习　　性：灌木
海　　拔：500～800 m
国内分布：广西、云南
国外分布：柬埔寨、泰国、越南
濒危等级：LC

纤梗叶下珠
Phyllanthus tenellus Roxb.
习　　性：灌木
国内分布：台湾、香港
国外分布：原产马斯克林群岛

叶下珠科 PHYLLANTHACEAE

西南叶下珠
Phyllanthus tsarongensis W. W. Sm.
习　　性：灌木
海　　拔：1500~4000 m
分　　布：四川、西藏、云南
濒危等级：LC
资源利用：药用（中草药）

红叶下珠
Phyllanthus tsiangii P. T. Li
习　　性：灌木或乔木
海　　拔：200~600 m
国内分布：海南
国外分布：越南
濒危等级：LC

叶下珠
Phyllanthus urinaria L.
习　　性：一年生草本
海　　拔：100~600 m
国内分布：安徽、福建、广东、广西、贵州、海南、河北、河南、湖北、湖南
国外分布：不丹、老挝、马来西亚、尼泊尔、日本、斯里兰卡、泰国、印度、印度尼西亚、越南
濒危等级：LC
资源利用：药用（中草药）

蜜柑草
Phyllanthus ussuriensis Rupr. et Maxim.
习　　性：一年生草本
海　　拔：约800 m以下
国内分布：安徽、福建、广东、广西、黑龙江、湖北、湖南、吉林、江苏、江西、辽宁、山东、台湾、浙江
国外分布：朝鲜、俄罗斯、蒙古、日本
濒危等级：LC
资源利用：药用（中草药）

黄珠子草
Phyllanthus virgatus G. Forst.
习　　性：一年生草本
海　　拔：200~1400 m
国内分布：广东、广西、贵州、海南、河北、河南、湖北、湖南、山西、陕西、四川、台湾、云南、浙江
国外分布：不丹、柬埔寨、老挝、马来西亚、尼泊尔、斯里兰卡、泰国、印度、印度尼西亚、越南
濒危等级：LC
资源利用：药用（中草药）

龙胆木属 Richeriella Pax et K. Hoffm.

龙胆木
Richeriella gracilis (Merr.) Pax et K. Hoffm.
习　　性：灌木或乔木
海　　拔：200~600 m
国内分布：海南
国外分布：菲律宾、泰国
濒危等级：EN A2ac+3c

守宫木属 Sauropus Blume

守宫木
Sauropus androgynus (L.) Merr.
习　　性：灌木
海　　拔：100~400 m
国内分布：广东、广西、海南、云南
国外分布：菲律宾、柬埔寨、老挝、马来西亚、孟加拉国、缅甸、斯里兰卡、泰国、印度、印度尼西亚、越南
濒危等级：LC
资源利用：食品（蔬菜）

艾堇
Sauropus bacciformis (L.) Airy Shaw
习　　性：草本或亚灌木
海　　拔：海平面至100 m
国内分布：广东、广西、海南、台湾
国外分布：菲律宾、马来西亚、孟加拉国、斯里兰卡、泰国、印度、印度尼西亚、越南
濒危等级：LC

茎花守宫木
Sauropus bonii Beille
习　　性：灌木
海　　拔：200~500 m
国内分布：广西
国外分布：越南
濒危等级：LC

石山守宫木
Sauropus delavayi Croizat
习　　性：灌木
海　　拔：500~1800 m
分　　布：广西、云南
濒危等级：EN A3c；C1

苍叶守宫木
Sauropus garrettii Craib
习　　性：灌木
海　　拔：500~2000 m
国内分布：广东、广西、贵州、海南、湖北、四川、云南
国外分布：老挝、缅甸、泰国
濒危等级：LC

长梗守宫木
Sauropus macranthus Hassk.
习　　性：灌木
海　　拔：500~1500 m
国内分布：广东、海南、云南
国外分布：澳大利亚、菲律宾、老挝、马来西亚、缅甸、泰国、印度、印度尼西亚
濒危等级：LC

盈江守宫木
Sauropus pierrei (Beille) Croizat
习　　性：灌木
海　　拔：200~300 m
国内分布：云南

国外分布：柬埔寨、老挝、马来西亚、越南
濒危等级：NT A2ac+3c

方枝守宫木
Sauropus quadrangularis (Willd.) Müll. Arg.
习　　性：灌木
海　　拔：100~2100 m
国内分布：广西、西藏、云南
国外分布：不丹、柬埔寨、老挝、缅甸、尼泊尔、泰国、印度、越南
濒危等级：NT A2ac+3c

波萼守宫木
Sauropus repandus Müll. Arg.
习　　性：灌木
海　　拔：800~1300 m
国内分布：云南
国外分布：不丹、印度
濒危等级：LC

网脉守宫木
Sauropus reticulatus S. L. Mo ex P. T. Li
习　　性：灌木
海　　拔：500~800 m
分　　布：广西、云南
濒危等级：LC

短尖守宫木
Sauropus similis Craib
习　　性：灌木
国内分布：云南
国外分布：缅甸、泰国
濒危等级：DD

龙脷叶
Sauropus spatulifolius Beille
习　　性：常绿灌木
国内分布：福建、广东、广西栽培
国外分布：原产越南
濒危等级：LC
资源利用：药用（中草药）

三脉守宫木
Sauropus trinervius Hook. f. et Thomson ex Müll. Arg.
习　　性：灌木
海　　拔：1000~1300 m
国内分布：云南
国外分布：孟加拉国、印度
濒危等级：LC

尾叶守宫木
Sauropus tsiangii P. T. Li
习　　性：灌木
海　　拔：500~800 m
分　　布：广西
濒危等级：LC

多脉守宫木
Sauropus yanhuianus P. T. Li
习　　性：灌木
海　　拔：1000~1100 m

分　　布：云南
濒危等级：LC

商陆科 PHYTOLACCACEAE
（3属：7种）

蒜叶草属 Petiveria L.

蒜叶草
Petiveria alliacea L.
习　　性：草本
国内分布：福建归化
国外分布：原产热带美洲

商陆属 Phytolacca L.

商陆
Phytolacca acinosa Roxb.
习　　性：多年生草本
海　　拔：500~3400 m
国内分布：安徽、福建、广东、广西、贵州、河北、河南、湖北、江苏、辽宁、山东、陕西、四川、台湾、西藏、云南、浙江
国外分布：不丹、朝鲜、缅甸、日本、印度、越南
濒危等级：LC
资源利用：药用（中草药，兽药）；原料（单宁）；农药；食品（蔬菜）；环境利用（观赏）

垂序商陆
Phytolacca americana L.
习　　性：多年生草本
国内分布：安徽、福建、广东、贵州、河北、河南、湖北、湖南、江苏、江西、山东、陕西、四川、台湾、云南、浙江
国外分布：原产北美洲；亚洲和欧洲归化
资源利用：药用（中草药）；农药；环境利用（观赏）

鄂西商陆
Phytolacca exiensis D. G. Zhang, L. Q. Huang et D. Xie
习　　性：多年生草本
分　　布：湖北
濒危等级：EN D1

日本商陆
Phytolacca japonica Makino
习　　性：多年生草本
海　　拔：300~1100 m
国内分布：安徽、福建、广东、湖南、江西、山东、台湾、浙江
国外分布：日本
濒危等级：LC

多药商陆
Phytolacca polyandra Batalin
习　　性：多年生草本
海　　拔：1100~3000 m
分　　布：甘肃、广西、贵州、四川、云南
濒危等级：LC

数珠珊瑚属 Rivina L.

数珠珊瑚
Rivina humilis L.
习　　性：亚灌木
国内分布：福建、广东、浙江
国外分布：原产热带美洲

胡椒科 PIPERACEAE
（3 属：74 种）

草胡椒属 Peperomia Ruiz et Pav.

石蝉草
Peperomia blanda(Jacq.) Kunth
习　　性：多年生草本
国内分布：福建、广东、广西、贵州、海南、台湾、云南
国外分布：柬埔寨、马来西亚、孟加拉国、缅甸、日本、斯里兰卡、泰国、印度、越南
濒危等级：LC
资源利用：药用（中草药）

硬毛草胡椒
Peperomia cavaleriei C. DC.
习　　性：草本
海　　拔：约 900 m
分　　布：广西、贵州、云南
濒危等级：LC

蒙自草胡椒
Peperomia heyneana Miq.
习　　性：多年生草本
海　　拔：800~2000 m
国内分布：广西、贵州、四川、西藏、云南
国外分布：不丹、缅甸、尼泊尔、印度
濒危等级：LC
资源利用：药用（中草药）

山椒草
Peperomia nakaharai Hayata
习　　性：多年生草本
海　　拔：700~2500 m
分　　布：台湾
濒危等级：LC

草胡椒
Peperomia pellucida(L.) Kunth
习　　性：一年生草本
国内分布：福建、广东、广西、海南、云南
国外分布：北美洲、南美洲

兰屿椒草
Peperomia rubrivenosa C. DC.
习　　性：多年生草本
海　　拔：300~400 m
国内分布：台湾
国外分布：菲律宾

濒危等级：LC

豆瓣绿
Peperomia tetraphylla(G. Forst.) Hook. et Arn.
习　　性：多年生草本
国内分布：福建、甘肃、广东、广西、贵州、四川、台湾、西藏、云南
国外分布：不丹、菲律宾、马来西亚、斯里兰卡、泰国、印度、印度尼西亚
濒危等级：LC
资源利用：药用（中草药）

胡椒属 Piper L.

兰屿胡椒
Piper arborescens Roxb.
习　　性：攀援藤本
国内分布：台湾
国外分布：菲律宾、马来西亚
濒危等级：LC

藏南胡椒
Piper arunachalensis Gajurel, P. R. , P. Rethy et Y. Kumar
习　　性：攀援藤本
海　　拔：约 300 m
分　　布：西藏
濒危等级：LC

卵叶胡椒
Piper attenuatum Buch. -Ham. ex Miq.
习　　性：攀援藤本
海　　拔：200~500 m
国内分布：云南
国外分布：不丹、印度
濒危等级：LC

华南胡椒
Piper austrosinense Y. C. Tseng
习　　性：木质藤本
海　　拔：200~600 m
分　　布：广东、广西、海南、香港
濒危等级：LC

竹叶胡椒
Piper bambusifolium Y. C. Tseng
习　　性：攀援藤本
海　　拔：300~1200 m
分　　布：贵州、湖北、江西、四川
濒危等级：LC

蒌叶
Piper betle L.
习　　性：攀援藤本
国内分布：东南到西南广泛栽培
国外分布：菲律宾、马来西亚、斯里兰卡、印度、印度尼西亚、越南；原产地不详
资源利用：药用（中草药）；原料（精油）

苎叶蒟
Piper boehmeriifolium(Miq.) Wall. ex C. DC.

苎叶蒟（原变种）
Piper boehmeriifolium var. **boehmeriifolium**
　　习　　性：亚灌木
　　海　　拔：500~2200 m
　　国内分布：广东、广西、贵州、云南
　　国外分布：不丹、马来西亚、缅甸、泰国、印度、越南
　　濒危等级：LC

光茎胡椒
Piper boehmeriifolium var. **glabricaule**(C. DC.) M. G. Gilbert et N. H. Xia
　　习　　性：亚灌木
　　海　　拔：1300~1700 m
　　分　　布：云南
　　濒危等级：LC

复毛胡椒
Piper bonii C. DC.

复毛胡椒（原变种）
Piper bonii var. **bonii**
　　习　　性：攀援藤本
　　海　　拔：300~1000 m
　　国内分布：广西、云南
　　国外分布：越南
　　濒危等级：LC

大叶复毛胡椒
Piper bonii var. **macrophyllum** Y. Q. Tseng
　　习　　性：攀援藤本
　　海　　拔：1100~1200 m
　　分　　布：海南、云南
　　濒危等级：DD

华山蒌
Piper cathayanum M. G. Gilbert et N. H. Xia
　　习　　性：攀援藤本
　　海　　拔：约400 m
　　分　　布：广东、广西、贵州、海南、四川
　　濒危等级：LC

勐海胡椒
Piper chaudocanum C. DC.
　　习　　性：攀援藤本
　　海　　拔：2100 m
　　国内分布：云南
　　国外分布：老挝、越南
　　濒危等级：LC

中华胡椒
Piper chinense Miq.
　　习　　性：木质藤本
　　分　　布：广东
　　濒危等级：DD

大苗山胡椒
Piper damiaoshanense Y. Q. Tseng
　　习　　性：攀援藤本
　　海　　拔：约700 m
　　分　　布：广西
　　濒危等级：LC

长穗胡椒
Piper dolichostachyum M. G. Gilbert et N. H. Xia
　　习　　性：草本或亚灌木
　　分　　布：云南
　　濒危等级：DD

黄花胡椒
Piper flaviflorum C. DC.
　　习　　性：攀援藤本
　　海　　拔：500~1800 m
　　分　　布：云南
　　濒危等级：NT A3c
　　资源利用：药用（中草药）

海南蒟
Piper hainanense Hemsl.
　　习　　性：木质藤本
　　海　　拔：100~900 m
　　分　　布：广东、广西、海南
　　濒危等级：LC
　　资源利用：药用（中草药）

山蒟
Piper hancei Maxim.
　　习　　性：攀援藤本
　　海　　拔：海平面至1700 m
　　分　　布：福建、广东、广西、贵州、湖南、云南、浙江
　　濒危等级：LC
　　资源利用：药用（中草药）

河池胡椒
Piper hochiense Y. Q. Tseng
　　习　　性：攀援藤本
　　海　　拔：约600 m
　　分　　布：广西
　　濒危等级：DD

毛蒟
Piper hongkongense C. DC.
　　习　　性：攀援藤本
　　海　　拔：100~1300 m
　　分　　布：广东、广西、海南
　　濒危等级：LC

嵌果胡椒
Piper infossibaccatum A. Huang
　　习　　性：攀援藤本
　　海　　拔：700~1100 m
　　分　　布：海南
　　濒危等级：DD

沉果胡椒
Piper infossum Y. Q. Tseng

沉果胡椒（原变种）
Piper infossum var. **infossum**
　　习　　性：攀援藤本
　　海　　拔：700~900 m
　　分　　布：西藏
　　濒危等级：DD

裸叶沉果胡椒
Piper infossum var. **nudum** Y. Q. Tseng
- 习　　性：攀援藤本
- 海　　拔：700~900 m
- 分　　布：西藏
- 濒危等级：DD

疏果胡椒
Piper interruptum Opiz
- 习　　性：攀援藤本
- 国内分布：台湾
- 国外分布：菲律宾、印度尼西亚及太平洋岛屿
- 濒危等级：LC

风藤
Piper kadsura (Choisy) Ohwi
- 习　　性：木质藤本
- 海　　拔：200~1500 m
- 国内分布：台湾
- 国外分布：朝鲜、日本
- 濒危等级：LC
- 资源利用：药用（中草药）

恒春胡椒
Piper kawakamii Hayata
- 习　　性：攀援藤本
- 海　　拔：海平面至800 m
- 国内分布：台湾
- 国外分布：菲律宾
- 濒危等级：LC

绿岛胡椒
Piper kwashoense Hayata
- 习　　性：攀援藤本
- 分　　布：台湾
- 濒危等级：LC

大叶蒟
Piper laetispicum C. DC.
- 习　　性：木质藤本
- 海　　拔：100~600 m
- 分　　布：广东、海南
- 濒危等级：LC

陵水胡椒
Piper lingshuiense Y. Q. Tseng
- 习　　性：木质藤本
- 海　　拔：约800 m
- 分　　布：海南
- 濒危等级：DD

荜拔
Piper longum L.
- 习　　性：攀援藤本
- 海　　拔：约600 m
- 国内分布：福建、广东、广西、海南、云南
- 国外分布：马来西亚、尼泊尔、斯里兰卡、印度、越南
- 濒危等级：LC
- 资源利用：药用（中草药）

粗梗胡椒
Piper macropodum C. DC.
- 习　　性：攀援藤本
- 海　　拔：800~2600 m
- 分　　布：云南
- 濒危等级：NT A3c

柄果胡椒
Piper mischocarpum Y. C. Tseng
- 习　　性：攀援藤本
- 海　　拔：约500 m
- 分　　布：云南
- 濒危等级：DD

短蒟
Piper mullesua Buch.-Ham. ex D. Don
- 习　　性：木质藤本
- 海　　拔：800~2100 m
- 国内分布：海南、四川、西藏、云南
- 国外分布：不丹、尼泊尔、印度
- 濒危等级：LC
- 资源利用：药用（中草药）

变叶胡椒
Piper mutabile C. DC.
- 习　　性：攀援藤本
- 海　　拔：400~600 m
- 国内分布：广东、广西
- 国外分布：越南
- 濒危等级：LC

胡椒
Piper nigrum L.
- 习　　性：木质藤本
- 国内分布：福建、广东、广西、云南栽培
- 国外分布：原产东南亚
- 资源利用：药用（中草药）；原料（精油）；食品添加剂（调味剂）

裸果胡椒
Piper nudibaccatum Y. Q. Tseng
- 习　　性：攀援藤本
- 海　　拔：900~2000 m
- 分　　布：云南
- 濒危等级：LC

角果胡椒
Piper pedicellatum C. DC.
- 习　　性：攀援藤本
- 海　　拔：1000~1900 m
- 国内分布：云南
- 国外分布：不丹、孟加拉国、印度、越南
- 濒危等级：LC

屏边胡椒
Piper pingbienense Y. Q. Tseng
- 习　　性：攀援藤本
- 海　　拔：1100~1300 m
- 分　　布：云南

线梗胡椒
Piper pleiocarpum C. C. Chang ex Y. Q. Tseng
习　　性：木质藤本
海　　拔：2100～2700 m
分　　布：云南
濒危等级：LC

樟叶胡椒
Piper polysyphonum C. DC.
习　　性：亚灌木
海　　拔：800～1400 m
国内分布：贵州、云南
国外分布：老挝
濒危等级：LC

肉轴胡椒
Piper ponesheense C. DC.
习　　性：攀援藤本
海　　拔：1400～2000 m
国内分布：云南
国外分布：缅甸
濒危等级：LC

毛叶胡椒
Piper puberulilimbum C. DC.
习　　性：攀援藤本
海　　拔：1200～1900 m
分　　布：云南
濒危等级：DD

假荜拔
Piper retrofractum Vahl
习　　性：攀援藤本
国内分布：广东
国外分布：菲律宾、马来西亚、泰国、印度、印度尼西亚、越南
濒危等级：LC
资源利用：药用（中草药）

皱果胡椒
Piper rhytidocarpum Hook. f.
习　　性：攀援藤本
海　　拔：600～900 m
国内分布：西藏
国外分布：孟加拉国、印度
濒危等级：LC

红果胡椒
Piper rubrum C. DC.
习　　性：攀援藤本
海　　拔：300～400 m
国内分布：云南
国外分布：越南
濒危等级：LC

假蒟
Piper sarmentosum Roxb.
习　　性：多年生草本
海　　拔：海平面至1000 m
国内分布：福建、广东、广西、贵州、海南、西藏、云南
国外分布：菲律宾、柬埔寨、老挝、马来西亚、印度、印度尼西亚、越南
濒危等级：LC
资源利用：药用（中草药）；食用（蔬菜）

缘毛胡椒
Piper semiimmersum C. DC.
习　　性：攀援藤本
海　　拔：200～900 m
国内分布：广西、贵州、云南
国外分布：越南
濒危等级：LC

斜叶蒟
Piper senporeiense Yamam.
习　　性：木质藤本
分　　布：海南
濒危等级：DD

小叶爬崖香
Piper sintenense Hatus.
习　　性：攀援藤本
海　　拔：1000～2500 m
分　　布：台湾
濒危等级：LC
资源利用：药用（中草药）

短柄胡椒
Piper stipitiforme C. C. Chang ex Y. C. Tseng
习　　性：木质藤本
海　　拔：800～1300 m
分　　布：云南
濒危等级：VU D2

多脉胡椒
Piper submultinerve C. DC.

多脉胡椒（原变种）
Piper submultinerve var. **submultinerve**
习　　性：攀援藤本
海　　拔：1400～1800 m
分　　布：广西、云南
濒危等级：LC

狭叶多脉胡椒
Piper submultinerve var. **nandanicum** Y. C. Tseng
习　　性：攀援藤本
海　　拔：约2500 m
分　　布：广西
濒危等级：DD

滇西胡椒
Piper suipigua Buch. -Ham. ex D. Don
习　　性：攀援藤本
海　　拔：1000～1400 m
国内分布：云南
国外分布：不丹、尼泊尔、印度
濒危等级：LC

长柄胡椒
Piper sylvaticum Roxb.
 习 性：草质藤本
 海 拔：约 800 m
 国内分布：西藏、云南
 国外分布：孟加拉国、缅甸、印度

台湾胡椒
Piper taiwanense Lin et L. T. Lu
 习 性：攀援藤本
 海 拔：约 500 m
 分 布：台湾
 濒危等级：LC

球穗胡椒
Piper thomsonii (C. DC.) Hook. f.

球穗胡椒（原变种）
Piper thomsonii var. **thomsonii**
 习 性：攀援藤本
 海 拔：1300～1700 m
 国内分布：云南
 国外分布：不丹、印度、越南
 濒危等级：LC

小叶球穗胡椒
Piper thomsonii var. **microphyllum** Y. C. Tseng
 习 性：攀援藤本
 海 拔：1300～2100 m
 分 布：云南
 濒危等级：LC

三色胡椒
Piper tricolor Y. Q. Tseng
 习 性：攀援藤本
 分 布：云南
 濒危等级：DD

粗穗胡椒
Piper tsangyuanense P. S. Chen et P. C. Zhu
 习 性：攀援藤本
 海 拔：约 1600 m
 分 布：云南
 濒危等级：VU D2

瑞丽胡椒
Piper tsengianum M. G. Gilbert et N. H. Xia
 习 性：攀援灌木
 海 拔：2200～2300 m
 分 布：云南
 濒危等级：DD

大胡椒
Piper umbellatum L.
 习 性：亚灌木
 海 拔：约 300 m
 国内分布：台湾
 国外分布：菲律宾、柬埔寨、马来西亚、斯里兰卡、泰国、印度、印度尼西亚、越南
 濒危等级：LC

石南藤
Piper wallichii (Miq.) Hand.-Mazz.
 习 性：攀援藤本
 海 拔：300～2600 m
 国内分布：甘肃、广东、广西、贵州、湖北、湖南、四川、云南
 国外分布：孟加拉国、尼泊尔、印度、印度尼西亚
 濒危等级：LC
 资源利用：药用（中草药）

景洪胡椒
Piper wangii M. G. Gilbert et N. H. Xia
 习 性：攀援藤本
 海 拔：800～1100 m
 分 布：云南
 濒危等级：LC

盈江胡椒
Piper yinkiangense Y. Q. Tseng
 习 性：攀援藤本
 海 拔：约 1000 m
 分 布：云南
 濒危等级：DD

椭圆叶胡椒
Piper yui M. G. Gilbert et N. H. Xia
 习 性：木质藤本
 海 拔：1300 m
 分 布：云南
 濒危等级：LC

蒟子
Piper yunnanense Y. C. Tseng
 习 性：亚灌木
 海 拔：1100～2000 m
 分 布：云南
 濒危等级：DD
 资源利用：药用（中草药）

齐头绒属 Zippelia Blume

齐头绒
Zippelia begoniifolia Blume ex Schult. et Schult. f.
 习 性：草本
 海 拔：600～700 m
 国内分布：广西、海南、云南
 国外分布：菲律宾、老挝、马来西亚、印度尼西亚、越南
 濒危等级：LC

海桐花科 PITTOSPORACEAE
（1 属：63 种）

海桐花属 Pittosporum Banks ex Gaertn.

窄叶海桐
Pittosporum angustilimbum C. Y. Wu

习　　性：灌木
海　　拔：约 1800 m
分　　布：云南
濒危等级：LC

聚花海桐
Pittosporum balansae DC.

聚花海桐（原变种）
Pittosporum balansae var. **balansae**
习　　性：常绿灌木
海　　拔：1500 ~ 1800 m
国内分布：广东、广西、海南
国外分布：缅甸、越南
濒危等级：LC

窄叶聚花海桐
Pittosporum balansae var. **angustifolium** Gagnep.
习　　性：常绿灌木
国内分布：广东、广西、海南
国外分布：越南
濒危等级：LC

披针叶聚花海桐
Pittosporum balansae var. **chatterjeeanum**（Gowda）Zhi. Y. Zhang et Turland
习　　性：常绿灌木
海　　拔：1500 ~ 1800 m
国内分布：云南
国外分布：缅甸
濒危等级：LC

短萼海桐
Pittosporum brevicalyx（Oliv.）Gagnep.
习　　性：灌木或小乔木
海　　拔：600 ~ 3500 m
分　　布：广东、广西、贵州、湖北、湖南、江西、四川、西藏、云南
濒危等级：LC

皱叶海桐
Pittosporum crispulum Gagnep.
习　　性：常绿灌木
海　　拔：500 ~ 1800 m
分　　布：贵州、湖北、四川、云南
濒危等级：LC
资源利用：药用（中草药）

牛耳枫叶海桐
Pittosporum daphniphylloides Hayata

牛耳枫叶海桐（原变种）
Pittosporum daphniphylloides var. **daphniphylloides**
习　　性：灌木或小乔木
海　　拔：800 ~ 2500 m
分　　布：贵州、湖北、湖南、四川、台湾
濒危等级：LC

大叶海桐
Pittosporum daphniphylloides var. **adaphniphylloides**（Hu et F. T. Wang）W. T. Wang
习　　性：灌木或小乔木
海　　拔：500 ~ 1500 m
分　　布：贵州、湖北、湖南、四川
濒危等级：LC

突肋海桐
Pittosporum elevaticostatum H. T. Chang et S. Z. Yan
习　　性：灌木
海　　拔：800 ~ 1300 m
分　　布：贵州、湖北、四川
濒危等级：LC

褐毛海桐
Pittosporum fulvipilosum H. T. Chang et S. Z. Yan
习　　性：灌木或小乔木
海　　拔：海平面至 1300 m
分　　布：广东
濒危等级：VU A2c；C1

光叶海桐
Pittosporum glabratum Lindl.

光叶海桐（原变种）
Pittosporum glabratum var. **glabratum**
习　　性：常绿灌木
海　　拔：200 ~ 2000 m
国内分布：福建、甘肃、广东、广西、贵州、海南、湖北、湖南、江西、四川
国外分布：越南
濒危等级：LC
资源利用：药用（中草药）

狭叶海桐
Pittosporum glabratum var. **neriifolium** Rehder et E. H. Wilson
习　　性：常绿灌木
海　　拔：600 ~ 1700 m
分　　布：福建、广东、广西、贵州、湖北、湖南、江西、四川
濒危等级：LC

文县海桐
Pittosporum glabratum var. **wenxianense**（G. H. Wang et Y. S. Lian）Zhi. Y. Zhang et Turland
习　　性：常绿灌木
海　　拔：1100 m
分　　布：甘肃
濒危等级：DD

小柄果海桐
Pittosporum henryi Gowda
习　　性：常绿灌木
海　　拔：800 ~ 1500 m
分　　布：贵州、四川
濒危等级：CR B1ab（i, iii）

异叶海桐
Pittosporum heterophyllum Franch.

异叶海桐（原变种）
Pittosporum heterophyllum var. **heterophyllum**
习　　性：灌木

海　　拔：800~4000 m
分　　布：四川、西藏、云南
濒危等级：LC

带叶海桐
Pittosporum heterophyllum var. **ledoides** Hand.-Mazz.
习　　性：灌木
分　　布：云南
濒危等级：LC

无柄异叶海桐
Pittosporum heterophyllum var. **sessile** Gowda
习　　性：灌木
分　　布：云南
濒危等级：VU D2

海金子
Pittosporum illicioides Makino
习　　性：常绿灌木
海　　拔：100~2200 m
国内分布：安徽、福建、广东、广西、贵州、湖北、湖南、江苏、江西、四川、台湾、浙江
国外分布：日本
濒危等级：LC
资源利用：原料（纤维，工业用油）；药用（中草药）

滇西海桐
Pittosporum johnstonianum Gowda

滇西海桐（原变种）
Pittosporum johnstonianum var. **johnstonianum**
习　　性：常绿小乔木
海　　拔：1200~3100 m
国内分布：四川、云南
国外分布：缅甸
濒危等级：LC

密花海桐
Pittosporum johnstonianum var. **glomerulatum** C. Y. Wu
习　　性：常绿小乔木
海　　拔：约2900 m
分　　布：云南
濒危等级：DD

羊脆木
Pittosporum kerrii Craib
习　　性：常绿小乔木
海　　拔：700~2300 m
国内分布：云南
国外分布：老挝、缅甸、泰国
濒危等级：LC
资源利用：药用（中草药）

昆明海桐
Pittosporum kunmingense H. T. Chang et S. Z. Yan
习　　性：灌木或小乔木
海　　拔：800~1300 m
分　　布：贵州、云南
濒危等级：LC

广西海桐
Pittosporum kwangsiense H. T. Chang et S. Z. Yan
习　　性：灌木或小乔木
分　　布：广西、云南
濒危等级：LC

贵州海桐
Pittosporum kweichowense Gowda

贵州海桐（原变种）
Pittosporum kweichowense var. **kweichowense**
习　　性：常绿灌木
海　　拔：500~2000 m
分　　布：贵州、湖南、云南
濒危等级：LC

黄杨叶海桐
Pittosporum kweichowense var. **buxifolium** (K. M. Feng ex C. Y. Wu) Zhi. Y. Zhang et Turland
习　　性：常绿灌木
海　　拔：1500~1700 m
分　　布：云南
濒危等级：EN A3c；B1ab（i，iii，v）

罗汉松叶海桐
Pittosporum kweichowense var. **podocarpifolium** (C. Y. Wu) Zhi. Y. Zhang et Turland
习　　性：常绿灌木
海　　拔：约800 m
分　　布：云南
濒危等级：DD

卵果海桐
Pittosporum lenticellatum Chun ex H. Peng et Y. F. Deng
习　　性：灌木
海　　拔：200~1100 m
分　　布：广西、贵州
濒危等级：LC

薄萼海桐
Pittosporum leptosepalum Gowda
习　　性：灌木或小乔木
分　　布：广东、广西
濒危等级：LC

滇越海桐
Pittosporum merrillianum Gowda
习　　性：灌木
海　　拔：1100~1900 m
国内分布：云南
国外分布：越南
濒危等级：LC

滇藏海桐
Pittosporum napaulense (DC.) Rehder et E. H. Wilson
习　　性：灌木或小乔木
海　　拔：400~2000 m
国内分布：西藏、云南
国外分布：巴基斯坦、不丹、孟加拉国、缅甸、尼泊尔、

印度

濒危等级：LC

贫脉海桐
Pittosporum oligophlebium H. T. Chang et S. Z. Yan

习　　性：常绿灌木

海　　拔：约 1800 m

分　　布：云南

濒危等级：LC

峨眉海桐
Pittosporum omeiense H. T. Chang et S. Z. Yan

习　　性：常绿灌木

海　　拔：900~1800 m

分　　布：贵州、湖北、四川

濒危等级：LC

圆锥海桐
Pittosporum paniculiferum H. T. Chang et S. Z. Yan

习　　性：常绿小乔木

海　　拔：500~1600 m

分　　布：四川、云南

濒危等级：LC

小果海桐
Pittosporum parvicapsulare H. T. Chang et S. Z. Yan

习　　性：灌木

海　　拔：300~500 m

分　　布：广西、贵州、湖南、江西、浙江

濒危等级：LC

小叶海桐
Pittosporum parvilimbum H. T. Chang et S. Z. Yan

习　　性：常绿灌木

分　　布：广西

濒危等级：DD

少花海桐
Pittosporum pauciflorum Hook. et Arn.

少花海桐（原变种）
Pittosporum pauciflorum var. **pauciflorum**

习　　性：常绿灌木

海　　拔：700~1000 m

国内分布：福建、广东、广西、湖南、江西

国外分布：越南

濒危等级：LC

长果海桐
Pittosporum pauciflorum var. **oblongum** H. T. Chang et S. Z. Yan

习　　性：常绿灌木

海　　拔：2000 m

分　　布：广东

濒危等级：LC

台琼海桐
Pittosporum pentandrum(Hayata)Z. Y. Zhang et Turland

习　　性：乔木或灌木

海　　拔：海平面至 300 m

国内分布：广西、海南、台湾

国外分布：越南

濒危等级：LC

全秃海桐
Pittosporum perglabratum H. T. Chang et S. Z. Yan

习　　性：灌木或小乔木

海　　拔：800~1900 m

分　　布：贵州、四川

濒危等级：VU A2c

缝线海桐
Pittosporum perryanum Gowda

缝线海桐（原变种）
Pittosporum perryanum var. **perryanum**

习　　性：常绿灌木

海　　拔：600~1800 m

分　　布：广东、广西、贵州、海南、四川、云南

濒危等级：LC

狭叶缝线海桐
Pittosporum perryanum var. **linearifolium** H. T. Chang et S. Z. Yan

习　　性：常绿灌木

海　　拔：800~1100 m

分　　布：贵州

濒危等级：DD

扁片海桐
Pittosporum planilobum H. T. Chang et S. Z. Yan

习　　性：常绿小乔木

海　　拔：200~1300 m

分　　布：广西

濒危等级：LC

柄果海桐
Pittosporum podocarpum Gagnep.

柄果海桐（原变种）
Pittosporum podocarpum var. **podocarpum**

习　　性：常绿灌木

海　　拔：500~3000 m

国内分布：福建、甘肃、广西、贵州、湖北、湖南、陕西、四川、西藏、云南

国外分布：缅甸、印度、越南

濒危等级：LC

资源利用：药用（中草药）

线叶柄果海桐
Pittosporum podocarpum var. **angustatum** Gowda

习　　性：常绿灌木

海　　拔：1000~2500 m

国内分布：福建、甘肃、广东、广西、贵州、湖北、湖南、陕西、四川、云南

国外分布：缅甸、印度

濒危等级：LC

合江海桐
Pittosporum podocarpum var. **hejiangense**(H. Y. Su)Z. Y. Zhang et Turland

习　　性：常绿灌木

海　　拔：约 800 m
分　　布：四川
濒危等级：DD

毛花柄果海桐
Pittosporum podocarpum var. **molle** W. D. Han
习　　性：常绿灌木
海　　拔：约 1000 m
分　　布：福建、贵州
濒危等级：LC

秀丽海桐
Pittosporum pulchrum Gagnep.
习　　性：常绿灌木
海　　拔：400 ~ 500 m
国内分布：广西
国外分布：越南
濒危等级：LC

秦岭海桐
Pittosporum qinlingense Y. Ren et X. Liu
习　　性：灌木
海　　拔：1000 ~ 1300 m
分　　布：甘肃、陕西
濒危等级：LC

折萼海桐
Pittosporum reflexisepalum C. Y. Wu
习　　性：灌木
海　　拔：1300 ~ 1600 m
分　　布：云南
濒危等级：LC

厚圆果海桐
Pittosporum rehderianum Gowda

厚圆果海桐（原变种）
Pittosporum rehderianum var. **rehderianum**
习　　性：常绿灌木
海　　拔：700 ~ 1300 m
分　　布：甘肃、湖北、陕西、四川、云南
濒危等级：LC

厚皮香海桐
Pittosporum rehderianum var. **ternstroemioides**(C. Y. Wu)Zhi. Y. Zhang et Turland
习　　性：常绿灌木
海　　拔：约 2400 m
分　　布：云南
濒危等级：LC

石生海桐
Pittosporum saxicola Rehder et E. H. Wilson
习　　性：灌木
海　　拔：约 1100 m
分　　布：四川
濒危等级：DD

尖萼海桐
Pittosporum subulisepalum Hu et Wang
习　　性：常绿灌木
分　　布：安徽、湖南
濒危等级：LC

薄片海桐
Pittosporum tenuivalvatum H. T. Chang et S. Z. Yan
习　　性：灌木或小乔木
海　　拔：约 1500 m
分　　布：广西
濒危等级：LC

海桐
Pittosporum tobira(Thunb.)W. T. Aiton

海桐（原变种）
Pittosporum tobira var. **tobira**
习　　性：灌木或小乔木
海　　拔：海平面至 1800 m
国内分布：台湾；福建、广东、广西、贵州、海南、湖北、江苏、四川、云南、浙江栽培
国外分布：原产韩国和日本
资源利用：环境利用（观赏）

秃序海桐
Pittosporum tobira var. **calvescens** Ohwi
习　　性：灌木或小乔木
分　　布：台湾；福建有栽培
濒危等级：DD

四子海桐
Pittosporum tonkinense Gagnep.
习　　性：常绿灌木
海　　拔：600 ~ 1800 m
国内分布：广西、贵州、云南
国外分布：越南
濒危等级：LC

棱果海桐
Pittosporum trigonocarpum H. Lév.
习　　性：常绿灌木
海　　拔：400 ~ 2000 m
分　　布：广西、贵州、湖南、四川
濒危等级：LC
资源利用：药用（中草药）

崖花子
Pittosporum truncatum E. Pritz.
习　　性：常绿灌木
海　　拔：300 ~ 2600 m
分　　布：甘肃、贵州、湖北、湖南、陕西、四川、云南
濒危等级：LC

管花海桐
Pittosporum tubiflorum H. T. Chang et S. Z. Yan
习　　性：灌木
海　　拔：800 ~ 1500 m
分　　布：重庆、贵州、湖南
濒危等级：LC

波叶海桐
Pittosporum undulatifolium H. T. Chang et S. Z. Yan

习　　性：常绿小乔木
海　　拔：1000~1600 m
分　　布：贵州、四川
濒危等级：LC

荚蒾叶海桐
Pittosporum viburnifolium Hayata
习　　性：常绿灌木
海　　拔：海平面至200 m
分　　布：台湾

木果海桐
Pittosporum xylocarpum Hu et Wang
习　　性：常绿灌木
海　　拔：200~1500 m
分　　布：贵州、湖北、四川、云南
濒危等级：LC

车前科 PLANTAGINACEAE
(25属：206种)

毛麝香属 Adenosma R. Br.

毛麝香
Adenosma glutinosum(L.) Druce
习　　性：草本
海　　拔：300~2000 m
国内分布：澳门、福建、广西、海南、江西、香港、云南
国外分布：柬埔寨、老挝、马来西亚、泰国、印度、印度尼西亚、越南
濒危等级：LC
资源利用：药用（中草药）

球花毛麝香
Adenosma indianum(Lour.) Merr.
习　　性：一年生草本
海　　拔：200~600 m
国内分布：广东、广西、海南、香港、云南
国外分布：菲律宾、柬埔寨、老挝、马来西亚、缅甸、泰国、印度、印度尼西亚、越南
濒危等级：LC
资源利用：药用（中草药）

卵萼毛麝香
Adenosma javanicum(Blume) Koord.
习　　性：匍匐草本
国内分布：海南
国外分布：巴布亚新几内亚、菲律宾、柬埔寨、老挝、马来西亚、泰国、印度、印度尼西亚、越南
濒危等级：DD

凹裂毛麝香
Adenosma retusilobum Tsoong et T. L. Chin
习　　性：匍匐草本
海　　拔：600~800 m
分　　布：广西、云南
濒危等级：LC

金鱼草属 Antirrhinum L.

金鱼草
Antirrhinum majus L.
习　　性：多年生草本
国内分布：澳门、广东、广西、海南、香港、云南有栽培
国外分布：原产地中海地区；广泛栽培于北美洲、中美洲、南美洲
资源利用：环境利用（观赏）

假马齿苋属 Bacopa Aubl.

卡莱罗纳假马齿苋
Bacopa caroliniana(Walter) B. L. Rob.
习　　性：多年生草本
国内分布：台湾归化
国外分布：原产北美洲

麦花草
Bacopa floribunda(R. Br.) Wettst.
习　　性：一年生草本
国内分布：福建、广西、海南
国外分布：澳大利亚、菲律宾、老挝、马来西亚、斯里兰卡、泰国、印度、印度尼西亚、越南
濒危等级：LC

假马齿苋
Bacopa monnieri(L.) Wettst.
习　　性：匍匐草本
海　　拔：1100 m以下
国内分布：澳门、福建、广东、广西、海南、陕西、四川、台湾、香港、云南
国外分布：热带、亚热带地区广布
濒危等级：LC
资源利用：药用（中草药）

伏胁花
Bacopa procumbens(Mill.) Greenm.
习　　性：草本
国内分布：广东、台湾
国外分布：原产美洲
濒危等级：LC

田玄参
Bacopa repens(Sw.) Wettst.
习　　性：一年生草本
国内分布：福建、广东、海南、香港
国外分布：北美洲、南美洲
濒危等级：LC

水马齿属 Callitriche L.

西南水马齿
Callitriche fehmedianii Majeed Kak et Javeid.
习　　性：沉水草本
海　　拔：1100~3000 m
国内分布：西藏、云南
国外分布：不丹、泰国、印度、印度尼西亚

濒危等级：LC

褐果水马齿
Callitriche fuscicarpa Lansdown
 习 性：沉水草本
 海 拔：1800~3500 m
 国内分布：西藏、云南
 国外分布：尼泊尔、日本、印度
 濒危等级：LC

西藏水马齿
Callitriche glareosa Lansdown
 习 性：地生草本
 海 拔：约4400 m
 国内分布：云南
 国外分布：不丹
 濒危等级：DD

线叶水马齿
Callitriche hermaphroditica L.

线叶水马齿（原亚种）
Callitriche hermaphroditica subsp. **hermaphroditica**
 习 性：一年生沉水草本
 国内分布：内蒙古、西藏
 国外分布：泛北温带地区分布
 濒危等级：NT A3c；B1ab（i, iii）

大果水马齿
Callitriche hermaphroditica subsp. **macrocarpa**(Hegelm.)Lansdown
 习 性：一年生沉水草本
 海 拔：4000~5000 m
 国内分布：西藏
 国外分布：泛北温带地区分布
 濒危等级：LC

日本水马齿
Callitriche japonica Engelm. ex Hegelm.
 习 性：地生草本
 海 拔：海平面至2100 m
 国内分布：福建、江西、台湾
 国外分布：日本、泰国、印度、印度尼西亚
 濒危等级：LC

水马齿
Callitriche palustris L.

水马齿（原变种）
Callitriche palustris var. **palustris**
 习 性：沉水草本
 海 拔：700~3800 m
 国内分布：安徽、福建、广东、贵州、黑龙江、湖北、吉林、江苏、江西、辽宁、内蒙古、香港
 国外分布：不丹、朝鲜、俄罗斯、克什米尔地区、尼泊尔、日本、印度
 濒危等级：LC

东北水马齿
Callitriche palustris var. **elegans**(Petrov)Y. L. Chang
 习 性：沉水草本
 海 拔：海平面至5000 m
 国内分布：黑龙江、吉林、江西、辽宁、内蒙古、香港
 国外分布：俄罗斯、日本
 濒危等级：LC

广东水马齿
Callitriche palustris var. **oryzetorum**(Petrov)Lansdown
 习 性：沉水草本
 海 拔：海平面至3300 m
 国内分布：福建、广东、台湾、香港、云南、浙江
 国外分布：日本
 濒危等级：LC

台湾水马齿
Callitriche peploides Nutt.
 习 性：地生草本
 国内分布：台湾逸生
 国外分布：原产美洲

细苞水马齿
Callitriche ravenii Lansdown
 习 性：乔木
 海 拔：海平面至300 m
 分 布：台湾
 濒危等级：LC

蔓柳穿鱼属 Cymbalaria Hill

蔓柳穿鱼
Cymbalaria muralis G. Gaertn., B. Mey. et Scherb.
 习 性：多年生草本
 国内分布：北京、河南、江西逸生
 国外分布：原产欧洲南部

泽番椒属 Deinostema T. Yamaz.

有腺泽番椒
Deinostema adenocaula(Maxim.)T. Yamaz.
 习 性：一年生草本
 国内分布：贵州、台湾
 国外分布：朝鲜、日本
 濒危等级：LC

泽番椒
Deinostema violacea(Maxim.)T. Yamaz.
 习 性：一年生草本
 国内分布：黑龙江、吉林、江苏、辽宁
 国外分布：朝鲜、俄罗斯、日本
 濒危等级：LC

毛地黄属 Digitalis L.

狭叶毛地黄
Digitalis lanata Ehrh.
 习 性：草本
 国内分布：天津栽培
 国外分布：原产欧洲

毛地黄
Digitalis purpurea L.

习　　性：一年生或多年生草本
国内分布：重庆、广东、河北、湖北、江苏、江西、陕西、上海、四川、台湾、天津、浙江栽培
国外分布：原产欧洲
资源利用：环境利用（观赏）；药用（中草药）

虻眼属 Dopatrium Buch. -Ham. ex Benth.

虻眼
Dopatrium junceum (Roxb.) Buch. -Ham. ex Benth.
　　习　　性：一年生草本
　　海　　拔：1800 m 以下
　　国内分布：广东、广西、河南、江苏、江西、山西、台湾、香港、云南
　　国外分布：澳大利亚、不丹、朝鲜、菲律宾、马来西亚、日本、泰国、印度、印度尼西亚、越南
　　濒危等级：LC

幌菊属 Ellisiophyllum Maxim.

幌菊
Ellisiophyllum pinnatum (Wall. ex Benth.) Makino
　　习　　性：多年生草本
　　海　　拔：1500 ~ 2500 m
　　国内分布：甘肃、广西、贵州、河北、江西、四川、云南
　　国外分布：巴布亚新几内亚、不丹、菲律宾、日本、印度
　　濒危等级：LC

水八角属 Gratiola L.

黄花水八角
Gratiola griffithii Hook. f.
　　习　　性：草本
　　国内分布：广东
　　国外分布：印度
　　濒危等级：LC

水八角
Gratiola japonica Miq.
　　习　　性：一年生草本
　　海　　拔：约 1470 m
　　国内分布：黑龙江、江苏、江西、辽宁、云南
　　国外分布：朝鲜、俄罗斯、日本
　　濒危等级：LC

新疆水八角
Gratiola officinalis L.
　　习　　性：多年生草本
　　国内分布：新疆
　　国外分布：欧洲、亚洲西南部
　　濒危等级：LC

鞭打绣球属 Hemiphragma Wall.

鞭打绣球
Hemiphragma heterophyllum Wall.

鞭打绣球（原变种）
Hemiphragma heterophyllum var. **heterophyllum**
　　习　　性：多年生草本
　　海　　拔：2000 ~ 4000 m
　　国内分布：福建、甘肃、广西、贵州、湖北、陕西、四川、台湾、西藏、云南
　　国外分布：不丹、菲律宾、尼泊尔、印度、印度尼西亚
　　濒危等级：LC

齿状鞭打绣球
Hemiphragma heterophyllum var. **dentatum** (Elmer) T. Yamaz.
　　习　　性：多年生草本
　　海　　拔：2600 ~ 3000 m
　　国内分布：广西、台湾
　　国外分布：菲律宾
　　濒危等级：LC

有梗鞭打绣球
Hemiphragma heterophyllum var. **pedicellatum** Hand. -Mazz.
　　习　　性：多年生草本
　　海　　拔：3600 ~ 4100 m
　　分　　布：云南
　　濒危等级：LC

杉叶藻属 Hippuris L.

四叶杉叶藻
Hippuris tetraphylla L. f.
　　习　　性：多年生草本
　　国内分布：内蒙古
　　国外分布：日本
　　濒危等级：NT A3c；B1ab (i, iii)

杉叶藻
Hippuris vulgaris L.
　　习　　性：多年生水生草本
　　海　　拔：海平面至 5000 m
　　国内分布：黑龙江、吉林、辽宁、内蒙古、宁夏、青海、山西、陕西、四川、台湾、西藏、新疆、云南
　　国外分布：世界温带地区

兔耳草属 Lagotis Gaertn.

革叶兔耳草
Lagotis alutacea W. W. Sm.

革叶兔耳草（原变种）
Lagotis alutacea var. **alutacea**
　　习　　性：多年生草本
　　海　　拔：3600 ~ 4800 m
　　分　　布：四川、云南
　　濒危等级：LC

多叶革叶兔耳草
Lagotis alutacea var. **foliosa** W. W. Sm.
　　习　　性：多年生草本
　　海　　拔：约 3500 m
　　分　　布：云南
　　濒危等级：NT B2ab (i, iii, v)；D2

裂唇革叶兔耳草
Lagotis alutacea var. **rockii** (H. L. Li) Tsoong

习　　性：多年生草本
海　　拔：3400~5000 m
分　　布：四川、云南
濒危等级：LC

狭苞兔耳草
Lagotis angustibracteata Tsoong et H. P. Yang
习　　性：多年生草本
海　　拔：4600~4700 m
分　　布：青海
濒危等级：NT B2ab（i，iii，v）；D2

短穗兔耳草
Lagotis brachystachya Maxim.
习　　性：多年生草本
海　　拔：3200~4500 m
分　　布：甘肃、青海、四川、新疆
濒危等级：LC

短筒兔耳草
Lagotis brevituba Maxim.
习　　性：多年生草本
海　　拔：3000~4500 m
分　　布：甘肃、青海、西藏
濒危等级：LC

大萼兔耳草
Lagotis clarkei Hook. f.
习　　性：多年生草本
海　　拔：4600~5300 m
国内分布：西藏
国外分布：不丹、尼泊尔、印度
濒危等级：LC

厚叶兔耳草
Lagotis crassifolia Prain
习　　性：多年生草本
海　　拔：4200~5300 m
国内分布：西藏
国外分布：不丹、印度
濒危等级：LC

倾卧兔耳草
Lagotis decumbens Rupr.
习　　性：多年生草本
海　　拔：4800~5500 m
国内分布：西藏、新疆
国外分布：吉尔吉斯斯坦、塔吉克斯坦
濒危等级：LC

矮兔耳草
Lagotis humilis Tsoong et H. P. Yang
习　　性：多年生草本
海　　拔：5100~5200 m
分　　布：西藏
濒危等级：LC

全缘兔耳草
Lagotis integra W. W. Sm.

习　　性：多年生草本
海　　拔：3200~4800 m
分　　布：青海、四川、西藏、云南
濒危等级：LC

亚中兔耳草
Lagotis integrifolia（Willd.）Schischk. ex Vikulova
习　　性：多年生草本
海　　拔：2400~3100 m
国内分布：内蒙古、山西、新疆
国外分布：俄罗斯、哈萨克斯坦、吉尔吉斯斯坦、蒙古
濒危等级：LC

粗筒兔耳草
Lagotis kongboensis T. Yamaz.
习　　性：多年生草本
海　　拔：4500~4600 m
分　　布：西藏
濒危等级：LC

大筒兔耳草
Lagotis macrosiphon Tsoong et H. P. Yang
习　　性：多年生草本
海　　拔：4600~4700 m
分　　布：西藏
濒危等级：LC

裂叶兔耳草
Lagotis pharica Prain
习　　性：多年生草本
海　　拔：约4300 m
国内分布：四川、西藏
国外分布：不丹
濒危等级：LC

紫叶兔耳草
Lagotis praecox W. W. Sm.
习　　性：多年生草本
海　　拔：4500~5200 m
分　　布：四川、云南
濒危等级：LC

圆穗兔耳草
Lagotis ramalana Batalin
习　　性：多年生草本
海　　拔：4000~5300 m
国内分布：甘肃、青海、四川、西藏
国外分布：不丹
濒危等级：LC

箭药兔耳草
Lagotis wardii W. W. Sm.
习　　性：多年生草本
海　　拔：3700~4500 m
分　　布：西藏、云南
濒危等级：LC

云南兔耳草
Lagotis yunnanensis W. W. Sm.

习　　性：多年生草本
海　　拔：3300～4700 m
分　　布：四川、西藏、云南
濒危等级：LC

石龙尾属 Limnophila R. Br.

紫苏草
Limnophila aromatica(Lam.)Merr.
习　　性：一年生或多年生草本
海　　拔：500～1700 m
国内分布：福建、广东、广西、海南、江西、台湾、香港
国外分布：澳大利亚、不丹、朝鲜、菲律宾、老挝、日本、印度、印度尼西亚、越南
濒危等级：LC

北方石龙尾
Limnophila borealis Y. Z. Zhao et P. Ma
习　　性：多年生草本
分　　布：内蒙古
濒危等级：NT B2ab（i, iii, v）; D2

中华石龙尾
Limnophila chinensis(Osbeck)Merr.
习　　性：草本
海　　拔：1800 m 以下
国内分布：澳门、广东、广西、海南、香港、云南
国外分布：澳大利亚、柬埔寨、老挝、马来西亚、泰国、印度、印度尼西亚、越南
濒危等级：LC

抱茎石龙尾
Limnophila connata(Buch.-Ham. ex D. Don)Hand.-Mazz.
习　　性：陆生草本
海　　拔：1400 m 以下
国内分布：福建、广东、广西、贵州、海南、湖南、江西、云南
国外分布：老挝、缅甸、尼泊尔、泰国、印度、越南
濒危等级：LC

直立石龙尾
Limnophila erecta Benth.
习　　性：一年生草本
海　　拔：1500 m 以下
国内分布：广东、云南
国外分布：马来西亚、缅甸、泰国、印度尼西亚、越南
濒危等级：LC

异叶石龙尾
Limnophila heterophylla(Roxb.)Benth.
习　　性：多年生草本
国内分布：安徽、广东、江西、台湾、香港
国外分布：柬埔寨、马来西亚、缅甸、尼泊尔、斯里兰卡、泰国、印度、越南

有梗石龙尾
Limnophila indica(L.)Druce
习　　性：多年生草本
海　　拔：1800 m 以下
国内分布：广东、广西、海南、台湾、云南
国外分布：巴基斯坦、柬埔寨、老挝、马来西亚、尼泊尔、日本、斯里兰卡、泰国、印度、印度尼西亚、越南
濒危等级：LC

匍匐石龙尾
Limnophila repens(Benth.)Benth.
习　　性：草本
国内分布：广西、海南
国外分布：澳大利亚、不丹、菲律宾、柬埔寨、老挝、马来西亚、缅甸、尼泊尔、斯里兰卡、泰国、印度、印度尼西亚、越南
濒危等级：LC

大叶石龙尾
Limnophila rugosa(Roth)Merr.
习　　性：多年生草本
海　　拔：900 m 以下
国内分布：安徽、福建、广东、广西、湖南、台湾、香港、云南
国外分布：不丹、菲律宾、老挝、马来西亚、缅甸、尼泊尔、日本、泰国、印度、印度尼西亚、越南
濒危等级：LC

石龙尾
Limnophila sessiliflora(Vahl)Blume
习　　性：多年生草本
海　　拔：1900 m 以下
国内分布：安徽、澳门、福建、广东、广西、贵州、河北、湖南、江苏、江西、辽宁、四川、台湾、香港
国外分布：不丹、朝鲜、马来西亚、缅甸、尼泊尔、日本、斯里兰卡、印度、印度尼西亚、越南
濒危等级：LC

柳穿鱼属 Linaria Mill.

紫花柳穿鱼
Linaria bungei Kuprian.
习　　性：多年生草本
海　　拔：500～2000 m
国内分布：新疆
国外分布：俄罗斯、哈萨克斯坦、吉尔吉斯斯坦
濒危等级：LC

多枝柳穿鱼
Linaria buriatica Turcz. ex Benth.
习　　性：多年生草本
海　　拔：100～200 m
国内分布：内蒙古
国外分布：俄罗斯、蒙古
濒危等级：LC

卵叶柳穿鱼
Linaria genistifolia(L.)Mill.
习　　性：多年生草本
国内分布：新疆
国外分布：俄罗斯、哈萨克斯坦
濒危等级：LC

光籽柳穿鱼
Linaria incompleta Kuprian.
习　　性：多年生草本
国内分布：新疆
国外分布：俄罗斯、蒙古
濒危等级：LC

海滨柳穿鱼
Linaria japonica Miq.
习　　性：多年生草本
国内分布：辽宁
国外分布：朝鲜、俄罗斯、日本
濒危等级：LC

帕米尔柳穿鱼
Linaria kulabensis B. Fedtsch.
习　　性：多年生草本
海　　拔：约 2800 m
国内分布：新疆
国外分布：塔吉克斯坦
濒危等级：NT B2ab（i, iii, v）；D2

长距柳穿鱼
Linaria longicalcarata D. Y. Hong
习　　性：多年生草本
海　　拔：1100~1400 m
分　　布：新疆
濒危等级：LC

宽叶柳穿鱼
Linaria thibetica Franch.
习　　性：多年生草本
海　　拔：2500~3800 m
国内分布：四川、西藏、云南
濒危等级：LC

柳穿鱼
Linaria vulgaris Mill.

新疆柳穿鱼
Linaria vulgaris subsp. **acutiloba**（Fisch. ex Rchb.）D. Y. Hong
习　　性：多年生草本
海　　拔：1000~2200 m
国内分布：新疆
国外分布：俄罗斯、蒙古
濒危等级：LC

中国柳穿鱼
Linaria vulgaris subsp. **chinensis**（Debeaux）D. Y. Hong
习　　性：多年生草本
海　　拔：2200 m 以下
国内分布：甘肃、河北、河南、黑龙江、吉林、江苏、辽宁、内蒙古、山东、陕西、新疆
国外分布：朝鲜
濒危等级：LC
资源利用：药用（中草药）

云南柳穿鱼
Linaria yunnanensis W. W. Sm.
习　　性：多年生草本
海　　拔：约 3000 m
分　　布：云南
濒危等级：LC

钟萼草属 Lindenbergia Lehm.

封开钟萼草
Lindenbergia fengkaiensis R. H. Miau et Q. Y. Cen
习　　性：草本
分　　布：广东
濒危等级：LC

大花钟萼草
Lindenbergia grandiflora（Buch.-Ham. ex D. Don）Benth.
习　　性：一年生草本
国内分布：西藏
国外分布：不丹、尼泊尔、印度
濒危等级：LC

野地钟萼草
Lindenbergia muraria（Roxb. ex D. Don）Brühl
习　　性：一年生草本
海　　拔：800~2500 m
国内分布：广东、广西、贵州、湖北、四川、西藏、云南
国外分布：阿富汗、巴基斯坦、克什米尔地区、缅甸、泰国、越南
濒危等级：LC

钟萼草
Lindenbergia philippensis（Cham. et Schltdl.）Benth.
习　　性：多年生草本
海　　拔：1200~2600 m
国内分布：广东、广西、贵州、湖北、湖南、云南
国外分布：菲律宾、柬埔寨、老挝、缅甸、泰国、印度、越南
濒危等级：LC

小果草属 Microcarpaea R. Br.

小果草
Microcarpaea minima（Retz.）Merr.
习　　性：一年生草本
海　　拔：540~1400 m
国内分布：澳门、广东、贵州、台湾、香港、云南、浙江
国外分布：朝鲜、马来西亚、日本、泰国、印度、印度尼西亚、越南
濒危等级：LC

胡黄连属 Neopicrorhiza D. Y. Hong

胡黄连
Neopicrorhiza scrophulariiflora（Pennell）D. Y. Hong
习　　性：多年生草本
海　　拔：3600~4400 m
国内分布：四川、西藏、云南
国外分布：不丹、尼泊尔、印度
濒危等级：EN B2ab（i, iii, v）
国家保护：Ⅱ级

车前属 Plantago L.

蛛毛车前
Plantago arachnoidea Schrenk
习　　性：多年生草本
海　　拔：700~3500 m
国内分布：新疆
国外分布：哈萨克斯坦
濒危等级：LC

芒苞车前
Plantago aristata Michx.
习　　性：一年生或二年生草本
国内分布：江苏、山东
国外分布：原产北美洲；亚洲、欧洲归化

车前
Plantago asiatica L.

车前（原亚种）
Plantago asiatica subsp. **asiatica**
习　　性：多年生草本
海　　拔：海平面至3200 m
国内分布：安徽、重庆、福建、甘肃、广东、广西、贵州、海南、河北、河南、黑龙江、湖北、湖南、吉林、江苏、江西、辽宁、内蒙古、青海、山东、山西、陕西、四川、台湾、天津、西藏、新疆、云南、浙江
国外分布：不丹、朝鲜、马来西亚、孟加拉国、尼泊尔、日本、斯里兰卡、印度、印度尼西亚
濒危等级：LC
资源利用：药用（中草药）

长果车前
Plantago asiatica subsp. **densiflora**(J. Z. Liu)Z. Yu Li
习　　性：多年生草本
海　　拔：700~3500 m
分　　布：重庆、贵州、湖北、湖南、西藏、云南
濒危等级：LC

疏花车前
Plantago asiatica subsp. **erosa**(Wall.)Z. Yu Li
习　　性：多年生草本
海　　拔：400~3800 m
国内分布：重庆、福建、广东、广西、贵州、湖北、湖南、青海、陕西、四川、西藏、云南
国外分布：不丹、孟加拉国、尼泊尔、斯里兰卡、印度
濒危等级：LC

海滨车前
Plantago camtschatica Link
习　　性：多年生草本
国内分布：辽宁
国外分布：朝鲜、俄罗斯、日本
濒危等级：NT A2c；B1ab（i, iii）；D

尖萼车前
Plantago cavaleriei H. Lév.
习　　性：多年生草本
海　　拔：200~3500 m
分　　布：贵州、四川、云南
濒危等级：NT A3c；B1ab（i, iii）

平车前
Plantago depressa Willd.

平车前（原亚种）
Plantago depressa subsp. **depressa**
习　　性：一年生草本
海　　拔：海平面至4500 m
国内分布：安徽、甘肃、河北、河南、黑龙江、湖北、吉林、江苏、江西、辽宁、宁夏、青海、山东、山西、四川、天津、西藏、新疆、云南
国外分布：阿富汗、巴基斯坦、不丹、朝鲜、俄罗斯、哈萨克斯坦、吉尔吉斯斯坦、克什米尔地区、蒙古、印度
濒危等级：LC

毛平车前
Plantago depressa subsp. **turczaninowii**(Ganesch.)Tzvelev
习　　性：一年生草本
海　　拔：1000~1500 m
国内分布：河北、黑龙江、吉林、辽宁、内蒙古
国外分布：俄罗斯、蒙古
濒危等级：LC

丰都车前
Plantago fengdouensis(Z. E. Zhao et Y. Wang)Y. Wang et Z. Yu Li
习　　性：多年生草本
海　　拔：200 m 以下
分　　布：重庆
濒危等级：EN B1ab（i, iii, iv, v）
国家保护：II级

革叶车前
Plantago gentianoides(Decne.)Rech. f.
习　　性：多年生草本
海　　拔：3000~4300 m
国内分布：西藏、新疆
国外分布：阿富汗、巴基斯坦、吉尔吉斯斯坦、克什米尔地区、伊朗
濒危等级：LC

对叶车前
Plantago indica L.
习　　性：草本
国内分布：广西、河北、江苏、辽宁、四川、西藏、新疆、浙江栽培
国外分布：原产俄罗斯、哈萨克斯坦、吉尔吉斯斯坦、塔吉克斯坦；亚洲西南部、欧洲、非洲。日本、印度、巴基斯坦、澳大利亚归化

翅柄车前
Plantago komarovii Pavlov
习　　性：多年生草本
海　　拔：2000~2500 m
国内分布：新疆
国外分布：哈萨克斯坦、蒙古

濒危等级：LC

毛瓣车前
Plantago lagocephala Bunge
- 习　　性：一年生草本
- 海　　拔：约 200 m
- 国内分布：新疆
- 国外分布：阿富汗、巴基斯坦、哈萨克斯坦、塔吉克斯坦、土库曼斯坦、乌兹别克斯坦
- 濒危等级：LC

长叶车前
Plantago lanceolata L.
- 习　　性：多年生草本
- 海　　拔：海平面至 900 m
- 国内分布：甘肃、河南、江苏、江西、辽宁、山东、台湾、香港、新疆、云南、浙江
- 国外分布：巴基斯坦、不丹、朝鲜、俄罗斯、哈萨克斯坦、吉尔吉斯斯坦、蒙古、尼泊尔、日本、塔吉克斯坦、土库曼斯坦、乌兹别克斯坦、印度
- 濒危等级：LC

大车前
Plantago major L.
- 习　　性：多年生草本
- 海　　拔：海平面至 2800 m
- 国内分布：安徽、重庆、澳门、福建、甘肃、广西、海南、河北、河南、黑龙江、吉林、江苏、辽宁、内蒙古、青海、山东、山西、四川、台湾、西藏、香港、新疆、云南
- 国外分布：巴基斯坦、尼泊尔、印度
- 濒危等级：LC

盐生车前
Plantago maritima Printz
- 习　　性：多年生草本
- 海　　拔：100 ~ 3800 m
- 国内分布：甘肃、河北、内蒙古、青海、山西、新疆
- 国外分布：阿富汗、俄罗斯、哈萨克斯坦、吉尔吉斯斯坦、蒙古
- 濒危等级：LC

巨车前
Plantago maxima Juss. ex Jacq.
- 习　　性：多年生草本
- 海　　拔：500 ~ 1000 m
- 国内分布：新疆
- 国外分布：俄罗斯、哈萨克斯坦、吉尔吉斯斯坦、蒙古、塔吉克斯坦、土库曼斯坦、乌兹别克斯坦
- 濒危等级：VU A3c；B1ab（i, iii）

北车前
Plantago media L.
- 习　　性：多年生草本
- 海　　拔：1400 ~ 2000 m
- 国内分布：内蒙古、新疆
- 国外分布：俄罗斯、哈萨克斯坦、吉尔吉斯斯坦
- 濒危等级：LC

小车前
Plantago minuta Pall.
- 习　　性：一年生草本
- 海　　拔：400 ~ 4300 m
- 国内分布：甘肃、内蒙古、宁夏、青海、山西、西藏、新疆
- 国外分布：俄罗斯、哈萨克斯坦、蒙古
- 濒危等级：LC

圆苞车前
Plantago ovata Forssk.
- 习　　性：一年生草本
- 国内分布：福建、新疆栽培并归化
- 国外分布：原产地中海地区；亚洲、北美洲归化

苣叶车前
Plantago perssonii Pilg.
- 习　　性：多年生草本
- 海　　拔：2600 ~ 3200 m
- 分　　布：新疆
- 濒危等级：NT B1ab（i, iii）；D

多籽车前
Plantago polysperma Kar. et Kir.
- 习　　性：一年生草本
- 国内分布：新疆
- 国外分布：俄罗斯、哈萨克斯坦、蒙古
- 濒危等级：LC

小花车前
Plantago tenuiflora Waldst. et Kit.
- 习　　性：一年生草本
- 海　　拔：约 200 m
- 国内分布：新疆
- 国外分布：俄罗斯、哈萨克斯坦、蒙古
- 濒危等级：EN A2c；B1ab（i, iii）；D

北美车前
Plantago virginica L.
- 习　　性：一年生或二年生草本
- 国内分布：安徽、重庆、福建、广西、湖北、湖南、江苏、江西、台湾、浙江逸生
- 国外分布：原产北美洲；归化于中美洲、欧洲

穗花属 Pseudolysimachion (W. D. J. Koch) Opiz

阿拉套穗花
Pseudolysimachion alatavicum (Popov) Holub
- 习　　性：多年生草本
- 海　　拔：1500 ~ 2500 m
- 国内分布：新疆
- 国外分布：哈萨克斯坦、吉尔吉斯斯坦
- 濒危等级：NT B2ab（i, iii, v）；D2

大穗花
Pseudolysimachion dauricum (Steven) Holub
- 习　　性：多年生草本
- 海　　拔：1300 m 以下
- 国内分布：河北、河南、黑龙江、吉林、辽宁、内蒙古
- 国外分布：朝鲜、俄罗斯、蒙古

濒危等级：LC

白兔儿尾苗
Pseudolysimachion incanum(L.)Holub
- 习　　性：多年生草本
- 海　　拔：1200 m 以下
- 国内分布：黑龙江、内蒙古、新疆
- 国外分布：朝鲜、俄罗斯、哈萨克斯坦、蒙古、日本
- 濒危等级：LC

长毛穗花
Pseudolysimachion kiusianum(Furumi)T. Yamaz.
- 习　　性：多年生草本
- 国内分布：吉林、辽宁
- 国外分布：朝鲜、日本
- 濒危等级：LC

细叶水蔓菁
Pseudolysimachion linariifolium(Pall. ex Link)Holub

细叶水蔓菁（原亚种）
Pseudolysimachion linariifolium subsp. **linariifolium**
- 习　　性：多年生草本
- 海　　拔：200~2100 m
- 国内分布：黑龙江、吉林、辽宁、内蒙古、天津
- 国外分布：朝鲜、俄罗斯、蒙古、日本
- 濒危等级：LC

水蔓菁
Pseudolysimachion linariifolium subsp. **dilatatum**(Nakai et Kitag.)D. Y. Hong
- 习　　性：多年生草本
- 海　　拔：200~2100 m
- 分　　布：安徽、福建、甘肃、广东、广西、河北、河南、湖北、湖南、江苏、江西、青海、山东、山西、陕西、四川、台湾、云南、浙江
- 濒危等级：LC

兔儿尾苗
Pseudolysimachion longifolium(L.)Opiz
- 习　　性：多年生草本
- 海　　拔：1500 m 以下
- 国内分布：黑龙江、吉林、内蒙古、新疆
- 国外分布：朝鲜、俄罗斯、哈萨克斯坦、蒙古
- 濒危等级：LC

羽叶穗花
Pseudolysimachion pinnatum(L.)Holub
- 习　　性：多年生草本
- 海　　拔：2000 m 以下
- 国内分布：新疆
- 国外分布：俄罗斯、哈萨克斯坦、吉尔吉斯斯坦、蒙古
- 濒危等级：LC

无柄穗花
Pseudolysimachion rotundum(Nakai)T. Yamaz.

无柄穗花（原亚种）
Pseudolysimachion rotundum subsp. **rotundum**
- 习　　性：多年生草本
- 国内分布：安徽、河南、黑龙江、吉林、辽宁、山西、浙江
- 国外分布：朝鲜、俄罗斯、日本
- 濒危等级：LC

朝鲜穗花
Pseudolysimachion rotundum subsp. **coreanum**(Nakai)D. Y. Hong
- 习　　性：多年生草本
- 海　　拔：1100~1300 m
- 国内分布：安徽、河南、辽宁、山西、浙江
- 国外分布：朝鲜
- 濒危等级：LC

东北穗花
Pseudolysimachion rotundum subsp. **subintegrum**(Nakai)D. Y. Hong
- 习　　性：多年生草本
- 海　　拔：1600 m 以下
- 国内分布：黑龙江、吉林、辽宁
- 国外分布：朝鲜、俄罗斯、日本
- 濒危等级：LC

穗花
Pseudolysimachion spicatum(L.)Opiz
- 习　　性：多年生草本
- 海　　拔：2500 m 以下
- 国内分布：新疆
- 国外分布：俄罗斯、哈萨克斯坦、吉尔吉斯斯坦、蒙古
- 濒危等级：LC

轮叶穗花
Pseudolysimachion spurium(L.)Rauschert
- 习　　性：多年生草本
- 海　　拔：约 1100 m
- 国内分布：新疆
- 国外分布：俄罗斯、哈萨克斯坦、吉尔吉斯斯坦、蒙古
- 濒危等级：LC

野甘草属 Scoparia L.

野甘草
Scoparia dulcis L.
- 习　　性：草本或亚灌木
- 国内分布：澳门、北京、福建、甘肃、广东、广西、贵州、海南、江西、上海、台湾、香港、云南
- 国外分布：原产热带美洲；热带、亚热带地区归化
- 资源利用：药用（中草药）；食品添加剂（糖和非糖甜味剂）

细穗玄参属 Scrofella Maxim.

细穗玄参
Scrofella chinensis Maxim.
- 习　　性：多年生草本
- 海　　拔：2800~3900 m
- 分　　布：甘肃、青海、四川
- 濒危等级：LC

离药草属 Stemodia L.

轮叶离药草
Stemodia verticillata(Mill.)Hassl.

习　　性：多年生草本
国内分布：广东、台湾归化
国外分布：原产热带美洲；印度尼西亚和澳大利亚归化

婆婆纳属 Veronica L.

短花柱婆婆纳
Veronica alpina subsp. **pumila**(All.) Dostál
习　　性：多年生草本
海　　拔：3000 ~ 4500 m
国内分布：西藏
国外分布：巴基斯坦、俄罗斯、克什米尔地区
濒危等级：LC

北水苦荬
Veronica anagallis-aquatica L.
习　　性：多年生草本
海　　拔：4000 m 以下
国内分布：安徽、甘肃、贵州、河北、河南、黑龙江、湖北、吉林、江苏、辽宁、宁夏、青海、山东、山西、陕西、四川、天津、西藏、新疆、云南
国外分布：巴基斯坦、朝鲜、俄罗斯、哈萨克斯坦、吉尔吉斯斯坦、蒙古、尼泊尔、塔吉克斯坦、土库曼斯坦、乌兹别克斯坦；欧洲。归化于北美洲
濒危等级：LC

长果水苦荬
Veronica anagalloides Guss.
习　　性：一年生草本
海　　拔：300 ~ 2900 m
国内分布：甘肃、黑龙江、内蒙古、青海、山西、陕西、西藏
国外分布：阿富汗、巴基斯坦、朝鲜、俄罗斯、哈萨克斯坦、吉尔吉斯斯坦、蒙古、日本、塔吉克斯坦、土库曼斯坦
濒危等级：LC

尖齿婆婆纳
Veronica arguteserrata Regel et Schmalh.
习　　性：一年生草本
海　　拔：600 ~ 3000 m
国内分布：新疆
国外分布：阿富汗、巴基斯坦、哈萨克斯坦、吉尔吉斯斯坦、塔吉克斯坦、土库曼斯坦、乌兹别克斯坦；亚洲西南部。归化于北美洲
濒危等级：LC

直立婆婆纳
Veronica arvensis L.
习　　性：一年生草本
国内分布：安徽、北京、重庆、福建、广东、广西、贵州、河南、湖北、湖南、江苏、江西、山东、上海、四川、台湾、云南、浙江逸生
国外分布：原产西亚、欧洲；北温带地区归化

有柄水苦荬
Veronica beccabunga subsp. **muscosa**(Korsh.) Elenevsky
习　　性：多年生草本
海　　拔：1200 ~ 2500 m
国内分布：四川、新疆、云南
国外分布：阿富汗、巴基斯坦、哈萨克斯坦、吉尔吉斯斯坦、克什米尔地区、尼泊尔、塔吉克斯坦、土库曼斯坦、乌兹别克斯坦
濒危等级：LC

两裂婆婆纳
Veronica biloba L.
习　　性：一年生草本
海　　拔：800 ~ 3600 m
国内分布：甘肃、内蒙古、宁夏、青海、陕西、四川、西藏、新疆
国外分布：阿富汗、巴基斯坦、俄罗斯、哈萨克斯坦、吉尔吉斯斯坦、克什米尔地区、蒙古、尼泊尔、塔吉克斯坦、土库曼斯坦、乌兹别克斯坦、印度
濒危等级：LC

弯果婆婆纳
Veronica campylopoda Boiss.
习　　性：一年生草本
海　　拔：700 ~ 1700 m
国内分布：西藏、新疆
国外分布：阿富汗、巴基斯坦、俄罗斯、哈萨克斯坦、吉尔吉斯斯坦、克什米尔地区、塔吉克斯坦、土库曼斯坦、乌兹别克斯坦、印度
濒危等级：LC

灰毛婆婆纳
Veronica cana Wall. ex Benth.
习　　性：多年生草本
海　　拔：2000 ~ 3500 m
国内分布：西藏、云南
国外分布：不丹、克什米尔地区、尼泊尔、印度
濒危等级：LC

头花婆婆纳
Veronica capitata Royle ex Benth.
习　　性：多年生草本
海　　拔：3000 ~ 4500 m
国内分布：西藏
国外分布：克什米尔地区、印度
濒危等级：LC

心果婆婆纳
Veronica cardiocarpa(Kar. et Kir.) Walp.
习　　性：一年生草本
海　　拔：1200 ~ 1800 m
国内分布：新疆
国外分布：阿富汗、巴基斯坦、哈萨克斯坦、吉尔吉斯斯坦、塔吉克斯坦、土库曼斯坦、乌兹别克斯坦、伊朗
濒危等级：LC

石蚕叶婆婆纳
Veronica chamaedrys L.
习　　性：多年生草本
国内分布：辽宁
国外分布：俄罗斯、哈萨克斯坦

濒危等级：LC

察隅婆婆纳
Veronica chayuensis D. Y. Hong
- 习　　性：多年生草本
- 海　　拔：3500~4200 m
- 分　　布：西藏、云南
- 濒危等级：LC

河北婆婆纳
Veronica chinoalpina T. Yamaz.
- 习　　性：多年生草本
- 海　　拔：约 3000 m
- 分　　布：河北
- 濒危等级：LC

长果婆婆纳
Veronica ciliata Fisch.

长果婆婆纳（原亚种）
Veronica ciliata subsp. **ciliata**
- 习　　性：多年生草本
- 海　　拔：3000~4700 m
- 国内分布：甘肃、内蒙古、宁夏、青海、陕西、四川、西藏、新疆
- 国外分布：巴基斯坦、俄罗斯、哈萨克斯坦、吉尔吉斯斯坦、克什米尔地区、蒙古、尼泊尔、塔吉克斯坦、印度
- 濒危等级：LC
- 资源利用：药用（中草药）

拉萨长果婆婆纳
Veronica ciliata subsp. **cephaloides**（Pennell）D. Y. Hong
- 习　　性：多年生草本
- 海　　拔：3300~5800 m
- 国内分布：西藏
- 国外分布：巴基斯坦、克什米尔地区、尼泊尔、印度
- 濒危等级：LC
- 资源利用：药用（中草药）

中甸长果婆婆纳
Veronica ciliata subsp. **zhongdianensis** D. Y. Hong
- 习　　性：多年生草本
- 海　　拔：2700~4400 m
- 分　　布：四川、西藏、云南
- 濒危等级：LC

半抱茎婆婆纳
Veronica deltigera Wall. ex Benth.
- 习　　性：多年生草本
- 海　　拔：2700~3100 m
- 国内分布：西藏
- 国外分布：尼泊尔
- 濒危等级：NT B2ab（i, iii, v）; D2

密花婆婆纳
Veronica densiflora Ledeb.
- 习　　性：多年生草本
- 海　　拔：3400 m 以下
- 国内分布：新疆
- 国外分布：俄罗斯、哈萨克斯坦、蒙古
- 濒危等级：LC

毛果婆婆纳
Veronica eriogyne H. Winkl.
- 习　　性：多年生草本
- 海　　拔：2500~4500 m
- 分　　布：甘肃、青海、四川、西藏
- 濒危等级：LC

城口婆婆纳
Veronica fargesii Franch.
- 习　　性：多年生草本
- 海　　拔：1000~2000 m
- 分　　布：湖北、四川
- 濒危等级：LC

丝梗婆婆纳
Veronica filipes Tsoong
- 习　　性：多年生草本
- 海　　拔：3400~4500 m
- 分　　布：甘肃、青海、四川
- 濒危等级：LC

大理婆婆纳
Veronica forrestii Diels
- 习　　性：多年生草本
- 海　　拔：2000~3000 m
- 分　　布：云南
- 濒危等级：LC

常春藤婆婆纳
Veronica hederifolia L.
- 习　　性：一年生或二年生草本
- 国内分布：广西、湖南、江苏、江西、四川、台湾、浙江 逸生
- 国外分布：原产欧洲至非洲；北温带地区有归化

华中婆婆纳
Veronica henryi T. Yamaz.
- 习　　性：多年生草本
- 海　　拔：500~2300 m
- 分　　布：广西、贵州、湖北、湖南、江西、四川、云南
- 濒危等级：LC

大花婆婆纳
Veronica himalensis D. Don

大花婆婆纳（原亚种）
Veronica himalensis subsp. **himalensis**
- 习　　性：多年生草本
- 海　　拔：3400~4000 m
- 国内分布：西藏、云南
- 国外分布：不丹、缅甸、尼泊尔、印度
- 濒危等级：LC

多脉大花婆婆纳
Veronica himalensis subsp. **yunnanensis**（Tsoong）D. Y. Hong
- 习　　性：多年生草本

海　　拔：约 4000 m
国内分布：云南
国外分布：缅甸
濒危等级：NT B2ab（i, iii, v）; D2

多枝婆婆纳
Veronica javanica Blume
习　　性：一年生或二年生草本
海　　拔：2300 m 以下
国内分布：福建、甘肃、广东、广西、贵州、湖南、江西、陕西、四川、台湾、西藏、香港、云南、浙江
国外分布：不丹、菲律宾、老挝、缅甸、日本、印度、印度尼西亚、越南
濒危等级：LC

长梗婆婆纳
Veronica lanosa Royle ex Benth.
习　　性：多年生草本
海　　拔：2700~3100 m
国内分布：西藏、新疆
国外分布：阿富汗、巴基斯坦、克什米尔地区、印度
濒危等级：LC

棉毛婆婆纳
Veronica lanuginosa Benth. ex Hook. f.
习　　性：多年生草本
海　　拔：4000~4700 m
国内分布：西藏
国外分布：不丹、尼泊尔、印度
濒危等级：LC

疏花婆婆纳
Veronica laxa Benth.
习　　性：多年生草本
海　　拔：1500~2500 m
国内分布：甘肃、广西、贵州、湖北、湖南、陕西、四川、云南
国外分布：巴基斯坦、克什米尔地区、日本、印度
濒危等级：LC

极疏花婆婆纳
Veronica laxissima D. Y. Hong
习　　性：多年生草本
分　　布：四川
濒危等级：LC

长柄婆婆纳
Veronica longipetiolata D. Y. Hong
习　　性：多年生草本
海　　拔：2400~2700 m
分　　布：西藏
濒危等级：LC

匍茎婆婆纳
Veronica morrisonicola Hayata

匍茎婆婆纳（原变种）
Veronica morrisonicola var. **morrisonicola**
习　　性：多年生草本
海　　拔：2300~3900 m
分　　布：台湾
濒危等级：LC

小岛匍茎婆婆纳
Veronica morrisonicola var. **kojimae** Ohwi
习　　性：多年生草本
分　　布：台湾
濒危等级：LC

少籽婆婆纳
Veronica oligosperma Hayata
习　　性：多年生草本
海　　拔：2500~3500 m
分　　布：台湾
濒危等级：LC

尖果水苦荬
Veronica oxycarpa Boiss.
习　　性：多年生草本
海　　拔：1000~2000 m
国内分布：西藏、新疆
国外分布：阿富汗、巴基斯坦、不丹、哈萨克斯坦、吉尔吉斯斯坦、塔吉克斯坦、土库曼斯坦、伊朗、印度
濒危等级：LC

蚊母草
Veronica peregrina L.
习　　性：一年生草本
国内分布：安徽、澳门、重庆、北京、福建、广西、贵州、河南、黑龙江、湖北、湖南、吉林、江苏、江西、辽宁、内蒙古、山东、上海、四川、台湾、西藏、云南、浙江
国外分布：原产北美洲；朝鲜、俄罗斯、蒙古、日本及欧洲有分布
资源利用：药用（中草药）；食品（蔬菜）

阿拉伯婆婆纳
Veronica persica Poir.
习　　性：一年生草本
国内分布：安徽、北京、重庆、福建、广东、广西、贵州、河北、河南、湖北、湖南、江苏、江西、山东、山西、陕西、上海、四川、台湾、西藏、香港、新疆、云南、浙江逸生
国外分布：原产西亚；世界大部分地区归化

鹿蹄草婆婆纳
Veronica piroliformis Franch.
习　　性：多年生草本
海　　拔：2600~4000 m
分　　布：四川、云南
濒危等级：LC

婆婆纳
Veronica polita Fries
习　　性：一年生草本
国内分布：安徽、北京、重庆、福建、甘肃、广西、贵州、河北、河南、湖北、湖南、江苏、江西、内蒙

古、青海、山东、山西、陕西、上海、四川、台湾、西藏、新疆、云南、浙江逸生
国外分布：原产亚洲西南部；世界各地归化

侏倭婆婆纳
Veronica pusilla Kotschy et Boiss.
习　　性：一年生草本
海　　拔：5500 m 以下
国内分布：新疆
国外分布：阿富汗、巴基斯坦、俄罗斯、哈萨克斯坦、吉尔吉斯斯坦、蒙古、塔吉克斯坦、印度
濒危等级：LC

青河婆婆纳
Veronica qingheensis Y. Z. Zhao
习　　性：多年生草本
分　　布：新疆
濒危等级：NT B2ab（i，iii，v）

膜叶婆婆纳
Veronica riae H. Winkl.
习　　性：多年生草本
海　　拔：约 2000 m
分　　布：四川
濒危等级：LC

光果婆婆纳
Veronica rockii H. L. Li

光果婆婆纳（原亚种）
Veronica rockii subsp. **rockii**
习　　性：多年生草本
海　　拔：2000~3600 m
分　　布：甘肃、河北、河南、湖北、内蒙古、青海、山西、陕西、四川、云南
濒危等级：LC

尖果婆婆纳
Veronica rockii subsp. **stenocarpa**（H. L. Li）D. Y. Hong
习　　性：多年生草本
海　　拔：1300~3800 m
分　　布：四川、云南
濒危等级：LC

红叶婆婆纳
Veronica rubrifolia Boiss.
习　　性：一年生草本
海　　拔：3800 m 以下
国内分布：新疆
国外分布：阿富汗、俄罗斯、哈萨克斯坦、吉尔吉斯斯坦、克什米尔地区、蒙古、塔吉克斯坦、乌兹别克斯坦、印度
濒危等级：LC

小婆婆纳
Veronica serpyllifolia L.
习　　性：多年生草本
海　　拔：400~3700 m
国内分布：重庆、甘肃、贵州、河北、湖北、湖南、吉林、辽宁、陕西、上海、四川、西藏、新疆、云南、浙江
国外分布：北半球温带、亚热带亚高山地区
濒危等级：LC

长白婆婆纳
Veronica stelleri Kitag.
习　　性：多年生草本
海　　拔：2200~2700 m
国内分布：吉林
国外分布：朝鲜、俄罗斯、日本
濒危等级：LC

川西婆婆纳
Veronica sutchuenensis Franch.
习　　性：多年生草本
海　　拔：2000~2700 m
分　　布：四川
濒危等级：LC

四川婆婆纳
Veronica szechuanica Batalin

四川婆婆纳（原亚种）
Veronica szechuanica subsp. **szechuanica**
习　　性：多年生草本
海　　拔：1600~3500 m
分　　布：甘肃、湖北、青海、陕西、四川
濒危等级：LC

多毛四川婆婆纳
Veronica szechuanica subsp. **sikkimensis**（Hook. f.）D. Y. Hong
习　　性：多年生草本
海　　拔：2800~4400 m
国内分布：四川、西藏、云南
国外分布：不丹、印度
濒危等级：LC

台湾婆婆纳
Veronica taiwanica T. Yamaz.
习　　性：多年生草本
海　　拔：约 1600 m
分　　布：台湾
濒危等级：LC

丝茎婆婆纳
Veronica tenuissima Boriss.
习　　性：一年生草本
国内分布：新疆
国外分布：阿富汗、巴基斯坦、哈萨克斯坦、吉尔吉斯斯坦、塔吉克斯坦、乌兹别克斯坦
濒危等级：LC

卷毛婆婆纳
Veronica teucrium subsp. **altaica** Watzl
习　　性：多年生草本
海　　拔：2000 m 以下
国内分布：黑龙江、内蒙古、新疆
国外分布：俄罗斯、哈萨克斯坦

濒危等级：LC

西藏婆婆纳
Veronica tibetica D. Y. Hong
习　　性：多年生草本
海　　拔：约 2500 m
分　　布：西藏
濒危等级：LC

陕川婆婆纳
Veronica tsinglingensis D. Y. Hong
习　　性：多年生草本
海　　拔：1500~3000 m
分　　布：湖北、陕西、四川
濒危等级：LC

水苦荬
Veronica undulata Wall. ex Jack
习　　性：多年生草本
海　　拔：2800 m 以下
国内分布：全国各省均有分布
国外分布：阿富汗、巴基斯坦、朝鲜、老挝、尼泊尔、日本、泰国、印度、越南
濒危等级：LC

唐古拉婆婆纳
Veronica vandellioides Maxim.
习　　性：多年生草本
海　　拔：2000~4400 m
分　　布：甘肃、青海、陕西、四川、西藏
濒危等级：LC

裂叶婆婆纳
Veronica verna L.
习　　性：一年生草本
海　　拔：2500 m 以下
国内分布：新疆
国外分布：阿富汗、巴基斯坦、俄罗斯、哈萨克斯坦、吉尔吉斯斯坦、克什米尔地区、塔吉克斯坦、土库曼斯坦、乌兹别克斯坦、印度
濒危等级：LC

云南婆婆纳
Veronica yunnanensis D. Y. Hong
习　　性：多年生草本
海　　拔：3000~4000 m
分　　布：云南
濒危等级：LC

腹水草属 Veronicastrum Heist. ex Fabr.

爬岩红
Veronicastrum axillare（Siebold et Zucc.）T. Yamaz.
习　　性：多年生草本
国内分布：安徽、福建、广东、江苏、江西、台湾、浙江
国外分布：日本
濒危等级：LC
资源利用：药用（中草药）

美穗草
Veronicastrum brunonianum（Benth.）D. Y. Hong

美穗草（原亚种）
Veronicastrum brunonianum subsp. **brunonianum**
习　　性：多年生草本
海　　拔：1500~3000 m
国内分布：贵州、湖北、四川、西藏、云南
国外分布：不丹、尼泊尔、印度
濒危等级：LC

川鄂美穗草
Veronicastrum brunonianum subsp. **sutchuenense**（Franch.）D. Y. Hong
习　　性：多年生草本
分　　布：湖北、四川
濒危等级：LC

四方麻
Veronicastrum caulopterum（Hance）T. Yamaz.
习　　性：多年生草本
海　　拔：2000 m 以下
分　　布：广东、广西、贵州、湖北、湖南、江西、云南
濒危等级：LC
资源利用：药用（中草药）

台湾腹水草
Veronicastrum formosanum（Masam.）T. Yamaz.
习　　性：多年生草本
海　　拔：2000~3000 m
分　　布：台湾
濒危等级：EN D

宽叶腹水草
Veronicastrum latifolium（Hemsl.）T. Yamaz.
习　　性：多年生草本
海　　拔：300~500 m
分　　布：贵州、湖北、湖南、四川
濒危等级：LC

长穗腹水草
Veronicastrum longispicatum（Merr.）T. Yamaz.
习　　性：多年生草本
海　　拔：1000 m 以下
分　　布：广东、广西、湖南
濒危等级：LC

罗山腹水草
Veronicastrum loshanense Tien T. Chen et F. S. Chou
习　　性：多年生草本
分　　布：台湾
濒危等级：LC

菱叶腹水草
Veronicastrum rhombifolium（Hand.-Mazz.）Tsoong ex T. L. Chin et D. Y. Hong
习　　性：多年生草本
海　　拔：2800 m 以下
分　　布：四川
濒危等级：LC

粗壮腹水草
Veronicastrum robustum（Diels）D. Y. Hong

粗壮腹水草（原亚种）
Veronicastrum robustum subsp. **robustum**
习　　性：多年生草本
海　　拔：500~600 m
分　　布：福建、广西、湖南、江西
濒危等级：LC

大叶腹水草
Veronicastrum robustum subsp. **grandifolium** T. L. Chin et D. Y. Hong
习　　性：多年生草本
分　　布：广西、湖南
濒危等级：LC

草本威灵仙
Veronicastrum sibiricum(L.) Pennell
习　　性：多年生草本
海　　拔：2500 m 以下
国内分布：甘肃、河北、黑龙江、吉林、辽宁、内蒙古、山东、山西、陕西、天津
国外分布：朝鲜、俄罗斯、蒙古、日本
濒危等级：LC
资源利用：药用（中草药）

细穗腹水草
Veronicastrum stenostachyum(Hemsl.) T. Yamaz.

细穗腹水草（原亚种）
Veronicastrum stenostachyum subsp. **stenostachyum**
习　　性：多年生草本
分　　布：贵州、湖北、湖南、陕西、四川
濒危等级：LC
资源利用：药用（中草药）

南川腹水草
Veronicastrum stenostachyum subsp. **nanchuanense** T. L. Chin et D. Y. Hong
习　　性：多年生草本
海　　拔：800~1300 m
分　　布：四川
濒危等级：LC

腹水草
Veronicastrum stenostachyum subsp. **plukenetii**(T. Yamaz.) D. Y. Hong
习　　性：多年生草本
海　　拔：约 650 m
分　　布：福建、贵州、湖北、湖南、江西
濒危等级：LC

管花腹水草
Veronicastrum tubiflorum(Fisch. et C. A. Mey.) H. Hara
习　　性：多年生草本
国内分布：黑龙江、吉林、内蒙古
国外分布：俄罗斯、蒙古
濒危等级：LC

毛叶腹水草
Veronicastrum villosulum(Miq.) T. Yamaz.

毛叶腹水草（原变种）
Veronicastrum villosulum var. **villosulum**
习　　性：多年生草本
海　　拔：400~900 m
国内分布：安徽、福建、江西、浙江
国外分布：日本
濒危等级：LC
资源利用：药用（中草药）

铁钓竿
Veronicastrum villosulum var. **glabrum** T. L. Chin et D. Y. Hong
习　　性：多年生草本
分　　布：安徽、浙江
濒危等级：LC
资源利用：药用（中草药）

刚毛腹水草
Veronicastrum villosulum var. **hirsutum** T. L. Chin et D. Y. Hong
习　　性：多年生草本
海　　拔：400~600 m
分　　布：福建、江西、浙江
濒危等级：LC

两头忙
Veronicastrum villosulum var. **parviflorum** T. L. Chin et D. Y. Hong
习　　性：多年生草本
海　　拔：约 900 m
分　　布：浙江
濒危等级：DD

云南腹水草
Veronicastrum yunnanense(W. W. Sm.) T. Yamaz.
习　　性：多年生草本
海　　拔：约 2400 m
分　　布：四川、云南
濒危等级：NT B2ab（i, iii, v）；D2

悬铃木科 PLATANACEAE
（1 属：3 种）

悬铃木属 Platanus L.

法国梧桐
Platanus acerifolia(Aiton) Willd.
习　　性：落叶乔木
国内分布：华中、东北、华南等多地有栽培
国外分布：栽培起源于亚洲西南部或欧洲

悬铃木
Platanus occidentalis L.
习　　性：落叶乔木
国内分布：我国北部及中部均有栽培
国外分布：原产北美洲
资源利用：环境利用（观赏）

三球悬铃木
Platanus orientalis L.
习　　性：落叶乔木
国内分布：中国有栽培

国外分布：原产亚洲西南部和欧洲东南部

白花丹科 PLUMBAGINACEAE
（7 属：53 种）

彩花属 Acantholimon Boiss.

刺叶彩花
Acantholimon alatavicum Bunge
习　　性：灌木
海　　拔：1300~2500 m
国内分布：新疆
国外分布：哈萨克斯坦、吉尔吉斯斯坦、塔吉克斯坦、乌兹别克斯坦
濒危等级：LC

细叶彩花
Acantholimon borodinii Krasn.
习　　性：灌木
海　　拔：2100~2900 m
国内分布：新疆
国外分布：吉尔吉斯斯坦
濒危等级：NT B1b（i, ii, v）c（i, ii）

小叶彩花
Acantholimon diapensioides Boiss.
习　　性：灌木
海　　拔：2700~4800 m
国内分布：新疆
国外分布：阿富汗、巴基斯坦、塔吉克斯坦
濒危等级：LC

彩花
Acantholimon hedinii Ostenf.
习　　性：灌木
海　　拔：3000~4700 m
国内分布：新疆
国外分布：吉尔吉斯斯坦、塔吉克斯坦
濒危等级：LC

喀什彩花
Acantholimon kaschgaricum Lincz.
习　　性：灌木
海　　拔：约 1800 m
分　　布：新疆
濒危等级：LC

浩罕彩花
Acantholimon kokandense Bunge ex Regel
习　　性：灌木
海　　拔：2000~2700 m
国内分布：新疆
国外分布：吉尔吉斯斯坦
濒危等级：VU A2c+3c；C1

光萼彩花
Acantholimon laevigatum（Z. X. Peng）Kamelin
习　　性：灌木
海　　拔：2000~4000 m
分　　布：新疆
濒危等级：LC

石松彩花
Acantholimon lycopodioides（Girard）Boiss.
习　　性：灌木
海　　拔：2500~3000 m
国内分布：新疆
国外分布：阿富汗、巴基斯坦、克什米尔地区、塔吉克斯坦、印度
濒危等级：LC

乌恰彩花
Acantholimon popovii Czerniak.
习　　性：灌木
海　　拔：约 2200 m
分　　布：新疆
濒危等级：LC

新疆彩花
Acantholimon roborowskii Czerniak.
习　　性：灌木
分　　布：新疆
濒危等级：LC

天山彩花
Acantholimon tianschanicum Czerniak.
习　　性：灌木
海　　拔：2000~4000 m
国内分布：新疆
国外分布：吉尔吉斯斯坦、塔吉克斯坦
濒危等级：LC

蓝雪花属 Ceratostigma Bunge

毛蓝雪花
Ceratostigma griffithii C. B. Clarke
习　　性：常绿灌木
海　　拔：2200~2800 m
国内分布：西藏
国外分布：不丹
濒危等级：LC

小蓝雪花
Ceratostigma minus Stapf ex Prain
习　　性：落叶灌木
海　　拔：1000~4800 m
分　　布：甘肃、四川、西藏、云南
濒危等级：LC

蓝雪花
Ceratostigma plumbaginoides Bunge
习　　性：多年生草本
分　　布：北京、河南、江苏、山西、浙江
濒危等级：LC

刺鳞蓝雪花
Ceratostigma ulicinum Prain
习　　性：灌木
海　　拔：3300~4500 m

国内分布：西藏
国外分布：尼泊尔
濒危等级：LC

岷江蓝雪花
Ceratostigma willmottianum Stapf
习　　性：多年生草本
海　　拔：700~3500 m
分　　布：甘肃、贵州、四川、西藏、云南
濒危等级：LC
资源利用：药用（中草药）

驼舌草属 Goniolimon Boiss.

疏花驼舌草
Goniolimon callicomum（C. A. Mey.）Boiss.
习　　性：多年生草本
海　　拔：400~500 m
国内分布：新疆
国外分布：俄罗斯、哈萨克斯坦、蒙古
濒危等级：LC

大叶驼舌草
Goniolimon dschungaricum（Regel）O. Fedtsch. et B. Fedtsch.
习　　性：多年生草本
海　　拔：1400~2000 m
国内分布：新疆
国外分布：哈萨克斯坦
濒危等级：LC

团花驼舌草
Goniolimon eximium（Schrenk ex Fisch. et C. A. Mey.）Boiss.
习　　性：多年生草本
海　　拔：1400~2700 m
国内分布：新疆
国外分布：哈萨克斯坦、蒙古
濒危等级：LC

驼舌草
Goniolimon speciosum（L.）Boiss.

驼舌草（原变种）
Goniolimon speciosum var. **speciosum**
习　　性：多年生草本
海　　拔：200~2700 m
国内分布：内蒙古、新疆
国外分布：俄罗斯、哈萨克斯坦、蒙古
濒危等级：LC

直杆驼舌草
Goniolimon speciosum var. **strictum**（Regel）Z. X. Peng
习　　性：多年生草本
分　　布：新疆
濒危等级：LC

伊犁花属 Ikonnikovia Lincz.

伊犁花
Ikonnikovia kaufmanniana（Regel）Lincz.
习　　性：草本状小灌木
海　　拔：700~2200 m
国内分布：新疆
国外分布：哈萨克斯坦
濒危等级：DD

补血草属 Limonium Mill.

黄花补血草
Limonium aureum（L.）Hill.
习　　性：多年生草本
海　　拔：500~4200 m
国内分布：甘肃、内蒙古、宁夏、山西、陕西
国外分布：俄罗斯、蒙古
濒危等级：LC
资源利用：药用（中草药）

二色补血草
Limonium bicolor（Bunge）Kuntze
习　　性：多年生草本
海　　拔：100~2600 m
国内分布：甘肃、河北、河南、黑龙江、吉林、江苏、辽宁、内蒙古、宁夏、青海、山东、山西、陕西
国外分布：蒙古
濒危等级：DD
资源利用：药用（中草药）

美花补血草
Limonium callianthum（Z. X. Peng）Kamelin
习　　性：多年生草本
分　　布：新疆
濒危等级：LC

簇枝补血草
Limonium chrysocomum（Kar. et Kir.）Kuntze

簇枝补血草（原亚种）
Limonium chrysocomum subsp. **chrysocomum**
习　　性：多年生草本
海　　拔：700~2000 m
国内分布：新疆
国外分布：俄罗斯、哈萨克斯坦、蒙古
濒危等级：LC

大簇补血草
Limonium chrysocomum subsp. **semenovii**（Herder）Kamelin
习　　性：多年生草本
国内分布：新疆
国外分布：哈萨克斯坦、蒙古
濒危等级：LC

密花补血草
Limonium congestum（Ledeb.）Kuntze
习　　性：多年生草本
海　　拔：2300~2700 m
国内分布：新疆
国外分布：俄罗斯、蒙古
濒危等级：DD

珊瑚补血草
Limonium coralloides（Tausch）Lincz.
习　　性：多年生草本
海　　拔：500~1200 m

国内分布：新疆
国外分布：俄罗斯、哈萨克斯坦、蒙古

淡花补血草
Limonium dichroanthum(Rupr.) Ikonn. -Gal. ex Lincz.
习　　性：多年生草本
国内分布：新疆
国外分布：吉尔吉斯斯坦
濒危等级：LC

巴隆补血草
Limonium dielsianum(Wangerin) Kamelin
习　　性：多年生草本
海　　拔：3000~4200 m
分　　布：甘肃、青海
濒危等级：LC

曲枝补血草
Limonium flexuosum(L.) Kuntze
习　　性：多年生草本
海　　拔：600~700 m
国内分布：内蒙古
国外分布：俄罗斯、蒙古
濒危等级：LC

烟台补血草
Limonium franchetii(Debeaux) Kuntze
习　　性：多年生草本
海　　拔：100 m 以下
分　　布：江苏、辽宁、山东
濒危等级：LC

大叶补血草
Limonium gmelinii(Willd.) Kuntze
习　　性：多年生草本
海　　拔：400~1800 m
国内分布：新疆
国外分布：俄罗斯、哈萨克斯坦、吉尔吉斯斯坦、蒙古
濒危等级：VU C1
资源利用：药用（中草药）；原料（单宁，树脂）

喀什补血草
Limonium kaschgaricum(Rupr.) Ikonn. -Gal.
习　　性：多年生草本
海　　拔：1300~3000 m
国内分布：新疆
国外分布：吉尔吉斯斯坦
濒危等级：LC

灰杆补血草
Limonium lacostei(Danguy) Kamelin
习　　性：多年生草本
海　　拔：1300~4000 m
国内分布：西藏、新疆
国外分布：巴基斯坦、克什米尔地区
濒危等级：LC

精河补血草
Limonium leptolobum(Regel) Kuntze
习　　性：多年生草本
海　　拔：300~1200 m

国内分布：新疆
国外分布：哈萨克斯坦
濒危等级：LC

繁枝补血草
Limonium myrianthum(Schrenk ex Fisch. et C. A. Mey.) Kuntze
习　　性：多年生草本
海　　拔：400~1100 m
国内分布：新疆
国外分布：哈萨克斯坦、吉尔吉斯斯坦、蒙古
濒危等级：LC

耳叶补血草
Limonium otolepis(Schrenk) Kuntz
习　　性：多年生草本
海　　拔：300~1400 m
国内分布：甘肃、新疆
国外分布：阿富汗、哈萨克斯坦、吉尔吉斯斯坦、塔吉克斯坦、土库曼斯坦、乌兹别克斯坦
濒危等级：LC

星毛补血草
Limonium potaninii Ikonn. -Gal.
习　　性：多年生草本
海　　拔：1700~3000 m
分　　布：甘肃、青海、四川
濒危等级：LC
资源利用：药用（中草药）

新疆补血草
Limonium rezniczenkoanum Lincz.
习　　性：多年生草本
国内分布：新疆
国外分布：哈萨克斯坦
濒危等级：DD

补血草
Limonium sinense(Girard) Kuntze

补血草（原变种）
Limonium sinense var. **sinense**
习　　性：多年生草本
海　　拔：海平面至 200 m
国内分布：福建、广东、广西、河北、江苏、辽宁、山东、台湾、浙江
国外分布：日本、越南
濒危等级：LC
资源利用：药用（中草药）

刺突补血草
Limonium sinense var. **spinulosum** Yong Huang
习　　性：多年生草本
分　　布：山东
濒危等级：LC

木本补血草
Limonium suffruticosum(L.) Kuntze
习　　性：灌木
海　　拔：400~1300 m
国内分布：新疆
国外分布：阿富汗、俄罗斯、哈萨克斯坦、吉尔吉斯斯坦、

蒙古、乌兹别克斯坦
颁危等级：LC

细枝补血草
Limonium tenellum(Turcz.)Kuntze
习　　性：多年生草本
海　　拔：800～1200 m
国内分布：内蒙古、宁夏
国外分布：蒙古
颁危等级：LC

海芙蓉
Limonium wrightii(Hance)Kuntze

海芙蓉（原变种）
Limonium wrightii var. **wrightii**
习　　性：灌木
国内分布：台湾
国外分布：日本
颁危等级：CR A1＋2＋4acd＋3cd；B1＋2ab（i，ii，iii，iv）；C1
资源利用：药用（中草药）

黄花海芙蓉
Limonium wrightii var. **luteum**(H. Hara)H. Hara
习　　性：灌木
国内分布：台湾
国外分布：日本
颁危等级：LC

鸡娃草属 Plumbagella Spach

鸡娃草
Plumbagella micrantha(Ledeb.)Spach
习　　性：一年生草本
海　　拔：2000～4500 m
国内分布：甘肃、宁夏、青海、西藏、新疆
国外分布：俄罗斯、哈萨克斯坦、吉尔吉斯斯坦、蒙古
颁危等级：LC
资源利用：药用（中草药）

白花丹属 Plumbago L.

蓝花丹
Plumbago auriculata Lam.

蓝花丹（原变型）
Plumbago auriculata f. **auriculata**
习　　性：常绿半灌木
国内分布：华南、华北、西南有栽培
国外分布：原产非洲南部；各国广泛引种
资源利用：环境利用（观赏）

雪花丹
Plumbago auriculata f. **alba**(Pasq.)Z. X. Peng
习　　性：常绿半灌木
国内分布：华南、华北、西南地区有栽培
国外分布：各国广泛引种

紫花丹
Plumbago indica L.
习　　性：多年生草本
海　　拔：0～300 m
国内分布：海南、云南
国外分布：旧大陆热带地区
颁危等级：VU A3c；C1
资源利用：药用（中草药）；环境利用（观赏）

白花丹
Plumbago zeylanica L.

白花丹（原变种）
Plumbago zeylanica var. **zeylanica**
习　　性：灌木或多年生草本
海　　拔：100～1600 m
国内分布：重庆、福建、广东、广西、贵州、海南、四川、台湾、云南
国外分布：旧大陆热带地区、夏威夷
颁危等级：LC
资源利用：药用（中草药）；环境利用（观赏）

尖瓣白花丹
Plumbago zeylanica var. **oxypetala** Boiss.
习　　性：灌木或多年生草本
海　　拔：200～700 m
分　　布：福建
颁危等级：DD

禾本科 POACEAE
（232 属：2112 种）

芨芨草属 Achnatherum P. Beauv.

展序芨芨草
Achnatherum brandisii(Mez)Z. L. Wu
习　　性：多年生草本
海　　拔：1500～3800 m
国内分布：甘肃、青海、四川、西藏、云南
国外分布：阿富汗、巴基斯坦、不丹、尼泊尔、印度
颁危等级：LC

短芒芨芨草
Achnatherum breviaristatum Keng et P. C. Kuo
习　　性：多年生草本
海　　拔：约 2100 m
分　　布：甘肃
颁危等级：VU D2
国家保护：Ⅱ级

小芨芨草
Achnatherum caragana(Trin.)Nevski
习　　性：多年生草本
海　　拔：900～1200 m
国内分布：新疆
国外分布：阿富汗、巴基斯坦、俄罗斯、哈萨克斯坦、塔吉克斯坦、土耳其、伊朗
颁危等级：LC

中华芨芨草
Achnatherum chinense (Hitchc.) Tzvelev
- 习　　性：多年生草本
- 海　　拔：500~2400 m
- 分　　布：甘肃、河北、河南、内蒙古、宁夏、青海、山西、陕西
- 濒危等级：LC

细叶芨芨草
Achnatherum chingii (Hitchc.) Keng
- 习　　性：多年生草本
- 海　　拔：2200~4000 m
- 分　　布：甘肃、青海、山西、陕西、四川、西藏、云南
- 濒危等级：LC

藏芨芨草
Achnatherum duthiei (Hook. f.) P. C. Kuo et S. L. Lu
- 习　　性：多年生草本
- 海　　拔：2500~4500 m
- 国内分布：青海、陕西、四川、西藏、云南
- 国外分布：克什米尔地区、尼泊尔、印度
- 濒危等级：LC

湖北芨芨草
Achnatherum henryi (Rendle) S. M. Phillips et Z. L. Wu

湖北芨芨草（原变种）
Achnatherum henryi var. **henryi**
- 习　　性：多年生草本
- 海　　拔：100~2300 m
- 分　　布：甘肃、贵州、河南、湖北、陕西、四川
- 濒危等级：LC

尖颖芨芨草
Achnatherum henryi var. **acutum** (L. Liu ex Z. L. Wu) S. M. Phillips et Z. L. Wu
- 习　　性：多年生草本
- 海　　拔：约2500 m
- 分　　布：云南
- 濒危等级：LC

异颖芨芨草
Achnatherum inaequiglume Keng ex P. C. Kuo
- 习　　性：多年生草本
- 海　　拔：900~2200 m
- 分　　布：甘肃、四川
- 濒危等级：LC

醉马草
Achnatherum inebrians (Hance) Keng ex Tzvelev
- 习　　性：多年生草本
- 海　　拔：1700~4200 m
- 国内分布：甘肃、内蒙古、宁夏、青海、四川、西藏、新疆
- 国外分布：蒙古
- 濒危等级：LC

干生芨芨草
Achnatherum jacquemontii (Jaub. et Spach) P. C. Kuo et S. L. Lu
- 习　　性：多年生草本
- 海　　拔：约3300 m
- 国内分布：西藏
- 国外分布：阿富汗、巴基斯坦、克什米尔地区、印度
- 濒危等级：LC

朝阳芨芨草
Achnatherum nakaii (Honda) Tateoka ex Imzab
- 习　　性：多年生草本
- 海　　拔：1200~1700 m
- 国内分布：河北、辽宁、内蒙古、山西
- 国外分布：蒙古
- 濒危等级：LC

京芒草
Achnatherum pekinense (Hance) Ohwi
- 习　　性：多年生草本
- 海　　拔：300~3600 m
- 国内分布：安徽、甘肃、河北、河南、黑龙江、吉林、辽宁、内蒙古、宁夏、山东、山西、陕西、云南
- 国外分布：朝鲜、俄罗斯、日本
- 濒危等级：LC
- 资源利用：原料（纤维）

光药芨芨草
Achnatherum psilantherum Keng ex Tzvelev
- 习　　性：多年生草本
- 海　　拔：2000~4100 m
- 分　　布：甘肃、青海、四川
- 濒危等级：LC

毛颖芨芨草
Achnatherum pubicalyx (Ohwi) Keng ex P. C. Kuo
- 习　　性：多年生草本
- 海　　拔：600~2700 m
- 国内分布：甘肃、河北、黑龙江、吉林、内蒙古、青海、山西、陕西、新疆
- 国外分布：朝鲜
- 濒危等级：LC

钝基草
Achnatherum saposhnikovii (Roshev.) Nevski
- 习　　性：多年生草本
- 海　　拔：1500~3500 m
- 国内分布：甘肃、内蒙古、宁夏、青海、新疆
- 国外分布：哈萨克斯坦、吉尔吉斯斯坦、蒙古、乌兹别克斯坦
- 濒危等级：LC

羽茅
Achnatherum sibiricum (L.) Keng ex Tzvelev
- 习　　性：多年生草本
- 海　　拔：600~3400 m
- 国内分布：河南、黑龙江、内蒙古、宁夏、青海、四川、西藏、新疆、云南
- 国外分布：俄罗斯、哈萨克斯坦、吉尔吉斯斯坦、蒙古、乌兹别克斯坦
- 濒危等级：LC
- 资源利用：原料（纤维）

芨芨草
Achnatherum splendens(Trin.)Nevski
习　　性：多年生草本
海　　拔：900~4500 m
国内分布：甘肃、河南、黑龙江、内蒙古、宁夏、青海、山西、四川、西藏、新疆、云南
国外分布：阿富汗、巴基斯坦、俄罗斯、哈萨克斯坦、吉尔吉斯斯坦、蒙古、塔吉克斯坦、土库曼斯坦、乌兹别克斯坦、印度
濒危等级：LC
资源利用：原料（纤维）；动物饲料（饲料）；环境利用（水土保持）

酸竹属 Acidosasa C. D. Chu et C. S. Chao ex P. C. Keng

小叶酸竹
Acidosasa breviclavata W. T. Lin
习　　性：灌木状至乔木状
海　　拔：约 300 m
分　　布：广东
濒危等级：DD

粉酸竹
Acidosasa chienouensis(T. H. Wen)C. S. Chao et T. H. Wen
习　　性：乔木状
海　　拔：300~600 m
分　　布：福建、湖南
濒危等级：LC

酸竹
Acidosasa chinensis C. D. Chu et C. S. Chao ex P. C. Keng
习　　性：乔木状
海　　拔：约 700 m
分　　布：广东
濒危等级：CR A4ad
资源利用：食品（蔬菜）

黄甜竹
Acidosasa edulis(T. H. Wen)T. H. Wen
习　　性：灌木状至乔木状
分　　布：福建
濒危等级：LC

广西酸竹
Acidosasa guangxiensis Q. H. Dai et C. F. Huang
习　　性：灌木状至乔木状
分　　布：广西
濒危等级：VU B1ab(i,iii)

灵川酸竹
Acidosasa lingchuanensis(C. D. Chu et C. S. Chao)Q. Z. Xie et X. Y. Chen
习　　性：灌木状至乔木状
分　　布：广西
濒危等级：DD

长舌酸竹
Acidosasa nanunica(McClure)C. S. Chao et G. Y. Yang
习　　性：灌木状至乔木状
海　　拔：500 m 以下
分　　布：广东、湖南、江西、四川、浙江
濒危等级：LC

斑箨酸竹
Acidosasa notata(Z. P. Wang et G. H. Ye)S. S. You
习　　性：灌木状至乔木状
海　　拔：500~1000 m
分　　布：福建、江西
濒危等级：LC

毛花酸竹
Acidosasa purpurea(J. R. Xue et T. P. Yi)P. C. Keng
习　　性：灌木状至乔木状
海　　拔：700~1650 m
分　　布：广西、湖南、江西、云南
濒危等级：LC

黎竹
Acidosasa venusta(McClure)Z. P. Wang et G. H. Ye ex C. S. Chao ex Ohrnb. et Goerrings
习　　性：灌木状
分　　布：广东
濒危等级：DD

尖稃草属 Acrachne Wight et Arn. ex Chiov.

尖稃草
Acrachne racemosa(B. Heyne ex Roem. et Schuit.)Ohwi
习　　性：一年生草本
海　　拔：300~900 m
国内分布：海南、云南
国外分布：阿富汗、澳大利亚、巴基斯坦、缅甸、斯里兰卡、泰国、印度、印度尼西亚、越南
濒危等级：LC
资源利用：动物饲料（饲料）

凤头黍属 Acroceras Stapf

凤头黍
Acroceras munroanum(Balansa)Henrard
习　　性：多年生草本
国内分布：海南
国外分布：菲律宾、柬埔寨、马来西亚、缅甸、斯里兰卡、泰国、印度、印度尼西亚、越南
濒危等级：LC
资源利用：动物饲料（饲料）

山鸡谷草
Acroceras tonkinense(Balansa)C. E. Hubb. ex Bor
习　　性：多年生草本
国内分布：海南、云南
国外分布：老挝、马来西亚、缅甸、泰国、印度、印度尼西亚、越南
濒危等级：LC
资源利用：动物饲料（牧草）

山羊草属 Aegilops L.

节节麦
Aegilops tauschii Coss.

习　　性：一年生草本
海　　拔：600~1500 m
国内分布：河南、陕西、新疆
国外分布：阿富汗、巴基斯坦、俄罗斯、哈萨克斯坦、吉尔吉斯斯坦、克什米尔地区、美国、土耳其、土库曼斯坦、乌兹别克斯坦、西班牙、伊朗
濒危等级：LC

獐毛属 Aeluropus Trin.

微药獐毛
Aeluropus micrantherus Tzvelev
习　　性：多年生草本
海　　拔：900~2200 m
国内分布：新疆
国外分布：蒙古
濒危等级：LC

毛叶獐毛
Aeluropus pilosus(H. L. Yang) S. L. Chen et H. L. Yang
习　　性：多年生草本
海　　拔：约560 m
分　　布：新疆
濒危等级：LC

小獐毛
Aeluropus pungens(M. Bieb.) K. Koch

小獐毛（原变种）
Aeluropus pungens var. **pungens**
习　　性：多年生草本
国内分布：甘肃、新疆
国外分布：俄罗斯、哈萨克斯坦、吉尔吉斯斯坦、土库曼斯坦、乌兹别克斯坦、印度
濒危等级：LC

刺叶獐毛
Aeluropus pungens var. **hirtulus** S. L. Chen et X. Y. Yang
习　　性：多年生草本
海　　拔：约560 m
分　　布：新疆
濒危等级：LC

獐毛
Aeluropus sinensis(Debeaux) Tzvelev
习　　性：多年生草本
海　　拔：海平面至3000 m
分　　布：甘肃、河北、河南、江苏、辽宁、内蒙古、宁夏、山东、山西、新疆
濒危等级：LC

剪棒草属 Agropogon P. Fourn.

糙颖剪股颖
Agropogon lutosus(Poir.) P. Fourn.
习　　性：多年生草本
国内分布：甘肃、四川、西藏、云南
国外分布：阿富汗、埃塞俄比亚、巴基斯坦、加拿大、美国、土耳其、印度
濒危等级：LC

冰草属 Agropyron Gaertn.

冰草
Agropyron cristatum(L.) Gaertn.

冰草（原变种）
Agropyron cristatum var. **cristatum**
习　　性：多年生草本
国内分布：甘肃、内蒙古、青海、新疆
国外分布：巴基斯坦、朝鲜、俄罗斯、蒙古、日本
濒危等级：LC
资源利用：动物饲料（饲料，牧草）

光穗冰草
Agropyron cristatum var. **pectinatum**(M. Bieb.) Rosevitz ex B. Fedtschenko
习　　性：多年生草本
国内分布：河北、内蒙古、青海、新疆
国外分布：俄罗斯、蒙古、土耳其
濒危等级：LC

多花冰草
Agropyron cristatum var. **pluriflorum** H. L. Yang
习　　性：多年生草本
分　　布：内蒙古
濒危等级：LC

沙生冰草
Agropyron desertorum(Fisch. ex Link) Schult.

沙生冰草（原变种）
Agropyron desertorum var. **desertorum**
习　　性：多年生草本
海　　拔：约2700 m
国内分布：内蒙古、山西
国外分布：俄罗斯、蒙古
濒危等级：LC
资源利用：动物饲料（牧草）

毛沙生冰草
Agropyron desertorum var. **pilosiusculum**(Melderis) H. L. Yang
习　　性：多年生草本
海　　拔：约2700 m
国内分布：内蒙古、青海、新疆
国外分布：蒙古
濒危等级：LC

根茎冰草
Agropyron michnoi Roshev.
习　　性：多年生草本
国内分布：内蒙古
国外分布：俄罗斯、蒙古
濒危等级：LC
资源利用：动物饲料（牧草）

沙芦草
Agropyron mongolicum Keng
国家保护：Ⅱ级

沙芦草（原变种）
Agropyron mongolicum var. **mongolicum**

习　　性：多年生草本
分　　布：甘肃、内蒙古、宁夏、山西、陕西、新疆
濒危等级：NT

毛稃沙芦草
Agropyron mongolicum var. **helinicum** L. Q. Zhao et J. Yang
习　　性：多年生草本
分　　布：内蒙古
濒危等级：NT

毛沙芦草
Agropyron mongolicum var. **villosum** H. L. Yang
习　　性：多年生草本
分　　布：内蒙古
濒危等级：NT

西伯利亚冰草
Agropyron sibiricum（Willd.）P. Beauv.
习　　性：多年生草本
国内分布：河北、内蒙古、新疆
国外分布：俄罗斯、哈萨克斯坦、吉尔吉斯斯坦、美国、土库曼斯坦、乌兹别克斯坦
濒危等级：LC

剪股颖属 Agrostis L.

阿里山剪股颖
Agrostis arisan-montana Ohwi
习　　性：多年生草本
海　　拔：900~3200 m
分　　布：广东、广西、河南、宁夏、陕西、四川、台湾、云南
濒危等级：LC

大锥剪股颖
Agrostis brachiata Munro ex Hook. f.
习　　性：多年生草本
海　　拔：600~2500 m
国内分布：甘肃、贵州、湖北、四川、云南
国外分布：不丹、尼泊尔、印度
濒危等级：LC

普通剪股颖
Agrostis canina L.
习　　性：多年生草本
海　　拔：1400~3800 m
国内分布：西藏、新疆、云南
国外分布：俄罗斯、克什米尔地区、蒙古、日本
濒危等级：LC

细弱剪股颖
Agrostis capillaris L.
习　　性：多年生草本
海　　拔：1000~1500 m
国内分布：河南、内蒙古、宁夏、山西、新疆
国外分布：阿富汗、俄罗斯
濒危等级：LC

华北剪股颖
Agrostis clavata Trin.
习　　性：一年生或多年生草本
海　　拔：4000 m以下
国内分布：安徽、福建、甘肃、广东、广西、贵州、河北、河南、黑龙江、吉林、内蒙古、山东、陕西、四川、台湾、西藏、云南
国外分布：朝鲜、俄罗斯、蒙古、日本
濒危等级：LC

歧序剪股颖
Agrostis divaricatissima Mez
习　　性：多年生草本
海　　拔：500~1500 m
国内分布：黑龙江、吉林、辽宁、内蒙古
国外分布：朝鲜、俄罗斯、蒙古
濒危等级：LC

线序剪股颖
Agrostis dshungarica（Tzvelev）Tzvelev
习　　性：一年生或多年生草本
分　　布：新疆
濒危等级：LC

柔软剪股颖
Agrostis flaccida Hack.
习　　性：多年生草本
海　　拔：1500~2300 m
国内分布：吉林、辽宁
国外分布：朝鲜、俄罗斯、日本
濒危等级：LC

舟颖剪股颖
Agrostis fukuyamae Ohwi
习　　性：多年生草本
分　　布：台湾
濒危等级：LC

巨序剪股颖
Agrostis gigantea Roth
习　　性：多年生草本
海　　拔：100~4000 m
国内分布：安徽、甘肃、河北、河南、黑龙江、湖北、吉林、江苏、江西、辽宁、内蒙古、宁夏、青海、山东、山西、陕西、四川、西藏、新疆、云南、浙江
国外分布：阿富汗、澳大利亚、巴基斯坦、朝鲜、俄罗斯、蒙古、尼泊尔、日本、印度
濒危等级：LC

广序剪股颖
Agrostis hookeriana C. B. Clarke ex Hook. f.
习　　性：多年生草本
海　　拔：1900~3600 m
国内分布：青海、四川、西藏、云南
国外分布：不丹、尼泊尔、印度
濒危等级：LC

甘青剪股颖
Agrostis hugoniana Rendle
习　　性：多年生草本
海　　拔：2500~4200 m
分　　布：甘肃、青海、陕西、四川
濒危等级：LC

玉山剪股颖
Agrostis infirma Büse
- 习　　性：多年生草本
- 海　　拔：2600～4000 m
- 分　　布：台湾
- 濒危等级：LC

昆明剪股颖
Agrostis kunmingensis B. S. Sun et Y. C. Wang
- 习　　性：多年生草本
- 海　　拔：2000～3600 m
- 分　　布：四川、云南
- 濒危等级：LC

歧颖剪股颖
Agrostis mackliniae Bor
- 习　　性：多年生草本
- 海　　拔：3000～4000 m
- 国内分布：西藏、云南
- 国外分布：缅甸
- 濒危等级：LC

小花剪股颖
Agrostis micrantha Steud.
- 习　　性：多年生草本
- 海　　拔：1600～3500 m
- 国内分布：安徽、福建、广西、贵州、河南、湖北、湖南、江西、青海、陕西、四川、西藏、云南
- 国外分布：不丹、缅甸、尼泊尔、印度
- 濒危等级：LC

长稃剪股颖
Agrostis munroana Aitch. et Hemsl.
- 习　　性：多年生草本
- 海　　拔：约3700 m
- 国内分布：西藏、云南
- 国外分布：阿富汗、巴基斯坦、克什米尔地区、尼泊尔、印度
- 濒危等级：LC

泸水剪股颖
Agrostis nervosa Nees ex Trin.
- 习　　性：多年生草本
- 海　　拔：2000～4000 m
- 国内分布：广西、四川、西藏、云南
- 国外分布：不丹、尼泊尔、印度
- 濒危等级：LC

柔毛剪股颖
Agrostis pilosula Trin.
- 习　　性：一年生或多年生草本
- 海　　拔：3600～4200 m
- 国内分布：青海、四川、云南
- 国外分布：巴基斯坦、不丹、尼泊尔、斯里兰卡、印度
- 濒危等级：LC

紧序剪股颖
Agrostis sinocontracta S. M. Phillips et S. L. Lu
- 习　　性：多年生草本
- 海　　拔：约4000 m
- 分　　布：云南
- 濒危等级：LC

岩生剪股颖
Agrostis sinorupestris L. Liu ex S. M. Phillips et S. L. Lu
- 习　　性：多年生草本
- 海　　拔：3500～4000 m
- 分　　布：四川、西藏、云南
- 濒危等级：LC

台湾剪股颖
Agrostis sozanensis Hayata
- 习　　性：多年生草本
- 海　　拔：2700 m以下
- 分　　布：安徽、福建、广东、贵州、河南、湖北、湖南、江苏、江西、四川、台湾、云南、浙江
- 濒危等级：LC

西伯利亚剪股颖
Agrostis stolonifera L.
- 习　　性：多年生草本
- 海　　拔：200～3600 m
- 国内分布：安徽、甘肃、贵州、黑龙江、内蒙古、宁夏、山东、山西、陕西、西藏、新疆、云南
- 国外分布：澳大利亚、不丹、俄罗斯、蒙古、尼泊尔、日本、印度
- 濒危等级：LC

北疆剪股颖
Agrostis turkestanica Drobow
- 习　　性：多年生草本
- 海　　拔：2300 m
- 国内分布：新疆
- 国外分布：哈萨克斯坦、吉尔吉斯斯坦、塔吉克斯坦、乌兹别克斯坦、伊朗
- 濒危等级：LC

芒剪股颖
Agrostis vinealis Schreb.
- 习　　性：多年生草本
- 海　　拔：1500～1700 m
- 国内分布：黑龙江、吉林、辽宁、内蒙古
- 国外分布：巴基斯坦、朝鲜、俄罗斯、蒙古、日本
- 濒危等级：LC

银须草属 Aira L.

银须草
Aira caryophyllea L.
- 习　　性：一年生草本
- 海　　拔：约3600 m
- 国内分布：西藏
- 国外分布：俄罗斯、印度
- 濒危等级：LC

毛颖草属 Alloteropsis Presl.

臭虫草
Alloteropsis cimicina (L.) Stapf
- 习　　性：一年生草本

国内分布：海南
国外分布：澳大利亚、巴布亚新几内亚、柬埔寨、马来西亚、美国、孟加拉国、缅甸、斯里兰卡、泰国、印度、印度尼西亚
濒危等级：LC

毛颖草
Alloteropsis semialata (R. Br.) Hitchc.

毛颖草（原变种）
Alloteropsis semialata var. **semialata**
习　　性：多年生草本
海　　拔：约 200 m
国内分布：福建、广东、广西、海南、四川、台湾、云南
国外分布：马来西亚、印度
濒危等级：LC

紫纹毛颖草
Alloteropsis semialata var. **eckloniana** (Nees) Pilger
习　　性：多年生草本
海　　拔：约 200 m
国内分布：广东、广西、云南
国外分布：印度、印度尼西亚
濒危等级：LC

看麦娘属 Alopecurus L.

看麦娘
Alopecurus aequalis Sobol.
习　　性：一年生草本
海　　拔：3500 m 以下
国内分布：安徽、福建、广东、贵州、河北、河南、黑龙江、湖北、江苏、江西、内蒙古、山东、陕西、四川、台湾、西藏、新疆、云南、浙江
国外分布：阿富汗、澳大利亚、不丹、朝鲜、俄罗斯、哈萨克斯坦、吉尔吉斯斯坦、克什米尔地区、蒙古、尼泊尔、日本、塔吉克斯坦、土库曼斯坦、乌兹别克斯坦
濒危等级：LC
资源利用：药用（中草药）

苇状看麦娘
Alopecurus arundinaceus Poir.
习　　性：多年生草本
海　　拔：600~3300 m
国内分布：甘肃、黑龙江、内蒙古、宁夏、青海、新疆
国外分布：阿富汗、巴基斯坦、俄罗斯、哈萨克斯坦、吉尔吉斯斯坦、克什米尔地区、蒙古、塔吉克斯坦、土库曼斯坦、乌兹别克斯坦
濒危等级：LC

短穗看麦娘
Alopecurus brachystachyus Bieb.
习　　性：多年生草本
海　　拔：3800 m 以下
国内分布：河北、黑龙江、内蒙古、青海
国外分布：俄罗斯、蒙古
濒危等级：LC

喜马拉雅看麦娘
Alopecurus himalaicus Hook. f.
习　　性：多年生草本
海　　拔：3000~4100 m
国内分布：新疆
国外分布：阿富汗、巴基斯坦、吉尔吉斯斯坦、克什米尔地区、塔吉克斯坦
濒危等级：LC

日本看麦娘
Alopecurus japonicus Steud.
习　　性：一年生草本
海　　拔：2000 m 以下
国内分布：安徽、福建、广东、贵州、河南、湖北、江苏、陕西、四川、云南、浙江
国外分布：朝鲜、日本
濒危等级：LC

长芒看麦娘
Alopecurus longearistatus Maxim.
习　　性：一年生草本
国内分布：黑龙江
国外分布：俄罗斯
濒危等级：LC

大穗看麦娘
Alopecurus myosuroides Huds.
习　　性：一年生草本
国内分布：台湾引进
国外分布：原产俄罗斯、中亚、西南亚和欧洲；全球其他温带地区有引进

大看麦娘
Alopecurus pratensis L.
习　　性：多年生草本
海　　拔：1500~2500 m
国内分布：黑龙江、内蒙古、新疆
国外分布：阿富汗、俄罗斯、哈萨克斯坦、吉尔吉斯斯坦、蒙古、塔吉克斯坦、乌兹别克斯坦
濒危等级：LC

悬竹属 Ampelocalamus S. L. Chen et T. H. Wen et G. Y. Sheng

射毛悬竹
Ampelocalamus actinotrichus (Merr. et Chun) S. L. Chen, T. H. Wen et G. Y. Sheng
习　　性：灌木状
海　　拔：500~1200 m
分　　布：海南
濒危等级：VU D2

钓竹
Ampelocalamus breviligulatus (T. P. Yi) Stapleton et D. Z. Li
习　　性：灌木状
海　　拔：400~900 m
分　　布：甘肃、贵州、四川
濒危等级：LC

贵州悬竹
Ampelocalamus calcareus C. D. Chu et C. S. Chao
- 习　　性：灌木状
- 海　　拔：约 500 m
- 分　　布：贵州
- 濒危等级：CR B1ab（i, iii, v）; C1

多毛悬竹
Ampelocalamus hirsutissimus（W. D. Li et Y. C. Zhong）Stapleton et D. Z. Li
- 习　　性：灌木状
- 海　　拔：1000 m
- 分　　布：贵州
- 濒危等级：DD

小蓬竹
Ampelocalamus luodianensis T. P. Yi et R. S. Wang
- 习　　性：灌木状
- 海　　拔：600~1000 m
- 分　　布：贵州
- 濒危等级：LC

南川竹
Ampelocalamus melicoideus（P. C. Keng）D. Z. Li et Stapleton
- 习　　性：灌木状
- 分　　布：四川
- 濒危等级：LC

冕宁悬竹
Ampelocalamus mianningensis（Q. Li et X. Jiang）D. Z. Li et Stapleton
- 习　　性：灌木状
- 海　　拔：1000~1700 m
- 分　　布：四川、云南
- 濒危等级：VU D2

坝竹
Ampelocalamus microphyllus（J. R. Xue et T. P. Yi）J. R. Xue et T. P. Yi
- 习　　性：灌木状
- 海　　拔：300~500 m
- 分　　布：四川
- 濒危等级：LC

内门竹
Ampelocalamus naibunensis（Hayata）T. H. Wen
- 习　　性：灌木状
- 海　　拔：约 1000 m
- 分　　布：台湾
- 濒危等级：LC

碟环竹
Ampelocalamus patellaris（Gamble）Stapleton
- 习　　性：灌木状
- 海　　拔：1000~1800 m
- 国内分布：云南
- 国外分布：老挝、缅甸、尼泊尔、印度
- 濒危等级：LC

羊竹子
Ampelocalamus saxatilis（J. R. Xue et T. P. Yi）J. R. Xue et T. P. Yi
- 习　　性：灌木状
- 海　　拔：600~1500 m
- 分　　布：四川、云南
- 濒危等级：DD

爬竹
Ampelocalamus scandens J. R. Xue et W. D. Li
- 习　　性：灌木状
- 海　　拔：200~300 m
- 分　　布：贵州
- 濒危等级：LC

永善悬竹
Ampelocalamus yongshanensis J. R. Xue et D. Z. Li
- 习　　性：灌木状
- 海　　拔：600~700 m
- 分　　布：四川、云南
- 濒危等级：DD

须芒草属 Andropogon L.

华须芒草
Andropogon chinensis（Nees）Merr.
- 习　　性：多年生草本
- 海　　拔：800 m 以下
- 国内分布：广东、广西、海南、四川、云南
- 国外分布：柬埔寨、老挝、缅甸、泰国、也门、印度、越南
- 濒危等级：LC

西藏须芒草
Andropogon munroi C. B. Clarke
- 习　　性：多年生草本
- 海　　拔：2000~4500 m
- 国内分布：四川、西藏、云南
- 国外分布：巴基斯坦、不丹、尼泊尔、印度
- 濒危等级：LC

沟稃草属 Aniselytron Merr.

小颖沟稃草
Aniselytron agrostoides Merr.
- 习　　性：多年生草本
- 海　　拔：约 2500 m
- 国内分布：台湾
- 国外分布：菲律宾
- 濒危等级：LC

沟稃草
Aniselytron treutleri（Kuntze）Soják
- 习　　性：多年生草本
- 海　　拔：1300~2000 m
- 国内分布：福建、广西、贵州、湖北、四川、台湾、云南
- 国外分布：不丹、马来西亚、缅甸、日本、印度、印度尼西亚、越南
- 濒危等级：LC

黄花茅属 Anthoxanthum L.

光稃香草
Anthoxanthum glabrum (Trin.) Veldkamp
习　　性：多年生草本
海　　拔：500~3300 m
国内分布：安徽、河北、黑龙江、吉林、江苏、辽宁、内蒙古、青海、山东、新疆、云南、浙江
国外分布：俄罗斯、哈萨克斯坦、蒙古
濒危等级：LC

藏黄花茅
Anthoxanthum hookeri (Griseb.) Rendle
习　　性：多年生草本
海　　拔：2100~4000 m
国内分布：贵州、四川、西藏、云南
国外分布：不丹、缅甸、尼泊尔、印度
濒危等级：LC

台湾黄花茅
Anthoxanthum horsfieldii (Kunth ex Bennet) Mez ex Reeder
习　　性：多年生草本
海　　拔：2500~3300 m
国内分布：贵州、台湾
国外分布：巴布亚新几内亚、菲律宾、马来西亚、日本、泰国、印度
濒危等级：LC

高山茅香
Anthoxanthum monticola (Bigelow) Veldkamp
习　　性：多年生草本
海　　拔：约2300 m
国内分布：黑龙江、吉林、辽宁
国外分布：朝鲜、俄罗斯、蒙古、日本
濒危等级：LC

茅香
Anthoxanthum nitens (Weber) Y. Schouten et Veldkamp
习　　性：多年生草本
海　　拔：500~3800 m
国内分布：甘肃、贵州、河北、河南、黑龙江、内蒙古、宁夏、青海、山东、山西、陕西、四川、新疆
国外分布：阿富汗、朝鲜、俄罗斯、吉尔吉斯斯坦、蒙古、日本
濒危等级：LC
资源利用：环境利用（水土保持）

黄花茅
Anthoxanthum odoratum L.

黄花茅（原亚种）
Anthoxanthum odoratum subsp. odoratum
习　　性：多年生草本
国内分布：江西、台湾
国外分布：俄罗斯；欧洲
濒危等级：LC

日本黄花茅
Anthoxanthum odoratum subsp. alpinum (Á. Löve et D. Löve) B. M. G. Jones et Melderis
习　　性：多年生草本
海　　拔：1400~2900 m
国内分布：黑龙江、吉林、辽宁、新疆
国外分布：朝鲜、俄罗斯、日本
濒危等级：LC

淡色黄花茅
Anthoxanthum pallidum (Hand.-Mazz.) Tzvelev
习　　性：多年生草本
海　　拔：约2700 m
分　　布：四川、云南
濒危等级：LC

松序茅香草
Anthoxanthum potaninii (Tzvelev) S. M. Phillips et Z. L. Wu
习　　性：多年生草本
海　　拔：2500~3000 m
分　　布：甘肃、四川
濒危等级：LC

锡金黄花茅
Anthoxanthum sikkimense (Maxim.) Ohwi
习　　性：多年生草本
海　　拔：2000~2500 m
国内分布：云南
国外分布：尼泊尔、印度
濒危等级：LC

藏茅香
Anthoxanthum tibeticum (Bor) Veldkamp
习　　性：多年生草本
海　　拔：约5000 m
国内分布：西藏
国外分布：印度
濒危等级：LC

水蔗草属 Apluda L.

水蔗草
Apluda mutica L.
习　　性：多年生草本
海　　拔：1800 m以下
国内分布：福建、广东、广西、贵州、海南、湖南、江西、四川、台湾、西藏、云南、浙江
国外分布：阿富汗、澳大利亚、巴布亚新几内亚、巴基斯坦、不丹、菲律宾、柬埔寨、老挝、马达加斯加、马来西亚、缅甸、尼泊尔、日本、斯里兰卡、泰国、印度、印度尼西亚、越南
濒危等级：LC
资源利用：药用（中草药）；动物饲料（饲料）

楔颖草属 Apocopis Nees

短颖楔颖草
Apocopis breviglumis Keng et S. L. Chen
习　　性：多年生草本
分　　布：四川、云南
濒危等级：LC

异穗楔颖草
Apocopis intermedius (A. Camus) Chai-Anan
- 习　　性：多年生草本
- 国内分布：广东、云南、浙江
- 国外分布：泰国、越南
- 濒危等级：LC

楔颖草
Apocopis paleaceus (Trin.) Hochr.
- 习　　性：多年生草本
- 国内分布：广东、广西、海南、云南
- 国外分布：不丹、老挝、马来西亚、缅甸、尼泊尔、印度、越南
- 濒危等级：LC

瑞氏楔颖草
Apocopis wrightii Munro
- 习　　性：多年生草本
- 海　　拔：100～1300 m
- 国内分布：安徽、福建、广东、广西、江西、云南、浙江
- 国外分布：泰国
- 濒危等级：LC

三芒草属 Aristida L.

三芒草
Aristida adscensionis L.
- 习　　性：一年生草本
- 海　　拔：200～1800 m
- 国内分布：甘肃、河北、内蒙古、青海、山东、山西、陕西、四川、新疆、云南
- 国外分布：世界暖温带和热带地区
- 濒危等级：LC
- 资源利用：动物饲料（饲料）

高原三芒草
Aristida alpina L. Liou
- 习　　性：多年生草本
- 海　　拔：约 4500 m
- 分　　布：西藏
- 濒危等级：NT A2c+3c

巴塘三芒草
Aristida batangensis Z. X. Tang et H. X. Liu
- 习　　性：多年生草本
- 海　　拔：2600～2700 m
- 分　　布：四川
- 濒危等级：LC

短三芒草
Aristida brevissima L. Liou
- 习　　性：多年生草本
- 海　　拔：3000～3100 m
- 分　　布：西藏、云南
- 濒危等级：LC

华三芒草
Aristida chinensis Munro
- 习　　性：多年生草本
- 海　　拔：海平面至 450 m
- 国内分布：福建、广东、广西、海南、台湾
- 国外分布：菲律宾、柬埔寨、泰国、印度尼西亚、越南
- 濒危等级：LC

黄草毛
Aristida cumingiana Trin. et Rupr.
- 习　　性：一年生草本
- 海　　拔：200～800 m
- 国内分布：福建、广东、湖南、江苏、云南、浙江
- 国外分布：澳大利亚、菲律宾、老挝、缅甸、尼泊尔、泰国、印度、印度尼西亚、越南；新几内亚岛
- 濒危等级：LC

异颖三芒草
Aristida depressa Retz.
- 习　　性：一年生草本
- 海　　拔：700～1600 m
- 国内分布：四川、云南
- 国外分布：缅甸、斯里兰卡、泰国、印度
- 濒危等级：LC

糙三芒草
Aristida scabrescens L. Liou
- 习　　性：多年生草本
- 海　　拔：3100～4100 m
- 分　　布：西藏
- 濒危等级：LC

三刺草
Aristida triseta Keng
- 习　　性：多年生草本
- 海　　拔：2400～4700 m
- 分　　布：甘肃、青海、四川、西藏、云南
- 濒危等级：NT
- 国家保护：Ⅱ级

藏布三芒草
Aristida tsangpoensis L. Liou
- 习　　性：多年生草本
- 海　　拔：3000～3900 m
- 分　　布：西藏、云南
- 濒危等级：LC

燕麦草属 Arrhenatherum P. Beauv.

燕麦草
Arrhenatherum elatius (L.) P. Beauv. ex J. Presl et C. Presl

燕麦草（原变种）
Arrhenatherum elatius var. **elatius**
- 习　　性：多年生草本
- 国内分布：中国引种
- 国外分布：原产俄罗斯；亚洲西南、欧洲、北非

球茎燕麦草
Arrhenatherum elatius var. **bulbosum** (Willd.) Spenn.
- 习　　性：多年生草本
- 分　　布：中国引种

荩草属 Arthraxon P. Beauv.

海南荩草
Arthraxon castratus (Griff.) V. Narayanaswami ex Bor
习　　性：多年生草本
国内分布：海南
国外分布：澳大利亚、缅甸、斯里兰卡、泰国、印度、印度尼西亚、越南
濒危等级：LC

粗刺荩草
Arthraxon echinatus (Nees) Hochst.
习　　性：多年生草本
海　　拔：1900~2300 m
国内分布：云南
国外分布：尼泊尔、印度
濒危等级：LC

光脊荩草
Arthraxon epectinatus B. S. Sun et H. Peng
习　　性：多年生草本
海　　拔：700~2500 m
国内分布：甘肃、贵州、陕西、四川、云南
国外分布：不丹、尼泊尔
濒危等级：LC

荩草
Arthraxon hispidus (Thunb.) Makino

荩草（原变种）
Arthraxon hispidus var. **hispidus**
习　　性：一年生草本
海　　拔：100~2300 m
国内分布：安徽、福建、广东、贵州、海南、河北、河南、黑龙江、湖北、江苏、江西、内蒙古、宁夏、山东、陕西、四川、台湾、新疆、云南、浙江
国外分布：澳大利亚、巴布亚新几内亚、巴基斯坦、不丹、朝鲜、俄罗斯、菲律宾、哈萨克斯坦、吉尔吉斯斯坦、马来西亚、尼泊尔、日本、斯里兰卡、塔吉克斯坦、泰国、乌兹别克斯坦、印度、印度尼西亚
濒危等级：LC

中亚荩草
Arthraxon hispidus var. **centrasiaticus** (Griseb.) Honda
习　　性：一年生草本
国内分布：中国中部、东部和北部
国外分布：哈萨克斯坦、吉尔吉斯斯坦、塔吉克斯坦、乌兹别克斯坦
濒危等级：LC

微穗荩草
Arthraxon junnarensis S. K. Jain et Hemadri
习　　性：一年生或多年生草本
海　　拔：约1100 m
国内分布：云南
国外分布：印度西部
濒危等级：LC

小叶荩草
Arthraxon lancifolius (Trin.) Hochst.
习　　性：一年生草本
海　　拔：700~2100 m
国内分布：贵州、四川、云南
国外分布：巴基斯坦、不丹、菲律宾、马来西亚、缅甸、尼泊尔、斯里兰卡、泰国、印度、印度尼西亚、越南；新几内亚岛
濒危等级：LC

小荩草
Arthraxon microphyllus (Trin.) Hochst.
习　　性：一年生草本
海　　拔：2000~3000 m
国内分布：云南
国外分布：不丹、尼泊尔、泰国、印度
濒危等级：LC

多脉荩草
Arthraxon multinervis S. L. Chen et Y. X. Jin
习　　性：一年生草本
海　　拔：1200 m
分　　布：贵州
濒危等级：DD

光轴荩草
Arthraxon nudus (Nees ex Steud.) Hochst.
习　　性：一年生草本
海　　拔：1200~1300 m
国内分布：云南
国外分布：阿曼、马来西亚、缅甸、泰国、印度
濒危等级：LC

茅叶荩草
Arthraxon prionodes (Steud.) Dandy
习　　性：多年生草本
海　　拔：100~3400 m
国内分布：安徽、北京、贵州、河南、湖北、江苏、山东、陕西、四川、西藏、云南、浙江
国外分布：阿富汗、巴基斯坦、不丹、缅甸、尼泊尔、泰国、印度、越南
濒危等级：LC

无芒荩草
Arthraxon submuticus (Nees ex Steud.) Hochst.
习　　性：一年生草本
海　　拔：1600~2100 m
国内分布：云南
国外分布：尼泊尔、印度
濒危等级：LC

洱源荩草
Arthraxon typicus (Büse) Koord.
习　　性：多年生草本
海　　拔：1300~2000 m
国内分布：广东、云南
国外分布：缅甸、尼泊尔、泰国、印度、印度尼西亚
濒危等级：LC

青篱竹属 Arundinaria Michaux

冷箭竹
Arundinaria faberi Rendle
- 习　　性：乔木状
- 海　　拔：2300~3500 m
- 分　　布：贵州、四川、云南
- 濒危等级：NT B2ab (iii); D

巴山木竹
Arundinaria fargesii E. G. Camus
- 习　　性：乔木状
- 海　　拔：1100~2500 m
- 分　　布：甘肃、湖北、陕西、四川
- 濒危等级：LC

饱竹子
Arundinaria qingchengshanensis (P. C. Keng et T. P. Yi) D. Z. Li
- 习　　性：乔木状
- 海　　拔：800~1200 m
- 分　　布：四川
- 濒危等级：LC
- 资源利用：环境利用（观赏）

总花冷箭竹
Arundinaria racemosa Munro
- 习　　性：乔木状
- 海　　拔：2900~3500 m
- 国内分布：西藏
- 国外分布：不丹、尼泊尔、印度
- 濒危等级：DD

峨热竹
Arundinaria spanostachya (T. P. Yi) D. Z. Li
- 习　　性：乔木状
- 海　　拔：3200~3900 m
- 分　　布：四川
- 濒危等级：LC
- 资源利用：动物饲料（饲料）；环境利用（水土保持）；食品（蔬菜）

野古草属 Arundinella Raddi

毛节野古草
Arundinella barbinodis Keng ex B. S. Sun et Z. H. Hu
- 习　　性：多年生草本
- 海　　拔：600~1500 m
- 分　　布：福建、广东、湖南、江西、浙江
- 濒危等级：LC

孟加拉野古草
Arundinella bengalensis (Spreng.) Druce
- 习　　性：多年生草本
- 海　　拔：100~1800 m
- 国内分布：广东、广西、贵州、四川、西藏、云南
- 国外分布：不丹、孟加拉、缅甸、尼泊尔、泰国、印度、越南
- 濒危等级：LC
- 资源利用：原料（纤维）

大序野古草
Arundinella cochinchinensis Keng
- 习　　性：多年生草本
- 海　　拔：500~1500 m
- 国内分布：广西、贵州、云南
- 国外分布：泰国、越南
- 濒危等级：LC

丈野古草
Arundinella decempedalis (Kuntze) Janowski
- 习　　性：多年生草本
- 海　　拔：400~1500 m
- 国内分布：云南
- 国外分布：缅甸、印度
- 濒危等级：LC
- 资源利用：原料（纤维）

硬叶野古草
Arundinella flavida Keng
- 习　　性：多年生草本
- 海　　拔：约500 m
- 国内分布：广西、贵州
- 国外分布：越南
- 濒危等级：LC

溪边野古草
Arundinella fluviatilis Hand.-Mazz.
- 习　　性：多年生草本
- 海　　拔：200~500 m
- 分　　布：贵州、湖北、湖南、江西、四川
- 濒危等级：LC

大花野古草
Arundinella grandiflora Hack.
- 习　　性：多年生草本
- 海　　拔：1700~2600 m
- 分　　布：云南
- 濒危等级：NT

毛秆野古草
Arundinella hirta (Thunberg) Tanaka

毛秆野古草（原变种）
Arundinella hirta var. **hirta**
- 习　　性：多年生草本
- 海　　拔：100~1500 m
- 国内分布：安徽、福建、广东、广西、贵州、河北、河南、黑龙江、湖北、湖南、吉林、江苏、江西、辽宁、内蒙古、宁夏、山东、陕西、四川、台湾、云南
- 国外分布：朝鲜、俄罗斯、缅甸、日本、越南
- 濒危等级：LC
- 资源利用：动物饲料（饲料）；原料（纤维）

庐山野古草
Arundinella hirta var. **hondana** Koidz.
- 习　　性：多年生草本

国内分布：江西、浙江
国外分布：朝鲜、日本
濒危等级：LC

西南野古草
Arundinella hookeri Munro ex Keng
习　　性：多年生草本
海　　拔：1800～3200 m
国内分布：贵州、四川、西藏、云南
国外分布：不丹、缅甸、尼泊尔、印度
濒危等级：LC
资源利用：动物饲料（饲料）

错立野古草
Arundinella intricata Hughes
习　　性：多年生草本
国内分布：西藏
国外分布：不丹、印度
濒危等级：LC

滇西野古草
Arundinella khaseana Nees ex Steud.
习　　性：多年生草本
海　　拔：600～1500 m
国内分布：云南
国外分布：缅甸、印度
濒危等级：DD

长序野古草
Arundinella longispicata B. S. Sun
习　　性：多年生草本
海　　拔：约2000 m
分　　布：云南
濒危等级：DD

石芒草
Arundinella nepalensis Trin.
习　　性：多年生草本
海　　拔：500～1800 m
国内分布：福建、广东、广西、贵州、海南、湖北、西藏、云南
国外分布：巴基斯坦、不丹、缅甸、尼泊尔、日本、泰国、印度、越南
濒危等级：LC
资源利用：原料（纤维）

多节野古草
Arundinella nodosa B. S. Sun et Z. H. Hu
习　　性：多年生草本
海　　拔：约500 m
分　　布：云南
濒危等级：VU B1b（i, iii, v）c（ii, iv）

小花野古草
Arundinella parviflora B. S. Sun et Z. H. Hu
习　　性：多年生草本
海　　拔：1000～1400 m
分　　布：云南
濒危等级：DD

毛野古草
Arundinella pubescens Merr. et Hack.
习　　性：多年生草本
国内分布：台湾
国外分布：菲律宾
濒危等级：LC

岩生野古草
Arundinella rupestris A. Camus
习　　性：多年生草本
海　　拔：300～500 m
国内分布：广西、贵州、湖南
国外分布：泰国、越南
濒危等级：LC

刺芒野古草
Arundinella setosa Trin.

刺芒野古草（原变种）
Arundinella setosa var. **setosa**
习　　性：多年生草本
海　　拔：200～2300 m
国内分布：安徽、福建、广东、广西、贵州、海南、河南、湖南、江苏、江西、四川、台湾、云南、浙江
国外分布：澳大利亚、巴布亚新几内亚、不丹、菲律宾、马来西亚、缅甸、尼泊尔、斯里兰卡、泰国、印度、印度尼西亚、越南
濒危等级：LC
资源利用：原料（纤维）

无刺野古草
Arundinella setosa var. **esetosa** Bor ex S. M. Phillip et S. L. Chen
习　　性：多年生草本
海　　拔：500～2000 m
国内分布：福建、广东、广西、贵州、湖北、湖南、江西、云南、浙江
国外分布：缅甸、尼泊尔、印度
濒危等级：LC

腾冲野古草
Arundinella setosa var. **tengchongensis** B. S. Sun et Z. H. Hu ex S. L. Chen
习　　性：多年生草本
海　　拔：约2000 m
分　　布：云南
濒危等级：LC

毛颖野古草
Arundinella tricholepis B. S. Sun et Z. H. Hu
习　　性：多年生草本
海　　拔：1500～1700 m
分　　布：云南
濒危等级：LC

云南野古草
Arundinella yunnanensis Keng ex B. S. Sun et Z. H. Hu
习　　性：多年生草本
海　　拔：约3000 m
分　　布：西藏、云南

濒危等级：LC

芦竹属 Arundo L.

芦竹
Arundo donax L.
习　　性：多年生草本
海　　拔：200~3000 m
国内分布：福建、广东、贵州、海南、湖南、江苏、四川、西藏、云南、浙江
国外分布：阿富汗、澳大利亚、巴基斯坦、不丹、哈萨克斯坦、柬埔寨、老挝、马来西亚、缅甸、尼泊尔、日本、塔吉克斯坦、泰国、土库曼斯坦、乌兹别克斯坦、印度、印度尼西亚
濒危等级：LC
资源利用：原料（纤维）；动物饲料（饲料）；环境利用（观赏）；药用（中草药）

台湾芦竹
Arundo formosana Hack.
习　　性：多年生草本
海　　拔：500 m
国内分布：台湾
国外分布：菲律宾、日本
濒危等级：LC

燕麦属 Avena L.

莜麦
Avena chinensis (Fisch. ex Roem. et Schult.) Metzg.
习　　性：一年生草本
海　　拔：1000~3200 m
国内分布：河北、河南、湖北、新疆、云南栽培或归化
国外分布：俄罗斯、欧洲
资源利用：动物饲料（饲料）；食品（粮食）

野燕麦
Avena fatua L.

野燕麦（原变种）
Avena fatua var. *fatua*
习　　性：一年生草本
海　　拔：4300 m 以下
国内分布：全国各省
国外分布：原产欧洲、中亚和西南亚；现全球温带散布
资源利用：动物饲料（饲料）；食品（粮食）

光稃野燕麦
Avena fatua var. *glabrata* Peterm.
习　　性：一年生草本
海　　拔：4300 m 以下
国内分布：全国各省
国外分布：原产欧洲、中亚和西南亚；现全球温带散布

裸燕麦
Avena nuda L.
习　　性：一年生草本
海　　拔：2300~3300 m
国内分布：云南有栽培
国外分布：原产俄罗斯及欧洲
资源利用：食品（淀粉）；动物饲料（牧草）

燕麦
Avena sativa L.
习　　性：一年生草本
海　　拔：2100~3000 m
分　　布：全国广泛栽培；为栽培起源种
资源利用：食品（淀粉）；动物饲料（牧草）

长颖燕麦
Avena sterilis (Durieu) J. M. Gillett et Magne
习　　性：一年生草本
国内分布：云南外来种
国外分布：原产西南亚和欧洲

地毯草属 Axonopus P. Beauv.

地毯草
Axonopus compressus (Sw.) P. Beauv.
习　　性：多年生草本
国内分布：福建、广东、广西、贵州、海南、台湾、云南
国外分布：原产热带美洲
资源利用：动物饲料（牧草）

类地毯草
Axonopus fissifolius (Raddi) Kuhlm.
习　　性：多年生草本
国内分布：台湾、西藏
国外分布：原产热带美洲

簕竹属 Bambusa Schreb.

花竹
Bambusa albolineata (McClure) L. C. Chia
习　　性：乔木状
分　　布：福建、广东、江西、台湾、浙江
濒危等级：LC

抱秆黄竹
Bambusa amplexicaulis W. T. Lin et Z. M. Wu
习　　性：乔木状
分　　布：广东
濒危等级：DD

狭耳坭竹
Bambusa angustiaurita W. T. Lin
习　　性：乔木状
分　　布：广东
濒危等级：DD

狭耳簕竹
Bambusa angustissima L. C. Chia et H. L. Fung
习　　性：乔木状
分　　布：广东
濒危等级：DD
资源利用：原料（木材）

裸耳竹
Bambusa aurinuda McClure

习　　性：乔木状
国内分布：广西
国外分布：越南
濒危等级：DD

印度箣竹
Bambusa bambos (L.) Voss. ex Vilm.
习　　性：乔木状
国内分布：广东
国外分布：柬埔寨、缅甸、斯里兰卡、泰国、印度、越南
濒危等级：LC
资源利用：原料（木材）

扁竹
Bambusa basihirsuta McClure
习　　性：乔木状
分　　布：广东、浙江
濒危等级：DD

吊丝球竹
Bambusa beecheyana Munro

吊丝球竹（原变种）
Bambusa beecheyana var. **beecheyana**
习　　性：乔木状
分　　布：广东、广西、海南
濒危等级：LC

大头典竹
Bambusa beecheyana var. **pubescens** (P. F. Li) W. C. Lin
习　　性：乔木状
分　　布：广东、台湾
濒危等级：LC

孟竹
Bambusa bicicatricata (W. T. Lin) L. C. Chia et H. L. Fung
习　　性：乔木状
分　　布：海南
濒危等级：LC
资源利用：食品（蔬菜）

箣竹
Bambusa blumeana Schult. et Schult. f.
习　　性：乔木状
海　　拔：300 m 以下
国内分布：福建、广西、台湾、云南
国外分布：菲律宾、柬埔寨、马来西亚、泰国、印度尼西亚、越南
濒危等级：LC
资源利用：食用（竹笋）

妈竹
Bambusa boniopsis McClure
习　　性：乔木状
分　　布：海南
濒危等级：DD

缅甸竹
Bambusa burmanica Gamble
习　　性：乔木状

国内分布：云南
国外分布：马来西亚、缅甸、泰国
濒危等级：LC

箪竹
Bambusa cerosissima McClure
习　　性：乔木状
海　　拔：100～200 m
国内分布：广东、广西
国外分布：越南
濒危等级：DD

粉箪竹
Bambusa chungii McClure
习　　性：乔木状
海　　拔：100～500 m
国内分布：福建、广东、广西、湖南、云南
国外分布：越南
濒危等级：LC
资源利用：原料（木材）；环境利用（绿化，观赏）

焕镛箣竹
Bambusa chunii L. C. Chia et H. L. Fung
习　　性：乔木状
分　　布：香港
濒危等级：LC

破篾黄竹
Bambusa contracta L. C. Chia et H. L. Fung
习　　性：乔木状
分　　布：广西
濒危等级：DD

东兴黄竹
Bambusa corniculata L. C. Chia et H. L. Fung
习　　性：乔木状
分　　布：广西
濒危等级：LC

牛角竹
Bambusa cornigera McClure
习　　性：乔木状
分　　布：广西
濒危等级：DD

皱耳石竹
Bambusa crispiaurita W. T. Lin et Z. M. Wu
习　　性：乔木状
分　　布：广东
濒危等级：DD

吊罗坭竹
Bambusa diaoluoshanensis L. C. Chia et H. L. Fung
习　　性：乔木状
分　　布：海南
濒危等级：DD
资源利用：原料（木材）

坭箣竹
Bambusa dissimulator McClure

禾本科 POACEAE

坭簕竹（原变种）
Bambusa dissimulator var. **dissimulator**
  习　　性：乔木状
  分　　布：广东
  濒危等级：DD
  资源利用：原料（木材）

白节簕竹
Bambusa dissimulator var. **albinodia** McClure
  习　　性：乔木状
  分　　布：广东
  濒危等级：DD

毛簕竹
Bambusa dissimulator var. **hispida** McClure
  习　　性：乔木状
  分　　布：广东
  濒危等级：DD

料慈竹
Bambusa distegia(Keng et P. C. Keng)L. C. Chia et H. L. Fung
  习　　性：乔木状
  海　　拔：300~500 m
  分　　布：四川、云南
  濒危等级：LC
  资源利用：原料（木材）

长枝竹
Bambusa dolichoclada Hayata
  习　　性：乔木状
  海　　拔：300 m 以下
  分　　布：福建、台湾
  濒危等级：LC

蓬莱黄竹
Bambusa duriuscula W. T. Lin
  习　　性：乔木状
  分　　布：海南
  濒危等级：DD
  资源利用：原料（木材）

慈竹
Bambusa emeiensis L. C. Chia et H. L. Fung
  习　　性：乔木状
  海　　拔：800~2100 m
  分　　布：贵州、湖南、四川、云南
  濒危等级：LC

大眼竹
Bambusa eutuldoides McClure

大眼竹（原变种）
Bambusa eutuldoides var. **eutuldoides**
  习　　性：乔木状
  分　　布：广东、广西
  濒危等级：LC
  资源利用：原料（木材）

银丝大眼竹
Bambusa eutuldoides var. **basistriata** McClure
  习　　性：乔木状
  分　　布：广东、广西
  濒危等级：DD

青丝黄竹
Bambusa eutuldoides var. **viridivittata**(W. T. Lin)L. C. Chia
  习　　性：乔木状
  分　　布：广东
  濒危等级：LC
  资源利用：环境利用（观赏）

流苏箪竹
Bambusa fimbriligulata McClure
  习　　性：乔木状
  分　　布：广西
  濒危等级：DD

小簕竹
Bambusa flexuosa Munro
  习　　性：乔木状
  分　　布：广东、海南
  濒危等级：DD

鸡窦簕竹
Bambusa funghomii McClure
  习　　性：乔木状
  分　　布：广东、广西
  濒危等级：DD
  资源利用：原料（木材）

坭竹
Bambusa gibba McClure
  习　　性：乔木状
  海　　拔：500~900 m
  国内分布：福建、广东、广西、海南、江西
  国外分布：越南
  濒危等级：LC
  资源利用：原料（木材）

鱼肚腩竹
Bambusa gibboides W. T. Lin
  习　　性：乔木状
  分　　布：广东
  濒危等级：DD
  资源利用：原料（木材）

光鞘石竹
Bambusa glabrovagina G. A. Fu
  习　　性：乔木状
  分　　布：海南
  濒危等级：LC

大绿竹
Bambusa grandis(Q. H. Dai et X. L. Tao)Ohrnb.
  习　　性：乔木状
  分　　布：广西
  濒危等级：LC
  资源利用：原料（木材）

桂箪竹
Bambusa guangxiensis L. C. Chia et H. L. Fung

习　　性：乔木状
海　　拔：300~500 m
分　　布：广西
濒危等级：LC

藤箪竹
Bambusa hainanensis L. C. Chia et H. L. Fung
习　　性：乔木状
分　　布：海南
濒危等级：DD

乡土竹
Bambusa indigena L. C. Chia et H. L. Fung
习　　性：乔木状
分　　布：广东
濒危等级：DD
资源利用：原料（木材）；基因源（耐旱瘠）

黎庵高竹
Bambusa insularis L. C. Chia et H. L. Fung
习　　性：乔木状
分　　布：海南
濒危等级：DD
资源利用：原料（木材）

绵竹
Bambusa intermedia J. R. Xue et T. P. Yi
习　　性：乔木状
海　　拔：500~2300 m
分　　布：贵州、四川、云南
资源利用：原料（木材）

油簕竹
Bambusa lapidea McClure
习　　性：乔木状
分　　布：广东、广西、四川、云南
濒危等级：LC
资源利用：原料（木材）

软簕竹
Bambusa latideltata W. T. Lin
习　　性：乔木状
分　　布：广东
濒危等级：DD

藤枝竹
Bambusa lenta L. C. Chia
习　　性：乔木状
分　　布：福建
濒危等级：LC
资源利用：原料（木材）

紫斑簕竹
Bambusa longipalea W. T. Lin
习　　性：乔木状
分　　布：广东
濒危等级：DD

花眉竹
Bambusa longispiculata Gamble ex Brandis
习　　性：乔木状
国内分布：广东栽培
国外分布：原产孟加拉国、缅甸
资源利用：原料（木材）

大耳坭竹
Bambusa macrotis L. C. Chia et H. L. Fung
习　　性：乔木状
分　　布：广东
濒危等级：DD

马岭竹
Bambusa malingensis McClure
习　　性：乔木状
分　　布：广东、海南
濒危等级：LC

拟黄竹
Bambusa mollis L. C. Chia et H. L. Fung
习　　性：乔木状
分　　布：广西
濒危等级：DD
资源利用：原料（木材）

孝顺竹
Bambusa multiplex(Lour.)Raeusch. ex Schult. et Schult. f.

孝顺竹（原变种）
Bambusa multiplex var. **multiplex**
习　　性：乔木状
国内分布：广东、广西、海南、云南
国外分布：亚洲东南部
濒危等级：LC
资源利用：环境利用（观赏）；原料（纤维）

毛凤凰竹
Bambusa multiplex var. **incana** B. M. Yang
习　　性：乔木状
分　　布：湖南、江西
濒危等级：DD

观音竹
Bambusa multiplex var. **riviereorum** Maire
习　　性：乔木状
分　　布：华南地区
濒危等级：DD

石角竹
Bambusa multiplex var. **shimadae**(Hayata)K. Sasaki
习　　性：乔木状
分　　布：广东、台湾
濒危等级：LC

黄竹仔
Bambusa mutabilis McClure
习　　性：乔木状
分　　布：海南
濒危等级：DD

乌脚绿竹
Bambusa odashimae Hatus. ex Ohrnb.
习　　性：乔木状
分　　布：台湾

濒危等级：LC

绿竹
Bambusa oldhamii Munro
- 习　　性：乔木状
- 分　　布：福建、广东、广西、海南、台湾、浙江
- 濒危等级：LC

米筛竹
Bambusa pachinensis Hayata

米筛竹（原变种）
Bambusa pachinensis var. **pachinensis**
- 习　　性：乔木状
- 分　　布：福建、广东、广西、江西、台湾、浙江
- 濒危等级：LC
- 资源利用：原料（木材）

长毛米筛竹
Bambusa pachinensis var. **hirsutissima** (Odash.) W. C. Lin
- 习　　性：乔木状
- 分　　布：福建、广东、广西、台湾、浙江
- 濒危等级：LC
- 资源利用：原料（木材）

大薄竹
Bambusa pallida Munro
- 习　　性：乔木状
- 海　　拔：100~2000 m
- 国内分布：云南
- 国外分布：孟加拉国、缅甸、泰国、印度
- 濒危等级：LC

水箪竹
Bambusa papillata (Q. H. Dai) Q. H. Dai
- 习　　性：乔木状
- 海　　拔：100~500 m
- 分　　布：广西
- 濒危等级：DD

细箪竹
Bambusa papillatoides Q. H. Dai et D. Y. Huang
- 习　　性：乔木状
- 分　　布：广西
- 濒危等级：LC

撑篙竹
Bambusa pervariabilis McClure

撑篙竹（原变种）
Bambusa pervariabilis var. **pervariabilis**
- 习　　性：乔木状
- 分　　布：广东
- 濒危等级：DD
- 资源利用：原料（木材）

花身竹
Bambusa pervariabilis var. **multistriata** W. T. Lin
- 习　　性：乔木状
- 分　　布：广东

濒危等级：DD

花撑篙竹
Bambusa pervariabilis var. **viridistriata** Q. H. Dai et X. C. Liu
- 习　　性：乔木状
- 分　　布：广西
- 濒危等级：LC

石竹仔
Bambusa piscatorum McClure
- 习　　性：乔木状
- 分　　布：海南
- 濒危等级：DD

灰竿竹
Bambusa polymorpha Munro
- 习　　性：乔木状
- 国内分布：云南
- 国外分布：孟加拉国、缅甸、泰国、印度
- 濒危等级：LC
- 资源利用：原料（木材）

牛儿竹
Bambusa prominens H. L. Fung et C. Y. Sia
- 习　　性：乔木状
- 分　　布：四川
- 濒危等级：DD
- 资源利用：原料（木材）；环境利用（观赏）

坭黄竹
Bambusa ramispinosa L. C. Chia et H. L. Fung
- 习　　性：乔木状
- 分　　布：广西
- 濒危等级：DD

孖竹
Bambusa rectocuneata (W. T. Lin) N. H. Xia, R. S. Lin et R. H. Wang
- 习　　性：乔木状
- 分　　布：广东
- 资源利用：食品（蔬菜）

甲竹
Bambusa remotiflora (Kuntze) L. C. Chia et H. L. Fung
- 习　　性：乔木状
- 海　　拔：200~500 m
- 国内分布：广东、广西、海南
- 国外分布：越南
- 濒危等级：LC

硬头黄竹
Bambusa rigida Keng et P. C. Keng
- 习　　性：乔木状
- 海　　拔：400~700 m
- 分　　布：四川
- 资源利用：原料（木材）

皱纹箪竹
Bambusa rugata (W. T. Lin) Ohrnb.
- 习　　性：乔木状
- 分　　布：广东

濒危等级：DD

木竹
Bambusa rutila McClure
 习 性：乔木状
 海 拔：400~700 m
 分 布：福建、广东、广西、四川
 濒危等级：DD
 资源利用：食品（蔬菜）

掩耳黄竹
Bambusa semitecta W. T. Lin et Z. M. Wu
 习 性：乔木状
 分 布：广东
 濒危等级：DD

车筒竹
Bambusa sinospinosa McClure
 习 性：乔木状
 海 拔：500~600 m
 国内分布：广东、广西、海南
 国外分布：越南
 濒危等级：LC
 资源利用：环境利用（观赏）

黄麻竹
Bambusa stenoaurita (W. T. Lin) T. H. Wen
 习 性：乔木状
 分 布：广东
 濒危等级：DD

锦竹
Bambusa subaequalis H. L. Fung et C. Y. Sia
 习 性：乔木状
 分 布：广东、四川
 濒危等级：LC
 资源利用：原料（木材）

信宜石竹
Bambusa subtruncata L. C. Chia et H. L. Fung
 习 性：乔木状
 分 布：广东
 濒危等级：DD

油竹
Bambusa surrecta (Q. H. Dai) Q. H. Dai
 习 性：乔木状
 海 拔：100~300 m
 分 布：广西
 濒危等级：DD
 资源利用：基因源（耐干，耐湿）

马甲竹
Bambusa teres Buch. -Ham. ex Munro
 习 性：乔木状
 国内分布：广东、广西、西藏
 国外分布：不丹、孟加拉国、缅甸、尼泊尔、印度
 濒危等级：LC
 资源利用：原料（木材）

青皮竹
Bambusa textilis McClure

青皮竹（原变种）
Bambusa textilis var. **textilis**
 习 性：乔木状
 分 布：安徽、广东、广西
 濒危等级：LC
 资源利用：药用（中草药）；原料（木材，工业用油）；环境利用（观赏）

光竿青皮竹
Bambusa textilis var. **glabra** McClure
 习 性：乔木状
 分 布：广东、广西
 濒危等级：DD

崖州竹
Bambusa textilis var. **gracilis** McClure
 习 性：乔木状
 分 布：广东、广西
 濒危等级：LC
 资源利用：环境利用（观赏）

平箨竹
Bambusa truncata B. M. Yang
 习 性：乔木状
 分 布：湖南
 濒危等级：LC

俯竹
Bambusa tulda Roxb.
 习 性：乔木状
 海 拔：900~1100 m
 国内分布：云南
 国外分布：不丹、孟加拉国、尼泊尔、泰国、印度、越南
 濒危等级：LC
 资源利用：原料（木材）

青秆竹
Bambusa tuldoides Munro
 习 性：乔木状
 分 布：广东、广西
 濒危等级：LC

乌叶竹
Bambusa utilis W. C. Lin
 习 性：乔木状
 海 拔：300 m 以下
 分 布：台湾
 濒危等级：LC
 资源利用：原料（木材）

吊丝箪竹
Bambusa variostriata (W. T. Lin) L. C. Chia et H. L. Fung
 习 性：乔木状
 分 布：广东
 濒危等级：DD
 资源利用：环境利用（观赏）

佛肚竹
Bambusa ventricosa McClure
  习 性：乔木状
  分 布：广东
  濒危等级：LC
  资源利用：环境利用（观赏）

龙头竹
Bambusa vulgaris Schrad. ex J. C. Wendland
  习 性：乔木状
  海 拔：1500～2200 m
  分 布：云南
  濒危等级：LC
  资源利用：原料（木材）；环境利用（观赏）

温州箪竹
Bambusa wenchouensis(T. H. Wen) P. C. Keng ex Y. M. Lin et Q. F. Zheng
  习 性：乔木状
  海 拔：200～500 m
  分 布：福建、浙江
  濒危等级：LC

霞山坭竹
Bambusa xiashanensis L. C. Chia et H. L. Fung
  习 性：乔木状
  分 布：广东
  濒危等级：DD
  资源利用：原料（木材）

疙瘩竹
Bambusa xueana Ohrnb.
  习 性：乔木状
  海 拔：1700～1800 m
  分 布：云南
  濒危等级：DD

巴山木竹属 Bashania P. C. Keng et T. P. Yi

马边巴山木竹
Bashania abietina T. P. Yi et L. Yang
  习 性：近乔木状
  分 布：四川
  濒危等级：LC

蔓竹
Bashania qiaojiaensis Yi et J. Y. Shi
  习 性：近乔木状
  分 布：云南
  濒危等级：LC

黄金竹
Bashania yongdeensis Yi et J. Y. Shi
  习 性：近乔木状
  分 布：云南
  濒危等级：LC

茵草属 Beckmannia Host

茵草
Beckmannia syzigachne(Steud.) Fernald

茵草（原变种）
Beckmannia syzigachne var. **syzigachne**
  习 性：一年生草本
  海 拔：3700 m 以下
  分 布：甘肃、河北、黑龙江、吉林、江苏、辽宁、内蒙古、青海、四川、西藏、云南、浙江
  国外分布：朝鲜、俄罗斯、哈萨克斯坦、吉尔吉斯斯坦、蒙古、日本
  濒危等级：LC

毛颖茵草
Beckmannia syzigachne var. **hirsutiflora** Roshev.
  习 性：一年生草本
  海 拔：3000 m 以下
  国内分布：中国东北部
  国外分布：俄罗斯
  濒危等级：LC

单枝竹属 Bonia Balansa

芸香竹
Bonia amplexicaulis(L. C. Chia et al) N. H. Xia
  习 性：灌木状
  海 拔：300～500 m
  分 布：广西
  濒危等级：VU A2c；B1ab（i, iii, v）；C1

响子竹
Bonia levigata(L. C. Chia et al) N. H. Xia
  习 性：灌木状
  海 拔：200～700 m
  分 布：海南
  濒危等级：VU D2

小花单枝竹
Bonia parviflosculа(W. T. Lin) N. H. Xia
  习 性：灌木状
  分 布：广东
  濒危等级：VU A2c；B1ab（i, iii, v）

单枝竹
Bonia saxatilis(L. C. Chia et al.) N. H. Xia

单枝竹（原变种）
Bonia saxatilis var. **saxatilis**
  习 性：灌木状
  分 布：广东、广西
  濒危等级：LC

箭秆竹
Bonia saxatilis var. **solida**(C. D. Chu et C. S. Chao) D. Z. Li
  习 性：灌木状
  海 拔：600～700 m
  分 布：广西
  濒危等级：LC

孔颖草属 Bothriochloa Kuntze

臭根子草
Bothriochloa bladhii(Retz.) S. T. Blake

臭根子草（原变种）
Bothriochloa bladhii var. **bladhii**
- 习　　性：多年生草本
- 海　　拔：400~1600 m
- 国内分布：安徽、福建、广东、广西、贵州、湖北、湖南、陕西、四川、台湾、新疆、云南
- 国外分布：澳大利亚、巴基斯坦、不丹、马来西亚、尼泊尔、日本、泰国、印度、印度尼西亚、越南；新几内亚岛
- 濒危等级：LC
- 资源利用：原料（纤维）

孔颖臭根子草
Bothriochloa bladhii var. **punctata**(Roxb.) R. R. Stewart
- 习　　性：多年生草本
- 海　　拔：400~1600 m
- 国内分布：安徽、福建、广东、广西
- 国外分布：澳大利亚、巴基斯坦、不丹、马来西亚、尼泊尔、日本、泰国、印度、印度尼西亚、越南；新几内亚岛
- 濒危等级：LC

白羊草
Bothriochloa ischaemum(L.) Keng
- 习　　性：多年生草本
- 海　　拔：海平面至3500 m
- 国内分布：安徽、福建、广东、贵州、海南、河北、河南、湖北、湖南、江西、内蒙古、宁夏、青海、山东、陕西、四川、台湾、西藏、新疆、云南、浙江
- 国外分布：阿富汗、巴基斯坦、不丹、朝鲜、俄罗斯、哈萨克斯坦、吉尔吉斯斯坦、蒙古、尼泊尔、塔吉克斯坦、土库曼斯坦、乌兹别克斯坦、印度
- 濒危等级：LC
- 资源利用：动物饲料（牧草）；原料（纤维）

孔颖草
Bothriochloa pertusa(L.) A. Camus
- 习　　性：多年生草本
- 海　　拔：1200~1500 m
- 国内分布：广东、四川、云南
- 国外分布：巴基斯坦、马来西亚、尼泊尔、泰国、印度、印度尼西亚、越南
- 濒危等级：LC
- 资源利用：原料（纤维）

格兰马草属 Bouteloua Lag.

垂穗草
Bouteloua curtipendula(Michx.) Torr.
- 习　　性：多年生草本
- 国内分布：中国栽培
- 国外分布：原产美洲

格兰马草
Bouteloua gracilis(Kunth) Lag. ex Griffiths
- 习　　性：多年生草本
- 国内分布：中国栽培
- 国外分布：原产北美洲

臂形草属 Brachiaria(Trin.) Griseb.

臂形草
Brachiaria eruciformis(Sm.) Griseb.
- 习　　性：一年生草本
- 海　　拔：700~1500 m
- 国内分布：福建、贵州、云南
- 国外分布：马来西亚、泰国、印度；地中海地区
- 濒危等级：LC

细毛臂形草
Brachiaria fusiformis Reeder
- 习　　性：一年生草本
- 国内分布：云南
- 国外分布：菲律宾、印度尼西亚；新几内亚岛
- 濒危等级：NT

无名臂形草
Brachiaria kurzii(Hook. f.) A. Camus
- 习　　性：一年生草本
- 海　　拔：约1400 m
- 国内分布：云南
- 国外分布：澳大利亚、泰国、印度、印度尼西亚
- 濒危等级：LC

巴拉草
Brachiaria mutica(Forssk.) Stapf
- 习　　性：多年生草本
- 国内分布：福建、香港；栽培于台湾
- 国外分布：热带非洲和美洲；原产地不明

多枝臂形草
Brachiaria ramosa(L.) Stapf
- 习　　性：一年生草本
- 海　　拔：约1350 m
- 国内分布：海南、云南
- 国外分布：巴基斯坦、不丹、柬埔寨、马来西亚、尼泊尔、泰国、印度、越南
- 濒危等级：LC

短颖臂形草
Brachiaria semiundulata(Hochst. ex A. Rich.) Stapf
- 习　　性：一年生草本
- 海　　拔：1000~1900 m
- 国内分布：海南、云南
- 国外分布：非洲、热带亚洲
- 濒危等级：LC

四生臂形草
Brachiaria subquadripara(Trin.) Hitchc.

四生臂形草（原变种）
Brachiaria subquadripara var. **subquadripara**
- 习　　性：一年生或多年生草本
- 国内分布：福建、广东、广西、贵州、海南、湖南、江西、台湾
- 国外分布：太平洋岛屿、亚洲热带地区

濒危等级：LC

锐头臂形草
Brachiaria subquadripara var. **miliiformis**（J. Presl）S. L. Chen et Y. X. Jin
- 习　　性：一年生或多年生草本
- 国内分布：香港、云南
- 国外分布：马来西亚、斯里兰卡、印度
- 濒危等级：NT A2c；B1ab（i, iii, v）

尾稃臂形草
Brachiaria urochlooides S. L. Chen et Y. X. Jin
- 习　　性：一年生草本
- 分　　布：云南
- 濒危等级：LC

毛臂形草
Brachiaria villosa（Lam.）A. Camus

毛臂形草（原变种）
Brachiaria villosa var. **villosa**
- 习　　性：一年生草本
- 海　　拔：800～2200 m
- 国内分布：安徽、福建、甘肃、广东、广西、贵州、河南、湖北、湖南、江西、陕西、四川、台湾、云南、浙江
- 国外分布：不丹、菲律宾、缅甸、尼泊尔、日本、泰国、印度、印度尼西亚、越南
- 濒危等级：LC

无毛臂形草
Brachiaria villosa var. **glabrata** S. L. Chen et Y. X. Jin
- 习　　性：一年生草本
- 海　　拔：约800 m
- 分　　布：云南
- 濒危等级：LC

短颖草属 Brachyelytrum P. Beauv.

日本短颖草
Brachyelytrum japonicum（Hack.）Matsum. ex Honda
- 习　　性：多年生草本
- 国内分布：安徽、江苏、江西、云南、浙江
- 国外分布：朝鲜、日本
- 濒危等级：LC

短柄草属 Brachypodium P. Beauv.

二穗短柄草
Brachypodium distachyon（L.）P. Beauv.
- 习　　性：一年生草本
- 海　　拔：3000～3200 m
- 国内分布：西藏各地引种
- 国外分布：阿富汗、巴基斯坦、塔吉克斯坦、土库曼斯坦北部
- 濒危等级：LC

川上短柄草
Brachypodium kawakamii Hayata
- 习　　性：多年生草本
- 海　　拔：约3000 m
- 分　　布：台湾
- 濒危等级：NT

羽状短柄草
Brachypodium pinnatum（L.）P. Beauv.
- 习　　性：多年生草本
- 海　　拔：400～3800 m
- 国内分布：内蒙古、山西、西藏、云南
- 国外分布：俄罗斯、哈萨克斯坦、吉尔吉斯斯坦、蒙古
- 濒危等级：LC

草地短柄草
Brachypodium pratense Keng ex P. C. Keng
- 习　　性：多年生草本
- 海　　拔：1700～3900 m
- 分　　布：四川、云南
- 濒危等级：LC

短柄草
Brachypodium sylvaticum（Huds.）P. Beauv.
- 习　　性：多年生草本
- 海　　拔：400～4500 m
- 国内分布：安徽、甘肃、贵州、江苏、辽宁、青海、陕西、四川、台湾、西藏、新疆、云南、浙江
- 国外分布：巴基斯坦、不丹、俄罗斯、菲律宾、吉尔吉斯斯坦、尼泊尔、日本、塔吉克斯坦、土库曼斯坦、乌兹别克斯坦、印度、印度尼西亚
- 濒危等级：LC

凌风草属 Briza L.

大凌风草
Briza maxima L.
- 习　　性：一年生草本
- 国内分布：全国广泛栽培
- 国外分布：原产非洲北部、欧洲南部

凌风草
Briza media L.
- 习　　性：多年生草本
- 海　　拔：3600～3800 m
- 国内分布：四川、西藏、云南
- 国外分布：不丹、克什米尔地区、尼泊尔、印度
- 濒危等级：LC

银鳞茅
Briza minor L.
- 习　　性：一年生草本
- 国内分布：福建、贵州、江苏、台湾、浙江园艺栽培
- 国外分布：非洲北部、欧洲南部、亚洲西南部

雀麦属 Bromus L.

田雀麦
Bromus arvensis L.
- 习　　性：一年生草本
- 国内分布：甘肃、江苏
- 国外分布：俄罗斯

濒危等级：LC

密丛雀麦
Bromus benekenii (Lange) Trin.
习　　性：多年生草本
国内分布：新疆
国外分布：俄罗斯、哈萨克斯坦
濒危等级：LC

短轴雀麦
Bromus brachystachys Hornung
习　　性：一年生草本
海　　拔：约1000 m
国内分布：甘肃
国外分布：阿富汗
濒危等级：LC

卡帕雀麦
Bromus cappadocicus Boiss. et Balansa
习　　性：多年生草本
海　　拔：1000~3200 m
国内分布：甘肃
国外分布：高加索地区、土耳其、伊朗
濒危等级：LC

显脊雀麦
Bromus carinatus Hook. et Arn.
习　　性：一年生草本
国内分布：北京、台湾
国外分布：原产欧洲西北部和北美洲

扁穗雀麦
Bromus catharticus Vahl
习　　性：一年生草本
国内分布：贵州、河北、江苏、内蒙古、台湾、云南
国外分布：原产南美洲

加拿大雀麦
Bromus ciliatus L.
习　　性：多年生草本
国内分布：内蒙古
国外分布：俄罗斯（远东地区）、蒙古、日本；北美洲
濒危等级：LC

毗邻雀麦
Bromus confinis Nees ex Steud.
习　　性：多年生草本
海　　拔：1000~2000 m
国内分布：甘肃
国外分布：巴基斯坦、印度
濒危等级：LC

三芒雀麦
Bromus danthoniae Trin. ex C. A. Mey.
习　　性：一年生草本
海　　拔：1500~3000 m
国内分布：西藏
国外分布：阿富汗、巴基斯坦、俄罗斯、哈萨克斯坦、吉尔吉斯斯坦、塔吉克斯坦、土库曼斯坦、乌兹别克斯坦、印度
濒危等级：LC

光稃雀麦
Bromus epilis Keng ex P. C. Keng
习　　性：多年生草本
海　　拔：2800~3300 m
分　　布：云南
濒危等级：LC

直立雀麦
Bromus erectus Hudson
习　　性：多年生草本
海　　拔：约4600 m
国内分布：西藏
国外分布：欧洲
濒危等级：LC

束生雀麦
Bromus fasciculatus C. Presl
习　　性：一年生草本
国内分布：新疆
国外分布：欧洲、地中海地区
濒危等级：DD

台湾雀麦
Bromus formosanus Honda
习　　性：多年生草本
海　　拔：3500~3800 m
分　　布：台湾
濒危等级：NT

细雀麦
Bromus gracillimus Bunge
习　　性：一年生草本
海　　拔：2000~4200 m
国内分布：西藏、新疆
国外分布：阿富汗、巴基斯坦、哈萨克斯坦、克什米尔地区、塔吉克斯坦、土库曼斯坦、乌兹别克斯坦、伊朗
濒危等级：LC

粗雀麦
Bromus grossus Desf. ex DC.
习　　性：一年生草本
国内分布：西藏
国外分布：欧洲
濒危等级：LC

喜马拉雅雀麦
Bromus himalaicus Stapf
习　　性：多年生草本
海　　拔：3000~3500 m
国内分布：西藏、云南
国外分布：不丹、尼泊尔、印度
濒危等级：LC

大麦状雀麦
Bromus hordeaceus L.
习　　性：一年生草本

海　　拔：500~1500 m
国内分布：甘肃、河北、青海、台湾、新疆
国外分布：巴基斯坦、俄罗斯
濒危等级：LC

无芒雀麦
Bromus inermis Leyss.
习　　性：多年生草本
海　　拔：1000~3500 m
国内分布：甘肃、贵州、河北、黑龙江、吉林、江苏、辽宁
国外分布：高加索地区、哈萨克斯坦、吉尔吉斯斯坦、克什米尔地区、蒙古、日本、塔吉克斯坦、乌兹别克斯坦
濒危等级：LC
资源利用：基因源（耐寒）；动物饲料（牧草）；环境利用（观赏）

中间雀麦
Bromus intermedius Guss.
习　　性：一年生草本
海　　拔：1200~1800 m
国内分布：新疆
国外分布：非洲北部、欧洲南部、西南亚
濒危等级：DD

雀麦
Bromus japonicus Thunb.
习　　性：一年生草本
海　　拔：海平面至2500（3500）m
国内分布：安徽、甘肃
国外分布：俄罗斯、哈萨克斯坦、吉尔吉斯斯坦、蒙古、日本、塔吉克斯坦、土库曼斯坦、乌兹别克斯坦
濒危等级：LC
资源利用：环境利用（观赏）

甘蒙雀麦
Bromus korotkiji Drobow
习　　性：多年生草本
国内分布：甘肃、内蒙古、新疆
国外分布：俄罗斯、蒙古
濒危等级：LC

大穗雀麦
Bromus lanceolatus Roth
习　　性：一年生草本
海　　拔：300~1800 m
国内分布：新疆
国外分布：阿富汗、巴基斯坦、土库曼斯坦
濒危等级：LC

鳞稃雀麦
Bromus lepidus Holmb.
习　　性：一年生或二年生草本
海　　拔：约700 m
国内分布：新疆
国外分布：欧洲；北美洲引种
濒危等级：LC

马德雀麦
Bromus madritensis L.
习　　性：一年生草本
海　　拔：约3500 m
国内分布：西藏
国外分布：伊拉克、伊朗
濒危等级：LC

大雀麦
Bromus magnus Keng
习　　性：多年生草本
海　　拔：2300~3800 m
分　　布：甘肃、青海、四川、西藏
濒危等级：LC

梅氏雀麦
Bromus mairei Hack. ex Hand.-Mazz.
习　　性：多年生草本
海　　拔：3900~4300 m
分　　布：青海、四川、西藏、云南
濒危等级：LC

山地雀麦
Bromus marginatus Nees ex Steud.
习　　性：多年生草本
分　　布：河北
濒危等级：LC

玉山雀麦
Bromus morrisonensis Honda
习　　性：多年生草本
海　　拔：约2800 m
分　　布：台湾
濒危等级：LC

尼泊尔雀麦
Bromus nepalensis Melderis
习　　性：多年生草本
海　　拔：约3000 m
国内分布：西藏
国外分布：尼泊尔
濒危等级：LC

尖齿雀麦
Bromus oxyodon Schrenk
习　　性：一年生草本
海　　拔：500~2600 m
国内分布：新疆
国外分布：阿富汗、巴基斯坦、哈萨克斯坦、吉尔吉斯斯坦、克什米尔地区、蒙古西部、塔吉克斯坦、乌兹别克斯坦、印度
濒危等级：LC
资源利用：动物饲料（牧草）

波申雀麦
Bromus paulsenii Hack. ex Paulsen
习　　性：多年生草本
海　　拔：2000~4000 m
国内分布：内蒙古、新疆
国外分布：阿富汗、哈萨克斯坦、吉尔吉斯斯坦、塔吉克斯坦、乌兹别克斯坦
濒危等级：LC

篦齿雀麦
Bromus pectinatus Thunb.
习　　性：一年生草本
海　　拔：700~1400 m
国内分布：甘肃、河北、河南、内蒙古、青海、山西、陕西、四川、西藏、新疆
国外分布：阿富汗、巴基斯坦、不丹、克什米尔地区、尼泊尔、塔吉克斯坦、印度
濒危等级：LC

多节雀麦
Bromus plurinodis Keng
习　　性：多年生草本
海　　拔：2000~3600 m
分　　布：甘肃、宁夏、青海、陕西、四川、西藏、云南
濒危等级：LC

大药雀麦
Bromus porphyranthos Cope
习　　性：多年生草本
海　　拔：约 3700 m
国内分布：西藏、云南
国外分布：巴基斯坦、不丹、尼泊尔、印度
濒危等级：LC

假枝雀麦
Bromus pseudoramosus Keng ex P. C. Keng
习　　性：多年生草本
海　　拔：约 3600 m
分　　布：西藏、云南
濒危等级：LC

耐酸草
Bromus pumpellianus Scribn.
习　　性：多年生草本
海　　拔：1000~2500 m
国内分布：黑龙江、内蒙古、山西
国外分布：俄罗斯
濒危等级：LC

总状雀麦
Bromus racemosus L.
习　　性：一年生草本
海　　拔：2700~4400 m
国内分布：甘肃、青海、西藏、新疆
国外分布：阿富汗、不丹
濒危等级：LC

类雀麦
Bromus ramosus Hudson
习　　性：多年生草本
海　　拔：2900~3500 m
国内分布：西藏
国外分布：巴基斯坦、克什米尔地区
濒危等级：LC

疏花雀麦
Bromus remotiflorus(Steud.) Ohwi
习　　性：多年生草本
海　　拔：1800~4100 m
国内分布：安徽、福建、贵州、河南、湖北、湖南、江苏、江西、青海、陕西、四川、西藏、云南、浙江
国外分布：朝鲜、日本
濒危等级：LC
资源利用：环境利用（观赏）

硬雀麦
Bromus rigidus Roth
习　　性：一年生草本
海　　拔：约 1000 m
国内分布：江西、台湾
国外分布：地中海地区
濒危等级：LC

山丹雀麦
Bromus riparius Rehmann
习　　性：多年生草本
国内分布：甘肃
国外分布：俄罗斯
濒危等级：LC

红雀麦
Bromus rubens L.
习　　性：一年生草本
海　　拔：约 3900 m
国内分布：新疆
国外分布：塔吉克斯坦、土库曼斯坦
濒危等级：DD

帚雀麦
Bromus scoparius L.
习　　性：一年生草本
海　　拔：400~2300 m
国内分布：江苏、新疆
国外分布：巴基斯坦、哈萨克斯坦、吉尔吉斯斯坦、塔吉克斯坦、土库曼斯坦、乌兹别克斯坦、印度
濒危等级：LC

黑麦状雀麦
Bromus secalinus L.
习　　性：一年生草本
海　　拔：500~1500 m
国内分布：甘肃、台湾、西藏、新疆
国外分布：俄罗斯、日本
濒危等级：LC

密穗雀麦
Bromus sewerzowii Regel
习　　性：一年生草本
海　　拔：700~1400 m
国内分布：新疆
国外分布：阿富汗、俄罗斯、哈萨克斯坦、吉尔吉斯斯坦、蒙古、塔吉克斯坦、伊朗
濒危等级：LC
资源利用：动物饲料（牧草）

西伯利亚雀麦
Bromus sibiricus Drobow
习　　性：多年生草本
海　　拔：500~1000 m

国内分布：河北、黑龙江、内蒙古
国外分布：俄罗斯、蒙古
濒危等级：LC

华雀麦
Bromus sinensis Keng ex P. C. Keng

华雀麦（原变种）
Bromus sinensis var. **sinensis**
习　　性：多年生草本
海　　拔：3500～4300 m
分　　布：青海、四川、西藏、云南
濒危等级：LC
资源利用：环境利用（观赏）

小华雀麦
Bromus sinensis var. **minor** L. Liu
习　　性：多年生草本
海　　拔：约3800 m
分　　布：青海、西藏
濒危等级：LC

偏穗雀麦
Bromus squarrosus L.
习　　性：一年生草本
海　　拔：500～3000 m
国内分布：甘肃、新疆
国外分布：俄罗斯、哈萨克斯坦、蒙古
濒危等级：LC
资源利用：动物饲料（牧草）

大序雀麦
Bromus staintonii Melderis
习　　性：多年生草本
海　　拔：2700～3200 m
国内分布：西藏
国外分布：不丹、克什米尔地区、尼泊尔、印度
濒危等级：LC

窄序雀麦
Bromus stenostachyus Boiss.
习　　性：多年生草本
海　　拔：3000～4200 m
国内分布：新疆
国外分布：阿富汗、巴基斯坦、伊朗
濒危等级：LC

贫育雀麦
Bromus sterilis L.
习　　性：一年生草本
海　　拔：600～3200 m
国内分布：江苏、四川
国外分布：俄罗斯、哈萨克斯坦、吉尔吉斯斯坦、塔吉克斯坦、土库曼斯坦、乌兹别克斯坦
濒危等级：LC

旱雀麦
Bromus tectorum L.

旱雀麦（原亚种）
Bromus tectorum subsp. **tectorum**
习　　性：一年生草本
海　　拔：100～4200 m
国内分布：甘肃、宁夏、青海、陕西、四川、西藏、新疆、云南
国外分布：俄罗斯、哈萨克斯坦、吉尔吉斯斯坦、塔吉克斯坦、土库曼斯坦、乌兹别克斯坦
濒危等级：LC
资源利用：动物饲料（牧草）；环境利用（观赏）

绢雀麦
Bromus tectorum subsp. **lucidus** F. Sales
习　　性：一年生草本
海　　拔：2700～3400 m
国内分布：西藏、云南
国外分布：巴基斯坦、吉尔吉斯斯坦、塔吉克斯坦、土耳其、土库曼斯坦、伊拉克、伊朗、印度
濒危等级：LC

裂稃雀麦
Bromus tytthanthus Nevski
习　　性：一年生草本
国内分布：新疆
国外分布：哈萨克斯坦、吉尔吉斯斯坦、塔吉克斯坦、乌兹别克斯坦、伊朗
濒危等级：LC

土沙雀麦
Bromus tyttholepis (Nevski) Nevski
习　　性：多年生草本
国内分布：新疆
国外分布：哈萨克斯坦、吉尔吉斯斯坦、塔吉克斯坦
濒危等级：LC

变色雀麦
Bromus variegatus M. Bieb.
习　　性：多年生草本
海　　拔：1600～3800 m
国内分布：西藏
国外分布：阿富汗、土耳其
濒危等级：LC

扁穗草属 Brylkinia F. Schmidt

扁穗草
Brylkinia caudata (Munro) F. Schmidt
习　　性：多年生草本
海　　拔：3000 m 以下
国内分布：吉林、四川
国外分布：俄罗斯、日本
濒危等级：LC

野牛草属 Buchloe Engelm.

野牛草
Buchloe dactyloides (Nutt.) Engelm.
习　　性：多年生草本
国内分布：中国栽培
国外分布：原产美国、墨西哥
资源利用：动物饲料（饲料）；环境利用（水土保持、观赏）

拂子茅属 Calamagrostis Adans.

单蕊拂子茅
Calamagrostis emodensis Griseb.
习　　性：多年生草本
海　　拔：1900～5000 m
国内分布：陕西、四川、西藏、云南
国外分布：巴基斯坦、不丹、克什米尔地区、印度
濒危等级：LC

拂子茅
Calamagrostis epigeios(L.) Roth

拂子茅（原变种）
Calamagrostis epigeios var. **epigeios**
习　　性：多年生草本
海　　拔：100～3900 m
国内分布：全国广布
国外分布：澳大利亚、巴基斯坦、俄罗斯、哈萨克斯坦、吉尔吉斯斯坦、克什米尔地区、蒙古、日本、塔吉克斯坦、土库曼斯坦
濒危等级：LC
资源利用：原料（木材）；基因源（抗盐碱，耐湿）；动物饲料（牧草）

小花拂子茅
Calamagrostis epigeios var. **parviflora** Keng ex T. F. Wang
习　　性：多年生草本
国内分布：黑龙江、四川
国外分布：俄罗斯
濒危等级：DD

远东拂子茅
Calamagrostis extremiorientalis(Tzvel.) Prob.
习　　性：多年生草本
国内分布：安徽、重庆、福建、广东、广西、贵州、河北、河南、黑龙江、湖北、湖南、吉林、江苏、江西、辽宁、山东、山西、陕西、上海、四川、台湾、云南、浙江
国外分布：朝鲜半岛、俄罗斯、日本
濒危等级：LC

短芒拂子茅
Calamagrostis hedinii Pilg.
习　　性：多年生草本
海　　拔：700～3000 m
国内分布：青海、四川、西藏、新疆
国外分布：巴基斯坦、吉尔吉斯斯坦、克什米尔地区、塔吉克斯坦、印度
濒危等级：LC

东北拂子茅
Calamagrostis kengii T. F. Wang
习　　性：多年生草本
海　　拔：1000 m
分　　布：黑龙江、吉林
濒危等级：LC

大拂子茅
Calamagrostis macrolepis Litv.
习　　性：多年生草本
海　　拔：100～3200 m
国内分布：河北、黑龙江、吉林、内蒙古、青海、山西、新疆
国外分布：俄罗斯、蒙古、日本、塔吉克斯坦
濒危等级：LC

假苇拂子茅
Calamagrostis pseudophragmites(Haller f.) Koeler
习　　性：多年生草本
海　　拔：300～2500 m
国内分布：东北、甘肃、贵州、湖北、内蒙古、青海、四川、西藏、新疆、云南
国外分布：巴基斯坦、不丹、朝鲜、哈萨克斯坦、吉尔吉斯斯坦、克什米尔地区、蒙古、日本、塔吉克斯坦、土库曼斯坦、乌兹别克斯坦、印度
濒危等级：LC
资源利用：原料（木材）；动物饲料（饲料）

细柄草属 Capillipedium Stapf

硬秆子草
Capillipedium assimile(Steud.) A. Camus
习　　性：多年生草本
海　　拔：300～3600 m
国内分布：福建、广东、广西、贵州、海南、河南、湖北、湖南、江西、山东、四川、台湾、西藏、云南、浙江
国外分布：不丹、马来西亚、孟加拉国、缅甸、尼泊尔、日本、泰国、印度、印度尼西亚、越南
濒危等级：LC

郭氏细柄草
Capillipedium kuoi L. B. Cai
习　　性：多年生草本
海　　拔：600～1900 m
分　　布：四川、西藏、云南
濒危等级：LC

绿岛细柄草
Capillipedium kwashotensis(Hayata) C. C. Hsu
习　　性：一年生或多年生草本
国内分布：台湾
国外分布：日本
濒危等级：NT

细柄草
Capillipedium parviflorum(R. Br.) Stapf
习　　性：多年生草本
海　　拔：200～4300 m
国内分布：安徽、福建、广东、广西、贵州、海南、河北、河南、湖北、山东、陕西、四川、台湾、西藏、云南、浙江
国外分布：澳大利亚、巴布亚新几内亚、巴基斯坦、不丹、菲律宾、缅甸、尼泊尔、日本、泰国、印度、印度尼西亚
濒危等级：LC

多节细柄草
Capillipedium spicigerum S. T. Blake

习　　性：多年生草本
国内分布：江西、台湾、香港、浙江
国外分布：澳大利亚、菲律宾、日本、印度尼西亚
濒危等级：LC

沿沟草属 Catabrosa P. Beauv.

沿沟草
Catabrosa aquatica (L.) P. Beauv.

沿沟草（原变种）
Catabrosa aquatica var. **aquatica**
习　　性：多年生草本
海　　拔：800~4000 m
国内分布：甘肃、贵州、河北、湖北、内蒙古、青海、四川、西藏、新疆、云南
国外分布：阿富汗、巴基斯坦、俄罗斯、哈萨克斯坦、吉尔吉斯斯坦、克什米尔地区、美国北部、蒙古、缅甸、塔吉克斯坦、土库曼斯坦
濒危等级：LC

窄沿沟草
Catabrosa aquatica var. **angusta** Stapf
习　　性：多年生草本
海　　拔：海平面至4800 m
分　　布：内蒙古、青海、四川、西藏
濒危等级：LC

长颖沿沟草
Catabrosa capusii Franch.
习　　性：多年生草本
海　　拔：3700~4900 m
国内分布：内蒙古、西藏
国外分布：吉尔吉斯斯坦、塔吉克斯坦、土耳其、乌兹别克斯坦、伊拉克、伊朗
濒危等级：LC

蒺藜草属 Cenchrus L.

水牛草
Cenchrus ciliaris L.
习　　性：多年生草本
国内分布：台湾
国外分布：原产巴基斯坦、印度

蒺藜草
Cenchrus echinatus L.
习　　性：一年生草本
国内分布：福建、广东、海南、台湾、云南
国外分布：原产美洲；热带、亚热带地区广布

光梗蒺藜草
Cenchrus incertus M. A. Curtis
习　　性：一年生或多年生草本
国内分布：辽宁
国外分布：原产美洲

倒刺蒺藜草
Cenchrus setigerus Vahl
习　　性：多年生草本
国内分布：云南
国外分布：原产巴基斯坦、印度

酸模芒属 Centotheca Desv.

酸模芒
Centotheca lappacea (L.) Desv.
习　　性：多年生草本
国内分布：福建、广东、广西、海南、江西、台湾
国外分布：澳大利亚、不丹、菲律宾、马来西亚、缅甸、尼泊尔、斯里兰卡、泰国、印度、印度尼西亚、越南
濒危等级：LC

空竹属 Cephalostachyum Munro

薄竹
Cephalostachyum chinense (Rendle) D. Z. Li et H. Q. Yang
习　　性：乔木状
海　　拔：1500~2000 m
分　　布：云南
濒危等级：NT

空竹
Cephalostachyum latifolium Munro
习　　性：乔木或灌木状
海　　拔：1200~2000 m
国内分布：云南
国外分布：不丹、缅甸、印度
濒危等级：LC

独龙江空竹
Cephalostachyum mannii (Gamble) Stapleton et D. Z. Li
习　　性：乔木或灌木状
海　　拔：1300~1400 m
国内分布：云南
国外分布：印度
濒危等级：NT

小空竹
Cephalostachyum pallidum Munro
习　　性：乔木或灌木状
海　　拔：1200~2000 m
国内分布：西藏、云南
国外分布：缅甸、印度
濒危等级：DD

糯竹
Cephalostachyum pergracile Munro
习　　性：乔木或灌木状
海　　拔：500~1200 m
国内分布：云南
国外分布：缅甸
濒危等级：LC
资源利用：环境利用（观赏）

真麻竹
Cephalostachyum scandens Bor
习　　性：乔木或灌木状
海　　拔：1600~2000 m
国内分布：云南

国外分布：缅甸
濒危等级：LC

金毛空竹
Cephalostachyum virgatum (Munro) Kurz.
  习 性：乔木或灌木状
  海 拔：700~1000 m
  国内分布：云南
  国外分布：缅甸、印度
  濒危等级：LC

山涧草属 Chikusichloa Koidz.

山涧草
Chikusichloa aquatica Koidz.
  习 性：多年生草本
  国内分布：江苏
  国外分布：日本
  濒危等级：EN A2c；B1ab（iii）；C1
  国家保护：Ⅱ级

无芒山涧草
Chikusichloa mutica Keng
  习 性：多年生草本
  国内分布：广东、广西、海南
  国外分布：印度尼西亚
  濒危等级：LC

方竹属 Chimonobambusa Makino

狭叶方竹
Chimonobambusa angustifolia C. D. Chu et C. S. Chao
  习 性：灌木状至乔木状
  海 拔：700~1400 m
  分 布：广西、贵州、湖北、陕西
  濒危等级：LC

缅甸方竹
Chimonobambusa armata (Gamble) J. R. Xue et T. P. Yi
  习 性：灌木状至乔木状
  海 拔：1300~2000 m
  国内分布：西藏、云南
  国外分布：缅甸、印度
  濒危等级：LC

短节方竹
Chimonobambusa brevinoda J. R. Xue et W. P. Zhang
  习 性：灌木状
  海 拔：1600~1800 m
  分 布：云南
  濒危等级：DD

平竹
Chimonobambusa communis (J. R. Xue et T. P. Yi) T. H. Wen et Ohrnb.
  习 性：灌木状
  海 拔：1600~2000 m
  分 布：贵州、湖北、四川
  濒危等级：LC
  资源利用：食品（蔬菜）

小方竹
Chimonobambusa convoluta Q. H. Dai et X. L. Tao
  习 性：灌木状
  海 拔：800~1400 m
  分 布：广西
  濒危等级：LC

大明山方竹
Chimonobambusa damingshanensis J. R. Xue et W. P. Zhang
  习 性：灌木状
  海 拔：约1300 m
  分 布：广西
  濒危等级：LC

大叶方竹
Chimonobambusa grandifolia J. R. Xue et W. P. Zhang
  习 性：灌木状
  海 拔：1500 m
  分 布：云南
  濒危等级：LC

合江方竹
Chimonobambusa hejiangensis C. D. Chu et C. S. Chao
  习 性：乔木状
  海 拔：700~1200 m
  分 布：贵州、江苏、四川
  濒危等级：VU B1ab（i, iii, v）

毛环方竹
Chimonobambusa hirtinoda C. S. Chao et K. M. Lan
  习 性：乔木状
  海 拔：1100 m
  分 布：贵州
  濒危等级：LC
  资源利用：环境利用（观赏）；食品（蔬菜）

细秆筇竹
Chimonobambusa hsuehiana D. Z. Li et H. Q. Yang
  习 性：灌木状
  海 拔：1200~1500 m
  分 布：四川
  濒危等级：LC

乳纹方竹
Chimonobambusa lactistriata W. D. Li et Q. X. Wu
  习 性：灌木状
  海 拔：约500 m
  分 布：贵州
  濒危等级：DD
  资源利用：食品（蔬菜）

雷山方竹
Chimonobambusa leishanensis T. P. Yi
  习 性：灌木状
  海 拔：1600 m
  分 布：贵州
  濒危等级：LC

光竹
Chimonobambusa luzhiensis (J. R. Xue et T. P. Yi) T. H. Wen et Ohrnb.

习　　性：灌木状
海　　拔：1700~1900 m
分　　布：贵州
濒危等级：CR B1b（iii）c（i）
资源利用：食品（蔬菜）

大叶箣竹
Chimonobambusa macrophylla（J. R. Xue et T. P. Yi）T. H. Wen et Ohrnb.

大叶箣竹（原变种）
Chimonobambusa macrophylla var. **macrophylla**
习　　性：灌木状
海　　拔：1500~2200 m
分　　布：四川
濒危等级：LC

雷波大叶箣竹
Chimonobambusa macrophylla var. **leiboensis**（J. R. Xue et T. P. Yi）D. Z. Li
习　　性：灌木状
海　　拔：约 1400 m
分　　布：四川
濒危等级：LC

寒竹
Chimonobambusa marmorea（Mitford）Makino
习　　性：灌木状
海　　拔：200~1500 m
国内分布：福建、湖北、陕西、四川、浙江
国外分布：日本
濒危等级：VU D2
资源利用：环境利用（观赏）

墨脱方竹
Chimonobambusa metuoensis J. R. Xue et T. P. Yi
习　　性：乔木状
海　　拔：1900~2200 m
分　　布：西藏
濒危等级：EN D
资源利用：食品（蔬菜）

小花方竹
Chimonobambusa microfloscula McClure
习　　性：灌木状
海　　拔：1400~1800 m
国内分布：云南
国外分布：越南
濒危等级：VU B1ab（i, iii, v）; D

荆竹
Chimonobambusa montigena（T. P. Yi）Ohrnb.
习　　性：灌木状
海　　拔：2300~2500 m
分　　布：云南
濒危等级：LC

宁南方竹
Chimonobambusa ningnanica J. R. Xue et L. Z. Gao
习　　性：灌木状
海　　拔：1600~2200 m
分　　布：四川、云南
濒危等级：LC

三月竹
Chimonobambusa opienensis（J. R. Xue et T. P. Yi）T. H. Wen et Ohrnb.
习　　性：灌木状
海　　拔：1600~1900 m
分　　布：四川
濒危等级：LC

刺竹子
Chimonobambusa pachystachys J. R. Xue et T. P. Yi
习　　性：灌木状
海　　拔：1000~2000 m
分　　布：贵州、四川
濒危等级：LC
资源利用：食品（蔬菜）

少刺方竹
Chimonobambusa paucispinosa T. P. Yi
习　　性：灌木状
海　　拔：1500 m
分　　布：云南
濒危等级：NT

柔毛箣竹
Chimonobambusa puberula（J. R. Xue et T. P. Yi）T. H. Wen et Ohrnb.
习　　性：灌木状
海　　拔：1200~1500 m
分　　布：贵州
濒危等级：LC
资源利用：食品（蔬菜）

十月寒竹
Chimonobambusa pubescens T. H. Wen
习　　性：灌木状
分　　布：湖南
濒危等级：DD

刺黑竹
Chimonobambusa purpurea J. R. Xue et T. P. Yi
习　　性：灌木状
海　　拔：800~1500 m
分　　布：湖北、陕西、四川
濒危等级：NT D
资源利用：环境利用（观赏）

方竹
Chimonobambusa quadrangularis（Franceschi）Makino
习　　性：灌木状
海　　拔：约 1000 m
国内分布：安徽、福建、广西、湖南、江苏、江西、台湾、浙江
国外分布：日本
濒危等级：LC
资源利用：环境利用（观赏）；食品（蔬菜）

实竹子
Chimonobambusa rigidula（J. R. Xue et T. P. Yi）T. H. Wen et

D. Ohrnb.
- 习　　性：灌木状
- 海　　拔：1300～1700 m
- 分　　布：四川
- 濒危等级：LC

月月竹
Chimonobambusa sichuanensis(T. P. Yi)T. H. Wen
- 习　　性：灌木状
- 海　　拔：400～1200 m
- 分　　布：四川
- 濒危等级：LC

八月竹
Chimonobambusa szechuanensis(Rendle)P. C. Keng

八月竹（原变种）
Chimonobambusa szechuanensis var. **szechuanensis**
- 习　　性：灌木状
- 海　　拔：1000～2400 m
- 分　　布：四川
- 濒危等级：DD

龙拐竹
Chimonobambusa szechuanensis var. **flexuosa** J. R. Xue et C. Li
- 习　　性：灌木状
- 分　　布：四川
- 濒危等级：DD
- 资源利用：环境利用（观赏）

永善方竹
Chimonobambusa tuberculata J. R. Xue et L. Z. Gao
- 习　　性：灌木状至乔木状
- 海　　拔：1300～1400 m
- 分　　布：云南
- 濒危等级：LC

筇竹
Chimonobambusa tumidissinoda J. R. Xue et T. P. Yi ex Ohrnb.
- 习　　性：灌木状
- 海　　拔：1500～2200 m
- 分　　布：四川、云南
- 濒危等级：LC

半边罗汉竹
Chimonobambusa unifolia(Yi)T. H. Wen
- 习　　性：灌木状
- 海　　拔：1500～2200 m
- 分　　布：四川
- 濒危等级：DD

金佛山方竹
Chimonobambusa utilis(Keng)P. C. Keng
- 习　　性：灌木状
- 海　　拔：1000～2100 m
- 分　　布：贵州、四川、云南
- 濒危等级：LC
- 资源利用：食品（蔬菜）

瘤箨筇竹
Chimonobambusa verruculosa(T. P. Yi)T. H. Wen et Ohrnb.
- 习　　性：灌木状
- 海　　拔：约1100 m
- 分　　布：四川
- 濒危等级：LC

香竹属 Chimonocalamus Hsue et T. P. Yi

御香竹
Chimonocalamus cibarius Yi et J. Y. Shi
- 习　　性：乔木状
- 分　　布：云南
- 濒危等级：LC

香竹
Chimonocalamus delicatus J. R. Xue et T. P. Yi
- 习　　性：乔木状
- 海　　拔：1400～2000 m
- 分　　布：云南
- 濒危等级：VU A2c
- 资源利用：原料（木材）

小香竹
Chimonocalamus dumosus J. R. Xue et T. P. Yi

小香竹（原变种）
Chimonocalamus dumosus var. **dumosus**
- 习　　性：灌木状
- 分　　布：云南
- 濒危等级：VU A2c+3c

耿马小香竹
Chimonocalamus dumosus var. **pygmaeus** J. R. Xue et T. P. Yi
- 习　　性：灌木状
- 海　　拔：约2160 m
- 分　　布：云南
- 濒危等级：VU D2

流苏香竹
Chimonocalamus fimbriatus J. R. Xue et T. P. Yi
- 习　　性：乔木状
- 海　　拔：1500～1800 m
- 分　　布：云南
- 濒危等级：LC
- 国家保护：Ⅱ级

西藏香竹
Chimonocalamus griffithianus(Munro)J. R. Xue et T. P. Yi
- 习　　性：灌木状
- 海　　拔：1700～2200 m
- 国内分布：西藏、云南
- 国外分布：印度
- 濒危等级：LC

长舌香竹
Chimonocalamus longiligulatus J. R. Xue et T. P. Yi
- 习　　性：灌木状
- 海　　拔：1800～2000 m
- 分　　布：云南
- 濒危等级：VU A3c

长节香竹
Chimonocalamus longiusculus J. R. Xue et T. P. Yi
- 习　　性：灌木状
- 海　　拔：1600~1700 m
- 分　　布：云南
- 濒危等级：VU A2c+3c

马关香竹
Chimonocalamus makuanensis J. R. Xue et T. P. Yi
- 习　　性：乔木状
- 海　　拔：1700~1900 m
- 分　　布：云南
- 濒危等级：VU A2c+3c

山香竹
Chimonocalamus montanus J. R. Xue et T. P. Yi
- 习　　性：乔木状
- 海　　拔：约1700 m
- 分　　布：云南
- 濒危等级：VU A2c+3c

灰香竹
Chimonocalamus pallens J. R. Xue et T. P. Yi
- 习　　性：乔木状
- 海　　拔：1400~2000 m
- 分　　布：云南
- 濒危等级：VU A2c+3c

葫芦草属 Chionachne R. Brown

葫芦草
Chionachne massiei Balansa
- 习　　性：一年生草本
- 国内分布：海南
- 国外分布：老挝、泰国、越南
- 濒危等级：LC

虎尾草属 Chloris Sw.

孟仁草
Chloris barbata Sw.
- 习　　性：一年生或多年生草本
- 国内分布：广东、台湾
- 国外分布：澳大利亚、巴基斯坦、菲律宾、马来西亚、缅甸、日本、斯里兰卡、泰国、印度、印度尼西亚、越南；新几内亚岛
- 濒危等级：LC

台湾虎尾草
Chloris formosana (Honda) Keng ex B. S. Sun et Z. H. Hu
- 习　　性：一年生或多年生草本
- 国内分布：福建、广东、海南、台湾
- 国外分布：越南
- 濒危等级：LC

非洲虎尾草
Chloris gayana Kunth
- 习　　性：多年生草本
- 国内分布：广泛栽培于中国温暖地区
- 国外分布：原产非洲

异序虎尾草
Chloris pycnothrix Trin.
- 习　　性：一年生或多年生草本
- 海　　拔：400~1500 m
- 国内分布：云南
- 国外分布：缅甸、斯里兰卡、印度
- 濒危等级：LC

金须茅属 Chrysopogon Trin.

竹节草
Chrysopogon aciculatus (Retz.) Trin.
- 习　　性：多年生草本
- 海　　拔：500~1000 m
- 国内分布：福建、广东、广西、贵州、海南、台湾、云南
- 国外分布：阿富汗、澳大利亚、巴基斯坦、不丹、菲律宾、柬埔寨、马来西亚、孟加拉国、缅甸、尼泊尔、斯里兰卡、泰国、新加坡、印度、印度尼西亚、越南
- 濒危等级：LC
- 资源利用：基因源（耐瘠）；环境利用（水土保持）；药用（中草药）

刺金须茅
Chrysopogon gryllus (L.) Trin.
- 习　　性：多年生草本
- 海　　拔：约2500 m
- 国内分布：西藏、云南
- 国外分布：阿富汗、巴基斯坦、不丹、高加索地区、尼泊尔、伊拉克、印度
- 濒危等级：LC

金须茅
Chrysopogon orientalis (Desv.) A. Camus
- 习　　性：多年生草本
- 国内分布：福建、广东、海南
- 国外分布：老挝、马来西亚、缅甸、斯里兰卡、泰国、印度、越南
- 濒危等级：LC

香根草
Chrysopogon zizanioides (L.) Roberty
- 习　　性：多年生草本
- 国内分布：福建、广东、海南、江苏、四川、台湾、云南、浙江栽培
- 国外分布：原产印度；多地栽培
- 资源利用：原料（精油）；动物饲料（饲料）

单蕊草属 Cinna L.

单蕊草
Cinna latifolia (Trevir. ex Göpp.) Griseb.
- 习　　性：多年生草本
- 海　　拔：200~700 m
- 国内分布：黑龙江、吉林
- 国外分布：朝鲜、俄罗斯、蒙古、日本
- 濒危等级：LC

隐子草属 Cleistogenes Keng

丛生隐子草
Cleistogenes caespitosa Keng
习　　性：多年生草本
海　　拔：1000 m
分　　布：甘肃、河北、河南、辽宁、内蒙古、宁夏、山东、山西、陕西
濒危等级：LC
资源利用：动物饲料（牧草）

薄鞘隐子草
Cleistogenes festucacea Honda
习　　性：多年生草本
分　　布：甘肃、河北、内蒙古、宁夏、山东、山西
濒危等级：LC

朝阳隐子草
Cleistogenes hackelii(Honda) Honda

朝阳隐子草（原变种）
Cleistogenes hackelii var. **hackelii**
习　　性：多年生草本
国内分布：安徽、福建、甘肃、贵州、河北、河南、黑龙江、湖北、江苏、辽宁、内蒙古、宁夏、青海、山东、山西、陕西、四川、浙江
国外分布：朝鲜、日本
濒危等级：LC

宽叶隐子草
Cleistogenes hackelii var. **nakaii**(Keng) Ohwi
习　　性：多年生草本
国内分布：安徽、甘肃、贵州、河北、河南、黑龙江、湖北、江苏、辽宁、内蒙古、山东、山西、陕西、浙江
国外分布：朝鲜、日本
濒危等级：LC
资源利用：动物饲料（饲料）；环境利用（水土保持，绿化）

北京隐子草
Cleistogenes hancei Keng
习　　性：多年生草本
海　　拔：约 700 m
国内分布：安徽、福建、河北、河南、江苏、江西、辽宁、内蒙古、山东、山西、陕西
国外分布：俄罗斯
濒危等级：LC
资源利用：动物饲料（牧草）；环境利用（水土保持）

凌源隐子草
Cleistogenes kitagawae Honda
习　　性：多年生草本
国内分布：河北、辽宁
国外分布：俄罗斯、蒙古
濒危等级：LC

小尖隐子草
Cleistogenes mucronata Keng ex P. C. Keng et L. Liu
习　　性：多年生草本
分　　布：甘肃、河南、内蒙古、宁夏、青海、山西、陕西
濒危等级：LC

多叶隐子草
Cleistogenes polyphylla Keng ex P. C. Keng et L. Liu
习　　性：多年生草本
海　　拔：1000 m
分　　布：河北、河南、黑龙江、吉林、辽宁、内蒙古、山东、山西、陕西
濒危等级：LC
资源利用：动物饲料（牧草）

枝花隐子草
Cleistogenes ramiflora Keng et C. P. Wang
习　　性：多年生草本
分　　布：内蒙古
濒危等级：LC
资源利用：动物饲料（牧草）

无芒隐子草
Cleistogenes songorica(Roshev.) Ohwi
习　　性：多年生草本
国内分布：甘肃、河南、内蒙古、宁夏、青海、陕西、新疆
国外分布：俄罗斯、哈萨克斯坦、吉尔吉斯斯坦、蒙古、土库曼斯坦、乌兹别克斯坦
濒危等级：LC
资源利用：动物饲料（牧草）

糙隐子草
Cleistogenes squarrosa(Trin.) Keng
习　　性：多年生草本
海　　拔：600~3700 m
国内分布：甘肃、河北、河南、黑龙江、吉林、辽宁、内蒙古、宁夏、青海、山东、山西、陕西、新疆
国外分布：俄罗斯、高加索地区、哈萨克斯坦、蒙古
濒危等级：LC
资源利用：动物饲料（牧草）

小丽草属 Coelachne R. Br.

小丽草
Coelachne simpliciuscula(Wight et Arn. ex Steud.) Munro ex Benth.
习　　性：一年生草本
海　　拔：800~1570 m
国内分布：广东、贵州、四川、云南
国外分布：不丹、柬埔寨、缅甸、尼泊尔、斯里兰卡、泰国、印度、越南
濒危等级：LC

薏苡属 Coix L.

水生薏苡
Coix aquatica Roxb.
习　　性：多年生草本
海　　拔：500~1800 m
国内分布：广东、广西、云南
国外分布：不丹、马来西亚、孟加拉国、缅甸、斯里兰卡、

        泰国、印度、越南
    濒危等级：LC

薏苡
Coix lacryma-jobi L.

薏苡（原变种）
Coix lacryma-jobi var. **lacryma-jobi**
    习　　性：一年生草本
    海　　拔：200 ~ 2000 m
    国内分布：安徽、福建、广东、广西、贵州、海南、河北、河南、黑龙江、湖北、湖南、江苏、江西、辽宁、内蒙古、宁夏、山东、山西、陕西、四川、台湾、新疆、云南、浙江
    国外分布：巴布亚新几内亚、菲律宾、老挝、马来西亚、缅甸、尼泊尔、斯里兰卡、泰国、印度、印度尼西亚、越南
    濒危等级：LC
    资源利用：食品（淀粉）；药用（中草药）

薏米
Coix lacryma-jobi var. **ma-yuen**(Rom. Caill.)Stapf
    习　　性：一年生草本
    海　　拔：2000 m 以下
    国内分布：安徽、福建、广东、广西、河北、河南、湖北、江苏、江西、辽宁、陕西、四川、台湾、云南
    国外分布：不丹、菲律宾、老挝、马来西亚、缅甸、泰国、印度、印度尼西亚、越南
    濒危等级：LC
    资源利用：食品（淀粉）；药用（中草药）

小珠薏苡
Coix lacryma-jobi var. **puellarum**(Balansa)A. Camus
    习　　性：一年生草本
    海　　拔：约1400 m
    国内分布：海南、西藏、云南
    国外分布：缅甸、泰国、印度、越南
    濒危等级：LC

窄果薏苡
Coix lacryma-jobi var. **stenocarpa**(Oliv.)Stapf
    习　　性：一年生草本
    国内分布：云南栽培
    国外分布：菲律宾、缅甸、印度尼西亚、越南；新几内亚岛
    资源利用：观赏

莎禾属 Coleanthus Seidel

莎禾
Coleanthus subtilis(Tratt.)Seidel
    习　　性：一年生草本
    海　　拔：约545 m
    国内分布：中国东北部和江西
    国外分布：俄罗斯
    濒危等级：EN A2ac +3c；B1ab（i, iii, v）
    国家保护：II级

小沿沟草属 Colpodium Trinius

柔毛小沿沟草
Colpodium altaicum Trin.
    习　　性：多年生草本
    海　　拔：2500 ~ 4800 m
    国内分布：新疆
    国外分布：俄罗斯、哈萨克斯坦、蒙古
    濒危等级：LC

矮小沿沟草
Colpodium humile(Bieb.)Griseb.
    习　　性：多年生草本
    海　　拔：400 ~ 1700 m
    国内分布：新疆
    国外分布：俄罗斯
    濒危等级：LC

高山小沿沟草
Colpodium leucolepis Nevski
    习　　性：多年生草本
    海　　拔：3900 ~ 5000 m
    国内分布：新疆
    国外分布：阿富汗、巴基斯坦、哈萨克斯坦、吉尔吉斯斯坦、克什米尔地区、塔吉克斯坦
    濒危等级：LC

藏小沿沟草
Colpodium tibeticum Bor
    习　　性：多年生草本
    海　　拔：4500 ~ 5500 m
    国内分布：西藏
    国外分布：不丹、尼泊尔
    濒危等级：LC

瓦小沿沟草
Colpodium wallichii(Stapf)Bor
    习　　性：多年生草本
    海　　拔：4000 ~ ? m
    国内分布：西藏
    国外分布：不丹、尼泊尔、印度
    濒危等级：LC

蒲苇属 Cortaderia Stapf

蒲苇
Cortaderia selloana(Schult. et Schult. f.)Asch. et Graebn.
    习　　性：多年生草本
    国内分布：江苏、台湾、浙江
    国外分布：原产南美洲

隐花草属 Crypsis Ait.

隐花草
Crypsis aculeata(L.)Aiton
    习　　性：一年生草本
    海　　拔：800 m 以下
    国内分布：安徽、甘肃、河北、河南、江苏、内蒙古、宁夏
    国外分布：哈萨克斯坦、吉尔吉斯斯坦、土库曼斯坦、乌兹别克斯坦
    濒危等级：LC

蔺状隐花草
Crypsis schoenoides(L.)Lam.
    习　　性：一年生草本

海　　拔：300~600 m
国内分布：安徽、河北、河南、江苏、内蒙古、宁夏、山东、山西、新疆
国外分布：哈萨克斯坦、吉尔吉斯斯坦、塔吉克斯坦、土库曼斯坦、乌兹别克斯坦
濒危等级：LC

杯禾属 Cyathopus Stapf

锡金杯禾
Cyathopus sikkimensis Stapf
习　　性：多年生草本
海　　拔：2900~3200 m
国内分布：云南
国外分布：不丹、印度
濒危等级：DD

香茅属 Cymbopogon Spreng.

圆基香茅
Cymbopogon annamensis(A. Camus) A. Camus
习　　性：多年生草本
国内分布：云南
国外分布：老挝、泰国、越南
濒危等级：DD

长耳香茅
Cymbopogon auritus B. S. Sun
习　　性：多年生草本
海　　拔：约1000 m
分　　布：云南
濒危等级：DD

柠檬草
Cymbopogon citratus(DC.) Stapf
习　　性：多年生草本
国内分布：福建、广东、贵州、海南、湖北、台湾、云南、浙江
国外分布：起原地不明；热带亚洲及其他地区栽培
资源利用：药用（中草药）；原料（精油）；食品添加剂（调味剂）

芸香草
Cymbopogon distans(Nees ex Steud.) Will. Watson
习　　性：多年生草本
海　　拔：2000~3500 m
国内分布：甘肃、贵州、陕西、四川、西藏、云南
国外分布：巴基斯坦、尼泊尔、印度
濒危等级：LC
资源利用：原料（精油）；药用（中草药）

纤鞘香茅
Cymbopogon fibrosus B. S. Sun
习　　性：多年生草本
分　　布：四川、云南
濒危等级：LC

曲序香茅
Cymbopogon flexuosus(Nees ex Steud.) Will. Watson
习　　性：多年生草本
国内分布：云南
国外分布：原产泰国；马来西亚、缅甸、尼泊尔、印度尼西亚等地归化
濒危等级：LC
资源利用：原料（精油）；食品添加剂（调味剂）

缅甸浅囊香茅
Cymbopogon gidarba Bor
习　　性：多年生草本
海　　拔：1000~2200 m
国内分布：云南
国外分布：缅甸
濒危等级：LC

橘草
Cymbopogon goeringii(Steud.) A. Camus
习　　性：多年生草本
海　　拔：1500 m 以下
国内分布：安徽、福建、贵州、河北、河南、湖北、湖南、江苏、江西、山东、台湾、香港、云南、浙江
国外分布：朝鲜、日本
濒危等级：LC

辣薄荷草
Cymbopogon jwarancusa(Jones) Schult.

辣薄荷草（原亚种）
Cymbopogon jwarancusa subsp. **jwarancusa**
习　　性：多年生草本
海　　拔：1400 m 以下
国内分布：四川、西藏、云南
国外分布：阿富汗、阿曼、巴基斯坦、不丹、尼泊尔、伊拉克、伊朗、印度
濒危等级：LC
资源利用：药用（中草药）；原料（精油）

西亚香茅
Cymbopogon jwarancusa subsp. **olivieri**(Boiss.) Soenarko
习　　性：多年生草本
海　　拔：2900~3500 m
国内分布：西藏、云南
国外分布：阿富汗、阿曼、巴基斯坦、伊拉克、伊朗、印度
濒危等级：LC

卡西香茅
Cymbopogon khasianus(Munro ex Hack.) Stapf ex Bor
习　　性：多年生草本
海　　拔：800~2000 m
国内分布：广西、云南
国外分布：不丹、缅甸、泰国、印度
濒危等级：LC

凉山香茅
Cymbopogon liangshanense L. Liou ex S. M. Phillips et H. Peng
习　　性：多年生草本
海　　拔：约1600 m
分　　布：四川
濒危等级：DD

鲁沙香茅
Cymbopogon martini(Roxb.) J. F. Watson
习　　性：多年生草本
海　　拔：约1000 m

国内分布：四川、云南
国外分布：原产印度

青香茅
Cymbopogon mekongensis A. Camus
习　　性：多年生草本
海　　拔：约1000 m
国内分布：广东、广西、贵州、海南、湖南、四川、云南、浙江
国外分布：老挝、泰国、越南
濒危等级：LC
资源利用：原料（精油）；动物饲料（牧草）

细穗香茅
Cymbopogon microstachys(Hook. f.) Soenarko
习　　性：多年生草本
海　　拔：约1200 m
国内分布：云南
国外分布：缅甸、泰国、印度
濒危等级：DD
资源利用：原料（精油）

细小香茅
Cymbopogon minor B. S. Sun et R. Zhang ex S. M. Phillips
习　　性：多年生草本
海　　拔：约900 m
分　　布：云南
濒危等级：DD

亚香茅
Cymbopogon nardus(L.) Rendle
习　　性：多年生草本
国内分布：福建、广东、海南、台湾、云南
国外分布：原产斯里兰卡和印度
资源利用：药用（中草药）；原料（香料，工业用油）

多脉香茅
Cymbopogon nervosus B. S. Sun
习　　性：多年生草本
海　　拔：约2500 m
分　　布：云南
濒危等级：LC

垂序香茅
Cymbopogon pendulus(Nees ex Steud.) Willd.
习　　性：多年生草本
海　　拔：2000 m
国内分布：云南
国外分布：不丹、尼泊尔、印度
濒危等级：LC

喜马拉雅香茅
Cymbopogon pospischilii(K. Schum.) C. E. Hubb.
习　　性：多年生草本
海　　拔：1600~3000 m
国内分布：西藏、云南
国外分布：巴基斯坦、尼泊尔、印度
濒危等级：LC

扭鞘香茅
Cymbopogon tortilis(J. Presl) A. Camus
习　　性：多年生草本

海　　拔：600 m以下
国内分布：安徽、福建、广东、贵州、海南、台湾、云南、浙江
国外分布：菲律宾、越南
濒危等级：LC

横香茅
Cymbopogon traninhensis(A. Camus) Soenarko
习　　性：多年生草本
国内分布：云南
国外分布：老挝、缅甸、泰国、印度
濒危等级：DD

通麦香茅
Cymbopogon tungmaiensis L. Liu
习　　性：多年生草本
海　　拔：2000~2500 m
分　　布：四川、西藏、云南
濒危等级：LC

枫茅
Cymbopogon winterianus Jowitt ex Bor
习　　性：多年生草本
国内分布：广东、海南、四川、云南
国外分布：原产地不明；印度尼西亚为主要栽培区
资源利用：原料（香料，精油）

西昌香茅
Cymbopogon xichangensis R. S. Zhang et B. S. Sun
习　　性：多年生草本
海　　拔：约2000 m
分　　布：四川
濒危等级：DD

狗牙根属 Cynodon Rich.

狗牙根
Cynodon dactylon(L.) Pers.

狗牙根（原变种）
Cynodon dactylon var. **dactylon**
习　　性：多年生草本
海　　拔：海平面至2500 m
国内分布：福建、广东、海南、湖北、江苏、陕西、四川、台湾、云南、浙江
国外分布：全球热带和暖温带地区
濒危等级：LC
资源利用：药用（中草药）；食品（蔬菜）

双花狗牙根
Cynodon dactylon var. **biflorus** Merino
习　　性：多年生草本
国内分布：福建、江苏、台湾、浙江
国外分布：欧洲
濒危等级：LC

弯穗狗牙根
Cynodon radiatus Roth ex Roem. et Schult.
习　　性：多年生草本
国内分布：广东、海南、台湾
国外分布：澳大利亚、巴基斯坦、不丹、菲律宾、马达加斯加、马来西亚、缅甸、尼泊尔、斯里兰卡、

泰国、印度、印度尼西亚、越南
濒危等级：LC

洋狗尾草属 Cynosurus L.

洋狗尾草
Cynosurus cristatus L.
习　　性：多年生草本
国内分布：江西
国外分布：非洲北部、欧洲、亚洲西南；北美洲和澳大利亚引种

弓果黍属 Cyrtococcum Stapf

尖叶弓果黍
Cyrtococcum oxyphyllum（Hochst. ex Steud.）Stapf
习　　性：一年生草本
海　　拔：100~800 m
国内分布：广东、广西、海南、云南
国外分布：澳大利亚、不丹、菲律宾、马来西亚、缅甸、斯里兰卡、印度、越南
濒危等级：LC

弓果黍
Cyrtococcum patens（L.）A. Camus

弓果黍（原变种）
Cyrtococcum patens var. **patens**
习　　性：一年生草本
国内分布：福建、广东、广西、贵州、海南、江西、四川、台湾、云南
国外分布：不丹、菲律宾、马来西亚、孟加拉国、缅甸、尼泊尔、日本、斯里兰卡、泰国、印度、印度尼西亚、越南
濒危等级：LC

散穗弓果黍
Cyrtococcum patens var. **latifolium**（Honda）Ohwi
习　　性：一年生草本
海　　拔：1000 m
国内分布：广东、广西、贵州、湖南、台湾、西藏、云南
国外分布：马来西亚、日本、泰国、印度、越南
濒危等级：LC

鸭茅属 Dactylis L.

鸭茅
Dactylis glomerata L.
习　　性：多年生草本
海　　拔：1400~3600 m
国内分布：甘肃、贵州、湖北、宁夏、陕西
国外分布：不丹、俄罗斯、哈萨克斯坦、吉尔吉斯斯坦、蒙古、尼泊尔、塔吉克斯坦、土耳其、乌兹别克斯坦、印度
濒危等级：LC
资源利用：动物饲料（牧草）

龙爪茅属 Dactyloctenium Willd.

龙爪茅
Dactyloctenium aegyptium（L.）Willd.
习　　性：一年生草本
海　　拔：100~1400 m
国内分布：福建、广东、贵州、海南、四川、台湾、云南、浙江
国外分布：东半球热带地区和暖温带地区；引种到美国、欧洲
濒危等级：LC

扁芒草属 Danthonia DC.

喀什米尔扁芒草
Danthonia cachemyriana Jaub. et Spach
习　　性：多年生草本
海　　拔：3800 m
国内分布：西藏
国外分布：阿富汗、巴基斯坦、印度
濒危等级：LC

扁芒草
Danthonia cumminsii Hook. f.
习　　性：多年生草本
海　　拔：3000~4500 m
国内分布：四川、西藏、云南
国外分布：巴基斯坦、不丹、尼泊尔、印度
濒危等级：LC

牡竹属 Dendrocalamus Nees

马来甜龙竹
Dendrocalamus asper（Schult. et Schult. f.）Backer ex K. Heyne
习　　性：乔木状
国内分布：台湾、香港、云南
国外分布：菲律宾、老挝、马来西亚、缅甸、泰国、印度尼西亚
濒危等级：LC

深绿牡竹
Dendrocalamus atroviridis D. Z. Li et H. Q. Yang
习　　性：乔木状
分　　布：云南
濒危等级：LC

椅子竹
Dendrocalamus bambusoides J. R. Xue et D. Z. Li
习　　性：乔木状
海　　拔：200~1890 m
分　　布：云南
濒危等级：LC
资源利用：原料（木材）；环境利用（观赏）

小叶龙竹
Dendrocalamus barbatus J. R. Xue et D. Z. Li

小叶龙竹（原变种）
Dendrocalamus barbatus var. **barbatus**
习　　性：乔木状
海　　拔：300~1100 m
分　　布：云南
濒危等级：DD

毛脚龙竹
Dendrocalamus barbatus var. **internodiiradicatus** J. R.

Xue et D. Z. Li
习　　性：乔木状
分　　布：云南
濒危等级：DD

缅甸龙竹
Dendrocalamus birmanicus A. Camus
习　　性：乔木状
国内分布：云南
国外分布：缅甸
濒危等级：LC

勃氏甜龙竹
Dendrocalamus brandisii (Munro) Kurz.
习　　性：乔木状
海　　拔：600~2000 m
国内分布：云南
国外分布：老挝、缅甸、泰国、越南
濒危等级：LC
资源利用：食用（竹笋）

美穗龙竹
Dendrocalamus calostachyus (Kurz) Kurz
习　　性：乔木状
海　　拔：约1380 m
国内分布：云南
国外分布：缅甸
濒危等级：LC

大叶慈
Dendrocalamus farinosus (Keng et P. C. Keng) L. C. Chia et H. L. Fung
习　　性：乔木状
海　　拔：400~1200 m
分　　布：广西、贵州、四川、云南
濒危等级：LC
资源利用：原料（木材）；环境利用（绿化）；食品（蔬菜）

福贡龙竹
Dendrocalamus fugongensis J. R. Xue et D. Z. Li
习　　性：乔木状
海　　拔：1200~1580 m
分　　布：云南
濒危等级：DD

龙竹
Dendrocalamus giganteus Wall. ex Munro
习　　性：乔木状
海　　拔：200~2000 m
国内分布：云南
国外分布：马来西亚、缅甸、泰国
濒危等级：LC
资源利用：原料（木材）；食品（蔬菜）；环境利用（观赏）

版纳甜龙竹
Dendrocalamus hamiltonii Nees et Arn. ex Munro
习　　性：乔木状
海　　拔：约580 m
国内分布：云南
国外分布：不丹、老挝、缅甸、尼泊尔、印度
濒危等级：LC

资源利用：食品（蔬菜）

建水龙竹
Dendrocalamus jianshuiensis J. R. Xue et D. Z. Li
习　　性：乔木状
分　　布：云南
濒危等级：DD

麻竹
Dendrocalamus latiflorus Munro
习　　性：乔木状
国内分布：福建、广东、广西、贵州、海南、四川、台湾、香港、云南
国外分布：缅甸、越南
濒危等级：LC
资源利用：食品（蔬菜）

荔波吊竹
Dendrocalamus liboensis J. R. Xue et D. Z. Li
习　　性：乔木状
分　　布：贵州
濒危等级：DD

长耳吊丝竹
Dendrocalamus longiauritus S. H. Chen, K. F. Huang et R. S. Chen
习　　性：乔木状
海　　拔：100~200 m
分　　布：福建
濒危等级：LC

黄竹
Dendrocalamus membranaceus Munro
习　　性：乔木状
海　　拔：500~1000 m
国内分布：云南
国外分布：老挝、缅甸、泰国、越南
濒危等级：LC
资源利用：原料（木材）；环境利用（观赏）

勐龙牡竹
Dendrocalamus menglongensis J. R. Xue et K. L. Wang ex N. H. Xia, R. S. Lin et Y. B. Guo
习　　性：乔木状
海　　拔：700~1000 m
分　　布：云南
濒危等级：LC

吊丝竹
Dendrocalamus minor (McClure) L. C. Chia et H. L. Fung

吊丝竹（原变种）
Dendrocalamus minor var. **minor**
习　　性：乔木状
分　　布：广东、广西、贵州
濒危等级：DD

花吊丝竹
Dendrocalamus minor var. **amoenus** (Q. H. Dai et C. F. Huang) J. R. Xue et D. Z. Li
习　　性：乔木状
分　　布：广西
濒危等级：DD
资源利用：环境利用（观赏）

粗穗龙竹
Dendrocalamus pachystachys J. R. Xue et D. Z. Li
 习 性：乔木状
 分 布：云南
 濒危等级：DD
 资源利用：食品（蔬菜）

巴氏龙竹
Dendrocalamus parishii Munro
 习 性：乔木状
 海 拔：约1300 m
 国内分布：云南
 国外分布：巴基斯坦、印度
 濒危等级：LC

金平龙竹
Dendrocalamus peculiaris J. R. Xue et D. Z. Li
 习 性：乔木状
 海 拔：约1200 m
 分 布：云南
 濒危等级：NT

粉麻竹
Dendrocalamus pulverulentus L. C. Chia et But
 习 性：乔木状
 分 布：广东
 濒危等级：LC

野龙竹
Dendrocalamus semiscandens J. R. Xue et D. Z. Li
 习 性：乔木状
 海 拔：500~1000 m
 分 布：云南
 濒危等级：DD

锡金龙竹
Dendrocalamus sikkimensis Gamble ex Oliv.
 习 性：乔木状
 海 拔：100~600 m
 国内分布：云南
 国外分布：不丹、印度
 濒危等级：LC

歪脚龙竹
Dendrocalamus sinicus L. C. Chia et J. L. Sun
 习 性：乔木状
 海 拔：600~1000 m
 分 布：云南
 濒危等级：DD
 资源利用：环境利用（观赏）

牡竹
Dendrocalamus strictus(Roxb.)Nees
 习 性：乔木状
 国内分布：广东、台湾
 国外分布：印度
 濒危等级：LC

西藏牡竹
Dendrocalamus tibeticus J. R. Xue et T. P. Yi
 习 性：乔木状
 海 拔：1200~1700 m
 分 布：西藏、云南
 濒危等级：DD
 资源利用：原料（木材）；食品（蔬菜）

毛龙竹
Dendrocalamus tomentosus J. R. Xue et D. Z. Li
 习 性：乔木状
 海 拔：800~900 m
 分 布：云南
 濒危等级：DD

黔竹
Dendrocalamus tsiangii(McClure)L. C. Chia et H. L. Fung
 习 性：乔木状
 分 布：广西、贵州
 濒危等级：LC

西双版纳牡竹
Dendrocalamus xishuangbannaensis D. Z. Li et H. Q. Yang
 习 性：乔木状
 分 布：云南
 濒危等级：LC

云南龙竹
Dendrocalamus yunnanicus J. R. Xue et D. Z. Li
 习 性：乔木状
 国内分布：云南
 国外分布：越南
 濒危等级：LC

发草属 Deschampsia P. Beauv.

发草
Deschampsia cespitosa(L.)P. Beauv.

发草（原亚种）
Deschampsia cespitosa subsp. **cespitosa**
 习 性：多年生草本
 海 拔：1500~4500 m
 国内分布：青海、新疆、云南
 国外分布：俄罗斯、哈萨克斯坦、吉尔吉斯斯坦、蒙古、塔吉克斯坦、乌兹别克斯坦
 濒危等级：LC

短枝发草
Deschampsia cespitosa subsp. **ivanovae**(Tzvelev)S. M. Phillips et Z. L. Wu
 习 性：多年生草本
 海 拔：3200~5100 m
 分 布：甘肃、青海、四川、西藏、云南
 濒危等级：LC

小穗发草
Deschampsia cespitosa subsp. **orientalis** Hultén
 习 性：多年生草本
 海 拔：3800 m 以下
 国内分布：黑龙江、内蒙古、青海、台湾、新疆、云南
 国外分布：朝鲜、俄罗斯、蒙古、日本
 濒危等级：LC

帕米尔发草
Deschampsia cespitosa subsp. **pamirica**(Roshev.)Tzvelev
习　　性：多年生草本
海　　拔：1800～3100 m
国内分布：新疆
国外分布：塔吉克斯坦
濒危等级：LC

曲芒发草
Deschampsia flexuosa(L.)Trin.
习　　性：多年生草本
海　　拔：3000～3400 m
国内分布：台湾
国外分布：阿根廷、俄罗斯、菲律宾、高加索地区、日本、智利
濒危等级：LC

穗发草
Deschampsia koelerioides Regel
习　　性：多年生草本
海　　拔：3500～5100 m
国内分布：甘肃、内蒙古、青海、西藏、新疆
国外分布：阿富汗、巴基斯坦、俄罗斯、哈萨克斯坦、吉尔吉斯斯坦、克什米尔地区、蒙古、塔吉克斯坦、乌兹别克斯坦
濒危等级：LC

羽穗草属 Desmostachya(Stapf)Stapf

羽穗草
Desmostachya bipinnata(L.)Stapf
习　　性：多年生草本
国内分布：海南
国外分布：澳大利亚、巴基斯坦、柬埔寨、缅甸、泰国、印度、越南
濒危等级：LC
资源利用：动物饲料（牧草）

野青茅属 Deyeuxia Clar.

不育野青茅
Deyeuxia abnormis Hook. f.
习　　性：多年生草本
海　　拔：约1900 m
国内分布：云南
国外分布：不丹、印度
濒危等级：DD

短毛野青茅
Deyeuxia anthoxanthoides Munro ex Hook. f.
习　　性：多年生草本
海　　拔：3100～4500 m
国内分布：西藏、新疆
国外分布：阿富汗、塔吉克斯坦、乌兹别克斯坦
濒危等级：LC

密穗野青茅
Deyeuxia conferta Keng
习　　性：多年生草本
海　　拔：3000～3500 m
分　　布：甘肃、内蒙古、青海、陕西
濒危等级：LC

细弱野青茅
Deyeuxia debilis(Hook. f.)Veldkamp
习　　性：多年生草本
海　　拔：3300～3400 m
国内分布：西藏
国外分布：印度
濒危等级：LC

散穗野青茅
Deyeuxia diffusa Keng
习　　性：多年生草本
海　　拔：1900～3800 m
分　　布：贵州、四川、云南
濒危等级：LC

疏穗野青茅
Deyeuxia effusiflora Rendle
习　　性：多年生草本
海　　拔：600～2900 m
分　　布：甘肃、贵州、河南、宁夏、陕西、四川、云南、浙江
濒危等级：LC

柔弱野青茅
Deyeuxia flaccida(P. C. Keng)Keng ex S. L. Lu
习　　性：多年生草本
海　　拔：2000～2600 m
分　　布：四川、云南
濒危等级：NT A3c；B1ab（i, iii, v）

黄花野青茅
Deyeuxia flavens Keng
习　　性：多年生草本
海　　拔：2700～4500 m
分　　布：甘肃、青海、四川、西藏、云南
濒危等级：LC

高黎贡山野青茅
Deyeuxia gaoligongensis Paszko
习　　性：多年生草本
分　　布：云南
濒危等级：NT

箱根野青茅
Deyeuxia hakonensis(Franch. et Sav.)Keng
习　　性：多年生草本
海　　拔：600～2500 m
国内分布：安徽、广东、贵州、河北、湖北、江西、四川、浙江
国外分布：俄罗斯、日本
濒危等级：LC

喜马拉雅野青茅
Deyeuxia himalaica L. Liu ex W. L. Chen
习　　性：多年生草本
海　　拔：3900～4000 m
分　　布：西藏
濒危等级：NT A1c；D

青藏野青茅
Deyeuxia holciformis(Jaub. et Spach)Bor
习　　性：多年生草本
海　　拔：3800~4500 m
国内分布：甘肃、青海、西藏
国外分布：吉尔吉斯斯坦、克什米尔地区、塔吉克斯坦
濒危等级：LC

青海野青茅
Deyeuxia kokonorica(Keng ex Tzvelev)S. L. Lu
习　　性：多年生草本
海　　拔：3000~4500 m
分　　布：甘肃、青海
濒危等级：LC

兴安野青茅
Deyeuxia korotkyi(Litv.)S. M. Phillips et W. L. Chen
习　　性：多年生草本
海　　拔：300~2500 m
国内分布：黑龙江、内蒙古、新疆
国外分布：俄罗斯、蒙古
濒危等级：LC

欧野青茅
Deyeuxia lapponica(Wahlenb.)Kunth
习　　性：多年生草本
海　　拔：400~4100 m
国内分布：甘肃、黑龙江、内蒙古、四川、西藏、新疆
国外分布：朝鲜、俄罗斯、蒙古
濒危等级：LC

瘦野青茅
Deyeuxia macilenta(Griseb.)Keng ex S. L. Lu
习　　性：多年生草本
海　　拔：2700~3400 m
国内分布：内蒙古、青海、新疆
国外分布：俄罗斯、蒙古
濒危等级：LC

会理野青茅
Deyeuxia mazzettii Veldkamp
习　　性：多年生草本
海　　拔：2200~3800 m
分　　布：四川、云南
濒危等级：LC

宝兴野青茅
Deyeuxia moupinensis(Franch.)Pilg.
习　　性：多年生草本
海　　拔：1300~2600 m
分　　布：四川
濒危等级：LC

小花野青茅
Deyeuxia neglecta(Ehrh.)Kunth
习　　性：多年生草本
海　　拔：1200~4300 m
国内分布：甘肃、河北、黑龙江、辽宁、内蒙古、陕西、四川、新疆
国外分布：俄罗斯、吉尔吉斯斯坦、蒙古、日本、塔吉克斯坦
濒危等级：LC

顶芒野青茅
Deyeuxia nepalensis Bor
习　　性：多年生草本
海　　拔：3100~3500 m
国内分布：四川、云南
国外分布：尼泊尔
濒危等级：LC

微药野青茅
Deyeuxia nivicola Hook. f.
习　　性：多年生草本
海　　拔：3000~5000 m
国内分布：青海、四川、西藏、云南
国外分布：不丹、尼泊尔、印度
濒危等级：LC

林芝野青茅
Deyeuxia nyingchiensis P. C. Kuo et S. L. Lu
习　　性：多年生草本
海　　拔：3500~4700 m
分　　布：四川、西藏
濒危等级：LC

异颖草
Deyeuxia petelotii(Hitchc.)S. M. Phillips et W. L. Chen
习　　性：多年生草本
海　　拔：1400~3000 m
国内分布：贵州、云南
国外分布：不丹、印度、越南
濒危等级：LC

小丽茅
Deyeuxia pulchella(Griseb.)Hook. f.
习　　性：多年生草本
海　　拔：2700~5200 m
国内分布：四川、西藏、云南
国外分布：不丹、克什米尔地区、尼泊尔、印度
濒危等级：LC

大叶章
Deyeuxia purpurea(Trin.)Kunth
习　　性：多年生草本
海　　拔：100~3600 m
国内分布：河北、黑龙江、湖北、吉林、辽宁、内蒙古、陕西、四川、新疆
国外分布：朝鲜、俄罗斯、蒙古、日本
濒危等级：LC

野青茅
Deyeuxia pyramidalis(Host)Veldkamp
习　　性：多年生草本
海　　拔：100~4200 m
国内分布：安徽、福建、甘肃、贵州、河南、湖北、湖南、江苏、江西、内蒙古、山东、山西、陕西、四川、台湾、云南
国外分布：巴基斯坦、朝鲜、俄罗斯、克什米尔地区、日本
濒危等级：LC

玫红野青茅
Deyeuxia rosea Bor
习　　性：多年生草本
海　　拔：3500～5000 m
国内分布：四川、西藏
国外分布：印度
濒危等级：LC

糙野青茅
Deyeuxia scabrescens (Griseb.) Hook. f.
习　　性：多年生草本
海　　拔：2000～4600 m
国内分布：甘肃、湖北、青海、陕西、四川、西藏、云南
国外分布：巴基斯坦、不丹、克什米尔地区、缅甸、尼泊尔、印度
濒危等级：LC

四川野青茅
Deyeuxia sichuanensis (J. L. Yang) S. M. Phillips et W. L. Chen
习　　性：多年生草本
海　　拔：2800～4300 m
分　　布：甘肃、四川
濒危等级：LC

华高野青茅
Deyeuxia sinelatior Keng
习　　性：多年生草本
海　　拔：1000～3200 m
分　　布：河南、陕西、四川
濒危等级：DD

左氏野青茅
Deyeuxia sorengii Paszko et W. L. Chen
习　　性：多年生草本
海　　拔：约3900 m
分　　布：青海、西藏
濒危等级：LC

水山野青茅
Deyeuxia suizanensis (Hayata) Ohwi
习　　性：多年生草本
海　　拔：约3000 m
国内分布：台湾
国外分布：巴布亚新几内亚、菲律宾
濒危等级：NT

天山野青茅
Deyeuxia tianschanica (Rupr.) Bor
习　　性：多年生草本
海　　拔：1000～5200 m
国内分布：甘肃、青海、新疆
国外分布：吉尔吉斯斯坦、塔吉克斯坦
濒危等级：LC

藏野青茅
Deyeuxia tibetica Bor

藏野青茅（原变种）
Deyeuxia tibetica var. **tibetica**
习　　性：多年生草本
海　　拔：3000～5500 m
国内分布：青海、西藏
国外分布：印度
濒危等级：LC

矮野青茅
Deyeuxia tibetica var. **przevalskyi** (Tzvelev) P. C. Kuo et S. L. Lu
习　　性：多年生草本
海　　拔：3000～5000 m
分　　布：青海、西藏
濒危等级：LC

盐源野青茅
Deyeuxia yanyuanensis (J. L. Yang) L. Liu
习　　性：多年生草本
海　　拔：2600 m
分　　布：四川
濒危等级：EN A2c；C1

藏西野青茅
Deyeuxia zangxiensis P. C. Kuo et S. L. Lu
习　　性：多年生草本
海　　拔：3200～4600 m
分　　布：甘肃、西藏
濒危等级：LC

龙常草属 Diarrhena P. Beauv.

法利龙常草
Diarrhena fauriei (Hack.) Ohwi
习　　性：多年生草本
海　　拔：约700 m
国内分布：中国东北部和山东
国外分布：朝鲜、俄罗斯、日本
濒危等级：LC

日本龙常草
Diarrhena japonica Franch. et Sav.
习　　性：多年生草本
国内分布：中国东北部
国外分布：朝鲜、俄罗斯、日本
濒危等级：LC

龙常草
Diarrhena mandshurica Maxim.
习　　性：多年生草本
海　　拔：1900 m
国内分布：中国东北部
国外分布：朝鲜、俄罗斯
濒危等级：LC

双花草属 Dichanthium Willemet

双花草
Dichanthium annulatum (Forssk.) Stapf
习　　性：多年生草本
海　　拔：100～2200 m
国内分布：广东、广西、贵州、海南、湖北、四川
国外分布：巴基斯坦、菲律宾、马来西亚、缅甸、尼泊尔、印度、印度尼西亚
濒危等级：LC

毛梗双花草
Dichanthium aristatum(Poir.)C. E. Hubb.
 习 性：多年生草本
 海 拔：500~1500 m
 国内分布：台湾、云南
 国外分布：马来西亚、印度、印度尼西亚
 濒危等级：LC

单穗草
Dichanthium caricosum(L.)A. Camus
 习 性：多年生草本
 海 拔：300~1000 m
 国内分布：贵州、云南
 国外分布：马来西亚、缅甸、斯里兰卡、泰国、印度
 濒危等级：LC

马唐属 Digitaria Haller

粒状马唐
Digitaria abludens(Roem. et Schult.)Veldkamp
 习 性：一年生草本
 海 拔：2500 m 以下
 国内分布：海南、河南、四川、云南
 国外分布：巴基斯坦、不丹、菲律宾、马来西亚、缅甸、尼泊尔、泰国、印度、印度尼西亚
 濒危等级：LC

异马唐
Digitaria bicornis(Lam.)Roemer et Schult.
 习 性：一年生草本
 海 拔：2000 m 以下
 国内分布：福建、海南、云南
 国外分布：澳大利亚、巴布亚新几内亚、马来西亚、缅甸、斯里兰卡、泰国、印度、印度尼西亚
 濒危等级：LC

纤毛马唐
Digitaria ciliaris(Retz.)Koeler

纤毛马唐（原变种）
Digitaria ciliaris var. **ciliaris**
 习 性：一年生草本
 国内分布：北京、福建、广东、贵州、海南、湖北、江西、内蒙古、宁夏、山东、山西、上海、台湾、西藏、新疆、云南、浙江
 国外分布：热带和亚热带地区
 濒危等级：LC

毛马唐
Digitaria ciliaris var. **chrysoblephara**(Figari et De Notaris)R. R. Stewart
 习 性：一年生草本
 国内分布：安徽、福建、甘肃、广东、海南、河北、河南、黑龙江、吉林、江苏、辽宁、山东、山西、陕西、四川
 国外分布：世界热带地区
 濒危等级：LC

十字马唐
Digitaria cruciata(Nees ex Steud.)A. Camus
 习 性：一年生草本
 海 拔：1000~2700 m
 国内分布：贵州、湖北、陕西、四川、西藏、云南
 国外分布：不丹、缅甸、尼泊尔、印度
 濒危等级：LC
 资源利用：动物饲料（牧草）；食品（粮食）

佛欧里马唐
Digitaria fauriei Ohwi
 习 性：一年生草本
 分 布：台湾
 濒危等级：NT

纤维马唐
Digitaria fibrosa(Hack.)Stapf
 习 性：多年生草本
 海 拔：2500 m
 国内分布：福建、广东、广西、四川、云南
 国外分布：老挝、缅甸、泰国
 濒危等级：LC

福建薄稃草
Digitaria fujianensis(L. Liu)S. M. Phillips et S. L. Chen
 习 性：一年生草本
 分 布：福建
 濒危等级：LC

横断山马唐
Digitaria hengduanensis L. Liu
 习 性：一年生草本
 海 拔：1200~3000 m
 分 布：四川、云南
 濒危等级：LC

亨利马唐
Digitaria henryi Rendle
 习 性：多年生草本
 国内分布：安徽、福建、广东、广西、海南、上海、台湾
 国外分布：日本、越南；美国（夏威夷）归化
 濒危等级：LC

二型马唐
Digitaria heterantha(Hook. f.)Merr.
 习 性：多年生草本
 国内分布：福建、广东、海南、台湾
 国外分布：菲律宾、马来西亚、泰国、印度尼西亚、越南
 濒危等级：LC

止血马唐
Digitaria ischaemum(Schreb.)Muhl.
 习 性：一年生草本
 海 拔：500~3700 m
 国内分布：安徽、福建、甘肃、河北、河南、黑龙江、吉林、江苏、辽宁、内蒙古、宁夏、山东、山西、陕西、四川、台湾、西藏、新疆
 国外分布：巴基斯坦、俄罗斯、日本；欧洲、北美洲
 濒危等级：LC

棒毛马唐
Digitaria jubata(Griseb.)Henrard
 习 性：一年生草本

海　　拔：400~2600 m
国内分布：贵州、云南
国外分布：印度
濒危等级：LC

丛立马唐
Digitaria leptalea Ohwi
习　　性：多年生草本
国内分布：福建、台湾
国外分布：日本
濒危等级：LC

长花马唐
Digitaria longiflora(Retz.) Pers.
习　　性：一年生或多年生草本
海　　拔：600~1100 m
国内分布：福建、广东、贵州、海南、湖南、江西、四川、台湾、云南
国外分布：巴基斯坦、不丹、马来西亚、缅甸、尼泊尔、斯里兰卡、泰国、印度、印度尼西亚、越南
濒危等级：LC

绒马唐
Digitaria mollicoma(Kunth) Henrard
习　　性：多年生草本
海　　拔：1200 m 以下
国内分布：安徽、福建、江西、台湾、浙江
国外分布：菲律宾、马来西亚、印度尼西亚
濒危等级：LC

红尾翎
Digitaria radicosa(J. Presl) Miq.
习　　性：一年生草本
海　　拔：200~2100 m
国内分布：安徽、福建、广东、广西、海南、江西、台湾、云南、浙江
国外分布：澳大利亚、菲律宾、马达加斯加、马来西亚、缅甸、尼泊尔、日本、泰国、印度、印度尼西亚；太平洋诸岛、印度洋岛屿。巴基斯坦、坦桑尼亚等地引种栽培
濒危等级：LC
资源利用：动物饲料（牧草）

马唐
Digitaria sanguinalis(L.) Scop.
习　　性：一年生草本
海　　拔：300~3400 m
国内分布：安徽、甘肃、贵州、河北、河南、黑龙江、湖北、江苏、宁夏、山东、山西、陕西、四川、台湾、西藏、新疆
国外分布：世界暖温带和亚热带山地地区
濒危等级：LC

海南马唐
Digitaria setigera Roth
习　　性：一年生草本
海　　拔：1200~1300 m
国内分布：福建、广东、广西、贵州、海南、台湾、云南
国外分布：澳大利亚、不丹、马达加斯加、马来西亚、孟加拉国、缅甸、尼泊尔、日本、塞舌尔、泰国、坦桑尼亚、印度、印度尼西亚、越南
濒危等级：LC

昆仑马唐
Digitaria stewartiana Bor
习　　性：一年生草本
海　　拔：2000~3000 m
国内分布：西藏、新疆
国外分布：克什米尔地区
濒危等级：LC

竖毛马唐
Digitaria stricta Roth ex Roem. et Schult.

竖毛马唐（原变种）
Digitaria stricta var. **stricta**
习　　性：一年生草本
海　　拔：约 1800 m
国内分布：云南
国外分布：巴基斯坦、不丹、缅甸、尼泊尔、斯里兰卡
濒危等级：LC

露籽马唐
Digitaria stricta var. **denudata**(Link) Henrard
习　　性：一年生草本
海　　拔：1000~1800 m
国内分布：四川、西藏、云南
国外分布：尼泊尔、印度
濒危等级：LC

秃穗马唐
Digitaria stricta var. **glabrescens** Bor
习　　性：一年生草本
海　　拔：约 200 m
国内分布：福建
国外分布：印度
濒危等级：LC

三数马唐
Digitaria ternata(Hochst. ex A. J. Rich.) Stapf
习　　性：一年生草本
海　　拔：500~2500 m
国内分布：广西、贵州、四川、香港、云南
国外分布：澳大利亚、不丹、菲律宾、马来西亚、泰国、印度、印度尼西亚；非洲。美洲引种栽培
濒危等级：LC
资源利用：动物饲料（牧草）

紫马唐
Digitaria violascens Link
习　　性：一年生草本
海　　拔：约 1000 m
国内分布：安徽、福建、广东、广西、贵州、海南、河北、河南、湖北、湖南、江苏、江西、青海、山东、山西、四川、台湾、西藏、新疆、云南、浙江
国外分布：澳大利亚、巴基斯坦、不丹、菲律宾、马来西亚、缅甸、尼泊尔、斯里兰卡、泰国、印度、印度尼西亚、越南
濒危等级：LC

镰茅属 Dimeria R. Br.

镰形镰茅
Dimeria falcata Hack.

镰形镰茅（原变种）
Dimeria falcata var. **falcata**
 习 性：多年生草本
 国内分布：福建、广东、广西、台湾
 国外分布：缅甸、泰国、印度
 濒危等级：LC

台湾镰茅
Dimeria falcata var. **taiwaniana** (Ohwi) S. L. Chen et G. Y. Sheng
 习 性：多年生草本
 国内分布：福建、台湾
 国外分布：越南
 濒危等级：LC

广西镰茅
Dimeria guangxiensis S. L. Chen et G. Y. Sheng
 习 性：一年生草本
 海 拔：500 m 以下
 分 布：广西
 濒危等级：NT A1c；D

镰茅
Dimeria ornithopoda Trin.

镰茅（原亚种）
Dimeria ornithopoda subsp. **ornithopoda**
 习 性：一年生草本
 海 拔：2000 m 以下
 国内分布：安徽、广东、广西、江苏、江西、台湾、云南、浙江
 国外分布：澳大利亚、朝鲜、菲律宾、马来西亚、日本、印度
 濒危等级：LC

具脊镰茅
Dimeria ornithopoda subsp. **subrobusta** (Hack.) S. L. Chen
 习 性：一年生草本
 海 拔：1100 m 以下
 国内分布：中国东部、南部和西南部
 国外分布：日本
 濒危等级：LC

小镰茅
Dimeria parva (Keng et Y. L. Yang) S. L. Chen et G. Y. Sheng
 习 性：一年生草本
 分 布：台湾
 濒危等级：LC

华镰茅
Dimeria sinensis Rendle
 习 性：一年生草本
 海 拔：1000 m 以下
 国内分布：安徽、福建、广东、广西、江苏、江西、浙江
 国外分布：泰国
 濒危等级：LC

单生镰茅
Dimeria solitaria Keng et Y. L. Yang
 习 性：一年生草本
 分 布：广东
 濒危等级：NT A1c；D

弯穗草属 Dinebra Jacquin

弯穗草
Dinebra retroflexa (Vahl) Panz.
 习 性：一年生草本
 海 拔：约 1100 m
 国内分布：福建、云南
 国外分布：原产马达加斯加、印度

镰序竹属 Drepanostachyum Keng f.

樟木镰序竹
Drepanostachyum ampullare (T. P. Yi) Demoly
 习 性：灌木状
 海 拔：2200 m
 分 布：西藏
 濒危等级：LC

扫把竹
Drepanostachyum fractiflexum (T. P. Yi) D. Z. Li
 习 性：灌木状
 海 拔：1300～3200 m
 分 布：四川、云南
 濒危等级：LC

膜箨镰序竹
Drepanostachyum membranaceum (T. P. Yi) D. Z. Li
 习 性：灌木状
 海 拔：2300～2400 m
 分 布：四川
 濒危等级：EN A2c

圆芽镰序竹
Drepanostachyum semiorbiculatum (T. P. Yi) Stapleton
 习 性：灌木状
 海 拔：2400～2500 m
 分 布：西藏
 濒危等级：DD

匍匐镰序竹
Drepanostachyum stoloniforme S. H. Chen et Z. Z. Wang
 习 性：灌木状
 分 布：福建
 濒危等级：LC

毛蕊草属 Duthiea Hack.

毛蕊草
Duthiea brachypodium (P. Candargy) Keng et P. C. Keng
 习 性：多年生草本
 海 拔：3000～5300 m
 国内分布：青海、四川、西藏、云南
 国外分布：不丹、尼泊尔

濒危等级：LC

稗属 Echinochloa P. Beauv.

长芒稗

Echinochloa caudata Roshev.
- 习　　性：一年生草本
- 海　　拔：200~700 m
- 国内分布：安徽、贵州、河北、河南、黑龙江、湖南、吉林、江苏、江西、内蒙古、山西、四川、新疆、云南、浙江
- 国外分布：朝鲜、俄罗斯、蒙古、日本
- 濒危等级：LC

光头稗

Echinochloa colona (L.) Link
- 习　　性：一年生草本
- 国内分布：安徽、福建、广东、广西、贵州、海南、河北、河南、湖北、湖南、江苏、江西、陕西、四川、台湾、西藏、新疆、云南、浙江
- 国外分布：世界温带地区
- 濒危等级：LC

稗

Echinochloa crusgalli (L.) P. Beauv.

稗（原变种）

Echinochloa crusgalli var. *crusgalli*
- 习　　性：一年生草本
- 国内分布：广布全国
- 国外分布：世界暖温带和亚热带地区
- 濒危等级：LC

小旱稗

Echinochloa crusgalli var. *austrojaponensis* Ohwi
- 习　　性：一年生草本
- 国内分布：广东、广西、贵州、湖南、江苏、江西、台湾、云南、浙江
- 国外分布：菲律宾、日本
- 濒危等级：LC

短芒稗

Echinochloa crusgalli var. *breviseta* (Doell.) Podéru
- 习　　性：一年生草本
- 国内分布：广东、台湾
- 国外分布：马来西亚、斯里兰卡、印度
- 濒危等级：LC

无芒稗

Echinochloa crusgalli var. *mitis* (Pursh) Peterm.
- 习　　性：一年生草本
- 国内分布：全国广布
- 国外分布：世界暖温带和亚热带地区
- 濒危等级：LC

细叶旱稗

Echinochloa crusgalli var. *praticola* Ohwi
- 习　　性：一年生草本
- 国内分布：安徽、广西、贵州、河北、湖北、江苏、台湾、云南
- 国外分布：日本
- 濒危等级：LC

西来稗

Echinochloa crusgalli var. *zelayensis* (Kunth) Hitchc.
- 习　　性：一年生草本
- 国内分布：全国广布
- 国外分布：美洲
- 濒危等级：LC

孔雀稗

Echinochloa cruspavonis (Kunth) Schult.
- 习　　性：多年生草本
- 国内分布：安徽、福建、广东、贵州、海南、陕西、四川
- 国外分布：全球热带地区广布
- 濒危等级：LC

紫穗稗

Echinochloa esculenta (A. Braun) H. Scholz
- 习　　性：一年生草本
- 国内分布：贵州、湖北、云南
- 国外分布：亚洲及非洲暖温地区栽培；美洲引种
- 濒危等级：LC

湖南稗子

Echinochloa frumentacea Link
- 习　　性：一年生草本
- 国内分布：安徽、广西、贵州、河南、黑龙江、内蒙古、宁夏、四川、台湾、云南
- 国外分布：热带亚洲和非洲栽培
- 濒危等级：LC

硬稃稗

Echinochloa glabrescens Munro ex Hook. f.
- 习　　性：草本
- 海　　拔：2000 m
- 国内分布：广东、广西、贵州、江苏、四川、台湾、云南、浙江
- 国外分布：不丹、朝鲜、尼泊尔、日本、印度
- 濒危等级：LC

水田稗

Echinochloa oryzoides (Ard.) Fritsch
- 习　　性：一年生草本
- 海　　拔：200~300 m
- 国内分布：安徽、广东、贵州、海南、河北、河南、湖南、江苏、四川、台湾、西藏、新疆、云南
- 国外分布：巴基斯坦、朝鲜、俄罗斯、哈萨克斯坦、吉尔吉斯斯坦、日本、土库曼斯坦、乌兹别克斯坦、印度、印度尼西亚
- 濒危等级：LC

皱稃草属 Ehrharta Thunb.

皱稃草

Ehrharta erecta Lam.
- 习　　性：多年生草本
- 国内分布：云南

国外分布：原产非洲

䅟属 Eleusine Gaertn.

䅟
Eleusine coracana(L.) Gaertn.
- 习　　性：一年生草本
- 海　　拔：100～2000 m
- 国内分布：安徽、福建、广东、贵州、海南、河南、湖北、江西、宁夏、山东、四川、台湾、云南、浙江
- 国外分布：旧世界的热带、亚热带地区
- 资源利用：动物饲料（饲料）；食品（种子）；原料（纤维）

牛筋草
Eleusine indica(L.) Gaertn.
- 习　　性：一年生草本
- 海　　拔：200～2500 m
- 国内分布：安徽、北京、福建、广东、贵州、海南、河南、黑龙江、湖北、湖南、江西、山东、陕西、上海、四川、台湾、天津、西藏、云南、浙江
- 国外分布：热带和亚热带地区
- 濒危等级：LC
- 资源利用：动物饲料（饲料）；药用（中草药）

披碱草属 Elymus L.

异芒披碱草
Elymus abolinii(Drobow) Tzvelev

异芒披碱草（原变种）
Elymus abolinii var. **abolinii**
- 习　　性：多年生草本
- 海　　拔：约2700 m
- 国内分布：新疆
- 国外分布：哈萨克斯坦、吉尔吉斯斯坦、土库曼斯坦、乌兹别克斯坦
- 濒危等级：LC

曲芒异芒草
Elymus abolinii var. **divaricans**(Nevski) Tzvelev
- 习　　性：多年生草本
- 海　　拔：1300～1900 m
- 国内分布：新疆
- 国外分布：俄罗斯、蒙古
- 濒危等级：LC

裸穗异芒草
Elymus abolinii var. **nudiusculus**(L. B. Cai) S. L. Chen
- 习　　性：多年生草本
- 海　　拔：1500～2000 m
- 分　　布：新疆
- 濒危等级：LC

多花异芒草
Elymus abolinii var. **pluriflorus** D. F. Cui
- 习　　性：多年生草本
- 分　　布：新疆
- 濒危等级：LC

阿拉善披碱草
Elymus alashanicus(Keng ex Keng et S. L. Chen) S. L. Chen
- 习　　性：多年生草本
- 海　　拔：约1800 m
- 分　　布：甘肃、内蒙古、宁夏、新疆
- 濒危等级：NT
- 国家保护：Ⅱ级
- 资源利用：育种种质资源

涞源披碱草
Elymus alienus(Keng) S. L. Chen
- 习　　性：多年生草本
- 海　　拔：约1100 m
- 分　　布：河北、河南、内蒙古、山西
- 濒危等级：LC

高原披碱草
Elymus alpinus L. B. Cai
- 习　　性：多年生草本
- 海　　拔：约3200 m
- 分　　布：青海
- 濒危等级：NT A2c；B1b（i, iii, v）c（ii, iv）

高株披碱草
Elymus altissimus(Keng) Á. Löve ex B. Rong Lu
- 习　　性：多年生草本
- 海　　拔：1700～3400 m
- 分　　布：青海、四川、新疆、云南
- 濒危等级：LC

狭穗披碱草
Elymus angustispiculatus S. L. Chen et G. H. Zhu
- 习　　性：多年生草本
- 海　　拔：约2500 m
- 分　　布：青海
- 濒危等级：NT B1b（i, iii, v）c（ii, iv）

假花鳞草
Elymus anthosachnoides(Keng) Á. Löve ex B. Rong Lu

假花鳞草（原变种）
Elymus anthosachnoides var. **anthosachnoides**
- 习　　性：多年生草本
- 海　　拔：约4000 m
- 分　　布：四川、云南
- 濒危等级：LC

糙稃花鳞草
Elymus anthosachnoides var. **scabrilemmatus**(L. B. Cai) S. L. Chen
- 习　　性：多年生草本
- 海　　拔：2700～3600 m
- 分　　布：青海、四川
- 濒危等级：LC

小颖披碱草
Elymus antiquus(Nevski) Tzvelev
- 习　　性：多年生草本
- 海　　拔：2300～3800 m

国内分布：青海、四川、西藏、云南
国外分布：尼泊尔
濒危等级：LC

芒颖披碱草
Elymus aristiglumis (Keng et S. L. Chen) S. L. Chen

芒颖披碱草（原变种）
Elymus aristiglumis var. **aristiglumis**
习　　性：多年生草本
海　　拔：1500~3000 m
分　　布：甘肃、青海、四川、西藏、新疆
濒危等级：LC

毛芒颖草
Elymus aristiglumis var. **hirsutus** (H. L. Yang) S. L. Chen
习　　性：多年生草本
海　　拔：4400~4500 m
分　　布：西藏
濒危等级：LC

平滑披碱草
Elymus aristiglumis var. **leianthus** (H. L. Yang) S. L. Chen
习　　性：多年生草本
海　　拔：4900~5200 m
分　　布：西藏
濒危等级：LC

黑紫披碱草
Elymus atratus (Nevski) Hand. -Mazz.
习　　性：多年生草本
海　　拔：2900~4700 m
分　　布：甘肃、青海、四川、西藏、新疆
濒危等级：LC
国家保护：Ⅱ级

毛盘草
Elymus barbicallus (ohwi) S. L. Chen

毛盘草（原变种）
Elymus barbicallus var. **barbicallus**
习　　性：多年生草本
海　　拔：1300~1700 m
分　　布：河北、内蒙古
濒危等级：LC

毛叶毛盘草
Elymus barbicallus var. **pubifolius** (Keng) S. L. Chen
习　　性：多年生草本
海　　拔：1300~1700 m
分　　布：河北、山西
濒危等级：LC

毛节毛盘草
Elymus barbicallus var. **pubinodis** (Keng) S. L. Chen
习　　性：多年生草本
分　　布：河北、内蒙古
濒危等级：LC

硬穗披碱草
Elymus barystachyus L. B. Cai
习　　性：多年生草本
海　　拔：2700~3200 m
分　　布：青海、四川、西藏
濒危等级：LC

短芒披碱草
Elymus breviaristatus Keng ex P. C. Keng
习　　性：多年生草本
海　　拔：2700~4300 m
分　　布：宁夏、青海、四川、新疆
濒危等级：LC
资源利用：育种种质资源

短柄披碱草
Elymus brevipes (Keng) S. L. Chen
习　　性：多年生草本
分　　布：甘肃、青海、四川、西藏、新疆、云南
濒危等级：LC
国家保护：Ⅱ级
资源利用：育种种质资源

短颖披碱草
Elymus burchan-buddae (Nevski) Tzvelev
习　　性：多年生草本
海　　拔：3000~5500 m
国内分布：甘肃、内蒙古、青海、四川、西藏、新疆、云南
国外分布：尼泊尔、印度
濒危等级：LC

峰峦披碱草
Elymus cacuminis B. Rong Lu et B. Salomon
习　　性：多年生草本
海　　拔：4300~5000 m
国内分布：四川、西藏
国外分布：尼泊尔、印度
濒危等级：LC

马格草
Elymus caesifolius Á. Löve ex S. L. Chen
习　　性：多年生草本
分　　布：西藏
濒危等级：LC

纤瘦披碱草
Elymus caianus S. L. Chen et G. H. Zhu
习　　性：多年生草本
海　　拔：约4000 m
分　　布：西藏
濒危等级：LC

钙生披碱草
Elymus calcicola (Keng) S. L. Chen
习　　性：多年生草本
海　　拔：1600~2000 m
分　　布：贵州、四川、云南
濒危等级：LC

沟槽披碱草
Elymus canaliculatus (Nevski) Tzvelev
习　　性：多年生草本

国内分布：西藏
国外分布：巴基斯坦、俄罗斯、塔吉克斯坦
濒危等级：LC

犬草
Elymus caninus (L.) L.
习　　性：多年生草本
海　　拔：1300~2000 m
国内分布：新疆
国外分布：俄罗斯、哈萨克斯坦、吉尔吉斯斯坦、土库曼斯坦、乌兹别克斯坦
濒危等级：LC

陈氏披碱草
Elymus cheniae (L. B. Cai) G. H. Zhu
习　　性：多年生草本
海　　拔：2300~2600 m
分　　布：新疆
濒危等级：LC

纤毛披碱草
Elymus ciliaris (Trin.) Tzvelev

纤毛披碱草（原变种）
Elymus ciliaris var. **ciliaris**
习　　性：多年生草本
海　　拔：1200~1600 m
国内分布：全国各地分布
国外分布：朝鲜、俄罗斯、蒙古、日本
濒危等级：LC

阿麦纤毛草
Elymus ciliaris var. **amurensis** (Drobow) S. L. Chen
习　　性：多年生草本
国内分布：黑龙江、内蒙古
国外分布：朝鲜、俄罗斯、蒙古、日本
濒危等级：LC

日本纤毛草
Elymus ciliaris var. **hackelianus** (Honda) G. H. Zhu et S. L. Chen
习　　性：多年生草本
国内分布：安徽、北京、福建、贵州、河南、黑龙江、湖北、湖南、江苏、江西、山东、山西、陕西、四川、云南、浙江
国外分布：朝鲜、日本
濒危等级：LC

毛花纤毛草
Elymus ciliaris var. **hirtiflorus** (C. P. Wang et H. L. Yang) S. L. Chen
习　　性：多年生草本
海　　拔：约1200 m
分　　布：内蒙古
濒危等级：LC

毛叶纤毛草
Elymus ciliaris var. **lasiophyllus** (Kitag.) S. L. Chen
习　　性：多年生草本
海　　拔：1500~1600 m
分　　布：甘肃、河北、辽宁、内蒙古、宁夏、山东、山西、陕西
濒危等级：LC

短芒纤毛草
Elymus ciliaris var. **submuticus** (Honda) S. L. Chen
习　　性：多年生草本
国内分布：安徽、河北、山东、陕西、浙江
国外分布：日本
濒危等级：LC

紊草
Elymus confusus (Keng) S. L. Chen
习　　性：多年生草本
分　　布：宁夏、新疆
濒危等级：LC

缩芒披碱草
Elymus curtiaristatus (L. B. Cai) S. L. Chen et G. H. Zhu
习　　性：多年生草本
海　　拔：约3400 m
分　　布：西藏
濒危等级：NT A2ac

披碱草
Elymus dahuricus Turcz. ex Griseb.

披碱草（原变种）
Elymus dahuricus var. **dahuricus**
习　　性：多年生草本
海　　拔：约2600 m
国内分布：河北、河南、内蒙古、青海、山西、陕西、四川、西藏、新疆
国外分布：不丹、朝鲜、俄罗斯、哈萨克斯坦、吉尔吉斯斯坦、蒙古、尼泊尔、日本、土库曼斯坦、乌兹别克斯坦、印度
濒危等级：LC
资源利用：基因源（高产，耐旱，耐寒，耐碱）；动物饲料（饲料）

圆柱披碱草
Elymus dahuricus var. **cylindricus** Franch.
习　　性：多年生草本
海　　拔：约3800 m
分　　布：河北、河南、内蒙古、宁夏、青海、陕西、四川、新疆、云南
濒危等级：LC

青紫披碱草
Elymus dahuricus var. **violeus** C. P. Wang et H. L. Yang
习　　性：多年生草本
分　　布：内蒙古、青海
濒危等级：LC

西宁披碱草
Elymus dahuricus var. **xiningensis** (L. B. Cai) S. L. Chen
习　　性：多年生草本
海　　拔：约2600 m
分　　布：青海
濒危等级：NT A2ac；B1ab (i, iii, v)

柔弱披碱草
Elymus debilis (L. B. Cai) S. L. Chen et G. H. Zhu
习　　性：多年生草本
海　　拔：2300~3400 m

分　　布：甘肃、青海
濒危等级：LC

长芒披碱草
Elymus dolichatherus (Keng) S. L. Chen
　　习　　性：多年生草本
　　海　　拔：2300～3700 m
　　分　　布：宁夏、青海、四川、云南
　　濒危等级：LC

长轴披碱草
Elymus dolichorhachis S. L. Lu et Y. H. Wu
　　习　　性：多年生草本
　　海　　拔：约 4300 m
　　分　　布：青海
　　濒危等级：LC

岷山披碱草
Elymus durus (Keng) S. L. Chen
　　习　　性：多年生草本
　　海　　拔：3700～4200 m
　　分　　布：甘肃、青海、四川、西藏、新疆、云南
　　濒危等级：LC

昌都披碱草
Elymus elytrigioides (C. Yen et J. L. Yang) S. L. Chen
　　习　　性：多年生草本
　　海　　拔：约 3200 m
　　分　　布：西藏
　　濒危等级：LC

肥披碱草
Elymus excelsus Turcz. ex Griseb.
　　习　　性：多年生草本
　　海　　拔：3600 m 以下
　　国内分布：甘肃、河北、河南、黑龙江、内蒙古、青海、山东、山西、陕西、四川、新疆、云南
　　国外分布：朝鲜、俄罗斯、蒙古、日本
　　濒危等级：LC

光鞘披碱草
Elymus fedtschenkoi Tzvelev
　　习　　性：多年生草本
　　国内分布：新疆
　　国外分布：阿富汗、巴基斯坦、俄罗斯、哈萨克斯坦、吉尔吉斯斯坦、土库曼斯坦、乌兹别克斯坦
　　濒危等级：LC

台湾披碱草
Elymus formosanus (Honda) Á. Löve

台湾披碱草（原变种）
Elymus formosanus var. **formosanus**
　　习　　性：多年生草本
　　分　　布：台湾
　　濒危等级：LC

毛鞘台湾鹅观草
Elymus formosanus var. **pubigerus** (Keng) S. L. Chen
　　习　　性：多年生草本
　　分　　布：台湾
　　濒危等级：LC

光穗披碱草
Elymus glaberrimus (Keng et S. L. Chen) S. L. Chen

光穗披碱草（原变种）
Elymus glaberrimus var. **glaberrimus**
　　习　　性：多年生草本
　　海　　拔：1400～2300 m
　　分　　布：青海、新疆
　　濒危等级：LC

短芒光穗披碱草
Elymus glaberrimus var. **breviaristus** S. L. Chen ex D. F. Cui
　　习　　性：多年生草本
　　海　　拔：1600～1700 m
　　分　　布：新疆
　　濒危等级：LC

直穗披碱草
Elymus gmelinii (Ledeb.) Tzvelev

直穗披碱草（原变种）
Elymus gmelinii var. **gmelinii**
　　习　　性：多年生草本
　　海　　拔：1300～2300 m
　　国内分布：甘肃、河北、河南、黑龙江、内蒙古、宁夏、青海、山西、陕西、新疆、云南
　　国外分布：朝鲜、俄罗斯、哈萨克斯坦、吉尔吉斯斯坦、蒙古、日本、土库曼斯坦、乌兹别克斯坦
　　濒危等级：LC

大芒披碱草
Elymus gmelinii var. **macratherus** (Ohwi) S. L. Chen et G. H. Zhu
　　习　　性：多年生草本
　　海　　拔：600～2600 m
　　分　　布：内蒙古、新疆
　　濒危等级：LC

大披碱草
Elymus grandis (Keng) S. L. Chen
　　习　　性：多年生草本
　　分　　布：河南、陕西
　　濒危等级：LC

本田披碱草
Elymus hondae (Kitag.) S. L. Chen
　　习　　性：多年生草本
　　分　　布：河北、河南、辽宁、内蒙古、宁夏、青海、陕西
　　濒危等级：LC

红原披碱草
Elymus hongyuanensis (L. B. Cai) S. L. Chen et G. H. Zhu
　　习　　性：多年生草本
　　海　　拔：约 3400 m
　　分　　布：四川
　　濒危等级：LC

矮披碱草
Elymus humilis (Keng et S. L. Chen) S. L. Chen
　　习　　性：多年生草本
　　分　　布：青海、新疆

濒危等级：LC

杂交披碱草
Elymus hybridus(Keng)S. L. Chen
习　　性：多年生草本
分　　布：江苏
濒危等级：LC

内蒙披碱草
Elymus intramongolicus(Shan Chen et W. Gao)S. L. Chen
习　　性：多年生草本
分　　布：内蒙古
濒危等级：NT
国家保护：Ⅱ级
资源利用：育种种质资源

低株披碱草
Elymus jacquemontii(Hook. f.)Tzvelev
习　　性：多年生草本
海　　拔：约3900 m
分　　布：西藏、新疆
濒危等级：LC

九峰山披碱草
Elymus jufinshanicus(C. P. Wang et H. L. Yang)S. L. Chen
习　　性：多年生草本
海　　拔：约2200 m
分　　布：内蒙古
濒危等级：LC

柯孟披碱草
Elymus kamoji(Ohwi)S. L. Chen

柯孟披碱草（原变种）
Elymus kamoji var. **kamoji**
习　　性：多年生草本
海　　拔：100~2300 m
国内分布：安徽、福建、贵州、河北、河南、黑龙江、湖北、内蒙古、青海、山东、陕西、西藏、新疆、云南、浙江
国外分布：朝鲜、俄罗斯、日本
濒危等级：LC

细瘦披碱草
Elymus kamoji var. **macerrimus**(Keng)G. H. Zhu
习　　性：多年生草本
分　　布：广西、四川
濒危等级：LC

偏穗披碱草
Elymus komarovii(Nevski)Tzvelev
习　　性：多年生草本
海　　拔：1800~2900 m
国内分布：新疆
国外分布：俄罗斯、哈萨克斯坦、吉尔吉斯斯坦、蒙古、土库曼斯坦、乌兹别克斯坦
濒危等级：LC

少花披碱草
Elymus kronokensis(Kom.)Tzvelev
习　　性：多年生草本
海　　拔：1600~1800 m
国内分布：新疆
国外分布：俄罗斯、蒙古
濒危等级：LC

稀节披碱草
Elymus laxinodis(L. B. Cai)S. L. Chen et G. H. Zhu
习　　性：多年生草本
海　　拔：3500~4000 m
分　　布：青海、四川
濒危等级：LC

光花披碱草
Elymus leianthus(Keng)S. L. Chen
习　　性：多年生草本
海　　拔：2300~2400 m
分　　布：青海、云南
濒危等级：LC

光脊披碱草
Elymus leiotropis(Keng)S. L. Chen
习　　性：多年生草本
分　　布：云南
濒危等级：LC

大丛披碱草
Elymus magnicaespes D. F. Cui
习　　性：多年生草本
海　　拔：约2100 m
分　　布：新疆
濒危等级：LC

大柄披碱草
Elymus magnipodus(L. B. Cai)S. L. Chen et G. H. Zhu
习　　性：多年生草本
海　　拔：约3100 m
分　　布：青海
濒危等级：LC

狭颖披碱草
Elymus mutabilis(Drobow)Tzvelev

狭颖披碱草（原变种）
Elymus mutabilis var. **mutabilis**
习　　性：多年生草本
海　　拔：1300~2400 m
国内分布：新疆
国外分布：俄罗斯、蒙古
濒危等级：LC

林缘披碱草
Elymus mutabilis var. **nemoralis** S. L. Chen ex D. F. Cui
习　　性：多年生草本
海　　拔：1800~1900 m
分　　布：新疆
濒危等级：LC

密丛披碱草
Elymus mutabilis var. **praecaespitosus**(Nevski)S. L. Chen
习　　性：多年生草本
海　　拔：1200~2400 m

国内分布：新疆
国外分布：俄罗斯、蒙古
濒危等级：LC

吉林披碱草
Elymus nakaii(Kitag.)S. L. Chen
习　　性：多年生草本
国内分布：河北、吉林、内蒙古、宁夏
国外分布：朝鲜北部
濒危等级：LC

齿披碱草
Elymus nevskii Tzvelev
习　　性：多年生草本
国内分布：新疆
国外分布：俄罗斯、哈萨克斯坦、吉尔吉斯斯坦、土库曼斯坦、乌兹别克斯坦
濒危等级：DD

垂穗披碱草
Elymus nutans Griseb.

垂穗披碱草（原变种）
Elymus nutans var. **nutans**
习　　性：多年生草本
海　　拔：2800~3400 m
国内分布：甘肃、河北、河南、内蒙古、宁夏、青海、陕西、四川、西藏、新疆、云南
国外分布：不丹、蒙古、尼泊尔、日本、印度
濒危等级：LC

三颖披碱草
Elymus nutans var. **triglumis**(Q. B. Zhang)G. H. Zhu et S. L. Chen
习　　性：多年生草本
海　　拔：2800~3400 m
分　　布：新疆
濒危等级：LC

缘毛披碱草
Elymus pendulinus(Nevski)Tzvelev

缘毛披碱草（原亚种）
Elymus pendulinus subsp. **pendulinus**
习　　性：多年生草本
国内分布：甘肃、河北、黑龙江、辽宁、内蒙古、山西、陕西、四川
国外分布：朝鲜、俄罗斯、蒙古、日本
濒危等级：LC

多秆鹅观草
Elymus pendulinus subsp. **multiculmis**(Kitag.)Á. Löve
习　　性：多年生草本
海　　拔：1100~1200 m
分　　布：甘肃、河北、河南、黑龙江、吉林、内蒙古、青海、山西、陕西
濒危等级：LC

毛秆披碱草
Elymus pendulinus subsp. **pubicaulis**(Keng)S. L. Chen
习　　性：多年生草本
海　　拔：100~2400 m

分　　布：甘肃、辽宁、内蒙古、陕西、云南
濒危等级：LC

宽叶披碱草
Elymus platyphyllus(Keng)Á. Löve ex D. F. Cui
习　　性：多年生草本
分　　布：新疆
濒危等级：LC

阿尔泰披碱草
Elymus pseudocaninus G. H. Zhu et S. L. Chen
习　　性：多年生草本
分　　布：新疆
濒危等级：LC

微毛披碱草
Elymus puberulus(Keng)S. L. Chen
习　　性：多年生草本
分　　布：重庆
濒危等级：NT B1b（i, iii, v）c（ii, iv）

普兰披碱草
Elymus pulanensis(H. L. Yang)S. L. Chen
习　　性：多年生草本
海　　拔：约3600 m
分　　布：西藏、云南
濒危等级：LC

紫芒披碱草
Elymus purpuraristatus C. P. Wang et H. L. Yang
习　　性：多年生草本
分　　布：内蒙古
濒危等级：LC
国家保护：Ⅱ级
资源利用：育种种质资源

紫穗披碱草
Elymus purpurascens(Keng)S. L. Chen
习　　性：多年生草本
分　　布：甘肃、内蒙古、宁夏、青海、云南
濒危等级：LC

青南披碱草
Elymus qingnanensis S. L. Lu et Y. H. Wu
习　　性：多年生草本
海　　拔：约4600 m
分　　布：青海
濒危等级：LC

反折披碱草
Elymus retroflexus B. Rong Lu et B. Salomon
习　　性：多年生草本
海　　拔：3900~4300 m
分　　布：西藏
濒危等级：LC

粗糙披碱草
Elymus scabridulus(Ohwi)Tzvelev
习　　性：多年生草本
分　　布：内蒙古
濒危等级：LC

扭轴披碱草
Elymus schrenkianus(Fisch. et C. A. Mey.)Tzvelev
  习 性：多年生草本
  国内分布：青海、西藏、新疆
  国外分布：不丹、俄罗斯、哈萨克斯坦、吉尔吉斯斯坦、蒙古、尼泊尔、土库曼斯坦、乌兹别克斯坦、印度
  濒危等级：LC

秋披碱草
Elymus serotinus(Keng)Á. Löve ex B. Rong Lu
  习 性：多年生草本
  分 布：河南、青海、陕西
  濒危等级：LC

蜿轴披碱草
Elymus serpentinus(L. B. Cai)S. L. Chen et G. H. Zhu
  习 性：多年生草本
  海 拔：约2000 m
  分 布：河北
  濒危等级：NT B1b（i, iii, v）c（ii, iv）

山东披碱草
Elymus shandongensis B. Salomon
  习 性：多年生草本
  分 布：安徽、贵州、河南、湖北、江苏、山东、陕西、台湾、浙江
  濒危等级：LC

守良披碱草
Elymus shouliangiae(L. B. Cai)G. H. Zhu
  习 性：多年生草本
  海 拔：约2800 m
  分 布：西藏
  濒危等级：LC

老芒麦
Elymus sibiricus L.
  习 性：多年生草本
  海 拔：1500~4900 m
  国内分布：甘肃、河北、河南、黑龙江、内蒙古、宁夏、青海、山西、陕西、四川、西藏、新疆、云南
  国外分布：朝鲜、俄罗斯、蒙古、尼泊尔、日本、印度
  濒危等级：LC
  资源利用：动物饲料（饲料）

中华披碱草
Elymus sinicus(Keng ex Keng et S. L. Chen)S. L. Chen

中华披碱草（原变种）
Elymus sinicus var. **sinicus**
  习 性：多年生草本
  海 拔：2100~3000 m
  分 布：甘肃、内蒙古、青海、山西、四川
  濒危等级：LC

中间披碱草
Elymus sinicus var. **medius**(Keng)S. L. Chen et G. H. Zhu
  习 性：多年生草本
  海 拔：800~3800 m
  分 布：甘肃、河南、内蒙古、宁夏、山西、陕西、新疆
  濒危等级：LC

新疆披碱草
Elymus sinkiangensis D. F. Cui
  习 性：多年生草本
  海 拔：1800~2100 m
  分 布：新疆
  濒危等级：NT
  国家保护：Ⅱ级

弯曲披碱草
Elymus sinoflexuosus(L. B. Cai)S. L. Chen et G. H. Zhu
  习 性：多年生草本
  海 拔：1700~3500 m
  分 布：甘肃、新疆
  濒危等级：LC

无芒披碱草
Elymus sinosubmuticus S. L. Chen
  习 性：多年生草本
  分 布：四川
  濒危等级：VU A2c；B1ab（i, iii, v）
  国家保护：Ⅱ级
  资源利用：育种种质资源

肃草
Elymus strictus(Keng)S. L. Chen

肃草（原变种）
Elymus strictus var. **strictus**
  习 性：多年生草本
  海 拔：1300~2200 m
  分 布：甘肃、贵州、河南、内蒙古、宁夏、青海、山西、陕西、四川、西藏、云南
  濒危等级：LC

粗壮肃草
Elymus strictus var. **crassus**(L. B. Cai)S. L. Chen
  习 性：多年生草本
  海 拔：1800~4000 m
  分 布：宁夏、青海
  濒危等级：LC

林地披碱草
Elymus sylvaticus(Keng et S. L. Chen)S. L. Chen
  习 性：多年生草本
  海 拔：1800~3300 m
  分 布：青海、新疆
  濒危等级：LC

麦宾草
Elymus tangutorum(Nevski)Hand.-Mazz.
  习 性：多年生草本
  海 拔：900~4000 m
  国内分布：甘肃、贵州、湖北、内蒙古、宁夏、青海、山西、四川、西藏、新疆、云南
  国外分布：不丹、尼泊尔
  濒危等级：LC

柔穗披碱草
Elymus tenuispicus(J. L. Yang et Y. H. Zhou)S. L. Chen

习　　性：多年生草本
海　　拔：约3600 m
分　　布：西藏
濒危等级：LC

天山披碱草
Elymus tianschanigenus Czerep.
习　　性：多年生草本
海　　拔：2700~3000 m
国内分布：新疆
国外分布：哈萨克斯坦、吉尔吉斯斯坦、土库曼斯坦、乌兹别克斯坦
濒危等级：LC

西藏披碱草
Elymus tibeticus(Melderis)G. Singh
习　　性：多年生草本
海　　拔：约2500 m
国内分布：西藏、云南
国外分布：不丹
濒危等级：NT A2c；B1b（i, iii, v）c（ii, iv）

毛穗披碱草
Elymus trichospiculus(L. B. Cai)S. L. Chen et G. H. Zhu
习　　性：多年生草本
海　　拔：3500~4400 m
分　　布：青海
濒危等级：LC

三齿披碱草
Elymus tridentatus(C. Yen et J. L. Yang)S. L. Chen
习　　性：多年生草本
海　　拔：3700~3800 m
分　　布：青海
濒危等级：LC

云山披碱草
Elymus tschimganicus(Drobow)Tzvelev

云山披碱草（原变种）
Elymus tschimganicus var. **tschimganicus**
习　　性：多年生草本
海　　拔：约3500 m
国内分布：新疆
国外分布：俄罗斯、哈萨克斯坦、吉尔吉斯斯坦、土库曼斯坦、乌兹别克斯坦
濒危等级：LC

光稃披碱草
Elymus tschimganicus var. **glabrispiculus** D. F. Cui
习　　性：多年生草本
海　　拔：约3500 m
分　　布：新疆
濒危等级：LC

毛披碱草
Elymus villifer C. P. Wang et H. L. Yang
习　　性：多年生草本
海　　拔：约3400 m
分　　布：内蒙古
濒危等级：EN A2c；B1ab（i, iii, v）
国家保护：Ⅱ级
资源利用：育种种质资源

绿穗披碱草
Elymus viridulus(Keng et S. L. Chen)S. L. Chen
习　　性：多年生草本
分　　布：新疆
濒危等级：LC

杨氏披碱草
Elymus yangiae B. R. Lu
习　　性：多年生草本
海　　拔：3000~4200 m
分　　布：西藏
濒危等级：LC

玉树披碱草
Elymus yushuensis(L. B. Cai)S. L. Chen et G. H. Zhu
习　　性：多年生草本
海　　拔：3500~4000 m
分　　布：青海
濒危等级：LC

杂多披碱草
Elymus zadoiensis S. L. Lu et Y. H. Wu
习　　性：多年生草本
海　　拔：4000~4500 m
分　　布：青海
濒危等级：LC

小株披碱草
Elymus zhui S. L. Chen
习　　性：多年生草本
海　　拔：约1600 m
分　　布：贵州、河北、内蒙古、宁夏、青海、山西
濒危等级：LC

偃麦草属 Elytrigia Desv.

曲芒偃麦草
Elytrigia gmelinii(Trin.)Nevski
习　　性：多年生草本
海　　拔：约2000 m
分　　布：新疆
濒危等级：LC

偃麦草
Elytrigia repens(L.)Desv. ex Nevski

偃麦草（原亚种）
Elytrigia repens subsp. **repens**
习　　性：多年生草本
国内分布：甘肃、河北、黑龙江、内蒙古、青海、山东、四川、西藏、新疆、云南
国外分布：朝鲜、俄罗斯、蒙古、日本、印度
濒危等级：LC

多花偃麦草
Elytrigia repens subsp. **elongatiformis**(Drobow)Tzvelev

习　　性：多年生草本
国内分布：新疆
国外分布：俄罗斯、蒙古
濒危等级：LC

芒偃麦草
Elytrigia repens subsp. **longearistata** N. R. Cui
习　　性：多年生草本
海　　拔：500~1900 m
分　　布：新疆
濒危等级：LC

总苞草属 Elytrophorus P. Beauv.

总苞草
Elytrophorus spicatus(Willd.) A. Camus
习　　性：一年生草本
海　　拔：海平面至1000 m
国内分布：海南、云南
国外分布：澳大利亚、不丹、缅甸、尼泊尔、斯里兰卡、泰国、印度、越南
濒危等级：LC

九顶草属 Enneapogon Desv. ex P. Beauv.

九顶草
Enneapogon desvauxii P. Beauv.
习　　性：多年生草本
海　　拔：1000~1900 m
国内分布：安徽、河北、辽宁、内蒙古、宁夏、青海、山西、新疆、云南
国外分布：巴基斯坦、俄罗斯、哈萨克斯坦、吉尔吉斯斯坦、蒙古、印度
濒危等级：LC

波斯九顶草
Enneapogon persicus Boiss.
习　　性：多年生草本
国内分布：新疆
国外分布：阿富汗、巴基斯坦、塔吉克斯坦、土库曼斯坦、乌兹别克斯坦、印度
濒危等级：LC

肠须草属 Enteropogon Nees

肠须草
Enteropogon dolichostachyus(Lagasca) Keng ex Lazarides
习　　性：多年生草本
海　　拔：200~1000 m
国内分布：广东、广西、海南、台湾、云南
国外分布：阿富汗、澳大利亚、巴布亚新几内亚、巴基斯坦、不丹、菲律宾、马来西亚、缅甸、尼泊尔、斯里兰卡、泰国、印度、印度尼西亚
濒危等级：LC

细穗肠须草
Enteropogon unispiceus(F. Muell.) W. D. Clayton
习　　性：多年生草本
国内分布：台湾

国外分布：澳大利亚
濒危等级：LC

细画眉草属 Eragrostiella Bor

细画眉草
Eragrostiella lolioides(Hand.-Mazz.) P. C. Keng
习　　性：多年生草本
海　　拔：1400~2000 m
分　　布：云南
濒危等级：LC

画眉草属 Eragrostis Wolf

高画眉草
Eragrostis alta Keng
习　　性：一年生草本
分　　布：海南
濒危等级：LC

鼠妇草
Eragrostis atrovirens(Desf.) Trin. ex Steud.
习　　性：多年生草本
海　　拔：700~2500 m
国内分布：福建、广东、广西、贵州、海南、湖南、四川、云南
国外分布：非洲、亚洲的热带地区
濒危等级：LC

秋画眉草
Eragrostis autumnalis Keng
习　　性：一年生草本
海　　拔：100~1000 m
分　　布：安徽、福建、贵州、河北、河南、江苏、江西、山东、浙江
濒危等级：LC

长画眉草
Eragrostis brownii(Kunth) Nees
习　　性：多年生草本
海　　拔：约1000 m
国内分布：安徽、福建、海南、云南、浙江
国外分布：澳大利亚、巴布亚新几内亚、菲律宾、马来西亚、日本、斯里兰卡、印度、印度尼西亚
濒危等级：LC

大画眉草
Eragrostis cilianensis(All.) Vignolo-Lutati ex Janch.
习　　性：一年生草本
海　　拔：300~2800 m
国内分布：安徽、北京、福建、贵州、海南、河南、黑龙江、湖北、内蒙古、宁夏、青海、山东、陕西、台湾、新疆、云南、浙江
国外分布：热带地区
资源利用：动物饲料（饲料，牧草）

毛画眉草
Eragrostis ciliaris(L.) R. Br.
习　　性：一年生草本

国内分布：台湾
国外分布：热带、亚热带地区
濒危等级：LC

纤毛画眉草
Eragrostis ciliata (Roxb.) Nees
习　　性：多年生草本
国内分布：海南
国外分布：缅甸、斯里兰卡、印度、越南
濒危等级：LC

戈壁画眉草
Eragrostis collina Trin.
习　　性：多年生草本
海　　拔：500~1000 m
国内分布：新疆
国外分布：俄罗斯、高加索地区、哈萨克斯坦、土耳其、伊朗
濒危等级：LC

珠芽画眉草
Eragrostis cumingii Steud.
习　　性：一年生或多年生草本
国内分布：安徽、福建、广东、广西、贵州、湖北、江苏、台湾、云南、浙江
国外分布：澳大利亚、日本
濒危等级：LC

弯叶画眉草
Eragrostis curvula (Schrad.) Nees
习　　性：多年生草本
海　　拔：约3000 m
国内分布：福建、广西、湖北、江苏、新疆、云南
国外分布：原产非洲
濒危等级：LC
资源利用：动物饲料（牧草）

短穗画眉草
Eragrostis cylindrica (Roxb.) Nees ex Hook. et Arn.
习　　性：多年生草本
国内分布：安徽、福建、广东、广西、海南、江苏、台湾
国外分布：东南亚
濒危等级：LC
资源利用：动物饲料（牧草）

针仓画眉草
Eragrostis duricaulis B. S. Sun et S. Wang
习　　性：多年生草本
海　　拔：约1100 m
分　　布：云南
濒危等级：LC

双药画眉草
Eragrostis elongata (Willd.) Jacq.
习　　性：多年生草本
海　　拔：1000 m 以下
分　　布：福建、广东、海南、江西
濒危等级：LC
资源利用：环境利用（观赏）

佛欧里画眉草
Eragrostis fauriei Ohwi
习　　性：多年生草本
分　　布：台湾
濒危等级：DD

知风草
Eragrostis ferruginea (Thunb.) P. Beauv.
习　　性：多年生草本
海　　拔：100~3200 m
国内分布：安徽、北京、福建、贵州、河南、湖北、山东、陕西、台湾、西藏、云南、浙江
国外分布：不丹、朝鲜、老挝、尼泊尔、日本、印度、越南
濒危等级：LC
资源利用：药用（中草药）；动物饲料（饲料）；环境利用（观赏）

海南画眉草
Eragrostis hainanensis L. C. Chia
习　　性：多年生草本
分　　布：海南
濒危等级：LC

乱草
Eragrostis japonica (Thunb.) Trin.
习　　性：一年生草本
海　　拔：100~2000 m
国内分布：安徽、福建、广东、广西、贵州、河南、湖北、江苏、江西、台湾
国外分布：巴布亚新几内亚、不丹、菲律宾、马来西亚、缅甸、尼泊尔、日本、泰国、印度、印度尼西亚、越南
濒危等级：LC

小画眉草
Eragrostis minor Host
习　　性：一年生草本
海　　拔：300~2700 m
国内分布：安徽、北京、福建、贵州、河南、黑龙江、湖北、内蒙古、宁夏、青海、山东、陕西、台湾、西藏、新疆、云南、浙江
国外分布：热带、亚热带和温带地区
濒危等级：LC
资源利用：动物饲料（饲料）

山地画眉草
Eragrostis montana Balansa
习　　性：短多年生草本
海　　拔：1200 m
国内分布：云南
国外分布：柬埔寨、马来西亚、缅甸、泰国、印度尼西亚、越南
濒危等级：LC

多秆画眉草
Eragrostis multicaulis Steud.
习　　性：一年生草本
海　　拔：90~1900 m

国内分布：台湾、云南
国外分布：日本、印度
濒危等级：LC

华南画眉草
Eragrostis nevinii Hance
习　　性：多年生草本
国内分布：福建、海南、上海、台湾
国外分布：越南
濒危等级：LC
资源利用：环境利用（观赏）

黑穗画眉草
Eragrostis nigra Nees ex Steud.
习　　性：多年生草本
海　　拔：1000~4000 m
国内分布：甘肃、广西、贵州、河南、江西、青海、陕西、四川、西藏、云南
国外分布：不丹、缅甸、尼泊尔、斯里兰卡、印度
濒危等级：LC

细叶画眉草
Eragrostis nutans (Retz.) Nees ex Steud.
习　　性：多年生草本
海　　拔：300~2000 m
国内分布：台湾、云南
国外分布：菲律宾、日本、印度
濒危等级：LC

宿根画眉草
Eragrostis perennans Keng
习　　性：多年生草本
海　　拔：300~1700 m
国内分布：福建、广东、广西、贵州、海南、云南、浙江
国外分布：东南亚
濒危等级：LC

疏穗画眉草
Eragrostis perlaxa Keng ex P. C. Keng et L. Liu
习　　性：多年生草本
分　　布：安徽、福建、广东、广西、台湾
濒危等级：LC

画眉草
Eragrostis pilosa (L.) P. Beauv.
习　　性：一年生草本
海　　拔：500~2000 m
国内分布：安徽、北京、福建、贵州、海南、河南、黑龙江、湖北、内蒙古、宁夏、山东、陕西、台湾、西藏、云南、浙江
国外分布：东南亚、南欧、非洲；美洲引种
濒危等级：LC
资源利用：环境利用（观赏）

多毛知风草
Eragrostis pilosissima Link
习　　性：多年生草本
国内分布：福建、广东、海南、江西、台湾
国外分布：东南亚
濒危等级：LC

有毛画眉草
Eragrostis pilosiuscula Ohwi
习　　性：多年生草本
分　　布：广东、台湾
濒危等级：EN A4e；C2b；D

红脉画眉草
Eragrostis rufinerva L. C. Chia
习　　性：多年生草本
分　　布：海南
濒危等级：LC

香画眉草
Eragrostis suaveolens A. K. Becker ex Claus
习　　性：一年生草本
国内分布：新疆
国外分布：哈萨克斯坦
濒危等级：LC

鲫鱼草
Eragrostis tenella (L.) P. Beauv. ex Roemer et Schult.
习　　性：一年生草本
海　　拔：100~1650 m
国内分布：安徽、福建、广东、广西、海南、湖北、山东、台湾、西藏、云南
国外分布：旧世界热带地区
濒危等级：LC
资源利用：药用（中草药）；动物饲料（牧草）

牛虱草
Eragrostis unioloides (Retz.) Nees ex Steud.
习　　性：一年生或二年生草本
海　　拔：160~1300 m
国内分布：福建、海南、江西、台湾、云南
国外分布：非洲西部、热带亚洲
濒危等级：LC

蜈蚣草属 Eremochloa Buse

西南马陆草
Eremochloa bimaculata Hack.
习　　性：多年生草本
海　　拔：1000~1800 m
国内分布：贵州、湖北、四川、云南
国外分布：澳大利亚、柬埔寨、缅甸、泰国、越南；新几内亚岛
濒危等级：LC

蜈蚣草
Eremochloa ciliaris (L.) Merr.
习　　性：多年生草本
海　　拔：300~2000 m
国内分布：福建、广东、广西、贵州、海南、台湾、云南
国外分布：澳大利亚、巴布亚新几内亚、菲律宾、柬埔寨、老挝、马来西亚、缅甸、泰国、印度尼西亚、越南
濒危等级：LC

瘤糙假俭草
Eremochloa muricata (Retz.) Hack.
- 习　　性：多年生草本
- 国内分布：广东
- 国外分布：澳大利亚、缅甸、斯里兰卡、泰国、印度
- 濒危等级：LC

假俭草
Eremochloa ophiuroides (Munro) Hack.
- 习　　性：多年生草本
- 海　　拔：200~1200 m
- 国内分布：安徽、福建、广东、广西、贵州、海南、河南、湖北、湖南、江苏、江西、四川、台湾、浙江
- 国外分布：越南
- 濒危等级：LC
- 资源利用：动物饲料（饲料）；环境利用（观赏）

马陆草
Eremochloa zeylanica (Hack. ex Trimen) Hack.
- 习　　性：多年生草本
- 海　　拔：800~1500 m
- 国内分布：广西、云南
- 国外分布：斯里兰卡、印度
- 濒危等级：LC

旱麦草属 Eremopyrum Jaub. et Spach

光穗旱麦草
Eremopyrum bonaepartis (Spreng.) Nevski
- 习　　性：一年生草本
- 国内分布：新疆
- 国外分布：巴基斯坦、俄罗斯、哈萨克斯坦、吉尔吉斯斯坦、土库曼斯坦、乌兹别克斯坦
- 濒危等级：LC

毛穗旱麦草
Eremopyrum distans (K. Koch) Nevski
- 习　　性：一年生草本
- 海　　拔：约800 m
- 国内分布：新疆
- 国外分布：阿富汗、巴基斯坦、俄罗斯、哈萨克斯坦、吉尔吉斯斯坦、土库曼斯坦、乌兹别克斯坦
- 濒危等级：LC

东方旱麦草
Eremopyrum orientale (L.) Jaubert et Spach
- 习　　性：一年生草本
- 海　　拔：500~1600 m
- 国内分布：内蒙古、西藏、新疆
- 国外分布：巴基斯坦、俄罗斯、哈萨克斯坦、吉尔吉斯斯坦、土库曼斯坦、乌兹别克斯坦
- 濒危等级：LC

旱麦草
Eremopyrum triticeum (Gaertner) Nevski
- 习　　性：一年生草本
- 海　　拔：800~1400 m
- 国内分布：内蒙古、新疆
- 国外分布：俄罗斯、哈萨克斯坦、吉尔吉斯斯坦、土库曼斯坦、乌兹别克斯坦
- 濒危等级：LC

鹧鸪草属 Eriachne R. Br.

鹧鸪草
Eriachne pallescens R. Br.
- 习　　性：多年生草本
- 海　　拔：约100 m
- 国内分布：福建、广东、广西、江西
- 国外分布：澳大利亚、菲律宾、马来西亚、缅甸、泰国、印度、印度尼西亚、越南
- 濒危等级：LC
- 资源利用：动物饲料（饲料）

野黍属 Eriochloa Kunth

高野黍
Eriochloa procera (Retz.) C. E. Hubb.
- 习　　性：一年生或多年生草本
- 国内分布：福建、广东、海南、台湾
- 国外分布：澳大利亚、巴布亚新几内亚、菲律宾、老挝、马来西亚、缅甸、斯里兰卡、泰国、印度、印度尼西亚、越南
- 濒危等级：LC
- 资源利用：动物饲料（牧草）

野黍
Eriochloa villosa (Thunb.) Kunth
- 习　　性：一年生草本
- 海　　拔：200~2500 m
- 国内分布：安徽、福建、广东、贵州、河南、黑龙江、湖北、吉林、江苏、江西、内蒙古、山东、陕西、四川、台湾、天津、云南、浙江
- 国外分布：朝鲜、俄罗斯、日本、越南
- 濒危等级：LC
- 资源利用：动物饲料（饲料）；食品（粮食，淀粉）

黄金茅属 Eulalia Kunth

短叶金茅
Eulalia brevifolia Keng ex P. C. Keng
- 习　　性：多年生草本
- 海　　拔：1700~2600 m
- 分　　布：云南
- 濒危等级：DD

龚氏金茅
Eulalia leschenaultiana (Decne.) Ohwi
- 习　　性：多年生草本
- 国内分布：福建、广东、江西、台湾
- 国外分布：菲律宾、马来西亚、泰国、印度尼西亚、越南
- 濒危等级：LC

无芒金茅
Eulalia manipurensis Bor
- 习　　性：多年生草本
- 海　　拔：约1600 m
- 国内分布：云南
- 国外分布：孟加拉国、缅甸
- 濒危等级：LC

微药金茅
Eulalia micranthera Keng et S. L. Chen
- 习　　性：多年生草本
- 分　　布：海南
- 濒危等级：LC

银丝金茅
Eulalia mollis(Griseb.)Kuntze
- 习　　性：多年生草本
- 海　　拔：约2000 m
- 国内分布：西藏
- 国外分布：不丹、尼泊尔、印度
- 濒危等级：LC

白健秆
Eulalia pallens(Hack.)Kuntze
- 习　　性：多年生草本
- 海　　拔：1200~3200 m
- 国内分布：广西、贵州、云南
- 国外分布：印度
- 濒危等级：LC

棕茅
Eulalia phaeothrix(Hack.)Kuntze
- 习　　性：多年生草本
- 海　　拔：1300~2600 m
- 国内分布：海南、四川、云南
- 国外分布：斯里兰卡、泰国、印度、越南
- 濒危等级：LC

粉背金茅
Eulalia pruinosa B. S. Sun et M. Y. Wang
- 习　　性：多年生草本
- 海　　拔：1900~2700 m
- 分　　布：云南
- 濒危等级：LC

四脉金茅
Eulalia quadrinervis(Hack.)Kuntze
- 习　　性：多年生草本
- 海　　拔：100~3200 m
- 国内分布：安徽、福建、广东、河南、四川、云南、浙江
- 国外分布：不丹、朝鲜、菲律宾、缅甸、尼泊尔、日本、泰国、印度、越南
- 濒危等级：LC

二色金茅
Eulalia siamensis Bor

二色金茅（原变种）
Eulalia siamensis var. **siamensis**
- 习　　性：多年生草本
- 海　　拔：500~1500 m
- 国内分布：云南
- 国外分布：缅甸、泰国
- 濒危等级：LC

宽叶金茅
Eulalia siamensis var. **latifolia**(Rendle)S. M. Phillips
- 习　　性：多年生草本
- 海　　拔：1800 m
- 国内分布：云南
- 国外分布：泰国
- 濒危等级：LC

金茅
Eulalia speciosa(Debeaux)Kuntze
- 习　　性：多年生草本
- 海　　拔：100~3000 m
- 国内分布：安徽、福建、广东、贵州、海南、河南、湖北、江西、山东、陕西、四川、台湾、云南
- 国外分布：朝鲜、菲律宾、柬埔寨、马来西亚、缅甸、尼泊尔、日本、泰国、印度、越南
- 濒危等级：LC

红健秆
Eulalia splendens Keng et S. L. Chen
- 习　　性：多年生草本
- 海　　拔：约800 m
- 分　　布：广西、贵州、云南
- 濒危等级：LC

三穗金茅
Eulalia trispicata(Schult.)Henrard
- 习　　性：多年生草本
- 海　　拔：700~1410 m
- 国内分布：云南
- 国外分布：澳大利亚、巴布亚新几内亚、不丹、菲律宾、柬埔寨、马来西亚、孟加拉国、缅甸、尼泊尔、斯里兰卡、泰国、印度、印度尼西亚、越南
- 濒危等级：LC

云南金茅
Eulalia yunnanensis Keng et S. L. Chen
- 习　　性：多年生草本
- 海　　拔：1400~2200 m
- 分　　布：云南
- 濒危等级：LC

拟金茅属 Eulaliopsis Honda

拟金茅
Eulaliopsis binata(Retz.)C. E. Hubb.
- 习　　性：多年生草本
- 海　　拔：100~2600 m
- 国内分布：广东、广西、贵州、河南、湖北、陕西、四川、台湾、云南
- 国外分布：阿富汗、巴基斯坦、不丹、菲律宾、缅甸、尼泊尔、日本、泰国、印度
- 濒危等级：LC
- 资源利用：原料（纤维）

真穗草属 Eustachys Desv.

真穗草
Eustachys tenera(J. Presl)A. Camus
- 习　　性：多年生草本
- 国内分布：广东、海南、台湾
- 国外分布：巴布亚新几内亚、菲律宾、马来西亚、泰国、印度尼西亚、越南

濒危等级：LC

箭竹属 Fargesia Franch.

尖鞘箭竹
Fargesia acuticontracta T. P. Yi
习　　性：近乔木状
海　　拔：2000~3200 m
分　　布：云南
濒危等级：DD

贴毛箭竹
Fargesia adpressa T. P. Yi
习　　性：近乔木状
海　　拔：2000 m
分　　布：四川
濒危等级：DD
资源利用：动物饲料（大熊猫采食的主要竹种）

片马箭竹
Fargesia albocerea J. R. Xue et T. P. Yi
习　　性：近乔木状
海　　拔：2900 m
分　　布：云南
濒危等级：LC

船竹
Fargesia altior T. P. Yi
习　　性：近乔木状
海　　拔：2300~2500 m
分　　布：云南
濒危等级：LC

油竹子
Fargesia angustissima T. P. Yi
习　　性：灌木状
海　　拔：800~1600 m
分　　布：四川
濒危等级：LC
资源利用：动物饲料（大熊猫采食的主要竹种）

短柄箭竹
Fargesia brevipes (McClure) T. P. Yi
习　　性：近乔木状
分　　布：云南
濒危等级：DD

窝竹
Fargesia brevissima T. P. Yi
习　　性：近乔木状
海　　拔：2000~2400 m
分　　布：四川
濒危等级：LC
资源利用：食品（蔬菜）

景谷箭竹
Fargesia caduca T. P. Yi
习　　性：近乔木状
海　　拔：1800~1900 m
分　　布：云南
濒危等级：DD

岩斑竹
Fargesia canaliculata T. P. Yi
习　　性：近乔木状
海　　拔：2200~2650 m
分　　布：四川
濒危等级：LC
资源利用：食品（蔬菜）

卷耳箭竹
Fargesia circinata J. R. Xue et T. P. Yi
习　　性：灌木状
分　　布：云南
濒危等级：DD

马亨箭竹
Fargesia communis T. P. Yi
习　　性：近乔木状
海　　拔：2600~3300 m
分　　布：云南
濒危等级：LC

美丽箭竹
Fargesia concinna T. P. Yi
习　　性：近乔木状
海　　拔：2900~3100 m
分　　布：云南
濒危等级：NT

笼笼竹
Fargesia conferta T. P. Yi
习　　性：近乔木状
海　　拔：1100~1700 m
分　　布：贵州、四川
濒危等级：LC

带鞘箭竹
Fargesia contracta T. P. Yi
习　　性：近乔木状
海　　拔：2000~3000 m
分　　布：云南
濒危等级：LC

尖尾箭竹
Fargesia cuspidata (Keng) Z. P. Wang et G. H. Ye
习　　性：乔木状
海　　拔：1600 m
分　　布：广西
濒危等级：LC

打母牛
Fargesia daminiu Yi et J. Y. Shi
习　　性：多年生草本
分　　布：西藏
濒危等级：LC

斜倚箭竹
Fargesia declivis T. P. Yi
习　　性：近乔木状
海　　拔：2400~2500 m
分　　布：云南
濒危等级：LC

毛龙头竹
Fargesia decurvata J. L. Lu
习　　性：灌木状
海　　拔：1100~1700 m
分　　布：湖北、湖南、陕西、四川
濒危等级：LC
资源利用：动物饲料（大熊猫采食的主要竹种）

缺苞箭竹
Fargesia denudata T. P. Yi
习　　性：近乔木状
海　　拔：1900~3200 m
分　　布：甘肃、四川
濒危等级：LC
资源利用：动物饲料（大熊猫采食的主要竹种）

龙头箭竹
Fargesia dracocephala T. P. Yi
习　　性：近乔木状
海　　拔：1500~2200 m
分　　布：甘肃、湖北、陕西、四川
濒危等级：LC
资源利用：动物饲料（大熊猫采食的主要竹种）

清甜箭竹
Fargesia dulcicula T. P. Yi
习　　性：近乔木状
海　　拔：3500 m
分　　布：四川
濒危等级：LC

马斯箭竹
Fargesia dura T. P. Yi
习　　性：近乔木状
海　　拔：3200 m
分　　布：云南
濒危等级：LC

空心箭竹
Fargesia edulis J. R. Xue et T. P. Yi
习　　性：近乔木状
海　　拔：1900~2800 m
分　　布：云南
濒危等级：LC
资源利用：食品（蔬菜）

雅容箭竹
Fargesia elegans T. P. Yi
习　　性：近乔木状
海　　拔：2700~2800 m
分　　布：四川
濒危等级：LC

牛麻箭竹
Fargesia emaculata T. P. Yi
习　　性：近乔木状
海　　拔：2800~3800 m
分　　布：四川
濒危等级：NT
资源利用：动物饲料（大熊猫采食的主要竹种）

露舌箭竹
Fargesia exposita T. P. Yi
习　　性：近乔木状
海　　拔：2700~2800 m
分　　布：四川
濒危等级：LC

喇叭箭竹
Fargesia extensa T. P. Yi
习　　性：近乔木状
海　　拔：2200~2500 m
分　　布：西藏
濒危等级：LC

勒布箭竹
Fargesia farcta T. P. Yi
习　　性：近乔木状
海　　拔：2300 m
分　　布：西藏
濒危等级：LC

丰实箭竹
Fargesia ferax(Keng)T. P. Yi
习　　性：近乔木状
海　　拔：1700~2600 m
分　　布：四川
濒危等级：NT
资源利用：原料（木材）

凋叶箭竹
Fargesia frigidis T. P. Yi
习　　性：近乔木状
海　　拔：3100~3700 m
分　　布：云南
濒危等级：LC

棉花竹
Fargesia fungosa T. P. Yi
习　　性：近乔木状
海　　拔：1800~2700 m
分　　布：贵州、四川、云南
濒危等级：LC
资源利用：原料（木材）；食品（蔬菜）

伏牛山箭竹
Fargesia funiushanensis T. P. Yi
习　　性：近乔木状
海　　拔：1400~2100 m
分　　布：河南
濒危等级：DD

光叶箭竹
Fargesia glabrifolia T. P. Yi
习　　性：近乔木状
海　　拔：3100~3500 m
分　　布：西藏
濒危等级：LC

贡山箭竹
Fargesia gongshanensis T. P. Yi
习　　性：近乔木状

海　　拔：1400~1500 m
分　　布：四川
濒危等级：DD

错那箭竹
Fargesia grossa T. P. Yi
习　　性：近乔木状
海　　拔：2600 m
分　　布：西藏
濒危等级：LC

海南箭竹
Fargesia hainanensis T. P. Yi
习　　性：近乔木状
海　　拔：1500~1800 m
分　　布：海南
濒危等级：DD

冬竹
Fargesia hsuehiana T. P. Yi
习　　性：近乔木状
海　　拔：2000 m
分　　布：云南
濒危等级：DD

会泽箭竹
Fargesia huizensis M. S. Sun, Yu M. Yang et H. Q. Yang
习　　性：多年生竹类
分　　布：云南
濒危等级：LC

喜湿箭竹
Fargesia hygrophila J. R. Xue et T. P. Yi
习　　性：近乔木状
海　　拔：1600~3000 m
分　　布：云南
濒危等级：LC

九龙箭竹
Fargesia jiulongensis T. P. Yi
习　　性：近乔木状
海　　拔：2800~3400 m
分　　布：四川
濒危等级：LC
资源利用：动物饲料（大熊猫采食的主要竹种）；食品（蔬菜）

雪山箭竹
Fargesia lincangensis T. P. Yi
习　　性：近乔木状
海　　拔：2900~3200 m
分　　布：云南
濒危等级：LC

长节箭竹
Fargesia longiuscula(J. R. Xue et Y. Y. Dai) Ohrnb.
习　　性：近乔木状
海　　拔：1400~1500 m
分　　布：云南
濒危等级：DD

泸水箭竹
Fargesia lushuiensis J. R. Xue et T. P. Yi
习　　性：灌木状至乔木状
海　　拔：1700~1800 m
分　　布：云南
濒危等级：LC

西藏箭竹
Fargesia macclureana(Bor) Stapleton
习　　性：近乔木状
海　　拔：2100~3800 m
分　　布：西藏
濒危等级：LC

大姚箭竹
Fargesia mairei(Hack. ex Hand. -Mazz.) T. P. Yi
习　　性：近乔木状
海　　拔：2900~3600 m
分　　布：云南
濒危等级：LC
资源利用：食品（蔬菜）

马利箭竹
Fargesia mali T. P. Yi
习　　性：近乔木状
海　　拔：3000~3200 m
分　　布：四川
濒危等级：LC

黑穗箭竹
Fargesia melanostachys(Hand. -Mazz.) T. P. Yi
习　　性：近乔木状
海　　拔：3100~3800 m
分　　布：云南
濒危等级：LC
资源利用：原料（木材）

神农箭竹
Fargesia murielae(Gamble) T. P. Yi
习　　性：近乔木状
海　　拔：2800~3000 m
分　　布：湖北
濒危等级：LC
资源利用：食品（蔬菜）

华西箭竹
Fargesia nitida(Mitford ex Stapf) P. C. Keng ex T. P. Yi
习　　性：灌木状
海　　拔：1900~3200 m
分　　布：甘肃、宁夏、青海、四川
濒危等级：LC
资源利用：原料（纤维）

团竹
Fargesia obliqua T. P. Yi
习　　性：近乔木状
海　　拔：2400~3700 m
分　　布：四川
濒危等级：DD

长圆鞘箭竹
Fargesia orbiculata T. P. Yi
 习 性：近乔木状
 海 拔：3800 m
 分 布：云南
 濒危等级：NT
 资源利用：食品（蔬菜）

云龙箭竹
Fargesia papyrifera T. P. Yi
 习 性：近乔木状
 海 拔：2700～3600 m
 分 布：云南
 濒危等级：LC
 资源利用：食品（蔬菜）

少花箭竹
Fargesia pauciflora (Keng) T. P. Yi
 习 性：近乔木状
 海 拔：2000～3200 m
 分 布：四川
 濒危等级：LC
 资源利用：原料（木材）；动物饲料（大熊猫采食的主要竹种）；食品（蔬菜）

超包箭竹
Fargesia perlonga J. R. Xue et T. P. Yi
 习 性：近乔木状
 分 布：云南
 濒危等级：LC

皱壳箭竹
Fargesia pleniculmis (Hand.-Mazz.) T. P. Yi
 习 性：近乔木状
 海 拔：2500～3000 m
 分 布：云南
 濒危等级：DD
 资源利用：食品（蔬菜）

密毛箭竹
Fargesia plurisetosa T. H. Wen
 习 性：灌木状
 海 拔：1500 m
 分 布：云南
 濒危等级：DD

红壳箭竹
Fargesia porphyrea T. P. Yi
 习 性：近乔木状
 海 拔：1200～2500 m
 分 布：云南
 濒危等级：DD

弩箭竹
Fargesia praecipua T. P. Yi
 习 性：近乔木状
 海 拔：1800～2600 m
 分 布：云南
 濒危等级：DD

秦岭箭竹
Fargesia qinlingensis T. P. Yi et J. X. Shao
 习 性：近乔木状
 海 拔：1000～1200 m
 分 布：陕西
 濒危等级：DD
 资源利用：动物饲料（大熊猫采食的主要竹种）

拐棍竹
Fargesia robusta T. P. Yi
 习 性：近乔木状
 海 拔：1700～2800 m
 分 布：四川
 濒危等级：LC

青川箭竹
Fargesia rufa T. P. Yi
 习 性：灌木状
 海 拔：1600～2300 m
 分 布：甘肃、四川
 濒危等级：LC
 资源利用：动物饲料（大熊猫采食的主要竹种）

独龙箭竹
Fargesia sagittatinea T. P. Yi
 习 性：近乔木状
 海 拔：2400～2900 m
 分 布：云南
 濒危等级：LC

糙花箭竹
Fargesia scabrida T. P. Yi
 习 性：近乔木状
 海 拔：1500～2000 m
 分 布：甘肃、四川
 濒危等级：LC
 资源利用：动物饲料（大熊猫采食的主要竹种）

白竹
Fargesia semicoriacea T. P. Yi
 习 性：近乔木状
 海 拔：2000～3000 m
 分 布：云南
 濒危等级：LC

秃鞘箭竹
Fargesia similaris J. R. Xue et T. P. Yi
 习 性：灌木状竹类
 分 布：云南
 濒危等级：DD

腾冲箭竹
Fargesia solida T. P. Yi
 习 性：近乔木状
 海 拔：2300～2500 m
 分 布：云南
 濒危等级：DD

箭竹
Fargesia spathacea Franch.
 习 性：近乔木状

海　　拔：1300~2400 m
分　　布：湖北、四川
濒危等级：LC
资源利用：食用（竹笋）；环境利用（观赏）

细枝箭竹
Fargesia stenoclada T. P. Yi
习　　性：近乔木状
海　　拔：1600~1900 m
分　　布：四川
濒危等级：LC
资源利用：动物饲料（大熊猫采食的主要竹种）；食品（蔬菜）

粗毛箭竹
Fargesia strigosa T. P. Yi
习　　性：近乔木状
海　　拔：2900 m
分　　布：云南
濒危等级：LC

曲秆箭竹
Fargesia subflexuosa T. P. Yi
习　　性：近乔木状
海　　拔：2900~3300 m
分　　布：云南
濒危等级：DD

德钦箭竹
Fargesia sylvestris T. P. Yi
习　　性：灌木状至乔木状
海　　拔：3200~3300 m
分　　布：云南
濒危等级：LC

薄壁箭竹
Fargesia tenuilignea T. P. Yi
习　　性：近乔木状
海　　拔：2400~3100 m
分　　布：云南
濒危等级：LC
资源利用：食品（蔬菜）

鸡爪箭竹
Fargesia ungulata T. H. Wen
习　　性：灌木状
分　　布：湖南
濒危等级：DD

伞把竹
Fargesia utilis T. P. Yi
习　　性：近乔木状
海　　拔：2700~3700 m
分　　布：云南
濒危等级：LC
资源利用：原料（木材）；食品（蔬菜）

紫序箭竹
Fargesia vicina(Keng) T. P. Yi
习　　性：近乔木状
分　　布：云南
濒危等级：DD

威宁箭竹
Fargesia weiningensis T. P. Yi et Lin Yang
习　　性：多年生草本
海　　拔：约2200 m
分　　布：贵州
濒危等级：LC

无量山箭竹
Fargesia wuliangshanensis T. P. Yi
习　　性：近乔木状
海　　拔：3000~3100 m
分　　布：云南
濒危等级：LC

秀叶箭竹
Fargesia yuanjiangensis J. R. Xue et T. P. Yi
习　　性：灌木状竹类
分　　布：云南
濒危等级：DD

玉龙山箭竹
Fargesia yulongshanensis T. P. Yi
习　　性：近乔木状
海　　拔：3000~4200 m
分　　布：云南
濒危等级：LC

云南箭竹
Fargesia yunnanensis J. R. Xue et T. P. Yi
习　　性：灌木状
海　　拔：1700~2500 m
分　　布：四川、云南
濒危等级：LC
资源利用：食品（蔬菜）

察隅箭竹
Fargesia zayuensis T. P. Yi
习　　性：近乔木状
海　　拔：2500~3000 m
分　　布：西藏
濒危等级：LC
资源利用：食品（蔬菜）

铁竹属 Ferrocalamus Hsueh et P. C. Keng

裂箨铁竹
Ferrocalamus rimosivaginus T. H. Wen
习　　性：灌木状
海　　拔：900~1000 m
分　　布：云南
濒危等级：LC

铁竹
Ferrocalamus strictus J. R. Xue et P. C. Keng
习　　性：乔木状
海　　拔：900~1200 m
分　　布：云南
濒危等级：NT
国家保护：Ⅰ级
资源利用：原料（木材）

羊茅属 Festuca L.

阿拉套羊茅
Festuca alatavica (Hack. ex St. -Yves) Roshev.
- 习　　性：多年生草本
- 海　　拔：2600~4000 m
- 国内分布：新疆
- 国外分布：巴基斯坦、哈萨克斯坦、吉尔吉斯斯坦、克什米尔地区、塔吉克斯坦
- 濒危等级：LC

阿尔泰羊茅
Festuca altaica Trin.
- 习　　性：多年生草本
- 海　　拔：2400~3800 m
- 国内分布：新疆
- 国外分布：俄罗斯、哈萨克斯坦、蒙古
- 濒危等级：LC

葱岭羊茅
Festuca amblyodes V. I. Krecz. et Bobrov
- 习　　性：多年生草本
- 海　　拔：2200~3700 m
- 国内分布：青海、新疆、云南
- 国外分布：哈萨克斯坦、吉尔吉斯斯坦、塔吉克斯坦
- 濒危等级：LC

苇状羊茅
Festuca arundinacea Schreb.

苇状羊茅（原亚种）
Festuca arundinacea subsp. arundinacea
- 习　　性：多年生草本
- 海　　拔：700~1200 m
- 国内分布：内蒙古、河北、陕西、甘肃、青海、新疆、云南、江西、湖北、四川、浙江及东北等地有栽培
- 国外分布：俄罗斯
- 濒危等级：LC

东方羊茅
Festuca arundinacea subsp. orientalis (Hack.) Tzvelev
- 习　　性：多年生草本
- 海　　拔：500~2400 m
- 国内分布：新疆
- 国外分布：俄罗斯、哈萨克斯坦、吉尔吉斯斯坦、塔吉克斯坦、土库曼斯坦、乌兹别克斯坦
- 濒危等级：LC

短叶羊茅
Festuca brachyphylla Schult. et Schult. f.
- 习　　性：多年生草本
- 海　　拔：3500~4800 m
- 国内分布：甘肃、青海、西藏、新疆
- 国外分布：俄罗斯、哈萨克斯坦、吉尔吉斯斯坦、蒙古、塔吉克斯坦
- 濒危等级：LC

昌都羊茅
Festuca changduensis L. Liu
- 习　　性：多年生草本
- 海　　拔：3200~3800 m
- 分　　布：四川、西藏
- 濒危等级：LC

察隅羊茅
Festuca chayuensis L. Liu
- 习　　性：多年生草本
- 海　　拔：约3900 m
- 分　　布：西藏
- 濒危等级：LC

草原羊茅
Festuca chelungkingnica Chang et Skvort. ex S. L. Lu
- 习　　性：多年生草本
- 分　　布：黑龙江
- 濒危等级：LC

春丕谷羊茅
Festuca chumbiensis E. B. Alexeev
- 习　　性：多年生草本
- 海　　拔：3300~5000 m
- 分　　布：西藏
- 濒危等级：LC

矮羊茅
Festuca coelestis (St. -Yves) V. I. Krecz. et Bobrov
- 习　　性：多年生草本
- 海　　拔：2500~5300 m
- 国内分布：甘肃、湖北、内蒙古、青海、四川、西藏、新疆、云南
- 国外分布：巴基斯坦、哈萨克斯坦、吉尔吉斯斯坦、克什米尔地区、塔吉克斯坦
- 濒危等级：LC

纤毛羊茅
Festuca cumminsii Stapf
- 习　　性：多年生草本
- 海　　拔：2500~5300 m
- 国内分布：甘肃、湖北、内蒙古、青海、四川、新疆
- 国外分布：巴基斯坦、不丹、俄罗斯、哈萨克斯坦、吉尔吉斯斯坦、克什米尔地区、蒙古、塔吉克斯坦、伊朗北部、印度
- 濒危等级：LC

达乌里羊茅
Festuca dahurica (St. -Yves) V. I. Krecz. et Bobrov

达乌里羊茅（原亚种）
Festuca dahurica subsp. dahurica
- 习　　性：多年生草本
- 海　　拔：600~1400 m
- 国内分布：甘肃、河北、黑龙江、吉林、内蒙古
- 国外分布：俄罗斯
- 濒危等级：LC

蒙古羊茅
Festuca dahurica subsp. mongolica S. R. Liou et Ma
- 习　　性：多年生草本
- 海　　拔：1200~3200 m
- 分　　布：甘肃、河北、黑龙江、内蒙古、青海
- 濒危等级：LC

长花羊茅
Festuca dolichantha Keng ex P. C. Keng
习　　性：多年生草本
海　　拔：3800~4000 m
分　　布：四川、云南
濒危等级：LC

硬序羊茅
Festuca durata B. S. Sun et H. Peng
习　　性：多年生草本
海　　拔：1400~2600 m
分　　布：贵州、云南
濒危等级：LC

高羊茅
Festuca elata Keng ex E. B. Alexeev
习　　性：多年生草本
海　　拔：约2800 m
分　　布：广西、贵州、四川
濒危等级：LC

远东羊茅
Festuca extremiorientalis Ohwi
习　　性：多年生草本
海　　拔：900~2800 m
国内分布：甘肃、河北、黑龙江、吉林、内蒙古、青海、山西、陕西、四川、云南
国外分布：朝鲜、俄罗斯、日本
濒危等级：LC

蛊羊茅
Festuca fascinata Keng ex S. L. Lu
习　　性：多年生草本
海　　拔：2500~4100 m
分　　布：甘肃、湖北、陕西、四川、西藏、云南
濒危等级：LC

台湾羊茅
Festuca formosana Honda
习　　性：多年生草本
分　　布：台湾
濒危等级：DD

玉龙羊茅
Festuca forrestii St. -Yves
习　　性：多年生草本
海　　拔：2500~4400 m
分　　布：青海、四川、西藏、云南
濒危等级：LC

滇西北羊茅
Festuca georgii E. B. Alexeev
习　　性：多年生草本
海　　拔：3000~3400 m
分　　布：云南
濒危等级：LC

大羊茅
Festuca gigantea (L.) Vill.
习　　性：多年生草本
海　　拔：1000~3800 m
国内分布：四川、新疆、云南
国外分布：巴基斯坦、不丹、俄罗斯、哈萨克斯坦、塔吉克斯坦、印度
濒危等级：LC

哈达羊茅
Festuca handelii (St. -Yves) E. B. Alexeev
习　　性：多年生草本
海　　拔：3600~3700 m
分　　布：四川、云南
濒危等级：LC

光稃羊茅
Festuca hondae E. B. Alexeev
习　　性：多年生草本
海　　拔：约4300 m
分　　布：台湾
濒危等级：LC

雅库羊茅
Festuca jacutica Drobow
习　　性：多年生草本
海　　拔：700~1800 m
国内分布：黑龙江、吉林、辽宁、内蒙古
国外分布：俄罗斯
濒危等级：LC

日本羊茅
Festuca japonica Makino
习　　性：多年生草本
海　　拔：1300~3100 m
国内分布：安徽、甘肃、贵州、湖北、陕西、四川、台湾、云南、浙江
国外分布：朝鲜半岛、日本
濒危等级：LC

甘肃羊茅
Festuca kansuensis Markgr. -Dann.
习　　性：多年生草本
海　　拔：3200~3700 m
分　　布：甘肃、青海
濒危等级：LC

克什米尔地区羊茅
Festuca kashmiriana Stapf
习　　性：多年生草本
海　　拔：约4600 m
国内分布：西藏
国外分布：克什米尔地区、印度
濒危等级：LC

寒生羊茅
Festuca kryloviana Reverd.
习　　性：多年生草本
海　　拔：1300~2600 m
国内分布：河北、新疆
国外分布：俄罗斯、哈萨克斯坦、吉尔吉斯斯坦、蒙古
濒危等级：LC

三界羊茅
Festuca kurtschumica E. B. Alexeev

习　　　性：多年生草本
海　　　拔：约 2700 m
国内分布：新疆
国外分布：哈萨克斯坦、蒙古
濒危等级：LC

弱须羊茅
Festuca leptopogon Stapf
习　　　性：多年生草本
海　　　拔：2300～3900 m
国内分布：贵州、青海、四川、台湾、西藏、云南
国外分布：不丹、马来西亚、尼泊尔、印度
濒危等级：LC

凉山羊茅
Festuca liangshanica L. Liu
习　　　性：多年生草本
海　　　拔：约 1200 m
分　　　布：四川
濒危等级：NT A2c；C2b

东亚羊茅
Festuca litvinovii (Tzvelev) E. B. Alexeev
习　　　性：多年生草本
海　　　拔：2100～4200 m
国内分布：河北、黑龙江、辽宁、内蒙古、青海、山西、新疆
国外分布：俄罗斯、蒙古
濒危等级：LC

长颖羊茅
Festuca longiglumis S. L. Lu
习　　　性：多年生草本
海　　　拔：约 2900 m
分　　　布：云南
濒危等级：DD

昆明羊茅
Festuca mazzettiana E. B. Alexeev
习　　　性：多年生草本
海　　　拔：2600～2800 m
分　　　布：四川、云南
濒危等级：LC

素羊茅
Festuca modesta Nees ex Steud.
习　　　性：多年生草本
海　　　拔：1000～3600 m
国内分布：甘肃、青海、陕西、四川、云南
国外分布：尼泊尔、印度
濒危等级：LC

微药羊茅
Festuca nitidula Stapf
习　　　性：多年生草本
海　　　拔：2500～5300 m
国内分布：甘肃、青海、四川、西藏、云南
国外分布：克什米尔地区、尼泊尔、印度
濒危等级：LC

西山羊茅
Festuca olgae (Regel) Krivot.
习　　　性：多年生草本
海　　　拔：3500～4000 m
国内分布：西藏、新疆、云南
国外分布：阿富汗、巴基斯坦、吉尔吉斯斯坦、克什米尔地区、塔吉克斯坦、伊朗东北、印度
濒危等级：LC

羊茅
Festuca ovina L.
习　　　性：多年生草本
海　　　拔：1600～4400 m
国内分布：安徽、甘肃、贵州、吉林、江苏、内蒙古、宁夏、青海、陕西、四川、台湾、西藏、新疆、云南、浙江
国外分布：朝鲜、俄罗斯、蒙古、日本；西南亚（高加索地区）
濒危等级：LC

帕米尔羊茅
Festuca pamirica Tzvelev
习　　　性：多年生草本
海　　　拔：约 3200 m
国内分布：新疆、云南
国外分布：塔吉克斯坦
濒危等级：LC

小颖羊茅
Festuca parvigluma Steud.

小颖羊茅（原变种）
Festuca parvigluma var. **parvigluma**
习　　　性：多年生草本
海　　　拔：200～3700 m
国内分布：贵州、湖南、江西、陕西、台湾、西藏、云南、浙江
国外分布：朝鲜、日本
濒危等级：LC

崂山小颖羊茅
Festuca parvigluma var. **laoshanensis** F. Z. Li
习　　　性：多年生草本
海　　　拔：300～400 m
分　　　布：山东
濒危等级：LC

草甸羊茅
Festuca pratensis Huds.
习　　　性：多年生草本
海　　　拔：700～3600 m
国内分布：贵州、吉林、江苏、青海、四川、新疆、云南栽培
国外分布：西南亚、欧洲；北美洲引种
濒危等级：LC

毛颖羊茅
Festuca pubiglumis S. L. Lu
习　　　性：多年生草本
海　　　拔：3600～3800 m

分　　布：云南
濒危等级：LC

紫羊茅
Festuca rubra L.

紫羊茅（原亚种）
Festuca rubra subsp. **rubra**
习　　性：多年生草本
海　　拔：600~4500 m
国内分布：中国北方地区
国外分布：巴基斯坦、俄罗斯、哈萨克斯坦、吉尔吉斯斯坦、蒙古、日本、塔吉克斯坦、乌兹别克斯坦
濒危等级：LC

毛稃羊茅
Festuca rubra subsp. **arctica**(Hack.)Govoruchin
习　　性：多年生草本
海　　拔：2100~4300 m
国内分布：甘肃、河北、内蒙古、青海、山西、四川、西藏、新疆
国外分布：巴基斯坦、俄罗斯、哈萨克斯坦、吉尔吉斯斯坦、克什米尔地区、蒙古、塔吉克斯坦
濒危等级：LC

克西羊茅
Festuca rubra subsp. **clarkei**(Stapf)St.-Yves
习　　性：多年生草本
海　　拔：2000~3600 m
国内分布：云南
国外分布：巴基斯坦、不丹、克什米尔地区、印度
濒危等级：LC

糙花羊茅
Festuca scabriflora L. Liu
习　　性：多年生草本
海　　拔：2700~3600 m
分　　布：四川、西藏、云南
濒危等级：LC

西伯利亚羊茅
Festuca sibirica Hack. et Boiss.
习　　性：多年生草本
国内分布：内蒙古及东北各省
国外分布：俄罗斯、蒙古
濒危等级：LC

中华羊茅
Festuca sinensis Keng ex E. B. Alexeev
习　　性：多年生草本
海　　拔：2600~4800 m
分　　布：甘肃、青海、四川
濒危等级：LC

贫芒羊茅
Festuca sinomutica X. Chen et S. M. Phillips
习　　性：多年生草本
海　　拔：约2900 m
分　　布：云南
濒危等级：LC

细芒羊茅
Festuca stapfii E. B. Alexeev
习　　性：多年生草本
海　　拔：3000~3200 m
国内分布：四川、西藏、云南
国外分布：不丹、尼泊尔、印度
濒危等级：LC

长白山羊茅
Festuca subalpina Chang et Skvort. ex S. L. Lu
习　　性：多年生草本
海　　拔：2500~2600 m
分　　布：吉林
濒危等级：LC

西藏羊茅
Festuca tibetica(Stapf)E. B. Alexeev
习　　性：多年生草本
海　　拔：2700~4000 m
国内分布：西藏、云南
国外分布：不丹、印度
濒危等级：NT A2c；C2b

草稃羊茅
Festuca trachyphylla(Hack.)Krajina
习　　性：多年生草本
国内分布：中国引种
国外分布：原产欧洲

毛鞘羊茅
Festuca trichovagina F. Z. Li
习　　性：多年生草本
海　　拔：约800 m
分　　布：山东
濒危等级：LC

黑穗羊茅
Festuca tristis Krylov et Ivanitzkaja
习　　性：多年生草本
海　　拔：2800~4600 m
国内分布：新疆
国外分布：俄罗斯、哈萨克斯坦、蒙古
濒危等级：LC

曲枝羊茅
Festuca undata Stapf
习　　性：多年生草本
海　　拔：4100~4800 m
国内分布：四川、西藏、云南
国外分布：尼泊尔、印度
濒危等级：LC

瑞士羊茅
Festuca valesiaca Schleicher ex Gaudin

瑞士羊茅（原亚种）
Festuca valesiaca subsp. **valesiaca**
习　　性：多年生草本

海　　拔：1000~3700 m
国内分布：四川、西藏、新疆、云南
国外分布：俄罗斯、哈萨克斯坦、吉尔吉斯斯坦、蒙古、塔吉克斯坦、土库曼斯坦；西南亚、欧洲
濒危等级：LC

松菲羊茅
Festuca valesiaca subsp. **hypsophila** (St. -Yves) Tzvelev
习　　性：多年生草本
国内分布：中国西南部
国外分布：俄罗斯、哈萨克斯坦、吉尔吉斯斯坦、蒙古、塔吉克斯坦
濒危等级：DD

克松羊茅
Festuca valesiaca subsp. **kirghisorum** (Kashina ex Tzvelev) Tzvelev
国内分布：产地不详
国外分布：吉尔吉斯斯坦
濒危等级：DD

假达羊茅
Festuca valesiaca subsp. **pseudodalmatica** (Krajina ex Domin) Soó
国内分布：产地不详
国外分布：俄罗斯、哈萨克斯坦、塔吉克斯坦、土库曼斯坦
濒危等级：DD

假羊茅
Festuca valesiaca subsp. **pseudovina** (Hack. ex Wiesbaur) Hegi
习　　性：多年生草本
海　　拔：1200~1700 m
国内分布：新疆、四川、西藏及中国东北部
国外分布：俄罗斯、哈萨克斯坦、土库曼斯坦
濒危等级：LC

沟叶羊茅
Festuca valesiaca subsp. **sulcata** (Hack.) Schinz et R. Keller
习　　性：多年生草本
海　　拔：1800~4500 m
国内分布：吉林、内蒙古、山西、陕西、四川、新疆、云南
国外分布：俄罗斯、哈萨克斯坦、土库曼斯坦
濒危等级：LC

藏滇羊茅
Festuca vierhapperi Hand. -Mazz.
习　　性：多年生草本
海　　拔：2900~4100 m
分　　布：四川、西藏、云南
濒危等级：LC

藏羊茅
Festuca wallichiana E. B. Alexeev
习　　性：多年生草本
海　　拔：3300 m
国内分布：西藏
国外分布：不丹、尼泊尔、印度
濒危等级：LC

丽江羊茅
Festuca yulungschanica E. B. Alexeev
习　　性：多年生草本
海　　拔：3300~3700 m
分　　布：云南
濒危等级：LC

滇羊茅
Festuca yunnanensis St. -Yves

滇羊茅（原变种）
Festuca yunnanensis var. **yunnanensis**
习　　性：多年生草本
海　　拔：2900~3800 m
分　　布：四川、云南
濒危等级：LC

毛羊茅
Festuca yunnanensis var. **villosa** St. -Yves
习　　性：多年生草本
海　　拔：3700~4800 m
分　　布：四川、云南
濒危等级：LC

贡山竹属 Gaoligongshania D. Z. Li, Hsueh et N. H. Xia

贡山竹
Gaoligongshania megalothyrsa (Hand. -Mazz.) D. Z. Li
习　　性：灌木状
海　　拔：1600~2200 m
分　　布：云南
濒危等级：NT B1ab (i, iii, v)
国家保护：Ⅱ级

耳稃草属 Garnotia Brongn.

三芒耳稃草
Garnotia acutigluma (Steud.) Ohwi
习　　性：多年生草本
海　　拔：300~1700 m
国内分布：广东、广西、贵州、台湾、云南
国外分布：不丹、菲律宾、马来西亚、孟加拉国、缅甸、夏威夷、印度、印度尼西亚、越南
濒危等级：LC

纤毛直稃草
Garnotia ciliata Merr.
习　　性：一年生草本
海　　拔：900~1000 m
分　　布：广东
濒危等级：NT A2c；B1b (i, iii, v) c (ii, iv)

耳稃草
Garnotia patula (Munro) Benth.

耳稃草（原变种）
Garnotia patula var. **patula**
习　　性：多年生草本
海　　拔：500~1000 m
国内分布：福建、广东、广西、海南

国外分布：越南
濒危等级：LC

无芒耳稃草
Garnotia patula var. mutica (Munro) Rendle
习　　性：多年生草本
国内分布：广东、广西、海南、云南
国外分布：缅甸、越南
濒危等级：LC

脆枝耳稃草
Garnotia tenella (Arn. ex Miq.) Janowski
习　　性：一年生草本
海　　拔：约1700 m
国内分布：广东、云南
国外分布：不丹、马来西亚、缅甸、尼泊尔、泰国、印度、印度尼西亚、越南
濒危等级：LC

云南耳稃草
Garnotia yunnanensis B. S. Sun
习　　性：一年生草本
海　　拔：约1400 m
分　　布：云南
濒危等级：NT A1c；D

短枝竹属 Gelidocalamus T. H. Wen

亮竿竹
Gelidocalamus annulatus T. H. Wen
习　　性：灌木状
分　　布：贵州
濒危等级：LC

台湾矢竹
Gelidocalamus kunishii (Hayata) P. C. Keng et T. H. Wen
习　　性：灌木状
海　　拔：300~1500 m
分　　布：台湾
濒危等级：LC

掌秆竹
Gelidocalamus latifolius Q. H. Dai et T. Chen
习　　性：灌木状
海　　拔：约200 m
分　　布：广西
濒危等级：VU A2c+3c；B1ab (i, iii, v)；C1

箭把竹
Gelidocalamus longiinternodus T. H. Wen et Shi C. Chen
习　　性：乔木状
海　　拔：200~1200 m
分　　布：湖南
濒危等级：VU A2c+3c；B1ab (i, iii, v)；C1

多叶短枝竹
Gelidocalamus multifolius B. M. Yang
习　　性：灌木状
分　　布：湖南
濒危等级：LC

红壳寒竹
Gelidocalamus rutilans T. H. Wen
习　　性：灌木状
分　　布：浙江
濒危等级：NT D2

实心短枝竹
Gelidocalamus solidus C. D. Chu et C. S. Chao
习　　性：灌木状至乔木状
海　　拔：1000 m
分　　布：广西
濒危等级：LC

井冈短枝竹
Gelidocalamus stellatus T. H. Wen
习　　性：灌木状
海　　拔：400~700 m
分　　布：湖南、江西
濒危等级：LC
资源利用：环境利用（观赏）；食品（蔬菜）

抽筒竹
Gelidocalamus tessellatus T. H. Wen et C. C. Chang
习　　性：灌木状
海　　拔：200~1200 m
分　　布：广西、贵州
濒危等级：VU A2c+3c
资源利用：原料（木材）

吉曼草属 Germainia Balansa et Poitr.

吉曼草
Germainia capitata Balansa et Poitrasson
习　　性：多年生草本
海　　拔：800~1000 m
国内分布：广东、云南
国外分布：澳大利亚、巴布亚新几内亚、泰国、印度尼西亚、越南
濒危等级：LC

巨竹属 Gigantochloa Kurz. ex Munro

白毛巨竹
Gigantochloa albociliata (Munro) Kurz
习　　性：乔木状
海　　拔：500~800 m
国内分布：云南
国外分布：缅甸、泰国、印度
濒危等级：LC
资源利用：原料（木材）

黑毛巨竹
Gigantochloa atrovilacea Widjaja
习　　性：乔木状
海　　拔：500~800 m
国内分布：香港、云南
国外分布：缅甸、泰国、印度、印度尼西亚

濒危等级：NT D
资源利用：原料（木材）；环境利用（观赏）

小巨竹
Gigantochloa callosa N. H. Xia, Y. Zeng et R. S. Lin
习　　性：乔木状
分　　布：云南
濒危等级：DD

滇竹
Gigantochloa felix (Keng) P. C. Keng
习　　性：乔木状
海　　拔：1200~1400 m
分　　布：云南
濒危等级：DD

毛笋竹
Gigantochloa levis (Blanco) Merr.
习　　性：乔木状
海　　拔：500~1000 m
国内分布：台湾、云南
国外分布：菲律宾、马来西亚
濒危等级：DD
资源利用：环境利用（观赏）

南峤滇竹
Gigantochloa parviflora (P. C. Keng) P. C. Keng
习　　性：乔木状
海　　拔：约 1400 m
分　　布：云南
濒危等级：DD

花巨竹
Gigantochloa verticillata (Willd.) Munro
习　　性：乔木状
海　　拔：500~800 m
国内分布：香港、云南
国外分布：马来西亚、缅甸、泰国、印度、印度尼西亚、越南
濒危等级：DD

甜茅属 Glyceria R. Br.

甜茅
Glyceria acutiflora (Steud.) T. Koyama et Kawano
习　　性：多年生草本
海　　拔：400~1000 m
国内分布：安徽、福建、贵州、河南、湖北、湖南、江苏、江西、四川、云南、浙江
国外分布：朝鲜、日本
濒危等级：LC

中华甜茅
Glyceria chinensis Keng ex Z. L. Wu
习　　性：多年生草本
海　　拔：1000~2260 m
分　　布：贵州、云南
濒危等级：LC

假鼠妇草
Glyceria leptolepis Ohwi
习　　性：多年生草本
海　　拔：700~1000 m
国内分布：安徽、甘肃、河南、黑龙江、湖北、江西、内蒙古、山东、陕西、台湾、浙江
国外分布：朝鲜半岛、俄罗斯、日本
濒危等级：LC

细根茎甜茅
Glyceria leptorhiza (Maxim.) Kom.
习　　性：多年生草本
海　　拔：200 m 以下
国内分布：黑龙江
国外分布：俄罗斯
濒危等级：LC

两蕊甜茅
Glyceria lithuanica (Gorski) Gorski
习　　性：多年生草本
海　　拔：600~1800 m
国内分布：吉林、辽宁
国外分布：朝鲜、俄罗斯、高加索地区、蒙古、日本
濒危等级：LC

水甜茅
Glyceria maxima (Hartm.) Holmberg
习　　性：多年生草本
国内分布：新疆
国外分布：澳大利亚、俄罗斯、哈萨克斯坦
濒危等级：LC

蔗甜茅
Glyceria notata Chevallier
习　　性：多年生草本
海　　拔：700~1900 m
国内分布：新疆
国外分布：非洲北部、欧洲、亚洲西南部
濒危等级：LC

狭叶甜茅
Glyceria spiculosa (F. Schmidt) Roshev.
习　　性：多年生草本
海　　拔：900 m 以下
国内分布：黑龙江、辽宁、内蒙古
国外分布：朝鲜、俄罗斯
濒危等级：LC

卵花甜茅
Glyceria tonglensis C. B. Clarke
习　　性：多年生草本
海　　拔：1500~3600 m
国内分布：安徽、贵州、江西、四川、西藏、云南
国外分布：不丹、克什米尔地区、缅甸、尼泊尔、印度
濒危等级：LC

东北甜茅
Glyceria triflora (Korsh.) Kom.
习　　性：多年生草本
海　　拔：200~3300 m
国内分布：河北、黑龙江、内蒙古、陕西
国外分布：朝鲜、俄罗斯、哈萨克斯坦、蒙古

濒危等级：LC

球穗草属 Hackelochloa Kuntze

球穗草
Hackelochloa granularis(L.) Kuntze
习　　性：一年生草本
海　　拔：100~1000 m
国内分布：安徽、福建、广东、广西、贵州、海南、四川、台湾、云南、浙江
国外分布：热带地区广布
濒危等级：LC
资源利用：动物饲料（饲料）

穿孔球穗草
Hackelochloa porifera(Hack.) D. Rhind
习　　性：一年生草本
海　　拔：100~800 m
国内分布：云南
国外分布：缅甸、印度、越南
濒危等级：LC

镰稃草属 Harpachne A. Rich.

镰稃草
Harpachne harpachnoides(Hack.) B. S. Sun et S. Wang
习　　性：多年生草本
海　　拔：1200~2600 m
分　　布：四川、云南
濒危等级：LC

异燕麦属 Helictotrichon Besser ex Schult.

冷杉异燕麦
Helictotrichon abietetorum(Ohwi) Ohwi
习　　性：多年生草本
海　　拔：约 3000 m
分　　布：台湾
濒危等级：LC

高异燕麦
Helictotrichon altius(Hitchc.) Ohwi
习　　性：多年生草本
海　　拔：2000~4000 m
分　　布：甘肃、黑龙江、宁夏、青海、四川
濒危等级：LC

大穗异燕麦
Helictotrichon dahuricum(Kom.) Kitag.
习　　性：多年生草本
海　　拔：700~1000 m
国内分布：黑龙江、内蒙古
国外分布：俄罗斯、蒙古
濒危等级：LC

云南异燕麦
Helictotrichon delavayi(Hack.) Henrard
习　　性：多年生草本
海　　拔：2100~3700 m
分　　布：陕西、四川、云南

濒危等级：LC

异燕麦
Helictotrichon hookeri(Scribn.) Henrard

异燕麦（原亚种）
Helictotrichon hookeri subsp. **hookeri**
习　　性：多年生草本
海　　拔：3500 m 以下
国内分布：青海、四川、新疆、云南
国外分布：俄罗斯、蒙古
濒危等级：LC

奢异燕麦
Helictotrichon hookeri subsp. **schellianum**(Hack.) Tzvelev
习　　性：多年生草本
国内分布：甘肃、河北、河南、黑龙江、吉林、辽宁、内蒙古、宁夏、青海、山西、陕西、新疆
国外分布：俄罗斯、哈萨克斯坦、吉尔吉斯斯坦、蒙古
濒危等级：LC

变绿异燕麦
Helictotrichon junghuhnii(Buse) Henrard
习　　性：多年生草本
海　　拔：2000~3900 m
国内分布：贵州、河南、青海、陕西、四川、西藏、云南
国外分布：巴基斯坦、不丹、缅甸、尼泊尔、印度、印度尼西亚
濒危等级：LC

光花异燕麦
Helictotrichon leianthum(Keng) Ohwi
习　　性：多年生草本
海　　拔：700~3700 m
分　　布：安徽、甘肃、贵州、湖北、山西、陕西、四川、云南、浙江
濒危等级：LC

蒙古异燕麦
Helictotrichon mongolicum(Roshev.) Henrard
习　　性：多年生草本
海　　拔：1200~2700 m
国内分布：新疆
国外分布：俄罗斯、哈萨克斯坦、蒙古
濒危等级：LC

短药异燕麦
Helictotrichon potaninii Tzvelev
习　　性：多年生草本
海　　拔：3900~4200 m
分　　布：四川
濒危等级：NT A2c+3c；C1+2b

毛轴异燕麦
Helictotrichon pubescens(Hudson) Pilger
习　　性：多年生草本
海　　拔：1000~2600 m
国内分布：新疆
国外分布：俄罗斯、哈萨克斯坦、吉尔吉斯斯坦、蒙古、塔吉克斯坦
濒危等级：LC

粗糙异燕麦
Helictotrichon schmidii (Hook. f.) Henrard

粗糙异燕麦（原变种）
Helictotrichon schmidii var. schmidii
 习 性：多年生草本
 海 拔：2000～3300 m
 国内分布：贵州、四川、云南
 国外分布：印度
 濒危等级：LC

小颖异燕麦
Helictotrichon schmidii var. parviglumum Keng ex Z. L. Wu
 习 性：多年生草本
 海 拔：2800～3300 m
 分 布：四川、云南
 濒危等级：LC

天山异燕麦
Helictotrichon tianschanicum (Roshev.) Henrard
 习 性：多年生草本
 海 拔：1400～2700 m
 国内分布：新疆
 国外分布：哈萨克斯坦、塔吉克斯坦
 濒危等级：NT A2c+3c

藏异燕麦
Helictotrichon tibeticum (Roshev.) J. Holub

藏异燕麦（原变种）
Helictotrichon tibeticum var. tibeticum
 习 性：多年生草本
 海 拔：2600～4600 m
 分 布：甘肃、内蒙古、青海、四川、西藏、新疆、云南
 濒危等级：LC

疏花藏异燕麦
Helictotrichon tibeticum var. laxiflorum Keng ex Z. L. Wu
 习 性：多年生草本
 海 拔：3200～3400 m
 分 布：青海、四川
 濒危等级：NT A2c+3c

滇异燕麦
Helictotrichon yunnanense B. S. Sun et S. Wang
 习 性：多年生草本
 海 拔：约 3500 m
 分 布：云南
 濒危等级：NT A2c+3c

牛鞭草属 Hemarthria R. Br.

大牛鞭草
Hemarthria altissima (Poir.) Stapf et C. E. Hubbard
 习 性：多年生草本
 海 拔：700～1900 m
 国内分布：安徽、北京、贵州、河南、黑龙江、湖北、山东、云南、浙江
 国外分布：地中海地区；缅甸、泰国、印度、印度尼西亚、越南
 濒危等级：LC

扁穗牛鞭草
Hemarthria compressa (L. f.) R. Br.
 习 性：多年生草本
 海 拔：2000 m 以下
 国内分布：福建、广东、广西、贵州、海南、内蒙古、陕西、四川、台湾、云南
 国外分布：阿富汗、巴基斯坦、不丹、老挝、马来西亚、孟加拉国、缅甸、尼泊尔、日本、斯里兰卡、泰国、伊拉克、印度、越南
 濒危等级：LC

小牛鞭草
Hemarthria humilis Keng
 习 性：多年生草本
 分 布：广东
 濒危等级：LC

长花牛鞭草
Hemarthria longiflora (Hook. f.) A. Camus
 习 性：多年生草本
 海 拔：1000 m 以下
 国内分布：海南、云南
 国外分布：马来西亚、孟加拉国、缅甸、泰国、印度、越南
 濒危等级：LC

牛鞭草
Hemarthria sibirica (Gand.) Ohwi
 习 性：多年生草本
 国内分布：安徽、广东、广西、贵州、河北、湖北、湖南、江苏、江西、辽宁、山东、浙江
 国外分布：巴基斯坦、朝鲜半岛、俄罗斯、日本
 濒危等级：LC

具鞘牛鞭草
Hemarthria vaginata Büse
 习 性：多年生草本
 海 拔：500 m 以下
 国内分布：广东、广西、云南
 国外分布：不丹、孟加拉国、缅甸、尼泊尔、泰国、印度、印度尼西亚、越南
 濒危等级：LC

黄茅属 Heteropogon Pers.

黄茅
Heteropogon contortus (L.) P. Beauv. ex Roemer et Schult.
 习 性：多年生草本
 海 拔：400～4500 m
 国内分布：福建、甘肃、广东、广西、贵州、海南、河南、湖北、湖南、江西、陕西、四川、台湾、西藏、云南、浙江
 国外分布：热带、亚热带地区，地中海和其他暖温带地区
 濒危等级：LC

黑果黄茅
Heteropogon melanocarpus (Elliott) Benth.
 习 性：一年生草本
 海 拔：1000～1500 m
 国内分布：云南
 国外分布：热带、亚热带地区

濒危等级：LC

麦黄茅
Heteropogon triticeus (R. Br.) Stapf ex Craib
- 习　　性：多年生草本
- 国内分布：海南
- 国外分布：澳大利亚、菲律宾、老挝、马来西亚、缅甸、斯里兰卡、泰国、印度、印度尼西亚、越南
- 濒危等级：LC

喜马拉雅筱竹属 Himalayacalamus P. C. Keng

颈鞘筱竹
Himalayacalamus collaris (T. P. Yi) Ohrnb.
- 习　　性：灌木状或近乔木状
- 海　　拔：2200~3000 m
- 国内分布：西藏
- 国外分布：尼泊尔
- 濒危等级：LC

喜马拉雅筱竹
Himalayacalamus falconeri (Munro) P. C. Keng
- 习　　性：灌木状或近乔木状
- 海　　拔：约2400 m
- 国内分布：西藏
- 国外分布：不丹、尼泊尔、印度
- 濒危等级：LC

绒毛草属 Holcus L.

绒毛草
Holcus lanatus L.
- 习　　性：多年生草本
- 海　　拔：约1900 m
- 国内分布：江西、台湾、云南
- 国外分布：原产欧洲
- 资源利用：动物饲料（饲料）

大麦属 Hordeum L.

六棱大麦
Hordeum agriocrithon A. E. Åberg
- 习　　性：一年生草本
- 国内分布：青海、四川、西藏
- 国外分布：地中海地区
- 濒危等级：LC

布顿大麦草
Hordeum bogdanii Wilensky
- 习　　性：多年生草本
- 海　　拔：1000~3800 m
- 国内分布：甘肃、青海、新疆
- 国外分布：阿富汗、俄罗斯、哈萨克斯坦、吉尔吉斯斯坦、蒙古、土库曼斯坦、乌兹别克斯坦
- 濒危等级：LC

短芒大麦
Hordeum brevisubulatum (Trin.) Link

短芒大麦（原亚种）
Hordeum brevisubulatum subsp. **brevisubulatum**
- 习　　性：多年生草本
- 海　　拔：1400~3000 m
- 国内分布：甘肃、内蒙古、宁夏、青海、陕西、西藏、新疆
- 国外分布：巴基斯坦、俄罗斯、蒙古
- 濒危等级：LC
- 资源利用：动物饲料（牧草）

拟短芒大麦草
Hordeum brevisubulatum subsp. **nevskianum** (Bowden) Tzvelev
- 习　　性：多年生草本
- 海　　拔：1500~5000 m
- 国内分布：青海、陕西、新疆
- 国外分布：阿富汗、俄罗斯、克什米尔地区、尼泊尔
- 濒危等级：LC

糙稃大麦草
Hordeum brevisubulatum subsp. **turkestanicum** Tzvelev
- 习　　性：多年生草本
- 海　　拔：2000~4600 m
- 国内分布：西藏、新疆
- 国外分布：阿富汗、俄罗斯、哈萨克斯坦、吉尔吉斯斯坦、克什米尔地区、尼泊尔、土库曼斯坦、乌兹别克斯坦
- 濒危等级：LC

二棱大麦
Hordeum distichon L.

二棱大麦（原变种）
Hordeum distichon var. **distichon**
- 习　　性：一年生草本
- 国内分布：河北、青海、西藏
- 国外分布：温带地区广泛栽培
- 资源利用：动物饲料（牧草）

裸麦
Hordeum distichon var. **nudum** L.
- 习　　性：一年生草本
- 国内分布：西北和西南栽培
- 国外分布：温带地区广泛栽培
- 资源利用：动物饲料（牧草）

内蒙古大麦
Hordeum innermongolicum P. C. Kuo et L. B. Cai
- 习　　性：多年生草本
- 海　　拔：约1200 m
- 分　　布：内蒙古、青海
- 濒危等级：VU A2c+3c；C1
- 国家保护：Ⅱ级
- 资源利用：育种种质资源

芒颖大麦
Hordeum jubatum L.
- 习　　性：多年生草本
- 海　　拔：1000 m
- 国内分布：黑龙江、辽宁
- 国外分布：世界温带地区
- 濒危等级：LC

瓶大麦
Hordeum lagunculiforme Bacht.

习　　性：一年生草本
海　　拔：1800～3600 m
国内分布：青海、四川、西藏
国外分布：俄罗斯、克什米尔地区、土库曼斯坦
濒危等级：LC

紫大麦草
Hordeum roshevitzii Bowden
习　　性：多年生草本
海　　拔：500～3500 m
国内分布：甘肃、内蒙古、宁夏、青海、陕西、四川、新疆
国外分布：朝鲜、俄罗斯、蒙古、日本
濒危等级：LC

钝稃野大麦
Hordeum spontaneum K. Koch

钝稃野大麦（原变种）
Hordeum spontaneum var. **spontaneum**
习　　性：一年生草本
海　　拔：3500～4000 m
国内分布：四川、西藏
国外分布：阿富汗、巴基斯坦、俄罗斯、哈萨克斯坦、吉尔吉斯斯坦、土库曼斯坦、乌兹别克斯坦、印度
濒危等级：LC

尖稃野大麦
Hordeum spontaneum var. **ischnatherum**(Cosson)Thellung
习　　性：一年生草本
海　　拔：3500～4000 m
国内分布：四川、西藏
国外分布：亚洲中部和西南部
濒危等级：LC

芒稃野大麦
Hordeum spontaneum var. **proskowetzii** Nábělek
习　　性：一年生草本
海　　拔：3500～4000 m
国内分布：四川、西藏
国外分布：亚洲中部及西南部
濒危等级：LC

大麦
Hordeum vulgare L.

大麦（原变种）
Hordeum vulgare var. **vulgare**
习　　性：一年生草本
国内分布：全国广泛栽培
国外分布：非热带国家和热带山地广泛栽培
资源利用：食品（淀粉）；动物饲料（牧草）

青稞
Hordeum vulgare var. **coeleste** L.
习　　性：一年生草本
国内分布：西北和西南栽培
国外分布：非热带国家有栽培
资源利用：食品（淀粉）；动物饲料（牧草）

藏青稞
Hordeum vulgare var. **trifurcatum**(Schltdl.)Alef.
习　　性：一年生草本
国内分布：甘肃、青海、四川、西藏
国外分布：非热带国家有栽培
资源利用：食品（淀粉）；动物饲料（牧草）

水禾属 Hygroryza Nees

水禾
Hygroryza aristata(Retz.)Nees
习　　性：多年生草本
海　　拔：400～800 m
国内分布：福建、广东、海南、台湾、云南
国外分布：巴基斯坦、柬埔寨、老挝、马来西亚、孟加拉国、缅甸、尼泊尔、斯里兰卡、泰国、印度、越南
濒危等级：VU B1a（iii）
国家保护：Ⅱ级
资源利用：动物饲料（饲料）

膜稃草属 Hymenachne P. Beauv.

膜稃草
Hymenachne amplexicaulis(Rudge)Nees
习　　性：多年生水生草本
海　　拔：1000 m 以下
国内分布：海南、台湾、云南
国外分布：菲律宾、马来西亚、缅甸、泰国、印度、越南
濒危等级：LC
资源利用：动物饲料（饲料）

弊草
Hymenachne assamica(J. D. Hooker)Hitchc.
习　　性：多年生水生草本
海　　拔：约 700 m
国内分布：广东、广西、海南、云南
国外分布：泰国、印度
濒危等级：LC

展穗膜稃草
Hymenachne patens L. Liu
习　　性：多年生草本
海　　拔：约 100 m
分　　布：安徽、福建、江西
濒危等级：NT A2c

苞茅属 Hyparrhenia Anderss. ex Fourn.

短梗苞茅
Hyparrhenia diplandra(Hack.)Stapf
习　　性：多年生草本
海　　拔：100～200 m
国内分布：广东、广西、海南、云南
国外分布：泰国、印度尼西亚、越南
濒危等级：LC

毛穗苞茅
Hyparrhenia filipendula(Hochst.)Stapf
习　　性：多年生草本
海　　拔：900～1600 m
国内分布：云南

国外分布：澳大利亚、巴布亚新几内亚、菲律宾、斯里兰卡、印度尼西亚
濒危等级：LC

大穗苞茅
Hyparrhenia griffithii Bor
习　　性：多年生草本
海　　拔：约700 m
国内分布：云南
国外分布：缅甸、印度
濒危等级：NT A2c

苞茅
Hyparrhenia newtonii (Hack.) Stapf
习　　性：多年生草本
海　　拔：600~1200 m
国内分布：广东、广西
国外分布：马达加斯加、泰国、印度尼西亚、越南
濒危等级：NT A2c

泰国苞茅
Hyparrhenia yunnanensis B. S. Sun
习　　性：多年生草本
海　　拔：800~1200 m
国内分布：云南
国外分布：缅甸、泰国
濒危等级：LC

猬草属 Hystrix Moench

高丽猬草
Hystrix coreana (Honda) Ohwi
习　　性：多年生草本
国内分布：黑龙江、吉林、辽宁
国外分布：朝鲜、俄罗斯
濒危等级：LC

猬草
Hystrix duthiei (Stapf ex Hook. f.) Bor
习　　性：多年生草本
海　　拔：约2000 m
国内分布：安徽、河南、湖北、湖南、陕西、四川、西藏、云南、浙江
国外分布：尼泊尔、印度
濒危等级：LC

东北猬草
Hystrix komarovii (Roshev.) Ohwi
习　　性：多年生草本
海　　拔：1000~2000 m
国内分布：河北、河南、黑龙江、吉林、辽宁、陕西
国外分布：朝鲜、俄罗斯、蒙古、日本
濒危等级：NT

昆仑猬草
Hystrix kunlunensis K. S. Hao
习　　性：多年生草本
海　　拔：约4500 m
分　　布：青海
濒危等级：DD

距花黍属 Ichnanthus P. Beauv.

大距花黍
Ichnanthus pallens (Nees) Stieber
习　　性：一年生或多年生草本
国内分布：福建、广东、贵州
国外分布：澳大利亚、菲律宾、马来西亚、缅甸、斯里兰卡、泰国、印度、印度尼西亚、越南
濒危等级：LC

白茅属 Imperata Cirillo

白茅
Imperata cylindrica (L.) Raeusch.

白茅（原变种）
Imperata cylindrica var. **cylindrica**
习　　性：多年生草本
国内分布：西藏
国外分布：阿富汗、澳大利亚、俄罗斯、哈萨克斯坦、吉尔吉斯斯坦、土库曼斯坦、乌兹别克斯坦

大白茅
Imperata cylindrica var. **major** (Nees) C. E. Hubbard
习　　性：多年生草本
国内分布：安徽、福建、广东、广西、贵州、海南、河北、河南、黑龙江、湖北、湖南、江苏、江西、辽宁、内蒙古、山东、山西、陕西、四川、台湾、西藏、新疆、云南、浙江
国外分布：阿富汗、澳大利亚、巴布亚新几内亚、巴基斯坦、不丹、朝鲜、菲律宾、马来西亚、缅甸、日本、斯里兰卡、泰国、印度、印度尼西亚、越南
资源利用：药用（中草药）；动物饲料（饲料）

黄穗白茅
Imperata flavida Keng ex S. M. Phillips et S. L. Chen
习　　性：多年生草本
分　　布：海南
濒危等级：LC

宽叶白茅
Imperata latifolia (Hook. f.) L. Liu
习　　性：多年生草本
海　　拔：约800 m
国内分布：四川
国外分布：印度
濒危等级：NT A2c

箬竹属 Indocalamus Nakai

髯毛箬竹
Indocalamus barbatus McClure
习　　性：灌木状
海　　拔：约500 m
分　　布：广西
濒危等级：LC
资源利用：原料（木材）

巴山箬竹
Indocalamus bashanensis (C. D. Chu et C. S. Chao) H. R. Zhao et Y. L. Yang
习　　性：灌木状
海　　拔：600~1200 m

分　　布：四川
濒危等级：LC

赤水箬竹
Indocalamus chishuiensis Y. L. Yang et J. R. Xue
习　　性：灌木状
海　　拔：1300 m 以下
分　　布：贵州
濒危等级：LC

美丽箬竹
Indocalamus decorus Q. H. Dai
习　　性：灌木状
海　　拔：海平面至 889 m
分　　布：广西
濒危等级：DD

广东箬竹
Indocalamus guangdongensis H. R. Zhao et Y. L. Yang

广东箬竹（原变种）
Indocalamus guangdongensis var. **guangdongensis**
习　　性：灌木状
海　　拔：约 900 m
分　　布：广东、贵州；浙江等有栽培
濒危等级：DD

柔毛箬竹
Indocalamus guangdongensis var. **mollis** H. R. Zhao et Y. L. Yang
习　　性：灌木状
海　　拔：约 900 m
分　　布：广西、湖北、湖南
濒危等级：DD

棕巴箬竹
Indocalamus herklotsii McClure
习　　性：灌木状
海　　拔：约 500 m
分　　布：香港
濒危等级：LC

多毛箬竹
Indocalamus hirsutissimus Z. P. Wang et P. X. Zhang

多毛箬竹（原变种）
Indocalamus hirsutissimus var. **hirsutissimus**
习　　性：灌木状
海　　拔：500～600 m
分　　布：贵州
濒危等级：VU D2

光叶箬竹
Indocalamus hirsutissimus var. **glabrifolius** Z. P. Wang et N. X. Ma
习　　性：灌木状
海　　拔：约 500 m
分　　布：贵州
濒危等级：DD

毛鞘箬竹
Indocalamus hirtivaginatus H. R. Zhao et Y. L. Yang
习　　性：灌木状
分　　布：江西

濒危等级：DD

硬毛箬竹
Indocalamus hispidus H. R. Zhao et Y. L. Yang
习　　性：灌木状
海　　拔：1600～1900 m
分　　布：四川
濒危等级：LC

湖南箬竹
Indocalamus hunanensis B. M. Yang
习　　性：灌木状
海　　拔：1400～2400 m
分　　布：湖南、四川
濒危等级：DD

粤西箬竹
Indocalamus inaequilaterus W. T. Lin et Z. M. Wu
习　　性：灌木状
分　　布：广东
濒危等级：DD

阔叶箬竹
Indocalamus latifolius（Keng）McClure
习　　性：灌木状
海　　拔：1000 m 以下
分　　布：安徽、河南、湖北、江苏、山西、陕西
濒危等级：LC
资源利用：环境利用（观赏）

箬叶竹
Indocalamus longiauritus Hand.-Mazz.

箬叶竹（原变种）
Indocalamus longiauritus var. **longiauritus**
习　　性：灌木状
海　　拔：约 500 m
分　　布：福建、广东、广西、贵州、河南、湖南、江西、四川
濒危等级：LC
资源利用：原料（木材）

衡山箬竹
Indocalamus longiauritus var. **hengshanensis** H. R. Zhao et Y. L. Yang
习　　性：灌木状
分　　布：湖南
濒危等级：LC

半耳箬竹
Indocalamus longiauritus var. **semifalcatus** H. R. Zhao et Y. L. Yang
习　　性：灌木状
分　　布：福建、广西、四川
濒危等级：LC

益阳箬竹
Indocalamus longiauritus var. **yiyangensis** H. R. Zhao et Y. L. Yang
习　　性：灌木状
分　　布：湖南
濒危等级：LC

矮箬竹
Indocalamus pedalis（Keng）P. C. Keng

习　　性：灌木状
海　　拔：200～500 m
分　　布：四川
濒危等级：EN B2ab（ii，iii）

锦帐竹
Indocalamus pseudosinicus McClure

锦帐竹（原变种）
Indocalamus pseudosinicus var. **pseudosinicus**
习　　性：灌木状
海　　拔：700～1000 m
分　　布：广西、海南
濒危等级：LC

密脉箬竹
Indocalamus pseudosinicus var. **densinervillus** H. R. Zhao et Y. L. Yang
习　　性：灌木状
分　　布：广东、广西
濒危等级：LC

水银竹
Indocalamus sinicus（Hance）Nakai
习　　性：灌木状
海　　拔：600～700 m
分　　布：广东、海南
濒危等级：LC

箬竹
Indocalamus tessellatus（Munro）P. C. Keng
习　　性：灌木状
海　　拔：300～1400 m
分　　布：湖南、浙江
濒危等级：LC

同春箬竹
Indocalamus tonchunensis K. F. Huang et Z. L. Dai
习　　性：灌木状
海　　拔：约800 m
分　　布：福建
濒危等级：DD

胜利箬竹
Indocalamus victorialis P. C. Keng
习　　性：灌木状
海　　拔：约1800 m
分　　布：四川
濒危等级：LC

鄂西箬竹
Indocalamus wilsonii（Rendle）C. S. Chao et C. D. Chu
习　　性：灌木状
海　　拔：1700～3000 m
分　　布：贵州、湖北、四川
濒危等级：LC

大节竹属 Indosasa McClure

甜大节竹
Indosasa angustata McClure
习　　性：乔木状
海　　拔：约700 m
国内分布：广西
国外分布：越南
濒危等级：LC
资源利用：食品（蔬菜）

大节竹
Indosasa crassiflora McClure
习　　性：乔木状
海　　拔：约1200 m
国内分布：广西
国外分布：越南
濒危等级：LC

橄榄竹
Indosasa gigantea（T. H. Wen）T. H. Wen
习　　性：乔木状
分　　布：福建；浙江栽培
濒危等级：LC

算盘竹
Indosasa glabrata C. D. Chu et C. S. Chao

算盘竹（原变种）
Indosasa glabrata var. **glabrata**
习　　性：乔木状
分　　布：广西
濒危等级：LC

毛算盘竹
Indosasa glabrata var. **albohispidula**（Q. H. Dai et C. F. Huang）C. S. Chao et C. D. Chu
习　　性：乔木状
分　　布：广西
濒危等级：DD

浦竹仔
Indosasa hispida McClure
习　　性：乔木状
海　　拔：1000 m
分　　布：广东
濒危等级：LC
资源利用：原料（木材）；环境利用（观赏）

粗穗大节竹
Indosasa ingens J. R. Xue et T. P. Yi
习　　性：乔木状
海　　拔：900～1600 m
分　　布：云南
濒危等级：LC
资源利用：食品（蔬菜）

荔波大节竹
Indosasa lipoensis C. D. Chu et K. M. Lan
习　　性：乔木状
海　　拔：约700 m
分　　布：贵州
濒危等级：VU D2

棚竹
Indosasa longispicata W. Y. Hsiung et C. S. Chao
　　习　　性：乔木状
　　分　　布：广西
　　濒危等级：DD
　　资源利用：原料（木材）；环境利用（观赏）

小叶大节竹
Indosasa parvifolia C. S. Chao et Q. H. Dai
　　习　　性：乔木状
　　海　　拔：约 800 m
　　分　　布：广西
　　濒危等级：VU D2

横枝竹
Indosasa patens C. D. Chu et C. S. Chao
　　习　　性：乔木状
　　海　　拔：800 ~ 1000 m
　　分　　布：广西
　　濒危等级：NT D

摆竹
Indosasa shibataeoides McClure
　　习　　性：乔木状
　　海　　拔：300 ~ 1200 m
　　分　　布：广东、广西、湖南
　　濒危等级：LC
　　资源利用：原料（木材）；食品（蔬菜）

单穗大节竹
Indosasa singulispicula T. H. Wen
　　习　　性：乔木状
　　海　　拔：600 ~ 700 m
　　分　　布：云南
　　濒危等级：LC

中华大节竹
Indosasa sinica C. D. Chu et C. S. Chao
　　习　　性：乔木状
　　海　　拔：约 600 m
　　分　　布：广西、贵州、云南
　　濒危等级：LC
　　资源利用：环境利用（观赏）

江华大节竹
Indosasa spongiosa C. S. Chao et B. M. Yang
　　习　　性：乔木状
　　海　　拔：约 800 m
　　分　　布：湖南
　　濒危等级：LC
　　资源利用：环境利用（观赏）

五爪竹
Indosasa triangulata J. R. Xue et T. P. Yi
　　习　　性：乔木状
　　海　　拔：1200 m 以下
　　分　　布：云南
　　濒危等级：DD

柳叶䅟属 Isachne R. Br.

白花柳叶䅟
Isachne albens Trin.
　　习　　性：多年生草本
　　海　　拔：500 ~ 2600 m
　　国内分布：福建、广东、广西、贵州、四川、台湾、西藏、云南
　　国外分布：不丹、缅甸、尼泊尔、泰国、印度、印度尼西亚、越南
　　濒危等级：LC

纤毛柳叶䅟
Isachne ciliatiflora Keng ex P. C. Keng
　　习　　性：多年生草本
　　海　　拔：1500 ~ 1800 m
　　分　　布：四川
　　濒危等级：LC

小柳叶䅟
Isachne clarkei Hook. f.
　　习　　性：一年生草本
　　海　　拔：1300 ~ 2400 m
　　国内分布：福建、台湾、西藏、云南
　　国外分布：菲律宾、马来西亚、缅甸、印度、印度尼西亚、越南
　　濒危等级：LC

紊乱柳叶䅟
Isachne confusa Ohwi
　　习　　性：多年生草本
　　国内分布：香港
　　国外分布：澳大利亚、巴布亚新几内亚、马来西亚、缅甸、泰国、印度、印度尼西亚、越南
　　濒危等级：LC

柳叶䅟
Isachne globosa (Thunb.) Kuntze

柳叶䅟（原变种）
Isachne globosa var. **globosa**
　　习　　性：多年生草本
　　海　　拔：100 ~ 2800 m
　　国内分布：安徽、福建、广东、广西、贵州、河北、河南、湖北、湖南、江苏、江西、辽宁、山东、陕西、台湾、云南、浙江
　　国外分布：澳大利亚、巴布亚新几内亚、不丹、朝鲜、菲律宾、马来西亚、孟加拉国、尼泊尔、日本、斯里兰卡、泰国、印度、印度尼西亚、越南
　　濒危等级：LC

紧穗柳叶䅟
Isachne globosa var. **compacta** W. Z. Fang ex S. L. Chen
　　习　　性：多年生草本
　　分　　布：福建
　　濒危等级：LC

广西柳叶䅟
Isachne guangxiensis W. Z. Fang
　　习　　性：多年生草本

分　　布：福建、广西、香港
濒危等级：LC

海南柳叶箬
Isachne hainanensis P. C. Keng
习　　性：一年生草本
海　　拔：300～500 m
分　　布：广东、海南
濒危等级：LC

喜马拉雅柳叶箬
Isachne himalaica Hook. f.
习　　性：多年生草本
海　　拔：约2000 m
国内分布：西藏
国外分布：阿富汗、巴基斯坦、不丹、尼泊尔、印度
濒危等级：LC

浙江柳叶箬
Isachne hoi P. C. Keng
习　　性：多年生草本
海　　拔：约800 m
分　　布：广东、湖南、浙江
濒危等级：LC

荏弱柳叶箬
Isachne myosotis Nees
习　　性：一年生草本
国内分布：福建、台湾
国外分布：巴布亚新几内亚、菲律宾、印度尼西亚
濒危等级：LC

日本柳叶箬
Isachne nipponensis Ohwi
习　　性：多年生草本
海　　拔：1000 m 以下
国内分布：福建、广东、广西、贵州、湖南、江西、四川、台湾、浙江
国外分布：朝鲜、日本
濒危等级：LC

瘦脊柳叶箬
Isachne pauciflora Hack.
习　　性：一年生草本
国内分布：台湾
国外分布：菲律宾
濒危等级：LC

矮小柳叶箬
Isachne pulchella Roth
习　　性：一年生草本
国内分布：安徽、福建、广东、广西、贵州、湖南、江西、台湾、云南、浙江
国外分布：马来西亚、孟加拉国、尼泊尔、泰国、印度、越南
濒危等级：LC

匍匐柳叶箬
Isachne repens Keng
习　　性：多年生草本
国内分布：福建、广东、广西、海南、台湾
国外分布：日本
濒危等级：LC

糙柳叶箬
Isachne scabrosa Hook. f.
习　　性：多年生草本
海　　拔：约1100 m
国内分布：西藏
国外分布：尼泊尔、印度
濒危等级：LC

锡金柳叶箬
Isachne sikkimensis Bor
习　　性：纤细草本
海　　拔：2200～2600 m
国内分布：西藏
国外分布：不丹、尼泊尔、印度
濒危等级：DD

刺毛柳叶箬
Isachne sylvestris Ridl.
习　　性：多年生草本
海　　拔：500～800 m
国内分布：福建、广东
国外分布：马来西亚、孟加拉国、印度、印度尼西亚
濒危等级：LC

平颖柳叶箬
Isachne truncata A. Camus
习　　性：多年生草本
海　　拔：1000～1500 m
国内分布：福建、广东、广西、贵州、江西、四川、云南、浙江
国外分布：越南
濒危等级：LC

鸭嘴草属 Ischaemum L.

毛鸭嘴草
Ischaemum anthephoroides (Steud.) Miquel
习　　性：多年生草本
国内分布：河北、山东、浙江
国外分布：朝鲜、日本
濒危等级：LC

有芒鸭嘴草
Ischaemum aristatum L.

有芒鸭嘴草（原变种）
Ischaemum aristatum var. **aristatum**
习　　性：多年生草本
海　　拔：100～1000 m
国内分布：安徽、福建、广东、广西、贵州、海南、河南、湖北、湖南、江苏、江西、台湾、云南、浙江
国外分布：朝鲜、日本
濒危等级：LC

鸭嘴草
Ischaemum aristatum var. **glaucum** (Honda) T. Koyama
习　　性：多年生草本
国内分布：安徽、河北、江苏、辽宁、山东、浙江

国外分布：朝鲜、日本、越南
濒危等级：LC

金黄鸭嘴草
Ischaemum aureum (Hook. et Arn.) Hack.
习　　性：多年生草本
国内分布：台湾
国外分布：琉球群岛
濒危等级：DD

粗毛鸭嘴草
Ischaemum barbatum Retz.
习　　性：多年生草本
海　　拔：海平面至 1000 m
国内分布：安徽、福建、广东、广西、贵州、海南、湖北、湖南、江苏、江西、台湾、云南、浙江
国外分布：澳大利亚、巴布亚新几内亚、菲律宾、柬埔寨、老挝、马来西亚、缅甸、日本、斯里兰卡、泰国、印度、印度尼西亚、越南
濒危等级：LC
资源利用：动物饲料（饲料）

细毛鸭嘴草
Ischaemum ciliare Retz.
习　　性：多年生草本
海　　拔：海平面至 1300 m
国内分布：安徽、福建、广东、贵州、海南、湖北、湖南、江苏、四川、台湾、云南、浙江
国外分布：马来西亚、缅甸、斯里兰卡、泰国、印度、印度尼西亚、越南
濒危等级：LC
资源利用：动物饲料（饲料）

大穗鸭嘴草
Ischaemum magnum Rendle
习　　性：多年生草本
海　　拔：800 ~ 1000 m
国内分布：云南
国外分布：马来西亚、缅甸
濒危等级：LC

无芒鸭嘴草
Ischaemum muticum L.
习　　性：多年生草本
海　　拔：100 m 以下
国内分布：台湾
国外分布：澳大利亚、巴布亚新几内亚、菲律宾、柬埔寨、马来西亚、缅甸、日本、斯里兰卡、泰国、印度、印度尼西亚、越南
濒危等级：DD

簇穗鸭嘴草
Ischaemum polystachyum J. Presl
习　　性：多年生草本
海　　拔：100 ~ 400 m
国内分布：广东、贵州、云南
国外分布：马来西亚、毛里求斯、缅甸、斯里兰卡、泰国、印度
濒危等级：LC

田间鸭嘴草
Ischaemum rugosum Salisb.
习　　性：一年生草本
海　　拔：100 ~ 1800 m
国内分布：广东、广西、贵州、海南、四川、台湾、云南
国外分布：澳大利亚、不丹、菲律宾、马来西亚、缅甸、尼泊尔、斯里兰卡、泰国、印度、印度尼西亚
濒危等级：LC

小金黄鸭嘴草
Ischaemum setaceum Honda
习　　性：多年生草本
分　　布：台湾
濒危等级：DD

尖颖鸭嘴草
Ischaemum thomsonianum Stapf ex C. E. C. Fischer
习　　性：一年生草本
海　　拔：约 700 m
国内分布：云南
国外分布：缅甸、印度
濒危等级：LC

帝汶鸭嘴草
Ischaemum timorense Kunth
习　　性：一年生或多年生草本
海　　拔：100 m 以下
国内分布：广东、台湾
国外分布：马来西亚、缅甸、斯里兰卡、泰国、印度、印度尼西亚
濒危等级：LC

以礼草属 Kengyilia C. Yen et J. Y. Yang

毛稃以礼草
Kengyilia alatavica (Drobow) J. L. Yang et al.

毛稃以礼草（原变种）
Kengyilia alatavica var. **alatavica**
习　　性：多年生草本
海　　拔：1500 ~ 3000 m
国内分布：西藏、新疆
国外分布：俄罗斯、蒙古
濒危等级：LC

长颖以礼草
Kengyilia alatavica var. **longiglumis** (Keng) C. Yen et al.
习　　性：多年生草本
海　　拔：约 2500 m
分　　布：甘肃
濒危等级：LC

巴塔以礼草
Kengyilia batalinii (Krasnov) J. L. Yang et al.

巴塔以礼草（原变种）
Kengyilia batalinii var. **batalinii**
习　　性：多年生草本
海　　拔：2100 ~ 3500 m
国内分布：西藏、新疆
国外分布：俄罗斯、蒙古

濒危等级：LC

矮生以礼草
Kengyilia batalinii var. nana (J. L. Yang et al.) C. Yen et al.
 习 性：多年生草本
 海 拔：约 4200 m
 分 布：新疆
 濒危等级：LC

卵颖以礼草
Kengyilia eremopyroides Nevski ex C. Yen et al.
 习 性：多年生草本
 海 拔：约 4000 m
 分 布：青海
 濒危等级：DD

孪生以礼草
Kengyilia geminata (Keng et S. L. Chen) S. L. Chen
 习 性：多年生草本
 海 拔：约 3000 m
 分 布：青海
 濒危等级：DD

戈壁以礼草
Kengyilia gobicola C. Yen et J. L. Yang
 习 性：多年生草本
 海 拔：2700 ~ 3700 m
 分 布：新疆
 濒危等级：LC

大颖以礼草
Kengyilia grandiglumis (Keng) J. L. Yang et al.
 习 性：多年生草本
 海 拔：2300 ~ 4200 m
 分 布：青海
 濒危等级：LC

贵德以礼草
Kengyilia guidenensis C. Yen et al.
 习 性：多年生草本
 海 拔：约 3100 m
 分 布：青海
 濒危等级：DD

哈巴河以礼草
Kengyilia habahenensis B. R. Baum et al.
 习 性：多年生草本
 海 拔：约 1100 m
 分 布：新疆
 濒危等级：DD

和静以礼草
Kengyilia hejingensis L. B. Cai et D. F. Cui
 习 性：多年生草本
 海 拔：2200 ~ 2600 m
 分 布：新疆
 濒危等级：DD

糙毛以礼草
Kengyilia hirsuta (Keng) J. L. Yang et al.
 习 性：多年生草本
 海 拔：2900 ~ 4300 m
 分 布：甘肃、青海、新疆
 濒危等级：LC

喀什以礼草
Kengyilia kaschgarica (D. F. Cui) L. B. Cai
 习 性：多年生草本
 海 拔：2800 ~ 3800 m
 分 布：新疆
 濒危等级：LC

青海以礼草
Kengyilia kokonorica (Keng) J. L. Yang et al.
 习 性：多年生草本
 海 拔：3200 ~ 4300 m
 分 布：甘肃、宁夏、青海、西藏、新疆
 濒危等级：LC
 国家保护：Ⅱ级

疏花以礼草
Kengyilia laxiflora (Keng) J. L. Yang et al.
 习 性：多年生草本
 海 拔：800 ~ 3600 m
 分 布：甘肃、青海、四川
 濒危等级：LC

稀穗以礼草
Kengyilia laxistachya L. B. Cai et D. F. Cui
 习 性：多年生草本
 海 拔：2100 ~ 2700 m
 分 布：新疆
 濒危等级：LC

长芒以礼草
Kengyilia longiaristata S. L. Lu et Y. H. Wu
 习 性：多年生草本
 分 布：青海
 濒危等级：LC

黑药以礼草
Kengyilia melanthera (Keng) J. L. Yang et al.

黑药以礼草（原变种）
Kengyilia melanthera var. melanthera
 习 性：多年生草本
 海 拔：3800 ~ 4700 m
 分 布：青海
 濒危等级：LC

大黑药以礼草
Kengyilia melanthera var. tahopaica (Keng) S. L. Chen
 习 性：多年生草本
 分 布：青海
 濒危等级：LC

无芒以礼草
Kengyilia mutica (Keng) J. L. Yang et al.
 习 性：多年生草本
 海 拔：2900 ~ 4000 m
 分 布：青海
 濒危等级：LC

帕米尔以礼草
Kengyilia pamirica J. L. Yang et C. Yen
习　　性：多年生草本
海　　拔：约 2800 m
分　　布：新疆
濒危等级：LC

弯垂以礼草
Kengyilia pendula L. B. Cai
习　　性：多年生草本
海　　拔：约 3600 m
分　　布：青海
濒危等级：NT A1c；D

硬秆以礼草
Kengyilia rigidula(Keng)J. L. Yang et al.
习　　性：多年生草本
海　　拔：约 3300 m
分　　布：甘肃、青海、西藏
濒危等级：LC

沙湾以礼草
Kengyilia shawanensis L. B. Cai
习　　性：多年生草本
海　　拔：约 3000 m
分　　布：新疆
濒危等级：LC

窄颖以礼草
Kengyilia stenachyra(Keng)J. L. Yang et al.
习　　性：多年生草本
海　　拔：约 3200 m
分　　布：甘肃、青海
濒危等级：LC

黄药以礼草
Kengyilia tahelacana J. L. Yang et al.
习　　性：多年生草本
海　　拔：2400~2500 m
分　　布：新疆
濒危等级：LC

梭罗以礼草
Kengyilia thoroldiana(Oliv.)J. L. Yang et al.

梭罗以礼草（原变种）
Kengyilia thoroldiana var. **thoroldiana**
习　　性：多年生草本
海　　拔：4700~5100 m
国内分布：甘肃、青海、西藏
国外分布：印度
濒危等级：LC

疏穗梭罗以礼草
Kengyilia thoroldiana var. **laxiuscula**(Melderis)S. L. Chen
习　　性：多年生草本
海　　拔：约 4700 m
分　　布：西藏
濒危等级：LC

杂多以礼草
Kengyilia zadoiensis S. L. Lu et Y. H. Wu
习　　性：多年生草本
海　　拔：
分　　布：青海
濒危等级：LC

昭苏以礼草
Kengyilia zhaosuensis J. L. Yang et al.
习　　性：多年生草本
海　　拔：约 1800 m
分　　布：新疆
濒危等级：LC

淄草属 Koeleria Pers.

阿尔泰淄草
Koeleria altaica(Domin)Krylov
习　　性：多年生草本
海　　拔：1800~2500 m
国内分布：内蒙古、新疆
国外分布：俄罗斯、哈萨克斯坦、蒙古
濒危等级：LC

葡茎淄草
Koeleria atroviolacea Domin
习　　性：多年生草本
海　　拔：2900~4600 m
国内分布：青海、西藏
国外分布：俄罗斯、蒙古
濒危等级：LC

芒淄草
Koeleria litvinowii Domin

芒淄草（原亚种）
Koeleria litvinowii subsp. **litvinowii**
习　　性：多年生草本
海　　拔：3000~5200 m
国内分布：甘肃、青海、四川、西藏、新疆、云南
国外分布：哈萨克斯坦、吉尔吉斯斯坦、塔吉克斯坦
濒危等级：LC

银淄草
Koeleria litvinowii subsp. **argentea**(Griseb.)S. M. Phillips et Z. L. Wu
习　　性：多年生草本
国内分布：青海、西藏
国外分布：阿富汗、克什米尔地区
濒危等级：LC

淄草
Koeleria macrantha(Ledeb.)Schult.
习　　性：多年生草本
海　　拔：海平面至 3900 m
国内分布：安徽、福建、河北、河南、黑龙江、湖北、内蒙古、宁夏、青海、山东、陕西、四川、西藏、新疆、浙江
国外分布：阿富汗、巴基斯坦、俄罗斯、哈萨克斯坦、吉尔吉斯斯坦、克什米尔地区、尼泊尔、日本、塔吉克斯坦、土库曼斯坦、乌兹别克斯坦、印度

濒危等级：LC

假稻属 Leersia Soland. ex Sw.

李氏禾
Leersia hexandra Sw.
- 习　　性：多年生草本
- 海　　拔：100~2600 m
- 国内分布：广西
- 国外分布：澳大利亚、巴布亚新几内亚、不丹、菲律宾、马来西亚、孟加拉国、缅甸、尼泊尔、日本、斯里兰卡、泰国、印度、印度尼西亚、越南
- 濒危等级：LC
- 资源利用：药用（中草药）

假稻
Leersia japonica(Makino ex Honda)Honda
- 习　　性：多年生草本
- 国内分布：安徽、广西、贵州、河北、河南、湖北、湖南、江苏、山东、陕西、四川、云南、浙江
- 国外分布：朝鲜、日本
- 濒危等级：LC

蓉草
Leersia oryzoides(L.)Sw.
- 习　　性：多年生草本
- 海　　拔：400~1100 m
- 国内分布：湖南、福建、海南、黑龙江、新疆
- 国外分布：俄罗斯、哈萨克斯坦、吉尔吉斯斯坦、塔吉克斯坦、土库曼斯坦、乌兹别克斯坦
- 濒危等级：LC

秕壳草
Leersia sayanuka Ohwi
- 习　　性：多年生草本
- 海　　拔：200~1800 m
- 国内分布：安徽、福建、广东、广西、贵州、湖北、江苏、山东、浙江
- 国外分布：朝鲜半岛、日本
- 濒危等级：LC

囊稃竹属 Leptaspis R. Brown.

囊稃竹
Leptaspis banksii R. Br.
- 习　　性：多年生草本
- 国内分布：台湾
- 国外分布：澳大利亚、巴布亚新几内亚、菲律宾、所罗门群岛、法属新喀里多尼亚、印度尼西亚
- 濒危等级：LC

千金子属 Leptochloa P. Beauv.

千金子
Leptochloa chinensis(L.)Nees
- 习　　性：一年生或多年生草本
- 海　　拔：200~1000 m
- 国内分布：安徽、福建、广东、贵州、海南、河南、湖北、湖南、江苏
- 国外分布：不丹、菲律宾、柬埔寨、马来西亚、缅甸、斯里兰卡、泰国、印度、印度尼西亚、越南
- 濒危等级：LC
- 资源利用：动物饲料（牧草）

双稃草
Leptochloa fusca(L.)Kunth
- 习　　性：多年生草本
- 国内分布：安徽、福建、广东、海南、河北、河南、湖北、江苏
- 国外分布：澳大利亚、巴基斯坦、菲律宾、马来西亚、缅甸、斯里兰卡、泰国、印度尼西亚
- 濒危等级：LC
- 资源利用：动物饲料（饲料）

虮子草
Leptochloa panicea(Retz.)Ohwi
- 习　　性：一年生草本
- 海　　拔：300~1200 m
- 国内分布：安徽、福建、广东、贵州、海南、河南、湖北、江苏、江西、陕西、四川、台湾、云南、浙江
- 国外分布：菲律宾、马来西亚、日本、斯里兰卡、泰国、印度、印度尼西亚、越南
- 濒危等级：LC
- 资源利用：动物饲料（牧草）

细穗草属 Lepturus R. Br.

细穗草
Lepturus repens(G. Forst.)R. Br.
- 习　　性：多年生草本
- 国内分布：台湾
- 国外分布：澳大利亚、巴布亚新几内亚、菲律宾、马来西亚、日本、斯里兰卡、泰国、印度尼西亚、越南
- 濒危等级：LC

赖草属 Leymus Hochst.

阿英赖草
Leymus aemulans(Nevski)Tzvelev
- 习　　性：多年生草本
- 国内分布：新疆
- 国外分布：俄罗斯、哈萨克斯坦、吉尔吉斯斯坦、土库曼斯坦、乌兹别克斯坦
- 濒危等级：LC

分株赖草
Leymus altus D. F. Cui
- 习　　性：多年生草本
- 海　　拔：约2200 m
- 分　　布：新疆
- 濒危等级：LC

窄颖赖草
Leymus angustus(Trin.)Pilg.
- 习　　性：多年生草本
- 海　　拔：2000~2100 m
- 国内分布：甘肃、内蒙古、宁夏、青海、新疆
- 国外分布：俄罗斯、哈萨克斯坦、吉尔吉斯斯坦、蒙古、土

库曼斯坦、乌兹别克斯坦
濒危等级：LC

芒颖赖草
Leymus aristiglumis L. B. Cai
习　　性：多年生草本
海　　拔：约 2600 m
分　　布：青海
濒危等级：LC

阿尔金山赖草
Leymus arjinshanicus D. F. Cui
习　　性：多年生草本
海　　拔：约 3100 m
分　　布：新疆
濒危等级：LC

羊草
Leymus chinensis(Trin. ex Bunge)Tzvelev
习　　性：多年生草本
海　　拔：3000 m 以下
国内分布：甘肃、河北、河南、黑龙江、吉林、辽宁、内蒙古、青海、山东、山西、陕西、新疆
国外分布：朝鲜、俄罗斯、蒙古
濒危等级：LC
资源利用：基因源（耐寒，耐旱，耐碱）；动物饲料（牧草）

粗穗赖草
Leymus crassiusculus L. B. Cai
习　　性：多年生草本
海　　拔：约 3000 m
分　　布：青海、山西
濒危等级：LC

弯曲赖草
Leymus flexus L. B. Cai
习　　性：多年生草本
海　　拔：约 3200 m
分　　布：甘肃、青海、山西
濒危等级：LC

格尔木赖草
Leymus golmudensis Y. H. Wu
习　　性：多年生草本
海　　拔：3200 ~ 3700 m
分　　布：青海
濒危等级：LC

大药赖草
Leymus karelinii(Turcz.)Tzvelev
习　　性：多年生草本
海　　拔：1600 ~ 2100 m
国内分布：新疆
国外分布：俄罗斯、哈萨克斯坦、吉尔吉斯斯坦、土库曼斯坦、乌兹别克斯坦
濒危等级：LC

滨草
Leymus mollis(Trin.)Pilg.
习　　性：多年生草本
海　　拔：约 50 m
国内分布：河北、辽宁、山东
国外分布：朝鲜、俄罗斯、蒙古、日本
濒危等级：LC
资源利用：动物饲料（饲料）

多枝赖草
Leymus multicaulis(Kar. et Kiri.)Tzvelev
习　　性：多年生草本
海　　拔：350 ~ 2600 m
国内分布：新疆
国外分布：俄罗斯、哈萨克斯坦、吉尔吉斯斯坦、土库曼斯坦、乌兹别克斯坦
濒危等级：LC

柄穗赖草
Leymus obvipodus L. B. Cai
习　　性：多年生草本
海　　拔：约 2900 m
分　　布：青海
濒危等级：LC

宽穗赖草
Leymus ovatus(Trin.)Tzvelev
习　　性：多年生草本
海　　拔：2000 ~ 3650 m
国内分布：内蒙古、青海、新疆
国外分布：阿富汗、俄罗斯、哈萨克斯坦、吉尔吉斯斯坦、土库曼斯坦、乌兹别克斯坦
濒危等级：LC

毛穗赖草
Leymus paboanus(Claus)Pilger

毛穗赖草（原变种）
Leymus paboanus var. **paboanus**
习　　性：多年生草本
海　　拔：约 2900 m
国内分布：甘肃、宁夏、青海、新疆
国外分布：俄罗斯、哈萨克斯坦、吉尔吉斯斯坦、蒙古、土库曼斯坦、乌兹别克斯坦
濒危等级：LC

胎生赖草
Leymus paboanus var. **viviparus** L. B. Cai
习　　性：多年生草本
海　　拔：约 2900 m
分　　布：青海
濒危等级：LC

贫穗赖草
Leymus paucispiculus L. B. Cai
习　　性：多年生草本
海　　拔：约 2800 m
分　　布：甘肃、青海
濒危等级：LC

垂穗赖草
Leymus pendulus L. B. Cai
习　　性：多年生草本

海　　拔：2300～2400 m
分　　布：青海
濒危等级：LC

皮山赖草
Leymus pishanicus S. L. Lu et Y. H. Wu
习　　性：多年生草本
海　　拔：约2600 m
分　　布：新疆
濒危等级：LC

柴达木赖草
Leymus pseudoracemosus C. Yen et J. L. Yang
习　　性：多年生草本
海　　拔：约2900 m
分　　布：青海
濒危等级：LC

毛赖草
Leymus pubens H. X. Xiao
习　　性：多年生草本
海　　拔：约160 m
分　　布：吉林、内蒙古
濒危等级：LC

大赖草
Leymus racemosus（Lam.）Tzvelev
习　　性：多年生草本
海　　拔：400～800 m
国内分布：新疆
国外分布：俄罗斯、哈萨克斯坦、吉尔吉斯斯坦、蒙古、土库曼斯坦、乌兹别克斯坦
濒危等级：LC

单穗赖草
Leymus ramosus Tzvelev
习　　性：多年生草本
国内分布：新疆
国外分布：俄罗斯、蒙古
濒危等级：LC

若羌赖草
Leymus ruoqiangensis S. L. Lu et Y. H. Wu
习　　性：多年生草本
海　　拔：3600～4100 m
分　　布：青海、新疆
濒危等级：LC

赖草
Leymus secalinus（Georgi）Tzvelev

赖草（原变种）
Leymus secalinus var. **secalinus**
习　　性：多年生草本
海　　拔：2900～4200 m
国内分布：甘肃、河北、黑龙江、吉林、辽宁、内蒙古、宁夏、青海、山西、陕西、四川、新疆
国外分布：朝鲜、俄罗斯、哈萨克斯坦、吉尔吉斯斯坦、蒙古、日本、土库曼斯坦、乌兹别克斯坦、印度
濒危等级：LC

短毛叶赖草
Leymus secalinus var. **pubescens**（O. Fedtsch.）Tzvelev
习　　性：多年生草本
国内分布：西藏、新疆
国外分布：俄罗斯
濒危等级：LC

青海赖草
Leymus secalinus var. **qinghaicus**（L. B. Cai）G. H. Zhu et S. L. Chen
习　　性：多年生草本
海　　拔：2900～3100 m
分　　布：青海
濒危等级：LC

纤细赖草
Leymus secalinus var. **tenuis** L. B. Cai
习　　性：多年生草本
海　　拔：约4200 m
分　　布：西藏
濒危等级：LC

阔颖赖草
Leymus shanxiensis G. H. Zhu et S. L. Chen
习　　性：多年生草本
海　　拔：1300～3700 m
分　　布：山西
濒危等级：LC

天山赖草
Leymus tianschanicus（Drobow）Tzvelev
习　　性：多年生草本
海　　拔：500～1700 m
国内分布：内蒙古、新疆
国外分布：俄罗斯、哈萨克斯坦、吉尔吉斯斯坦、土库曼斯坦、乌兹别克斯坦
濒危等级：LC

伊吾赖草
Leymus yiunensis N. R. Cui et D. F. Cui
习　　性：多年生草本
海　　拔：约2400 m
分　　布：新疆
濒危等级：LC

扇穗茅属 Littledalea Hemsl.

帕米尔扁穗茅
Littledalea alaica（Korsh.）Petrov ex Nevski
习　　性：多年生草本
国内分布：青海、西藏
国外分布：哈萨克斯坦、吉尔吉斯斯坦、塔吉克斯坦
濒危等级：LC

泽沃扇穗茅
Littledalea przevalskyi Tzvelev
习　　性：多年生草本
海　　拔：2200～5700 m

分　　布：甘肃、青海、西藏
濒危等级：LC

扇穗茅
Littledalea racemosa Keng
习　　性：多年生草本
海　　拔：2700~5000 m
分　　布：青海、四川、西藏、云南
濒危等级：LC

藏扇穗茅
Littledalea tibetica Hemsl.
习　　性：多年生草本
海　　拔：5000~5500 m
国内分布：西藏、云南
国外分布：尼泊尔
濒危等级：LC

黑麦草属 Lolium L.

多花黑麦草
Lolium multiflorum Lamk.
习　　性：一年生草本
国内分布：安徽、福建、贵州、河北、河南、湖南、江西、内蒙古、陕西、四川、台湾、新疆、云南
国外分布：非洲北部、欧洲中部和南部、西南亚
濒危等级：LC

黑麦草
Lolium perenne L.
习　　性：多年生草本
国内分布：广泛栽培
国外分布：俄罗斯；欧洲、北非
资源利用：动物饲料（牧草）；环境利用（草坪）

欧黑麦草
Lolium persicum Boiss. et Hoh.
习　　性：一年生草本
海　　拔：1400~2300 m
国内分布：甘肃、河北、青海、陕西、新疆
国外分布：阿富汗、巴基斯坦、俄罗斯、吉尔吉斯斯坦、塔吉克斯坦、土库曼斯坦、乌兹别克斯坦
濒危等级：LC

疏花黑麦草
Lolium remotum Schrank
习　　性：一年生草本
国内分布：黑龙江、新疆
国外分布：阿富汗、俄罗斯
濒危等级：LC

硬直黑麦草
Lolium rigidum Gaudich.
习　　性：一年生草本
国内分布：甘肃、河南
国外分布：阿富汗、巴基斯坦、土库曼斯坦
濒危等级：LC

毒麦
Lolium temulentum L.

毒麦（原变种）
Lolium temulentum var. **temulentum**
习　　性：一年生草本
国内分布：安徽、甘肃、河北、河南、黑龙江、青海、陕西、新疆、浙江
国外分布：西南亚、南欧、北非
濒危等级：LC

田野黑麦草
Lolium temulentum var. **arvense** Lilj.
习　　性：一年生草本
国内分布：湖南、上海、浙江
国外分布：俄罗斯
濒危等级：DD

淡竹叶属 Lophatherum Brongn.

淡竹叶
Lophatherum gracile Brongn.
习　　性：多年生草本
海　　拔：海平面至1500 m
国内分布：安徽、福建、广东、广西、贵州、海南、湖北、湖南、江苏、江西、四川、台湾、云南、浙江
国外分布：巴布亚新几内亚、朝鲜、菲律宾、柬埔寨、马来西亚、缅甸、尼泊尔、日本、印度、印度尼西亚
濒危等级：LC
资源利用：药用（中草药）；环境利用（观赏）

中华淡竹叶
Lophatherum sinense Rendle
习　　性：多年生草本
海　　拔：100~900 m
国内分布：湖南、江苏、江西、浙江
国外分布：朝鲜、日本
濒危等级：LC
资源利用：药用（中草药）

臭草属 Melica L.

高臭草
Melica altissima L.
习　　性：多年生草本
海　　拔：800~1400 m
国内分布：新疆
国外分布：俄罗斯、高加索地区、哈萨克斯坦、吉尔吉斯斯坦、塔吉克斯坦、乌兹别克斯坦、伊朗
濒危等级：LC
资源利用：环境利用（观赏）

小穗臭草
Melica ciliata L.
习　　性：多年生草本
海　　拔：约1500 m
国内分布：新疆
国外分布：俄罗斯、哈萨克斯坦、土库曼斯坦
濒危等级：LC

大花臭草
Melica grandiflora Koidz.

习　　性：多年生草本
海　　拔：500～3200 m
国内分布：安徽、河南、黑龙江、湖南、吉林、江苏、江西、辽宁、山东、山西、浙江
国外分布：朝鲜、日本
濒危等级：LC

柴达木臭草
Melica kozlovii Tzvelev
习　　性：多年生草本
海　　拔：2000～3900 m
国内分布：甘肃、青海、山西
国外分布：蒙古
濒危等级：LC

长舌臭草
Melica longiligulata Z. L. Wu
习　　性：多年生草本
海　　拔：3300～3400 m
分　　布：四川
濒危等级：DD

俯垂臭草
Melica nutans L.
习　　性：多年生草本
海　　拔：1500～2300 m
国内分布：黑龙江、新疆
国外分布：朝鲜、俄罗斯、高加索地区、哈萨克斯坦、吉尔吉斯斯坦、克什米尔地区、日本、塔吉克斯坦、乌兹别克斯坦
濒危等级：LC

广序臭草
Melica onoei Franch. et Sav.
习　　性：多年生草本
海　　拔：400～2500 m
国内分布：河北、山西、陕西、西藏、云南
国外分布：朝鲜、日本
濒危等级：LC

北臭草
Melica pappiana W. Hempel
习　　性：多年生草本
海　　拔：500～2000 m
分　　布：吉林、山西
濒危等级：DD

伊朗臭草
Melica persica Kunth

伊朗臭草（原亚种）
Melica persica subsp. **persica**
习　　性：多年生草本
海　　拔：约800 m
国内分布：甘肃、吉林、四川
国外分布：阿富汗、巴基斯坦、印度；中亚、西南亚、东北非
濒危等级：LC

毛鞘臭草
Melica persica subsp. **canescens** (Regel) P. H. Davis
习　　性：多年生草本
海　　拔：约3500 m
国内分布：西藏
国外分布：阿富汗、巴基斯坦、哈萨克斯坦、吉尔吉斯斯坦、克什米尔地区、塔吉克斯坦、印度
濒危等级：DD

甘肃臭草
Melica przewalskyi Roshev.
习　　性：多年生草本
海　　拔：2300～4200 m
分　　布：甘肃、贵州、湖北、宁夏、青海、陕西、四川、西藏
濒危等级：LC

细叶臭草
Melica radula Franch.
习　　性：多年生草本
海　　拔：300～2100 m
分　　布：甘肃、河北、河南、湖南、内蒙古、宁夏、山东、山西、陕西、四川、云南
濒危等级：LC

糙臭草
Melica scaberrima (Nees et Steud.) Hook.
习　　性：多年生草本
海　　拔：2800～4000 m
国内分布：西藏、云南
国外分布：巴基斯坦、尼泊尔、印度
濒危等级：DD

臭草
Melica scabrosa Trin.
习　　性：多年生草本
海　　拔：200～3300 m
国内分布：安徽、河北、河南、黑龙江、湖北、江苏、内蒙古、宁夏、青海、山东、山西、陕西、四川、西藏
国外分布：朝鲜、蒙古
濒危等级：LC

藏东臭草
Melica schuetzeana Hempel.
习　　性：多年生草本
海　　拔：3200～3500 m
国内分布：青海、四川、西藏、云南
国外分布：不丹
濒危等级：LC

偏穗臭草
Melica secunda Regel
习　　性：多年生草本
海　　拔：2400～3300 m
国内分布：甘肃、四川、西藏、新疆
国外分布：阿富汗、哈萨克斯坦、吉尔吉斯斯坦、克什米尔地区、塔吉克斯坦、乌兹别克斯坦、印度
濒危等级：LC

黄穗臭草
Melica subflava Z. L. Wu
习　　性：多年生草本
海　　拔：约3600 m

分　　布：青海
濒危等级：DD

青甘臭草
Melica tangutorum Tzvelev
　　习　　性：多年生草本
　　海　　拔：1500～3200 m
　　国内分布：甘肃、青海、四川
　　国外分布：蒙古
　　濒危等级：LC

高山臭草
Melica taylorii W. Hempel
　　习　　性：多年生草本
　　海　　拔：4000～4500 m
　　分　　布：西藏
　　濒危等级：DD

藏臭草
Melica tibetica Roshev.
　　习　　性：多年生草本
　　海　　拔：3500～4300 m
　　分　　布：内蒙古、青海、四川、西藏
　　濒危等级：LC

德兰臭草
Melica transsilvanica Schur
　　习　　性：多年生草本
　　海　　拔：800～2000 m
　　国内分布：新疆
　　国外分布：俄罗斯、哈萨克斯坦、吉尔吉斯斯坦、塔吉克斯坦、土库曼斯坦、乌兹别克斯坦
　　濒危等级：LC

大臭草
Melica turczaninowiana Ohwi
　　习　　性：多年生草本
　　海　　拔：700～2200 m
　　国内分布：河北、河南、黑龙江、内蒙古、山西
　　国外分布：朝鲜、俄罗斯、蒙古
　　濒危等级：LC

抱草
Melica virgata Turcz. ex Trin.
　　习　　性：多年生草本
　　海　　拔：1000～3900 m
　　国内分布：甘肃、河北、内蒙古、宁夏、青海、四川、西藏
　　国外分布：俄罗斯、蒙古
　　濒危等级：LC

雅江臭草
Melica yajiangensis Z. L. Wu
　　习　　性：多年生草本
　　海　　拔：约2700 m
　　分　　布：四川
　　濒危等级：DD

糖蜜草属 Melinis P. Beauv.

糖蜜草
Melinis minutiflora P. Beauv.
　　习　　性：多年生草本
　　国内分布：台湾、香港、云南
　　国外分布：原产非洲

红毛草
Melinis repens（Willd.）Zizka
　　习　　性：一年生或多年生草本
　　国内分布：福建、广东、台湾
　　国外分布：原产非洲

梨藤竹属 Melocalamus Benth.

澜沧梨藤竹
Melocalamus arrectus T. P. Yi
　　习　　性：藤状
　　海　　拔：700～1900 m
　　分　　布：云南
　　濒危等级：LC
　　资源利用：原料（木材）

梨藤竹
Melocalamus compactiflorus（Kurz）Benth. et Hook. f.

梨藤竹（原变种）
Melocalamus compactiflorus var. **compactiflorus**
　　习　　性：藤状
　　海　　拔：400～1000 m
　　国内分布：云南
　　国外分布：孟加拉国、缅甸、印度
　　濒危等级：LC

流苏梨藤竹
Melocalamus compactiflorus var. **fimbriatus**（J. R. Xue et C. M. Hui）D. Z. Li et Z. H. Guo
　　习　　性：藤状
　　海　　拔：1000～1700 m
　　分　　布：云南
　　濒危等级：DD

西藏梨藤竹
Melocalamus elevatissimus J. R. Xue et T. P. Yi
　　习　　性：藤状
　　海　　拔：900～2000 m
　　分　　布：西藏
　　濒危等级：NT D
　　资源利用：原料（木材）

大吊竹
Melocalamus scandens J. R. Xue et C. M. Hui
　　习　　性：藤状
　　海　　拔：700～1000 m
　　分　　布：云南
　　濒危等级：DD

梨竹属 Melocanna Trin.

梨竹
Melocanna humilis Kurz
　　习　　性：乔木状
　　国内分布：广东、广西、台湾栽培
　　国外分布：原产缅甸

资源利用：原料（编织）

小草属 Microchloa R. Br.

小草
Microchloa indica (L. f.) P. Beauv.

小草（原变种）
Microchloa indica var. **indica**
习　　性：多年生草本
海　　拔：海平面至 2500 m
国内分布：福建、广东、海南、云南
国外分布：热带地区常见
濒危等级：LC

长穗小草
Microchloa indica var. **kunthii** (Desv.) B. S. Sun et Z. H. Hu
习　　性：多年生草本
海　　拔：1100~2500 m
国内分布：云南
国外分布：遍布除澳大利亚外的热带地区
濒危等级：LC

莠竹属 Microstegium Nees

巴塘莠竹
Microstegium batangense (S. L. Zhong) S. M. Phillips et S. L. Chen
习　　性：多年生草本
海　　拔：2600~3100 m
分　　布：四川
濒危等级：DD

布拖莠竹
Microstegium butuoense Y. C. Liu et H. Peng
习　　性：一年生或多年生草本
分　　布：四川
濒危等级：LC

刚莠竹
Microstegium ciliatum (Trin.) A. Camus
习　　性：多年生草本
海　　拔：约 1300 m
国内分布：福建、广东、广西、贵州、海南、湖南、江西、四川、台湾、云南
国外分布：不丹、马来西亚、缅甸、尼泊尔、斯里兰卡、泰国、印度、越南
濒危等级：LC
资源利用：基因源（高产）；动物饲料（饲料）

荏弱莠竹
Microstegium delicatulum (Hook. f.) A. Camus
习　　性：一年生草本
海　　拔：约 600 m
国内分布：云南
国外分布：缅甸、泰国
濒危等级：LC

蔓生莠竹
Microstegium fasciculatum (L.) Henrard
习　　性：多年生草本
海　　拔：海平面至 800 m
国内分布：广东、贵州、海南、湖北、四川、云南
国外分布：不丹、马来西亚、缅甸、尼泊尔、泰国、印度、印度尼西亚、越南
濒危等级：LC

法利莠竹
Microstegium fauriei (Hayata) Honda

法利莠竹（原亚种）
Microstegium fauriei subsp. **fauriei**
习　　性：一年生草本
分　　布：台湾
濒危等级：LC

膝曲莠竹
Microstegium fauriei subsp. **geniculatum** (Hayata) T. Koyama
习　　性：一年生草本
国内分布：福建、广东、台湾
国外分布：马来西亚、印度尼西亚
濒危等级：LC

日本莠竹
Microstegium japonicum (Miq.) Koidz.
习　　性：一年生草本
国内分布：安徽、湖北、湖南、江苏、江西、浙江
国外分布：朝鲜、日本
濒危等级：LC

披针叶莠竹
Microstegium lanceolatum (Keng) S. M. Phillips et S. L. Chen
习　　性：多年生草本
海　　拔：2800~3000 m
分　　布：云南
濒危等级：DD

多纤毛莠竹
Microstegium multiciliatum B. S. Sun
习　　性：多年生草本
海　　拔：约 1500 m
分　　布：云南
濒危等级：DD

竹叶茅
Microstegium nudum (Trin.) A. Camus
习　　性：一年生草本
海　　拔：约 3000 m
国内分布：安徽、福建、贵州、河北、河南、湖北、湖南、江苏、江西、陕西、四川、台湾、西藏、云南
国外分布：澳大利亚、巴基斯坦、不丹、菲律宾、尼泊尔、日本、印度、越南
濒危等级：LC

柄莠竹
Microstegium petiolare (Trin.) Bor
习　　性：多年生草本
海　　拔：约 2100 m
国内分布：云南
国外分布：缅甸、尼泊尔、印度

濒危等级：LC

网脉莠竹
Microstegium reticulatum B. S. Sun ex H. Peng et X. Yang
- 习　　性：一年生草本
- 海　　拔：1500~2500 m
- 国内分布：云南
- 国外分布：印度
- 濒危等级：LC

多芒莠竹
Microstegium somae(Hayata)Ohwi
- 习　　性：一年生草本
- 国内分布：安徽、福建、台湾
- 国外分布：日本
- 濒危等级：LC

柔枝莠竹
Microstegium vimineum(Trin.)A. Camus
- 习　　性：一年生草本
- 海　　拔：100~2190 m
- 国内分布：安徽、福建、广东、广西、贵州、河北、河南、湖北、湖南、吉林、江苏、江西、山东、山西、陕西、四川、台湾、云南、浙江
- 国外分布：不丹、朝鲜、俄罗斯、菲律宾、缅甸、尼泊尔、日本、伊朗、印度、越南
- 濒危等级：LC

粟草属 Milium L.

粟草
Milium effusum L.
- 习　　性：多年生草本
- 海　　拔：700~3500 m
- 国内分布：甘肃、河北、青海、西藏、新疆
- 国外分布：阿富汗、巴基斯坦、不丹、朝鲜半岛、俄罗斯、哈萨克斯坦、吉尔吉斯斯坦、日本、塔吉克斯坦
- 濒危等级：LC
- 资源利用：原料（木材）；动物饲料（饲料）

芒属 Miscanthus Anderss.

五节芒
Miscanthus floridulus(Labill.)Warburg ex K. Schumann
- 习　　性：多年生草本
- 海　　拔：海平面至1900 m
- 国内分布：安徽、福建、广东、广西、贵州、海南、河南、湖北、江苏、四川、台湾、云南、浙江
- 国外分布：亚洲东南部
- 濒危等级：LC
- 资源利用：能源植物；环境利用（水土保持，观赏）；动物饲料（饲料）；原料（纤维）

南荻
Miscanthus lutarioriparius L. Liu ex Renvoize et S. L. Chen
- 习　　性：多年生草本
- 海　　拔：100 m以下
- 分　　布：湖北、湖南
- 濒危等级：DD
- 资源利用：能源植物；环境利用（水土保持，观赏）；基因源（高产）

尼泊尔芒
Miscanthus nepalensis(Trin.)Hack.
- 习　　性：多年生草本
- 海　　拔：1900~2800 m
- 国内分布：四川、西藏、云南
- 国外分布：不丹、缅甸、尼泊尔、印度
- 濒危等级：LC

双药芒
Miscanthus nudipes(Griseb.)Hack.
- 习　　性：多年生草本
- 海　　拔：1000~3600 m
- 国内分布：贵州、四川、西藏、云南
- 国外分布：不丹、尼泊尔、印度
- 濒危等级：LC

红山茅
Miscanthus paniculatus(B. S. Sun)Renvoize et S. L. Chen
- 习　　性：多年生草本
- 海　　拔：2500~3100 m
- 分　　布：贵州、四川、云南
- 濒危等级：LC

荻
Miscanthus sacchariflorus(Maxim.)Benth. et Hook. f. ex Franch.
- 习　　性：多年生草本
- 国内分布：甘肃、河北、河南、陕西
- 国外分布：朝鲜半岛、俄罗斯、日本
- 濒危等级：LC
- 资源利用：能源植物；环境利用（水土保持，观赏）；药用（中草药）

芒
Miscanthus sinensis Andersson
- 习　　性：多年生草本
- 海　　拔：2000 m以下
- 国内分布：安徽、福建、广东、广西、贵州、海南、河北、湖北、吉林、江苏、江西、山东、陕西、四川、台湾、云南、浙江
- 国外分布：朝鲜半岛、日本
- 濒危等级：LC
- 资源利用：能源植物；环境利用（水土保持，观赏）；原料（纤维）

毛轴芒
Miscanthus villosus Y. C. Liu et H. Peng
- 习　　性：多年生草本
- 分　　布：云南

毛俭草属 Mnesithea Kunth

密穗空轴茅
Mnesithea khasiana(Hack.)de Koning et Sosef
- 习　　性：多年生草本
- 海　　拔：900~1300 m
- 国内分布：云南

国外分布：缅甸、印度
濒危等级：LC

假蛇尾草
Mnesithea laevis(Retz.)Kunth

假蛇尾草（原变种）
Mnesithea laevis var. **laevis**
- 习　　性：多年生草本
- 海　　拔：100~1000 m
- 国内分布：福建、广东、广西、海南、台湾
- 国外分布：巴基斯坦、菲律宾、斯里兰卡、泰国、印度、印度尼西亚、越南
- 濒危等级：DD

缚颖假蛇尾草
Mnesithea laevis var. **chenii**(Hsu)de Koning et Sosef
- 习　　性：多年生草本
- 分　　布：台湾
- 濒危等级：DD

毛俭草
Mnesithea mollicoma(Hance)A. Camus
- 习　　性：多年生草本
- 海　　拔：100~500 m
- 国内分布：广东、广西、海南
- 国外分布：马来西亚、泰国、印度尼西亚、越南
- 濒危等级：LC

空轴茅
Mnesithea striata(Nees ex Steud.)de Koning et Sosef

空轴茅（原变种）
Mnesithea striata var. **striata**
- 习　　性：多年生草本
- 海　　拔：600~900 m
- 国内分布：云南
- 国外分布：印度
- 濒危等级：LC

毛秆空轴茅
Mnesithea striata var. **pubescens**(Hack.)S. M. Phillips et S. L. Chen
- 习　　性：多年生草本
- 海　　拔：600~1200 m
- 国内分布：云南
- 国外分布：印度
- 濒危等级：LC

麦氏草属 Molinia Schrank

拟麦氏草
Molinia japonica Hack.
- 习　　性：多年生草本
- 海　　拔：约1500 m
- 国内分布：安徽、浙江
- 国外分布：朝鲜、俄罗斯、日本
- 濒危等级：LC

乱子草属 Muhlenbergia Schreb.

弯芒乱子草
Muhlenbergia curviaristata(Ohwi)Ohwi
- 习　　性：多年生草本
- 海　　拔：900~1400 m
- 国内分布：河北、吉林、辽宁
- 国外分布：日本
- 濒危等级：LC

箱根乱子草
Muhlenbergia hakonensis(Hack. ex Matsum.)Makino
- 习　　性：多年生草本
- 国内分布：安徽、四川
- 国外分布：朝鲜半岛、日本
- 濒危等级：LC

喜马拉雅乱子草
Muhlenbergia himalayensis Hack. ex Hook. f.
- 习　　性：多年生草本
- 海　　拔：2000~2900 m
- 国内分布：四川、西藏、云南
- 国外分布：阿富汗、不丹、克什米尔地区、尼泊尔
- 濒危等级：LC

乱子草
Muhlenbergia huegelii Trin.
- 习　　性：多年生草本
- 海　　拔：900~3000 m
- 国内分布：安徽、福建、甘肃、贵州、河北、河南、黑龙江、湖北、吉林、江苏、江西、辽宁、内蒙古、宁夏、青海、山东、山西、陕西、四川、台湾、西藏、新疆、云南、浙江
- 国外分布：阿富汗、巴基斯坦、不丹、朝鲜、俄罗斯、菲律宾、尼泊尔、日本、印度
- 濒危等级：LC

日本乱子草
Muhlenbergia japonica Steud.
- 习　　性：多年生草本
- 海　　拔：1400~3000 m
- 国内分布：安徽、北京、福建、贵州、河南、黑龙江、湖北、山东、陕西、四川、云南、浙江
- 国外分布：日本
- 濒危等级：LC

多枝乱子草
Muhlenbergia ramosa(Hack. ex Matsum.)Makino
- 习　　性：多年生草本
- 海　　拔：100~1300 m
- 国内分布：安徽、福建、贵州、湖北、湖南、江苏、江西、山东、四川、云南、浙江
- 国外分布：日本
- 濒危等级：LC

新小竹属 Neomicrocalamus P. C. Keng

新小竹
Neomicrocalamus prainii(Gamble)P. C. Keng
- 习　　性：攀援状
- 海　　拔：1200~2600 m
- 国内分布：西藏、云南
- 国外分布：缅甸、印度
- 濒危等级：LC
- 资源利用：原料（木材）；食品（蔬菜）

云南新小竹
Neomicrocalamus yunnanensis(T. H. Wen)Ohrnb.
- 习　　性：攀援状
- 分　　布：云南
- 濒危等级：LC

类芦属 Neyraudia Hook. f.

大类芦
Neyraudia arundinacea(L.)Henrard
- 习　　性：多年生草本
- 海　　拔：700～1200 m
- 国内分布：海南
- 国外分布：巴基斯坦、马斯卡瑞恩岛、泰国、印度
- 濒危等级：LC

梵净山类芦
Neyraudia fanjingshanensis L. Liu
- 习　　性：多年生草本
- 海　　拔：约900 m
- 分　　布：贵州
- 濒危等级：EN B1ab（iii）

山类芦
Neyraudia montana Keng
- 习　　性：多年生草本
- 海　　拔：400～1200 m
- 分　　布：安徽、福建、湖北、江西、浙江
- 濒危等级：LC

类芦
Neyraudia reynaudiana(Kunth)Keng ex Hitchc.
- 习　　性：多年生草本
- 海　　拔：100～2400 m
- 国内分布：安徽、福建、甘肃、广东、广西、贵州、海南、湖北、湖南、江苏、江西、四川、台湾、西藏、云南、浙江
- 国外分布：不丹、柬埔寨、老挝、马来西亚、缅甸、尼泊尔、日本、泰国、印度、印度尼西亚、越南
- 濒危等级：LC

少穗竹属 Oligostachyum Z. P. Wang et G. H. Ye

裂舌少穗竹
Oligostachyum bilobum W. T. Lin et Z. J. Feng
- 习　　性：灌木状至乔木状
- 海　　拔：500～1500 m
- 分　　布：广东
- 濒危等级：LC

无耳少穗竹
Oligostachyum exauriculatum N. X. Zhao et Z. Yu Li
- 习　　性：灌木状至乔木状
- 海　　拔：1900～2000 m
- 分　　布：福建
- 濒危等级：DD

屏南少穗竹
Oligostachyum glabrescens(T. H. Wen)P. C. Keng et Y. P. Wang
- 习　　性：灌木状至乔木状
- 海　　拔：约900 m
- 分　　布：福建
- 濒危等级：DD

细柄少穗竹
Oligostachyum gracilipes(McClure)G. H. Ye
- 习　　性：灌木状至乔木状
- 海　　拔：600～700 m
- 分　　布：海南
- 濒危等级：DD

凤竹
Oligostachyum hupehense(J. L. Lu)Z. P. Wang et G. H. Ye
- 习　　性：乔木状
- 分　　布：湖北
- 濒危等级：DD

云和少穗竹
Oligostachyum lanceolatum G. H. Ye et Z. P. Wang
- 习　　性：灌木状至乔木状
- 海　　拔：约500 m
- 分　　布：浙江
- 濒危等级：DD

四季竹
Oligostachyum lubricum(T. H. Wen)P. C. Keng
- 习　　性：乔木状
- 海　　拔：400～500 m
- 分　　布：福建、江西、浙江
- 濒危等级：LC

林仔竹
Oligostachyum nuspiculum(McClure)Z. P. Wang et G. H. Ye
- 习　　性：灌木状至乔木状
- 海　　拔：500～1500 m
- 分　　布：海南
- 濒危等级：LC

肿节少穗竹
Oligostachyum oedogonatum（Z. P. Wang et G. H. Ye）Q. F. Zheng et K. F. Huang
- 习　　性：灌木状至乔木状
- 海　　拔：1500 m以下
- 分　　布：浙江
- 濒危等级：LC

圆锥少穗竹
Oligostachyum paniculatum G. H. Ye
- 习　　性：灌木状至乔木状
- 分　　布：广西
- 濒危等级：LC

多毛少穗竹
Oligostachyum puberulum(T. H. Wen)G. H. Ye
- 习　　性：灌木状至乔木状
- 分　　布：广西
- 濒危等级：DD

糙花少穗竹
Oligostachyum scabriflorum(McClure)Z. P. Wang et G. H. Ye

糙花少穗竹（原变种）
Oligostachyum scabriflorum var. **scabriflorum**

习　　性：灌木状至乔木状
海　　拔：1100 m 以下
分　　布：福建、广东、广西、湖南、江西
濒危等级：LC

短舌少穗竹
Oligostachyum scabriflorum var. **breviligulatum** Z. P. Wang et G. H. Ye
习　　性：灌木状至乔木状
海　　拔：约 500 m
分　　布：广东
濒危等级：DD

毛稃少穗竹
Oligostachyum scopulum（McClure）Z. P. Wang et G. H. Ye
习　　性：乔木状
海　　拔：约 1000 m
分　　布：海南
濒危等级：LC

秀英竹
Oligostachyum shiuyingianum（L. C. Chia et But）G. H. Ye
习　　性：灌木状至乔木状
海　　拔：100 m 以下
分　　布：香港
濒危等级：NT

斗竹
Oligostachyum spongiosum（C. D. Chu et C. S. Chao）G. H. Ye
习　　性：乔木状
海　　拔：800 m 以下
分　　布：广西
濒危等级：LC

少穗竹
Oligostachyum sulcatum Z. P. Wang et G. H. Ye
习　　性：乔木状
海　　拔：约 800 m
分　　布：福建、浙江
濒危等级：DD

永安少穗竹
Oligostachyum yonganense Y. M. Lin et Q. F. Zheng
习　　性：灌木或乔木状
分　　布：福建
濒危等级：LC

蛇尾草属 Ophiuros C. F. Gaertn.

蛇尾草
Ophiuros exaltatus（L.）Kuntze
习　　性：多年生草本
海　　拔：900 m 以下
国内分布：福建、广东、广西、海南、云南
国外分布：澳大利亚、菲律宾、老挝、马来西亚、斯里兰卡、泰国、印度、越南；新几内亚岛
濒危等级：LC

求米草属 Oplismenus P. Beauv.

竹叶草
Oplismenus compositus（L.）P. Beauv.

竹叶草（原变种）
Oplismenus compositus var. **compositus**
习　　性：多年生草本
国内分布：广东、贵州、江西、四川、台湾、云南
国外分布：澳大利亚、菲律宾、日本、泰国、印度
濒危等级：LC

台湾竹叶草
Oplismenus compositus var. **formosanus**（Honda）S. L. Chen et Y. X. Jin
习　　性：多年生草本
分　　布：广东、贵州、四川、台湾、云南
濒危等级：LC

中间型竹叶草
Oplismenus compositus var. **intermedius**（Honda）Ohwi
习　　性：多年生草本
国内分布：广东、广西、四川、台湾、云南、浙江
国外分布：菲律宾、日本
濒危等级：LC

大叶竹叶草
Oplismenus compositus var. **owatarii**（Honda）J. Ohwi
习　　性：多年生草本
国内分布：广东、贵州、台湾、云南
国外分布：日本、泰国
濒危等级：LC

无芒竹叶草
Oplismenus compositus var. **submuticus** S. L. Chen et Y. X. Jin
习　　性：多年生草本
分　　布：四川、云南
濒危等级：DD

福建竹叶草
Oplismenus fujianensis S. L. Chen et Y. X. Jin
习　　性：草本
分　　布：福建
濒危等级：LC

疏穗竹叶草
Oplismenus patens Honda

疏穗竹叶草（原变种）
Oplismenus patens var. **patens**
习　　性：草本
国内分布：广东、海南、台湾、云南
国外分布：日本
濒危等级：LC

狭叶竹叶草
Oplismenus patens var. **angustifolius**（L. C. Chia）S. L. Chen et Y. X. Jin
习　　性：草本
分　　布：海南、云南
濒危等级：LC

云南竹叶草
Oplismenus patens var. **yunnanensis** S. L. Chen et Y. X. Jin
习　　性：草本
分　　布：海南、云南
濒危等级：DD

求米草
Oplismenus undulatifolius (Ard.) P. Beauv.

求米草（原变种）
Oplismenus undulatifolius var. **undulatifolius**
 习 性：多年生草本
 国内分布：安徽、福建、广东、广西、贵州、河北、河南、湖北、湖南、江苏、江西、山东、山西、陕西、四川、台湾、云南、浙江
 国外分布：北半球的暖温带和亚热带地区、印度、非洲
 濒危等级：LC

双穗求米草
Oplismenus undulatifolius var. **binatus** S. L. Chen et Y. X. Jin
 习 性：多年生草本
 分 布：安徽、河北、江苏、浙江
 濒危等级：LC

光叶求米草
Oplismenus undulatifolius var. **glaber** S. L. Chen et Y. X. Jin
 习 性：多年生草本
 分 布：安徽、湖南、山西、四川、浙江
 濒危等级：LC

狭叶求米草
Oplismenus undulatifolius var. **imbecillis** (R. Br.) Hack.
 习 性：多年生草本
 国内分布：安徽、贵州、湖北、湖南、江苏、江西、陕西、台湾、云南、浙江
 国外分布：日本
 濒危等级：LC

日本求米草
Oplismenus undulatifolius var. **japonicus** (Steud.) Koidz.
 习 性：多年生草本
 国内分布：安徽、福建、广东、广西、河北、江苏、江西、山东、陕西、四川、云南、浙江
 国外分布：日本
 濒危等级：LC

小叶求米草
Oplismenus undulatifolius var. **microphyllus** (Honda) Ohwi
 习 性：多年生草本
 国内分布：台湾
 国外分布：菲律宾
 濒危等级：LC

固沙草属 Orinus Hitchc.

四川固沙草
Orinus anomala Keng ex P. C. Keng et L. Liu
 习 性：多年生草本
 海 拔：3100～3900 m
 分 布：青海、四川
 濒危等级：LC

青海固沙草
Orinus kokonorica (K. S. Hao) Keng ex X. L. Yang
 习 性：多年生草本
 海 拔：3000～3500 m
 分 布：甘肃、青海
 濒危等级：NT
 国家保护：Ⅱ级

固沙草
Orinus thoroldii (Stapf ex Hemsl.) Bor
 习 性：多年生草本
 海 拔：3300～4300 m
 国内分布：青海、西藏、新疆
 国外分布：克什米尔地区、尼泊尔
 濒危等级：LC

西藏固沙草
Orinus tibetica N. X. Zhao
 习 性：多年生草本
 海 拔：约 4400 m
 分 布：西藏
 濒危等级：DD

直芒草属 Orthoraphium Nees

直芒草
Orthoraphium roylei Nees
 习 性：多年生草本
 海 拔：2700～? m
 国内分布：四川、西藏、云南
 国外分布：不丹、克什米尔地区北部、缅甸、尼泊尔、印度
 濒危等级：LC

稻属 Oryza L.

光稃稻
Oryza glaberrima Steud.
 习 性：一年生草本
 国内分布：海南、云南
 国外分布：原产热带非洲

阔叶稻
Oryza latifolia Desv.
 习 性：一年生草本
 国内分布：我国北京及各地引种栽植
 国外分布：原产墨西哥至巴西、热带南美洲

疣粒野生稻
Oryza meyeriana (Nees et Arn. ex Watt) Tateoka
 习 性：多年生草本
 海 拔：100～1000 m
 国内分布：广东、广西、海南、云南
 国外分布：菲律宾、柬埔寨、老挝、马来西亚、缅甸、斯里兰卡、泰国、印度、印度尼西亚
 濒危等级：VU A2ace；B1ab (i, iii, v)
 国家保护：Ⅱ级

药用野生稻
Oryza officinalis Wall. ex G. Watt
 习 性：多年生草本
 海 拔：1000 m 以下
 国内分布：广东、广西、海南、云南
 国外分布：不丹、菲律宾、柬埔寨、马来西亚、缅甸、尼泊

尔、斯里兰卡、泰国、印度、印度尼西亚、越南；
新几内亚岛
濒危等级：EN A2ac + 3c
国家保护：Ⅱ级

普通野生稻
Oryza rufipogon Griff.
习　　性：多年生水生草本
海　　拔：700 m 以下
国内分布：广东、广西、海南、台湾、云南
国外分布：澳大利亚、菲律宾、柬埔寨、马来西亚、孟加拉国、缅甸、斯里兰卡、泰国、印度、印度尼西亚、越南；新几内亚岛
濒危等级：CR A2ac + 3c
国家保护：Ⅱ级

稻
Oryza sativa L.
国家保护：Ⅱ级

籼稻
Oryza sativa subsp. **indica** Kato.
习　　性：一年生草本
海　　拔：海平面至 1800 m
国内分布：福建、广东、广西、海南、云南及秦岭以南低海拔处种植
国外分布：东南亚有种植
濒危等级：VU B1ab（iii）
资源利用：原料（纤维，精油）；药用（中草药）；食品（淀粉）

粳稻
Oryza sativa subsp. **japonica** Kato.
习　　性：一年生草本
海　　拔：约 1800 m
国内分布：我国黄河流域、北部和东北部
国外分布：东南亚有种植
濒危等级：VU B1ab（iii）
资源利用：原料（纤维，精油）；药用（中草药）；食品（淀粉）

露籽草属 Ottochloa Dandy

露籽草
Ottochloa nodosa(Kunth)Dandy

露籽草（原变种）
Ottochloa nodosa var. **nodosa**
习　　性：多年生草本
国内分布：福建、广东、广西、海南、台湾、云南
国外分布：澳大利亚、巴布亚新几内亚、菲律宾、马来西亚、缅甸、斯里兰卡、泰国、印度、印度尼西亚
濒危等级：LC

小花露籽草
Ottochloa nodosa var. **micrantha**（Balansa ex A. Camus）S. L. Chen et S. M. Phillips
习　　性：多年生草本
国内分布：广东、海南

国外分布：越南
濒危等级：LC

黍属 Panicum L.

渐尖二型花
Panicum acuminatum Sw.
习　　性：草本
国内分布：江西庐山曾引种栽培，现有逸生
国外分布：原产北美洲

可爱黍
Panicum amoenum Balansa
习　　性：多年生草本
海　　拔：500 m 以下
国内分布：云南
国外分布：印度尼西亚、马来西亚、缅甸、泰国、印度、越南
濒危等级：LC

紧序黍
Panicum auritum J. Presl ex Nees
习　　性：多年生草本
国内分布：福建、广东、海南
国外分布：不丹、菲律宾、马来西亚、斯里兰卡、泰国、印度、印度尼西亚、越南；新几内亚岛
濒危等级：LC

糠稷
Panicum bisulcatum Thunb.
习　　性：一年生草本
海　　拔：100 ~ 1800 m
国内分布：安徽、福建、广东、贵州、海南、河南、黑龙江、湖北、湖南、江苏、山东、四川、台湾、云南、浙江
国外分布：澳大利亚、朝鲜、菲律宾、日本、印度
濒危等级：LC

短叶黍
Panicum brevifolium L.
习　　性：一年生草本
海　　拔：100 ~ 2100 m
国内分布：福建、广东、广西、贵州、江西、台湾、云南
国外分布：不丹、马来西亚、缅甸、斯里兰卡、泰国、印度、印度尼西亚、越南
濒危等级：LC

光头黍
Panicum coloratum L.
习　　性：多年生草本
国内分布：作牧草引进
国外分布：原产非洲

弯花黍
Panicum curviflorum Hornem.
习　　性：一年生草本
国内分布：云南
国外分布：巴基斯坦、斯里兰卡、泰国、印度、印度尼西亚；新几内亚岛
濒危等级：LC

多子黍
Panicum decompositum R. Br.
　　习　　性：多年生草本
　　国内分布：台湾
　　国外分布：澳大利亚；太平洋岛屿
　　濒危等级：DD

洋野黍
Panicum dichotomiflorum Michx.
　　习　　性：一年生草本
　　国内分布：福建、广东、广西、台湾、云南
　　国外分布：马来西亚、印度；新世界热带地区

旱黍草
Panicum elegantissimum Hook. f.
　　习　　性：多年生草本
　　国内分布：广东、广西、台湾、西藏
　　国外分布：菲律宾、老挝、马来西亚、缅甸、泰国、越南；加里曼丹岛
　　濒危等级：LC

南亚黍
Panicum humile Nees ex Steud.
　　习　　性：一年生草本
　　国内分布：广东、广西、海南、台湾、西藏
　　国外分布：菲律宾、马来西亚、斯里兰卡、泰国、印度、越南
　　濒危等级：LC

藤竹草
Panicum incomtum Trin.
　　习　　性：多年生草本
　　国内分布：福建、广东、广西、江西、台湾、云南
　　国外分布：澳大利亚、不丹、菲律宾、马来西亚、缅甸、泰国、印度、印度尼西亚、越南；新几内亚岛
　　濒危等级：LC

滇西黍
Panicum khasianum Munro ex Hook. f.
　　习　　性：多年生草本
　　海　　拔：1000~2500 m
　　国内分布：云南
　　国外分布：不丹、印度
　　濒危等级：LC

大罗湾草
Panicum luzonense J. Presl
　　习　　性：一年生草本
　　国内分布：广东、广西、海南、台湾、云南
　　国外分布：澳大利亚、菲律宾、缅甸、斯里兰卡、印度、印度尼西亚
　　濒危等级：DD

大黍
Panicum maximum Jacq.
　　习　　性：多年生草本
　　国内分布：广东、台湾
　　国外分布：原产热带非洲和美洲

稷
Panicum miliaceum L.
　　习　　性：一年生草本
　　国内分布：普遍栽培
　　国外分布：不丹、日本、印度等栽培
　　资源利用：食品（粮食，淀粉）；原料（纤维）；动物饲料（饲料）

心叶稷
Panicum notatum Retz.
　　习　　性：多年生草本
　　海　　拔：100~1360 m
　　国内分布：福建、广东、广西、台湾、西藏、云南
　　国外分布：不丹、菲律宾、老挝、马来西亚、缅甸、尼泊尔、泰国、印度、印度尼西亚、越南；加里曼丹岛
　　濒危等级：LC

铺地黍
Panicum repens L.
　　习　　性：多年生草本
　　海　　拔：100~2000 m
　　国内分布：福建、广东、广西、海南、江西、四川、台湾、云南、浙江
　　国外分布：热带、亚热带和温带地区
　　濒危等级：LC
　　资源利用：基因源（高产）；动物饲料（牧草）

卵花黍
Panicum sarmentosum Roxb.
　　习　　性：多年生草本
　　国内分布：海南、台湾
　　国外分布：澳大利亚、菲律宾、马来西亚、缅甸、泰国、印度、印度尼西亚；新几内亚岛

细柄黍
Panicum sumatrense Roth ex Roem. et Schult.
　　习　　性：一年生草本
　　国内分布：贵州、台湾、西藏、云南
　　国外分布：菲律宾、马来西亚、斯里兰卡、印度
　　濒危等级：LC

发枝稷
Panicum trichoides Sw.
　　习　　性：一年生草本
　　国内分布：广东、海南
　　国外分布：原产（？）热带美洲；热带亚洲和非洲引进

柳枝稷
Panicum virgatum L.
　　习　　性：多年生草本
　　国内分布：作为粮食普遍栽培
　　国外分布：原产北美洲

假牛鞭草属 Parapholis C. E. Hubb.

假牛鞭草
Parapholis incurva(L.) C. E. Hubb.
　　习　　性：一年生草本
　　国内分布：福建、浙江
　　国外分布：土库曼斯坦；亚洲西南部、欧洲、北非

类雀稗属 Paspalidium Stapf

类雀稗
Paspalidium flavidum(Retz.) A. Camus

习　　性：多年生草本
海　　拔：100～1500 m
国内分布：广东、贵州、海南、台湾、云南
国外分布：澳大利亚、不丹、菲律宾、柬埔寨、老挝、马来西亚、毛里求斯、斯里兰卡、泰国、印度尼西亚、越南
濒危等级：LC

尖头类雀稗
Paspalidium punctatum (Burm. f.) A. Camus
习　　性：多年生草本
海　　拔：100～500 m
国内分布：福建、广东、海南、台湾
国外分布：菲律宾、柬埔寨、老挝、马来西亚、孟加拉国、缅甸、泰国、印度、印度尼西亚、越南
濒危等级：LC

雀稗属 Paspalum L.

两耳草
Paspalum conjugatum Bergius
习　　性：多年生草本
海　　拔：300～900 m
国内分布：福建、广西、海南、台湾、香港、云南
国外分布：热带、亚热带地区
濒危等级：LC
资源利用：动物饲料（牧草）

云南雀稗
Paspalum delavayi Henrard
习　　性：多年生草本
海　　拔：1200～1900 m
分　　布：云南
濒危等级：LC

毛花雀稗
Paspalum dilatatum Poir.
习　　性：多年生草本
海　　拔：1000 m
国内分布：福建、广西、贵州、湖北、上海、台湾、香港、云南、浙江
国外分布：原产南美洲
濒危等级：LC
资源利用：动物饲料（牧草）

双穗雀稗
Paspalum distichum L.
习　　性：多年生草本
国内分布：安徽、福建、广西、贵州、海南、河南、湖北、湖南、江苏、山东、四川、台湾、香港、云南、浙江
国外分布：热带和温带地区
濒危等级：LC

裂颖雀稗
Paspalum fimbriatum Kunth
习　　性：一年生草本
国内分布：台湾
国外分布：原产中南美洲、西印度群岛

濒危等级：LC

台湾雀稗
Paspalum hirsutum Retz.
习　　性：多年生草本
海　　拔：1000～2000 m
分　　布：广东、广西、台湾
濒危等级：LC

长叶雀稗
Paspalum longifolium Roxb.
习　　性：多年生草本
海　　拔：约800 m
国内分布：福建、广东、广西、海南、台湾、云南、浙江
国外分布：澳大利亚、不丹、马来西亚、缅甸、尼泊尔、日本、斯里兰卡、泰国、印度、印度尼西亚、越南
濒危等级：LC

棱稃雀稗
Paspalum malacophyllum Trin.
习　　性：多年生草本
国内分布：甘肃
国外分布：原产南美洲

百喜草
Paspalum notatum Flüggé
习　　性：多年生草本
国内分布：福建、甘肃、河北、云南
国外分布：原产热带、亚热带美洲

开穗雀稗
Paspalum paniculatum L.
习　　性：多年生草本
国内分布：台湾
国外分布：原产太平洋岛屿、非洲、澳大利亚和南美洲

皱稃雀稗
Paspalum plicatulum Michx.
习　　性：多年生草本
国内分布：甘肃栽培
国外分布：原产热带、亚热带美洲

鸭驰草
Paspalum scrobiculatum L.
习　　性：多年生草本
海　　拔：海平面至500 m

鸭驰草（原变种）
Paspalum scrobiculatum var. **scrobiculatum**
习　　性：多年生草本
国内分布：广西、海南、台湾、云南
国外分布：印度；东南亚热带地区
濒危等级：LC

因雀稗
Paspalum scrobiculatum var. **bispicatum** Hack.
习　　性：多年生草本
国内分布：福建、广东、广西、江苏、四川、台湾、云南、浙江

国外分布：旧世界热带和亚热带地区
濒危等级：LC

圆果雀稗
Paspalum scrobiculatum var. orbiculare(G. Forst.) Hack.
习　　性：多年生草本
国内分布：福建、广东、广西、贵州、湖北、江苏、江西、四川、台湾、云南、浙江
国外分布：澳大利亚
濒危等级：LC

雀稗
Paspalum thunbergii Kunth ex Steud.
习　　性：多年生草本
海　　拔：海平面至2000 m
国内分布：安徽、福建、广东、广西、贵州、河南、湖北、湖南、江苏、江西、山东、陕西、四川、台湾、云南、浙江
国外分布：不丹、朝鲜、日本、印度
濒危等级：LC

丝毛雀稗
Paspalum urvillei Steud.
习　　性：多年生草本
国内分布：福建、台湾、香港
国外分布：原产南美洲

海雀稗
Paspalum vaginatum Sw.
习　　性：多年生草本
海　　拔：1000～1800 m
国内分布：海南、台湾、香港、云南
国外分布：全球热带、亚热带地区
濒危等级：LC

粗秆雀稗
Paspalum virgatum L.
习　　性：多年生草本
国内分布：台湾
国外分布：原产美洲

茅针属 Patis Ohwi

大叶直芒草
Patis coreana(Honda) Ohwi
习　　性：多年生草本
海　　拔：400～1500 m
国内分布：安徽、河北、湖北、江苏、江西、陕西、浙江
国外分布：朝鲜、日本
濒危等级：LC

钝颖落芒草
Patis obtusa(Stapf) Romasch., P. M. Peterson et Soreng
习　　性：多年生草本
海　　拔：600～1900 m
国内分布：广东、贵州、河南、湖北、湖南、陕西、四川、台湾、云南、浙江
国外分布：日本
濒危等级：LC

狼尾草属 Pennisetum Rich.

狼尾草
Pennisetum alopecuroides(L.) Spreng.
习　　性：多年生草本
海　　拔：海平面至3200 m
国内分布：安徽、北京、福建、广东、贵州、海南、黑龙江、湖北
国外分布：澳大利亚、朝鲜、菲律宾、马来西亚、缅甸、日本、印度、印度尼西亚
濒危等级：LC
资源利用：动物饲料（饲料）；原料（纤维）；药用（中草药）

铺地狼尾草
Pennisetum clandestinum Hochst. ex Chiov.
习　　性：多年生草本
国内分布：台湾、云南
国外分布：原产非洲

白草
Pennisetum flaccidum Griseb.
习　　性：多年生草本
海　　拔：800～5000 m
国内分布：甘肃、河北、河南、黑龙江、湖北、吉林、辽宁、内蒙古、宁夏、青海
国外分布：阿富汗、巴基斯坦、不丹、克什米尔地区、尼泊尔、塔吉克斯坦、伊朗、印度
濒危等级：LC
资源利用：动物饲料（牧草）

御谷
Pennisetum glaucum(L.) R. Br.
习　　性：一年生草本
国内分布：华北、华东栽培
国外分布：广泛引种
资源利用：动物饲料（牧草）；食品（粮食）

西藏狼尾草
Pennisetum lanatum Klotzsch
习　　性：多年生草本
海　　拔：1500 m 以上
国内分布：西藏
国外分布：阿富汗、巴基斯坦、克什米尔地区、尼泊尔、印度
濒危等级：LC

长序狼尾草
Pennisetum longissimum S. L. Chen et Y. X. Jin
习　　性：多年生草本
海　　拔：500～2000 m
分　　布：甘肃、贵州、陕西、四川、云南
濒危等级：LC

牧地狼尾草
Pennisetum polystachion(L.) Schult.
习　　性：一年生或多年生草本
国内分布：海南、台湾、香港归化
国外分布：遍布热带地区

象草
Pennisetum purpureum Schumach.
- 习　　性：多年生草本
- 国内分布：福建、广东、广西、海南、江苏、江西、四川、台湾、云南等地栽培
- 国外分布：原产非洲
- 资源利用：动物饲料（饲料）

乾宁狼尾草
Pennisetum qianningense S. L. Zhong
- 习　　性：多年生草本
- 海　　拔：1500~3200 m
- 分　　布：四川、云南
- 濒危等级：LC

陕西狼尾草
Pennisetum shaanxiense S. L. Chen et Y. X. Jin
- 习　　性：多年生草本
- 海　　拔：500~1100 m
- 分　　布：甘肃、湖南、青海、陕西、四川、云南
- 濒危等级：LC

四川狼尾草
Pennisetum sichuanense S. L. Chen et Y. X. Jin
- 习　　性：多年生草本
- 海　　拔：2000~3000 m
- 分　　布：四川、云南
- 濒危等级：NT

茅根属 Perotis Aiton

麦穗茅根
Perotis hordeiformis Nees
- 习　　性：一年生或多年生草本
- 海　　拔：海平面至1400 m
- 国内分布：广东、河北、江苏、云南
- 国外分布：巴基斯坦、马来西亚、缅甸、尼泊尔、斯里兰卡、泰国、印度、印度尼西亚
- 濒危等级：LC

茅根
Perotis indica (L.) Kuntze
- 习　　性：一年生草本
- 海　　拔：600~1830 m
- 国内分布：广东、海南、山东、台湾、云南
- 国外分布：澳大利亚、不丹、菲律宾、柬埔寨、老挝、马来西亚、缅甸、尼泊尔、斯里兰卡、泰国、印度、印度尼西亚、越南
- 濒危等级：LC

大花茅根
Perotis rara R. Br.
- 习　　性：一年生或多年生草本
- 国内分布：福建、广东、广西、海南、台湾
- 国外分布：澳大利亚、菲律宾、泰国、越南；新几内亚岛
- 濒危等级：LC

束尾草属 Phacelurus Griseb.

束尾草
Phacelurus latifolius (Steud.) Ohwi
- 习　　性：多年生草本
- 海　　拔：1400 m 以下
- 国内分布：安徽、福建、河北、江苏、辽宁、山东、浙江
- 国外分布：朝鲜、日本
- 濒危等级：LC

毛叶束尾草
Phacelurus trichophyllus S. L. Zhong
- 习　　性：多年生草本
- 海　　拔：1100~2000 m
- 分　　布：四川、云南
- 濒危等级：LC

黍束尾草
Phacelurus zea (C. B. Clarke) Clayton
- 习　　性：多年生草本
- 海　　拔：300~1000 m
- 国内分布：广西、云南
- 国外分布：不丹、缅甸、尼泊尔、泰国、印度、越南
- 濒危等级：LC

显子草属 Phaenosperma Munro ex Benth.

显子草
Phaenosperma globosa Munro ex Benth.
- 习　　性：多年生草本
- 海　　拔：100~1800 m
- 国内分布：安徽、甘肃、广西、湖北、江苏、江西、陕西、四川、台湾、西藏、云南、浙江
- 国外分布：朝鲜、日本、印度
- 濒危等级：LC

虉草属 Phalaris L.

水虉草
Phalaris aquatica L.
- 习　　性：多年生草本
- 国内分布：云南引种
- 国外分布：原产西南亚、南欧、北非
- 资源利用：动物饲料（牧草）

虉草
Phalaris arundinacea L.

虉草（原变种）
Phalaris arundinacea var. **arundinacea**
- 习　　性：多年生草本
- 海　　拔：100~3200 m
- 国内分布：安徽、甘肃、河北、河南、黑龙江、湖北、湖南、吉林、江苏、江西、辽宁、内蒙古、宁夏、青海、山东、山西、陕西、四川、台湾、新疆、云南、浙江
- 国外分布：北半球温带地区

濒危等级：LC
资源利用：动物饲料（牧草）

丝带草
Phalaris arundinacea var. **picta** L.
习　　性：多年生草本
分　　布：栽培观赏

加那利虉草
Phalaris canariensis L.
习　　性：一年生草本
海　　拔：3000 m 以下
国内分布：河北、上海、台湾
国外分布：高加索地区、地中海地区

细虉草
Phalaris minor Retz.
习　　性：一年生草本
国内分布：云南归化
国外分布：原产地中海地区

奇虉草
Phalaris paradoxa L.
习　　性：一年生草本
国内分布：云南引进
国外分布：非洲北部、南美洲、欧洲南部、亚洲西南部

梯牧草属 Phleum L.

高山梯牧草
Phleum alpinum L.
习　　性：多年生草本
海　　拔：2500～3900 m
国内分布：黑龙江
国外分布：阿富汗、巴基斯坦、不丹、俄罗斯、哈萨克斯坦、吉尔吉斯斯坦、克什米尔地区、蒙古、日本、塔吉克斯坦、印度
濒危等级：LC

鬼蜡烛
Phleum paniculatum Huds.
习　　性：一年生草本
海　　拔：约 1800 m
国内分布：山西
国外分布：阿富汗、巴基斯坦、俄罗斯、哈萨克斯坦、吉尔吉斯斯坦、克什米尔地区、日本、塔吉克斯坦、土库曼斯坦、乌兹别克斯坦、印度
濒危等级：LC
资源利用：环境利用（观赏）

假梯牧草
Phleum phleoides(L.)H. Karst.
习　　性：多年生草本
海　　拔：800～2600 m
国内分布：黑龙江、内蒙古、新疆
国外分布：俄罗斯、哈萨克斯坦、吉尔吉斯斯坦、塔吉克斯坦、乌兹别克斯坦
濒危等级：LC

梯牧草
Phleum pratense L.
习　　性：多年生草本
海　　拔：约 1800 m
国内分布：安徽、河北、河南、黑龙江、山东、陕西、新疆、云南
国外分布：俄罗斯
濒危等级：LC

芦苇属 Phragmites Adans.

芦苇
Phragmites australis(Cav.)Trin. ex Steud.
习　　性：多年生草本
海　　拔：200～4500 m
国内分布：遍布全国
国外分布：世界分布
濒危等级：LC
资源利用：药用（中草药）；原料（木材，纤维）；动物饲料（饲料）

日本苇
Phragmites japonicus Steud.
习　　性：多年生草本
海　　拔：200～1000 m
国内分布：黑龙江、吉林、辽宁
国外分布：朝鲜、俄罗斯、日本
濒危等级：LC

卡开芦
Phragmites karka(Retz.)Trin. ex Steud.
习　　性：多年生草本
海　　拔：1000 m 以下
国内分布：福建、广东
国外分布：澳大利亚、菲律宾、柬埔寨、老挝、马来西亚、缅甸、日本、斯里兰卡、泰国、印度、印度尼西亚、越南；新几内亚岛
濒危等级：LC

刚竹属 Phyllostachys Sieb. et Zucc.

尖头青竹
Phyllostachys acuta C. D. Chu et C. S. Chao
习　　性：乔木状
分　　布：福建、江苏、浙江
濒危等级：LC
资源利用：原料（木材）

糙竹
Phyllostachys acutiligula G. H. Lai
习　　性：灌木状
海　　拔：约 185 m
分　　布：安徽
濒危等级：LC

黄古竹
Phyllostachys angusta McClure
习　　性：乔木状
国内分布：安徽、福建、湖南、江苏、浙江
国外分布：北美洲、欧洲
濒危等级：LC
资源利用：原料（木材）；食品（蔬菜）

白壳竹
Phyllostachys arbidula N. X. Ma et W. Y. Zhang
- 习　　性：乔木状
- 分　　布：浙江
- 濒危等级：LC

石绿竹
Phyllostachys arcana McClure
- 习　　性：乔木状
- 海　　拔：700~1800 m
- 国内分布：安徽、甘肃、江苏、陕西、四川、云南、浙江
- 国外分布：北美洲、欧洲
- 濒危等级：LC

乌芽竹
Phyllostachys atrovaginata C. S. Chao et H. Y. Chou
- 习　　性：乔木状
- 分　　布：江苏、浙江
- 濒危等级：LC
- 资源利用：原料（木材）；食品（蔬菜）

人面竹
Phyllostachys aurea Riviere et C. Rivière
- 习　　性：灌木状至乔木状
- 海　　拔：约 700 m
- 国内分布：福建、浙江
- 国外分布：多地引种
- 濒危等级：LC
- 资源利用：环境利用（观赏）

黄槽竹
Phyllostachys aureosulcata McClure
- 习　　性：乔木状
- 分　　布：北京、河南、江苏、浙江
- 濒危等级：LC
- 资源利用：环境利用（观赏）

蓉城竹
Phyllostachys bissetii McClure
- 习　　性：乔木状
- 海　　拔：约 1500 m
- 分　　布：四川、浙江
- 濒危等级：LC
- 资源利用：原料（木材）

湖南刚竹
Phyllostachys carnea G. H. Ye
- 习　　性：灌木状至乔木状
- 海　　拔：约 800 m
- 分　　布：湖南
- 濒危等级：DD

毛壳花哺鸡竹
Phyllostachys circumpilis C. Y. Yao et S. Y. Chen
- 习　　性：乔木状
- 分　　布：浙江
- 濒危等级：LC
- 资源利用：原料（木材）

嘉兴雷竹
Phyllostachys compar W. Y. Zhang et N. X. Ma
- 习　　性：乔木状
- 分　　布：上海、浙江
- 濒危等级：LC

广德芽竹
Phyllostachys corrugata G. H. Lai
- 习　　性：灌木状
- 海　　拔：约 50 m
- 分　　布：安徽
- 濒危等级：LC

白哺鸡竹
Phyllostachys dulcis McClure
- 习　　性：乔木状
- 分　　布：福建、江苏、浙江
- 濒危等级：LC
- 资源利用：原料（木材）；食品（蔬菜）

毛竹
Phyllostachys edulis (Carrière) J. Houz.
- 习　　性：乔木状
- 海　　拔：约 1000 m
- 国内分布：安徽、福建、广东、广西、贵州、河南、湖北、湖南、江苏、江西、陕西、四川、台湾、云南、浙江
- 国外分布：朝鲜、菲律宾、日本、越南；北美洲引种栽培
- 濒危等级：LC
- 资源利用：食品（蔬菜）；原料（材用）

甜笋竹
Phyllostachys elegans McClure
- 习　　性：灌木状至乔木状
- 海　　拔：约 600 m
- 分　　布：福建、广东、海南、湖南、浙江
- 濒危等级：DD
- 资源利用：原料（木材）

角竹
Phyllostachys fimbriligula T. W. Wen
- 习　　性：乔木状
- 分　　布：湖南、江苏、江西、浙江
- 濒危等级：LC
- 资源利用：基因源（高产）

曲竿竹
Phyllostachys flexuosa Riviere et C. Rivière
- 习　　性：乔木状
- 分　　布：安徽、河北、河南、江苏、山西、陕西、云南、浙江
- 濒危等级：LC

奉化水竹
Phyllostachys funhuaensis (X. G. Wang et Z. M. Lu) N. X. Ma et G. H. Lai
- 习　　性：多年生草本
- 海　　拔：约 480 m
- 分　　布：浙江
- 濒危等级：LC

花哺鸡竹
Phyllostachys glabrata S. Y. Chen et C. Y. Yao

习　　性：乔木状
分　　布：福建、浙江
资源利用：原料（木材）

淡竹
Phyllostachys glauca McClure

淡竹（原变种）
Phyllostachys glauca var. **glauca**
习　　性：灌木状至乔木状
分　　布：安徽、河南、湖南、江苏、山东、山西、陕西、云南、浙江
濒危等级：LC
资源利用：原料（木材）

变竹
Phyllostachys glauca var. **variabilis** J. L. Lu
习　　性：灌木状至乔木状
分　　布：河南
濒危等级：LC

贵州刚竹
Phyllostachys guizhouensis C. S. Chao et J. Q. Zhang
习　　性：灌木状至乔木状
海　　拔：1400～1500 m
分　　布：贵州
濒危等级：VU D2
资源利用：原料（木材）

水竹
Phyllostachys heteroclada Oliv.
习　　性：灌木状至乔木状
海　　拔：约 1300 m
分　　布：安徽、福建、甘肃、广东、广西、贵州、河南、湖北、湖南、江苏、江西、陕西、四川、云南、浙江
濒危等级：LC
资源利用：原料（木材）；食品（蔬菜）

燥壳竹
Phyllostachys hirtivagina G. H. Lai
习　　性：灌木状
海　　拔：约 250 m
分　　布：安徽
濒危等级：LC

光壳竹
Phyllostachys hispida G. H. Lai
习　　性：乔木状
海　　拔：约 25 m
分　　布：安徽
濒危等级：LC

红壳雷竹
Phyllostachys incarnata T. W. Wen
习　　性：乔木状
分　　布：福建、浙江
濒危等级：LC
资源利用：原料（木材）

红哺鸡竹
Phyllostachys iridescens C. Y. Yao et S. Y. Chen
习　　性：乔木状
分　　布：安徽、江苏、浙江
濒危等级：LC
资源利用：原料（木材）

假毛竹
Phyllostachys kwangsiensis W. Y. Hsiung, Q. H. Dai et J. K. Liu
习　　性：乔木状
分　　布：广西；广东、广西、湖南、江苏、浙江栽培
濒危等级：LC
资源利用：原料（木材）；食品（蔬菜）

大节刚竹
Phyllostachys lofushanensis Z. P. Wang
习　　性：灌木状至乔木状
海　　拔：约 800 m
分　　布：广东
濒危等级：NT D2
资源利用：原料（木材）；食品（蔬菜）

瓜水竹
Phyllostachys longiciliata G. H. Lai
习　　性：乔木状
分　　布：浙江
濒危等级：LC

台湾桂竹
Phyllostachys makinoi Hayata
习　　性：乔木状
海　　拔：1500 m 以下
国内分布：福建、台湾
国外分布：日本
濒危等级：LC
资源利用：原料（木材）

美竹
Phyllostachys mannii Gamble
习　　性：乔木状
海　　拔：500～1900 m
国内分布：贵州、河南、江苏、陕西、四川、西藏、云南、浙江
国外分布：缅甸、印度
濒危等级：LC

毛环竹
Phyllostachys meyeri McClure
习　　性：乔木状
海　　拔：约 600 m
分　　布：原产湖南；安徽、广西、河南、湖北、江苏、江西、云南、浙江栽培
濒危等级：LC
资源利用：原料（木材）

小叶光壳竹
Phyllostachys microphylla G. H. Lai
习　　性：灌木状
分　　布：安徽、江苏、山东、浙江

濒危等级：LC

筱竹
Phyllostachys nidularia Munro
习　　性：乔木状
海　　拔：1300 m 以下
国内分布：广东、广西、河南、湖北、江西、陕西、香港、云南、浙江
国外分布：欧洲、北美洲引种栽培
濒危等级：LC
资源利用：原料（木材）；食品（蔬菜）；环境利用（观赏）

富阳乌哺鸡竹
Phyllostachys nigella T. W. Wen
习　　性：乔木状
分　　布：浙江
濒危等级：LC
资源利用：原料（木材）

紫竹
Phyllostachys nigra(Lodd. ex Lindl.) Munro

紫竹（原变种）
Phyllostachys nigra var. **nigra**
习　　性：灌木状至乔木状
海　　拔：约 1100 m
国内分布：湖南；全国广泛栽培
国外分布：许多国家引种
资源利用：原料（木材）；环境利用（观赏）；药用（中草药）

毛金竹
Phyllostachys nigra var. **henonis**(Mitford)Stapf ex Rendle
习　　性：灌木状至乔木状
海　　拔：约 1200 m
国内分布：原产湖南；安徽、福建、甘肃、广东、广西、河南、湖北、江苏、江西、陕西、四川、西藏、云南、浙江栽培
国外分布：朝鲜、菲律宾、日本、印度、越南引种
濒危等级：LC
资源利用：药用（中草药）；原料（木材，纤维）；食品（蔬菜）

灰竹
Phyllostachys nuda McClure
习　　性：乔木状
分　　布：安徽、福建、湖南、江苏、江西、陕西、台湾、浙江
濒危等级：LC

安吉金竹
Phyllostachys parvifolia C. D. Chu et H. Y. Chou
习　　性：乔木状
分　　布：安徽；浙江栽培
濒危等级：VU A2c
资源利用：原料（木材）；食品（蔬菜）

灰水竹
Phyllostachys platyglossa C. P. Wang et Z. H. Yu
习　　性：乔木状
分　　布：江苏、浙江
濒危等级：LC
资源利用：原料（木材）；食品（蔬菜）

高节竹
Phyllostachys prominens W. Y. Xiong
习　　性：乔木状
分　　布：江苏、浙江
濒危等级：LC
资源利用：原料（木材）；食品（蔬菜）

早园竹
Phyllostachys propinqua McClure
习　　性：乔木状
国内分布：安徽、福建、广西、贵州、河南、湖北、江苏、江西、云南、浙江
国外分布：北美洲、欧洲
濒危等级：LC
资源利用：原料（木材）

谷雨竹
Phyllostachys purpureociliata G. H. Lai
习　　性：乔木状
海　　拔：约 180 m
分　　布：安徽

桂竹
Phyllostachys reticulata(Rupr.)K. Koch
习　　性：灌木状至乔木状
海　　拔：1800 m 以下
国内分布：福建、广东、广西、贵州、河南、湖北、湖南、江苏、江西、山东、陕西、四川、台湾、云南、浙江
国外分布：日本
濒危等级：LC
资源利用：原料（木材）；环境利用（观赏）

河竹
Phyllostachys rivalis H. R. Zhao et A. T. Liu
习　　性：灌木状至乔木状
分　　布：福建、广东、浙江
濒危等级：LC

芽竹
Phyllostachys robustiramea S. Y. Chen et C. Y. Yao
习　　性：灌木状至乔木状
分　　布：安徽、浙江
濒危等级：LC
资源利用：原料（木材）

红后竹
Phyllostachys rubicunda T. W. Wen
习　　性：乔木状
分　　布：福建、江苏、浙江
濒危等级：LC
资源利用：原料（木材）；食品（蔬菜）

红边竹
Phyllostachys rubromarginata McClure

习　　性：乔木状
海　　拔：约 500 m
分　　布：广西、贵州；河南栽培
濒危等级：DD
资源利用：原料（木材）；食品（蔬菜）

衢县红壳竹
Phyllostachys rutila T. W. Wen
习　　性：乔木状
分　　布：江苏、浙江
濒危等级：LC

舒城刚竹
Phyllostachys shuchengensis S. C. Li et S. H. Wu
习　　性：灌木状至乔木状
分　　布：安徽、广东、广西、河南、江西、云南、浙江
濒危等级：LC

漫竹
Phyllostachys stimulosa H. R. Zhao et A. T. Liu
习　　性：乔木状
分　　布：安徽、浙江
濒危等级：LC
资源利用：原料（木材）

金竹
Phyllostachys sulphurea(Carrière)Riviere et C. Rivière

金竹（原变种）
Phyllostachys sulphurea var. **sulphurea**
习　　性：灌木状至乔木状
国内分布：安徽、河南、江苏、江西、浙江
国外分布：日本
濒危等级：LC

刚竹
Phyllostachys sulphurea var. **viridis** R. A. Young
习　　性：灌木状至乔木状
分　　布：安徽、福建、河南、江苏、江西、山东、陕西、浙江
濒危等级：LC
资源利用：原料（木材）；食品（蔬菜）

天目早竹
Phyllostachys tianmuensis Z. P. Wang et N. X. Ma
习　　性：乔木状
分　　布：安徽、浙江
濒危等级：DD
资源利用：原料（木材）；食品（蔬菜）

乌竹
Phyllostachys varioauriculata S. C. Li et S. H. Wu
习　　性：灌木状至乔木状
海　　拔：300 m 以下
分　　布：安徽、江苏；浙江栽培
濒危等级：LC

硬头青竹
Phyllostachys veitchiana Rendle
习　　性：灌木状至乔木状
海　　拔：1300 m 以下
分　　布：湖北、四川；浙江引种
濒危等级：LC

长沙刚竹
Phyllostachys verrucosa G. H. Ye
习　　性：灌木状
分　　布：湖南
濒危等级：LC

早竹
Phyllostachys violascens(Carrière)Riviere et C. Rivière
习　　性：乔木状
分　　布：安徽、福建、湖南、江苏、江西、云南、浙江
濒危等级：LC

东阳青皮竹
Phyllostachys virella T. W. Wen
习　　性：乔木状
海　　拔：100 m 以下
分　　布：浙江
濒危等级：DD

粉绿竹
Phyllostachys viridiglaucescens Riviere et C. Rivière
习　　性：乔木状
分　　布：福建、江苏、江西、浙江
濒危等级：LC
资源利用：原料（木材）；食品（蔬菜）

乌哺鸡竹
Phyllostachys vivax McClure
习　　性：乔木状
分　　布：福建、河南、江苏、山东、云南、浙江
濒危等级：LC
资源利用：原料（木材）

云和哺鸡竹
Phyllostachys yunhoensis S. Y. Chen et C. Y. Yao
习　　性：乔木状
分　　布：浙江
濒危等级：LC
资源利用：食品（蔬菜）

浙江甜竹
Phyllostachys zhejiangensis G. H. Lai
习　　性：乔木状
分　　布：浙江
濒危等级：LC

落芒草属 Piptatherum P. Beauv.

等颖落芒草
Piptatherum aequiglume(Duthie ex Hook. f.)Roshev.

等颖落芒草（原变种）
Piptatherum aequiglume var. **aequiglume**
习　　性：多年生草本
海　　拔：1800~2900 m
国内分布：四川、西藏、云南

国外分布：阿富汗、巴基斯坦、不丹、克什米尔地区、印度
濒危等级：LC

长舌落芒草
Piptatherum aequiglume var. **ligulatum**（P. C. Kuo et Z. L. Wu）S. M. Phillips et Z. L. Wu
- 习　　性：多年生草本
- 海　　拔：1800~2800 m
- 分　　布：云南
- 濒危等级：DD

小落芒草
Piptatherum gracile Mez
- 习　　性：多年生草本
- 海　　拔：3300~4900 m
- 国内分布：四川、西藏、云南
- 国外分布：阿富汗、巴基斯坦、克什米尔地区、尼泊尔、印度
- 濒危等级：LC

大穗落芒草
Piptatherum grandispiculum（P. C. Kuo et Z. L. Wu）S. M. Phillips et Z. L. Wu
- 习　　性：多年生草本
- 海　　拔：约3700 m
- 分　　布：西藏
- 濒危等级：LC

少穗落芒草
Piptatherum hilariae Pazij
- 习　　性：多年生草本
- 海　　拔：3100~4500 m
- 国内分布：西藏
- 国外分布：阿富汗、巴基斯坦、克什米尔地区、塔吉克斯坦、印度
- 濒危等级：LC

细弱落芒草
Piptatherum laterale（Regel）Munro ex Nevski
- 习　　性：多年生草本
- 海　　拔：1800~4700 m
- 国内分布：四川、西藏
- 国外分布：阿富汗、巴基斯坦、吉尔吉斯斯坦、克什米尔地区、尼泊尔、塔吉克斯坦、土耳其、乌兹别克斯坦、伊拉克、伊朗
- 濒危等级：LC

落芒草
Piptatherum munroi（Stapf）Mez

落芒草（原变种）
Piptatherum munroi var. **munroi**
- 习　　性：多年生草本
- 海　　拔：2200~5000 m
- 国内分布：甘肃、贵州、青海、四川、西藏、新疆、云南
- 国外分布：阿富汗、巴基斯坦、不丹、克什米尔地区、尼泊尔、印度
- 濒危等级：LC

小花落芒草
Piptatherum munroi var. **parviflorum**（Z. L. Wu）S. M. Phillips et Z. L. Wu
- 习　　性：多年生草本
- 海　　拔：约2700 m
- 国内分布：甘肃、青海
- 国外分布：印度
- 濒危等级：LC

新疆落芒草
Piptatherum songaricum（Trin. et Rupr.）Roshev.
- 习　　性：多年生草本
- 海　　拔：1000~1900 m
- 国内分布：新疆
- 国外分布：俄罗斯、哈萨克斯坦、蒙古西部
- 濒危等级：LC

藏落芒草
Piptatherum tibeticum Roshev.

藏落芒草（原变种）
Piptatherum tibeticum var. **tibeticum**
- 习　　性：多年生草本
- 海　　拔：1300~3900 m
- 分　　布：甘肃、青海、陕西、四川、西藏、云南
- 濒危等级：LC

光稃落芒草
Piptatherum tibeticum var. **psilolepis**（P. C. Kuo et Z. L. Wu）S. M. Phillips et Z. L. Wu
- 习　　性：多年生草本
- 海　　拔：2400~3300 m
- 分　　布：四川、西藏
- 濒危等级：LC

苦竹属 Pleioblastus Nakai

高舌苦竹
Pleioblastus altiligulatus S. L. Chen et S. Y. Chen
- 习　　性：灌木状至乔木状
- 海　　拔：700~800 m
- 分　　布：福建、湖南、浙江
- 濒危等级：LC
- 资源利用：原料（木材）

苦竹
Pleioblastus amarus（Keng）Keng f.

苦竹（原变种）
Pleioblastus amarus var. **amarus**
- 习　　性：灌木状至乔木状
- 分　　布：安徽、福建、贵州、湖北、湖南、江苏、江西、四川、浙江
- 濒危等级：LC
- 资源利用：原料（木材）

杭州苦竹
Pleioblastus amarus var. **hangzhouensis** S. L. Chen et S. Y. Chen
- 习　　性：灌木状至乔木状

分　　布：浙江
濒危等级：DD
资源利用：环境利用（绿化）

垂枝苦竹
Pleioblastus amarus var. **pendulifolius** S. Y. Chen
习　　性：灌木状至乔木状
分　　布：浙江
濒危等级：DD

胖苦竹
Pleioblastus amarus var. **tubatus** T. H. Wen
习　　性：灌木状至乔木状
分　　布：浙江
濒危等级：DD

青苦竹
Pleioblastus chino(Franch. et Sav.) Makino
习　　性：亚灌木状
国内分布：浙江
国外分布：日本
濒危等级：LC

狭叶青苦竹
Pleioblastus chino var. **hisauchii** Makino
习　　性：亚灌木状
国内分布：浙江
国外分布：日本
濒危等级：LC

花石竹
Pleioblastus conspurcatus Yi et J. Y. Shi
习　　性：灌木
分　　布：湖南
濒危等级：LC

无毛翠竹
Pleioblastus distichus(Mitford) Nakai
习　　性：乔木状
国内分布：江苏、浙江
国外分布：日本
濒危等级：LC

菲白竹
Pleioblastus fortunei(Van Houtte ex Munro) Nakai
习　　性：灌木状至乔木状
国内分布：江苏、浙江
国外分布：日本
濒危等级：DD
资源利用：环境利用（观赏）

大明竹
Pleioblastus gramineus(Bean) Nakai
习　　性：灌木状
国内分布：福建、广东、江西、四川、台湾、浙江
国外分布：日本
濒危等级：LC
资源利用：环境利用（观赏）

仙居苦竹
Pleioblastus hsienchuensis T. H. Wen

仙居苦竹（原变种）
Pleioblastus hsienchuensis var. **hsienchuensis**
习　　性：乔木状
分　　布：浙江
濒危等级：LC

光箨苦竹
Pleioblastus hsienchuensis var. **subglabratus**(S. Y. Chen) C. S. Chao et G. Y. Yang
习　　性：乔木状
分　　布：浙江
濒危等级：LC

绿苦竹
Pleioblastus incarnatus S. L. Chen et G. Y. Sheng
习　　性：灌木状至乔木状
分　　布：福建
濒危等级：LC

华丝竹
Pleioblastus intermedius S. Y. Chen
习　　性：灌木状至乔木状
海　　拔：400~800 m
分　　布：浙江
濒危等级：LC
资源利用：原料（木材）

衢县苦竹
Pleioblastus juxianensis T. H. Wen, C. Y. Yao et S. Y. Chen
习　　性：灌木状至乔木状
分　　布：浙江
濒危等级：DD

琉球矢竹
Pleioblastus linearis(Hack.) Nakai
习　　性：灌木状
国内分布：台湾
国外分布：日本
濒危等级：DD

斑苦竹
Pleioblastus maculatus(McClure) C. D. Chu et C. S. Chao
习　　性：灌木状至乔木状
海　　拔：100~500 m
分　　布：福建、广东、广西、贵州、江苏、江西、四川、云南
濒危等级：LC

丽水苦竹
Pleioblastus maculosoides T. H. Wen
习　　性：乔木状
分　　布：浙江
濒危等级：LC
资源利用：原料（木材）

油苦竹
Pleioblastus oleosus T. H. Wen
习　　性：灌木状至乔木状
海　　拔：约800 m

分　　布：福建、江西、云南、浙江
濒危等级：LC
资源利用：原料（木材）；食品（蔬菜）

皱苦竹
Pleioblastus rugatus T. H. Wen et S. Y. Chen
　　习　　性：乔木状
　　分　　布：浙江
　　濒危等级：LC

三明苦竹
Pleioblastus sanmingensis S. L. Chen et G. Y. Sheng
　　习　　性：乔木状
　　分　　布：福建
　　濒危等级：LC

川竹
Pleioblastus simonii (Carrière) Nakai
　　习　　性：灌木状
　　国内分布：陕西、浙江
　　国外分布：日本
　　濒危等级：LC
　　资源利用：原料（木材）；食品（蔬菜）

实心苦竹
Pleioblastus solidus S. Y. Chen
　　习　　性：灌木状至乔木状
　　海　　拔：约700 m
　　分　　布：江苏、浙江
　　濒危等级：LC

尖子竹
Pleioblastus truncatus T. H. Wen
　　习　　性：灌木状至乔木状
　　分　　布：浙江
　　濒危等级：DD

武夷山苦竹
Pleioblastus wuyishanensis Q. F. Zheng et K. F. Huang
　　习　　性：乔木状
　　海　　拔：约200 m
　　分　　布：福建
　　濒危等级：NT

宜兴苦竹
Pleioblastus yixingensis S. L. Chen et S. Y. Chen
　　习　　性：灌木状至乔木状
　　分　　布：江苏
　　濒危等级：NT D

早熟禾属 Poa L.

白顶早熟禾
Poa acroleuca Steud.

白顶早熟禾（原变种）
Poa acroleuca var. **acroleuca**
　　习　　性：一年生或多年生草本
　　海　　拔：500~2400 m
　　国内分布：安徽、福建、广东、广西、贵州、河南、湖北、湖南、江苏、江西、山东、陕西、四川、台湾、西藏、云南、浙江
　　国外分布：朝鲜、日本
　　濒危等级：LC

如昆早熟禾
Poa acroleuca var. **ryukyuensis** Koba et Tateoka
　　习　　性：一年生或多年生草本
　　国内分布：广东、山东、浙江
　　国外分布：日本
　　濒危等级：LC

阿拉套早熟禾
Poa albertii Regel

阿拉套早熟禾（原亚种）
Poa albertii subsp. **albertii**
　　习　　性：多年生草本
　　海　　拔：2000~5200 m
　　国内分布：甘肃、青海、陕西、四川、西藏、新疆、云南
　　国外分布：哈萨克斯坦、印度
　　濒危等级：LC

阿诺早熟禾
Poa albertii subsp. **arnoldii** (Melderis) Olonova et G. H. Zhu
　　习　　性：多年生草本
　　海　　拔：4000~5600 m
　　国内分布：甘肃、青海、西藏
　　国外分布：尼泊尔
　　濒危等级：LC

高寒早熟禾
Poa albertii subsp. **kunlunensis** (N. R. Cui) Olonova et G. H. Zhu
　　习　　性：多年生草本
　　海　　拔：4000~5200 m
　　国内分布：青海、西藏、新疆
　　国外分布：阿富汗、巴基斯坦、俄罗斯、塔吉克斯坦、乌兹别克斯坦、伊朗、印度
　　濒危等级：LC

拉哈尔早熟禾
Poa albertii subsp. **lahulensis** (Bor) Olonova et G. H. Zhu
　　习　　性：多年生草本
　　海　　拔：2000~5500 m
　　国内分布：西藏、云南
　　国外分布：印度
　　濒危等级：LC

波伐早熟禾
Poa albertii subsp. **poophagorum** (Bor) Olonova et G. H. Zhu
　　习　　性：多年生草本
　　海　　拔：3000~5500 m
　　国内分布：青海、西藏、新疆、云南
　　国外分布：不丹、尼泊尔、印度
　　濒危等级：LC

高山早熟禾
Poa alpina L.
　　习　　性：多年生草本

海　　拔：2400~3800 m
国内分布：青海、西藏、新疆
国外分布：阿富汗、巴基斯坦、俄罗斯、哈萨克斯坦、吉尔吉斯斯坦、尼泊尔、日本、塔吉克斯坦、伊朗、印度
濒危等级：LC

高株早熟禾
Poa alta Hitchc.
习　　性：多年生草本
海　　拔：约2500 m
国内分布：黑龙江、吉林、辽宁、内蒙古、山西、四川、西藏、新疆、云南
国外分布：俄罗斯、蒙古、日本
濒危等级：LC

阿洼早熟禾
Poa araratica Trautv.

阿洼早熟禾（原亚种）
Poa araratica subsp. **araratica**
习　　性：多年生草本
海　　拔：3300~4200 m
国内分布：西藏、新疆
国外分布：巴基斯坦、俄罗斯、哈萨克斯坦、吉尔吉斯斯坦、蒙古、尼泊尔、塔吉克斯坦、乌兹别克斯坦、印度
濒危等级：LC

高阿洼早熟禾
Poa araratica subsp. **altior**（Keng）Olonova et G. H. Zhu
习　　性：多年生草本
海　　拔：2000~3400 m
分　　布：甘肃、四川、西藏
濒危等级：LC

堇色早熟禾
Poa araratica subsp. **ianthina**（Keng ex Shan Chen）Olonova et G. H. Zhu
习　　性：多年生草本
海　　拔：3300~4200 m
分　　布：甘肃、河北、内蒙古、青海、山西、四川、西藏、新疆、云南
濒危等级：LC

贫叶早熟禾
Poa araratica subsp. **oligophylla**（Keng）Olonova et G. H. Zhu
习　　性：多年生草本
海　　拔：3300~4200 m
国内分布：青海、陕西、四川、西藏、新疆
国外分布：俄罗斯
濒危等级：LC

光稃早熟禾
Poa araratica subsp. **psilolepis**（Keng）Olonova et G. H. Zhu
习　　性：多年生草本
海　　拔：3300~4200 m
国内分布：甘肃、青海、四川、西藏、新疆
国外分布：塔吉克斯坦
濒危等级：LC

极地早熟禾
Poa arctica Simmons ex Nannf.
习　　性：多年生草本
海　　拔：约2100 m
国内分布：黑龙江、吉林
国外分布：俄罗斯
濒危等级：LC

糙叶早熟禾
Poa asperifolia Bor
习　　性：多年生草本
海　　拔：3300~4500 m
国内分布：甘肃、青海、四川、西藏、云南
国外分布：不丹
濒危等级：LC

渐尖早熟禾
Poa attenuata Trin.

渐尖早熟禾（原变种）
Poa attenuata var. **attenuata**
习　　性：多年生草本
海　　拔：3300~5500 m
国内分布：甘肃、河北、内蒙古、青海、陕西、四川、西藏、新疆
国外分布：巴基斯坦、不丹、俄罗斯、哈萨克斯坦、吉尔吉斯斯坦、蒙古、尼泊尔、塔吉克斯坦、乌兹别克斯坦、印度
濒危等级：LC

达呼里早熟禾
Poa attenuata var. **dahurica**（Trin.）Griseb.
习　　性：多年生草本
海　　拔：3300~5500 m
国内分布：甘肃、内蒙古、青海、西藏、新疆
国外分布：俄罗斯、哈萨克斯坦、吉尔吉斯斯坦、蒙古、塔吉克斯坦、乌兹别克斯坦
濒危等级：LC

荒漠早熟禾
Poa bactriana Roshev.

荒漠早熟禾（原亚种）
Poa bactriana subsp. **bactriana**
习　　性：多年生草本
海　　拔：400~2700 m
国内分布：新疆
国外分布：阿富汗、哈萨克斯坦、克什米尔地区
濒危等级：LC

光滑早熟禾
Poa bactriana subsp. **glabriflora**（Roshev.）Tzvelev
习　　性：多年生草本
海　　拔：2400~4000 m
国内分布：西藏、新疆
国外分布：阿富汗、巴基斯坦、哈萨克斯坦、吉尔吉斯斯坦、克什米尔地区、塔吉克斯坦、土库曼斯坦、

乌兹别克斯坦、伊朗

濒危等级：LC

双节早熟禾

Poa binodis Keng ex L. Liu

习　　性：多年生草本

海　　拔：约 3800 m

分　　布：四川

濒危等级：DD

波密早熟禾

Poa bomiensis C. Ling

习　　性：一年生或多年生草本

海　　拔：4000～4200 m

分　　布：西藏

濒危等级：LC

布查早熟禾

Poa bucharica Roshev.

布查早熟禾（原亚种）

Poa bucharica subsp. **bucharica**

习　　性：多年生草本

海　　拔：2800～3500 m

国内分布：新疆

国外分布：阿富汗、哈萨克斯坦、吉尔吉斯斯坦、塔吉克斯坦、乌兹别克斯坦

濒危等级：DD

卡拉蒂早熟禾

Poa bucharica subsp. **karateginensis**（Roshev. ex Ovcz.）Tzvelev

习　　性：多年生草本

海　　拔：约 3000 m

国内分布：新疆

国外分布：克什米尔地区、塔吉克斯坦

濒危等级：DD

鳞茎早熟禾

Poa bulbosa L.

鳞茎早熟禾（原亚种）

Poa bulbosa subsp. **bulbosa**

习　　性：多年生草本

海　　拔：700～4700 m

国内分布：新疆

国外分布：阿富汗、巴基斯坦、俄罗斯、土库曼斯坦

濒危等级：LC

资源利用：动物饲料（牧草）

尼尔早熟禾

Poa bulbosa subsp. **nevskii**（Roshev. ex Ovcz.）Tzvelev

习　　性：多年生草本

海　　拔：3000～4000 m

国内分布：新疆

国外分布：塔吉克斯坦、土库曼斯坦、乌兹别克斯坦

濒危等级：DD

胎生鳞茎早熟禾

Poa bulbosa subsp. **vivipara**（Koeler）Arcang.

习　　性：多年生草本

海　　拔：700～4300 m

国内分布：西藏、新疆

国外分布：亚洲西南部、欧洲、非洲

濒危等级：LC

缅甸早熟禾

Poa burmanica Bor

习　　性：一年生或多年生草本

海　　拔：约 3700 m

国内分布：四川、西藏、云南

国外分布：缅甸

濒危等级：LC

花丽早熟禾

Poa calliopsis Litv. ex Ovcz.

习　　性：多年生草本

海　　拔：3000～5400 m

国内分布：甘肃、青海、四川、西藏、新疆、云南

国外分布：巴基斯坦、不丹、吉尔吉斯斯坦、尼泊尔、塔吉克斯坦、印度

濒危等级：LC

加拿大早熟禾

Poa compressa L.

习　　性：多年生草本

海　　拔：3400 m

国内分布：江西、山东、新疆

国外分布：澳大利亚、俄罗斯、哈萨克斯坦、日本、印度；欧洲、美洲

濒危等级：LC

阿尔泰早熟禾

Poa diaphora Trin.

阿尔泰早熟禾（原亚种）

Poa diaphora subsp. **diaphora**

习　　性：一年生草本

海　　拔：1300～4000 m

国内分布：西藏、新疆

国外分布：阿富汗、巴基斯坦、俄罗斯、哈萨克斯坦、吉尔吉斯斯坦、克什米尔地区、塔吉克斯坦、土库曼斯坦、乌兹别克斯坦、印度

濒危等级：LC

旱禾

Poa diaphora subsp. **oxyglumis**（Boiss.）Soreng et G. H. Zhu

习　　性：一年生草本

海　　拔：1900～2300 m

国内分布：新疆

国外分布：哈萨克斯坦、土库曼斯坦、乌兹别克斯坦

濒危等级：LC

雅江早熟禾

Poa dzongicola Noltie

习　　性：一年生或多年生草本

海　　拔：3700～4600 m

国内分布：四川、西藏

国外分布：不丹、印度

濒危等级：LC

易乐早熟禾
Poa eleanorae Bor
习　　性：多年生草本
海　　拔：3800~4000 m
国内分布：四川、西藏、云南
国外分布：尼泊尔、印度
濒危等级：LC

法氏早熟禾
Poa faberi Rendle

法氏早熟禾（原变种）
Poa faberi var. **faberi**
习　　性：多年生草本
海　　拔：200~3000 m
分　　布：安徽、甘肃、贵州、河南、湖北、湖南、四川、西藏、新疆、云南
濒危等级：LC

尖舌早熟禾
Poa faberi var. **ligulata** Rendle
习　　性：多年生草本
分　　布：四川
濒危等级：DD

毛颖早熟禾
Poa faberi var. **longifolia** (Keng) Olonova et G. H. Zhu
习　　性：多年生草本
海　　拔：2900~4400 m
分　　布：甘肃、陕西、四川、西藏、新疆、云南
濒危等级：LC

福克纳早熟禾
Poa falconeri Hook. f.
习　　性：多年生草本
海　　拔：3700~4000 m
国内分布：西藏
国外分布：克什米尔地区、尼泊尔、印度
濒危等级：DD

茛密早熟禾
Poa gammieana Hook. f.
习　　性：多年生草本
海　　拔：4000~4300 m
国内分布：西藏
国外分布：不丹、印度
濒危等级：DD

灰早熟禾
Poa glauca Vahl

灰早熟禾（原亚种）
Poa glauca subsp. **glauca**
习　　性：多年生草本
海　　拔：2000~5200 m
国内分布：甘肃、内蒙古、青海、陕西、四川、台湾、西藏、新疆、云南
国外分布：朝鲜、俄罗斯、哈萨克斯坦、吉尔吉斯斯坦、蒙古、日本、塔吉克斯坦
濒危等级：LC

阿尔泰早熟禾
Poa glauca subsp. **altaica** (Trin.) Olonova et G. H. Zhu
习　　性：多年生草本
海　　拔：2300~3600 m
国内分布：新疆
国外分布：俄罗斯、哈萨克斯坦
濒危等级：LC

阔叶早熟禾
Poa grandis Hand.-Mazz.
习　　性：多年生草本
海　　拔：2700~4500 m
国内分布：四川、西藏、云南
国外分布：缅甸
濒危等级：DD

史蒂瓦早熟禾
Poa himalayana Nees ex Steud.
习　　性：一年生或多年生草本
海　　拔：1900~3500 m
国内分布：四川、西藏、云南
国外分布：巴基斯坦、克什米尔地区、印度
濒危等级：LC

毛花早熟禾
Poa hirtiglumis Hook. f.

毛花早熟禾（原变种）
Poa hirtiglumis var. **hirtiglumis**
习　　性：一年生或多年生草本
海　　拔：2700~5500 m
国内分布：甘肃、青海、四川、西藏
国外分布：不丹、尼泊尔、印度
濒危等级：LC

尼木早熟禾
Poa hirtiglumis var. **nimuana** (C. Ling) Soreng et G. H. Zhu
习　　性：一年生或多年生草本
海　　拔：3000~5500 m
分　　布：甘肃、青海、四川、西藏
濒危等级：LC

久内早熟禾
Poa hisauchii Honda
习　　性：一年生或多年生草本
海　　拔：约2500 m
国内分布：河北、浙江
国外分布：朝鲜、日本
濒危等级：LC

希萨尔早熟禾
Poa hissarica Roshev. ex Ovcz.
习　　性：多年生草本
海　　拔：2800~4000 m
国内分布：新疆
国外分布：哈萨克斯坦、吉尔吉斯斯坦、塔吉克斯坦、乌兹别克斯坦

濒危等级：DD

喜巴早熟禾
Poa hylobates Bor
- 习　　性：多年生草本
- 海　　拔：2900~4400 m
- 国内分布：内蒙古、青海、四川、西藏、新疆
- 国外分布：尼泊尔
- 濒危等级：LC

茁壮早熟禾
Poa imperialis Bor
- 习　　性：一年生或多年生草本
- 海　　拔：3700~4500 m
- 国内分布：四川
- 国外分布：尼泊尔
- 濒危等级：DD

低矮早熟禾
Poa infirma Kunth
- 习　　性：一年生草本
- 海　　拔：1000~2000 m
- 国内分布：福建、山西、四川、浙江
- 国外分布：澳大利亚、巴基斯坦、日本、塔吉克斯坦、新西兰、印度
- 濒危等级：LC

喀斯早熟禾
Poa khasiana Stapf
- 习　　性：一年生或多年生草本
- 海　　拔：300~4000 m
- 国内分布：贵州、四川、台湾、西藏、云南
- 国外分布：缅甸、印度
- 濒危等级：LC

朗坦早熟禾
Poa langtangensis Melderis
- 习　　性：多年生草本
- 海　　拔：约4000 m
- 国内分布：西藏
- 国外分布：尼泊尔
- 濒危等级：DD

拉扒早熟禾
Poa lapponica Prokudin
- 习　　性：多年生草本
- 海　　拔：1000~3900 m
- 国内分布：河北、黑龙江、吉林、辽宁、内蒙古、陕西、四川、新疆、云南
- 国外分布：朝鲜、俄罗斯、哈萨克斯坦、吉尔吉斯斯坦、蒙古、日本
- 濒危等级：LC

尖颖早熟禾
Poa lapponica subsp. **acmocalyx**（Keng ex L. Liu）Olonova et G. H. Zhu
- 习　　性：多年生草本
- 海　　拔：1000~3900 m
- 分　　布：吉林、四川
- 濒危等级：LC

毛轴早熟禾
Poa lapponica subsp. **pilipes**（Keng ex Shan Chen）Olonova et G. H. Zhu
- 习　　性：多年生草本
- 海　　拔：2000~4200 m
- 分　　布：河北、内蒙古、四川
- 濒危等级：LC

拉萨早熟禾
Poa lhasaensis Bor
- 习　　性：多年生草本
- 海　　拔：3300~4500 m
- 国内分布：四川、西藏
- 国外分布：克什米尔地区、尼泊尔、印度
- 濒危等级：DD

疏穗早熟禾
Poa lipskyi Roshev.

疏穗早熟禾（原亚种）
Poa lipskyi subsp. **lipskyi**
- 习　　性：多年生草本
- 海　　拔：2200~3600 m
- 国内分布：青海、西藏、新疆
- 国外分布：哈萨克斯坦、吉尔吉斯斯坦、塔吉克斯坦
- 濒危等级：LC

准噶尔早熟禾
Poa lipskyi subsp. **dschungarica**（Roshev.）Tzvelev
- 习　　性：多年生草本
- 海　　拔：约3000 m
- 国内分布：新疆
- 国外分布：哈萨克斯坦、吉尔吉斯斯坦、蒙古西北、塔吉克斯坦、乌兹别克斯坦
- 濒危等级：LC

大药早熟禾
Poa macroanthera D. F. Cui
- 习　　性：多年生草本
- 海　　拔：2500~3300 m
- 分　　布：新疆
- 濒危等级：LC

毛稃早熟禾
Poa mairei Hack.
- 习　　性：多年生草本
- 海　　拔：2500~4100 m
- 国内分布：西藏、云南
- 国外分布：不丹、尼泊尔、印度
- 濒危等级：LC

南湖大山早熟禾
Poa nankoensis Ohwi
- 习　　性：多年生草本
- 分　　布：台湾
- 濒危等级：LC

林早熟禾
Poa nemoraliformis Roshev.

习　　性：多年生草本
海　　拔：1100~4300 m
国内分布：西藏、新疆
国外分布：塔吉克斯坦、印度
濒危等级：LC

林地早熟禾
Poa nemoralis L.

林地早熟禾（原变种）
Poa nemoralis var. nemoralis
习　　性：多年生草本
海　　拔：1000~4200 m
国内分布：甘肃、贵州、河北、黑龙江、吉林、辽宁、内蒙古、山西、陕西、四川、西藏、新疆、云南
国外分布：巴基斯坦、不丹、朝鲜、俄罗斯、哈萨克斯坦、吉尔吉斯斯坦、蒙古、尼泊尔、日本、塔吉克斯坦、乌兹别克斯坦、印度；亚洲西南部、欧洲、北美洲归化
濒危等级：LC
资源利用：环境利用（观赏）

疏穗林地早熟禾
Poa nemoralis var. parca N. R. Cui
习　　性：多年生草本
海　　拔：1200~1600 m
分　　布：新疆
濒危等级：DD

尼泊尔早熟禾
Poa nepalensis (G. C. Wall. ex Griseb.) Duthie

尼泊尔早熟禾（原变种）
Poa nepalensis var. nepalensis
习　　性：一年生或多年生草本
海　　拔：1900~4000 m
国内分布：甘肃、河北、河南、湖北、江苏、山西、陕西、四川、西藏、云南、浙江
国外分布：巴基斯坦、不丹、克什米尔地区、缅甸、尼泊尔、印度
濒危等级：LC

日本早熟禾
Poa nepalensis var. nipponica (Koidz.) Soreng et G. H. Zhu
习　　性：一年生或多年生草本
海　　拔：2500~3000 m
国内分布：辽宁
国外分布：朝鲜、日本
濒危等级：LC

闪穗早熟禾
Poa nitidespiculata Bor
习　　性：多年生草本
海　　拔：4400~4700 m
国内分布：西藏
国外分布：尼泊尔、印度
濒危等级：LC

云生早熟禾
Poa nubigena Keng ex L. Liu
习　　性：多年生草本
海　　拔：2200~3700 m
分　　布：四川、西藏、云南
濒危等级：LC

曲枝早熟禾
Poa pagophila Bor
习　　性：多年生草本
海　　拔：3200~5200 m
国内分布：青海、四川、西藏、云南
国外分布：巴基斯坦、不丹、克什米尔地区、尼泊尔、印度
濒危等级：LC

泽地早熟禾
Poa palustris L.
习　　性：多年生草本
海　　拔：300~3500 m
国内分布：安徽、河北、河南、黑龙江、内蒙古、新疆
国外分布：巴基斯坦、朝鲜、俄罗斯、哈萨克斯坦、吉尔吉斯斯坦、蒙古、日本、塔吉克斯坦、印度
濒危等级：LC

宿生早熟禾
Poa perennis Keng ex P. C. Keng
习　　性：多年生草本
海　　拔：2500~3500 m
分　　布：西藏、云南
濒危等级：LC

多鞘早熟禾
Poa polycolea Stapf
习　　性：多年生草本
海　　拔：3000~5000 m
国内分布：青海、四川、西藏、新疆、云南
国外分布：阿富汗、巴基斯坦、不丹、尼泊尔、印度
濒危等级：LC

多脉早熟禾
Poa polyneuron Bor
习　　性：多年生草本
海　　拔：约4000 m
国内分布：西藏
国外分布：印度
濒危等级：DD

草地早熟禾
Poa pratensis L.

草地早熟禾（原亚种）
Poa pratensis subsp. pratensis
习　　性：多年生草本
海　　拔：500~4000 m
国内分布：安徽、甘肃、贵州、河北、河南、黑龙江、湖北、吉林、江苏、江西、辽宁、内蒙古、青海、山东、山西、陕西、四川、西藏、新疆、云南
国外分布：阿富汗、澳大利亚、巴布亚新几内亚、巴基斯坦、不丹、朝鲜、俄罗斯、哈萨克斯坦、吉尔吉斯斯坦、蒙古、缅甸、尼泊尔、日本、斯里兰卡、塔吉克斯坦、土库曼斯坦、乌兹别克斯坦、印度、印度尼西亚
濒危等级：LC

资源利用：环境利用（观赏）

高原早熟禾
Poa pratensis subsp. **alpigena** (Lindm.) Hiitonen
- 习　　性：多年生草本
- 海　　拔：700~1000 m
- 国内分布：河北、黑龙江、内蒙古
- 国外分布：俄罗斯
- 濒危等级：LC

细叶早熟禾
Poa pratensis subsp. **angustifolia** (L.) Lejeun.
- 习　　性：多年生草本
- 海　　拔：500~4400 m
- 国内分布：甘肃、贵州、河北、黑龙江、吉林、辽宁、内蒙古、宁夏、青海、山东、山西、陕西、四川、西藏、新疆、云南
- 国外分布：阿富汗、巴布亚新几内亚、巴基斯坦、不丹、朝鲜、俄罗斯、哈萨克斯坦、吉尔吉斯斯坦、蒙古、缅甸、尼泊尔、日本、斯里兰卡、塔吉克斯坦、印度、印度尼西亚
- 濒危等级：LC
- 资源利用：动物饲料（牧草）；环境利用（绿化）

粉绿早熟禾
Poa pratensis subsp. **pruinosa** (Korotky) W. B. Dickoré
- 习　　性：多年生草本
- 国内分布：甘肃、黑龙江、青海、四川、西藏、新疆、云南
- 国外分布：阿富汗、巴基斯坦、俄罗斯、哈萨克斯坦、吉尔吉斯斯坦、蒙古、塔吉克斯坦
- 濒危等级：LC

色早熟禾
Poa pratensis subsp. **sergievskajae** (Prob.) Tzvelev
- 习　　性：多年生草本
- 国内分布：黑龙江、吉林、西藏
- 国外分布：俄罗斯
- 濒危等级：LC

长稃早熟禾
Poa pratensis subsp. **staintonii** (Melderis) W. B. Dickoré
- 习　　性：多年生草本
- 海　　拔：3400~3800 m
- 国内分布：青海、四川、西藏、云南
- 国外分布：尼泊尔
- 濒危等级：LC

窄颖早熟禾
Poa pratensis subsp. **stenachyra** (Keng ex P. C. Keng et G. Q. Song) Soreng et G. H. Zhu
- 习　　性：多年生草本
- 海　　拔：3700~4300 m
- 分　　布：青海、四川
- 濒危等级：LC

拟早熟禾
Poa pseudamoena Bor
- 习　　性：一年生或多年生草本
- 海　　拔：2800~5600 m
- 国内分布：青海、西藏、新疆
- 国外分布：印度
- 濒危等级：LC

青海早熟禾
Poa qinghaiensis Soreng et G. H. Zhu
- 习　　性：多年生草本
- 海　　拔：3500~5100 m
- 分　　布：甘肃、青海、西藏、新疆
- 濒危等级：LC

糙早熟禾
Poa raduliformis Prob.
- 习　　性：多年生草本
- 海　　拔：约 2600 m
- 国内分布：山西
- 国外分布：俄罗斯、蒙古、日本
- 濒危等级：DD

喜马拉雅早熟禾
Poa rajbhandarii Noltie
- 习　　性：一年生或多年生草本
- 海　　拔：2700~4000 m
- 国内分布：西藏、云南
- 国外分布：不丹、尼泊尔、印度
- 濒危等级：LC

疏序早熟禾
Poa remota Forselles
- 习　　性：多年生草本
- 海　　拔：2300~2700 m
- 国内分布：新疆
- 国外分布：俄罗斯、哈萨克斯坦
- 濒危等级：DD

巨早熟禾
Poa secunda subsp. **juncifolia** (Scribn.) Soreng
- 习　　性：多年生草本
- 国内分布：引种栽培
- 国外分布：澳大利亚、巴基斯坦、伊朗、印度；南美洲、北美洲归化

西伯利亚早熟禾
Poa sibirica Trin.

西伯利亚早熟禾（原亚种）
Poa sibirica subsp. **sibirica**
- 习　　性：多年生草本
- 海　　拔：1700~2800 m
- 国内分布：河北、黑龙江、吉林、辽宁、内蒙古、山西、四川、新疆、云南
- 国外分布：朝鲜、俄罗斯、哈萨克斯坦、吉尔吉斯斯坦、蒙古
- 濒危等级：LC

显稃早熟禾
Poa sibirica subsp. **uralensis** Tzvelev
- 习　　性：多年生草本
- 海　　拔：2000~2800 m
- 国内分布：新疆
- 国外分布：朝鲜、俄罗斯、哈萨克斯坦
- 濒危等级：LC

西可早熟禾
Poa sichotensis Prob.
- 习　　性：多年生草本
- 国内分布：黑龙江、吉林
- 国外分布：俄罗斯
- 濒危等级：NT A2c；B1ab（i, iii, v）

锡金早熟禾
Poa sikkimensis(Stapf)Bor
- 习　　性：一年生或多年生草本
- 海　　拔：3000~4700 m
- 国内分布：甘肃、青海、四川、西藏、云南
- 国外分布：不丹、尼泊尔、印度
- 濒危等级：LC

史米诺早熟禾
Poa smirnowii Roshev.

史米诺早熟禾（原亚种）
Poa smirnowii subsp. **smirnowii**
- 习　　性：多年生草本
- 海　　拔：2000~2600 m
- 国内分布：新疆
- 国外分布：俄罗斯、蒙古
- 濒危等级：DD

美丽早熟禾
Poa smirnowii subsp. **mariae**(Reverd.)Tzvelev
- 习　　性：多年生草本
- 海　　拔：约3300 m
- 国内分布：新疆
- 国外分布：俄罗斯
- 濒危等级：NT A3c

朴咯早熟禾
Poa smirnowii subsp. **polozhiae**(Revjankina)Olonova
- 习　　性：多年生草本
- 海　　拔：约3700 m
- 国内分布：新疆
- 国外分布：俄罗斯
- 濒危等级：LC

硬质早熟禾
Poa sphondylodes Trin.

硬质早熟禾（原变种）
Poa sphondylodes var. **sphondylodes**
- 习　　性：多年生草本
- 海　　拔：100~2500 m
- 国内分布：安徽、河北、河南、黑龙江、吉林、江苏、辽宁、内蒙古、四川、台湾
- 国外分布：朝鲜、俄罗斯、日本
- 濒危等级：LC

多叶早熟禾
Poa sphondylodes var. **erikssonii** Melderis
- 习　　性：多年生草本
- 分　　布：河北、河南、内蒙古、山西、陕西、四川
- 濒危等级：DD

瘦弱早熟禾
Poa sphondylodes var. **macerrima** Keng
- 习　　性：多年生草本
- 海　　拔：1000~3200 m
- 国内分布：安徽、河北、黑龙江、吉林、江苏、辽宁、内蒙古、山东、山西、四川、浙江
- 国外分布：朝鲜、俄罗斯、日本
- 濒危等级：LC

大穗早熟禾
Poa sphondylodes var. **subtrivialis** Ohwi
- 习　　性：多年生草本
- 海　　拔：1000~3200 m
- 分　　布：河北、河南、山西、四川
- 濒危等级：LC

斯塔夫早熟禾
Poa stapfiana Bor
- 习　　性：多年生草本
- 海　　拔：2500~4300 m
- 国内分布：西藏
- 国外分布：巴基斯坦、克什米尔地区、尼泊尔、伊朗、印度
- 濒危等级：DD

散穗早熟禾
Poa subfastigiata Trin.
- 习　　性：多年生草本
- 海　　拔：100~4400 m
- 国内分布：甘肃、黑龙江、吉林、辽宁、内蒙古、青海
- 国外分布：俄罗斯、蒙古
- 濒危等级：LC
- 资源利用：动物饲料（饲料）

孙必兴早熟禾
Poa sunbisinii Soreng et G. H. Zhu
- 习　　性：一年生或多年生草本
- 海　　拔：2900~3900 m
- 分　　布：云南
- 濒危等级：DD

仰卧早熟禾
Poa supina Schrad.
- 习　　性：多年生草本
- 海　　拔：1000~3100 m
- 国内分布：四川、西藏、新疆、云南
- 国外分布：阿富汗、巴基斯坦、俄罗斯、克什米尔地区、蒙古、尼泊尔、塔吉克斯坦
- 濒危等级：LC

四川早熟禾
Poa szechuensis Rendle

四川早熟禾（原变种）
Poa szechuensis var. **szechuensis**
- 习　　性：一年生或多年生草本
- 海　　拔：3000~4700 m
- 国内分布：四川、西藏、云南
- 国外分布：尼泊尔、印度

濒危等级：LC

垂枝早熟禾
Poa szechuensis var. **debilior** (Hitchc.) Soreng et G. H. Zhu
- 习　　性：一年生或多年生草本
- 海　　拔：2000~4500 m
- 分　　布：甘肃、河北、青海、山西、陕西、四川、云南
- 濒危等级：LC

罗氏早熟禾
Poa szechuensis var. **rossbergiana** (K. S. Hao) Soreng et G. H. Zhu
- 习　　性：一年生或多年生草本
- 海　　拔：4200~4700 m
- 国内分布：青海、西藏
- 国外分布：印度
- 濒危等级：LC

高砂早熟禾
Poa takasagomontana Ohwi
- 习　　性：一年生或多年生草本
- 分　　布：台湾
- 濒危等级：LC

唐氏早熟禾
Poa tangii Hitchc.
- 习　　性：多年生草本
- 海　　拔：1500~3600 m
- 分　　布：甘肃、河北、内蒙古、青海、山西
- 濒危等级：LC

细秆早熟禾
Poa tenuicula Ohwi
- 习　　性：多年生草本
- 分　　布：台湾
- 濒危等级：NT

西藏早熟禾
Poa tibetica Munro ex Stapf

西藏早熟禾（原变种）
Poa tibetica var. **tibetica**
- 习　　性：多年生草本
- 海　　拔：3000~4500 m
- 国内分布：甘肃、内蒙古、青海、西藏、新疆
- 国外分布：巴基斯坦、俄罗斯、哈萨克斯坦、吉尔吉斯斯坦、蒙古、尼泊尔、塔吉克斯坦、印度
- 濒危等级：LC
- 资源利用：动物饲料（牧草）；环境利用（水土保持）

芒柱早熟禾
Poa tibetica var. **aristulata** Stapf
- 习　　性：多年生草本
- 国内分布：西藏、新疆
- 国外分布：印度
- 濒危等级：DD

季莨早熟禾
Poa timoleontis (Roshev.) Tzvelev
- 习　　性：多年生草本
- 海　　拔：约2500 m
- 国内分布：新疆
- 国外分布：阿富汗、哈萨克斯坦
- 濒危等级：LC

普通早熟禾
Poa trivialis L.

普通早熟禾（原亚种）
Poa trivialis subsp. **trivialis**
- 习　　性：多年生草本
- 国内分布：河北、江苏、江西、内蒙古、新疆
- 国外分布：阿富汗、巴基斯坦、不丹、俄罗斯、哈萨克斯坦、吉尔吉斯斯坦、蒙古、日本、塔吉克斯坦、土库曼斯坦、乌兹别克斯坦、印度、印度尼西亚
- 濒危等级：LC
- 资源利用：动物饲料（饲料）

欧早熟禾
Poa trivialis subsp. **sylvicola** (Guss.) H. Lindb.
- 习　　性：多年生草本
- 海　　拔：1000~3500 m
- 国内分布：四川、新疆
- 国外分布：俄罗斯、吉尔吉斯斯坦、塔吉克斯坦、土库曼斯坦
- 濒危等级：LC

乌苏里早熟禾
Poa urssulensis Trin.

乌苏里早熟禾（原变种）
Poa urssulensis var. **urssulensis**
- 习　　性：多年生草本
- 海　　拔：300~4200 m
- 国内分布：甘肃、黑龙江、内蒙古、西藏、新疆
- 国外分布：俄罗斯、哈萨克斯坦、蒙古
- 濒危等级：LC

坎博早熟禾
Poa urssulensis var. **kanboensis** (Ohwi) Olonova et G. H. Zhu
- 习　　性：多年生草本
- 国内分布：新疆
- 国外分布：哈萨克斯坦
- 濒危等级：LC

柯顺早熟禾
Poa urssulensis var. **korshunensis** (Golosk.) Olonova et G. H. Zhu
- 习　　性：多年生草本
- 海　　拔：1300~3200 m
- 国内分布：新疆
- 国外分布：哈萨克斯坦
- 濒危等级：LC

薇早熟禾
Poa veresczaginii Tzvelev
- 习　　性：多年生草本
- 海　　拔：2800~3600 m
- 国内分布：新疆
- 国外分布：俄罗斯、哈萨克斯坦
- 濒危等级：LC

变色早熟禾
Poa versicolor Besser
- 习　　性：多年生草本
- 海　　拔：200～1000 m
- 国内分布：安徽、甘肃、河北、河南、黑龙江、吉林、辽宁、内蒙古、宁夏、青海、山西、陕西、四川、西藏、新疆、云南
- 国外分布：朝鲜、俄罗斯、哈萨克斯坦、吉尔吉斯斯坦、尼泊尔、日本、塔吉克斯坦、土库曼斯坦蒙古、乌兹别克斯坦
- 濒危等级：LC

乌库早熟禾
Poa versicolor subsp. **ochotensis**(Trin.)Tzvelev
- 习　　性：多年生草本
- 海　　拔：200～1000 m
- 国内分布：安徽、甘肃、河北、河南、黑龙江、吉林、辽宁、内蒙古、山西、陕西
- 国外分布：朝鲜、俄罗斯、蒙古、日本
- 濒危等级：DD

山地早熟禾
Poa versicolor subsp. **orinosa**(Keng)Olonova et G. H. Zhu
- 习　　性：多年生草本
- 海　　拔：2500～3600 m
- 分　　布：甘肃、河北、河南、宁夏、青海、山西、陕西、四川、西藏、云南
- 濒危等级：DD

新疆早熟禾
Poa versicolor subsp. **relaxa**(Ovcz.)Tzvelev
- 习　　性：多年生草本
- 海　　拔：1100～4300 m
- 国内分布：甘肃、新疆
- 国外分布：哈萨克斯坦、吉尔吉斯斯坦、塔吉克斯坦、土库曼斯坦、乌兹别克斯坦
- 濒危等级：DD

瑞沃达早熟禾
Poa versicolor subsp. **reverdattoi**(Roshev.)Olonova et G. H. Zhu
- 习　　性：多年生草本
- 海　　拔：200～1000 m
- 国内分布：辽宁、内蒙古
- 国外分布：俄罗斯、蒙古
- 濒危等级：DD

低山早熟禾
Poa versicolor subsp. **stepposa**(Krylov)Tzvel.
- 习　　性：多年生草本
- 海　　拔：200～1500 m
- 国内分布：黑龙江、内蒙古、新疆
- 国外分布：俄罗斯、哈萨克斯坦、吉尔吉斯斯坦、蒙古
- 濒危等级：DD

多变早熟禾
Poa versicolor subsp. **varia**(Keng ex L. Liu)Olonova et G. H. Zhu
- 习　　性：多年生草本
- 海　　拔：2500～3000 m
- 分　　布：甘肃、内蒙古、青海、四川、西藏、云南
- 濒危等级：DD

瓦迪早熟禾
Poa wardiana Bor
- 习　　性：一年生或多年生草本
- 海　　拔：3300～4000 m
- 国内分布：西藏、云南
- 国外分布：印度
- 濒危等级：LC

星早熟禾
Poa xingkaiensis Y. X. Ma
- 习　　性：多年生草本
- 海　　拔：约 400 m
- 分　　布：黑龙江
- 濒危等级：NT A2ac+3c；D2

中甸早熟禾
Poa zhongdianensis L. Liu
- 习　　性：多年生草本
- 海　　拔：3400～3600 m
- 分　　布：云南
- 濒危等级：DD

金发草属 Pogonatherum P. Beauv.

二芒金发草
Pogonatherum biaristatum S. L. Chen et G. Y. Sheng
- 习　　性：多年生草本
- 分　　布：海南
- 濒危等级：LC

金丝草
Pogonatherum crinitum(Thunb.)Kunth
- 习　　性：多年生草本
- 海　　拔：2000 m 以下
- 国内分布：安徽、福建、江西、浙江
- 国外分布：澳大利亚、巴基斯坦、不丹、菲律宾、马来西亚、尼泊尔、日本、斯里兰卡、泰国、印度、印度尼西亚、越南；新几内亚岛
- 濒危等级：LC
- 资源利用：药用（中草药）；动物饲料（牧草）

金发草
Pogonatherum paniceum(Lam.)Hack.
- 习　　性：多年生草本
- 海　　拔：100～2300 m
- 国内分布：广东、广西、贵州、湖北、湖南、四川、台湾、云南
- 国外分布：阿富汗、澳大利亚、巴基斯坦、不丹、老挝、马来西亚、缅甸、尼泊尔、泰国、印度、印度尼西亚、越南
- 濒危等级：LC

棒头草属 Polypogon Desf.

棒头草
Polypogon fugax Nees ex Steud.

习　　性：一年生草本
海　　拔：100~3600 m
国内分布：湖北
国外分布：巴基斯坦、不丹、朝鲜、俄罗斯、哈萨克斯坦、吉尔吉斯斯坦、缅甸、尼泊尔、日本北部、塔吉克斯坦、土库曼斯坦、乌兹别克斯坦、印度
濒危等级：LC

糙毛棒头草
Polypogon hissaricus(Roshev.)Bor
习　　性：多年生草本
海　　拔：2000~3000 m
国内分布：新疆
国外分布：阿富汗、巴基斯坦、哈萨克斯坦、吉尔吉斯斯坦、塔吉克斯坦、乌兹别克斯坦、伊朗东北部
濒危等级：DD

伊凡棒头草
Polypogon ivanovae Tzvelev
习　　性：多年生草本
海　　拔：1300~1700 m
分　　布：新疆
濒危等级：DD

裂颖棒头草
Polypogon maritimus Willd.
习　　性：一年生草本
海　　拔：400~3300 m
国内分布：新疆
国外分布：俄罗斯、哈萨克斯坦、吉尔吉斯斯坦、蒙古、土库曼斯坦、乌兹别克斯坦
濒危等级：LC

长芒棒头草
Polypogon monspeliensis(L.)Desf.
习　　性：一年生草本
海　　拔：3000 m 以下
国内分布：安徽、福建、甘肃、广东、河北、河南、江苏、内蒙古、宁夏、青海、山东、山西、陕西、四川、台湾、西藏、新疆、云南、浙江
国外分布：巴基斯坦、俄罗斯、高加索地区、哈萨克斯坦、吉尔吉斯斯坦、蒙古、塔吉克斯坦、土库曼斯坦、乌兹别克斯坦、印度
濒危等级：LC

苔绿棒头草
Polypogon viridis(Gouan)Breistr.
习　　性：多年生草本
海　　拔：约 2600 m
国内分布：云南
国外分布：巴基斯坦、哈萨克斯坦、吉尔吉斯斯坦、塔吉克斯坦、土库曼斯坦、乌兹别克斯坦、印度
濒危等级：DD

多裔草属 Polytoca R. Br.

多裔草
Polytoca digitata(L. f.)Druce
习　　性：多年生草本
海　　拔：300~1200 m
国内分布：广东、广西、海南、云南
国外分布：巴布亚新几内亚、菲律宾、柬埔寨、马来西亚、缅甸、泰国、印度、印度尼西亚、越南
濒危等级：LC

单序草属 Polytrias Hack.

单序草
Polytrias indica(Houtt.)Veldkamp

单序草（原变种）
Polytrias indica var. **indica**
习　　性：多年生草本
国内分布：香港
国外分布：巴布亚新几内亚、菲律宾、马来西亚、缅甸、印度尼西亚、越南
濒危等级：LC

短毛单序草
Polytrias indica var. **nana**(Keng et S. L. Chen)S. M. Philips et S. L. Chen
习　　性：多年生草本
分　　布：海南
濒危等级：LC

沙鞭属 Psammochloa Hitchc.

沙鞭
Psammochloa villosa(Trin.)Bor
习　　性：多年生草本
海　　拔：900~2900 m
国内分布：甘肃、内蒙古、宁夏、青海、陕西、新疆
国外分布：蒙古
濒危等级：LC

新麦草属 Psathyrostachys Nevski.

华山新麦草
Psathyrostachys huashanica Keng
习　　性：多年生草本
海　　拔：500~700 m
分　　布：河南、陕西
濒危等级：CR A2ac
国家保护：Ⅰ级
资源利用：育种种质资源

新麦草
Psathyrostachys juncea(Fisch.)Nevski

新麦草（原变种）
Psathyrostachys juncea var. **juncea**
习　　性：多年生草本
海　　拔：5500 m 以下
国内分布：甘肃、内蒙古、新疆
国外分布：哈萨克斯坦、俄罗斯；北美洲栽培
濒危等级：LC

紫药新麦草
Psathyrostachys juncea var. **hyalantha**(Rupr.)S. L. Chen

习　　性：多年生草本
海　　拔：1500～2000 m
国内分布：新疆
国外分布：俄罗斯、吉尔吉斯斯坦
濒危等级：LC

单花新麦草
Psathyrostachys kronenburgii(Hack.)Nevski
习　　性：多年生草本
国内分布：甘肃、青海、新疆
国外分布：俄罗斯
濒危等级：NT

毛穗新麦草
Psathyrostachys lanuginosa(Trin.)Nevski
习　　性：多年生草本
海　　拔：约200 m
国内分布：甘肃、新疆
国外分布：俄罗斯
濒危等级：LC

匍茎新麦草
Psathyrostachys stoloniformis Baden
习　　性：多年生草本
海　　拔：1600～2500 m
分　　布：甘肃、青海
濒危等级：LC

假铁秆草属 Pseudanthistiria(Hack.)Hook. f.

假铁秆草
Pseudanthistiria heteroclita(Roxb.)Hook. f.
习　　性：一年生草本
国内分布：香港
国外分布：印度
濒危等级：LC

钩毛草属 Pseudechinolaena Stapf

钩毛草
Pseudechinolaena polystachya(Kunth)Stapf
习　　性：一年生草本
海　　拔：200～2500 m
国内分布：福建、广东、广西、海南、西藏、云南
国外分布：遍布热带地区
濒危等级：LC

假金发草属 Pseudopogonatherum A. Camus

笔草
Pseudopogonatherum contortum(Brongn.)A. Camus
习　　性：一年生草本
海　　拔：700～1700 m
国内分布：福建、广东、广西、海南、江西、四川、云南
国外分布：澳大利亚、不丹、缅甸、尼泊尔、泰国、印度、印度尼西亚、越南
濒危等级：LC

线叶笔草
Pseudopogonatherum contortum var. **linearifolium** Keng ex S. L. Chen
习　　性：一年生草本
海　　拔：1100～1700 m
分　　布：广西、四川、云南
濒危等级：LC

中华笔草
Pseudopogonatherum contortum var. **sinense** Keng ex S. L. Chen
习　　性：一年生草本
海　　拔：约700 m
分　　布：福建、广东、广西、海南、江西
濒危等级：LC

假金发草
Pseudopogonatherum filifolium(S. L. Chen)H. Yu, Y. F. Deng et H. X. Zhao
习　　性：一年生草本
分　　布：安徽
濒危等级：LC

刺叶假金发草
Pseudopogonatherum koretrostachys(Trin.)Henrard
习　　性：一年生草本
国内分布：安徽、福建、广东、广西、海南、江西、云南、浙江
国外分布：菲律宾、老挝、马来西亚、泰国、印度尼西亚
濒危等级：LC

伪针茅属 Pseudoraphis Griff. ex Pilger

长稃伪针茅
Pseudoraphis balansae Henrard
习　　性：多年生草本
国内分布：海南
国外分布：泰国、越南
濒危等级：LC

伪针茅
Pseudoraphis brunoniana(Wall. et Griff.)Pilg.
习　　性：多年生草本
国内分布：安徽、广东、台湾
国外分布：菲律宾、孟加拉国、缅甸、泰国、印度、越南
濒危等级：LC

瘦脊伪针茅
Pseudoraphis sordida(Thwaites)S. M. Phillips et S. L. Chen
习　　性：多年生草本
海　　拔：100～500 m
国内分布：福建、湖北、湖南、江苏、山东、云南、浙江
国外分布：朝鲜、日本、斯里兰卡、印度
濒危等级：LC
资源利用：动物饲料（牧草）

假鹅观草属 Pseudoroegneria(Nevski)Á. Löve

假鹅观草
Pseudoroegneria cognata(Hack.)Á. Löve
习　　性：多年生草本
国内分布：新疆
国外分布：俄罗斯、哈萨克斯坦、吉尔吉斯斯坦、土库曼

斯坦、乌兹别克斯坦
濒危等级：DD

矢竹属 Pseudosasa Makino ex Nakai

尖箨茶竿竹
Pseudosasa acutivagina T. H. Wen et S. C. Chen
习　　性：乔木状
海　　拔：500 m 以下
分　　布：浙江
濒危等级：LC

空心竹
Pseudosasa aeria T. H. Wen
习　　性：灌木状
分　　布：浙江
濒危等级：EN A2c
资源利用：原料（木材）

茶竿竹
Pseudosasa amabilis（mcClure）P. C. Keng ex S. L. Chen et al.

茶竿竹（原变种）
Pseudosasa amabilis var. **amabilis**
习　　性：乔木状
分　　布：福建、广东、广西、湖南、江西
濒危等级：LC
资源利用：原料（木材）；环境利用（观赏）

福建茶竿竹
Pseudosasa amabilis var. **convexa** Z. P. Wang et G. H. Ye
习　　性：乔木状
分　　布：福建、湖南
濒危等级：LC

厚粉茶竿竹
Pseudosasa amabilis var. **farinosa** C. S. Chao ex S. L. Chen et G. Y. Sheng
习　　性：乔木状
分　　布：广西
濒危等级：DD

短箨茶竿竹
Pseudosasa brevivaginata G. H. Lai
习　　性：灌木状
海　　拔：500 m 以下
分　　布：安徽
濒危等级：NT

托竹
Pseudosasa cantorii（Munro）P. C. Keng ex S. L. Chen et al
习　　性：灌木状
分　　布：广东、海南、江西
濒危等级：LC

纤细茶竿竹
Pseudosasa gracilis S. L. Chen et G. Y. Sheng
习　　性：灌木状
海　　拔：约 1400 m
分　　布：湖南
濒危等级：LC

篲竹
Pseudosasa hindsii（Munro）C. D. Chu et C. S. Chao
习　　性：灌木状至乔木状
国内分布：福建、广东、广西、湖南、江西、浙江
国外分布：日本
濒危等级：LC

矢竹
Pseudosasa japonica（Siebold et Zucc. ex Steud.）Makino ex Nakai
习　　性：灌木状至乔木状
国内分布：江苏、陕西、台湾、浙江
国外分布：日本
濒危等级：LC
资源利用：环境利用（观赏）

将乐茶竿竹
Pseudosasa jiangleensis N. X. Zhao et N. H. Xia
习　　性：乔木状
海　　拔：400~500 m
分　　布：福建
濒危等级：DD

广竹
Pseudosasa longiligula T. H. Wen
习　　性：乔木状
分　　布：广西
濒危等级：DD

鸡公山茶竿竹
Pseudosasa maculifera J. L. Lu

鸡公山茶竿竹（原变种）
Pseudosasa maculifera var. **maculifera**
习　　性：灌木状
分　　布：河南
濒危等级：LC

毛箨茶竿竹
Pseudosasa maculifera var. **hirsuta** S. L. Chen et G. Y. Sheng
习　　性：灌木状
分　　布：浙江
濒危等级：DD

江永茶竿竹
Pseudosasa magilaminaris B. M. Yang
习　　性：灌木状
分　　布：湖南
濒危等级：DD

面竿竹
Pseudosasa orthotropa S. L. Chen et T. H. Wen
习　　性：灌木状至乔木状
分　　布：福建、江西、浙江
濒危等级：LC

毛花茶竿竹
Pseudosasa pubiflora（Keng）P. C. Keng ex D. Z. Li et L. M. Gao
习　　性：灌木状
分　　布：广东、河南、江西
濒危等级：LC

近实心茶竿竹
Pseudosasa subsolida S. L. Chen et G. Y. Sheng
- 习　　性：灌木状
- 海　　拔：约 500 m
- 分　　布：福建、湖南、江西
- 濒危等级：VU A2c

笔竹
Pseudosasa viridula S. L. Chen et G. Y. Sheng
- 习　　性：灌木状
- 分　　布：浙江
- 濒危等级：DD

武夷山茶竿竹
Pseudosasa wuyiensis S. L. Chen et G. Y. Sheng
- 习　　性：灌木状
- 分　　布：福建
- 濒危等级：NT A3c

西双版纳矢竹
Pseudosasa xishuangbannaensis D. Z. Li, Y. X. Zhang et Triplett
- 习　　性：灌木状
- 海　　拔：约 800 m
- 分　　布：云南
- 濒危等级：LC

岳麓山茶竿竹
Pseudosasa yuelushanensis B. M. Yang
- 习　　性：灌木状至乔木状
- 分　　布：湖南
- 濒危等级：LC

中岩茶竿竹
Pseudosasa zhongyanensis S. H. Chen, K. F. Huang et H. Z. Guo
- 习　　性：乔木状
- 海　　拔：约 100 m
- 分　　布：福建
- 濒危等级：LC

假硬草属 Pseudosclerochloa Tzvelev

耿氏假硬草
Pseudosclerochloa kengiana (Ohwi) Tzvelev
- 习　　性：一年生草本
- 分　　布：安徽、河南、江苏、江西
- 濒危等级：LC

假高粱属 Pseudosorghum A. Camus

假高粱
Pseudosorghum fasciculare (Roxb.) A. Camus
- 习　　性：一年生草本
- 海　　拔：1000 m 以下
- 国内分布：云南
- 国外分布：菲律宾、缅甸、泰国、印度、印度尼西亚、越南
- 濒危等级：LC

泡竹属 Pseudostachyum Munro

泡竹
Pseudostachyum polymorphum Munro
- 习　　性：乔木状
- 海　　拔：200 ~ 1200 m
- 国内分布：广东、广西、云南
- 国外分布：不丹、缅甸、印度、越南
- 濒危等级：DD
- 资源利用：原料（木材）；环境利用（观赏）

细柄茅属 Ptilagrostis Griseb.

太白细柄茅
Ptilagrostis concinna (Hook. f.) Roshev.
- 习　　性：多年生草本
- 海　　拔：3700 ~ 5400 m
- 国内分布：甘肃、青海、陕西、四川、西藏、新疆、云南
- 国外分布：吉尔吉斯斯坦、克什米尔地区、塔吉克斯坦、印度
- 濒危等级：LC

双叉细柄茅
Ptilagrostis dichotoma Keng ex Tzvelev
- 习　　性：多年生草本
- 海　　拔：3000 ~ 4800 m
- 国内分布：甘肃、内蒙古、青海、陕西、四川、西藏、云南
- 国外分布：不丹、尼泊尔、印度
- 濒危等级：LC

窄穗细柄茅
Ptilagrostis junatovii Grubov
- 习　　性：多年生草本
- 海　　拔：3200 ~ 4500 m
- 国内分布：西藏、新疆
- 国外分布：俄罗斯、哈萨克斯坦、蒙古
- 濒危等级：LC

短花细柄茅
Ptilagrostis luquensis P. M. Peterson
- 习　　性：多年生草本
- 海　　拔：3300 ~ 4800 m
- 分　　布：甘肃、青海、四川、西藏
- 濒危等级：DD

细柄茅
Ptilagrostis mongholica (Turcz. ex Trin.) Griseb.
- 习　　性：多年生草本
- 海　　拔：2000 ~ 4600 m
- 国内分布：甘肃、河北、黑龙江、吉林、辽宁、内蒙古、青海、山西、陕西、四川、新疆、云南
- 国外分布：不丹、俄罗斯、克什米尔地区、蒙古、尼泊尔
- 濒危等级：LC

中亚细柄茅
Ptilagrostis pelliotii (Danguy) Grubov
- 习　　性：多年生草本
- 海　　拔：1100 ~ 3500 m
- 国内分布：甘肃、内蒙古、宁夏、青海、新疆
- 国外分布：蒙古
- 濒危等级：LC

大穗细柄茅
Ptilagrostis yadongensis P. C. Keng et J. S. Tang

习　　性：多年生草本
海　　拔：约 4000 m
分　　布：西藏
濒危等级：LC

碱茅属 Puccinellia Parl.

阿尔泰碱茅
Puccinellia altaica Tzvelev
习　　性：多年生草本
海　　拔：1000~2500 m
国内分布：新疆
国外分布：俄罗斯、蒙古
濒危等级：LC

阿尔金山碱茅
Puccinellia arjinshanensis D. F. Cui
习　　性：多年生草本
海　　拔：3000~3500 m
分　　布：新疆
濒危等级：LC

朝鲜碱茅
Puccinellia chinampoensis Ohwi
习　　性：多年生草本
海　　拔：100~2800 m
国内分布：河北、辽宁
国外分布：朝鲜
濒危等级：LC
资源利用：动物饲料（牧草）

高丽碱茅
Puccinellia coreensis Hack. ex Honda
习　　性：多年生草本
海　　拔：2900 m
国内分布：吉林、辽宁
国外分布：朝鲜
濒危等级：LC

德格碱茅
Puccinellia degeensis L. Liu
习　　性：多年生草本
海　　拔：约 3600 m
分　　布：四川
濒危等级：LC

展穗碱茅
Puccinellia diffusa(V. I. Krecz.) V. I. Krecz.
习　　性：多年生草本
海　　拔：100~2000 m
国内分布：青海、新疆
国外分布：哈萨克斯坦、吉尔吉斯斯坦、乌兹别克斯坦
濒危等级：LC

碱茅
Puccinellia distans(Jacq.) Parl.
习　　性：多年生草本
海　　拔：100~2000 m
国内分布：甘肃、河北、河南、黑龙江、吉林、江苏、辽宁、内蒙古、青海、山东、山西、陕西、新疆
国外分布：巴基斯坦、朝鲜、俄罗斯、哈萨克斯坦、吉尔吉斯斯坦、克什米尔地区、蒙古、日本、塔吉克斯坦、土库曼斯坦、乌兹别克斯坦
濒危等级：LC
资源利用：动物饲料（牧草）

毛稃碱茅
Puccinellia dolicholepis(V. I. Krecz.) V. I. Krecz.
习　　性：多年生草本
海　　拔：100~1500 m
国内分布：青海、新疆
国外分布：高加索地区、哈萨克斯坦、吉尔吉斯斯坦
濒危等级：LC

线叶碱茅
Puccinellia filifolia(Trin.) Tzvelev
习　　性：多年生草本
海　　拔：海平面至 500 m
国内分布：内蒙古
国外分布：蒙古
濒危等级：DD

玖花碱茅
Puccinellia florida D. F. Cui
习　　性：多年生草本
海　　拔：约 1100 m
分　　布：新疆
濒危等级：LC

大碱茅
Puccinellia gigantea(Grossh.) Grossh.
习　　性：多年生草本
海　　拔：100~2000 m
国内分布：青海、新疆
国外分布：阿富汗、巴基斯坦、俄罗斯、哈萨克斯坦、吉尔吉斯斯坦、蒙古、塔吉克斯坦、土库曼斯坦、乌兹别克斯坦
濒危等级：DD

灰绿碱茅
Puccinellia glauca(Regel) V. I. Krecz.
习　　性：多年生草本
国内分布：青海、四川、新疆
国外分布：阿富汗、巴基斯坦、哈萨克斯坦、吉尔吉斯斯坦、塔吉克斯坦、土库曼斯坦、乌兹别克斯坦、印度
濒危等级：DD

高山碱茅
Puccinellia hackeliana(V. I. Krecz.) V. I. Krecz.
习　　性：多年生草本
海　　拔：1600~4000 m
国内分布：青海、西藏、新疆
国外分布：阿富汗、巴基斯坦、哈萨克斯坦、吉尔吉斯斯坦、蒙古、塔吉克斯坦
濒危等级：LC

鹤甫碱茅
Puccinellia hauptiana(Trin. ex V. I. Krecz.) Kitag.
习　　性：多年生草本

海　　拔：100～3000 m
国内分布：安徽、甘肃、河北、黑龙江、吉林、江苏
国外分布：朝鲜、俄罗斯、哈萨克斯坦、吉尔吉斯斯坦、蒙古、日本、塔吉克斯坦、土库曼斯坦、乌兹别克斯坦
濒危等级：LC

喜马拉雅碱茅
Puccinellia himalaica Tzvelev
习　　性：多年生草本
海　　拔：3000～5000 m
国内分布：西藏、新疆
国外分布：阿富汗、巴基斯坦、伊朗、印度
濒危等级：LC

矮碱茅
Puccinellia humilis（Litv. ex V. I. Krecz.）Bor
习　　性：多年生草本
海　　拔：3000～4200 m
国内分布：西藏、新疆
国外分布：阿富汗、巴基斯坦、哈萨克斯坦、吉尔吉斯斯坦、塔吉克斯坦、乌兹别克斯坦
濒危等级：LC

伊犁碱茅
Puccinellia iliensis（V. I. Krecz.）Serg.
习　　性：多年生草本
海　　拔：600～2000 m
国内分布：新疆
国外分布：哈萨克斯坦、吉尔吉斯斯坦、乌兹别克斯坦
濒危等级：DD

热河碱茅
Puccinellia jeholensis Kitag.
习　　性：多年生草本
海　　拔：1000 m
国内分布：河北、黑龙江、江苏、内蒙古
国外分布：蒙古
濒危等级：LC
资源利用：动物饲料（牧草）

克什米尔地区碱茅
Puccinellia kashmiriana Bor
习　　性：多年生草本
海　　拔：4000～5100 m
国内分布：西藏、新疆
国外分布：阿富汗、巴基斯坦、克什米尔地区、印度
濒危等级：LC

科氏碱茅
Puccinellia koeieana Melderis
习　　性：多年生草本
海　　拔：2000～3000 m
国内分布：西藏
国外分布：阿富汗、伊朗
濒危等级：DD

昆仑碱茅
Puccinellia kuenlunica Tzvelev
习　　性：多年生草本
海　　拔：2000～3000 m
分　　布：甘肃、青海、西藏、新疆
濒危等级：LC

千岛碱茅
Puccinellia kurilensis（Takeda）Honda
习　　性：多年生草本
国内分布：黑龙江、辽宁
国外分布：朝鲜、俄罗斯、日本
濒危等级：LC

拉达克碱茅
Puccinellia ladakhensis（H. Hartmann）W. B. Dickoré
习　　性：多年生草本
国内分布：西藏
国外分布：克什米尔地区、尼泊尔
濒危等级：LC

布达尔碱茅
Puccinellia ladyginii Ivanova ex Tzvelev
习　　性：多年生草本
海　　拔：3500～5000 m
分　　布：青海
濒危等级：LC

光稃碱茅
Puccinellia leiolepis L. Liou
习　　性：多年生草本
海　　拔：3000～4500 m
分　　布：青海、四川、西藏
濒危等级：LC

大药碱茅
Puccinellia macranthera（V. I. Krecz.）Norl.
习　　性：多年生草本
海　　拔：100～2000 m
国内分布：甘肃、吉林、辽宁、内蒙古、新疆
国外分布：俄罗斯、蒙古
濒危等级：LC

柔枝碱茅
Puccinellia manchuriensis Ohwi
习　　性：多年生草本
国内分布：北京、甘肃、黑龙江、江苏、内蒙古、山西、天津
国外分布：俄罗斯、蒙古、日本
濒危等级：LC

微药碱茅
Puccinellia micrandra（Keng）Keng
习　　性：多年生草本
海　　拔：1000～3100 m
分　　布：甘肃、河北、黑龙江、江苏、内蒙古、山西
濒危等级：LC

小药碱茅
Puccinellia micranthera D. F. Cui
习　　性：多年生草本
海　　拔：1300～2000 m
分　　布：西藏、新疆
濒危等级：DD

侏碱茅
Puccinellia minuta Bor ex Wendelbo
习　　性：多年生草本
海　　拔：4000～5100 m
国内分布：青海、西藏
国外分布：巴基斯坦
濒危等级：LC

多花碱茅
Puccinellia multiflora L. Liu
习　　性：多年生草本
海　　拔：2900～4200 m
分　　布：青海、西藏
濒危等级：LC

日本碱茅
Puccinellia nipponica Ohwi
习　　性：多年生草本
国内分布：辽宁、内蒙古
国外分布：朝鲜、俄罗斯、日本
濒危等级：LC

裸花碱茅
Puccinellia nudiflora(Hack.) Tzvelev
习　　性：多年生草本
海　　拔：2400～4900 m
国内分布：青海、西藏、新疆
国外分布：吉尔吉斯斯坦、塔吉克斯坦
濒危等级：LC

帕米尔碱茅
Puccinellia pamirica(Roshev.) V. I. Krecz. ex Ovcz. et Czukav.
习　　性：多年生草本
海　　拔：3200～4800 m
国内分布：青海、西藏、新疆
国外分布：阿富汗、吉尔吉斯斯坦、塔吉克斯坦、乌兹别克斯坦
濒危等级：LC

少枝碱茅
Puccinellia pauciramea(Hack.) V. I. Krecz. ex Ovcz. et Czukav.
习　　性：多年生草本
海　　拔：3000～5000 m
国内分布：青海、西藏、新疆
国外分布：阿富汗、吉尔吉斯斯坦、蒙古、塔吉克斯坦、乌兹别克斯坦
濒危等级：LC

斑稃碱茅
Puccinellia poecilantha(K. Koch) V. I. Krecz.
习　　性：多年生草本
海　　拔：100～2000 m
国内分布：青海、新疆
国外分布：阿富汗、俄罗斯、哈萨克斯坦、土库曼斯坦、乌兹别克斯坦、伊朗
濒危等级：LC

勃氏碱茅
Puccinellia przewalskii Tzvelev
习　　性：多年生草本
分　　布：甘肃、青海
濒危等级：DD

青海碱茅
Puccinellia qinghaica Tzvelev
习　　性：多年生草本
海　　拔：2000～3500 m
分　　布：青海
濒危等级：DD

疏穗碱茅
Puccinellia roborovskyi Tzvelev
习　　性：多年生草本
海　　拔：3000～4600 m
分　　布：青海、西藏
濒危等级：LC

西域碱茅
Puccinellia roshevitsiana(Schischk.) V. I. Krecz. ex Tzvelev
习　　性：多年生草本
海　　拔：约500 m
国内分布：新疆
国外分布：哈萨克斯坦
濒危等级：LC

斯碱茅
Puccinellia schischkinii Tzvelev
习　　性：多年生草本
海　　拔：600～4300 m
国内分布：内蒙古、新疆
国外分布：俄罗斯、哈萨克斯坦、吉尔吉斯斯坦、蒙古、塔吉克斯坦
濒危等级：LC

双湖碱茅
Puccinellia shuanghuensis L. Liou
习　　性：多年生草本
海　　拔：4500～5100 m
分　　布：西藏
濒危等级：VU A2c＋3cd；B1ab（i，iii，v）；C2b

藏北碱茅
Puccinellia stapfiana R. R. Stewart
习　　性：多年生草本
海　　拔：4000～4800 m
国内分布：西藏
国外分布：巴基斯坦、印度
濒危等级：LC

竖碱茅
Puccinellia strictura L. Liu
习　　性：多年生草本
海　　拔：约3900 m
分　　布：西藏
濒危等级：DD

穗序碱茅
Puccinellia subspicata V. I. Krecz. ex Ovcz. et Czukav.
习　　性：多年生草本
国内分布：新疆
国外分布：哈萨克斯坦、吉尔吉斯斯坦、塔吉克斯坦、乌

兹别克斯坦
濒危等级：LC

星星草
Puccinellia tenuiflora（Griseb.）Scribn. et Merr.
习　　性：多年生草本
海　　拔：500～4000 m
国内分布：安徽、甘肃、河北、黑龙江、吉林、辽宁、内蒙古、青海、山西、新疆
国外分布：俄罗斯、哈萨克斯坦、蒙古、日本、伊朗
濒危等级：LC
资源利用：动物饲料（牧草）

纤细碱茅
Puccinellia tenuissima（Litv. ex V. I. Krecz.）Litv. ex Pavlov
习　　性：多年生草本
海　　拔：100～1500 m
国内分布：青海、新疆
国外分布：俄罗斯、哈萨克斯坦、蒙古、日本、伊朗
濒危等级：LC

长穗碱茅
Puccinellia thomsonii（Stapf ex Hook. f.）R. R. Stewart
习　　性：多年生草本
海　　拔：4000～5200 m
国内分布：西藏
国外分布：巴基斯坦
濒危等级：LC

天山碱茅
Puccinellia tianschanica（Tzvelev）Ikonn.
习　　性：多年生草本
海　　拔：1500～3500 m
国内分布：青海、西藏、新疆
国外分布：哈萨克斯坦、吉尔吉斯斯坦、塔吉克斯坦、乌兹别克斯坦
濒危等级：LC

文昌碱茅
Puccinellia vachanica Ovcz. et Czukav.
习　　性：多年生草本
海　　拔：2500～3500 m
国内分布：青海、西藏、新疆
国外分布：塔吉克斯坦
濒危等级：LC

鹅观草属 Roegneria K. Koch

阿多鹅观草
Roegneria aduoensis S. L. Lu et Y. H. Wu
习　　性：多年生草本
海　　拔：约4700 m
分　　布：青海
濒危等级：LC

扎曲鹅观草
Roegneria zaquensis Y. H. Wu et S. L. Lu
习　　性：多年生草本
海　　拔：3900～4200 m

分　　布：青海
濒危等级：LC

筒轴茅属 Rottboellia L. f.

筒轴茅
Rottboellia cochinchinensis（Lour.）Clayton
习　　性：一年生草本
海　　拔：1900 m以下
国内分布：福建、广东、广西、贵州、海南、四川、台湾、云南、浙江
国外分布：旧世界热带地区
濒危等级：LC

光穗筒轴茅
Rottboellia laevispica Keng
习　　性：一年生草本
海　　拔：约350 m
分　　布：安徽、江苏
濒危等级：LC

甘蔗属 Saccharum L.

斑茅
Saccharum arundinaceum Retz.

斑茅（原变种）
Saccharum arundinaceum var. **arundinaceum**
习　　性：多年生草本
国内分布：安徽、福建、甘肃、广东、广西、贵州、海南、河北、河南、湖北、江西、陕西、四川、台湾、西藏、云南、浙江
国外分布：不丹、老挝、马来西亚、缅甸、斯里兰卡、泰国、印度、印度尼西亚、越南
濒危等级：LC

毛颖斑茅
Saccharum arundinaceum var. **trichophyllum**（Hand. -Mazz.）S. M. Phillips et S. L. Chen
习　　性：多年生草本
海　　拔：600～1900 m
国内分布：云南
国外分布：印度
濒危等级：LC

细秆甘蔗
Saccharum barberi Jeswiet
习　　性：多年生草本
国内分布：广西、台湾、云南
国外分布：原产孟加拉国、印度
资源利用：原料（纤维）；基因源（抗旱，耐瘠）；食品（淀粉）；食品添加剂（糖和非糖甜味剂）

金猫尾
Saccharum fallax Balansa
习　　性：多年生草本
海　　拔：400～1000 m
国内分布：广东、广西、贵州、海南、云南
国外分布：老挝、缅甸、印度、印度尼西亚、越南

濒危等级：LC

台蔗茅
Saccharum formosanum (Stapf) Ohwi
- 习　　性：多年生草本
- 分　　布：福建、广东、贵州、海南、江西、台湾、云南、浙江
- 濒危等级：LC

长齿蔗茅
Saccharum longesetosum (Andersson) V. Naray.
- 习　　性：多年生草本
- 海　　拔：300~2700 m
- 国内分布：广西、贵州、四川、西藏、云南
- 国外分布：不丹、缅甸、泰国、印度
- 濒危等级：LC

河八王
Saccharum narenga (Nees ex Steud.) Wall. ex Hack.
- 习　　性：多年生草本
- 国内分布：安徽、福建、广东、贵州、河南、江苏、四川、台湾、云南、浙江
- 国外分布：巴基斯坦、孟加拉国、缅甸、尼泊尔、泰国、印度、越南
- 濒危等级：LC

甘蔗
Saccharum officinarum L.
- 习　　性：多年生草本
- 国内分布：福建、广东、广西、海南、四川、台湾、西藏、云南栽培
- 国外分布：太平洋诸岛及东南亚；世界各地广泛栽培
- 资源利用：药用（中草药）；原料（酒精，纤维，木材）；基因源（耐旱，抗寒，耐瘠）；动物饲料（饲料）；食品（淀粉）；食品添加剂（糖和非糖甜味剂）

狭叶斑茅
Saccharum procerum Roxb.
- 习　　性：多年生草本
- 海　　拔：1500 m 以下
- 国内分布：福建、广东、广西、贵州、湖北、湖南、西藏、云南
- 国外分布：孟加拉国、缅甸、尼泊尔、泰国、印度
- 濒危等级：LC

沙生蔗茅
Saccharum ravennae (L.) L.
- 习　　性：多年生草本
- 海　　拔：1200~3000 m
- 国内分布：新疆
- 国外分布：阿富汗、巴基斯坦、哈萨克斯坦、吉尔吉斯斯坦、塔吉克斯坦、土库曼斯坦、乌兹别克斯坦、印度
- 濒危等级：LC
- 资源利用：动物饲料（饲料）

蔗茅
Saccharum rufipilum Steud.
- 习　　性：多年生草本
- 海　　拔：1300~2600 m
- 国内分布：甘肃、贵州、河南、湖北、陕西、四川、西藏、云南
- 国外分布：巴基斯坦、不丹、缅甸、尼泊尔、印度
- 濒危等级：LC

竹蔗
Saccharum sinense Roxb.
- 习　　性：多年生草本
- 国内分布：安徽、福建、广东、广西、贵州、海南、河南、湖北、湖南、江西、陕西、四川、台湾、云南、浙江
- 国外分布：世界各地广泛栽培
- 资源利用：药用（中草药）；原料（酒精，纤维，木材）；基因源（耐旱瘠）；动物饲料（饲料）；食品（蔬菜，水果）；食品添加剂（糖和非糖甜味剂）

甜根子草
Saccharum spontaneum L.
- 习　　性：多年生草本
- 海　　拔：2000 m 以下
- 国内分布：安徽、福建、广东、广西、贵州、海南、湖北、湖南、江苏、江西、陕西、四川、台湾、云南、浙江
- 国外分布：阿富汗、巴基斯坦、不丹、菲律宾、柬埔寨、马来西亚、缅甸、日本、斯里兰卡、泰国、土库曼斯坦、印度、印度尼西亚、越南；新几内亚岛
- 濒危等级：LC
- 资源利用：动物饲料（饲料）；原料（纤维）

囊颖草属 Sacciolepis Nash

囊颖草
Sacciolepis indica (L.) Chase
- 习　　性：一年生草本
- 海　　拔：100~2700 m
- 国内分布：安徽、福建、广东、贵州、海南、河南、黑龙江、湖北、江西、山东、四川、台湾、云南、浙江
- 国外分布：澳大利亚、不丹、缅甸、尼泊尔、日本、泰国、印度、越南
- 濒危等级：LC

间序囊颖草
Sacciolepis interrupta (Willd.) Stapf
- 习　　性：多年生沼生草本
- 海　　拔：1400 m
- 国内分布：云南
- 国外分布：缅甸、尼泊尔、斯里兰卡、泰国、印度、印度尼西亚、越南
- 濒危等级：LC

鼠尾囊颖草
Sacciolepis myosuroides (R. Br.) Chase ex E. G. Camus

鼠尾囊颖草（原变种）
Sacciolepis myosuroides var. **myosuroides**

习　　性：一年生草本
海　　拔：500~800 m
国内分布：广东、贵州、海南、西藏、云南
国外分布：澳大利亚、巴布亚新几内亚、菲律宾、老挝、马来西亚、缅甸、尼泊尔、斯里兰卡、泰国、印度、印度尼西亚、越南
濒危等级：LC
资源利用：动物饲料（饲料）

矮小囊颖草
Sacciolepis myosuroides var. **nana** S. L. Chen et T. D. Zhuang
习　　性：一年生草本
海　　拔：约 800 m
分　　布：广东、广西、云南
濒危等级：LC

赤竹属 Sasa Makino et Shibata

广西赤竹
Sasa guangxiensis C. D. Chu et C. S. Chao
习　　性：灌木状
海　　拔：500~800 m
分　　布：广西、江西
濒危等级：LC

湖北华箬竹
Sasa hubeiensis(C. H. Hu) C. H. Hu
习　　性：灌木状
海　　拔：约 300 m
分　　布：湖北、江西
濒危等级：LC

赤竹
Sasa longiligulata McClure
习　　性：灌木状
海　　拔：1000~1400 m
分　　布：广东、湖南
濒危等级：CR B1ab（i, ii, iii）; C1+2a（i）

矩叶赤竹
Sasa oblongula C. H. Hu
习　　性：灌木状
分　　布：广东
濒危等级：DD

庆元华箬竹
Sasa qingyuanensis(C. H. Hu) C. H. Hu
习　　性：灌木状
海　　拔：约 1400 m
分　　布：浙江
濒危等级：LC

红壳赤竹
Sasa rubrovaginata C. H. Hu
习　　性：灌木状
海　　拔：约 2000 m
分　　布：广西
濒危等级：LC

华箬竹
Sasa sinica Keng
习　　性：灌木状
海　　拔：1000~1500 m
分　　布：安徽、浙江
濒危等级：NT D
资源利用：环境利用（观赏）

绒毛赤竹
Sasa tomentosa C. D. Chu et C. S. Chao
习　　性：灌木状至乔木状
海　　拔：约 400 m
分　　布：广西
濒危等级：VU A2c+3c

齿稃草属 Schismus P. Beauv.

齿稃草
Schismus arabicus Nees
习　　性：一年生草本
海　　拔：400~1700 m
国内分布：西藏、新疆
国外分布：阿富汗、巴基斯坦、俄罗斯（阿尔泰）、蒙古、印度；北非、中亚和西南亚、东南欧。美洲和澳大利亚引种
濒危等级：LC

髯毛齿稃草
Schismus barbatus(L.) Thell.
习　　性：一年生草本
国内分布：西藏
国外分布：阿富汗、土库曼斯坦、印度
濒危等级：LC

裂稃茅属 Schizachne Hack.

裂稃茅
Schizachne purpurascens(Turcz. et Griseb.) T. Koyama et Kawano.
习　　性：多年生草本
海　　拔：800~3500 m
国内分布：河北、河南、黑龙江、吉林、辽宁、山西、云南
国外分布：朝鲜、俄罗斯、哈萨克斯坦、蒙古、日本
濒危等级：LC

裂稃草属 Schizachyrium Nees.

裂稃草
Schizachyrium brevifolium(Sw.) Nees ex Büse
习　　性：一年生草本
海　　拔：2000 m 以下
国内分布：安徽、福建、广东、贵州、海南、河北、河南、湖北、湖南、江苏、山东、四川、台湾、西藏、浙江
国外分布：阿曼、不丹、朝鲜、菲律宾、老挝、马来西亚、孟加拉国、缅甸、尼泊尔、日本、泰国、印度、印度尼西亚、越南
濒危等级：LC
资源利用：动物饲料（饲料）

旱茅
Schizachyrium delavayi(Hack.) Bor
习　　性：多年生草本

海　　拔：1200～3400 m
国内分布：广西、贵州、湖南、四川、西藏、云南
国外分布：不丹、缅甸、尼泊尔、印度
濒危等级：LC

斜须裂稃草
Schizachyrium fragile (R. Br.) A. Camus
习　　性：一年生草本
海　　拔：1000 m以下
国内分布：安徽、福建、广东、广西、湖南、江西、台湾
国外分布：澳大利亚、印度尼西亚
濒危等级：LC

红裂稃草
Schizachyrium sanguineum (Retz.) Alston
习　　性：多年生草本
海　　拔：海平面至3600 m
国内分布：福建、广东、广西、海南、湖南、江西、四川、西藏、云南
国外分布：澳大利亚、菲律宾、马来西亚、缅甸、斯里兰卡、泰国、印度、印度尼西亚、越南
濒危等级：LC

箣竹属 Schizostachyum Nees

耳垂竹
Schizostachyum auriculatum Q. H. Dai et D. Y. Huang
习　　性：乔木状
分　　布：广西
濒危等级：DD

沙箣竹
Schizostachyum diffusum (Blanco) Merr.
习　　性：乔木状
海　　拔：200～1200 m
国内分布：台湾
国外分布：菲律宾
濒危等级：LC
资源利用：环境利用（观赏）

苗竹仔
Schizostachyum dumetorum (Hance ex Walp.) Munro

苗竹仔（原变种）
Schizostachyum dumetorum var. **dumetorum**
习　　性：乔木状
海　　拔：100～200 m
分　　布：广东
濒危等级：LC
资源利用：药用（中草药）；环境利用（观赏）

火筒竹
Schizostachyum dumetorum var. **xinwuense** (T. H. Wen et J. Y. Chin) N. H. Xia
习　　性：乔木状
分　　布：江西
濒危等级：DD

沙罗箪竹
Schizostachyum funghomii McClure
习　　性：乔木状
海　　拔：800 m
分　　布：广东、广西、云南
濒危等级：LC
资源利用：原料（纤维，木材）；环境利用（观赏）

山骨罗竹
Schizostachyum hainanense Merr. ex McClure
习　　性：乔木状
海　　拔：800～1100 m
国内分布：海南
国外分布：越南
濒危等级：LC

岭南箣竹
Schizostachyum jaculans Holttum
习　　性：乔木状
国内分布：海南
国外分布：马来西亚
濒危等级：DD

长节间箣竹
Schizostachyum longinternodium N. H. Xia, R. S. Lin et C. H. Zheng
习　　性：乔木状
分　　布：云南
濒危等级：LC

箣竹
Schizostachyum pseudolima McClure
习　　性：乔木状
海　　拔：1000 m
分　　布：广西、海南、云南
濒危等级：LC

红毛箣竹
Schizostachyum sanguineum W. P. Zhang
习　　性：乔木状
海　　拔：约1600 m
分　　布：云南
濒危等级：DD

硬草属 Sclerochloa P. Beauvois

硬草
Sclerochloa dura (L.) P. Beauv.
习　　性：一年生草本
海　　拔：500～1000 m
国内分布：新疆
国外分布：巴基斯坦、俄罗斯、哈萨克斯坦、吉尔吉斯斯坦、塔吉克斯坦、土库曼斯坦、乌兹别克斯坦
濒危等级：DD

水茅属 Scolochloa Link

水茅
Scolochloa festucacea Link
习　　性：多年生草本
海　　拔：1000 m以下
国内分布：黑龙江、吉林、辽宁、内蒙古
国外分布：俄罗斯、高加索地区、哈萨克斯坦、蒙古
濒危等级：LC

资源利用：动物饲料（饲料）

黑麦属 Secale L.

黑麦
Secale cereale L.
习　　性：一年生草本
国内分布：安徽、福建、贵州、河北、河南、黑龙江、湖北、内蒙古、宁夏、陕西、台湾、新疆、云南
国外分布：世界各地广泛栽培
资源利用：食品（淀粉）

脆轴黑麦
Secale segetale（Zhukovsky）Roshev.
习　　性：一年生草本
国内分布：新疆
国外分布：巴基斯坦、哈萨克斯坦、吉尔吉斯斯坦、土库曼斯坦、乌兹别克斯坦
濒危等级：LC

小黑麦
Secale sylvestre Host
习　　性：一年生草本
国内分布：华北地区栽培
国外分布：原产俄罗斯、哈萨克斯坦、吉尔吉斯斯坦、土库曼斯坦、乌兹别克斯坦

沟颖草属 Sehima Forssk.

沟颖草
Sehima nervosum（Rottler）Stapf
习　　性：多年生草本
海　　拔：海平面至 1600 m
国内分布：海南、云南
国外分布：澳大利亚、巴基斯坦、菲律宾、老挝、缅甸、斯里兰卡、泰国、印度、印度尼西亚、越南；新几内亚岛
濒危等级：LC

业平竹属 Semiarundinaria Nakai

短穗竹
Semiarundinaria densiflora（Rendle）T. H. Wen
习　　性：灌木状
分　　布：安徽、广东、湖北、江苏、江西、浙江
濒危等级：LC

业平竹
Semiarundinaria fastuosa（Mitford）Makino
习　　性：灌木状
国内分布：台湾
国外分布：日本
濒危等级：LC

中华业平竹
Semiarundinaria sinica T. H. Wen
习　　性：灌木状
分　　布：江苏、浙江
濒危等级：LC

狗尾草属 Setaria P. Beauv.

断穗狗尾草
Setaria arenaria Kitag.
习　　性：一年生草本
海　　拔：1000 ~ 1300 m
分　　布：河北、黑龙江、内蒙古、山西
濒危等级：LC

莩草
Setaria chondrachne（Steud.）Honda
习　　性：多年生草本
海　　拔：200 ~ 1200 m
国内分布：安徽、广西、贵州、河南、湖北、湖南、江苏、江西、四川、云南、浙江
国外分布：朝鲜半岛、日本
濒危等级：LC

大狗尾草
Setaria faberi R. A. W. Herrmann
习　　性：一年生草本
国内分布：安徽、福建、广西、贵州、河南、黑龙江、湖北、湖南、吉林、江苏、江西、山东、四川、台湾、云南、浙江
国外分布：朝鲜半岛、日本
濒危等级：LC

西南莩草
Setaria forbesiana（Nees）Hook. f.

西南莩草（原变种）
Setaria forbesiana var. *forbesiana*
习　　性：多年生草本
海　　拔：300 ~ 2000 m
国内分布：甘肃、广东、广西、贵州、湖北、湖南、陕西、四川、云南、浙江
国外分布：不丹、缅甸、尼泊尔、印度
濒危等级：LC

短刺西南莩草
Setaria forbesiana var. *breviseta* S. L. Chen et G. Y.
习　　性：多年生草本
分　　布：贵州
濒危等级：DD

贵州狗尾草
Setaria guizhouensis S. L. Chen et G. Y. Sheng

贵州狗尾草（原变种）
Setaria guizhouensis var. *guizhouensis*
习　　性：多年生草本
海　　拔：约 1600 m
分　　布：贵州
濒危等级：LC

具稃贵州狗尾草
Setaria guizhouensis var. *paleata* S. L. Chen et G. Y. Sheng
习　　性：多年生草本
海　　拔：约 1300 m
分　　布：贵州

濒危等级：DD

间序狗尾草
Setaria intermedia Roem. et Schult.
- 习　　性：一年生草本
- 海　　拔：约900 m
- 国内分布：云南
- 国外分布：不丹、俄罗斯、缅甸、日本、斯里兰卡、印度
- 濒危等级：LC

粱（小米，谷子）
Setaria italica (L.) P. Beauv.
- 习　　性：一年生草本
- 国内分布：许多省区栽培
- 国外分布：原产地不明；世界性引进和零星栽培
- 资源利用：原料（纤维）；药用（中草药）；食品（淀粉）

棕叶狗尾草
Setaria palmifolia (J. Konig) Stapf
- 习　　性：多年生草本
- 海　　拔：200~2300 m
- 国内分布：安徽、福建、广东、广西、贵州、海南、湖北、湖南、江西、四川、台湾、西藏、云南、浙江
- 国外分布：非洲西部、热带亚洲
- 濒危等级：LC
- 资源利用：药用（中草药）；食品（粮食，淀粉）

幽狗尾草
Setaria parviflora (Poir.) Kerguélen
- 习　　性：一年生或多年生草本
- 海　　拔：约950 m
- 国内分布：福建、广东、广西、贵州、海南、湖南、江西、四川、台湾、云南
- 国外分布：热带、亚热带地区广泛分布
- 濒危等级：LC

皱叶狗尾草
Setaria plicata (Lam.) T. Cooke

皱叶狗尾草（原变种）
Setaria plicata var. plicata
- 习　　性：多年生草本
- 国内分布：安徽、福建、广东、广西、贵州、湖北、湖南、江苏、江西、四川、台湾、西藏、云南、浙江
- 国外分布：马来西亚、尼泊尔、日本、泰国、印度
- 濒危等级：LC

光花狗尾草
Setaria plicata var. leviflora (Keng ex S. L. Chen) S. L. Chen et S. M. Philips
- 习　　性：多年生草本
- 分　　布：广东、广西、四川
- 濒危等级：LC

金色狗尾草
Setaria pumila (Poir.) Roem. et Schult.
- 习　　性：一年生草本
- 国内分布：安徽、北京、福建、广东、贵州、海南、河南、黑龙江、湖北、湖南、江西、宁夏、山东、陕西、上海、四川、台湾、西藏、新疆、云南、浙江
- 国外分布：起源于欧亚温带及亚热带地区，现广布
- 濒危等级：LC
- 资源利用：动物饲料（饲料，牧草）

倒刺狗尾草
Setaria verticillata (L.) P. Beauv.
- 习　　性：一年生草本
- 海　　拔：300~1000 m
- 国内分布：内蒙古、台湾、云南
- 国外分布：旧世界温带、暖温带地区；美洲引种
- 濒危等级：LC

狗尾草
Setaria viridis (L.) P. Beauv.

狗尾草（原亚种）
Setaria viridis subsp. viridis
- 习　　性：一年生草本
- 国内分布：安徽、福建、甘肃、广东、贵州、河北、河南、黑龙江、湖北、湖南、吉林、江苏、江西、内蒙古、宁夏、青海、山东、山西、陕西、四川、台湾、西藏、新疆、云南、浙江
- 国外分布：旧世界温带、亚热带地区；各地引种
- 濒危等级：LC
- 资源利用：药用（中草药）；原料（纤维）；动物饲料（饲料）

厚穗狗尾草
Setaria viridis subsp. pachystachys (Franch. et Sav.) Masam. et Yanagihara
- 习　　性：一年生草本
- 国内分布：广东、台湾
- 国外分布：朝鲜、日本
- 濒危等级：NT A2c

巨大狗尾草
Setaria viridis subsp. pycnocoma (Steud.) Tzvelev
- 习　　性：一年生草本
- 海　　拔：2700 m以下
- 国内分布：甘肃、贵州、河北、黑龙江、湖北、湖南、吉林、内蒙古、山东、陕西、四川、香港、新疆
- 国外分布：俄罗斯、日本
- 濒危等级：LC

云南狗尾草
Setaria yunnanensis Keng et G. D. Yu ex P. C. Keng et Y. K. Ma
- 习　　性：一年生草本
- 海　　拔：2300~3900 m
- 分　　布：四川、西藏、云南
- 濒危等级：LC

刺毛头黍属 Setiacis S. L. Chen et Y. X. Jin

刺毛头黍
Setiacis diffusa (L. C. Chia) S. L. Chen et Y. X. Jin
- 习　　性：多年生草本
- 分　　布：海南
- 濒危等级：LC

鹅毛竹属 Shibataea Makino ex Nakai

江山鹅毛竹
Shibataea chiangshanensis T. W. Wen

习　　性：灌木状
分　　布：浙江
濒危等级：NT B1b（iii）c（i）

鹅毛竹
Shibataea chinensis Nakai

鹅毛竹（原变种）
Shibataea chinensis var. **chinensis**
习　　性：灌木状
海　　拔：约1100 m
分　　布：安徽、江苏、江西
濒危等级：LC
资源利用：环境利用（观赏）

细鹅毛竹
Shibataea chinensis var. **gracilis** C. H. Hu
习　　性：灌木状
分　　布：江苏、浙江
濒危等级：DD

芦花竹
Shibataea hispida McClure
习　　性：灌木状
海　　拔：300 m 以下
分　　布：安徽、浙江
濒危等级：DD

倭竹
Shibataea kumasaca（Zoll. ex Steud.）Makino ex Nakai
习　　性：灌木状
国内分布：福建、浙江
国外分布：日本
濒危等级：LC

狭叶鹅毛竹
Shibataea lancifolia C. H. Hu
习　　性：灌木状
海　　拔：约500 m
分　　布：江苏、浙江
濒危等级：LC

南平倭竹
Shibataea nanpingensis Q. F. Zheng et K. F. Huang

南平倭竹（原变种）
Shibataea nanpingensis var. **nanpingensis**
习　　性：灌木状
分　　布：福建
濒危等级：DD

福建倭竹
Shibataea nanpingensis var. **fujianica**（Z. D. Zhu et H. Y. Zhou）C. H. Hu
习　　性：灌木状
分　　布：福建
濒危等级：DD

矮雷竹
Shibataea strigosa T. H. Wen
习　　性：灌木状
分　　布：江西、浙江

濒危等级：LC

唐竹属 Sinobambusa Makino ex Nakai

独山唐竹
Sinobambusa dushanensis（C. D. Chu et J. Q. Zhang）T. H. Wen
习　　性：乔木状
海　　拔：约700 m
分　　布：贵州
濒危等级：DD

白皮唐竹
Sinobambusa farinosa（McClure）T. H. Wen
习　　性：乔木状或灌木状
海　　拔：约800 m
分　　布：福建、广东、广西、江西、浙江
濒危等级：DD

扛竹
Sinobambusa henryi（McClure）C. D. Chu et C. S. Chao
习　　性：乔木状或灌木状
分　　布：广东、广西
濒危等级：LC
资源利用：原料（木材）

竹仔
Sinobambusa humilis McClure
习　　性：乔木状或灌木状
分　　布：广东
濒危等级：DD

毛环唐竹
Sinobambusa incana T. H. Wen
习　　性：乔木状或灌木状
分　　布：广东
濒危等级：DD

晾衫竹
Sinobambusa intermedia McClure
习　　性：乔木状或灌木状
海　　拔：约700 m
分　　布：福建、广东、广西、四川、云南
濒危等级：LC
资源利用：原料（木材）；环境利用（绿化）

肾耳唐竹
Sinobambusa nephroaurita C. D. Chu et C. S. Chao
习　　性：乔木状
分　　布：广东、广西、四川
濒危等级：DD

红舌唐竹
Sinobambusa rubroligula McClure
习　　性：灌木状至乔木状
分　　布：广东、广西、海南
濒危等级：LC

唐竹
Sinobambusa tootsik（Makino）Makino

唐竹（原变种）
Sinobambusa tootsik var. **tootsik**

习　　性：乔木状或灌木状
国内分布：福建、广东、广西
国外分布：越南
濒危等级：LC
资源利用：原料（木材）；环境利用（观赏）

火管竹
Sinobambusa tootsik var. **dentata** T. H. Wen
习　　性：乔木状或灌木状
分　　布：福建
濒危等级：DD

满山爆竹
Sinobambusa tootsik var. **laeta**（McClure）T. H. Wen
习　　性：乔木状或灌木状
分　　布：福建、广东
濒危等级：DD

光叶唐竹
Sinobambusa tootsik var. **maeshimana** Muroi ex Sugimoto
习　　性：乔木状或灌木状
国内分布：广西
国外分布：日本
濒危等级：LC

尖头唐竹
Sinobambusa urens T. H. Wen
习　　性：乔木状
分　　布：福建
濒危等级：LC

宜兴唐竹
Sinobambusa yixingensis C. S. Chao et K. S. Xiao
习　　性：乔木状或灌木状
分　　布：江苏
濒危等级：LC

三蕊草属 Sinochasea Keng

三蕊草
Sinochasea trigyna Keng
习　　性：多年生草本
海　　拔：3800~5100 m
分　　布：青海、西藏
濒危等级：VU B2ab（iii）
国家保护：Ⅱ级
资源利用：育种种质资源

高粱属 Sorghum Moench

高粱
Sorghum bicolor（L.）Moench
习　　性：一年生草本
国内分布：全国多地栽培
国外分布：原产非洲
资源利用：食用（淀粉）；动物饲料（牧草）

石茅
Sorghum halepense（L.）Persoon
习　　性：多年生草本
国内分布：安徽、福建、广东、海南、四川、台湾、云南

国外分布：巴基斯坦、尼泊尔、斯里兰卡、印度；中亚、西南亚、南欧
濒危等级：LC
资源利用：原料（木材）；动物饲料（饲料）；环境利用（水土保持）

光高粱
Sorghum nitidum（Vahl）Pers.
习　　性：多年生草本
海　　拔：300~1400 m
国内分布：安徽、福建、广东、广西、贵州、海南、湖北、湖南、江苏、江西、山东、四川、台湾、云南、浙江
国外分布：巴布亚新几内亚、不丹、朝鲜、菲律宾、缅甸、日本、斯里兰卡、泰国、印度、印度尼西亚
濒危等级：LC
资源利用：动物饲料（牧草）；食品（淀粉，种子）

拟高粱
Sorghum propinquum（Kunth）Hitchc.
习　　性：多年生草本
海　　拔：200~600 m
国内分布：福建、广东、海南、四川、台湾、云南
国外分布：菲律宾、马来西亚、斯里兰卡、印度、印度尼西亚
濒危等级：EN B1ab（i, iii, v）；C2a（i, ii）
国家保护：Ⅱ级
资源利用：动物饲料（饲料）

苏丹草
Sorghum sudanense（Piper）Stapf
习　　性：一年生草本
国内分布：安徽、北京、福建、贵州、河南、黑龙江、内蒙古、宁夏、陕西、新疆、浙江
国外分布：原产非洲；广泛种植作牧草

米草属 Spartina Schreb.

互花米草
Spartina alterniflora Loisel.
习　　性：多年生草本
国内分布：福建、广东、河北、江苏、山东、浙江等地引种
国外分布：原产北美大西洋沿岸

大米草
Spartina anglica C. E. Hubb.
习　　性：多年生草本
国内分布：江苏、浙江
国外分布：原产英国
资源利用：基因源（耐淹，耐盐）；动物饲料（饲料）

稗荩属 Sphaerocaryum Nees. et Hook. f.

稗荩
Sphaerocaryum malaccense（Trin.）Pilg.
习　　性：一年生草本
海　　拔：1500 m 以下
国内分布：安徽、福建、广东、广西、江西、台湾、云南、浙江
国外分布：菲律宾、马来西亚、缅甸、斯里兰卡、泰国、印

度、印度尼西亚、越南

濒危等级：LC

鬣刺属 Spinifex L.

老鼠芳
Spinifex littoreus (Burm. f.) Merr.
- 习　　性：多年生草本
- 国内分布：福建、广东、广西、海南、台湾
- 国外分布：菲律宾、柬埔寨、马来西亚、缅甸、斯里兰卡、泰国、印度、印度尼西亚、越南
- 濒危等级：LC

大油芒属 Spodiopogon Trin.

竹油芒
Spodiopogon bambusoides (P. C. Keng) S. M. Phillips et S. L. Chen
- 习　　性：多年生草本
- 分　　布：广西、贵州
- 濒危等级：LC

油芒
Spodiopogon cotulifer (Thunb.) Hack.
- 习　　性：多年生草本
- 海　　拔：200 ~ 1000 m
- 国内分布：安徽、福建、甘肃、广东、贵州、湖北、湖南、江苏、江西、陕西、四川、台湾、云南、浙江
- 国外分布：朝鲜半岛、克什米尔地区、日本、印度
- 濒危等级：LC

绒毛大油芒
Spodiopogon dubius Hack.
- 习　　性：多年生草本
- 海　　拔：约 2400 m
- 国内分布：西藏
- 国外分布：尼泊尔、印度
- 濒危等级：NT D2

滇大油芒
Spodiopogon duclouxii A. Camus
- 习　　性：多年生草本
- 海　　拔：约 1450 m
- 分　　布：四川、云南
- 濒危等级：LC

台湾油芒
Spodiopogon formosanus Rendle
- 习　　性：多年生草本
- 海　　拔：1000 ~ 2000 m
- 分　　布：台湾
- 濒危等级：LC

箭叶大油芒
Spodiopogon sagittifolius Rendle
- 习　　性：多年生草本
- 海　　拔：1500 ~ 1800 m
- 分　　布：云南
- 濒危等级：NT B1ab（iii）
- 国家保护：II 级
- 资源利用：育种种质资源

大油芒
Spodiopogon sibiricus Trin.

大油芒（原变种）
Spodiopogon sibiricus var. **sibiricus**
- 习　　性：多年生草本
- 海　　拔：1100 m 以下
- 国内分布：安徽、甘肃、广东、贵州、海南、河北、黑龙江、湖北、湖南、江苏、江西、辽宁、内蒙古、宁夏、山东、山西、陕西、四川、浙江
- 国外分布：朝鲜、俄罗斯、蒙古、日本
- 濒危等级：LC
- 资源利用：动物饲料（饲料）

大花大油芒
Spodiopogon sibiricus var. **grandiflorus** L. Liu ex S. M. Phillips et S. L. Chen
- 习　　性：多年生草本
- 海　　拔：2400 ~ 2600 m
- 分　　布：四川
- 濒危等级：LC

台南大油芒
Spodiopogon tainanensis Hayata
- 习　　性：多年生草本
- 海　　拔：2300 ~ 3400 m
- 分　　布：甘肃、江苏、四川、台湾、西藏、云南
- 濒危等级：LC

白玉大油芒
Spodiopogon yuexiensis S. L. Zhong
- 习　　性：多年生草本
- 海　　拔：1600 ~ 3000 m
- 分　　布：四川
- 濒危等级：LC

鼠尾粟属 Sporobolus R. Br.

卡鲁满穗鼠尾粟
Sporobolus coromandelianus (Retz.) Kunth
- 习　　性：一年生草本
- 海　　拔：约 1000 m
- 国内分布：云南
- 国外分布：阿富汗、巴基斯坦、缅甸、斯里兰卡、泰国、印度、印度尼西亚；新几内亚岛
- 濒危等级：NT

双蕊鼠尾粟
Sporobolus diandrus (Retz.) P. Beauv.
- 习　　性：多年生草本
- 国内分布：福建、广东、贵州、四川、台湾、云南
- 国外分布：澳大利亚、巴基斯坦、不丹、菲律宾、马来西亚、缅甸、尼泊尔、日本、斯里兰卡、泰国、印度、印度尼西亚
- 濒危等级：LC

鼠尾粟
Sporobolus fertilis (Steud.) Clayton
- 习　　性：多年生草本
- 海　　拔：100 ~ 2600 m

国内分布：安徽、福建、甘肃、广东、贵州、海南
国外分布：不丹、菲律宾、马来西亚、缅甸、尼泊尔、日本、斯里兰卡、泰国、印度、印度尼西亚、越南
濒危等级：LC

广州鼠尾粟
Sporobolus hancei Rendle
习　　性：多年生草本
海　　拔：约 600 m
国内分布：福建、广东、广西、海南、江苏、台湾
国外分布：日本
濒危等级：LC

毛鼠尾粟
Sporobolus piliferus(Trin.)Kunth
习　　性：一年生草本
国内分布：安徽、江西、浙江
国外分布：不丹、朝鲜半岛、菲律宾、马来西亚、尼泊尔、日本、印度
濒危等级：LC

热带鼠尾粟
Sporobolus tenuissimus(Mart. ex Schrank)Kuntze
习　　性：一年生草本
国内分布：台湾等低海拔地区
国外分布：原产热带美洲；现成为世界温带地区外来种

盐地鼠尾粟
Sporobolus virginicus(L.)Kunth
习　　性：多年生草本
国内分布：福建、广东、海南、台湾、浙江
国外分布：菲律宾、马来西亚、日本（琉球群岛）、斯里兰卡、泰国、印度、印度尼西亚、越南；热带和亚热带地区
濒危等级：LC

瓦丽鼠尾粟
Sporobolus wallichii Munro ex Trimen
习　　性：多年生草本
海　　拔：400~1200 m
国内分布：云南
国外分布：缅甸、斯里兰卡、泰国、印度
濒危等级：LC

钝叶草属 Stenotaphrum Trin.

钝叶草
Stenotaphrum helferi Munro ex Hook. f.
习　　性：多年生草本
海　　拔：1100 m 以下
国内分布：福建、广东、海南、云南
国外分布：马来西亚、缅甸、泰国、越南
濒危等级：LC
资源利用：动物饲料（牧草）

锥穗钝叶草
Stenotaphrum micranthum(Desv.)C. E. Hubb.
习　　性：一年生草本
国内分布：海南（西沙群岛）
国外分布：澳大利亚（大堡礁群岛）、新几内亚周围小岛、印度洋岛屿、太平洋岛屿（玻利尼西亚）；东亚（坦桑尼亚）可能有引进
濒危等级：LC

侧钝叶草
Stenotaphrum secundatum(Walter)Kuntze
习　　性：多年生草本
国内分布：香港
国外分布：原产大西洋热带和亚热带两边海岸、绕非洲延伸到莫桑比克

冠毛草属 Stephanachne Keng

单蕊冠毛草
Stephanachne monandra(P. C. Kuo et S. L. Lu)P. C. Kuo et S. L. Lu
习　　性：多年生草本
海　　拔：4400~4700 m
分　　布：西藏
濒危等级：LC

黑穗茅
Stephanachne nigrescens Keng
习　　性：多年生草本
海　　拔：3800~4600 m
分　　布：甘肃、青海、陕西、四川
濒危等级：LC

冠毛草
Stephanachne pappophorea(Hack.)Keng
习　　性：多年生草本
海　　拔：1800~3200 m
国内分布：甘肃、内蒙古、青海、新疆
国外分布：蒙古、塔吉克斯坦
濒危等级：LC

针茅属 Stipa L.

阿尔巴斯针茅
Stipa albasiensis L. Q. Zhao et K. Guo
习　　性：多年生草本
分　　布：内蒙古
濒危等级：LC

异针茅
Stipa aliena Keng
习　　性：多年生草本
海　　拔：2900~4600 m
分　　布：甘肃、青海、四川、西藏
濒危等级：LC
资源利用：动物饲料（牧草）

图尔盖针茅
Stipa arabica Trin. et Rupr.
习　　性：多年生草本
海　　拔：500~3100 m
国内分布：西藏、新疆
国外分布：阿富汗、巴基斯坦、俄罗斯、哈萨克斯坦、吉尔吉斯斯坦、塔吉克斯坦、土库曼斯坦、乌兹别克斯坦
濒危等级：LC

资源利用：动物饲料（牧草）

狼针草
Stipa baicalensis Roshev.
习　　性：多年生草本
海　　拔：700~4000 m
国内分布：甘肃、河北、黑龙江、吉林、辽宁、内蒙古、青海、山西、陕西、西藏
国外分布：俄罗斯、哈萨克斯坦、蒙古
濒危等级：LC
资源利用：动物饲料（牧草）

短花针茅
Stipa breviflora Griseb.
习　　性：多年生草本
海　　拔：700~4700 m
国内分布：甘肃、河北、内蒙古、宁夏、青海、山西、陕西、四川、西藏、新疆
国外分布：哈萨克斯坦、吉尔吉斯斯坦、克什米尔地区、蒙古、尼泊尔、塔吉克斯坦、乌兹别克斯坦
濒危等级：LC
资源利用：动物饲料（牧草）

长芒草
Stipa bungeana Trin.
习　　性：多年生草本
海　　拔：500~4000 m
国内分布：安徽、甘肃、河北、河南、江苏、内蒙古、宁夏、青海、山东、陕西、四川、西藏、新疆
国外分布：哈萨克斯坦、吉尔吉斯斯坦、蒙古
濒危等级：LC
资源利用：动物饲料（牧草）

丝颖针茅
Stipa capillacea Keng

丝颖针茅（原变种）
Stipa capillacea var. **capillacea**
习　　性：多年生草本
海　　拔：2900~5000 m
国内分布：甘肃、青海、四川、西藏、云南
国外分布：不丹、克什米尔地区、尼泊尔、印度
濒危等级：LC
资源利用：动物饲料（牧草）

小花丝颖针茅
Stipa capillacea var. **parviflora** N. X. Zhao et M. F. Li
习　　性：多年生草本
海　　拔：4200~4400 m
分　　布：西藏
濒危等级：LC

针茅
Stipa capillata L.
习　　性：多年生草本
海　　拔：500~2300 m
国内分布：甘肃、河北、山西、新疆
国外分布：巴基斯坦、俄罗斯、哈萨克斯坦、吉尔吉斯斯坦、克什米尔地区、蒙古、塔吉克斯坦、土库曼斯坦、乌兹别克斯坦
濒危等级：LC
资源利用：动物饲料（饲料）

镰芒针茅
Stipa caucasica Schmalh.

镰芒针茅（原亚种）
Stipa caucasica subsp. **caucasica**
习　　性：多年生草本
海　　拔：1400~4500 m
国内分布：西藏、新疆
国外分布：阿富汗、高加索地区、哈萨克斯坦、吉尔吉斯斯坦、克什米尔地区、塔吉克斯坦、土库曼斯坦、伊朗
濒危等级：LC
资源利用：动物饲料（饲料）

沙生针茅
Stipa caucasica subsp. **glareosa**(P. A. Smirn.)Tzvelev
习　　性：多年生草本
海　　拔：600~5100 m
国内分布：甘肃、河北、河南、内蒙古、宁夏、青海、陕西、西藏、新疆
国外分布：阿富汗、俄罗斯、哈萨克斯坦、吉尔吉斯斯坦、蒙古、塔吉克斯坦
濒危等级：LC
资源利用：动物饲料（牧草）

宜红针茅
Stipa consanguinea Trin. et Rupr.
习　　性：多年生草本
海　　拔：1500~2500 m
国内分布：新疆
国外分布：俄罗斯、蒙古
濒危等级：DD

大针茅
Stipa grandis P. A. Smirn.
习　　性：多年生草本
海　　拔：100~3400 m
国内分布：甘肃、河北、河南、黑龙江、吉林、辽宁、内蒙古、宁夏、青海、山西、陕西
国外分布：俄罗斯、蒙古
濒危等级：LC

大羽针茅
Stipa kirghisorum P. A. Smirn.
习　　性：多年生草本
海　　拔：300~2400 m
国内分布：新疆
国外分布：阿富汗、巴基斯坦、哈萨克斯坦、吉尔吉斯斯坦、克什米尔地区、蒙古、塔吉克斯坦、乌兹别克斯坦
濒危等级：LC
资源利用：动物饲料（牧草）

细叶针茅
Stipa lessingiana Trin. et Rupr.
习　　性：多年生草本
海　　拔：800~1300 m

国内分布：新疆
国外分布：俄罗斯、高加索地区、哈萨克斯坦、吉尔吉斯斯坦、蒙古、塔吉克斯坦、土库曼斯坦、伊朗
濒危等级：DD
资源利用：动物饲料（饲料）

长舌针茅
Stipa macroglossa P. A. Smirn.
习　　性：多年生草本
海　　拔：800~1800 m
国内分布：新疆
国外分布：阿富汗、哈萨克斯坦、吉尔吉斯斯坦、塔吉克斯坦
濒危等级：LC
资源利用：动物饲料（牧草）

小花针茅
Stipa minuscula F. M. Vázquez
习　　性：多年生草本
分　　布：西藏
濒危等级：LC

蒙古针茅
Stipa mongolorum Tzvelev
习　　性：多年生草本
海　　拔：约1500 m
国内分布：内蒙古、宁夏
国外分布：蒙古
濒危等级：LC

东方针茅
Stipa orientalis Trin.
习　　性：多年生草本
海　　拔：400~5100 m
国内分布：青海、西藏、新疆
国外分布：俄罗斯、吉尔吉斯斯坦、克什米尔地区、蒙古西部、塔吉克斯坦、土库曼斯坦、乌兹别克斯坦
濒危等级：LC
资源利用：动物饲料（牧草）

疏花针茅
Stipa penicillata Hand.-Mazz.

疏花针茅（原变种）
Stipa penicillata var. **penicillata**
习　　性：多年生草本
海　　拔：1400~5200 m
分　　布：甘肃、青海、陕西、四川、西藏、新疆
濒危等级：LC
资源利用：动物饲料（牧草）

毛疏花针茅
Stipa penicillata var. **hirsuta** P. C. Kuo et Y. H. Sun
习　　性：多年生草本
海　　拔：3400~4500 m
分　　布：青海
濒危等级：LC

甘青针茅
Stipa przewalskyi Roshev.
习　　性：多年生草本
海　　拔：800~3600 m
分　　布：甘肃、河北、内蒙古、宁夏、青海、山西、陕西、四川、西藏
濒危等级：LC
资源利用：动物饲料（牧草）

紫花针茅
Stipa purpurea Griseb.
习　　性：多年生草本
海　　拔：1900~5200 m
国内分布：甘肃、青海、四川、西藏、新疆
国外分布：吉尔吉斯斯坦、克什米尔地区、塔吉克斯坦
濒危等级：LC
资源利用：动物饲料（牧草）

狭穗针茅
Stipa regeliana Hack.
习　　性：多年生草本
海　　拔：1600~4600 m
国内分布：甘肃、宁夏、青海、四川、西藏、新疆、云南
国外分布：哈萨克斯坦、吉尔吉斯斯坦、克什米尔地区、塔吉克斯坦
濒危等级：LC
资源利用：动物饲料（牧草）

昆仑针茅
Stipa roborowskyi Roshev.
习　　性：多年生草本
海　　拔：3500~5100 m
国内分布：青海、西藏、新疆
国外分布：克什米尔地区、印度
濒危等级：LC
资源利用：动物饲料（牧草）

新疆针茅
Stipa sareptana A. K. Becker

新疆针茅（原变种）
Stipa sareptana var. **sareptana**
习　　性：多年生草本
海　　拔：400~2700 m
国内分布：新疆
国外分布：俄罗斯、哈萨克斯坦、蒙古、塔吉克斯坦
濒危等级：LC
资源利用：动物饲料（牧草）

西北针茅
Stipa sareptana var. **krylovii**(Roshev.)P. C. Kuo et Y. H. Sun
习　　性：多年生草本
海　　拔：400~4500 m
国内分布：甘肃、河北、内蒙古、宁夏、青海、山西、西藏、新疆
国外分布：俄罗斯、哈萨克斯坦、蒙古
濒危等级：LC
资源利用：动物饲料（牧草）

座花针茅
Stipa subsessiliflora(Rupr.)Roshev.
习　　性：多年生草本
海　　拔：1900~5200 m

国内分布：甘肃、青海、四川、西藏、新疆、云南
国外分布：俄罗斯、哈萨克斯坦、吉尔吉斯斯坦、克什米尔地区、塔吉克斯坦、乌兹别克斯坦
濒危等级：LC
资源利用：动物饲料（牧草）

天山针茅
Stipa tianschanica Roshev.

天山针茅（原变种）
Stipa tianschanica var. **tianschanica**
习　　性：多年生草本
海　　拔：2100~2600 m
国内分布：甘肃、青海、西藏、新疆
国外分布：哈萨克斯坦、吉尔吉斯斯坦、乌兹别克斯坦
濒危等级：LC
资源利用：动物饲料（饲料）

戈壁针茅
Stipa tianschanica var. **gobica**(Roshev.)P. C. Kuo et Y. H. Sun
习　　性：多年生草本
海　　拔：300~4500 m
国内分布：甘肃、河北、内蒙古、宁夏、青海、山西、陕西、新疆
国外分布：蒙古
濒危等级：LC
资源利用：动物饲料（牧草）

石生针茅
Stipa tianschanica var. **klemenzii**(Roshev.)Norl.
习　　性：多年生草本
海　　拔：约 1400 m
国内分布：内蒙古
国外分布：俄罗斯、蒙古
濒危等级：LC
资源利用：动物饲料（饲料）

针禾属 Stipagrostis Nees

大颖针禾
Stipagrostis grandiglumis(Roshev.)Tzvelev
习　　性：多年生草本
海　　拔：1100~1500 m
国内分布：甘肃、新疆
国外分布：蒙古
濒危等级：NT B1ab（i, iii, v）

羽毛针禾
Stipagrostis pennata(Trin.)De Winter
习　　性：多年生草本
海　　拔：300~500 m
国内分布：新疆、云南
国外分布：阿富汗、俄罗斯、高加索地区、哈萨克斯坦、吉尔吉斯斯坦、土库曼斯坦、乌兹别克斯坦、伊朗
濒危等级：LC

坚轴草属 Tenacistachya L. Liou

小坚轴草
Tenacistachya minor L. Liou
习　　性：多年生草本
海　　拔：3100 m
分　　布：四川
濒危等级：LC

坚轴草
Tenacistachya sichuanensis L. Liou
习　　性：多年生草本
分　　布：四川
濒危等级：LC

筱竹属 Thamnocalamus Munro

筱竹
Thamnocalamus spathiflorus(Trin.)Munro

筱竹（原变种）
Thamnocalamus spathiflorus var. **spathiflorus**
习　　性：灌木状
海　　拔：2500~2900 m
国内分布：西藏
国外分布：不丹、尼泊尔、印度
濒危等级：LC

粗节筱竹
Thamnocalamus spathiflorus var. **crassinodus**(T. P. Yi)Stapleton
习　　性：灌木状
海　　拔：2500~2900 m
国内分布：西藏
国外分布：尼泊尔
濒危等级：LC

牛色玛
Thamnocalamus unispiculatus Yi et J. Y. Shi
习　　性：灌木状
分　　布：西藏
濒危等级：LC

菅属 Themeda Forssk.

瘤菅
Themeda anathera(Nees ex Steud.)Hack.
习　　性：多年生草本
海　　拔：1500~3000 m
国内分布：西藏
国外分布：阿富汗、巴基斯坦、尼泊尔、印度
濒危等级：LC

苇菅
Themeda arundinacea(Roxb.)A. Camus
习　　性：多年生草本
海　　拔：700~2000 m
国内分布：广西、贵州、云南
国外分布：不丹、老挝、马来西亚、孟加拉国、尼泊尔、泰国、印度尼西亚、越南
濒危等级：LC
资源利用：原料（纤维）

苞子草
Themeda caudata(Nees)A. Camus
习　　性：多年生草本

海　　拔：400~2500 m

国内分布：福建、广东、广西、贵州、海南、湖北、江西、四川、台湾、西藏、云南、浙江

国外分布：不丹、菲律宾、马来西亚、缅甸、尼泊尔、斯里兰卡、泰国、印度、印度尼西亚、越南

濒危等级：LC

无茎菅
Themeda helferi Munro ex Hack.

习　　性：一年生草本

海　　拔：约 600 m

国内分布：云南

国外分布：缅甸

濒危等级：LC

西南菅草
Themeda hookeri (Griseb.) A. Camus

习　　性：多年生草本

海　　拔：1100~3400 m

国内分布：贵州、四川、西藏、云南

国外分布：尼泊尔、印度

濒危等级：LC

居中菅
Themeda intermedia (Hack.) Bor

习　　性：多年生草本

海　　拔：约 700 m

国内分布：云南

国外分布：不丹、缅甸、印度

濒危等级：LC

小菅草
Themeda minor L. Liu

习　　性：多年生草本

海　　拔：约 2000 m

分　　布：西藏

濒危等级：LC

中华菅
Themeda quadrivalvis (L.) Kuntze

习　　性：一年生草本

海　　拔：400~2000 m

国内分布：广东、贵州、海南、云南

国外分布：澳大利亚、缅甸、尼泊尔、泰国、印度、印度尼西亚、越南

濒危等级：LC

阿拉伯黄背草
Themeda triandra Forssk.

习　　性：多年生草本

海　　拔：100~3000 m

国内分布：安徽、福建、贵州、海南

国外分布：澳大利亚、不丹、朝鲜半岛、菲律宾、马来西亚、缅甸、尼泊尔、日本、斯里兰卡、泰国、印度、印度尼西亚、越南

濒危等级：LC

毛菅
Themeda trichiata S. L. Chen et T. D. Zhuang

习　　性：多年生草本

海　　拔：200~1400 m

分　　布：广西、海南、云南

濒危等级：LC

浙皖菅
Themeda unica S. L. Chen et T. D. Zhuang

习　　性：多年生草本

海　　拔：200~1000 m

分　　布：安徽、浙江

濒危等级：LC

菅
Themeda villosa (Poir.) A. Camus

习　　性：多年生草本

海　　拔：300~2500 m

国内分布：福建、广东、广西、贵州、海南、河南、湖北、湖南、江西、四川、西藏、云南、浙江

国外分布：不丹、菲律宾、马来西亚、孟加拉国、尼泊尔、斯里兰卡、泰国、印度、印度尼西亚

濒危等级：LC

资源利用：原料（纤维）

云南菅
Themeda yunnanensis S. L. Chen et T. D. Zhuang

习　　性：多年生草本

海　　拔：600~1900 m

分　　布：云南

濒危等级：LC

蒭雷草属 Thuarea Pers.

蒭雷草
Thuarea involuta (G. Forst.) R. Br. ex Sm.

习　　性：多年生草本

国内分布：广东、海南、台湾

国外分布：澳大利亚、菲律宾、马达加斯加、马来西亚、斯里兰卡、泰国、印度尼西亚、越南；新几内亚岛

濒危等级：LC

泰竹属 Thyrsostachys Gamble

大泰竹
Thyrsostachys oliveri Gamble

习　　性：乔木状

海　　拔：500~700 m

国内分布：云南

国外分布：缅甸

濒危等级：DD

资源利用：环境利用（观赏）

泰竹
Thyrsostachys siamensis Gamble

习　　性：乔木状

海　　拔：500~1000 m

国内分布：云南

国外分布：缅甸、泰国

濒危等级：LC

资源利用：环境利用（观赏）；食品（蔬菜）

棕叶芦属 Thysanolaena Nees

棕叶芦
Thysanolaena latifolia (Roxb. ex Hornem.) Honda
习　　性：多年生草本
国内分布：广东、广西、贵州
国外分布：不丹、菲律宾、柬埔寨、老挝、马来西亚、孟加拉国、缅甸、尼泊尔、斯里兰卡、泰国、印度尼西亚、越南；新几内亚岛
濒危等级：LC

锋芒草属 Tragus Haller

虱子草
Tragus berteronianus Schult.
习　　性：一年生草本
海　　拔：500~1200 m
国内分布：安徽、甘肃、河北、江苏、内蒙古、陕西、四川
国外分布：阿富汗、巴基斯坦
濒危等级：LC

锋芒草
Tragus mongolorum Ohwi
习　　性：一年生草本
海　　拔：3000 m 以下
国内分布：甘肃、河北、内蒙古、宁夏、青海、山西、四川、西藏、云南
国外分布：巴基斯坦、马来西亚、缅甸、泰国、印度；印度洋岛屿
濒危等级：LC

三角草属 Trikeraia Bor

三角草
Trikeraia hookeri (Stapf) Bor

三角草（原变种）
Trikeraia hookeri var. **hookeri**
习　　性：多年生草本
海　　拔：3600~4400 m
国内分布：青海、西藏
国外分布：巴基斯坦、克什米尔地区
濒危等级：LC

展穗三角草
Trikeraia hookeri var. **ramosa** Bor
习　　性：多年生草本
海　　拔：3600~4400 m
分　　布：青海、西藏
濒危等级：LC

山地三角草
Trikeraia oreophila Cope
习　　性：多年生草本
海　　拔：2800~5200 m
国内分布：西藏、新疆
国外分布：不丹、尼泊尔、印度
濒危等级：LC

假冠毛草
Trikeraia pappiformis (Keng) P. C. Kuo et S. L. Lu
习　　性：多年生草本
海　　拔：3400~4300 m
分　　布：甘肃、青海、四川、西藏、云南
濒危等级：LC

草沙蚕属 Tripogon Roem. et Schult.

中华草沙蚕
Tripogon chinensis (Franch.) Hack.
习　　性：多年生草本
海　　拔：200~2200 m
国内分布：安徽、甘肃、河北、河南、黑龙江、湖北、江苏、辽宁、内蒙古、宁夏、山东、山西、陕西、四川、台湾、西藏、新疆、云南
国外分布：俄罗斯、菲律宾、蒙古
濒危等级：LC

柔弱草沙蚕
Tripogon debilis L. B. Cai
习　　性：多年生草本
海　　拔：3100~3800 m
分　　布：四川
濒危等级：DD

小草沙蚕
Tripogon filiformis Nees ex Steud.
习　　性：多年生草本
海　　拔：1200~4200 m
国内分布：福建、贵州、河南、陕西、四川、西藏、云南、浙江
国外分布：巴基斯坦、不丹、缅甸、尼泊尔、印度
濒危等级：LC

矮草沙蚕
Tripogon humilis H. L. Yang
习　　性：多年生草本
海　　拔：约2800 m
分　　布：西藏
濒危等级：LC

丽藕草沙蚕
Tripogon liouae S. M. Phillips et S. L. Chen
习　　性：多年生草本
海　　拔：3000~4600 m
分　　布：西藏
濒危等级：DD

长芒草沙蚕
Tripogon longearistatus Hack. ex Honda
习　　性：多年生草本
海　　拔：300~1000 m
国内分布：福建、甘肃、广东、贵州、湖南、江西、陕西、四川、云南、浙江
国外分布：朝鲜、日本
濒危等级：LC

玫瑰紫草沙蚕
Tripogon purpurascens Duthie
习　　性：多年生草本

海　　拔：700~2400 m
国内分布：新疆
国外分布：阿富汗、巴基斯坦、不丹、尼泊尔、印度
濒危等级：LC

岩生草沙蚕
Tripogon rupestris S. M. Phillips et S. L. Chen
习　　性：多年生草本
海　　拔：2300~3000 m
国内分布：西藏、云南
国外分布：尼泊尔、印度
濒危等级：DD

四川草沙蚕
Tripogon sichuanicus S. M. Phillips et S. L. Chen
习　　性：多年生草本
海　　拔：1600~3200 m
分　　布：四川
濒危等级：DD

三裂草沙蚕
Tripogon trifidus Munro ex Hook. f.
习　　性：多年生草本
海　　拔：1300~2600 m
国内分布：西藏、云南
国外分布：不丹、缅甸、尼泊尔、泰国、印度、越南
濒危等级：LC

云南草沙蚕
Tripogon yunnanensis J. L. Yang ex S. M. Phillips et S. L.
习　　性：多年生草本
海　　拔：2800~4500 m
分　　布：四川、西藏、云南
濒危等级：LC

摩擦草属 Tripsacum L.

摩擦草
Tripsacum laxum Nash
习　　性：多年生草本
国内分布：台湾
国外分布：马来西亚
濒危等级：LC
资源利用：基因源（高产）；动物饲料（饲料）

三毛草属 Trisetum Pers.

高山三毛草
Trisetum altaicum Roshev.
习　　性：多年生草本
海　　拔：1900~2800 m
国内分布：新疆
国外分布：俄罗斯、哈萨克斯坦、蒙古
濒危等级：LC

三毛草
Trisetum bifidum (Thunb.) Ohwi
习　　性：多年生草本
海　　拔：500~2500 m
国内分布：安徽、福建、甘肃、广东、广西、贵州、河南、湖北、湖南、江苏、江西、山东、陕西、四川、台湾、西藏、云南、浙江
国外分布：朝鲜半岛、日本
濒危等级：LC

长穗三毛草
Trisetum clarkei (Hook. f.) R. R. Stewart
习　　性：多年生草本
海　　拔：1900~4300 m
国内分布：甘肃、湖北、青海、陕西、四川、西藏、新疆、云南
国外分布：阿富汗、巴基斯坦、克什米尔地区、印度
濒危等级：LC

柔弱三毛草
Trisetum debile Chrtek
习　　性：多年生草本
海　　拔：约3400 m
分　　布：云南
濒危等级：DD

湖北三毛草
Trisetum henryi Rendle
习　　性：多年生草本
海　　拔：2400 m 以下
分　　布：安徽、河南、湖北、江苏、江西、山西、陕西、四川、浙江
濒危等级：LC

康定三毛草
Trisetum kangdingense (Z. L. Wu) S. M. Phillips et Z. L. Wu
习　　性：多年生草本
海　　拔：3000~3700 m
分　　布：青海、四川
濒危等级：DD

贫花三毛草
Trisetum pauciflorum Keng
习　　性：多年生草本
海　　拔：1600~2100 m
分　　布：河南、陕西、四川
濒危等级：LC

优雅三毛草
Trisetum scitulum Bor
习　　性：多年生草本
海　　拔：4000~5000 m
国内分布：四川、西藏、云南
国外分布：不丹、尼泊尔、印度
濒危等级：LC

西伯利亚三毛草
Trisetum sibiricum Rupr.
习　　性：多年生草本
海　　拔：700~4200 m
国内分布：甘肃、河北、河南、黑龙江、湖北、吉林、辽宁、内蒙古、青海、四川、西藏、新疆、云南
国外分布：朝鲜半岛、俄罗斯、哈萨克斯坦、蒙古、日本

濒危等级：LC
资源利用：动物饲料（饲料）

穗三毛
Trisetum spicatum (L.) K. Richt.

穗三毛（原亚种）
Trisetum spicatum subsp. **spicatum**
- 习　　性：多年生草本
- 海　　拔：1900 ~ ? m
- 国内分布：甘肃、河北、黑龙江、湖北、吉林、辽宁、内蒙古、宁夏、青海、山西、陕西、四川、新疆
- 国外分布：俄罗斯
- 濒危等级：LC
- 资源利用：动物饲料（牧草）

大花穗三毛
Trisetum spicatum subsp. **alascanum** (Nash) Hultén
- 习　　性：多年生草本
- 海　　拔：3800 ~ 5600 m
- 国内分布：四川、台湾、西藏、云南
- 国外分布：不丹、朝鲜半岛、俄罗斯、加拿大、美国、日本、印度
- 濒危等级：LC

蒙古穗三毛
Trisetum spicatum subsp. **mongolicum** Hultén ex Veldkamp
- 习　　性：多年生草本
- 海　　拔：2000 ~ 5200 m
- 国内分布：内蒙古、青海、四川、西藏、新疆
- 国外分布：不丹、俄罗斯、吉尔吉斯斯坦、蒙古、印度
- 濒危等级：LC

西藏三毛草
Trisetum spicatum subsp. **tibeticum** (P. C. Kuo et Z. L. Wu) W. B. Dickoré
- 习　　性：多年生草本
- 海　　拔：4800 ~ 5500 m
- 分　　布：西藏
- 濒危等级：LC

喜马拉雅穗三毛
Trisetum spicatum subsp. **virescens** (Regel) Tzvelev
- 习　　性：多年生草本
- 海　　拔：3200 ~ 5000 m
- 国内分布：青海、四川、西藏、新疆、云南
- 国外分布：巴基斯坦、不丹、哈萨克斯坦、吉尔吉斯斯坦、尼泊尔、塔吉克斯坦、印度
- 濒危等级：LC

绿穗三毛草
Trisetum umbratile (Kitag.) Kitag.
- 习　　性：多年生草本
- 国内分布：黑龙江、吉林、辽宁、内蒙古
- 国外分布：朝鲜半岛、俄罗斯
- 濒危等级：DD

云南三毛草
Trisetum yunnanense Chrtek
- 习　　性：多年生草本
- 海　　拔：约 3000 m
- 分　　布：云南
- 濒危等级：LC

小麦属 Triticum L.

小麦
Triticum aestivum L.

小麦（原亚种）
Triticum aestivum subsp. **aestivum**
- 习　　性：一年生草本
- 海　　拔：3500 m 以下
- 国内分布：遍布全国
- 国外分布：世界广泛栽培
- 资源利用：食品（淀粉）；原料（纤维）；药用（中草药）

西藏小麦
Triticum aestivum subsp. **tibeticum** J. Z. Shao
- 习　　性：一年生草本
- 海　　拔：1700 ~ 3500 m
- 分　　布：西藏
- 濒危等级：LC

云南小麦
Triticum aestivum subsp. **yunnanensis** King ex S. L. Chen
- 习　　性：一年生草本
- 海　　拔：1500 ~ 3000 m
- 分　　布：云南栽培

一粒小麦
Triticum monococcum L.
- 习　　性：一年生草本
- 国内分布：我国引种作科学试验材料
- 国外分布：亚洲西南部、欧洲中部及东南部、非洲北部栽培
- 资源利用：基因源（耐寒，耐旱，抗锈病）

杂生小麦
Triticum turanicum Jakubziner
- 习　　性：一年生草本
- 国内分布：新疆
- 国外分布：俄罗斯、哈萨克斯坦、吉尔吉斯斯坦、土库曼斯坦、乌兹别克斯坦、伊朗
- 濒危等级：LC

圆锥小麦
Triticum turgidum L.

圆锥小麦（原亚种）
Triticum turgidum subsp. **turgidum**
- 习　　性：一年生草本
- 国内分布：北京、甘肃、河南、陕西、四川、西藏、新疆、云南栽培
- 国外分布：亚洲中部及西南部、欧洲南部栽培
- 资源利用：食用（粮食）

硬粒小麦
Triticum turgidum subsp. **durum** (Desf.) Husnot
- 习　　性：一年生草本

国内分布：作为粮食普遍栽培
国外分布：世界非热带地区；地中海地区、亚洲中部、欧洲南部、非洲东部栽培
资源利用：食用（粮食）

波兰小麦
Triticum turgidum subsp. **polonicum**（L.）Thell.
习　　性：一年生草本
国内分布：作为粮食普遍栽培
国外分布：亚洲中部、欧洲南部、非洲东部、南美洲栽培
资源利用：食用（粮食）

尾稃草属 Urochloa P. Beauv.

类黍尾稃草
Urochloa panicoides P. Beauv.
习　　性：一年生草本
海　　拔：600~1500 m
国内分布：四川、云南
国外分布：不丹、印度
濒危等级：LC

雀稗尾稃草
Urochloa paspaloides J. Presl
习　　性：一年生草本
海　　拔：100~800 m
国内分布：海南、云南
国外分布：菲律宾、马来西亚、日本、斯里兰卡、印度
濒危等级：LC

尾稃草
Urochloa reptans（L.）Stapf

尾稃草（原变种）
Urochloa reptans var. **reptans**
习　　性：一年生草本
国内分布：广东、广西、贵州、湖南、四川、台湾、云南
国外分布：热带地区
濒危等级：LC

光尾稃草
Urochloa reptans var. **glabra** S. L. Chen et Y. X. Jin
习　　性：一年生草本
分　　布：云南
濒危等级：LC

刺毛尾稃草
Urochloa setigera（Retz.）Stapf
习　　性：多年生草本
国内分布：广东、海南
国外分布：缅甸、尼泊尔、斯里兰卡、泰国、印度
濒危等级：LC

鼠茅属 Vulpia C. C. Gmel.

鼠茅
Vulpia myuros（L.）C. C. Gmel.
习　　性：一年生草本
海　　拔：100~4200 m
国内分布：江苏、台湾、西藏、浙江
国外分布：阿富汗、巴基斯坦、不丹、俄罗斯、吉尔吉斯斯坦、塔吉克斯坦、土耳其、乌兹别克斯坦
濒危等级：LC

玉山竹属 Yushania Keng f.

紫斑玉山竹
Yushania ailuropodina T. P. Yi
习　　性：灌木状
海　　拔：2600~3000 m
分　　布：四川
濒危等级：LC

草丝竹
Yushania andropogonoides（Hand.-Mazz.）T. P. Yi
习　　性：灌木状
海　　拔：2000~2300 m
分　　布：云南
濒危等级：LC

显耳玉山竹
Yushania auctiaurita T. P. Yi
习　　性：灌木状
海　　拔：1700~1800 m
分　　布：贵州
濒危等级：LC

百山祖玉山竹
Yushania baishanzuensis Z. P. Wang et G. H. Ye
习　　性：灌木状
海　　拔：1000~1100 m
分　　布：浙江
濒危等级：LC

毛玉山竹
Yushania basihirsuta（McClure）Z. P. Wang et G. H. Ye
习　　性：灌木状
海　　拔：1500~1600 m
分　　布：广东、湖南
濒危等级：LC

金平玉山竹
Yushania bojieiana T. P. Yi
习　　性：灌木状
海　　拔：2100~2300 m
分　　布：云南
濒危等级：LC

短锥玉山竹
Yushania brevipaniculata（Hand.-Mazz.）T. P. Yi
习　　性：灌木状
海　　拔：1800~3800 m
分　　布：四川
濒危等级：LC
资源利用：动物饲料（大熊猫采食的主要竹种）

绿春玉山竹
Yushania brevis T. P. Yi

习　　性：灌木状
海　　拔：2000 m
分　　布：云南
濒危等级：LC

灰绿玉山竹
Yushania canoviridis G. H. Ye
习　　性：灌木状
海　　拔：1100 m
分　　布：湖南
濒危等级：LC

硬壳玉山竹
Yushania cartilaginea T. H. Wen
习　　性：灌木状
海　　拔：1700 m
分　　布：广西
濒危等级：LC

空柄玉山竹
Yushania cava T. P. Yi
习　　性：灌木状
海　　拔：2000~2600 m
分　　布：四川
濒危等级：LC
资源利用：动物饲料（大熊猫采食的主要竹种）

仁昌玉山竹
Yushania chingii T. P. Yi
习　　性：灌木状
海　　拔：1400~1500 m
分　　布：广西、贵州
濒危等级：LC

德昌玉山竹
Yushania collina T. P. Yi
习　　性：灌木状
海　　拔：2200 m
分　　布：四川
濒危等级：LC

梵净山玉山竹
Yushania complanata T. P. Yi
习　　性：灌木状
海　　拔：2100~2400 m
分　　布：贵州
濒危等级：NT B1ab（i，v）

鄂西玉山竹
Yushania confusa(McClure)Z. P. Wang et G. H. Ye
习　　性：灌木状
海　　拔：1000~2300 m
分　　布：贵州、湖北、湖南、陕西、四川
濒危等级：LC

粗柄玉山竹
Yushania crassicollis T. P. Yi
习　　性：灌木状
海　　拔：2400~2600 m
分　　布：云南
濒危等级：LC
资源利用：食品（蔬菜）

波柄玉山竹
Yushania crispata T. P. Yi
习　　性：灌木状
海　　拔：2100~3400 m
分　　布：云南
濒危等级：LC

大风顶山竹
Yushania dafengdingensis T. P. Yi
习　　性：灌木状
海　　拔：2200~2600 m
分　　布：四川
濒危等级：LC

腾冲玉山竹
Yushania elevata T. P. Yi
习　　性：灌木状
海　　拔：2000~2300 m
分　　布：云南
濒危等级：LC

沐川玉山竹
Yushania exilis T. P. Yi
习　　性：灌木状
海　　拔：1200~1500 m
分　　布：四川
濒危等级：LC

粉竹
Yushania falcatiaurita J. R. Xue et T. P. Yi
习　　性：灌木状
海　　拔：1200 m
分　　布：云南
濒危等级：DD

独龙江玉山竹
Yushania farcticaulis T. P. Yi
习　　性：灌木状
海　　拔：1900~2000 m
分　　布：云南
濒危等级：DD
资源利用：原料（木材）

湖南玉山竹
Yushania farinosa Y. P. Wang et G. H. Ye
习　　性：灌木状
海　　拔：1600 m
分　　布：湖南
濒危等级：DD

弯毛玉山竹
Yushania flexa T. P. Yi
习　　性：灌木状
海　　拔：2100~2300 m
分　　布：云南
濒危等级：LC

大玉山竹
Yushania gigantea T. P. Yi et L. Yang
习　　性：灌木状
海　　拔：约2300 m
分　　布：云南
濒危等级：NT

盈江玉山竹
Yushania glandulosa J. R. Xue et T. P. Yi
习　　性：灌木状
海　　拔：1800 m
分　　布：云南
濒危等级：LC

白背玉山竹
Yushania glauca T. P. Yi et T. L. Long
习　　性：灌木状
海　　拔：2500～3200 m
分　　布：四川
濒危等级：LC
资源利用：动物饲料（大熊猫采食的主要竹种）

棱纹玉山竹
Yushania grammata T. P. Yi
习　　性：灌木状
海　　拔：1300 m
分　　布：云南
濒危等级：LC

毛竿玉山竹
Yushania hirticaulis Z. P. Wang et G. H. Ye
习　　性：灌木状
海　　拔：1300～2000 m
分　　布：江西
濒危等级：LC

撕裂玉山竹
Yushania lacera Q. F. Zheng et K. F. Huang
习　　性：灌木状
海　　拔：1700～1800 m
分　　布：福建
濒危等级：DD

亮绿玉山竹
Yushania laetevirens T. P. Yi
习　　性：灌木状
海　　拔：1300～1500 m
分　　布：云南
濒危等级：DD

光亮玉山竹
Yushania levigata T. P. Yi
习　　性：灌木状
海　　拔：2300～3000 m
分　　布：云南
濒危等级：LC

石棉玉山竹
Yushania lineolata T. P. Yi
习　　性：灌木状
海　　拔：2600～2700 m
分　　布：四川
濒危等级：LC
资源利用：动物饲料（大熊猫采食的主要竹种）

长耳玉山竹
Yushania longiaurita Q. F. Zheng et K. F. Huang
习　　性：灌木状
海　　拔：1500 m
分　　布：福建
濒危等级：LC

蒙自玉山竹
Yushania longiuscula T. P. Yi
习　　性：灌木状
海　　拔：2100～2800 m
分　　布：云南
濒危等级：LC

马边玉山竹
Yushania mabianensis T. P. Yi
习　　性：灌木状
海　　拔：1400～2000 m
分　　布：四川
濒危等级：LC

斑壳玉山竹
Yushania maculata T. P. Yi
习　　性：灌木状
海　　拔：1800～3500 m
分　　布：四川、云南
濒危等级：LC
资源利用：动物饲料（饲料）

隔界竹
Yushania menghaiensis T. P. Yi
习　　性：灌木状
海　　拔：2300 m
分　　布：云南
濒危等级：LC

泡滑竹
Yushania mitis T. P. Yi
习　　性：灌木状
海　　拔：1800～2500 m
分　　布：云南
濒危等级：LC
资源利用：原料（木材）；环境利用（水土保持）；食品（蔬菜）

多枝玉山竹
Yushania multiramea T. P. Yi
习　　性：灌木状
海　　拔：2300～2600 m
分　　布：云南
濒危等级：LC

玉山竹
Yushania niitakayamensis (Hayata) P. C. Keng
习　　性：灌木状
海　　拔：1000～3000 m
国内分布：台湾
国外分布：菲律宾
濒危等级：LC

马鹿竹
Yushania oblonga T. P. Yi
习　　性：灌木状
海　　拔：2600～3000 m

分　　布：云南
濒危等级：LC
资源利用：原料（木材）

粗枝玉山竹
Yushania pachyclada T. P. Yi
习　　性：灌木状
海　　拔：1700~1800 m
分　　布：四川、云南
濒危等级：LC

少枝玉山竹
Yushania pauciramificans T. P. Yi
习　　性：灌木状
海　　拔：2500 m
分　　布：云南
濒危等级：DD

片马玉山竹
Yushania pianmaensis T. P. Yi et L. Yang
习　　性：灌木状
海　　拔：约2200 m
分　　布：云南
濒危等级：NT

滑竹
Yushania polytricha J. R. Xue et T. P. Yi
习　　性：灌木状
海　　拔：1900~2000 m
分　　布：云南
濒危等级：LC

抱鸡竹
Yushania punctulata T. P. Yi
习　　性：灌木状
海　　拔：1200~1500 m
分　　布：四川
濒危等级：LC

海竹
Yushania qiaojiaensis J. R. Xue et T. P. Yi

海竹（原变种）
Yushania qiaojiaensis var. **qiaojiaensis**
习　　性：灌木状
海　　拔：3100 m
分　　布：云南
濒危等级：LC

裸箨海竹
Yushania qiaojiaensis var. **nuda**(T. P. Yi)D. Z. Li et Z. H. Guo
习　　性：灌木状
海　　拔：2000~2100 m
分　　布：云南
濒危等级：DD
资源利用：食品（蔬菜）

皱叶玉山竹
Yushania rugosa T. P. Yi
习　　性：灌木状
海　　拔：1400~1600 m

分　　布：广西、贵州
濒危等级：LC

黄壳竹
Yushania straminea T. P. Yi
习　　性：灌木状
海　　拔：2300~2600 m
分　　布：云南
濒危等级：LC

绥江玉山竹
Yushania suijiangensis Yi
习　　性：灌木状
海　　拔：1300~1500 m
分　　布：云南
濒危等级：LC

单枝玉山竹
Yushania uniramosa J. R. Xue et T. P. Yi
习　　性：灌木状
海　　拔：1300~1600 m
分　　布：贵州
濒危等级：LC

庐山玉山竹
Yushania varians T. P. Yi
习　　性：灌木状
海　　拔：1400 m
分　　布：江西
濒危等级：LC

长肩毛玉山竹
Yushania vigens T. P. Yi
习　　性：灌木状
海　　拔：1900~2500 m
分　　布：云南
濒危等级：LC

紫花玉山竹
Yushania violascens(Keng)T. P. Yi
习　　性：灌木状
海　　拔：2400~3400 m
分　　布：四川、云南
濒危等级：LC

竹扫子
Yushania weixiensis T. P. Yi
习　　性：灌木状
海　　拔：2300~2600 m
分　　布：云南
濒危等级：LC

武夷山玉山竹
Yushania wuyishanensis Q. F. Zheng et K. F. Huang
习　　性：灌木状
海　　拔：1800 m
分　　布：福建
濒危等级：LC

西藏玉山竹
Yushania xizangensis T. P. Yi

习　　性：灌木状
海　　拔：2400 m
分　　布：西藏
濒危等级：LC

亚东玉山竹
Yushania yadongensis T. P. Yi
习　　性：灌木状
海　　拔：2000~2800 m
国内分布：西藏
国外分布：不丹
濒危等级：LC

玉蜀黍属 Zea L.

玉蜀黍（玉米，苞谷）
Zea mays L.
习　　性：一年生草本
国内分布：广泛栽培
国外分布：原产美洲；世界各地广泛栽培
资源利用：食品（淀粉）；原料（纤维，精油）；动物饲料

菰属 Zizania L.

菰（茭白）
Zizania latifolia (Griseb.) Turcz. ex Stapf
习　　性：多年生草本
国内分布：安徽、福建、广东、广西、贵州、海南、河北、河南、湖北、湖南、吉林、江苏、江西、辽宁、山东、陕西、四川、台湾、云南、浙江
国外分布：朝鲜、俄罗斯、缅甸、日本、印度；东南亚栽培
濒危等级：LC
资源利用：动物饲料（饲料）；食品（粮食，蔬菜）

结缕草属 Zoysia Willd.

结缕草
Zoysia japonica Steud.
习　　性：多年生草本
海　　拔：200~500 m
国内分布：河北、江苏、江西、辽宁、山东、台湾、香港、浙江
国外分布：朝鲜半岛、日本
濒危等级：LC
资源利用：环境利用（观赏）

大穗结缕草
Zoysia macrostachya Franch. et Sav.
习　　性：多年生草本
国内分布：安徽、福建、江苏、山东、浙江
国外分布：朝鲜、日本
濒危等级：LC
资源利用：基因源（耐盐碱）

沟叶结缕草
Zoysia matrella (L.) Merr.
习　　性：多年生草本
国内分布：广东、海南、台湾
国外分布：菲律宾、马来西亚、日本、斯里兰卡、泰国、印度、印度尼西亚、越南
濒危等级：LC
资源利用：环境利用（观赏）

细叶结缕草
Zoysia pacifica (Goudswaard) M. Hotta et S. Kuroki
习　　性：多年生草本
国内分布：台湾
国外分布：菲律宾、日本、泰国
濒危等级：NT

中华结缕草
Zoysia sinica Hance
习　　性：多年生草本
海　　拔：约 500 m
国内分布：安徽、福建、广东、广西、河北、江苏、辽宁、山东、台湾、浙江
国外分布：朝鲜半岛、日本
濒危等级：LC
国家保护：Ⅱ级
资源利用：环境利用（观赏）

川苔草科 PODOSTEMACEAE
（3属：6种）

川苔草属 Cladopus H. Möller

华南飞瀑草
Cladopus austrosinensis M. Kata et Y. Kita
习　　性：多年生草本
海　　拔：约 600 m
分　　布：广东、海南、香港
濒危等级：CR B1ab (iii)
国家保护：Ⅱ级

川苔草
Cladopus doianus (Koidz.) Koriba
习　　性：多年生草本
海　　拔：200~400 m
国内分布：福建
国外分布：日本
濒危等级：EN D
国家保护：Ⅱ级

福建飞瀑草
Cladopus fukienensis (H. C. Chao) H. C. Chao
习　　性：多年生草本
分　　布：福建、广东
国家保护：Ⅱ级

水石衣属 Hydrobryum Endl.

水石衣
Hydrobryum griffithii (Wall. ex Griff.) Tul.
习　　性：多年生草本
海　　拔：900~1900 m
国内分布：云南
国外分布：不丹、缅甸、尼泊尔、泰国、印度、越南
濒危等级：CR D2

国家保护：Ⅱ级

日本水石衣
Hydrobryum japonicum Imamura
习　　性：多年生草本
国内分布：云南
国外分布：日本、泰国

川藻属 Terniopsis H. C. Chao

川藻
Terniopsis sessilis H. C. Chao
习　　性：多年生草本
海　　拔：100~400 m
分　　布：福建
濒危等级：VU A2c；D1+2
国家保护：Ⅱ级

花荵科 POLEMONIACEAE
（2 属：6 种）

天蓝绣球属 Phlox L.

小天蓝绣球
Phlox drummondii Hook.
习　　性：一年生草本
国内分布：我国各地庭园栽培
国外分布：原产墨西哥
资源利用：环境利用（观赏）

针叶天蓝绣球
Phlox subulata L.
习　　性：多年生草本
国内分布：华东地区有引种栽培
国外分布：原产北美洲东部
资源利用：环境利用（观赏）

花荵属 Polemonium L.

花荵
Polemonium caeruleum L.

花荵（原变种）
Polemonium caeruleum var. **caeruleum**
习　　性：多年生草本
海　　拔：1000~3700 m
国内分布：新疆、云南
国外分布：巴基斯坦、俄罗斯、蒙古、日本、印度
濒危等级：LC

尖裂花荵
Polemonium caeruleum var. **acutiflorum**（Willd. ex Roem. et Schult.）Ledeb.
习　　性：多年生草本
海　　拔：1700~3700 m
国内分布：黑龙江、吉林、辽宁、内蒙古
国外分布：朝鲜、俄罗斯；北美洲
濒危等级：LC

中华花荵
Polemonium chinense（Brand）Brand
习　　性：多年生草本
海　　拔：1000~2100 m
国内分布：甘肃、黑龙江、湖北、吉林、辽宁、内蒙古、青海、山西、陕西、四川
国外分布：朝鲜、俄罗斯、蒙古
濒危等级：LC

毛茎花荵
Polemonium chinense var. **hirticaulum** G. H. Liu et Y. C. Ma
习　　性：多年生草本
海　　拔：约 1000 m
分　　布：内蒙古
濒危等级：DD

远志科 POLYGALACEAE
（5 属：60 种）

寄生鳞叶草属 Epirixanthes Blume

寄生鳞叶草
Epirixanthes elongata Blume
习　　性：一年生草本
海　　拔：600~1100 m
国内分布：福建、海南、云南
国外分布：马来西亚、缅甸、泰国、印度、印度尼西亚、越南
濒危等级：LC

远志属 Polygala L.

台湾远志
Polygala arcuata Hayata
习　　性：亚灌木
海　　拔：1700 m
分　　布：台湾
濒危等级：VU D1+2

荷包山桂花
Polygala arillata Buch.-Ham. ex D. Don
习　　性：灌木或小乔木
海　　拔：700~3000 m
国内分布：安徽、福建、广西、贵州、河南、湖北、江西、四川、西藏、云南、浙江
国外分布：不丹、柬埔寨、马来西亚、缅甸、尼泊尔、斯里兰卡、泰国、印度、越南
濒危等级：LC
资源利用：药用（中草药）

髯毛远志
Polygala barbellata S. K. Chen
习　　性：灌木
海　　拔：约 1100 m
分　　布：云南
濒危等级：VU D2

坝王岭远志
Polygala bawanglingensis F. W. Xing et Z. X. Li
习　　性：亚灌木
海　　拔：900~1000 m
分　　布：海南
濒危等级：VU A2c；B2ac（i, ii, iii）

波密远志
Polygala bomiensis S. K. Chen et J. Parnell
习　　性：多年生草本
海　　拔：1700~2400 m
分　　布：西藏
濒危等级：LC

肉茎远志
Polygala carnosicaulis W. H. Chen et Y. M. Shui
习　　性：一年生草本
海　　拔：2000~2100 m
分　　布：云南
濒危等级：DD

尾叶远志
Polygala caudata Rehder et E. H. Wilson
习　　性：灌木
海　　拔：1000~2100 m
分　　布：广东、广西、贵州、湖北、四川、云南
濒危等级：LC
资源利用：药用（中草药）

华南远志
Polygala chinensis L.

华南远志（原变种）
Polygala chinensis var. **chinensis**
习　　性：一年生草本
海　　拔：500~1000 m
国内分布：福建、广东、广西、海南、云南
国外分布：菲律宾、印度、越南
濒危等级：LC
资源利用：药用（中草药）

矮华南远志
Polygala chinensis var. **pygmaea**（C. Y. Wu et S. K. Chen）S. K. Chen et J. Parnell
习　　性：一年生草本
海　　拔：约1100 m
分　　布：云南
濒危等级：LC

长毛华南远志
Polygala chinensis var. **villosa**（C. Y. Wu et S. K. Chen）S. K. Chen et J. Parnell
习　　性：一年生草本
分　　布：广西
濒危等级：LC

西南远志
Polygala crotalarioides Buch. -Ham. ex DC.
习　　性：多年生草本
海　　拔：1100~2300 m
国内分布：四川、西藏、云南
国外分布：克什米尔地区、老挝、缅甸、尼泊尔、泰国、印度
濒危等级：VU A2c+3d；B1ab（i, iii, v）
资源利用：药用（中草药）

肾果远志
Polygala didyma C. Y. Wu
习　　性：灌木或小乔木
海　　拔：1200~1300 m
分　　布：云南
濒危等级：LC

贵州远志
Polygala dunniana H. Lév.
习　　性：多年生草本
海　　拔：约1900 m
分　　布：贵州、云南
濒危等级：LC

雅致远志
Polygala elegans Wall. ex Royle
习　　性：多年生草本
海　　拔：2300~2900 m
国内分布：西藏
国外分布：巴基斯坦、不丹、克什米尔地区、缅甸、尼泊尔、印度
濒危等级：LC

黄花倒水莲
Polygala fallax Hemsl.
习　　性：灌木或小乔木
海　　拔：400~1700 m
分　　布：福建、广东、广西、贵州、湖南、江西、云南
濒危等级：LC
资源利用：药用（中草药）；环境利用（观赏）

肾果小扁豆
Polygala furcata Royle
习　　性：一年生草本
海　　拔：1300~1600 m
国内分布：广西、贵州、云南
国外分布：不丹、缅甸、尼泊尔、印度
濒危等级：LC

球冠远志
Polygala globulifera Dunn

球冠远志（原变种）
Polygala globulifera var. **globulifera**
习　　性：灌木
海　　拔：1000~1500 m
国内分布：云南
国外分布：缅甸、印度
濒危等级：LC

长序球冠远志
Polygala globulifera var. **longiracemosa** S. K. Chen
习　　性：灌木

海　　拔：1100~1400 m
国内分布：西藏、云南
国外分布：缅甸、印度
濒危等级：LC

海南远志
Polygala hainanensis Chun et F. C. How

海南远志（原变种）
Polygala hainanensis var. **hainanensis**
习　　性：亚灌木
海　　拔：800~900 m
分　　布：海南
濒危等级：LC

粗毛海南远志
Polygala hainanensis var. **strigosa** Chun et F. C. How
习　　性：亚灌木
海　　拔：300~500 m
分　　布：海南
濒危等级：LC

香港远志
Polygala hongkongensis Hemsl.

香港远志（原变种）
Polygala hongkongensis var. **hongkongensis**
习　　性：草本或亚灌木
海　　拔：500~1400 m
分　　布：福建、广东、广西、湖南、江西、四川、新疆
濒危等级：LC

狭叶香港远志
Polygala hongkongensis var. **stenophylla** Migo
习　　性：草本或亚灌木
海　　拔：300~1200 m
分　　布：安徽、福建、广东、广西、湖南、江苏、江西、浙江
濒危等级：LC

新疆远志
Polygala hybrida DC.
习　　性：多年生草本
海　　拔：1200~1800 m
国内分布：新疆
国外分布：俄罗斯、蒙古
濒危等级：LC
资源利用：药用（中草药）

心果小扁豆
Polygala isocarpa Chodat
习　　性：一年生草本
海　　拔：1200~1400 m
分　　布：贵州、四川、云南
濒危等级：LC

瓜子金
Polygala japonica Houtt.
习　　性：多年生草本
海　　拔：800~2100 m
国内分布：福建、甘肃、广东、广西、贵州、河北、河南、湖北、湖南、江苏、江西、辽宁、山东、陕西、四川、台湾、新疆、云南、浙江
国外分布：朝鲜、俄罗斯、菲律宾、马来西亚、缅甸、日本、斯里兰卡、印度、越南；新几内亚岛
濒危等级：LC
资源利用：药用（中草药）

密花远志
Polygala karensium Kurz

密花远志（原变种）
Polygala karensium var. **karensium**
习　　性：灌木
海　　拔：1000~2500 m
国内分布：广西、西藏、云南
国外分布：不丹、缅甸、越南
濒危等级：LC

小叶密花远志
Polygala karensium var. **obcordata**（C. Y. Wu et S. K. Chen）S. K. Chen et J. Parnell
习　　性：灌木
海　　拔：1600~2300 m
分　　布：云南
濒危等级：LC

曲江远志
Polygala koi Merr.
习　　性：亚灌木
海　　拔：700~900 m
分　　布：广东、广西、湖南
濒危等级：LC
资源利用：药用（中草药）

思茅远志
Polygala lacei Craib
习　　性：一年生草本
海　　拔：1000~1700 m
国内分布：云南
国外分布：缅甸、泰国
濒危等级：LC

大叶金牛
Polygala latouchei Franch.
习　　性：亚灌木
海　　拔：100~1300 m
分　　布：福建、广东、广西、江西、浙江
濒危等级：LC

隆子远志
Polygala lhunzeensis C. Y. Wu et S. K. Chen
习　　性：多年生草本
海　　拔：约 2700 m
分　　布：西藏
濒危等级：DD

丽江远志
Polygala lijiangensis C. Y. Wu et S. K. Chen

习　　性：多年生草本
海　　拔：约2900 m
分　　布：云南
濒危等级：LC

长叶远志
Polygala longifolia Poir.
习　　性：一年生草本
海　　拔：1100～1400 m
国内分布：广东、广西、贵州、云南
国外分布：澳大利亚、巴布亚新几内亚、菲律宾、柬埔寨、克什米尔地区、老挝、马来西亚、缅甸、尼泊尔、斯里兰卡、泰国、印度、印度尼西亚、越南
濒危等级：LC

单瓣远志
Polygala monopetala Cambess.
习　　性：多年生草本
海　　拔：3000～3800 m
国内分布：青海、西藏
国外分布：克什米尔地区
濒危等级：LC

少籽远志
Polygala oligosperma C. Y. Wu
习　　性：灌木
海　　拔：约1300 m
分　　布：云南
濒危等级：VU B2ac（i, ii, iii）; C1

圆锥花远志
Polygala paniculata L.
习　　性：一年生草本
国内分布：广东、台湾
国外分布：广泛分布在热带地区
濒危等级：LC

蓼叶远志
Polygala persicariifolia DC.
习　　性：一年生草本
海　　拔：1200～2800 m
国内分布：广西、贵州、四川、云南
国外分布：巴布亚新几内亚、不丹、非洲、菲律宾、柬埔寨、马来西亚、缅甸、尼泊尔、泰国、印度尼西亚
濒危等级：LC
资源利用：药用（中草药）

斑果远志
Polygala resinosa S. K. Chen
习　　性：灌木
海　　拔：约1000 m
分　　布：广西
濒危等级：LC

岩生远志
Polygala saxicola Dunn
习　　性：草本或亚灌木
海　　拔：1200～2100 m
国内分布：广西、云南
国外分布：越南
濒危等级：LC

西伯利亚远志
Polygala sibirica L.

西伯利亚远志（原变种）
Polygala sibirica var. **sibirica**
习　　性：多年生草本
海　　拔：1100～3300 m
分　　布：甘肃、河北、河南、黑龙江、吉林、辽宁、内蒙古、宁夏、青海、山西、陕西、四川、西藏、云南
濒危等级：LC
资源利用：药用（中草药）

苦远志
Polygala sibirica var. **megalopha** Franch.
习　　性：多年生草本
海　　拔：1800～2600 m
分　　布：四川、云南
濒危等级：DD
资源利用：药用（中草药）

合叶草
Polygala subopposita S. K. Chen
习　　性：一年生草本
海　　拔：600～1400 m
分　　布：贵州、四川、云南
濒危等级：LC
资源利用：药用（中草药）

小扁豆
Polygala tatarinowii Regel
习　　性：一年生草本
海　　拔：500～3900 m
国内分布：安徽、福建、甘肃、广东、广西、贵州、海南、河北、河南、黑龙江、湖北、湖南、吉林、江苏、江西、辽宁、内蒙古、宁夏、青海、山东、山西、陕西、四川、台湾、西藏、新疆、云南、浙江
国外分布：不丹、菲律宾、克什米尔地区、马来西亚、缅甸、日本、印度
濒危等级：LC
资源利用：药用（中草药）

小花远志
Polygala telephioides Willd.
习　　性：一年生草本
国内分布：安徽、福建、广东、广西、贵州、海南、江苏、江西、台湾、云南、浙江
国外分布：澳大利亚、巴布亚新几内亚、巴基斯坦、菲律宾、柬埔寨、老挝、马来西亚、孟加拉国、斯里兰卡、泰国、印度、印度尼西亚、越南
濒危等级：LC
资源利用：药用（中草药）

远志
Polygala tenuifolia Willd.

习　　性：多年生草本
海　　拔：200~2300 m
国内分布：甘肃、河北、河南、黑龙江、江苏、江西、辽宁、内蒙古、宁夏、青海、山西、陕西、四川
国外分布：朝鲜、俄罗斯、蒙古
濒危等级：LC
资源利用：药用（中草药）；原料（树脂）

红花远志
Polygala tricholopha Chodat
习　　性：攀援灌木
海　　拔：300~1700 m
国内分布：广西、海南、云南
国外分布：老挝、泰国、印度、越南
濒危等级：LC

金花远志
Polygala triflora L.
习　　性：多年生草本
国内分布：海南
国外分布：澳大利亚、巴布亚新几内亚、菲律宾、柬埔寨、老挝、马来西亚、缅甸、尼泊尔、斯里兰卡、泰国、印度、印度尼西亚
濒危等级：LC

凹籽远志
Polygala umbonata Craib
习　　性：一年生草本
海　　拔：约1200 m
国内分布：云南
国外分布：缅甸、泰国
濒危等级：LC

长毛籽远志
Polygala wattersii Hance
习　　性：灌木或小乔木
海　　拔：1000~1500 m
国内分布：广东、广西、贵州、河南、湖北、湖南、江西、四川、西藏、云南
国外分布：越南
濒危等级：LC
资源利用：药用（中草药）

文县远志
Polygala wenxianensis Y. S. Zhou et Z. X. Peng
习　　性：多年生草本
海　　拔：约900 m
分　　布：甘肃
濒危等级：DD

海岛远志
Polygala wuzhishanensis S. K. Chen et J. Parnell
习　　性：草本或亚灌木
海　　拔：约1800 m
分　　布：海南
濒危等级：EN A2c+3c

齿果草属 Salomonia Lour.

齿果草
Salomonia cantoniensis Lour.
习　　性：一年生草本
海　　拔：600~1500 m
国内分布：福建、广东、广西、贵州、云南、浙江
国外分布：不丹、菲律宾、柬埔寨、老挝、马来西亚、缅甸、尼泊尔、泰国、印度、印度尼西亚
濒危等级：LC
资源利用：药用（中草药）

椭圆叶齿果草
Salomonia ciliata (L.) DC.
习　　性：一年生草本
海　　拔：600~1000 m
国内分布：福建、广东、广西、贵州、海南、湖南、江苏、江西、台湾、云南、浙江
国外分布：澳大利亚、巴布亚新几内亚、菲律宾、韩国、柬埔寨、老挝、马来西亚、缅甸、尼泊尔、日本、斯里兰卡、泰国、印度、印度尼西亚、越南
濒危等级：LC

蝉翼藤属 Securidaca L.

蝉翼藤
Securidaca inappendiculata Hassk.
习　　性：攀援灌木
海　　拔：500~1100 m
国内分布：广东、广西、海南、云南
国外分布：菲律宾、柬埔寨、老挝、马来西亚、孟加拉国、缅甸、尼泊尔、泰国、印度、印度尼西亚、越南
濒危等级：LC
资源利用：药用（中草药）；原料（纤维）

瑶山蝉翼藤
Securidaca yaoshanensis K. S. Hao
习　　性：攀援灌木
海　　拔：1000~1500 m
分　　布：广东、广西、云南
濒危等级：LC

黄叶树属 Xanthophyllum Roxb.

泰国黄叶树
Xanthophyllum flavescens Roxb.
习　　性：乔木
海　　拔：500~2000 m
国内分布：云南
国外分布：柬埔寨、老挝、缅甸、泰国
濒危等级：LC

黄叶树
Xanthophyllum hainanense Hu
习　　性：乔木
海　　拔：100~600 m
国内分布：广东、广西、海南
国外分布：越南
濒危等级：LC
资源利用：原料（木材）

少花黄叶树
Xanthophyllum oliganthum C. Y. Wu
习　　性：灌木或小乔木
海　　拔：200~300 m

分　　布：云南
濒危等级：EN A1e + A2c；B1ab（iii）；C1

云南黄叶树
Xanthophyllum yunnanense C. Y. Wu
习　　性：乔木
海　　拔：1800～2000 m
分　　布：云南
濒危等级：EN A2c；B1ab（iii）

蓼科 POLYGONACEAE
（17 属：289 种）

金线草属 Antenoron Raf.

金线草
Antenoron filiforme（Thunb.）Roberty et Vautier

金线草（原变种）
Antenoron filiforme var. **filiforme**
习　　性：多年生草本
海　　拔：100～2500 m
国内分布：安徽、福建、甘肃、广东、广西、贵州、河南、湖北、湖南、江苏、江西、山东、陕西、四川、台湾、云南、浙江
国外分布：朝鲜、缅甸、日本、俄罗斯远东地区
濒危等级：LC
资源利用：药用（中草药）

毛叶红珠七
Antenoron filiforme var. **kachinum**（Nieuwl.）H. Hara
习　　性：多年生草本
海　　拔：500～1300 m
国内分布：云南
国外分布：缅甸
濒危等级：LC

短毛金线草
Antenoron filiforme var. **neofiliforme**（Nakai）A. J. Li
习　　性：多年生草本
海　　拔：200～2300 m
分　　布：安徽、福建、甘肃、广东、广西、贵州、河南、湖北、湖南、江苏、江西、山东、陕西、四川、云南、浙江
濒危等级：LC

珊瑚藤属 Antigonon Endl.

珊瑚藤
Antigonon leptopus Hook. et Arn.
习　　性：藤本植物
国内分布：广东、广西、台湾、云南
国外分布：原产中美洲
资源利用：环境利用（观赏）

木蓼属 Atraphaxis L.

沙木蓼
Atraphaxis bracteata Losinsk.
习　　性：灌木

海　　拔：100～1500 m
国内分布：甘肃、内蒙古、宁夏、青海、陕西、新疆
国外分布：蒙古
濒危等级：LC

糙叶木蓼
Atraphaxis canescens Bunge
习　　性：灌木
海　　拔：500～1500 m
国内分布：新疆
国外分布：哈萨克斯坦
濒危等级：LC

拳木蓼
Atraphaxis compacta Ledeb.
习　　性：灌木
海　　拔：300～1500 m
国内分布：新疆
国外分布：俄罗斯、哈萨克斯坦、吉尔吉斯斯坦、蒙古
濒危等级：LC

细枝木蓼
Atraphaxis decipiens Jaub. et Spach
习　　性：灌木
海　　拔：600～1000 m
国内分布：新疆
国外分布：哈萨克斯坦
濒危等级：LC

木蓼
Atraphaxis frutescens（L.）Eversm.

木蓼（原变种）
Atraphaxis frutescens var. **frutescens**
习　　性：灌木
海　　拔：500～3000 m
国内分布：甘肃、内蒙古、宁夏、青海、新疆
国外分布：俄罗斯、哈萨克斯坦、蒙古
濒危等级：LC
资源利用：环境利用（观赏）

乳头叶木蓼
Atraphaxis frutescens var. **papillosa** Y. L. Liu
习　　性：灌木
海　　拔：700～1000 m
分　　布：新疆
濒危等级：LC

额河木蓼
Atraphaxis irtyschensis C. Y. Yang et Y. L. Han
习　　性：灌木
海　　拔：300～400 m
分　　布：新疆
濒危等级：VU D2

绿叶木蓼
Atraphaxis laetevirens（Ledeb.）Jaub. et Spach
习　　性：灌木
海　　拔：900～1500 m
国内分布：新疆
国外分布：俄罗斯、哈萨克斯坦、吉尔吉斯斯坦、蒙古
濒危等级：LC

东北木蓼
Atraphaxis manshurica Kitag.
　　习　　性：灌木
　　海　　拔：1200~1350 m
　　分　　布：河北、辽宁、内蒙古、宁夏、陕西
　　濒危等级：LC

锐枝木蓼
Atraphaxis pungens(M. Bieb.) Jaub. et Spach
　　习　　性：灌木
　　海　　拔：500~3400 m
　　国内分布：甘肃、内蒙古、青海、新疆
　　国外分布：俄罗斯、哈萨克斯坦、蒙古、印度
　　濒危等级：LC

梨叶木蓼
Atraphaxis pyrifolia Bunge
　　习　　性：灌木
　　海　　拔：700~1500 m
　　国内分布：新疆
　　国外分布：阿富汗、巴基斯坦、哈萨克斯坦、吉尔吉斯斯坦、塔吉克斯坦、印度
　　濒危等级：LC

刺木蓼
Atraphaxis spinosa L.
　　习　　性：灌木
　　海　　拔：400~1800 m
　　国内分布：新疆
　　国外分布：俄罗斯、哈萨克斯坦、吉尔吉斯斯坦、蒙古、塔吉克斯坦、土库曼斯坦、乌兹别克斯坦
　　濒危等级：LC

帚枝木蓼
Atraphaxis virgata(Regel) Krasn.
　　习　　性：灌木
　　海　　拔：600~1000 m
　　国内分布：新疆
　　国外分布：俄罗斯、哈萨克斯坦、吉尔吉斯斯坦、蒙古、塔吉克斯坦、土库曼斯坦
　　濒危等级：LC

沙拐枣属 Calligonum L.

阿拉善沙拐枣
Calligonum alaschanicum Losinsk.
　　习　　性：灌木
　　海　　拔：500~1500 m
　　分　　布：甘肃、内蒙古
　　濒危等级：LC

无叶沙拐枣
Calligonum aphyllum(Pall.) Güerke
　　习　　性：灌木
　　海　　拔：500~600 m
　　国内分布：新疆
　　国外分布：俄罗斯、哈萨克斯坦、塔吉克斯坦、土库曼斯坦、乌兹别克斯坦
　　濒危等级：EN A3c；B1ab (i, iii, v)

乔木沙拐枣
Calligonum arborescens Litv.
　　习　　性：灌木
　　海　　拔：500~600 m
　　国内分布：甘肃、宁夏、新疆
　　国外分布：哈萨克斯坦、土库曼斯坦、乌兹别克斯坦
　　濒危等级：LC

泡果沙拐枣
Calligonum calliphysa Bunge
　　习　　性：灌木
　　海　　拔：300~800 m
　　国内分布：内蒙古、新疆
　　国外分布：俄罗斯、哈萨克斯坦、蒙古、塔吉克斯坦、土库曼斯坦
　　濒危等级：LC

甘肃沙拐枣
Calligonum chinense Losinsk.
　　习　　性：灌木
　　海　　拔：1000~1500 m
　　分　　布：甘肃、内蒙古、新疆
　　濒危等级：DD

褐色沙拐枣
Calligonum colubrinum E. Borszcow
　　习　　性：灌木
　　海　　拔：约600 m
　　国内分布：新疆
　　国外分布：哈萨克斯坦、土库曼斯坦
　　濒危等级：LC

心形沙拐枣
Calligonum cordatum Korovin ex N. Pavlov
　　习　　性：灌木
　　海　　拔：500~600 m
　　国内分布：新疆
　　国外分布：塔吉克斯坦、土库曼斯坦
　　濒危等级：EN A3c

艾比湖沙拐枣
Calligonum ebinuricum N. A. Ivanova ex Soskov
　　习　　性：灌木
　　海　　拔：500~600 m
　　国内分布：新疆
　　国外分布：蒙古
　　濒危等级：EN A3c；B1ab (i, iii, v)

戈壁沙拐枣
Calligonum gobicum(Bunge ex Meisn.)Losinsk.
　　习　　性：灌木
　　海　　拔：600~1600 m
　　国内分布：甘肃、内蒙古、新疆
　　国外分布：蒙古
　　濒危等级：LC

吉木乃沙拐枣
Calligonum jeminaicum Z. M. Mao
　　习　　性：灌木
　　海　　拔：约900 m
　　分　　布：新疆
　　濒危等级：DD

蓼科 POLYGONACEAE

奇台沙拐枣
Calligonum klementzii Losinsk.
习　　性：灌木
海　　拔：600~700 m
分　　布：新疆
濒危等级：DD

库尔勒沙拐枣
Calligonum korlaense Z. M. Mao
习　　性：灌木
海　　拔：约900 m
分　　布：新疆
濒危等级：LC

淡枝沙拐枣
Calligonum leucocladum (Schrenk) Bunge
习　　性：灌木
海　　拔：500~1200 m
国内分布：新疆
国外分布：俄罗斯、哈萨克斯坦、塔吉克斯坦、土库曼斯坦、乌兹别克斯坦
濒危等级：LC

沙拐枣
Calligonum mongolicum Turcz.
习　　性：灌木
海　　拔：500~1800 m
国内分布：甘肃、内蒙古、新疆
国外分布：蒙古
濒危等级：LC
资源利用：环境利用（观赏）

小沙拐枣
Calligonum pumilum Losinsk.
习　　性：灌木
海　　拔：700~1500 m
国内分布：新疆
国外分布：蒙古
濒危等级：LC

塔里木沙拐枣
Calligonum roborowskii Losinsk.
习　　性：灌木
海　　拔：1500~3000 m
国内分布：甘肃、新疆
国外分布：蒙古
濒危等级：LC

红果沙拐枣
Calligonum rubicundum Bunge
习　　性：灌木
海　　拔：400~1000 m
国内分布：新疆
国外分布：俄罗斯、哈萨克斯坦、蒙古
濒危等级：LC

粗糙沙拐枣
Calligonum squarrosum N. Pavlov
习　　性：灌木
海　　拔：约600 m
国内分布：新疆
国外分布：哈萨克斯坦、土库曼斯坦、乌兹别克斯坦
濒危等级：VU D1+2

塔克拉玛干沙拐枣
Calligonum taklimakanense B. R. Pan et G. M. Shen
习　　性：灌木
分　　布：新疆
濒危等级：LC

三裂沙拐枣
Calligonum trifarium Z. M. Mao
习　　性：灌木
海　　拔：约500 m
分　　布：新疆
濒危等级：DD

英吉沙沙拐枣
Calligonum yengisaricum Z. M. Mao
习　　性：灌木
海　　拔：约1400 m
分　　布：新疆
濒危等级：LC

柴达木沙拐枣
Calligonum zaidamense Losinsk.
习　　性：灌木
海　　拔：1500~2700 m
分　　布：青海、新疆
濒危等级：LC

海葡萄属 Coccoloba P. Browne

海葡萄
Coccoloba uvifera (L.) L.
习　　性：常绿灌木或小乔木
国内分布：云南
国外分布：原产美洲及加勒比海的海滩

荞麦属 Fagopyrum Mill.

疏穗野荞麦
Fagopyrum caudatum (Sam.) A. J. Li
习　　性：一年生草本
海　　拔：1000~2200 m
分　　布：甘肃、四川、云南
濒危等级：LC

皱叶野荞麦
Fagopyrum crispatifolium J. L. Liu
习　　性：一年生或多年生草本
分　　布：四川
濒危等级：LC

密毛野荞麦
Fagopyrum densovillosum J. L. Liu
习　　性：一年生或多年生草本
海　　拔：约1900 m
分　　布：四川
濒危等级：LC

金荞麦
Fagopyrum dibotrys (D. Don) H. Hara
 习 性：多年生草本
 海 拔：300 ~ 3200 m
 国内分布：安徽、福建、甘肃、广东、广西、贵州、河南、湖北、江苏、江西、陕西、四川、西藏、云南、浙江
 国外分布：不丹、克什米尔地区、缅甸、尼泊尔、印度、越南
 濒危等级：LC
 国家保护：Ⅱ级
 资源利用：药用（中草药）

荞麦
Fagopyrum esculentum Moench
 习 性：一年生草本
 海 拔：4000 m 以下
 国内分布：常见栽培并易于逸生
 国外分布：澳大利亚、不丹、朝鲜、俄罗斯、蒙古、缅甸、尼泊尔、印度
 濒危等级：LC
 资源利用：食品（淀粉）；药用（中草药）；蜜源植物

心叶野荞麦
Fagopyrum gilesii (Hemsl.) Hedberg
 习 性：一年生草本
 海 拔：2200 ~ 4000 m
 国内分布：四川、云南
 国外分布：巴基斯坦
 濒危等级：LC

细柄野荞麦
Fagopyrum gracilipes (Hemsl.) Dammer ex Diels
 习 性：一年生草本
 海 拔：300 ~ 3400 m
 分 布：甘肃、贵州、河南、湖北、山西、陕西、四川、云南
 濒危等级：LC

小野荞麦
Fagopyrum leptopodum (Diels) Hedberg

小野荞麦（原变种）
Fagopyrum leptopodum var. **leptopodum**
 习 性：一年生草本
 海 拔：1000 ~ 3000 m
 分 布：四川、云南
 濒危等级：LC

疏穗小野荞麦
Fagopyrum leptopodum var. **grossii** (H. Lév.) Lauener et D. K. Ferguson
 习 性：一年生草本
 海 拔：1000 ~ 3000 m
 分 布：四川、云南
 濒危等级：LC

线叶野荞麦
Fagopyrum lineare (Sam.) Haraldson
 习 性：一年生草本
 海 拔：1700 ~ 2200 m
 分 布：云南
 濒危等级：LC

普格野荞麦
Fagopyrum pugense T. Yu
 习 性：一年生或多年生草本
 分 布：四川
 濒危等级：LC

羌彩野荞麦
Fagopyrum qiangcai J. R. Shao
 习 性：一年生或多年生草本
 分 布：四川
 濒危等级：LC

长柄野荞麦
Fagopyrum statice (H. Lév.) H. Gross
 习 性：多年生草本
 海 拔：1300 ~ 2200 m
 分 布：贵州、云南
 濒危等级：LC

苦荞麦
Fagopyrum tataricum (L.) Gaertn.
 习 性：一年生草本
 海 拔：400 ~ 3900 m
 国内分布：甘肃、广西、贵州、河北、河南、黑龙江、湖北、湖南、吉林、辽宁、内蒙古、青海、山西、陕西、四川、西藏、新疆、云南
 国外分布：阿富汗、不丹、俄罗斯、哈萨克斯坦、吉尔吉斯斯坦、蒙古、缅甸、尼泊尔、塔吉克斯坦、印度；欧洲、北美洲栽培
 濒危等级：LC
 资源利用：药用（中草药）；动物饲料（饲料）；食品（种子）

硬枝野荞麦
Fagopyrum urophyllum (Bureau et Franch.) H. Gross
 习 性：亚灌木
 海 拔：900 ~ 2800 m
 分 布：四川、云南
 濒危等级：LC

汶川野荞麦
Fagopyrum wenchuanense D. Q. Bai
 习 性：一年生或多年生草本
 海 拔：约 1200 m
 分 布：四川

首乌属 Fallopia Adans.

木藤蓼
Fallopia aubertii (L. Henry) Holub
 习 性：亚灌木
 海 拔：900 ~ 3200 m
 分 布：甘肃、贵州、河南、湖北、湖南、内蒙古、宁夏、青海、山西、陕西、四川、西藏、云南
 濒危等级：LC

卷茎蓼
Fallopia convolvulus (L.) Á. Löve
 习 性：一年生草本

海　　拔：100~3600 m
国内分布：安徽、甘肃、贵州、河北、河南、黑龙江、湖北、吉林、江苏、辽宁、内蒙古、宁夏、青海、山东、山西、陕西、四川、台湾、西藏、新疆、云南
国外分布：阿富汗、巴基斯坦、不丹、朝鲜、俄罗斯、哈萨克斯坦、蒙古、尼泊尔、日本、印度
濒危等级：LC

牛皮消蓼
Fallopia cynanchoides(Hemsl.) Haraldson

牛皮消蓼（原变种）
Fallopia cynanchoides var. **cynanchoides**
　习　　性：多年生草本
　海　　拔：1100~3000 m
　分　　布：甘肃、贵州、湖北、湖南、陕西、四川、云南
　濒危等级：LC

光叶牛皮消蓼
Fallopia cynanchoides var. **glabriuscula**(A. J. Li) A. J. Li
　习　　性：多年生草本
　海　　拔：2400~3000 m
　分　　布：四川、西藏
　濒危等级：LC

齿翅蓼
Fallopia dentatoalata(F. Schmidt) Holub
　习　　性：一年生草本
　海　　拔：200~2800 m
　国内分布：安徽、甘肃、贵州、河北、河南、黑龙江、湖北、吉林、江苏、辽宁、内蒙古、青海、山东、山西、陕西、四川、云南
　国外分布：朝鲜、日本；远东地区
　濒危等级：LC

酱头
Fallopia denticulata(C. C. Huang) J. Holub
　习　　性：多年生草本
　海　　拔：约2500 m
　分　　布：贵州、西藏、云南
　濒危等级：LC
　资源利用：药用（中草药）

篱蓼
Fallopia dumetorum(L.) Holub

篱蓼（原变种）
Fallopia dumetorum var. **dumetorum**
　习　　性：一年生草本
　海　　拔：200~2400 m
　国内分布：河北、黑龙江、吉林、江苏、辽宁、内蒙古、山东、新疆
　国外分布：巴基斯坦、不丹、朝鲜、俄罗斯、蒙古、尼泊尔、日本、印度
　濒危等级：LC

疏花篱蓼
Fallopia dumetorum var. **pauciflora**(Maxim.) A. J. Li
　习　　性：一年生草本
　海　　拔：400~1000 m
　分　　布：河北、黑龙江、山东
　濒危等级：LC

略翅首乌
Fallopia dumetorum var. **subalata** Borodina
　习　　性：一年生草本
　分　　布：新疆
　濒危等级：LC

华蔓首乌
Fallopia forbesii(Hance) Yonekura et H. Ohashi
　习　　性：多年生草本
　国内分布：安徽、广东、广西、江西、山东、云南、浙江
　国外分布：朝鲜
　濒危等级：LC

何首乌
Fallopia multiflora(Thunb.) Haraldson

何首乌（原变种）
Fallopia multiflora var. **multiflora**
　习　　性：多年生草本
　海　　拔：200~3000 m
　国内分布：安徽、福建、甘肃、广东、广西、贵州、海南、河北、河南、黑龙江、湖北、湖南、吉林、江苏、江西、辽宁、青海、山东、陕西、四川、台湾、云南、浙江
　国外分布：日本
　濒危等级：LC
　资源利用：药用（中草药）

毛脉蓼
Fallopia multiflora var. **ciliinervis**(Nakai) Yonek. et H. Ohashi
　习　　性：多年生草本
　海　　拔：200~2700 m
　分　　布：甘肃、贵州、河南、湖北、湖南、吉林、辽宁、青海、陕西、四川、云南
　濒危等级：DD

竹节蓼属 Homalocladium L. H. Bailey

竹节蓼
Homalocladium platycladum(F. Muell.) L. H. Bailey
　习　　性：常绿灌木
　国内分布：公园花圃有引种
　国外分布：原产南太平洋所罗门群岛

冰岛蓼属 Koenigia L.

冰岛蓼
Koenigia islandica L.
　习　　性：一年生草本
　海　　拔：3000~4900 m
　国内分布：甘肃、青海、山西、四川、西藏、新疆、云南
　国外分布：巴基斯坦、不丹、俄罗斯、哈萨克斯坦、吉尔吉斯斯坦、克什米尔地区、蒙古、尼泊尔、印度
　濒危等级：LC

山蓼属 Oxyria Hill

山蓼
Oxyria digyna(L.) Hill

习　　性：多年生草本
海　　拔：1300~4900 m
国内分布：吉林、辽宁、青海、陕西、四川、西藏、新疆、云南
国外分布：阿富汗、巴基斯坦、不丹、朝鲜、俄罗斯、哈萨克斯坦、吉尔吉斯斯坦、克什米尔地区、蒙古、尼泊尔、日本、塔吉克斯坦、印度
濒危等级：LC

中华山蓼
Oxyria sinensis Hemsl.
习　　性：多年生草本
海　　拔：1600~3800 m
分　　布：贵州、四川、西藏、云南
濒危等级：LC
资源利用：药用（中草药）

翅果蓼属 Parapteropyrum A. J. Li

翅果蓼
Parapteropyrum tibeticum A. J. Li
习　　性：灌木
海　　拔：3000~3400 m
分　　布：西藏
濒危等级：LC

蓼属 Polygonum L.

松叶蓼
Polygonum acerosum Ledeb. ex Meisn.
习　　性：一年生草本
海　　拔：500~1500 m
国内分布：新疆
国外分布：阿富汗、哈萨克斯坦、吉尔吉斯斯坦、塔吉克斯坦
濒危等级：LC

灰绿蓼
Polygonum acetosum M. Bieb.
习　　性：一年生草本
海　　拔：500~2000 m
国内分布：新疆
国外分布：阿富汗、俄罗斯、哈萨克斯坦、吉尔吉斯斯坦、塔吉克斯坦、土库曼斯坦、乌兹别克斯坦
濒危等级：LC

密穗蓼
Polygonum affine D. Don
习　　性：亚灌木
海　　拔：4000~4900 m
国内分布：西藏
国外分布：巴基斯坦、克什米尔地区、尼泊尔、印度
濒危等级：LC

阿扬蓼
Polygonum ajanense (Regel et Tiling) Grig.
习　　性：多年生草本
海　　拔：约600 m
国内分布：内蒙古
国外分布：朝鲜、日本、俄罗斯（远东地区）
濒危等级：LC

狐尾蓼
Polygonum alopecuroides Turcz. ex Besser
习　　性：多年生草本
海　　拔：900~2300 m
国内分布：黑龙江、吉林、辽宁、内蒙古
国外分布：俄罗斯、蒙古
濒危等级：LC

高山蓼
Polygonum alpinum All.
习　　性：多年生草本
海　　拔：800~2400 m
国内分布：河北、黑龙江、吉林、辽宁、内蒙古、青海、山东、山西、新疆
国外分布：阿富汗、俄罗斯、哈萨克斯坦、吉尔吉斯斯坦、蒙古
濒危等级：LC

两栖蓼
Polygonum amphibium L.
习　　性：多年生草本
海　　拔：海平面至3700 m
国内分布：安徽、甘肃、贵州、河北、河南、黑龙江、湖北、湖南、吉林、江苏、辽宁、内蒙古、宁夏、青海、山东、山西、陕西、四川、西藏、新疆、云南
国外分布：不丹、朝鲜、俄罗斯、哈萨克斯坦、吉尔吉斯斯坦、克什米尔地区、蒙古、尼泊尔、日本、塔吉克斯坦、土库曼斯坦、乌兹别克斯坦、印度
濒危等级：LC
资源利用：药用（中草药）

抱茎蓼
Polygonum amplexicaule D. Don

抱茎蓼（原变种）
Polygonum amplexicaule var. **amplexicaule**
习　　性：多年生草本
海　　拔：1000~3300 m
国内分布：湖北、四川、西藏、云南
国外分布：巴基斯坦、不丹、克什米尔地区、尼泊尔、印度
濒危等级：LC
资源利用：药用（中草药）

中华抱茎蓼
Polygonum amplexicaule var. **sinense** Forbes et Hemsl. ex Steward
习　　性：多年生草本
海　　拔：1200~3000 m
国内分布：甘肃、湖北、湖南、陕西、四川、云南
国外分布：巴基斯坦、不丹、尼泊尔、印度
濒危等级：LC
资源利用：药用（中草药）

狭叶蓼
Polygonum angustifolium Pall.
习　　性：多年生草本
海　　拔：600~1600 m
国内分布：河北、黑龙江、内蒙古
国外分布：俄罗斯、蒙古
濒危等级：LC

伏地蓼
Polygonum arenastrum Boreau
- 习　　性：一年生草本
- 海　　拔：100~300 m
- 国内分布：黑龙江、山西
- 国外分布：澳大利亚、朝鲜、俄罗斯、蒙古、日本
- 濒危等级：LC

帚蓼
Polygonum argyrocoleon Steud. ex Kunze
- 习　　性：一年生草本
- 海　　拔：200~2500 m
- 国内分布：甘肃、内蒙古、青海、新疆
- 国外分布：阿富汗、俄罗斯、哈萨克斯坦、吉尔吉斯斯坦、蒙古、塔吉克斯坦、土库曼斯坦、乌兹别克斯坦
- 濒危等级：LC

阿萨姆蓼
Polygonum assamicum Meisn.
- 习　　性：一年生草本
- 海　　拔：200~1000 m
- 国内分布：广西、贵州、四川、云南
- 国外分布：缅甸、印度
- 濒危等级：LC

萹蓄
Polygonum aviculare L.

萹蓄（原变种）
Polygonum aviculare var. **aviculare**
- 习　　性：一年生草本
- 海　　拔：海平面至4200 m
- 国内分布：安徽、福建、甘肃、广东、广西、贵州、海南、河北、河南、黑龙江、湖北、湖南、吉林、江苏、江西、辽宁、内蒙古、宁夏、青海、山东、山西、陕西、四川、台湾、西藏、新疆、云南、浙江
- 国外分布：北温带地区；南温带地区归化
- 濒危等级：LC
- 资源利用：药用（中草药）

褐鞘蓼
Polygonum aviculare var. **fusco-ochreatum**(Kom.) A. J. Li
- 习　　性：一年生草本
- 海　　拔：海平面至900 m
- 国内分布：黑龙江、吉林、辽宁
- 国外分布：俄罗斯
- 濒危等级：LC

毛蓼
Polygonum barbatum L.
- 习　　性：多年生草本
- 海　　拔：海平面至1300 m
- 国内分布：福建、广东、广西、贵州、海南、湖北、湖南、江西、四川、台湾、云南
- 国外分布：巴布亚新几内亚、不丹、菲律宾、马来西亚、缅甸、尼泊尔、斯里兰卡、泰国、印度、印度尼西亚、越南
- 濒危等级：LC

双凸戟叶蓼
Polygonum biconvexum Hayata
- 习　　性：一年生草本
- 海　　拔：1500~2500 m
- 国内分布：安徽、福建、甘肃、广东、广西、贵州、海南、河北、河南、黑龙江、湖北、湖南、吉林、江苏、江西、辽宁、内蒙古、山东、山西、陕西、四川、台湾、西藏、云南、浙江
- 国外分布：印度尼西亚

拳参
Polygonum bistorta L.
- 习　　性：多年生草本
- 海　　拔：800~3000 m
- 国内分布：安徽、甘肃、河北、河南、黑龙江、湖北、湖南、吉林、江苏、江西、辽宁、内蒙古、宁夏、山东、山西、陕西、浙江
- 国外分布：俄罗斯、哈萨克斯坦、蒙古、日本
- 濒危等级：LC
- 资源利用：药用（中草药）；环境利用（观赏）；原料（单宁，树脂）；食品（淀粉）

柳叶刺蓼
Polygonum bungeanum Turcz.
- 习　　性：一年生草本
- 海　　拔：海平面至1700 m
- 国内分布：甘肃、河北、黑龙江、吉林、江苏、辽宁、内蒙古、宁夏、山东、山西
- 国外分布：朝鲜、日本；远东地区

钟花蓼
Polygonum campanulatum Hook. f.

钟花蓼（原变种）
Polygonum campanulatum var. **campanulatum**
- 习　　性：多年生草本
- 海　　拔：1400~4100 m
- 国内分布：贵州、湖北、四川、西藏、云南
- 国外分布：不丹、缅甸、尼泊尔、印度
- 濒危等级：LC

绒毛钟花蓼
Polygonum campanulatum var. **fulvidum** Hook. f.
- 习　　性：多年生草本
- 海　　拔：1400~4100 m
- 分　　布：贵州、湖北、四川、西藏、云南
- 濒危等级：LC

头花蓼
Polygonum capitatum Buch.-Ham. ex D. Don
- 习　　性：多年生草本
- 海　　拔：600~3500 m
- 国内分布：广东、广西、贵州、湖北、湖南、江西、四川、西藏、云南
- 国外分布：不丹、马来西亚、缅甸、尼泊尔、斯里兰卡、泰国、印度、越南
- 濒危等级：LC
- 资源利用：药用（中草药）

华蓼
Polygonum cathayanum A. J. Li
习　　性：多年生草本
海　　拔：3000~4600 m
分　　布：青海、四川、西藏、云南
濒危等级：LC

火炭母
Polygonum chinense L.

火炭母（原变种）
Polygonum chinense var. **chinense**
习　　性：多年生草本
海　　拔：海平面至2400 m
国内分布：安徽、甘肃、广东、广西、贵州、海南、湖南、江苏、江西、陕西、四川、台湾、西藏、浙江
国外分布：不丹、菲律宾、马来西亚、缅甸、尼泊尔、日本、泰国、印度、印度尼西亚、越南
濒危等级：LC
资源利用：药用（中草药）；环境利用（观赏）

硬毛火炭母
Polygonum chinense var. **hispidum** Hook. f.
习　　性：多年生草本
海　　拔：600~2800 m
国内分布：广西、贵州、湖南、四川、云南
国外分布：缅甸、泰国、印度
濒危等级：LC

宽叶火炭母
Polygonum chinense var. **ovalifolium** Meisn.
习　　性：多年生草本
海　　拔：1200~3000 m
国内分布：贵州、西藏、云南
国外分布：马来西亚、缅甸、尼泊尔、日本、泰国、印度
濒危等级：LC

窄叶火炭母
Polygonum chinense var. **paradoxum**（H. Lév.）A. J. Li
习　　性：多年生草本
海　　拔：900~2600 m
分　　布：安徽、福建、甘肃、广东、广西、贵州、河南、湖北、湖南、江苏、江西、陕西、四川、云南、浙江
濒危等级：LC

铺地火炭母
Polygonum chinense var. **procumbens** Z. E. Zhao et J. R. Zhao
习　　性：多年生草本
海　　拔：约60 m
分　　布：海南
濒危等级：LC

岩蓼
Polygonum cognatum Meisn.
习　　性：多年生草本
海　　拔：1400~4600 m
国内分布：内蒙古、新疆
国外分布：俄罗斯、哈萨克斯坦、吉尔吉斯斯坦、蒙古、塔吉克斯坦
濒危等级：LC

革叶蓼
Polygonum coriaceum Sam.
习　　性：多年生草本
海　　拔：2800~5000 m
分　　布：贵州、四川、西藏、云南
濒危等级：LC

白花蓼
Polygonum coriarium Grig.
习　　性：多年生草本
海　　拔：1500~2900 m
国内分布：新疆
国外分布：阿富汗、哈萨克斯坦、吉尔吉斯斯坦、塔吉克斯坦
濒危等级：LC

蓼子草
Polygonum criopolitanum Hance
习　　性：一年生草本
海　　拔：海平面至900 m
分　　布：安徽、福建、广东、广西、河南、湖北、湖南、江苏、江西、陕西、浙江
濒危等级：LC

蓝药蓼
Polygonum cyanandrum Diels
习　　性：一年生草本
海　　拔：2200~4600 m
分　　布：甘肃、湖北、青海、陕西、四川、西藏、云南
濒危等级：LC

大箭叶蓼
Polygonum darrisii H. Lév.
习　　性：一年生草本
海　　拔：300~1700 m
分　　布：安徽、福建、甘肃、广东、广西、贵州、河南、湖北、湖南、江苏、江西、陕西、四川、云南、浙江
濒危等级：LC

小叶蓼
Polygonum delicatulum Meisn.
习　　性：一年生草本
海　　拔：2600~4300 m
国内分布：四川、西藏、云南
国外分布：巴基斯坦、不丹、尼泊尔、印度
濒危等级：LC

二歧蓼
Polygonum dichotomum Blume
习　　性：一年生或多年生草本
海　　拔：100~1000 m
国内分布：福建、广东、广西、海南、湖北、台湾
国外分布：澳大利亚、菲律宾、老挝、马来西亚、日本、泰国、印度、印度尼西亚、越南
濒危等级：LC

稀花蓼
Polygonum dissitiflorum Hemsl.
- 习　　性：一年生草本
- 海　　拔：100~1500 m
- 国内分布：安徽、福建、甘肃、贵州、河北、河南、黑龙江、湖北、湖南、吉林、江苏、江西、辽宁、山东、山西、陕西、四川、浙江
- 国外分布：朝鲜、俄罗斯
- 濒危等级：LC

叉分蓼
Polygonum divaricatum L.
- 习　　性：多年生草本
- 海　　拔：300~2100 m
- 国内分布：河北、河南、黑龙江、湖北、吉林、辽宁、内蒙古、青海、山东、山西
- 国外分布：朝鲜、俄罗斯、蒙古
- 濒危等级：LC
- 资源利用：原料（单宁，树脂）；食用（野菜）

椭圆叶蓼
Polygonum ellipticum Willd. ex Spreng.
- 习　　性：多年生草本
- 海　　拔：1500~3200 m
- 国内分布：吉林、辽宁、新疆
- 国外分布：俄罗斯、哈萨克斯坦、吉尔吉斯斯坦、蒙古、塔吉克斯坦
- 濒危等级：LC

匍枝蓼
Polygonum emodi Meisn.

匍枝蓼（原变种）
Polygonum emodi var. **emodi**
- 习　　性：亚灌木
- 海　　拔：1300~3000 m
- 国内分布：四川、西藏、云南
- 国外分布：不丹、克什米尔地区、尼泊尔、印度
- 濒危等级：LC

宽叶匍枝蓼
Polygonum emodi var. **dependens** Diels
- 习　　性：亚灌木
- 海　　拔：2500~3000 m
- 分　　布：四川、西藏、云南
- 濒危等级：LC

青藏蓼
Polygonum fertile(Maxim.) A. J. Li
- 习　　性：一年生草本
- 海　　拔：2700~4900 m
- 分　　布：甘肃、青海、四川、西藏
- 濒危等级：LC

细茎蓼
Polygonum filicaule Wall. ex Meisn.
- 习　　性：一年生草本
- 海　　拔：2000~4000 m
- 国内分布：青海、四川、台湾、西藏、云南
- 国外分布：巴基斯坦、不丹、克什米尔地区、缅甸、尼泊尔、印度
- 濒危等级：LC

多叶蓼
Polygonum foliosum H. Lindb.

多叶蓼（原变种）
Polygonum foliosum var. **foliosum**
- 习　　性：一年生草本
- 海　　拔：海平面至700 m
- 国内分布：安徽、黑龙江、吉林、辽宁、内蒙古、台湾
- 国外分布：朝鲜、俄罗斯、日本
- 濒危等级：LC

宽基多叶蓼
Polygonum foliosum var. **paludicola**(Makino) Kitam.
- 习　　性：一年生草本
- 海　　拔：海平面至300 m
- 国内分布：安徽、黑龙江、吉林、江苏、辽宁
- 国外分布：俄罗斯、日本
- 濒危等级：LC

大铜钱叶蓼
Polygonum forrestii Diels
- 习　　性：多年生草本
- 海　　拔：3500~4800 m
- 国内分布：贵州、四川、西藏、云南
- 国外分布：不丹、克什米尔地区、缅甸、尼泊尔、印度
- 濒危等级：LC

光蓼
Polygonum glabrum Willd.
- 习　　性：一年生草本
- 海　　拔：海平面至100 m
- 国内分布：福建、广东、广西、海南、湖北、湖南、台湾
- 国外分布：澳大利亚、不丹、菲律宾、孟加拉国、缅甸、斯里兰卡、泰国、印度、越南
- 濒危等级：LC

冰川蓼
Polygonum glaciale(Meisn.) Hook. f.

冰川蓼（原变种）
Polygonum glaciale var. **glaciale**
- 习　　性：一年生草本
- 海　　拔：1300~4300 m
- 国内分布：甘肃、河北、青海、山西、陕西、四川、西藏、云南
- 国外分布：阿富汗、尼泊尔、印度
- 濒危等级：LC

洼点蓼
Polygonum glaciale var. **przewalskii**(A. K. Skvortsov et Borodina) A. J. Li
- 习　　性：一年生草本
- 海　　拔：1300~3600 m
- 国内分布：甘肃、河北、青海、山西、陕西、四川、西藏、云南

国外分布：阿富汗、尼泊尔、印度
濒危等级：LC

长梗蓼
Polygonum griffithii Hook. f.
习　　性：多年生草本
海　　拔：3000～5000 m
国内分布：西藏、云南
国外分布：不丹、缅甸
濒危等级：LC

长箭叶蓼
Polygonum hastatosagittatum Makino
习　　性：一年生草本
海　　拔：海平面至3200 m
国内分布：安徽、福建、广东、广西、贵州、海南、河北、河南、黑龙江、湖北、湖南、吉林、江苏、江西、辽宁、台湾、西藏、云南、浙江
国外分布：俄罗斯
濒危等级：LC

河南蓼
Polygonum honanense H. W. Kung
习　　性：多年生草本
海　　拔：约2500 m
分　　布：河南、陕西
濒危等级：LC

硬毛蓼
Polygonum hookeri Meisn.
习　　性：多年生草本
海　　拔：3500～5000 m
国内分布：甘肃、青海、四川、西藏、云南
国外分布：不丹、印度
濒危等级：LC

华南蓼
Polygonum huananense A. J. Li
习　　性：多年生草本
海　　拔：约100 m
分　　布：广东
濒危等级：LC

晖春萹蓄
Polygonum huichunense F. Z. Li, Y. T. Hou et C. Y. Qu
习　　性：多年生草本
分　　布：吉林
濒危等级：LC

普通蓼
Polygonum humifusum Merck ex K. Koch
习　　性：一年生草本
海　　拔：海平面至400 m
国内分布：黑龙江、吉林、辽宁
国外分布：俄罗斯、蒙古
濒危等级：LC

矮蓼
Polygonum humile Meisn.
习　　性：一年生草本
海　　拔：2400～2800 m
国内分布：云南
国外分布：不丹、尼泊尔、印度
濒危等级：LC

水蓼
Polygonum hydropiper L.
习　　性：一年生草本
海　　拔：海平面至3500 m
国内分布：安徽、福建、甘肃、广东、广西、贵州、海南、河北、河南、黑龙江、湖北、湖南、吉林、江苏、江西、辽宁、内蒙古、宁夏、青海、山东、山西、陕西、四川、台湾、西藏、新疆、云南、浙江
国外分布：澳大利亚、不丹、朝鲜、俄罗斯、哈萨克斯坦、吉尔吉斯斯坦、马来西亚、蒙古、孟加拉国、缅甸、尼泊尔、日本、斯里兰卡、泰国、乌兹别克斯坦、印度、印度尼西亚
濒危等级：LC
资源利用：药用（中草药）；食品添加剂（调味剂）

圆叶蓼
Polygonum intramongolicum A. J. Li ex Borodina
习　　性：灌木
海　　拔：1000～2300 m
国内分布：内蒙古
国外分布：蒙古
濒危等级：LC

蚕茧草
Polygonum japonicum Meisn.

蚕茧草（原变种）
Polygonum japonicum var. **japonicum**
习　　性：多年生草本
海　　拔：海平面至1700 m
国内分布：安徽、福建、广东、广西、贵州、河南、湖北、湖南、江苏、江西、山东、陕西、四川、台湾、西藏、云南、浙江
国外分布：朝鲜、日本
濒危等级：LC
资源利用：药用（中草药）

显花蓼
Polygonum japonicum var. **conspicuum** Nakai
习　　性：多年生草本
海　　拔：海平面至1500 m
国内分布：安徽、福建、江苏、台湾、浙江
国外分布：朝鲜、日本
濒危等级：LC

愉悦蓼
Polygonum jucundum Meisn.
习　　性：一年生草本
海　　拔：海平面至2000 m
分　　布：安徽、福建、甘肃、广东、广西、贵州、海南、河南、湖北、湖南、江苏、江西、陕西、四川

云南、浙江
濒危等级：LC

圆基愉悦蓼
Polygonum jucundum var. **rotundum** Z. Z. Zhou et Q. Y. Sun
习　　性：一年生草本
海　　拔：50 m 以下
分　　布：安徽
濒危等级：LC

柔茎蓼
Polygonum kawagoeanum Makino
习　　性：一年生草本
海　　拔：海平面至1700 m
国内分布：安徽、福建、广东、广西、海南、江苏、江西、台湾、西藏、云南、浙江
国外分布：不丹、马来西亚、尼泊尔、日本、印度、印度尼西亚
濒危等级：LC

酸模叶蓼
Polygonum lapathifolium L.

酸模叶蓼（原变种）
Polygonum lapathifolium var. **lapathifolium**
习　　性：一年生草本
海　　拔：海平面至3900 m
国内分布：全国
国外分布：澳大利亚、巴布亚新几内亚、巴基斯坦、不丹、朝鲜、俄罗斯、菲律宾、哈萨克斯坦、吉尔吉斯斯坦、马来西亚、蒙古、孟加拉国、缅甸、尼泊尔、日本、塔吉克斯坦、泰国、土库曼斯坦、乌兹别克斯坦、印度、印度尼西亚、越南
濒危等级：LC

密毛酸模叶蓼
Polygonum lapathifolium var. **lanatum**(Roxb.)Steward
习　　性：一年生草本
海　　拔：200～1100 m
国内分布：福建、广东、广西、台湾、云南
国外分布：不丹、菲律宾、马来西亚、缅甸、尼泊尔、印度、印度尼西亚
濒危等级：LC

丽江蓼
Polygonum lichiangense W. W. Sm.
习　　性：多年生草本
海　　拔：2800～4100 m
分　　布：云南
濒危等级：LC

污泥蓼
Polygonum limicola Sam.
习　　性：一年生草本
海　　拔：100～300 m
分　　布：广东、广西、湖北、湖南、云南
濒危等级：LC

谷地蓼
Polygonum limosum Kom.
习　　性：多年生草本

海　　拔：400～1800 m
国内分布：吉林
国外分布：朝鲜、俄罗斯
濒危等级：LC

长鬃蓼
Polygonum longisetum Bruijn

长鬃蓼（原变种）
Polygonum longisetum var. **longisetum**
习　　性：一年生草本
海　　拔：海平面至3000 m
国内分布：安徽、福建、甘肃、广东、广西、贵州、河北、河南、黑龙江、湖北、湖南、吉林、江苏、江西、辽宁、内蒙古、山东、山西、陕西、四川、台湾、西藏、云南、浙江
国外分布：朝鲜、俄罗斯、菲律宾、克什米尔地区、马来西亚、蒙古、缅甸、尼泊尔、日本、印度、印度尼西亚
濒危等级：LC

圆基长鬃蓼
Polygonum longisetum var. **rotundatum** A. J. Li
习　　性：一年生草本
海　　拔：海平面至3100 m
国内分布：安徽、福建、甘肃、广东、广西、贵州、河北、河南、黑龙江、湖北、吉林、江苏、江西、辽宁、山东、山西、陕西、四川、西藏、云南、浙江
国外分布：蒙古
濒危等级：LC

长戟叶蓼
Polygonum maackianum Regel
习　　性：一年生草本
海　　拔：100～1600 m
国内分布：安徽、广东、河北、河南、黑龙江、湖北、湖南、吉林、江苏、江西、辽宁、内蒙古、山东、陕西、四川、台湾、云南、浙江
国外分布：朝鲜、俄罗斯、日本
濒危等级：LC

圆穗蓼
Polygonum macrophyllum D. Don

圆穗蓼（原变种）
Polygonum macrophyllum var. **macrophyllum**
习　　性：多年生草本
海　　拔：2000～5000 m
国内分布：贵州、河南、湖北、陕西、四川、西藏、云南
国外分布：不丹、尼泊尔、印度
濒危等级：LC

狭叶圆穗蓼
Polygonum macrophyllum var. **stenophyllum**(Meisn.)A. J. Li
习　　性：多年生草本
海　　拔：2000～4800 m
国内分布：甘肃、青海、陕西、四川、西藏、云南
国外分布：尼泊尔、印度
濒危等级：LC

耳叶蓼
Polygonum manshuriense Petrov ex Kom.
习　　性：多年生草本
海　　拔：800~1800 m
国内分布：黑龙江、吉林、辽宁、内蒙古
国外分布：朝鲜、俄罗斯
濒危等级：LC

小头蓼
Polygonum microcephalum D. Don

小头蓼（原变种）
Polygonum microcephalum var. **microcephalum**
习　　性：多年生草本
海　　拔：500~3200 m
国内分布：甘肃、贵州、湖北、湖南、陕西、四川、西藏、云南
国外分布：不丹、尼泊尔、印度
濒危等级：LC

腺梗小头蓼
Polygonum microcephalum var. **sphaerocephalum**(Wall. ex Meisn.) H. Hara
习　　性：多年生草本
海　　拔：500~3200 m
国内分布：湖北、陕西、四川、西藏、云南
国外分布：尼泊尔、印度
濒危等级：LC

大海蓼
Polygonum milletii(H. Lév.) H. Lév.
习　　性：多年生草本
海　　拔：1700~3900 m
国内分布：青海、陕西、四川、云南
国外分布：不丹、尼泊尔、印度
濒危等级：LC

微叶蓼
Polygonum minutissimum Z. Wei et Y. B. Chang
习　　性：多年生草本
海　　拔：500~600 m
分　　布：浙江
濒危等级：LC

绢毛蓼
Polygonum molle D. Don

绢毛蓼（原变种）
Polygonum molle var. **molle**
习　　性：亚灌木
海　　拔：1200~3500 m
国内分布：广西、贵州、西藏、云南
国外分布：不丹、尼泊尔、泰国、印度、印度尼西亚
濒危等级：LC

光叶蓼
Polygonum molle var. **frondosum**(Meisn.) A. J. Li
习　　性：亚灌木
海　　拔：1200~1500 m
国内分布：广西、贵州、西藏、云南
国外分布：不丹、尼泊尔、印度、印度尼西亚
濒危等级：LC

倒毛蓼
Polygonum molle var. **rude**(Meisn.) A. J. Li
习　　性：亚灌木
海　　拔：1400~3500 m
国内分布：广西、贵州、西藏、云南
国外分布：不丹、缅甸、尼泊尔、泰国、印度
濒危等级：LC

丝茎蓼
Polygonum molliiforme Boiss.
习　　性：一年生草本
海　　拔：300~500 m
国内分布：新疆
国外分布：哈萨克斯坦、吉尔吉斯斯坦、塔吉克斯坦、土库曼斯坦、乌兹别克斯坦
濒危等级：LC

小蓼花
Polygonum muricatum Meisn.
习　　性：一年生草本
海　　拔：海平面至3300 m
国内分布：安徽、福建、广东、广西、贵州、河南、黑龙江、湖北、湖南、吉林、江苏、江西、辽宁、陕西、四川、台湾、西藏、云南、浙江
国外分布：朝鲜、俄罗斯、尼泊尔、日本、泰国、印度
濒危等级：LC

尼泊尔蓼
Polygonum nepalense Meisn.
习　　性：一年生草本
海　　拔：200~4000 m
国内分布：安徽、福建、甘肃、广东、广西、贵州、海南、河北、河南、黑龙江、湖北、湖南、吉林、江苏、江西、辽宁、内蒙古、宁夏、青海、山东、山西、陕西、四川、台湾、西藏、云南、浙江
国外分布：阿富汗、巴布亚新几内亚、巴基斯坦、不丹、朝鲜、俄罗斯、菲律宾、马来西亚、尼泊尔、日本、泰国、印度、印度尼西亚
濒危等级：LC

铜钱叶蓼
Polygonum nummulariifolium Meisn.
习　　性：多年生草本
海　　拔：3300~4800 m
国内分布：西藏、云南
国外分布：不丹、克什米尔地区、缅甸、尼泊尔、印度
濒危等级：LC

倒根蓼
Polygonum ochotense Petrov ex Kom.
习　　性：多年生草本
海　　拔：1500~2500 m
国内分布：吉林
国外分布：朝鲜、俄罗斯
濒危等级：NT C1

白山神血宁
Polygonum ocreatum L.

习　　性：多年生草本
海　　拔：1400~2500 m
国内分布：吉林、内蒙古
国外分布：俄罗斯、蒙古
濒危等级：LC

芳香蓼
Polygonum odoratum Lour.
习　　性：草本
国内分布：广西、云南
国外分布：原产东南亚

红蓼
Polygonum orientale L.
习　　性：一年生草本
海　　拔：海平面至3000 m
国内分布：安徽、福建、甘肃、广东、广西、贵州、海南、河北、河南、黑龙江、湖北、湖南、吉林、江苏、江西、辽宁、内蒙古、宁夏、青海、山东、山西、陕西、四川、台湾、新疆、云南、浙江
国外分布：澳大利亚、不丹、朝鲜、俄罗斯、菲律宾、孟加拉国、缅甸、日本、斯里兰卡、泰国、印度、印度尼西亚、越南
濒危等级：LC
资源利用：药用（中草药）；环境利用（观赏）；食品（淀粉）

太平洋蓼
Polygonum pacificum Petrov. ex Kom.
习　　性：多年生草本
海　　拔：300~2100 m
国内分布：黑龙江、吉林、辽宁、内蒙古
国外分布：朝鲜、俄罗斯
濒危等级：LC

草血竭
Polygonum paleaceum Wall. ex Hook. f.

草血竭（原变种）
Polygonum paleaceum var. **paleaceum**
习　　性：多年生草本
海　　拔：1500~4000 m
国内分布：广西、贵州、四川、云南
国外分布：泰国、印度
濒危等级：LC
资源利用：药用（中草药）；原料（单宁，树脂）

毛叶草血竭
Polygonum paleaceum var. **pubifolium** Sam.
习　　性：多年生草本
海　　拔：2000~4000 m
分　　布：四川、云南
濒危等级：LC

掌叶蓼
Polygonum palmatum Dunn.
习　　性：多年生草本
海　　拔：400~1500 m
国内分布：安徽、福建、广东、广西、贵州、湖南、江西、云南
国外分布：印度
濒危等级：LC

湿地蓼
Polygonum paralimicola A. J. Li
习　　性：一年生草本
海　　拔：200~500 m
分　　布：湖南、江西、浙江
濒危等级：LC

线叶蓼
Polygonum paronychioides C. A. Mey. ex Hohenacher
习　　性：亚灌木
海　　拔：约3500 m
国内分布：西藏
国外分布：阿富汗、巴基斯坦、哈萨克斯坦、吉尔吉斯斯坦、克什米尔地区、塔吉克斯坦、土库曼斯坦、乌兹别克斯坦
濒危等级：LC

展枝蓼
Polygonum patulum M. Bieb.
习　　性：一年生草本
海　　拔：400~1800 m
国内分布：黑龙江、山东、新疆
国外分布：阿富汗、俄罗斯、哈萨克斯坦、吉尔吉斯斯坦、蒙古、塔吉克斯坦
濒危等级：LC

杠板归
Polygonum perfoliatum L.
习　　性：一年生草本
海　　拔：100~2300 m
国内分布：安徽、福建、甘肃、广东、广西、贵州、海南、河北、河南、黑龙江、湖北、湖南、吉林、江苏、江西、辽宁、内蒙古、山东、山西、陕西、四川、台湾、西藏、云南、浙江
国外分布：巴布亚新几内亚、不丹、朝鲜、俄罗斯、菲律宾、马来西亚、孟加拉国、尼泊尔、日本、泰国、印度、印度尼西亚、越南
濒危等级：LC
资源利用：药用（中草药）

春蓼
Polygonum persicaria L.

春蓼（原变种）
Polygonum persicaria var. **persicaria**
习　　性：一年生草本
海　　拔：100~1800 m
国内分布：安徽、福建、广西、贵州、河北、河南、黑龙江、湖北、湖南、吉林、江西、辽宁、内蒙古、宁夏、青海、山东、四川、台湾、新疆、云南、浙江
国外分布：朝鲜、俄罗斯、哈萨克斯坦、吉尔吉斯斯坦、日本、塔吉克斯坦、土库曼斯坦、乌兹别克斯坦、印度尼西亚
濒危等级：LC

暗果蓼
Polygonum persicaria var. **opacum** (Sam.) A. J. Li

习　　性：一年生草本
海　　拔：100～200 m
分　　布：福建、浙江
濒危等级：LC

松林蓼
Polygonum pinetorum Hemsl.
习　　性：多年生草本
海　　拔：1900～3300 m
分　　布：甘肃、湖北、陕西、四川、云南
濒危等级：LC

宽叶蓼
Polygonum platyphyllum S. X. Li et Y. L. Chang
习　　性：多年生草本
海　　拔：200～500 m
分　　布：辽宁
濒危等级：VU D2

习见蓼
Polygonum plebeium R. Br.
习　　性：一年生草本
海　　拔：海平面至2200 m
国内分布：安徽、福建、甘肃、广东、广西、贵州、海南、河北、河南、黑龙江、湖北、湖南、吉林、江苏、江西、辽宁、内蒙古、宁夏、青海、山东、山西、陕西、四川、台湾、西藏、云南、浙江
国外分布：澳大利亚、俄罗斯、菲律宾、哈萨克斯坦、缅甸、尼泊尔、日本、泰国、印度、印度尼西亚
濒危等级：LC

针叶蓼
Polygonum polycnemoides Jaub. et Spach
习　　性：一年生草本
海　　拔：600～2200 m
国内分布：新疆
国外分布：阿富汗、哈萨克斯坦、吉尔吉斯斯坦、蒙古、塔吉克斯坦、土库曼斯坦、乌兹别克斯坦
濒危等级：LC

多穗蓼
Polygonum polystachyum Wall. ex Meisn.

多穗蓼（原变种）
Polygonum polystachyum var. **polystachyum**
习　　性：亚灌木
海　　拔：2200～4500 m
国内分布：四川、西藏、云南
国外分布：阿富汗、巴基斯坦、不丹、克什米尔地区、缅甸、尼泊尔、印度
濒危等级：LC

长叶多穗蓼
Polygonum polystachyum var. **longifolium** Hook. f.
习　　性：亚灌木
海　　拔：2200～3800 m
国内分布：西藏、云南
国外分布：印度
濒危等级：LC

库车蓼
Polygonum popovii Borodina
习　　性：灌木
海　　拔：1000～2600 m
分　　布：新疆
濒危等级：LC

丛枝蓼
Polygonum posumbu Buch. -Ham.
习　　性：一年生草本
海　　拔：100～3000 m
国内分布：安徽、福建、甘肃、广东、广西、贵州、海南、河北、河南、黑龙江、湖北、湖南、吉林、江苏、江西、辽宁、山东、陕西、四川、台湾、西藏、云南、浙江
国外分布：朝鲜、菲律宾、缅甸、尼泊尔、日本、泰国、印度、印度尼西亚
濒危等级：LC

伏毛蓼
Polygonum pubescens Blume
习　　性：一年生草本
海　　拔：2700 m以下
国内分布：安徽、福建、甘肃、广东、广西、贵州、海南、河南、湖北、湖南、江苏、江西、辽宁、山东、陕西、四川、台湾、云南、浙江
国外分布：不丹、朝鲜、日本、印度、印度尼西亚
濒危等级：LC

丽蓼
Polygonum pulchrum Blume
习　　性：多年生草本
海　　拔：100～300 m
国内分布：广东、广西、台湾
国外分布：澳大利亚、菲律宾、马来西亚、缅甸、斯里兰卡、泰国、印度、印度尼西亚
濒危等级：LC

紫脉蓼
Polygonum purpureonervosum A. J. Li
习　　性：多年生草本
海　　拔：4000～4800 m
分　　布：四川
濒危等级：LC

尖果蓼
Polygonum rigidum Skvortsov
习　　性：一年生草本
海　　拔：400～2500 m
国内分布：甘肃、河北、黑龙江、吉林、辽宁、内蒙古、山西、陕西
国外分布：俄罗斯、蒙古
濒危等级：LC

羽叶蓼
Polygonum runcinatum Buch. -Ham. ex D. Don

羽叶蓼（原变种）
Polygonum runcinatum var. **runcinatum**
习　　性：多年生草本
海　　拔：800～3900 m
国内分布：安徽、福建、甘肃、广西、贵州、河南、湖北、湖南、陕西、四川、台湾、西藏、云南、浙江
国外分布：不丹、菲律宾、克什米尔地区、马来西亚、缅甸、尼泊尔、泰国、印度、印度尼西亚

濒危等级：LC
资源利用：原料（单宁，树脂）

赤胫散
Polygonum runcinatum var. **sinense** Hemsl.
- 习　　性：多年生草本
- 海　　拔：800~3900 m
- 分　　布：安徽、甘肃、广西、贵州、河南、湖北、湖南、陕西、四川、西藏、云南、浙江
- 濒危等级：LC
- 资源利用：药用（中草药）

箭头蓼
Polygonum sagittatum L.
- 习　　性：一年生草本
- 海　　拔：100~2200 m
- 国内分布：安徽、福建、甘肃、贵州、河北、河南、黑龙江、湖北、湖南、吉林、江苏、江西、辽宁、内蒙古、山东、山西、陕西、四川、台湾、云南、浙江
- 国外分布：朝鲜、俄罗斯、韩国、蒙古、日本、印度
- 濒危等级：LC

新疆蓼
Polygonum schischkinii Ivanova
- 习　　性：亚灌木
- 海　　拔：600~1500 m
- 国内分布：新疆
- 国外分布：蒙古
- 濒危等级：LC

刺蓼
Polygonum senticosum (Meisn.) Franch. et Sav.
- 习　　性：多年生草本
- 海　　拔：100~1500 m
- 国内分布：安徽、福建、广东、广西、贵州、河北、河南、黑龙江、湖北、湖南、吉林、江苏、江西、辽宁、山东、台湾、云南、浙江
- 国外分布：朝鲜、俄罗斯、日本
- 濒危等级：LC
- 资源利用：药用（中草药）

石河子萹蓄
Polygonum shiheziense F. Z. Li , Y. T. Hou et F. J. Lu
- 习　　性：多年生草本
- 分　　布：新疆
- 濒危等级：LC

西伯利亚蓼
Polygonum sibiricum Laxm.

西伯利亚蓼（原变种）
Polygonum sibiricum var. **sibiricum**
- 习　　性：多年生草本
- 海　　拔：海平面至5000 m
- 国内分布：安徽、甘肃、河北、河南、黑龙江、湖北、湖南、吉林、江苏、辽宁、内蒙古、宁夏、青海、山东、山西、陕西、四川、西藏、新疆、云南
- 国外分布：阿富汗、巴基斯坦、俄罗斯、哈萨克斯坦、吉尔吉斯斯坦、克什米尔地区、蒙古、尼泊尔、塔吉克斯坦、印度
- 濒危等级：LC

细叶西伯利亚蓼
Polygonum sibiricum var. **thomsonii** Meisn.
- 习　　性：多年生草本
- 海　　拔：3200~5100 m
- 国内分布：青海、西藏
- 国外分布：阿富汗、巴基斯坦、俄罗斯、吉尔吉斯斯坦、克什米尔地区、尼泊尔、塔吉克斯坦
- 濒危等级：LC

箭叶蓼
Polygonum sieboldii Meisn.
- 习　　性：一年生草本
- 海　　拔：90~2200 m
- 国内分布：福建、甘肃、贵州、河北、河南、黑龙江、湖北、吉林、江苏、江西、辽宁、内蒙古、山东、山西、陕西、四川、台湾、云南、浙江
- 国外分布：朝鲜、俄罗斯、日本
- 濒危等级：LC
- 资源利用：药用（中草药）

翅柄蓼
Polygonum sinomontanum Sam.
- 习　　性：多年生草本
- 海　　拔：2500~3900 m
- 分　　布：四川、西藏、云南
- 濒危等级：LC

准噶尔蓼
Polygonum songaricum Schrenk ex Fisch. et C. A. Mey.
- 习　　性：多年生草本
- 海　　拔：1800~3500 m
- 国内分布：新疆
- 国外分布：哈萨克斯坦、吉尔吉斯斯坦、蒙古、塔吉克斯坦
- 濒危等级：LC

柔毛蓼
Polygonum sparsipilosum A. J. Li

柔毛蓼（原变种）
Polygonum sparsipilosum var. **sparsipilosum**
- 习　　性：一年生草本
- 海　　拔：2300~4300 m
- 分　　布：甘肃、内蒙古、青海、陕西、四川、西藏
- 濒危等级：LC

腺点柔毛蓼
Polygonum sparsipilosum var. **hubertii** (Lingelsh.) A. J. Li
- 习　　性：一年生草本
- 海　　拔：2500~4100 m
- 分　　布：甘肃、青海、陕西、四川
- 濒危等级：LC

糙毛蓼
Polygonum strigosum R. Br.
- 习　　性：一年生草本
- 海　　拔：100~2000 m
- 国内分布：福建、广东、广西、贵州、江苏、西藏、云南
- 国外分布：澳大利亚、巴布亚新几内亚、不丹、马来西亚、孟加拉国、缅甸、尼泊尔、泰国、印度、印度尼西亚、越南
- 濒危等级：LC

平卧蓼
Polygonum strindbergii J. Schust.
 习 性：多年生草本
 海 拔：2000～3000 m
 分 布：西藏、云南
 濒危等级：LC

大理蓼
Polygonum subscaposum Diels
 习 性：多年生草本
 海 拔：3500～4000 m
 分 布：云南
 濒危等级：LC

珠芽支柱蓼
Polygonum suffultoides A. J. Li
 习 性：多年生草本
 海 拔：3200～4500 m
 分 布：云南
 濒危等级：LC

支柱蓼
Polygonum suffultum Maxim.

支柱蓼（原变种）
Polygonum suffultum var. **suffultum**
 习 性：多年生草本
 海 拔：1300～4000 m
 国内分布：安徽、甘肃、贵州、河北、河南、湖北、湖南、江西、辽宁、宁夏、青海、山东、山西、陕西、四川、西藏、云南、浙江
 国外分布：朝鲜、日本
 濒危等级：LC
 资源利用：药用（中草药）

细穗支柱蓼
Polygonum suffultum var. **pergracile** (Hemsl.) Sam.
 习 性：多年生草本
 海 拔：1500～3600 m
 分 布：安徽、甘肃、贵州、河南、湖北、陕西、四川、西藏、云南、浙江
 濒危等级：LC

毛叶支柱蓼
Polygonum suffultum var. **tomentosum** B. Li et S. F. Chen
 习 性：多年生草本
 海 拔：约 1400 m
 分 布：江西
 濒危等级：LC

塔城萹蓄
Polygonum tachengense F. Z. Li, Y. T. Hou et F. J. Lu
 习 性：多年生草本
 分 布：新疆
 濒危等级：LC

细叶蓼
Polygonum taquetii H. Lév.
 习 性：一年生草本
 海 拔：海平面至 400 m
 国内分布：安徽、福建、广东、湖北、湖南、江苏、江西、浙江
 国外分布：朝鲜、日本
 濒危等级：LC

西藏蓼
Polygonum tibeticum Hemsl.
 习 性：亚灌木
 海 拔：4500～5000 m
 分 布：西藏
 濒危等级：LC

蓼蓝
Polygonum tinctorium Aiton
 习 性：一年生草本
 国内分布：广泛分布或栽培
 国外分布：中南半岛
 濒危等级：LC
 资源利用：环境利用（观赏）；原料（精油）

叉枝蓼
Polygonum tortuosum D. Don
 习 性：亚灌木
 海 拔：3600～4900 m
 国内分布：西藏
 国外分布：阿富汗、巴基斯坦、尼泊尔、印度
 濒危等级：LC

荫地蓼
Polygonum umbrosum Sam.
 习 性：多年生草本
 海 拔：约 2200 m
 分 布：云南
 濒危等级：LC

乌鲁木齐萹蓄
Polygonum urumqiense F. Z. Li, Y. T. Hou et F. J. Lu
 习 性：多年生草本
 分 布：新疆
 濒危等级：LC

乌饭树叶蓼
Polygonum vacciniifolium Wall. ex Meisn.
 习 性：亚灌木
 海 拔：3000～4200 m
 国内分布：西藏
 国外分布：巴基斯坦、不丹、克什米尔地区、尼泊尔、印度
 濒危等级：LC

黏蓼
Polygonum viscoferum Makino
 习 性：一年生草本
 海 拔：500～1800 m
 国内分布：安徽、福建、贵州、河北、河南、黑龙江、湖北、湖南、吉林、江苏、江西、辽宁、山东、四川、台湾、云南、浙江
 国外分布：朝鲜、日本、俄罗斯（远东地区）
 濒危等级：LC

香蓼
Polygonum viscosum Buch. -Ham. ex D. Don
 习 性：一年生草本
 海 拔：海平面至 1900 m
 国内分布：安徽、福建、广东、广西、贵州、河南、黑龙江、

蓼科 POLYGONACEAE

　　　　　湖北、湖南、吉林、江苏、江西、辽宁、陕西、
　　　　　四川、台湾、云南、浙江
国外分布：朝鲜、俄罗斯、尼泊尔、日本、印度
濒危等级：LC
资源利用：食品（调味剂）

珠芽蓼
Polygonum viviparum L.

珠芽蓼（原变种）
Polygonum viviparum var. **viviparum**
习　　性：多年生草本
海　　拔：1200～5100 m
国内分布：甘肃、贵州、河北、河南、黑龙江、湖北、吉林、
　　　　　辽宁、内蒙古、宁夏、青海、山西、陕西、四川、
　　　　　西藏、新疆、云南
国外分布：不丹、朝鲜、俄罗斯、哈萨克斯坦、吉尔吉斯斯
　　　　　坦、蒙古、缅甸、尼泊尔、日本、塔吉克斯坦、
　　　　　泰国、印度
濒危等级：LC
资源利用：药用（中草药）；食品（淀粉）

细叶珠芽蓼
Polygonum viviparum var. **tenuifolium** (H. W. Kung) Y. L. Liu
习　　性：多年生草本
海　　拔：2000～4300 m
分　　布：甘肃、广东、广西、青海、陕西、四川、云南
濒危等级：LC

球序蓼
Polygonum wallichii Meisn.
习　　性：一年生草本
海　　拔：2500～3400 m
国内分布：西藏、云南
国外分布：尼泊尔、印度
濒危等级：LC

翼蓼属 Pteroxygonum Dammer et Diels

翼蓼
Pteroxygonum giraldii Damm. et Diels
习　　性：多年生草本
海　　拔：600～2000 m
分　　布：甘肃、河北、河南、湖北、山西、陕西、四川
濒危等级：LC
资源利用：药用（中草药）

虎杖属 Reynoutria Houtt.

虎杖
Reynoutria japonica Houtt.
习　　性：多年生草本
海　　拔：100～2000 m
国内分布：安徽、福建、甘肃、广东、广西、贵州、海南、
　　　　　河南、黑龙江、湖北、湖南、江苏、江西、辽
　　　　　宁、山东、陕西、四川、台湾、云南、浙江
国外分布：朝鲜、俄罗斯、日本；世界各地广泛栽培
濒危等级：LC
资源利用：药用（中草药）

大黄属 Rheum L.

心叶大黄
Rheum acuminatum Hook. f. et Thomson
习　　性：多年生草本
海　　拔：2800～4000 m
国内分布：甘肃、四川、西藏、云南
国外分布：不丹、克什米尔地区、缅甸、尼泊尔、印度
濒危等级：LC

水黄
Rheum alexandrae Batalin
习　　性：多年生草本
海　　拔：3000～4600 m
国内分布：四川、西藏、云南
国外分布：俄罗斯栽培
濒危等级：LC

阿尔泰大黄
Rheum altaicum Losinsk.
习　　性：多年生草本
海　　拔：1900～2400 m
国内分布：新疆
国外分布：俄罗斯、哈萨克斯坦、蒙古
濒危等级：NT

藏边大黄
Rheum australe D. Don
习　　性：多年生草本
海　　拔：3400～4300 m
国内分布：西藏
国外分布：巴基斯坦、缅甸、尼泊尔、印度
濒危等级：LC

密序大黄
Rheum compactum L.
习　　性：多年生草本
海　　拔：约 2000 m
国内分布：新疆
国外分布：俄罗斯、哈萨克斯坦、蒙古
濒危等级：LC

滇边大黄
Rheum delavayi Franch.
习　　性：多年生草本
海　　拔：3000～4800 m
国内分布：四川、云南
国外分布：不丹、尼泊尔
濒危等级：LC

牛尾七
Rheum forrestii Diels
习　　性：多年生草本
海　　拔：约 3000 m
分　　布：四川、西藏、云南
濒危等级：VU A3c；C1

光茎大黄
Rheum glabricaule Sam.
习　　性：多年生草本
海　　拔：3000～3500 m
分　　布：甘肃
濒危等级：LC

头序大黄
Rheum globulosum Gage
习　　性：多年生草本

海　　拔：4500~5000 m
国内分布：西藏
国外分布：印度
濒危等级：EN B1ab（i, iii, v）；D

河套大黄
Rheum hotaoense C. Y. Cheng et T. C. Kao
　　习　　性：多年生草本
　　海　　拔：1000~1800 m
　　分　　布：甘肃、山西、陕西
　　濒危等级：LC

红脉大黄
Rheum inopinatum Prain
　　习　　性：多年生草本
　　海　　拔：4000~4200 m
　　分　　布：西藏
　　濒危等级：LC

疏枝大黄
Rheum kialense Franch.
　　习　　性：多年生草本
　　海　　拔：2800~3900 m
　　分　　布：甘肃、四川、云南
　　濒危等级：LC

条裂大黄
Rheum laciniatum Prain
　　习　　性：多年生草本
　　海　　拔：约3000 m
　　分　　布：四川
　　濒危等级：VU B1ab（i, iii, v）；C1

拉萨大黄
Rheum lhasaense A. J. Li et P. G. Xiao
　　习　　性：多年生草本
　　海　　拔：4200~4600 m
　　分　　布：西藏
　　濒危等级：LC

丽江大黄
Rheum likiangense Sam.
　　习　　性：多年生草本
　　海　　拔：2500~4000 m
　　分　　布：四川、西藏、云南
　　濒危等级：LC

斑茎大黄
Rheum maculatum C. Y. Cheng et T. C. Kao
　　习　　性：多年生草本
　　分　　布：四川
　　濒危等级：NT D

卵果大黄
Rheum moorcroftianum Royle
　　习　　性：多年生草本
　　海　　拔：4500~5300 m
　　国内分布：西藏
　　国外分布：阿富汗、巴基斯坦、尼泊尔、塔吉克斯坦、印度
　　濒危等级：LC

矮大黄
Rheum nanum Siev. ex Pall.
　　习　　性：多年生草本
　　海　　拔：700~2000 m
　　国内分布：甘肃、内蒙古、新疆
　　国外分布：俄罗斯、哈萨克斯坦、蒙古
　　濒危等级：LC

塔黄
Rheum nobile Hook. f. et Thomson
　　习　　性：多年生草本
　　海　　拔：4000~4800 m
　　国内分布：西藏
　　国外分布：阿富汗、巴基斯坦、不丹、缅甸、尼泊尔、印度
　　濒危等级：VU A2acd+3cd；B1ab（i, ii, iii, iv, v）
　　资源利用：环境利用（观赏）；药用（中草药）

药用大黄
Rheum officinale Baill.
　　习　　性：多年生草本
　　海　　拔：1200~4000 m
　　分　　布：福建、贵州、河南、湖北、陕西、四川、云南
　　濒危等级：LC
　　资源利用：药用（中草药）

掌叶大黄
Rheum palmatum L.
　　习　　性：多年生草本
　　海　　拔：1500~4400 m
　　分　　布：甘肃、湖北、内蒙古、青海、陕西、四川、西藏、云南
　　濒危等级：LC
　　资源利用：药用（中草药）

歧穗大黄
Rheum przewalskyi Losinsk.
　　习　　性：多年生草本
　　海　　拔：1500~5000 m
　　分　　布：甘肃、青海、四川
　　濒危等级：LC

小大黄
Rheum pumilum Maxim.
　　习　　性：多年生草本
　　海　　拔：2800~4500 m
　　分　　布：甘肃、青海、四川、西藏
　　濒危等级：LC

总序大黄
Rheum racemiferum Maxim.
　　习　　性：草本
　　海　　拔：1300~2000 m
　　国内分布：甘肃、内蒙古、宁夏
　　国外分布：蒙古

网脉大黄
Rheum reticulatum Losinsk.
　　习　　性：多年生草本
　　海　　拔：2900~4200 m
　　国内分布：青海、新疆
　　国外分布：哈萨克斯坦、吉尔吉斯斯坦、塔吉克斯坦
　　濒危等级：LC

波叶大黄
Rheum rhabarbarum L.
　　习　　性：多年生草本

海　　拔：1000~1600 m
国内分布：河北、河南、黑龙江、湖北、吉林、内蒙古、山西、陕西
国外分布：蒙古、俄罗斯；欧洲栽培
濒危等级：LC

直穗大黄
Rheum rhizostachyum Schrenk
习　　性：多年生草本
海　　拔：2600~4200 m
国内分布：新疆
国外分布：哈萨克斯坦
濒危等级：LC

菱叶大黄
Rheum rhomboideum Losinsk.
习　　性：多年生草本
海　　拔：4700~5400 m
分　　布：西藏
濒危等级：LC

穗序大黄
Rheum spiciforme Royle
习　　性：多年生草本
海　　拔：4000~5000 m
国内分布：甘肃、青海、西藏
国外分布：阿富汗、巴基斯坦、不丹、克什米尔地区、印度
濒危等级：LC

垂枝大黄
Rheum subacaule Sam.
习　　性：多年生草本
海　　拔：3500~4300 m
分　　布：四川
濒危等级：CR D

窄叶大黄
Rheum sublanceolatum C. Y. Cheng et T. C. Kao
习　　性：多年生草本
海　　拔：2400~3000 m
分　　布：甘肃、青海、新疆
濒危等级：LC

鸡爪大黄
Rheum tanguticum Maxim. ex Balf.

鸡爪大黄（原变种）
Rheum tanguticum var. **tanguticum**
习　　性：多年生草本
海　　拔：1600~3000 m
分　　布：甘肃、青海、陕西、西藏
濒危等级：VU D1
资源利用：药用（中草药）

六盘山鸡爪大黄
Rheum tanguticum var. **liupanshanense** C. Y. Cheng et T. C. Kao
习　　性：多年生草本
分　　布：甘肃
濒危等级：LC

圆叶大黄
Rheum tataricum L. f.
习　　性：多年生草本
海　　拔：500~1000 m
国内分布：新疆
国外分布：阿富汗、俄罗斯、哈萨克斯坦
濒危等级：LC

西藏大黄
Rheum tibeticum Maxim. ex Hook. f.
习　　性：多年生草本
海　　拔：4000~4600 m
国内分布：西藏
国外分布：阿富汗、巴基斯坦、克什米尔地区
濒危等级：LC

单脉大黄
Rheum uninerve Maxim.
习　　性：多年生草本
海　　拔：1100~2300 m
国内分布：甘肃、内蒙古、青海
国外分布：蒙古
濒危等级：NT B1ab（iii）

须弥大黄
Rheum webbianum Royle
习　　性：多年生草本
海　　拔：3500~3600 m
国内分布：西藏
国外分布：巴基斯坦、克什米尔地区、尼泊尔、印度
濒危等级：LC

天山大黄
Rheum wittrockii C. E. Lundstr.
习　　性：多年生草本
海　　拔：1200~2600 m
国内分布：新疆
国外分布：哈萨克斯坦、吉尔吉斯斯坦
濒危等级：LC

云南大黄
Rheum yunnanense Sam.
习　　性：多年生草本
海　　拔：约4000 m
国内分布：云南
国外分布：缅甸
濒危等级：VU D2

酸模属 Rumex L.

酸模
Rumex acetosa L.
习　　性：多年生草本
海　　拔：400~4100 m
国内分布：安徽、福建、广西、贵州、河南、黑龙江、湖北、湖南、吉林、江苏、辽宁、内蒙古、青海、山东、山西、陕西、四川、台湾、西藏、新疆、云南、浙江
国外分布：朝鲜、俄罗斯、哈萨克斯坦、吉尔吉斯斯坦、蒙古、日本
濒危等级：LC
资源利用：药用（中草药）；动物饲料（饲料）；食品（蔬菜）；原料（单宁，树脂）

小酸模
Rumex acetosella L.
习　　性：多年生草本

海　　拔：400~3200 m
国内分布：福建、河北、河南、黑龙江、湖北、湖南、江西、内蒙古、山东、四川、台湾、新疆、云南、浙江
国外分布：朝鲜、俄罗斯、哈萨克斯坦、蒙古、日本、印度
濒危等级：LC

黑龙酸模
Rumex amurensis F. Schmidt ex Maxim.
习　　性：一年生草本
海　　拔：海平面至300 m
国内分布：安徽、河北、河南、黑龙江、湖北、吉林、江苏、辽宁、山东
国外分布：俄罗斯
濒危等级：LC

紫茎酸模
Rumex angulatus Rech. f.
习　　性：多年生草本
海　　拔：3000~4200 m
国内分布：西藏
国外分布：阿富汗、巴基斯坦、克什米尔地区
濒危等级：LC

水生酸模
Rumex aquaticus L.
习　　性：多年生草本
海　　拔：200~3600 m
国内分布：甘肃、黑龙江、湖北、吉林、宁夏、青海、山西、陕西、四川、新疆
国外分布：俄罗斯、哈萨克斯坦、吉尔吉斯斯坦、蒙古、日本
濒危等级：LC

网果酸模
Rumex chalepensis Mill.
习　　性：多年生草本
海　　拔：100~1500 m
国内分布：安徽、甘肃、河北、河南、湖北、江苏、山东、山西、陕西、新疆、浙江
国外分布：阿富汗、巴基斯坦、哈萨克斯坦、吉尔吉斯斯坦、克什米尔地区、土库曼斯坦
濒危等级：LC

密生酸模
Rumex confertus Willd.
习　　性：多年生草本
国内分布：新疆
国外分布：俄罗斯、哈萨克斯坦
濒危等级：LC

皱叶酸模
Rumex crispus L.
习　　性：多年生草本
海　　拔：海平面至2500 m
国内分布：甘肃、贵州、海南、河北、河南、黑龙江、湖北、湖南、吉林、辽宁、内蒙古、宁夏、青海、山东、山西、陕西、四川、台湾、新疆、云南、浙江
国外分布：朝鲜、俄罗斯、哈萨克斯坦、吉尔吉斯斯坦、蒙古、缅甸、日本、泰国；欧洲、北美洲。许多地方归化
濒危等级：LC
资源利用：原料（单宁，树脂）；药用（中草药）；食品（淀粉）

齿果酸模
Rumex dentatus L.
习　　性：一年生草本
海　　拔：海平面至2500 m
国内分布：安徽、福建、甘肃、贵州、河北、河南、湖北、湖南、江苏、江西、内蒙古、宁夏、青海、山东、山西、陕西、四川、台湾、新疆、云南、浙江
国外分布：阿富汗、朝鲜、俄罗斯、哈萨克斯坦、吉尔吉斯斯坦、尼泊尔、印度
濒危等级：LC

毛脉酸模
Rumex gmelinii Turcz. ex Ledeb.
习　　性：多年生草本
海　　拔：400~2800 m
国内分布：甘肃、河北、黑龙江、吉林、辽宁、内蒙古、青海、山西、陕西、新疆
国外分布：朝鲜、俄罗斯、蒙古、日本
濒危等级：LC
资源利用：原料（单宁，树脂）

戟叶酸模
Rumex hastatus D. Don
习　　性：灌木
海　　拔：600~3200 m
国内分布：贵州、四川、西藏、云南
国外分布：阿富汗、巴基斯坦、克什米尔地区、尼泊尔、印度
濒危等级：LC

羊蹄
Rumex japonicus Houtt.
习　　性：多年生草本
海　　拔：海平面至3400 m
国内分布：安徽、福建、广东、广西、贵州、海南、河北、河南、黑龙江、湖北、湖南、吉林、江苏、江西、辽宁、内蒙古、山东、山西、陕西、四川、台湾、浙江
国外分布：朝鲜、俄罗斯、日本
濒危等级：LC
资源利用：药用（中草药）；原料（单宁，树脂）；食品（淀粉）

长叶酸模
Rumex longifolius DC.
习　　性：多年生草本
海　　拔：100~3000 m
国内分布：甘肃、广西、河北、河南、黑龙江、湖北、吉林、辽宁、内蒙古、宁夏、青海、山东、山西、陕西、四川、新疆
国外分布：俄罗斯、日本
濒危等级：LC

刺酸模
Rumex maritimus L.
习　　性：一年生草本
海　　拔：海平面至1800 m
国内分布：福建、广西、贵州、海南、河北、河南、黑龙江、湖北、吉林、江苏、辽宁、内蒙古、山东、山西、陕西、新疆
国外分布：俄罗斯、哈萨克斯坦、蒙古、缅甸
濒危等级：LC

蓼科 POLYGONACEAE

单瘤酸模
Rumex marschallianus Rchb.
- 习　　性：一年生草本
- 海　　拔：300~1000 m
- 国内分布：内蒙古、新疆
- 国外分布：俄罗斯、哈萨克斯坦、蒙古
- 濒危等级：LC

小果酸模
Rumex microcarpus Campd.
- 习　　性：一年生草本
- 海　　拔：海平面至2200 m
- 国内分布：广东、广西、贵州、海南、河北、河南、湖北、江苏、辽宁、台湾、云南
- 国外分布：印度、越南
- 濒危等级：LC

尼泊尔酸模
Rumex nepalensis Spreng.

尼泊尔酸模（原变种）
Rumex nepalensis var. **nepalensis**
- 习　　性：多年生草本
- 海　　拔：1000~4300 m
- 国内分布：甘肃、广西、贵州、河南、湖北、湖南、青海、陕西、四川、西藏、云南
- 国外分布：阿富汗、巴基斯坦、不丹、缅甸、尼泊尔、日本、塔吉克斯坦、印度、印度尼西亚、越南
- 濒危等级：LC
- 资源利用：药用（中草药）

疏花酸模
Rumex nepalensis var. **remotiflorus** (Sam.) A. J. Li
- 习　　性：多年生草本
- 海　　拔：2700~2800 m
- 分　　布：云南
- 濒危等级：LC

钝叶酸模
Rumex obtusifolius L.
- 习　　性：多年生草本
- 海　　拔：海平面至100 m
- 国内分布：安徽、甘肃、河北、湖北、湖南、江苏、江西、山东、陕西、四川、台湾、浙江
- 国外分布：俄罗斯、日本；欧洲、非洲。北美洲和世界其他地区引进和归化
- 濒危等级：LC
- 资源利用：药用（中草药）

巴天酸模
Rumex patientia L.
- 习　　性：多年生草本
- 海　　拔：海平面至4000 m
- 国内分布：甘肃、河北、河南、黑龙江、湖北、湖南、吉林、辽宁、内蒙古、宁夏、青海、陕西、四川、西藏、新疆
- 国外分布：俄罗斯、哈萨克斯坦、吉尔吉斯斯坦、蒙古；欧洲。北美洲和世界其他地方引进和归化
- 濒危等级：LC
- 资源利用：原料（单宁，树脂）

中亚酸模
Rumex popovii Pachom.
- 习　　性：多年生草本
- 海　　拔：700~3100 m
- 国内分布：新疆
- 国外分布：哈萨克斯坦、蒙古、塔吉克斯坦
- 濒危等级：LC

披针叶酸模
Rumex pseudonatronatus (Borbás) Borbás ex Murb.
- 习　　性：多年生草本
- 海　　拔：300~3200 m
- 国内分布：甘肃、河北、黑龙江、吉林、青海、陕西、新疆
- 国外分布：俄罗斯、哈萨克斯坦、吉尔吉斯斯坦、蒙古；欧洲。北美洲归化
- 濒危等级：LC

蒙新酸模
Rumex similans Rech. f.
- 习　　性：一年生草本
- 海　　拔：400~1000 m
- 国内分布：内蒙古、新疆
- 国外分布：俄罗斯、哈萨克斯坦、蒙古
- 濒危等级：LC

狭叶酸模
Rumex stenophyllus Ledeb.
- 习　　性：多年生草本
- 海　　拔：200~1200 m
- 国内分布：黑龙江、吉林、内蒙古、新疆
- 国外分布：俄罗斯、哈萨克斯坦、吉尔吉斯斯坦、蒙古
- 濒危等级：LC

天山酸模
Rumex thianschanicus Losinsk.
- 习　　性：多年生草本
- 海　　拔：1100~1900 m
- 国内分布：新疆
- 国外分布：俄罗斯、哈萨克斯坦、蒙古、乌兹别克斯坦
- 濒危等级：LC

直根酸模
Rumex thyrsiflorus Fingerh.
- 习　　性：多年生草本
- 海　　拔：500~2200 m
- 国内分布：黑龙江、吉林、内蒙古、新疆
- 国外分布：俄罗斯、哈萨克斯坦、蒙古、乌兹别克斯坦
- 濒危等级：LC

长刺酸模
Rumex trisetifer Stokes
- 习　　性：一年生草本
- 海　　拔：海平面至1300 m
- 国内分布：安徽、福建、广东、广西、贵州、海南、湖北、湖南、江苏、江西、陕西、四川、台湾、云南、浙江
- 国外分布：不丹、老挝、缅甸、泰国、印度、越南
- 濒危等级：LC

乌克兰酸模
Rumex ucranicus Fisch. ex Spreng.
- 习　　性：一年生草本
- 海　　拔：100~1000 m
- 国内分布：新疆
- 国外分布：波兰、俄罗斯、哈萨克斯坦、乌克兰
- 濒危等级：LC

永宁酸模
Rumex yungningensis Sam.
习　　性：多年生草本
海　　拔：2500～3000 m
分　　布：云南
濒危等级：LC

树蓼属 Triplaris Loefl.

树蓼
Triplaris americana L.
习　　性：乔木
国内分布：云南西双版纳热带植物园栽培
国外分布：原产热带巴拿马至南美洲北部

雨久花科 PONTEDERIACEAE
(2 属：5 种)

凤眼蓝属 Eichhornia Kunth

凤眼蓝
Eichhornia crassipes (Mart.) Solms
习　　性：浮水草本
国内分布：安徽、福建、广东、广西、贵州、海南、河北、河南、湖北、湖南、江苏、江西、山东、陕西、四川、台湾、云南、浙江归化
国外分布：原产巴西；热带和亚热带地区广泛引种并归化
资源利用：药用（中草药）；动物饲料（饲料）；环境利用（污染控制）；食品（蔬菜）

雨久花属 Monochoria C. Presl.

高葶雨久花
Monochoria elata Ridl.
习　　性：多年生草本
国内分布：我国南部
国外分布：马来西亚、缅甸、泰国
濒危等级：LC

箭叶雨久花
Monochoria hastata (L.) Solms
习　　性：多年生水生草本
海　　拔：100～700 m
国内分布：广东、贵州、海南、云南
国外分布：不丹、柬埔寨、马来西亚、尼泊尔、斯里兰卡、印度、越南
濒危等级：LC

雨久花
Monochoria korsakowii Regel et Maack
习　　性：水生草本
国内分布：安徽、河北、河南、黑龙江、湖北、吉林、江苏、辽宁、内蒙古、山东、山西、陕西
国外分布：巴基斯坦、朝鲜、俄罗斯、日本、印度尼西亚、越南
濒危等级：LC
资源利用：动物饲料（饲料）；环境利用（观赏）；药用（中草药）

鸭舌草
Monochoria vaginalis (Burm. f.) C. Presl ex Kunth
习　　性：水生草本
海　　拔：海平面至1500 m
国内分布：安徽、北京、福建
国外分布：澳大利亚、巴基斯坦、不丹、朝鲜、俄罗斯、菲律宾、柬埔寨、老挝、马来西亚、尼泊尔、日本、斯里兰卡、泰国、印度、印度尼西亚
濒危等级：LC
资源利用：动物饲料（饲料）；食品（蔬菜）；药用（中草药）

马齿苋科 PORTULACACEAE
(1 属：6 种)

马齿苋属 Portulaca L.

大花马齿苋
Portulaca grandiflora Hook.
习　　性：一年生草本
国内分布：公园花圃栽培
国外分布：原产巴西
资源利用：环境利用（观赏）；药用（中草药）

小琉球马齿苋
Portulaca insularis Hosok.
习　　性：草本
分　　布：台湾
濒危等级：LC

马齿苋
Portulaca oleracea L.
习　　性：一年生草本
海　　拔：300～3000 m
国内分布：全国各地
国外分布：热带和温带地区
资源利用：药用（中草药，兽药）；动物饲料（饲料）；食品（蔬菜）

毛马齿苋
Portulaca pilosa L.
习　　性：一年生或多年生草本
海　　拔：500～700 m
国内分布：福建、广东、广西、海南、台湾、云南
国外分布：菲律宾、老挝、马来西亚、缅甸、泰国、印度尼西亚、越南；非洲、美洲
资源利用：药用（中草药）

沙生马齿苋
Portulaca psammotropha Hance
习　　性：多年生草本
分　　布：广东、海南、台湾
濒危等级：LC

四瓣马齿苋
Portulaca quadrifida L.
习　　性：一年生草本
海　　拔：300～900 m
国内分布：广东、海南、台湾、云南
国外分布：可能原产非洲；现泛热带分布
濒危等级：LC
资源利用：药用（中草药）

波喜荡科 POSIDONIACEAE
（1属：1种）

波喜荡草属 Posidonia K. D. Koenig

波喜荡
Posidonia australis Hook. f.
- 习　　性：多年生草本
- 国内分布：海南
- 国外分布：澳大利亚；西太平洋岛屿
- 濒危等级：VU A2c；B1ab (i, iii, v)；C1+2a (ii)

眼子菜科 POTAMOGETONACEAE
（3属：25种）

眼子菜属 Potamogeton L.

高山眼子菜
Potamogeton alpinus Balbis
- 习　　性：多年生水生草本
- 国内分布：黑龙江
- 国外分布：阿富汗、巴基斯坦、俄罗斯、哈萨克斯坦、韩国、缅甸、日本、乌兹别克斯坦、印度
- 濒危等级：DD

纤细眼子菜
Potamogeton berchtoldii Fieber
- 习　　性：一年生草本
- 国内分布：河北、黑龙江、山西、云南
- 国外分布：不丹、朝鲜、俄罗斯、日本、印度尼西亚
- 濒危等级：DD

扁茎眼子菜
Potamogeton compressus L.
- 习　　性：一年生草本
- 国内分布：云南
- 国外分布：俄罗斯、哈萨克斯坦、蒙古、日本
- 濒危等级：LC

菹草
Potamogeton crispus L.
- 习　　性：多年生草本
- 海　　拔：500~3000 m
- 国内分布：福建、贵州、河北、黑龙江、河南、湖北、江苏、吉林、辽宁、内蒙古、宁夏、青海、陕西、山东、山西、四川、台湾、新疆、西藏、云南、浙江
- 国外分布：阿富汗、巴基斯坦、不丹、俄罗斯、韩国、老挝、蒙古、孟加拉国、缅甸、尼泊尔、日本、印度、印度尼西亚；中亚
- 濒危等级：LC

鸡冠眼子菜
Potamogeton cristatus Regel et Maack
- 习　　性：一年生或多年生草本
- 海　　拔：200~600 m
- 国内分布：安徽、福建、河北、河南、黑龙江、湖北、湖南、江苏、江西、辽宁、四川、台湾、浙江
- 国外分布：俄罗斯、韩国、日本
- 濒危等级：LC

眼子菜
Potamogeton distinctus A. Benn.
- 习　　性：多年生水生草本
- 海　　拔：200~3700 m
- 国内分布：全国广布
- 国外分布：不丹、俄罗斯、菲律宾、韩国、马来西亚、尼泊尔、日本、泰国、印度尼西亚、越南
- 濒危等级：LC

弗里斯眼子菜
Potamogeton friesii Ruprecht
- 习　　性：一年生草本
- 国内分布：内蒙古
- 国外分布：俄罗斯、哈萨克斯坦、塔吉克斯坦
- 濒危等级：LC

禾叶眼子菜
Potamogeton gramineus L.
- 习　　性：多年生草本
- 国内分布：黑龙江、吉林、辽宁、内蒙古、陕西、四川、西藏、新疆、云南
- 国外分布：巴基斯坦、俄罗斯、哈萨克斯坦、韩国、蒙古、日本、土库曼斯坦、乌兹别克斯坦、伊朗
- 濒危等级：LC

光叶眼子菜
Potamogeton lucens L.
- 习　　性：多年生草本
- 海　　拔：500~2700 m
- 国内分布：安徽、甘肃、河北、河南、黑龙江、湖北、吉林、江苏、江西、内蒙古、宁夏、青海、山东、山西、陕西、西藏、新疆、云南
- 国外分布：阿富汗、巴基斯坦、俄罗斯、菲律宾、缅甸、尼泊尔、印度
- 濒危等级：LC

微齿眼子菜
Potamogeton maackianus A. Benn.
- 习　　性：多年生草本
- 海　　拔：500~3700 m
- 国内分布：安徽、河北、黑龙江、湖北、吉林、江苏、辽宁、山东、陕西、四川、台湾、云南、浙江
- 国外分布：朝鲜、俄罗斯、菲律宾、日本、印度尼西亚
- 濒危等级：LC

东北眼子菜
Potamogeton mandschuriensis Bennell
- 习　　性：沉水草本
- 国内分布：黑龙江、吉林、辽宁
- 国外分布：俄罗斯
- 濒危等级：LC

浮叶眼子菜
Potamogeton natans L.
- 习　　性：多年生水生草本
- 海　　拔：500~4300 m
- 国内分布：黑龙江、吉林、辽宁、西藏
- 国外分布：阿富汗、朝鲜、俄罗斯、哈萨克斯坦、吉尔吉斯斯坦、蒙古、缅甸、尼泊尔、日本、塔吉克斯坦、乌兹别克斯坦
- 濒危等级：LC

小节眼子菜
Potamogeton nodosus Poir.
习　　性：多年生水生草本
海　　拔：约 3000 m
国内分布：陕西、新疆、云南
国外分布：巴布亚新几内亚、巴基斯坦、俄罗斯、孟加拉国、缅甸、尼泊尔、斯里兰卡、泰国、印度、印度尼西亚
濒危等级：LC

钝叶眼子菜
Potamogeton obtusifolius Mert. et W. D. J. Koch
习　　性：一年生草本
海　　拔：300～1600 m
国内分布：黑龙江
国外分布：俄罗斯、哈萨克斯坦、吉尔吉斯斯坦、蒙古、缅甸、日本
濒危等级：LC

南方眼子菜
Potamogeton octandrus Poir.
习　　性：一年生或多年生草本
海　　拔：600～2100 m
国内分布：福建、广东、广西、海南、河北、黑龙江、湖北、湖南、江苏、辽宁、内蒙古、山东、陕西、四川、台湾、云南、浙江
国外分布：澳大利亚、巴布亚新几内亚、朝鲜、俄罗斯、马来西亚、孟加拉国、缅甸、尼泊尔、日本、泰国、印度、印度尼西亚、越南
濒危等级：LC

尖叶眼子菜
Potamogeton oxyphyllus Miq.
习　　性：一年生或多年生草本
海　　拔：500～4500 m
国内分布：安徽、黑龙江、湖北、江苏、江西、辽宁、陕西、台湾、西藏、云南、浙江
国外分布：朝鲜、俄罗斯、日本、印度尼西亚
濒危等级：LC

穿叶眼子菜
Potamogeton perfoliatus L.
习　　性：多年生草本
海　　拔：100～4500 m
国内分布：北京、甘肃、贵州、河北、黑龙江、湖北、湖南、吉林、江西、辽宁、内蒙古、宁夏、青海、陕西、四川、西藏、新疆、云南
国外分布：阿富汗、澳大利亚、巴基斯坦、俄罗斯、韩国、蒙古、日本、印度、印度尼西亚；中亚
濒危等级：LC

白茎眼子菜
Potamogeton praelongus Wulfen
习　　性：多年生草本
国内分布：黑龙江、吉林、辽宁、新疆、云南
国外分布：俄罗斯、哈萨克斯坦、蒙古、日本
濒危等级：DD

小眼子菜
Potamogeton pusillus L.
习　　性：一年生草本
海　　拔：500～4000 m
国内分布：安徽、福建、甘肃、海南、河北、河南、黑龙江、湖北、湖南、吉林、江苏、江西、辽宁、内蒙古、宁夏、青海、山西、陕西、四川、台湾、西藏、新疆、云南、浙江
国外分布：阿富汗、巴布亚新几内亚、巴基斯坦、朝鲜、俄罗斯、菲律宾、缅甸、尼泊尔、日本、印度、印度尼西亚
濒危等级：LC

竹叶眼子菜
Potamogeton wrightii Morong
习　　性：多年生草本
海　　拔：约 100 m
国内分布：安徽、福建、河北
国外分布：巴布亚新几内亚、巴基斯坦、俄罗斯、菲律宾、哈萨克斯坦、韩国、老挝、马来西亚、缅甸、日本、泰国、印度、印度尼西亚、越南
濒危等级：LC

蓖齿眼子菜属 Stuckenia Börner

钝叶菹草
Stuckenia amblyophylla(C. A. Meyer)Holub
习　　性：多年生草本
国内分布：青海、西藏、新疆、云南
国外分布：阿富汗、俄罗斯、哈萨克斯坦、吉尔吉斯斯坦、塔吉克斯坦
濒危等级：LC

丝叶眼子菜
Stuckenia filiformis(Pers.)Börner
习　　性：多年生草本
国内分布：甘肃、内蒙古、青海、陕西、四川、西藏、云南
国外分布：阿富汗、巴基斯坦、不丹、俄罗斯、吉尔吉斯斯坦、蒙古、尼泊尔、塔吉克斯坦、乌兹别克斯坦
濒危等级：LC

长鞘菹草
Stuckenia pamirica(Baagoe)Z. Kaplan
习　　性：多年生草本
国内分布：青海、西藏
国外分布：吉尔吉斯斯坦、塔吉克斯坦
濒危等级：DD

蓖齿眼子菜
Stuckenia pectinata(L.)Börner
习　　性：多年生草本
国内分布：我国大部分地区
国外分布：阿富汗、澳大利亚、巴基斯坦、朝鲜、俄罗斯、菲律宾、蒙古、孟加拉国、缅甸、尼泊尔、日本、斯里兰卡、印度、印度尼西亚
濒危等级：LC

角果藻属 Zannichellia L.

角果藻
Zannichellia palustris L.
习　　性：沉水草本
海　　拔：1500～2200 m
国内分布：安徽、河北、黑龙江、湖北、江苏、辽宁、内蒙古、宁夏、青海、山东、陕西、台湾、西藏、新疆、浙江
国外分布：世界各地广布
濒危等级：LC